BKI Baukosten 2026 Neubau
Teil 2

Statistische Kostenkennwerte für Bauelemente

BKI Baukosten 2026 Neubau
Statistische Kostenkennwerte für Bauelemente

BKI Baukosteninformationszentrum (Hrsg.)
Stuttgart: BKI, 2026

Mitarbeit:
Hannes Spielbauer (Geschäftsführer)
Brigitte Lechler (Prokuristin)
Dokumentation: Catrin Baumeister, Anna Bertling, Heike Elsäßer, Sabine Egenberger, Irmgard Schauer, Sibylle Vogelmann
Produktmanagement: Michael Blank, Patrick Jeske, Virginia Lammet, Wolfgang Mandl, Thomas Schmid, Tabea Wessel
Jeannette Sturm

Fachautoren:
Dr. Ing. Frank Ritter
Univ.-Prof. Dr.-Ing. Wolfdietrich Kalusche
bauforumstahl e.V.
Patrick Jeske
Wolfgang Mandl
Thomas Schmid

Layout, Satz:
Marvin Bisceglie
Hans-Peter Freund
Thomas Fütterer

Fachliche Begleitung:
Beirat Baukosteninformationszentrum
Stephan Weber (Vorsitzender)
Markus Lehrmann (stellv. Vorsitzender)
Prof. Dr. Bert Bielefeld
Markus Fehrs
Andrea Geister-Herbolzheimer
Prof. Dr. Wolfdietrich Kalusche
David Meuer
Martin Müller
Markus Weise

Anschrift:
Seelbergstraße 4, 70372 Stuttgart
Kundenbetreuung: (0711) 954 854-0
Baukosten-Hotline: (0711) 954 854-41
Telefax: (0711) 954 854-54
info@bki.de
www.bki.de

Vorwort

Die Planung der Baukosten bildet einen wesentlichen Bestandteil der Leistung der Architektenschaft. Kompetente Kostenermittlungen beruhen auf qualifizierten Vergleichsdaten und Methoden. Daher gehört die Bereitstellung aktueller Daten zur Baukostenermittlung zu den wichtigsten Aufgaben des BKI seit nunmehr über 30 Jahren seit seiner Gründung im Jahr 1996.

Die DIN 276:2018-12, die wichtigste Norm für die Kostenplanung im Bauwesen, fordert als Entscheidung über die Entwurfsplanung die Ermittlung der Gesamtkosten nach Kostengruppen in der dritten Ebene der Kostengliederung. Der Band „BKI Baukosten 2026 Bauelemente" bietet hierfür die Kostenkennwerte. Für die mit der aktuellen DIN 276 neuen Kostenermittlungsstufe „Kostenvoranschlag" sind die BKI Elementarten des vorliegenden Bandes besonders geeignet. Die Elementarten werden in aktualisierter Form den Anwender*innen zur Verfügung gestellt.

Die Fachbuchreihe „Baukosten Neubau" erscheint jährlich. Dabei werden alle Kostenkennwerte auf Basis neu dokumentierter Objekte und neuer statistischer Auswertungen aktualisiert. Die Kosten, Kostenkennwerte und Positionen dieser neuen Objekte tragen in allen drei Bänden zur Aktualisierung bei. Mit den integrierten „BKI Regionalfaktoren 2026" kann der Nutzer eine Anpassung der Bundesdurchschnittswerte an den jeweiligen Stadt- bzw. Landkreis seines Bauorts vornehmen.

Die Fachbuchreihe Baukosten Neubau 2026 (Statistische Kostenkennwerte) besteht aus den drei Teilen:
Baukosten Gebäude 2026 (Teil 1)
Baukosten Bauelemente 2026 (Teil 2)
Baukosten Positionen 2026 (Teil 3)

Die Bände sind aufeinander abgestimmt und unterstützen bei der Anwendung in allen Planungsphasen. Je Band sind ausführliche Erläuterungen zur fachgerechten Anwendung enthalten. Weitere Praxistipps und Hinweise zum Verfahren werden in den BKI-Workshops und im "BKI Handbuch Kostenplanung im Hochbau" vermittelt. Bei der einfachen Zuordnung der Baukosten nach Kostengruppen unterstützt der "BKI Bildkommentar DIN 276 / DIN 277".

Der Dank des BKI gilt allen Architektinnen und Architekten, die Daten und Unterlagen zur Verfügung stellen. Sie profitieren von der Dokumentationsarbeit des BKI und unterstützen nebenbei den eigenen Berufsstand. Die in Buchform veröffentlichten Architekt*innen-Projekte bilden eine fundierte und anschauliche Dokumentation gebauter Architektur.

Zur Pflege der Baukostendatenbanken sucht BKI weitere Objekte aus allen Bundesländern. Bewerbungsbögen zur Objekt-Veröffentlichung von Hochbauten und Freianlagen werden im Internet unter www.bki.de/projekt-einreichen zur Verfügung gestellt. Auch die Bereitstellung von Leistungsverzeichnissen mit Positionen und Vergabepreisen ist möglich, mehr Info dazu finden Sie unter www.bki.de/lv-daten.

Besonderer Dank gilt abschließend auch dem BKI-Beirat, der mit seiner Expertise aus der Praxis der Architektenschaft, den Architekten- und Ingenieurkammern, Normausschüssen und Universitäten zum Gelingen der BKI-Fachinformationen beiträgt.

Wir wünschen allen Anwender*innen der neuen Fachbuchreihe 2026 viel Erfolg in allen Phasen der Kostenplanung und vor allem eine große Übereinstimmung zwischen geplanten und realisierten Baukosten im Sinne zufriedener Bauherr*innen. Anregungen und Kritik zur Verbesserung der BKI-Fachbücher sind uns jederzeit willkommen.

Hannes Spielbauer - Geschäftsführer
Brigitte Lechler - Prokuristin

Baukosteninformationszentrum
Deutscher Architektenkammern GmbH
Stuttgart, im Mai 2026

Inhalt **Seite**

Vorbemerkungen und Erläuterungen

Lebensdauer von Bauteilen und Bauelementen

Grobelementarten

Kosten im Stahlbau

Fachartikel von bauforumstahl e.V.

Kostenkennwerte für Bauelemente (3. Ebene DIN 276)

Sortiert nach Gebäudearten

und zusammengestellt. Für die Richtigkeit, Aktualität und Vollständigkeit dieser Daten, Analysen und Tabellen übernehmen jedoch weder die Herausgebenden noch BKI eine Haftung, ebenso nicht für Druckfehler und fehlerhafte Angaben. Die Benutzung dieses Fachbuchs und die Umsetzung der darin erhaltenen Informationen erfolgen auf eigenes Risiko.

Angesichts der vielfältigen Kosteneinflussfaktoren müssen Anwender*innen die genannten Orientierungswerte eigenverantwortlich prüfen und entsprechend dem jeweiligen Verwendungszweck anpassen.

4. Betrachtung der Kostenauswirkungen aktueller Energiestandards
Gerade im Hinblick auf die wiederholte Verschärfung gesetzgeberischer Anforderungen an die energetische Qualität, insbesondere von Neubauten, wird von Kundenseite die Frage nach dem Energiestandard der statistischen Fachbuchreihe BKI Baukosten gestellt.
BKI hat Untersuchungen zu den kostenmäßigen Auswirkungen der erhöhten energetischen Qualität von Neubauten vorgenommen. Die Untersuchungen zeigen, dass energetisch bedingte Kostensteigerungen durch Rationalisierungseffekte größtenteils kompensiert werden.

BKI dokumentiert derzeit ca. 200 neue Objekte pro Jahr, die zur Erneuerung der statistischen Auswertungen verwendet werden. Etwa im gleichen Maße werden ältere Objekte aus den Auswertungen entfernt. Mit den hohen Dokumentationszahlen der letzten Jahre wurden die BKI-Datenbanken damit noch aktueller.

In nahezu allen energetisch relevanten Gebäudearten sind zudem Objekte enthalten, die über den gesetzlich geforderten energetischen Standard hinausgehen. Diese Objekte kompensieren einzelne Objekte, die den aktuellen energetischen Standard nicht erreichen. Insgesamt wird daher ein ausgeglichenes Objektgefüge pro Gebäudeart erreicht.

Obwohl BKI fertiggestellte und schlussabgerechnete Objekte dokumentiert, können durch die Dokumentation von Objekten, die über das gesetzgeberisch geforderte Maß energetischer Qualität hinausgehen, Kostenkennwerte für aktuell geforderte energetische Standards ausgewiesen werden. Die Kostenkennwerte der Fachbuchreihe BKI Baukosten 2024 entsprechen somit dem aktuell gesetzlich geforderten energetischem Niveau.

5. Anwendungsbereiche
Die Kostenkennwerte sind als Orientierungswerte konzipiert. Sie können bei Kostenermittlungen angewendet werden. Die formalen Mindestanforderungen hinsichtlich der Darstellung der Ergebnisse einer Kostenermittlung sind in DIN 276:2018-12, Kapitel 4 festgelegt. Die Anwendung des Bauelement-Verfahrens bei Kostenermittlungen setzt voraus, dass genügend Planungsinformationen vorhanden sind, um Qualitäten und Mengen von Bauelementen und Elementarten ermitteln zu können.

a. Gebäudearten-bezogene Kostenkennwerte für die Kostengruppen der 3. Ebene DIN 276 dienen primär als Orientierungswerte für die Plausibilitätsprüfung von Kostenberechnungen, die mit Kostenkennwerten für einzelne Elementarten differenziert aufgestellt worden sind. Kostenberechnungen auf der 3. Ebene DIN 276 ermöglichen differenziertere Bauelementbeschreibungen und eine genauere Ermittlung der entwurfsspezifischen Elementmengen und deren Kosten. Die in den Tabellen genannten Prozentsätze geben den durchschnittlichen Anteil der jeweiligen Kostengruppe an der Kostengruppe 300 „Bauwerk - Baukonstruktionen" (KG 300 = 100%) bzw. Kostengruppe 400 „Bauwerk-Technische Anlagen" (KG 400 = 100%) an.

Diese von Gebäudeart zu Gebäudeart oft unterschiedlichen Prozentanteile machen die kostenplanerisch relevanten Kostengruppen erkennbar, bei denen z. B. die Entwicklung von kostensparenden Alternativlösungen primär Erfolg verspricht unter dem Aspekt der Kostensteuerung bei vorgegebenem Gesamtbudget.

b. Elementarten-bezogene Kostenkennwerte dienen als Orientierungswerte für differenzierte Ermittlungen zur Aufstellung von Kostenvoranschlägen im Sinne der DIN 276.

Um die Kostenkennwerte besser beurteilen und die Elementarten untereinander abgrenzen zu können, wird der jeweilige technische Standard nach den Kriterien „Konstruktion", „Material", „Abmessungen" und „Besondere Eigenschaften" näher beschrieben. Diese Beschreibung

versucht, diejenigen Eigenschaften und Bauleistungen aufzuzeigen, die im Wesentlichen die Kosten der Elementarten eines Bauelementes bestimmen.
Über die Elementarten von Bauelementen können Ansätze für die Vergabe von Bauleistungen und die Kostenkontrolle während der Bauausführung ermittelt werden. Die Elementarten lassen sich den Leistungsbereichen des Standardleistungsbuches (STLB) zuordnen und damit in eine vergabeorientierte Gliederung überführen. Zu diesem Zweck sind die Kostenanteile der Leistungsbereiche in Prozent der jeweiligen Elementart angegeben.

6. Geltungsbereiche
Die genannten Kostenkennwerte spiegeln in etwa das durchschnittliche Baukostenniveau in Deutschland wider. Die Geltungsbereiche der Tabellenwerte sind fließend. Die „von-/bis-Werte" markieren weder nach oben noch nach unten absolute Grenzwerte.

In den Tabellen „Gebäudearten-bezogene Kostenkennwerte für die Kostengruppen der 3. Ebene DIN 276" wurden der Vollständigkeit halber nicht alle Kostengruppen aufgeführt, auch dann, wenn die statistische Basis häufig noch zu gering ist, um für Kostenermittlungszwecke Kostenkennwerte angeben zu können. Dies trifft besonders für Kostengruppen zu, die im Regelfall ganz entfallen oder von untergeordneter Bedeutung sind, bei einzelnen Baumaßnahmen aber durchaus auch kostenrelevant sein können, z. B. die Kostengruppen 313 Wasserhaltung, 393 Sicherungsmaßnahmen, 394 Abbruchmaßnahmen, 395 Instandsetzungen, 396 Materialentsorgung, 397 Zusätzliche Maßnahmen, 398 Provisorische Baukonstruktionen, sowie alle Kostengruppen beginnend mit „Sonstiges zur KG...". Auch bei breiterer Datenbasis würden sich bei diesen Kostengruppen aufgrund der objektspezifischen Besonderheiten immer sehr große Streubereiche für die Kostenkennwerte ergeben. Liegen hierfür weder Erfahrungswerte aufgrund früherer Ausschreibungen im Büro vor, noch können diese durch Anfrage bei den ausführenden Firmen erfragt werden, so empfiehlt es sich, beim BKI die Kostendokumentationen einzelner Objekte zu beschaffen, bei denen die betreffenden Kostengruppen angefallen und qualitativ beschrieben sind.
Bei den zuvor genannten Kostengruppen können die Tabellenwerte dieses Buches jedoch einen Eindruck vermitteln, welche Größenordnung die Kostenkennwerte im Einzelfall bei einer Betrachtung über alle Gebäudearten hinweg annehmen können.

7. Kosteneinflüsse
In den Streubereichen (von-/bis-Werte) der Kostenkennwerte spiegeln sich die vielfältigen Kosteneinflüsse aus Nutzung, Markt, Gebäudegeometrie, Ausführungsstandard, Projektgröße etc. wider.
Die Orientierungswerte können daher nicht schematisch übernommen werden, sondern müssen entsprechend den spezifischen Planungsbedingungen überprüft und ggf. angepasst werden. Mögliche Einflüsse, die eine Anpassung der Orientierungswerte erforderlich machen, können sein:

- besondere Nutzungsanforderungen,
- Standortbedingungen (Erschließung, Immission, Topographie, Bodenbeschaffenheit),
- Bauwerksgeometrie (Grundrissform, Geschosszahlen, Geschosshöhen, Dachform, Dachaufbauten),
- Bauwerksqualität (gestalterische, funktionale und konstruktive Besonderheiten),
- Quantität (Bauelement- und Elementartenmengen),
- Baumarkt (Zeit, regionaler Baumarkt, Vergabeart).

8. Regionalisierung der Daten
Grundlage der BKI Regionalfaktoren sind Daten aus der amtlichen Bautätigkeitsstatistik der statistischen Landesämter, eigene Berechnungen auch unter Verwendung von Schwerpunktpositionen und regionale Umfragen. Zusätzlich wurden von BKI Verfahren entwickelt, um die Eingangsdaten auf Plausibilität prüfen und ggf. anpassen zu können. Auf der Grundlage dieser Berechnungen hat BKI einen bundesdeutschen Mittelwert gebildet. Anhand des Mittelwertes lassen sich die einzelnen Land- und Stadtkreise prozentual einordnen. Diese Prozentwerte wurden die Grundlage der BKI Deutschlandkarte mit „Regionalfaktoren für Deutschland".

Für die größeren Inseln Deutschlands wurden separate Regionalfaktoren ermittelt. Dazu wurde der zugehörige Landkreis in Festland und Inseln unterteilt. Alle Inseln eines Land-

1300-0262 Verwaltungsgebäude (48 AP)
Büro- und Verwaltungsgebäude, mittlerer Standard
Planungsring Mumm + Partner GbR
Treia

1300-0328 Büro-/Seminargebäude (52 AP)
Büro- und Verwaltungsgebäude, Holzbauweise
meuer - planen beraten Architekten GmbH
München

1300-0330 Bürogebäude (15 AP)
Büro- und Verwaltungsgebäude, Holzbauweise
pier7 architekten gmbh
Düsseldorf

1300-0332 Bürogebäude (10 AP), Doppelgarage
Büro- und Verwaltungsgebäude, mittlerer Standard
A | CB Architektur
Ratzeburg

1300-0333 Technologiezentrum (540 AP)
Büro- und Verwaltungsgebäude, mittlerer Standard
SSP AG
Bochum

1300-0334 Verwaltungsgebäude (204 AP)
Büro- und Verwaltungsgebäude, mittlerer Standard
GS P Architekten GmbH & Co. KG
Bremen

1300-0335 Verwaltungsgebäude (40 AP)
Büro- und Verwaltungsgebäude, Holzbauweise
VON M GmbH
Stuttgart

1300-0338 Bürogebäude (89 AP)
Büro- und Verwaltungsgebäude, mittlerer Standard
hehnpohl architektur bda
Münster

1300-0340 Bürogebäude (17 GE)
Büro- und Verwaltungsgebäude, mittlerer Standard
ruby³ architekten BDA
Darmstadt

1300-0341 Bürogebäude (10 AP)
Büro- und Verwaltungsgebäude, Holzbauweise
Siegmund Bölke und Partner mbB
Treuenbrietzen

1300-0342 Verwaltungsgebäude (9 AP)
Büro- und Verwaltungsgebäude, Holzbauweise
SIEKER ARCHITEKTEN
Bielefeld

1300-0343 Verwaltungsgebäude (250 AP), TG
Büro- und Verwaltungsgebäude, mittlerer Standard
Zaeske Architekten
Wiesbaden

4100-0253 Grundschule (448 Schüler)
Allgemeinbildende Schulen
Numrich Albrecht Klumpp Gesellschaft von Architekten mbH, Berlin

4100-0255 Gemeinschaftsschule (150 Schüler)
Allgemeinbildende Schulen
kleyer.koblitz.letzel.freivogel ges. v. architekten mbh
Berlin

4100-0259 Grundschule (550 Schüler)
Allgemeinbildende Schulen
Brenncke Architekten Part mbB
Schwerin

4100-0261 Grundschule (150 Schüler)
Schulen, Holzbauweise
JF Architekten + Techniker
Husum

4100-0263 Grund-/Mittelschule (213 Schüler)
Allgemeinbildende Schulen
studio lot PartGmbB
Altötting

4100-0264 Grundschule (540 Schüler), Hort
Schulen, Holzbauweise
Nokera Planning GmbH
Leipzig

© Stephan Baumann, bild_raum

4100-0266 Schulcampus (600 Schüler), Hort
Allgemeinbildende Schulen
ppp architekten + stadtplaner gmbh
Lübeck

© Eva Hanewinckel

4100-0267 Hort (4 Gruppen), Mensa
Kindergärten, nicht unterkellert, mittlerer Standard
Christl + Bruchhäuser GmbH
Frankfurt am Main

© Angela Elbing

4100-0269 Gesamtschule (870 Schüler)
Schulen, Holzbauweise
NAK Architekten
Berlin

© hage.felshart.griesenberg Architekten

4100-0270 Grundschule (270 Schüler), Mensa
Schulen, Holzbauweise
hage.felshart.griesenberg Architekten
Ahrensburg

© Ralf Buscher Photography

4100-0271 Grundschule (360 Schüler)
Schulen, Holzbauweise
BKS Architekten GmbH
Lübbecke

© Rahel Welsen, Darmstadt

4100-0274 Grundschule (400 Schüler)
Schulen, Holzbauweise
prosa Architektur + Stadtplanung BDA Quasten Rauh
PartGmbB, Darmstadt

4400-0409 Kindertagesstätte (60 Kinder)
Kindergärten, Holzbauweise, nicht unterkellert
studioplus Tobias Buschbeck, Berlin und
MTTR ARCHITEKTEN+STADTPLANER, Berlin

4400-0410 Kindergarten (115 Kinder)
Kindergärten, nicht unterkellert, mittlerer Standard
sittig-architekten
Jena

4400-0420 Kindertagesstätte (80 Kinder)
Kindergärten, nicht unterkellert, mittlerer Standard
gruppeomp Architektengesellschaft mbH
Rastede

4400-0422 Kindertagesstätte (104 Kinder)
Kindergärten, nicht unterkellert, mittlerer Standard
architektei mey gmbh
Frankfurt am Main

4400-0423 Kindertagesstätte (106 Kinder)
Kindergärten, Holzbauweise, nicht unterkellert
Knoche Architektur PartGmbB
Leipzig

4400-0424 Kindertagesstätte (152 Kinder)
Kindergärten, Holzbauweise, nicht unterkellert
Stadt Regensburg, Amt für Hochbau
Regensburg

Fotopräsentation der Objekte

© wiebke wollner + alexander hoesl

4400-0426 Kinderkrippe (24 Kinder)
Kindergärten, Holzbauweise, nicht unterkellert
⌂ Bindhammer Architekten Stadtplaner und Beratender Ingenieur Part mbB, Bayerbach

© Werner Huthmacher

4400-0427 Kindertagesstätte (138 Kinder)
Kindergärten, Holzbauweise, nicht unterkellert
⌂ TRU Architekten Partnerschaft mbB
Berlin

© Leon Schuch

4400-0428 Kindertagesstätte (70 Kinder)
Kindergärten, Holzbauweise, nicht unterkellert
⌂ Hochbauamt Heidelberg und AAg Architekten GmbH
Heidelberg

© Constantin Meyer Fotografie

4400-0430 Kindertagesstätte (124 Kinder)
Kindergärten, Holzbauweise, nicht unterkellert
⌂ foundation 5+ architekten BDA
Kassel

© Werner Huthmacher

4400-0431 Kindertagesstätte (70 Kinder)
Kindergärten, nicht unterkellert, mittlerer Standard
⌂ D:4 Architektur
Berlin

© Bau Eins Architekten PartGmbB

4400-0432 Kindertagesstätte (125 Kinder)
Kindergärten, nicht unterkellert, mittlerer Standard
⌂ Bau Eins Architekten - Andernach Bahnemann - PartGmbB, Kaiserslautern

4400-0433 Naturkindergarten (44 Kinder)
Kindergärten, Holzbauweise, nicht unterkellert
Architekt Peter Naumburg
Mamming

4400-0434 Kindertagesstätte (130 Kinder)
Kindergärten, Holzbauweise, nicht unterkellert
mz3 architekten ingenieure GmbH
Mainz

4400-0435 Kindertagesstätte (95 Kinder)
Kindergärten, nicht unterkellert, mittlerer Standard
Jan Braker Architekt
Hamburg

4400-0436 Kindertagesstätte (86 Kinder)
Kindergärten, Holzbauweise, nicht unterkellert
JURETZKA ARCHITEKTEN PartG mbB
Weiden

4400-0437 Kindertagesstätte (94 Kinder)
Kindergärten, unterkellert
MICHAEL KOPPETSCH ARCHITEKT
Burscheid

5100-0143 Sporthalle (Dreifeldhalle)
Sporthallen (Dreifeldhallen)
Hartmann + Helm Planungsgesellschaft mbH
Weimar

Fotopräsentation der Objekte

5100-0144 Sporthalle (Dreifeldhalle)
Sporthallen (Dreifeldhallen)
MRO Partnerschaft mbB Architekt Kahnert,
Beratender Ingenieur Martens, Hamburg

5100-0147 Sporthalle (1,5-Feldhalle)
Sporthallen (Einfeldhallen)
mayerwittig Architektur
Cottbus

5100-0148 Mehrzweckhalle (1.650 Sitzplätze)
Sport- und Mehrzweckhallen
Fuchs und Rudolph Architekten und Stadtplaner
München

5200-0019 Sport- und Freizeitbad
Schwimmhallen
4a Architekten GmbH
Stuttgart

5200-0022 Hallenbad, Sauna, Kegelbahn
Schwimmhallen
BAUCONZEPT ® PLANUNGSGESELLSCHAFT MBH
Lichtenstein

5300-0025 Vereinsheim
Gemeindezentren, mittlerer Standard
burkhard | architekten PartGmbB
Landau

© Marcel Kohnen

6100-1780 Einfamilienhaus, Garage
Ein- und Zweifamilienhäuser, unterkellert, hoher Standard
Wirges-Klein Architektur
Bonn

© Adrienne-Sophie Hoffer

6100-1783 Einfamilienhaus, Garage
Ein- und Zweifamilienhäuser, unterkellert, hoher Standard
Knopp Wassmer Architekten PartG mbB
München

© Herbert Stolz

6100-1784 Einfamilienhaus, Doppelgarage
Ein- und Zweifamilienhäuser, unterkellert, hoher Standard
brandl architekten gmbh
Regensburg

© Eva Hanewinckel

6100-1786 Einfamilienhaus, Garage (2 STP)
Ein- u. Zweifamilienhäuser, Holzbauweise, nicht unterkellert
LIESL BAUMEISTER Architekten
Frankfurt am Main

© Eva Hanewinckel

6100-1787 Zweifamilienhaus
Ein- u. Zweifamilienhäuser, Holzbauweise, nicht unterkellert
LIESL BAUMEISTER Architekten
Frankfurt am Main

© Mario Brand

6100-1788 Wohn- und Geschäftshaus (27 WE)
Wohnhäuser, mit mehr als 15% Mischnutzung
Sebastian Sehr
Münster

6100-1789 Mehrfamilienhaus (10 WE)
Mehrfamilienhäuser, Holzbauweise
Architekturbüro W.Bahr
Hiddenhausen

6100-1790 Mehrfamilienhaus (8 WE)
Mehrfamilienhäuser, Holzbauweise
Architekturbüro W.Bahr
Hiddenhausen

6100-1792 Einfamilienhaus, Garage
Ein- und Zweifamilienhäuser, unterkellert, hoher Standard
QueckArchitektur
Pielenhofen

6100-1793 Einfamilienhaus, Garagen
Ein- u. Zweifamilienhäuser, nicht unterkell., hoher Standard
Sillmanns GmbH
Mönchengladbach

6100-1795 Mehrfamilienhaus (20 WE)
Mehrfamilienhäuser, Holzbauweise
STUDIO LOES GMBH
Berlin

6100-1799 Einfamilienhaus
Ein- u. Zweifamilienhäuser, Holzbauweise, nicht unterkellert
Architekturbüro Stefan Adlich
Leipzig

Fotopräsentation der Objekte

6100-1800 Einfamilienhaus
Ein- u. Zweifamilienhäuser, nicht unterkell., mittl. Standard
dasfeine architekten
Berlin

6100-1802 Einfamilienhaus, Doppelgarage
Ein- und Zweifamilienhäuser, unterkellert, hoher Standard
Wimmer Architekten GbR
Rosenheim

6100-1803 Wohnanlage (88 WE), TG
Mehrfamilienhäuser, mit 20 oder mehr WE, mittl. Standard
WWA Architekten PartmbB
München

6100-1804 Mehrfamilienhäuser (28 WE)
Mehrfamilienhäuser, Holzbauweise
baut architektur partmbb
Köln

6100-1805 Mehrfamilienhaus (9 WE)
Mehrfamilienhäuser, mit 6 bis 19 WE, hoher Standard
Melachrinos und Schlitt Architekten BDA
Mainz

6100-1806 Mehrfamilienhaus (18 WE)
Mehrfamilienhäuser, Holzbauweise
Weidner Architektur
Weiden

6100-1815 Einfamilienhaus, Doppelgarage
Ein- und Zweifamilienhäuser, Holzbauweise, unterkellert
cl.ar Carsten Larusch Architektur
Bitburg

6200-0102 Tagespflege (26 Pflegeplätze)
Pflegeheime
Euen, Wolf & Winter GmbH Architektur- und Ingenieurbüro, Gera

6200-0132 Pflegeheim (83 Betten)
Pflegeheime
DIETRICH I UNTERTRIFALLER, BREGENZ und werkgruppe drei I Staiger Weltin, Konstanz

6200-0137 Hospiz (12 Betten)
Pflegeheime
Architekten BENDER HETZEL Planungsgesellschaft mbH
Koblenz

6200-0140 Wohnheim (24 Betten)
Wohnheime und Internate
donhauser postweiler architekten
Regensburg

6200-0141 Übergangswohnheim (81 Betten)
Wohnheime und Internate
W. u. J. Derix GmbH & Co.
Niederkrüchten

444 Niederspannungs-installationsanlagen

Gebäudeart	▷	€/Einheit	◁	KG an 400
1 Büro- und Verwaltungsgebäude				
Büro- und Verwaltungsgebäude, einfacher Standard	28,00	**46,00**	57,00	19,9%
Büro- und Verwaltungsgebäude, mittlerer Standard	85,00	**119,00**	175,00	18,8%
Büro- und Verwaltungsgebäude, hoher Standard	94,00	**125,00**	191,00	14,1%
Büro- und Verwaltungsgebäude, Holzbauweise	58,00	**105,00**	150,00	18,7%
2 Gebäude für Forschung und Lehre				
Instituts- und Laborgebäude	48,00	**107,00**	158,00	8,2%
3 Gebäude des Gesundheitswesens				
Medizinische Einrichtungen	97,00	**140,00**	222,00	18,1%
Pflegeheime	69,00	**104,00**	125,00	11,5%
Gebäude für Erholungszwecke	103,00	**149,00**	217,00	8,2%
4 Schulen und Kindergärten				
Allgemeinbildende Schulen	61,00	**92,00**	121,00	16,6%
Schulen, Holzbauweise	66,00	**98,00**	134,00	16,7%
Berufliche Schulen	97,00	**151,00**	197,00	17,4%
Förder- und Sonderschulen	92,00	**141,00**	306,00	22,3%
Weiterbildungseinrichtungen	91,00	**176,00**	345,00	20,0%

Abb. 9 aus BKI Baukosten Bauelemente: Kostenkennwerte der 3. Ebene für Kostengruppe 400

Kostenvoranschlag

Mit dem Begriff „Kostenvoranschlag" wird in der aktueller DIN 276 gegenüber der Vorgängernorm ein neuer Begriff eingeführt. Der Kostenvoranschlag wird als die Ermittlung der Kosten auf der Grundlage der Ausführungsplanung und der Vorbereitung der Vergabe definiert. Die neue Kostenermittlungsstufe entspricht dem bisherigen „Kostenanschlag". Die DIN 276 fordert, dass die Gesamtkosten nach Kostengruppen in der 3. Ebene der Kostengliederung ermittelt und darüber hinaus nach technischen Merkmalen oder herstellungsmäßigen Gesichtspunkten weiter untergliedert werden. Anschließend sollen die Kosten in Vergabeeinheiten nach der für das jeweilige Bauprojekt vorgesehenen Vergabe- und Ausführungsstruktur geordnet werden. Diese Ordnung erleichtert es in den nachfolgenden Kostenermittlungen, dass die Angebote, Aufträge und Abrechnungen zusammengestellt, kontrolliert und verglichen werden können.

Für die geforderte Untergliederung der 3. Ebene sind die im Band „Bauelemente" enthaltenen BKI Elementarten besonders geeignet. Die darin enthaltene Aufteilung in Leistungsbereiche ermöglicht eine ausführungsorientierte Gliederung. Diese Leistungsbereiche können dann zu den geforderten projektspezifischen Vergabeeinheiten zusammengestellt werden.

334.20	**Fenstertüren**				
06	**AW Fenstertür, Kunststoff, einflüglig, Fensterbank** Außenwand, Fenstertür, einflüglig, Kunststoff, mit Wärmeschutzverglasung, Fensterbank außen Aluminium Einheit: St Öffnung 026 Fenster, Außentüren	1.061,00	**1.367,00**	1.701,00	100,0%
07	**AW Fenstertür, Kunststoff, zweiflüglig, Fensterbank** Außenwand, Fenstertür, zweiflüglig, Kunststoff, mit Wärmeschutzverglasung, Fensterbank außen Aluminium Einheit: St Öffnung 026 Fenster, Außentüren	2.309,00	**2.422,00**	2.717,00	100,0%

Abb. 10 aus BKI Baukosten Bauelemente: Kostenkennwerte für Elementarten

Kostenanschlag

Der Kostenanschlag ist nach Kostenrahmen, Kostenschätzung, Kostenberechnung und Kostenvoranschlag die fünfte Stufe der Kostenermittlungen nach DIN 276. Er dient den Entscheidungen über die Vergaben und die Ausführung. Die HOAI-Novelle 2013 beinhaltet in der Leistungsphase 6 „Vorbereitung der Vergabe" eine wesentliche Änderung: Als Grundleistung wird hier das „Ermitteln der Kosten auf Grundlage vom Planer bepreister Leistungsverzeichnisse" aufgeführt. Auch in der HOAI 2021 ist die Grundleistung unverändert enthalten. Nach der Begründung zur 7. HOAI-Novelle wird durch diese präzisierte Kostenermittlung und -kontrolle der Kostenanschlag entbehrlich. Dies heißt jedoch nicht, dass auf die 3. Ebene der DIN 276 verzichtet werden kann. Die 3. Ebene der DIN 276 und die BKI Elementarten sind wichtige Zwischenschritte auf dem Weg zu bepreisten Leistungsverzeichnissen.

335
Außenwand-bekleidungen, außen

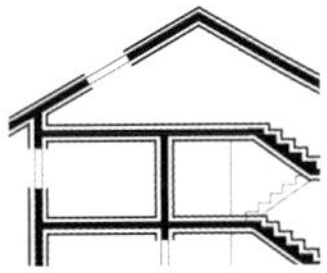

KG.OZ		▷	€/Einheit	◁	LB an EA
335.10	**Unterkonstruktion**				
01	**AW Sockelabdichtung, MDS, Sockelprofil** Sockelabdichtung der Außenwand, mit flexibler, mineralischer Schlämme, mit Sockelprofil Einheit: m² Sockelfläche	61,00	**66,00**	75,00	
	018 Abdichtungsarbeiten				66,4%
	023 Putz- und Stuckarbeiten, Wärmedämmsysteme				33,6%
02	**AW Abdichtung Bodenfeuchte, MDS** Außenwandabdichtung gegen Bodenfeuchte mit flexibler, mineralischer Schlämme Einheit: m² Abdichtungsfläche	51,00	**55,00**	63,00	
	018 Abdichtungsarbeiten				100,0%
03	**AW Abdichtung Bodenfeuchte, PMBC** Außenwandabdichtung gegen Bodenfeuchte, mit kunststoffmodifizierter Bitumendickbeschichtung Einheit: m² Abdichtungsfläche	59,00	**64,00**	73,00	
	018 Abdichtungsarbeiten				100,0%
04	**AW Wärmedämmung, XPS 100, Noppenbahn** Außenwanddämmung mit Perimeterdämmung aus extrudiertem Polystyrol ,100mm, Schutz- und Sickerschicht mit Noppenbahn und Vlies	76,00	**83,00**	94,00	

Abb. 11 aus BKI Baukosten Bauelemente: Kostenkennwerte für Elementarten

Positionspreise

Zum Bepreisen von Leistungsverzeichnissen, Vorbereitung der Vergabe sowie Prüfen von Preisen eignet sich der Band BKI Baukosten Positionen, Statistische Kostenkennwerte (Teil 3). In diesem Band werden Positionen aus den BKI-Positionsdatenbanken ausgewertet und tabellarisch mit Minimal-, Von-, Mittel-, Bis- sowie Maximalpreisen aufgelistet. Aufgeführt sind jeweils Brutto- und Nettopreise. (Abb. 12; BKI Baukosten Positionen)

Die Von-, Mittel-, Bis-Preise stellen dabei die übliche Bandbreite der Positionspreise dar. Minimal- und Maximalpreise bezeichnen die kleinsten und größten aufgetretenen Preise einer in den BKI-Positionsdatenbanken dokumentierten Position. Sie stellen jedoch keine absolute Unter- oder Obergrenze dar. Die Positionen sind gegliedert nach den Leistungsbereichen des Standardleistungsbuchs. Es werden Positionen für Rohbau, Ausbau, Technische Gebäudeausrüstung und Freianlagen dokumentiert.
Ergänzt werden die statistisch ausgewerteten Baupreise durch Mustertexte für die Ausschreibung von Bauleistungen. Diese werden von Fachautoren verfasst und i.d.R. von Fachverbänden geprüft. Die Verbände sind in der Fußzeile für den jeweiligen Leistungsbereich benannt. (Abb. 13; BKI Baukosten Positionen)

Erläuterungen

① ② ③ ④

Büro- und Verwaltungsgebäude, mittlerer Standard

Kosten:
Stand 1. Quartal 2026
Bundesdurchschnitt
inkl. 19% MwSt.

Kostengruppen		▷	€/Einheit	◁	KG an 300+400
310	**Baugrube / Erdbau**				
311	Herstellung [m³]	39,00	**67,00**	140,00	1,6%
312	Umschließung [m²]	125,00	**296,00**	704,00	0,4%
320	**Gründung, Unterbau**				
321	Baugrundverbesserung [m²]	17,00	**82,00**	323,00	0,2%
322	Flachgründungen und Bodenplatten [m²]	201,00	**263,00**	345,00	3,7%
323	Tiefgründungen [m²]	108,00	**381,00**	805,00	0,7%
324	Gründungsbeläge [m²]	118,00	**181,00**	248,00	2,6%
325	Abdichtungen und Bekleidungen [m²]	36,00	**72,00**	150,00	1,1%
330	**Außenwände/Vertikale Baukonstruktionen, außen**				
331	Tragende Außenwände [m²]	185,00	**284,00**	440,00	3,6%
332	Nichttragende Außenwände [m²]	187,00	**330,00**	482,00	0,6%
333	Außenstützen [m]	199,00	**283,00**	420,00	0,3%
334	Außenwandöffnungen [m²]	780,00	**1.124,00**	1.922,00	8,9%
335	Außenwandbekleidungen, außen [m²]	206,00	**330,00**	541,00	6,3%
336	Außenwandbekleidungen, innen [m²]	35,00	**71,00**	106,00	1,0%
337	Elementierte Außenwandkonstruktionen [m²]	813,00	**1.111,00**	1.516,00	1,8%
338	Lichtschutz zur KG 330 [m²]	211,00	**368,00**	802,00	2,0%
340	**Innenwände/Vertikale Baukonstruktionen, innen**				
341	Tragende Innenwände [m²]	144,00	**245,00**	392,00	3,0%
342	Nichttragende Innenwände [m²]	107,00	**127,00**	151,00	2,1%
343	Innenstützen [m]	167,00	**263,00**	390,00	0,3%
344	Innenwandöffnungen [m²]	682,00	**993,00**	1.384,00	4,2%
345	Innenwandbekleidungen [m²]	30,00	**50,00**	72,00	2,5%
346	Elementierte Innenwandkonstruktionen [m²]	299,00	**624,00**	937,00	0,9%
350	**Decken/Horizontale Baukonstruktionen**				
351	Deckenkonstruktionen [m²]	248,00	**294,00**	424,00	6,3%
353	Deckenbeläge [m²]	166,00	**195,00**	228,00	3,6%
354	Deckenbekleidungen [m²]	67,00	**96,00**	148,00	1,4%
359	Sonstiges zur KG 350 [m²]	19,00	**51,00**	148,00	0,9%
360	**Dächer**				
361	Dachkonstruktionen [m²]	181,00	**236,00**	331,00	3,4%
362	Dachöffnungen [m²]	2.070,00	**3.533,00**	7.238,00	0,4%
363	Dachbeläge [m²]	220,00	**298,00**	440,00	4,4%
364	Dachbekleidungen [m²]	29,00	**73,00**	155,00	0,8%
369	Sonstiges zur KG 360 [m²]	8,00	**33,00**	75,00	0,2%
370	**Infrastrukturanlagen**				
380	**Baukonstruktive Einbauten**				
381	Allgemeine Einbauten [m² BGF]	11,00	**36,00**	71,00	0,8%

▷ von
Ø Mittel
◁ bis

Kostenstand: 1. Quartal 2026, Bundesdurchschnitt, **inkl. 19% MwSt.**

Erläuterung nebenstehender Tabelle

Alle Kostenkennwerte enthalten die Mehrwertsteuer. Kostenstand: 1. Quartal 2026.
Kosten und Kostenkennwerte umgerechnet auf den Bundesdurchschnitt.

Bauelemente Neubau nach Gebäudearten für die Kostengruppen der 3. Ebene DIN 276

①

Bezeichnung der Gebäudeart

②

Ordnungszahl und Bezeichnung der Kostengruppe nach DIN 276:2018-12. In eckiger Klammer wird die Einheit der Menge nach DIN 276:2018-12 genannt. Die zugehörigen Mengenbenennung werden auf der hinteren Umschlagklappe abgebildet.

③

Kostenkennwerte für Bauelemente (3. Ebene DIN 276) inkl. MwSt. mit Kostenstand 1. Quartal 2025. Kosten und Kostenkennwerte umgerechnet auf den Bundesdurchschnitt. Angabe von Streubereich (Standardabweichung; „von-/bis"-Werte) und Mittelwert (Fettdruck).

④

Durchschnittlicher Anteil der Kosten der jeweiligen Kostengruppe an den Kosten für Baukonstruktionen (Kostengruppe 300) und Technische Anlagen (Kostengruppe 400). Angabe in Prozent.

Bei den Kostenkennwerten für Baukonstruktionen und Technische Anlagen sind nicht alle Kostengruppen einzeln aufgeführt. Die Kostenkennwerte der nicht genannten Kostengruppen werden unter „Sonstige Kostengruppen Bauwerk - Baukonstruktion" und „Sonstige Kostengruppen Bauwerk - Technische Anlagen" in der untersten Zeile zusammengefasst.

470 Nutzungsspezifische und verfahrenstechnische Anlagen

- **kostenmindernd:**
  Verzicht auf Komfort- oder Automatisierungs-Upgrades, weitgehender Verzicht auf nutzungsspezifische Anlagen, Reduzierung von überdimensionierten oder redundanten Systemen

+ **kostensteigernd:**
  Klimatechnische Anlagen für Spezialräume, Medizinische Instrumentenaufbereitung, spezielle Lagertechnik, Anlagen zur Zubereitung, Ausgabe und Lagerung von Speisen und Getränken, Wasseraufbereitung, Desinfektions- und Sterilisationseinrichtungen, Diagnosegeräte, Behandlungsgeräte, OP-Einrichtungen, Sprinkler- und Gaslöschanlagen, Löschwasserleitungen, Wandhydranten, Handfeuerlöscher, Wäscherei- und Reinigungsanlagen, Abzüge und Spülen, Wärme-, Kälte- und Kühlwasserversorgungsanlagen

480 Gebäude- und Anlagenautomation

- **kostenmindernd:**
  weitgehender Verzicht auf Gebäude- und Anlagenautomation, keine Komfort- oder Optimierungsfunktionen, einfache oder minimalistische Verkabelung

+ **kostensteigernd:**
  Notfall- oder Fallbacksysteme, Visualisierungssysteme für Gebäudemanagement, Redundante Steuerungsanlagen, Integration von IoT- oder Smart-Building-Technologien, Sicherheits- und Alarmintegration, Sensorik und Aktorik, Energiemanagement- und Regelungssysteme, Übergeordnete Einrichtungen für Automation und Management, Automationsstationen, Bedien-, Anzeige- und Ausgabeeinrichtungen, Kabel, Leitungen und Verlegesysteme, Netze zur Datenübertragung

Häufig gestellte Fragen

Fragen zur Flächenberechnung (DIN 277):

1. Wie wird die BGF berechnet?	Die Brutto-Grundfläche ist die Summe der Grundflächen aller Grundrissebenen. Nicht dazu gehören die Grundflächen von nicht nutzbaren Dachflächen (Kriechböden) und von konstruktiv bedingten Hohlräumen (z. B. über abgehängter Decke). (DIN 277:2021-08) Bei den Gebäudearten Dachausbau und Aufstockung nur bezogen auf die Grundrissebene des Dachs.
2. Gehört der Keller bzw. eine Tiefgarage mit zur BGF?	Ja, im Gegensatz zur Geschossfläche nach § 20 Baunutzungsverordnung (BauNVo) gehört auch der Keller bzw. die Tiefgarage zur BGF.
3. Wie werden Luftgeschosse (z. B. Züblinhaus) nach DIN 277 berechnet?	Die Rauminhalte der Luftgeschosse zählen zum Regelfall der Raumumschließung (R) BRI (R). Die Grundflächen der untersten Ebene der Luftgeschosse und Stege, Treppen, Galerien etc. innerhalb der Luftgeschosse zählen zur Brutto-Grundfläche BGF (R). Vorsicht ist vor allem bei Kostenermittlungen mit Kostenkennwerten des Brutto-Rauminhalts geboten.
4. Welchen Flächen ist die Garage zuzurechnen?	Die Stellplatzflächen von Garagen werden zur Nutzungsfläche gezählt, die Fahrbahn ist Verkehrsfläche.
5. Wird die Diele oder ein Flur zur Nutzungsfläche gezählt?	Normalerweise nicht, da eine Diele oder ein Flur zur Verkehrsfläche gezählt wird. Wenn die Diele aber als Wohnraum genutzt werden kann, z. B. als Essplatz, wird sie zur Nutzungsfläche gezählt.
6. Zählt eine nicht umschlossene oder nicht überdeckte Terrasse einer Sporthalle, die als Eingang und Fluchtweg dient, zur Nutzungsfläche?	Die Terrasse ist nicht Bestandteil der Grundflächen des Bauwerks nach DIN 277. Sie bildet daher keine BGF und damit auch keine Nutzungsfläche. Die Funktion als Eingang oder Fluchtweg ändert daran nichts.

7. Zählt eine Außentreppe zum Keller zur BGF?	Wenn die Treppe allseitig umschlossen ist, z. B. mit einem Geländer, ist sie als Verkehrsfläche zu werten. Nach DIN 277:2021-08 gilt: Grundflächen und Rauminhalte sind nach ihrer Zugehörigkeit zu den folgenden Bereichen getrennt zu ermitteln: Regelfall der Raumumschließung (R): Räume und Grundflächen, die Nutzungen der Netto-Raumfläche entsprechend Tabelle 1 aufweisen und die bei allen Begrenzungsflächen des Raums (Boden, Decke, Wand) vollständig umschlossen sind. Dazu gehören nicht nur Innenräume, die von der Witterung geschützt sind, sondern auch solche allseitig umschlossenen Räume, die über Öffnungen mit dem Außenklima verbunden sind; Sonderfall der Raumumschließung (S): Räume und Grundflächen, die Nutzungen der Netto-Raumfläche entsprechend Tabelle 1 aufweisen und mit dem Bauwerk konstruktiv verbunden sind, jedoch nicht bei allen Begrenzungsflächen des Raums (Boden, Decke, Wand) vollständig umschlossen sind (z. B. Loggien, Balkone, Terrassen auf Flachdächern, unterbaute Innenhöfe, Eingangsbereiche, Außentreppen). Die Außentreppe stellt also demnach einen Sonderfall der Raumumschließung (S) dar. Wenn die Treppe allerdings über einen Tiefgarten ins UG führt, wird sie zu den Außenanlagen gezählt. Sie bildet dann keine BGF. Die Kosten für den Tiefgarten mit Treppe sind bei den Außenanlagen zu erfassen.
8. Ist eine Abstellkammer mit Heizung eine Technikfläche?	Es kommt auf die überwiegende Nutzung an. Wenn über 50% der Kammer zum Abstellen genutzt werden können, wird sie als Abstellraum gezählt. Es kann also Gebäude ohne Technikfläche geben.
9. Ist die NUF gleich der Wohnfläche?	Nein, die DIN 277 kennt den Begriff Wohnfläche nicht. Zur Nutzungsfläche gehören grundsätzlich keine Verkehrsflächen, während bei der Wohnfläche zumindest die Verkehrsflächen innerhalb der Wohnung hinzugerechnet werden. Die Abweichungen sind dadurch meistens nicht unerheblich.

Fragen zur Wohnflächenberechnung (WoFIV):

10. Wie wird die Wohnfläche (NE: Wohnfläche) bei Wohngebäuden bei BKI berechnet?	Die Berechnung der bei BKI auf der Startseite der Wohngebäude angegebenen "NE: Wohnfläche" erfolgt nach der Wohnflächenberechnung WoFlV.

11. Wird ein Hobbyraum im Keller zur Wohnfläche gezählt?	Wenn der Hobbyraum nicht innerhalb der Wohnung liegt, wird er nicht zur Wohnfläche gezählt. Beim Einfamilienhaus gilt: Das ganze Haus stellt die Wohnung dar. Der Hobbyraum liegt also innerhalb der Wohnung und wird mitgezählt, wenn er die Qualitäten eines Aufenthaltsraums nach LBO aufweist.
12. Wird eine Diele oder ein Flur zur Wohnfläche gezählt?	Wenn die Diele oder der Flur in der Wohnung liegt ja, ansonsten nicht.
13. In welchem Umfang sind Balkone oder Terrassen bei der Wohnfläche zu rechnen?	Balkone und Terrassen werden von BKI zu einem Viertel zur Wohnfläche gerechnet. Die Anrechnung zur Hälfte wird nicht verwendet, da sie in der WoFIV als Ausnahme definiert ist.
14. Zählt eine Empore/Galerie im Zimmer als eigene Wohnfläche oder Nutzungsfläche?	Wenn es sich um ein unlösbar mit dem Baukörper verbundenes Bauteil handelt, zählt die Empore mit. Anders beim nachträglich eingebauten Hochbett, das zählt zum Mobiliar. Für die verbleibende Höhe über der Empore ist die 1 bis 2m Regel nach WoFIV anzuwenden: „Die Grundflächen von Räumen und Raumteilen mit einer lichten Höhe von mindestens zwei Metern sind vollständig, von Räumen und Raumteilen mit einer lichten Höhe von mindestens einem Meter und weniger als zwei Metern sind zur Hälfte anzurechnen."

Fragen zur Kostengruppenzuordnung (DIN 276):

15. Wo werden Abbruchkosten zugeordnet?	Abbruchkosten ganzer Gebäude im Sinne von „Bebaubarkeit des Grundstücks herstellen" werden der KG 212 Abbruchmaßnahmen zugeordnet. Abbruchkosten einzelner Bauteile, insbesondere bei Sanierungen werden den jeweiligen Kostengruppen der 2. oder 3. Ebene (Wände, Decken, Dächer) zugeordnet. Wo diese Aufteilung nicht möglich ist, werden die Abbruchkosten der KG 394 Abbruchmaßnahmen zugeordnet, weil z. B. die Abbruchkosten verschiedenster Bauteile pauschal abgerechnet wurden. Analog gilt dies auch für die Kostengruppen 400 und 500.
16. Wo muss ich die Kosten des Aushubs für Abwasser- oder Wasserleitungen zuordnen?	Diese Kosten werden wie auch alle anderen Rohrgraben- und Schachtaushubskosten der KG 311 zugeordnet, sofern der Aushub unterhalb des Gebäudes anfällt. Die Kosten für Rohrgraben- und Schachtaushub zwischen Gebäudeaußenkante und Grundstücksgrenze gehören in die KG 511. Die Kosten des Rohrgraben- und Schachtaushubs innerhalb von Erschließungsflächen werden der KG 220 ff. oder KG 230 ff. zugeordnet.

23. Hat das Baujahr der Objekte einen Einfluss auf die angegebenen Kosten?	Nein, alle Kosten wurden über den Baupreisindex auf einen einheitlichen zum Zeitpunkt der Herausgabe aktuellen Kostenstand umgerechnet. Der Kostenstand wird auf jeder Seite als Fußzeile angegeben. Allenfalls sind Korrekturen zwischen dem Kostenstand zum Zeitpunkt der Herausgabe und dem aktuellen Kostenstand durchzuführen.
24. Wo finde ich weitere Informationen zu den einzelnen Objekten einer Gebäudeart?	Alle Objekte einer Gebäudeart sind einzeln mit Kurzbeschreibung, Angabe der BGF und anderer wichtiger Kostenfaktoren aufgeführt. Die Objektdokumentationen sind veröffentlicht in den Fachbüchern „Objektdaten" und können als PDF-Datei unter ihrer Objektnummer bei BKI bestellt werden, Telefon: 0711 954 854-41.
25. Was mache ich, wenn ich keine passende Gebäudeart finde?	In aller Regel findet man verwandte Gebäudearten, deren Kostenkennwerte der 2. Ebene (Grobelemente) wegen ähnlicher Konstruktionsart übernommen werden können.
26. Wo findet man Kostenkennwerte für Abbruch?	Im Fachbuch „BKI Baukosten Gebäude Altbau - Statistische Kostenkennwerte" gibt es Elementarten zu Abbruch und Demontagearbeiten. Im Fachbuch „BKI Baukosten Positionen Altbau - Statistische Kostenkennwerte" gibt es Mustertexte für Teilleistungen zu „LB 384 - Abbruch und Rückbauarbeiten". Im Fachbuch „BKI Baupreise kompakt Altbau" gibt es Positionspreise und Kurztexte zu „LB 384 - Abbruch und Rückbauarbeiten". Die Mustertexte für Teilleistungen zu „LB 384 - Abbruch und Rückbauarbeiten" und deren Positionspreise sind auch in der Software BKI Positionen und im BKI Kostenplaner enthalten.
27. Warum ist die Summe der Kostenkennwerte in der Kostengruppen (KG) 310-390 nicht gleich dem Kostenkennwert der KG 300, aber bei der KG 400 ist eine Summenbildung möglich?	In den Kostengruppen 310-390 ändern sich die Einheiten (310 Baugrube/Erdbau gemessen in m^3, 320 Gründung, Unterbau gemessen in m^2); eine Addition der Kostenkennwerte ist nicht möglich. In den Kostengruppen 410-490 ist die Bezugsgröße immer BGF, dadurch ist eine Addition prinzipiell möglich.

28. Manchmal stimmt die Summe der Kostenkennwerte der 2. Ebene der Kostengruppe 400 trotzdem nicht mit dem Kostenkennwert der 1. Ebene überein; warum nicht?	Die Anzahl der Objekte, die auf der 1. Ebene dokumentiert werden, kann von der Anzahl der Objekte der 2. Ebene abweichen. Dann weichen auch die Kostenkennwerte voneinander ab, da es sich um unterschiedliche Stichproben handelt. Es fallen auch nicht bei allen Objekten Kosten in jeder Kostengruppe an (Beispiel KG 461 Aufzugsanlagen).
29. Nutzungskosten, Lebenszykluskosten	Seit 2010 bringt BKI in Zusammenarbeit mit dem Institut für Bauökonomie der Universität Stuttgart ein Fachbuch mit Nutzungskosten ausgewählter Objekte heraus. Die Reihe wird kontinuierlich erweitert. Das Fachbuch Nutzungskosten Gebäude 2020/2021 fasst einzelne Objekte zu statistischen Auswertungen zusammen.
30. Lohn- und Materialkosten	BKI dokumentiert Baukosten nicht getrennt nach Lohn- und Materialanteil.
31. Gibt es Angaben zu Kostenflächenarten?	Nein, BKI hält die Grobelementmethode für geeigneter. Solange Grobelementmengen nicht vorliegen, besteht die Möglichkeit der Ableitung der Grobelementmengen aus den Verhältniszahlen von Vergleichsobjekten (siehe Planungskennwerte und Baukostensimulation).

Fragen zu weiteren BKI Produkten:

32. Sind die Inhalte von „BKI Baukosten Gebäude (Teil 1), Statistische Kostenkennwerte" und „BKI Baukosten Bauelemente (Teil 2), Statistische Kostenkennwerte" auch im Kostenplaner enthalten?	Ja, im BKI Kostenplaner Statistik sind alle Objekte mit den Kosten bis zur 3. Ebene nach DIN 276 enthalten. Im BKI Kostenplaner Statistik plus sind zudem die vom BKI gebildeten Ausführungsklassen und Elementarten enthalten. Darüber hinaus ermöglicht der BKI Kostenplaner den Zugriff auf alle Einzeldokumentationen von tausenden Objekten.

33. Worin unterscheiden sich die Fachbuchreihen „BKI Baukosten" und „BKI Objektdaten"

In der Fachbuchreihe BKI Objektdaten erscheinen abgerechnete Einzelobjekte eines bestimmten Teilbereichs des Bauens (A=Altbau, N=Neubau, E=Energieeffizientes Bauen, IR=Innenräume, F=Freianlagen). In der Fachbuchreihe BKI Baukosten erscheinen hingegen statistische Kostenkennwerte von Gebäudearten, die aus den Einzelobjekten gebildet werden.
Die Kostenplanung mit Einzelobjekten oder mit statistischen Kostenkennwerten haben spezifische Vor- und Nachteile:
Planung mit Objektdaten (BKI Objektdaten):

- Vorteil: Wenn es gelingt ein vergleichbares Einzelobjekt oder passende Bauausführungen zu finden ist die Genauigkeit besser als mit statistischen Kostenkennwerten. Die Unsicherheit, die der Streubereich (von-bis-Werte) mit sich bringt, entfällt.
- Nachteil: Passende Vergleichsobjekte oder Bauausführungen zu finden kann mühsam oder erfolglos sein.

Planung mit statistischen Kostenkennwerten (BKI Baukosten):

- Vorteil: Über die BKI Gebäudearten ist man recht schnell am Ziel, aufwendiges Suchen entfällt.
- Nachteil: Genauere Prüfung, ob die Mittelwerte übernommen werden können oder noch nach oben oder unten angepasst werden müssen, ist unerlässlich.

34. In welchen Produkten dokumentiert BKI Positionspreise?

Preise für Positionen mit statistischer Auswertung werden in „BKI Baukosten Positionen, Statistische Kostenkennwerte Neubau (Teil 3) und Altbau (Teil 5)" und „BKI Baupreise kompakt Neu- und Altbau" herausgegeben.
In Software-Form sind Preise mit den vorformulierten BKI-Mustertexten in der Software „BKI Kostenplaner - Statistik plus [Positionen]" und „BKI Positionen" enthalten.
Ausgewählte Positionspreise enthalten die Fachbücher „Konstruktionsdetails K1 bis K4", „Objektdaten Technische Gebäudeausrüstung G1 bis G7" sowie die BKI „Objektdaten Freianlagen".
Im Sonderband Objektdaten S2 - Barrierefreies Bauen erscheint eine Auswahl von besonderen Positionen zum Barrierefreien Bauen.

35. Worin unterscheiden sich die Bände N1 bis N20 (A1 bis A13)	Die Bücher unterscheiden sich lediglich durch die Auswahl der dokumentierten Einzelobjekte. Der Aufbau der Bände ist gleich. In der BKI Fachbuchreihe Objektdaten erscheinen in unregelmäßigen Abständen Folgebände mit neu dokumentierten Einzelobjekten. Speziell bei den Altbaubänden A1 bis A13 ist es nützlich, alle Bände zu besitzen, da es im Bereich Altbau notwendig ist, mit passenden Vergleichsobjekten zu planen. Je mehr Vergleichsobjekte vorhanden sind, desto höher ist die „Trefferquote". Bände der Fachbuchreihe Objektdaten sollten deshalb langfristig aufbewahrt werden.

BKI plant für zukünftige Ausgaben des vorliegenden Fachbuchs zusätzlich sogenannte Aufwandsdaten zu erfassen. Sofern ausreichend Daten akquiriert werden können, erfolgt die Publikation dieser Daten wie im Folgenden beschrieben:

36. Was ist mit Aufwandsdaten gemeint?	Aufwandsdaten stellen den Zeitaufwand für Produktivleistungen eines Architekturauftrags dar. Als Produktivleistungen gelten: • Beratung bzgl. Planung und die Ausführung des Bauvorhabens • Erstellung von Zeichnungen, Berechnungen und Beschreibungen • Koordination und Integration der Beiträge fachlich Beteiligter • Erstellung von Genehmigungsunterlagen • Vorbereitung und Mitwirken bei der Vergabe • Objektüberwachung und Mitwirken bei der Abnahme u.v.m. Produktivleistungen werden nicht nur von Mitarbeiter*innen, sondern auch von Inhaber*innen/Partner*innen und Dritten erbracht und den Personalaufwendungen zugeordnet. In den BKI-Objektdokumentationen werden – soweit vom Objektplaner angegeben – die Aufwandsdaten für Produktivleistungen der Leistungsphasen 1 bis 8 dargestellt. Die Angabe des Zeitaufwands erfolgt in Arbeitstagen (1 AT = 8 Stunden).

Diese Liste wird laufend erweitert und im Internet unter www.bki.de/faq-kostenplanung.html veröffentlicht.

Gliederung in Leistungsbereiche nach STLB-Bau

Als Beispiel für eine ausführungsorientierte Ergänzung der Kostengliederung werden im Folgenden die Leistungsbereiche des Standardleistungsbuches für das Bauwesen in einer Übersicht dargestellt.

000 Baustelleneinrichtungen; Verkehrssicherungs- und Sicherheitseinrichtungen
001 Gerüstarbeiten
002 Erdarbeiten
003 Landschaftsbauarbeiten
004 Landschaftsbauarbeiten, Pflanzen
005 Brunnenbauarbeiten und Aufschlussbohrungen
006 Spezialtiefbauarbeiten
007 Untertagebauarbeiten
008 Wasserhaltungsarbeiten
009 Entwässerungskanalarbeiten
010 Drän- und Versickerungsarbeiten
011 Abscheider- und Kleinkläranlagen
012 Mauerarbeiten
013 Betonarbeiten
014 Natur-, Betonwerksteinarbeiten
016 Zimmer- und Holzbauarbeiten
017 Stahlbauarbeiten
018 Abdichtungsarbeiten
019 Kampfmittelräumarbeiten
020 Dachdeckungsarbeiten
021 Dachabdichtungsarbeiten
022 Klempnerarbeiten
023 Putz- und Stuckarbeiten, Wärmedämmsysteme
024 Fliesen- und Plattenarbeiten
025 Estricharbeiten
026 Fenster, Außentüren
027 Tischlerarbeiten
028 Parkett-, Holzpflasterarbeiten
029 Beschlagarbeiten
030 Rollladenarbeiten
031 Metallbauarbeiten
032 Verglasungsarbeiten
033 Baureinigungsarbeiten
034 Maler- und Lackierarbeiten - Beschichtungen
035 Korrosionsschutzarbeiten an Stahlbauten
036 Bodenbelagsarbeiten
037 Tapezierarbeiten
038 Vorgehängte hinterlüftete Fassaden
039 Trockenbauarbeiten
040 Wärmeversorgungsanlagen - Betriebseinrichtungen
041 Wärmeversorgungsanlagen - Leitungen, Armaturen, Heizflächen
042 Gas- und Wasseranlagen - Leitungen und Armaturen
043 Druckrohrleitungen für Gas, Wasser und Abwasser
044 Abwasseranlagen - Leitung, Abläufe, Armaturen
045 Gas-, Wasser- und Entwässerungsanlagen - Ausstattung, Elemente, Fertigbäder
046 Gas-, Wasser- und Entwässerungsanlagen - Betriebseinrichtungen
047 Dämm- und Brandschutzarbeiten an technischen Anlagen
049 Feuerlöschanlagen, Feuerlöschgeräte
050 Blitzschutz- / Erdungsanlagen, Überspannungsschutz
051 Kabelleitungstiefbauarbeiten
052 Mittelspannungsanlagen
053 Niederspannungsanlagen - Kabel / Leitungen, Verlegesysteme, Installationsgeräte
054 Niederspannungsanlagen - Verteilersysteme und Einbaugeräte
055 Sicherheits- und Ersatzstromversorgungsanlagen
057 Gebäudesystemtechnik
058 Leuchten und Lampen
059 Sicherheitsbeleuchtungsanlagen
060 Such-, Signal-, Zeitdienst-, Antennen-, elektroakustische Anlagen, Medientechnik
061 Kommunikations- und Übertragungsnetze
062 Kommunikationsanlagen
063 Gefahrenmeldeanlagen
064 Zutrittskontroll-, Zeiterfassungssysteme
069 Aufzüge
070 Gebäudeautomation
075 Raumlufttechnische Anlagen
078 Kälteanlagen für raumlufttechnische Anlagen
080 Straßen, Wege, Plätze
081 Betonerhaltungsarbeiten
082 Bekämpfender Holzschutz
084 Abbruch-, Rückbau- und Schadstoffsanierungsarbeiten
085 Rohrvortriebsarbeiten
087 Abfallentsorgung, Verwertung und Beseitigung
090 Baulogistik
091 Stundenlohnarbeiten
096 Bauarbeiten an Bahnübergängen
097 Bauarbeiten an Gleisen und Weichen
098 Witterungsschutzmaßnahmen

Lebensdauer von Bauteilen und Bauelementen

von Dr. Frank Ritter

Lebensdauer von Bauteilen und Bauelementen

Ein Beitrag von Dr. Frank Ritter

Einleitung

Die Bedeutung der Lebensdauerermittlung im Bauwesen gewinnt im Rahmen des gestiegenen Nachhaltigkeitsbewusstseins immer mehr an Bedeutung. Kenntnisse über die Lebensdauer eines Gebäudes, sowie die Dauerhaftigkeit einzelner Bauteile und Materialschichten, sind für die Beschreibung des Lebenszyklus eines Bauwerks oder auch die Planung der Instandsetzungsstrategie unabdingbar.

In der Literatur stehen zahlreiche Quellen mit Lebensdauerdaten (z. B. [3]) und Intervallkataloge für Instandhaltungsmaßnahmen (z. B. [14]) zur Verfügung. Diese Angaben beruhen zumeist auf Erfahrungswerten aus der Praxis oder vereinzelten Herstellerangaben. Aufgrund zahlreicher Faktoren, komplexer Zusammenhänge und Abhängigkeiten verschiedener Einflussgrößen gibt es große Unterschiede zwischen den einzelnen Angaben (siehe Abbildung 1-1).

Die Gründe für die großen Streubreiten und Abweichungen sind in Faktoren zu suchen, die das Alterungsverhalten der Bauteile beeinflussen. Dazu gehören z. B. die Qualität der Planung und der Ausführung, die Materialgüte und Materialauswahl, Nutzungs- und Umgebungsbedingungen oder die Instandhaltungsqualität.

Im Rahmen einer Forschungsarbeit [13] wurde eine breite Datenbasis mit praxisnahen Lebensdauern von Bauteilen und Baustoffen geschaffen, die als Grundlage in vielen Bereichen der Lebenszyklusanalyse verwendet werden kann. Anhand eines neu entwickelten Verfahrens kann die projektspezifische Prognose der Lebensdauer eines Bauteils in Abhängigkeit der wesentlichen Einflussgrößen bestimmt werden. Somit können bereits bei der Planung von Gebäuden die entsprechenden Bauprodukte und Bauteile derart aufeinander abgestimmt werden, dass Stoff- und Energieflüsse reduziert und die Lebenszykluskosten minimiert werden. Der oft eher zufällige Einsatz von Bauteilen und Baustoffen nach vordergründig wirtschaftlichen Gesichtspunkten soll zukünftig im Sinne einer lebenszyklusgerechten Planung, die mit geringeren Instandhaltungs- und Instandsetzungskosten einher geht, vermieden werden.

Auf die Darstellung des vollständigen Verfahrens muss leider im Rahmen dieser Veröffentlichung verzichtet werden, weshalb sich die Veröffentlichung auf die Darstellung der Referenzlebensdauern beschränken muss. Weiterführende Informationen sind unter [13] zu finden.

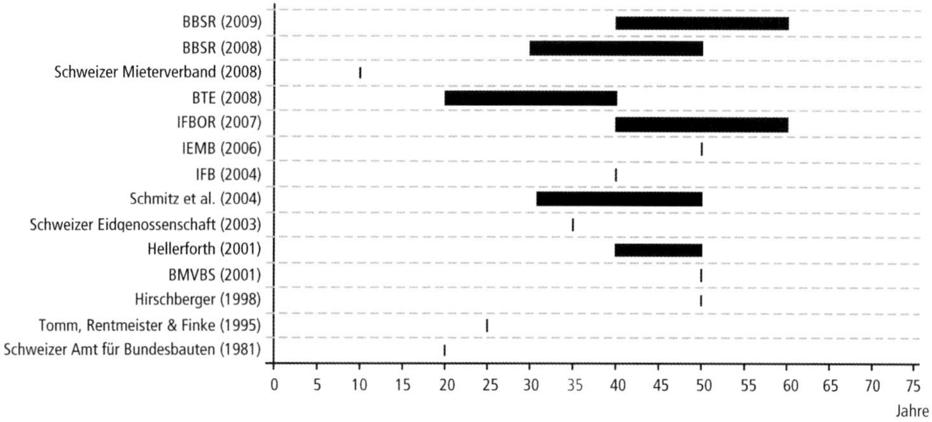

Abb. 1-1: Lebensdauerschätzungen aus der Literatur am Beispiel Kunststofffenster

2 Grundlagen der Lebensdaueranalyse

2.1 Einführung

Der Weg eines Gebäudes von der ersten Planungsidee bis zu seinem Rückbau wird durch unterschiedliche Entwicklungsphasen charakterisiert. Die Gesamtheit dieser Entwicklungsphasen wird als Lebenszyklus bezeichnet. Gemäß Abbildung 2-1 lässt er sich grob in die Phasen Bauwerkserstellung, Bauwerksnutzung und Bauwerksbeseitigung unterteilen.

Die Lebensdauer ist somit sowohl für die Beurteilung der Lebenszyklusphasen als auch für die Berechnung von Lebenszykluskosten von zentraler Bedeutung. Dabei wird zwischen der technischen und der wirtschaftlichen Lebensdauer eines Objekts unterschieden, wobei es unerheblich ist, ob damit ein einzelnes Bauelement, eine Bauteilschicht oder ein ganzer Gebäudekomplex gemeint ist.

Die wirtschaftliche Lebensdauer bezeichnet den Zeitraum, in dem es unter den gegebenen Umständen ökonomisch sinnvoll ist, ein Bauteil

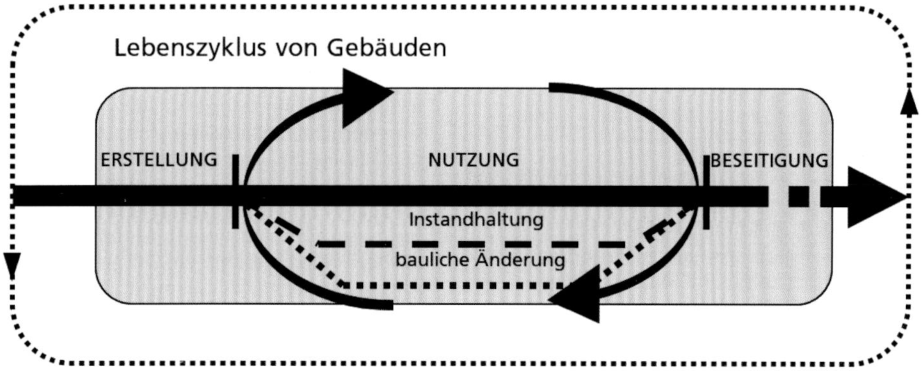

Abb. 2-1: Lebenszyklus eines Gebäudes nach [8]

bzw. das Gebäude zu nutzen oder zu betreiben. Sie unterliegt legislativen, wirtschaftlichen und gesellschaftlichen Einflüssen und ist unabhängig von der technischen Lebensdauer, kann diese jedoch nicht überschreiten. Die wirtschaftliche Lebensdauer ist ein Begriff der wirtschaftlichen Wertermittlung und ist umso größer, je anpassbarer das Gebäude und seine Teile an die geänderten Ansprüche sind. Das Ende der wirtschaftlichen Lebensdauer ist erreicht, wenn die Rentabilität nicht mehr gegeben ist, d. h. die Kosten der Gebäudenutzung die Erträge übersteigen.

Die technische Lebensdauer beschreibt die Zeitspanne zwischen Errichtung und Ausfall. Sie definiert die Lebenserwartung, in der ein Gebäude, Bauteil oder Material – unter Einbeziehung der notwendigen und üblichen Instandhaltungsmaßnahmen und unter Berücksichtigung der Abnutzung – seinen Funktionen und seinem bestimmungsgemäßen Gebrauch voll genügen kann. Sie wird von vielen verschiedenen Faktoren beeinflusst, die im weiteren Verlauf dieser Arbeit umfassend erläutert werden. Mit dem Erreichen der technischen Lebensdauer ist die Funktionsfähigkeit eines Gebäudes bzw. der Gebäudeteile nicht mehr gewährleistet, wohingegen mit dem Ende der wirtschaftlichen Lebensdauer die Qualität nicht mehr den nutzerspezifischen Ansprüchen oder dem Stand der Technik genügt. Beides resultiert schließlich im Austausch oder Abriss einzelner Bauteile oder der Gesamtkonstruktion.

Die Nutzungsdauer von Bauteilen wird in dieser Arbeit als Zeitraum der geplanten Nutzung bei gleichbleibenden Ansprüchen und Wirtschaftlichkeit definiert. Mit Hilfe von Instandhaltung, Instandsetzung und Modernisierung, die auch veränderten Ansprüchen gerecht werden, kann die Nutzungsdauer entsprechend verlängert werden und somit der technischen Lebensdauer gleichgesetzt werden.

Die Lebensdauer eines öffentlichen Gebäudes wird in der Regel mit 40 bis 80 Jahren angenommen. Diese Annahme resultiert aus der wirtschaftlichen Nutzung und ist Grundlage der Wirtschaftlichkeits- und Finanzierungsüberlegungen. Zudem ist damit der Abschreibungszeitraum formuliert. Da die Nutzungsgewohnheiten heute schnelleren Änderungen unterworfen sind, sollte von einer Referenzzeit von höchstens 50 Jahren ausgegangen werden. Dieser Wert wurde inzwischen auch in die Grundlagen der Tragwerksplanung nach DIN 1055-100 (2001) als Bemessungszeitraum aufgenommen. Eine längere Nutzungsdauer von bis zu 80 Jahren erscheint allenfalls bei Infrastrukturbauwerken angemessen.

2.2 Abnutzung und Alterungsverhalten

Jedes fachgerecht eingebaute Bauteil weist nach dem Einbau, abhängig z. B. von der Herstellung oder der Instandhaltung, eine bestimmte Gebrauchs- oder Funktionsfähigkeit auf. Dieser so genannte Abnutzungsvorrat reduziert sich im Verlauf der Nutzungsphase, kann jedoch durch Instandhaltungsmaßnahmen wiederhergestellt werden. Das in Abbildung 2-2 dargestellte Modell stellt den theoretischen Abnutzungsverlauf vereinfacht durch eine Kurve dar. Es wird davon ausgegangen, dass ein Bauteil nicht linear altert, sondern dass die Abnutzung im Laufe des Bauteilalters zunimmt. Der Abnutzungsvorrat beträgt bei Inbetriebnahme des Bauteils 100%. Dieser Vorrat wird im Laufe der Zeit durch die Nutzung sowie durch innere und äußere Einflüsse abgebaut, kann aber durch Wartungsmaßnahmen in begrenztem Umfang wiederhergestellt werden. Bei Überschreitung der Schadensgrenze ist der Abnutzungsvorrat so gering (tA1), dass ein Schaden am Bauteil eintritt. Zum endgültigen Ausfall kommt es bei einem Abnutzungsvorrat von 0%, wobei spätestens zu diesem Zeitpunkt der Abnutzungsvorrat durch Maßnahmen der Instandhaltung wiederhergestellt werden muss. Auf Grund von technischen Verbesserungen ist es möglich, den Abnutzungsvorrat über die Grenze von 100% des Ursprungsbauteils zu erweitern.

Grundsätzlich wird bei Bauteilen zwischen materieller und immaterieller Abnutzung unterschieden. Die materielle Abnutzung beschreibt den Abbau des Abnutzungsvorrats durch Verschleiß, Reibung oder sonstige direkte Einflüsse. Bei der immateriellen Alterung wird die Alterungsgrenze nicht durch Materialversagen, sondern durch veränderte Ansprüche und Anforderung der Nutzer erreicht. Dabei kann es durch technischen Fortschritt, durch wirtschaftliche oder ästhetische Gründe zu einem Austausch des Bauteils kommen. Die immaterielle Alterung hat oft zur Folge, dass Bauteile, die ihren Abnutzungsvorrat noch nicht erreicht haben, ersetzt werden, da sich Ansprüche oder Nutzungsart des Gebäudes geändert haben.

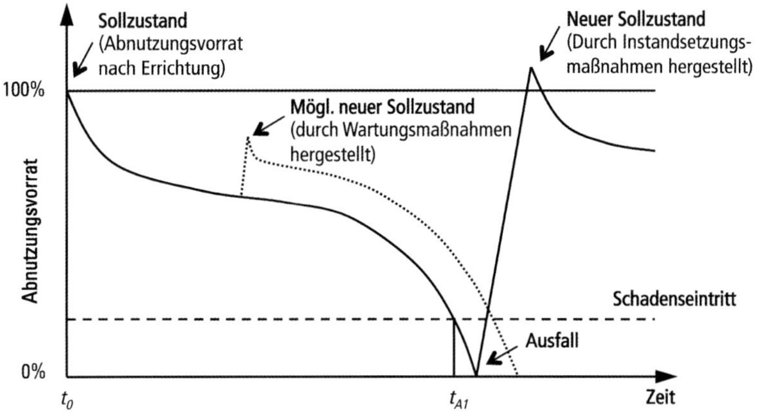

Abb. 2-2: Theoretischer Ablauf der Abnutzung eines Bauteils

3 Analyse ausgewählter Verfahren zur Lebensdauerermittlung

3.1 Einführung

Die Verfahren zur Vorhersage von Lebensdauern lassen sich grundsätzlich aufteilen in stochastische Methoden und anwendungsorientierte Näherungslösungen.

Die stochastischen Methoden sind meist sehr materialspezifisch und hoch spezialisiert. Das Ziel dieser Methoden ist die möglichst exakte Beschreibung des Alterungsprozesses mithilfe probabilistischer Ansätze, wie z. B. Karbonatisierung und Chloridpenetration bei Stahlbetonbauteilen nach [6]. Mit einem enormen Anspruch an Detaillierung und Präzision werden verschiedene Beanspruchungen und die damit verbundenen Schadensbilder analysiert. Aufgrund des beträchtlichen Zeit- und Kostenaufwands sind derartige Methoden bislang eher als Insellösungen in sehr spezifischen Bereichen anzusehen, auf die hier nicht näher eingegangen werden soll.

Die anwendungsorientierten Näherungsmethoden haben zum Ziel die Lebensdauern mithilfe von Annahmen möglichst plausibel abzuschätzen. Aufgrund der fehlenden bzw. marginalen Berücksichtigung relevanter Einflussgrößen sind diese Methoden nur als grobe Näherung zu betrachten. Für einen generellen Ansatz zur Lebensdauerermittlung scheint die DIN ISO 15686-Normenreihe als einzige für die Entwicklung eines generellen Alterungsmodells geeignet, da diese allgemeine Rahmenbedingungen zur Lebensdauerbestimmung vorgibt und so harmonisierte Lebensdauerdaten von Bauprodukten in transparenter und nachvollziehbarer Form ermittelt werden können.

3.2 Kennwertemethode

Die Kennwertemethode im Bereich der Lebensdauerermittlung basiert auf veröffentlichten Benchmarks zur Lebensdauer von Bauteilen und Bauelementen. Wie bereits angedeutet stehen in der Literatur zahlreiche Quellen mit Lebensdauerdaten zur Verfügung, deren Angaben zumeist auf Erfahrungswerten aus der Praxis oder vereinzelten Herstellerangaben beruhen. Bei den veröffentlichten Lebensdauertabellen handelt es sich fast ausschließlich um Lebensdauerwerte ohne weitere Angaben zu den Randbedingungen, unter denen die Daten gewonnen wurden oder aus welchen Quellen sie stammen. Aufgrund dieser fehlenden Angaben sind noch immer keine Vergleichs- und Beurteilungskriterien vorhanden, da kein einheitlicher Standard existiert, in welcher Form mögliche Lebensdauerdaten zu ermitteln sind.

Bei einem Vergleich der Lebensdauerangaben eines Bauteils zeigen sich aufgrund der verschiedenen Quellen und den unterschiedlichen Randbedingungen zum Teil erhebliche Streuungen der vorhandenen Lebensdauern. Die Abweichungen der Werte verschiedener Quellen wurden beispielhaft bereits in Abbildung 1-1 für das Bauteil Kunststofffenster dargestellt. Aufgrund der unterschiedlichen gebäudespezifischen Eigenschaften und der verschiedenen Einflussfaktoren, die auf ein Gebäude wirken, entspricht die Lebensdauer eines Bauteils nur selten den Kennwerten aus der Literatur. Die Kennwerte können somit nur als erste Annäherung dienen und sollten in Zukunft durch die Einbeziehung von individuellen Randbedingungen und objektspezifischen Eigenschaften des Gebäudes nachgebessert werden

3.3 Faktorenmethode nach DIN ISO 15686

Wie bereits beschrieben, gibt die DIN ISO 15686-Normenreihe generelle Rahmenbedingungen für die Lebensdauerabschätzung von Bauprodukten bzw. Bauteilen vor. Ziel der Normenreihe ist die Bereitstellung harmonisierter Lebensdauerdaten von Bauprodukten bzw. Bauteilen, um zuverlässige und vergleichbare Grundlagen für Lebenszyklusanalysen zu schaffen. Der Schwerpunkt wird dabei auf die Vergleichbarkeit unterschiedlicher Lebensdauerdaten (Erfahrungswerte, Laborkennwerte etc.) bei ähnlichen Randbedingungen (Klima, Nutzungsart etc.) gelegt.

Die in der DIN ISO 15686-4 (2014) definierte Faktorenmethode versucht, die tatsächlichen Umweltbedingungen einzelner Bauteile bei der Bestimmung der spezifischen Lebensdauer zu berücksichtigen. Sie soll nur dann zur Anwendung kommen, wenn keine Lebensdauerdaten für ähnliche Einbaubedingungen vorliegen und eine Adaption für den speziellen Einsatzbereich erforderlich wird. In der Faktorenmethode wird die Lebensdauervoraussage für ein konkretes Bauwerk, eine bauliche Anlage oder eine Komponente mithilfe von Faktoren bestimmt, die verschiedenen Kategorien zugeordnet sind. Diese ermöglichen die Anpassung der Konditionen, unter denen allgemeine Lebensdauerdaten ermittelt wurden, an die Referenzkonditionen des konkreten Bauwerks. In Tabelle 3-1 sind die sieben Einflussfaktoren (A bis G) mit Kategorien und Beispielen dargestellt.

Kategorie	**Faktor**	**Faktorklasse**	**Beispiele**
Bauteilqualität	A	Komponentenqualität	Herstellung, Lagerung, Transport, Material
	B	Konstruktionsqualität	Konstruktiver Schutz
	C	Ausführungsqualität	Einbau, Personal, Klimatische Bedingungen auf der Baustelle
Umgebung	D	Inneneinflüsse	Raumluft, Kondensation
	E	Außeneinflüsse	Standort, Klima, Luftverschmutzung
Gebrauchsbedingungen	F	Nutzungsintensität	Mechanische Einflüsse, Nutzungsart, Verschleiß
	G	Instandhaltungsqualität	Qualität und Häufigkeit, Zugänglichkeit

Tab. 3-1: Einflussfaktoren auf die Lebensdauer nach DIN ISO 15686-4 (2014)

Ausgangsbasis des Verfahrens ist die Referenzlebensdauer der zu bewertenden Komponente RSLC (Reference Service Life of a Component), die sich auf ein Bauteil von durchschnittlicher Qualität unter durchschnittlichen Rahmenbedingungen bezieht. Die spezifische Lebensdauer einer Gebäudekomponente ESLC (Estimated Service Life of a Component) ermittelt sich durch Multiplikation der Referenzlebensdauer mit den modifizierenden Faktoren nach der folgenden Gleichung:

$$ESLC = RSLC * A * B * C * D * E * F * G \quad (3.1)$$

Grundsätzlich erscheint die Vorgehensweise, die spezifischen Rahmenbedingungen mithilfe von Einflussfaktoren rechnerisch zu berücksichtigen als sehr sinnvoll. Jedoch macht die Normenreihe DIN ISO 15686 weder Angaben zu Referenzlebensdauern, noch zu spezifischen Werten der Faktoren. Daher wird vor allem die Ermittlung der einzelnen Faktorwerte A bis G immer eine gewisse Unsicherheit mit sich führen, da die Bedingungen auf denen die Lebensdauervoraussage basiert, im Allgemeinen unsicher und unvollständig sind. Ebenso kann die Basis für die Bestimmung der numerischen Werte der Faktoren unzulänglich sein und keine akkurate Lebensdauervoraussage ermöglichen. Als Alternative zu dieser mathematischen Bestimmung kann eine qualitative Bestimmung der Faktoren durchgeführt werden (z. B. durch Einordnung der Faktorwerte in Kategorien wie „schlechter", „wie der Referenzwert" oder „besser").

3.4 Erweiterte Faktorenmethode nach Ritter

Das von Ritter entwickelte Vorhersagemodell objektspezifischer Lebensdauern orientiert sich weitestgehend an dem Modell der Faktoren-Methode aus DIN ISO 15686. Ritter hat versucht, die Schwächen der Faktorenmethode auszugleichen und die Anwendung in der Praxis zu erleichtern. Fehlende Angaben zu den Referenzlebensdauern wurden durch eine Datenerhebung aktualisiert um eine ausreichende Anzahl statistisch belastbarer Datensätze zu erhalten. Es wurden Unterschiede in der Relevanz der einzelnen Einflussgrößen durch die Datenerhebung ermittelt, was bei der Faktorenmethode durch ihre gleichmäßige Wichtung aller Faktoren gerne bemängelt wird. Als entscheidende und wichtigste Neuerung wird die Begrenzung der Auswirkungen aus Einflussgrößen angesehen. Eine Begrenzung der berechneten spezifischen Lebensdauer durch die aus der Datenerhebung ermittelten minimalen und maximalen Werte der Lebensdauer führte zu einer erheblichen Verbesserung des Modells und somit zu einer höheren Akzeptanz in der Praxis.

Neben der möglichst fachgerechten Bewertung aller Einflüsse bestand die Herausforderung für die Anwendung in der Praxis hauptsächlich darin, aus der großen Menge verschiedenartiger Parameter die maßgeblichen Einflussfaktoren herauszufiltern. Hierbei ist auf ein Gleichgewicht zwischen Ermittlungsaufwand und der damit erreichbaren Genauigkeit zu achten. Vor diesem Hintergrund wurden die Einflussfaktoren A-G nach DIN ISO 15686 in bewertbare Unterkategorien unterteilt und mit jeweils einem Szenario für positive, negative und neutrale Einflüsse belegt.

Parallel zur Erstellung der Bewertungsszenarien wurden die verschiedenen Einflussgrößen in Expertenumfragen in Bezug auf ihre tatsächliche Auswirkung auf die Lebensdauer abgefragt, so dass aus der jeweiligen Bewertung des Einflusses die minimalen und maximalen Faktorwerte je Bauteil berechnet werden konnten. Es wurden spezifische Grenzfaktoren XAuspr. (Ausprägungsfaktor des jeweiligen Einflusses) über die entsprechenden Bandbreiten zwischen der maximalen Lebensdauer und der Referenzlebensdauer bzw. der Referenzlebensdauer und der minimalen Lebensdauer bestimmt. Mit den Lebensdauerwerten TLDmin, TLDref und TLDmax aus Literaturrecherche und Datenerhebung lässt sich die spezifische Lebensdauer eines Bauteils in einem konkreten Umfeld (TLDEw) über die folgende Formel bestimmen:

$$TLD_{Ew} = TLD_{ref} \cdot \prod_{i=A}^{G} X_{Auspr.,i}$$

Zum Zeitpunkt der Planung eines Gebäudes kann nur in den wenigsten Fällen abgeschätzt werden, welche Einflüsse im Laufe der Nutzungszeit auftreten und mit welchen Auswirkungen auf die einzelnen Bauteile gerechnet werden muss. Deshalb werden die bis dato unbekannten Einflussfaktoren als Zufallsgröße mit einer entsprechenden Wahrscheinlichkeitsverteilung abgebildet. Der Verlauf der Verteilungen wird mit den entsprechenden Min- und Max-Werten aus der Datenerhebung um den Wert 1,0 modelliert.

Mit dem entwickelten Verfahren kann somit bereits in der Planungsphase die voraussichtliche Lebensdauer von Bauteilen ermittelt werden. Auf Basis der Referenzlebensdauern aus Literatur und Expertenbefragungen lässt sich anhand einer qualitativen Bewertung von sieben Einflusskategorien die spezifische Lebensdauer je nach Kenntnis der Umgebungsbedingungen mit entsprechender Eintrittswahrscheinlichkeit vorhersagen.

Als klassische Schichtenmodelle sind beispielhaft die Wand- und Deckenaufbauten mit Flächenverbindungen zu nennen. Schichtenmodelle mit Einzelverbindungen lassen sich analog durch Hierarchiemodelle abbilden, die bislang eher aus anderen Bereichen als der Baukonstruktion bekannt sind (z. B. Gebäudetechnik, Maschinenbau). Hierarchiemodelle haben Vorteile bei der Darstellung von Abhängigkeiten und lassen ein Ablesen von Ergebnissen auf unterschiedlichen Genauigkeitsstufen zu. Abbildung 4-4 zeigt ein allgemeines hierarchisches Bauteilmodell, in welchem die verschiedenen Bauteilkomponenten durch je ein Modellelemente visualisiert werden. Die Modellelemente bestehen aus der Komponentenbezeichnung und einem Wertepaar, welches die Lebensdauer in Jahren bzw. die Dauer bis zum (Teil-) Austausch und den entsprechenden Reinvestitionsprozentsatz beinhaltet. Für Komponenten, die ohne größere Instandsetzung nur „im Ganzen" ausgetauscht werden können, steht dort die mittlere technische Lebensdauer in Jahren und 100% Reinvestition. Je nach Kalkulationsphase und Detaillierung kann auf unterschiedlichen Hierarchiestufen kalkuliert werden. Liegen z. B. in einer frühen Phase der Kalkulation noch keine genaueren Informationen vor, müssten nach x0 Jahren y0 % der Erstinvestitionskosten für das Bauteil aufgebracht werden. Hat man in einer späteren Phase bereits genauere Informationen zur Art des Bauteils und zu dessen Bestandteilen, kann auf eine der nächsten Ebenen weiter kalkuliert werden. Die Kostenanteile y1 (nach x1 Jahren), y2 (nach x2 Jahren) und y3 (nach x3 Jahren) müssen zusammen die y0 % der Erstinvestitionskosten nach x0 Jahren ergeben.

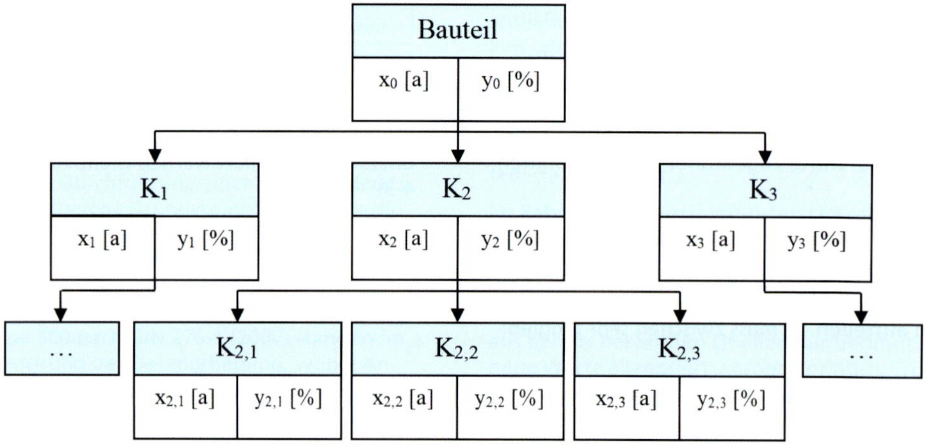

Abb. 4-4: Allgemeines hierarisches Bauteilmodell

4.4 Lösbarkeit von Schichten

Ein wichtiger Aspekt bei der Betrachtung der Lebensdauer ist der Einfluss der Lösbarkeit der im Fall von Instandsetzungsarbeiten betroffenen Bauteilschichten. Im Rahmen dieser Arbeit wird eine Bauteilschicht als „lösbar" angesehen, wenn die schadhafte Bauteilschicht ohne Beschädigung intakter Bauteilschichten austauschbar ist. Als „bedingt lösbar" gilt ein Bauteil, wenn es nur durch Zerstörung von Verbindungsmitteln zu lösen ist (z. B. nicht demontierbare Verschraubung). Kann eine schadhafte Bauteilschicht nur durch Zerstörung intakter Bauteilschichten ausgetauscht werden, wird sie als „nicht lösbar" definiert. Dabei ist zu beachten, dass besonders bei Nutzschichten mehrere Möglichkeiten zutreffen können. Falls nur der Fußbodenbelag ausgetauscht werden muss, bleibt die Lebensdauer des angrenzenden Estrichs üblicherweise gleich, d. h. der Fußbodenbelag ist lösbar. Ist jedoch eine defekte darunterliegende Bauteilschicht auszutauschen (z. B. Trittschalldämmung, Installationen), dann kann die Instandsetzung nur durch Zerstörung der darüberliegenden Schichten (z. B. Fußbodenbelag etc.) erfolgen, d. h. nicht lösbar.

Im Rahmen der Modellbildung hybrider Bauteile wird die voraussichtliche Lebensdauer unter Einbeziehung der Lösbarkeit auf verschiedene Arten bestimmt. Lösbare Schichtgruppen bekommen die berechnete voraussichtliche Lebensdauer zu 100% zugewiesen. Die voraussichtliche Lebensdauer einer nicht lösbaren Schichtgruppe wird durch die niedrigste voraussichtliche Lebensdauer der darunterliegenden Schichtgruppen begrenzt (z. B. Estrich mit einer Lebensdauer von 60 Jahren wird durch die kürzere Lebensdauer der darunterliegenden Trittschalldämmung von 50 Jahre auf diese begrenzt). Falls eine Schichtgruppe je nach Eingriffstiefe lösbar bzw. nicht lösbar sein kann oder der Wiedereinbau gebrauchter Bauteile nicht sinnvoll erscheint, wird die niedrigste Lebensdauer aus den zwei möglichen Instandsetzungsszenarien festgelegt.

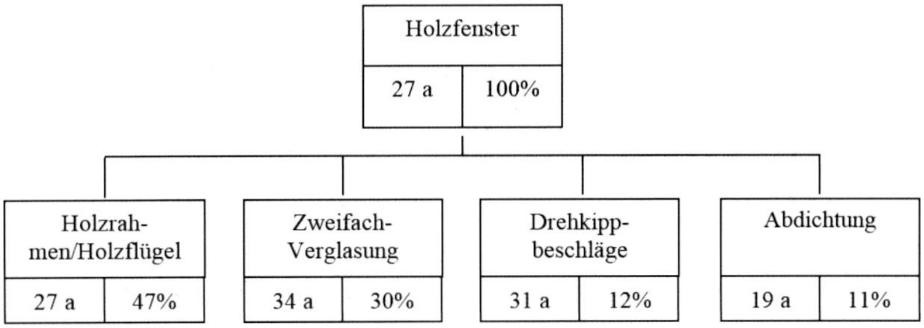

Abb. 4-5: Holzfenster im Hierarchiemodell

Im Anschauungsbeispiel Holzfenster (Abbildung 4-5) wird durch die voraussichtlich kürzere Lebensdauer der Holzrahmen bzw. Holzflügel mit 27 Jahren, die Lebensdauer der Zweifachverglasung (34 Jahre) und der Drehkippbeschläge (31 Jahre) auf 27 Jahre begrenzt. Die Lebensdauer der Abdichtung hat keinen Einfluss auf die Lebensdauer des Gesamtbauteils, da die Abdichtung unabhängig von den sonstigen Fensterkomponenten getauscht werden kann.

5 Erweiterung der Datengrundlage

5.1 Einführung

Neben einer umfangreichen Literaturrecherche konnte die Erweiterung der Datengrundlage durch praxisnahe Erfahrungswerte zu Lebensdauern auf Basis einer Datenerhebung sichergestellt werden. Unter Berücksichtigung der Zielgruppe (Hersteller, Sachverständige, Dienstleister, FM-Anbieter) und der zeitlichen Randbedingungen wurde eine zweigeteilte Erhebung aus E-Mail-Umfrage und persönlicher Interviews durchgeführt.

5.2 Ergebnisse der Datenerhebung

Die Auswahl der Experten aus verschiedenen Prozessbereichen sollte eine möglichst ausgewogene Einschätzung der Lebensdauern gewährleisten. Nach Prüfung der Ergebnisse auf Plausibilität konnten die Umfragedaten in die abschließende Lebensdauertabelle aufgenommen werden, so dass sich zusammen mit den Ergebnissen der Literaturrecherche eine Datengrundlage hinlänglicher Breite als Kalkulationsgrundlage ergab. Somit kommen zu den bereits vorhandenen Werten aus der Literaturrecherche, bis auf wenige Ausnahmen, mindestens 15 weitere Lebensdauerangaben je Bauteil hinzu. Als Zielwerte für die statistische Auswertung wurden die Anzahl der Umfragewerte mit mindestens 15 und der Variationskoeffizient mit <= 0,40 festgelegt. Diese Grenzen wurden für annähernd alle Bauteile erreicht. Als weitere Kenngrößen wurden die Standardabweichung der Lebensdauern, das 95%-Konfidenzintervall und die Abweichung zwischen Umfrage- und Literaturwerten untersucht. In der folgenden Abbildung 5-1 sind beispielhaft drei Standardbauteile im Bereich Fenster mit den Werten aus Literatur und Umfragen gegenübergestellt.

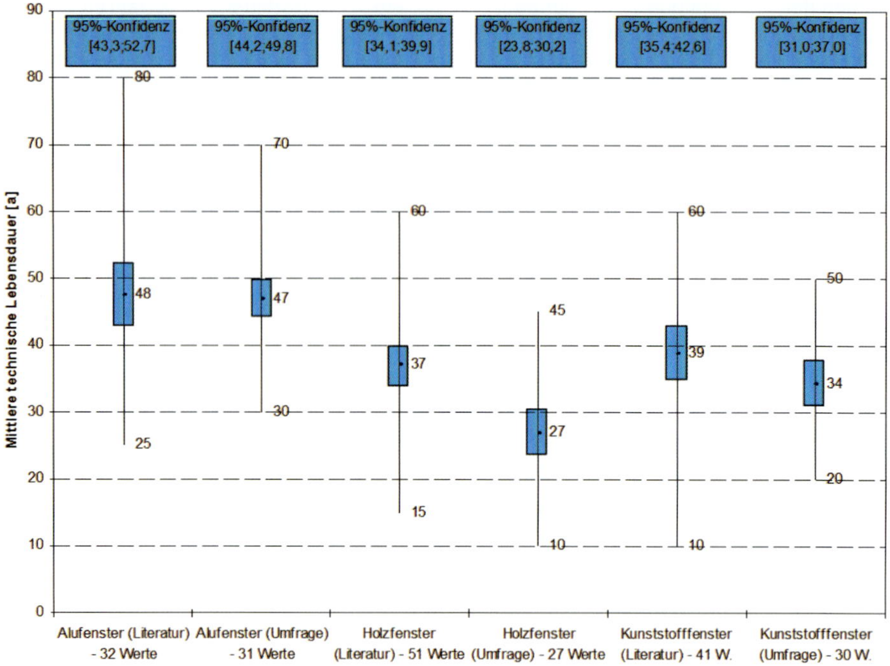

Abb 5-1: Vergleich der mittleren technischen Lebensdauer verschiedener Standardfenster

Es lässt sich festhalten, dass die Abweichungen zwischen den ermittelten Umfragewerten und den aktuellen Literaturwerten relativ gering sind. Die Tendenz liegt eher bei einer etwas vorsichtigeren Einschätzung durch die Expertengruppen. Bei ca. 80% der Bauteile liegen die Abweichungen im Bereich von ± 30% um den Mittelwert.

5.3 Datenqualität nach DIN ISO 15686-8 (2008)

Nach den bereits genannten Problemen mit der Qualität der Literaturdaten, war es auch bei den Umfragedaten nicht immer möglich, alle erforderlichen Randbedingungen zu berücksichtigen. Trotzdem, auch wenn die verfügbaren Daten z. T. große Streuungen aufweisen, können diese Werte eine wichtige Informationsquelle bilden. Speziell ist dies der Fall, wenn fundierte Daten, die auf Basis von Testverfahren gemäß Teil 2 (2001) der DIN ISO 15686 generiert wurden, nicht zur Verfügung stehen.

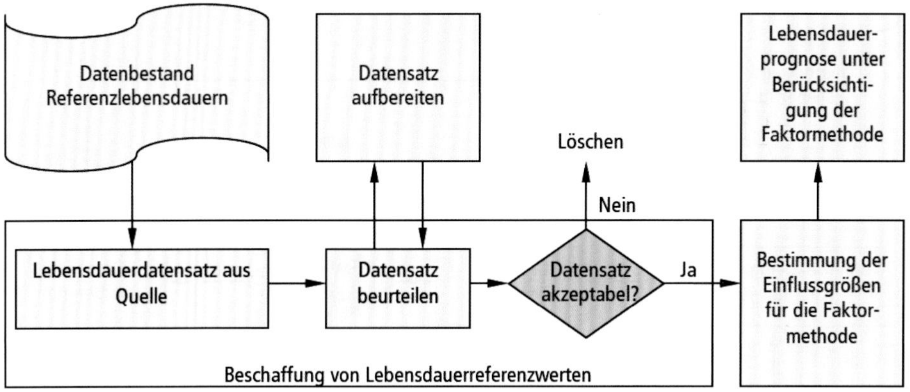

Abb. 5-2: Prozess der Lebensdauerdatenauswahl gemäß DIN ISO 15686-8 (2008)

Ein Lebensdauerdatensatz bei einer Datenerhebung sollte nach DIN ISO 15686-8 (2008) neben einer allgemeinen Beschreibung des Materials (oder der Komponente) Angaben zur Vorgehensweise der Datenerhebung enthalten. Des Weiteren sind mögliche Gebrauchskonditionen, die kritischen Eigenschaften des Bauteils sowie deren Leistungsanforderungen von Interesse. Diese Daten stehen aber nur in den seltensten Fällen vollständig zur Verfügung. Mögliche Prozesse der Datenauswahl sind in Abbildung 5-2 (Lebensdauerdaten) und Abbildung 5-3 (generelle Daten) dargestellt.

Die zur Verfügung stehenden Lebensdauerdatensätze wurden vor ihrer Verwendung auf Qualität und Konsistenz überprüft. Entsprechende Prüfkriterien sind in den Abschnitten 4.3.3.2 - 4.3.3.4 des Teils 8 der Normenreihe DIN ISO 15686 enthalten. Auf die Verwendung eines Datensatzes wurde z. B. verzichtet, wenn

- die betrachteten Schädigungsfaktoren nicht vollständig berücksichtigt wurden bzw. nicht den zu untersuchenden Bedingungen entsprechen,
- die Leistungsanforderungen nicht denen des zu untersuchenden Objekts entsprechen,
- die Referenznutzungsbedingungen nicht den objektspezifischen Nutzungskonditionen entsprechen.

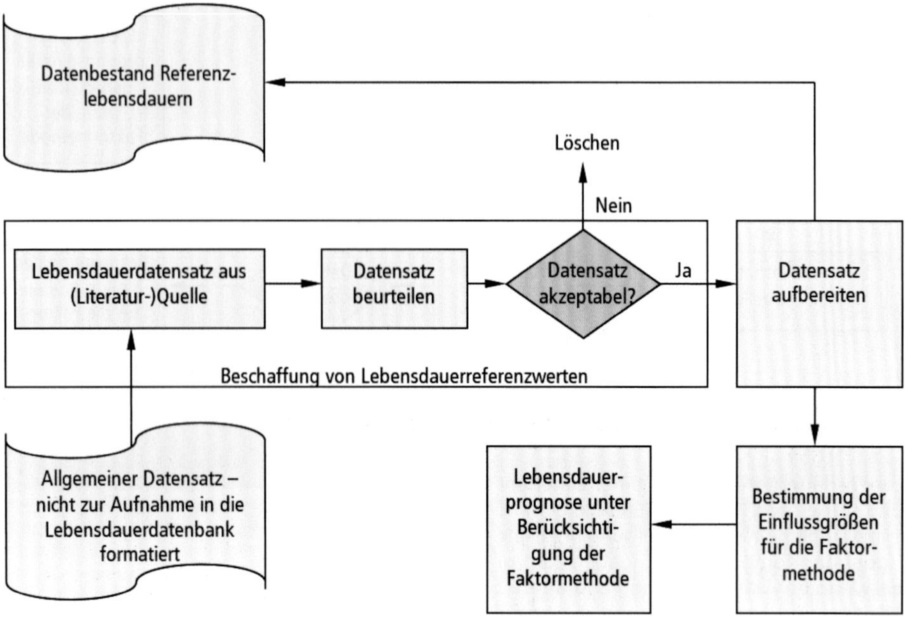

Abb. 5-3: Prozess der Auswahl allgemeiner Daten nach DIN ISO 15686-8 (2008)

Zur Anpassung von Referenznutzungsbedingungen an die objektspezifischen Nutzungskonditionen wird auf die Faktorenmethode (siehe Kapitel 3.3) verwiesen. Die Faktor-Klassen werden, soweit möglich, über Intensitäten und Auswirkungen von Schädigungsfaktoren quantifiziert. Falls eine quantitative Information für die Nutzungsbedingungen innerhalb der Faktor-Klasse fehlt, so kann auf eine qualitative Bewertung zurückgegriffen werden.

6 Resümee und Ausblick

Der vorliegende Fachaufsatz befasst sich mit der Lebensdauerermittlung im Bauwesen. Das Wissen um die Lebenserwartung einer Konstruktion bzw. ihrer Bauteile ist sowohl für die Durchführung von Lebenszyklusanalysen als auch zur Planung von Instandsetzungsstrategien erforderlich. Bisher vorliegende Kataloge zur Lebensdauer von Bauteilen sind häufig veraltet und liefern nur in den seltensten Fällen Angaben zu den Randbedingungen, unter denen die Daten gewonnen wurden. Aussagen zu Einflussgrößen, welche die Lebensdauer der einzelnen Bauteile beeinflussen können, gibt es in der Regel nicht. Anhand einer umfangreichen Datenerhebung bei verschiedenen Expertengruppen wurden Erfahrungswerte über die Lebensdauer von Bauteilen und Baustoffen sowie deren Einflussgrößen gesammelt, um unter Berücksichtigung aktueller Bauteilkataloge und Literatur zu Bauschäden, die wesentlichen Einflussgrößen auf die Lebensdauer von Bauteilen identifizieren und schließlich quantifizieren zu können. Der Einsatz von Bauteilen und Baustoffen nach vordergründig wirtschaftlichen Gesichtspunkten soll zukünftig im Sinne einer lebenszyklusgerechten Planung vermieden werden.

Darüber hinaus sollte es sich die aktuell sehr intensive Forschungstätigkeit auf dem Gebiet der Referenzlebensdauern zum Ziel machen, nicht nur die Lebensdauerkataloge aktuell und möglichst umfangreich zu gestalten, sondern auch Referenzbedingungen festlegen, die einen Abgleich der objektspezifischen Einsatzrandbedingungen mit den Referenzbedingungen erlauben. Dies wäre ein erster Schritt zur Erhöhung der Anwendungssicherheit und eine gute Basis für weitere Forschungstätigkeiten im Bereich der Einflussquantifizierung.

Der oft eher zufällige Einsatz von Bauteilen und Baustoffen nach vordergründig wirtschaftlichen Gesichtspunkten sollte zukünftig im Sinne der Nachhaltigkeit und einer langfristigen Wirtschaftlichkeit, die mit geringeren Instandhaltungs- und Instandsetzungskosten einher geht, vermieden werden.

(Die zugehörigen Lebensdauer-Daten finden Sie ab Seite 98.)

Lebensdauer von Bauteilen und Bauelementen

Lebensdauer von Bauteilen in Jahren	von	mittel	bis
Außenwandöffnungen			
Türen			
Glasrahmentür mit Schwingflügelbeschlägen, Türschließer und Schließanlage	37	**48**	61
Standardtüren, außen	33	**44**	53
Standardtüren, außen			
Aluminiumtüren	31	**46**	58
Stahltüren, rostfrei	37	**48**	61
Aluminium-Holz-Komposit	28	**43**	56
Aluminium-Kunststoff-Komposit	31	**44**	57
Hartholz	34	**49**	64
Weichholz	26	**36**	47
Holzwerkstofftüren	21	**29**	38
Kunststofftüren	25	**37**	47
Stahltüren	30	**41**	52
Glastüren/Ganzglastüren	27	**44**	68
Automatiktüren			
Verbund	34	**47**	60
Aluminiumtüren	41	**52**	66
Stahltüren	26	**39**	47
Glastüren/Ganzglastüren	29	**45**	67
Feuchtraumtüren			
Verbund	34	**44**	53
Aluminiumtüren	36	**50**	60
Stahltüren, rostfrei	37	**47**	57
Aluminium-Holz-Komposit	28	**44**	56
Aluminium-Kunststoff-Komposit	31	**42**	56
Hartholz	35	**48**	65
Weichholz	26	**36**	48
Holzwerkstofftüren	20	**26**	32
Kunststofftüren	25	**37**	46
Stahltüren	26	**39**	47
Glastüren/Ganzglastüren	30	**44**	68
Brand-/Schallschutztüren			
Verbund	34	**45**	54
Aluminiumtüren	36	**50**	60
Stahltüren, rostfrei	37	**47**	57
Aluminium-Holz-Komposit	28	**42**	55
Aluminium-Kunststoff-Komposit	31	**42**	56
Hartholz	35	**48**	65
Weichholz	26	**36**	48
Holzwerkstofftüren	20	**26**	32
Kunststofftüren	25	**37**	46
Stahltüren	26	**39**	47
Glastüren/Ganzglastüren	29	**44**	65

Diagrammskala: 0 – 25 – 50 – 75 – 100 – 125 Jahre

von
| Mittelwert
bis

Lebensdauer von Bauteilen in Jahren		mittel		0 25 50 75 100 125 Jahre
Außenwandöffnungen				
Rotationstüren				
Verbund	34	**45**	60	
Aluminiumtüren	36	**50**	60	
Stahltüren, rostfrei	37	**47**	57	
Stahltüren	26	**39**	47	
Glastüren/Ganzglastüren	28	**45**	63	
Schiebetüren				
Verbund	32	**43**	53	
Aluminiumtüren	36	**50**	60	
Stahltüren, rostfrei	37	**47**	57	
Aluminium-Holz-Komposit	27	**42**	55	
Aluminium-Kunststoff-Komposit	31	**43**	55	
Hartholz	35	**48**	65	
Weichholz	26	**36**	48	
Holzwerkstofftüren	20	**26**	32	
Kunststofftüren	25	**37**	46	
Stahltüren	26	**39**	47	
Glastüren/Ganzglastüren	29	**44**	66	
Toranlagen				
Metallische Materialien	35	**45**	58	
Aluminiumtore	36	**50**	60	
Holztore	35	**48**	65	
Kunststofftore	25	**37**	46	
Stahltore	26	**39**	47	
Garagentüren				
Metallische Materialien	29	**32**	34	
Garagentüren Stahlblech	25	**31**	38	
Garagentüren Holz	25	**30**	37	
Türzubehör, außen				
Einfache Beschläge	19	**34**	49	
Standardbeschläge	19	**29**	44	
Schiebebeschläge	18	**26**	36	
Schwingflügelbeschläge	18	**25**	38	
Türschließer	15	**20**	27	
Türschlösser	18	**25**	36	
Schließanlage	15	**23**	34	
Falttürbeschläge	17	**26**	38	
Panikverschlüsse	14	**22**	33	
Türanschlagdämpfer	12	**19**	29	
Türantriebe	11	**14**	18	
Türdichtungen	16	**20**	35	

Lebensdauer von Bauteilen in Jahren	von	mittel	bis
Außenwandbekleidungen, außen			
Konstruktionen mit Wärmedämmung			
WDVS bestehend aus Anstrich, Standardputz und Polystyroldämmplatten	27	**40**	49
WDVS bestehend aus Anstrich, Standardputz und Mineralschaumdämmung	31	**43**	61
Zweischalige hinterlüftete Konstruktion aus Mauerwerk und Polystyroldämmplatten	30	**41**	56
Zweischalige hinterlüftete Konstruktion aus Stahlbeton und Glaswolledämmplatten	29	**38**	47
Zweischalige nicht hinterlüftete Konstruktion aus Mauerwerk und Polystyroldämmplatten	31	**43**	67
Zweischalige nicht hinterlüftete Konstruktion aus Stahlbeton und Glaswolledämmplatten	31	**42**	68
Pfosten-Riegel-Fassade aus Unterkonstruktion, Stahl-Glasfassade und Abdichtung	28	**36**	49
Pfosten-Riegel-Fassade aus Unterkonstruktion, Beton-Glasfassade, Kerndämmung und Abdichtung	28	**36**	49
Wärmedämmverbundsystem; Dämmschicht			
Polystyroldämmplatten	27	**40**	49
Polyurethandämmplatten	28	**40**	51
Steinwolledämmplatten	29	**39**	48
Glaswolledämmplatten	28	**39**	49
Holzfaserdämmplatten	19	**29**	41
Holzwolleleichtbauplatten	23	**31**	47
Korkplatten	19	**30**	42
Mineralschaumdämmplatten	31	**43**	61
Hinterlüftete Fassade; Dämmschicht			
Steinwolledämmmatten	28	**40**	49
Schaumglasplatten	34	**45**	53
Mineralschaumplatte	31	**44**	62
Kerndämmung			
Polystyrol	30	**40**	52
Polyurethan	30	**40**	52
Steinwolle	28	**39**	49
Glaswolle	28	**39**	49
Holzfaserdämmplatten	19	**29**	42
Holzwolleleichtbauplatten	23	**31**	48
Holzwolle	23	**31**	48
Kork	19	**29**	42
Holzspäne	22	**30**	49
Flachs	19	**28**	39
Hanf	19	**29**	42
Schafwolle	19	**29**	42
Zellulose	19	**27**	39
Kokos	19	**29**	42

(Skala: 0 – 25 – 50 – 75 – 100 – 125 Jahre)

von
| Mittelwert
bis

Lebensdauer von Bauteilen in Jahren	min	mittel	max
Außenwandbekleidungen, außen			
Kerndämmung			
Strohballen	16	**28**	43
Roggengranulat	19	**29**	42
Blähglasgranulat	30	**42**	63
Blähtongranulat	30	**43**	62
Blähschiefergranulat	30	**42**	63
Leichtlehmmischung	20	**29**	44
Vakuumdämmpaneele	13	**30**	41
Polystyroldämmplatten	28	**40**	49
Steinwolledämmplatten	29	**40**	52
Glaswolledämmplatten	29	**40**	53
Vakuumdämmpaneele	14	**29**	38
Dämmschicht			
Polystyroldämmplatten	27	**39**	48
Polyurethandämmplatten	27	**39**	48
Steinwolledämmplatten	29	**38**	46
Glaswolledämmplatten	29	**38**	47
Vakuumdämmpaneele	16	**29**	37
Polystyrol	31	**43**	67
Polyurethandämmplatten	31	**43**	67
Steinwolle	32	**42**	68
Glaswolle	31	**42**	68
Vakuumdämmpaneele	16	**29**	35
Blähglasgranulat	34	**53**	82
Blähtongranulat	35	**53**	82
Blähschiefergranulat	34	**53**	82
Diffusionsoffene druckstabile Dämmung			
Calciumsilikatplatten	29	**47**	75
Mineralschaumdämmplatten	28	**40**	54
Folien			
Dampfsperrfolien	21	**35**	46
Kleber zum Fixieren von Dampfsperrfolien	14	**22**	46
Unterdeckung (Bahnen)			
Dampfdiffusionsoffene Kunststofffolien	23	**33**	40
Dampfsperren			
Kunststofffolien	23	**33**	40
Putz auf monolitischer Tragschicht			
Luftkalkmörtel	30	**40**	54
Wasserkalkmörtel	30	**40**	54
Hydraulischer Kalkmörtel	30	**40**	54
Hochhydraulischer Kalkmörtel	30	**40**	54
Mörtel mit Putz- und Mauerbinder	30	**40**	54

Lebensdauer von Bauteilen in Jahren		mittel	
Außenwandbekleidungen, außen			
Putz auf monolitischer Tragschicht			
Kalkzementmörtel	30	**40**	54
Zementmörtel mit Zusatz von Luftkalk	27	**40**	54
Zementmörtel	31	**42**	57
Silikatputze	26	**36**	49
Kunstharzputze	24	**32**	43
Silikonharzputze	24	**32**	43
Sanierputzsysteme	25	**34**	45
Mineralische Leichtputzsysteme	27	**38**	50
Putz auf Wärmedämmung			
Mineralische Putzsysteme	27	**37**	49
Silikatische Putzsysteme	28	**38**	49
Kunstharzputzsysteme	25	**33**	44
Silikonharzputzsysteme	25	**33**	44
Wärmedämmputzsysteme			
Mineralischer Binder mit expandiertem Polystyrol als Zuschlag	24	**32**	42
Keramik auf Wärmedämmung			
Fliesen	31	**40**	62
Klinkerriemchen	28	**37**	49
Faserzement-Fassade			
Grundkonstruktion	28	**37**	47
Blech-Fassade			
Grundkonstruktion	29	**40**	49
Vorgehängte hinterlüftete Fassade			
Metallische Materialien	33	**43**	67
Edelstahl	37	**59**	98
Aluminium	33	**45**	64
Holz	24	**32**	42
Holzschindeln	32	**42**	56
Weichholz, behandelt	24	**33**	51
Weichholz, unbehandelt	22	**31**	54
Hartholz, unbehandelt	24	**33**	53
Hartholz, behandelt	25	**40**	63
Holzzement	24	**36**	56
Faserzement	32	**45**	65
Stahl, verzinkt	29	**40**	52
Stahl, verzinkt und beschichtet	25	**38**	49
Stahl, kunststoffummantelt	25	**38**	49

Skala: 0 | 25 | 50 | 75 | 100 | 125 Jahre

von
| Mittelwert
bis

Lebensdauer von Bauteilen in Jahren		mittel	
Außenwandbekleidungen, außen			
Vorgehängte hinterlüftete Fassade			
Korrosionsreduzierter Stahl	27	**39**	48
Stahl, nicht rostend	34	**42**	57
Kupferblech	34	**47**	68
Zink	33	**42**	61
Naturstein	41	**55**	82
Stein-Leichtelemente	36	**45**	59
HPL-Platten	25	**32**	50
Kunststoff	25	**32**	48
Faserverstärkte Harzkompositplatten	20	**29**	35
Glas	30	**46**	79
Tonziegel	45	**61**	96
Aluminium	32	**40**	57
Kunststoffstegplatten transparent			
Acrylglasplatten	31	**40**	52
Polycarbonatplatten	21	**29**	36
Sichtkonstruktion			
Kalksandstein	42	**53**	66
Tonziegel	47	**68**	108
Verfugung Sichtmauerwerk	28	**39**	48
Tonklinker	47	**70**	109
Sichtbeton	41	**60**	80
Fassadenfestverglasung	34	**44**	53
Beschichtung auf Putz			
Nachwachsende organische Materialien	9	**15**	20
Kaseinfarbe	7	**11**	17
Weißzementfarbe	12	**16**	22
Dispersionsfarbe	9	**15**	20
Dispersions-Silikatfarbe	9	**15**	20
Silikonharzfarbe	10	**14**	19
Silikatfarbe	10	**15**	23
Polymerisatharzfarben	13	**16**	25
Lasur	4	**6**	11
Beschichtung auf Beton			
Kunststoffbeschichtungen	8	**13**	21
Beschichtung	6	**9**	13
Anstrichsysteme			
Antigraffitischutz	5	**7**	10
Beschichtung auf Holz			
Holzschutzmittel	4	**7**	12
Holzlasuren	4	**5**	10
Holzfarben	4	**5**	8

Diagrammachse: 0 · 25 · 50 · 75 · 100 · 125 Jahre

 Erläuterungen zu den Tabellen siehe Seite 56

Lebensdauer von Bauteilen in Jahren	von	mittel	bis	0 – 25 – 50 – 75 – 100 – 125 Jahre
Außenwandbekleidungen, außen				
Beschichtung auf Holz				
Holzlacke	4	**6**	10	
Holzöle/-wachse	5	**7**	12	
Lichtschutz zur KG 330				
Jalousien, Rollläden, außenliegend				
Holz	19	**26**	38	
Kunststoff	15	**21**	28	
Stahl	15	**24**	34	
Aluminium	19	**29**	40	
Sonstiges zur KG 330				
Geländer, Gitter				
siehe Sonstiges zur KG 350				

von
| Mittelwert
bis

Lebensdauer von Bauteilen in Jahren		mittel	
Tragende Innenwände			
Monolitischer Aufbau			
Stahlbeton, Beton	79	**101**	134
Porenbeton	75	**94**	109
Kalksandstein	95	**114**	137
Ziegel	79	**100**	135
Naturstein	71	**93**	120
Holz, hart	57	**88**	121
Holz, weich	47	**66**	85
Nichttragende Innenwände			
Ständersysteme			
Gipskartonplatten	36	**45**	58
Strohleichtbauplatte	32	**42**	56
Hartschaumverbundplatten	35	**44**	56
Holzwerkstoffplatten	38	**53**	75
Unterkonstruktionen			
Befestigungsmittel	36	**43**	53
Traggerüste für Sanitärobjekte	35	**40**	47
Profile für den Trockenbau (Stahl)	41	**59**	77
Profile für den Trockenbau (Holz)	35	**48**	58
Monolitischer Aufbau			
Beton	64	**81**	115
Leichtbeton	58	**76**	91
Porenbeton	55	**75**	92
Hochlochziegel	64	**81**	106
Kalksandstein	55	**79**	106
Glasbausteine	33	**47**	75
Trennwände, Glas	42	**62**	86
Gipswandbauplatten	43	**54**	70
Innenwandöffnungen			
Standardtüren			
Aluminiumtüren	49	**66**	79
Stahltüren, rostfrei	44	**65**	78
Hartholz	39	**55**	71
Weichholz	36	**55**	70
Holzwerkstofftüren	32	**52**	68
Kunststofftüren	33	**46**	58
Stahltüren	38	**56**	74
Sondertüren			
Automatiktüren	17	**26**	36

0 25 50 75 100 125 Jahre

Lebensdauern
Grobelementarten
Stahlbau
Gebäudearten
Kostengruppen
Elementarten

Lebensdauer von Bauteilen in Jahren		mittel		0 25 50 75 100 125 Jahre
Innenwandöffnungen				
Sondertüren				
Feuchtraumtüren	20	**38**	45	
Glastüren/Nurglastüren	44	**59**	70	
Brandschutztüren	41	**57**	76	
Rauchschutztüren	38	**51**	80	
Schallschutztüren	37	**56**	74	
Karusselltüren/Rotationstüren	24	**35**	46	
Schiebetüren	19	**30**	46	
Strahlenschutz, Schiebetoranlage		**40**		
Strahlenschutz, Drehflügeltür		**40**		
Strahlenschutz, sonstiges		**40**		
Türen, Zubehör				
Standardbeschläge	21	**37**	58	
Schlösser	18	**28**	37	
Elektromagnetische Offenhaltung (Tür innen)		**19**		
Schiebebeschläge	18	**28**	38	
Falttürbeschläge	24	**32**	39	
Innenwandbekleidungen				
Standard-Bekleidungen				
Gipskartonplatten	28	**42**	68	
Gipskartonverbundplatten	30	**45**	54	
Holz	21	**37**	57	
Holzwerkstoff	24	**37**	56	
Mehrschichtleichtbauplatten	23	**38**	56	
Keramische Fliesen und Platten				
Mineralische Baustoffe	31	**44**	76	
Keramische Spaltplatten	36	**55**	88	
Natursteinbekleidungen				
Natursteine	30	**45**	75	
Sedimentgestein		**50**		
Metamorphgestein	54	**78**	108	
Magmatisches Gestein	54	**78**	108	
Kunststeinbekleidungen				
Betonsteinplatten		**50**		
Kunstharzstein		**50**		
Tapeten				
Nachwachsende organische Materialien	9	**12**	17	
Überstreichbar	6	**11**	14	
Nicht überstreichbar	7	**12**	16	

von
Mittelwert
bis

Lebensdauer von Bauteilen in Jahren		mittel	
Innenwandbekleidungen			
Sonderkonstruktionen			
PVC, PE, PP	14	**26**	44
Glas	37	**58**	76
Metallbekleidungen			
Aluminium	37	**58**	76
Stahl, nicht rostend	37	**58**	76
Kupfer	37	**58**	76
Stahl	37	**58**	76
Zink	37	**58**	76
Spezial-Bekleidungen			
Brandschutz	15	**22**	44
Schallschutz (Akustikputz)	16	**22**	44
Latentwärmespeicher-Elemente	17	**21**	25
Feuchteresistente Bekleidungen	15	**22**	43
Prallwände Turnhallen	15	**20**	35
Rammschutz	10	**13**	17
Rolläden	11	**18**	24
Rolläden in Glas	12	**17**	24
Wandschutzprofile			
Aluminium	29	**53**	73
Stahl, nicht rostend	35	**54**	73
Stahl	29	**53**	73
Stahl, verzinkt	29	**53**	73
Holz	12	**19**	27
Holzwerkstoff	12	**19**	27
Kautschuk	6	**10**	13
Kunststoff	4	**8**	13
Standard-Innenputze			
Anhydritputz	22	**34**	54
Celluloseputz	13	**23**	51
Gipsputz	21	**36**	54
Kalkputz	24	**38**	55
Kalkgipsputz	21	**36**	55
Kalkzementputz	28	**41**	59
Kunstharzputz	25	**37**	58
Lehmputz	37	**52**	69
mineralische Deckputze			
Trasskalkputz	40	**53**	70
Trasszementputz	24	**36**	59
Zementputze	28	**39**	56
Spezialputze			
Akustikputz	9	**14**	18

Lebensdauern
Grobelementarten
Stahlbau
Gebäudearten
Kostengruppen
Elementarten

Lebensdauer von Bauteilen in Jahren		mittel		0 – 25 – 50 – 75 – 100 – 125 Jahre
Innenwandbekleidungen				
Spezialputze				
Latentwärmespeicherputz	17	**21**	25	
Sanierputz/-Systeme		**20**		
Strahlenschutzputze	13	**20**	28	
Putzprofile				
Stahl, Glasfaser, Kunststoff	50	**60**	80	
Putzträger				
Stahldrahtnetz, Rippenstreckmetall, Kunststoffgewebe	50	**60**	80	
Innenanstriche				
Kalkfarbe	7	**11**	17	
Leimfarbe	8	**11**	18	
Kaseinfarbe	7	**11**	18	
Weißzementfarbe	8	**12**	21	
Dispersionsfarbe	9	**12**	18	
Dispersions-Silikatfarbe	9	**13**	21	
Silikonharzfarbe	8	**12**	18	
Silikatfarbe	9	**14**	20	
Polymerisatharzfarben	8	**15**	23	
Lasur	8	**13**	21	
Öl- und Lackfarbe	8	**14**	19	
Heizkörperlack	9	**13**	19	
Elementierte Innenwandkonstruktionen				
Mobile Wände				
Faltschiebewand / mobile Trennwände	15	**21**	28	
Trennvorhänge Turnhalle	10	**15**	20	
Sanitärkabinen				
Umkleidekabinen	11	**17**	24	
Sanitärtrennwände				
Duschtrennwände	9	**17**	27	
Toilettentrennwände	12	**18**	28	
Urinaltrennwände	12	**18**	28	

von
| Mittelwert
bis

Lebensdauer von Bauteilen in Jahren		mittel		0 25 50 75 100 125 Jahre
Deckenkonstruktionen				
Massive Konstruktion				
Vollbetondecke (Betonstahlbewehrung)	72	**95**	123	
Vollbetondecke (Spannstahlbewehrung)	74	**99**	124	
Gitterträgerdecke	87	**103**	138	
Hohlraumdecke (Betonstahlbewehrung)	80	**103**	142	
Hohlraumdecke (Spannstahlbewehrung)	72	**99**	126	
Stahlverbunddecke	72	**93**	109	
Fertigteil-Rippendecke	78	**103**	142	
Porenbetondecke	55	**66**	78	
Massivholzdecken	57	**78**	107	
Holz-Beton-Verbunddecke	61	**78**	92	
Freistehende Konstruktion				
Aluminium, beschichtet		**55**		
Stahl, verzinkt	53	**65**	80	
Stahl, verzinkt und beschichtet	57	**66**	80	
Stahlbeton	59	**72**	86	
Weichholz	36	**43**	47	
Hartholz	45	**63**	74	
Mauerwerk	61	**80**	98	
Auskragende Konstruktion				
Stahl, verzinkt und beschichtet	50	**64**	80	
Stahlbeton	59	**74**	88	
Weichholz	40	**44**	47	
Hartholz	40	**56**	72	
Brüstung				
Mauerwerk	40	**54**	76	
Stahlbeton	40	**51**	70	
Stahlgitterkonstruktion, verzinkt, beschichtet	40	**58**	64	
Stahlrahmen, verzinkt, beschichtet, bekleidet mit Platten	40	**58**	64	
Holzkonstruktion	23	**34**	43	
Tragkonstruktion, innen				
Beton und Leichtbeton	56	**82**	112	
Stahl	71	**87**	105	
Holz	44	**72**	98	
Aluminium	71	**91**	113	
Stahl / Glas	68	**90**	112	
Stahl / Holz	71	**91**	113	
Stahl, nicht rostend	67	**81**	107	
Naturstein	49	**74**	96	
Treppenstufen, innen				
Betonwerkstein	54	**74**	88	
Sedimentgestein	72	**87**	120	

Lebensdauern
Grobelementarten
Stahlbau
Gebäudearten
Kostengruppen
Elementarten

Lebensdauer von Bauteilen in Jahren	von	mittel	bis
Deckenkonstruktionen			
Treppenstufen, innen			
Metamorphgestein	78	**90**	126
Magmatisches Gestein	64	**82**	107
Hartholz	38	**53**	81
Weichholz	42	**53**	68
Tragkonstruktion, außen			
Beton	47	**66**	83
Stahl, verzinkt	50	**70**	87
Stahl, verzinkt und beschichtet	55	**73**	87
Stahl, kunststoffummantelt	56	**74**	86
Stahl, nicht rostend	58	**78**	88
Weichholz	26	**42**	71
Hartholz	39	**56**	78
Sedimentgestein	46	**67**	90
Metamorphgestein	46	**67**	90
Magmatisches Gestein	46	**66**	90
Treppenstufen, außen			
Sedimentgestein	47	**79**	107
Metamorphgestein	62	**83**	124
Magmatisches Gestein	47	**77**	98
Betonwerkstein	42	**66**	83
Hartholz, unbehandelt	33	**45**	74
Hartholz, behandelt	34	**44**	71
Deckenbeläge			
Treppenbeläge, innen			
Textile Beläge	9	**13**	17
Fliesen	27	**45**	63
Kautschuk	11	**17**	23
Kunststoffbeschichtungen	11	**17**	23
Kunststoffbeläge	16	**20**	27
Estriche			
Anhydrit	36	**52**	80
Gussasphalt	37	**53**	79
Steinholz	36	**57**	81
Magnesia	42	**64**	90
Zement	36	**53**	79
Trittschalldämmung	31	**48**	69
Trockenestriche (Systeme)			
Gipsfaserplatten	29	**46**	63
Gipskartonplatten	34	**51**	69
Holzwerkstoffplatten	28	**45**	63

Legende: von | Mittelwert | bis (Skala 0 – 25 – 50 – 75 – 100 – 125 Jahre)

 Erläuterungen zu den Tabellen siehe Seite 56

Lebensdauer von Bauteilen in Jahren		mittel	
Deckenbeläge			
Doppelböden			
Aluminiumplatten	29	**41**	66
Betonplatten	46	**58**	73
Faserzementplatten	36	**53**	72
Gipsfaserplatten	28	**41**	63
Holzwerkstoffplatten	26	**41**	63
Zementgebundene Holzwerkstoffplatte	40	**58**	73
Stahlplatten	28	**42**	66
Doppelbodenstützen			
Stahl, verzinkt	28	**37**	47
Hohlraumböden			
Faserzementplatten	34	**56**	72
Gipsfaserplatten	27	**41**	63
Zementgebundene Holzwerkstoffplatte	46	**63**	76
Holzwerkstoffplatten	26	**41**	63
Hohlraumbodenstützen			
Stahl, verzinkt	32	**44**	66
Schwingböden			
Sporthallenbeläge	18	**34**	46
Holz	21	**35**	46
Kunststoff	20	**32**	44
Sockelleisten			
Aluminium	21	**49**	85
Holz	28	**39**	55
Stahl, nicht rostend	23	**50**	100
Holzwerkstoff	14	**27**	40
Kautschuk	15	**21**	29
Keramik	31	**54**	88
Klinker	33	**52**	93
Kork	8	**17**	24
Kunststein	24	**44**	100
Kunststoff	16	**29**	70
Laminat	10	**21**	32
Linoleum	18	**30**	44
Naturstein	36	**76**	103
Stahl	28	**51**	100
Teppichbodensockelleisten	12	**19**	27
Installationssockelleisten			
Kunststoff	17	**30**	79
Glatte Beläge			
Kautschuk	16	**21**	30

Lebensdauer von Bauteilen in Jahren		mittel	
Deckenbeläge			
Glatte Beläge			
PVC	16	**22**	29
Kork	11	**17**	25
Kunststoff-Parkett	12	**19**	26
Linoleum	16	**23**	32
Laminat	8	**13**	19
Sporthallenbeläge	16	**19**	23
Holzparkett	29	**44**	72
Holzdielen	30	**45**	62
Holzpflaster	32	**47**	61
Teppichböden			
Baumwolle	8	**11**	17
Jute	8	**11**	16
Kokos	8	**11**	16
Naturfasergemisch	8	**11**	16
Sisal	8	**12**	17
Synthetikfaser	8	**12**	16
Wolle	8	**13**	26
Schmutzfangbeläge			
Baumwolle	5	**8**	11
Jute	6	**8**	13
Kokos	6	**8**	13
Kunststoff	6	**9**	14
Sisal	6	**8**	15
Synthetikfaser	6	**9**	14
Natursteinbeläge			
Sedimentgestein	38	**64**	97
Metamorphgestein	39	**65**	101
Magmatisches Gestein	36	**60**	85
Kunststeinbeläge			
Betonstein, Kunstharz und Terrazzoasphalt	32	**52**	79
Klinkerplatten	27	**43**	62
Asphalt	17	**21**	50
fugenlose Bodenbeläge			
Kunstharz, Quarz und Terrazzo	21	**37**	67
Keramische Fliesen und Platten			
Keramische Spaltplatten	38	**54**	71
Steingut	36	**50**	69
Steinzeug	35	**50**	69
Terracotta	40	**53**	69
Feinsteinzeug	32	**50**	66
Glasmosaik	36	**54**	71

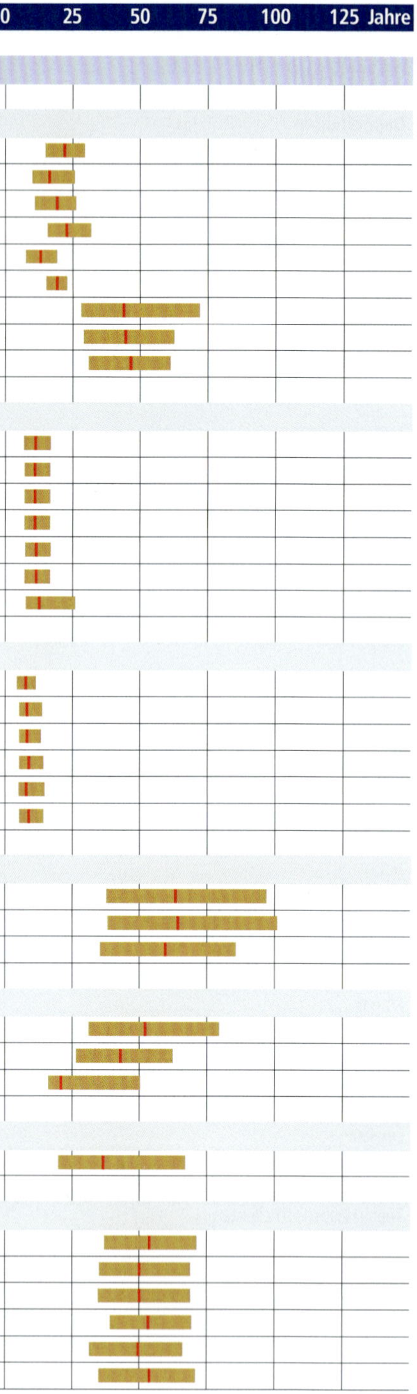

von
Mittelwert
bis

Lebensdauer von Bauteilen in Jahren		mittel	
Deckenbeläge			
Keramische Fliesen und Platten			
Naturstein	35	**51**	73
Silikon	4	**6**	9
Zementmörtel	17	**29**	39
Bodenanstriche			
Allgemein	5	**8**	11
Versiegelung	5	**8**	11
Imprägnierung	3	**5**	9
Epoxidharzbeschichtung	8	**12**	16
Deckenbekleidungen			
Tapeten			
Überstreichbar	7	**10**	15
Nicht überstreichbar	8	**11**	16
Putz			
Mineralische Baustoffe	28	**41**	67
Holzbekleidungen			
Nachwachsende organische Materialien	29	**49**	69
Trockenbau			
Mineralische Baustoffe	30	**44**	58
Metallbekleidungen			
Metallische Materialien	28	**42**	66
Sonderkonstruktionen			
Lichtdecken	17	**23**	28
Kunststoffplatten	14	**24**	44
Brandschutz-Unterdecken	16	**23**	37
Schallabsorber	17	**23**	36
Akustikschaum	12	**18**	32
Akustikdecken	12	**19**	35
Akustikelemente	11	**18**	32
Glas	34	**55**	76
Mineralfaserplatten	26	**39**	52
Kunststoff	17	**32**	51
Unterkonstruktion			
Holz	40	**55**	70
Metall	45	**63**	80
Wärmedämmung	24	**37**	54

(Skala: 0 – 25 – 50 – 75 – 100 – 125 Jahre)

Lebensdauer von Bauteilen in Jahren		mittel	
Sonstiges zur KG 350			
Geländer, außen fest montiert			
Stahl, nicht rostend	52	**72**	100
Aluminium	38	**58**	74
Stahl, verzinkt	38	**55**	72
Stahl, verzinkt und beschichtet	40	**60**	77
Stahl, kunststoffummantelt	46	**62**	77
Hartholz	28	**48**	76
Weichholz	27	**45**	73
Holzwerkstoff, beschichtet	29	**47**	70
Gitter, außen fest montiert			
Stahl, nicht rostend	52	**72**	100
Aluminium	41	**58**	72
Stahl, verzinkt	39	**57**	72
Stahl, verzinkt und beschichtet	46	**62**	77
Stahl, kunststoffummantelt	46	**62**	77
Holzwerkstoff, beschichtet	35	**53**	77
Leitern, außen fest montiert			
Stahl, nicht rostend	59	**77**	102
Aluminium	39	**59**	73
Stahl, verzinkt	39	**59**	73
Stahl, verzinkt und beschichtet	55	**66**	83
Holzwerkstoff, beschichtet	35	**53**	77
Roste, außen fest montiert			
Stahl, nicht rostend	59	**77**	102
Aluminium	39	**59**	73
Stahl, verzinkt	39	**59**	73
Stahl, verzinkt und beschichtet	55	**66**	83
Stahl, kunststoffummantelt	55	**66**	83
Rollgitter, außen			
Aluminium	55	**66**	83
Stahl, nicht rostend, verzinkt, beschichtet, kunststoffummantelt	46	**62**	77
Scherengitter, außen			
Aluminium, Stahl	45	**58**	65

von
| Mittelwert
bis

Lebensdauer von Bauteilen in Jahren		mittel	
Dachkonstruktionen			
Massive Konstruktion			
Vollbetondecke (Betonstahlbewehrung)	72	**94**	127
Vollbetondecke (Spannstahlbewehrung)	80	**106**	142
Gitterträgerdecke	86	**109**	143
Hohlraumdecke (Betonstahlbewehrung)	86	**109**	143
Hohlraumdecke (Spannstahlbewehrung)	80	**106**	142
Stahlverbunddecke	60	**79**	100
Fertigteil-Rippendecke	80	**106**	142
Porenbetondecke	53	**66**	76
Massivholzdecken	66	**86**	134
Holz-Beton-Verbunddecke	63	**79**	94
Leichte Konstruktion			
Holz-Balkendecke	65	**81**	112
Holz-Fertigteilelemente	59	**77**	90
Stahlträgerdecke	58	**73**	87
Fertigteil-Konstruktion			
Stahlbetonbauweise (Fertigteile und Ortbeton)	83	**104**	142
Porenbetonfertigteile	62	**77**	88
Ziegel-Fertigelemente	60	**80**	90
Polystyrolformelemente mit Betonfüllung	75	**100**	150
Holzkonstruktion			
Schichtholzkonstruktion	52	**65**	78
Zimmermannsmäßige Dachstühle	74	**91**	119
Ingenieurmäßige Holzdachkonstruktion	65	**79**	87
Leimbinder	49	**64**	78
Nagelbinder	34	**50**	70
Dachöffnungen			
Dachausstiege und Luken			
Stahl, verzinkt	30	**40**	57
Kunststoff	22	**32**	55
Dachflächenfenster			
Stahl, verzinkt	24	**39**	57
Holz, behandelt	20	**29**	38
Kunststoff	26	**33**	46
Aluminium	24	**35**	56
Aluminium-Holz-Komposit	23	**31**	50
Aluminium-Kunststoff-Komposit	23	**30**	45

Lebensdauer von Bauteilen in Jahren	von	mittel	bis
Dachbeläge			
Abdichtungsbahnen			
Stehfalzdach	27	**35**	48
Foliendach	14	**23**	34
Synthetische Kuppeln	17	**24**	39
Schwere Schutzschicht			
Kies	22	**31**	42
Intensive Begrünung	18	**28**	39
Extensive Begrünung	18	**30**	41
Verlegeplatten	23	**33**	40
Leichte Schutzschicht			
Besplitterung vor Ort	12	**16**	20
Werkseitige Bestreuung	12	**16**	20
Dachbekleidungen			
Dampfdichte Innendämmung			
Dampfsperrfolien	23	**37**	60
Dampfbremse	21	**35**	57
Spezialpapier	18	**33**	42
Kleber zum Fixieren von Dampfsperrfolien	12	**18**	29
Unterdeckung (Bahnen)			
Dampfdiffusionsoffene Kunststofffolien	20	**32**	53
Dampfsperren			
Kunststofffolien	33	**47**	71
Winddichtung			
Synthetische organische Materialien	22	**36**	49
PVC-Folie	22	**39**	61
Unterdeckung (Platten)			
Bitumen-Holzfaserplatten	34	**45**	56
Imprägnierte Faserplatten aus Holz, Hanf, Zellulose		**30**	
Zwischensparrendämmung			
Polystyrol	26	**39**	52
Polyurethan	26	**39**	52
Steinwolle	26	**39**	49
Glaswolle	26	**39**	49
Holzfaserdämmplatten	30	**41**	53
Holzwolleleichtbauplatten	30	**40**	52
Holzwolle	25	**38**	49
Kork	26	**38**	49
Holzspäne	25	**38**	49

von
| Mittelwert
bis

Lebensdauer von Bauteilen in Jahren		mittel		0 25 50 75 100 125 Jahre
Dachbekleidungen				
Zwischensparrendämmung				
Seegras	25	**38**	49	
Wiesengras	25	**38**	49	
Flachs	26	**38**	49	
Hanf	26	**38**	49	
Schafwolle	27	**39**	49	
Zellulose	28	**40**	49	
Kokos	26	**38**	49	
Strohballen	24	**38**	49	
Roggengranulat	26	**39**	49	
Blähglasgranulat	32	**44**	62	
Blähtongranulat	32	**44**	62	
Blähschiefergranulat	32	**44**	62	
Leichtlehmmischung	32	**46**	71	
Aufdachdämmung				
Faserplatten aus Holz, Hanf, Zellulose	27	**39**	49	
Glaswollplatten	28	**40**	50	
Steinwollplatten	27	**39**	49	
Extrudierte Polystyrolplatten	27	**39**	51	
Expandierte Polystyrolplatten	27	**38**	51	
Polyurethanplatten	30	**42**	57	
Schaumglasplatten	32	**44**	59	
Gesimsverschalung				
Holz	20	**26**	32	
Sonstiges zur KG 360				
Blitzschutzanlagen				
Stahl, verzinkt	22	**33**	48	
Taubenvergrämung				
Stahl, verzinkt	14	**22**	41	
Absturzsicherungen				
Stahl, verzinkt	21	**30**	42	
Laufflächen (Dach)				
Stahl, verzinkt	22	**29**	37	
Trittstufen (Dach)				
Stahl, verzinkt	22	**29**	37	
Laub- und Schneefangvorrichtungen				
Stahl, verzinkt	19	**37**	73	
Zink	16	**27**	37	

Lebensdauer von Bauteilen in Jahren		mittel	
Sonstiges zur KG 360			
Attikaabdeckungen			
Aluminium	33	**41**	50
Naturstein	60	**80**	100
Klinker	60	**80**	100
Beton	53	**66**	76
Betonfertigteil	53	**66**	76
Keramik	53	**66**	76
Fliesen	50	**64**	76
Kunststein	52	**65**	78
Faserzement	30	**40**	50
Kunststoffe	16	**23**	29
Zementputze	20	**25**	30
Stahl, verzinkt	27	**35**	45
Stahl, nicht rostend	50	**58**	67
Kupfer	44	**57**	76
Zink	32	**37**	45
Schornsteine über Dach			
Stahl	37	**59**	77
Formsteine	26	**47**	75
Mauerwerk	28	**49**	76
Kaminabdeckung			
Zinkblech	15	**20**	27
Bleiblech	15	**20**	24

(Skala: 0, 25, 50, 75, 100, 125 Jahre)

von
| Mittelwert
bis

Design-to-Costs oder Zielkostenrechnung! Auch für die Planung von Gebäuden?

von Univ.-Prof. Dr.-Ing. Wolfdietrich Kalusche

Design-to-Costs oder Zielkostenrechnung! Auch für die Planung von Gebäuden?

ein Beitrag von Wolfdietrich Kalusche

Vorbemerkung

Für Kostenschätzungen nach DIN 276:2018-12, Kosten im Bauwesen, werden Kostenkennwerte in der zweiten Ebene der Kostengliederung benötigt. Das Baukosteninformationszentrum Deutscher Architektenkammern (BKI) veröffentlicht seit 30 Jahren entsprechende statistische Kostenkennwerte für die Kostenplanung von Gebäuden sowie Außenanlagen und Freiflächen.

In der Architektur werden immer wieder neue Ideen umgesetzt. Gleichzeitig verändern sich sowohl die Bautechnik als auch der Markt für Bauleistungen kontinuierlich. Insofern entsteht der Eindruck, dass es für die Kostenplanung niemals genug Kostenkennwerte geben kann. Ohne geeignete Kostenkennwerte ist es schwer, eine ausreichende Kostentransparenz zu erreichen, die auch dem Auftraggeber eine ausreichende Kostensicherheit bietet.

Der vorliegende Fachaufsatz enthält zwei Schwerpunkte:

- Für die Kostenplanung von Gebäuden wird die Design-to-Costs-Methode vorgestellt.
- Die umfangreichen vorhandenen BKI-Kostenkennwerte sollen um berechnete Kostenkennwerte erweitert werden

1. Die wirtschaftliche Planung von Gebäuden, insbesondere Vorplanung

Bevor eine neue Methode vorgestellt wird, sollen die wesentlichen Grundlagen der Kostenplanung kurz zusammengefasst werden, um das Design-to-Costs einordnen zu können. Zudem werden für das Design-to-Costs bestimmte Strukturen und eine große Menge von Kostenkennwerten benötigt.

Bei der Planung von Gebäuden sind viele Anforderungen zu erfüllen. Es ist naheliegend, zunächst auf die Architektengesetze zu schauen, z.B. das Architektengesetz von Baden-Württemberg:
„§ 1 Berufsaufgaben der Architekten und Stadtplaner
(1) Berufsaufgabe der Architekten ist insbesondere die gestaltende, technische, wirtschaftliche, ökologische und soziale Planung von Bauwerken."
[Architektengesetz in der Fassung vom 28. März 2011 (GBl. vom 12. April 2011, S. 152), zuletzt geändert durch Gesetz vom 30. April 2024 (GBl. Nr. 30, S. 1, 5)]

Was ist unter wirtschaftlicher Planung zu verstehen und was kann man von Architekten erwarten?

Im Allgemeinen werden in der Ökonomie unterschiedliche Sichtweisen der Wirtschaftlichkeit vertreten. Die wichtigsten werden an dieser Stelle in gebotener Kürze erläutert und es wird festgestellt, welche Sichtweisen zur Beurteilung von Bauwerken – nach Ansicht des Verfassers – von Bedeutung sind.

Zu unterscheiden sind:
- Technische Wirtschaftlichkeit, insbesondere Flächenwirtschaftlichkeit
- Wirtschaftlichkeit im engeren Sinne (i. e. S.), hier Kostenwirtschaftlichkeit
- Rentabilität (bei Architekturwettbewerben in der Regel nicht von Bedeutung)
- Wirtschaftlichkeit im weiteren Sinne (i. w. S.), hier externe Effekte

Die entscheidenden Sichtweisen der Wirtschaftlichkeit, deren Beherrschung von Architekten und von den an der Planung fachlich Beteiligten der Tragwerksplanung und der Planung der Technischen Anlagen erwartet werden darf, sind die Technische Wirtschaftlichkeit im Sinne der Effizienz von zum Beispiel der Grundrisse und der Kubatur von Gebäuden. Des Weiteren ist es die Kostenwirtschaftlichkeit oder einfacher ausgedrückt die Ermittlung der Baukosten unter Anwendung der DIN 276 und weiterer ergänzender Technischer Regelwerke.

Bauvorhaben sind Projekte. Ein Projekt ist ein [...] „Vorhaben, das im Wesentlichen durch Einmaligkeit der Bedingungen in ihrer Gesamtheit gekennzeichnet ist.

Beispiel: Zielvorgabe, zeitliche, finanzielle, personelle oder andere Begrenzungen, projektspezifische Organisation".
[vgl. (DIN 69901-5, 3.44]

An der Ermittlung der Baukosten wirken stets mehrere am Projekt Beteiligte mit. Dazu zählen neben dem Architekten die an der Planung fachlich Beteiligten sowie der Bauherr. Der Bauherr gibt, in welcher Form auch immer, die Baukosten vor und soll die Kostenermittlungen seiner Auftragnehmer mindestens überprüfen und gegebenenfalls steuernd eingreifen. Allein die Tatsache, dass zahlreiche am Projekt Beteiligte an der Kostenplanung mitwirken, lässt erahnen, dass die Einhaltung der Kosten nicht einfach ist.

Ein besonders wichtiger Schritt bei der Kostenplanung ist die Kostenschätzung des Gebäudes bzw. dessen Bauwerkskosten (KG 300+400) nach den mehr oder weniger umfangreichen Vorgaben bzw. Planungsgrundlagen des Auftraggebers. Die im Architektengesetz aufgezählten Aufgaben in Form der „gestaltenden, technischen, wirtschaftlichen, ökologischen und sozialen Planung von Bauwerken" lassen erkennen, wie anspruchsvoll eine Planung schon vom Grundsatz aus ist. Die projektspezifischen Vorstellungen und Wünsche vom Bauherrn bzw. seinen Nutzern führten oft zu einem Grad von Komplexität, der nur schwer zu bewältigen ist.

Im Rahmen der Vorplanung werden unter anderem die (vorzugsweise) vom Auftraggeber erarbeiteten Grundlagen analysiert, Leistungen mit den fachlich an der Planung Beteiligten abgestimmt. Im Zusammenhang vor allem mit der Kostenplanung ist es wichtig, die Zielvorstellungen (Qualitäten und Quantitäten, Kosten und Termine) abzustimmen. Die hier genannten drei Oberziele stehen grundsätzlich in Konkurrenz. Häufig sind die vorgegebenen Qualitäten zu hoch und die vorgegebenen Kosten zu niedrig. Ein solcher Konflikt ist in diesem Stadium der Planung oft schwer zu erkennen. Umso wichtiger ist es, Zielkonflikte frühzeitig zu erkennen und den Auftraggeber auf diese hinzuweisen.

Die Lösungsansätze der Vorplanung sollten in Varianten entwickelt werden, um unter diesen eine beste Lösung finden zu können. Schon in dieser frühen Phase sollen die Zusammenhänge, Vorgaben und Bedingungen wie städtebauliche, gestalterische, funktionale, technische, wirtschaftliche, ökologische, bauphysikalische, energiewirtschaftliche, soziale und öffentlich-rechtliche Gesichtspunkte berücksichtigt und erläutert werden.

Der Objektplaner stellt seine Arbeitsergebnisse den an der Planung fachlich Beteiligten zur Verfügung, koordiniert und integriert deren Leistungen in die Gesamtplanung. Das betrifft vor allem auch die Kostenplanung, in dieser Leistungsphase die Kostenschätzung.
[vgl. HOAI 2021, Anlage 10 (zu § 34 Absatz 4, § 35 Absatz 7) Grundleistungen im Leistungsbild Gebäude und Innenräume, LPH 2 (Auszug)]

Zudem ist eine Kostenschätzung aufzustellen. Sie wird für die Entscheidung über die Vorplanung benötigt.

Auf der einen Seite sind die in der Vorplanung erarbeitenden Ergebnisse eine notwendige Grundlage, um eine Kostenschätzung aufstellen zu können. Gemäß DIN 276:2018-12 sind die (Gesamt-)Kosten nach Kostengruppen in der zweiten Ebene der Kostengliederung zu ermitteln.

Die Mengen der Grundflächen und Rauminhalte der jeweiligen Bauelemente sind aus
- Angaben zum Baugrundstück,
- Angaben zur Erschließung,
- Ergebnissen der Vorplanung, insbesondere Planungsunterlagen, zeichnerischen Darstellungen,
- der Berechnung der Mengen von Bezugseinheiten der Kostengruppen, nach dieser Norm und nach der Normenreihe DIN 277

zu ermitteln.

Auch erläuternde Angaben zu den planerischen Zusammenhängen, Vorgängen und Bedingungen sowie zur organisatorischen und terminlichen Abwicklung des Bauprojekts sowie Zusammenstellungen der zum Zeitpunkt der Kostenschätzung bereits entstandenen Kosten (z.B. für das Grundstück, Erschließung, Baunebenkosten usw.) sind von Bedeutung.
[vgl. DIN 276:2018-12, Ziffer 4.3.2, S. 9]

Wird die Kostenschätzung auf der Grundlage der sonstigen Planungsergebnisse aufgestellt, so kann man diese Herangehensweise als Costs-to-Design bezeichnen. Interessanterweise findet man kaum eine brauchbare Definition. Übersetzt heißt es Kosten für das Design. Auf die Kosten von Gebäuden bezogen, kann man es auch so ausdrücken: „Zuerst machen wir den Entwurf und dann gucken wir, was es kostet."

Soweit der Vergleich der Kostenschätzung mit den finanziellen Rahmenbedingungen – besser wäre: mit dem Kostenrahmen – aus Sicht des Auftraggebers zufriedenstellend ausfällt und keine sonstigen Zielkonflikte bestehen, kann die Vorplanung als erfolgreich abgeschlossen betrachtet werden.

Für den Fall, dass die Bauwerkskosten bzw. die Gesamtkosten höher ausfallen und der Auftraggeber die Kosten der Kostenschätzung als Ergebnis der Vorplanung nicht akzeptiert, gibt es erfahrungsgemäß folgende Lösungen:

1. Die Planung wird vorerst abgebrochen und die Planungsgrundlagen werden überarbeitet.
2. Die Planung wird weitergeführt, verbunden mit der Auflage, Vorschläge zur Kosteneinsparung zu entwickeln.
3. Die Planung wird mit dem Ziel geringerer Kosten wiederholt, dabei werden Einsparungen vor allem bei Grundflächen und beim Standard in Kauf genommen.
4. Die Planung wird abgebrochen.

Jede der genannten Lösungen ist mit Zeitaufwand und zusätzlichen Kosten verbunden. Auch Enttäuschungen über die Planung oder Zweifel über angewendete Methoden der Kostenplanung können die Zusammenarbeit der Projektbeteiligten belasten.

Wie aber können Zielkonflikte, vor allem wenn es um die Kosten, insbesondere die Bauwerkskosten geht, schneller erkannt und gelöst werden? Kann die Design-to-Costs-Methode die Kostenplanung, insbesondere bei der Kostenschätzung, unterstützen?

2. Was bedeutet Design-to-Costs oder Zielkostenplanung

Die Einhaltung der Kosten steht bei vielen Bauherren im Vordergrund. Neben einer ausgewogenen und vorzugsweise geprüften Planungsgrundlage kommt der Kostenschätzung eine Bedeutung zu. Je früher diese in der Vorplanung Gestalt annimmt, desto besser ist die Chance, die Planung erfolgreich durchzuführen. Wie kann eine Kostenschätzung frühzeitig erstellt werden? Können Methoden der Wirtschaftswissenschaften wie z.B. Design-to-Costs oder die Zielkostenplanung bei der Planung der Baukosten hilfreich sein?

Bei der Herstellung von Produkten steht zum überwiegenden Teil der Preis im Vordergrund. Für die Entwicklung von Produkten werden Methoden angewendet, die als Target Costing, Design-to-Costs oder Zielkostenrechnung bekannt sind. Hierzu einige ausgewählte Grundsätze der genannten Methoden:

- Bei der Produktentwicklung stehen die Kosten des Produktes im Vordergrund.
- Die Kosten des Produktes werden nicht aus Einzel- und Gemeinkosten ermittelt.
- Bei der Preisbildung wird ein zu erzielender Gewinn berücksichtigt.
- Die Kosten des Produktes und seiner Bauelemente müssen auf dem Markt konkurrenzfähig sein.
- Für die Herstellung werden für die einzelnen Bauelemente und Prozesse anteilige Kosten heruntergebrochen.

Das übergeordnete Ziel der Planung kann wie folgt zusammengefasst werden: „Niedrigere Kosten bei gleichzeitiger Beibehaltung der gewünschten Funktionalität bedeuten höhere Gewinnspannen, mehr Marktanteile und zufriedenere Kunden."
[vgl. Was ist Design to Cost? Ein Überblick mit Beispielen | aPriori]

Der Vergleich der Herstellung von Produkten, z.B. Fahrzeugen oder auch Bauprodukten, mit der Herstellung von Gebäuden ist nicht unproblematisch. Eine Produktentwicklung und deren Kalkulation geht einer Serien- oder Massenfertigung voraus. Entsprechend verteilen sich deren Kosten. Die Planung eines Gebäudes einschließlich der Kostenplanung erfolgt bei der Mehrzahl der Projekte einmalig. Die Kosten der Planung und Überwachung sind vergleichsweise hoch.

Dennoch lassen sich einige Gesichtspunkte des Design-to-Costs auf die Planung von Gebäuden übertragen, und zwar das frühzeitige „Herunterbrechen auf Bauelemente in Verbindung mit Kostenwerten. Dies kann durch ein Mengengerüst der Bauelemente zum Beispiel in der zweiten Ebene der Kostengliederung erfolgen.

Die Voraussetzungen sind zum einen Teil mit der Kostengliederung der DIN 276:2018-12 gegeben. Mit den Bauelementen in der zweiten Ebene der Kostengliederung können Mengengerüste auf der Grundlage von Zeichnungen oder unter Verwendung von Planungskennwerten gebildet werden. Zum weiteren sind Kostenwerte für Bauelemente erforderlich, deren Kosten Umfang und Struktur eine Bewertung von Bauelementen ermöglichen.

Als Grundlage dienen die BKI-Kostenkennwerte, deren Von-und-Bis-Wert, die einen Rahmen bilden. Durch Aufteilung des Rahmens in fünf Stufen sind drei weitere errechnete Stufen als berechnete Kostenkennwerte möglich. Die Ermittlung der berechneten Kostenkennwerte wird im folgenden Abschnitt erläutert.

3. Gebäudearten, Methode der Untersuchung und Auswahl der Objekte

Die von BKI dokumentierten Vergleichsobjekte werden in verschiedene Kategorien unterteilt, z.B. Neubau, Altbau, Freianlagen und weitere. Für die vorliegende Untersuchung werden aus der Kategorie Neubau die Gebäudearten ausgewählt, von denen eine möglichst große Anzahl von Vergleichsobjekten in der ersten und der zweiten Ebene der Kostengliederung vorliegen.

Nach der Auswahl der Gebäudearten aus dem BKI-Band Baukosten Gebäude Neubau 2026, Statistische Kostenkennwerte, durch den Verfasser stellte BKI die entsprechenden Von- und -Bis Werte der zweiten Ebene der Kostengliederung zur Verfügung.

Das Ergebnis der vorliegenden Untersuchung wird als Fachartikel im BKI-Band Baukosten Bauelemente 2026, Statistische Kostenkennwerte veröffentlicht.

Die ausgewählten Gebäudearten werden in → **Tabelle 03-01** gelistet.

Die Auswahl der Gebäudearten erfolgte nachfolgenden Gesichtspunkten:

- möglichst große Anzahl von Vergleichsobjekten der jeweiligen Gebäudeart, dokumentiert in der ersten Ebene und in der zweiten oder dritten Ebene der Kostengliederung
- Zusammenfassung von grundsätzlich gleichen Gebäudearten, die zuvor nach Standards (einfach, mittel, hoch) unterteilt wurden
- Möglichkeit des Vergleichs von grundsätzlich gleichen Gebäudearten, die zuvor nach Konstruktionsweisen (Massivbau, Holzbau) unterteilt wurden
- Möglichkeit des Vergleichs von grundsätzlich gleichen Gebäudearten, die zuvor nach der Größe der Objekte (mit bis zu 6 WE, mit 6 bis 19 WE, mit 20 und mehr WE) unterteilt wurden

	Objektbezeichnung	**Anzahl**
1	Büro- und Verwaltungsgebäude, einfacher Standard	8 +
	Büro- und Verwaltungsgebäude, mittlerer Standard	66 +
	Büro- und Verwaltungsgebäude, hoher Standard	37 = **111**
2	Kindergärten, nicht unterkellert, einfacher Standard	11 +
	Kindergärten, nicht unterkellert, mittlerer Standard	68 +
	Kindergärten, nicht unterkellert, hoher Standard	24 = **103**
3	Kindergärten, Holzbauweise, nicht unterkellert	**67**
4	Ein- und Zweifamilienhäuser, unterkellert, einfacher Standard	8 +
	Ein- und Zweifamilienhäuser, unterkellert, mittlerer Standard	25 +
	Ein- und Zweifamilienhäuser, unterkellert, hoher Standard	50 = **83**
5	Mehrfamilienhäuser, mit bis zu 6 WE, einfacher Standard	7 +
	Mehrfamilienhäuser, mit bis zu 6 WE, mittlerer Standard	22 +
	Mehrfamilienhäuser, mit bis zu 6 WE, hoher Standard	33 = **62**
6	Mehrfamilienhäuser, mit 6 bis 19 WE, einfacher Standard	9 +
	Mehrfamilienhäuser, mit 6 bis 19 WE, mittlerer Standard	50 +
	Mehrfamilienhäuser, mit 6 bis 19 WE, hoher Standard	34 = **93**
7	Mehrfamilienhäuser, mit 20 und mehr WE, einfacher Standard	14 +
	Mehrfamilienhäuser, mit 20 und mehr WE, mittlerer Standard	50 +
	Mehrfamilienhäuser, mit 20 und mehr WE, hoher Standard	21 = **85**
8	Gemeindezentren, einfacher Standard	8 +
	Gemeindezentren, mittlerer Standard	35 +
	Gemeindezentren, hoher Standard	24 = **67**
	Summe aller Vergleichsobjekte	**671**

Tab. 03-01: Ausgewählte Gebäudearten oder Gruppen von Gebäudearten.
[BKI: Baukosten Gebäude Neubau 2026, Statistische Kostenkennwerte, S. 156-186]

Die Vergleichsobjekte der Gebäudearten werden zum Teil in Standards (niedrig, mittel, hoch) unterschieden. Das ist zum Beispiel bei den Büro- und Verwaltungsgebäuden der Fall. Für die vorliegende Untersuchung werden die Bauelemente der drei Standards in der zweiten Ebene der Kostengliederung zusammengefasst, um sie dann in fünf Anforderungsklassen (sehr gering, gering, mittel, hoch, sehr hoch) aufzuteilen.

Bei den Kostenkennwerten der Bauelemente werden – wie bei anderen Kennwerten auch – Von-, Mittel- und Bis-Werte angegeben. Darüber hinaus werden bei der Dokumentation zudem Min- und Max-Werte erfasst. Letzte werden bei den Kostenkennwerten in der ersten und in der zweiten Ebene der Kostengliederung nicht angezeigt.

Für die vorliegende Untersuchung geht es darum, in der zweiten Ebene der Kostengliederung zusätzliche berechnete Kostenkennwerte zu bilden. Dafür wird jeweils die Spannweite zwischen dem Von-Wert und dem Bis-Wert der BKI-Kostenkennwerte in fünf gleichgroße Klassen aufgeteilt. Die Klassen werden als Anforderungsklassen bezeichnet.

Beispiel:

Der Von-Wert eines BKI-Kostenkennwertes beträgt 500 €/m² DAF und der errechnete Bis-Wert beträgt 750 €/m² DAF.

(750 €/m² DAF - 500 €/m² DAF) / 5 = 50 €/m² DAF

Für jede Gebäudeart oder Gruppe von Gebäudearten wurden für die wichtigsten Bauelemente der Baukonstruktionen (KG 300) und der Technischen Anlagen (KG 400) jeweils ganzseitige Tabellen mit differenzierten Von-bis-Kostenkennwerten zusammengestellt.

→ **Tabelle 03-02**

Im Rahmen der vorliegenden Untersuchung werden die Kosten von Büro- und Verwaltungsgebäuden, Kindergärten, Ein- und Zweifamilienhäusern, Mehrfamilienhäusern und Gemeindezentren betrachtet. Die Summe der Vergleichsobjekte in der ersten Ebene der Kostengliederung beträgt mehr als 560 Objekte. Der Anteil der Objekte, die in der zweiten oder dritten Ebene der Kostengliederung dokumentiert wurden und damit Von- und Bis-Werte der Bauelemente enthalten, ist jeweils groß genug, um für die Kostenplanung sinnvoll genutzt werden zu können.

Gebäudeart N.N.					
[...]	[...]	[...]	[...]	[...]	[...]
360	**Dächer**	**Anforderungen**	**von**	**bis**	**Kosten/Einheit**
		sehr gering	500	550	€/m² DAF
		gering	550	600	€/m² DEF
		mittel	600	650	€/m² DEF
		hoch	650	700	€/m² DEF
		sehr hoch	700	750	€/m² DEF
[...]	[...]	[...]	[...]	[...]	[...]

Tab. 03-02: berechnete Kostenkennwerte der Baukonstruktionen, zweite Ebene der Kostengliederung, hier: Gebäudeart N.N.

Die Bezugseinheiten und Einheiten für die Mengenermittlungen von Kostenkennwerten der Baukonstruktionen in der zweiten Ebene der Kostengliederung. Siehe → **Tabelle 03-03**.

Anmerkungen zu einzelnen Kostengruppen:

Baukonstruktive Einbauten (KG 380) sind mit dem Bauwerk fest verbundene Einbauten, jedoch ohne die nutzungsspezifischen Anlagen. Für die Abgrenzung gegenüber der Ausstattung ist maßgebend, dass die Einbauten durch ihre Beschaffenheit und die Art ihres Einbaus technische und planerische Maßnahmen erforderlich machen (z.B. Anfertigen von Ausführungszeichnungen, statischen und anderen Berechnungen, Anschließen von Installationen). [vgl. DIN 276:2018-12, Ziffer 5.4, S. 21]

Die Baukonstruktiven Einbauten kommen bei vielen Gebäudearten, z.B. Wohngebäuden, häufig nicht oder nur in geringem Umfang vor. Die entsprechenden Kosten der untersuchten Vergleichsobjekte sind sehr unterschiedlich und möglicherweise nicht vollständig.

Sonstige Maßnahmen für Baukonstruktionen (KG 390) sind Baukonstruktionen und übergreifende Maßnahmen im Zusammenhang mit den Baukonstruktionen, die nicht einzelnen Kostengruppen der KG 300 zugeordnet werden können oder die nicht in der KG 490 oder der KG 590 erfasst sind. Bei Neubauten können die Baustelleneinrichtung, Gerüste und Sicherungsmaßnahmen enthalten sein. [vgl. DIN 276:2018-12, Ziffer 5.4, S. 22]

Die Bezugseinheit der Kosten der Technischen Anlagen in der zweiten Ebene der Kostengliederung ist einheitlich die Brutto-Grundfläche (BGF). Die dokumentierten Kostenkennwerte können als Vorgabe für die Planung der an der Planung beteiligten Ingenieure der jeweiligen Anlagengruppen und zur Überprüfung der Kostenschätzungen dienen.

siehe → **Tabelle 03-04**.

Kostengruppen (KG)		Bezugseinheit	Einheit
310	Baugrube/Erdbau	Baugrubeninhalt (BGI)	m^3
320	Gründung, Unterbau	Gründungsfläche (GRF)	m^2
330	Außenwände / vertikal außen	Außenwandfläche (AWF)	m^2
340	Innenwände / vertikal innen	Innenwandfläche (IWF)	m^2
350	Decken / horizontal	Deckenfläche (DEF)	m^2
360	Dächer	Dachfläche (DAF)	m^2
380	Baukonstruktive Einbauten	Brutto-Grundfläche (BGF)	m^2
390	Sonstige Maßnahmen für Baukonstruktionen	Brutto-Grundfläche (BGF)	m^2

Tab. 03-03: Kostengruppen, Bezugseinheiten und Einheiten der Mengenermittlungen von Baukonstruktionen.

Kostengruppen (KG)		Bezugseinheit	Einheit
410	Abwasser-, Wasser-, Gasanlagen	Brutto-Grundfläche (BGF)	m^2
420	Wärmeversorgungsanlagen	Brutto-Grundfläche (BGF)	m^2
430	Raumlufttechnische Anlagen	Brutto-Grundfläche (BGF)	m^2
440	Elektrische Anlagen	Brutto-Grundfläche (BGF)	m^2
450	Kommunikationstechnische Anlagen	Brutto-Grundfläche (BGF)	m^2
460	Förderanlagen	Brutto-Grundfläche (BGF)	m^2
470	Nutzungsspezifische [...] Anlagen	Brutto-Grundfläche (BGF)	m^2
480	Gebäude- und Anlagenautomation	Brutto-Grundfläche (BGF)	m^2

Tab. 03-04: Kostengruppen, Bezugseinheit und Einheiten der Mengenermittlungen von Technischen Anlagen.

Anmerkungen zu einzelnen Kostengruppen:

Zu den Nutzungsspezifischen [und verfahrenstechnischen] Anlagen (KG 470) gehören die dem Bauwerk fest verbundenen Anlagen, die der besonderen Zweckbestimmung dienen und durch ihre Beschaffenheit und die Art ihres Einbaus technische und planerische Maßnahmen erforderlich machen. Hierzu gehören in Gebäuden vor allem Küchentechnische Anlagen, Wäscherei-, Reinigungs- und badtechnische Anlagen, Medienversorgungsanlagen, Medizin- und labortechnische Anlagen, Feuerlöschanlagen sowie Prozesswärme-, kälte- und -luftanlagen.
[vgl. DIN 276:2018-12, Ziffer 5.4, S. 25-26]

Zur Überprüfung der dokumentierten Kostenkennwerte der ausgewählten Gebäudearten können die Anteile der Kosten der Baustelleneinrichtung (LB 000, 001) an den Bauwerkskosten herangezogen werden, siehe → **Tabelle 03-05**.

Anteil der Kosten der Baustelleneinrichtung (LB 000, 001) an den Bauwerkskosten			
Gebäudearten (Auswahl)	**von**	**mittel**	**bis**
1 Büro- und Verwaltungsgebäude, S. 158	2,1 %	**3,6%**	5,6%
2 Kindergärten, nicht unterkellert, S. 310	1,3 %	**2,5%**	3,7%
3 Kindergärten, nicht unterkellert, Holzbau, S. 354	1,6 %	**2,9%**	3,8%
4 Ein- und Zweifamilienhäuser, unterkellert, S. 420	1,6 %	**2,7%**	4,3%
5 Mehrfamilienhäuser, mit bis zu 6 WE, S. 618	1,4 %	**2,4%**	4,1 %
6 Mehrfamilienhäuser, mit 6 bis 19 WE, S. 650	1,6 %	**2,8%**	4,9%
7 Mehrfamilienhäuser, mehr als 20 WE, S. 690	2,0 %	**3,6%**	5,3%
8 Gemeindezentren, S. 1028	1,9 %	**2,8%**	4,8%

Tab. 03-05: Anteil der Kosten der Baustelleneinrichtung (LB 000, 001) an den Bauwerkskosten in ausgewählter Gebäudearten in Prozent.
[BKI: Baukosten Gebäude Neubau 2026, Statistische Kostenkennwerte, S. 158 - 868]

4. Gebäudearten und Gruppen von Gebäudearten

4.1 Büro- und Verwaltungsgebäude

Zu dieser Gebäudeart zählen Büro- und Verwaltungsgebäude der Land- und Forstwirtschaft sowie der Fischerei; Büro- und Verwaltungsgebäude des produzierenden Gewerbes; Büro- und Verwaltungsgebäude des Handels, des Verkehrs, der Post- und Telekommunikationsunternehmen; Büro- und Verwaltungsgebäude der Kreditinstitute, des Versicherungsgewerbes und der Dienstleistungsunternehmen sowie Büro- und Verwaltungsgebäude der Gebietskörperschaften, der Sozialversicherung und der Organisationen ohne Erwerbszweck. Dies sind beispielsweise Büro- und Verwaltungsgebäude, Direktionsgebäude, Amtsgebäude, Bankgebäude, Verlagsgebäude, Parlamentsgebäude oder Gerichtsgebäude."
[vgl. Büro- und Verwaltungsgebäude 1 - IÖR ISBE]

Auch die von BKI dokumentierten Büro- und Verwaltungsgebäude weisen eine große Vielfalt aus. Allein die Größe der Gebäude reicht von rund 300 bis zu über 17.000 m² Brutto-Grundfläche. Einige wenige sind nicht unterkellert, andere verfügen über Tiefgaragen. Wie andere Gebäude auch, werden die Büro- und Verwaltungsgebäude nach Standards unterschieden, die unter anderem auch unterschiedliche Kosten der Baukonstruktionen und der Technischen Anlagen ausweisen.

→ **Tabellen 05-1a und 05-1b**

Die Gebäudeart Büro- und Verwaltungsgebäude, Holzbauweise, wurde mit nur 19 Vergleichsobjekten nicht berücksichtigt. Die Bauwerkskosten der Büro- und Verwaltungsgebäude, Holzbauweise, unterscheiden sich nicht wesentlich von den anderen Objekten in Massivbauweise (Mauerwerk, Beton).

Büro- und Verwaltungsgebäude – Bauwerkskosten (BWK) pro m² Brutto-Grundfläche (BGF)	**€/m² BGF**		
	von	**mittel**	**bis**
Büro- und Verwaltungsgebäude, einfacher Standard, 8 Vergleichsobjekte, S. 160	1.500	**1.760**	2.160
Büro- und Verwaltungsgebäude, mittlerer Standard, 66 Vergleichsobjekte, S. 166	2.290	**2.855**	3.575
Büro- und Verwaltungsgebäude, hoher Standard, 37 Vergleichsobjekte, S. 186	2.840	**3.525**	4.550
Büro- und Verwaltungsgebäude, zusammen 111 Vergleichsobjekte, S. 156	2.260	**3.000**	3.940

Tab. 04-01: Kostenkennwerte von Büro- und Verwaltungsgebäuden –
Verhältnis der Bauwerkskosten (BWK) zur Brutto-Grundfläche (BGF) in m²,
hier: Büro- und Verwaltungsgebäude, einfacher, mittlerer und hoher Standard.
[BKI: Baukosten Gebäude Neubau 2026, Statistische Kostenkennwerte, S. 156-186]
Kostenstand: 1. Quartal 2026, Bundesdurchschnitt, inkl. 19% MwSt.

Büro- und Verwaltungsgebäude – Kosten der Technischen Anlagen (TA) an den Bauwerkskosten (BWK)	**TA/BWK**		
	von	**mittel**	**bis**
Büro- und Verwaltungsgebäude, einfacher Standard, 8 Vergleichsobjekte, S. 160-161	12,6 %	**17,0 %**	20,9 %
Büro- und Verwaltungsgebäude, mittlerer Standard, 66 Vergleichsobjekte, S. 166-167	20,2 %	**26,1 %**	31,7 %
Büro- und Verwaltungsgebäude, hoher Standard, 37 Vergleichsobjekte, S. 186-187	22,0 %	**27,2 %**	31,4 %
Büro- und Verwaltungsgebäude, zusammen 111 Vergleichsobjekte, S. 156-157	19,2 %	**25,8 %**	31,0 %

Tab. 04-02: Kostenkennwerte von Mehrfamilienhäusern –
Verhältnis Kosten Technischer Anlagen (TA) zu Bauwerkskosten (BWK) in Prozent.
hier: Büro- und Verwaltungsgebäude, einfacher, mittlerer und hoher Standard.
[BKI: Baukosten Gebäude Neubau 2026, Statistische Kostenkennwerte, S. 156-187]

Die Zusammenfassung der Vergleichsobjekte unterschiedlichen Standards (einfach, mittel, hoch) ermöglicht es, eine große Zahl von Bauelementen (in der zweiten Ebene der Kostengliederung) nach fünf Anforderungsklassen (sehr gering, gering, mittel, hoch und sehr hoch) aufzuteilen.

Die berechneten Kostenkennwerte der Baukonstruktionen und der Technischen Anlagen sind in den → **Tabellen 05-1a und 05-1b** zu finden.

Sowohl bei den Baukonstruktionen als auch bei den Technischen Anlagen zeigen einige Bauelemente große Unterschiede bei den von BKI ermittelten Von- und Bis-Werten.

Beispiele zu den Baukonstruktionen:

- Baugrube (KG 310): 48 bis 202 €/m^3 BGI
- Gründung (KG 320): 433 bis 918 €/m^2 GRF
- Außenwände (KG 330): 694 bis 1.379 €/m^2 AWF

Beispiele zu den Technischen Anlagen:

- Raumlufttechn. Anlagen (KG 430): 43 bis 242 € m^2/BGF
- Elektrische Anlagen (KG 440): 145 bis 352 € m^2/BGF
- Kommunikationstechn. Anl. (KG 450): 42 bis 142 € m^2/BGF

Siehe auch zu KG 390 Sonstige Maßnahmen für Baukonstruktionen zum Vergleich Kosten der Baustelleneinrichtung (vgl. → **Tabelle 03-05**).

Auf die blau markierten Bauelemente ist bei der Kostenplanung besonders zu achten.

4.2 und 4.3 Kindergärten, nicht unterkellert

„In einem Kindergarten werden Kinder im Alter von 3 Jahren bis zum Eintritt in die Schule von pädagogischem Fachpersonal betreut. Jedes Kind darf in den Kindergarten gehen, unabhängig davon, ob die Eltern arbeiten gehen oder nicht. In einem Kindergarten geht es nicht nur darum, die Kinder zu betreuen, sie werden auch gefördert. Kinder lernen im Kindergarten, wie sie sich im Umgang mit anderen Kindern und Erwachsenen verhalten sollen, das nennt sich Sozialverhalten. Kinder werden hier ihrem Alter entsprechend in ihrer Entwicklung begleitet."
[Was ist ein Kindergarten? – Familienchance Freiburg]

Die von BKI dokumentierten Objekte sind unterschiedlich hinsichtlich der Konstruktionsweisen (Massivbau, Holzbau), der Anzahl der Geschosse bzw. Unterkellerung sowie des Umfangs der Technischen Anlagen (KG 400) an den Bauwerkskosten (BWK).

Die von BKI dokumentierten Kindergärten werden in mehrere Gebäudearten unterschieden:

- Kindergärten, nicht unterkellert, einfacher Standard
- Kindergärten, nicht unterkellert, mittlerer Standard
- Kindergärten, nicht unterkellert, hoher Standard
- Kindergärten, Holzbauweisen, nicht unterkellert
- Kindergärten, unterkellert (hier nicht berücksichtigt)

Für die vorliegende Untersuchung werden die Kindergärten, nicht unterkellert, aller drei Standards zusammengefasst und betrachtet. Die unterkellerten Kindergärten weisen im Vergleich zu den nicht unterkellerten Objekten größere Mengen bzw. höhere Kosten bei den Erdarbeiten und den Gründungsarbeiten aus. Ansonsten sind die Unterschiede gering.

In den letzten Jahren sind zunehmend Kindergärten in Holzbauweise errichtet und dokumentiert worden. Eine Unterscheidung nach Standards (einfach, mittel, hoch) wurde hierfür noch nicht vorgenommen. Deshalb werden die Holzbauten mit allen nicht unterkellerten Kindergärten verglichen.

Die Bauwerkskosten (KG 300+400) der nicht unterkellerten Kindergärten in Holzbauweise fallen um rund 9 Prozent höher aus als in Massivbauweise (vgl. → **Tab. 04-03**). Bei den Technischen Anlagen (KG 400) sind es knapp 4 Prozent (vgl. → **Tab. 04-04**).

Die berechneten Kostenkennwerte der Baukonstruktionen und der Technischen Anlagen der Massivbauten sind in den → **Tabellen 05-2a und 05-2b** und die der Holzbauten sind in den → **Tabellen 05-3a und 05-3b** zu finden.

Sowohl bei den Baukonstruktionen als auch bei den Technischen Anlagen zeigen einige Bauelemente große Unterschiede bei den von BKI ermittelten Von- und Bis-Werten.

Kindergärten, nicht unterkellert – Bauwerkskosten (BWK) pro m² Brutto-Grundfläche (BGF)	**€/m² BGF**		
	von	**mittel**	**bis**
Kindergärten (Massivbau), nicht unterkellert, einfacher Standard, 11 Vergleichsobjekte, S. 312	1.840	**2.355**	2.815
Kindergärten (Massivbau), nicht unterkellert, mittlerer Standard, 68 Vergleichsobjekte, S. 320	2.480	**3.020**	3.700
Kindergärten (Massivbau), nicht unterkellert, hoher Standard, 24 Vergleichsobjekte, S. 340	2.590	**3.280**	3.975
Kindergärten (Massivbau), nicht unterkellert, zusammen 103 Vergleichsobjekte, S. 308	2.415	**3.015**	3.755
Kindergärten, Holzbauweisen, nicht unterkellert 67 Vergleichsobjekte, S. 352	2.670	**3.290**	4.200

Tab. 04-03: Kostenkennwerte von Kindergärten, nicht unterkellert –
Verhältnis der Bauwerkskosten (BWK) zur Brutto-Grundfläche (BGF) in m²,
hier: Kindergärten (Massivbau), nicht unterkellert, einfacher, mittlerer und hoher Standard sowie Holzbauweisen, nicht unterkellert.
[BKI: Baukosten Gebäude Neubau 2026, Statistische Kostenkennwerte, S.308-352]
Kostenstand: 1. Quartal 2026, Bundesdurchschnitt, inkl. 19% MwSt.

Kindergärten, nicht unterkellert – Kosten der Technischen Anlagen (TA) an den Bauwerkskosten (BWK)	**TA/BWK**		
	von	**mittel**	**bis**
Kindergärten (Massivbau), nicht unterkellert, einfacher Standard, 11 Vergleichsobjekte, S. 312-313	14,7 %	**19,9 %**	24,6 %
Kindergärten (Massivbau), nicht unterkellert, mittlerer Standard, 68 Vergleichsobjekte, S. 320-321	19,2 %	**23,7 %**	29,0 %
Kindergärten (Massivbau), nicht unterkellert, hoher Standard, 24 Vergleichsobjekte, S. 340-341	18,5 %	**23,3 %**	28,6 %
Kindergärten (Massivbau), nicht unterkellert, zusammen 103 Vergleichsobjekte, S. 308-309	18,5 %	**21,8 %**	26,9 %
Kindergärten, Holzbauweisen, nicht unterkellert, 67 Vergleichsobjekte, S. 352-353	17,2 %	**21,8 %**	26,9 %

Tab. 04-04: Kostenkennwerte von Kindergärten –
Verhältnis Kosten Technischer Anlagen (TA) zu Bauwerkskosten (BWK) in Prozent.
hier: Kindergärten (Massivbau), nicht unterkellert, einfacher, mittlerer und hoher Standard sowie Holzbauweisen, nicht unterkellert.
[BKI: Baukosten Gebäude Neubau 2026, Statistische Kostenkennwerte, S.308-353]

Beispiele zu den Baukonstruktionen des Massivbaus:

- Außenwände (KG 330): 643 bis 971 €/m² AWF
- Innenwände (KG 340): 286 bis 437 €/m² IWF
- Decken (KG 350): 469 bis 1.249 €/m² DEF

Beispiele zu den Technischen Anlagen des Massivbaus:

- Raumlufttechn. Anlagen (KG 430): 26 bis 179 €/m² BGF
- Elektrische Anlagen (KG 440): 127 bis 244 €/m² BGF
- Gebäude- u. Anlagenautomat. (KG 480): 26 bis 106 €/m² BGF

Beispiele zu den Baukonstruktionen des Holzbaus:

- Außenwände (KG 330): 691 bis 1.032 €/m² AWF
- Innenwände (KG 340): 338 bis 529 €/m² IWF
- Decken (KG 350): 729 bis 1.477 €/m² DEF

Beispiele zu den Technischen Anlagen Holzbau:

- Raumlufttechn. Anlagen (KG 430): 35 bis 138 €/m² BGF
- Elektrische Anlagen (KG 440): 139 bis 312 €/m² BGF
- Gebäude- u. Anlagenautom. (KG 480): 25 bis 82 €/m² BGF

Siehe auch zu KG 390 Sonstige Maßnahmen für Baukonstruktionen zum Vergleich Kosten der Baustelleneinrichtung (vgl. → **Tabelle 03-05**).

Auf die blau markierten Bauelemente ist bei der Kostenplanung besonders zu achten.

4.4 Ein- und Zweifamilienhäuser, unterkellert

„Einfamilienhäuser und Zweifamilienhäuser sind zwei gängige Wohnformen, die sich in mehreren Aspekten unterscheiden. Ein Einfamilienhaus ist ein freistehendes Gebäude, das für eine einzelne Familie konzipiert ist. Ein Zweifamilienhaus hingegen besteht aus zwei separaten Wohneinheiten, die entweder nebeneinander oder übereinander liegen."
[Einfamilienhaus & Zweifamilienhaus – Unterschied, Vor- & Nachteile]

Die große Anzahl der von BKI dokumentierten Ein- und Zweifamilienhäuser wird zunächst unterschieden:
- Ein- und Zweifamilienhäuser, unterkellert
- Ein- und Zweifamilienhäuser, nicht unterkellert, mittlerer Standard,
- Ein- und Zweifamilienhäuser, Passivhausstandard
- Ein- und Zweifamilienhäuser, Holzbauweise

und teilweise weiter nach Standards (einfach, mittel, hoch) aufgeteilt.

Für die vorliegende Untersuchung sind besonders diejenigen Gebäudearten oder Gruppen von Gebäudearten geeignet, von denen nicht nur besonders viele Vergleichsobjekte mit Kostendaten in der ersten, sondern auch in der zweiten bzw. in der dritten Ebene der Kostengliederung vorhanden sind.

Folgerichtig werden die unterkellerten Ein- und Zweifamilienhäuser betrachtet. Die Kostenkennwerte der Standards werden dafür zusammengefasst.

Die Anzahl der Ein- und Zweifamilienhäuser, die nicht unterkellert sind, die über einen Passivhausstandard verfügen und die Holzbauten werden nicht berücksichtigt. Der Schwerpunkt der Untersuchung liegt in der Methode der Kostenermittlung mit gerechneten Kostenkennwerten nach Anforderungsklassen. Es geht nicht darum, möglichst viele Kosteneinflüsse zu identifizieren oder alle Gebäudearten zu betrachten.

Interessant ist es dennoch, sowohl die aktuellen Bauwerkskosten und die Kosten der Bauelemente von Gebäudearten gleicher Nutzung nebeneinander zu stellen. Dafür bieten sich die dokumentierten Wohngebäude an. Alle betrachteten Vergleichsobjekte sind unterkellert und zählen zu den Massivbauten. Unterschiedlich ist jeweils die Größe der Gebäude als Menge der Wohneinheiten. Zu diesem Abschnitt Ein- und Zweifamilienhäuser, unterkellert, kommen auf den folgenden Seiten die Mehrfamilienhäuser, mit bis zu 6 Wohneinheiten, die Mehrfamilienhäuser, mit 6 bis 19 Wohneinheiten, und die Mehrfamilienhäuser, mit 20 und mehr Wohneinheiten, hinzu.

→ **Tabellen 04-05 und 04-06**

Die berechneten Kostenkennwerte der Baukonstruktionen und der Technischen Anlagen der Massivbauten sind in den → **Tabellen 05-4a und 05-4b** zu finden.

Sowohl bei den Baukonstruktionen als auch bei den Technischen Anlagen zeigen einige Bauelemente große Unterschiede bei den von BKI ermittelten Von- und Bis-Werten.

Beispiele zu den Baukonstruktionen:

- Baugrube (KG 310): 24 bis 57 €/m^3 BGI
- Gründung (320): 277 bis 489 €/m^2 GRF
- Dächer (KG 360): 387 bis 672 €/m^2 DAF

Beispiele zu den Technischen Anlagen:

- Wärmeversorgungsanl. (KG 420): 124 bis 241 €/m^2 BGF
- Raumlufttechn. Anlagen (KG 430): 14 bis 4 €/m^2 BGF
- Elektrische Anlagen (KG 440): 51 bis 175 €/m^2 BGF

Siehe auch zu KG 390 Sonstige Maßnahmen für Baukonstruktionen zum Vergleich Kosten der Baustelleneinrichtung (vgl. → **Tabelle 03-05**).

Auf die blau markierten Bauelemente ist bei der Kostenplanung besonders zu achten.

Ein- und Zweifamilienhäuser, unterkellert – Bauwerkskosten (BWK) pro m^2 Brutto-Grundfläche (BGF)	**€/m^2 BGF**		
	von	**mittel**	**bis**
Ein- und Zweifamilienhäuser, unterkellert, einfacher Standard, 8 Vergleichsobjekte, S. 422	1.295	**1.395**	1.495
Ein- und Zweifamilienhäuser, unterkellert, mittlerer Standard, 25 Vergleichsobjekte, S. 428	1.70	**2.035**	2.440
Ein- und Zweifamilienhäuser, unterkellert, hoher Standard, 50 Vergleichsobjekte, S. 440	1.970	**2.440**	3.165
Summe der Ein- und Zweifamilienhäuser, unterkellert, zusammen 83 Vergleichsobjekte, S. 418	1.715	**2.200**	2.910

Tab. 04-05: Verhältnis der Bauwerkskosten (BWK) zur Brutto-Grundfläche (BGF) in m^2,
hier: Ein- und Zweifamilienhäuser, unterkellert, einfacher, mittlerer und hoher Standard.
[BKI: Baukosten Gebäude Neubau 2026, Statistische Kostenkennwerte, S.418-440]
Kostenstand: 1. Quartal 2026, Bundesdurchschnitt, inkl. 19% MwSt.

Ein- und Zweifamilienhäuser, unterkellert – Kosten der Technischen Anlagen (TA) an den Bauwerkskosten (BWK)	**TA/BWK**		
	von	**mittel**	**bis**
Ein- und Zweifamilienhäuser, unterkellert, einfacher Standard, 8 Vergleichsobjekte, S. 422-423	11,7 %	**14,2 %**	16,3 %
Ein- und Zweifamilienhäuser, unterkellert, mittlerer Standard, 25 Vergleichsobjekte, S. 428-429	15,9 %	**20,2 %**	24,0 %
Ein- und Zweifamilienhäuser, unterkellert, hoher Standard, 50 Vergleichsobjekte, S. 440-441	15,6 %	**19,1 %**	23,7 %
Summe der Ein- und Zweifamilienhäuser, unterkellert, zusammen 83 Vergleichsobjekte, S. 418-419	15,2 %	**18,9 %**	23,7 %

Tab. 04-06: Verhältnis Kosten Technischer Anlagen (TA) zu Bauwerkskosten (BWK) in Prozent.
hier: Ein- und Zweifamilienhäuser, unterkellert, einfacher, mittlerer und hoher Standard.
[BKI: Baukosten Gebäude Neubau 2026, Statistische Kostenkennwerte, S. 616-689]

4.5 bis 4.7 Mehrfamilienhäuser

„Ein Mehrfamilienhaus ist ein Wohngebäude mit mehreren separaten Wohneinheiten, die von verschiedenen Parteien bewohnt werden. Ab drei Wohnungen spricht man von einem Mehrfamilienhaus. Diese Einheiten sind vollkommen unabhängig voneinander, bieten den Bewohnern private Lebensbereiche und sind besonders in städtischen Gebieten verbreitet. Mehrfamilienhäuser können sowohl Miet- als auch Eigentumswohnungen enthalten, wodurch sie eine Vielzahl an Wohnmöglichkeiten bieten."
Mehrfamilienhaus: Definition » Was ist das genau?]

Die große Zahl der von BKI dokumentieren Mehrfamilienhäuser enthält mehr als 220 Vergleichsobjekte. Dabei sind die Passivhäuser und die Mehrfamilienhäuser noch nicht enthalten. Um den Rahmen der Untersuchung nicht zu sprengen, werden ausschließlich die Mehrfamilienhäuser mit bis zu 6 WE, mit 6 bis 19 WE und mit 20 und mehr WE betrachtet. Diese Objekte sind der Konstruktionsweise Massivbau (Beton, Mauerwerk) zuzuordnen.

In Anbetracht der vorhandenen Unterscheidung der zahlreichen Objekte nach der Größe der Gebäude bzw. der baulichen Anlage, gemessen an der Zahl der Wohneinheiten (WE) stellt sich die Frage, ob dieses Merkmal einen Einfluss auf die Bauwerkskosten (KG 300+400) erkennen lässt.

Folgende Fragen sind naheliegend:

- Sind die Bauwerkskosten, z.B. in €/m² BGF) bei großen Gebäuden günstiger, weil effizienter gebaut werden kann (Stückkostenreduktion)
- Erhöhen sich die Kosten Gründung (KG 320), weil mehrheitlich mit der Größe des Objekts die Zahl der Geschosse und damit der Lasten zunimmt?
- Sind die Bauwerkskosten, z.B. in €/m² BGF) bei großen Gebäuden höher, weil der Aufwand für Technische Anlagen, z.B. Personenaufzüge, steigt?

→ **Tabelle 04-07**

Die Mittelwerte lassen erkennen, dass die Bauwerkskosten (€/m² BGF) mit der Größe der Gebäude, gemessen an der Zahl der Wohneinheiten, abnehmen. Der Unterschied beträgt rund 8 Prozent. Grundsätzlich sind hierbei alle Standards vertreten. Es darf davon ausgegangen werden, dass die Kostensenkung aus der Größe, verbunden mit einer höheren Kompaktheit des Baukörpers und einer Effizienz der Baudurchführung, begründet werden kann.

Die vergleichbaren Kosten der unterkellerten Ein- und Zweifamilienhäuser liegen im Mittel mit 2.300 €/m² BGF deutlich höher (vgl. → **Tab. 04-05**).

Die berechneten Kostenkennwerte der Baukonstruktionen und der Technischen Anlagen der Massivbauten sind in den → **Tabellen 05-5a bis 05-7a** und **05-5b bis 05-7b** zu finden.

Sowohl bei den Baukonstruktionen als auch bei den Technischen Anlagen zeigen einige Bauelemente große Unterschiede bei den statistisch ermittelten Von- und Bis-Werten.

→ **Tabelle 04-08**

Mehrfamilienhäuser – Bauwerkskosten (BWK) pro m² Brutto-Grundfläche (BGF)	**€/m² BGF von**	**mittel**	**bis**
Mehrfamilienhäuser, mit bis zu 6 WE, 62 Vergleichsobjekte, S. 616	1.575	**2.080**	2.730
Mehrfamilienhäuser, mit 6 bis 19 WE, 93 Vergleichsobjekte, S. 648	1.530	**1.960**	2.525
Mehrfamilienhäuser, mit 20 und mehr WE, 85 Vergleichsobjekte, S. 688	1.590	**1.905**	2.335

Tab. 04-07: Kostenkennwerte von Mehrfamilienhäusern –
Verhältnis der Bauwerkskosten (BWK) zur Brutto-Grundfläche (BGF) in m²,
hier: Mehrfamilienhäuser, mit bis zu 6 WE, mit 6 bis 19 WE und mit 20 und mehr WE.
[BKI: Baukosten Gebäude Neubau 2026, Statistische Kostenkennwerte, S. 616-688]
Kostenstand: 1. Quartal 2026, Bundesdurchschnitt, inkl. 19% MwSt.

Die Von-Bis-Werte bei den Baukonstruktionen und den Technischen Anlagen unterscheiden sich je nach Größe der Gebäude im Einzelfall nicht sehr. → **Tabelle 04-09**

Die Kosten der Technischen Anlagen als Teil der Bauwerkskosten steigen mit der Größe des Gebäudes leicht, rund 2 Prozent bei den erfassten Objekten. → **Tabelle 04-10**

Siehe auch zu KG 390 Sonstige Maßnahmen für Baukonstruktionen zum Vergleich Kosten der Baustelleneinrichtung (vgl. → **Tabelle 03-05**).

Auf die blau markierten Bauelemente ist bei der Kostenplanung besonders zu achten.

	Mehrfamilienhäuser (MFH)	**MFH mit bis zu 6 WE**	**MFH mit 6 bis 19 WE**	**MFH mit 20 und mehr WE**	**Kosten/Einheit**
300	**Baukonstruktionen**	**von - bis**	**von - bis**	**von - bis**	**€/Einheit**
310	Baugrube/Erdbau	28 bis 93	40 bis 138	40 bis 103	€/m³ BGI
320	Gründung, Unterbau	255 bis 723	258 bis 475	274 bis 604	€/m² GRF
330	Außenwände / vertikal außen	440 bis 760	425 bis 713	448 bis 753	€/m³ AWF
340	Innenwände / vertikal innen	232 bis 331	217 bis 320	205 bis 306	€/m³ IWF
350	Decken / horizontal	426 bis 623	409 bis 568	374 bis 542	€/m³ DEF
360	Dächer	437 bis 934	421 bis 743	400 bis 647	€/m³ DAF
380	Baukonstruktive Einbauten	3 bis 35	5 bis 59	3 bis 44	€/m² BGF
390	Sonstige Maßnahmen für Baukonstr.	31 bis 135	28 bis 102	45 bis 218	€/m² BGF

Tab. 04-08: Kostenkennwerte der Baukonstruktionen, zweite Ebene der Kostengliederung, hier: Mehrfamilienhäuser, mit bis zu 6 WE, mit 6 bis 19 WE und mit 20 und mehr WE. Kostenstand: 1. Quartal 2026, Bundesdurchschnitt, inkl. 19% MwSt.

Mehrfamilienhäuser – Kosten der Technischen Anlagen (TA) an den Bauwerkskosten (BWK)	**TA/BWK in Prozent**		
	von	**mittel**	**bis**
Mehrfamilienhäuser, mit bis zu 6 WE, 62 Vergleichsobjekte, S. 616-612	16,0 %	**19,8 %**	23,2 %
Mehrfamilienhäuser, mit 6 bis 19 WE, 93 Vergleichsobjekte, S. 648-649	16,7 %	**20,6 %**	24,7 %
Mehrfamilienhäuser, mit 20 und mehr WE, 85 Vergleichsobjekte, S. 688-689	17,6 %	**21,5 %**	25,7 %

Tab. 04-09: Kostenkennwerte von Mehrfamilienhäusern – Verhältnis Kosten Technischer Anlagen (TA) zu Bauwerkskosten (BWK) in Prozent. hier: Mehrfamilienhäuser, mit bis zu 6 WE, mit 6 bis 19 WE und mit 20 und mehr WE, [BKI: Baukosten Gebäude Neubau 2026, Statistische Kostenkennwerte, S. 616-689]

	Mehrfamilienhäuser (MFH)	**MFH mit bis zu 6 WE**	**MFH mit 6 bis 19 WE**	**MFH mit 20 und mehr WE**	**Kosten/ Einheit**
400	Technische Anlagen	von - bis	von - bis	von - bis	€/Einheit
410	Abwasser-, Wasser-, Gasanlagen	77 bis 140	63 bis 124	86 bis 147	€/m² BGF
420	Wärmeversorgungsanlagen	77 bis 155	54 bis 135	61 bis 140	€/m² BGF
430	Raumlufttechnische Anlagen	5 bis 56	8 bis 58	9 bis 61	€/m² BGF
440	Elektrische Anlagen	53 bis 130	43 bis 110	54 bis 122	€/m² BGF
450	Kommunikationstechnische Anlagen	8 bis 23	6 bis 21	8 bis 29	€/m² BGF
460	Förderanlagen	59 bis 71	31 bis 52	28 bis 83	€/m² BGF
470	Nutzungsspezifische […] Anlagen	–	–	2 bis 3	€/m² BGF
480	Gebäude- und Anlagenautomation	–	–	–	€/m² BGF

Tab. 04-10: Kostenkennwerte der Technischen Anlagen, zweite Ebene der Kostengliederung, hier: Mehrfamilienhäuser, mit bis zu 6 WE, mit 6 bis 19 WE und mit 20 und mehr WE. Kostenstand: 1. Quartal 2026, Bundesdurchschnitt, inkl. 19% MwSt.

4.8 Gemeindezentren (Massivbau)

Die Gemeindezentren sind Orte des Lebens der Gemeinde. Sie haben den vorrangigen Zweck, der gemeindlichen Vielfalt entsprechende Räume zur Verfügung zu stellen. Sie dienen somit primär der Versammlung von Gemeindemitgliedern. Die Raumnutzung soll der Gemeinde, aber auch Einzelpersonen, Gruppen, Vereinigungen und Verbänden offenstehen. [vgl. Nutzungsordnung-Gemeindezentren-2025.indd - Suchen]

Die 67 von BKI dokumentierten Gemeindezentren, unterteilt nach Standards, stellt im Vergleich mit den untersuchten Objekten die Gruppe mit den größten Unterschieden dar, und zwar in Bezug auf die Größe der Gebäude (von rund 120 bis rund 6.400 m² BGF) verbunden mit den Funktionen (vom Versammlungsraum bis zum Stadtkloster) und in Bezug auf die Kosten der Bauelemente sowohl bei den einzelnen Baukonstruktionen als auch bei den Technischen Anlagen. Dennoch sind die Kostenkennwerte nicht so unterschiedlich, wie man auf den ersten Blick hätte vermuten können.

→ **Tabellen 04-11 und 04-12**

Ein Teil der Gemeindezentren ist nicht unterkellert, verbunden mit einem geringen Aufwand bei Baugrube und Gründung. Vor allem größere Gebäude verfügen über Aufzüge und Klimaanlagen, was sich auch in der Elektrotechnik niederschlägt. Sowohl bei den Baukonstruktionen als auch bei den Technischen Anlagen zeigen einige Bauelemente große Unterschiede bei den von BKI ermittelten Von- und Bis-Werten.

Gemeindezentren – Bauwerkskosten (BWK) pro m² Brutto-Grundfläche (BGF)	€/m² BGF		
	von	mittel	bis
Gemeindezentren, einfacher Standard, 8 Vergleichsobjekte, S. 1030	1.770	**2.105**	2.465
Gemeindezentren, mittlerer Standard, 35 Vergleichsobjekte, S. 1036	2.440	**3.285**	4.415
Gemeindezentren, hoher Standard, 24 Vergleichsobjekte, S. 1048	3.125	**3.660**	4.190
Gemeindezentren, zusammen 67 Vergleichsobjekte, S. 1026	2.408	**3.280**	4.245

Tab. 04-11: Kostenkennwerte von Gemeindezentren –
Verhältnis der Bauwerkskosten (BWK) zur Brutto-Grundfläche (BGF) in m²,
hier: Gemeindezentren, einfacher, mittlerer und hoher Standard.
[BKI: Baukosten Gebäude Neubau 2026, Statistische Kostenkennwerte, S. 1026-186]
Kostenstand: 1. Quartal 2026, Bundesdurchschnitt, inkl. 19% MwSt.

Gemeindezentren – Kosten der Technischen Anlagen (TA) an den Bauwerkskosten (BWK)	TA/BWK		
	von	mittel	bis
Gemeindezentren, einfacher Standard, 8 Vergleichsobjekte, S. 1030-1031	11,3 %	**15,3 %**	17,7 %
Gemeindezentren, mittlerer Standard, 35 Vergleichsobjekte, S. 1036-1031	16,8 %	**21,6 %**	29,6 %
Gemeindezentren, hoher Standard, 24 Vergleichsobjekte, S. 1048-1049	17,8 %	**22,0 %**	26,8 %
Gemeindezentren, zusammen 67 Vergleichsobjekte, S. 1026-1027	16,1 %	**21,0 %**	27,7 %

Tab. 04-12: Kostenkennwerte von Gemeindezentren –
Verhältnis Kosten Technischer Anlagen (TA) zu Bauwerkskosten (BWK) in Prozent.
hier: Gemeindezentren, einfacher, mittlerer und hoher Standard.
[BKI: Baukosten Gebäude Neubau 2026, Statistische Kostenkennwerte, S. 1026-1049]

Beispiele zu den Baukonstruktionen:

Außenwände (KG 330):	646 bis 1.131 €/m² AWF
Innenwände (KG 340):	332 bis 641 €/m² IWF
Decken (KG 350):	376 bis 1.214 €/m² DEF

Beispiele zu den Technischen Anlagen:

Raumlufttechn. Anlagen (KG 430):	18 bis 135 €/m² BGF
Elektrische Anlagen (KG 440):	98 bis 280 €/m² BGF
Kommunikationstechn. Anl. (KG 450):	9 bis 57 €/m² BGF

Siehe auch zu KG 390 Sonstige Maßnahmen für Baukonstruktionen zum Vergleich Kosten der Baustelleneinrichtung (vgl. → **Tabelle 03-05**).

Auf die blau markierten Bauelemente ist bei der Kostenplanung besonders zu achten.

5. Tabellen der berechneten Kostenkennwerte nach Anforderungsklassen

Dieses Kapitel enthält die auf Grundlage der Von-Bis-Werte der BKI-Kostenkennwerte berechneten Kostenkennwerte. Die Differenz der Von- und Bis-Werte wurde in fünf Anforderungsklassen unterteilt, jeweils für die Baukonstruktionen (a) und die Technischen Anlagen (b) der ausgewählten Gebäudearten oder Gruppen von Gebäudearten.

Die Gebäudearten oder Gruppen von Gebäudearten sind:

1. Büro- und Verwaltungsgebäude, einfacher, mittlerer und hoher Standard
2. Kindergärten, nicht unterkellert, einfacher, mittlerer und hoher Standard
3. Kindergärten, Holzbauweise, nicht unterkellert
4. Ein- und Zweifamilienhäuser, unterkellert, einfacher, mittlerer und hoher Standard
5. Mehrfamilienhäuser, mit bis zu 6 WE, einfacher, mittlerer und hoher Standard
6. Mehrfamilienhäuser, mit 6 bis 19 WE, einfacher, mittlerer und hoher Standard
7. Mehrfamilienhäuser, mit 20 und mehr WE, einfacher, mittlerer und hoher Standard
8. Gemeindezentren

Soweit Gebäudearten in die Standards einfacher, mittlerer und hoher Standard unterschieden wurden, werden die Kostenkennwerte zusammengefasst. Das betrifft im Rahmen dieser Untersuchung die Büro- und Verwaltungsgebäude, die Kindergärten, nicht unterkellert, die Ein- und Zweifamilienhäuser, unterkellert, die Mehrfamilienhäuser sowie die Gemeindezentren. Aus der jeweiligen Menge der Daten werden fünf Anforderungsklassen gebildet. Jeder Anforderungsklasse einer Gebäudeart werden ein Von-Wert und ein Bis-Wert zugeordnet. In diesem Rahmen kann ein Kostenkennwert für die eigene Kostenermittlung gebildet werden.

Bei den BKI-Kostenkennwerten, deren Bauelemente große Unterschiede der Von-Bis-Werte zeigen, werden die Kostenkennwerte in den folgenden Tabellen blau unterlegt, verbunden mit dem Hinweis: Auf diese bei der Kostenplanung besonders zu achten.

1. Büro- und Verwaltungsgebäude (KG 300)					
		Anforderungen	**von**	**bis**	**Kosten/Einheit**
310	**Baugrube/Erdbau**	sehr gering	48	79	€/m³ BGI
		gering	79	110	€/m³ BGI
		mittel	**110**	**140**	**€/m³ BGI**
		hoch	140	171	€/m³ BGI
		sehr hoch	171	202	€/m³ BGI
320	**Gründung, Unterbau**	sehr gering	433	530	€/m² GRF
		gering	530	627	€/m² GRF
		mittel	**627**	**724**	**€/m² GRF**
		hoch	724	821	€/m² GRF
		sehr hoch	821	918	€/m² GRF
330	**Außenwände / vertikal außen**	sehr gering	694	831	€/m² GRF
		gering	831	968	€/m² GRF
		mittel	**968**	**1105**	**€/m² GRF**
		hoch	1105	1242	€/m² GRF
		sehr hoch	1242	1379	€/m² GRF
340	**Innenwände / vertikal innen**	sehr gering	307	373	€/m² IWF
		gering	373	439	€/m² IWF
		mittel	**439**	**505**	**€/m² IWF**
		hoch	505	571	€/m² IWF
		sehr hoch	571	637	€/m² IWF
350	**Decken / horizontal**	sehr gering	469	535	€/m² DEF
		gering	535	600	€/m² DEF
		mittel	**600**	**666**	**€/m² DEF**
		hoch	666	731	€/m² DEF
		sehr hoch	731	797	€/m² DEF
360	**Dächer**	sehr gering	499	596	€/m² DAF
		gering	596	693	€/m² DAF
		mittel	**693**	**789**	**€/m² DAF**
		hoch	789	886	€/m² DAF
		sehr hoch	886	983	€/m² DAF
380	**Baukonstruktive Einbauten**	sehr gering	9	29	€/m² BGF
		gering	29	48	€/m² BGF
		mittel	**48**	**68**	**€/m² BGF**
		hoch	68	87	€/m² BGF
		sehr hoch	87	107	€/m² BGF
390	**Sonstige Maßnahmen für Baukonst.**	sehr gering	72	104	€/m² BGF
		gering	104	136	€/m² BGF
		mittel	**136**	**168**	**€/m² BGF**
		hoch	168	200	€/m² BGF
		sehr hoch	200	232	€/m² BGF

Tab. 05-1a: berechnete Kostenkennwerte der Baukonstruktionen, zweite Ebene der Kostengliederung, hier: Büro- und Verwaltungsgebäude,
Kostenstand: 1.Quartal 2026, Bundesdurchschnitt, inkl. 19% MwSt.

1. Büro- und Verwaltungsgebäude (KG 400)					
		Anforderungen	von	bis	Kosten/Einheit
410	Abwasser-, Wasser-, Gasanlagen	sehr gering	55	65	€/m² BGF
		gering	65	76	€/m² BGF
		mittel	**76**	**86**	**€/m² BGF**
		hoch	86	97	€/m² BGF
		sehr hoch	97	107	€/m² BGF
420	Wärmeversorgungsanlagen	sehr gering	91	122	€/m² BGF
		gering	122	153	€/m² BGF
		mittel	**153**	**183**	**€/m² BGF**
		hoch	183	214	€/m² BGF
		sehr hoch	214	245	€/m² BGF
430	Raumlufttechnische Anlagen	sehr gering	43	83	€/m² BGF
		gering	83	123	€/m² BGF
		mittel	**123**	**162**	**€/m² BGF**
		hoch	162	202	€/m² BGF
		sehr hoch	202	242	€/m² BGF
440	Elektrische Anlagen	sehr gering	145	186	€/m² BGF
		gering	186	228	€/m² BGF
		mittel	**228**	**269**	**€/m² BGF**
		hoch	269	311	€/m² BGF
		sehr hoch	311	352	€/m² BGF
450	Kommunikationstechnische Anlagen	sehr gering	42	62	€/m² BGF
		gering	62	82	€/m² BGF
		mittel	**82**	**102**	**€/m² BGF**
		hoch	102	122	€/m² BGF
		sehr hoch	122	142	€/m² BGF
460	Förderanlagen	sehr gering	25	35	€/m² BGF
		gering	35	45	€/m² BGF
		mittel	**45**	**55**	**€/m² BGF**
		hoch	55	65	€/m² BGF
		sehr hoch	65	75	€/m² BGF
470	Nutzungsspezifische [...] Anlagen	sehr gering	3	11	€/m² BGF
		gering	11	20	€/m² BGF
		mittel	**20**	**28**	**€/m² BGF**
		hoch	28	37	€/m² BGF
		sehr hoch	37	45	€/m² BGF
480	Gebäude- und Anlagenautomation	sehr gering	34	51	€/m² BGF
		gering	51	67	€/m² BGF
		mittel	**67**	**84**	**€/m² BGF**
		hoch	84	100	€/m² BGF
		sehr hoch	100	117	€/m² BGF

Tab. 05-1b: berechnete Kostenkennwerte der Technischen Anlagen, zweite Ebene der Kostengliederung,
hier: Büro- und Verwaltungsgebäude,
Kostenstand: 1.Quartal 2026, Bundesdurchschnitt, inkl. 19% MwSt.

2. Kindergärten (Massivbau), nicht unterkellert (KG 300)					
		Anforderungen	von	bis	Kosten/Einheit
310	Baugrube/Erdbau	sehr gering	22	28	€/m^3 BGI
		gering	28	35	€/m^3 BGI
		mittel	**35**	**41**	**€/m^3 BGI**
		hoch	41	48	€/m^3 BGI
		sehr hoch	48	54	€/m^3 BGI
320	Gründung, Unterbau	sehr gering	378	407	€/m^2 GRF
		gering	407	436	€/m^2 GRF
		mittel	**436**	**466**	**€/m^2 GRF**
		hoch	466	495	€/m^2 GRF
		sehr hoch	495	524	€/m^2 GRF
330	Außenwände / vertikal außen	sehr gering	643	709	€/m^2 AWF
		gering	709	774	€/m^2 AWF
		mittel	**774**	**840**	**€/m^2 AWF**
		hoch	840	905	€/m^2 AWF
		sehr hoch	905	971	€/m^2 AWF
340	Innenwände / vertikal innen	sehr gering	286	316	€/m^2 IWF
		gering	316	346	€/m^2 IWF
		mittel	**346**	**377**	**€/m^2 IWF**
		hoch	377	407	€/m^2 IWF
		sehr hoch	407	437	€/m^2 IWF
350	Decken / horizontal	sehr gering	469	625	€/m^2 DEF
		gering	625	781	€/m^2 DEF
		mittel	**781**	**937**	**€/m^2 DEF**
		hoch	937	1093	€/m^2 DEF
		sehr hoch	1093	1249	€/m^2 DEF
360	Dächer	sehr gering	396	448	€/m^2 DAF
		gering	448	500	€/m^2 DAF
		mittel	**500**	**551**	**€/m^2 DAF**
		hoch	551	603	€/m^2 DAF
		sehr hoch	603	655	€/m^2 DAF
380	Baukonstruktive Einbauten	sehr gering	24	49	€/m^2 BGF
		gering	49	73	€/m^2 BGF
		mittel	**73**	**98**	**€/m^2 BGF**
		hoch	98	122	€/m^2 BGF
		sehr hoch	122	147	€/m^2 BGF
390	Sonstige Maßnahmen für Baukonst.	sehr gering	36	52	€/m^2 BGF
		gering	52	68	€/m^2 BGF
		mittel	**68**	**84**	**€/m^2 BGF**
		hoch	84	100	€/m^2 BGF
		sehr hoch	100	116	€/m^2 BGF

Tab. 05-2a: berechnete Kostenkennwerte der Baukonstruktionen, zweite Ebene der Kostengliederung, hier: Kindergärten (Massivbau), nicht unterkellert, Kostenstand: 1.Quartal 2026, Bundesdurchschnitt, inkl. 19% MwSt.

2. Kindergärten (Massivbau), nicht unterkellert (KG 400)					
		Anforderungen	von	bis	Kosten/Einheit
410	Abwasser-, Wasser-, Gasanlagen	sehr gering	88	102	€/m² BGF
		gering	102	116	€/m² BGF
		mittel	**116**	**130**	**€/m² BGF**
		hoch	130	144	€/m² BGF
		sehr hoch	144	158	€/m² BGF
420	Wärmeversorgungsanlagen	sehr gering	83	98	€/m² BGF
		gering	98	113	€/m² BGF
		mittel	**113**	**127**	**€/m² BGF**
		hoch	127	142	€/m² BGF
		sehr hoch	142	157	€/m² BGF
430	Raumlufttechnische Anlagen	sehr gering	26	57	€/m² BGF
		gering	57	87	€/m² BGF
		mittel	**87**	**118**	**€/m² BGF**
		hoch	118	148	€/m² BGF
		sehr hoch	148	179	€/m² BGF
440	Elektrische Anlagen	sehr gering	127	150	€/m² BGF
		gering	150	174	€/m² BGF
		mittel	**174**	**197**	**€/m² BGF**
		hoch	197	221	€/m² BGF
		sehr hoch	221	244	€/m² BGF
450	Kommunikationstechnische Anlagen	sehr gering	15	23	€/m² BGF
		gering	23	32	€/m² BGF
		mittel	**32**	**40**	**€/m² BGF**
		hoch	40	49	€/m² BGF
		sehr hoch	49	57	€/m² BGF
460	Förderanlagen	sehr gering	27	32	€/m² BGF
		gering	32	37	€/m² BGF
		mittel	**37**	**43**	**€/m² BGF**
		hoch	43	48	€/m² BGF
		sehr hoch	48	53	€/m² BGF
470	Nutzungsspezifische […] Anlagen	sehr gering	3	14	€/m² BGF
		gering	14	26	€/m² BGF
		mittel	**26**	**37**	**€/m² BGF**
		hoch	37	49	€/m² BGF
		sehr hoch	49	60	€/m² BGF
480	Gebäude- und Anlagenautomation	sehr gering	26	42	€/m² BGF
		gering	42	58	€/m² BGF
		mittel	**58**	**74**	**€/m² BGF**
		hoch	74	90	€/m² BGF
		sehr hoch	90	106	€/m² BGF

Tab. 05-2b: berechnete Kostenkennwerte der Technischen Anlagen, zweite Ebene der Kostengliederung,
hier: Kindergärten (Massivbau), nicht unterkellert,
Kostenstand: 1.Quartal 2026, Bundesdurchschnitt, inkl. 19% MwSt.

3. Kindergärten (Holzbau), nicht unterkellert (KG 300)					
		Anforderungen	von	bis	Kosten/Einheit
310	Baugrube/Erdbau	sehr gering	36	53	€/m³ BGI
		gering	53	70	€/m³ BGI
		mittel	**70**	**87**	**€/m³ BGI**
		hoch	87	104	€/m³ BGI
		sehr hoch	104	121	€/m³ BGI
320	Gründung, Unterbau	sehr gering	374	469	€/m² GRF
		gering	469	553	€/m² GRF
		mittel	**553**	**638**	**€/m² GRF**
		hoch	638	722	€/m² GRF
		sehr hoch	722	807	€/m² GRF
330	Außenwände / vertikal außen	sehr gering	691	759	€/m² AWF
		gering	759	827	€/m² AWF
		mittel	**827**	**896**	**€/m² AWF**
		hoch	896	964	€/m² AWF
		sehr hoch	964	1032	€/m² AWF
340	Innenwände / vertikal innen	sehr gering	338	376	€/m² IWF
		gering	376	414	€/m² IWF
		mittel	**414**	**453**	**€/m² IWF**
		hoch	453	491	€/m² IWF
		sehr hoch	491	529	€/m² IWF
350	Decken / horizontal	sehr gering	729	376	€/m² DEF
		gering	879	414	€/m² DEF
		mittel	**1028**	**453**	**€/m² DEF**
		hoch	1178	491	€/m² DEF
		sehr hoch	1327	529	€/m² DEF
360	Dächer	sehr gering	418	480	€/m² DAF
		gering	480	542	€/m² DAF
		mittel	**542**	**604**	**€/m² DAF**
		hoch	604	666	€/m² DAF
		sehr hoch	666	728	€/m² DAF
380	Baukonstruktive Einbauten	sehr gering	83	98	€/m² BGF
		gering	98	112	€/m² BGF
		mittel	**112**	**127**	**€/m² BGF**
		hoch	127	141	€/m² BGF
		sehr hoch	141	156	€/m² BGF
390	Sonstige Maßnahmen für Baukonst.	sehr gering	53	72	€/m² BGF
		gering	72	90	€/m² BGF
		mittel	**90**	**109**	**€/m² BGF**
		hoch	109	127	€/m² BGF
		sehr hoch	127	146	€/m² BGF

Tab. 05-3a: berechneten Kostenkennwerte der Baukonstruktionen, zweite Ebene der Kostengliederung,
hier: Kindergärten (Holzbau), nicht unterkellert,
Kostenstand: 1.Quartal 2026, Bundesdurchschnitt, inkl. 19% MwSt.

3. Kindergärten (Holzbau), nicht unterkellert (KG 400)					
		Anforderungen	**von**	**bis**	**Kosten/Einheit**
410	**Abwasser-, Wasser-, Gasanlagen**	sehr gering	104	118	€/m² BGF
		gering	118	132	€/m² BGF
		mittel	**132**	**145**	**€/m² BGF**
		hoch	145	159	€/m² BGF
		sehr hoch	159	173	€/m² BGF
420	**Wärmeversorgungsanlagen**	sehr gering	82	107	€/m² BGF
		gering	107	131	€/m² BGF
		mittel	**131**	**156**	**€/m² BGF**
		hoch	156	180	€/m² BGF
		sehr hoch	180	205	€/m² BGF
430	**Raumlufttechnische Anlagen**	sehr gering	35	56	€/m² BGF
		gering	56	76	€/m² BGF
		mittel	**76**	**97**	**€/m² BGF**
		hoch	97	117	€/m² BGF
		sehr hoch	117	138	€/m² BGF
440	**Elektrische Anlagen**	sehr gering	139	174	€/m² BGF
		gering	174	208	€/m² BGF
		mittel	**208**	**243**	**€/m² BGF**
		hoch	243	277	€/m² BGF
		sehr hoch	277	312	€/m² BGF
450	**Kommunikationstechnische Anlagen**	sehr gering	20	30	€/m² BGF
		gering	30	39	€/m² BGF
		mittel	**39**	**49**	**€/m² BGF**
		hoch	49	58	€/m² BGF
		sehr hoch	58	68	€/m² BGF
460	**Förderanlagen**	sehr gering	32	37	€/m² BGF
		gering	37	42	€/m² BGF
		mittel	**42**	**47**	**€/m² BGF**
		hoch	47	52	€/m² BGF
		sehr hoch	52	57	€/m² BGF
470	**Nutzungsspezifische [...] Anlagen**	sehr gering	1	13	€/m² BGF
		gering	13	26	€/m² BGF
		mittel	**26**	**38**	**€/m² BGF**
		hoch	38	51	€/m² BGF
		sehr hoch	51	63	€/m² BGF
480	**Gebäude- und Anlagenautomation**	sehr gering	25	36	€/m² BGF
		gering	36	48	€/m² BGF
		mittel	**48**	**59**	**€/m² BGF**
		hoch	59	71	€/m² BGF
		sehr hoch	71	82	€/m² BGF

Tab. 05-3b: berechnete Kostenkennwerte der Technischen Anlagen, zweite Ebene der Kostengliederung, hier: Kindergärten (Holzbau), nicht unterkellert,
Kostenstand: 1.Quartal 2026, Bundesdurchschnitt, inkl. 19% MwSt.

4. Ein- und Zweifamilienhäuser, unterkellert (KG 300)					
		Anforderungen	**von**	**bis**	**Kosten/Einheit**
310	**Baugrube/Erdbau**	sehr gering	24	31	€/m³ BGI
		gering	31	37	€/m³ BGI
		mittel	**37**	**44**	**€/m³ BGI**
		hoch	44	50	€/m³ BGI
		sehr hoch	50	57	€/m³ BGI
320	**Gründung, Unterbau**	sehr gering	277	319	€/m² GRF
		gering	319	362	€/m² GRF
		mittel	**362**	**404**	**€/m² GRF**
		hoch	404	447	€/m² GRF
		sehr hoch	447	489	€/m² GRF
330	**Außenwände / vertikal außen**	sehr gering	460	523	€/m² AWF
		gering	523	586	€/m² AWF
		mittel	**586**	**649**	**€/m² AWF**
		hoch	649	712	€/m² AWF
		sehr hoch	712	775	€/m² AWF
340	**Innenwände / vertikal innen**	sehr gering	242	367	€/m² IWF
		gering	267	391	€/m² IWF
		mittel	**291**	**316**	**€/m² IWF**
		hoch	316	340	€/m² IWF
		sehr hoch	340	365	€/m² IWF
350	**Decken / horizontal**	sehr gering	442	499	€/m² DEF
		gering	499	556	€/m² DEF
		mittel	**556**	**613**	**€/m² DEF**
		hoch	613	670	€/m² DEF
		sehr hoch	670	727	€/m² DEF
360	**Dächer**	sehr gering	387	444	€/m² DAF
		gering	444	501	€/m² DAF
		mittel	**501**	**558**	**€/m² DAF**
		hoch	558	615	€/m² DAF
		sehr hoch	615	672	€/m² DAF
380	**Baukonstruktive Einbauten**	sehr gering	16	38	€/m² BGF
		gering	38	60	€/m² BGF
		mittel	**60**	**81**	**€/m² BGF**
		hoch	81	103	€/m² BGF
		sehr hoch	103	125	€/m² BGF
390	**Sonstige Maßnahmen für Baukonst.**	sehr gering	33	47	€/m² BGF
		gering	47	61	€/m² BGF
		mittel	**61**	**75**	**€/m² BGF**
		hoch	75	89	€/m² BGF
		sehr hoch	89	103	€/m² BGF

Tab. 05-4a: berechnete Kostenkennwerte der Baukonstruktionen, zweite Ebene der Kostengliederung, hier: Ein- und Zweifamilienhäuser, unterkellert, Kostenstand: 1.Quartal 2026, Bundesdurchschnitt, inkl. 19% MwSt.

4. Ein- und Zweifamilienhäuser, unterkellert (KG 400)

		Anforderungen	von	bis	Kosten/Einheit
410	Abwasser-, Wasser-, Gasanlagen	sehr gering	79	95	€/m² BGF
		gering	95	111	€/m² BGF
		mittel	**111**	**126**	**€/m² BGF**
		hoch	126	142	€/m² BGF
		sehr hoch	142	158	€/m² BGF
420	Wärmeversorgungsanlagen	sehr gering	124	147	€/m² BGF
		gering	147	171	€/m² BGF
		mittel	**171**	**194**	**€/m² BGF**
		hoch	194	218	€/m² BGF
		sehr hoch	218	241	€/m² BGF
430	Raumlufttechnische Anlagen	sehr gering	14	30	€/m² BGF
		gering	30	46	€/m² BGF
		mittel	**46**	**62**	**€/m² BGF**
		hoch	62	78	€/m² BGF
		sehr hoch	78	94	€/m² BGF
440	Elektrische Anlagen	sehr gering	51	76	€/m² BGF
		gering	76	101	€/m² BGF
		mittel	**101**	**125**	**€/m² BGF**
		hoch	125	150	€/m² BGF
		sehr hoch	150	175	€/m² BGF
450	Kommunikationstechnische Anlagen	sehr gering	10	16	€/m² BGF
		gering	16	23	€/m² BGF
		mittel	**23**	**29**	**€/m² BGF**
		hoch	29	36	€/m² BGF
		sehr hoch	36	42	€/m² BGF
460	Förderanlagen	sehr gering	–	–	€/m² BGF
		gering	–	–	€/m² BGF
		mittel	–	–	**€/m² BGF**
		hoch	–	–	€/m² BGF
		sehr hoch	–	–	€/m² BGF
470	Nutzungsspezifische […] Anlagen	sehr gering	–	–	€/m² BGF
		gering	–	–	€/m² BGF
		mittel	–	–	**€/m² BGF**
		hoch	–	–	€/m² BGF
		sehr hoch	–	–	€/m² BGF
480	Gebäude- und Anlagenautomation	sehr gering	23	31	€/m² BGF
		gering	31	39	€/m² BGF
		mittel	**39**	**46**	**€/m² BGF**
		hoch	46	54	€/m² BGF
		sehr hoch	54	62	€/m² BGF

Tab. 05-4b: berechnete Kostenkennwerte der Technischen Anlagen, zweite Ebene der Kostengliederung,
hier: Ein- und Zweifamilienhäuser, unterkellert,
Kostenstand: 1.Quartal 2026, Bundesdurchschnitt, inkl. 19% MwSt.

5. Mehrfamilienhäuser, mit bis zu 6 Wohneinheiten (WE)					
		Anforderungen	von	bis	Kosten/Einheit
310	Baugrube/Erdbau	sehr gering	28	41	€/m³ BGI
		gering	41	54	€/m³ BGI
		mittel	**54**	**67**	**€/m³ BGI**
		hoch	67	80	€/m³ BGI
		sehr hoch	80	93	€/m³ BGI
320	Gründung, Unterbau	sehr gering	255	349	€/m² GRF
		gering	349	442	€/m² GRF
		mittel	**442**	**536**	**€/m² GRF**
		hoch	536	629	€/m² GRF
		sehr hoch	629	723	€/m² GRF
330	Außenwände / vertikal außen	sehr gering	440	504	€/m² AWF
		gering	504	568	€/m² AWF
		mittel	**568**	**632**	**€/m² AWF**
		hoch	632	696	€/m² AWF
		sehr hoch	696	760	€/m² AWF
340	Innenwände / vertikal innen	sehr gering	232	252	€/m² IWF
		gering	252	272	€/m² IWF
		mittel	**272**	**291**	**€/m² IWF**
		hoch	291	311	€/m² IWF
		sehr hoch	311	331	€/m² IWF
350	Decken / horizontal	sehr gering	426	465	€/m²/DEF
		gering	465	505	€/m²/DEF
		mittel	**505**	**544**	**€/m²/DEF**
		hoch	544	584	€/m²/DEF
		sehr hoch	584	623	€/m²/DEF
360	Dächer	sehr gering	437	536	€/m² DAF
		gering	536	636	€/m² DAF
		mittel	**636**	**735**	**€/m² DAF**
		hoch	735	835	€/m² DAF
		sehr hoch	835	934	€/m² DAF
380	Baukonstruktive Einbauten	sehr gering	3	9	€/m² BGF
		gering	9	16	€/m² BGF
		mittel	**16**	**22**	**€/m² BGF**
		hoch	22	29	€/m² BGF
		sehr hoch	29	35	€/m² BGF
390	Sonstige Maßnahmen für Baukonst.	sehr gering	31	52	€/m² BGF
		gering	52	73	€/m² BGF
		mittel	**73**	**93**	**€/m² BGF**
		hoch	93	114	€/m² BGF
		sehr hoch	114	135	€/m² BGF

Tab. 05-5a: berechnete Kostenkennwerte der Baukonstruktionen, zweite Ebene der Kostengliederung, hier: Mehrfamilienhäuser, mit bis zu 6 Wohneinheiten (WE), Kostenstand: 1.Quartal 2026, Bundesdurchschnitt, inkl. 19% MwSt.

5. Mehrfamilienhäuser, mit bis zu 6 Wohneinheiten (WE)					
		Anforderungen	von	bis	Kosten/Einheit
410	Abwasser-, Wasser-, Gasanlagen	sehr gering	77	90	€/m² BGF
		gering	90	102	€/m² BGF
		mittel	**102**	**115**	**€/m² BGF**
		hoch	115	127	€/m² BGF
		sehr hoch	127	140	€/m² BGF
420	Wärmeversorgungsanlagen	sehr gering	77	93	€/m² BGF
		gering	93	108	€/m² BGF
		mittel	**108**	**124**	**€/m² BGF**
		hoch	124	139	€/m² BGF
		sehr hoch	139	155	€/m² BGF
430	Raumlufttechnische Anlagen	sehr gering	5	15	€/m² BGF
		gering	15	25	€/m² BGF
		mittel	**25**	**36**	**€/m² BGF**
		hoch	36	46	€/m² BGF
		sehr hoch	46	56	€/m² BGF
440	Elektrische Anlagen	sehr gering	53	68	€/m² BGF
		gering	68	84	€/m² BGF
		mittel	**84**	**99**	**€/m² BGF**
		hoch	99	115	€/m² BGF
		sehr hoch	115	130	€/m² BGF
450	Kommunikationstechnische Anlagen	sehr gering	8	11	€/m² BGF
		gering	11	14	€/m² BGF
		mittel	**14**	**17**	**€/m² BGF**
		hoch	17	20	€/m² BGF
		sehr hoch	20	23	€/m² BGF
460	Förderanlagen	sehr gering	59	61	€/m² BGF
		gering	61	64	€/m² BGF
		mittel	**64**	**66**	**€/m² BGF**
		hoch	66	69	€/m² BGF
		sehr hoch	69	71	€/m² BGF
470	Nutzungsspezifische […] Anlagen	sehr gering	–	–	€/m² BGF
		gering	–	–	€/m² BGF
		mittel	–	–	**€/m² BGF**
		hoch	–	–	€/m² BGF
		sehr hoch	–	–	€/m² BGF
480	Gebäude- und Anlagenautomation	sehr gering	–	–	€/m² BGF
		gering	–	–	€/m² BGF
		mittel	–	–	**€/m² BGF**
		hoch	–	–	€/m² BGF
		sehr hoch	–	–	€/m² BGF

Tab. 05-5b: berechnete Kostenkennwerte der Technischen Anlagen, zweite Ebene der Kostengliederung, hier: Mehrfamilienhäuser, mit bis zu 6 Wohneinheiten (WE), Kostenstand: 1.Quartal 2026, Bundesdurchschnitt, inkl. 19% MwSt.

6. Mehrfamilienhäuser, mit 6 bis 19 Wohneinheiten (WE)					
		Anforderungen	von	bis	Kosten/Einheit
310	**Baugrube/Erdbau**	sehr gering	40	60	€/m³ BGI
		gering	60	79	€/m³ BGI
		mittel	**79**	**99**	**€/m³ BGI**
		hoch	99	118	€/m³ BGI
		sehr hoch	118	138	€/m³ BGI
320	**Gründung, Unterbau**	sehr gering	258	301	€/m² GRF
		gering	301	345	€/m² GRF
		mittel	**345**	**388**	**€/m² GRF**
		hoch	388	432	€/m² GRF
		sehr hoch	432	475	€/m² GRF
330	**Außenwände / vertikal außen**	sehr gering	425	483	€/m² AWF
		gering	483	540	€/m² AWF
		mittel	**540**	**598**	**€/m² AWF**
		hoch	598	655	€/m² AWF
		sehr hoch	655	713	€/m² AWF
340	**Innenwände / vertikal innen**	sehr gering	217	238	€/m²/IWF
		gering	238	258	€/m²/IWF
		mittel	**258**	**279**	**€/m²/IWF**
		hoch	279	299	€/m²/IWF
		sehr hoch	299	320	€/m²/IWF
350	**Decken / horizontal**	sehr gering	409	441	€/m² DEF
		gering	441	473	€/m² DEF
		mittel	**473**	**504**	**€/m² DEF**
		hoch	504	536	€/m² DEF
		sehr hoch	536	568	€/m² DEF
360	**Dächer**	sehr gering	421	485	€/m² DAF
		gering	485	550	€/m² DAF
		mittel	**550**	**614**	**€/m² DAF**
		hoch	614	679	€/m² DAF
		sehr hoch	679	743	€/m² DAF
380	**Baukonstruktive Einbauten**	sehr gering	5	16	€/m² BGF
		gering	16	27	€/m² BGF
		mittel	**27**	**37**	**€/m² BGF**
		hoch	37	48	€/m² BGF
		sehr hoch	48	59	€/m² BGF
390	**Sonstige Maßnahmen für Baukonst.**	sehr gering	28	43	€/m² BGF
		gering	43	58	€/m² BGF
		mittel	**58**	**72**	**€/m² BGF**
		hoch	72	87	€/m² BGF
		sehr hoch	87	102	€/m² BGF

Tab. 05-6a: berechnete Kostenkennwerte der Baukonstruktionen, zweite Ebene der Kostengliederung, hier: Mehrfamilienhäuser, mit 6 bis 19 WE,
Kostenstand: 1.Quartal 2026, Bundesdurchschnitt, inkl. 19% MwSt.

6. Mehrfamilienhäuser, mit 6 bis 19 Wohneinheiten (WE)					
		Anforderungen	von	bis	Kosten/Einheit
410	Abwasser-, Wasser-, Gasanlagen	sehr gering	63	75	€/m² BGF
		gering	75	87	€/m² BGF
		mittel	**87**	**100**	**€/m² BGF**
		hoch	100	112	€/m² BGF
		sehr hoch	112	124	€/m² BGF
420	Wärmeversorgungsanlagen	sehr gering	54	70	€/m² BGF
		gering	70	86	€/m² BGF
		mittel	**86**	**103**	**€/m² BGF**
		hoch	103	119	€/m² BGF
		sehr hoch	119	135	€/m² BGF
430	Raumlufttechnische Anlagen	sehr gering	8	18	€/m² BGF
		gering	18	28	€/m² BGF
		mittel	**28**	**38**	**€/m² BGF**
		hoch	38	48	€/m² BGF
		sehr hoch	48	58	€/m² BGF
440	Elektrische Anlagen	sehr gering	43	56	€/m² BGF
		gering	56	70	€/m² BGF
		mittel	**70**	**83**	**€/m² BGF**
		hoch	83	97	€/m² BGF
		sehr hoch	97	110	€/m² BGF
450	Kommunikationstechnische Anlagen	sehr gering	6	9	€/m² BGF
		gering	9	12	€/m² BGF
		mittel	**12**	**15**	**€/m² BGF**
		hoch	15	18	€/m² BGF
		sehr hoch	18	21	€/m² BGF
460	Förderanlagen	sehr gering	31	35	€/m² BGF
		gering	35	39	€/m² BGF
		mittel	**39**	**44**	**€/m² BGF**
		hoch	44	48	€/m² BGF
		sehr hoch	48	52	€/m² BGF
470	Nutzungsspezifische [...] Anlagen	sehr gering	–	–	€/m² BGF
		gering	–	–	€/m² BGF
		mittel	–	–	**€/m² BGF**
		hoch	–	–	€/m² BGF
		sehr hoch	–	–	€/m² BGF
480	Gebäude- und Anlagenautomation	sehr gering	2	4	€/m² BGF
		gering	4	6	€/m² BGF
		mittel	6	8	**€/m² BGF**
		hoch	8	10	€/m² BGF
		sehr hoch	10	12	€/m² BGF

Tab. 05-6b: berechnete Kostenkennwerte der Technischen Anlagen, zweite Ebene der Kostengliederung, hier: Mehrfamilienhäuser, mit 6 bis 19 WE,
Kostenstand: 1.Quartal 2026, Bundesdurchschnitt, inkl. 19% MwSt.

7. Mehrfamilienhäuser, mit 20 und mehr Wohneinheiten (WE)					
		Anforderungen	von	bis	Kosten/Einheit
310	Baugrube/Erdbau	sehr gering	40	53	€/m³ BGI
		gering	53	65	€/m³ BGI
		mittel	**65**	**78**	**€/m³ BGI**
		hoch	78	90	€/m³ BGI
		sehr hoch	90	103	€/m³ BGI
320	Gründung, Unterbau	sehr gering	274	340	€/m² GRF
		gering	340	406	€/m² GRF
		mittel	**406**	**472**	**€/m² GRF**
		hoch	472	538	€/m² GRF
		sehr hoch	538	604	€/m² GRF
330	Außenwände / vertikal außen	sehr gering	448	509	€/m² AWF
		gering	509	570	€/m² AWF
		mittel	**570**	**632**	**€/m² AWF**
		hoch	631	692	€/m² AWF
		sehr hoch	692	753	€/m² AWF
340	Innenwände / vertikal innen	sehr gering	205	225	€/m² IWF
		gering	225	245	€/m² IWF
		mittel	**245**	**266**	**€/m² IWF**
		hoch	266	286	€/m² IWF
		sehr hoch	286	306	€/m² IWF
350	Decken / horizontal	sehr gering	374	408	€/m² DEF
		gering	408	441	€/m² DEF
		mittel	**441**	**475**	**€/m² DEF**
		hoch	475	508	€/m² DEF
		sehr hoch	508	542	€/m² DEF
360	Dächer	sehr gering	400	449	€/m² DAF
		gering	449	499	€/m² DAF
		mittel	**499**	**548**	**€/m² DAF**
		hoch	548	598	€/m² DAF
		sehr hoch	598	647	€/m² DAF
380	Baukonstruktive Einbauten	sehr gering	3	11	€/m² BGF
		gering	11	19	€/m² BGF
		mittel	**19**	**28**	**€/m² BGF**
		hoch	28	36	€/m² BGF
		sehr hoch	36	44	€/m² BGF
390	Sonstige Maßnahmen für Baukonst.	sehr gering	45	80	€/m² BGF
		gering	80	114	€/m² BGF
		mittel	**114**	**149**	**€/m² BGF**
		hoch	149	183	€/m² BGF
		sehr hoch	183	218	€/m² BGF

Tab. 05-7a: berechnete Kostenkennwerte der Baukonstruktionen, zweite Ebene der Kostengliederung, hier: Mehrfamilienhäuser, mit 20 und mehr Wohneinheiten (WE)
Kostenstand: 1.Quartal 2026, Bundesdurchschnitt, inkl. 19% MwSt.

7. Mehrfamilienhäuser, mit 20 und mehr Wohneinheiten (WE)					
		Anforderungen	**von**	**bis**	**Kosten/Einheit**
410	**Abwasser-, Wasser-, Gasanlagen**	sehr gering	86	98	€/m² BGF
		gering	98	110	€/m² BGF
		mittel	**110**	**123**	**€/m² BGF**
		hoch	123	135	€/m² BGF
		sehr hoch	135	147	€/m² BGF
420	**Wärmeversorgungsanlagen**	sehr gering	61	77	€/m² BGF
		gering	77	93	€/m² BGF
		mittel	**93**	**108**	**€/m² BGF**
		hoch	108	124	€/m² BGF
		sehr hoch	124	140	€/m² BGF
430	**Raumlufttechnische Anlagen**	sehr gering	9	19	€/m² BGF
		gering	19	30	€/m² BGF
		mittel	**30**	**40**	**€/m² BGF**
		hoch	40	51	€/m² BGF
		sehr hoch	51	61	€/m² BGF
440	**Elektrische Anlagen**	sehr gering	54	68	€/m² BGF
		gering	68	81	€/m² BGF
		mittel	**81**	**95**	**€/m² BGF**
		hoch	95	108	€/m² BGF
		sehr hoch	108	122	€/m² BGF
450	**Kommunikationstechnische Anlagen**	sehr gering	8	12	€/m² BGF
		gering	12	16	€/m² BGF
		mittel	**16**	**21**	**€/m² BGF**
		hoch	21	25	€/m² BGF
		sehr hoch	25	29	€/m² BGF
460	**Förderanlagen**	sehr gering	28	39	€/m² BGF
		gering	39	50	€/m² BGF
		mittel	**50**	**61**	**€/m² BGF**
		hoch	61	72	€/m² BGF
		sehr hoch	72	83	€/m² BGF
470	**Nutzungsspezifische [...] Anlagen**	sehr gering	2	2	€/m² BGF
		gering	2	2	€/m² BGF
		mittel	**2**	**3**	**€/m² BGF**
		hoch	3	3	€/m² BGF
		sehr hoch	3	3	€/m² BGF
480	**Gebäude- und Anlagenautomation**	sehr gering	1	3	€/m² BGF
		gering	3	4	€/m² BGF
		mittel	**4**	**6**	**€/m² BGF**
		hoch	6	7	€/m² BGF
		sehr hoch	7	9	€/m² BGF

Tab. 05-7b: berechnete Kostenkennwerte der Technischen Anlagen, zweite Ebene der Kostengliederung, hier: Mehrfamilienhäuser, mit 20 und mehr Wohneinheiten (WE), Kostenstand: 1.Quartal 2026, Bundesdurchschnitt, inkl. 19% MwSt.

8. Gemeindezentren					
		Anforderungen	**von**	**bis**	**Kosten/Einheit**
310	**Baugrube/Erdbau**	sehr gering	52	77	€/m³ BGI
		gering	77	102	€/m³ BGI
		mittel	**102**	**126**	**€/m³ BGI**
		hoch	126	151	€/m³ BGI
		sehr hoch	151	176	€/m³ BGI
320	**Gründung, Unterbau**	sehr gering	308	364	€/m² GRF
		gering	364	420	€/m² GRF
		mittel	**420**	**476**	**€/m² GRF**
		hoch	476	532	€/m² GRF
		sehr hoch	532	588	€/m² GRF
330	**Außenwände / vertikal außen**	sehr gering	646	743	€/m² AWF
		gering	743	840	€/m² AWF
		mittel	**840**	**937**	**€/m² AWF**
		hoch	937	1034	€/m² AWF
		sehr hoch	1034	1131	€/m² AWF
340	**Innenwände / vertikal innen**	sehr gering	332	394	€/m² IWF
		gering	394	456	€/m² IWF
		mittel	**456**	**517**	**€/m² IWF**
		hoch	517	579	€/m² IWF
		sehr hoch	579	641	€/m² IWF
350	**Decken / horizontal**	sehr gering	376	44	€/m² DEF
		gering	544	711	€/m² DEF
		mittel	**711**	**879**	**€/m² DEF**
		hoch	879	1046	€/m² DEF
		sehr hoch	1046	1214	€/m² DEF
360	**Dächer**	sehr gering	423	510	€/m² DAF
		gering	510	597	€/m² DAF
		mittel	**597**	**683**	**€/m² DAF**
		hoch	683	770	€/m² DAF
		sehr hoch	770	857	€/m² DAF
380	**Baukonstruktive Einbauten**	sehr gering	22	49	€/m² BGF
		gering	49	76	€/m² BGF
		mittel	**76**	**103**	**€/m² BGF**
		hoch	103	130	€/m² BGF
		sehr hoch	130	157	€/m² BGF
390	**Sonstige Maßnahmen für Baukonst.**	sehr gering	56	94	€/m² BGF
		gering	94	132	€/m² BGF
		mittel	**132**	**171**	**€/m² BGF**
		hoch	171	209	€/m² BGF
		sehr hoch	209	247	€/m² BGF

Tab. 05-8a: berechnete Kostenkennwerte der Baukonstruktionen, zweite Ebene der Kostengliederung, hier: Gemeindezentren
Kostenstand: 1.Quartal 2026, Bundesdurchschnitt, inkl. 19% MwSt.

8. Gemeindezentren					
		Anforderungen	**von**	**bis**	**Kosten/Einheit**
410	**Abwasser-, Wasser-, Gasanlagen**	sehr gering	70	8	€/m² BGF
		gering	88	107	€/m² BGF
		mittel	**107**	**125**	**€/m² BGF**
		hoch	125	144	€/m² BGF
		sehr hoch	144	162	€/m² BGF
420	**Wärmeversorgungsanlagen**	sehr gering	87	107	€/m² BGF
		gering	107	127	€/m² BGF
		mittel	**127**	**146**	**€/m² BGF**
		hoch	146	166	€/m² BGF
		sehr hoch	166	186	€/m² BGF
430	**Raumlufttechnische Anlagen**	sehr gering	18	41	€/m² BGF
		gering	41	65	€/m² BGF
		mittel	**65**	**88**	**€/m² BGF**
		hoch	88	112	€/m² BGF
		sehr hoch	112	135	€/m² BGF
440	**Elektrische Anlagen**	sehr gering	98	134	€/m² BGF
		gering	134	171	€/m² BGF
		mittel	**171**	**207**	**€/m² BGF**
		hoch	207	244	€/m² BGF
		sehr hoch	244	280	€/m² BGF
450	**Kommunikationstechnische Anlagen**	sehr gering	9	19	€/m² BGF
		gering	19	28	€/m² BGF
		mittel	**28**	**38**	**€/m² BGF**
		hoch	38	47	€/m² BGF
		sehr hoch	47	57	€/m² BGF
460	**Förderanlagen**	sehr gering	35	55	€/m² BGF
		gering	55	74	€/m² BGF
		mittel	**74**	**94**	**€/m² BGF**
		hoch	94	113	€/m² BGF
		sehr hoch	113	133	€/m² BGF
470	**Nutzungsspezifische […] Anlagen**	sehr gering	2	22	€/m² BGF
		gering	22	42	€/m² BGF
		mittel	**42**	**62**	**€/m² BGF**
		hoch	62	82	€/m² BGF
		sehr hoch	82	102	€/m² BGF
480	**Gebäude- und Anlagenautomation**	sehr gering	28	51	€/m² BGF
		gering	51	74	€/m² BGF
		mittel	**74**	**98**	**€/m² BGF**
		hoch	98	121	€/m² BGF
		sehr hoch	121	144	€/m² BGF

Tab. 05-8b: berechnete Kostenkennwerte der Technischen Anlagen, zweite Ebene der Kostengliederung, hier: Gemeindezentren
Kostenstand: 1.Quartal 2026, Bundesdurchschnitt, inkl. 19% MwSt.

6. Kosteneinflüsse und Anforderungsklassen

An die Bauelemente von Gebäuden, z.B. KG 360 Dächer oder KG 430 Raumlufttechnische Anlagen, werden zahlreiche Anforderungen gestellt. Gleichzeitig sind Rahmenbedingungen zu beachten. Dazu zählen beispielsweise

- die Bedarfe der Nutzer
- die Vorgaben des Auftraggebers
- zahlreiche Technische Regelwerke
- die Beschaffenheit des Baugrundstücks und viele mehr.

Die Anforderungen und die Rahmenbedingungen wirken auf die Kosten der Bauelemente ein. Die nachfolgenden → **Tabellen 06-01 bis 06-16** enthalten für jedes Bauelement zahlreiche Kosteneinflüsse. Diese sind entweder kostenmindernd (–) oder kostenerhöhend (+).

Auf Grundlage solcher Einflüsse kann die Einordnung in Anforderungsklasse erfolgen. Dies erfolgt auf Grundlage einer Einschätzung. Eine Berechnungsmethode steht nicht zur Verfügung. Es soll nicht ausgeschlossen werden, dass weitere, noch nicht aufgeführte Kosteneinflüsse berücksichtigt werden müssen.

300 Bauwerk – Baukonstruktionen 310 Baugrube/Erdbau	Kostenmindernde (–) und kostenerhöhende (+) Eigenschaften der Bauelemente
Herstellung (311) Umschließung (312) Wasserhaltung (313)	– kein Keller- oder Tiefgeschoss – kein / wenig Aushub – leicht lösbare Bodenarten – kurze Wege für den Transport von Aushub – Verwendung von Aushubmaterial auf dem Grundstück – kein schadstoffbelasteter Aushub + ein oder mehrere Keller- oder Tiefgeschosse + Baugrubenumschließung + Baugrubenverbau mit Trägerbohlwand + Spundwände, Anker, Absteifungen + Böschungssicherung durch Spritzbeton + Wasserhaltung + weite Wege für den Transport von Aushub + schadstoffbelasteter Aushub, Deponiegebühren + schwer lösbare Bodenarten oder Fels

Tab. 06-01: Kostenmindernde und kostenerhöhende Eigenschaften von Bauelementen der Baugrube und des Erdbaus.

300 Bauwerk – Baukonstruktionen 320 Gründung, Unterbau	Kostenmindernde (–) und kostenerhöhende (+) Eigenschaften der Bauelemente
Baugrundverbesserung (321) Flachgründungen und Bodenplatten (322) Tiefgründungen (323) Gründungsbeläge (324) Abdichtungen und Bekleidungen (325) Dränagen (326)	– Flachgründung: Fundamentplatte, Einzel- oder Streifenfundamente – Grundwasserstand unterhalb der Gründung – kein oder wenig Oberflächenwasser auf Grundstück – weitgehend ebenes Grundstück – einfache Geometrie der Fundamente – keine oder einfache Bodenbeläge + Baugrundverbesserung + Bodenplatte mit WU-Beton + Tiefgründung: Pfahlgründung + versetzte Ebenen im unteren Geschoss, Bauen am Hang + Bauwerksabdichtung + Dränagen + Kanäle oder Pumpensumpf in Bodenplatte + Wärme- und Trittschalldämmung + hochwertige Bodenbeläge + mehrere bis viele Obergeschosse

Tab. 06-02: Kostenmindernde und kostenerhöhende Eigenschaften von Bauelementen der Gründung und des Unterbaus.

300 Bauwerk – Baukonstruktionen 330 Außenwände […]	Kostenmindernde (–) und kostenerhöhende (+) Eigenschaften der Bauelemente
Tragende Außenwände (331) Nichttragende Außenwände (332) Außenstützen (333) Außenwandöffnungen (334) Außenwandbekleidungen, außen (335) Außenwandbekleidungen, innen (336) Elementierte Außenwandkonstruktionen (337) Lichtschutz (338)	– erdberührte Bauteile ohne besondere Maßnahmen – einfache Geometrie der Fassade – geringer Anteil an Verglasungen, Außenfenstern, -türen und -toren – einschichtige Außenwandkonstruktionen, Fertigteile – geringe Anforderungen an Schallschutz und Energieeinsparung – ein oder wenige Obergeschosse, geringe Gebäudehöhe + aufwändige Lichtschächte bei Untergeschossen + Außenwände von Untergeschossen mit WU-Beton + Geometrie der Fassade mit Erkern, Auskragungen + hoher Anteil an Verglasungen, Außenfenstern, -türen und -toren + mehrschichtige Außenwandkonstruktionen + hohe Anforderungen an Schallschutz und Energieeinsparung + hochwertige Außenwandbekleidungen + Sonnenschutzanlagen + Fassadenbefahranlage + mehrere bis viele Obergeschosse, Hochhaus

Tab. 06-03: Kostenmindernde und kostenerhöhende Eigenschaften von Bauelementen der Außenwände.

300 Bauwerk – Baukonstruktionen 340 Innenwände […]	Kostenmindernde (–) und kostenerhöhende (+) Eigenschaften der Bauelemente
Tragende Innenwände (341) Nichttragende Innenwände (342) Innenstützen (343) Innenwandöffnungen (344) Innenwandbekleidungen (345) Elementierte Innenwandkonstruktionen (346) Lichtschutz (347)	– geringer Anteil an Verglasungen, Innenfenstern, -türen und -toren – einschalige Innenwandkonstruktionen – keine oder wenige Installationsvormauerungen, Installationswände oder Wandkanäle – keine oder einfache Innenwandbekleidungen – geringe Anforderungen an Schallschutz und Brandschutz – keine oder wenige Nassräume mit Fliesen und Abdichtungen + hoher Anteil an Verglasungen, Innenfenstern, -türen und -toren + Sichtmauerwerk + mehrschalige Innenwandkonstruktionen + Installationsvormauerungen, Installationswände oder Wandkanäle + hochwertige Innenwandbekleidungen + versetzbare Trennwände, Schiebewände, Faltwände + Innenstützen + hohe Anforderungen an Schallschutz und Brandschutz + hoher Anteil von Handläufen, Rammschutz + zahlreiche Nassräume mit Fliesen und Abdichtungen

Tab. 06-04: Kostenmindernde und kostenerhöhende Eigenschaften von Bauelementen der Innenwände.

300 Bauwerk – Baukonstruktionen 350 Decken […]	Kostenmindernde (–) und kostenerhöhende (+) Eigenschaften der Bauelemente
Deckenkonstruktionen (351)	– geringe Deckenspannweiten, keine oder geringe Auskragungen – geringe Verkehrslasten – keine oder wenige Treppen oder Rampen – keine oder einfache Deckenbekleidungen – keine abgehängten Decken oder Doppelböden – einfache Deckenbeläge + große Deckenspannweiten oder Auskragungen + hohe Verkehrslasten + versetzte Geschossebenen + Unterzüge + hoher Anteil an Treppen, Falltüren + Rampen + abgehängte Decken + Doppelböden + hochwertige Deckenbekleidungen + hochwertige Deckenbeläge
Deckenöffnungen (352)	
Deckenbeläge (353)	
Deckenbekleidungen (354)	
Elementierte Deckenkonstruktionen (355)	

Tab. 06-05: Kostenmindernde und kostenerhöhende Eigenschaften von Bauelementen der Decken.

300 Bauwerk – Baukonstruktionen 360 Dächer	Kostenmindernde (–) und kostenerhöhende (+) Eigenschaften der Bauelemente
Dachkonstruktionen (361)	– geringe bis mittlere Spannweiten der Dachkonstruktionen oder Auskragungen – einfache Geometrie des Daches ohne Verschneidungen der Dachflächen – kein oder geringer Anteil von Dachgauben oder Lichtkuppeln – einfache Dachbeläge – keine oder einfache Dachbekleidungen – geringe Anforderungen an Schallschutz und Energieeinsparung + große Spannweiten der Dachkonstruktionen + große Auskragungen der Dachkonstruktionen + aufwändige Geometrie des Daches mit Verschneidungen der Dachflächen + hoher Anteil von Dachgauben oder Lichtkuppeln + Dachbegrünung + begeh- oder befahrbares Dach, Dachterrassen + hochwertige Dachbeläge + hochwertige Dachbekleidungen + hohe Anforderungen an Schallschutz und Energieeinsparung + Absturzsicherungen, Schneefanggitter oder Dachleitern
Dachöffnungen (362)	
Dachbeläge (363)	
Dachbekleidungen (364)	
Elementierte Dachkonstruktionen (365)	
Lichtschutz (366)	

Tab. 06-06: Kostenmindernde und kostenerhöhende Eigenschaften von Bauelementen der Dächer.

300 Bauwerk – Baukonstruktionen 380 Baukonstruktive Einbauten	Kostenmindernde (–) und kostenerhöhende (+) Eigenschaften der Bauelemente
Allgemeine Einbauten (381)	– keine Möblierung wie Einbaumöbel wie Sitz- und Liegemöbel, Gestühl, Tische – keine Theken, Schränke, Garderoben, Regale – keine Einbauküchen – keine Werkbänke in Werkhallen – keine Einbausportgeräte in Sporthallen – keine Landschaftsgestalterische Einbauten – keine Einbausysteme für Orientierung, Flucht- und Rettungswege + Möblierung wie Einbaumöbel wie Sitz- und Liegemöbel, Gestühl, Tische + Theken, Schränke, Garderoben, Regale + Einbauküchen + Werkbänke in Werkhallen + Einbausportgeräte in Sporthallen + Landschaftsgestalterische Einbauten + Einbausysteme für Orientierung, Flucht- und Rettungswege
Besondere Einbauten (382)	
Orientierungs- und Informationssysteme (386)	

Tab. 06-07: Kostenmindernde und kostenerhöhende Eigenschaften von Bauelementen der Baukonstruktiven Einbauten.

300 Bauwerk – Baukonstruktionen 390 Sonstige Maßnahmen für Baukonstruktionen	Kostenmindernde (–) und kostenerhöhende (+) Eigenschaften der Bauelemente
Baustelleneinrichtung (391)	– geringer Umfang der Baustelleneinrichtung (BE) – Kurze Dauer der BE – ausreichende Flächen für die BE – keine oder wenig Gerüstarbeiten – kein Bauen im laufenden Betrieb – geringe Sicherheitsanforderungen für die BE + großer Umfang der Baustelleneinrichtung (BE) – lange Dauer der BE – geringe Flächen für die BE + Unterfangungen, Abstützungen auf dem Baufeld + mehrmaligen Umsetzern der BE + umfangreiche Gerüstarbeiten + Bauen im laufenden Betrieb + hohe Sicherheitsanforderungen + Lärmschutz + Witterungsschutz, Winterbaumaßnahmen
Gerüste (392)	
Sicherungsmaßnahmen (393)	
Zusätzliche Maßnahmen (397)	
Provisorische Baukonstruktionen (398)	

Tab. 06-08: Kostenmindernde und kostenerhöhende Eigenschaften von Bauelementen der Bauwerkskosten in ausgewählter Gebäudearten in Prozent. Siehe auch Tabelle 03-05: Anteil der Kosten der Baustelleneinrichtung (LB 000, 001) an den

400 Bauwerk – Technische Anlagen 410 Abwasser-, Wasser-, Gasanlagen (410)	Kostenmindernde (–) und kostenerhöhende (+) Eigenschaften der Bauelemente
Abwasseranlagen (411) Wasseranlagen (412) Gasanlagen (413)	– einfache Dachentwässerung – Gefälleentwässerung – wenige Entwässerungsgegenstände + Hebeanlage / Abwassersammelanlagen + Wassergewinnungs-, Aufbereitungs- und Druck-erhöhungsanlagen + Gasanlagen + Abwasserbehandlungsanlagen + Automatisierung + erhöhte Anforderungen an Hygiene und Sicherheit + erhöhte Anforderungen an Schall- und Brandschutz + Spezielle Nutzung

Tab. 06-09: Kostenmindernde und kostenerhöhende Eigenschaften von Bauelemente der Abwasser-, Wasser- und Gasanlagen.

400 Bauwerk – Technische Anlagen 420 Wärmeversorgungsanlagen	Kostenmindernde (–) und kostenerhöhende (+) Eigenschaften der Bauelemente
Wärmeerzeugungsanlagen (421) Wärmeverteilnetze (422) Raumheizflächen (423)	– Fernwärmeanschluss ohne aufwendige Übergabestationen – kompakte standardisierte Wärmeerzeuger (z.B. Gas-Brennwerttherme, Luft-Wasser-Wärmepumpe) – Standard-Heizkörper + Komplexe Systeme (Hybridanlagen, Kaskade, Redundanzen) + Brennstofflager im Gebäude (z.B. Pellet Lager, Öltank) + Zusätzliche Bauteile (Schornstein, Abgasanlage) + mehrere Zonen / getrennte Nutzungseinheiten + Wand-/Deckenheizungen + Fußbodenheizung

Tab. 06-10: Kostenmindernde und kostenerhöhende Eigenschaften der Bauelemente von Wärmeversorgungsanlagen.

400 Bauwerk – Technische Anlagen 430 Raumlufttechnische Anlagen	Kostenmindernde (–) und kostenerhöhende (+) Eigenschaften der Bauelemente
Lüftungsanlagen (431) Teilklimaanlagen (432) Klimaanlagen (433) Kälteanlagen (434)	– Fensterlüftung – nur Abluftanlage – keine oder sehr wenige raumluftbehandelte Flächen – keine Kälteanlage + dezentrale Lüftungsanlage mit WRG + zentrale Lüftungsanlage mit WRG + Teilklimaanlagen + Klimaanlagen + Kältemaschine + maschinelle Rauch- und Wärmeabzugsanlagen + erhöhte Schallschutzanforderung + erhöhte Brandschutzmaßnahmen + komplexe Gebäudeautomation / Zonenregelung

Tab. 06-11: Kostenmindernde und kostenerhöhende Eigenschaften von Bauelementen der Raumlufttechnische Anlagen.

400 Bauwerk – Technische Anlagen **440 Elektrische Anlagen**	Kostenmindernde (–) und kostenerhöhende (+) Eigenschaften der Bauelemente
Hoch- und Mittelspannungsanlagen (441) Eigenstromversorgungsanlagen (442) Niederspannungsschaltanlagen (443) Niederspannungsinstallationsanlagen (444) Beleuchtungsanlagen (445) Blitzschutz- und Erdungsanlagen (446)	– keine Stromerzeugung im oder am Gebäude – einfache Beleuchtung – geringe Anforderungen an Sicherheits- und Brandmeldeanlagen + Smart Home + Komplexe Beleuchtungs- und Steuerungssysteme + Photovoltaikanlagen mit Batteriespeicher und Ladeeinrichtung für Elektroautos + Sicherheits-, Brandmelde- und Einbruchmeldeanlagen + Notstromversorgung oder USV-Anlagen + Schaltanlagen, Transformatoren im Gebäude + Stromerzeugungsaggregate einschließlich Kühlung im Gebäude

Tab. 06-12: Kostenmindernde und kostenerhöhende Eigenschaften der Bauelemente von Elektrischen Anlagen.

400 Bauwerk – Technische Anlagen **450 Kommunikationstechnische Anlagen**	Kostenmindernde (–) und kostenerhöhende (+) Eigenschaften der Bauelemente
Telekommunikationsanlagen (451) Such- und Signalanlagen (452) Zeitdienstanlagen (453) Elektroakustische Anlagen (454) Audiovisuelle Medien- und Antennenanlagen (455) Gefahrenmelde- und Alarmanlagen (456) Datenübertragungsnetze (457)	– Verzicht auf nicht notwendige Kommunikationstechnische Anlagen – Minimierung von zusätzlichen Kabel- und Netzwerkanschlüssen – Verzicht auf komplexe Beschallungs- oder Konferenzanlagen – Verzicht auf Überwachungs- und Sicherheitssysteme + Einrichtungen zur Datenübertragung + Netze zur Datenübertragung + Personenrufanlagen, Lichtruf- und Klingelanlagen, Türsprech- und Türöffneranlagen + Uhren- und Zeiterfassungsanlagen + Beschallungsanlagen, Konferenz- und Dolmetscheranlagen + Gegen- und Wechselsprechanlagen + Überfall- und Einbruchmeldeanlagen, Wächterkontrollanlagen + Zugangskontrollanlagen + Alarm- und Notrufsysteme + Videoüberwachungsanlagen + Interne Kommunikationsserver oder Smart-Building-Systeme

Tab. 06-13: Kostenmindernde und kostenerhöhende Eigenschaften der Bauelemente von Kommunikationstechnische Anlagen.

400 Bauwerk – Technische Anlagen 460 Förderanlagen	Kostenmindernde (–) und kostenerhöhende (+) Eigenschaften der Bauelemente
Aufzugsanlagen (461) Fahrtreppen, Fahrsteige (462) Befahranlagen (463) Transportanlagen (464) Krananlagen (465) Hydraulikanlagen (466)	– mechanische Antriebe – Reduzierung spezieller Befahr- oder Transportanlagen – weitgehender Verzicht auf Förderanlagen + Personenförderbänder / Laufbänder + Krananlagen / Kranförderanlagen + barrierefreie Aufzüge + Personenaufzüge + Fassadenaufzüge + Hebebühnen, Parksysteme + hydraulische Antriebe für Toranlagen + automatische Warentransportanlagen, Rohrpostanlagen

Tab. 06-14: Kostenmindernde und kostenerhöhende Eigenschaften der Bauelemente von Förderanlagen.

400 Bauwerk – Technische Anlagen 470 Nutzungsspezifische Anlagen […]	Kostenmindernde (–) und kostenerhöhende (+) Eigenschaften der Bauelemente
Küchentechnische Anlagen (471) Wäscherei-, Reinigungs- und badetechnische Anlagen (472) Medienversorgungsanlagen, Medizin- und labortechnische Anlagen (473) Feuerlöschanlagen (474) Prozesswärme-, kälte- und -luftanlagen (475)	– Verzicht auf Komfort- oder Automatisierungs-Upgrades – weitgehender Verzicht auf nutzungsspezifische Anlagen – Reduzierung von überdimensionierten oder redundanten Systemen + Klimatechnische Anlagen für Spezialräume + Medizinische Instrumentenaufbereitung + spezielle Lagertechnik + Anlagen zur Zubereitung, Ausgabe und Lagerung von Speisen und Getränken + Wasseraufbereitung, Desinfektions- und Sterilisationseinrichtungen + Diagnosegeräte, Behandlungsgeräte, OP-Einrichtungen + Sprinkler- und Gaslöschanlagen, Löschwasserleitungen, Wandhydranten, Handfeuerlöscher + Wäscherei- und Reinigungsanlagen + Abzüge und Spülen + Wärme-, Kälte- und Kühlwasserversorgungsanlagen

Tab. 06-15: Kostenmindernde und kostenerhöhende Eigenschaften der Bauelemente von Nutzungsspezifische Anlagen.
Anmerkung: Von den „Nutzungsspezifische und verfahrenstechnische Anlagen" werden hier für Gebäude ausschließlich die „Nutzungsspezifische Anlagen" berücksichtigt.

400 Bauwerk – Technische Anlagen 480 Gebäude- und Anlagenautomation	Kostenmindernde (–) und kostenerhöhende (+) Eigenschaften der Bauelemente
Automationseinrichtungen (481) Schaltschränke, Automationsschwerpunkte (482) Automationsmanagement (483) Kabel, Leitungen und Verlegesysteme (484) Datenübertragungsnetze (485)	– weitgehender Verzicht auf Gebäude- und Anlagenautomation – keine Komfort- oder Optimierungsfunktionen – einfache oder minimalistische Verkabelung + Notfall- oder Fallbacksysteme + Visualisierungssysteme für Gebäudemanagement + Redundante Steuerungsanlagen + Integration von IoT- oder Smart-Building-Technologien + Sicherheits- und Alarmintegration + Sensorik und Aktorik + Energiemanagement- und Regelungssysteme + übergeordnete Einrichtungen für Automation und Management + Automationsstationen, Bedien-, Anzeige- und Ausgabeeinrichtungen + Kabel, Leitungen und Verlegesysteme + Netze zur Datenübertragung

Tab. 06-16: Kostenmindernde und kostenerhöhende Eigenschaften der Bauelemente von Gebäude- und Anlagenautomation.
Anmerkung: Zu den „Sonstige Maßnahmen für Technische Anlagen" siehe „Sonstige Maßnahmen für Baukonstruktionen".

Zusammenfassung

Mit dem vorliegenden Beitrag wird die Design-to-Costs-Methode vorgestellt. Diese wird in der Industrie bei der Produktentwicklung erfolgreich angewendet. Zu den in der Industrie hergestellten Produkten zählen auch solche, die im Bauwesen eingesetzt werden. Dazu zählen beispielsweise Türen und Fenster oder Sanitärobjekte und Klimaanlagen. So bestehen auch Gebäude zu einem Teil aus (Bau)Produkten. Unabhängig davon werden Gebäude immer als Projekte geplant und gebaut werden und unterscheiden sich dadurch grundsätzlich von Produkten.

Gleichzeitig ist bei vielen Baumaßnahmen die Einhaltung der Kosten das oberste Ziel. Trotzdem kann auch bei diesen die Anwendung der Methode des Design-to-Costs hilfreich sein.

Die Bildung berechneter Kostenkennwerte durch die Aufteilung der Spannweite zwischen dem Von-Wert und dem Bis-Wert der BKI-Kostenkennwerte in fünf gleichgroße Klassen wurde beispielhaft für mehrere Gebäudearten oder Gruppen von Gebäudearten gezeigt.

Entscheidend für die Auswahl der Objekte waren die Anzahl der Vergleichsobjekte und deren Kostenkennwerte in der zweiten oder dritten Ebene der Kostengliederung.

Dokumentierte Kostenkennwerte sind in jedem Fall wertvoll. Der Aufwand für die Dokumentation ist sehr hoch. Berechnete Kostenkennwerte, wie sie hier gezeigt werden, sollen eine Ergänzung sein.

Verwendete und weiterführende Literatur

[1] BKI (Hrsg.): Baukosten Gebäude Neubau 2025. Statistische Kostenkennwerte, Stuttgart 2025

[2] DIN 276:2018-12: Kosten im Bauwesen

[3] DIN 277:2021-08, Grundflächen und Rauminhalte im Hochbau

[4] Kalusche, Wolfdietrich: Die Kosten der Technischen Anlagen von Gebäuden im Wandel der Zeit. In: Baukosten Gebäude Neubau 2025. Statistische Kostenkennwerte, Stuttgart 2025, Stuttgart 2025, S. 104-119

[5] Kalusche, Wolfdietrich: Vergleich Holzbau und Massivbau – Grundflächen, Bauwerkskosten, Bauzeiten. In: BKI (Hrsg.): Objektdaten S6 - Sonderband Holzbau, Stuttgart 2024, S. 58-92
[Sonderband S6.pdf]

[6] Kalusche, Wolfdietrich: Bedarfsplanung und Planungsgrundlagen für Architekten- und Ingenieurleistungen. In: Deutsche Bauzeitschrift (DBZ), 07-08.2024, S. 52-55

[Bedarfsplanung und Planungsgrundlagen für Architekten- und Ingenieurleistungen - Deutsche BauZeitschrift – die Architekturfachzeitschrift (dbz.de)

[7] Verordnung über die Honorare für Architekten- und Ingenieurleistungen (Honorarordnung für Architekten und Ingenieure – HOAI) – In der Fassung von 2021

[8] Kalusche, Wolfdietrich: Kostenbewusstes Planen und Bauen – Architekturpreis der AKH 2017; Akademie der Architekten- und Stadtplanerkammer Hessen
/ Isabella Göring (Hg.) in: KostenBewusstBauen. Zukunftweisende Architektur bei Neubau und Sanierung, Jovis Verlag, Berlin 2020, S. 12 bis 25

Glossar

Abwasser-, Wasser-, Gasanlagen (KG 410):
Zu den Abwasser-, Wasser- und Gasanlagen gehören im Wesentlichen die sanitärtechnischen Anlagen.
[vgl. DIN 276:2018-12, Ziffer 5.4, S. 23]

Außenwände (KG 330):
Tragende und nichttragende vertikale Baukonstruktionen, die sich an den Außenseiten des Bauwerks befinden, d. h. insbesondere dem Außenklima ausgesetzt sind bzw. an das Erdreich oder an andere Bauwerke grenzen.
[vgl. DIN 276:2018-12, Ziffer 5.4, S. 18]

Baugrube (KG 310):
Oberbodenarbeiten und Bodenarbeiten, Erdbaumaßnahmen, Baugruben, Dämme, Einschnitte, Wälle, Hangsicherungen.
[vgl. DIN 276:2018-12, Ziffer 5.4, S. 17]

Baukonstruktive Einbauten (KG 380):
Mit dem Bauwerk fest verbundene Einbauten, jedoch ohne die nutzungsspezifischen Anlagen. Für die Abgrenzung gegenüber der Ausstattung ist maßgebend, dass die Einbauten durch ihre Beschaffenheit und die Art ihres Einbaus technische und planerische Maßnahmen erforderlich machen (z.B. Anfertigen von Ausführungszeichnungen, statischen und anderen Berechnungen, Anschließen von Installationen).
[vgl. DIN 276:2018-12, Ziffer 5.4, S. 21]

Baukosten (1)
Kosten für die Errichtung eines Gebäudes ohne die Aufwendungen für das Baugrundstück und dessen Erschließung. Hierzu zählen die Kosten des Gebäudes, der Außenanlagen, Baunebenkosten und die Kosten für bes. Betriebseinrichtungen (Betriebstechnik).
[Gabler Wirtschaftslexikon]

Baukosten (2)
Der Begriff wird in der DIN 276:2018-12 nicht definiert. Die Baukosten entsprechen den KG 300-800 der DIN 276:2018-12. Synonyme zum Begriff Baukosten sind die Herstellungskosten (HGB) und die Bausumme (Baufinanzierung).

Bauwerk – Baukonstruktionen:
Bauleistungen und Lieferungen zur Herstellung des Bauwerks von Hochbauten, Ingenieurbauten und Infrastrukturanlagen, jedoch ohne die technischen Anlagen. Dazu gehören auch die mit dem Bauwerk fest verbundenen Einbauten, die der jeweiligen Zweckbestimmung dienen, sowie die mit den Baukonstruktionen in Zusammenhang stehenden übergreifenden Maßnahmen. Zu den Baukonstruktionen gehören auch die mit dem Bauwerk verbundenen Dach-, Fassaden- und Innenraumbegrünungen.
[vgl. DIN 276:2018-12, Ziffer 5.4, S. 17]

Bauwerk – Technische Anlagen (KG 400):
Bauleistungen und Lieferungen zur Herstellung der technischen Anlagen des Bauwerks von Hochbauten, Ingenieurbauten und Infrastrukturanlagen. Dazu gehören auch die übergreifenden Maßnahmen im Zusammenhang mit den technischen Anlagen. Die einzelnen technischen Anlagen enthalten die zugehörigen Gestelle, Befestigungen, Armaturen, Wärme- und Kältedämmung, Schall- und Brandschutzvorkehrungen, Abdeckungen, Verkleidungen, Anstriche, Kennzeichnungen sowie die werkseitig integrierten Mess-, Steuer- und Regelanlagen. Dazu gehören auch die Betriebskosten bis zur Abnahme
[vgl. DIN 276:2018-12, Ziffer 5.4, S. 23]

Bauwerkskosten (BWK):
Kosten, die sich als Summe der Kostengruppen 300 und 400 ergeben.
[DIN 276:2018-12, Ziffer 3.12, S. 6]

Brutto-Grundfläche (BGF):
Gesamtheit der Grundflächen aller Geschosse oder eines Teilbereichs des Bauwerks, die sich in Netto-Raumfläche (NRF) und Konstruktions-Grundfläche (KGF) gliedert
[vgl. DIN 277:2021-08, Ziffer 3.2, 4]

Design to Cost-Methode:
Für Hersteller ist Kostensenkung ein allgegenwärtiges Ziel: Niedrigere Kosten bei gleichzeitiger Beibehaltung der gewünschten Funktionalität bedeuten höhere Gewinnspannen, mehr Marktanteile und zufriedenere Kunden.
[Was ist Design to Cost? Ein Überblick mit Beispielen | aPriori]

Decken (KG 350):
Tragende und nichttragende Baukonstruktionen für Decken, Treppen, Rampen und andere horizontale Baukonstruktionen.
[vgl. DIN 276:2018-12, Ziffer 5.4, S. 19]

Dächer (KG 360):
Tragende und nichttragende Baukonstruktionen für flache und geneigte Dächer und andere horizontale Baukonstruktionen, die das Bauwerk nach oben abschließen.
[vgl. DIN 276:2018-12, Ziffer 5.4, S. 20]

Elektrische Anlagen (KG 440):
Hoch- und Mittelspannungsanlagen; Eigenstromversorgungsanlagen; Niederspannungsschaltanlagen;

Niederspannungsinstallationsanlagen; Beleuchtungsanlagen; Blitzschutz- und Erdungsanlagen [...]. [vgl. DIN 276:2018-12, Ziffer 5.4, S. 24]

Förderanlagen (KG 460):
Personenaufzüge und Lastenaufzüge), Fahrtreppen und Fahrsteige, Fassadenaufzüge und andere Befahranlagen, Transportanlagen (Automatische Warentransportanlagen, Aktentransportanlagen, Rohrpostanlagen), Krananlagen einschließlich Hebezeugen , Hydraulikanlagen einschließlich hydraulischer Antriebe für mechanische Baukonstruktionen (z.B. für Toranlagen, Brücken, Ausleger, Entnahmeanlagen an Talsperren) sowie im Stahlwasserbau, (z.B. für Schleusentore, Docktore, Wehrverschlüsse) Hebebühnen, Parksysteme
[vgl. DIN 276:2018-12, Ziffer 5.4, S. 25]

Gebäude, Holzbau:
Gebäude deren Tragwerk im engeren Sinne zu mehr als 50 Prozent aus Holz (LB 016 Zimmer- und Holzbauarbeiten) besteht, können als Holzbauten bezeichnet werden. Siehe hierzu Gebäudearten Holzbau der BKI-Vergleichsobjekte.

Gebäude, Massivbau:
Gebäude deren Tragwerk im engeren Sinne zu mehr als 50 Prozent aus Mauerwerk und Beton (LB 012 Mauerarbeiten und LB 013 Betonarbeiten) besteht, können Massivbauten bezeichnet werden. Die Mehrzahl der BKI-Vergleichsobjekte ist ohne weitere Angaben dem Massivbau zuzuordnen.

Gebäude- und Anlagenautomation (KG 480):
Überwachungs-, Steuer-, Regel- und Optimierungseinrichtungen zur automatischen Durchführung von technischen Funktionsabläufen wie Automationseinrichtungen, Schaltschränke, Automationsschwerpunkte, Automationsmanagement, Kabel, Leitungen und Verlegesysteme und Datenübertragungsnetze.
[vgl. DIN 276:2018-12, Ziffer 5.4, S. 26-27]

Gründung (KG 320):
Gründungs- und Unterbaumaßnahmen für das Bauwerk einschließlich der zugehörigen Erdarbeiten und Sauberkeitsschichten.
[vgl. DIN 276:2018-12, Ziffer 5.4, S. 17]

Innenwände (KG 340):
Tragende und nichttragende vertikale Baukonstruktionen, die sich innerhalb des Bauwerks befinden.
[vgl. DIN 276:2018-12, Ziffer 5.4, S. 18]

Kommunikations-, sicherheits- und informationstechnische Anlagen (KG 450):
Telekommunikationsanlagen; Such- und Signalanlagen; Zeitdienstanlagen; Elektroakustische Anlagen; Audiovisuelle Medien- und Antennenanlagen; Gefahrenmelde- und Alarmanlagen; Datenübertragungsnetze; [...]. Die einzelnen Anlagen enthalten die zugehörigen Verteiler, Kabel, Leitungen sowie die Brandschutzdurchführungen.
[vgl. DIN 276:2018-12, Ziffer 5.4, S. 24-25]

Kompaktheit von Gebäuden
Kompaktheit ist eine Eigenschaft, die unter dem Aspekt der ökonomischen Nachhaltigkeit als Bewertungskriterium angesehen wird. Messbar ist die Kompaktheit am Verhältnis der Gebäudehülle zum Volumen des Baukörpers als eine Voraussetzung des Wärmeverlustes über die Außenflächen. „Die Kompaktheit von Baukörpern wird durch das Verhältnis der wärmeabgebenden Hüllfläche (A) zum beheizten Volumen (V) angegeben, dem sogenannten A/V-Verhältnis. Je kleiner das A/V-Verhältnis, desto geringer ist der spezifische Energiebedarf pro m^3 beheiztem Raum bei sonst gleichen Bedingungen. Das kleinste A/V-Verhältnis hat ein kugelförmiges Objekt, gefolgt von einem Würfel.
[https://www.baunetzwissen.de/nachhaltig-bauen/fachwissen/planungsgrundlagen/gebaeudeform-662875]

Kosten im Bauwesen:
Aufwendungen, insbesondere für Güter, Leistungen, Steuern und Abgaben, die mit der Vorbereitung, Planung und Ausführung von Bauprojekten verbunden sind.
[DIN 276:2018-12, Ziffer 3.1, S. 4]

Kostengliederung:
Ordnungsstruktur, nach der die Gesamtkosten eines Bauprojekts in Kostengruppen unterteilt werden.
[DIN 276:2018-12, Ziffer 3.9, S.5]

Kostenkennwert:
Wert, der das Verhältnis von Kosten zu einer Bezugseinheit darstellt.
[DIN 276:2018-12, Ziffer 3.13, S. 6]

Kostenplanung:
Gesamtheit aller Maßnahmen der Kostenermittlung, der Kostenkontrolle und der Kostensteuerung.
[DIN 276:2018-12, Ziffer 3.2, S. 4]

Kostenstand:
Bei Kostenermittlungen ist vom Kostenstand zum Zeitpunkt der Ermittlung auszugehen. Dieser Kostenstand ist durch die Angabe des Zeitpunkts zu dokumentieren.
[DIN 276:2018-12, Ziffer 4.2.5, S. 7]

Kostenschätzung:
Ermittlung der Kosten auf der Grundlage der Vorplanung.
[DIN 276:2018-12, Ziffer 3.3.2, S. 5]

Kostenberechnung:
Ermittlung der Kosten auf der Grundlage der Entwurfsplanung.
[DIN 276:2018-12, Ziffer 3.3.3, S. 5]

Kostenrahmen:
Ermittlung der Kosten auf der Grundlage der Bedarfsplanung.
[DIN 276:2018-12, Ziffer 3.3.1, S.5]

Kostensteuerung:
Ergreifen von Maßnahmen zur Einhaltung von Kostenvorgaben.
[DIN 276:2018-12, Ziffer 3.5, S.5]

Kostenvorgabe:
Festlegung von Kosten als Obergrenze oder als Zielgröße für das Bauprojekt.
[DIN 276:2018-12, Ziffer 3.6, S 5]

Mittelwert:
„Der Mittelwert, auch als arithmetisches Mittel bekannt, ist ein Lagemaß der deskriptiven Statistik. Er wird berechnet, indem man die Summe aller beobachteten Werte durch die Anzahl der Werte teilt."
[mittelwert statistik - Suchen]

Nutzungsspezifische u. verfahrenstechnische Anlagen (KG 470):
Mit dem Bauwerk fest verbundene Anlagen, die der besonderen Zweckbestimmung dienen und durch ihre Beschaffenheit und die Art ihres Einbaus technische und planerische Maßnahmen erforderlich machen. Hierzu gehörten in Gebäuden vor allem Küchentechnische Anlagen, Wäscherei-, Reinigungs- und badetechnische Anlagen, Medienversorgungsanlagen, Medizin- und labortechnische Anlagen, Feuerlöschanlagen sowie Prozesswärme-, kälte- und -luftanlagen.
[vgl. DIN 276:2018-12, Ziffer 5.4, S. 25-26]

Raumlufttechnische Anlagen (KG 430):
Abluftanlagen, Zuluftanlagen, Zu- und Abluftanlagen ohne oder mit einer thermodynamischen Luftbehandlungsfunktion, maschinelle Rauch- und Wärmeabzugsanlagen, Einzelraumlüfter, Einrohrlüfter; Anlagen mit zwei oder drei thermodynamischen Luftbehandlungsfunktionen; Anlagen mit vier thermodynamischen Luftbehandlungsfunktionen; Kälteanlagen zur Raumkühlung und für lufttechnische Anlagen: Kälteerzeugungs- und Rückkühlanlagen einschließlich Pumpen, Verteilern und Rohrleitungen; Lüftung-decken, Kühldecken, Abluftfenster; Installationsdoppelböden, soweit nicht in anderen Kostengruppen erfasst.
[vgl. DIN 276:2018-12, Ziffer 5.4, S. 23-24]

Sonstige Maßnahmen (KG 390, 490)
Baukonstruktionen und übergreifende Maßnahmen im Zusammenhang mit den Baukonstruktionen, die nicht einzelnen Kostengruppen der KG 300 zugeordnet werden können oder die nicht in der KG 490 oder der KG 590 erfasst sind. Bei Neubauten können die Baustelleneinrichtung, Gerüste und Sicherungsmaßnahmen enthalten sein.

[vgl. DIN 276:2018-12, Ziffer 5.4, S. 22, 27]

Technische Anlagen/technische Gebäudeausrüstung (TGA)
Die technische Gebäudeausrüstung (TGA) macht Bauwerke nutz- und bewohnbar. Die TGA umfasst alle eingebauten oder verbundenen technischen Einrichtungen in einem Bauwerk sowie in Außenanlagen, die der funktionsgerechten Nutzung von Gebäuden dienen. Zur TGA gehören unter anderem Kabel, Rohre, Heizungen, Energieversorgungsanlagen, Sanitärsysteme sowie Klima- und Lüftungsanlagen und die gesamte Informationstechnik."
[technische gebäudeausrüstung definition - Suchen]

Wärmeversorgungsanlagen (KG 420):
Brennstoffversorgung, Wärmeübergabestationen, Wärmeerzeugung auf der Grundlage von Brennstoffen oder unerschöpflichen Energiequellen einschließlich Schornsteinanschlüssen und zentraler Wassererwärmungsanlagen; Pumpen, Verteiler; Rohrleitungen für Raumheizflächen, raumlufttechnische Anlagen und sonstige Wärmeverbraucher; Heizkörper, Flächenheizsysteme u.a.
[vgl. DIN 276:2018-12, Ziffer 5.4, S. 23]

Zielkostenrechnung
Mit der Zielkostenrechnung, auch Target Costing oder Target Pricing, werden die Kosten eines Produkts und seiner Bauteile aus dem konkurrenzfähigen Marktpreis abgeleitet. Produktkosten werden nicht aus Einzel- und Gemeinkosten berechnet, sondern aus Vorgaben des Marktes und der Kunden. Damit werden für die Produktentwicklung und die Produktion Kostenrahmen und Budgets vorgegeben, die erlaubt und einzuhalten sind.
[So funktioniert die Zielkostenrechnung – Target Costing]

Kosten im Stahlbau

von bauforumstahl e.V.

Kosten im Stahlbau

Ein Beitrag von bauforumstahl e.V.

Datenquelle und Verfasser

Die Preisindikationen für Stahllösungen im Bauwesen basieren auf dem zweijährig erscheinenden Leitfaden „Kosten im Stahlbau" herausgegeben von bauforumstahl.

bauforumstahl e.V. ist der Spitzenverband für das Bauen mit Stahl in Deutschland. Gemeinsam mit dem Deutschen Stahlbau-Verband DStV vertritt er die Anliegen seiner Mitglieder gegenüber Politik, Fachwelt, Medien und Öffentlichkeit, bietet Wissenstransfer und engagiert sich in Forschung und Normung. Übergeordnetes Ziel ist es, die Stahlbauweise unter Berücksichtigung ganzheitlicher Aspekte wie Wirtschaftlichkeit, Sicherheit, Flexibilität und Nachhaltigkeit zu fördern. Zu den rund 350 Mitgliedern zählen alle namhaften deutschen Stahlbauunternehmen, Vorlieferanten und Folgegewerke, Architektur- und Ingenieurbüros sowie Hochschulen und Universitäten. www.bauforumstahl.de

Die in den folgenden Kapiteln gelisteten Preisdaten stammen aus dem Leitfaden „Kosten im Stahlbau 2026" und wurden im 4. Quartal 2025 durch das Institut für Bauökonomie der Universität Stuttgart erhoben. Zahlreiche Fachfirmen haben an der Erhebung unterstützend mitgewirkt. Die Kosten wurden für die Veröffentlichung in diesem Buch durch das BKI bezüglich des Baupreisindex für gewerbliche Betriebsgebäude aktualisiert und entsprechend dem 1.Quartal 2026, Bundesdurchschnitt, inkl. 19% MwSt. angepasst. Ziel aller Beteiligten war es, eine aktuelle Preisindikation der Komplettleistungen für Stahlbau-Gewerke in €/kg sowie Kostenspannen für verschiedene Gebäudefunktionen in €/m² auf Basis der aktuellen DIN 277:2021-08 bzw. DIN 276:2018-12 anzugeben.

Ansatz über Gebäudefunktionen

Als Arbeitshilfe zum täglichen Gebrauch ermöglichen die hier aufgeführten Daten eine zügige Kostenermittlung auf Grundlage der Gebäudefunktionen, ähnlich wie der Ansatz in der DIN 276:2018-12 bzw. der DIN 277:2021-08, welchen auch die Arbeitshilfen des BKI zu Grunde liegen. Es können sich auf Grund der Konstruktionsmethodik des Stahlbaus teilweise Änderungen zu den bekannten Normen und Publikationen ergeben, die jeweils nachvollziehbar dokumentiert sind. Um dem Konstruieren mit Stahl auch in der Kostenplanung gerecht zu werden, gliedern sich die Angaben in die Hauptfunktionen Tragwerk, Einbauten, Oberflächenbehandlung und Brandschutz.

Randbedingungen und Anwendungsgrenzen

Die Angaben sind gewichtete Mittelwerte, die aus einer Befragung von Fachfirmen resultieren. Sie enthalten alle Material- und Lohnkosten sowie Aufwendungen für eventuelle Geräteeinsätze. Die üblichen Baunebenkosten im Sinne der DIN 276:2018-12 sind nicht berücksichtigt.

Im Rahmen der Befragung wurden folgende Annahmen und Vereinfachungen getroffen, die bei der Arbeit mit den Kennwerten zu berücksichtigen sind:

- Die Kosten werden auf Basis „einfacher" Gebäude mit einer durchschnittlichen Gebäudefläche von 800-1.400m² Brutto-Grundfläche und mit einer gängigen architektonischen Gestaltung ermittelt. Es wird von einem normalen Baugrund und einfacher Zugänglichkeit der Baustelle ausgegangen.
- Die Werte beziehen sich auf Bezugsgrößen wie beispielsweise Brutto-Grundfläche (DIN 277) oder Deckenfläche (DIN 276).
- Es werden die Schneelastzone 2, die Windzone 2 (Binnenland), ein kompaktes Gebäude sowie eine Höhenlage von max. 500m üNN angenommen.

Weitere spezifische Annahmen werden in den einzelnen Kapiteln näher erläutert. Mit Hilfe von weiteren Baukostenindizes oder Regionalfaktoren können die auf den bundesdeutschen Durchschnitt bezogenen Daten auf einzelne Regionen übertragen sowie zeitlich weiter aktualisiert werden.

Tragwerk: Rahmenkonstruktion

Rahmenbedingungen:

- Durchschnittswerte für Gebäudefläche von 800-1.400m² BGF[a].
- Schneelastzone 2, Geländehöhe max. 500m üNN, Windlastzone 2 (Binnenland), kompaktes Gebäude.

Hinweise:

- Das Gewicht der Rahmenkonstruktion umfasst Stützen, Träger und alle Verbindungsmittel. Fundamentarbeiten sind nicht enthalten.
- Die Angaben setzen einfache Aussteifungsarten und keine speziellen, kostenintensiven Alternativen voraus.
- Die Angaben beinhalten keine Antriche oder spezielle Korrosionsmaßnahmen (siehe Kapitel „Oberflächenbehandlung“).
- Die angegebenen Werte sind Richtwerte; im Einzelfall kann durch Variation des Systemabstandes und detaillierte Optimierung des Tragwerks das Stahlgewicht pro m² BGF[a] reduziert werden.
- Die Verbundbauweise beinhaltet die für die Verbundwirkung benötigten Kopfbolzendübel ohne Deckenplatte (siehe Kapitel „Decken“).
- Dachpfetten und Fassadenriegel sind nicht enthalten.
- Die leichte Stahlbauweise ermöglicht je nach Gründungssituation eine Einsparung bei den Fundamentkosten von bis zu 25%.

[a] BGF: Brutto-Grundfläche (DIN 277:2021-08): Gesamtfläche aller Grundrissebenen eines Bauwerks.

Kosten pro Tonnage der Rahmenkonstruktion					
Art des Tragsystems	Asymmetrische Deckenträger[a]	Walzträger	Lochstegträger [c]	Fachwerkträger	Schweissträger
Preisindikation in €/kg [d]	3,02 - 4,35	2,78 - 4,11	3,14 - 4,71	3,38 - 4,95	3,38 - 4,71

Eingeschossige Gebäude (Industrie- oder Geschäftsgebäude, Lager), Achsabstand der Rahmen von ca. 5,5 m - 6,5 m.	**Tonnage in kg/m² BGF[b]**				
Spannweite	8 - 18 m		10 - 35 m	15 - 45 m	15 - 45 m
Ohne Hallenkran • bis 6,0 m lichte Höhe • von 6,0 m - 12,0 m lichte Höhe	 – –	 25 - 35 35 - 55	 25 - 40 30 - 50	 20 - 35 22 - 40	 22 - 33 32 - 53
Mit Hallenkran (ca. 5,0 t Nutzlast) • bis 6,0 m lichte Höhe • von 6,0 m - 12,0 m lichte Höhe	 – –	 55 - 80 85 - 110	 50 - 80 80 - 110	 75 - 110 85 - 130	 50 - 80 80 - 110
Kultur-, Sport- und ähnliche Gebäude	–	40 - 50	35 - 45	35 - 45	35 - 50
Landwirtschaftliche Gebäude	–	25 - 30	–	20 - 30	20 - 30

Mehrgeschossige Gebäude (Verbundbauweise)	**Tonnage in kg/m² BGF[b]**				
Spannweite	5 m - 8 m	6 m - 14 m	10 m - 18 m		
Büros, Verwaltungs- und Wohngebäude mit max. Nutzlast bis 3,5 kN/m² mit max. Nutzlast von 3,5 - 7,0 kN/m²	 25 - 30 30 - 35	 35 - 45 45 - 65	 37 - 50 42 - 60	 – –	 – –

Parkhäuser, offen, frei belüftet	**Tonnage in kg/m² BGF[b]**				
		20 - 30	18 - 28		

[a] Der Achsabstand der Hauptträger beträgt ca. 12m.
[b] BGF: Brutto-Grundfläche (DIN 277:2021-08): Gesamtfläche aller grundrissebenen eine Bauwerks.
[c] Voraussetzung: biegesteife Einspannung der Rahmenstützen. Das Gewicht von Konstruktionen kann weiter reduziert werden, wenn man die Trägerhöhe weiter erhöht.
[d] Die Angaben beinhalten im Wesentlichen Material-, Anarbeitungs-, und Montagekosten.

Tragwerk: Decken

Rahmenbedingungen:

- Durchschnittswerte für Gebäudefläche von 800-1.400m² BGF[a)].
- Schneelastzone 2, Geländehöhe max. 500m üNN, Windlastzone 2 (Binnenland), kompaktes Gebäude.

Hinweise:

- Die angegebenen Preise beinhalten Montage, Verschalung, ggf. temporäre Unterstützung, Bewehrung (Stahlmatte oder Fasern) und Beton.
- Die Preise basieren auf einer Ausführung mit einem Feuerwiderstand von REI-90. Preisminderung für geringeren Feuerwiderstand möglich.
- Die Nutzlasten (Verkehrs- und Ausbaulasten) umfassen abgehängte Decken, Bodenbeläge, Trennwände, etc.
- Die Blechstärke der Verbunddecken-Profile werden meist entsprechend den Montagespannweiten gewählt und können von 0,75mm - 1,25mm variieren.
- Die Preise werden in €/m² Deckenfläche DEF[b)] angegeben.

a) BGF: Brutto-Grundfläche (DIN 277:2021-08): Gesamtfläche aller Grundrissebenen eines Bauwerks.
b) DEF: Deckenfläche: Summe aller Brutto-Grundflächen ohne Gründungsfläche (DIN 276:2018-12).

Deckensysteme	**Preisindikation in €/m² DEF[a)]**			
Nutzlasten:	< 3,50 kN/m²	< 5,00 kN/m²	< 7,50 kN/m²	< 10,00 kN/m²
Verbunddecke • Spannweiten von 2,5 m - 3,5 m (ohne temporäre Stützung) • Spannweiten von 3,5 m - 5,0 m (mit temporärer Stützung)	 98 - 132 104 - 151	 107 - 155 111 - 180	 116 - 153 126 - 185	 126 - 182 144 - 231
Mittragende Profilbleche (additive Tragwirkung) [b)] • Spannweiten von 4,5 m - 6,2 m	93 - 138	116 - 164	–	–
Vorgefertigte Verbundelementdecke • Spannweiten von 5,0 m - 7,0 m (mit temporärer Stützung)	105 - 161	111 - 193	–	–
Ortbetondecke • Spannweiten von 5,0 m - 8,0 m (mit Schalung und Rüstung)	107 - 161	124 - 180	141 - 193	155 - 226
Mehrpreis für beschichtete Profilbleche[c)]	+2 bis +7			

a) DEF: Deckenfläche: Summe aller Brutto-Grundflächen ohne Gründungsfläche (DIN 276:2018-12).
b) Vorwiegend im Parkhausbau eingesetzt.
c) Beispielsweise Polyesterbeschichtung von 12 bzw. 25µm

Einbauten: Treppen

Rahmenbedingungen:

- Durchschnittswerte für Gebäudefläche von 800-1.400m² BGF[a].
- Schneelastzone 2, Geländehöhe max. 500 m üNN, Windlastzone 2 (Binnenland), kompaktes Gebäude.

Hinweise:

- Preisangaben in €/m vertikale Höhe bei einer angenommenen Stufenhöhe von 17-20cm.
- Alle Treppen mit Stufen aus Tränen-, Riffelblech oder Gitterrost; ohne Setzstufe bzw. Treppenstoß.
- inklusive notwendiger Podeste bei durchschnittlicher Geschosshöhe.
- inklusive einfacher Geländer und Handläufe.

[a] BGF: Brutto-Grundfläche (DIN 277:2021-08): Gesamtfläche aller Grundrissebenen eines Bauwerks.

Treppen	Treppen Preisindikation	
	in €/m vertikale Höhe	in €/Stufe
Standardtreppen (inkl. Geländer und Handlauf) Spindeltreppen mit Stufen aus Tränenblech oder Gitterrost, einfacher Austritt		
• ab 0,8 m Laufbreite	2.550 - 3.150	460 - 570
• ab 1,0 m Laufbreite	2.680 - 3.415	485 - 615
Gerade Industrietreppen mit Stufen aus Tränenblech oder Gitterrost, ohne Setzstufe – Standard-Höhen und -Neigungen gemäß Herstellerangaben		
• ab 0,8 m Laufbreite	2.680 - 3.620	485 - 650
• ab 1,0 m Laufbreite	2.945 - 3.830	530 - 690
• ab 1,4 m Laufbreite	3.415 - 4.565	615 - 820
Gerade Industrietreppen mit Stufen aus Tränenblech oder Gitterrost, ohne Setzstufe – projektspezifische Anpassung der Höhen und Neigungen im Rahmen der Herstellerangaben		
• ab 0,8 m Laufbreite	4.430 - 5.640	795 - 1.015
• ab 1,0 m Laufbreite	4.625 - 5.245	835 - 1.125
• ab 1,4 m Laufbreite	5.360 - 6.980	965 - 1.255

Oberflächenbehandlung: Korrosionsschutz

Rahmenbedingungen:

- Durchschnittswerte für Gebäudefläche von 800-1.400m² BGF[a)]

Schneelastzone 2, Geländehöhe max. 500m üNN, Windlastzone 2 (Binnenland), kompaktes Gebäude.

Hinweise:

- Preisangaben inklusive aller Vorbehandlungen, ohne Transportkosten.
- Korrosivitätskategorie C3 nach DIN EN ISO 12944; Stadt- und Industrieregion mit mäßig aggressiver Atmosphäre. Feuerverzinken erfüllt auch die Kategorien C4, C5, CX.
- Verzinken: Art des Verzinkguts: Stahl gemäß DIN EN 10025 zum Feuerverzinken geeignet.
- Berechnung in m² mit Übermessen von Hohlräumen.
- Zink unterliegt Preisschwankungen, die von Verzinkerei-Betrieben in der Kalkulation berücksichtigt werden müssen. Resultierende Preiskorrekturen werden i.d.R. über einen gleitenden Metallteuerungszuschlag (bzw. -abschlag) berücksichtigt (Zinkpreisausgleich).
- Abhängig von der Komplexität der Werkstücke, der Zugänglichkeit, der gewünschten Schichtdicke und Struktur sowie der Farbe können konkrete Angebotspreise von den gemachten Angaben abweichen. Für projektspezifische Kalkulationen wird empfohlen, sich mit entsprechenden Fachunternehmen in Verbindung zu setzen.
- Duplex-Systeme: Da die Mindestsollschichtdicken von Beschichtungen auf feuerverzinktem Stahl im direkten Vergleich (bei gleicher Schutzdauer und Korrosivitätskategorie) fast immer um ein Drittel geringer ausfallen als die Mindestsollschichtdicken der Beschichtungen auf „schwarzem“ Stahl, liegen die Preise für Duplex-Systeme unter der Summe aus Verzinkungspreis und dem Preis für das anschließende organische Beschichten.

[a)] BGF: Brutto-Grundfläche (DIN 277:2021-08): Gesamtfläche aller Grundrissebenen eines Bauwerks.

Systeme		werkseitig		baustellenseitig	
	Spezifische Oberfläche	Preisindikation		Preisindikation	
	in m²/t	in €/t	in €/m²	in €/t	in €/m²
Nass-Beschichtungen (Rostschutzgrundierung und 2 Deckschichten inklusive vorheriges Strahlen)					
Konstruktionsart:					
• Schwere Profile (HEB 600)	10 - 15	340 - 690	26,6 - 55,5	665 - 1.330	53,1 - 106,3
• Mittelschwere Profile (< IPE 750 / HEB300)	15 - 20	375 - 835	21,7 - 47,1	845 - 1.750	48,3 - 105,1
• Mittlere Profile (< IPE450)	20 - 25	460 - 1.000	20,5 - 44,7	1.065 - 2.295	47,1 - 103,8
• Mittelleichte Profile (< IPE 330)	25 - 30	580 - 1.245	20,5 - 44,7	1.305 - 2.900	47,1 - 103,8
• Leichte Profile (< IPE 240)	30 - 40	725 - 1.545	20,5 - 44,7	1.570 - 3.620	47,1 - 102,6
• Leichte Profile mit geringer Massivität (< IPE 160)[a]	40 - 50	905 - 1.930	20,5 - 43,5	1.930 - 4.590	43,5 - 101,4
Verzinken / Feuerverzinken (inklusive Entfetten, Beizen und Fluxen ggf. vorheriges Strahlen)	**in m²/t**	**in €/t**	**in €/m²**		
Konstruktionsart:					
• Schwere Profile (HEB 600)	10 - 15	340 - 495	26,6 - 39,8		
• Mittelschwere Profile (< IPE 750 / HEB300)	15 - 20	355 - 505	20,5 - 29,0		
• Mittlere Profile (< IPE450)	20 - 25	400 - 545	18,1 - 24,1		
• Mittelleichte Profile (< IPE 330)	25 - 30	475 - 650	16,9 - 24,1		
• Leichte Profile (< IPE 240)	30 - 40	580 - 795	16,9 - 22,9		
• Leichte Profile mit geringer Massivität (< IPE 160)[a]	40 - 50	710 - 955	15,7 - 21,7		
Einbrennlackierung von Metallbauelementen aus Stahl	**in m²/t**	**in €/t**	**in €/m²**		
Pulverbeschichtung	40 - 50	1.230 - 1.750	27,8 - 38,6		
Pulverbeschichtung + Zinkgrundierung	40 - 50	1.570 - 2.235	35,0 - 49,5		

Angenommener Zinkpreis[b]	€/t
	3.570

[a] Preise für den Korrosionsschutz von sogenannter Schlosserware (z.B. Geländer, Zäune) sind in der Übersicht nicht dargestellt
[b] aktueller Zinkpreis unter www.feuerverzinken.com, Stand: 4. Quartal 2025

Brandschutz

Ziel bauaufsichtlicher Bestimmungen in Bezug auf den Brandschutz ist die Abwehr von Gefahren für Menschen, Tiere und Sachwerte. Die Anforderungen in den Bauordnungen unterscheiden sich im Wesentlichen nach der Gebäudehöhe, Zahl und Größe der Nutzungseinheiten sowie der Art der Nutzung. Sie verfolgen damit folgende Zielsetzungen:

- **Gewährleistung von Evakuierungs- und wirksamen Löschmaßnahmen**
  Damit Rettungs- und Löscharbeiten effektiv durchgeführt werden können, müssen eine ausreichende Anzahl und eine geeignete Ausbildung von Rettungswegen sowie eine entsprechende Zugänglichkeit sichergestellt sein.
- **Gewährleistung der Standsicherheit der Konstruktion**
  Gebäude müssen entsprechend ihrer Nutzung den erhöhten Temperaturen im Brandfall ausreichend Widerstand bieten, so dass es nicht zum plötzlichen Versagen des Tragwerks kommt.
- **Vermeidung der Brandausbreitung**
  Raumabschließende Bauteile müssen ihre Funktion unter Brandeinwirkung speziell in Hinblick auf die Dichtheit gegenüber Rauchgasen und der Standfestigkeit gewährleisten. Zudem werden Anforderungen an die Wärmedurchleitung von Bauteilen gestellt, die einen Brandabschnitt begrenzen. Brandwände müssen zudem einer genormten Stoßbeanspruchung standhalten.
- **Brandverhalten von Baustoffen**
  Um einer Brandentstehung und einer Brandausbreitung vorzubeugen, werden Anforderungen an die Brennbarkeit von Baustoffen gestellt.

Stahl ist diesbezüglich ein geeigneter Baustoff, da er nicht brennbar ist und keine giftigen Gase unter Brandeinwirkung freisetzt (Brandklasse A1). In Abhängigkeit der Stahlsorte reduziert sich jedoch die Festigkeit des Werkstoffs Stahl mit zunehmender Temperatur (siehe EN 1993-1-2). Im Allgemeinen kann bei Stahltemperaturen von über 550°C ein Festigkeitsverlust festgestellt werden. In kritischen Fällen ist daher zu prüfen, ob Stahlbauteile im Brandfall durch geeignete Maßnahmen vor

Kürzel	Bedeutung	Beschriebene Anforderung
R	„Résistance" (frz.)	Tragfähigkeit
E	„Etanchéité" (frz.)	Raumabschluss, Dichtigkeit im Brandfall
I	„Isolation" (frz./engl.)	begrenzte Wärmedurchleitung im Brandfall
M	„Mechanical" (engl.)	Dynamische Einwirkung, Stoßbeanspruchung

Bauaufsichtliche Bezeichnung	Brandklasse nach DIN EN 13501 Teil 1	Bemerkung
Nicht brennbar	A1	
	A2 - s1 d0	kein Rauch / kein Abtropfen
Schwer entflammbar	B, C - s1 d0	kein Rauch / kein Abtropfen
	B, C - s3 d0	kein Abtropfen
	B, C - s1 d2	kein Rauch
	B, C - s3 d2	
Normal entflammbar	D - s3 d0	kein Abtropfen
	D - s3 d2	
	E - d2	
Leicht entflammbar	F	

einer übermäßigen Durchwärmung geschützt werden müssen. Alternativ können aktive Maßnahmen zur Eindämmung des Brandes bzw. zur Kühlung z.B. durch Sprinklersysteme installiert werden.

In Abhängigkeit der Gebäudeklassen, die in den Bauordnungen definiert werden, und der Funktion der Bauteile werden Anforderungen an die Feuerwiderstandsklassen gestellt (siehe Landesbauordnungen). Deren Bezeichnungen beinhalten zum einen die Feuerwiderstandsdauer in Minuten unter Normbedingungen. Zum anderen wird das altbekannte „F" für „Feuerwiderstand" auf Grund europäischer Regelungen durch aussagekräftigere Kürzel ersetzt, die die Anforderungen genauer beschreiben. Konstruktive Systeme und Bauteile (Bauprodukte, Bauarten und Bausätze), die diese Anforderungen erfüllen, besitzen ein allgemeines bauaufsichtliches Prüfzeugnis (ABP) oder entsprechen technischen Regelwerken (Normen, Richtlinien) auf Grundlage der Bauproduktrichtlinie (BPR – maßgebend für CE-Kennzeichnung) bzw. des Bauproduktgesetzes (BauPG). Diesbezügliche Zusammenhänge und weitere Informationen (Übereinstimmungs- und Verwendbarkeitsnachweis) sind in der Muster-Verwaltungsvorschrift Technische Baubestimmungen (MVV TB) festgehalten. Zudem kann eine Zustimmung im Einzelfall (ZiE) bei der obersten Bauaufsichtsbehörde beantragt werden, deren Gültigkeit sich auf ein konkretes Bauvorhaben beschränkt. Eine frühzeitige Abstimmung mit den örtlichen Genehmigungsbehörden ist in Sonderfällen zu empfehlen.

Neben den Landesbauordnungen gibt es Richtlinien und Verordnungen für diverse Gebäudetypen, die entsprechend der Nutzung und des Gefahrenrisikos die Anforderungen abmindern bzw. erhöhen. Im Bereich des Industrie- und Gewerbebaus bietet die Industriebau-Richtlinie den rechtlichen Rahmen für effektive und kostengünstige Brandschutzkonzepte mit hohem Sicherheitsniveau.

Weitere Bauvorschriften für bestimmte Gebäudearten:

- Industriebaurichtlinie
- Hochhausrichtlinie
- Verkaufsstätten-Verordnung
- Versammlungsstätten-Verordnung
- Garagen-Verordnung
- Krankenhausbau-Verordnung
- Beherbergungsstätten-Verordnung

Die europäische Normung ermöglicht neben diesen herkömmlichen Betrachtungsweisen die Berücksichtigung des Brandschutzes auf Grundlage des Naturbrandkonzeptes. Ausgehend von Brandlasten, der Geometrie und den resultierenden Belüftungsverhältnissen im Gebäude werden mit Hilfe von Computerprogrammen realistische Temperatur-Zeit-Kurven ermittelt, die über die resultierende Stahltemperatur zu konkreten Aussagen über die Versagenswahrscheinlichkeit führen. Dieser Ansatz entspricht dem Sicherheitskonzept des gesamten Europäischen Normenwerks und bietet die Möglichkeit, aktive Maßnahmen wie Sprinkler- und Entrauchungsanlagen zu berücksichtigen.

Letztlich bieten die Gesamtheit der Verordnungen sowie die europäischen Regelungen eine Vielzahl von Möglichkeiten, Stahlbauten mit einem hohen Niveau der Brandschutzsicherheit zu planen, ohne aufwändige Maßnahmen zu ergreifen. In den Fällen, in denen dennoch Stahlbauteile geschützt werden müssen, kann man aus folgenden Maßnahmen auswählen, um zu einem optimierten und angepassten baulichen Brandschutz zu gelangen.

Passive Maßnahmen

Alle Brandschutzmaßnahmen sind von der Massivität der Stahlprofile abhängig, die durch das Verhältnis von Umfang zu Querschnittsfläche ausgedrückt wird. Bei einer Profilauswahl kann durch Berücksichtigung einer entsprechenden Massivität und einer angepassten Dimensionierung schon die ungeschützte Konstruktion einen Feuerwiderstand von 30 Minuten erreichen. Darüber hinaus stehen folgende Maßnahmen zur Verfügung, um die Erwärmung des Stahls über die kritische Temperatur zu verhindern:

- **Verkleidung der Stahlkonstruktion mit Platten aus Gipskarton, aus Fiber- oder Kalziumsilikaten oder Vermiculite**
  Durch die Bekleidung mit porenwasserhaltigen oder kristallwasserhaltigen Baustoffen wird die Durchwärmung der Stahlbauteile verzögert. In Abhängigkeit des Baustoffes ist daher die Bekleidungsdicke vorwiegend für die entsprechende Widerstandsdauer maßgebend.
  Zum Teil existieren vorgefertigte Verkleidungselemente oder spezielle Befestigungssysteme, die die Applikation solcher Systeme erheblich vereinfachen.
- **Spritzputzbekleidung mit und ohne Putzträger**
  Ähnlich wie die Verkleidung mit Platten verzögern Putzsysteme die Durchwärmung der Stahlbauteile. Neben der Wirkung des eingelagerten Wassers wird die dämmende Wirkung der Spritzputzverkleidung durch die Porosität des Werkstoffs genutzt (Beflocken). Da die Spritzputze meist baustellenseitig aufgebracht werden, sind entsprechende Vorkehrungen zu treffen.
- **Dämmschichtbildender Anstrich**
  Diese Brandschutzanstriche bestehen meist aus drei Schichten: Grundierung inklusive Korrosionsschutz, Dämmschichtbildner und Deckschicht, die eine uneingeschränkte Farbgebung ermöglicht. Moderne Produktsysteme erreichen eine Widerstandsdauer bis zu 90 Minuten und können werkseitig aufgebracht werden. Dies führt zu Kostenvorteilen und zur Vereinfachung des Bauablaufs.

- **Verbundbau**
  Bei Verbundkonstruktionen werden Stahlprofile entweder vollständig einbetoniert oder nur die Kammern von offenen Profilen bzw. Stahlhohlprofilen ausbetoniert und mit Zusatzbewehrung versehen. Unter Berücksichtigung des Ausnutzungsgrads und der Mindestquerschnittswerte kann eine Widerstandsdauer von bis zu 180 Minuten erreicht werden.
- **Feuerverzinken**
  Feuerverzinken verbessert die Feuerwiderstandsdauer von Stahl. Der verbesserte Feuerwiderstand basiert auf einer niedrigeren Emissivität von feuerverzinkten Stählen, die bis 500°C um 50% geringer ist. R30 ist vielfach durch Feuerverzinken möglich. Der Brandschutz durch Feuerverzinken ist in der DASt-Richtlinie 027 geregelt. Mehr unter: feuerverzinken.com/brandschutz (Kosten siehe Kapitel „Oberflächenbehandlung").

Stahlsorte	εm (≤ 500°C)	εm (≥ 500°C)
Baustahl	0,7	
Feuerverzinkter Baustahl[1]	0,35	0,70

1) Die Emissivität von feuerverzinktem Baustahl (gemäß DIN EN ISO 1461 und einer Stahlzusammensetzung gemäß Kategorie A und B nach DIN EN ISO 14713-2) ist bei Temperaturen bis 500 °C um 50% geringer.

Aktive Maßnahmen

Der Einfachheit halber werden hier nur die Maßnahmen angesprochen, die einen Effekt auf die Berechnung der anzusetzenden Brandlast nach Eurocode haben. Andere Maßnahmen, die u.U. nach Absprachen mit den lokalen Behörden zu einem optimierten Brandschutz führen können, bleiben zunächst unberücksichtigt.

- **Sprinklersystem**
  Wasserführendes Leitungssystem, welches bei Brandeinwirkung automatisch Wasser im Bereich des Brandherdes versprüht, um eine Ausbreitung zu vermeiden und das Feuer einzudämmen.
- **Automatische Brandmeldeanlage – Branderkennung durch Hitze oder Rauch**
  Anlagen, die auf Grund der Hitze oder Rauchentwicklung eines Feuers dieses automatisch erkennen und meist einen internen Hausalarm auslösen, der eine Evakuierung des Gebäudes zur Folge hat.
- **Brandmeldezentrale mit automatischer Alarmierung der Feuerwehr**
  Erweiterte Brandmeldeanlage mit automatischer Branderkennung, die zusätzlich die zuständige Feuerwehr alarmiert und weitere Informationen bereitstellt.
- **Rauchabzug**
  Unter Rauchabzügen versteht man Dachöffnungen, die sich durch manuelle oder automatische Betätigung im Brandfall öffnen und so heißen Brandrauch abführen. Sie werden häufig in Industriebauten verwendet oder bei mehrgeschossigen Gebäuden im Treppenraum angebracht, um den „ersten" Rettungsweg rauchfrei zu halten.
- **Werks- oder Betriebsfeuerwehr**
  Ist eine solche Einrichtung im Bereich des zu errichtenden Gebäudes vorhanden, kann dies bei der Planung berücksichtigt werden.
- **Eingebaute Löschgeräte und Klein-Löschmittel (Feuerlöscher/ Wandhydranten)**
  Gerätschaften, um lokale Brände durch anwesende Personen schon in der Entstehungsphase zu löschen.

Die im Folgenden angegebenen Kosten sind Anhaltswerte unter Berücksichtigung der jeweiligen Rahmenbedingungen. Genauere Angaben sind im Einzelfall durch einen Fachplaner zu bestimmen.

Rahmenbedingungen:

- Durchschnittswerte für Gebäudefläche von 800-1.400m² BGF.
- Schneelastzone 2, Geländehöhe max. 500m üNN, Windlastzone 2 (Binnenland), kompaktes Gebäude.

Hinweise:

- Passive Brandschutzmaßnahmen werden in €/m² zu applizierender Fläche bzw. €/kg Rahmenkonstruktion angegeben.
- Bei der Verwendung der Angaben in €/kg ist zu beachten, dass meist nur ein Teil der Konstruktion geschützt werden muss.
- Annahme eines Massivitätsfaktors von 140-180; entspricht IPE 300 - IPE 450 und der gesamten HEB-Reihe.
- Aktive Brandschutzmaßnahmen werden in €/m² BGF angegeben.

- Aktive Brandschutzmaßnahmen haben Einfluss auf die Bestimmung der Brandlast gemäß Eurocode 3 (EN 1993).
- Mittlere Brandlast für mehrgeschossige Gebäude ca. 500 MJ/m² (Büro), eingeschossige Gebäude ca. 750 MJ/m².
- Bei den Angaben zur werkseitigen Applikation sind Transportkosten sowie Reparaturen von bis zu 5% enthalten.
- Es wird empfohlen, für alle Preisindikationen von Brandschutzmaßnahmen zusätzlich fachkundige Firmen zu konsultieren.

Passiver Brandschutz €/m²		**Preisindikation in €/m² zu applizierende Fläche**		
Feuerwiderstand [c] in min		**30 min**	**60 min**	**90 min[a]**
Dämmschichtbildender Anstrich	• Ausführung auf der Baustelle • Ausführung in der Werkstatt	30 - 46 24 - 41	71 - 100 63 - 92	117 - 168 109 - 158
Spritzputzbekleidung	• Standardprodukte (normal) • Hochleistungsprodukte/-systeme	30 - 40 35 - 46	34 - 46 41 - 58	41 - 58 51 - 68
Ummantelung/Beplankung (Hauptstützen und Hauptträger)	• Gipskartonplatten (normal) • spezielle Brandschutzplatten/-systeme	34 - 46 46 - 68	51 - 83 58 - 92	68 - 100 75 - 109

Passiver Brandschutz €/kg		**Preisindikation in €/kg zu schützende Konstruktion [d]**		
Feuerwiderstand [c] in min		**30 min**	**60 min**	**90 min[b]**
Dämmschichtbildender Anstrich	• Ausführung auf der Baustelle • Ausführung in der Werkstatt	0,60- 1,10 0,50 - 1,00	1,35 - 2,45 1,10 - 2,20	2,10 - 4,10 2,00 - 3,85
Spritzputzbekleidung	• Standardprodukte (normal) • Hochleistungsprodukte/-systeme	0,40 - 0,90 0,50 - 0,90	0,60 - 0,90 0,75 - 1,10	0,60 - 1,10 0,75 - 1,25
Ummantelung/Beplankung (Hauptstützen und Hauptträger)	• Gipskartonplatten (normal) • spezielle Brandschutzplatten/-systeme	0,50 - 0,90 0,75 - 1,25	0,85 - 1,40 0,90 - 1,70	1,10 - 2,00 1,10 - 2,10
Feuerverzinken als Brandschutz	Information siehe Seite 185	0,35 - 1,00	Detaillierte Kosten siehe Tabelle Seite 182	

Aktiver Brandschutz	**Preisindikation in €/m² BGF[a]**
Sprinklersystem [e]	51 - 75
Entrauchungsanlage [f]	17 - 24
Feuermeldeeinrichtung, lokal, über Wärmedetektion	21 - 41
Feuermeldeeinrichtung, lokal, über Rauchdetektion	21 - 45
Brandmeldeanlage mit Branderkennung und autom. Alarmübermittlung	24 - 46

a) BGF: Brutto-Grundfläche (DIN 277:2021-08): Gesamtfläche aller Grundrissebenen eine Bauwerks.
b) Eine „Bauaufsichtliche Zulassung" ist jeweils zu prüfen; zum Teil bedarf es einer „Zustimmung im Einzelfall", die meist vom Hersteller unterstützt wird.
c) DIN EN 13501-1 und 13501-2: Klassifizierung von Bauprodukten und Bauarten zu ihrem Brandverhalten.
d) Diese Werte sollten nur mit einem brandzuschützenden Teil der Gesamttonnage aus Kapitel 1 multipliziert werden. Eine entsprechende Annahme (bspw. 30 % oder 60 %) sollte getroffen werden.
e) Eine ausreichende Wasserversorgung über das öffentliche Leitungsnetz wird vorausgesetzt. Ansonsten entstehen Zusatzkosten durch eine komplexere Sprinklerzentrale, Vorratsbehälter etc.
f) Entrauchungsanlagen, die auf dem Prinzip der freien Entrauchung ohne mechanisch induzierte Luftströmung (Ventilatoren, Turbinen) basieren.

Gesamtkostenverteilung

Die Gesamtkosten für ein Tragwerk können berechnet werden, indem auf jede der verschiedenen Teilkomponenten ein Kostenkennwert (z.B. .../kg oder .../t) angewendet wird und die Teilergebnisse dann summiert werden. Das Ergebnis beinhaltet dann alle Kosten für Material, Fertigung, Korrosionsschutz, Brandschutz, Technische Bearbeitung, Lieferung und Montage.

Die folgenden Grafiken zeigen typische Verteilungen der Gesamtkosten, wobei vier unterschiedliche Szenarien dargestellt sind, je nachdem ob im Projekt Brandschutz und / oder Korrosionsschutz benötigt werden. Oft wird angenommen, dass ein Tragwerk mit der geringen Tonnage am kostengünstigsten ist, aber die Gesamtkosten hängen eben nicht allein davon ab. Wie aus den Grafiken hervorgeht, macht der Baustahl selbst zwar ca. 23-32% der gesamten Tragwerkskosten aus, aber die Fertigungskosten liegen mit fast dem gleichen Anteil unmittelbar darunter.

Neben dem Gesamtgewicht des Tragwerks ist es auch wichtig, die weiteren Komponenten dieses Tragwerks zu kennen. Der Kostenkennwert pro Tonne für komplexere Konstruktionen ist in der Regel höher als für ein Standardtragwerk, da für nicht standardisierte Profile, komplexe Verbindungen oder Spezialsysteme höhere Anforderungen an die Fertigung gestellt werden. Zudem kann sich dadurch die Oberfläche des Tragwerks erhöhen, welche mit Brandschutz und / oder Korrosionsschutz zu versehen ist. Es ist anzumerken, dass es sich auf den folgenden Seiten um rein beispielhafte Verteilungen handelt. Je nach Komplexität der Konstruktion könne einzelne Kostenkomponenten durch den Nutzer dieses Leitfadens angepasst werden. Fehlende Kostendaten können aus den prozentualen Verhältnissen überschlägig errechnet werden.

Es ist daher empfehlenswert, das Tragwerk in Alternativen zu denken und jeweils deren Gesamtkosten zu ermitteln, um am Ende eine Lösung zu erhalten, welche den funktionalen, ästhetischen und wirtschaftlichen Projektzielen entspricht.

Beispielhafte Verteilungen der Gesamtkosten bei unterschiedlichen Szenarien

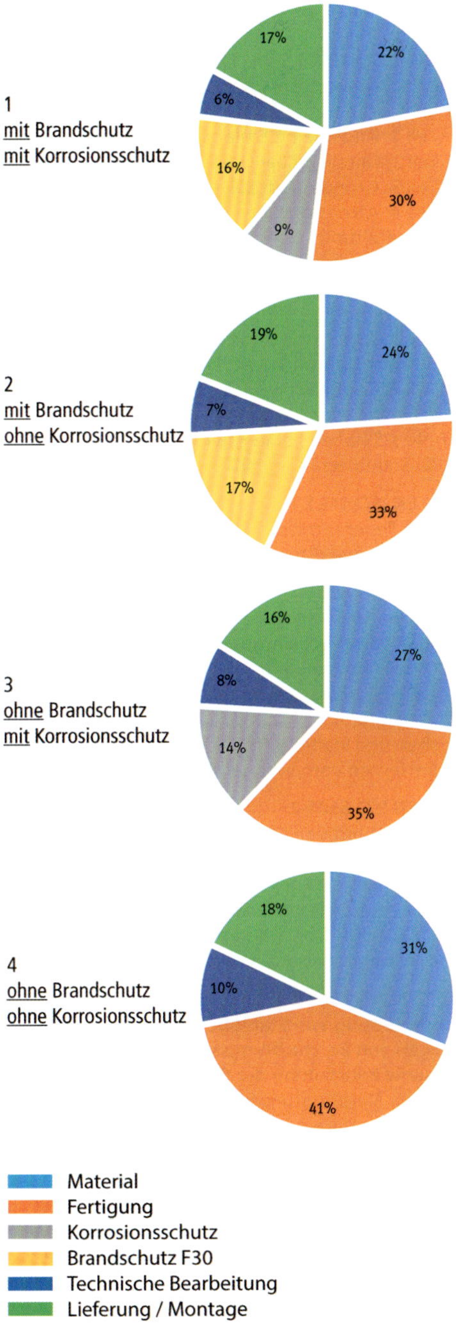

Normen (Auszug)

Korrosion

DIN EN ISO 12944 Teile 1-8
Beschichtungsstoffe - Korrosionsschutz von Stahlbauten durch Beschichtungssysteme
- Teil 1: Allgemeine Einleitung
- Teil 2: Einteilung der Umgebungsbedingungen
- Teil 3: Grundregeln zur Gestaltung
- Teil 4: Arten von Oberflächen und Oberflächenvorbereitung
- Teil 5: Beschichtungssysteme
- Teil 6: Laborprüfungen zur Bewertung von Beschichtungssystemen
- Teil 7: Ausführung und Überwachung der Beschichtungsarbeiten
- Teil 8: Erarbeiten von Spezifikationen für Erstschutz und Instandsetzung

(Teile 3-5 haben keine Anwendung für dünnwandige Stahlblechbauteile)

DIN EN ISO 1461
Durch Feuerverzinken auf Stahl aufgebrachte Zinküberzüge (Stückverzinken)

DIN EN ISO 8501-1
Vorbereitung von Stahloberflächen vor dem Auftragen von Beschichtungsstoffen
- Visuelle Beurteilung der Oberflächenreinheit
- Teil 1: Rostgrade und Oberflachenvorbereitungsgrade von unbeschichteten Stahloberflächen und Stahloberflächen nach ganzflächigem Entfernen vorhandener Beschichtungen

DIN EN ISO 8501-2
Vorbereitung von Stahloberflächen vor dem Auftragen von Beschichtungsstoffen
Visuelle Beurteilung der Oberflächenreinheit
- Teil 2: Oberflächenvorbereitungsgrade von beschichteten Oberflächen nach örtlichem Entfernen der vorhandenen Beschichtungen

DIN EN ISO 8501-3
Vorbereitung von Stahloberflächen vor dem Auftragen von Beschichtungsstoffen
Visuelle Beurteilung der Oberflächenreinheit
- Teil 3: Vorbereitungsgrade von Schweißnähten, Kanten und anderen Flächen mit Oberflächenunregelmäßigkeiten

DIN EN ISO 14713-2
Zinküberzüge - Leitfäden und Empfehlungen zum Schutz von Eisen- und Stahlkonstruktionen vor Korrosion
- Teil 2: Feuerverzinken

DASt 022 Anwendung der DASt-Richtlinie 022: „Feuerverzinken von tragenden Stahlbauteilen"

DIN EN ISO 8503-1
Vorbereitung von Stahloberflächen vor dem Auftragen von Beschichtungsstoffen
Rauheitskenngrößen von gestrahlten Stahloberflächen
- Teil 1: Anforderungen und Begriffe für ISO-Rauheitsvergleichsmuster zur Beurteilung gestrahlter Oberflächen

DIN EN ISO 8503-2
Vorbereitung von Stahloberflächen vor dem Auftragen von Beschichtungsstoffen
- Rauheitskenngrößen von gestrahlten Stahloberflächen
Teil 2: Verfahren zur Prüfung der Rauheit von gestrahltem Stahl – Vergleichsmusterverfahren

Brandschutz

DIN EN 1364 Teile 1-4
Feuerwiderstandsprüfungen für nichttragende Bauteile
- Teil 1: Wände
- Teil 2: Unterdecken
- Teil 3: Vorhangfassaden – Gesamtausführung
- Teil 4: Vorhangfassaden - Teilausführung

DIN EN 13501 Teile 1-6
Klassifizierung von Bauprodukten und Bauarten zu ihrem Brandverhalten
- Teil 1: Klassifizierung mit den Ergebnissen aus den Prüfungen zum Brandverhalten von Bauprodukten
- Teil 2: Klassifizierung mit den Ergebnissen aus den Feuerwiderstandsprüfungen, mit Ausnahme von Lüftungsanlagen
- Teil 3: Klassifizierung mit den Ergebnissen aus den Feuerwiderstandsprüfungen an Bauteilen von haustechnischen Anlagen: Feuerwiderstandsfähige Leitungen und Brandschutzklappen
- Teil 4: Klassifizierung mit den Ergebnissen aus den Feuerwiderstandsprüfungen von Anlagen zur Rauchfreihaltung
- Teil 5: Klassifizierung mit den Ergebnissen aus Prüfungen von Bedachungen bei Beanspruchung durch Feuer von außen
- Teil 6: Klassifizierung mit den Ergebnissen aus den Prüfungen zum Brandverhalten von elektrischen Kabeln

DIN 4102 Teil 4
Brandverhalten von Baustoffen und Bauteilen
- Teil 4: Zusammenstellung und Anwendung klassifizierter Baustoffe, Bauteile und Sonderbauteile; Änderung A1

Bauelemente Neubau nach Gebäudearten

Kostenkennwerte für die Kostengruppen der 3. Ebene DIN 276

Kostengruppen		▷	€/Einheit	◁	KG an 300+400
310	**Baugrube / Erdbau**				
311	Herstellung [m³]	16,00	**39,00**	51,00	1,5%
320	**Gründung, Unterbau**				
321	Baugrundverbesserung [m²]	–	**24,00**	–	0,2%
322	Flachgründungen und Bodenplatten [m²]	169,00	**244,00**	391,00	7,3%
324	Gründungsbeläge [m²]	141,00	**173,00**	235,00	4,7%
325	Abdichtungen und Bekleidungen [m²]	23,00	**28,00**	30,00	1,0%
326	Dränagen [m²]	–	**11,00**	–	0,2%
329	Sonstiges zur KG 320 [m²]	–	**13,00**	–	< 0,1%
330	**Außenwände/Vertikale Baukonstruktionen, außen**				
331	Tragende Außenwände [m²]	176,00	**200,00**	246,00	7,2%
333	Außenstützen [m]	311,00	**374,00**	437,00	0,6%
334	Außenwandöffnungen [m²]	433,00	**507,00**	641,00	6,2%
335	Außenwandbekleidungen, außen [m²]	106,00	**118,00**	126,00	4,5%
336	Außenwandbekleidungen, innen [m²]	19,00	**51,00**	68,00	1,5%
338	Lichtschutz zur KG 330 [m²]	225,00	**354,00**	436,00	1,9%
339	Sonstiges zur KG 330 [m²]	–	**1,50**	–	< 0,1%
340	**Innenwände/Vertikale Baukonstruktionen, innen**				
341	Tragende Innenwände [m²]	138,00	**189,00**	240,00	2,3%
342	Nichttragende Innenwände [m²]	101,00	**114,00**	140,00	3,9%
343	Innenstützen [m]	235,00	**263,00**	291,00	0,3%
344	Innenwandöffnungen [m²]	689,00	**761,00**	881,00	5,0%
345	Innenwandbekleidungen [m²]	25,00	**37,00**	62,00	3,6%
346	Elementierte Innenwandkonstruktionen [m²]	–	**821,00**	–	1,2%
350	**Decken/Horizontale Baukonstruktionen**				
351	Deckenkonstruktionen [m²]	139,00	**214,00**	290,00	5,4%
353	Deckenbeläge [m²]	153,00	**168,00**	184,00	3,6%
354	Deckenbekleidungen [m²]	17,00	**25,00**	33,00	0,6%
359	Sonstiges zur KG 350 [m²]	10,00	**28,00**	46,00	0,7%
360	**Dächer**				
361	Dachkonstruktionen [m²]	110,00	**157,00**	240,00	5,5%
362	Dachöffnungen [m²]	–	**1.690,00**	–	3,1%
363	Dachbeläge [m²]	128,00	**217,00**	380,00	6,5%
364	Dachbekleidungen [m²]	99,00	**120,00**	149,00	3,6%
369	Sonstiges zur KG 360 [m²]	–	**0,80**	–	< 0,1%
370	**Infrastrukturanlagen**				
380	**Baukonstruktive Einbauten**				
381	Allgemeine Einbauten [m² BGF]	0,80	**4,00**	10,00	0,2%
390	**Sonstige Maßnahmen für Baukonstruktionen**				
391	Baustelleneinrichtung [m² BGF]	28,00	**38,00**	58,00	2,2%
392	Gerüste [m² BGF]	8,60	**13,00**	15,00	0,7%
397	Zusätzliche Maßnahmen [m² BGF]	–	**5,10**	–	0,1%

Kosten:
Stand 1. Quartal 2026
Bundesdurchschnitt
inkl. 19% MwSt.

▷ von
ø Mittel
◁ bis

Kostengruppen		▷	€/Einheit	◁	KG an 300+400
410	**Abwasser-, Wasser-, Gasanlagen**				
411	Abwasseranlagen [m² BGF]	7,80	**20,00**	44,00	1,2%
412	Wasseranlagen [m² BGF]	15,00	**27,00**	33,00	1,6%
419	Sonstiges zur KG 410 [m² BGF]	–	**7,70**	–	0,2%
420	**Wärmeversorgungsanlagen**				
421	Wärmeerzeugungsanlagen [m² BGF]	11,00	**23,00**	29,00	1,3%
422	Wärmeverteilnetze [m² BGF]	8,60	**11,00**	15,00	0,6%
423	Raumheizflächen [m² BGF]	27,00	**39,00**	57,00	2,2%
429	Sonstiges zur KG 420 [m² BGF]	4,10	**4,90**	5,70	0,2%
430	**Raumlufttechnische Anlagen**				
431	Lüftungsanlagen [m² BGF]	2,00	**2,10**	2,20	< 0,1%
440	**Elektrische Anlagen**				
444	Niederspannungsinstallationsanlagen [m² BGF]	29,00	**48,00**	59,00	2,8%
445	Beleuchtungsanlagen [m² BGF]	3,80	**30,00**	44,00	1,8%
446	Blitzschutz- und Erdungsanlagen [m² BGF]	2,00	**4,40**	5,90	0,3%
450	**Kommunikations-, sicherheits- und informationstechnische Anlagen**				
452	Such- und Signalanlagen [m² BGF]	1,00	**3,60**	8,90	0,2%
455	Audiovisuelle Medien- und Antennenanlagen [m² BGF]	–	**6,80**	–	0,1%
457	Datenübertragungsnetze [m² BGF]	13,00	**14,00**	15,00	0,6%
460	**Förderanlagen**				
461	Aufzugsanlagen [m² BGF]	–	**65,00**	–	1,4%
470	**Nutzungsspezifische und verfahrenstechnische Anlagen**				
474	Feuerlöschanlagen [m² BGF]	–	**5,60**	–	0,1%
480	**Gebäude- und Anlagenautomation**				
490	**Sonstige Maßnahmen für technische Anlagen**				

Büro- und Verwaltungsgebäude, mittlerer Standard

Kosten:
Stand 1. Quartal 2026
Bundesdurchschnitt
inkl. 19% MwSt.

Kostengruppen		▷	€/Einheit	◁	KG an 300+400
310	**Baugrube / Erdbau**				
311	Herstellung [m³]	39,00	**67,00**	140,00	1,6%
312	Umschließung [m²]	125,00	**296,00**	704,00	0,4%
320	**Gründung, Unterbau**				
321	Baugrundverbesserung [m²]	17,00	**82,00**	323,00	0,2%
322	Flachgründungen und Bodenplatten [m²]	201,00	**263,00**	345,00	3,7%
323	Tiefgründungen [m²]	108,00	**381,00**	805,00	0,7%
324	Gründungsbeläge [m²]	118,00	**181,00**	248,00	2,6%
325	Abdichtungen und Bekleidungen [m²]	36,00	**72,00**	150,00	1,1%
330	**Außenwände/Vertikale Baukonstruktionen, außen**				
331	Tragende Außenwände [m²]	185,00	**284,00**	440,00	3,6%
332	Nichttragende Außenwände [m²]	187,00	**330,00**	482,00	0,6%
333	Außenstützen [m]	199,00	**283,00**	420,00	0,3%
334	Außenwandöffnungen [m²]	780,00	**1.124,00**	1.922,00	8,9%
335	Außenwandbekleidungen, außen [m²]	206,00	**330,00**	541,00	6,3%
336	Außenwandbekleidungen, innen [m²]	35,00	**71,00**	106,00	1,0%
337	Elementierte Außenwandkonstruktionen [m²]	813,00	**1.111,00**	1.516,00	1,8%
338	Lichtschutz zur KG 330 [m²]	211,00	**368,00**	802,00	2,0%
340	**Innenwände/Vertikale Baukonstruktionen, innen**				
341	Tragende Innenwände [m²]	144,00	**245,00**	392,00	3,0%
342	Nichttragende Innenwände [m²]	107,00	**127,00**	151,00	2,1%
343	Innenstützen [m]	167,00	**263,00**	390,00	0,3%
344	Innenwandöffnungen [m²]	682,00	**993,00**	1.384,00	4,2%
345	Innenwandbekleidungen [m²]	30,00	**50,00**	72,00	2,5%
346	Elementierte Innenwandkonstruktionen [m²]	299,00	**624,00**	937,00	0,9%
350	**Decken/Horizontale Baukonstruktionen**				
351	Deckenkonstruktionen [m²]	248,00	**294,00**	424,00	6,3%
353	Deckenbeläge [m²]	166,00	**195,00**	228,00	3,6%
354	Deckenbekleidungen [m²]	67,00	**96,00**	148,00	1,4%
359	Sonstiges zur KG 350 [m²]	19,00	**51,00**	148,00	0,9%
360	**Dächer**				
361	Dachkonstruktionen [m²]	181,00	**236,00**	331,00	3,4%
362	Dachöffnungen [m²]	2.070,00	**3.533,00**	7.238,00	0,4%
363	Dachbeläge [m²]	220,00	**298,00**	440,00	4,4%
364	Dachbekleidungen [m²]	29,00	**73,00**	155,00	0,8%
369	Sonstiges zur KG 360 [m²]	8,00	**33,00**	75,00	0,2%
370	**Infrastrukturanlagen**				
380	**Baukonstruktive Einbauten**				
381	Allgemeine Einbauten [m² BGF]	11,00	**36,00**	71,00	0,8%

▷ von
ø Mittel
◁ bis

Kostengruppen		▷	€/Einheit	◁	KG an 300+400
390	**Sonstige Maßnahmen für Baukonstruktionen**				
391	Baustelleneinrichtung [m² BGF]	35,00	**67,00**	115,00	2,5%
392	Gerüste [m² BGF]	19,00	**30,00**	43,00	1,1%
397	Zusätzliche Maßnahmen [m² BGF]	6,00	**18,00**	34,00	0,6%
	Sonstige Kostengruppen Bauwerk – Baukonstruktionen				
	313, 326, 329, 339, 349, 352, 355, 382, 383, 386, 387, 389, 393, 394, 395, 396, 398, 399				0,8%
410	**Abwasser-, Wasser-, Gasanlagen**				
411	Abwasseranlagen [m² BGF]	17,00	**30,00**	50,00	1,1%
412	Wasseranlagen [m² BGF]	30,00	**38,00**	68,00	1,4%
420	**Wärmeversorgungsanlagen**				
421	Wärmeerzeugungsanlagen [m² BGF]	16,00	**34,00**	72,00	1,1%
422	Wärmeverteilnetze [m² BGF]	29,00	**51,00**	90,00	1,7%
423	Raumheizflächen [m² BGF]	21,00	**52,00**	85,00	1,8%
430	**Raumlufttechnische Anlagen**				
431	Lüftungsanlagen [m² BGF]	19,00	**79,00**	172,00	2,3%
433	Klimaanlagen [m² BGF]	8,50	**50,00**	121,00	0,4%
434	Kälteanlagen [m² BGF]	15,00	**52,00**	123,00	0,4%
440	**Elektrische Anlagen**				
442	Eigenstromversorgungsanlagen [m² BGF]	10,00	**58,00**	175,00	0,9%
443	Niederspannungsschaltanlagen [m² BGF]	9,60	**19,00**	34,00	0,2%
444	Niederspannungsinstallationsanlagen [m² BGF]	90,00	**124,00**	179,00	4,6%
445	Beleuchtungsanlagen [m² BGF]	31,00	**59,00**	79,00	2,2%
446	Blitzschutz- und Erdungsanlagen [m² BGF]	4,10	**7,80**	12,00	0,3%
450	**Kommunikations-, sicherheits- und informationstechnische Anlagen**				
456	Gefahrenmelde- und Alarmanlagen [m² BGF]	6,00	**21,00**	40,00	0,7%
457	Datenübertragungsnetze [m² BGF]	33,00	**43,00**	57,00	1,6%
460	**Förderanlagen**				
461	Aufzugsanlagen [m² BGF]	25,00	**41,00**	75,00	0,9%
470	**Nutzungsspezifische und verfahrenstechnische Anlagen**				
480	**Gebäude- und Anlagenautomation**				
481	Automationseinrichtungen [m² BGF]	19,00	**39,00**	71,00	0,8%
482	Schaltschränke, Automationsschwerpunkte [m² BGF]	6,10	**13,00**	25,00	0,3%
485	Datenübertragungsnetze [m² BGF]	5,00	**12,00**	30,00	0,2%
490	**Sonstige Maßnahmen für technische Anlagen**				
	Sonstige Kostengruppen Bauwerk – Technische Anlagen				
	419, 429, 432, 439, 441, 451, 452, 453, 454, 455, 458, 463, 466, 471, 473, 474, 476, 483, 484, 491, 492, 494, 495, 497, 498				1,5%

Büro- und Verwaltungsgebäude, hoher Standard

Kosten:
Stand 1. Quartal 2026
Bundesdurchschnitt
inkl. 19% MwSt.

Kostengruppen		▷	€/Einheit	◁	KG an 300+400
310	**Baugrube / Erdbau**				
311	Herstellung [m³]	41,00	**79,00**	145,00	2,0%
312	Umschließung [m²]	103,00	**347,00**	540,00	0,5%
313	Wasserhaltung [m³]	7,20	**32,00**	99,00	0,4%
320	**Gründung, Unterbau**				
322	Flachgründungen und Bodenplatten [m²]	204,00	**285,00**	362,00	2,6%
323	Tiefgründungen [m²]	325,00	**497,00**	660,00	0,6%
324	Gründungsbeläge [m²]	156,00	**250,00**	402,00	2,1%
325	Abdichtungen und Bekleidungen [m²]	37,00	**80,00**	148,00	0,9%
330	**Außenwände/Vertikale Baukonstruktionen, außen**				
331	Tragende Außenwände [m²]	219,00	**292,00**	433,00	3,7%
332	Nichttragende Außenwände [m²]	213,00	**302,00**	531,00	0,5%
333	Außenstützen [m]	175,00	**215,00**	277,00	0,2%
334	Außenwandöffnungen [m²]	910,00	**1.329,00**	1.814,00	9,3%
335	Außenwandbekleidungen, außen [m²]	268,00	**498,00**	1.142,00	6,5%
336	Außenwandbekleidungen, innen [m²]	49,00	**83,00**	139,00	0,9%
337	Elementierte Außenwandkonstruktionen [m²]	1.027,00	**1.105,00**	1.260,00	2,0%
338	Lichtschutz zur KG 330 [m²]	334,00	**538,00**	1.043,00	2,5%
339	Sonstiges zur KG 330 [m²]	12,00	**28,00**	80,00	0,5%
340	**Innenwände/Vertikale Baukonstruktionen, innen**				
341	Tragende Innenwände [m²]	207,00	**275,00**	453,00	1,9%
342	Nichttragende Innenwände [m²]	116,00	**147,00**	192,00	1,3%
343	Innenstützen [m]	177,00	**283,00**	433,00	0,4%
344	Innenwandöffnungen [m²]	1.184,00	**1.501,00**	1.788,00	4,0%
345	Innenwandbekleidungen [m²]	48,00	**69,00**	121,00	1,9%
346	Elementierte Innenwandkonstruktionen [m²]	615,00	**1.090,00**	1.836,00	2,9%
350	**Decken/Horizontale Baukonstruktionen**				
351	Deckenkonstruktionen [m²]	225,00	**299,00**	455,00	5,3%
353	Deckenbeläge [m²]	191,00	**243,00**	301,00	4,0%
354	Deckenbekleidungen [m²]	78,00	**118,00**	217,00	1,7%
359	Sonstiges zur KG 350 [m²]	17,00	**45,00**	72,00	0,8%
360	**Dächer**				
361	Dachkonstruktionen [m²]	179,00	**277,00**	374,00	3,0%
362	Dachöffnungen [m²]	2.446,00	**3.415,00**	5.305,00	0,4%
363	Dachbeläge [m²]	227,00	**392,00**	641,00	3,7%
364	Dachbekleidungen [m²]	108,00	**154,00**	239,00	1,2%
369	Sonstiges zur KG 360 [m²]	11,00	**41,00**	95,00	0,3%
370	**Infrastrukturanlagen**				
380	**Baukonstruktive Einbauten**				
381	Allgemeine Einbauten [m² BGF]	10,00	**43,00**	161,00	0,7%

▷ von
ø Mittel
◁ bis

Kostengruppen		▷	€/Einheit	◁	KG an 300+400
390	**Sonstige Maßnahmen für Baukonstruktionen**				
391	Baustelleneinrichtung [m2 BGF]	49,00	**103,00**	176,00	2,8%
392	Gerüste [m2 BGF]	17,00	**31,00**	55,00	0,9%
397	Zusätzliche Maßnahmen [m2 BGF]	20,00	**46,00**	121,00	1,0%
	Sonstige Kostengruppen Bauwerk – Baukonstruktionen				
	321, 326, 329, 349, 352, 355, 366, 382, 386, 387, 394, 395, 396, 398, 399				0,7%
410	**Abwasser-, Wasser-, Gasanlagen**				
411	Abwasseranlagen [m2 BGF]	22,00	**34,00**	51,00	1,0%
412	Wasseranlagen [m2 BGF]	36,00	**55,00**	75,00	1,6%
420	**Wärmeversorgungsanlagen**				
421	Wärmeerzeugungsanlagen [m2 BGF]	19,00	**56,00**	83,00	1,7%
422	Wärmeverteilnetze [m2 BGF]	50,00	**80,00**	131,00	2,2%
423	Raumheizflächen [m2 BGF]	23,00	**58,00**	94,00	1,6%
430	**Raumlufttechnische Anlagen**				
431	Lüftungsanlagen [m2 BGF]	22,00	**89,00**	166,00	1,9%
432	Teilklimaanlagen [m2 BGF]	36,00	**70,00**	112,00	0,7%
433	Klimaanlagen [m2 BGF]	56,00	**113,00**	176,00	1,1%
434	Kälteanlagen [m2 BGF]	35,00	**75,00**	106,00	0,6%
439	Sonstiges zur KG 430 [m2 BGF]	–	**131,00**	–	0,3%
440	**Elektrische Anlagen**				
442	Eigenstromversorgungsanlagen [m2 BGF]	19,00	**50,00**	122,00	0,8%
443	Niederspannungsschaltanlagen [m2 BGF]	16,00	**24,00**	32,00	0,2%
444	Niederspannungsinstallationsanlagen [m2 BGF]	97,00	**130,00**	197,00	3,6%
445	Beleuchtungsanlagen [m2 BGF]	51,00	**99,00**	150,00	2,6%
446	Blitzschutz- und Erdungsanlagen [m2 BGF]	6,10	**9,70**	20,00	0,3%
450	**Kommunikations-, sicherheits- und informationstechnische Anlagen**				
456	Gefahrenmelde- und Alarmanlagen [m2 BGF]	23,00	**48,00**	91,00	1,2%
457	Datenübertragungsnetze [m2 BGF]	21,00	**50,00**	113,00	1,2%
460	**Förderanlagen**				
461	Aufzugsanlagen [m2 BGF]	22,00	**46,00**	72,00	0,8%
470	**Nutzungsspezifische und verfahrenstechnische Anlagen**				
480	**Gebäude- und Anlagenautomation**				
481	Automationseinrichtungen [m2 BGF]	25,00	**57,00**	121,00	1,1%
482	Schaltschränke, Automationsschwerpunkte [m2 BGF]	10,00	**18,00**	33,00	0,2%
490	**Sonstige Maßnahmen für technische Anlagen**				
	Sonstige Kostengruppen Bauwerk – Technische Anlagen				
	413, 419, 429, 441, 451, 452, 455, 471, 474, 476, 483, 484, 485, 489, 491, 492, 497, 498				1,3%

Kosten:
Stand 1.Quartal 2026
Bundesdurchschnitt
inkl. 19% MwSt.

Kostengruppen		▷	€/Einheit	◁	KG an 300+400
310	**Baugrube / Erdbau**				
311	Herstellung [m³]	49,00	**87,00**	176,00	1,0%
312	Umschließung [m²]	–	**460,00**	–	0,4%
320	**Gründung, Unterbau**				
321	Baugrundverbesserung [m²]	–	**25,00**	–	0,3%
322	Flachgründungen und Bodenplatten [m²]	144,00	**244,00**	319,00	4,0%
323	Tiefgründungen [m²]	101,00	**145,00**	190,00	0,7%
324	Gründungsbeläge [m²]	78,00	**182,00**	261,00	2,9%
325	Abdichtungen und Bekleidungen [m²]	29,00	**77,00**	168,00	1,2%
330	**Außenwände/Vertikale Baukonstruktionen, außen**				
331	Tragende Außenwände [m²]	215,00	**328,00**	428,00	6,3%
332	Nichttragende Außenwände [m²]	127,00	**227,00**	286,00	0,7%
333	Außenstützen [m]	157,00	**261,00**	414,00	0,4%
334	Außenwandöffnungen [m²]	870,00	**1.212,00**	1.683,00	6,9%
335	Außenwandbekleidungen, außen [m²]	163,00	**312,00**	446,00	6,2%
336	Außenwandbekleidungen, innen [m²]	51,00	**101,00**	227,00	1,5%
337	Elementierte Außenwandkonstruktionen [m²]	790,00	**1.021,00**	1.138,00	2,5%
338	Lichtschutz zur KG 330 [m²]	210,00	**301,00**	481,00	1,2%
339	Sonstiges zur KG 330 [m²]	7,20	**17,00**	52,00	0,3%
340	**Innenwände/Vertikale Baukonstruktionen, innen**				
341	Tragende Innenwände [m²]	164,00	**311,00**	483,00	3,4%
342	Nichttragende Innenwände [m²]	119,00	**155,00**	191,00	1,5%
343	Innenstützen [m]	86,00	**209,00**	543,00	0,2%
344	Innenwandöffnungen [m²]	687,00	**1.200,00**	1.588,00	3,1%
345	Innenwandbekleidungen [m²]	49,00	**77,00**	152,00	2,3%
346	Elementierte Innenwandkonstruktionen [m²]	439,00	**587,00**	1.111,00	0,7%
350	**Decken/Horizontale Baukonstruktionen**				
351	Deckenkonstruktionen [m²]	241,00	**393,00**	575,00	6,1%
353	Deckenbeläge [m²]	147,00	**214,00**	329,00	2,8%
354	Deckenbekleidungen [m²]	67,00	**126,00**	256,00	1,3%
359	Sonstiges zur KG 350 [m²]	18,00	**49,00**	73,00	0,6%
360	**Dächer**				
361	Dachkonstruktionen [m²]	192,00	**309,00**	498,00	4,9%
362	Dachöffnungen [m²]	3.019,00	**4.013,00**	7.977,00	0,6%
363	Dachbeläge [m²]	243,00	**290,00**	343,00	5,6%
364	Dachbekleidungen [m²]	55,00	**118,00**	154,00	1,9%
369	Sonstiges zur KG 360 [m²]	25,00	**40,00**	67,00	0,1%
370	**Infrastrukturanlagen**				
380	**Baukonstruktive Einbauten**				
381	Allgemeine Einbauten [m² BGF]	18,00	**42,00**	59,00	1,0%

▷ von
ø Mittel
◁ bis

Kostengruppen		▷	€/Einheit	◁	KG an 300+400
390	**Sonstige Maßnahmen für Baukonstruktionen**				
391	Baustelleneinrichtung [m² BGF]	40,00	**73,00**	116,00	2,2%
392	Gerüste [m² BGF]	21,00	**35,00**	46,00	1,1%
397	Zusätzliche Maßnahmen [m² BGF]	7,40	**19,00**	32,00	0,6%
	Sonstige Kostengruppen Bauwerk – Baukonstruktionen				
	313, 326, 329, 349, 366, 382, 386, 387, 394, 396, 398				0,6%
410	**Abwasser-, Wasser-, Gasanlagen**				
411	Abwasseranlagen [m² BGF]	17,00	**29,00**	45,00	1,0%
412	Wasseranlagen [m² BGF]	35,00	**48,00**	118,00	1,5%
419	Sonstiges zur KG 410 [m² BGF]	3,00	**7,00**	12,00	0,2%
420	**Wärmeversorgungsanlagen**				
421	Wärmeerzeugungsanlagen [m² BGF]	17,00	**34,00**	51,00	0,9%
422	Wärmeverteilnetze [m² BGF]	27,00	**42,00**	57,00	1,1%
423	Raumheizflächen [m² BGF]	26,00	**56,00**	83,00	1,6%
430	**Raumlufttechnische Anlagen**				
431	Lüftungsanlagen [m² BGF]	9,70	**67,00**	125,00	2,6%
432	Teilklimaanlagen [m² BGF]	13,00	**76,00**	139,00	0,6%
433	Klimaanlagen [m² BGF]	–	**142,00**	–	0,4%
434	Kälteanlagen [m² BGF]	–	**38,00**	–	0,2%
439	Sonstiges zur KG 430 [m² BGF]	–	**75,00**	–	0,3%
440	**Elektrische Anlagen**				
442	Eigenstromversorgungsanlagen [m² BGF]	40,00	**75,00**	166,00	1,8%
444	Niederspannungsinstallationsanlagen [m² BGF]	61,00	**126,00**	153,00	4,0%
445	Beleuchtungsanlagen [m² BGF]	27,00	**84,00**	120,00	2,1%
446	Blitzschutz- und Erdungsanlagen [m² BGF]	4,50	**10,00**	24,00	0,3%
450	**Kommunikations-, sicherheits- und informationstechnische Anlagen**				
456	Gefahrenmelde- und Alarmanlagen [m² BGF]	19,00	**43,00**	84,00	0,5%
457	Datenübertragungsnetze [m² BGF]	15,00	**28,00**	39,00	0,9%
460	**Förderanlagen**				
461	Aufzugsanlagen [m² BGF]	20,00	**26,00**	32,00	0,2%
470	**Nutzungsspezifische und verfahrenstechnische Anlagen**				
480	**Gebäude- und Anlagenautomation**				
481	Automationseinrichtungen [m² BGF]	55,00	**71,00**	97,00	1,5%
490	**Sonstige Maßnahmen für technische Anlagen**				
	Sonstige Kostengruppen Bauwerk – Technische Anlagen				
	429, 441, 443, 451, 452, 453, 454, 455, 474, 482, 484, 485, 491, 492, 497, 499				0,8%

Kosten:
Stand 1.Quartal 2026
Bundesdurchschnitt
inkl. 19% MwSt.

Kostengruppen	▷	€/Einheit	◁	KG an 300+400
310 Baugrube / Erdbau				
311 Herstellung [m³]	45,00	**58,00**	82,00	0,5%
320 Gründung, Unterbau				
321 Baugrundverbesserung [m²]	–	**51,00**	–	0,2%
322 Flachgründungen und Bodenplatten [m²]	177,00	**219,00**	273,00	3,9%
324 Gründungsbeläge [m²]	129,00	**181,00**	236,00	2,8%
325 Abdichtungen und Bekleidungen [m²]	46,00	**67,00**	90,00	1,4%
330 Außenwände/Vertikale Baukonstruktionen, außen				
331 Tragende Außenwände [m²]	83,00	**191,00**	270,00	2,9%
332 Nichttragende Außenwände [m²]	251,00	**307,00**	364,00	0,4%
333 Außenstützen [m]	281,00	**345,00**	420,00	0,2%
334 Außenwandöffnungen [m²]	1.087,00	**1.439,00**	2.756,00	6,6%
335 Außenwandbekleidungen, außen [m²]	389,00	**484,00**	636,00	8,5%
336 Außenwandbekleidungen, innen [m²]	31,00	**60,00**	82,00	0,6%
337 Elementierte Außenwandkonstruktionen [m²]	191,00	**588,00**	986,00	0,6%
338 Lichtschutz zur KG 330 [m²]	285,00	**448,00**	609,00	0,7%
340 Innenwände/Vertikale Baukonstruktionen, innen				
341 Tragende Innenwände [m²]	152,00	**182,00**	223,00	1,3%
342 Nichttragende Innenwände [m²]	105,00	**140,00**	196,00	1,5%
343 Innenstützen [m]	156,00	**288,00**	339,00	0,2%
344 Innenwandöffnungen [m²]	1.198,00	**1.362,00**	1.508,00	3,9%
345 Innenwandbekleidungen [m²]	55,00	**77,00**	98,00	2,0%
346 Elementierte Innenwandkonstruktionen [m²]	269,00	**590,00**	910,00	0,5%
350 Decken/Horizontale Baukonstruktionen				
351 Deckenkonstruktionen [m²]	229,00	**349,00**	440,00	3,0%
353 Deckenbeläge [m²]	80,00	**151,00**	200,00	1,5%
354 Deckenbekleidungen [m²]	114,00	**231,00**	695,00	0,9%
355 Elementierte Deckenkonstruktionen [m²]	1.389,00	**4.900,00**	11.828,00	0,6%
359 Sonstiges zur KG 350 [m²]	53,00	**116,00**	211,00	0,7%
360 Dächer				
361 Dachkonstruktionen [m²]	144,00	**189,00**	273,00	3,4%
362 Dachöffnungen [m²]	1.521,00	**2.433,00**	4.182,00	0,3%
363 Dachbeläge [m²]	204,00	**243,00**	271,00	4,2%
364 Dachbekleidungen [m²]	35,00	**85,00**	128,00	1,1%
369 Sonstiges zur KG 360 [m²]	15,00	**16,00**	18,00	0,2%
370 Infrastrukturanlagen				
380 Baukonstruktive Einbauten				
382 Besondere Einbauten [m² BGF]	3,40	**19,00**	34,00	0,2%
390 Sonstige Maßnahmen für Baukonstruktionen				
391 Baustelleneinrichtung [m² BGF]	37,00	**61,00**	75,00	1,6%
392 Gerüste [m² BGF]	17,00	**37,00**	71,00	1,0%
397 Zusätzliche Maßnahmen [m² BGF]	9,30	**23,00**	51,00	0,6%

▷ von
ø Mittel
◁ bis

Kostengruppen		▷	€/Einheit	◁	KG an 300+400
	Sonstige Kostengruppen Bauwerk – Baukonstruktionen				
	313, 326, 329, 339, 381, 386, 393, 394, 396, 398, 399				0,6%
410	**Abwasser-, Wasser-, Gasanlagen**				
411	Abwasseranlagen [m² BGF]	28,00	**48,00**	87,00	1,2%
412	Wasseranlagen [m² BGF]	36,00	**72,00**	135,00	1,8%
413	Gasanlagen [m² BGF]	–	**50,00**	–	0,2%
420	**Wärmeversorgungsanlagen**				
421	Wärmeerzeugungsanlagen [m² BGF]	14,00	**70,00**	238,00	1,2%
422	Wärmeverteilnetze [m² BGF]	41,00	**91,00**	158,00	2,3%
423	Raumheizflächen [m² BGF]	25,00	**31,00**	53,00	0,8%
429	Sonstiges zur KG 420 [m² BGF]	1,50	**15,00**	44,00	0,2%
430	**Raumlufttechnische Anlagen**				
431	Lüftungsanlagen [m² BGF]	156,00	**340,00**	413,00	7,9%
433	Klimaanlagen [m² BGF]	–	**567,00**	–	2,2%
434	Kälteanlagen [m² BGF]	198,00	**359,00**	673,00	5,0%
440	**Elektrische Anlagen**				
441	Hoch- und Mittelspannungsanlagen [m² BGF]	–	**92,00**	–	0,4%
443	Niederspannungsschaltanlagen [m² BGF]	22,00	**94,00**	166,00	1,0%
444	Niederspannungsinstallationsanlagen [m² BGF]	52,00	**131,00**	185,00	3,6%
445	Beleuchtungsanlagen [m² BGF]	45,00	**67,00**	91,00	1,6%
446	Blitzschutz- und Erdungsanlagen [m² BGF]	6,40	**14,00**	25,00	0,4%
450	**Kommunikations-, sicherheits- und informationstechnische Anlagen**				
456	Gefahrenmelde- und Alarmanlagen [m² BGF]	7,40	**42,00**	66,00	1,1%
457	Datenübertragungsnetze [m² BGF]	30,00	**52,00**	86,00	1,3%
460	**Förderanlagen**				
461	Aufzugsanlagen [m² BGF]	–	**27,00**	–	0,2%
470	**Nutzungsspezifische und verfahrenstechnische Anlagen**				
473	Medienversorgungsanlagen, Medizin- und labortechnische An-	144,00	**278,00**	416,00	6,0%
475	Prozesswärme-, kälte- und -luftanlagen [m² BGF]	–	**98,00**	–	0,4%
480	**Gebäude- und Anlagenautomation**				
481	Automationseinrichtungen [m² BGF]	28,00	**84,00**	188,00	1,3%
482	Schaltschränke, Automationsschwerpunkte [m² BGF]	16,00	**29,00**	48,00	0,5%
484	Kabel, Leitungen und Verlegesysteme [m² BGF]	–	**41,00**	–	0,2%
485	Datenübertragungsnetze [m² BGF]	–	**25,00**	–	0,2%
490	**Sonstige Maßnahmen für technische Anlagen**				
493	Sicherungsmaßnahmen [m² BGF]	–	**43,00**	–	0,2%
	Sonstige Kostengruppen Bauwerk – Technische Anlagen				
	419, 442, 451, 452, 453, 454, 455, 474, 483, 491				0,5%

Kosten:
Stand 1. Quartal 2026
Bundesdurchschnitt
inkl. 19% MwSt.

Kostengruppen		▷	€/Einheit	◁	KG an 300+400
310	**Baugrube / Erdbau**				
311	Herstellung [m³]	33,00	**56,00**	95,00	1,4%
312	Umschließung [m²]	–	**372,00**	–	0,5%
313	Wasserhaltung [m³]	–	**63,00**	–	0,2%
320	**Gründung, Unterbau**				
321	Baugrundverbesserung [m²]	7,70	**15,00**	30,00	0,4%
322	Flachgründungen und Bodenplatten [m²]	199,00	**314,00**	541,00	3,7%
324	Gründungsbeläge [m²]	129,00	**165,00**	236,00	2,2%
325	Abdichtungen und Bekleidungen [m²]	20,00	**48,00**	64,00	0,6%
330	**Außenwände/Vertikale Baukonstruktionen, außen**				
331	Tragende Außenwände [m²]	155,00	**218,00**	317,00	3,1%
332	Nichttragende Außenwände [m²]	283,00	**552,00**	822,00	0,2%
333	Außenstützen [m]	253,00	**574,00**	1.188,00	0,2%
334	Außenwandöffnungen [m²]	496,00	**787,00**	933,00	6,1%
335	Außenwandbekleidungen, außen [m²]	410,00	**424,00**	448,00	8,1%
336	Außenwandbekleidungen, innen [m²]	52,00	**59,00**	71,00	0,8%
338	Lichtschutz zur KG 330 [m²]	193,00	**251,00**	309,00	0,6%
339	Sonstiges zur KG 330 [m²]	11,00	**13,00**	15,00	0,2%
340	**Innenwände/Vertikale Baukonstruktionen, innen**				
341	Tragende Innenwände [m²]	139,00	**156,00**	166,00	2,0%
342	Nichttragende Innenwände [m²]	92,00	**128,00**	152,00	4,0%
343	Innenstützen [m]	149,00	**182,00**	248,00	0,4%
344	Innenwandöffnungen [m²]	595,00	**1.137,00**	1.430,00	5,6%
345	Innenwandbekleidungen [m²]	38,00	**43,00**	46,00	3,1%
346	Elementierte Innenwandkonstruktionen [m²]	2.252,00	**2.531,00**	2.810,00	0,3%
350	**Decken/Horizontale Baukonstruktionen**				
351	Deckenkonstruktionen [m²]	210,00	**237,00**	281,00	6,3%
353	Deckenbeläge [m²]	136,00	**183,00**	262,00	3,7%
354	Deckenbekleidungen [m²]	63,00	**110,00**	134,00	2,2%
359	Sonstiges zur KG 350 [m²]	14,00	**18,00**	20,00	0,5%
360	**Dächer**				
361	Dachkonstruktionen [m²]	107,00	**154,00**	227,00	1,9%
362	Dachöffnungen [m²]	7.438,00	**13.863,00**	25.208,00	0,2%
363	Dachbeläge [m²]	154,00	**287,00**	357,00	4,1%
364	Dachbekleidungen [m²]	105,00	**118,00**	143,00	1,4%
369	Sonstiges zur KG 360 [m²]	7,60	**25,00**	35,00	0,3%
370	**Infrastrukturanlagen**				
380	**Baukonstruktive Einbauten**				
381	Allgemeine Einbauten [m² BGF]	29,00	**44,00**	58,00	1,0%

▷ von
ø Mittel
◁ bis

Kostengruppen	▷	€/Einheit	◁	KG an 300+400
390 Sonstige Maßnahmen für Baukonstruktionen				
391 Baustelleneinrichtung [m2 BGF]	38,00	**49,00**	71,00	2,0%
392 Gerüste [m2 BGF]	23,00	**25,00**	29,00	1,0%
395 Instandsetzungen [m2 BGF]	–	**22,00**	–	0,3%
397 Zusätzliche Maßnahmen [m2 BGF]	6,10	**15,00**	29,00	0,5%
Sonstige Kostengruppen Bauwerk – Baukonstruktionen				
326, 329, 349, 382, 389, 394, 396, 398				0,3%
410 Abwasser-, Wasser-, Gasanlagen				
411 Abwasseranlagen [m2 BGF]	44,00	**51,00**	61,00	2,1%
412 Wasseranlagen [m2 BGF]	59,00	**67,00**	80,00	2,7%
420 Wärmeversorgungsanlagen				
421 Wärmeerzeugungsanlagen [m2 BGF]	14,00	**23,00**	39,00	0,9%
422 Wärmeverteilnetze [m2 BGF]	19,00	**23,00**	27,00	1,0%
423 Raumheizflächen [m2 BGF]	13,00	**17,00**	25,00	0,8%
430 Raumlufttechnische Anlagen				
431 Lüftungsanlagen [m2 BGF]	–	**12,00**	–	0,2%
432 Teilklimaanlagen [m2 BGF]	1,10	**111,00**	168,00	3,9%
434 Kälteanlagen [m2 BGF]	–	**67,00**	–	0,8%
440 Elektrische Anlagen				
442 Eigenstromversorgungsanlagen [m2 BGF]	20,00	**33,00**	45,00	0,8%
444 Niederspannungsinstallationsanlagen [m2 BGF]	100,00	**144,00**	229,00	5,8%
445 Beleuchtungsanlagen [m2 BGF]	81,00	**99,00**	130,00	4,3%
446 Blitzschutz- und Erdungsanlagen [m2 BGF]	7,60	**12,00**	14,00	0,5%
450 Kommunikations-, sicherheits- und informationstechnische Anlagen				
452 Such- und Signalanlagen [m2 BGF]	5,40	**17,00**	38,00	0,6%
454 Elektroakustische Anlagen [m2 BGF]	0,20	**5,20**	8,00	0,2%
456 Gefahrenmelde- und Alarmanlagen [m2 BGF]	15,00	**28,00**	51,00	1,1%
457 Datenübertragungsnetze [m2 BGF]	18,00	**28,00**	34,00	1,2%
460 Förderanlagen				
461 Aufzugsanlagen [m2 BGF]	27,00	**47,00**	57,00	2,0%
470 Nutzungsspezifische und verfahrenstechnische Anlagen				
473 Medienversorgungsanlagen, Medizin- und labortechnische An-	–	**50,00**	–	0,6%
480 Gebäude- und Anlagenautomation				
481 Automationseinrichtungen [m2 BGF]	15,00	**20,00**	24,00	0,5%
484 Kabel, Leitungen und Verlegesysteme [m2 BGF]	–	**19,00**	–	0,2%
490 Sonstige Maßnahmen für technische Anlagen				
Sonstige Kostengruppen Bauwerk – Technische Anlagen				
419, 429, 439, 451, 455, 471, 474, 485, 491, 492, 495				0,7%

Kostengruppen		▷	€/Einheit	◁	KG an 300+400
310	**Baugrube / Erdbau**				
311	Herstellung [m³]	34,00	**61,00**	119,00	1,6%
320	**Gründung, Unterbau**				
321	Baugrundverbesserung [m²]	6,70	**21,00**	36,00	0,3%
322	Flachgründungen und Bodenplatten [m²]	142,00	**229,00**	399,00	3,9%
323	Tiefgründungen [m²]	–	**116,00**	–	0,3%
324	Gründungsbeläge [m²]	157,00	**180,00**	205,00	3,2%
325	Abdichtungen und Bekleidungen [m²]	13,00	**55,00**	83,00	1,0%
330	**Außenwände/Vertikale Baukonstruktionen, außen**				
331	Tragende Außenwände [m²]	207,00	**251,00**	327,00	3,8%
332	Nichttragende Außenwände [m²]	292,00	**618,00**	1.257,00	0,5%
333	Außenstützen [m]	127,00	**185,00**	258,00	0,2%
334	Außenwandöffnungen [m²]	739,00	**1.044,00**	1.301,00	5,0%
335	Außenwandbekleidungen, außen [m²]	205,00	**333,00**	486,00	5,1%
336	Außenwandbekleidungen, innen [m²]	53,00	**114,00**	239,00	0,9%
337	Elementierte Außenwandkonstruktionen [m²]	122,00	**877,00**	1.632,00	1,6%
338	Lichtschutz zur KG 330 [m²]	245,00	**328,00**	472,00	1,1%
340	**Innenwände/Vertikale Baukonstruktionen, innen**				
341	Tragende Innenwände [m²]	169,00	**243,00**	426,00	2,2%
342	Nichttragende Innenwände [m²]	94,00	**126,00**	154,00	3,7%
343	Innenstützen [m]	52,00	**159,00**	220,00	0,3%
344	Innenwandöffnungen [m²]	709,00	**891,00**	1.287,00	4,3%
345	Innenwandbekleidungen [m²]	49,00	**63,00**	124,00	3,7%
346	Elementierte Innenwandkonstruktionen [m²]	425,00	**603,00**	1.107,00	0,3%
349	Sonstiges zur KG 340 [m²]	4,60	**6,80**	9,20	0,3%
350	**Decken/Horizontale Baukonstruktionen**				
351	Deckenkonstruktionen [m²]	186,00	**234,00**	397,00	3,8%
353	Deckenbeläge [m²]	78,00	**142,00**	219,00	2,2%
354	Deckenbekleidungen [m²]	35,00	**92,00**	134,00	1,5%
359	Sonstiges zur KG 350 [m²]	7,40	**15,00**	18,00	0,2%
360	**Dächer**				
361	Dachkonstruktionen [m²]	119,00	**191,00**	280,00	3,8%
363	Dachbeläge [m²]	146,00	**224,00**	310,00	4,7%
364	Dachbekleidungen [m²]	49,00	**111,00**	177,00	2,0%
369	Sonstiges zur KG 360 [m²]	3,80	**33,00**	72,00	0,4%
370	**Infrastrukturanlagen**				
380	**Baukonstruktive Einbauten**				
381	Allgemeine Einbauten [m² BGF]	2,70	**17,00**	79,00	0,5%

Kosten:
Stand 1. Quartal 2026
Bundesdurchschnitt
inkl. 19% MwSt.

▷ von
ø Mittel
◁ bis

Kostengruppen		▷	€/Einheit	◁	KG an 300+400
390	**Sonstige Maßnahmen für Baukonstruktionen**				
391	Baustelleneinrichtung [m² BGF]	17,00	**53,00**	129,00	1,8%
392	Gerüste [m² BGF]	11,00	**27,00**	43,00	1,0%
397	Zusätzliche Maßnahmen [m² BGF]	6,10	**21,00**	42,00	0,6%
399	Sonstiges zur KG 390 [m² BGF]	3,40	**11,00**	25,00	0,2%
	Sonstige Kostengruppen Bauwerk – Baukonstruktionen				
	312, 313, 326, 339, 352, 355, 362, 382, 386, 396, 398				0,7%
410	**Abwasser-, Wasser-, Gasanlagen**				
411	Abwasseranlagen [m² BGF]	28,00	**53,00**	69,00	2,1%
412	Wasseranlagen [m² BGF]	68,00	**105,00**	141,00	3,9%
419	Sonstiges zur KG 410 [m² BGF]	17,00	**72,00**	171,00	2,7%
420	**Wärmeversorgungsanlagen**				
421	Wärmeerzeugungsanlagen [m² BGF]	13,00	**40,00**	76,00	1,5%
422	Wärmeverteilnetze [m² BGF]	35,00	**41,00**	62,00	1,5%
423	Raumheizflächen [m² BGF]	22,00	**33,00**	61,00	1,3%
430	**Raumlufttechnische Anlagen**				
431	Lüftungsanlagen [m² BGF]	19,00	**101,00**	162,00	3,4%
432	Teilklimaanlagen [m² BGF]	1,50	**60,00**	118,00	0,5%
439	Sonstiges zur KG 430 [m² BGF]	–	**123,00**	–	0,5%
440	**Elektrische Anlagen**				
442	Eigenstromversorgungsanlagen [m² BGF]	5,10	**9,90**	15,00	0,3%
443	Niederspannungsschaltanlagen [m² BGF]	7,00	**11,00**	14,00	0,2%
444	Niederspannungsinstallationsanlagen [m² BGF]	72,00	**110,00**	128,00	4,2%
445	Beleuchtungsanlagen [m² BGF]	50,00	**71,00**	91,00	2,7%
446	Blitzschutz- und Erdungsanlagen [m² BGF]	5,30	**12,00**	30,00	0,4%
450	**Kommunikations-, sicherheits- und informationstechnische Anlagen**				
452	Such- und Signalanlagen [m² BGF]	12,00	**27,00**	35,00	1,1%
456	Gefahrenmelde- und Alarmanlagen [m² BGF]	25,00	**45,00**	59,00	1,4%
457	Datenübertragungsnetze [m² BGF]	2,80	**18,00**	27,00	0,7%
460	**Förderanlagen**				
461	Aufzugsanlagen [m² BGF]	44,00	**54,00**	63,00	1,3%
470	**Nutzungsspezifische und verfahrenstechnische Anlagen**				
471	Küchentechnische Anlagen [m² BGF]	54,00	**88,00**	173,00	2,5%
472	Wäscherei-, Reinigungs- und badetechnische Anlagen [m² BGF]	10,00	**15,00**	19,00	0,2%
473	Medienversorgungsanlagen, Medizin- und labortechnische An-	–	**30,00**	–	0,2%
480	**Gebäude- und Anlagenautomation**				
490	**Sonstige Maßnahmen für technische Anlagen**				
	Sonstige Kostengruppen Bauwerk – Technische Anlagen				
	429, 434, 451, 454, 455, 474, 481, 482, 491, 494, 497, 498				0,8%

Gebäude für Erholungszwecke

Kosten:
Stand 1. Quartal 2026
Bundesdurchschnitt
inkl. 19% MwSt.

Kostengruppen		▷	€/Einheit	◁	KG an 300+400
310	**Baugrube / Erdbau**				
311	Herstellung [m³]	36,00	**57,00**	90,00	1,0%
320	**Gründung, Unterbau**				
321	Baugrundverbesserung [m²]	25,00	**39,00**	66,00	0,7%
322	Flachgründungen und Bodenplatten [m²]	134,00	**185,00**	249,00	4,5%
324	Gründungsbeläge [m²]	256,00	**320,00**	372,00	6,4%
325	Abdichtungen und Bekleidungen [m²]	19,00	**45,00**	66,00	1,1%
326	Dränagen [m²]	3,00	**7,70**	10,00	< 0,1%
330	**Außenwände/Vertikale Baukonstruktionen, außen**				
331	Tragende Außenwände [m²]	203,00	**291,00**	373,00	10,2%
332	Nichttragende Außenwände [m²]	–	**168,00**	–	0,4%
333	Außenstützen [m]	–	**254,00**	–	0,1%
334	Außenwandöffnungen [m²]	1.232,00	**1.489,00**	2.364,00	9,9%
335	Außenwandbekleidungen, außen [m²]	179,00	**326,00**	608,00	10,3%
336	Außenwandbekleidungen, innen [m²]	93,00	**120,00**	142,00	2,0%
337	Elementierte Außenwandkonstruktionen [m²]	–	**1.169,00**	–	1,0%
339	Sonstiges zur KG 330 [m²]	–	**6,20**	–	< 0,1%
340	**Innenwände/Vertikale Baukonstruktionen, innen**				
341	Tragende Innenwände [m²]	172,00	**180,00**	196,00	1,6%
342	Nichttragende Innenwände [m²]	142,00	**206,00**	413,00	3,1%
343	Innenstützen [m]	–	**388,00**	–	0,1%
344	Innenwandöffnungen [m²]	594,00	**687,00**	794,00	0,8%
345	Innenwandbekleidungen [m²]	99,00	**115,00**	161,00	2,8%
346	Elementierte Innenwandkonstruktionen [m²]	301,00	**513,00**	874,00	0,4%
350	**Decken/Horizontale Baukonstruktionen**				
351	Deckenkonstruktionen [m²]	–	**205,00**	–	0,3%
353	Deckenbeläge [m²]	–	**174,00**	–	0,2%
354	Deckenbekleidungen [m²]	–	**11,00**	–	< 0,1%
355	Elementierte Deckenkonstruktionen [m²]	–	**1.920,00**		0,6%
359	Sonstiges zur KG 350 [m²]	–	**58,00**	–	0,1%
360	**Dächer**				
361	Dachkonstruktionen [m²]	128,00	**180,00**	257,00	5,2%
363	Dachbeläge [m²]	239,00	**352,00**	430,00	11,5%
364	Dachbekleidungen [m²]	120,00	**141,00**	199,00	2,5%
369	Sonstiges zur KG 360 [m²]	4,30	**6,20**	8,00	0,1%
370	**Infrastrukturanlagen**				
380	**Baukonstruktive Einbauten**				
381	Allgemeine Einbauten [m² BGF]	–	**170,00**	–	0,7%
386	Orientierungs- und Informationssysteme [m² BGF]	0,60	**1,30**	1,90	< 0,1%

▷ von
ø Mittel
◁ bis

Kostengruppen		▷	€/Einheit	◁	KG an 300+400
390	**Sonstige Maßnahmen für Baukonstruktionen**				
391	Baustelleneinrichtung [m² BGF]	24,00	**53,00**	162,00	1,4%
392	Gerüste [m² BGF]	40,00	**52,00**	86,00	1,4%
394	Abbruchmaßnahmen [m² BGF]	–	**24,00**	–	< 0,1%
396	Materialentsorgung [m² BGF]	–	**11,00**	–	< 0,1%
397	Zusätzliche Maßnahmen [m² BGF]	6,30	**13,00**	26,00	0,2%
410	**Abwasser-, Wasser-, Gasanlagen**				
411	Abwasseranlagen [m² BGF]	34,00	**90,00**	167,00	2,1%
412	Wasseranlagen [m² BGF]	183,00	**275,00**	333,00	3,8%
413	Gasanlagen [m² BGF]	5,20	**14,00**	23,00	0,1%
419	Sonstiges zur KG 410 [m² BGF]	16,00	**21,00**	24,00	0,3%
420	**Wärmeversorgungsanlagen**				
421	Wärmeerzeugungsanlagen [m² BGF]	113,00	**142,00**	185,00	1,9%
422	Wärmeverteilnetze [m² BGF]	61,00	**91,00**	146,00	1,3%
423	Raumheizflächen [m² BGF]	48,00	**62,00**	89,00	0,9%
429	Sonstiges zur KG 420 [m² BGF]	15,00	**57,00**	139,00	1,0%
430	**Raumlufttechnische Anlagen**				
431	Lüftungsanlagen [m² BGF]	20,00	**75,00**	175,00	0,9%
434	Kälteanlagen [m² BGF]	–	**59,00**	–	0,2%
440	**Elektrische Anlagen**				
444	Niederspannungsinstallationsanlagen [m² BGF]	107,00	**154,00**	224,00	2,3%
445	Beleuchtungsanlagen [m² BGF]	73,00	**106,00**	168,00	1,4%
446	Blitzschutz- und Erdungsanlagen [m² BGF]	9,00	**20,00**	60,00	0,5%
450	**Kommunikations-, sicherheits- und informationstechnische Anlagen**				
451	Telekommunikationsanlagen [m² BGF]	2,10	**6,70**	11,00	< 0,1%
452	Such- und Signalanlagen [m² BGF]	1,80	**1,90**	2,10	< 0,1%
455	Audiovisuelle Medien- und Antennenanlagen [m² BGF]	–	**0,40**	–	< 0,1%
456	Gefahrenmelde- und Alarmanlagen [m² BGF]	23,00	**68,00**	113,00	0,6%
457	Datenübertragungsnetze [m² BGF]	3,10	**5,40**	9,30	< 0,1%
460	**Förderanlagen**				
470	**Nutzungsspezifische und verfahrenstechnische Anlagen**				
471	Küchentechnische Anlagen [m² BGF]	–	**374,00**	–	1,4%
472	Wäscherei-, Reinigungs- und badetechnische Anlagen [m² BGF]	–	**55,00**	–	0,2%
480	**Gebäude- und Anlagenautomation**				
490	**Sonstige Maßnahmen für technische Anlagen**				
491	Baustelleneinrichtung [m² BGF]	–	**9,60**	–	< 0,1%
492	Gerüste [m² BGF]	–	**1,70**	–	< 0,1%

Kosten:
Stand 1. Quartal 2026
Bundesdurchschnitt
inkl. 19% MwSt.

Kostengruppen		▷	€/Einheit	◁	KG an 300+400
310	**Baugrube / Erdbau**				
311	Herstellung [m³]	24,00	**52,00**	82,00	2,4%
320	**Gründung, Unterbau**				
321	Baugrundverbesserung [m²]	12,00	**27,00**	63,00	0,5%
322	Flachgründungen und Bodenplatten [m²]	166,00	**243,00**	323,00	5,0%
323	Tiefgründungen [m²]	82,00	**133,00**	286,00	0,8%
324	Gründungsbeläge [m²]	193,00	**222,00**	268,00	3,7%
325	Abdichtungen und Bekleidungen [m²]	26,00	**64,00**	124,00	1,3%
326	Dränagen [m²]	8,80	**54,00**	188,00	0,4%
330	**Außenwände/Vertikale Baukonstruktionen, außen**				
331	Tragende Außenwände [m²]	269,00	**346,00**	572,00	2,7%
332	Nichttragende Außenwände [m²]	223,00	**267,00**	396,00	0,3%
333	Außenstützen [m]	256,00	**365,00**	526,00	0,4%
334	Außenwandöffnungen [m²]	852,00	**1.225,00**	1.890,00	11,8%
335	Außenwandbekleidungen, außen [m²]	183,00	**300,00**	427,00	3,5%
336	Außenwandbekleidungen, innen [m²]	37,00	**82,00**	174,00	0,7%
337	Elementierte Außenwandkonstruktionen [m²]	404,00	**778,00**	1.152,00	2,3%
338	Lichtschutz zur KG 330 [m²]	282,00	**414,00**	654,00	1,4%
339	Sonstiges zur KG 330 [m²]	7,40	**24,00**	68,00	0,3%
340	**Innenwände/Vertikale Baukonstruktionen, innen**				
341	Tragende Innenwände [m²]	220,00	**271,00**	396,00	3,0%
342	Nichttragende Innenwände [m²]	140,00	**167,00**	239,00	1,3%
343	Innenstützen [m]	169,00	**262,00**	399,00	0,4%
344	Innenwandöffnungen [m²]	1.356,00	**1.556,00**	1.875,00	4,0%
345	Innenwandbekleidungen [m²]	57,00	**91,00**	114,00	2,4%
346	Elementierte Innenwandkonstruktionen [m²]	489,00	**884,00**	1.695,00	0,7%
350	**Decken/Horizontale Baukonstruktionen**				
351	Deckenkonstruktionen [m²]	232,00	**284,00**	332,00	4,8%
353	Deckenbeläge [m²]	155,00	**166,00**	180,00	2,3%
354	Deckenbekleidungen [m²]	114,00	**144,00**	165,00	1,9%
359	Sonstiges zur KG 350 [m²]	38,00	**54,00**	77,00	0,9%
360	**Dächer**				
361	Dachkonstruktionen [m²]	166,00	**228,00**	291,00	5,2%
362	Dachöffnungen [m²]	2.699,00	**3.598,00**	5.334,00	0,9%
363	Dachbeläge [m²]	218,00	**244,00**	291,00	5,4%
364	Dachbekleidungen [m²]	70,00	**118,00**	150,00	2,0%
369	Sonstiges zur KG 360 [m²]	4,20	**16,00**	29,00	0,2%
370	**Infrastrukturanlagen**				
380	**Baukonstruktive Einbauten**				
381	Allgemeine Einbauten [m² BGF]	4,50	**17,00**	45,00	0,5%
382	Besondere Einbauten [m² BGF]	7,80	**19,00**	31,00	0,2%

▷ von
ø Mittel
◁ bis

Kostengruppen		▷	€/Einheit	◁	KG an 300+400
390	**Sonstige Maßnahmen für Baukonstruktionen**				
391	Baustelleneinrichtung [m² BGF]	37,00	**73,00**	111,00	2,6%
392	Gerüste [m² BGF]	15,00	**34,00**	47,00	1,2%
397	Zusätzliche Maßnahmen [m² BGF]	14,00	**22,00**	39,00	0,7%
	Sonstige Kostengruppen Bauwerk – Baukonstruktionen				
	312, 313, 347, 349, 366, 386, 389, 394, 395, 396, 398, 399				0,5%
410	**Abwasser-, Wasser-, Gasanlagen**				
411	Abwasseranlagen [m² BGF]	24,00	**36,00**	53,00	1,1%
412	Wasseranlagen [m² BGF]	32,00	**43,00**	53,00	1,6%
420	**Wärmeversorgungsanlagen**				
421	Wärmeerzeugungsanlagen [m² BGF]	13,00	**39,00**	109,00	1,3%
422	Wärmeverteilnetze [m² BGF]	25,00	**40,00**	57,00	1,6%
423	Raumheizflächen [m² BGF]	17,00	**32,00**	66,00	1,3%
430	**Raumlufttechnische Anlagen**				
431	Lüftungsanlagen [m² BGF]	23,00	**96,00**	188,00	2,8%
440	**Elektrische Anlagen**				
442	Eigenstromversorgungsanlagen [m² BGF]	7,50	**16,00**	54,00	0,4%
443	Niederspannungsschaltanlagen [m² BGF]	24,00	**28,00**	32,00	0,3%
444	Niederspannungsinstallationsanlagen [m² BGF]	64,00	**95,00**	125,00	3,5%
445	Beleuchtungsanlagen [m² BGF]	39,00	**58,00**	75,00	2,0%
446	Blitzschutz- und Erdungsanlagen [m² BGF]	3,00	**5,10**	7,70	0,2%
450	**Kommunikations-, sicherheits- und informationstechnische Anlagen**				
454	Elektroakustische Anlagen [m² BGF]	2,80	**8,60**	13,00	0,2%
456	Gefahrenmelde- und Alarmanlagen [m² BGF]	4,60	**14,00**	26,00	0,4%
457	Datenübertragungsnetze [m² BGF]	8,30	**19,00**	30,00	0,6%
460	**Förderanlagen**				
461	Aufzugsanlagen [m² BGF]	17,00	**28,00**	35,00	0,9%
470	**Nutzungsspezifische und verfahrenstechnische Anlagen**				
471	Küchentechnische Anlagen [m² BGF]	15,00	**81,00**	149,00	1,3%
473	Medienversorgungsanlagen, Medizin- und labortechnische An-	25,00	**44,00**	64,00	0,5%
480	**Gebäude- und Anlagenautomation**				
481	Automationseinrichtungen [m² BGF]	19,00	**36,00**	49,00	0,6%
482	Schaltschränke, Automationsschwerpunkte [m² BGF]	12,00	**14,00**	15,00	0,2%
490	**Sonstige Maßnahmen für technische Anlagen**				
494	Abbruchmaßnahmen [m² BGF]	–	**33,00**	–	0,2%
	Sonstige Kostengruppen Bauwerk – Technische Anlagen				
	413, 419, 424, 429, 432, 451, 452, 453, 455, 459, 474, 476, 483, 484, 485, 491, 492, 495, 496, 497				0,5%

Kosten:
Stand 1.Quartal 2026
Bundesdurchschnitt
inkl. 19% MwSt.

Kostengruppen		▷	€/Einheit	◁	KG an 300+400
310	**Baugrube / Erdbau**				
311	Herstellung [m3]	29,00	**95,00**	172,00	1,5%
320	**Gründung, Unterbau**				
322	Flachgründungen und Bodenplatten [m2]	224,00	**267,00**	339,00	6,8%
323	Tiefgründungen [m2]	–	**137,00**	–	0,3%
324	Gründungsbeläge [m2]	120,00	**197,00**	229,00	3,8%
325	Abdichtungen und Bekleidungen [m2]	54,00	**79,00**	110,00	1,5%
330	**Außenwände/Vertikale Baukonstruktionen, außen**				
331	Tragende Außenwände [m2]	217,00	**267,00**	336,00	4,6%
332	Nichttragende Außenwände [m2]	217,00	**261,00**	281,00	1,2%
333	Außenstützen [m]	82,00	**202,00**	306,00	0,5%
334	Außenwandöffnungen [m2]	1.109,00	**1.484,00**	3.097,00	7,3%
335	Außenwandbekleidungen, außen [m2]	218,00	**354,00**	607,00	8,3%
336	Außenwandbekleidungen, innen [m2]	35,00	**58,00**	86,00	1,1%
337	Elementierte Außenwandkonstruktionen [m2]	853,00	**995,00**	1.091,00	1,6%
338	Lichtschutz zur KG 330 [m2]	127,00	**277,00**	468,00	0,8%
339	Sonstiges zur KG 330 [m2]	2,90	**24,00**	49,00	0,4%
340	**Innenwände/Vertikale Baukonstruktionen, innen**				
341	Tragende Innenwände [m2]	205,00	**253,00**	324,00	3,2%
342	Nichttragende Innenwände [m2]	121,00	**152,00**	182,00	2,0%
344	Innenwandöffnungen [m2]	972,00	**1.183,00**	1.571,00	3,0%
345	Innenwandbekleidungen [m2]	44,00	**58,00**	73,00	2,3%
346	Elementierte Innenwandkonstruktionen [m2]	351,00	**591,00**	1.473,00	0,7%
350	**Decken/Horizontale Baukonstruktionen**				
351	Deckenkonstruktionen [m2]	245,00	**335,00**	521,00	3,7%
353	Deckenbeläge [m2]	167,00	**173,00**	180,00	1,6%
354	Deckenbekleidungen [m2]	122,00	**148,00**	172,00	1,1%
355	Elementierte Deckenkonstruktionen [m2]	–	**2.227,00**	–	0,3%
359	Sonstiges zur KG 350 [m2]	10,00	**37,00**	54,00	0,3%
360	**Dächer**				
361	Dachkonstruktionen [m2]	204,00	**283,00**	406,00	6,6%
362	Dachöffnungen [m2]	1.513,00	**3.690,00**	7.905,00	0,2%
363	Dachbeläge [m2]	169,00	**241,00**	539,00	6,0%
364	Dachbekleidungen [m2]	34,00	**106,00**	156,00	1,9%
369	Sonstiges zur KG 360 [m2]	4,50	**11,00**	20,00	0,2%
370	**Infrastrukturanlagen**				
380	**Baukonstruktive Einbauten**				
381	Allgemeine Einbauten [m2 BGF]	6,10	**15,00**	25,00	0,2%
390	**Sonstige Maßnahmen für Baukonstruktionen**				
391	Baustelleneinrichtung [m2 BGF]	30,00	**55,00**	103,00	1,9%
392	Gerüste [m2 BGF]	20,00	**35,00**	61,00	1,0%
397	Zusätzliche Maßnahmen [m2 BGF]	6,90	**13,00**	20,00	0,5%

▷ von
ø Mittel
◁ bis

Kostengruppen		▷	€/Einheit	◁	KG an 300+400
	Sonstige Kostengruppen Bauwerk – Baukonstruktionen				
	313, 321, 326, 329, 343, 347, 349, 352, 366, 382, 386, 387, 393, 394, 398, 399				0,7%
410	**Abwasser-, Wasser-, Gasanlagen**				
411	Abwasseranlagen [m2 BGF]	13,00	**30,00**	50,00	1,1%
412	Wasseranlagen [m2 BGF]	42,00	**61,00**	101,00	2,2%
419	Sonstiges zur KG 410 [m2 BGF]	4,20	**12,00**	18,00	0,4%
420	**Wärmeversorgungsanlagen**				
421	Wärmeerzeugungsanlagen [m2 BGF]	7,70	**20,00**	43,00	0,7%
422	Wärmeverteilnetze [m2 BGF]	22,00	**29,00**	46,00	1,1%
423	Raumheizflächen [m2 BGF]	25,00	**40,00**	53,00	1,5%
430	**Raumlufttechnische Anlagen**				
431	Lüftungsanlagen [m2 BGF]	11,00	**80,00**	157,00	2,8%
440	**Elektrische Anlagen**				
442	Eigenstromversorgungsanlagen [m2 BGF]	16,00	**26,00**	37,00	0,3%
443	Niederspannungsschaltanlagen [m2 BGF]	7,60	**22,00**	36,00	0,2%
444	Niederspannungsinstallationsanlagen [m2 BGF]	68,00	**102,00**	139,00	3,6%
445	Beleuchtungsanlagen [m2 BGF]	49,00	**86,00**	167,00	3,1%
446	Blitzschutz- und Erdungsanlagen [m2 BGF]	11,00	**17,00**	27,00	0,6%
450	**Kommunikations-, sicherheits- und informationstechnische Anlagen**				
451	Telekommunikationsanlagen [m2 BGF]	5,80	**8,90**	11,00	0,2%
456	Gefahrenmelde- und Alarmanlagen [m2 BGF]	18,00	**38,00**	67,00	1,2%
457	Datenübertragungsnetze [m2 BGF]	11,00	**15,00**	23,00	0,6%
460	**Förderanlagen**				
461	Aufzugsanlagen [m2 BGF]	30,00	**42,00**	48,00	0,8%
465	Krananlagen [m2 BGF]	–	**66,00**	–	0,3%
470	**Nutzungsspezifische und verfahrenstechnische Anlagen**				
476	Weitere nutzungsspezifische Anlagen [m2 BGF]	–	**61,00**	–	0,3%
480	**Gebäude- und Anlagenautomation**				
481	Automationseinrichtungen [m2 BGF]	11,00	**42,00**	57,00	0,8%
482	Schaltschränke, Automationsschwerpunkte [m2 BGF]	19,00	**25,00**	30,00	0,3%
483	Automationsmanagement [m2 BGF]	10,00	**26,00**	41,00	0,3%
485	Datenübertragungsnetze [m2 BGF]	–	**32,00**	–	0,2%
490	**Sonstige Maßnahmen für technische Anlagen**				
	Sonstige Kostengruppen Bauwerk – Technische Anlagen				
	413, 434, 452, 453, 454, 455, 459, 471, 474, 484, 491, 494, 495, 498				0,5%

Kosten:
Stand 1.Quartal 2026
Bundesdurchschnitt
inkl. 19% MwSt.

Kostengruppen	▷	€/Einheit	◁	KG an 300+400
310 Baugrube / Erdbau				
311 Herstellung [m³]	25,00	**45,00**	59,00	1,3%
312 Umschließung [m²]	2,10	**282,00**	563,00	< 0,1%
313 Wasserhaltung [m³]	1,50	**4,60**	7,80	< 0,1%
320 Gründung, Unterbau				
321 Baugrundverbesserung [m²]	–	**45,00**	–	0,5%
322 Flachgründungen und Bodenplatten [m²]	137,00	**181,00**	260,00	4,6%
324 Gründungsbeläge [m²]	112,00	**149,00**	200,00	4,0%
325 Abdichtungen und Bekleidungen [m²]	36,00	**59,00**	96,00	1,8%
330 Außenwände/Vertikale Baukonstruktionen, außen				
331 Tragende Außenwände [m²]	196,00	**308,00**	718,00	1,9%
332 Nichttragende Außenwände [m²]	179,00	**225,00**	315,00	1,1%
333 Außenstützen [m]	193,00	**1.213,00**	5.269,00	0,6%
334 Außenwandöffnungen [m²]	905,00	**1.191,00**	1.646,00	7,7%
335 Außenwandbekleidungen, außen [m²]	257,00	**320,00**	490,00	4,0%
336 Außenwandbekleidungen, innen [m²]	98,00	**168,00**	351,00	1,1%
337 Elementierte Außenwandkonstruktionen [m²]	142,00	**535,00**	928,00	2,5%
338 Lichtschutz zur KG 330 [m²]	234,00	**330,00**	424,00	1,1%
339 Sonstiges zur KG 330 [m²]	–	**61,00**	–	0,2%
340 Innenwände/Vertikale Baukonstruktionen, innen				
341 Tragende Innenwände [m²]	170,00	**256,00**	374,00	1,8%
342 Nichttragende Innenwände [m²]	149,00	**226,00**	450,00	1,1%
343 Innenstützen [m]	123,00	**227,00**	324,00	0,4%
344 Innenwandöffnungen [m²]	839,00	**1.101,00**	1.292,00	2,7%
345 Innenwandbekleidungen [m²]	57,00	**105,00**	136,00	2,1%
346 Elementierte Innenwandkonstruktionen [m²]	294,00	**351,00**	431,00	1,3%
350 Decken/Horizontale Baukonstruktionen				
351 Deckenkonstruktionen [m²]	198,00	**281,00**	332,00	2,2%
353 Deckenbeläge [m²]	228,00	**244,00**	260,00	1,8%
354 Deckenbekleidungen [m²]	226,00	**244,00**	262,00	1,4%
359 Sonstiges zur KG 350 [m²]	34,00	**38,00**	43,00	0,3%
360 Dächer				
361 Dachkonstruktionen [m²]	134,00	**203,00**	294,00	6,7%
362 Dachöffnungen [m²]	933,00	**1.746,00**	3.224,00	1,9%
363 Dachbeläge [m²]	189,00	**266,00**	495,00	7,4%
364 Dachbekleidungen [m²]	61,00	**184,00**	278,00	2,7%
366 Lichtschutz zur KG 360 [m²]	102,00	**472,00**	842,00	0,2%
369 Sonstiges zur KG 360 [m²]	6,10	**15,00**	27,00	0,3%
370 Infrastrukturanlagen				
380 Baukonstruktive Einbauten				
382 Besondere Einbauten [m² BGF]	14,00	**63,00**	156,00	1,1%

▷ von
ø Mittel
◁ bis

Kostengruppen		▷	€/Einheit	◁	KG an 300+400
390	**Sonstige Maßnahmen für Baukonstruktionen**				
391	Baustelleneinrichtung [m² BGF]	15,00	**66,00**	144,00	2,5%
392	Gerüste [m² BGF]	11,00	**25,00**	46,00	0,8%
397	Zusätzliche Maßnahmen [m² BGF]	12,00	**22,00**	48,00	0,6%
	Sonstige Kostengruppen Bauwerk – Baukonstruktionen				
	326, 347, 349, 355, 381, 386, 394, 395, 396, 399				0,2%
410	**Abwasser-, Wasser-, Gasanlagen**				
411	Abwasseranlagen [m² BGF]	34,00	**52,00**	117,00	1,7%
412	Wasseranlagen [m² BGF]	37,00	**67,00**	172,00	2,1%
419	Sonstiges zur KG 410 [m² BGF]	2,40	**4,40**	6,30	< 0,1%
420	**Wärmeversorgungsanlagen**				
421	Wärmeerzeugungsanlagen [m² BGF]	11,00	**24,00**	37,00	0,4%
422	Wärmeverteilnetze [m² BGF]	17,00	**42,00**	80,00	0,8%
423	Raumheizflächen [m² BGF]	12,00	**24,00**	48,00	0,6%
430	**Raumlufttechnische Anlagen**				
431	Lüftungsanlagen [m² BGF]	53,00	**73,00**	93,00	1,3%
440	**Elektrische Anlagen**				
442	Eigenstromversorgungsanlagen [m² BGF]	–	**9,40**	–	< 0,1%
443	Niederspannungsschaltanlagen [m² BGF]	–	**21,00**	–	0,2%
444	Niederspannungsinstallationsanlagen [m² BGF]	101,00	**156,00**	204,00	4,8%
445	Beleuchtungsanlagen [m² BGF]	48,00	**68,00**	88,00	1,9%
446	Blitzschutz- und Erdungsanlagen [m² BGF]	6,90	**26,00**	36,00	0,7%
450	**Kommunikations-, sicherheits- und informationstechnische Anlagen**				
451	Telekommunikationsanlagen [m² BGF]	7,00	**10,00**	13,00	0,2%
454	Elektroakustische Anlagen [m² BGF]	11,00	**14,00**	18,00	0,2%
456	Gefahrenmelde- und Alarmanlagen [m² BGF]	18,00	**32,00**	67,00	0,9%
457	Datenübertragungsnetze [m² BGF]	4,90	**22,00**	54,00	0,4%
460	**Förderanlagen**				
461	Aufzugsanlagen [m² BGF]	22,00	**60,00**	133,00	1,0%
470	**Nutzungsspezifische und verfahrenstechnische Anlagen**				
471	Küchentechnische Anlagen [m² BGF]	–	**154,00**	–	0,7%
475	Prozesswärme-, kälte- und -luftanlagen [m² BGF]	–	**276,00**	–	1,6%
476	Weitere nutzungsspezifische Anlagen [m² BGF]	0,60	**11,00**	16,00	0,2%
480	**Gebäude- und Anlagenautomation**				
481	Automationseinrichtungen [m² BGF]	59,00	**97,00**	135,00	1,3%
490	**Sonstige Maßnahmen für technische Anlagen**				
	Sonstige Kostengruppen Bauwerk – Technische Anlagen				
	413, 429, 439, 452, 453, 455, 474, 494				0,2%

Förder- und Sonderschulen

Kosten:
Stand 1. Quartal 2026
Bundesdurchschnitt
inkl. 19% MwSt.

Kostengruppen		▷	€/Einheit	◁	KG an 300+400
310	**Baugrube / Erdbau**				
311	Herstellung [m³]	18,00	**41,00**	78,00	1,0%
320	**Gründung, Unterbau**				
321	Baugrundverbesserung [m²]	13,00	**63,00**	88,00	0,7%
322	Flachgründungen und Bodenplatten [m²]	174,00	**198,00**	238,00	3,1%
323	Tiefgründungen [m²]	–	**495,00**	–	1,0%
324	Gründungsbeläge [m²]	166,00	**184,00**	217,00	2,4%
325	Abdichtungen und Bekleidungen [m²]	27,00	**119,00**	215,00	1,1%
326	Dränagen [m²]	10,00	**21,00**	40,00	0,2%
330	**Außenwände/Vertikale Baukonstruktionen, außen**				
331	Tragende Außenwände [m²]	164,00	**269,00**	334,00	3,2%
332	Nichttragende Außenwände [m²]	134,00	**225,00**	316,00	0,1%
333	Außenstützen [m]	182,00	**223,00**	263,00	0,3%
334	Außenwandöffnungen [m²]	955,00	**3.377,00**	13.015,00	10,0%
335	Außenwandbekleidungen, außen [m²]	157,00	**296,00**	418,00	5,2%
336	Außenwandbekleidungen, innen [m²]	54,00	**64,00**	94,00	0,6%
338	Lichtschutz zur KG 330 [m²]	196,00	**273,00**	387,00	1,1%
340	**Innenwände/Vertikale Baukonstruktionen, innen**				
341	Tragende Innenwände [m²]	158,00	**263,00**	335,00	5,2%
342	Nichttragende Innenwände [m²]	145,00	**160,00**	170,00	1,8%
343	Innenstützen [m]	227,00	**285,00**	395,00	0,2%
344	Innenwandöffnungen [m²]	1.058,00	**1.186,00**	1.268,00	4,1%
345	Innenwandbekleidungen [m²]	40,00	**61,00**	92,00	2,5%
346	Elementierte Innenwandkonstruktionen [m²]	368,00	**757,00**	1.058,00	0,6%
349	Sonstiges zur KG 340 [m²]	5,60	**9,40**	13,00	0,1%
350	**Decken/Horizontale Baukonstruktionen**				
351	Deckenkonstruktionen [m²]	235,00	**284,00**	315,00	5,9%
353	Deckenbeläge [m²]	134,00	**169,00**	223,00	3,1%
354	Deckenbekleidungen [m²]	146,00	**178,00**	234,00	3,0%
355	Elementierte Deckenkonstruktionen [m²]	–	**4.410,00**	–	0,1%
359	Sonstiges zur KG 350 [m²]	34,00	**65,00**	155,00	1,3%
360	**Dächer**				
361	Dachkonstruktionen [m²]	162,00	**219,00**	307,00	4,0%
362	Dachöffnungen [m²]	2.096,00	**3.096,00**	6.518,00	0,7%
363	Dachbeläge [m²]	200,00	**233,00**	276,00	4,4%
364	Dachbekleidungen [m²]	104,00	**166,00**	228,00	2,6%
369	Sonstiges zur KG 360 [m²]	6,20	**11,00**	15,00	0,2%
370	**Infrastrukturanlagen**				
380	**Baukonstruktive Einbauten**				
381	Allgemeine Einbauten [m² BGF]	26,00	**61,00**	169,00	2,1%
382	Besondere Einbauten [m² BGF]	0,60	**11,00**	16,00	0,2%

▷ von
ø Mittel
◁ bis

Kostengruppen		▷	€/Einheit	◁	KG an 300+400
390	**Sonstige Maßnahmen für Baukonstruktionen**				
391	Baustelleneinrichtung [m² BGF]	46,00	**68,00**	98,00	2,5%
392	Gerüste [m² BGF]	18,00	**43,00**	66,00	1,5%
394	Abbruchmaßnahmen [m² BGF]	–	**19,00**	–	0,1%
395	Instandsetzungen [m² BGF]	–	**44,00**	–	0,3%
397	Zusätzliche Maßnahmen [m² BGF]	2,80	**8,80**	13,00	0,3%
	Sonstige Kostengruppen Bauwerk – Baukonstruktionen				
	312, 313, 339, 347, 393, 396, 398, 399				0,2%
410	**Abwasser-, Wasser-, Gasanlagen**				
411	Abwasseranlagen [m² BGF]	20,00	**33,00**	58,00	1,4%
412	Wasseranlagen [m² BGF]	40,00	**56,00**	107,00	2,0%
420	**Wärmeversorgungsanlagen**				
421	Wärmeerzeugungsanlagen [m² BGF]	15,00	**48,00**	105,00	2,1%
422	Wärmeverteilnetze [m² BGF]	22,00	**41,00**	67,00	1,5%
423	Raumheizflächen [m² BGF]	35,00	**55,00**	85,00	2,1%
430	**Raumlufttechnische Anlagen**				
431	Lüftungsanlagen [m² BGF]	16,00	**25,00**	39,00	1,0%
440	**Elektrische Anlagen**				
442	Eigenstromversorgungsanlagen [m² BGF]	8,80	**24,00**	63,00	0,7%
443	Niederspannungsschaltanlagen [m² BGF]	–	**19,00**	–	0,1%
444	Niederspannungsinstallationsanlagen [m² BGF]	95,00	**146,00**	316,00	5,2%
445	Beleuchtungsanlagen [m² BGF]	38,00	**61,00**	93,00	2,1%
446	Blitzschutz- und Erdungsanlagen [m² BGF]	3,90	**7,30**	13,00	0,3%
450	**Kommunikations-, sicherheits- und informationstechnische Anlagen**				
451	Telekommunikationsanlagen [m² BGF]	3,20	**8,30**	28,00	0,3%
454	Elektroakustische Anlagen [m² BGF]	3,80	**9,00**	19,00	0,2%
456	Gefahrenmelde- und Alarmanlagen [m² BGF]	4,50	**15,00**	22,00	0,6%
457	Datenübertragungsnetze [m² BGF]	7,10	**15,00**	19,00	0,5%
460	**Förderanlagen**				
461	Aufzugsanlagen [m² BGF]	21,00	**44,00**	60,00	1,6%
470	**Nutzungsspezifische und verfahrenstechnische Anlagen**				
471	Küchentechnische Anlagen [m² BGF]	8,60	**13,00**	16,00	0,2%
480	**Gebäude- und Anlagenautomation**				
481	Automationseinrichtungen [m² BGF]	9,00	**24,00**	42,00	0,7%
482	Schaltschränke, Automationsschwerpunkte [m² BGF]	9,20	**13,00**	17,00	0,2%
490	**Sonstige Maßnahmen für technische Anlagen**				
	Sonstige Kostengruppen Bauwerk – Technische Anlagen				
	413, 419, 429, 432, 452, 453, 455, 459, 474, 484, 485, 489, 491, 492, 494, 497				0,4%

Kosten:
Stand 1. Quartal 2026
Bundesdurchschnitt
inkl. 19% MwSt.

Kostengruppen	▷	€/Einheit	◁	KG an 300+400
310 Baugrube / Erdbau				
311 Herstellung [m³]	31,00	**34,00**	36,00	1,6%
312 Umschließung [m²]	7,60	**38,00**	68,00	< 0,1%
320 Gründung, Unterbau				
322 Flachgründungen und Bodenplatten [m²]	112,00	**302,00**	415,00	4,5%
323 Tiefgründungen [m²]	–	**654,00**	–	0,6%
324 Gründungsbeläge [m²]	90,00	**190,00**	246,00	1,9%
325 Abdichtungen und Bekleidungen [m²]	77,00	**105,00**	158,00	1,7%
326 Dränagen [m²]	31,00	**49,00**	66,00	0,4%
329 Sonstiges zur KG 320 [m²]	27,00	**34,00**	40,00	0,3%
330 Außenwände/Vertikale Baukonstruktionen, außen				
331 Tragende Außenwände [m²]	250,00	**325,00**	367,00	3,7%
333 Außenstützen [m]	198,00	**222,00**	271,00	0,5%
334 Außenwandöffnungen [m²]	1.359,00	**1.421,00**	1.518,00	14,1%
335 Außenwandbekleidungen, außen [m²]	305,00	**380,00**	515,00	4,1%
336 Außenwandbekleidungen, innen [m²]	22,00	**59,00**	133,00	0,3%
337 Elementierte Außenwandkonstruktionen [m²]	–	**187,00**	–	0,1%
338 Lichtschutz zur KG 330 [m²]	167,00	**206,00**	282,00	0,9%
339 Sonstiges zur KG 330 [m²]	3,90	**16,00**	39,00	0,3%
340 Innenwände/Vertikale Baukonstruktionen, innen				
341 Tragende Innenwände [m²]	284,00	**333,00**	361,00	2,8%
342 Nichttragende Innenwände [m²]	168,00	**256,00**	419,00	2,0%
343 Innenstützen [m]	228,00	**419,00**	521,00	0,8%
344 Innenwandöffnungen [m²]	1.338,00	**1.840,00**	2.784,00	4,1%
345 Innenwandbekleidungen [m²]	39,00	**66,00**	117,00	1,2%
346 Elementierte Innenwandkonstruktionen [m²]	899,00	**1.263,00**	1.498,00	1,0%
347 Lichtschutz zur KG 340 [m²]	–	**1.239,00**	–	0,1%
350 Decken/Horizontale Baukonstruktionen				
351 Deckenkonstruktionen [m²]	328,00	**403,00**	512,00	6,7%
353 Deckenbeläge [m²]	175,00	**214,00**	234,00	3,0%
354 Deckenbekleidungen [m²]	49,00	**69,00**	99,00	0,8%
359 Sonstiges zur KG 350 [m²]	24,00	**98,00**	243,00	1,5%
360 Dächer				
361 Dachkonstruktionen [m²]	196,00	**292,00**	463,00	5,2%
362 Dachöffnungen [m²]	1.029,00	**2.043,00**	2.640,00	< 0,1%
363 Dachbeläge [m²]	239,00	**258,00**	270,00	4,1%
364 Dachbekleidungen [m²]	37,00	**74,00**	134,00	0,4%
369 Sonstiges zur KG 360 [m²]	2,40	**15,00**	28,00	0,2%
370 Infrastrukturanlagen				
380 Baukonstruktive Einbauten				
381 Allgemeine Einbauten [m² BGF]	56,00	**58,00**	60,00	1,3%
382 Besondere Einbauten [m² BGF]	0,70	**2,10**	3,40	< 0,1%
383 Landschaftsgestalterische Einbauten [m² BGF]	–	**13,00**	–	0,1%

▷ von
ø Mittel
◁ bis

Kostengruppen	▷	€/Einheit	◁	KG an 300+400
390 Sonstige Maßnahmen für Baukonstruktionen				
391 Baustelleneinrichtung [m² BGF]	14,00	**60,00**	84,00	2,0%
392 Gerüste [m² BGF]	3,00	**40,00**	64,00	1,1%
397 Zusätzliche Maßnahmen [m² BGF]	4,10	**7,80**	12,00	0,2%
Sonstige Kostengruppen Bauwerk – Baukonstruktionen				
332, 349, 394, 395, 398, 399				0,1%
410 Abwasser-, Wasser-, Gasanlagen				
411 Abwasseranlagen [m² BGF]	54,00	**70,00**	87,00	1,6%
412 Wasseranlagen [m² BGF]	33,00	**34,00**	34,00	0,8%
419 Sonstiges zur KG 410 [m² BGF]	–	**12,00**	–	0,1%
420 Wärmeversorgungsanlagen				
421 Wärmeerzeugungsanlagen [m² BGF]	8,00	**17,00**	26,00	0,4%
422 Wärmeverteilnetze [m² BGF]	17,00	**31,00**	45,00	0,8%
423 Raumheizflächen [m² BGF]	22,00	**34,00**	47,00	0,9%
430 Raumlufttechnische Anlagen				
431 Lüftungsanlagen [m² BGF]	77,00	**99,00**	120,00	2,4%
440 Elektrische Anlagen				
441 Hoch- und Mittelspannungsanlagen [m² BGF]	–	**9,60**	–	0,1%
442 Eigenstromversorgungsanlagen [m² BGF]	–	**10,00**	–	< 0,1%
443 Niederspannungsschaltanlagen [m² BGF]	–	**29,00**	–	0,3%
444 Niederspannungsinstallationsanlagen [m² BGF]	94,00	**182,00**	357,00	5,3%
445 Beleuchtungsanlagen [m² BGF]	31,00	**73,00**	96,00	2,1%
446 Blitzschutz- und Erdungsanlagen [m² BGF]	1,70	**6,00**	8,10	0,2%
450 Kommunikations-, sicherheits- und informationstechnische Anlagen				
451 Telekommunikationsanlagen [m² BGF]	2,90	**8,50**	14,00	0,2%
456 Gefahrenmelde- und Alarmanlagen [m² BGF]	< 0,10	**12,00**	24,00	0,2%
457 Datenübertragungsnetze [m² BGF]	–	**22,00**	–	0,3%
460 Förderanlagen				
461 Aufzugsanlagen [m² BGF]	25,00	**49,00**	94,00	1,4%
470 Nutzungsspezifische und verfahrenstechnische Anlagen				
471 Küchentechnische Anlagen [m² BGF]	7,30	**115,00**	222,00	2,2%
473 Medienversorgungsanlagen, Medizin- und labortechnische An-	–	**17,00**	–	0,2%
480 Gebäude- und Anlagenautomation				
481 Automationseinrichtungen [m² BGF]	19,00	**79,00**	139,00	1,6%
482 Schaltschränke, Automationsschwerpunkte [m² BGF]	–	**20,00**	–	0,3%
484 Kabel, Leitungen und Verlegesysteme [m² BGF]	–	**9,40**	–	< 0,1%
490 Sonstige Maßnahmen für technische Anlagen				
Sonstige Kostengruppen Bauwerk – Technische Anlagen				
413, 429, 452, 455, 474, 476, 492				0,2%

Kindergärten, nicht unterkellert, einfacher Standard

Kosten:
Stand 1. Quartal 2026
Bundesdurchschnitt
inkl. 19% MwSt.

▷ von
ø Mittel
◁ bis

Kostengruppen		▷	€/Einheit	◁	KG an 300+400
310	**Baugrube / Erdbau**				
311	Herstellung [m³]	21,00	**40,00**	50,00	1,0%
319	Sonstiges zur KG 310 [m³]	–	**3,20**	–	< 0,1%
320	**Gründung, Unterbau**				
321	Baugrundverbesserung [m²]	20,00	**48,00**	75,00	1,5%
322	Flachgründungen und Bodenplatten [m²]	78,00	**145,00**	179,00	6,5%
323	Tiefgründungen [m²]	–	**78,00**	–	1,0%
324	Gründungsbeläge [m²]	165,00	**172,00**	183,00	6,9%
325	Abdichtungen und Bekleidungen [m²]	17,00	**34,00**	64,00	1,6%
330	**Außenwände/Vertikale Baukonstruktionen, außen**				
331	Tragende Außenwände [m²]	165,00	**208,00**	238,00	4,8%
332	Nichttragende Außenwände [m²]	–	**197,00**	–	0,3%
333	Außenstützen [m]	–	**197,00**	–	< 0,1%
334	Außenwandöffnungen [m²]	727,00	**942,00**	1.049,00	7,1%
335	Außenwandbekleidungen, außen [m²]	150,00	**234,00**	277,00	5,9%
336	Außenwandbekleidungen, innen [m²]	71,00	**85,00**	94,00	1,8%
338	Lichtschutz zur KG 330 [m²]	253,00	**410,00**	510,00	1,3%
339	Sonstiges zur KG 330 [m²]	–	**30,00**	–	0,3%
340	**Innenwände/Vertikale Baukonstruktionen, innen**				
341	Tragende Innenwände [m²]	132,00	**158,00**	196,00	4,7%
342	Nichttragende Innenwände [m²]	70,00	**96,00**	123,00	0,6%
343	Innenstützen [m]	9,00	**120,00**	230,00	< 0,1%
344	Innenwandöffnungen [m²]	666,00	**955,00**	1.100,00	3,8%
345	Innenwandbekleidungen [m²]	64,00	**83,00**	95,00	5,0%
346	Elementierte Innenwandkonstruktionen [m²]	431,00	**575,00**	665,00	1,4%
349	Sonstiges zur KG 340 [m²]	–	**20,00**	–	0,3%
350	**Decken/Horizontale Baukonstruktionen**				
351	Deckenkonstruktionen [m²]	–	**601,00**	–	0,8%
353	Deckenbeläge [m²]	–	**181,00**	–	0,2%
359	Sonstiges zur KG 350 [m²]	–	**247,00**	–	0,2%
360	**Dächer**				
361	Dachkonstruktionen [m²]	98,00	**119,00**	157,00	5,6%
362	Dachöffnungen [m²]	–	**1.291,00**	–	0,1%
363	Dachbeläge [m²]	133,00	**168,00**	234,00	8,0%
364	Dachbekleidungen [m²]	82,00	**107,00**	120,00	4,7%
369	Sonstiges zur KG 360 [m²]	5,50	**7,50**	9,50	0,2%
370	**Infrastrukturanlagen**				
380	**Baukonstruktive Einbauten**				
381	Allgemeine Einbauten [m² BGF]	52,00	**54,00**	56,00	1,6%
389	Sonstiges zur KG 380 [m² BGF]	–	**12,00**	–	0,2%

Kostengruppen		▷	€/Einheit	◁	KG an 300+400
390	**Sonstige Maßnahmen für Baukonstruktionen**				
391	Baustelleneinrichtung [m² BGF]	7,40	**22,00**	51,00	1,0%
392	Gerüste [m² BGF]	9,10	**17,00**	21,00	0,8%
394	Abbruchmaßnahmen [m² BGF]	–	**10,00**	–	0,1%
396	Materialentsorgung [m² BGF]	–	**1,80**	–	< 0,1%
397	Zusätzliche Maßnahmen [m² BGF]	0,40	**4,00**	7,60	0,1%
410	**Abwasser-, Wasser-, Gasanlagen**				
411	Abwasseranlagen [m² BGF]	29,00	**39,00**	59,00	1,7%
412	Wasseranlagen [m² BGF]	62,00	**72,00**	90,00	3,3%
419	Sonstiges zur KG 410 [m² BGF]	4,90	**7,10**	9,20	0,2%
420	**Wärmeversorgungsanlagen**				
421	Wärmeerzeugungsanlagen [m² BGF]	20,00	**28,00**	39,00	1,2%
422	Wärmeverteilnetze [m² BGF]	25,00	**29,00**	34,00	1,3%
423	Raumheizflächen [m² BGF]	31,00	**39,00**	56,00	1,9%
429	Sonstiges zur KG 420 [m² BGF]	–	**7,60**	–	0,1%
430	**Raumlufttechnische Anlagen**				
431	Lüftungsanlagen [m² BGF]	14,00	**51,00**	71,00	2,2%
440	**Elektrische Anlagen**				
444	Niederspannungsinstallationsanlagen [m² BGF]	52,00	**70,00**	96,00	3,2%
445	Beleuchtungsanlagen [m² BGF]	57,00	**67,00**	88,00	3,1%
446	Blitzschutz- und Erdungsanlagen [m² BGF]	11,00	**19,00**	35,00	0,9%
450	**Kommunikations-, sicherheits- und informationstechnische Anlagen**				
451	Telekommunikationsanlagen [m² BGF]	–	**2,90**	–	< 0,1%
452	Such- und Signalanlagen [m² BGF]	1,60	**4,00**	8,30	0,2%
456	Gefahrenmelde- und Alarmanlagen [m² BGF]	7,40	**11,00**	19,00	0,5%
457	Datenübertragungsnetze [m² BGF]	4,50	**12,00**	19,00	0,4%
460	**Förderanlagen**				
470	**Nutzungsspezifische und verfahrenstechnische Anlagen**				
480	**Gebäude- und Anlagenautomation**				
490	**Sonstige Maßnahmen für technische Anlagen**				

Kindergärten, nicht unterkellert, hoher Standard

Kosten:
Stand 1. Quartal 2026
Bundesdurchschnitt
inkl. 19% MwSt.

Kostengruppen		▷	€/Einheit	◁	KG an 300+400
310	**Baugrube / Erdbau**				
311	Herstellung [m^3]	8,40	**40,00**	51,00	1,4%
320	**Gründung, Unterbau**				
321	Baugrundverbesserung [m^2]	33,00	**97,00**	131,00	2,4%
322	Flachgründungen und Bodenplatten [m^2]	119,00	**131,00**	144,00	3,7%
324	Gründungsbeläge [m^2]	184,00	**196,00**	208,00	5,0%
325	Abdichtungen und Bekleidungen [m^2]	52,00	**64,00**	75,00	1,8%
329	Sonstiges zur KG 320 [m^2]	–	**14,00**	–	0,1%
330	**Außenwände/Vertikale Baukonstruktionen, außen**				
331	Tragende Außenwände [m^2]	151,00	**236,00**	344,00	3,8%
333	Außenstützen [m]	153,00	**245,00**	291,00	0,2%
334	Außenwandöffnungen [m^2]	868,00	**1.087,00**	1.306,00	8,9%
335	Außenwandbekleidungen, außen [m^2]	167,00	**212,00**	257,00	4,0%
336	Außenwandbekleidungen, innen [m^2]	44,00	**55,00**	66,00	0,9%
337	Elementierte Außenwandkonstruktionen [m^2]	–	**1.211,00**	–	1,2%
338	Lichtschutz zur KG 330 [m^2]	432,00	**543,00**	764,00	1,4%
339	Sonstiges zur KG 330 [m^2]	9,00	**9,20**	9,40	0,1%
340	**Innenwände/Vertikale Baukonstruktionen, innen**				
341	Tragende Innenwände [m^2]	127,00	**170,00**	280,00	3,7%
342	Nichttragende Innenwände [m^2]	89,00	**129,00**	164,00	0,8%
344	Innenwandöffnungen [m^2]	805,00	**998,00**	1.180,00	3,2%
345	Innenwandbekleidungen [m^2]	52,00	**58,00**	63,00	3,0%
346	Elementierte Innenwandkonstruktionen [m^2]	362,00	**820,00**	1.160,00	1,6%
350	**Decken/Horizontale Baukonstruktionen**				
351	Deckenkonstruktionen [m^2]	253,00	**310,00**	475,00	2,0%
352	Deckenöffnungen [m^2]	1.023,00	**1.322,00**	1.621,00	0,1%
353	Deckenbeläge [m^2]	62,00	**112,00**	154,00	0,7%
354	Deckenbekleidungen [m^2]	83,00	**129,00**	255,00	0,8%
355	Elementierte Deckenkonstruktionen [m^2]	–	**3.243,00**	–	0,2%
359	Sonstiges zur KG 350 [m^2]	43,00	**103,00**	244,00	0,6%
360	**Dächer**				
361	Dachkonstruktionen [m^2]	169,00	**199,00**	222,00	6,9%
362	Dachöffnungen [m^2]	2.253,00	**3.177,00**	3.885,00	1,6%
363	Dachbeläge [m^2]	164,00	**218,00**	360,00	7,5%
364	Dachbekleidungen [m^2]	128,00	**174,00**	220,00	5,2%
366	Lichtschutz zur KG 360 [m^2]	–	**448,00**	–	0,1%
369	Sonstiges zur KG 360 [m^2]	14,00	**26,00**	31,00	1,0%
370	**Infrastrukturanlagen**				
380	**Baukonstruktive Einbauten**				
381	Allgemeine Einbauten [m^2 BGF]	53,00	**92,00**	111,00	2,6%
382	Besondere Einbauten [m^2 BGF]	–	**39,00**	–	0,4%

▷ von
ø Mittel
◁ bis

 Erläuterungen zu den Tabellen siehe Seite 58

Kostengruppen		▷	€/Einheit	◁	KG an 300+400
390	**Sonstige Maßnahmen für Baukonstruktionen**				
391	Baustelleneinrichtung [m² BGF]	23,00	**41,00**	57,00	1,6%
392	Gerüste [m² BGF]	14,00	**28,00**	36,00	0,8%
397	Zusätzliche Maßnahmen [m² BGF]	2,00	**6,20**	14,00	0,2%
	Sonstige Kostengruppen Bauwerk – Baukonstruktionen				
	326, 332, 343, 349, 386, 395, 398				0,3%
410	**Abwasser-, Wasser-, Gasanlagen**				
411	Abwasseranlagen [m² BGF]	15,00	**25,00**	53,00	0,9%
412	Wasseranlagen [m² BGF]	61,00	**70,00**	94,00	2,7%
419	Sonstiges zur KG 410 [m² BGF]	4,60	**6,30**	8,00	0,1%
420	**Wärmeversorgungsanlagen**				
421	Wärmeerzeugungsanlagen [m² BGF]	8,40	**28,00**	41,00	0,8%
422	Wärmeverteilnetze [m² BGF]	15,00	**39,00**	48,00	1,5%
423	Raumheizflächen [m² BGF]	15,00	**41,00**	70,00	1,6%
429	Sonstiges zur KG 420 [m² BGF]	–	**19,00**	–	0,2%
430	**Raumlufttechnische Anlagen**				
431	Lüftungsanlagen [m² BGF]	24,00	**85,00**	136,00	3,2%
440	**Elektrische Anlagen**				
443	Niederspannungsschaltanlagen [m² BGF]	–	**11,00**	–	0,1%
444	Niederspannungsinstallationsanlagen [m² BGF]	43,00	**68,00**	97,00	2,6%
445	Beleuchtungsanlagen [m² BGF]	37,00	**74,00**	105,00	2,9%
446	Blitzschutz- und Erdungsanlagen [m² BGF]	4,90	**10,00**	14,00	0,4%
450	**Kommunikations-, sicherheits- und informationstechnische Anlagen**				
456	Gefahrenmelde- und Alarmanlagen [m² BGF]	12,00	**19,00**	23,00	0,5%
460	**Förderanlagen**				
461	Aufzugsanlagen [m² BGF]	–	**53,00**	–	0,5%
469	Sonstiges zur KG 460 [m² BGF]	–	**27,00**	–	0,3%
470	**Nutzungsspezifische und verfahrenstechnische Anlagen**				
471	Küchentechnische Anlagen [m² BGF]	33,00	**40,00**	43,00	1,1%
480	**Gebäude- und Anlagenautomation**				
482	Schaltschränke, Automationsschwerpunkte [m² BGF]	–	**16,00**	–	0,1%
483	Automationsmanagement [m² BGF]	–	**18,00**	–	0,2%
484	Kabel, Leitungen und Verlegesysteme [m² BGF]	–	**14,00**	–	0,1%
490	**Sonstige Maßnahmen für technische Anlagen**				
	Sonstige Kostengruppen Bauwerk – Technische Anlagen				
	451, 452, 454, 455, 457, 474, 481, 492, 494, 495				0,4%

Kindergärten, Holzbauweise, nicht unterkellert

Kosten:
Stand 1. Quartal 2026
Bundesdurchschnitt
inkl. 19% MwSt.

Kostengruppen		▷	€/Einheit	◁	KG an 300+400
310	**Baugrube / Erdbau**				
311	Herstellung [m³]	35,00	**61,00**	113,00	1,5%
320	**Gründung, Unterbau**				
321	Baugrundverbesserung [m²]	22,00	**130,00**	446,00	0,9%
322	Flachgründungen und Bodenplatten [m²]	123,00	**168,00**	265,00	5,2%
323	Tiefgründungen [m²]	–	**114,00**	–	0,3%
324	Gründungsbeläge [m²]	155,00	**229,00**	560,00	5,4%
325	Abdichtungen und Bekleidungen [m²]	42,00	**69,00**	91,00	1,7%
330	**Außenwände/Vertikale Baukonstruktionen, außen**				
331	Tragende Außenwände [m²]	216,00	**264,00**	382,00	3,0%
332	Nichttragende Außenwände [m²]	136,00	**213,00**	331,00	0,2%
334	Außenwandöffnungen [m²]	816,00	**1.036,00**	1.265,00	6,6%
335	Außenwandbekleidungen, außen [m²]	195,00	**265,00**	351,00	5,9%
336	Außenwandbekleidungen, innen [m²]	66,00	**100,00**	164,00	1,6%
337	Elementierte Außenwandkonstruktionen [m²]	252,00	**682,00**	1.541,00	2,4%
338	Lichtschutz zur KG 330 [m²]	258,00	**352,00**	567,00	1,1%
339	Sonstiges zur KG 330 [m²]	7,70	**14,00**	25,00	0,2%
340	**Innenwände/Vertikale Baukonstruktionen, innen**				
341	Tragende Innenwände [m²]	167,00	**213,00**	301,00	2,9%
342	Nichttragende Innenwände [m²]	116,00	**154,00**	257,00	1,2%
344	Innenwandöffnungen [m²]	835,00	**1.140,00**	1.389,00	3,4%
345	Innenwandbekleidungen [m²]	39,00	**71,00**	114,00	2,8%
346	Elementierte Innenwandkonstruktionen [m²]	298,00	**646,00**	1.159,00	1,7%
350	**Decken/Horizontale Baukonstruktionen**				
351	Deckenkonstruktionen [m²]	355,00	**626,00**	1.125,00	2,6%
353	Deckenbeläge [m²]	192,00	**253,00**	361,00	1,0%
354	Deckenbekleidungen [m²]	117,00	**176,00**	245,00	0,5%
355	Elementierte Deckenkonstruktionen [m²]	875,00	**2.079,00**	3.282,00	0,2%
359	Sonstiges zur KG 350 [m²]	12,00	**64,00**	112,00	0,3%
360	**Dächer**				
361	Dachkonstruktionen [m²]	164,00	**233,00**	320,00	4,9%
362	Dachöffnungen [m²]	1.215,00	**1.948,00**	2.940,00	0,5%
363	Dachbeläge [m²]	155,00	**232,00**	291,00	6,6%
364	Dachbekleidungen [m²]	42,00	**136,00**	179,00	2,5%
365	Elementierte Dachkonstruktionen [m²]	205,00	**209,00**	213,00	1,6%
369	Sonstiges zur KG 360 [m²]	5,30	**12,00**	22,00	0,3%
370	**Infrastrukturanlagen**				
380	**Baukonstruktive Einbauten**				
381	Allgemeine Einbauten [m² BGF]	78,00	**105,00**	136,00	3,0%

▷ von
ø Mittel
◁ bis

Kostengruppen		▷	€/Einheit	◁	KG an 300+400
390	**Sonstige Maßnahmen für Baukonstruktionen**				
391	Baustelleneinrichtung [m² BGF]	35,00	**58,00**	86,00	1,8%
392	Gerüste [m² BGF]	19,00	**28,00**	45,00	0,7%
397	Zusätzliche Maßnahmen [m² BGF]	8,10	**17,00**	40,00	0,4%
	Sonstige Kostengruppen Bauwerk – Baukonstruktionen				
	312, 326, 329, 333, 343, 349, 366, 382, 386, 389, 395, 396, 398, 399				0,3%
410	**Abwasser-, Wasser-, Gasanlagen**				
411	Abwasseranlagen [m² BGF]	21,00	**39,00**	61,00	1,2%
412	Wasseranlagen [m² BGF]	58,00	**77,00**	93,00	2,5%
419	Sonstiges zur KG 410 [m² BGF]	8,30	**11,00**	16,00	0,4%
420	**Wärmeversorgungsanlagen**				
421	Wärmeerzeugungsanlagen [m² BGF]	25,00	**56,00**	105,00	1,8%
422	Wärmeverteilnetze [m² BGF]	23,00	**34,00**	63,00	1,1%
423	Raumheizflächen [m² BGF]	26,00	**37,00**	57,00	1,2%
430	**Raumlufttechnische Anlagen**				
431	Lüftungsanlagen [m² BGF]	35,00	**81,00**	141,00	1,9%
440	**Elektrische Anlagen**				
442	Eigenstromversorgungsanlagen [m² BGF]	24,00	**43,00**	54,00	0,3%
444	Niederspannungsinstallationsanlagen [m² BGF]	63,00	**103,00**	150,00	3,2%
445	Beleuchtungsanlagen [m² BGF]	29,00	**62,00**	81,00	1,9%
446	Blitzschutz- und Erdungsanlagen [m² BGF]	11,00	**19,00**	26,00	0,6%
450	**Kommunikations-, sicherheits- und informationstechnische Anlagen**				
452	Such- und Signalanlagen [m² BGF]	2,90	**4,80**	8,60	0,1%
456	Gefahrenmelde- und Alarmanlagen [m² BGF]	13,00	**25,00**	42,00	0,7%
457	Datenübertragungsnetze [m² BGF]	4,30	**10,00**	20,00	0,3%
460	**Förderanlagen**				
461	Aufzugsanlagen [m² BGF]	32,00	**45,00**	57,00	0,3%
470	**Nutzungsspezifische und verfahrenstechnische Anlagen**				
471	Küchentechnische Anlagen [m² BGF]	–	**57,00**	–	0,1%
480	**Gebäude- und Anlagenautomation**				
481	Automationseinrichtungen [m² BGF]	15,00	**31,00**	53,00	0,3%
490	**Sonstige Maßnahmen für technische Anlagen**				
	Sonstige Kostengruppen Bauwerk – Technische Anlagen				
	429, 451, 453, 454, 455, 474, 482, 483, 484, 485, 491, 492, 497, 498				0,3%

Kosten:
Stand 1. Quartal 2026
Bundesdurchschnitt
inkl. 19% MwSt.

Kostengruppen	▷	€/Einheit	◁	KG an 300+400
310 Baugrube / Erdbau				
311 Herstellung [m³]	19,00	**54,00**	74,00	2,2%
312 Umschließung [m²]	–	**3,90**	–	< 0,1%
320 Gründung, Unterbau				
321 Baugrundverbesserung [m²]	–	**38,00**	–	0,4%
322 Flachgründungen und Bodenplatten [m²]	185,00	**223,00**	295,00	6,5%
324 Gründungsbeläge [m²]	176,00	**229,00**	262,00	5,8%
325 Abdichtungen und Bekleidungen [m²]	12,00	**21,00**	25,00	0,6%
326 Dränagen [m²]	5,50	**9,40**	13,00	0,2%
329 Sonstiges zur KG 320 [m²]	–	**6,40**	–	< 0,1%
330 Außenwände/Vertikale Baukonstruktionen, außen				
331 Tragende Außenwände [m²]	244,00	**255,00**	272,00	4,7%
333 Außenstützen [m]	–	**494,00**	–	0,2%
334 Außenwandöffnungen [m²]	931,00	**1.087,00**	1.166,00	15,3%
335 Außenwandbekleidungen, außen [m²]	103,00	**141,00**	214,00	2,9%
336 Außenwandbekleidungen, innen [m²]	11,00	**63,00**	99,00	1,1%
338 Lichtschutz zur KG 330 [m²]	–	**247,00**	–	0,3%
340 Innenwände/Vertikale Baukonstruktionen, innen				
341 Tragende Innenwände [m²]	117,00	**146,00**	196,00	1,2%
342 Nichttragende Innenwände [m²]	99,00	**133,00**	198,00	0,6%
343 Innenstützen [m]	153,00	**285,00**	417,00	0,1%
344 Innenwandöffnungen [m²]	197,00	**675,00**	929,00	1,6%
345 Innenwandbekleidungen [m²]	31,00	**97,00**	216,00	2,4%
346 Elementierte Innenwandkonstruktionen [m²]	202,00	**262,00**	322,00	0,2%
347 Lichtschutz zur KG 340 [m²]	–	**433,00**	–	< 0,1%
349 Sonstiges zur KG 340 [m²]	20,00	**29,00**	37,00	0,3%
350 Decken/Horizontale Baukonstruktionen				
351 Deckenkonstruktionen [m²]	191,00	**269,00**	346,00	1,5%
353 Deckenbeläge [m²]	168,00	**360,00**	552,00	1,6%
354 Deckenbekleidungen [m²]	115,00	**131,00**	148,00	0,6%
355 Elementierte Deckenkonstruktionen [m²]	–	**305,00**	–	0,1%
359 Sonstiges zur KG 350 [m²]	23,00	**35,00**	48,00	0,2%
360 Dächer				
361 Dachkonstruktionen [m²]	221,00	**336,00**	547,00	11,5%
362 Dachöffnungen [m²]	721,00	**2.924,00**	5.127,00	1,0%
363 Dachbeläge [m²]	178,00	**330,00**	636,00	10,5%
364 Dachbekleidungen [m²]	8,80	**82,00**	119,00	3,1%
369 Sonstiges zur KG 360 [m²]	–	**1,80**	–	< 0,1%
370 Infrastrukturanlagen				
380 Baukonstruktive Einbauten				
381 Allgemeine Einbauten [m² BGF]	–	**33,00**	–	0,4%
382 Besondere Einbauten [m² BGF]	–	**13,00**	–	0,2%

▷ von
ø Mittel
◁ bis

Kostengruppen		▷	€/Einheit	◁	KG an 300+400
390	**Sonstige Maßnahmen für Baukonstruktionen**				
391	Baustelleneinrichtung [m² BGF]	11,00	**39,00**	90,00	1,4%
392	Gerüste [m² BGF]	42,00	**48,00**	54,00	1,1%
395	Instandsetzungen [m² BGF]	–	**19,00**	–	0,2%
397	Zusätzliche Maßnahmen [m² BGF]	2,80	**5,20**	8,50	0,2%
399	Sonstiges zur KG 390 [m² BGF]	2,20	**2,80**	3,40	< 0,1%
410	**Abwasser-, Wasser-, Gasanlagen**				
411	Abwasseranlagen [m² BGF]	36,00	**45,00**	58,00	1,6%
412	Wasseranlagen [m² BGF]	60,00	**71,00**	93,00	2,5%
420	**Wärmeversorgungsanlagen**				
421	Wärmeerzeugungsanlagen [m² BGF]	12,00	**36,00**	49,00	1,3%
422	Wärmeverteilnetze [m² BGF]	7,80	**33,00**	47,00	1,1%
423	Raumheizflächen [m² BGF]	17,00	**34,00**	68,00	1,2%
429	Sonstiges zur KG 420 [m² BGF]	–	**16,00**	–	0,2%
430	**Raumlufttechnische Anlagen**				
431	Lüftungsanlagen [m² BGF]	16,00	**84,00**	119,00	3,0%
440	**Elektrische Anlagen**				
442	Eigenstromversorgungsanlagen [m² BGF]	15,00	**25,00**	35,00	0,6%
443	Niederspannungsschaltanlagen [m² BGF]	–	**14,00**	–	0,2%
444	Niederspannungsinstallationsanlagen [m² BGF]	48,00	**122,00**	271,00	4,2%
445	Beleuchtungsanlagen [m² BGF]	24,00	**58,00**	117,00	2,0%
446	Blitzschutz- und Erdungsanlagen [m² BGF]	5,90	**9,70**	17,00	0,3%
450	**Kommunikations-, sicherheits- und informationstechnische Anlagen**				
451	Telekommunikationsanlagen [m² BGF]	–	**0,80**	–	< 0,1%
452	Such- und Signalanlagen [m² BGF]	–	**1,00**	–	< 0,1%
453	Zeitdienstanlagen [m² BGF]	–	**0,40**	–	< 0,1%
454	Elektroakustische Anlagen [m² BGF]	4,50	**6,50**	8,50	0,2%
455	Audiovisuelle Medien- und Antennenanlagen [m² BGF]	1,10	**1,40**	1,60	< 0,1%
456	Gefahrenmelde- und Alarmanlagen [m² BGF]	–	**26,00**	–	0,3%
457	Datenübertragungsnetze [m² BGF]	–	**29,00**	–	0,3%
460	**Förderanlagen**				
470	**Nutzungsspezifische und verfahrenstechnische Anlagen**				
471	Küchentechnische Anlagen [m² BGF]	–	**1,30**	–	< 0,1%
474	Feuerlöschanlagen [m² BGF]	–	**0,60**	–	< 0,1%
480	**Gebäude- und Anlagenautomation**				
481	Automationseinrichtungen [m² BGF]	–	**25,00**	–	0,3%
482	Schaltschränke, Automationsschwerpunkte [m² BGF]	–	**11,00**	–	0,1%
490	**Sonstige Maßnahmen für technische Anlagen**				
494	Abbruchmaßnahmen [m² BGF]	–	**0,70**	–	< 0,1%

Kosten:
Stand 1. Quartal 2026
Bundesdurchschnitt
inkl. 19% MwSt.

Kostengruppen	▷	€/Einheit	◁	KG an 300+400
310 Baugrube / Erdbau				
311 Herstellung [m³]	29,00	**40,00**	50,00	2,5%
313 Wasserhaltung [m³]	–	**–**	–	< 0,1%
320 Gründung, Unterbau				
321 Baugrundverbesserung [m²]	12,00	**37,00**	54,00	1,2%
322 Flachgründungen und Bodenplatten [m²]	121,00	**165,00**	211,00	5,3%
324 Gründungsbeläge [m²]	171,00	**204,00**	234,00	6,2%
325 Abdichtungen und Bekleidungen [m²]	23,00	**35,00**	52,00	1,2%
326 Dränagen [m²]	10,00	**12,00**	13,00	0,2%
330 Außenwände/Vertikale Baukonstruktionen, außen				
331 Tragende Außenwände [m²]	209,00	**272,00**	426,00	6,3%
332 Nichttragende Außenwände [m²]	161,00	**255,00**	349,00	0,2%
333 Außenstützen [m]	76,00	**266,00**	372,00	0,6%
334 Außenwandöffnungen [m²]	909,00	**1.325,00**	1.766,00	4,9%
335 Außenwandbekleidungen, außen [m²]	181,00	**235,00**	278,00	7,2%
336 Außenwandbekleidungen, innen [m²]	84,00	**109,00**	131,00	2,6%
337 Elementierte Außenwandkonstruktionen [m²]	–	**811,00**	–	0,8%
339 Sonstiges zur KG 330 [m²]	5,50	**5,90**	6,30	< 0,1%
340 Innenwände/Vertikale Baukonstruktionen, innen				
341 Tragende Innenwände [m²]	132,00	**165,00**	193,00	2,2%
342 Nichttragende Innenwände [m²]	103,00	**111,00**	128,00	0,7%
343 Innenstützen [m]	104,00	**216,00**	423,00	0,3%
344 Innenwandöffnungen [m²]	917,00	**1.079,00**	1.211,00	3,3%
345 Innenwandbekleidungen [m²]	66,00	**93,00**	120,00	3,5%
346 Elementierte Innenwandkonstruktionen [m²]	231,00	**359,00**	487,00	0,2%
349 Sonstiges zur KG 340 [m²]	1,50	**2,40**	4,10	< 0,1%
350 Decken/Horizontale Baukonstruktionen				
351 Deckenkonstruktionen [m²]	107,00	**274,00**	383,00	1,3%
353 Deckenbeläge [m²]	158,00	**203,00**	248,00	0,6%
354 Deckenbekleidungen [m²]	38,00	**62,00**	97,00	0,2%
359 Sonstiges zur KG 350 [m²]	107,00	**189,00**	271,00	0,6%
360 Dächer				
361 Dachkonstruktionen [m²]	204,00	**282,00**	460,00	11,1%
362 Dachöffnungen [m²]	626,00	**1.659,00**	2.206,00	0,8%
363 Dachbeläge [m²]	163,00	**199,00**	213,00	7,8%
364 Dachbekleidungen [m²]	37,00	**76,00**	108,00	2,4%
369 Sonstiges zur KG 360 [m²]	–	**10,00**	–	< 0,1%
370 Infrastrukturanlagen				
380 Baukonstruktive Einbauten				
382 Besondere Einbauten [m² BGF]	14,00	**33,00**	44,00	1,0%
386 Orientierungs- und Informationssysteme [m² BGF]	–	**0,30**	–	< 0,1%
387 Schutzeinbauten [m² BGF]	7,60	**14,00**	20,00	0,3%

▷ von
ø Mittel
◁ bis

Kostengruppen	▷	€/Einheit	◁	KG an 300+400
390 Sonstige Maßnahmen für Baukonstruktionen				
391 Baustelleneinrichtung [m² BGF]	39,00	**69,00**	158,00	2,6%
392 Gerüste [m² BGF]	35,00	**53,00**	72,00	2,0%
395 Instandsetzungen [m² BGF]	–	**0,50**	–	< 0,1%
397 Zusätzliche Maßnahmen [m² BGF]	0,30	**5,10**	9,90	0,1%
398 Provisorische Baukonstruktionen [m² BGF]	–	**1,20**	–	< 0,1%
410 Abwasser-, Wasser-, Gasanlagen				
411 Abwasseranlagen [m² BGF]	12,00	**25,00**	36,00	0,9%
412 Wasseranlagen [m² BGF]	69,00	**83,00**	113,00	3,2%
419 Sonstiges zur KG 410 [m² BGF]	7,40	**14,00**	21,00	0,3%
420 Wärmeversorgungsanlagen				
421 Wärmeerzeugungsanlagen [m² BGF]	15,00	**27,00**	59,00	1,0%
422 Wärmeverteilnetze [m² BGF]	22,00	**49,00**	72,00	1,8%
423 Raumheizflächen [m² BGF]	27,00	**57,00**	80,00	2,1%
429 Sonstiges zur KG 420 [m² BGF]	–	**1,40**	–	< 0,1%
430 Raumlufttechnische Anlagen				
431 Lüftungsanlagen [m² BGF]	10,00	**47,00**	88,00	1,8%
440 Elektrische Anlagen				
442 Eigenstromversorgungsanlagen [m² BGF]	12,00	**15,00**	18,00	0,3%
444 Niederspannungsinstallationsanlagen [m² BGF]	36,00	**61,00**	90,00	2,3%
445 Beleuchtungsanlagen [m² BGF]	66,00	**100,00**	197,00	4,1%
446 Blitzschutz- und Erdungsanlagen [m² BGF]	9,50	**16,00**	21,00	0,6%
450 Kommunikations-, sicherheits- und informationstechnische Anlagen				
451 Telekommunikationsanlagen [m² BGF]	–	**0,20**	–	< 0,1%
452 Such- und Signalanlagen [m² BGF]	1,10	**2,00**	3,00	< 0,1%
454 Elektroakustische Anlagen [m² BGF]	1,00	**5,60**	10,00	0,1%
456 Gefahrenmelde- und Alarmanlagen [m² BGF]	9,50	**17,00**	24,00	0,7%
457 Datenübertragungsnetze [m² BGF]	0,60	**3,00**	7,80	< 0,1%
460 Förderanlagen				
470 Nutzungsspezifische und verfahrenstechnische Anlagen				
480 Gebäude- und Anlagenautomation				
481 Automationseinrichtungen [m² BGF]	–	**22,00**	–	0,2%
484 Kabel, Leitungen und Verlegesysteme [m² BGF]	–	**0,80**	–	< 0,1%
490 Sonstige Maßnahmen für technische Anlagen				
491 Baustelleneinrichtung [m² BGF]	0,90	**3,20**	5,50	< 0,1%
492 Gerüste [m² BGF]	–	**5,20**	–	< 0,1%

Sporthallen (Dreifeldhallen)

Kosten:
Stand 1. Quartal 2026
Bundesdurchschnitt
inkl. 19% MwSt.

▷ von
ø Mittel
◁ bis

Kostengruppen		▷	€/Einheit	◁	KG an 300+400
310	**Baugrube / Erdbau**				
311	Herstellung [m³]	32,00	**45,00**	76,00	2,4%
320	**Gründung, Unterbau**				
321	Baugrundverbesserung [m²]	12,00	**35,00**	94,00	0,3%
322	Flachgründungen und Bodenplatten [m²]	134,00	**163,00**	219,00	4,4%
323	Tiefgründungen [m²]	–	**761,00**	–	0,6%
324	Gründungsbeläge [m²]	172,00	**191,00**	234,00	4,8%
325	Abdichtungen und Bekleidungen [m²]	12,00	**34,00**	56,00	0,9%
326	Dränagen [m²]	20,00	**29,00**	59,00	0,7%
330	**Außenwände/Vertikale Baukonstruktionen, außen**				
331	Tragende Außenwände [m²]	155,00	**263,00**	315,00	3,5%
333	Außenstützen [m]	229,00	**324,00**	415,00	0,6%
334	Außenwandöffnungen [m²]	770,00	**915,00**	1.074,00	7,2%
335	Außenwandbekleidungen, außen [m²]	88,00	**189,00**	306,00	2,9%
336	Außenwandbekleidungen, innen [m²]	57,00	**142,00**	194,00	1,2%
337	Elementierte Außenwandkonstruktionen [m²]	–	**899,00**	–	0,2%
338	Lichtschutz zur KG 330 [m²]	204,00	**245,00**	322,00	0,7%
339	Sonstiges zur KG 330 [m²]	12,00	**33,00**	65,00	0,6%
340	**Innenwände/Vertikale Baukonstruktionen, innen**				
341	Tragende Innenwände [m²]	178,00	**208,00**	241,00	2,5%
342	Nichttragende Innenwände [m²]	110,00	**125,00**	151,00	0,7%
343	Innenstützen [m]	149,00	**321,00**	531,00	0,3%
344	Innenwandöffnungen [m²]	885,00	**1.452,00**	2.116,00	2,9%
345	Innenwandbekleidungen [m²]	104,00	**129,00**	157,00	2,8%
346	Elementierte Innenwandkonstruktionen [m²]	182,00	**258,00**	332,00	0,9%
350	**Decken/Horizontale Baukonstruktionen**				
351	Deckenkonstruktionen [m²]	271,00	**306,00**	433,00	2,4%
353	Deckenbeläge [m²]	195,00	**235,00**	266,00	1,3%
354	Deckenbekleidungen [m²]	73,00	**100,00**	198,00	0,6%
359	Sonstiges zur KG 350 [m²]	95,00	**109,00**	131,00	0,8%
360	**Dächer**				
361	Dachkonstruktionen [m²]	192,00	**243,00**	338,00	7,9%
362	Dachöffnungen [m²]	685,00	**1.035,00**	1.520,00	2,9%
363	Dachbeläge [m²]	155,00	**204,00**	250,00	7,0%
364	Dachbekleidungen [m²]	129,00	**216,00**	329,00	2,2%
369	Sonstiges zur KG 360 [m²]	2,20	**4,60**	7,20	0,1%
370	**Infrastrukturanlagen**				
380	**Baukonstruktive Einbauten**				
381	Allgemeine Einbauten [m² BGF]	10,00	**21,00**	40,00	0,6%
382	Besondere Einbauten [m² BGF]	79,00	**132,00**	164,00	4,8%

Kostengruppen		▷	€/Einheit	◁	KG an 300+400
390	**Sonstige Maßnahmen für Baukonstruktionen**				
391	Baustelleneinrichtung [m² BGF]	54,00	**92,00**	152,00	3,2%
392	Gerüste [m² BGF]	20,00	**44,00**	69,00	1,5%
397	Zusätzliche Maßnahmen [m² BGF]	13,00	**34,00**	136,00	1,2%
	Sonstige Kostengruppen Bauwerk – Baukonstruktionen				
	312, 313, 319, 329, 332, 349, 386, 387, 395, 396, 398, 399				0,5%
410	**Abwasser-, Wasser-, Gasanlagen**				
411	Abwasseranlagen [m² BGF]	19,00	**41,00**	58,00	1,2%
412	Wasseranlagen [m² BGF]	56,00	**69,00**	89,00	2,1%
420	**Wärmeversorgungsanlagen**				
421	Wärmeerzeugungsanlagen [m² BGF]	16,00	**52,00**	77,00	0,9%
422	Wärmeverteilnetze [m² BGF]	33,00	**36,00**	44,00	0,7%
423	Raumheizflächen [m² BGF]	51,00	**54,00**	60,00	1,0%
430	**Raumlufttechnische Anlagen**				
431	Lüftungsanlagen [m² BGF]	36,00	**57,00**	94,00	1,0%
432	Teilklimaanlagen [m² BGF]	–	**130,00**	–	0,9%
440	**Elektrische Anlagen**				
442	Eigenstromversorgungsanlagen [m² BGF]	13,00	**28,00**	51,00	0,5%
443	Niederspannungsschaltanlagen [m² BGF]	5,70	**12,00**	18,00	0,1%
444	Niederspannungsinstallationsanlagen [m² BGF]	55,00	**68,00**	102,00	1,7%
445	Beleuchtungsanlagen [m² BGF]	53,00	**63,00**	72,00	1,6%
446	Blitzschutz- und Erdungsanlagen [m² BGF]	3,80	**9,00**	16,00	0,2%
450	**Kommunikations-, sicherheits- und informationstechnische Anlagen**				
454	Elektroakustische Anlagen [m² BGF]	3,90	**12,00**	19,00	0,3%
456	Gefahrenmelde- und Alarmanlagen [m² BGF]	12,00	**24,00**	47,00	0,5%
460	**Förderanlagen**				
461	Aufzugsanlagen [m² BGF]	–	**17,00**	–	0,1%
470	**Nutzungsspezifische und verfahrenstechnische Anlagen**				
480	**Gebäude- und Anlagenautomation**				
481	Automationseinrichtungen [m² BGF]	10,00	**16,00**	19,00	0,3%
482	Schaltschränke, Automationsschwerpunkte [m² BGF]	5,40	**8,40**	10,00	0,2%
484	Kabel, Leitungen und Verlegesysteme [m² BGF]	0,90	**6,10**	9,00	0,1%
490	**Sonstige Maßnahmen für technische Anlagen**				
	Sonstige Kostengruppen Bauwerk – Technische Anlagen				
	413, 419, 429, 441, 451, 452, 453, 455, 457, 474, 476, 483, 492, 494, 496, 499				0,6%

Kosten:
Stand 1. Quartal 2026
Bundesdurchschnitt
inkl. 19% MwSt.

Kostengruppen		▷	€/Einheit	◁	KG an 300+400
310	**Baugrube / Erdbau**				
311	Herstellung [m³]	–	**21,00**	–	1,1%
313	Wasserhaltung [m³]	–	**0,40**	–	1,4%
320	**Gründung, Unterbau**				
322	Flachgründungen und Bodenplatten [m²]	–	**211,00**	–	3,6%
323	Tiefgründungen [m²]	–	**–**	–	0,5%
324	Gründungsbeläge [m²]	–	**277,00**	–	2,3%
325	Abdichtungen und Bekleidungen [m²]	–	**46,00**	–	0,6%
330	**Außenwände/Vertikale Baukonstruktionen, außen**				
331	Tragende Außenwände [m²]	–	**381,00**	–	2,0%
333	Außenstützen [m]	–	**583,00**	–	0,3%
334	Außenwandöffnungen [m²]	–	**3.084,00**	–	0,2%
335	Außenwandbekleidungen, außen [m²]	–	**505,00**	–	2,9%
336	Außenwandbekleidungen, innen [m²]	–	**201,00**	–	0,7%
337	Elementierte Außenwandkonstruktionen [m²]	–	**1.193,00**	–	3,8%
339	Sonstiges zur KG 330 [m²]	–	**18,00**	–	0,2%
340	**Innenwände/Vertikale Baukonstruktionen, innen**				
341	Tragende Innenwände [m²]	–	**486,00**	–	3,6%
342	Nichttragende Innenwände [m²]	–	**253,00**	–	0,9%
343	Innenstützen [m]	–	**188,00**	–	0,2%
344	Innenwandöffnungen [m²]	–	**1.410,00**	–	0,9%
345	Innenwandbekleidungen [m²]	–	**343,00**	–	3,3%
346	Elementierte Innenwandkonstruktionen [m²]	–	**601,00**	–	2,3%
350	**Decken/Horizontale Baukonstruktionen**				
351	Deckenkonstruktionen [m²]	–	**296,00**	–	2,2%
353	Deckenbeläge [m²]	–	**473,00**	–	3,4%
355	Elementierte Deckenkonstruktionen [m²]	–	**2.049,00**	–	0,3%
359	Sonstiges zur KG 350 [m²]	–	**85,00**	–	0,6%
360	**Dächer**				
361	Dachkonstruktionen [m²]	–	**433,00**	–	6,1%
362	Dachöffnungen [m²]	–	**1.425,00**	–	0,4%
363	Dachbeläge [m²]	–	**244,00**	–	3,2%
364	Dachbekleidungen [m²]	–	**237,00**	–	2,9%
369	Sonstiges zur KG 360 [m²]	–	**19,00**	–	0,3%
370	**Infrastrukturanlagen**				
380	**Baukonstruktive Einbauten**				
381	Allgemeine Einbauten [m² BGF]	–	**92,00**	–	1,9%
382	Besondere Einbauten [m² BGF]	–	**136,00**	–	2,9%
386	Orientierungs- und Informationssysteme [m² BGF]	–	**7,50**	–	0,2%
390	**Sonstige Maßnahmen für Baukonstruktionen**				
391	Baustelleneinrichtung [m² BGF]	–	**175,00**	–	3,7%
392	Gerüste [m² BGF]	–	**91,00**	–	1,9%
397	Zusätzliche Maßnahmen [m² BGF]	–	**36,00**	–	0,8%
399	Sonstiges zur KG 390 [m² BGF]	–	**5,50**	–	0,1%

▷ von
ø Mittel
◁ bis

Kostengruppen		▷	€/Einheit	◁	KG an 300+400
	Sonstige Kostengruppen Bauwerk – Baukonstruktionen				
	312, 332, 338, 396				0,2%
410	**Abwasser-, Wasser-, Gasanlagen**				
411	Abwasseranlagen [m² BGF]	–	**108,00**	–	2,3%
412	Wasseranlagen [m² BGF]	–	**95,00**	–	2,0%
413	Gasanlagen [m² BGF]	–	**10,00**	–	0,2%
419	Sonstiges zur KG 410 [m² BGF]	–	**5,30**	–	0,1%
420	**Wärmeversorgungsanlagen**				
421	Wärmeerzeugungsanlagen [m² BGF]	–	**114,00**	–	2,4%
422	Wärmeverteilnetze [m² BGF]	–	**65,00**	–	1,4%
429	Sonstiges zur KG 420 [m² BGF]	–	**9,90**	–	0,2%
430	**Raumlufttechnische Anlagen**				
431	Lüftungsanlagen [m² BGF]	–	**216,00**	–	4,5%
434	Kälteanlagen [m² BGF]	–	**8,10**	–	0,2%
440	**Elektrische Anlagen**				
441	Hoch- und Mittelspannungsanlagen [m² BGF]	–	**16,00**	–	0,3%
442	Eigenstromversorgungsanlagen [m² BGF]	–	**9,90**	–	0,2%
443	Niederspannungsschaltanlagen [m² BGF]	–	**33,00**	–	0,7%
444	Niederspannungsinstallationsanlagen [m² BGF]	–	**134,00**	–	2,8%
445	Beleuchtungsanlagen [m² BGF]	–	**98,00**	–	2,1%
446	Blitzschutz- und Erdungsanlagen [m² BGF]	–	**21,00**	–	0,4%
450	**Kommunikations-, sicherheits- und informationstechnische Anlagen**				
454	Elektroakustische Anlagen [m² BGF]	–	**22,00**	–	0,5%
455	Audiovisuelle Medien- und Antennenanlagen [m² BGF]	–	**22,00**	–	0,5%
456	Gefahrenmelde- und Alarmanlagen [m² BGF]	–	**80,00**	–	1,7%
457	Datenübertragungsnetze [m² BGF]	–	**21,00**	–	0,4%
460	**Förderanlagen**				
461	Aufzugsanlagen [m² BGF]	–	**18,00**	–	0,4%
470	**Nutzungsspezifische und verfahrenstechnische Anlagen**				
471	Küchentechnische Anlagen [m² BGF]	–	**51,00**	–	1,1%
472	Wäscherei-, Reinigungs- und badetechnische Anlagen [m² BGF]	–	**533,00**	–	11,2%
480	**Gebäude- und Anlagenautomation**				
481	Automationseinrichtungen [m² BGF]	–	**20,00**	–	0,4%
482	Schaltschränke, Automationsschwerpunkte [m² BGF]	–	**43,00**	–	0,9%
483	Automationsmanagement [m² BGF]	–	**15,00**	–	0,3%
484	Kabel, Leitungen und Verlegesysteme [m² BGF]	–	**36,00**	–	0,8%
490	**Sonstige Maßnahmen für technische Anlagen**				
497	Zusätzliche Maßnahmen [m² BGF]	–	**7,40**	–	0,2%
	Sonstige Kostengruppen Bauwerk – Technische Anlagen				
	423, 451, 452, 453, 474				0,2%

Kosten:
Stand 1.Quartal 2026
Bundesdurchschnitt
inkl. 19% MwSt.

Kostengruppen		▷	€/Einheit	◁	KG an 300+400
310	**Baugrube / Erdbau**				
311	Herstellung [m³]	28,00	**39,00**	60,00	3,8%
313	Wasserhaltung [m³]	0,20	**2,50**	4,90	0,1%
320	**Gründung, Unterbau**				
321	Baugrundverbesserung [m²]	–	**281,00**	–	< 0,1%
322	Flachgründungen und Bodenplatten [m²]	115,00	**125,00**	142,00	3,3%
324	Gründungsbeläge [m²]	33,00	**88,00**	126,00	1,9%
325	Abdichtungen und Bekleidungen [m²]	20,00	**37,00**	49,00	0,9%
326	Dränagen [m²]	16,00	**60,00**	104,00	0,9%
330	**Außenwände/Vertikale Baukonstruktionen, außen**				
331	Tragende Außenwände [m²]	189,00	**207,00**	236,00	12,0%
332	Nichttragende Außenwände [m²]	94,00	**194,00**	293,00	0,2%
333	Außenstützen [m]	–	**128,00**	–	0,2%
334	Außenwandöffnungen [m²]	766,00	**849,00**	976,00	6,2%
335	Außenwandbekleidungen, außen [m²]	57,00	**72,00**	80,00	4,6%
336	Außenwandbekleidungen, innen [m²]	29,00	**37,00**	41,00	2,2%
338	Lichtschutz zur KG 330 [m²]	118,00	**400,00**	560,00	1,8%
339	Sonstiges zur KG 330 [m²]	2,40	**11,00**	16,00	0,7%
340	**Innenwände/Vertikale Baukonstruktionen, innen**				
341	Tragende Innenwände [m²]	111,00	**147,00**	164,00	2,4%
342	Nichttragende Innenwände [m²]	75,00	**103,00**	122,00	2,4%
343	Innenstützen [m]	–	**54,00**	–	< 0,1%
344	Innenwandöffnungen [m²]	319,00	**367,00**	436,00	2,4%
345	Innenwandbekleidungen [m²]	53,00	**61,00**	74,00	4,6%
349	Sonstiges zur KG 340 [m²]	–	**12,00**	–	0,2%
350	**Decken/Horizontale Baukonstruktionen**				
351	Deckenkonstruktionen [m²]	184,00	**211,00**	264,00	8,6%
352	Deckenöffnungen [m²]	881,00	**1.034,00**	1.188,00	< 0,1%
353	Deckenbeläge [m²]	176,00	**206,00**	224,00	7,1%
354	Deckenbekleidungen [m²]	15,00	**27,00**	45,00	0,9%
355	Elementierte Deckenkonstruktionen [m²]	–	**1.107,00**	–	0,6%
359	Sonstiges zur KG 350 [m²]	–	**17,00**	–	0,2%
360	**Dächer**				
361	Dachkonstruktionen [m²]	91,00	**100,00**	117,00	3,9%
362	Dachöffnungen [m²]	901,00	**1.525,00**	1.905,00	1,1%
363	Dachbeläge [m²]	136,00	**181,00**	248,00	7,1%
364	Dachbekleidungen [m²]	42,00	**75,00**	135,00	2,3%
369	Sonstiges zur KG 360 [m²]	–	**15,00**	–	0,2%
370	**Infrastrukturanlagen**				
380	**Baukonstruktive Einbauten**				
390	**Sonstige Maßnahmen für Baukonstruktionen**				
391	Baustelleneinrichtung [m² BGF]	12,00	**20,00**	28,00	0,9%
392	Gerüste [m² BGF]	8,00	**11,00**	16,00	0,7%

▷ von
ø Mittel
◁ bis

Kostengruppen		▷	€/Einheit	◁	KG an 300+400
410	**Abwasser-, Wasser-, Gasanlagen**				
411	Abwasseranlagen [m² BGF]	13,00	**24,00**	44,00	1,6%
412	Wasseranlagen [m² BGF]	44,00	**50,00**	53,00	3,6%
419	Sonstiges zur KG 410 [m² BGF]	–	**1,60**	–	< 0,1%
420	**Wärmeversorgungsanlagen**				
421	Wärmeerzeugungsanlagen [m² BGF]	36,00	**39,00**	45,00	2,8%
422	Wärmeverteilnetze [m² BGF]	9,50	**14,00**	22,00	1,0%
423	Raumheizflächen [m² BGF]	16,00	**25,00**	29,00	1,7%
429	Sonstiges zur KG 420 [m² BGF]	19,00	**20,00**	22,00	1,0%
430	**Raumlufttechnische Anlagen**				
440	**Elektrische Anlagen**				
444	Niederspannungsinstallationsanlagen [m² BGF]	29,00	**38,00**	56,00	2,6%
445	Beleuchtungsanlagen [m² BGF]	0,10	**0,80**	1,40	< 0,1%
446	Blitzschutz- und Erdungsanlagen [m² BGF]	1,10	**2,20**	4,30	0,1%
450	**Kommunikations-, sicherheits- und informationstechnische Anlagen**				
451	Telekommunikationsanlagen [m² BGF]	0,90	**1,70**	3,20	0,1%
452	Such- und Signalanlagen [m² BGF]	1,30	**2,10**	3,40	0,2%
455	Audiovisuelle Medien- und Antennenanlagen [m² BGF]	1,70	**4,50**	9,20	0,3%
460	**Förderanlagen**				
470	**Nutzungsspezifische und verfahrenstechnische Anlagen**				
480	**Gebäude- und Anlagenautomation**				
490	**Sonstige Maßnahmen für technische Anlagen**				

Ein- und Zweifamilienhäuser, unterkellert, mittlerer Standard

Kosten:
Stand 1. Quartal 2026
Bundesdurchschnitt
inkl. 19% MwSt.

Kostengruppen		▷	€/Einheit	◁	KG an 300+400
310	**Baugrube / Erdbau**				
311	Herstellung [m³]	27,00	**40,00**	50,00	3,1%
313	Wasserhaltung [m³]	7,00	**20,00**	42,00	0,3%
320	**Gründung, Unterbau**				
322	Flachgründungen und Bodenplatten [m²]	138,00	**167,00**	204,00	2,9%
324	Gründungsbeläge [m²]	83,00	**139,00**	184,00	1,6%
325	Abdichtungen und Bekleidungen [m²]	27,00	**50,00**	81,00	0,9%
326	Dränagen [m²]	15,00	**25,00**	39,00	0,2%
330	**Außenwände/Vertikale Baukonstruktionen, außen**				
331	Tragende Außenwände [m²]	147,00	**196,00**	293,00	9,2%
332	Nichttragende Außenwände [m²]	177,00	**254,00**	332,00	< 0,1%
333	Außenstützen [m]	44,00	**121,00**	183,00	< 0,1%
334	Außenwandöffnungen [m²]	682,00	**808,00**	1.031,00	8,2%
335	Außenwandbekleidungen, außen [m²]	123,00	**179,00**	227,00	9,2%
336	Außenwandbekleidungen, innen [m²]	53,00	**71,00**	121,00	2,0%
338	Lichtschutz zur KG 330 [m²]	312,00	**455,00**	809,00	1,6%
339	Sonstiges zur KG 330 [m²]	5,50	**16,00**	48,00	0,8%
340	**Innenwände/Vertikale Baukonstruktionen, innen**				
341	Tragende Innenwände [m²]	105,00	**131,00**	193,00	2,7%
342	Nichttragende Innenwände [m²]	102,00	**139,00**	329,00	1,7%
343	Innenstützen [m]	128,00	**160,00**	216,00	< 0,1%
344	Innenwandöffnungen [m²]	431,00	**556,00**	647,00	2,1%
345	Innenwandbekleidungen [m²]	57,00	**73,00**	113,00	3,2%
349	Sonstiges zur KG 340 [m²]	3,50	**8,90**	14,00	< 0,1%
350	**Decken/Horizontale Baukonstruktionen**				
351	Deckenkonstruktionen [m²]	195,00	**240,00**	286,00	7,8%
352	Deckenöffnungen [m²]	–	**1.034,00**	–	< 0,1%
353	Deckenbeläge [m²]	181,00	**213,00**	295,00	5,5%
354	Deckenbekleidungen [m²]	24,00	**42,00**	75,00	0,8%
355	Elementierte Deckenkonstruktionen [m²]	–	**2.015,00**	–	0,2%
359	Sonstiges zur KG 350 [m²]	14,00	**39,00**	77,00	0,9%
360	**Dächer**				
361	Dachkonstruktionen [m²]	100,00	**140,00**	227,00	3,0%
362	Dachöffnungen [m²]	1.184,00	**1.853,00**	2.754,00	1,1%
363	Dachbeläge [m²]	174,00	**210,00**	270,00	4,5%
364	Dachbekleidungen [m²]	85,00	**120,00**	175,00	1,7%
366	Lichtschutz zur KG 360 [m²]	799,00	**957,00**	1.114,00	< 0,1%
369	Sonstiges zur KG 360 [m²]	6,10	**26,00**	63,00	0,2%
370	**Infrastrukturanlagen**				
380	**Baukonstruktive Einbauten**				
381	Allgemeine Einbauten [m² BGF]	8,70	**22,00**	53,00	0,4%
382	Besondere Einbauten [m² BGF]	–	**9,40**	–	< 0,1%
389	Sonstiges zur KG 380 [m² BGF]	–	**4,40**	–	< 0,1%

▷ von
ø Mittel
◁ bis

 Erläuterungen zu den Tabellen siehe Seite 58

Kostengruppen		▷	€/Einheit	◁	KG an 300+400
390	**Sonstige Maßnahmen für Baukonstruktionen**				
391	Baustelleneinrichtung [m² BGF]	19,00	**40,00**	66,00	2,0%
392	Gerüste [m² BGF]	14,00	**23,00**	36,00	1,2%
395	Instandsetzungen [m² BGF]	–	**1,00**	–	< 0,1%
396	Materialentsorgung [m² BGF]	–	**0,20**	–	< 0,1%
397	Zusätzliche Maßnahmen [m² BGF]	2,90	**12,00**	26,00	0,3%
398	Provisorische Baukonstruktionen [m² BGF]	–	**0,30**	–	< 0,1%
399	Sonstiges zur KG 390 [m² BGF]	–	**1,30**	–	< 0,1%
410	**Abwasser-, Wasser-, Gasanlagen**				
411	Abwasseranlagen [m² BGF]	17,00	**30,00**	46,00	1,5%
412	Wasseranlagen [m² BGF]	50,00	**68,00**	112,00	3,2%
419	Sonstiges zur KG 410 [m² BGF]	2,80	**6,00**	16,00	0,2%
420	**Wärmeversorgungsanlagen**				
421	Wärmeerzeugungsanlagen [m² BGF]	46,00	**89,00**	126,00	4,2%
422	Wärmeverteilnetze [m² BGF]	12,00	**17,00**	25,00	0,8%
423	Raumheizflächen [m² BGF]	33,00	**43,00**	54,00	2,1%
429	Sonstiges zur KG 420 [m² BGF]	14,00	**29,00**	50,00	0,9%
430	**Raumlufttechnische Anlagen**				
431	Lüftungsanlagen [m² BGF]	6,80	**33,00**	49,00	0,7%
440	**Elektrische Anlagen**				
442	Eigenstromversorgungsanlagen [m² BGF]	73,00	**105,00**	123,00	1,0%
444	Niederspannungsinstallationsanlagen [m² BGF]	43,00	**74,00**	122,00	3,6%
445	Beleuchtungsanlagen [m² BGF]	2,50	**4,50**	15,00	0,1%
446	Blitzschutz- und Erdungsanlagen [m² BGF]	2,00	**4,10**	9,70	0,2%
450	**Kommunikations-, sicherheits- und informationstechnische Anlagen**				
451	Telekommunikationsanlagen [m² BGF]	1,00	**2,10**	4,40	< 0,1%
452	Such- und Signalanlagen [m² BGF]	1,30	**3,20**	6,10	0,1%
454	Elektroakustische Anlagen [m² BGF]	1,80	**2,60**	4,30	< 0,1%
455	Audiovisuelle Medien- und Antennenanlagen [m² BGF]	4,10	**5,90**	8,00	0,2%
456	Gefahrenmelde- und Alarmanlagen [m² BGF]	1,70	**2,70**	6,30	< 0,1%
457	Datenübertragungsnetze [m² BGF]	3,40	**6,90**	11,00	0,2%
460	**Förderanlagen**				
470	**Nutzungsspezifische und verfahrenstechnische Anlagen**				
480	**Gebäude- und Anlagenautomation**				
481	Automationseinrichtungen [m² BGF]	23,00	**38,00**	54,00	0,2%
485	Datenübertragungsnetze [m² BGF]	–	**1,20**	–	< 0,1%
490	**Sonstige Maßnahmen für technische Anlagen**				

Ein- und Zweifamilienhäuser, unterkellert, hoher Standard

Kosten:
Stand 1. Quartal 2026
Bundesdurchschnitt
inkl. 19% MwSt.

Kostengruppen		▷	€/Einheit	◁	KG an 300+400
310	**Baugrube / Erdbau**				
311	Herstellung [m³]	8,20	**34,00**	46,00	2,4%
312	Umschließung [m²]	–	**4,40**	–	< 0,1%
320	**Gründung, Unterbau**				
321	Baugrundverbesserung [m²]	15,00	**16,00**	18,00	< 0,1%
322	Flachgründungen und Bodenplatten [m²]	171,00	**221,00**	281,00	3,6%
323	Tiefgründungen [m²]	–	**–**	–	< 0,1%
324	Gründungsbeläge [m²]	89,00	**194,00**	291,00	2,0%
325	Abdichtungen und Bekleidungen [m²]	30,00	**57,00**	72,00	0,9%
326	Dränagen [m²]	14,00	**24,00**	49,00	0,2%
330	**Außenwände/Vertikale Baukonstruktionen, außen**				
331	Tragende Außenwände [m²]	182,00	**221,00**	270,00	8,3%
332	Nichttragende Außenwände [m²]	120,00	**189,00**	323,00	0,2%
333	Außenstützen [m]	129,00	**195,00**	313,00	0,3%
334	Außenwandöffnungen [m²]	871,00	**1.119,00**	1.349,00	11,1%
335	Außenwandbekleidungen, außen [m²]	134,00	**179,00**	245,00	7,5%
336	Außenwandbekleidungen, innen [m²]	45,00	**62,00**	90,00	1,9%
338	Lichtschutz zur KG 330 [m²]	325,00	**496,00**	1.014,00	2,3%
339	Sonstiges zur KG 330 [m²]	9,30	**22,00**	45,00	0,9%
340	**Innenwände/Vertikale Baukonstruktionen, innen**				
341	Tragende Innenwände [m²]	129,00	**155,00**	209,00	1,9%
342	Nichttragende Innenwände [m²]	103,00	**131,00**	182,00	1,8%
343	Innenstützen [m]	170,00	**225,00**	253,00	0,2%
344	Innenwandöffnungen [m²]	567,00	**838,00**	1.180,00	2,9%
345	Innenwandbekleidungen [m²]	45,00	**66,00**	85,00	2,9%
349	Sonstiges zur KG 340 [m²]	5,40	**7,60**	12,00	< 0,1%
350	**Decken/Horizontale Baukonstruktionen**				
351	Deckenkonstruktionen [m²]	225,00	**298,00**	419,00	7,4%
353	Deckenbeläge [m²]	189,00	**269,00**	352,00	5,5%
354	Deckenbekleidungen [m²]	29,00	**67,00**	115,00	1,3%
359	Sonstiges zur KG 350 [m²]	33,00	**70,00**	220,00	1,0%
360	**Dächer**				
361	Dachkonstruktionen [m²]	99,00	**162,00**	257,00	2,7%
362	Dachöffnungen [m²]	1.289,00	**1.953,00**	3.119,00	0,5%
363	Dachbeläge [m²]	181,00	**283,00**	401,00	4,8%
364	Dachbekleidungen [m²]	56,00	**120,00**	197,00	1,6%
366	Lichtschutz zur KG 360 [m²]	–	**1.656,00**	–	< 0,1%
369	Sonstiges zur KG 360 [m²]	11,00	**20,00**	30,00	0,2%
370	**Infrastrukturanlagen**				
380	**Baukonstruktive Einbauten**				
381	Allgemeine Einbauten [m² BGF]	20,00	**59,00**	160,00	1,2%
382	Besondere Einbauten [m² BGF]	15,00	**26,00**	43,00	0,2%
389	Sonstiges zur KG 380 [m² BGF]	7,80	**9,00**	10,00	< 0,1%

▷ von
ø Mittel
◁ bis

Kostengruppen		▷	€/Einheit	◁	KG an 300+400
390	**Sonstige Maßnahmen für Baukonstruktionen**				
391	Baustelleneinrichtung [m² BGF]	20,00	**38,00**	73,00	1,5%
392	Gerüste [m² BGF]	11,00	**20,00**	33,00	0,8%
393	Sicherungsmaßnahmen [m² BGF]	3,30	**11,00**	19,00	< 0,1%
394	Abbruchmaßnahmen [m² BGF]	5,60	**7,00**	8,40	< 0,1%
395	Instandsetzungen [m² BGF]	–	**27,00**	–	< 0,1%
397	Zusätzliche Maßnahmen [m² BGF]	1,70	**7,20**	21,00	0,1%
398	Provisorische Baukonstruktionen [m² BGF]	–	**1,00**	–	< 0,1%
410	**Abwasser-, Wasser-, Gasanlagen**				
411	Abwasseranlagen [m² BGF]	26,00	**36,00**	50,00	1,5%
412	Wasseranlagen [m² BGF]	49,00	**77,00**	103,00	3,1%
413	Gasanlagen [m² BGF]	–	**3,60**	–	< 0,1%
419	Sonstiges zur KG 410 [m² BGF]	2,70	**5,20**	14,00	0,1%
420	**Wärmeversorgungsanlagen**				
421	Wärmeerzeugungsanlagen [m² BGF]	55,00	**101,00**	152,00	4,2%
422	Wärmeverteilnetze [m² BGF]	13,00	**25,00**	39,00	0,9%
423	Raumheizflächen [m² BGF]	34,00	**49,00**	63,00	2,0%
429	Sonstiges zur KG 420 [m² BGF]	11,00	**25,00**	63,00	1,0%
430	**Raumlufttechnische Anlagen**				
431	Lüftungsanlagen [m² BGF]	2,30	**34,00**	58,00	0,9%
433	Klimaanlagen [m² BGF]	–	**105,00**	–	0,3%
440	**Elektrische Anlagen**				
444	Niederspannungsinstallationsanlagen [m² BGF]	46,00	**85,00**	145,00	3,3%
445	Beleuchtungsanlagen [m² BGF]	6,20	**20,00**	50,00	0,6%
446	Blitzschutz- und Erdungsanlagen [m² BGF]	2,60	**5,60**	11,00	0,2%
450	**Kommunikations-, sicherheits- und informationstechnische Anlagen**				
451	Telekommunikationsanlagen [m² BGF]	< 0,10	**2,60**	5,10	< 0,1%
452	Such- und Signalanlagen [m² BGF]	2,90	**6,50**	16,00	0,2%
454	Elektroakustische Anlagen [m² BGF]	1,40	**3,70**	17,00	< 0,1%
455	Audiovisuelle Medien- und Antennenanlagen [m² BGF]	4,60	**6,50**	8,90	0,2%
456	Gefahrenmelde- und Alarmanlagen [m² BGF]	3,70	**8,00**	15,00	0,1%
457	Datenübertragungsnetze [m² BGF]	5,40	**9,70**	18,00	0,3%
460	**Förderanlagen**				
470	**Nutzungsspezifische und verfahrenstechnische Anlagen**				
480	**Gebäude- und Anlagenautomation**				
481	Automationseinrichtungen [m² BGF]	55,00	**56,00**	57,00	0,5%
483	Automationsmanagement [m² BGF]	–	**12,00**	–	< 0,1%
485	Datenübertragungsnetze [m² BGF]	1,50	**2,50**	3,50	< 0,1%
490	**Sonstige Maßnahmen für technische Anlagen**				
491	Baustelleneinrichtung [m² BGF]	–	**3,60**	–	< 0,1%

Ein- und Zweifamilienhäuser, nicht unterkellert, einfacher Standard

Kosten:
Stand 1.Quartal 2026
Bundesdurchschnitt
inkl. 19% MwSt.

Kostengruppen		▷	€/Einheit	◁	KG an 300+400
310	**Baugrube / Erdbau**				
311	Herstellung [m³]	29,00	**62,00**	96,00	1,2%
320	**Gründung, Unterbau**				
321	Baugrundverbesserung [m²]	–	**66,00**	–	1,5%
322	Flachgründungen und Bodenplatten [m²]	217,00	**223,00**	230,00	6,5%
324	Gründungsbeläge [m²]	179,00	**185,00**	190,00	4,0%
325	Abdichtungen und Bekleidungen [m²]	17,00	**25,00**	33,00	0,7%
330	**Außenwände/Vertikale Baukonstruktionen, außen**				
331	Tragende Außenwände [m²]	119,00	**151,00**	183,00	8,8%
334	Außenwandöffnungen [m²]	613,00	**704,00**	796,00	7,5%
335	Außenwandbekleidungen, außen [m²]	93,00	**157,00**	220,00	8,9%
336	Außenwandbekleidungen, innen [m²]	65,00	**69,00**	73,00	3,0%
338	Lichtschutz zur KG 330 [m²]	474,00	**580,00**	685,00	2,6%
339	Sonstiges zur KG 330 [m²]	–	**3,10**	–	0,1%
340	**Innenwände/Vertikale Baukonstruktionen, innen**				
341	Tragende Innenwände [m²]	93,00	**96,00**	99,00	1,5%
342	Nichttragende Innenwände [m²]	90,00	**115,00**	141,00	2,5%
344	Innenwandöffnungen [m²]	401,00	**465,00**	529,00	2,4%
345	Innenwandbekleidungen [m²]	60,00	**65,00**	70,00	3,4%
350	**Decken/Horizontale Baukonstruktionen**				
351	Deckenkonstruktionen [m²]	194,00	**209,00**	225,00	8,7%
352	Deckenöffnungen [m²]	–	**1.229,00**	–	0,1%
353	Deckenbeläge [m²]	139,00	**160,00**	180,00	4,4%
354	Deckenbekleidungen [m²]	36,00	**47,00**	58,00	1,7%
359	Sonstiges zur KG 350 [m²]	–	**10,00**	–	0,2%
360	**Dächer**				
361	Dachkonstruktionen [m²]	55,00	**73,00**	91,00	2,9%
362	Dachöffnungen [m²]	–	**1.201,00**	–	< 0,1%
363	Dachbeläge [m²]	126,00	**145,00**	164,00	5,5%
364	Dachbekleidungen [m²]	–	**71,00**	–	0,3%
370	**Infrastrukturanlagen**				
380	**Baukonstruktive Einbauten**				
390	**Sonstige Maßnahmen für Baukonstruktionen**				
391	Baustelleneinrichtung [m² BGF]	21,00	**33,00**	45,00	2,5%
392	Gerüste [m² BGF]	20,00	**21,00**	21,00	1,5%

▷ von
ø Mittel
◁ bis

Kostengruppen		▷	€/Einheit	◁	KG an 300+400
410	**Abwasser-, Wasser-, Gasanlagen**				
411	Abwasseranlagen [m² BGF]	12,00	**21,00**	31,00	1,5%
412	Wasseranlagen [m² BGF]	44,00	**55,00**	67,00	4,1%
419	Sonstiges zur KG 410 [m² BGF]	–	**3,80**	–	0,1%
420	**Wärmeversorgungsanlagen**				
421	Wärmeerzeugungsanlagen [m² BGF]	26,00	**49,00**	72,00	3,6%
422	Wärmeverteilnetze [m² BGF]	17,00	**20,00**	24,00	1,5%
423	Raumheizflächen [m² BGF]	14,00	**16,00**	19,00	1,2%
429	Sonstiges zur KG 420 [m² BGF]	–	**23,00**	–	0,9%
430	**Raumlufttechnische Anlagen**				
431	Lüftungsanlagen [m² BGF]	–	**35,00**	–	1,3%
440	**Elektrische Anlagen**				
444	Niederspannungsinstallationsanlagen [m² BGF]	–	**31,00**	–	2,3%
445	Beleuchtungsanlagen [m² BGF]	–	**4,90**	–	0,2%
446	Blitzschutz- und Erdungsanlagen [m² BGF]	1,70	**2,60**	3,60	0,2%
450	**Kommunikations-, sicherheits- und informationstechnische Anlagen**				
451	Telekommunikationsanlagen [m² BGF]	–	**0,50**	–	< 0,1%
452	Such- und Signalanlagen [m² BGF]	1,50	**1,70**	1,90	0,1%
455	Audiovisuelle Medien- und Antennenanlagen [m² BGF]	0,60	**4,00**	7,40	0,3%
457	Datenübertragungsnetze [m² BGF]	–	**5,60**	–	0,2%
460	**Förderanlagen**				
470	**Nutzungsspezifische und verfahrenstechnische Anlagen**				
480	**Gebäude- und Anlagenautomation**				
490	**Sonstige Maßnahmen für technische Anlagen**				

Ein- und Zwei-familienhäuser, nicht unterkellert, mittlerer Standard

Kosten:
Stand 1.Quartal 2026
Bundesdurchschnitt
inkl. 19% MwSt.

▷ von
ø Mittel
◁ bis

Kostengruppen		▷	€/Einheit	◁	KG an 300+400
310	**Baugrube / Erdbau**				
311	Herstellung [m³]	24,00	**42,00**	53,00	0,9%
313	Wasserhaltung [m³]	–	**1,70**	–	< 0,1%
320	**Gründung, Unterbau**				
321	Baugrundverbesserung [m²]	43,00	**69,00**	119,00	0,3%
322	Flachgründungen und Bodenplatten [m²]	153,00	**210,00**	258,00	4,9%
324	Gründungsbeläge [m²]	146,00	**223,00**	278,00	4,3%
325	Abdichtungen und Bekleidungen [m²]	25,00	**53,00**	82,00	1,3%
326	Dränagen [m²]	5,20	**14,00**	23,00	< 0,1%
329	Sonstiges zur KG 320 [m²]	–	**29,00**	–	< 0,1%
330	**Außenwände/Vertikale Baukonstruktionen, außen**				
331	Tragende Außenwände [m²]	137,00	**193,00**	249,00	7,2%
332	Nichttragende Außenwände [m²]	188,00	**255,00**	322,00	0,3%
333	Außenstützen [m]	140,00	**225,00**	336,00	0,4%
334	Außenwandöffnungen [m²]	773,00	**914,00**	1.143,00	9,6%
335	Außenwandbekleidungen, außen [m²]	155,00	**222,00**	516,00	9,3%
336	Außenwandbekleidungen, innen [m²]	49,00	**70,00**	90,00	2,1%
338	Lichtschutz zur KG 330 [m²]	136,00	**392,00**	616,00	0,9%
339	Sonstiges zur KG 330 [m²]	11,00	**29,00**	121,00	0,7%
340	**Innenwände/Vertikale Baukonstruktionen, innen**				
341	Tragende Innenwände [m²]	92,00	**121,00**	146,00	1,7%
342	Nichttragende Innenwände [m²]	92,00	**115,00**	140,00	2,0%
343	Innenstützen [m]	204,00	**246,00**	349,00	0,1%
344	Innenwandöffnungen [m²]	412,00	**595,00**	1.067,00	1,9%
345	Innenwandbekleidungen [m²]	36,00	**59,00**	77,00	3,4%
346	Elementierte Innenwandkonstruktionen [m²]	507,00	**762,00**	1.017,00	0,2%
349	Sonstiges zur KG 340 [m²]	3,90	**7,30**	9,30	< 0,1%
350	**Decken/Horizontale Baukonstruktionen**				
351	Deckenkonstruktionen [m²]	187,00	**255,00**	333,00	5,0%
352	Deckenöffnungen [m²]	750,00	**1.024,00**	1.297,00	< 0,1%
353	Deckenbeläge [m²]	159,00	**204,00**	275,00	3,1%
354	Deckenbekleidungen [m²]	18,00	**41,00**	60,00	0,7%
359	Sonstiges zur KG 350 [m²]	30,00	**50,00**	104,00	0,5%
360	**Dächer**				
361	Dachkonstruktionen [m²]	109,00	**148,00**	197,00	4,3%
362	Dachöffnungen [m²]	1.300,00	**2.151,00**	3.364,00	0,5%
363	Dachbeläge [m²]	156,00	**261,00**	384,00	7,5%
364	Dachbekleidungen [m²]	38,00	**90,00**	128,00	2,3%
366	Lichtschutz zur KG 360 [m²]	–	**4.114,00**	–	< 0,1%
369	Sonstiges zur KG 360 [m²]	9,60	**18,00**	26,00	< 0,1%
370	**Infrastrukturanlagen**				
380	**Baukonstruktive Einbauten**				
381	Allgemeine Einbauten [m² BGF]	57,00	**68,00**	89,00	0,7%

Kostengruppen		▷	€/Einheit	◁	KG an 300+400
390	**Sonstige Maßnahmen für Baukonstruktionen**				
391	Baustelleneinrichtung [m² BGF]	15,00	**47,00**	124,00	1,9%
392	Gerüste [m² BGF]	21,00	**36,00**	73,00	1,5%
394	Abbruchmaßnahmen [m² BGF]	–	**1,60**	–	< 0,1%
396	Materialentsorgung [m² BGF]	–	**0,60**	–	< 0,1%
397	Zusätzliche Maßnahmen [m² BGF]	1,60	**4,50**	7,50	0,1%
398	Provisorische Baukonstruktionen [m² BGF]	–	**1,90**	–	< 0,1%
399	Sonstiges zur KG 390 [m² BGF]	–	**16,00**	–	< 0,1%
410	**Abwasser-, Wasser-, Gasanlagen**				
411	Abwasseranlagen [m² BGF]	23,00	**36,00**	61,00	1,7%
412	Wasseranlagen [m² BGF]	68,00	**83,00**	112,00	3,9%
419	Sonstiges zur KG 410 [m² BGF]	5,10	**9,90**	27,00	0,3%
420	**Wärmeversorgungsanlagen**				
421	Wärmeerzeugungsanlagen [m² BGF]	42,00	**80,00**	134,00	3,6%
422	Wärmeverteilnetze [m² BGF]	10,00	**15,00**	24,00	0,6%
423	Raumheizflächen [m² BGF]	28,00	**48,00**	84,00	2,2%
429	Sonstiges zur KG 420 [m² BGF]	8,10	**28,00**	67,00	0,8%
430	**Raumlufttechnische Anlagen**				
431	Lüftungsanlagen [m² BGF]	4,80	**34,00**	61,00	0,9%
432	Teilklimaanlagen [m² BGF]	–	**235,00**	–	0,6%
440	**Elektrische Anlagen**				
442	Eigenstromversorgungsanlagen [m² BGF]	–	**65,00**	–	0,2%
444	Niederspannungsinstallationsanlagen [m² BGF]	53,00	**80,00**	125,00	3,6%
445	Beleuchtungsanlagen [m² BGF]	5,70	**19,00**	41,00	0,6%
446	Blitzschutz- und Erdungsanlagen [m² BGF]	2,30	**6,20**	12,00	0,3%
449	Sonstiges zur KG 440 [m² BGF]	–	**8,80**	–	< 0,1%
450	**Kommunikations-, sicherheits- und informationstechnische Anlagen**				
451	Telekommunikationsanlagen [m² BGF]	0,60	**1,60**	3,00	< 0,1%
452	Such- und Signalanlagen [m² BGF]	1,20	**2,80**	4,30	0,1%
454	Elektroakustische Anlagen [m² BGF]	1,00	**1,20**	1,40	< 0,1%
455	Audiovisuelle Medien- und Antennenanlagen [m² BGF]	2,40	**7,10**	15,00	0,3%
456	Gefahrenmelde- und Alarmanlagen [m² BGF]	1,80	**2,50**	3,10	< 0,1%
457	Datenübertragungsnetze [m² BGF]	5,10	**9,80**	15,00	0,4%
460	**Förderanlagen**				
470	**Nutzungsspezifische und verfahrenstechnische Anlagen**				
480	**Gebäude- und Anlagenautomation**				
490	**Sonstige Maßnahmen für technische Anlagen**				
491	Baustelleneinrichtung [m² BGF]	1,00	**2,20**	3,30	< 0,1%

Ein- und Zweifamilienhäuser, nicht unterkellert, hoher Standard

Kosten:
Stand 1. Quartal 2026
Bundesdurchschnitt
inkl. 19% MwSt.

Kostengruppen		▷	€/Einheit	◁	KG an 300+400
310	**Baugrube / Erdbau**				
311	Herstellung [m³]	39,00	**66,00**	106,00	2,0%
313	Wasserhaltung [m³]	–	**0,30**	–	< 0,1%
320	**Gründung, Unterbau**				
321	Baugrundverbesserung [m²]	34,00	**52,00**	104,00	0,4%
322	Flachgründungen und Bodenplatten [m²]	180,00	**224,00**	259,00	4,6%
324	Gründungsbeläge [m²]	185,00	**252,00**	312,00	4,1%
325	Abdichtungen und Bekleidungen [m²]	27,00	**53,00**	110,00	1,1%
326	Dränagen [m²]	10,00	**34,00**	81,00	0,2%
330	**Außenwände/Vertikale Baukonstruktionen, außen**				
331	Tragende Außenwände [m²]	167,00	**211,00**	296,00	7,2%
332	Nichttragende Außenwände [m²]	167,00	**256,00**	386,00	0,4%
333	Außenstützen [m]	166,00	**318,00**	614,00	0,3%
334	Außenwandöffnungen [m²]	804,00	**1.019,00**	1.251,00	11,0%
335	Außenwandbekleidungen, außen [m²]	128,00	**189,00**	324,00	7,0%
336	Außenwandbekleidungen, innen [m²]	47,00	**58,00**	75,00	1,7%
338	Lichtschutz zur KG 330 [m²]	328,00	**480,00**	630,00	0,8%
339	Sonstiges zur KG 330 [m²]	5,80	**12,00**	20,00	0,4%
340	**Innenwände/Vertikale Baukonstruktionen, innen**				
341	Tragende Innenwände [m²]	124,00	**150,00**	200,00	1,7%
342	Nichttragende Innenwände [m²]	108,00	**133,00**	163,00	1,9%
343	Innenstützen [m]	148,00	**322,00**	526,00	< 0,1%
344	Innenwandöffnungen [m²]	499,00	**711,00**	1.025,00	2,9%
345	Innenwandbekleidungen [m²]	40,00	**71,00**	119,00	3,0%
346	Elementierte Innenwandkonstruktionen [m²]	–	**558,00**	–	< 0,1%
349	Sonstiges zur KG 340 [m²]	4,70	**5,00**	5,30	< 0,1%
350	**Decken/Horizontale Baukonstruktionen**				
351	Deckenkonstruktionen [m²]	206,00	**271,00**	340,00	5,3%
353	Deckenbeläge [m²]	212,00	**281,00**	361,00	4,2%
354	Deckenbekleidungen [m²]	33,00	**61,00**	123,00	0,8%
355	Elementierte Deckenkonstruktionen [m²]	–	**5.786,00**	–	0,3%
359	Sonstiges zur KG 350 [m²]	15,00	**40,00**	58,00	0,7%
360	**Dächer**				
361	Dachkonstruktionen [m²]	138,00	**196,00**	254,00	4,5%
362	Dachöffnungen [m²]	978,00	**1.786,00**	2.443,00	0,7%
363	Dachbeläge [m²]	226,00	**300,00**	418,00	7,3%
364	Dachbekleidungen [m²]	20,00	**83,00**	120,00	1,9%
366	Lichtschutz zur KG 360 [m²]	–	**464,00**	–	< 0,1%
369	Sonstiges zur KG 360 [m²]	19,00	**32,00**	68,00	0,2%
370	**Infrastrukturanlagen**				
380	**Baukonstruktive Einbauten**				
381	Allgemeine Einbauten [m² BGF]	25,00	**54,00**	108,00	1,3%
386	Orientierungs- und Informationssysteme [m² BGF]	–	**4,60**	–	< 0,1%

▷ von
ø Mittel
◁ bis

Kostengruppen		▷	€/Einheit	◁	KG an 300+400
390	**Sonstige Maßnahmen für Baukonstruktionen**				
391	Baustelleneinrichtung [m2 BGF]	13,00	**28,00**	41,00	1,2%
392	Gerüste [m2 BGF]	19,00	**27,00**	51,00	1,1%
394	Abbruchmaßnahmen [m2 BGF]	–	**4,40**	–	< 0,1%
395	Instandsetzungen [m2 BGF]	4,80	**59,00**	114,00	0,4%
396	Materialentsorgung [m2 BGF]	–	**2,60**	–	< 0,1%
397	Zusätzliche Maßnahmen [m2 BGF]	5,70	**12,00**	33,00	0,2%
399	Sonstiges zur KG 390 [m2 BGF]	1,90	**97,00**	192,00	0,6%
410	**Abwasser-, Wasser-, Gasanlagen**				
411	Abwasseranlagen [m2 BGF]	17,00	**32,00**	46,00	1,3%
412	Wasseranlagen [m2 BGF]	42,00	**73,00**	89,00	3,0%
419	Sonstiges zur KG 410 [m2 BGF]	1,90	**3,40**	6,00	< 0,1%
420	**Wärmeversorgungsanlagen**				
421	Wärmeerzeugungsanlagen [m2 BGF]	63,00	**115,00**	216,00	4,6%
422	Wärmeverteilnetze [m2 BGF]	9,60	**18,00**	29,00	0,6%
423	Raumheizflächen [m2 BGF]	44,00	**59,00**	101,00	2,5%
429	Sonstiges zur KG 420 [m2 BGF]	20,00	**33,00**	51,00	1,2%
430	**Raumlufttechnische Anlagen**				
431	Lüftungsanlagen [m2 BGF]	3,70	**23,00**	46,00	0,3%
440	**Elektrische Anlagen**				
442	Eigenstromversorgungsanlagen [m2 BGF]	–	**96,00**	–	0,4%
444	Niederspannungsinstallationsanlagen [m2 BGF]	49,00	**74,00**	112,00	3,0%
445	Beleuchtungsanlagen [m2 BGF]	2,10	**6,00**	20,00	0,2%
446	Blitzschutz- und Erdungsanlagen [m2 BGF]	2,90	**9,20**	23,00	0,4%
450	**Kommunikations-, sicherheits- und informationstechnische Anlagen**				
451	Telekommunikationsanlagen [m2 BGF]	1,20	**3,60**	7,80	< 0,1%
452	Such- und Signalanlagen [m2 BGF]	1,30	**4,00**	8,10	0,1%
454	Elektroakustische Anlagen [m2 BGF]	0,50	**1,00**	2,10	< 0,1%
455	Audiovisuelle Medien- und Antennenanlagen [m2 BGF]	1,40	**3,90**	9,50	0,1%
456	Gefahrenmelde- und Alarmanlagen [m2 BGF]	2,80	**6,50**	27,00	0,2%
457	Datenübertragungsnetze [m2 BGF]	4,10	**6,00**	11,00	0,2%
460	**Förderanlagen**				
470	**Nutzungsspezifische und verfahrenstechnische Anlagen**				
480	**Gebäude- und Anlagenautomation**				
481	Automationseinrichtungen [m2 BGF]	–	**62,00**	–	0,2%
484	Kabel, Leitungen und Verlegesysteme [m2 BGF]	–	**4,10**	–	< 0,1%
490	**Sonstige Maßnahmen für technische Anlagen**				
491	Baustelleneinrichtung [m2 BGF]	–	**7,90**	–	< 0,1%

Ein- und Zweifamilienhäuser, Passivhausstandard, Massivbauweise

Kosten:
Stand 1. Quartal 2026
Bundesdurchschnitt
inkl. 19% MwSt.

Kostengruppen		▷	€/Einheit	◁	KG an 300+400
310	**Baugrube / Erdbau**				
311	Herstellung [m³]	27,00	**48,00**	108,00	2,1%
312	Umschließung [m²]	–	**248,00**	–	0,5%
313	Wasserhaltung [m³]	–	**32,00**	–	0,2%
320	**Gründung, Unterbau**				
321	Baugrundverbesserung [m²]	19,00	**51,00**	67,00	0,3%
322	Flachgründungen und Bodenplatten [m²]	137,00	**176,00**	229,00	3,0%
324	Gründungsbeläge [m²]	106,00	**193,00**	323,00	2,5%
325	Abdichtungen und Bekleidungen [m²]	64,00	**120,00**	205,00	2,5%
326	Dränagen [m²]	7,20	**17,00**	27,00	0,2%
330	**Außenwände/Vertikale Baukonstruktionen, außen**				
331	Tragende Außenwände [m²]	152,00	**181,00**	209,00	7,6%
332	Nichttragende Außenwände [m²]	100,00	**179,00**	258,00	0,1%
333	Außenstützen [m]	165,00	**325,00**	824,00	0,2%
334	Außenwandöffnungen [m²]	853,00	**1.059,00**	1.245,00	10,1%
335	Außenwandbekleidungen, außen [m²]	156,00	**211,00**	270,00	9,7%
336	Außenwandbekleidungen, innen [m²]	55,00	**69,00**	82,00	2,4%
337	Elementierte Außenwandkonstruktionen [m²]	–	**410,00**	–	1,0%
338	Lichtschutz zur KG 330 [m²]	287,00	**478,00**	759,00	2,4%
339	Sonstiges zur KG 330 [m²]	4,40	**11,00**	22,00	0,4%
340	**Innenwände/Vertikale Baukonstruktionen, innen**				
341	Tragende Innenwände [m²]	114,00	**134,00**	173,00	1,6%
342	Nichttragende Innenwände [m²]	85,00	**105,00**	131,00	1,7%
343	Innenstützen [m]	196,00	**238,00**	350,00	< 0,1%
344	Innenwandöffnungen [m²]	392,00	**515,00**	665,00	1,9%
345	Innenwandbekleidungen [m²]	38,00	**63,00**	81,00	3,1%
346	Elementierte Innenwandkonstruktionen [m²]	–	**1.468,00**	–	< 0,1%
349	Sonstiges zur KG 340 [m²]	–	**7,10**	–	< 0,1%
350	**Decken/Horizontale Baukonstruktionen**				
351	Deckenkonstruktionen [m²]	196,00	**235,00**	327,00	6,1%
352	Deckenöffnungen [m²]	–	**1.717,00**	–	< 0,1%
353	Deckenbeläge [m²]	161,00	**192,00**	222,00	3,9%
354	Deckenbekleidungen [m²]	26,00	**43,00**	71,00	0,8%
355	Elementierte Deckenkonstruktionen [m²]	–	**1.196,00**	–	0,3%
359	Sonstiges zur KG 350 [m²]	15,00	**35,00**	42,00	0,3%
360	**Dächer**				
361	Dachkonstruktionen [m²]	117,00	**177,00**	252,00	3,5%
362	Dachöffnungen [m²]	2.155,00	**2.366,00**	2.576,00	0,1%
363	Dachbeläge [m²]	168,00	**228,00**	300,00	5,1%
364	Dachbekleidungen [m²]	68,00	**117,00**	210,00	1,8%
365	Elementierte Dachkonstruktionen [m²]	–	**266,00**	–	0,3%
369	Sonstiges zur KG 360 [m²]	4,10	**5,60**	7,20	< 0,1%
370	**Infrastrukturanlagen**				

▷ von
ø Mittel
◁ bis

Kostengruppen	▷	€/Einheit	◁	KG an 300+400
380 Baukonstruktive Einbauten				
381 Allgemeine Einbauten [m² BGF]	7,80	**13,00**	18,00	0,1%
390 Sonstige Maßnahmen für Baukonstruktionen				
391 Baustelleneinrichtung [m² BGF]	13,00	**30,00**	59,00	1,4%
392 Gerüste [m² BGF]	14,00	**20,00**	30,00	0,9%
397 Zusätzliche Maßnahmen [m² BGF]	2,80	**5,70**	8,80	0,1%
410 Abwasser-, Wasser-, Gasanlagen				
411 Abwasseranlagen [m² BGF]	17,00	**31,00**	52,00	1,5%
412 Wasseranlagen [m² BGF]	59,00	**86,00**	129,00	4,1%
413 Gasanlagen [m² BGF]	–	**8,60**	–	< 0,1%
419 Sonstiges zur KG 410 [m² BGF]	6,40	**11,00**	13,00	0,2%
420 Wärmeversorgungsanlagen				
421 Wärmeerzeugungsanlagen [m² BGF]	39,00	**93,00**	131,00	4,5%
422 Wärmeverteilnetze [m² BGF]	8,80	**15,00**	25,00	0,5%
423 Raumheizflächen [m² BGF]	22,00	**33,00**	42,00	1,5%
429 Sonstiges zur KG 420 [m² BGF]	–	**14,00**	–	< 0,1%
430 Raumlufttechnische Anlagen				
431 Lüftungsanlagen [m² BGF]	54,00	**103,00**	176,00	3,8%
434 Kälteanlagen [m² BGF]	–	**58,00**	–	0,2%
440 Elektrische Anlagen				
442 Eigenstromversorgungsanlagen [m² BGF]	76,00	**182,00**	288,00	1,2%
444 Niederspannungsinstallationsanlagen [m² BGF]	45,00	**54,00**	66,00	2,5%
445 Beleuchtungsanlagen [m² BGF]	2,00	**5,90**	10,00	0,1%
446 Blitzschutz- und Erdungsanlagen [m² BGF]	2,10	**4,60**	9,70	0,2%
450 Kommunikations-, sicherheits- und informationstechnische Anlagen				
451 Telekommunikationsanlagen [m² BGF]	1,30	**2,40**	4,20	< 0,1%
452 Such- und Signalanlagen [m² BGF]	2,00	**4,10**	8,70	0,2%
455 Audiovisuelle Medien- und Antennenanlagen [m² BGF]	1,90	**4,40**	7,60	0,2%
456 Gefahrenmelde- und Alarmanlagen [m² BGF]	0,90	**8,00**	13,00	< 0,1%
457 Datenübertragungsnetze [m² BGF]	2,00	**5,20**	8,50	0,2%
460 Förderanlagen				
470 Nutzungsspezifische und verfahrenstechnische Anlagen				
480 Gebäude- und Anlagenautomation				
481 Automationseinrichtungen [m² BGF]	10,00	**36,00**	49,00	0,4%
484 Kabel, Leitungen und Verlegesysteme [m² BGF]	–	**8,00**	–	< 0,1%
485 Datenübertragungsnetze [m² BGF]	–	**5,20**	–	< 0,1%
490 Sonstige Maßnahmen für technische Anlagen				

Ein- und Zweifamilienhäuser, Passivhausstandard, Holzbauweise

Kosten:
Stand 1. Quartal 2026
Bundesdurchschnitt
inkl. 19% MwSt.

▷ von
ø Mittel
◁ bis

Kostengruppen		▷	€/Einheit	◁	KG an 300+400
310	**Baugrube / Erdbau**				
311	Herstellung [m3]	38,00	**59,00**	96,00	1,7%
320	**Gründung, Unterbau**				
321	Baugrundverbesserung [m2]	28,00	**55,00**	71,00	0,2%
322	Flachgründungen und Bodenplatten [m2]	156,00	**220,00**	380,00	3,8%
324	Gründungsbeläge [m2]	111,00	**210,00**	336,00	3,2%
325	Abdichtungen und Bekleidungen [m2]	28,00	**89,00**	159,00	1,5%
326	Dränagen [m2]	14,00	**25,00**	34,00	0,2%
330	**Außenwände/Vertikale Baukonstruktionen, außen**				
331	Tragende Außenwände [m2]	258,00	**309,00**	393,00	12,0%
332	Nichttragende Außenwände [m2]	–	**133,00**	–	< 0,1%
333	Außenstützen [m]	147,00	**203,00**	261,00	< 0,1%
334	Außenwandöffnungen [m2]	1.011,00	**1.143,00**	1.675,00	10,5%
335	Außenwandbekleidungen, außen [m2]	110,00	**167,00**	221,00	6,8%
336	Außenwandbekleidungen, innen [m2]	33,00	**62,00**	87,00	1,9%
338	Lichtschutz zur KG 330 [m2]	224,00	**347,00**	566,00	2,3%
339	Sonstiges zur KG 330 [m2]	6,40	**15,00**	29,00	0,5%
340	**Innenwände/Vertikale Baukonstruktionen, innen**				
341	Tragende Innenwände [m2]	147,00	**192,00**	227,00	1,9%
342	Nichttragende Innenwände [m2]	111,00	**161,00**	212,00	2,2%
343	Innenstützen [m]	150,00	**205,00**	330,00	< 0,1%
344	Innenwandöffnungen [m2]	373,00	**581,00**	859,00	1,8%
345	Innenwandbekleidungen [m2]	38,00	**54,00**	73,00	2,1%
346	Elementierte Innenwandkonstruktionen [m2]	–	**1.419,00**	–	< 0,1%
350	**Decken/Horizontale Baukonstruktionen**				
351	Deckenkonstruktionen [m2]	218,00	**276,00**	335,00	5,1%
352	Deckenöffnungen [m2]	–	**687,00**	–	< 0,1%
353	Deckenbeläge [m2]	182,00	**211,00**	261,00	3,3%
354	Deckenbekleidungen [m2]	27,00	**70,00**	112,00	0,9%
355	Elementierte Deckenkonstruktionen [m2]	1.239,00	**2.516,00**	8.073,00	0,9%
359	Sonstiges zur KG 350 [m2]	13,00	**22,00**	39,00	0,3%
360	**Dächer**				
361	Dachkonstruktionen [m2]	190,00	**240,00**	295,00	5,1%
362	Dachöffnungen [m2]	2.071,00	**3.279,00**	4.488,00	0,3%
363	Dachbeläge [m2]	168,00	**214,00**	293,00	4,6%
364	Dachbekleidungen [m2]	60,00	**96,00**	177,00	1,3%
366	Lichtschutz zur KG 360 [m2]	301,00	**685,00**	878,00	0,1%
369	Sonstiges zur KG 360 [m2]	4,80	**7,80**	9,30	< 0,1%
370	**Infrastrukturanlagen**				
380	**Baukonstruktive Einbauten**				
381	Allgemeine Einbauten [m2 BGF]	17,00	**72,00**	110,00	1,1%

Kostengruppen	▷	€/Einheit	◁	KG an 300+400
390 Sonstige Maßnahmen für Baukonstruktionen				
391 Baustelleneinrichtung [m2 BGF]	24,00	**33,00**	46,00	1,4%
392 Gerüste [m2 BGF]	14,00	**21,00**	34,00	0,8%
394 Abbruchmaßnahmen [m2 BGF]	–	**60,00**	–	0,2%
397 Zusätzliche Maßnahmen [m2 BGF]	2,10	**3,30**	4,00	< 0,1%
410 Abwasser-, Wasser-, Gasanlagen				
411 Abwasseranlagen [m2 BGF]	22,00	**36,00**	58,00	1,5%
412 Wasseranlagen [m2 BGF]	73,00	**108,00**	162,00	4,5%
419 Sonstiges zur KG 410 [m2 BGF]	5,10	**8,80**	17,00	0,2%
420 Wärmeversorgungsanlagen				
421 Wärmeerzeugungsanlagen [m2 BGF]	65,00	**124,00**	174,00	3,3%
422 Wärmeverteilnetze [m2 BGF]	7,40	**11,00**	17,00	0,4%
423 Raumheizflächen [m2 BGF]	20,00	**34,00**	63,00	1,1%
429 Sonstiges zur KG 420 [m2 BGF]	17,00	**29,00**	55,00	0,5%
430 Raumlufttechnische Anlagen				
431 Lüftungsanlagen [m2 BGF]	81,00	**132,00**	213,00	5,0%
440 Elektrische Anlagen				
442 Eigenstromversorgungsanlagen [m2 BGF]	61,00	**129,00**	165,00	1,1%
444 Niederspannungsinstallationsanlagen [m2 BGF]	58,00	**76,00**	108,00	3,2%
445 Beleuchtungsanlagen [m2 BGF]	3,20	**11,00**	18,00	0,2%
446 Blitzschutz- und Erdungsanlagen [m2 BGF]	1,80	**3,60**	8,10	0,1%
450 Kommunikations-, sicherheits- und informationstechnische Anlagen				
451 Telekommunikationsanlagen [m2 BGF]	1,70	**3,10**	4,60	< 0,1%
452 Such- und Signalanlagen [m2 BGF]	3,10	**5,40**	10,00	0,2%
455 Audiovisuelle Medien- und Antennenanlagen [m2 BGF]	3,40	**6,90**	11,00	0,2%
456 Gefahrenmelde- und Alarmanlagen [m2 BGF]	1,10	**2,40**	6,60	< 0,1%
457 Datenübertragungsnetze [m2 BGF]	3,60	**7,00**	13,00	0,1%
460 Förderanlagen				
470 Nutzungsspezifische und verfahrenstechnische Anlagen				
476 Weitere nutzungsspezifische Anlagen [m2 BGF]	–	**11,00**	–	< 0,1%
480 Gebäude- und Anlagenautomation				
490 Sonstige Maßnahmen für technische Anlagen				

Ein- und Zweifamilienhäuser, Holzbauweise, unterkellert

Kosten:
Stand 1. Quartal 2026
Bundesdurchschnitt
inkl. 19% MwSt.

▷ von
ø Mittel
◁ bis

Kostengruppen		▷	€/Einheit	◁	KG an 300+400
310	**Baugrube / Erdbau**				
311	Herstellung [m³]	27,00	**42,00**	57,00	2,3%
312	Umschließung [m²]	–	**3,90**	–	< 0,1%
313	Wasserhaltung [m³]	–	**4,80**	–	< 0,1%
320	**Gründung, Unterbau**				
322	Flachgründungen und Bodenplatten [m²]	152,00	**194,00**	295,00	3,6%
324	Gründungsbeläge [m²]	132,00	**177,00**	419,00	1,5%
325	Abdichtungen und Bekleidungen [m²]	27,00	**59,00**	96,00	1,3%
326	Dränagen [m²]	9,20	**26,00**	51,00	0,3%
329	Sonstiges zur KG 320 [m²]	–	**10,00**	–	< 0,1%
330	**Außenwände/Vertikale Baukonstruktionen, außen**				
331	Tragende Außenwände [m²]	173,00	**237,00**	353,00	10,8%
333	Außenstützen [m]	94,00	**163,00**	360,00	0,1%
334	Außenwandöffnungen [m²]	699,00	**830,00**	1.061,00	8,3%
335	Außenwandbekleidungen, außen [m²]	115,00	**179,00**	286,00	7,5%
336	Außenwandbekleidungen, innen [m²]	38,00	**59,00**	86,00	2,6%
337	Elementierte Außenwandkonstruktionen [m²]	371,00	**444,00**	518,00	2,5%
338	Lichtschutz zur KG 330 [m²]	227,00	**299,00**	404,00	1,3%
339	Sonstiges zur KG 330 [m²]	9,70	**21,00**	44,00	1,0%
340	**Innenwände/Vertikale Baukonstruktionen, innen**				
341	Tragende Innenwände [m²]	95,00	**138,00**	203,00	2,8%
342	Nichttragende Innenwände [m²]	93,00	**118,00**	140,00	1,0%
343	Innenstützen [m]	28,00	**176,00**	325,00	< 0,1%
344	Innenwandöffnungen [m²]	467,00	**627,00**	1.262,00	2,1%
345	Innenwandbekleidungen [m²]	38,00	**54,00**	90,00	2,9%
346	Elementierte Innenwandkonstruktionen [m²]	752,00	**833,00**	915,00	0,3%
349	Sonstiges zur KG 340 [m²]	2,20	**4,50**	6,80	< 0,1%
350	**Decken/Horizontale Baukonstruktionen**				
351	Deckenkonstruktionen [m²]	219,00	**268,00**	336,00	8,4%
352	Deckenöffnungen [m²]	–	**1.612,00**	–	< 0,1%
353	Deckenbeläge [m²]	120,00	**180,00**	283,00	4,2%
354	Deckenbekleidungen [m²]	44,00	**68,00**	127,00	0,7%
355	Elementierte Deckenkonstruktionen [m²]	–	**1.278,00**	–	< 0,1%
359	Sonstiges zur KG 350 [m²]	9,60	**24,00**	49,00	0,4%
360	**Dächer**				
361	Dachkonstruktionen [m²]	111,00	**186,00**	257,00	4,2%
362	Dachöffnungen [m²]	1.224,00	**2.099,00**	2.975,00	0,7%
363	Dachbeläge [m²]	108,00	**188,00**	267,00	4,4%
364	Dachbekleidungen [m²]	35,00	**75,00**	135,00	1,6%
369	Sonstiges zur KG 360 [m²]	2,20	**6,70**	11,00	< 0,1%
370	**Infrastrukturanlagen**				

Kostengruppen		▷	€/Einheit	◁	KG an 300+400
380	**Baukonstruktive Einbauten**				
381	Allgemeine Einbauten [m² BGF]	–	**98,00**	–	0,3%
382	Besondere Einbauten [m² BGF]	–	**1,80**	–	< 0,1%
389	Sonstiges zur KG 380 [m² BGF]	–	**2,40**	–	< 0,1%
390	**Sonstige Maßnahmen für Baukonstruktionen**				
391	Baustelleneinrichtung [m² BGF]	19,00	**27,00**	42,00	1,4%
392	Gerüste [m² BGF]	17,00	**33,00**	102,00	1,3%
393	Sicherungsmaßnahmen [m² BGF]	–	**45,00**	–	0,2%
396	Materialentsorgung [m² BGF]	–	**3,10**	–	< 0,1%
397	Zusätzliche Maßnahmen [m² BGF]	1,60	**3,60**	7,70	< 0,1%
410	**Abwasser-, Wasser-, Gasanlagen**				
411	Abwasseranlagen [m² BGF]	23,00	**34,00**	51,00	1,8%
412	Wasseranlagen [m² BGF]	53,00	**79,00**	167,00	3,7%
413	Gasanlagen [m² BGF]	–	**2,50**	–	< 0,1%
419	Sonstiges zur KG 410 [m² BGF]	4,00	**6,80**	8,90	0,2%
420	**Wärmeversorgungsanlagen**				
421	Wärmeerzeugungsanlagen [m² BGF]	56,00	**79,00**	115,00	2,9%
422	Wärmeverteilnetze [m² BGF]	7,90	**14,00**	19,00	0,5%
423	Raumheizflächen [m² BGF]	32,00	**48,00**	65,00	1,5%
429	Sonstiges zur KG 420 [m² BGF]	11,00	**18,00**	29,00	0,5%
430	**Raumlufttechnische Anlagen**				
431	Lüftungsanlagen [m² BGF]	25,00	**44,00**	73,00	1,4%
440	**Elektrische Anlagen**				
444	Niederspannungsinstallationsanlagen [m² BGF]	41,00	**68,00**	121,00	3,2%
445	Beleuchtungsanlagen [m² BGF]	2,30	**6,10**	16,00	< 0,1%
446	Blitzschutz- und Erdungsanlagen [m² BGF]	2,50	**6,20**	16,00	0,3%
450	**Kommunikations-, sicherheits- und informationstechnische Anlagen**				
451	Telekommunikationsanlagen [m² BGF]	0,80	**2,10**	3,90	< 0,1%
452	Such- und Signalanlagen [m² BGF]	1,30	**2,80**	4,70	0,1%
454	Elektroakustische Anlagen [m² BGF]	–	**5,50**	–	< 0,1%
455	Audiovisuelle Medien- und Antennenanlagen [m² BGF]	1,60	**3,70**	6,90	0,2%
457	Datenübertragungsnetze [m² BGF]	0,70	**2,50**	5,30	< 0,1%
460	**Förderanlagen**				
470	**Nutzungsspezifische und verfahrenstechnische Anlagen**				
476	Weitere nutzungsspezifische Anlagen [m² BGF]	–	**10,00**	–	< 0,1%
480	**Gebäude- und Anlagenautomation**				
490	**Sonstige Maßnahmen für technische Anlagen**				
495	Instandsetzungen [m² BGF]	–	**13,00**	–	< 0,1%

Kosten:
Stand 1. Quartal 2026
Bundesdurchschnitt
inkl. 19% MwSt.

Kostengruppen	▷	€/Einheit	◁	KG an 300+400
310 Baugrube / Erdbau				
311 Herstellung [m³]	74,00	**81,00**	88,00	2,4%
312 Umschließung [m²]	–	**4,80**	–	< 0,1%
320 Gründung, Unterbau				
321 Baugrundverbesserung [m²]	–	**21,00**	–	0,1%
322 Flachgründungen und Bodenplatten [m²]	176,00	**221,00**	248,00	4,5%
324 Gründungsbeläge [m²]	78,00	**99,00**	114,00	1,7%
325 Abdichtungen und Bekleidungen [m²]	5,40	**12,00**	19,00	0,1%
326 Dränagen [m²]	–	**13,00**	–	< 0,1%
330 Außenwände/Vertikale Baukonstruktionen, außen				
331 Tragende Außenwände [m²]	108,00	**155,00**	183,00	9,1%
332 Nichttragende Außenwände [m²]	–	**188,00**	–	0,1%
334 Außenwandöffnungen [m²]	495,00	**835,00**	1.006,00	9,5%
335 Außenwandbekleidungen, außen [m²]	87,00	**134,00**	165,00	8,1%
336 Außenwandbekleidungen, innen [m²]	6,30	**32,00**	44,00	1,5%
338 Lichtschutz zur KG 330 [m²]	130,00	**322,00**	513,00	1,9%
339 Sonstiges zur KG 330 [m²]	–	**19,00**	–	0,3%
340 Innenwände/Vertikale Baukonstruktionen, innen				
341 Tragende Innenwände [m²]	99,00	**129,00**	188,00	3,5%
342 Nichttragende Innenwände [m²]	104,00	**114,00**	119,00	2,5%
343 Innenstützen [m]	–	**132,00**	–	< 0,1%
344 Innenwandöffnungen [m²]	275,00	**317,00**	391,00	1,7%
345 Innenwandbekleidungen [m²]	31,00	**38,00**	49,00	3,4%
349 Sonstiges zur KG 340 [m²]	–	**8,60**	–	0,1%
350 Decken/Horizontale Baukonstruktionen				
351 Deckenkonstruktionen [m²]	184,00	**200,00**	209,00	11,1%
352 Deckenöffnungen [m²]	–	**1.855,00**	–	0,1%
353 Deckenbeläge [m²]	109,00	**152,00**	174,00	5,8%
354 Deckenbekleidungen [m²]	6,30	**26,00**	40,00	0,9%
355 Elementierte Deckenkonstruktionen [m²]	–	**913,00**	–	1,0%
359 Sonstiges zur KG 350 [m²]	9,30	**10,00**	11,00	0,4%
360 Dächer				
361 Dachkonstruktionen [m²]	90,00	**142,00**	168,00	3,4%
363 Dachbeläge [m²]	175,00	**186,00**	207,00	4,5%
364 Dachbekleidungen [m²]	–	**99,00**	–	0,6%
370 Infrastrukturanlagen				
380 Baukonstruktive Einbauten				
390 Sonstige Maßnahmen für Baukonstruktionen				
391 Baustelleneinrichtung [m² BGF]	3,10	**13,00**	19,00	1,0%
392 Gerüste [m² BGF]	–	**17,00**	–	0,4%
395 Instandsetzungen [m² BGF]	–	**1,40**	–	< 0,1%
397 Zusätzliche Maßnahmen [m² BGF]	2,70	**4,00**	5,30	0,2%

▷ von
ø Mittel
◁ bis

Kostengruppen		▷	€/Einheit	◁	KG an 300+400
410	**Abwasser-, Wasser-, Gasanlagen**				
411	Abwasseranlagen [m² BGF]	21,00	**28,00**	32,00	2,1%
412	Wasseranlagen [m² BGF]	48,00	**58,00**	75,00	4,3%
419	Sonstiges zur KG 410 [m² BGF]	4,20	**8,20**	12,00	0,4%
420	**Wärmeversorgungsanlagen**				
421	Wärmeerzeugungsanlagen [m² BGF]	49,00	**77,00**	130,00	5,5%
422	Wärmeverteilnetze [m² BGF]	16,00	**18,00**	19,00	1,3%
423	Raumheizflächen [m² BGF]	24,00	**26,00**	27,00	1,9%
429	Sonstiges zur KG 420 [m² BGF]	–	**4,30**	–	0,1%
430	**Raumlufttechnische Anlagen**				
440	**Elektrische Anlagen**				
444	Niederspannungsinstallationsanlagen [m² BGF]	43,00	**45,00**	46,00	3,3%
445	Beleuchtungsanlagen [m² BGF]	0,20	**1,20**	2,20	< 0,1%
446	Blitzschutz- und Erdungsanlagen [m² BGF]	1,10	**2,80**	4,50	0,1%
450	**Kommunikations-, sicherheits- und informationstechnische Anlagen**				
452	Such- und Signalanlagen [m² BGF]	1,50	**5,60**	9,60	0,3%
455	Audiovisuelle Medien- und Antennenanlagen [m² BGF]	2,10	**4,70**	7,30	0,2%
456	Gefahrenmelde- und Alarmanlagen [m² BGF]	–	**1,90**	–	< 0,1%
457	Datenübertragungsnetze [m² BGF]	2,90	**3,10**	3,40	0,2%
460	**Förderanlagen**				
470	**Nutzungsspezifische und verfahrenstechnische Anlagen**				
480	**Gebäude- und Anlagenautomation**				
490	**Sonstige Maßnahmen für technische Anlagen**				
491	Baustelleneinrichtung [m² BGF]	–	**1,10**	–	< 0,1%

Kosten:
Stand 1. Quartal 2026
Bundesdurchschnitt
inkl. 19% MwSt.

Kostengruppen		▷	€/Einheit	◁	KG an 300+400
310	**Baugrube / Erdbau**				
311	Herstellung [m³]	23,00	**44,00**	71,00	1,9%
312	Umschließung [m²]	–	**9,50**	–	< 0,1%
313	Wasserhaltung [m³]	–	**3,40**	–	< 0,1%
319	Sonstiges zur KG 310 [m³]	–	**1,60**	–	< 0,1%
320	**Gründung, Unterbau**				
322	Flachgründungen und Bodenplatten [m²]	130,00	**167,00**	212,00	3,3%
324	Gründungsbeläge [m²]	41,00	**122,00**	196,00	2,1%
325	Abdichtungen und Bekleidungen [m²]	35,00	**70,00**	115,00	1,5%
330	**Außenwände/Vertikale Baukonstruktionen, außen**				
331	Tragende Außenwände [m²]	118,00	**163,00**	197,00	8,7%
333	Außenstützen [m]	76,00	**370,00**	663,00	0,2%
334	Außenwandöffnungen [m²]	711,00	**913,00**	1.147,00	7,0%
335	Außenwandbekleidungen, außen [m²]	112,00	**163,00**	304,00	8,6%
336	Außenwandbekleidungen, innen [m²]	32,00	**50,00**	65,00	2,2%
338	Lichtschutz zur KG 330 [m²]	245,00	**493,00**	1.559,00	1,6%
339	Sonstiges zur KG 330 [m²]	3,50	**12,00**	17,00	0,6%
340	**Innenwände/Vertikale Baukonstruktionen, innen**				
341	Tragende Innenwände [m²]	106,00	**178,00**	235,00	2,1%
342	Nichttragende Innenwände [m²]	82,00	**109,00**	126,00	2,7%
343	Innenstützen [m]	210,00	**248,00**	315,00	< 0,1%
344	Innenwandöffnungen [m²]	297,00	**437,00**	533,00	2,3%
345	Innenwandbekleidungen [m²]	45,00	**68,00**	91,00	3,9%
349	Sonstiges zur KG 340 [m²]	3,30	**5,00**	6,20	< 0,1%
350	**Decken/Horizontale Baukonstruktionen**				
351	Deckenkonstruktionen [m²]	188,00	**255,00**	336,00	8,2%
352	Deckenöffnungen [m²]	1.005,00	**1.215,00**	1.426,00	< 0,1%
353	Deckenbeläge [m²]	150,00	**177,00**	231,00	4,6%
354	Deckenbekleidungen [m²]	27,00	**40,00**	55,00	0,9%
355	Elementierte Deckenkonstruktionen [m²]	–	**7.458,00**	–	0,6%
359	Sonstiges zur KG 350 [m²]	23,00	**47,00**	95,00	1,4%
360	**Dächer**				
361	Dachkonstruktionen [m²]	94,00	**144,00**	175,00	3,8%
362	Dachöffnungen [m²]	636,00	**1.397,00**	1.751,00	1,0%
363	Dachbeläge [m²]	125,00	**141,00**	177,00	4,1%
364	Dachbekleidungen [m²]	51,00	**85,00**	105,00	1,8%
369	Sonstiges zur KG 360 [m²]	7,70	**9,40**	11,00	0,1%
370	**Infrastrukturanlagen**				
380	**Baukonstruktive Einbauten**				
381	Allgemeine Einbauten [m² BGF]	–	**86,00**	–	0,8%

▷ von
ø Mittel
◁ bis

Kostengruppen		▷	€/Einheit	◁	KG an 300+400
390	**Sonstige Maßnahmen für Baukonstruktionen**				
391	Baustelleneinrichtung [m² BGF]	7,60	**18,00**	34,00	1,0%
392	Gerüste [m² BGF]	17,00	**23,00**	29,00	1,2%
393	Sicherungsmaßnahmen [m² BGF]	–	**52,00**	–	0,4%
397	Zusätzliche Maßnahmen [m² BGF]	4,50	**8,30**	18,00	0,3%
398	Provisorische Baukonstruktionen [m² BGF]	–	**< 0,10**	–	< 0,1%
399	Sonstiges zur KG 390 [m² BGF]	–	**17,00**	–	0,2%
410	**Abwasser-, Wasser-, Gasanlagen**				
411	Abwasseranlagen [m² BGF]	22,00	**38,00**	78,00	2,1%
412	Wasseranlagen [m² BGF]	40,00	**62,00**	79,00	3,3%
419	Sonstiges zur KG 410 [m² BGF]	3,00	**6,40**	11,00	0,2%
420	**Wärmeversorgungsanlagen**				
421	Wärmeerzeugungsanlagen [m² BGF]	33,00	**67,00**	102,00	3,5%
422	Wärmeverteilnetze [m² BGF]	25,00	**35,00**	82,00	1,6%
423	Raumheizflächen [m² BGF]	17,00	**34,00**	59,00	1,9%
429	Sonstiges zur KG 420 [m² BGF]	6,80	**16,00**	32,00	0,6%
430	**Raumlufttechnische Anlagen**				
431	Lüftungsanlagen [m² BGF]	15,00	**48,00**	60,00	2,6%
440	**Elektrische Anlagen**				
444	Niederspannungsinstallationsanlagen [m² BGF]	53,00	**62,00**	90,00	3,4%
445	Beleuchtungsanlagen [m² BGF]	5,20	**13,00**	27,00	0,3%
446	Blitzschutz- und Erdungsanlagen [m² BGF]	3,40	**4,20**	6,70	0,2%
449	Sonstiges zur KG 440 [m² BGF]	–	**9,30**	–	< 0,1%
450	**Kommunikations-, sicherheits- und informationstechnische Anlagen**				
451	Telekommunikationsanlagen [m² BGF]	0,70	**1,00**	1,60	< 0,1%
452	Such- und Signalanlagen [m² BGF]	2,20	**4,40**	7,00	0,2%
455	Audiovisuelle Medien- und Antennenanlagen [m² BGF]	1,40	**5,70**	9,30	0,3%
456	Gefahrenmelde- und Alarmanlagen [m² BGF]	–	**3,50**	–	< 0,1%
457	Datenübertragungsnetze [m² BGF]	3,90	**6,70**	17,00	0,3%
460	**Förderanlagen**				
470	**Nutzungsspezifische und verfahrenstechnische Anlagen**				
480	**Gebäude- und Anlagenautomation**				
490	**Sonstige Maßnahmen für technische Anlagen**				

Doppel- und Reihenendhäuser, hoher Standard

Kosten:
Stand 1. Quartal 2026
Bundesdurchschnitt
inkl. 19% MwSt.

Kostengruppen		▷	€/Einheit	◁	KG an 300+400
310	**Baugrube / Erdbau**				
311	Herstellung [m³]	39,00	**61,00**	81,00	2,9%
312	Umschließung [m²]	–	**6,60**	–	< 0,1%
313	Wasserhaltung [m³]	–	**13,00**	–	0,1%
320	**Gründung, Unterbau**				
322	Flachgründungen und Bodenplatten [m²]	146,00	**179,00**	206,00	3,1%
324	Gründungsbeläge [m²]	100,00	**160,00**	186,00	1,9%
325	Abdichtungen und Bekleidungen [m²]	18,00	**38,00**	58,00	0,6%
326	Dränagen [m²]	12,00	**21,00**	30,00	0,1%
330	**Außenwände/Vertikale Baukonstruktionen, außen**				
331	Tragende Außenwände [m²]	158,00	**178,00**	191,00	9,9%
332	Nichttragende Außenwände [m²]	166,00	**325,00**	774,00	0,4%
333	Außenstützen [m]	175,00	**181,00**	187,00	0,3%
334	Außenwandöffnungen [m²]	674,00	**767,00**	1.025,00	6,8%
335	Außenwandbekleidungen, außen [m²]	120,00	**166,00**	202,00	8,7%
336	Außenwandbekleidungen, innen [m²]	43,00	**52,00**	58,00	2,6%
338	Lichtschutz zur KG 330 [m²]	213,00	**284,00**	363,00	1,5%
339	Sonstiges zur KG 330 [m²]	13,00	**22,00**	30,00	1,1%
340	**Innenwände/Vertikale Baukonstruktionen, innen**				
341	Tragende Innenwände [m²]	135,00	**147,00**	175,00	0,7%
342	Nichttragende Innenwände [m²]	96,00	**109,00**	126,00	2,7%
343	Innenstützen [m]	127,00	**201,00**	318,00	0,2%
344	Innenwandöffnungen [m²]	275,00	**453,00**	579,00	2,0%
345	Innenwandbekleidungen [m²]	43,00	**62,00**	131,00	3,0%
349	Sonstiges zur KG 340 [m²]	–	**4,50**	–	< 0,1%
350	**Decken/Horizontale Baukonstruktionen**				
351	Deckenkonstruktionen [m²]	203,00	**271,00**	317,00	8,3%
353	Deckenbeläge [m²]	169,00	**208,00**	232,00	5,2%
354	Deckenbekleidungen [m²]	31,00	**39,00**	48,00	1,0%
355	Elementierte Deckenkonstruktionen [m²]	–	**1.198,00**	–	0,4%
359	Sonstiges zur KG 350 [m²]	28,00	**59,00**	77,00	1,4%
360	**Dächer**				
361	Dachkonstruktionen [m²]	136,00	**186,00**	262,00	3,6%
362	Dachöffnungen [m²]	1.227,00	**2.045,00**	2.465,00	0,7%
363	Dachbeläge [m²]	217,00	**244,00**	291,00	5,1%
364	Dachbekleidungen [m²]	45,00	**68,00**	98,00	1,3%
369	Sonstiges zur KG 360 [m²]	7,00	**25,00**	58,00	0,3%
370	**Infrastrukturanlagen**				
380	**Baukonstruktive Einbauten**				
381	Allgemeine Einbauten [m² BGF]	11,00	**25,00**	39,00	0,4%

▷ von
ø Mittel
◁ bis

Kostengruppen		▷	€/Einheit	◁	KG an 300+400
390	**Sonstige Maßnahmen für Baukonstruktionen**				
391	Baustelleneinrichtung [m² BGF]	13,00	**28,00**	48,00	1,5%
392	Gerüste [m² BGF]	5,20	**10,00**	15,00	0,4%
393	Sicherungsmaßnahmen [m² BGF]	–	**3,20**	–	< 0,1%
394	Abbruchmaßnahmen [m² BGF]	2,60	**4,60**	6,70	< 0,1%
396	Materialentsorgung [m² BGF]	–	**1,10**	–	< 0,1%
397	Zusätzliche Maßnahmen [m² BGF]	0,20	**7,00**	11,00	0,2%
398	Provisorische Baukonstruktionen [m² BGF]	–	**0,70**	–	< 0,1%
410	**Abwasser-, Wasser-, Gasanlagen**				
411	Abwasseranlagen [m² BGF]	24,00	**40,00**	102,00	2,1%
412	Wasseranlagen [m² BGF]	75,00	**95,00**	155,00	4,6%
419	Sonstiges zur KG 410 [m² BGF]	–	**7,50**	–	< 0,1%
420	**Wärmeversorgungsanlagen**				
421	Wärmeerzeugungsanlagen [m² BGF]	42,00	**52,00**	57,00	1,7%
422	Wärmeverteilnetze [m² BGF]	10,00	**20,00**	27,00	0,7%
423	Raumheizflächen [m² BGF]	47,00	**50,00**	52,00	1,6%
429	Sonstiges zur KG 420 [m² BGF]	28,00	**42,00**	70,00	1,4%
430	**Raumlufttechnische Anlagen**				
431	Lüftungsanlagen [m² BGF]	5,00	**22,00**	42,00	0,9%
440	**Elektrische Anlagen**				
444	Niederspannungsinstallationsanlagen [m² BGF]	58,00	**77,00**	135,00	3,7%
445	Beleuchtungsanlagen [m² BGF]	6,00	**18,00**	51,00	0,8%
446	Blitzschutz- und Erdungsanlagen [m² BGF]	3,10	**5,50**	7,80	0,2%
450	**Kommunikations-, sicherheits- und informationstechnische Anlagen**				
451	Telekommunikationsanlagen [m² BGF]	1,80	**2,70**	3,50	< 0,1%
452	Such- und Signalanlagen [m² BGF]	3,70	**4,10**	4,80	0,2%
454	Elektroakustische Anlagen [m² BGF]	–	**0,30**	–	< 0,1%
455	Audiovisuelle Medien- und Antennenanlagen [m² BGF]	1,60	**4,10**	7,00	0,2%
456	Gefahrenmelde- und Alarmanlagen [m² BGF]	–	**0,80**	–	< 0,1%
457	Datenübertragungsnetze [m² BGF]	–	**5,70**	–	< 0,1%
460	**Förderanlagen**				
470	**Nutzungsspezifische und verfahrenstechnische Anlagen**				
480	**Gebäude- und Anlagenautomation**				
490	**Sonstige Maßnahmen für technische Anlagen**				

Reihenhäuser, einfacher Standard

Kosten:
Stand 1. Quartal 2026
Bundesdurchschnitt
inkl. 19% MwSt.

Kostengruppen		▷	€/Einheit	◁	KG an 300+400
310	**Baugrube / Erdbau**				
311	Herstellung [m³]	55,00	**84,00**	112,00	1,2%
320	**Gründung, Unterbau**				
322	Flachgründungen und Bodenplatten [m²]	144,00	**169,00**	194,00	4,7%
324	Gründungsbeläge [m²]	91,00	**149,00**	207,00	3,5%
325	Abdichtungen und Bekleidungen [m²]	–	**66,00**	–	0,9%
330	**Außenwände/Vertikale Baukonstruktionen, außen**				
331	Tragende Außenwände [m²]	105,00	**129,00**	152,00	8,8%
332	Nichttragende Außenwände [m²]	–	**188,00**	–	0,2%
334	Außenwandöffnungen [m²]	487,00	**668,00**	849,00	7,7%
335	Außenwandbekleidungen, außen [m²]	121,00	**150,00**	179,00	5,4%
336	Außenwandbekleidungen, innen [m²]	6,30	**67,00**	128,00	2,0%
338	Lichtschutz zur KG 330 [m²]	–	**148,00**	–	0,9%
339	Sonstiges zur KG 330 [m²]	–	**12,00**	–	0,3%
340	**Innenwände/Vertikale Baukonstruktionen, innen**				
341	Tragende Innenwände [m²]	116,00	**152,00**	188,00	4,4%
342	Nichttragende Innenwände [m²]	118,00	**126,00**	134,00	3,5%
344	Innenwandöffnungen [m²]	261,00	**573,00**	884,00	2,4%
345	Innenwandbekleidungen [m²]	28,00	**42,00**	55,00	3,6%
350	**Decken/Horizontale Baukonstruktionen**				
351	Deckenkonstruktionen [m²]	192,00	**200,00**	208,00	11,7%
352	Deckenöffnungen [m²]	–	**1.294,00**	–	< 0,1%
353	Deckenbeläge [m²]	72,00	**152,00**	231,00	4,3%
354	Deckenbekleidungen [m²]	6,30	**36,00**	65,00	2,0%
359	Sonstiges zur KG 350 [m²]	5,80	**8,30**	11,00	0,5%
360	**Dächer**				
361	Dachkonstruktionen [m²]	51,00	**111,00**	171,00	3,7%
362	Dachöffnungen [m²]	–	**868,00**	–	< 0,1%
363	Dachbeläge [m²]	116,00	**135,00**	153,00	4,6%
364	Dachbekleidungen [m²]	–	**168,00**	–	< 0,1%
369	Sonstiges zur KG 360 [m²]	–	**3,00**	–	< 0,1%
370	**Infrastrukturanlagen**				
380	**Baukonstruktive Einbauten**				
381	Allgemeine Einbauten [m² BGF]	–	**1,40**	–	< 0,1%
390	**Sonstige Maßnahmen für Baukonstruktionen**				
391	Baustelleneinrichtung [m² BGF]	3,10	**4,10**	5,00	0,3%
392	Gerüste [m² BGF]	7,60	**9,50**	11,00	0,8%
394	Abbruchmaßnahmen [m² BGF]	–	**2,40**	–	< 0,1%
396	Materialentsorgung [m² BGF]	–	**< 0,10**	–	< 0,1%
397	Zusätzliche Maßnahmen [m² BGF]	–	**3,40**	–	0,1%

▷ von
ø Mittel
◁ bis

Kostengruppen		▷	€/Einheit	◁	KG an 300+400
410	**Abwasser-, Wasser-, Gasanlagen**				
411	Abwasseranlagen [m² BGF]	14,00	**29,00**	45,00	2,4%
412	Wasseranlagen [m² BGF]	50,00	**60,00**	71,00	5,0%
420	**Wärmeversorgungsanlagen**				
421	Wärmeerzeugungsanlagen [m² BGF]	45,00	**59,00**	73,00	4,8%
422	Wärmeverteilnetze [m² BGF]	18,00	**21,00**	24,00	1,8%
423	Raumheizflächen [m² BGF]	24,00	**31,00**	39,00	2,6%
429	Sonstiges zur KG 420 [m² BGF]	–	**4,30**	–	0,2%
430	**Raumlufttechnische Anlagen**				
431	Lüftungsanlagen [m² BGF]	–	**7,10**	–	0,3%
433	Klimaanlagen [m² BGF]	–	**14,00**	–	0,6%
440	**Elektrische Anlagen**				
443	Niederspannungsschaltanlagen [m² BGF]	–	**19,00**	–	0,8%
444	Niederspannungsinstallationsanlagen [m² BGF]	30,00	**40,00**	50,00	3,3%
445	Beleuchtungsanlagen [m² BGF]	–	**1,10**	–	< 0,1%
446	Blitzschutz- und Erdungsanlagen [m² BGF]	–	**1,30**	–	< 0,1%
450	**Kommunikations-, sicherheits- und informationstechnische Anlagen**				
452	Such- und Signalanlagen [m² BGF]	–	**1,60**	–	< 0,1%
455	Audiovisuelle Medien- und Antennenanlagen [m² BGF]	–	**1,70**	–	< 0,1%
456	Gefahrenmelde- und Alarmanlagen [m² BGF]	–	**7,60**	–	0,3%
460	**Förderanlagen**				
470	**Nutzungsspezifische und verfahrenstechnische Anlagen**				
480	**Gebäude- und Anlagenautomation**				
490	**Sonstige Maßnahmen für technische Anlagen**				
491	Baustelleneinrichtung [m² BGF]	–	**1,10**	–	< 0,1%

Reihenhäuser, mittlerer Standard

Kosten:
Stand 1. Quartal 2026
Bundesdurchschnitt
inkl. 19% MwSt.

Kostengruppen		▷	€/Einheit	◁	KG an 300+400
310	**Baugrube / Erdbau**				
311	Herstellung [m³]	23,00	**70,00**	97,00	2,1%
320	**Gründung, Unterbau**				
322	Flachgründungen und Bodenplatten [m²]	168,00	**273,00**	484,00	3,4%
324	Gründungsbeläge [m²]	68,00	**127,00**	186,00	1,6%
325	Abdichtungen und Bekleidungen [m²]	37,00	**48,00**	67,00	1,0%
330	**Außenwände/Vertikale Baukonstruktionen, außen**				
331	Tragende Außenwände [m²]	110,00	**182,00**	218,00	14,7%
332	Nichttragende Außenwände [m²]	–	**151,00**	–	0,1%
333	Außenstützen [m]	–	**184,00**	–	0,8%
334	Außenwandöffnungen [m²]	688,00	**759,00**	888,00	7,1%
335	Außenwandbekleidungen, außen [m²]	74,00	**94,00**	105,00	6,7%
336	Außenwandbekleidungen, innen [m²]	49,00	**66,00**	97,00	3,1%
337	Elementierte Außenwandkonstruktionen [m²]	–	**301,00**	–	1,0%
338	Lichtschutz zur KG 330 [m²]	193,00	**206,00**	220,00	0,8%
339	Sonstiges zur KG 330 [m²]	3,60	**10,00**	22,00	0,9%
340	**Innenwände/Vertikale Baukonstruktionen, innen**				
341	Tragende Innenwände [m²]	141,00	**147,00**	153,00	3,3%
342	Nichttragende Innenwände [m²]	87,00	**96,00**	106,00	2,3%
343	Innenstützen [m]	–	**375,00**	–	< 0,1%
344	Innenwandöffnungen [m²]	306,00	**350,00**	438,00	1,6%
345	Innenwandbekleidungen [m²]	17,00	**25,00**	40,00	2,0%
350	**Decken/Horizontale Baukonstruktionen**				
351	Deckenkonstruktionen [m²]	197,00	**220,00**	261,00	9,4%
353	Deckenbeläge [m²]	85,00	**118,00**	135,00	4,3%
354	Deckenbekleidungen [m²]	14,00	**21,00**	33,00	0,7%
355	Elementierte Deckenkonstruktionen [m²]	–	**813,00**	–	0,2%
359	Sonstiges zur KG 350 [m²]	9,70	**13,00**	16,00	0,4%
360	**Dächer**				
361	Dachkonstruktionen [m²]	95,00	**129,00**	150,00	3,0%
362	Dachöffnungen [m²]	–	**776,00**	–	0,1%
363	Dachbeläge [m²]	184,00	**198,00**	224,00	4,7%
364	Dachbekleidungen [m²]	97,00	**121,00**	162,00	2,2%
369	Sonstiges zur KG 360 [m²]	2,10	**12,00**	23,00	0,2%
370	**Infrastrukturanlagen**				
380	**Baukonstruktive Einbauten**				
390	**Sonstige Maßnahmen für Baukonstruktionen**				
391	Baustelleneinrichtung [m² BGF]	16,00	**24,00**	38,00	1,6%
392	Gerüste [m² BGF]	10,00	**12,00**	15,00	0,8%

▷ von
ø Mittel
◁ bis

Kostengruppen	▷	€/Einheit	◁	KG an 300+400
410 Abwasser-, Wasser-, Gasanlagen				
411 Abwasseranlagen [m2 BGF]	13,00	**26,00**	33,00	1,8%
412 Wasseranlagen [m2 BGF]	52,00	**67,00**	88,00	4,4%
419 Sonstiges zur KG 410 [m2 BGF]	–	**4,90**	–	0,1%
420 Wärmeversorgungsanlagen				
421 Wärmeerzeugungsanlagen [m2 BGF]	42,00	**51,00**	66,00	3,5%
422 Wärmeverteilnetze [m2 BGF]	4,70	**22,00**	31,00	1,4%
423 Raumheizflächen [m2 BGF]	25,00	**38,00**	44,00	2,6%
429 Sonstiges zur KG 420 [m2 BGF]	6,00	**7,80**	9,50	0,4%
430 Raumlufttechnische Anlagen				
431 Lüftungsanlagen [m2 BGF]	6,70	**40,00**	74,00	1,8%
440 Elektrische Anlagen				
444 Niederspannungsinstallationsanlagen [m2 BGF]	37,00	**49,00**	58,00	3,2%
445 Beleuchtungsanlagen [m2 BGF]	–	**0,60**	–	< 0,1%
446 Blitzschutz- und Erdungsanlagen [m2 BGF]	2,50	**3,30**	4,10	0,1%
450 Kommunikations-, sicherheits- und informationstechnische Anlagen				
451 Telekommunikationsanlagen [m2 BGF]	1,90	**3,00**	4,20	0,1%
452 Such- und Signalanlagen [m2 BGF]	1,40	**2,80**	4,30	0,1%
455 Audiovisuelle Medien- und Antennenanlagen [m2 BGF]	–	**13,00**	–	0,3%
457 Datenübertragungsnetze [m2 BGF]	–	**0,40**	–	< 0,1%
460 Förderanlagen				
470 Nutzungsspezifische und verfahrenstechnische Anlagen				
480 Gebäude- und Anlagenautomation				
490 Sonstige Maßnahmen für technische Anlagen				

Reihenhäuser, hoher Standard

Kosten:
Stand 1. Quartal 2026
Bundesdurchschnitt
inkl. 19% MwSt.

▷ von
ø Mittel
◁ bis

Kostengruppen		▷	€/Einheit	◁	KG an 300+400
310	**Baugrube / Erdbau**				
311	Herstellung [m³]	40,00	**62,00**	92,00	2,0%
312	Umschließung [m²]	–	**–**	–	0,2%
320	**Gründung, Unterbau**				
321	Baugrundverbesserung [m²]	7,10	**22,00**	37,00	0,1%
322	Flachgründungen und Bodenplatten [m²]	215,00	**389,00**	1.048,00	2,5%
323	Tiefgründungen [m²]	–	**227,00**	–	0,7%
324	Gründungsbeläge [m²]	189,00	**275,00**	361,00	2,4%
325	Abdichtungen und Bekleidungen [m²]	16,00	**46,00**	90,00	0,6%
326	Dränagen [m²]	11,00	**12,00**	14,00	< 0,1%
330	**Außenwände/Vertikale Baukonstruktionen, außen**				
331	Tragende Außenwände [m²]	169,00	**213,00**	287,00	8,8%
333	Außenstützen [m]	–	**75,00**	–	< 0,1%
334	Außenwandöffnungen [m²]	671,00	**972,00**	1.185,00	7,5%
335	Außenwandbekleidungen, außen [m²]	112,00	**211,00**	406,00	5,9%
336	Außenwandbekleidungen, innen [m²]	15,00	**62,00**	74,00	2,6%
337	Elementierte Außenwandkonstruktionen [m²]	–	**402,00**	–	1,9%
338	Lichtschutz zur KG 330 [m²]	85,00	**157,00**	193,00	0,6%
339	Sonstiges zur KG 330 [m²]	4,30	**19,00**	63,00	0,7%
340	**Innenwände/Vertikale Baukonstruktionen, innen**				
341	Tragende Innenwände [m²]	151,00	**220,00**	342,00	3,0%
342	Nichttragende Innenwände [m²]	133,00	**165,00**	273,00	2,3%
343	Innenstützen [m]	62,00	**91,00**	151,00	0,1%
344	Innenwandöffnungen [m²]	422,00	**593,00**	697,00	1,9%
345	Innenwandbekleidungen [m²]	31,00	**62,00**	81,00	3,0%
346	Elementierte Innenwandkonstruktionen [m²]	–	**254,00**	–	0,2%
350	**Decken/Horizontale Baukonstruktionen**				
351	Deckenkonstruktionen [m²]	268,00	**331,00**	371,00	9,6%
353	Deckenbeläge [m²]	191,00	**235,00**	306,00	6,1%
354	Deckenbekleidungen [m²]	25,00	**39,00**	79,00	0,8%
355	Elementierte Deckenkonstruktionen [m²]	480,00	**1.060,00**	1.640,00	0,9%
359	Sonstiges zur KG 350 [m²]	5,40	**23,00**	41,00	0,6%
360	**Dächer**				
361	Dachkonstruktionen [m²]	127,00	**245,00**	326,00	3,7%
362	Dachöffnungen [m²]	1.394,00	**2.008,00**	2.581,00	0,8%
363	Dachbeläge [m²]	160,00	**300,00**	524,00	4,4%
364	Dachbekleidungen [m²]	39,00	**119,00**	203,00	1,6%
369	Sonstiges zur KG 360 [m²]	4,70	**20,00**	66,00	0,3%
370	**Infrastrukturanlagen**				
380	**Baukonstruktive Einbauten**				
381	Allgemeine Einbauten [m² BGF]	–	**48,00**	–	0,3%

Kostengruppen		▷	€/Einheit	◁	KG an 300+400
390	**Sonstige Maßnahmen für Baukonstruktionen**				
391	Baustelleneinrichtung [m² BGF]	35,00	**50,00**	108,00	2,0%
392	Gerüste [m² BGF]	16,00	**23,00**	33,00	0,7%
397	Zusätzliche Maßnahmen [m² BGF]	9,30	**20,00**	41,00	0,4%
410	**Abwasser-, Wasser-, Gasanlagen**				
411	Abwasseranlagen [m² BGF]	31,00	**41,00**	53,00	1,9%
412	Wasseranlagen [m² BGF]	97,00	**117,00**	181,00	5,0%
419	Sonstiges zur KG 410 [m² BGF]	6,80	**7,70**	8,60	0,1%
420	**Wärmeversorgungsanlagen**				
421	Wärmeerzeugungsanlagen [m² BGF]	57,00	**76,00**	105,00	3,4%
422	Wärmeverteilnetze [m² BGF]	22,00	**32,00**	62,00	1,4%
423	Raumheizflächen [m² BGF]	28,00	**41,00**	62,00	1,7%
429	Sonstiges zur KG 420 [m² BGF]	6,20	**38,00**	70,00	0,6%
430	**Raumlufttechnische Anlagen**				
431	Lüftungsanlagen [m² BGF]	19,00	**53,00**	74,00	2,6%
440	**Elektrische Anlagen**				
444	Niederspannungsinstallationsanlagen [m² BGF]	43,00	**76,00**	192,00	3,0%
445	Beleuchtungsanlagen [m² BGF]	5,30	**8,40**	14,00	0,2%
446	Blitzschutz- und Erdungsanlagen [m² BGF]	1,60	**3,60**	7,00	0,1%
450	**Kommunikations-, sicherheits- und informationstechnische Anlagen**				
451	Telekommunikationsanlagen [m² BGF]	2,00	**2,30**	2,60	< 0,1%
452	Such- und Signalanlagen [m² BGF]	3,30	**4,20**	5,20	0,1%
454	Elektroakustische Anlagen [m² BGF]	–	**0,90**	–	< 0,1%
455	Audiovisuelle Medien- und Antennenanlagen [m² BGF]	1,90	**3,10**	5,40	< 0,1%
456	Gefahrenmelde- und Alarmanlagen [m² BGF]	1,80	**3,70**	5,50	< 0,1%
457	Datenübertragungsnetze [m² BGF]	5,50	**11,00**	14,00	0,3%
460	**Förderanlagen**				
470	**Nutzungsspezifische und verfahrenstechnische Anlagen**				
480	**Gebäude- und Anlagenautomation**				
490	**Sonstige Maßnahmen für technische Anlagen**				
496	Materialentsorgung [m² BGF]	–	**1,00**	–	< 0,1%

Mehrfamilienhäuser, mit bis zu 6 WE, einfacher Standard

Kosten:
Stand 1. Quartal 2026
Bundesdurchschnitt
inkl. 19% MwSt.

Kostengruppen		▷	€/Einheit	◁	KG an 300+400
310	**Baugrube / Erdbau**				
311	Herstellung [m³]	8,00	**20,00**	31,00	1,4%
320	**Gründung, Unterbau**				
322	Flachgründungen und Bodenplatten [m²]	140,00	**148,00**	157,00	3,7%
324	Gründungsbeläge [m²]	49,00	**58,00**	67,00	0,8%
325	Abdichtungen und Bekleidungen [m²]	17,00	**22,00**	27,00	0,5%
329	Sonstiges zur KG 320 [m²]	–	**3,20**	–	< 0,1%
330	**Außenwände/Vertikale Baukonstruktionen, außen**				
331	Tragende Außenwände [m²]	128,00	**165,00**	202,00	7,2%
333	Außenstützen [m]	–	**214,00**	–	< 0,1%
334	Außenwandöffnungen [m²]	474,00	**543,00**	613,00	5,3%
335	Außenwandbekleidungen, außen [m²]	84,00	**106,00**	128,00	4,4%
336	Außenwandbekleidungen, innen [m²]	46,00	**56,00**	65,00	2,2%
339	Sonstiges zur KG 330 [m²]	1,40	**2,90**	4,30	0,1%
340	**Innenwände/Vertikale Baukonstruktionen, innen**				
341	Tragende Innenwände [m²]	120,00	**140,00**	159,00	3,4%
342	Nichttragende Innenwände [m²]	96,00	**114,00**	132,00	4,1%
343	Innenstützen [m]	–	**122,00**	–	< 0,1%
344	Innenwandöffnungen [m²]	348,00	**545,00**	741,00	4,4%
345	Innenwandbekleidungen [m²]	34,00	**71,00**	109,00	7,5%
346	Elementierte Innenwandkonstruktionen [m²]	–	**122,00**	–	0,1%
350	**Decken/Horizontale Baukonstruktionen**				
351	Deckenkonstruktionen [m²]	157,00	**231,00**	305,00	11,7%
352	Deckenöffnungen [m²]	–	**2.251,00**	–	< 0,1%
353	Deckenbeläge [m²]	84,00	**136,00**	188,00	5,7%
354	Deckenbekleidungen [m²]	21,00	**27,00**	34,00	1,0%
355	Elementierte Deckenkonstruktionen [m²]	–	**1.845,00**	–	2,4%
359	Sonstiges zur KG 350 [m²]	11,00	**21,00**	31,00	1,0%
360	**Dächer**				
361	Dachkonstruktionen [m²]	88,00	**134,00**	181,00	4,9%
362	Dachöffnungen [m²]	882,00	**969,00**	1.057,00	1,0%
363	Dachbeläge [m²]	118,00	**157,00**	196,00	5,7%
364	Dachbekleidungen [m²]	–	**151,00**	–	1,4%
369	Sonstiges zur KG 360 [m²]	–	**8,10**	–	0,2%
370	**Infrastrukturanlagen**				
380	**Baukonstruktive Einbauten**				
381	Allgemeine Einbauten [m² BGF]	–	**2,70**	–	0,1%
390	**Sonstige Maßnahmen für Baukonstruktionen**				
391	Baustelleneinrichtung [m² BGF]	13,00	**14,00**	14,00	1,2%
392	Gerüste [m² BGF]	4,00	**7,30**	11,00	0,6%
394	Abbruchmaßnahmen [m² BGF]	–	**0,50**	–	< 0,1%
397	Zusätzliche Maßnahmen [m² BGF]	1,10	**6,40**	12,00	0,6%

▷ von
ø Mittel
◁ bis

Kostengruppen		▷	€/Einheit	◁	KG an 300+400
410	**Abwasser-, Wasser-, Gasanlagen**				
411	Abwasseranlagen [m² BGF]	24,00	**31,00**	38,00	2,6%
412	Wasseranlagen [m² BGF]	40,00	**50,00**	60,00	4,3%
420	**Wärmeversorgungsanlagen**				
421	Wärmeerzeugungsanlagen [m² BGF]	9,10	**12,00**	15,00	1,1%
422	Wärmeverteilnetze [m² BGF]	18,00	**30,00**	42,00	2,5%
423	Raumheizflächen [m² BGF]	18,00	**23,00**	28,00	2,0%
429	Sonstiges zur KG 420 [m² BGF]	3,70	**6,90**	10,00	0,6%
430	**Raumlufttechnische Anlagen**				
431	Lüftungsanlagen [m² BGF]	–	**2,00**	–	< 0,1%
440	**Elektrische Anlagen**				
443	Niederspannungsschaltanlagen [m² BGF]	3,00	**6,50**	10,00	0,6%
444	Niederspannungsinstallationsanlagen [m² BGF]	27,00	**30,00**	33,00	2,6%
445	Beleuchtungsanlagen [m² BGF]	–	**3,40**	–	0,2%
446	Blitzschutz- und Erdungsanlagen [m² BGF]	0,40	**0,80**	1,20	< 0,1%
449	Sonstiges zur KG 440 [m² BGF]	–	**0,40**	–	< 0,1%
450	**Kommunikations-, sicherheits- und informationstechnische Anlagen**				
452	Such- und Signalanlagen [m² BGF]	–	**2,50**	–	0,1%
455	Audiovisuelle Medien- und Antennenanlagen [m² BGF]	–	**1,00**	–	< 0,1%
460	**Förderanlagen**				
470	**Nutzungsspezifische und verfahrenstechnische Anlagen**				
474	Feuerlöschanlagen [m² BGF]	–	**0,30**	–	< 0,1%
480	**Gebäude- und Anlagenautomation**				
490	**Sonstige Maßnahmen für technische Anlagen**				

Mehrfamilienhäuser, mit bis zu 6 WE, mittlerer Standard

Kosten:
Stand 1. Quartal 2026
Bundesdurchschnitt
inkl. 19% MwSt.

Kostengruppen		▷	€/Einheit	◁	KG an 300+400
310	**Baugrube / Erdbau**				
311	Herstellung [m³]	44,00	**70,00**	146,00	1,8%
312	Umschließung [m²]	–	**4,40**	–	< 0,1%
313	Wasserhaltung [m³]	–	**4,70**	–	< 0,1%
320	**Gründung, Unterbau**				
322	Flachgründungen und Bodenplatten [m²]	143,00	**198,00**	250,00	3,3%
324	Gründungsbeläge [m²]	55,00	**135,00**	250,00	2,1%
325	Abdichtungen und Bekleidungen [m²]	26,00	**48,00**	129,00	0,7%
326	Dränagen [m²]	–	**28,00**	–	< 0,1%
330	**Außenwände/Vertikale Baukonstruktionen, außen**				
331	Tragende Außenwände [m²]	164,00	**204,00**	233,00	7,2%
332	Nichttragende Außenwände [m²]	–	**223,00**	–	0,4%
333	Außenstützen [m]	–	**208,00**	–	< 0,1%
334	Außenwandöffnungen [m²]	527,00	**733,00**	840,00	7,2%
335	Außenwandbekleidungen, außen [m²]	120,00	**171,00**	249,00	6,5%
336	Außenwandbekleidungen, innen [m²]	37,00	**45,00**	52,00	1,4%
338	Lichtschutz zur KG 330 [m²]	241,00	**286,00**	330,00	1,2%
339	Sonstiges zur KG 330 [m²]	8,00	**17,00**	53,00	0,8%
340	**Innenwände/Vertikale Baukonstruktionen, innen**				
341	Tragende Innenwände [m²]	109,00	**161,00**	232,00	2,0%
342	Nichttragende Innenwände [m²]	114,00	**123,00**	136,00	3,6%
343	Innenstützen [m]	225,00	**337,00**	642,00	0,4%
344	Innenwandöffnungen [m²]	508,00	**570,00**	604,00	2,8%
345	Innenwandbekleidungen [m²]	35,00	**47,00**	72,00	3,3%
349	Sonstiges zur KG 340 [m²]	–	**5,90**	–	< 0,1%
350	**Decken/Horizontale Baukonstruktionen**				
351	Deckenkonstruktionen [m²]	219,00	**254,00**	371,00	9,8%
352	Deckenöffnungen [m²]	–	**3.756,00**	–	< 0,1%
353	Deckenbeläge [m²]	170,00	**200,00**	243,00	5,5%
354	Deckenbekleidungen [m²]	40,00	**58,00**	103,00	1,5%
355	Elementierte Deckenkonstruktionen [m²]	1.522,00	**2.287,00**	3.053,00	0,6%
359	Sonstiges zur KG 350 [m²]	11,00	**43,00**	64,00	1,8%
360	**Dächer**				
361	Dachkonstruktionen [m²]	106,00	**148,00**	178,00	3,3%
362	Dachöffnungen [m²]	1.303,00	**2.036,00**	3.074,00	0,8%
363	Dachbeläge [m²]	189,00	**260,00**	346,00	5,7%
364	Dachbekleidungen [m²]	74,00	**88,00**	133,00	1,7%
369	Sonstiges zur KG 360 [m²]	6,40	**12,00**	20,00	0,2%
370	**Infrastrukturanlagen**				
380	**Baukonstruktive Einbauten**				
381	Allgemeine Einbauten [m² BGF]	1,80	**2,80**	3,80	< 0,1%

▷ von
ø Mittel
◁ bis

Kostengruppen		▷	€/Einheit	◁	KG an 300+400
390	**Sonstige Maßnahmen für Baukonstruktionen**				
391	Baustelleneinrichtung [m² BGF]	8,40	**18,00**	49,00	1,1%
392	Gerüste [m² BGF]	11,00	**16,00**	25,00	1,0%
394	Abbruchmaßnahmen [m² BGF]	–	**24,00**	–	0,3%
397	Zusätzliche Maßnahmen [m² BGF]	2,40	**4,10**	7,40	0,1%
399	Sonstiges zur KG 390 [m² BGF]	–	**173,00**	–	2,3%
410	**Abwasser-, Wasser-, Gasanlagen**				
411	Abwasseranlagen [m² BGF]	17,00	**27,00**	44,00	1,6%
412	Wasseranlagen [m² BGF]	45,00	**84,00**	119,00	5,1%
419	Sonstiges zur KG 410 [m² BGF]	2,00	**2,90**	3,70	< 0,1%
420	**Wärmeversorgungsanlagen**				
421	Wärmeerzeugungsanlagen [m² BGF]	21,00	**29,00**	36,00	1,4%
422	Wärmeverteilnetze [m² BGF]	12,00	**24,00**	32,00	1,4%
423	Raumheizflächen [m² BGF]	24,00	**43,00**	71,00	2,7%
429	Sonstiges zur KG 420 [m² BGF]	4,70	**9,00**	19,00	0,4%
430	**Raumlufttechnische Anlagen**				
431	Lüftungsanlagen [m² BGF]	5,80	**16,00**	45,00	0,8%
440	**Elektrische Anlagen**				
442	Eigenstromversorgungsanlagen [m² BGF]	–	**107,00**	–	1,4%
444	Niederspannungsinstallationsanlagen [m² BGF]	35,00	**52,00**	64,00	3,2%
445	Beleuchtungsanlagen [m² BGF]	2,40	**4,50**	7,70	0,3%
446	Blitzschutz- und Erdungsanlagen [m² BGF]	1,80	**2,80**	4,20	0,2%
450	**Kommunikations-, sicherheits- und informationstechnische Anlagen**				
451	Telekommunikationsanlagen [m² BGF]	0,50	**0,70**	1,10	< 0,1%
452	Such- und Signalanlagen [m² BGF]	1,80	**3,70**	4,80	0,2%
454	Elektroakustische Anlagen [m² BGF]	–	**0,60**	–	< 0,1%
455	Audiovisuelle Medien- und Antennenanlagen [m² BGF]	1,80	**4,40**	6,80	0,3%
456	Gefahrenmelde- und Alarmanlagen [m² BGF]	0,90	**2,20**	3,50	< 0,1%
457	Datenübertragungsnetze [m² BGF]	1,30	**1,80**	2,80	< 0,1%
460	**Förderanlagen**				
470	**Nutzungsspezifische und verfahrenstechnische Anlagen**				
480	**Gebäude- und Anlagenautomation**				
490	**Sonstige Maßnahmen für technische Anlagen**				

Kosten:
Stand 1.Quartal 2026
Bundesdurchschnitt
inkl. 19% MwSt.

Kostengruppen		▷	€/Einheit	◁	KG an 300+400
310	**Baugrube / Erdbau**				
311	Herstellung [m³]	28,00	**41,00**	62,00	2,1%
312	Umschließung [m²]	3,50	**31,00**	58,00	< 0,1%
320	**Gründung, Unterbau**				
321	Baugrundverbesserung [m²]	–	**109,00**	–	< 0,1%
322	Flachgründungen und Bodenplatten [m²]	193,00	**319,00**	765,00	3,9%
324	Gründungsbeläge [m²]	76,00	**142,00**	215,00	1,2%
325	Abdichtungen und Bekleidungen [m²]	32,00	**54,00**	73,00	0,8%
326	Dränagen [m²]	–	**34,00**	–	< 0,1%
330	**Außenwände/Vertikale Baukonstruktionen, außen**				
331	Tragende Außenwände [m²]	164,00	**178,00**	201,00	5,3%
332	Nichttragende Außenwände [m²]	149,00	**301,00**	450,00	0,5%
333	Außenstützen [m]	169,00	**239,00**	309,00	0,2%
334	Außenwandöffnungen [m²]	715,00	**882,00**	1.061,00	7,2%
335	Außenwandbekleidungen, außen [m²]	161,00	**234,00**	404,00	7,8%
336	Außenwandbekleidungen, innen [m²]	39,00	**50,00**	59,00	1,2%
338	Lichtschutz zur KG 330 [m²]	231,00	**344,00**	432,00	1,7%
339	Sonstiges zur KG 330 [m²]	15,00	**26,00**	42,00	0,8%
340	**Innenwände/Vertikale Baukonstruktionen, innen**				
341	Tragende Innenwände [m²]	134,00	**179,00**	207,00	3,6%
342	Nichttragende Innenwände [m²]	84,00	**105,00**	136,00	2,1%
343	Innenstützen [m]	156,00	**209,00**	299,00	< 0,1%
344	Innenwandöffnungen [m²]	581,00	**893,00**	1.835,00	3,4%
345	Innenwandbekleidungen [m²]	47,00	**59,00**	71,00	3,5%
346	Elementierte Innenwandkonstruktionen [m²]	42,00	**62,00**	102,00	< 0,1%
350	**Decken/Horizontale Baukonstruktionen**				
351	Deckenkonstruktionen [m²]	247,00	**300,00**	468,00	9,3%
352	Deckenöffnungen [m²]	2.402,00	**2.442,00**	2.482,00	< 0,1%
353	Deckenbeläge [m²]	199,00	**246,00**	281,00	6,7%
354	Deckenbekleidungen [m²]	36,00	**41,00**	49,00	1,1%
359	Sonstiges zur KG 350 [m²]	28,00	**43,00**	57,00	1,1%
360	**Dächer**				
361	Dachkonstruktionen [m²]	175,00	**217,00**	297,00	3,4%
362	Dachöffnungen [m²]	1.111,00	**2.465,00**	3.221,00	0,4%
363	Dachbeläge [m²]	302,00	**435,00**	680,00	6,4%
364	Dachbekleidungen [m²]	33,00	**73,00**	139,00	1,0%
366	Lichtschutz zur KG 360 [m²]	435,00	**754,00**	1.074,00	0,2%
369	Sonstiges zur KG 360 [m²]	10,00	**47,00**	106,00	0,5%
370	**Infrastrukturanlagen**				
380	**Baukonstruktive Einbauten**				
381	Allgemeine Einbauten [m² BGF]	0,10	**18,00**	35,00	0,2%
382	Besondere Einbauten [m² BGF]	–	**7,50**	–	< 0,1%

▷ von
ø Mittel
◁ bis

Kostengruppen		▷	€/Einheit	◁	KG an 300+400
390	**Sonstige Maßnahmen für Baukonstruktionen**				
391	Baustelleneinrichtung [m2 BGF]	26,00	**42,00**	68,00	2,0%
392	Gerüste [m2 BGF]	9,80	**19,00**	30,00	1,0%
394	Abbruchmaßnahmen [m2 BGF]	–	**13,00**	–	< 0,1%
397	Zusätzliche Maßnahmen [m2 BGF]	1,50	**5,50**	8,90	0,2%
399	Sonstiges zur KG 390 [m2 BGF]	6,60	**27,00**	99,00	0,7%
	Sonstige Kostengruppen Bauwerk – Baukonstruktionen				
	319, 349, 396, 398				< 0,1%
410	**Abwasser-, Wasser-, Gasanlagen**				
411	Abwasseranlagen [m2 BGF]	27,00	**33,00**	43,00	1,7%
412	Wasseranlagen [m2 BGF]	56,00	**74,00**	94,00	3,6%
419	Sonstiges zur KG 410 [m2 BGF]	4,00	**6,30**	8,80	0,2%
420	**Wärmeversorgungsanlagen**				
421	Wärmeerzeugungsanlagen [m2 BGF]	27,00	**45,00**	64,00	2,2%
422	Wärmeverteilnetze [m2 BGF]	17,00	**28,00**	50,00	1,4%
423	Raumheizflächen [m2 BGF]	30,00	**44,00**	67,00	2,1%
429	Sonstiges zur KG 420 [m2 BGF]	4,20	**7,60**	11,00	0,3%
430	**Raumlufttechnische Anlagen**				
431	Lüftungsanlagen [m2 BGF]	6,20	**27,00**	60,00	1,3%
440	**Elektrische Anlagen**				
443	Niederspannungsschaltanlagen [m2 BGF]	–	**8,50**	–	< 0,1%
444	Niederspannungsinstallationsanlagen [m2 BGF]	64,00	**79,00**	101,00	3,9%
445	Beleuchtungsanlagen [m2 BGF]	7,10	**12,00**	24,00	0,5%
446	Blitzschutz- und Erdungsanlagen [m2 BGF]	2,20	**4,70**	8,00	0,2%
450	**Kommunikations-, sicherheits- und informationstechnische Anlagen**				
451	Telekommunikationsanlagen [m2 BGF]	0,80	**2,00**	2,80	< 0,1%
452	Such- und Signalanlagen [m2 BGF]	2,80	**8,00**	12,00	0,4%
454	Elektroakustische Anlagen [m2 BGF]	0,90	**2,50**	4,10	< 0,1%
455	Audiovisuelle Medien- und Antennenanlagen [m2 BGF]	3,10	**4,10**	5,40	0,2%
456	Gefahrenmelde- und Alarmanlagen [m2 BGF]	1,20	**2,30**	5,70	< 0,1%
457	Datenübertragungsnetze [m2 BGF]	1,00	**4,50**	11,00	0,2%
460	**Förderanlagen**				
461	Aufzugsanlagen [m2 BGF]	59,00	**64,00**	71,00	2,0%
470	**Nutzungsspezifische und verfahrenstechnische Anlagen**				
480	**Gebäude- und Anlagenautomation**				
490	**Sonstige Maßnahmen für technische Anlagen**				
	Sonstige Kostengruppen Bauwerk – Technische Anlagen				
	413, 497				< 0,1%

Mehrfamilienhäuser, mit 6 bis 19 WE, einfacher Standard

Kosten:
Stand 1. Quartal 2026
Bundesdurchschnitt
inkl. 19% MwSt.

Kostengruppen		▷	€/Einheit	◁	KG an 300+400
310	**Baugrube / Erdbau**				
311	Herstellung [m³]	37,00	**47,00**	53,00	2,2%
313	Wasserhaltung [m³]	–	**10,00**	–	< 0,1%
320	**Gründung, Unterbau**				
322	Flachgründungen und Bodenplatten [m²]	178,00	**202,00**	218,00	3,9%
323	Tiefgründungen [m²]	–	**310,00**	–	1,5%
324	Gründungsbeläge [m²]	41,00	**52,00**	60,00	0,4%
325	Abdichtungen und Bekleidungen [m²]	18,00	**36,00**	70,00	0,8%
326	Dränagen [m²]	11,00	**27,00**	51,00	0,4%
330	**Außenwände/Vertikale Baukonstruktionen, außen**				
331	Tragende Außenwände [m²]	137,00	**191,00**	220,00	6,3%
334	Außenwandöffnungen [m²]	707,00	**896,00**	1.246,00	5,8%
335	Außenwandbekleidungen, außen [m²]	117,00	**201,00**	249,00	7,1%
336	Außenwandbekleidungen, innen [m²]	28,00	**40,00**	47,00	1,3%
338	Lichtschutz zur KG 330 [m²]	270,00	**361,00**	452,00	1,1%
339	Sonstiges zur KG 330 [m²]	6,40	**12,00**	22,00	0,5%
340	**Innenwände/Vertikale Baukonstruktionen, innen**				
341	Tragende Innenwände [m²]	139,00	**154,00**	162,00	3,5%
342	Nichttragende Innenwände [m²]	118,00	**121,00**	123,00	2,9%
343	Innenstützen [m]	225,00	**329,00**	384,00	0,7%
344	Innenwandöffnungen [m²]	448,00	**508,00**	538,00	2,6%
345	Innenwandbekleidungen [m²]	34,00	**55,00**	96,00	3,8%
346	Elementierte Innenwandkonstruktionen [m²]	91,00	**116,00**	141,00	0,3%
349	Sonstiges zur KG 340 [m²]	–	**1,30**	–	< 0,1%
350	**Decken/Horizontale Baukonstruktionen**				
351	Deckenkonstruktionen [m²]	243,00	**255,00**	279,00	11,7%
353	Deckenbeläge [m²]	146,00	**176,00**	191,00	7,0%
354	Deckenbekleidungen [m²]	20,00	**27,00**	42,00	1,1%
355	Elementierte Deckenkonstruktionen [m²]	–	**4.214,00**	–	0,5%
359	Sonstiges zur KG 350 [m²]	27,00	**48,00**	59,00	2,1%
360	**Dächer**				
361	Dachkonstruktionen [m²]	127,00	**159,00**	177,00	3,6%
362	Dachöffnungen [m²]	960,00	**1.255,00**	1.550,00	0,8%
363	Dachbeläge [m²]	157,00	**216,00**	314,00	4,1%
364	Dachbekleidungen [m²]	46,00	**98,00**	126,00	1,5%
369	Sonstiges zur KG 360 [m²]	5,10	**27,00**	39,00	0,6%
370	**Infrastrukturanlagen**				
380	**Baukonstruktive Einbauten**				
381	Allgemeine Einbauten [m² BGF]	–	**38,00**	–	0,7%

▷ von
ø Mittel
◁ bis

Kostengruppen		▷	€/Einheit	◁	KG an 300+400
390	**Sonstige Maßnahmen für Baukonstruktionen**				
391	Baustelleneinrichtung [m² BGF]	9,20	**35,00**	82,00	2,1%
392	Gerüste [m² BGF]	6,00	**15,00**	24,00	0,6%
394	Abbruchmaßnahmen [m² BGF]	–	**3,80**	–	< 0,1%
395	Instandsetzungen [m² BGF]	–	**1,30**	–	< 0,1%
397	Zusätzliche Maßnahmen [m² BGF]	1,40	**7,40**	13,00	0,3%
399	Sonstiges zur KG 390 [m² BGF]	–	**4,00**	–	< 0,1%
410	**Abwasser-, Wasser-, Gasanlagen**				
411	Abwasseranlagen [m² BGF]	20,00	**29,00**	36,00	2,0%
412	Wasseranlagen [m² BGF]	60,00	**70,00**	91,00	4,7%
419	Sonstiges zur KG 410 [m² BGF]	–	**4,90**	–	< 0,1%
420	**Wärmeversorgungsanlagen**				
421	Wärmeerzeugungsanlagen [m² BGF]	6,30	**19,00**	43,00	1,2%
422	Wärmeverteilnetze [m² BGF]	24,00	**29,00**	38,00	1,9%
423	Raumheizflächen [m² BGF]	15,00	**23,00**	28,00	1,6%
429	Sonstiges zur KG 420 [m² BGF]	1,70	**12,00**	31,00	0,8%
430	**Raumlufttechnische Anlagen**				
431	Lüftungsanlagen [m² BGF]	5,30	**22,00**	38,00	0,9%
432	Teilklimaanlagen [m² BGF]	–	**4,00**	–	< 0,1%
440	**Elektrische Anlagen**				
443	Niederspannungsschaltanlagen [m² BGF]	–	**4,90**	–	< 0,1%
444	Niederspannungsinstallationsanlagen [m² BGF]	37,00	**46,00**	64,00	3,0%
445	Beleuchtungsanlagen [m² BGF]	3,40	**9,70**	20,00	0,6%
446	Blitzschutz- und Erdungsanlagen [m² BGF]	1,60	**2,20**	3,40	0,1%
450	**Kommunikations-, sicherheits- und informationstechnische Anlagen**				
451	Telekommunikationsanlagen [m² BGF]	0,90	**1,00**	1,10	< 0,1%
452	Such- und Signalanlagen [m² BGF]	2,20	**2,70**	3,60	0,2%
455	Audiovisuelle Medien- und Antennenanlagen [m² BGF]	2,40	**5,10**	10,00	0,3%
456	Gefahrenmelde- und Alarmanlagen [m² BGF]	–	**1,50**	–	< 0,1%
457	Datenübertragungsnetze [m² BGF]	–	**2,40**	–	< 0,1%
460	**Förderanlagen**				
470	**Nutzungsspezifische und verfahrenstechnische Anlagen**				
480	**Gebäude- und Anlagenautomation**				
490	**Sonstige Maßnahmen für technische Anlagen**				
491	Baustelleneinrichtung [m² BGF]	–	**2,40**	–	< 0,1%
494	Abbruchmaßnahmen [m² BGF]	–	**0,20**	–	< 0,1%

Mehrfamilienhäuser, mit 6 bis 19 WE, mittlerer Standard

Kosten:
Stand 1. Quartal 2026
Bundesdurchschnitt
inkl. 19% MwSt.

Kostengruppen		▷	€/Einheit	◁	KG an 300+400
310	**Baugrube / Erdbau**				
311	Herstellung [m³]	35,00	**78,00**	172,00	3,3%
312	Umschließung [m²]	–	**2,50**	–	< 0,1%
313	Wasserhaltung [m³]	–	**–**	–	< 0,1%
320	**Gründung, Unterbau**				
322	Flachgründungen und Bodenplatten [m²]	184,00	**247,00**	349,00	4,2%
324	Gründungsbeläge [m²]	69,00	**108,00**	181,00	1,2%
325	Abdichtungen und Bekleidungen [m²]	18,00	**31,00**	48,00	0,5%
326	Dränagen [m²]	1,70	**7,50**	18,00	< 0,1%
330	**Außenwände/Vertikale Baukonstruktionen, außen**				
331	Tragende Außenwände [m²]	139,00	**191,00**	251,00	6,7%
332	Nichttragende Außenwände [m²]	233,00	**434,00**	1.140,00	0,2%
333	Außenstützen [m]	174,00	**225,00**	264,00	0,2%
334	Außenwandöffnungen [m²]	454,00	**612,00**	764,00	5,9%
335	Außenwandbekleidungen, außen [m²]	144,00	**180,00**	206,00	7,0%
336	Außenwandbekleidungen, innen [m²]	36,00	**46,00**	54,00	1,3%
337	Elementierte Außenwandkonstruktionen [m²]	–	**763,00**	–	< 0,1%
338	Lichtschutz zur KG 330 [m²]	97,00	**164,00**	225,00	0,6%
339	Sonstiges zur KG 330 [m²]	9,60	**21,00**	34,00	0,8%
340	**Innenwände/Vertikale Baukonstruktionen, innen**				
341	Tragende Innenwände [m²]	140,00	**160,00**	193,00	4,7%
342	Nichttragende Innenwände [m²]	91,00	**103,00**	112,00	2,7%
343	Innenstützen [m]	129,00	**231,00**	326,00	0,3%
344	Innenwandöffnungen [m²]	381,00	**448,00**	537,00	2,3%
345	Innenwandbekleidungen [m²]	33,00	**44,00**	53,00	4,2%
346	Elementierte Innenwandkonstruktionen [m²]	39,00	**74,00**	96,00	0,1%
349	Sonstiges zur KG 340 [m²]	0,90	**2,60**	5,90	< 0,1%
350	**Decken/Horizontale Baukonstruktionen**				
351	Deckenkonstruktionen [m²]	185,00	**233,00**	268,00	10,5%
352	Deckenöffnungen [m²]	–	**1.342,00**	–	< 0,1%
353	Deckenbeläge [m²]	135,00	**160,00**	176,00	6,2%
354	Deckenbekleidungen [m²]	21,00	**38,00**	57,00	1,5%
355	Elementierte Deckenkonstruktionen [m²]	1.832,00	**1.837,00**	1.843,00	0,5%
359	Sonstiges zur KG 350 [m²]	31,00	**45,00**	62,00	2,0%
360	**Dächer**				
361	Dachkonstruktionen [m²]	125,00	**155,00**	187,00	3,5%
362	Dachöffnungen [m²]	1.849,00	**4.350,00**	10.204,00	0,6%
363	Dachbeläge [m²]	160,00	**210,00**	284,00	4,3%
364	Dachbekleidungen [m²]	42,00	**83,00**	183,00	1,5%
366	Lichtschutz zur KG 360 [m²]	–	**747,00**	–	< 0,1%
369	Sonstiges zur KG 360 [m²]	5,80	**20,00**	53,00	0,3%
370	**Infrastrukturanlagen**				

▷ von
ø Mittel
◁ bis

Kostengruppen		▷	€/Einheit	◁	KG an 300+400
380	**Baukonstruktive Einbauten**				
381	Allgemeine Einbauten [m2 BGF]	4,80	**18,00**	52,00	0,7%
382	Besondere Einbauten [m2 BGF]	–	**2,10**	–	< 0,1%
386	Orientierungs- und Informationssysteme [m2 BGF]	–	**< 0,10**	–	< 0,1%
390	**Sonstige Maßnahmen für Baukonstruktionen**				
391	Baustelleneinrichtung [m2 BGF]	14,00	**22,00**	41,00	1,4%
392	Gerüste [m2 BGF]	12,00	**20,00**	27,00	0,9%
393	Sicherungsmaßnahmen [m2 BGF]	0,30	**0,50**	0,80	< 0,1%
396	Materialentsorgung [m2 BGF]	0,20	**0,60**	1,10	< 0,1%
397	Zusätzliche Maßnahmen [m2 BGF]	4,40	**9,30**	17,00	0,4%
398	Provisorische Baukonstruktionen [m2 BGF]	0,20	**1,60**	3,00	< 0,1%
410	**Abwasser-, Wasser-, Gasanlagen**				
411	Abwasseranlagen [m2 BGF]	11,00	**21,00**	31,00	1,4%
412	Wasseranlagen [m2 BGF]	34,00	**53,00**	67,00	3,4%
419	Sonstiges zur KG 410 [m2 BGF]	6,60	**9,50**	24,00	0,5%
420	**Wärmeversorgungsanlagen**				
421	Wärmeerzeugungsanlagen [m2 BGF]	17,00	**48,00**	86,00	2,5%
422	Wärmeverteilnetze [m2 BGF]	9,60	**19,00**	30,00	1,1%
423	Raumheizflächen [m2 BGF]	15,00	**27,00**	51,00	1,5%
429	Sonstiges zur KG 420 [m2 BGF]	1,40	**4,20**	7,00	< 0,1%
430	**Raumlufttechnische Anlagen**				
431	Lüftungsanlagen [m2 BGF]	9,80	**30,00**	75,00	1,9%
440	**Elektrische Anlagen**				
443	Niederspannungsschaltanlagen [m2 BGF]	–	**18,00**	–	0,1%
444	Niederspannungsinstallationsanlagen [m2 BGF]	38,00	**63,00**	85,00	4,1%
445	Beleuchtungsanlagen [m2 BGF]	1,70	**4,70**	8,50	0,3%
446	Blitzschutz- und Erdungsanlagen [m2 BGF]	0,70	**2,00**	4,40	0,1%
450	**Kommunikations-, sicherheits- und informationstechnische Anlagen**				
451	Telekommunikationsanlagen [m2 BGF]	0,50	**2,10**	3,50	< 0,1%
452	Such- und Signalanlagen [m2 BGF]	1,80	**2,60**	4,60	0,1%
455	Audiovisuelle Medien- und Antennenanlagen [m2 BGF]	1,80	**3,70**	6,80	0,2%
456	Gefahrenmelde- und Alarmanlagen [m2 BGF]	0,70	**1,30**	1,80	< 0,1%
457	Datenübertragungsnetze [m2 BGF]	1,30	**3,60**	5,70	0,1%
460	**Förderanlagen**				
461	Aufzugsanlagen [m2 BGF]	28,00	**32,00**	41,00	1,2%
469	Sonstiges zur KG 460 [m2 BGF]	–	**11,00**	–	0,2%
470	**Nutzungsspezifische und verfahrenstechnische Anlagen**				
480	**Gebäude- und Anlagenautomation**				
490	**Sonstige Maßnahmen für technische Anlagen**				

Mehrfamilienhäuser, mit 6 bis 19 WE, hoher Standard

Kosten:
Stand 1.Quartal 2026
Bundesdurchschnitt
inkl. 19% MwSt.

Kostengruppen		▷	€/Einheit	◁	KG an 300+400
310	**Baugrube / Erdbau**				
311	Herstellung [m³]	43,00	**53,00**	74,00	3,0%
312	Umschließung [m²]	123,00	**299,00**	551,00	0,5%
313	Wasserhaltung [m³]	5,10	**7,90**	14,00	< 0,1%
320	**Gründung, Unterbau**				
321	Baugrundverbesserung [m²]	40,00	**67,00**	138,00	0,4%
322	Flachgründungen und Bodenplatten [m²]	174,00	**217,00**	268,00	3,8%
323	Tiefgründungen [m²]	–	**71,00**	–	0,2%
324	Gründungsbeläge [m²]	55,00	**98,00**	177,00	0,7%
325	Abdichtungen und Bekleidungen [m²]	20,00	**28,00**	47,00	0,5%
326	Dränagen [m²]	7,20	**15,00**	30,00	0,2%
329	Sonstiges zur KG 320 [m²]	–	**1,00**	–	< 0,1%
330	**Außenwände/Vertikale Baukonstruktionen, außen**				
331	Tragende Außenwände [m²]	171,00	**201,00**	258,00	6,8%
332	Nichttragende Außenwände [m²]	235,00	**240,00**	245,00	0,2%
333	Außenstützen [m]	306,00	**441,00**	575,00	< 0,1%
334	Außenwandöffnungen [m²]	497,00	**697,00**	844,00	5,8%
335	Außenwandbekleidungen, außen [m²]	134,00	**240,00**	496,00	8,2%
336	Außenwandbekleidungen, innen [m²]	33,00	**47,00**	65,00	1,2%
338	Lichtschutz zur KG 330 [m²]	145,00	**348,00**	440,00	0,8%
339	Sonstiges zur KG 330 [m²]	9,20	**13,00**	18,00	0,5%
340	**Innenwände/Vertikale Baukonstruktionen, innen**				
341	Tragende Innenwände [m²]	138,00	**185,00**	252,00	3,7%
342	Nichttragende Innenwände [m²]	85,00	**105,00**	146,00	2,6%
343	Innenstützen [m]	257,00	**402,00**	874,00	0,5%
344	Innenwandöffnungen [m²]	519,00	**659,00**	749,00	3,1%
345	Innenwandbekleidungen [m²]	43,00	**57,00**	79,00	4,0%
346	Elementierte Innenwandkonstruktionen [m²]	78,00	**161,00**	272,00	0,1%
349	Sonstiges zur KG 340 [m²]	–	**2,20**	–	< 0,1%
350	**Decken/Horizontale Baukonstruktionen**				
351	Deckenkonstruktionen [m²]	192,00	**248,00**	298,00	9,2%
353	Deckenbeläge [m²]	144,00	**183,00**	231,00	5,4%
354	Deckenbekleidungen [m²]	36,00	**48,00**	74,00	1,3%
355	Elementierte Deckenkonstruktionen [m²]	–	**1.369,00**	–	0,1%
359	Sonstiges zur KG 350 [m²]	27,00	**44,00**	71,00	1,6%
360	**Dächer**				
361	Dachkonstruktionen [m²]	171,00	**206,00**	253,00	3,8%
362	Dachöffnungen [m²]	1.168,00	**2.939,00**	10.811,00	0,5%
363	Dachbeläge [m²]	241,00	**310,00**	507,00	5,1%
364	Dachbekleidungen [m²]	28,00	**45,00**	89,00	0,6%
369	Sonstiges zur KG 360 [m²]	6,80	**30,00**	72,00	0,6%
370	**Infrastrukturanlagen**				
380	**Baukonstruktive Einbauten**				
381	Allgemeine Einbauten [m² BGF]	5,00	**28,00**	71,00	1,0%

▷ von
ø Mittel
◁ bis

Kostengruppen		▷	€/Einheit	◁	KG an 300+400
390	**Sonstige Maßnahmen für Baukonstruktionen**				
391	Baustelleneinrichtung [m2 BGF]	20,00	**39,00**	79,00	2,2%
392	Gerüste [m2 BGF]	9,50	**18,00**	32,00	1,0%
393	Sicherungsmaßnahmen [m2 BGF]	6,30	**19,00**	27,00	0,5%
394	Abbruchmaßnahmen [m2 BGF]	5,10	**6,60**	8,20	0,1%
396	Materialentsorgung [m2 BGF]	0,40	**1,00**	2,30	< 0,1%
397	Zusätzliche Maßnahmen [m2 BGF]	1,50	**5,70**	8,60	0,3%
399	Sonstiges zur KG 390 [m2 BGF]	4,60	**13,00**	22,00	0,2%
410	**Abwasser-, Wasser-, Gasanlagen**				
411	Abwasseranlagen [m2 BGF]	25,00	**32,00**	39,00	1,8%
412	Wasseranlagen [m2 BGF]	57,00	**75,00**	127,00	4,1%
419	Sonstiges zur KG 410 [m2 BGF]	2,60	**7,00**	10,00	0,3%
420	**Wärmeversorgungsanlagen**				
421	Wärmeerzeugungsanlagen [m2 BGF]	13,00	**20,00**	53,00	1,1%
422	Wärmeverteilnetze [m2 BGF]	18,00	**24,00**	29,00	1,3%
423	Raumheizflächen [m2 BGF]	21,00	**41,00**	71,00	2,2%
429	Sonstiges zur KG 420 [m2 BGF]	2,30	**4,10**	5,90	< 0,1%
430	**Raumlufttechnische Anlagen**				
431	Lüftungsanlagen [m2 BGF]	8,90	**16,00**	31,00	0,9%
440	**Elektrische Anlagen**				
444	Niederspannungsinstallationsanlagen [m2 BGF]	41,00	**59,00**	153,00	3,1%
445	Beleuchtungsanlagen [m2 BGF]	2,40	**7,60**	15,00	0,3%
446	Blitzschutz- und Erdungsanlagen [m2 BGF]	1,20	**1,70**	2,20	< 0,1%
450	**Kommunikations-, sicherheits- und informationstechnische Anlagen**				
451	Telekommunikationsanlagen [m2 BGF]	1,70	**3,00**	3,70	0,1%
452	Such- und Signalanlagen [m2 BGF]	4,40	**7,40**	14,00	0,3%
454	Elektroakustische Anlagen [m2 BGF]	–	**1,30**	–	< 0,1%
455	Audiovisuelle Medien- und Antennenanlagen [m2 BGF]	3,20	**4,40**	5,50	0,2%
456	Gefahrenmelde- und Alarmanlagen [m2 BGF]	2,40	**6,80**	15,00	0,2%
457	Datenübertragungsnetze [m2 BGF]	–	**2,50**	–	< 0,1%
460	**Förderanlagen**				
461	Aufzugsanlagen [m2 BGF]	31,00	**45,00**	55,00	2,6%
470	**Nutzungsspezifische und verfahrenstechnische Anlagen**				
474	Feuerlöschanlagen [m2 BGF]	–	**0,50**	–	< 0,1%
480	**Gebäude- und Anlagenautomation**				
490	**Sonstige Maßnahmen für technische Anlagen**				
491	Baustelleneinrichtung [m2 BGF]	0,70	**6,10**	12,00	< 0,1%
496	Materialentsorgung [m2 BGF]	–	**0,40**	–	< 0,1%

Kosten:
Stand 1. Quartal 2026
Bundesdurchschnitt
inkl. 19% MwSt.

Kostengruppen		▷	€/Einheit	◁	KG an 300+400
310	**Baugrube / Erdbau**				
311	Herstellung [m³]	21,00	**28,00**	38,00	1,5%
312	Umschließung [m²]	127,00	**207,00**	288,00	1,6%
313	Wasserhaltung [m³]	–	**9,20**	–	0,2%
320	**Gründung, Unterbau**				
322	Flachgründungen und Bodenplatten [m²]	140,00	**188,00**	281,00	3,4%
324	Gründungsbeläge [m²]	53,00	**72,00**	109,00	0,8%
325	Abdichtungen und Bekleidungen [m²]	12,00	**25,00**	31,00	0,5%
326	Dränagen [m²]	–	**18,00**	–	0,1%
330	**Außenwände/Vertikale Baukonstruktionen, außen**				
331	Tragende Außenwände [m²]	121,00	**164,00**	245,00	5,4%
332	Nichttragende Außenwände [m²]	–	**136,00**	–	0,2%
333	Außenstützen [m]	190,00	**245,00**	332,00	0,2%
334	Außenwandöffnungen [m²]	401,00	**530,00**	753,00	5,7%
335	Außenwandbekleidungen, außen [m²]	119,00	**133,00**	159,00	5,2%
336	Außenwandbekleidungen, innen [m²]	23,00	**36,00**	42,00	1,3%
337	Elementierte Außenwandkonstruktionen [m²]	–	**1.218,00**	–	2,5%
338	Lichtschutz zur KG 330 [m²]	111,00	**294,00**	420,00	1,4%
339	Sonstiges zur KG 330 [m²]	33,00	**37,00**	41,00	1,0%
340	**Innenwände/Vertikale Baukonstruktionen, innen**				
341	Tragende Innenwände [m²]	98,00	**133,00**	152,00	3,7%
342	Nichttragende Innenwände [m²]	85,00	**95,00**	114,00	3,0%
343	Innenstützen [m]	–	**441,00**	–	0,2%
344	Innenwandöffnungen [m²]	329,00	**449,00**	509,00	3,6%
345	Innenwandbekleidungen [m²]	21,00	**33,00**	53,00	3,0%
346	Elementierte Innenwandkonstruktionen [m²]	42,00	**53,00**	64,00	0,1%
350	**Decken/Horizontale Baukonstruktionen**				
351	Deckenkonstruktionen [m²]	191,00	**257,00**	378,00	13,6%
353	Deckenbeläge [m²]	103,00	**107,00**	115,00	4,7%
354	Deckenbekleidungen [m²]	18,00	**34,00**	45,00	1,4%
355	Elementierte Deckenkonstruktionen [m²]	–	**3.309,00**	–	0,3%
359	Sonstiges zur KG 350 [m²]	60,00	**73,00**	99,00	3,9%
360	**Dächer**				
361	Dachkonstruktionen [m²]	171,00	**258,00**	314,00	4,6%
362	Dachöffnungen [m²]	2.813,00	**3.298,00**	3.783,00	< 0,1%
363	Dachbeläge [m²]	155,00	**184,00**	200,00	3,5%
364	Dachbekleidungen [m²]	14,00	**26,00**	48,00	0,2%
369	Sonstiges zur KG 360 [m²]	4,30	**22,00**	58,00	0,3%
370	**Infrastrukturanlagen**				
380	**Baukonstruktive Einbauten**				
381	Allgemeine Einbauten [m² BGF]	1,80	**5,70**	9,70	0,3%

▷ von
ø Mittel
◁ bis

Kostengruppen		▷	€/Einheit	◁	KG an 300+400
390	**Sonstige Maßnahmen für Baukonstruktionen**				
391	Baustelleneinrichtung [m² BGF]	10,00	**27,00**	37,00	1,9%
392	Gerüste [m² BGF]	0,70	**13,00**	21,00	1,0%
394	Abbruchmaßnahmen [m² BGF]	–	**3,90**	–	< 0,1%
395	Instandsetzungen [m² BGF]	–	**0,10**	–	< 0,1%
396	Materialentsorgung [m² BGF]	–	**0,30**	–	< 0,1%
397	Zusätzliche Maßnahmen [m² BGF]	3,70	**9,40**	20,00	0,7%
398	Provisorische Baukonstruktionen [m² BGF]	–	**0,20**	–	< 0,1%
410	**Abwasser-, Wasser-, Gasanlagen**				
411	Abwasseranlagen [m² BGF]	20,00	**26,00**	32,00	1,2%
412	Wasseranlagen [m² BGF]	37,00	**50,00**	63,00	2,3%
419	Sonstiges zur KG 410 [m² BGF]	2,50	**38,00**	73,00	1,8%
420	**Wärmeversorgungsanlagen**				
421	Wärmeerzeugungsanlagen [m² BGF]	8,10	**13,00**	19,00	0,6%
422	Wärmeverteilnetze [m² BGF]	16,00	**17,00**	19,00	0,8%
423	Raumheizflächen [m² BGF]	13,00	**14,00**	15,00	0,6%
429	Sonstiges zur KG 420 [m² BGF]	2,40	**2,70**	2,90	0,1%
430	**Raumlufttechnische Anlagen**				
431	Lüftungsanlagen [m² BGF]	7,70	**7,80**	7,90	0,4%
440	**Elektrische Anlagen**				
444	Niederspannungsinstallationsanlagen [m² BGF]	47,00	**56,00**	66,00	2,5%
445	Beleuchtungsanlagen [m² BGF]	9,40	**12,00**	14,00	0,5%
446	Blitzschutz- und Erdungsanlagen [m² BGF]	2,40	**2,60**	2,80	0,1%
450	**Kommunikations-, sicherheits- und informationstechnische Anlagen**				
451	Telekommunikationsanlagen [m² BGF]	–	**3,40**	–	< 0,1%
452	Such- und Signalanlagen [m² BGF]	1,90	**2,50**	3,10	0,1%
455	Audiovisuelle Medien- und Antennenanlagen [m² BGF]	1,80	**2,00**	2,10	< 0,1%
456	Gefahrenmelde- und Alarmanlagen [m² BGF]	–	**1,10**	–	< 0,1%
457	Datenübertragungsnetze [m² BGF]	–	**3,30**	–	< 0,1%
460	**Förderanlagen**				
461	Aufzugsanlagen [m² BGF]	–	**89,00**	–	2,1%
470	**Nutzungsspezifische und verfahrenstechnische Anlagen**				
474	Feuerlöschanlagen [m² BGF]	–	**3,20**	–	< 0,1%
480	**Gebäude- und Anlagenautomation**				
490	**Sonstige Maßnahmen für technische Anlagen**				
491	Baustelleneinrichtung [m² BGF]	–	**0,20**	–	< 0,1%

Mehrfamilienhäuser, mit 20 oder mehr WE, mittlerer Standard

Kosten:
Stand 1. Quartal 2026
Bundesdurchschnitt
inkl. 19% MwSt.

Kostengruppen		▷	€/Einheit	◁	KG an 300+400
310	**Baugrube / Erdbau**				
311	Herstellung [m³]	44,00	**75,00**	121,00	2,3%
320	**Gründung, Unterbau**				
321	Baugrundverbesserung [m²]	147,00	**187,00**	227,00	0,7%
322	Flachgründungen und Bodenplatten [m²]	196,00	**267,00**	320,00	3,5%
324	Gründungsbeläge [m²]	81,00	**157,00**	214,00	1,6%
325	Abdichtungen und Bekleidungen [m²]	33,00	**66,00**	117,00	1,0%
326	Dränagen [m²]	24,00	**32,00**	49,00	0,3%
330	**Außenwände/Vertikale Baukonstruktionen, außen**				
331	Tragende Außenwände [m²]	146,00	**170,00**	253,00	4,5%
332	Nichttragende Außenwände [m²]	184,00	**269,00**	437,00	0,3%
333	Außenstützen [m]	113,00	**276,00**	441,00	0,6%
334	Außenwandöffnungen [m²]	680,00	**803,00**	882,00	6,1%
335	Außenwandbekleidungen, außen [m²]	161,00	**254,00**	412,00	7,0%
336	Außenwandbekleidungen, innen [m²]	34,00	**59,00**	76,00	1,4%
338	Lichtschutz zur KG 330 [m²]	316,00	**535,00**	954,00	0,6%
339	Sonstiges zur KG 330 [m²]	6,70	**24,00**	44,00	0,6%
340	**Innenwände/Vertikale Baukonstruktionen, innen**				
341	Tragende Innenwände [m²]	123,00	**144,00**	161,00	3,0%
342	Nichttragende Innenwände [m²]	90,00	**115,00**	160,00	3,0%
343	Innenstützen [m]	151,00	**182,00**	214,00	0,1%
344	Innenwandöffnungen [m²]	468,00	**640,00**	733,00	3,5%
345	Innenwandbekleidungen [m²]	32,00	**39,00**	50,00	3,2%
346	Elementierte Innenwandkonstruktionen [m²]	62,00	**81,00**	100,00	0,3%
349	Sonstiges zur KG 340 [m²]	3,60	**3,60**	3,70	0,1%
350	**Decken/Horizontale Baukonstruktionen**				
351	Deckenkonstruktionen [m²]	209,00	**240,00**	282,00	10,2%
353	Deckenbeläge [m²]	143,00	**160,00**	218,00	5,5%
354	Deckenbekleidungen [m²]	20,00	**39,00**	105,00	0,7%
359	Sonstiges zur KG 350 [m²]	34,00	**39,00**	53,00	1,2%
360	**Dächer**				
361	Dachkonstruktionen [m²]	142,00	**191,00**	271,00	2,9%
362	Dachöffnungen [m²]	1.184,00	**2.405,00**	3.232,00	0,4%
363	Dachbeläge [m²]	199,00	**282,00**	412,00	4,1%
364	Dachbekleidungen [m²]	29,00	**63,00**	98,00	0,8%
369	Sonstiges zur KG 360 [m²]	6,60	**21,00**	44,00	0,3%
370	**Infrastrukturanlagen**				
380	**Baukonstruktive Einbauten**				
381	Allgemeine Einbauten [m² BGF]	2,60	**14,00**	46,00	0,6%

▷ von
ø Mittel
◁ bis

Kostengruppen		▷	€/Einheit	◁	KG an 300+400
390	**Sonstige Maßnahmen für Baukonstruktionen**				
391	Baustelleneinrichtung [m² BGF]	19,00	**46,00**	65,00	2,6%
392	Gerüste [m² BGF]	9,20	**21,00**	38,00	1,1%
397	Zusätzliche Maßnahmen [m² BGF]	5,30	**9,00**	19,00	0,5%
399	Sonstiges zur KG 390 [m² BGF]	2,20	**69,00**	137,00	3,1%
	Sonstige Kostengruppen Bauwerk – Baukonstruktionen				
	312, 313, 329, 366, 382, 386, 389, 394, 395, 396, 398				0,4%
410	**Abwasser-, Wasser-, Gasanlagen**				
411	Abwasseranlagen [m² BGF]	21,00	**29,00**	42,00	1,6%
412	Wasseranlagen [m² BGF]	44,00	**58,00**	79,00	3,3%
419	Sonstiges zur KG 410 [m² BGF]	2,90	**7,50**	13,00	0,4%
420	**Wärmeversorgungsanlagen**				
421	Wärmeerzeugungsanlagen [m² BGF]	12,00	**37,00**	58,00	2,1%
422	Wärmeverteilnetze [m² BGF]	16,00	**28,00**	38,00	1,6%
423	Raumheizflächen [m² BGF]	19,00	**32,00**	51,00	1,8%
430	**Raumlufttechnische Anlagen**				
431	Lüftungsanlagen [m² BGF]	7,90	**22,00**	47,00	1,2%
434	Kälteanlagen [m² BGF]	–	**13,00**	–	0,1%
440	**Elektrische Anlagen**				
443	Niederspannungsschaltanlagen [m² BGF]	7,50	**8,40**	9,30	0,2%
444	Niederspannungsinstallationsanlagen [m² BGF]	60,00	**83,00**	160,00	4,6%
445	Beleuchtungsanlagen [m² BGF]	8,80	**15,00**	25,00	0,9%
446	Blitzschutz- und Erdungsanlagen [m² BGF]	2,40	**4,60**	8,70	0,3%
450	**Kommunikations-, sicherheits- und informationstechnische Anlagen**				
451	Telekommunikationsanlagen [m² BGF]	2,60	**5,40**	8,20	0,1%
452	Such- und Signalanlagen [m² BGF]	3,90	**8,10**	23,00	0,5%
455	Audiovisuelle Medien- und Antennenanlagen [m² BGF]	3,40	**8,30**	20,00	0,4%
456	Gefahrenmelde- und Alarmanlagen [m² BGF]	3,10	**5,30**	11,00	0,3%
457	Datenübertragungsnetze [m² BGF]	4,50	**10,00**	13,00	0,3%
460	**Förderanlagen**				
461	Aufzugsanlagen [m² BGF]	24,00	**32,00**	49,00	1,5%
470	**Nutzungsspezifische und verfahrenstechnische Anlagen**				
480	**Gebäude- und Anlagenautomation**				
490	**Sonstige Maßnahmen für technische Anlagen**				
	Sonstige Kostengruppen Bauwerk – Technische Anlagen				
	429, 442, 474, 491, 492, 495, 497, 498				0,3%

Mehrfamilienhäuser, mit 20 oder mehr WE, hoher Standard

Kosten:
Stand 1. Quartal 2026
Bundesdurchschnitt
inkl. 19% MwSt.

▷ von
ø Mittel
◁ bis

Kostengruppen		▷	€/Einheit	◁	KG an 300+400
310	**Baugrube / Erdbau**				
311	Herstellung [m³]	29,00	**37,00**	52,00	3,2%
312	Umschließung [m²]	4,80	**299,00**	594,00	0,4%
313	Wasserhaltung [m³]	1,40	**4,20**	7,10	0,2%
320	**Gründung, Unterbau**				
321	Baugrundverbesserung [m²]	21,00	**22,00**	24,00	0,1%
322	Flachgründungen und Bodenplatten [m²]	97,00	**252,00**	331,00	4,2%
323	Tiefgründungen [m²]	–	**168,00**	–	0,9%
324	Gründungsbeläge [m²]	80,00	**91,00**	97,00	1,3%
325	Abdichtungen und Bekleidungen [m²]	23,00	**54,00**	75,00	1,0%
326	Dränagen [m²]	20,00	**22,00**	23,00	0,2%
329	Sonstiges zur KG 320 [m²]	–	**0,50**	–	< 0,1%
330	**Außenwände/Vertikale Baukonstruktionen, außen**				
331	Tragende Außenwände [m²]	147,00	**223,00**	334,00	7,0%
332	Nichttragende Außenwände [m²]	149,00	**270,00**	391,00	0,6%
333	Außenstützen [m]	217,00	**236,00**	255,00	0,2%
334	Außenwandöffnungen [m²]	582,00	**731,00**	997,00	5,4%
335	Außenwandbekleidungen, außen [m²]	171,00	**182,00**	205,00	6,9%
336	Außenwandbekleidungen, innen [m²]	41,00	**47,00**	50,00	1,6%
338	Lichtschutz zur KG 330 [m²]	445,00	**703,00**	856,00	2,2%
339	Sonstiges zur KG 330 [m²]	4,10	**12,00**	16,00	0,5%
340	**Innenwände/Vertikale Baukonstruktionen, innen**				
341	Tragende Innenwände [m²]	126,00	**175,00**	274,00	3,7%
342	Nichttragende Innenwände [m²]	113,00	**285,00**	627,00	3,0%
343	Innenstützen [m]	189,00	**197,00**	204,00	0,2%
344	Innenwandöffnungen [m²]	525,00	**565,00**	636,00	2,5%
345	Innenwandbekleidungen [m²]	40,00	**46,00**	58,00	3,3%
346	Elementierte Innenwandkonstruktionen [m²]	59,00	**68,00**	87,00	0,2%
349	Sonstiges zur KG 340 [m²]	–	**2,80**	–	< 0,1%
350	**Decken/Horizontale Baukonstruktionen**				
351	Deckenkonstruktionen [m²]	206,00	**250,00**	339,00	8,6%
353	Deckenbeläge [m²]	176,00	**195,00**	222,00	6,0%
354	Deckenbekleidungen [m²]	24,00	**36,00**	59,00	1,0%
355	Elementierte Deckenkonstruktionen [m²]	–	**2.205,00**	–	0,2%
359	Sonstiges zur KG 350 [m²]	0,50	**49,00**	75,00	1,9%
360	**Dächer**				
361	Dachkonstruktionen [m²]	132,00	**179,00**	225,00	2,1%
362	Dachöffnungen [m²]	1.293,00	**1.390,00**	1.488,00	0,3%
363	Dachbeläge [m²]	185,00	**308,00**	432,00	3,3%
364	Dachbekleidungen [m²]	35,00	**37,00**	39,00	0,2%
366	Lichtschutz zur KG 360 [m²]	–	**836,00**	–	< 0,1%
369	Sonstiges zur KG 360 [m²]	–	**3,40**	–	< 0,1%
370	**Infrastrukturanlagen**				

Kostengruppen		▷	€/Einheit	◁	KG an 300+400
380	**Baukonstruktive Einbauten**				
381	Allgemeine Einbauten [m² BGF]	7,40	**17,00**	27,00	0,6%
382	Besondere Einbauten [m² BGF]	–	**1,40**	–	< 0,1%
390	**Sonstige Maßnahmen für Baukonstruktionen**				
391	Baustelleneinrichtung [m² BGF]	13,00	**40,00**	93,00	2,2%
392	Gerüste [m² BGF]	9,80	**16,00**	19,00	0,8%
395	Instandsetzungen [m² BGF]	–	**1,60**	–	< 0,1%
397	Zusätzliche Maßnahmen [m² BGF]	4,50	**8,50**	12,00	0,3%
398	Provisorische Baukonstruktionen [m² BGF]	–	**1,00**	–	< 0,1%
410	**Abwasser-, Wasser-, Gasanlagen**				
411	Abwasseranlagen [m² BGF]	30,00	**36,00**	46,00	1,9%
412	Wasseranlagen [m² BGF]	50,00	**92,00**	121,00	4,7%
419	Sonstiges zur KG 410 [m² BGF]	3,10	**6,00**	7,70	0,3%
420	**Wärmeversorgungsanlagen**				
421	Wärmeerzeugungsanlagen [m² BGF]	7,50	**15,00**	22,00	0,5%
422	Wärmeverteilnetze [m² BGF]	14,00	**21,00**	34,00	1,1%
423	Raumheizflächen [m² BGF]	37,00	**65,00**	117,00	3,2%
429	Sonstiges zur KG 420 [m² BGF]	–	**0,60**	–	< 0,1%
430	**Raumlufttechnische Anlagen**				
431	Lüftungsanlagen [m² BGF]	21,00	**45,00**	90,00	2,6%
440	**Elektrische Anlagen**				
444	Niederspannungsinstallationsanlagen [m² BGF]	45,00	**60,00**	68,00	3,1%
445	Beleuchtungsanlagen [m² BGF]	0,90	**5,20**	8,10	0,3%
446	Blitzschutz- und Erdungsanlagen [m² BGF]	3,90	**5,10**	7,30	0,3%
450	**Kommunikations-, sicherheits- und informationstechnische Anlagen**				
451	Telekommunikationsanlagen [m² BGF]	1,40	**1,70**	2,20	< 0,1%
452	Such- und Signalanlagen [m² BGF]	2,30	**3,50**	5,70	0,2%
455	Audiovisuelle Medien- und Antennenanlagen [m² BGF]	3,60	**7,90**	16,00	0,4%
456	Gefahrenmelde- und Alarmanlagen [m² BGF]	–	**3,00**	–	< 0,1%
457	Datenübertragungsnetze [m² BGF]	–	**5,60**	–	< 0,1%
460	**Förderanlagen**				
461	Aufzugsanlagen [m² BGF]	26,00	**60,00**	93,00	2,1%
470	**Nutzungsspezifische und verfahrenstechnische Anlagen**				
480	**Gebäude- und Anlagenautomation**				
490	**Sonstige Maßnahmen für technische Anlagen**				
491	Baustelleneinrichtung [m² BGF]	–	**0,20**	–	< 0,1%
495	Instandsetzungen [m² BGF]	–	**0,50**	–	< 0,1%

Kosten:
Stand 1. Quartal 2026
Bundesdurchschnitt
inkl. 19% MwSt.

▷ von
ø Mittel
◁ bis

Kostengruppen	▷	€/Einheit	◁	KG an 300+400
310 Baugrube / Erdbau				
311 Herstellung [m³]	29,00	**37,00**	41,00	2,0%
313 Wasserhaltung [m³]	2,50	**4,80**	9,30	0,2%
320 Gründung, Unterbau				
321 Baugrundverbesserung [m²]	–	**30,00**	–	0,1%
322 Flachgründungen und Bodenplatten [m²]	174,00	**206,00**	269,00	3,2%
324 Gründungsbeläge [m²]	76,00	**153,00**	222,00	1,8%
325 Abdichtungen und Bekleidungen [m²]	41,00	**70,00**	120,00	1,3%
326 Dränagen [m²]	4,30	**22,00**	39,00	0,2%
330 Außenwände/Vertikale Baukonstruktionen, außen				
331 Tragende Außenwände [m²]	141,00	**153,00**	179,00	6,0%
332 Nichttragende Außenwände [m²]	136,00	**333,00**	496,00	0,9%
333 Außenstützen [m]	147,00	**224,00**	315,00	0,4%
334 Außenwandöffnungen [m²]	738,00	**868,00**	1.098,00	8,0%
335 Außenwandbekleidungen, außen [m²]	118,00	**180,00**	216,00	7,8%
336 Außenwandbekleidungen, innen [m²]	46,00	**54,00**	91,00	1,6%
338 Lichtschutz zur KG 330 [m²]	265,00	**450,00**	829,00	2,2%
339 Sonstiges zur KG 330 [m²]	4,20	**10,00**	22,00	0,5%
340 Innenwände/Vertikale Baukonstruktionen, innen				
341 Tragende Innenwände [m²]	114,00	**155,00**	197,00	3,0%
342 Nichttragende Innenwände [m²]	91,00	**110,00**	128,00	2,3%
343 Innenstützen [m]	150,00	**212,00**	328,00	0,2%
344 Innenwandöffnungen [m²]	346,00	**425,00**	600,00	1,7%
345 Innenwandbekleidungen [m²]	41,00	**51,00**	65,00	3,6%
346 Elementierte Innenwandkonstruktionen [m²]	36,00	**48,00**	55,00	< 0,1%
349 Sonstiges zur KG 340 [m²]	9,30	**13,00**	17,00	0,2%
350 Decken/Horizontale Baukonstruktionen				
351 Deckenkonstruktionen [m²]	194,00	**233,00**	283,00	8,6%
353 Deckenbeläge [m²]	159,00	**212,00**	277,00	6,1%
354 Deckenbekleidungen [m²]	44,00	**51,00**	58,00	1,5%
355 Elementierte Deckenkonstruktionen [m²]	–	**2.067,00**	–	0,2%
359 Sonstiges zur KG 350 [m²]	35,00	**56,00**	92,00	1,8%
360 Dächer				
361 Dachkonstruktionen [m²]	184,00	**204,00**	267,00	3,5%
362 Dachöffnungen [m²]	2.807,00	**4.355,00**	5.902,00	< 0,1%
363 Dachbeläge [m²]	239,00	**301,00**	408,00	5,3%
364 Dachbekleidungen [m²]	30,00	**53,00**	94,00	0,8%
369 Sonstiges zur KG 360 [m²]	6,00	**21,00**	48,00	0,3%
370 Infrastrukturanlagen				
380 Baukonstruktive Einbauten				
381 Allgemeine Einbauten [m² BGF]	5,10	**14,00**	31,00	0,3%

Kostengruppen		▷	€/Einheit	◁	KG an 300+400
390	**Sonstige Maßnahmen für Baukonstruktionen**				
391	Baustelleneinrichtung [m² BGF]	18,00	**31,00**	56,00	1,8%
392	Gerüste [m² BGF]	13,00	**22,00**	31,00	1,2%
393	Sicherungsmaßnahmen [m² BGF]	–	**5,90**	–	< 0,1%
394	Abbruchmaßnahmen [m² BGF]	–	**8,40**	–	< 0,1%
395	Instandsetzungen [m² BGF]	–	**3,40**	–	< 0,1%
396	Materialentsorgung [m² BGF]	–	**3,50**	–	< 0,1%
397	Zusätzliche Maßnahmen [m² BGF]	1,70	**8,80**	18,00	0,4%
398	Provisorische Baukonstruktionen [m² BGF]	–	**0,80**	–	< 0,1%
399	Sonstiges zur KG 390 [m² BGF]	1,90	**2,40**	2,80	< 0,1%
410	**Abwasser-, Wasser-, Gasanlagen**				
411	Abwasseranlagen [m² BGF]	19,00	**32,00**	47,00	1,7%
412	Wasseranlagen [m² BGF]	52,00	**61,00**	77,00	3,4%
413	Gasanlagen [m² BGF]	–	**2,50**	–	< 0,1%
419	Sonstiges zur KG 410 [m² BGF]	2,40	**7,30**	15,00	0,3%
420	**Wärmeversorgungsanlagen**				
421	Wärmeerzeugungsanlagen [m² BGF]	19,00	**50,00**	128,00	2,5%
422	Wärmeverteilnetze [m² BGF]	12,00	**17,00**	27,00	0,8%
423	Raumheizflächen [m² BGF]	16,00	**27,00**	39,00	1,5%
429	Sonstiges zur KG 420 [m² BGF]	1,00	**2,10**	3,90	< 0,1%
430	**Raumlufttechnische Anlagen**				
431	Lüftungsanlagen [m² BGF]	43,00	**75,00**	101,00	4,2%
440	**Elektrische Anlagen**				
444	Niederspannungsinstallationsanlagen [m² BGF]	51,00	**67,00**	91,00	3,7%
445	Beleuchtungsanlagen [m² BGF]	3,40	**5,40**	6,10	0,2%
446	Blitzschutz- und Erdungsanlagen [m² BGF]	1,90	**2,80**	6,40	0,2%
450	**Kommunikations-, sicherheits- und informationstechnische Anlagen**				
451	Telekommunikationsanlagen [m² BGF]	1,20	**2,00**	2,80	< 0,1%
452	Such- und Signalanlagen [m² BGF]	2,80	**4,00**	5,30	0,2%
454	Elektroakustische Anlagen [m² BGF]	–	**0,10**	–	< 0,1%
455	Audiovisuelle Medien- und Antennenanlagen [m² BGF]	2,10	**6,20**	10,00	0,3%
456	Gefahrenmelde- und Alarmanlagen [m² BGF]	–	**0,30**	–	< 0,1%
457	Datenübertragungsnetze [m² BGF]	2,50	**5,00**	11,00	0,2%
460	**Förderanlagen**				
461	Aufzugsanlagen [m² BGF]	21,00	**38,00**	54,00	0,8%
470	**Nutzungsspezifische und verfahrenstechnische Anlagen**				
480	**Gebäude- und Anlagenautomation**				
490	**Sonstige Maßnahmen für technische Anlagen**				

 Kostenstand: 1. Quartal 2026, Bundesdurchschnitt, **inkl. 19% MwSt.**

Kostengruppen		▷	€/Einheit	◁	KG an 300+400
310	**Baugrube / Erdbau**				
311	Herstellung [m³]	33,00	**54,00**	70,00	1,4%
312	Umschließung [m²]	–	**316,00**	–	0,1%
320	**Gründung, Unterbau**				
321	Baugrundverbesserung [m²]	8,70	**27,00**	45,00	0,3%
322	Flachgründungen und Bodenplatten [m²]	216,00	**286,00**	408,00	4,0%
323	Tiefgründungen [m²]	–	**131,00**	–	0,2%
324	Gründungsbeläge [m²]	52,00	**103,00**	128,00	1,4%
325	Abdichtungen und Bekleidungen [m²]	40,00	**68,00**	87,00	1,0%
326	Dränagen [m²]	24,00	**42,00**	73,00	0,4%
330	**Außenwände/Vertikale Baukonstruktionen, außen**				
331	Tragende Außenwände [m²]	190,00	**221,00**	246,00	6,7%
332	Nichttragende Außenwände [m²]	–	**295,00**	–	0,8%
333	Außenstützen [m]	159,00	**295,00**	376,00	0,2%
334	Außenwandöffnungen [m²]	720,00	**902,00**	1.169,00	7,2%
335	Außenwandbekleidungen, außen [m²]	163,00	**216,00**	288,00	6,9%
336	Außenwandbekleidungen, innen [m²]	50,00	**97,00**	134,00	2,4%
338	Lichtschutz zur KG 330 [m²]	236,00	**293,00**	421,00	0,9%
339	Sonstiges zur KG 330 [m²]	6,90	**8,50**	13,00	0,3%
340	**Innenwände/Vertikale Baukonstruktionen, innen**				
341	Tragende Innenwände [m²]	137,00	**191,00**	238,00	3,1%
342	Nichttragende Innenwände [m²]	93,00	**136,00**	199,00	3,1%
343	Innenstützen [m]	62,00	**145,00**	279,00	0,1%
344	Innenwandöffnungen [m²]	559,00	**697,00**	906,00	2,9%
345	Innenwandbekleidungen [m²]	35,00	**52,00**	63,00	3,7%
346	Elementierte Innenwandkonstruktionen [m²]	67,00	**96,00**	121,00	0,2%
347	Lichtschutz zur KG 340 [m²]	–	**288,00**	–	< 0,1%
349	Sonstiges zur KG 340 [m²]	–	**3,10**	–	< 0,1%
350	**Decken/Horizontale Baukonstruktionen**				
351	Deckenkonstruktionen [m²]	232,00	**241,00**	272,00	8,4%
352	Deckenöffnungen [m²]	–	**5.785,00**	–	< 0,1%
353	Deckenbeläge [m²]	178,00	**242,00**	287,00	6,7%
354	Deckenbekleidungen [m²]	48,00	**96,00**	161,00	1,6%
355	Elementierte Deckenkonstruktionen [m²]	962,00	**1.711,00**	2.461,00	0,5%
359	Sonstiges zur KG 350 [m²]	33,00	**54,00**	85,00	2,1%
360	**Dächer**				
361	Dachkonstruktionen [m²]	94,00	**161,00**	200,00	2,9%
362	Dachöffnungen [m²]	1.022,00	**3.257,00**	4.152,00	0,4%
363	Dachbeläge [m²]	141,00	**250,00**	397,00	3,8%
364	Dachbekleidungen [m²]	72,00	**118,00**	184,00	1,6%
369	Sonstiges zur KG 360 [m²]	89,00	**90,00**	91,00	0,4%
370	**Infrastrukturanlagen**				

Kosten:
Stand 1. Quartal 2026
Bundesdurchschnitt
inkl. 19% MwSt.

▷ von
ø Mittel
◁ bis

Kostengruppen		▷	€/Einheit	◁	KG an 300+400
380	**Baukonstruktive Einbauten**				
381	Allgemeine Einbauten [m² BGF]	5,00	**28,00**	52,00	0,5%
386	Orientierungs- und Informationssysteme [m² BGF]	–	**0,10**	–	< 0,1%
389	Sonstiges zur KG 380 [m² BGF]	0,40	**1,70**	3,00	< 0,1%
390	**Sonstige Maßnahmen für Baukonstruktionen**				
391	Baustelleneinrichtung [m² BGF]	18,00	**38,00**	74,00	1,8%
392	Gerüste [m² BGF]	9,80	**19,00**	26,00	0,9%
395	Instandsetzungen [m² BGF]	–	**8,20**	–	< 0,1%
397	Zusätzliche Maßnahmen [m² BGF]	4,70	**11,00**	17,00	0,5%
398	Provisorische Baukonstruktionen [m² BGF]	–	**< 0,10**	–	< 0,1%
410	**Abwasser-, Wasser-, Gasanlagen**				
411	Abwasseranlagen [m² BGF]	14,00	**22,00**	36,00	1,2%
412	Wasseranlagen [m² BGF]	46,00	**67,00**	99,00	3,5%
419	Sonstiges zur KG 410 [m² BGF]	7,10	**11,00**	21,00	0,4%
420	**Wärmeversorgungsanlagen**				
421	Wärmeerzeugungsanlagen [m² BGF]	12,00	**39,00**	85,00	1,9%
422	Wärmeverteilnetze [m² BGF]	27,00	**32,00**	47,00	1,8%
423	Raumheizflächen [m² BGF]	24,00	**39,00**	80,00	1,6%
429	Sonstiges zur KG 420 [m² BGF]	3,70	**4,50**	5,30	0,1%
430	**Raumlufttechnische Anlagen**				
431	Lüftungsanlagen [m² BGF]	12,00	**43,00**	95,00	2,0%
440	**Elektrische Anlagen**				
442	Eigenstromversorgungsanlagen [m² BGF]	38,00	**69,00**	123,00	1,8%
444	Niederspannungsinstallationsanlagen [m² BGF]	52,00	**80,00**	101,00	4,1%
445	Beleuchtungsanlagen [m² BGF]	1,50	**5,80**	8,80	0,3%
446	Blitzschutz- und Erdungsanlagen [m² BGF]	3,30	**4,10**	5,10	0,2%
450	**Kommunikations-, sicherheits- und informationstechnische Anlagen**				
451	Telekommunikationsanlagen [m² BGF]	0,90	**1,30**	1,70	< 0,1%
452	Such- und Signalanlagen [m² BGF]	1,10	**2,90**	4,40	0,2%
454	Elektroakustische Anlagen [m² BGF]	–	**1,00**	–	< 0,1%
455	Audiovisuelle Medien- und Antennenanlagen [m² BGF]	2,70	**4,10**	5,10	0,2%
456	Gefahrenmelde- und Alarmanlagen [m² BGF]	1,90	**2,30**	3,00	< 0,1%
457	Datenübertragungsnetze [m² BGF]	4,00	**8,00**	13,00	0,3%
460	**Förderanlagen**				
461	Aufzugsanlagen [m² BGF]	–	**45,00**	–	0,4%
470	**Nutzungsspezifische und verfahrenstechnische Anlagen**				
474	Feuerlöschanlagen [m² BGF]	–	**0,90**	–	< 0,1%
480	**Gebäude- und Anlagenautomation**				
490	**Sonstige Maßnahmen für technische Anlagen**				
495	Instandsetzungen [m² BGF]	–	**1,70**	–	< 0,1%

Wohnhäuser, mit bis zu 15% Mischnutzung, einfacher Standard

Kosten:
Stand 1. Quartal 2026
Bundesdurchschnitt
inkl. 19% MwSt.

▷ von
ø Mittel
◁ bis

Kostengruppen		▷	€/Einheit	◁	KG an 300+400
310	**Baugrube / Erdbau**				
311	Herstellung [m³]	44,00	**53,00**	70,00	2,1%
312	Umschließung [m²]	–	**520,00**	–	0,3%
313	Wasserhaltung [m³]	–	**15,00**	–	0,2%
320	**Gründung, Unterbau**				
321	Baugrundverbesserung [m²]	–	**32,00**	–	0,1%
322	Flachgründungen und Bodenplatten [m²]	212,00	**272,00**	303,00	2,8%
324	Gründungsbeläge [m²]	59,00	**108,00**	193,00	0,9%
325	Abdichtungen und Bekleidungen [m²]	12,00	**27,00**	34,00	0,3%
326	Dränagen [m²]	15,00	**15,00**	16,00	< 0,1%
330	**Außenwände/Vertikale Baukonstruktionen, außen**				
331	Tragende Außenwände [m²]	139,00	**188,00**	284,00	2,9%
332	Nichttragende Außenwände [m²]	336,00	**419,00**	582,00	3,1%
333	Außenstützen [m]	–	**235,00**	–	0,5%
334	Außenwandöffnungen [m²]	612,00	**824,00**	968,00	10,3%
335	Außenwandbekleidungen, außen [m²]	110,00	**144,00**	210,00	3,9%
336	Außenwandbekleidungen, innen [m²]	71,00	**135,00**	251,00	2,7%
338	Lichtschutz zur KG 330 [m²]	148,00	**197,00**	294,00	1,5%
339	Sonstiges zur KG 330 [m²]	2,20	**5,90**	8,40	0,2%
340	**Innenwände/Vertikale Baukonstruktionen, innen**				
341	Tragende Innenwände [m²]	144,00	**172,00**	214,00	4,5%
342	Nichttragende Innenwände [m²]	99,00	**123,00**	162,00	3,3%
343	Innenstützen [m]	198,00	**280,00**	361,00	0,3%
344	Innenwandöffnungen [m²]	333,00	**438,00**	497,00	1,9%
345	Innenwandbekleidungen [m²]	16,00	**51,00**	69,00	3,7%
346	Elementierte Innenwandkonstruktionen [m²]	55,00	**153,00**	250,00	0,1%
349	Sonstiges zur KG 340 [m²]	–	**0,10**	–	< 0,1%
350	**Decken/Horizontale Baukonstruktionen**				
351	Deckenkonstruktionen [m²]	261,00	**285,00**	331,00	14,0%
353	Deckenbeläge [m²]	66,00	**103,00**	175,00	4,0%
354	Deckenbekleidungen [m²]	30,00	**35,00**	44,00	1,2%
359	Sonstiges zur KG 350 [m²]	49,00	**53,00**	54,00	2,6%
360	**Dächer**				
361	Dachkonstruktionen [m²]	241,00	**259,00**	271,00	2,5%
362	Dachöffnungen [m²]	1.156,00	**1.579,00**	2.001,00	0,1%
363	Dachbeläge [m²]	276,00	**299,00**	335,00	2,9%
364	Dachbekleidungen [m²]	23,00	**36,00**	42,00	0,3%
369	Sonstiges zur KG 360 [m²]	3,00	**65,00**	97,00	0,6%
370	**Infrastrukturanlagen**				
380	**Baukonstruktive Einbauten**				
381	Allgemeine Einbauten [m² BGF]	3,00	**20,00**	37,00	0,8%
389	Sonstiges zur KG 380 [m² BGF]	–	**0,70**	–	< 0,1%

KG	Kostengruppen	▷	€/Einheit	◁	KG an 300+400
390	**Sonstige Maßnahmen für Baukonstruktionen**				
391	Baustelleneinrichtung [m² BGF]	24,00	**44,00**	86,00	2,9%
392	Gerüste [m² BGF]	11,00	**15,00**	20,00	1,0%
395	Instandsetzungen [m² BGF]	–	**0,20**	–	< 0,1%
397	Zusätzliche Maßnahmen [m² BGF]	0,50	**5,40**	7,90	0,4%
410	**Abwasser-, Wasser-, Gasanlagen**				
411	Abwasseranlagen [m² BGF]	33,00	**39,00**	44,00	2,6%
412	Wasseranlagen [m² BGF]	66,00	**72,00**	82,00	4,8%
420	**Wärmeversorgungsanlagen**				
421	Wärmeerzeugungsanlagen [m² BGF]	22,00	**50,00**	99,00	3,4%
422	Wärmeverteilnetze [m² BGF]	–	**21,00**	–	0,4%
423	Raumheizflächen [m² BGF]	21,00	**37,00**	46,00	2,4%
429	Sonstiges zur KG 420 [m² BGF]	1,50	**2,40**	3,40	0,1%
430	**Raumlufttechnische Anlagen**				
431	Lüftungsanlagen [m² BGF]	0,90	**5,30**	14,00	0,3%
440	**Elektrische Anlagen**				
444	Niederspannungsinstallationsanlagen [m² BGF]	51,00	**53,00**	58,00	3,5%
445	Beleuchtungsanlagen [m² BGF]	1,70	**5,50**	13,00	0,4%
446	Blitzschutz- und Erdungsanlagen [m² BGF]	2,90	**2,90**	3,00	0,2%
450	**Kommunikations-, sicherheits- und informationstechnische Anlagen**				
452	Such- und Signalanlagen [m² BGF]	–	**1,00**	–	< 0,1%
454	Elektroakustische Anlagen [m² BGF]	–	**1,50**	–	< 0,1%
455	Audiovisuelle Medien- und Antennenanlagen [m² BGF]	2,60	**3,90**	4,70	0,3%
457	Datenübertragungsnetze [m² BGF]	4,90	**5,70**	6,40	0,3%
460	**Förderanlagen**				
461	Aufzugsanlagen [m² BGF]	24,00	**36,00**	43,00	2,4%
470	**Nutzungsspezifische und verfahrenstechnische Anlagen**				
474	Feuerlöschanlagen [m² BGF]	–	**0,20**	–	< 0,1%
480	**Gebäude- und Anlagenautomation**				
490	**Sonstige Maßnahmen für technische Anlagen**				

Wohnhäuser, mit bis zu 15% Mischnutzung, mittlerer Standard

Kosten:
Stand 1. Quartal 2026
Bundesdurchschnitt
inkl. 19% MwSt.

Kostengruppen		▷	€/Einheit	◁	KG an 300+400
310	**Baugrube / Erdbau**				
311	Herstellung [m³]	15,00	**35,00**	45,00	1,1%
320	**Gründung, Unterbau**				
322	Flachgründungen und Bodenplatten [m²]	110,00	**237,00**	301,00	5,6%
324	Gründungsbeläge [m²]	179,00	**194,00**	220,00	4,6%
325	Abdichtungen und Bekleidungen [m²]	2,80	**38,00**	57,00	0,9%
326	Dränagen [m²]	–	**20,00**	–	< 0,1%
330	**Außenwände/Vertikale Baukonstruktionen, außen**				
331	Tragende Außenwände [m²]	166,00	**199,00**	252,00	11,0%
332	Nichttragende Außenwände [m²]	–	**166,00**	–	0,1%
333	Außenstützen [m]	–	**167,00**	–	0,1%
334	Außenwandöffnungen [m²]	691,00	**741,00**	835,00	7,8%
335	Außenwandbekleidungen, außen [m²]	152,00	**205,00**	259,00	5,9%
336	Außenwandbekleidungen, innen [m²]	20,00	**57,00**	79,00	1,9%
338	Lichtschutz zur KG 330 [m²]	224,00	**268,00**	354,00	2,3%
339	Sonstiges zur KG 330 [m²]	–	**21,00**	–	0,8%
340	**Innenwände/Vertikale Baukonstruktionen, innen**				
341	Tragende Innenwände [m²]	–	**159,00**	–	1,4%
342	Nichttragende Innenwände [m²]	120,00	**138,00**	169,00	3,9%
343	Innenstützen [m]	209,00	**217,00**	226,00	0,2%
344	Innenwandöffnungen [m²]	476,00	**697,00**	1.067,00	3,7%
345	Innenwandbekleidungen [m²]	23,00	**53,00**	74,00	3,8%
350	**Decken/Horizontale Baukonstruktionen**				
351	Deckenkonstruktionen [m²]	116,00	**165,00**	244,00	5,6%
352	Deckenöffnungen [m²]	–	**489,00**	–	< 0,1%
353	Deckenbeläge [m²]	33,00	**139,00**	192,00	3,7%
354	Deckenbekleidungen [m²]	23,00	**41,00**	69,00	1,5%
359	Sonstiges zur KG 350 [m²]	–	**30,00**	–	0,4%
360	**Dächer**				
361	Dachkonstruktionen [m²]	38,00	**132,00**	225,00	1,8%
362	Dachöffnungen [m²]	–	**6.329,00**	–	0,2%
363	Dachbeläge [m²]	113,00	**292,00**	471,00	4,2%
364	Dachbekleidungen [m²]	–	**73,00**	–	0,2%
369	Sonstiges zur KG 360 [m²]	–	**25,00**	–	< 0,1%
370	**Infrastrukturanlagen**				
380	**Baukonstruktive Einbauten**				
381	Allgemeine Einbauten [m² BGF]	15,00	**24,00**	33,00	1,0%
390	**Sonstige Maßnahmen für Baukonstruktionen**				
391	Baustelleneinrichtung [m² BGF]	22,00	**26,00**	30,00	1,0%
392	Gerüste [m² BGF]	–	**12,00**	–	0,2%
397	Zusätzliche Maßnahmen [m² BGF]	–	**13,00**	–	0,2%
399	Sonstiges zur KG 390 [m² BGF]	–	**60,00**	–	1,2%

▷ von
ø Mittel
◁ bis

Kostengruppen		▷	€/Einheit	◁	KG an 300+400
410	**Abwasser-, Wasser-, Gasanlagen**				
411	Abwasseranlagen [m² BGF]	7,50	**27,00**	38,00	1,7%
412	Wasseranlagen [m² BGF]	25,00	**63,00**	88,00	4,1%
419	Sonstiges zur KG 410 [m² BGF]	–	**17,00**	–	0,3%
420	**Wärmeversorgungsanlagen**				
421	Wärmeerzeugungsanlagen [m² BGF]	36,00	**45,00**	59,00	3,4%
422	Wärmeverteilnetze [m² BGF]	8,90	**18,00**	36,00	1,1%
423	Raumheizflächen [m² BGF]	19,00	**26,00**	41,00	1,8%
429	Sonstiges zur KG 420 [m² BGF]	–	**4,30**	–	< 0,1%
430	**Raumlufttechnische Anlagen**				
431	Lüftungsanlagen [m² BGF]	22,00	**30,00**	38,00	1,2%
440	**Elektrische Anlagen**				
442	Eigenstromversorgungsanlagen [m² BGF]	–	**33,00**	–	0,6%
444	Niederspannungsinstallationsanlagen [m² BGF]	26,00	**44,00**	54,00	2,9%
445	Beleuchtungsanlagen [m² BGF]	0,60	**3,90**	11,00	0,2%
446	Blitzschutz- und Erdungsanlagen [m² BGF]	2,00	**3,10**	4,80	0,2%
450	**Kommunikations-, sicherheits- und informationstechnische Anlagen**				
451	Telekommunikationsanlagen [m² BGF]	1,80	**2,10**	2,30	0,1%
452	Such- und Signalanlagen [m² BGF]	1,40	**2,60**	3,80	< 0,1%
454	Elektroakustische Anlagen [m² BGF]	–	**1,00**	–	< 0,1%
455	Audiovisuelle Medien- und Antennenanlagen [m² BGF]	2,90	**8,80**	19,00	0,5%
456	Gefahrenmelde- und Alarmanlagen [m² BGF]	–	**2,10**	–	< 0,1%
457	Datenübertragungsnetze [m² BGF]	1,70	**2,50**	3,30	< 0,1%
460	**Förderanlagen**				
461	Aufzugsanlagen [m² BGF]	–	**44,00**	–	0,8%
470	**Nutzungsspezifische und verfahrenstechnische Anlagen**				
480	**Gebäude- und Anlagenautomation**				
490	**Sonstige Maßnahmen für technische Anlagen**				

Wohnhäuser, mit bis zu 15% Mischnutzung, hoher Standard

Kosten:
Stand 1. Quartal 2026
Bundesdurchschnitt
inkl. 19% MwSt.

▷ von
ø Mittel
◁ bis

Kostengruppen		▷	€/Einheit	◁	KG an 300+400
310	**Baugrube / Erdbau**				
311	Herstellung [m³]	–	**39,00**	–	0,9%
312	Umschließung [m²]	–	**892,00**	–	4,3%
313	Wasserhaltung [m³]	–	**16,00**	–	0,4%
320	**Gründung, Unterbau**				
321	Baugrundverbesserung [m²]	–	**68,00**	–	0,4%
322	Flachgründungen und Bodenplatten [m²]	–	**267,00**	–	1,6%
323	Tiefgründungen [m²]	–	**693,00**	–	3,5%
324	Gründungsbeläge [m²]	–	**60,00**	–	0,3%
325	Abdichtungen und Bekleidungen [m²]	–	**33,00**	–	0,2%
326	Dränagen [m²]	–	**84,00**	–	0,4%
330	**Außenwände/Vertikale Baukonstruktionen, außen**				
331	Tragende Außenwände [m²]	–	**383,00**	–	8,7%
333	Außenstützen [m]	–	**357,00**	–	0,4%
334	Außenwandöffnungen [m²]	–	**1.182,00**	–	9,7%
335	Außenwandbekleidungen, außen [m²]	–	**362,00**	–	6,6%
336	Außenwandbekleidungen, innen [m²]	–	**67,00**	–	1,4%
338	Lichtschutz zur KG 330 [m²]	–	**422,00**	–	1,5%
339	Sonstiges zur KG 330 [m²]	–	**32,00**	–	0,9%
340	**Innenwände/Vertikale Baukonstruktionen, innen**				
341	Tragende Innenwände [m²]	–	**205,00**	–	4,6%
342	Nichttragende Innenwände [m²]	–	**168,00**	–	3,6%
343	Innenstützen [m]	–	**288,00**	–	0,3%
344	Innenwandöffnungen [m²]	–	**774,00**	–	2,1%
345	Innenwandbekleidungen [m²]	–	**65,00**	–	3,6%
349	Sonstiges zur KG 340 [m²]	–	**1,90**	–	< 0,1%
350	**Decken/Horizontale Baukonstruktionen**				
351	Deckenkonstruktionen [m²]	–	**280,00**	–	8,9%
353	Deckenbeläge [m²]	–	**198,00**	–	5,2%
354	Deckenbekleidungen [m²]	–	**61,00**	–	1,7%
359	Sonstiges zur KG 350 [m²]	–	**43,00**	–	1,3%
360	**Dächer**				
361	Dachkonstruktionen [m²]	–	**251,00**	–	1,2%
362	Dachöffnungen [m²]	–	**2.112,00**	–	0,8%
363	Dachbeläge [m²]	–	**519,00**	–	2,6%
364	Dachbekleidungen [m²]	–	**106,00**	–	0,4%
369	Sonstiges zur KG 360 [m²]	–	**421,00**	–	1,9%
370	**Infrastrukturanlagen**				
380	**Baukonstruktive Einbauten**				
390	**Sonstige Maßnahmen für Baukonstruktionen**				
391	Baustelleneinrichtung [m² BGF]	–	**101,00**	–	4,1%
392	Gerüste [m² BGF]	–	**31,00**	–	1,3%
394	Abbruchmaßnahmen [m² BGF]	–	**0,70**	–	< 0,1%
397	Zusätzliche Maßnahmen [m² BGF]	–	**13,00**	–	0,5%

Kostengruppen		▷	€/Einheit	◁	KG an 300+400
410	**Abwasser-, Wasser-, Gasanlagen**				
411	Abwasseranlagen [m² BGF]	–	**30,00**	–	1,2%
412	Wasseranlagen [m² BGF]	–	**80,00**	–	3,2%
420	**Wärmeversorgungsanlagen**				
421	Wärmeerzeugungsanlagen [m² BGF]	–	**4,60**	–	0,2%
422	Wärmeverteilnetze [m² BGF]	–	**47,00**	–	1,9%
423	Raumheizflächen [m² BGF]	–	**34,00**	–	1,4%
429	Sonstiges zur KG 420 [m² BGF]	–	**4,80**	–	0,2%
430	**Raumlufttechnische Anlagen**				
431	Lüftungsanlagen [m² BGF]	–	**28,00**	–	1,1%
440	**Elektrische Anlagen**				
443	Niederspannungsschaltanlagen [m² BGF]	–	**3,10**	–	0,1%
444	Niederspannungsinstallationsanlagen [m² BGF]	–	**58,00**	–	2,3%
445	Beleuchtungsanlagen [m² BGF]	–	**12,00**	–	0,5%
446	Blitzschutz- und Erdungsanlagen [m² BGF]	–	**2,30**	–	< 0,1%
450	**Kommunikations-, sicherheits- und informationstechnische Anlagen**				
451	Telekommunikationsanlagen [m² BGF]	–	**0,20**	–	< 0,1%
452	Such- und Signalanlagen [m² BGF]	–	**2,70**	–	0,1%
455	Audiovisuelle Medien- und Antennenanlagen [m² BGF]	–	**2,00**	–	< 0,1%
460	**Förderanlagen**				
461	Aufzugsanlagen [m² BGF]	–	**40,00**	–	1,6%
470	**Nutzungsspezifische und verfahrenstechnische Anlagen**				
480	**Gebäude- und Anlagenautomation**				
490	**Sonstige Maßnahmen für technische Anlagen**				

Kostengruppen	▷	€/Einheit	◁	KG an 300+400
310 Baugrube / Erdbau				
311 Herstellung [m³]	33,00	**46,00**	71,00	1,6%
320 Gründung, Unterbau				
322 Flachgründungen und Bodenplatten [m²]	133,00	**196,00**	228,00	2,7%
324 Gründungsbeläge [m²]	33,00	**106,00**	254,00	1,7%
325 Abdichtungen und Bekleidungen [m²]	70,00	**73,00**	79,00	1,1%
326 Dränagen [m²]	–	**17,00**	–	< 0,1%
330 Außenwände/Vertikale Baukonstruktionen, außen				
331 Tragende Außenwände [m²]	181,00	**216,00**	283,00	4,9%
332 Nichttragende Außenwände [m²]	199,00	**285,00**	371,00	1,0%
334 Außenwandöffnungen [m²]	760,00	**863,00**	1.068,00	13,4%
335 Außenwandbekleidungen, außen [m²]	137,00	**246,00**	301,00	6,7%
336 Außenwandbekleidungen, innen [m²]	57,00	**68,00**	85,00	1,3%
339 Sonstiges zur KG 330 [m²]	–	**3,30**	–	< 0,1%
340 Innenwände/Vertikale Baukonstruktionen, innen				
341 Tragende Innenwände [m²]	141,00	**269,00**	477,00	3,7%
342 Nichttragende Innenwände [m²]	91,00	**100,00**	105,00	2,9%
343 Innenstützen [m]	–	**215,00**	–	< 0,1%
344 Innenwandöffnungen [m²]	517,00	**639,00**	722,00	2,9%
345 Innenwandbekleidungen [m²]	33,00	**48,00**	76,00	3,4%
346 Elementierte Innenwandkonstruktionen [m²]	–	**625,00**	–	0,2%
349 Sonstiges zur KG 340 [m²]	–	**1,30**	–	< 0,1%
350 Decken/Horizontale Baukonstruktionen				
351 Deckenkonstruktionen [m²]	178,00	**256,00**	411,00	7,1%
352 Deckenöffnungen [m²]	–	**1.234,00**	–	< 0,1%
353 Deckenbeläge [m²]	74,00	**162,00**	302,00	4,3%
354 Deckenbekleidungen [m²]	9,10	**31,00**	52,00	0,4%
355 Elementierte Deckenkonstruktionen [m²]	–	**881,00**	–	1,3%
359 Sonstiges zur KG 350 [m²]	14,00	**26,00**	33,00	0,8%
360 Dächer				
361 Dachkonstruktionen [m²]	167,00	**235,00**	361,00	3,4%
362 Dachöffnungen [m²]	1.209,00	**2.031,00**	2.466,00	1,9%
363 Dachbeläge [m²]	122,00	**256,00**	342,00	3,2%
364 Dachbekleidungen [m²]	69,00	**74,00**	79,00	0,7%
369 Sonstiges zur KG 360 [m²]	1,00	**6,80**	13,00	< 0,1%
370 Infrastrukturanlagen				
380 Baukonstruktive Einbauten				
381 Allgemeine Einbauten [m² BGF]	4,80	**12,00**	20,00	0,4%
382 Besondere Einbauten [m² BGF]	–	**27,00**	–	0,5%

Kosten:
Stand 1. Quartal 2026
Bundesdurchschnitt
inkl. 19% MwSt.

▷ von
ø Mittel
◁ bis

Kostengruppen		▷	€/Einheit	◁	KG an 300+400
390	**Sonstige Maßnahmen für Baukonstruktionen**				
391	Baustelleneinrichtung [m² BGF]	18,00	**34,00**	64,00	1,5%
392	Gerüste [m² BGF]	15,00	**25,00**	39,00	1,2%
397	Zusätzliche Maßnahmen [m² BGF]	0,40	**6,00**	12,00	0,2%
399	Sonstiges zur KG 390 [m² BGF]	–	**1,40**	–	< 0,1%
410	**Abwasser-, Wasser-, Gasanlagen**				
411	Abwasseranlagen [m² BGF]	41,00	**51,00**	62,00	1,6%
412	Wasseranlagen [m² BGF]	59,00	**87,00**	115,00	2,6%
420	**Wärmeversorgungsanlagen**				
421	Wärmeerzeugungsanlagen [m² BGF]	–	**18,00**	–	0,3%
422	Wärmeverteilnetze [m² BGF]	–	**38,00**	–	0,7%
423	Raumheizflächen [m² BGF]	–	**46,00**	–	0,9%
430	**Raumlufttechnische Anlagen**				
431	Lüftungsanlagen [m² BGF]	–	**5,90**	–	0,1%
440	**Elektrische Anlagen**				
444	Niederspannungsinstallationsanlagen [m² BGF]	86,00	**132,00**	177,00	4,0%
445	Beleuchtungsanlagen [m² BGF]	–	**11,00**	–	0,2%
446	Blitzschutz- und Erdungsanlagen [m² BGF]	3,50	**4,50**	5,50	0,1%
450	**Kommunikations-, sicherheits- und informationstechnische Anlagen**				
451	Telekommunikationsanlagen [m² BGF]	–	**3,90**	–	< 0,1%
452	Such- und Signalanlagen [m² BGF]	2,40	**2,60**	2,70	< 0,1%
455	Audiovisuelle Medien- und Antennenanlagen [m² BGF]	–	**4,80**	–	< 0,1%
456	Gefahrenmelde- und Alarmanlagen [m² BGF]	–	**18,00**	–	0,2%
460	**Förderanlagen**				
470	**Nutzungsspezifische und verfahrenstechnische Anlagen**				
471	Küchentechnische Anlagen [m² BGF]	–	**215,00**	–	3,7%
476	Weitere nutzungsspezifische Anlagen [m² BGF]	–	**63,00**	–	1,1%
480	**Gebäude- und Anlagenautomation**				
490	**Sonstige Maßnahmen für technische Anlagen**				

Kosten:
Stand 1.Quartal 2026
Bundesdurchschnitt
inkl. 19% MwSt.

Kostengruppen		▷	€/Einheit	◁	KG an 300+400
310	**Baugrube / Erdbau**				
311	Herstellung [m³]	34,00	**52,00**	80,00	1,4%
320	**Gründung, Unterbau**				
321	Baugrundverbesserung [m²]	72,00	**99,00**	155,00	0,5%
322	Flachgründungen und Bodenplatten [m²]	200,00	**254,00**	387,00	4,2%
323	Tiefgründungen [m²]	–	**341,00**	–	0,4%
324	Gründungsbeläge [m²]	99,00	**181,00**	285,00	2,3%
325	Abdichtungen und Bekleidungen [m²]	22,00	**38,00**	91,00	0,6%
330	**Außenwände/Vertikale Baukonstruktionen, außen**				
331	Tragende Außenwände [m²]	168,00	**197,00**	235,00	4,2%
332	Nichttragende Außenwände [m²]	157,00	**276,00**	502,00	0,8%
333	Außenstützen [m]	143,00	**232,00**	315,00	0,2%
334	Außenwandöffnungen [m²]	752,00	**934,00**	1.221,00	8,6%
335	Außenwandbekleidungen, außen [m²]	154,00	**247,00**	387,00	5,5%
336	Außenwandbekleidungen, innen [m²]	41,00	**60,00**	83,00	1,1%
337	Elementierte Außenwandkonstruktionen [m²]	721,00	**910,00**	1.205,00	1,2%
338	Lichtschutz zur KG 330 [m²]	212,00	**379,00**	558,00	0,8%
339	Sonstiges zur KG 330 [m²]	9,30	**18,00**	40,00	0,5%
340	**Innenwände/Vertikale Baukonstruktionen, innen**				
341	Tragende Innenwände [m²]	136,00	**178,00**	217,00	3,7%
342	Nichttragende Innenwände [m²]	112,00	**140,00**	200,00	2,3%
343	Innenstützen [m]	244,00	**359,00**	741,00	0,3%
344	Innenwandöffnungen [m²]	593,00	**860,00**	1.099,00	4,0%
345	Innenwandbekleidungen [m²]	41,00	**60,00**	88,00	3,9%
346	Elementierte Innenwandkonstruktionen [m²]	289,00	**568,00**	860,00	0,4%
350	**Decken/Horizontale Baukonstruktionen**				
351	Deckenkonstruktionen [m²]	224,00	**292,00**	365,00	7,6%
353	Deckenbeläge [m²]	137,00	**198,00**	262,00	4,3%
354	Deckenbekleidungen [m²]	35,00	**70,00**	184,00	1,2%
355	Elementierte Deckenkonstruktionen [m²]	2.626,00	**2.719,00**	2.887,00	0,2%
359	Sonstiges zur KG 350 [m²]	18,00	**43,00**	88,00	1,2%
360	**Dächer**				
361	Dachkonstruktionen [m²]	123,00	**192,00**	256,00	3,2%
362	Dachöffnungen [m²]	1.932,00	**3.807,00**	7.654,00	0,4%
363	Dachbeläge [m²]	179,00	**299,00**	385,00	4,9%
364	Dachbekleidungen [m²]	31,00	**67,00**	138,00	1,0%
369	Sonstiges zur KG 360 [m²]	14,00	**36,00**	109,00	0,5%
370	**Infrastrukturanlagen**				
380	**Baukonstruktive Einbauten**				
381	Allgemeine Einbauten [m² BGF]	12,00	**50,00**	90,00	1,5%

▷ von
ø Mittel
◁ bis

Kostengruppen	▷	€/Einheit	◁	KG an 300+400
390 Sonstige Maßnahmen für Baukonstruktionen				
391 Baustelleneinrichtung [m2 BGF]	18,00	**56,00**	224,00	2,5%
392 Gerüste [m2 BGF]	13,00	**22,00**	32,00	0,9%
393 Sicherungsmaßnahmen [m2 BGF]	–	**46,00**	–	0,2%
394 Abbruchmaßnahmen [m2 BGF]	2,40	**13,00**	45,00	0,3%
397 Zusätzliche Maßnahmen [m2 BGF]	6,20	**14,00**	25,00	0,5%
399 Sonstiges zur KG 390 [m2 BGF]	2,50	**38,00**	74,00	0,4%
Sonstige Kostengruppen Bauwerk – Baukonstruktionen				
312, 313, 326, 347, 349, 382, 383, 386, 395, 396, 398				0,4%
410 Abwasser-, Wasser-, Gasanlagen				
411 Abwasseranlagen [m2 BGF]	22,00	**48,00**	78,00	2,0%
412 Wasseranlagen [m2 BGF]	53,00	**82,00**	141,00	3,4%
419 Sonstiges zur KG 410 [m2 BGF]	6,70	**12,00**	24,00	0,4%
420 Wärmeversorgungsanlagen				
421 Wärmeerzeugungsanlagen [m2 BGF]	19,00	**50,00**	89,00	2,0%
422 Wärmeverteilnetze [m2 BGF]	19,00	**32,00**	47,00	1,4%
423 Raumheizflächen [m2 BGF]	30,00	**40,00**	54,00	1,8%
430 Raumlufttechnische Anlagen				
431 Lüftungsanlagen [m2 BGF]	16,00	**49,00**	105,00	1,7%
440 Elektrische Anlagen				
442 Eigenstromversorgungsanlagen [m2 BGF]	43,00	**58,00**	73,00	0,6%
444 Niederspannungsinstallationsanlagen [m2 BGF]	67,00	**91,00**	123,00	4,0%
445 Beleuchtungsanlagen [m2 BGF]	10,00	**31,00**	74,00	1,2%
446 Blitzschutz- und Erdungsanlagen [m2 BGF]	3,20	**8,20**	30,00	0,3%
450 Kommunikations-, sicherheits- und informationstechnische Anlagen				
452 Such- und Signalanlagen [m2 BGF]	1,70	**3,10**	5,30	0,1%
455 Audiovisuelle Medien- und Antennenanlagen [m2 BGF]	1,90	**3,70**	8,10	0,1%
456 Gefahrenmelde- und Alarmanlagen [m2 BGF]	8,50	**17,00**	23,00	0,7%
457 Datenübertragungsnetze [m2 BGF]	5,90	**13,00**	23,00	0,3%
460 Förderanlagen				
461 Aufzugsanlagen [m2 BGF]	17,00	**33,00**	48,00	0,7%
470 Nutzungsspezifische und verfahrenstechnische Anlagen				
471 Küchentechnische Anlagen [m2 BGF]	–	**45,00**	–	0,2%
473 Medienversorgungsanlagen, Medizin- und labortechnische An-	–	**84,00**	–	0,3%
480 Gebäude- und Anlagenautomation				
481 Automationseinrichtungen [m2 BGF]	9,10	**11,00**	13,00	0,2%
490 Sonstige Maßnahmen für technische Anlagen				
Sonstige Kostengruppen Bauwerk – Technische Anlagen				
413, 429, 433, 451, 454, 474, 476, 482, 484, 485, 491, 494, 498				0,4%

 Kostenstand: 1. Quartal 2026, Bundesdurchschnitt, **inkl. 19% MwSt.**

Kostengruppen		▷	€/Einheit	◁	KG an 300+400
310	**Baugrube / Erdbau**				
311	Herstellung [m³]	–	**93,00**	–	0,9%
320	**Gründung, Unterbau**				
322	Flachgründungen und Bodenplatten [m²]	–	**425,00**	–	4,0%
324	Gründungsbeläge [m²]	–	**99,00**	–	0,7%
325	Abdichtungen und Bekleidungen [m²]	–	**44,00**	–	0,4%
330	**Außenwände/Vertikale Baukonstruktionen, außen**				
331	Tragende Außenwände [m²]	–	**228,00**	–	6,9%
332	Nichttragende Außenwände [m²]	–	**325,00**	–	0,3%
333	Außenstützen [m]	–	**270,00**	–	1,0%
334	Außenwandöffnungen [m²]	–	**1.086,00**	–	9,3%
335	Außenwandbekleidungen, außen [m²]	–	**507,00**	–	16,6%
336	Außenwandbekleidungen, innen [m²]	–	**82,00**	–	2,2%
339	Sonstiges zur KG 330 [m²]	–	**5,80**	–	0,2%
340	**Innenwände/Vertikale Baukonstruktionen, innen**				
341	Tragende Innenwände [m²]	–	**190,00**	–	2,4%
342	Nichttragende Innenwände [m²]	–	**195,00**	–	1,2%
344	Innenwandöffnungen [m²]	–	**566,00**	–	0,9%
345	Innenwandbekleidungen [m²]	–	**85,00**	–	2,8%
350	**Decken/Horizontale Baukonstruktionen**				
351	Deckenkonstruktionen [m²]	–	**378,00**	–	10,1%
353	Deckenbeläge [m²]	–	**337,00**	–	7,8%
354	Deckenbekleidungen [m²]	–	**33,00**	–	0,7%
359	Sonstiges zur KG 350 [m²]	–	**103,00**	–	2,7%
360	**Dächer**				
361	Dachkonstruktionen [m²]	–	**273,00**	–	2,5%
363	Dachbeläge [m²]	–	**645,00**	–	6,1%
364	Dachbekleidungen [m²]	–	**61,00**	–	0,5%
369	Sonstiges zur KG 360 [m²]	–	**98,00**	–	0,9%
370	**Infrastrukturanlagen**				
380	**Baukonstruktive Einbauten**				
389	Sonstiges zur KG 380 [m² BGF]	–	**14,00**	–	0,6%
390	**Sonstige Maßnahmen für Baukonstruktionen**				
391	Baustelleneinrichtung [m² BGF]	–	**48,00**	–	2,0%
392	Gerüste [m² BGF]	–	**49,00**	–	2,1%
395	Instandsetzungen [m² BGF]	–	**12,00**	–	0,5%
397	Zusätzliche Maßnahmen [m² BGF]	–	**1,20**	–	< 0,1%
399	Sonstiges zur KG 390 [m² BGF]	–	**4,90**	–	0,2%

Kosten:
Stand 1. Quartal 2026
Bundesdurchschnitt
inkl. 19% MwSt.

▷ von
ø Mittel
◁ bis

Kostengruppen		▷	€/Einheit	◁	KG an 300+400
410	**Abwasser-, Wasser-, Gasanlagen**				
411	Abwasseranlagen [m² BGF]	–	**10,00**	–	0,4%
412	Wasseranlagen [m² BGF]	–	**112,00**	–	4,7%
413	Gasanlagen [m² BGF]	–	**0,90**	–	< 0,1%
419	Sonstiges zur KG 410 [m² BGF]	–	**13,00**	–	0,6%
420	**Wärmeversorgungsanlagen**				
421	Wärmeerzeugungsanlagen [m² BGF]	–	**63,00**	–	2,6%
422	Wärmeverteilnetze [m² BGF]	–	**7,50**	–	0,3%
423	Raumheizflächen [m² BGF]	–	**26,00**	–	1,1%
429	Sonstiges zur KG 420 [m² BGF]	–	**3,80**	–	0,2%
430	**Raumlufttechnische Anlagen**				
440	**Elektrische Anlagen**				
444	Niederspannungsinstallationsanlagen [m² BGF]	–	**53,00**	–	2,2%
445	Beleuchtungsanlagen [m² BGF]	–	**16,00**	–	0,7%
446	Blitzschutz- und Erdungsanlagen [m² BGF]	–	**4,00**	–	0,2%
450	**Kommunikations-, sicherheits- und informationstechnische Anlagen**				
455	Audiovisuelle Medien- und Antennenanlagen [m² BGF]	–	**4,40**	–	0,2%
457	Datenübertragungsnetze [m² BGF]	–	**5,10**	–	0,2%
460	**Förderanlagen**				
470	**Nutzungsspezifische und verfahrenstechnische Anlagen**				
480	**Gebäude- und Anlagenautomation**				
490	**Sonstige Maßnahmen für technische Anlagen**				
491	Baustelleneinrichtung [m² BGF]	–	**0,40**	–	< 0,1%
495	Instandsetzungen [m² BGF]	–	**0,50**	–	< 0,1%
497	Zusätzliche Maßnahmen [m² BGF]	–	**0,70**	–	< 0,1%

Gaststätten, Kantinen und Mensen

Kosten:
Stand 1. Quartal 2026
Bundesdurchschnitt
inkl. 19% MwSt.

Kostengruppen		▷	€/Einheit	◁	KG an 300+400
310	**Baugrube / Erdbau**				
311	Herstellung [m³]	–	**76,00**	–	3,5%
320	**Gründung, Unterbau**				
322	Flachgründungen und Bodenplatten [m²]	–	**198,00**	–	1,9%
324	Gründungsbeläge [m²]	–	**140,00**	–	0,9%
325	Abdichtungen und Bekleidungen [m²]	–	**94,00**	–	1,0%
326	Dränagen [m²]	–	**27,00**	–	0,3%
330	**Außenwände/Vertikale Baukonstruktionen, außen**				
331	Tragende Außenwände [m²]	–	**273,00**	–	2,8%
333	Außenstützen [m]	–	**837,00**	–	0,4%
334	Außenwandöffnungen [m²]	–	**1.570,00**	–	7,7%
335	Außenwandbekleidungen, außen [m²]	–	**346,00**	–	4,0%
336	Außenwandbekleidungen, innen [m²]	–	**171,00**	–	1,1%
338	Lichtschutz zur KG 330 [m²]	–	**603,00**	–	0,5%
339	Sonstiges zur KG 330 [m²]	–	**15,00**	–	0,2%
340	**Innenwände/Vertikale Baukonstruktionen, innen**				
341	Tragende Innenwände [m²]	–	**311,00**	–	3,4%
342	Nichttragende Innenwände [m²]	–	**149,00**	–	1,1%
343	Innenstützen [m]	–	**869,00**	–	0,2%
344	Innenwandöffnungen [m²]	–	**1.851,00**	–	3,7%
345	Innenwandbekleidungen [m²]	–	**155,00**	–	4,0%
346	Elementierte Innenwandkonstruktionen [m²]	–	**1.246,00**	–	0,8%
349	Sonstiges zur KG 340 [m²]	–	**5,00**	–	0,1%
350	**Decken/Horizontale Baukonstruktionen**				
351	Deckenkonstruktionen [m²]	–	**340,00**	–	6,1%
353	Deckenbeläge [m²]	–	**286,00**	–	4,6%
354	Deckenbekleidungen [m²]	–	**110,00**	–	1,8%
359	Sonstiges zur KG 350 [m²]	–	**65,00**	–	1,2%
360	**Dächer**				
361	Dachkonstruktionen [m²]	–	**334,00**	–	3,8%
362	Dachöffnungen [m²]	–	**4.915,00**	–	1,5%
363	Dachbeläge [m²]	–	**227,00**	–	2,8%
364	Dachbekleidungen [m²]	–	**339,00**	–	4,3%
370	**Infrastrukturanlagen**				
380	**Baukonstruktive Einbauten**				
381	Allgemeine Einbauten [m² BGF]	–	**1,30**	–	< 0,1%
382	Besondere Einbauten [m² BGF]	–	**1,40**	–	< 0,1%
386	Orientierungs- und Informationssysteme [m² BGF]	–	**6,10**	–	0,2%

▷ von
ø Mittel
◁ bis

Kostengruppen		▷	€/Einheit	◁	KG an 300+400
390	**Sonstige Maßnahmen für Baukonstruktionen**				
391	Baustelleneinrichtung [m² BGF]	–	**67,00**	–	1,8%
392	Gerüste [m² BGF]	–	**25,00**	–	0,7%
396	Materialentsorgung [m² BGF]	–	**12,00**	–	0,3%
397	Zusätzliche Maßnahmen [m² BGF]	–	**11,00**	–	0,3%
399	Sonstiges zur KG 390 [m² BGF]	–	**49,00**	–	1,3%
410	**Abwasser-, Wasser-, Gasanlagen**				
411	Abwasseranlagen [m² BGF]	–	**112,00**	–	3,0%
412	Wasseranlagen [m² BGF]	–	**108,00**	–	2,9%
413	Gasanlagen [m² BGF]	–	**0,70**	–	< 0,1%
420	**Wärmeversorgungsanlagen**				
421	Wärmeerzeugungsanlagen [m² BGF]	–	**51,00**	–	1,4%
422	Wärmeverteilnetze [m² BGF]	–	**72,00**	–	1,9%
423	Raumheizflächen [m² BGF]	–	**36,00**	–	1,0%
429	Sonstiges zur KG 420 [m² BGF]	–	**5,10**	–	0,1%
430	**Raumlufttechnische Anlagen**				
431	Lüftungsanlagen [m² BGF]	–	**313,00**	–	8,3%
440	**Elektrische Anlagen**				
443	Niederspannungsschaltanlagen [m² BGF]	–	**46,00**	–	1,2%
444	Niederspannungsinstallationsanlagen [m² BGF]	–	**51,00**	–	1,4%
445	Beleuchtungsanlagen [m² BGF]	–	**100,00**	–	2,7%
446	Blitzschutz- und Erdungsanlagen [m² BGF]	–	**6,70**	–	0,2%
450	**Kommunikations-, sicherheits- und informationstechnische Anlagen**				
451	Telekommunikationsanlagen [m² BGF]	–	**7,10**	–	0,2%
454	Elektroakustische Anlagen [m² BGF]	–	**18,00**	–	0,5%
455	Audiovisuelle Medien- und Antennenanlagen [m² BGF]	–	**4,30**	–	0,1%
456	Gefahrenmelde- und Alarmanlagen [m² BGF]	–	**18,00**	–	0,5%
460	**Förderanlagen**				
461	Aufzugsanlagen [m² BGF]	–	**72,00**	–	1,9%
469	Sonstiges zur KG 460 [m² BGF]	–	**7,30**	–	0,2%
470	**Nutzungsspezifische und verfahrenstechnische Anlagen**				
471	Küchentechnische Anlagen [m² BGF]	–	**100,00**	–	2,7%
474	Feuerlöschanlagen [m² BGF]	–	**1,20**	–	< 0,1%
475	Prozesswärme-, kälte- und -luftanlagen [m² BGF]	–	**50,00**	–	1,3%
480	**Gebäude- und Anlagenautomation**				
490	**Sonstige Maßnahmen für technische Anlagen**				
491	Baustelleneinrichtung [m² BGF]	–	**1,20**	–	< 0,1%
497	Zusätzliche Maßnahmen [m² BGF]	–	**19,00**	–	0,5%

Industrielle Produktionsgebäude, Massivbauweise

Kosten:
Stand 1. Quartal 2026
Bundesdurchschnitt
inkl. 19% MwSt.

▷ von
ø Mittel
◁ bis

Kostengruppen		▷	€/Einheit	◁	KG an 300+400
310	**Baugrube / Erdbau**				
311	Herstellung [m³]	27,00	**37,00**	62,00	1,2%
320	**Gründung, Unterbau**				
321	Baugrundverbesserung [m²]	–	**19,00**	–	0,2%
322	Flachgründungen und Bodenplatten [m²]	180,00	**254,00**	322,00	8,9%
323	Tiefgründungen [m²]	–	**202,00**	–	1,6%
324	Gründungsbeläge [m²]	48,00	**89,00**	128,00	2,5%
325	Abdichtungen und Bekleidungen [m²]	23,00	**28,00**	33,00	1,0%
326	Dränagen [m²]	–	**3,80**	–	< 0,1%
330	**Außenwände/Vertikale Baukonstruktionen, außen**				
331	Tragende Außenwände [m²]	198,00	**504,00**	1.414,00	4,6%
332	Nichttragende Außenwände [m²]	84,00	**115,00**	170,00	1,2%
333	Außenstützen [m]	–	**600,00**	–	0,2%
334	Außenwandöffnungen [m²]	584,00	**949,00**	1.107,00	9,0%
335	Außenwandbekleidungen, außen [m²]	74,00	**158,00**	226,00	4,9%
336	Außenwandbekleidungen, innen [m²]	15,00	**41,00**	102,00	0,9%
338	Lichtschutz zur KG 330 [m²]	276,00	**466,00**	754,00	0,7%
339	Sonstiges zur KG 330 [m²]	–	**18,00**	–	0,2%
340	**Innenwände/Vertikale Baukonstruktionen, innen**				
341	Tragende Innenwände [m²]	115,00	**176,00**	353,00	1,4%
342	Nichttragende Innenwände [m²]	98,00	**116,00**	165,00	1,6%
343	Innenstützen [m]	147,00	**221,00**	425,00	0,5%
344	Innenwandöffnungen [m²]	698,00	**1.207,00**	1.792,00	3,1%
345	Innenwandbekleidungen [m²]	27,00	**55,00**	85,00	1,7%
346	Elementierte Innenwandkonstruktionen [m²]	281,00	**841,00**	1.401,00	0,2%
350	**Decken/Horizontale Baukonstruktionen**				
351	Deckenkonstruktionen [m²]	216,00	**306,00**	404,00	4,1%
353	Deckenbeläge [m²]	105,00	**143,00**	157,00	2,2%
354	Deckenbekleidungen [m²]	7,70	**62,00**	83,00	0,5%
359	Sonstiges zur KG 350 [m²]	37,00	**87,00**	149,00	1,0%
360	**Dächer**				
361	Dachkonstruktionen [m²]	153,00	**172,00**	196,00	6,0%
362	Dachöffnungen [m²]	167,00	**536,00**	882,00	1,1%
363	Dachbeläge [m²]	83,00	**163,00**	195,00	5,8%
364	Dachbekleidungen [m²]	33,00	**58,00**	106,00	0,3%
369	Sonstiges zur KG 360 [m²]	–	**9,90**	–	< 0,1%
370	**Infrastrukturanlagen**				
380	**Baukonstruktive Einbauten**				
381	Allgemeine Einbauten [m² BGF]	12,00	**33,00**	53,00	0,8%
386	Orientierungs- und Informationssysteme [m² BGF]	–	**0,20**	–	< 0,1%
389	Sonstiges zur KG 380 [m² BGF]	–	**0,30**	–	< 0,1%

Kostengruppen		▷	€/Einheit	◁	KG an 300+400
390	**Sonstige Maßnahmen für Baukonstruktionen**				
391	Baustelleneinrichtung [m² BGF]	24,00	**30,00**	36,00	1,6%
392	Gerüste [m² BGF]	8,80	**12,00**	15,00	0,6%
396	Materialentsorgung [m² BGF]	–	**< 0,10**	–	< 0,1%
397	Zusätzliche Maßnahmen [m² BGF]	2,80	**3,60**	4,40	0,2%
399	Sonstiges zur KG 390 [m² BGF]	–	**3,20**	–	< 0,1%
410	**Abwasser-, Wasser-, Gasanlagen**				
411	Abwasseranlagen [m² BGF]	20,00	**24,00**	34,00	1,3%
412	Wasseranlagen [m² BGF]	35,00	**47,00**	53,00	2,4%
420	**Wärmeversorgungsanlagen**				
421	Wärmeerzeugungsanlagen [m² BGF]	17,00	**36,00**	50,00	1,8%
422	Wärmeverteilnetze [m² BGF]	22,00	**26,00**	38,00	1,3%
423	Raumheizflächen [m² BGF]	15,00	**32,00**	55,00	1,6%
429	Sonstiges zur KG 420 [m² BGF]	0,90	**4,60**	8,30	0,1%
430	**Raumlufttechnische Anlagen**				
431	Lüftungsanlagen [m² BGF]	16,00	**24,00**	32,00	0,6%
432	Teilklimaanlagen [m² BGF]	–	**66,00**	–	0,8%
440	**Elektrische Anlagen**				
441	Hoch- und Mittelspannungsanlagen [m² BGF]	–	**4,90**	–	< 0,1%
442	Eigenstromversorgungsanlagen [m² BGF]	7,80	**19,00**	31,00	0,5%
443	Niederspannungsschaltanlagen [m² BGF]	9,20	**38,00**	52,00	1,4%
444	Niederspannungsinstallationsanlagen [m² BGF]	59,00	**98,00**	134,00	5,0%
445	Beleuchtungsanlagen [m² BGF]	31,00	**40,00**	51,00	2,1%
446	Blitzschutz- und Erdungsanlagen [m² BGF]	3,90	**6,50**	13,00	0,3%
450	**Kommunikations-, sicherheits- und informationstechnische Anlagen**				
451	Telekommunikationsanlagen [m² BGF]	2,00	**3,00**	5,10	0,1%
452	Such- und Signalanlagen [m² BGF]	–	**6,60**	–	< 0,1%
455	Audiovisuelle Medien- und Antennenanlagen [m² BGF]	–	**2,50**	–	< 0,1%
456	Gefahrenmelde- und Alarmanlagen [m² BGF]	–	**24,00**	–	0,3%
457	Datenübertragungsnetze [m² BGF]	–	**5,10**	–	< 0,1%
460	**Förderanlagen**				
461	Aufzugsanlagen [m² BGF]	4,10	**23,00**	42,00	0,7%
470	**Nutzungsspezifische und verfahrenstechnische Anlagen**				
471	Küchentechnische Anlagen [m² BGF]	–	**1,70**	–	< 0,1%
473	Medienversorgungsanlagen, Medizin- und labortechnische An-	9,20	**11,00**	14,00	0,3%
474	Feuerlöschanlagen [m² BGF]	1,10	**47,00**	93,00	1,0%
476	Weitere nutzungsspezifische Anlagen [m² BGF]	–	**775,00**	–	8,3%
480	**Gebäude- und Anlagenautomation**				
490	**Sonstige Maßnahmen für technische Anlagen**				

Industrielle Produktionsgebäude, überwiegend Skelettbauweise

Kosten:
Stand 1. Quartal 2026
Bundesdurchschnitt
inkl. 19% MwSt.

▷ von
ø Mittel
◁ bis

Kostengruppen		▷	€/Einheit	◁	KG an 300+400
310	**Baugrube / Erdbau**				
311	Herstellung [m³]	21,00	**59,00**	109,00	1,3%
320	**Gründung, Unterbau**				
321	Baugrundverbesserung [m²]	38,00	**85,00**	165,00	0,5%
322	Flachgründungen und Bodenplatten [m²]	195,00	**289,00**	450,00	9,8%
323	Tiefgründungen [m²]	207,00	**357,00**	507,00	2,8%
324	Gründungsbeläge [m²]	69,00	**104,00**	127,00	1,1%
325	Abdichtungen und Bekleidungen [m²]	36,00	**50,00**	64,00	1,9%
330	**Außenwände/Vertikale Baukonstruktionen, außen**				
331	Tragende Außenwände [m²]	189,00	**241,00**	273,00	6,2%
332	Nichttragende Außenwände [m²]	134,00	**201,00**	268,00	2,0%
333	Außenstützen [m]	182,00	**354,00**	523,00	1,3%
334	Außenwandöffnungen [m²]	638,00	**854,00**	1.123,00	4,6%
335	Außenwandbekleidungen, außen [m²]	63,00	**160,00**	341,00	3,6%
336	Außenwandbekleidungen, innen [m²]	19,00	**36,00**	91,00	0,3%
337	Elementierte Außenwandkonstruktionen [m²]	155,00	**602,00**	1.048,00	0,8%
338	Lichtschutz zur KG 330 [m²]	411,00	**600,00**	1.140,00	1,0%
339	Sonstiges zur KG 330 [m²]	4,50	**10,00**	31,00	0,3%
340	**Innenwände/Vertikale Baukonstruktionen, innen**				
341	Tragende Innenwände [m²]	171,00	**217,00**	276,00	1,9%
342	Nichttragende Innenwände [m²]	120,00	**127,00**	156,00	1,0%
343	Innenstützen [m]	158,00	**419,00**	627,00	0,9%
344	Innenwandöffnungen [m²]	838,00	**985,00**	1.158,00	2,8%
345	Innenwandbekleidungen [m²]	29,00	**37,00**	50,00	0,9%
346	Elementierte Innenwandkonstruktionen [m²]	379,00	**513,00**	853,00	0,4%
350	**Decken/Horizontale Baukonstruktionen**				
351	Deckenkonstruktionen [m²]	219,00	**268,00**	421,00	3,0%
353	Deckenbeläge [m²]	134,00	**165,00**	208,00	1,3%
354	Deckenbekleidungen [m²]	9,20	**68,00**	110,00	0,4%
359	Sonstiges zur KG 350 [m²]	22,00	**28,00**	43,00	0,3%
360	**Dächer**				
361	Dachkonstruktionen [m²]	170,00	**222,00**	309,00	7,9%
362	Dachöffnungen [m²]	694,00	**1.069,00**	1.608,00	1,1%
363	Dachbeläge [m²]	130,00	**167,00**	241,00	5,7%
364	Dachbekleidungen [m²]	9,00	**89,00**	143,00	0,5%
370	**Infrastrukturanlagen**				
380	**Baukonstruktive Einbauten**				
390	**Sonstige Maßnahmen für Baukonstruktionen**				
391	Baustelleneinrichtung [m² BGF]	19,00	**59,00**	98,00	2,3%
392	Gerüste [m² BGF]	4,70	**10,00**	33,00	0,4%
397	Zusätzliche Maßnahmen [m² BGF]	2,40	**6,40**	13,00	0,3%
399	Sonstiges zur KG 390 [m² BGF]	8,20	**17,00**	26,00	0,3%

Kostengruppen		▷	€/Einheit	◁	KG an 300+400
	Sonstige Kostengruppen Bauwerk – Baukonstruktionen				
	312, 313, 319, 326, 329, 349, 355, 369, 386, 394, 395, 396, 398				0,6%
410	**Abwasser-, Wasser-, Gasanlagen**				
411	Abwasseranlagen [m² BGF]	16,00	**23,00**	28,00	1,1%
412	Wasseranlagen [m² BGF]	16,00	**32,00**	61,00	1,1%
420	**Wärmeversorgungsanlagen**				
421	Wärmeerzeugungsanlagen [m² BGF]	7,40	**16,00**	39,00	0,6%
422	Wärmeverteilnetze [m² BGF]	22,00	**33,00**	48,00	1,1%
423	Raumheizflächen [m² BGF]	19,00	**33,00**	47,00	1,0%
430	**Raumlufttechnische Anlagen**				
431	Lüftungsanlagen [m² BGF]	7,50	**25,00**	39,00	0,8%
432	Teilklimaanlagen [m² BGF]	41,00	**75,00**	109,00	0,9%
433	Klimaanlagen [m² BGF]	13,00	**82,00**	217,00	1,3%
434	Kälteanlagen [m² BGF]	112,00	**175,00**	289,00	2,9%
440	**Elektrische Anlagen**				
442	Eigenstromversorgungsanlagen [m² BGF]	4,90	**14,00**	33,00	0,3%
443	Niederspannungsschaltanlagen [m² BGF]	6,50	**17,00**	34,00	0,4%
444	Niederspannungsinstallationsanlagen [m² BGF]	72,00	**153,00**	235,00	6,5%
445	Beleuchtungsanlagen [m² BGF]	20,00	**38,00**	60,00	1,6%
446	Blitzschutz- und Erdungsanlagen [m² BGF]	2,60	**9,40**	13,00	0,5%
450	**Kommunikations-, sicherheits- und informationstechnische Anlagen**				
456	Gefahrenmelde- und Alarmanlagen [m² BGF]	4,20	**27,00**	59,00	0,7%
457	Datenübertragungsnetze [m² BGF]	9,80	**23,00**	52,00	0,9%
460	**Förderanlagen**				
461	Aufzugsanlagen [m² BGF]	20,00	**25,00**	30,00	0,3%
465	Krananlagen [m² BGF]	35,00	**75,00**	179,00	1,8%
470	**Nutzungsspezifische und verfahrenstechnische Anlagen**				
473	Medienversorgungsanlagen, Medizin- und labortechnische An-	12,00	**46,00**	69,00	1,0%
476	Weitere nutzungsspezifische Anlagen [m² BGF]	36,00	**95,00**	200,00	3,4%
480	**Gebäude- und Anlagenautomation**				
481	Automationseinrichtungen [m² BGF]	20,00	**36,00**	52,00	0,9%
482	Schaltschränke, Automationsschwerpunkte [m² BGF]	12,00	**15,00**	22,00	0,3%
490	**Sonstige Maßnahmen für technische Anlagen**				
	Sonstige Kostengruppen Bauwerk – Technische Anlagen				
	413, 419, 429, 439, 441, 451, 452, 474, 475, 483, 484, 485, 491, 492, 497				1,1%

Betriebs- und Werkstätten, eingeschossig

Kosten:
Stand 1. Quartal 2026
Bundesdurchschnitt
inkl. 19% MwSt.

Kostengruppen	▷	€/Einheit	◁	KG an 300+400
310 Baugrube / Erdbau				
311 Herstellung [m³]	18,00	**24,00**	30,00	1,1%
320 Gründung, Unterbau				
321 Baugrundverbesserung [m²]	52,00	**66,00**	87,00	3,1%
322 Flachgründungen und Bodenplatten [m²]	123,00	**160,00**	213,00	6,1%
324 Gründungsbeläge [m²]	93,00	**141,00**	235,00	4,9%
325 Abdichtungen und Bekleidungen [m²]	33,00	**49,00**	80,00	2,1%
329 Sonstiges zur KG 320 [m²]	–	**8,00**	–	< 0,1%
330 Außenwände/Vertikale Baukonstruktionen, außen				
331 Tragende Außenwände [m²]	80,00	**154,00**	229,00	2,0%
332 Nichttragende Außenwände [m²]	–	**171,00**	–	0,2%
333 Außenstützen [m]	–	**320,00**	–	< 0,1%
334 Außenwandöffnungen [m²]	1.000,00	**1.273,00**	1.729,00	10,2%
335 Außenwandbekleidungen, außen [m²]	213,00	**247,00**	281,00	2,8%
336 Außenwandbekleidungen, innen [m²]	13,00	**30,00**	47,00	0,3%
337 Elementierte Außenwandkonstruktionen [m²]	224,00	**243,00**	262,00	3,6%
338 Lichtschutz zur KG 330 [m²]	226,00	**358,00**	490,00	0,9%
339 Sonstiges zur KG 330 [m²]	5,20	**12,00**	19,00	0,3%
340 Innenwände/Vertikale Baukonstruktionen, innen				
341 Tragende Innenwände [m²]	169,00	**199,00**	229,00	1,9%
342 Nichttragende Innenwände [m²]	112,00	**142,00**	198,00	2,3%
343 Innenstützen [m]	–	**419,00**	–	0,2%
344 Innenwandöffnungen [m²]	621,00	**752,00**	838,00	1,8%
345 Innenwandbekleidungen [m²]	26,00	**31,00**	42,00	1,5%
346 Elementierte Innenwandkonstruktionen [m²]	340,00	**431,00**	521,00	0,5%
349 Sonstiges zur KG 340 [m²]	–	**21,00**	–	0,2%
350 Decken/Horizontale Baukonstruktionen				
351 Deckenkonstruktionen [m²]	–	**250,00**	–	1,3%
353 Deckenbeläge [m²]	–	**155,00**	–	0,8%
354 Deckenbekleidungen [m²]	–	**41,00**	–	0,2%
360 Dächer				
361 Dachkonstruktionen [m²]	99,00	**211,00**	280,00	8,5%
362 Dachöffnungen [m²]	623,00	**1.341,00**	2.059,00	1,6%
363 Dachbeläge [m²]	180,00	**252,00**	325,00	5,2%
364 Dachbekleidungen [m²]	9,10	**76,00**	122,00	0,9%
365 Elementierte Dachkonstruktionen [m²]	–	**129,00**	–	2,3%
369 Sonstiges zur KG 360 [m²]	0,60	**3,20**	5,80	< 0,1%
370 Infrastrukturanlagen				
380 Baukonstruktive Einbauten				
381 Allgemeine Einbauten [m² BGF]	–	**8,50**	–	0,1%
382 Besondere Einbauten [m² BGF]	–	**34,00**	–	0,5%

▷ von
ø Mittel
◁ bis

Kostengruppen		▷	€/Einheit	◁	KG an 300+400
390	**Sonstige Maßnahmen für Baukonstruktionen**				
391	Baustelleneinrichtung [m² BGF]	38,00	**68,00**	83,00	2,8%
392	Gerüste [m² BGF]	4,10	**16,00**	37,00	0,6%
397	Zusätzliche Maßnahmen [m² BGF]	4,10	**4,60**	5,10	0,1%
399	Sonstiges zur KG 390 [m² BGF]	–	**0,80**	–	< 0,1%
410	**Abwasser-, Wasser-, Gasanlagen**				
411	Abwasseranlagen [m² BGF]	16,00	**28,00**	47,00	1,2%
412	Wasseranlagen [m² BGF]	37,00	**55,00**	86,00	2,7%
420	**Wärmeversorgungsanlagen**				
421	Wärmeerzeugungsanlagen [m² BGF]	15,00	**45,00**	76,00	1,1%
422	Wärmeverteilnetze [m² BGF]	70,00	**72,00**	74,00	1,8%
423	Raumheizflächen [m² BGF]	20,00	**40,00**	60,00	1,0%
429	Sonstiges zur KG 420 [m² BGF]	0,80	**1,90**	3,10	< 0,1%
430	**Raumlufttechnische Anlagen**				
431	Lüftungsanlagen [m² BGF]	–	**197,00**	–	2,8%
434	Kälteanlagen [m² BGF]	–	**76,00**	–	1,1%
440	**Elektrische Anlagen**				
441	Hoch- und Mittelspannungsanlagen [m² BGF]	–	**33,00**	–	0,5%
442	Eigenstromversorgungsanlagen [m² BGF]	–	**2,20**	–	< 0,1%
443	Niederspannungsschaltanlagen [m² BGF]	–	**35,00**	–	0,5%
444	Niederspannungsinstallationsanlagen [m² BGF]	135,00	**137,00**	142,00	6,2%
445	Beleuchtungsanlagen [m² BGF]	22,00	**43,00**	64,00	1,0%
446	Blitzschutz- und Erdungsanlagen [m² BGF]	2,50	**9,40**	23,00	0,3%
450	**Kommunikations-, sicherheits- und informationstechnische Anlagen**				
451	Telekommunikationsanlagen [m² BGF]	3,00	**5,30**	7,60	0,1%
452	Such- und Signalanlagen [m² BGF]	–	**2,50**	–	< 0,1%
456	Gefahrenmelde- und Alarmanlagen [m² BGF]	44,00	**86,00**	127,00	2,1%
457	Datenübertragungsnetze [m² BGF]	–	**19,00**	–	0,3%
460	**Förderanlagen**				
461	Aufzugsanlagen [m² BGF]	–	**14,00**	–	0,2%
465	Krananlagen [m² BGF]	14,00	**53,00**	93,00	1,3%
470	**Nutzungsspezifische und verfahrenstechnische Anlagen**				
473	Medienversorgungsanlagen, Medizin- und labortechnische An-	–	**24,00**	–	0,3%
474	Feuerlöschanlagen [m² BGF]	–	**9,30**	–	0,1%
480	**Gebäude- und Anlagenautomation**				
481	Automationseinrichtungen [m² BGF]	–	**101,00**	–	1,4%
490	**Sonstige Maßnahmen für technische Anlagen**				

Kosten:
Stand 1. Quartal 2026
Bundesdurchschnitt
inkl. 19% MwSt.

Kostengruppen		▷	€/Einheit	◁	KG an 300+400
310	**Baugrube / Erdbau**				
311	Herstellung [m³]	51,00	**102,00**	199,00	0,9%
320	**Gründung, Unterbau**				
321	Baugrundverbesserung [m²]	–	**26,00**	–	0,4%
322	Flachgründungen und Bodenplatten [m²]	136,00	**179,00**	207,00	9,9%
324	Gründungsbeläge [m²]	143,00	**198,00**	306,00	7,1%
325	Abdichtungen und Bekleidungen [m²]	32,00	**39,00**	51,00	2,2%
330	**Außenwände/Vertikale Baukonstruktionen, außen**				
331	Tragende Außenwände [m²]	218,00	**249,00**	298,00	5,4%
332	Nichttragende Außenwände [m²]	–	**92,00**	–	0,1%
333	Außenstützen [m]	–	**253,00**	–	0,9%
334	Außenwandöffnungen [m²]	1.450,00	**1.644,00**	2.009,00	5,0%
335	Außenwandbekleidungen, außen [m²]	146,00	**217,00**	359,00	7,2%
336	Außenwandbekleidungen, innen [m²]	29,00	**61,00**	81,00	0,8%
337	Elementierte Außenwandkonstruktionen [m²]	–	**1.448,00**	–	3,2%
338	Lichtschutz zur KG 330 [m²]	–	**123,00**	–	< 0,1%
339	Sonstiges zur KG 330 [m²]	18,00	**19,00**	19,00	0,4%
340	**Innenwände/Vertikale Baukonstruktionen, innen**				
341	Tragende Innenwände [m²]	133,00	**168,00**	189,00	2,4%
342	Nichttragende Innenwände [m²]	104,00	**110,00**	116,00	0,7%
343	Innenstützen [m]	147,00	**227,00**	307,00	0,2%
344	Innenwandöffnungen [m²]	879,00	**940,00**	1.033,00	3,2%
345	Innenwandbekleidungen [m²]	39,00	**53,00**	82,00	2,2%
346	Elementierte Innenwandkonstruktionen [m²]	371,00	**408,00**	446,00	0,2%
349	Sonstiges zur KG 340 [m²]	13,00	**13,00**	14,00	0,2%
350	**Decken/Horizontale Baukonstruktionen**				
360	**Dächer**				
361	Dachkonstruktionen [m²]	141,00	**205,00**	332,00	13,1%
362	Dachöffnungen [m²]	1.236,00	**1.723,00**	2.211,00	0,8%
363	Dachbeläge [m²]	16,00	**81,00**	115,00	5,2%
364	Dachbekleidungen [m²]	49,00	**53,00**	55,00	1,9%
369	Sonstiges zur KG 360 [m²]	4,40	**7,60**	14,00	0,5%
370	**Infrastrukturanlagen**				
380	**Baukonstruktive Einbauten**				
381	Allgemeine Einbauten [m² BGF]	–	**1,50**	–	< 0,1%
386	Orientierungs- und Informationssysteme [m² BGF]	–	**2,10**	–	< 0,1%
390	**Sonstige Maßnahmen für Baukonstruktionen**				
391	Baustelleneinrichtung [m² BGF]	7,20	**13,00**	17,00	0,8%
392	Gerüste [m² BGF]	12,00	**16,00**	25,00	0,9%
397	Zusätzliche Maßnahmen [m² BGF]	–	**1,20**	–	< 0,1%
399	Sonstiges zur KG 390 [m² BGF]	–	**2,50**	–	< 0,1%

▷ von
ø Mittel
◁ bis

Kostengruppen		▷	€/Einheit	◁	KG an 300+400
410	**Abwasser-, Wasser-, Gasanlagen**				
411	Abwasseranlagen [m2 BGF]	23,00	**27,00**	34,00	1,6%
412	Wasseranlagen [m2 BGF]	21,00	**37,00**	63,00	2,1%
419	Sonstiges zur KG 410 [m2 BGF]	1,80	**2,20**	2,50	< 0,1%
420	**Wärmeversorgungsanlagen**				
421	Wärmeerzeugungsanlagen [m2 BGF]	13,00	**23,00**	32,00	0,8%
422	Wärmeverteilnetze [m2 BGF]	7,20	**61,00**	116,00	2,1%
423	Raumheizflächen [m2 BGF]	35,00	**36,00**	37,00	1,4%
429	Sonstiges zur KG 420 [m2 BGF]	7,10	**8,30**	9,50	0,3%
430	**Raumlufttechnische Anlagen**				
431	Lüftungsanlagen [m2 BGF]	–	**109,00**	–	1,9%
440	**Elektrische Anlagen**				
443	Niederspannungsschaltanlagen [m2 BGF]	–	**5,20**	–	< 0,1%
444	Niederspannungsinstallationsanlagen [m2 BGF]	58,00	**102,00**	123,00	5,7%
445	Beleuchtungsanlagen [m2 BGF]	12,00	**29,00**	38,00	1,6%
446	Blitzschutz- und Erdungsanlagen [m2 BGF]	4,80	**6,10**	8,60	0,4%
450	**Kommunikations-, sicherheits- und informationstechnische Anlagen**				
451	Telekommunikationsanlagen [m2 BGF]	–	**1,00**	–	< 0,1%
452	Such- und Signalanlagen [m2 BGF]	–	**2,50**	–	< 0,1%
454	Elektroakustische Anlagen [m2 BGF]	–	**1,70**	–	< 0,1%
456	Gefahrenmelde- und Alarmanlagen [m2 BGF]	8,70	**8,90**	9,00	0,3%
457	Datenübertragungsnetze [m2 BGF]	0,60	**4,50**	8,40	0,2%
460	**Förderanlagen**				
470	**Nutzungsspezifische und verfahrenstechnische Anlagen**				
475	Prozesswärme-, kälte- und -luftanlagen [m2 BGF]	–	**70,00**	–	1,2%
480	**Gebäude- und Anlagenautomation**				
490	**Sonstige Maßnahmen für technische Anlagen**				

Kosten:
Stand 1. Quartal 2026
Bundesdurchschnitt
inkl. 19% MwSt.

Kostengruppen		▷	€/Einheit	◁	KG an 300+400
310	**Baugrube / Erdbau**				
311	Herstellung [m³]	13,00	**20,00**	26,00	5,3%
312	Umschließung [m²]	–	**1.303,00**	–	17,2%
320	**Gründung, Unterbau**				
321	Baugrundverbesserung [m²]	–	**98,00**	–	1,9%
322	Flachgründungen und Bodenplatten [m²]	222,00	**275,00**	328,00	8,4%
324	Gründungsbeläge [m²]	55,00	**99,00**	142,00	3,1%
325	Abdichtungen und Bekleidungen [m²]	52,00	**59,00**	66,00	2,1%
326	Dränagen [m²]	5,00	**10,00**	15,00	0,3%
330	**Außenwände/Vertikale Baukonstruktionen, außen**				
331	Tragende Außenwände [m²]	127,00	**234,00**	341,00	4,4%
332	Nichttragende Außenwände [m²]	–	**233,00**	–	0,3%
333	Außenstützen [m]	–	**208,00**	–	0,2%
334	Außenwandöffnungen [m²]	727,00	**848,00**	970,00	9,3%
335	Außenwandbekleidungen, außen [m²]	165,00	**226,00**	288,00	2,8%
336	Außenwandbekleidungen, innen [m²]	91,00	**99,00**	106,00	0,8%
337	Elementierte Außenwandkonstruktionen [m²]	–	**169,00**	–	2,5%
338	Lichtschutz zur KG 330 [m²]	–	**1.638,00**	–	0,1%
339	Sonstiges zur KG 330 [m²]	–	**1,40**	–	< 0,1%
340	**Innenwände/Vertikale Baukonstruktionen, innen**				
341	Tragende Innenwände [m²]	224,00	**256,00**	287,00	3,1%
342	Nichttragende Innenwände [m²]	111,00	**131,00**	150,00	1,3%
343	Innenstützen [m]	153,00	**322,00**	492,00	0,7%
344	Innenwandöffnungen [m²]	731,00	**763,00**	796,00	3,0%
345	Innenwandbekleidungen [m²]	25,00	**32,00**	39,00	1,4%
346	Elementierte Innenwandkonstruktionen [m²]	220,00	**411,00**	602,00	0,2%
350	**Decken/Horizontale Baukonstruktionen**				
351	Deckenkonstruktionen [m²]	141,00	**214,00**	287,00	2,0%
353	Deckenbeläge [m²]	92,00	**142,00**	193,00	1,3%
354	Deckenbekleidungen [m²]	95,00	**119,00**	143,00	0,3%
359	Sonstiges zur KG 350 [m²]	65,00	**88,00**	111,00	0,9%
360	**Dächer**				
361	Dachkonstruktionen [m²]	119,00	**149,00**	179,00	5,3%
362	Dachöffnungen [m²]	1.939,00	**2.364,00**	2.789,00	0,9%
363	Dachbeläge [m²]	164,00	**184,00**	203,00	6,1%
364	Dachbekleidungen [m²]	–	**19,00**	–	0,4%
370	**Infrastrukturanlagen**				
380	**Baukonstruktive Einbauten**				
386	Orientierungs- und Informationssysteme [m² BGF]	–	**5,00**	–	0,1%

▷ von
ø Mittel
◁ bis

Kostengruppen		▷	€/Einheit	◁	KG an 300+400
390	**Sonstige Maßnahmen für Baukonstruktionen**				
391	Baustelleneinrichtung [m2 BGF]	15,00	**21,00**	28,00	0,9%
392	Gerüste [m2 BGF]	16,00	**19,00**	22,00	0,8%
397	Zusätzliche Maßnahmen [m2 BGF]	–	**9,70**	–	0,2%
410	**Abwasser-, Wasser-, Gasanlagen**				
411	Abwasseranlagen [m2 BGF]	7,90	**33,00**	59,00	1,5%
412	Wasseranlagen [m2 BGF]	9,40	**22,00**	35,00	1,0%
419	Sonstiges zur KG 410 [m2 BGF]	–	**3,50**	–	< 0,1%
420	**Wärmeversorgungsanlagen**				
421	Wärmeerzeugungsanlagen [m2 BGF]	13,00	**18,00**	24,00	0,8%
422	Wärmeverteilnetze [m2 BGF]	13,00	**29,00**	46,00	1,3%
423	Raumheizflächen [m2 BGF]	14,00	**21,00**	29,00	0,9%
429	Sonstiges zur KG 420 [m2 BGF]	2,20	**2,30**	2,30	< 0,1%
430	**Raumlufttechnische Anlagen**				
431	Lüftungsanlagen [m2 BGF]	0,90	**3,40**	5,90	0,2%
440	**Elektrische Anlagen**				
444	Niederspannungsinstallationsanlagen [m2 BGF]	33,00	**92,00**	151,00	4,1%
445	Beleuchtungsanlagen [m2 BGF]	26,00	**34,00**	42,00	1,5%
446	Blitzschutz- und Erdungsanlagen [m2 BGF]	1,50	**1,80**	2,10	< 0,1%
450	**Kommunikations-, sicherheits- und informationstechnische Anlagen**				
451	Telekommunikationsanlagen [m2 BGF]	–	**9,70**	–	0,2%
457	Datenübertragungsnetze [m2 BGF]	–	**19,00**	–	0,4%
460	**Förderanlagen**				
470	**Nutzungsspezifische und verfahrenstechnische Anlagen**				
476	Weitere nutzungsspezifische Anlagen [m2 BGF]	–	**9,80**	–	0,2%
480	**Gebäude- und Anlagenautomation**				
490	**Sonstige Maßnahmen für technische Anlagen**				

Kostengruppen		▷	€/Einheit	◁	KG an 300+400
310	**Baugrube / Erdbau**				
311	Herstellung [m³]	26,00	**52,00**	82,00	4,0%
320	**Gründung, Unterbau**				
321	Baugrundverbesserung [m²]	72,00	**176,00**	541,00	1,2%
322	Flachgründungen und Bodenplatten [m²]	149,00	**220,00**	340,00	14,4%
323	Tiefgründungen [m²]	–	**115,00**	–	0,9%
324	Gründungsbeläge [m²]	52,00	**119,00**	203,00	2,3%
325	Abdichtungen und Bekleidungen [m²]	19,00	**42,00**	59,00	2,9%
330	**Außenwände/Vertikale Baukonstruktionen, außen**				
331	Tragende Außenwände [m²]	113,00	**227,00**	381,00	6,6%
332	Nichttragende Außenwände [m²]	162,00	**194,00**	254,00	1,6%
333	Außenstützen [m]	183,00	**342,00**	544,00	4,1%
334	Außenwandöffnungen [m²]	393,00	**579,00**	854,00	5,6%
335	Außenwandbekleidungen, außen [m²]	104,00	**155,00**	208,00	7,3%
336	Außenwandbekleidungen, innen [m²]	11,00	**38,00**	56,00	0,4%
337	Elementierte Außenwandkonstruktionen [m²]	123,00	**202,00**	281,00	3,0%
339	Sonstiges zur KG 330 [m²]	4,80	**7,80**	13,00	0,2%
340	**Innenwände/Vertikale Baukonstruktionen, innen**				
341	Tragende Innenwände [m²]	112,00	**176,00**	353,00	2,6%
342	Nichttragende Innenwände [m²]	74,00	**119,00**	164,00	0,1%
343	Innenstützen [m]	274,00	**389,00**	522,00	0,9%
344	Innenwandöffnungen [m²]	770,00	**997,00**	1.375,00	0,9%
345	Innenwandbekleidungen [m²]	47,00	**54,00**	58,00	0,4%
346	Elementierte Innenwandkonstruktionen [m²]	243,00	**302,00**	398,00	0,9%
350	**Decken/Horizontale Baukonstruktionen**				
351	Deckenkonstruktionen [m²]	94,00	**168,00**	340,00	0,8%
355	Elementierte Deckenkonstruktionen [m²]	1.057,00	**1.992,00**	2.927,00	0,5%
359	Sonstiges zur KG 350 [m²]	39,00	**91,00**	193,00	0,1%
360	**Dächer**				
361	Dachkonstruktionen [m²]	70,00	**148,00**	209,00	9,9%
362	Dachöffnungen [m²]	534,00	**748,00**	1.172,00	0,9%
363	Dachbeläge [m²]	82,00	**118,00**	174,00	9,1%
364	Dachbekleidungen [m²]	12,00	**32,00**	72,00	0,9%
370	**Infrastrukturanlagen**				
380	**Baukonstruktive Einbauten**				
390	**Sonstige Maßnahmen für Baukonstruktionen**				
391	Baustelleneinrichtung [m² BGF]	18,00	**42,00**	72,00	2,6%
392	Gerüste [m² BGF]	16,00	**23,00**	34,00	1,6%
394	Abbruchmaßnahmen [m² BGF]	5,90	**8,40**	13,00	0,2%
399	Sonstiges zur KG 390 [m² BGF]	1,40	**36,00**	70,00	0,4%
	Sonstige Kostengruppen Bauwerk – Baukonstruktionen				
	312, 313, 326, 338, 353, 354, 369, 386, 395, 397, 398				0,4%

Kosten:
Stand 1. Quartal 2026
Bundesdurchschnitt
inkl. 19% MwSt.

▷ von
ø Mittel
◁ bis

Kostengruppen		▷	€/Einheit	◁	KG an 300+400
410	**Abwasser-, Wasser-, Gasanlagen**				
411	Abwasseranlagen [m² BGF]	2,90	**10,00**	14,00	0,5%
412	Wasseranlagen [m² BGF]	4,60	**10,00**	27,00	0,3%
420	**Wärmeversorgungsanlagen**				
421	Wärmeerzeugungsanlagen [m² BGF]	6,40	**20,00**	38,00	0,6%
422	Wärmeverteilnetze [m² BGF]	16,00	**31,00**	72,00	1,0%
423	Raumheizflächen [m² BGF]	12,00	**25,00**	41,00	0,8%
429	Sonstiges zur KG 420 [m² BGF]	0,90	**3,90**	6,00	0,1%
430	**Raumlufttechnische Anlagen**				
431	Lüftungsanlagen [m² BGF]	4,00	**77,00**	150,00	0,9%
434	Kälteanlagen [m² BGF]	–	**37,00**	–	0,2%
440	**Elektrische Anlagen**				
444	Niederspannungsinstallationsanlagen [m² BGF]	27,00	**47,00**	114,00	2,6%
445	Beleuchtungsanlagen [m² BGF]	12,00	**20,00**	35,00	0,9%
446	Blitzschutz- und Erdungsanlagen [m² BGF]	2,90	**11,00**	36,00	0,6%
450	**Kommunikations-, sicherheits- und informationstechnische Anlagen**				
456	Gefahrenmelde- und Alarmanlagen [m² BGF]	10,00	**27,00**	71,00	0,7%
460	**Förderanlagen**				
465	Krananlagen [m² BGF]	7,70	**44,00**	79,00	0,5%
470	**Nutzungsspezifische und verfahrenstechnische Anlagen**				
474	Feuerlöschanlagen [m² BGF]	0,70	**11,00**	21,00	0,1%
475	Prozesswärme-, kälte- und -luftanlagen [m² BGF]	–	**178,00**	–	1,0%
476	Weitere nutzungsspezifische Anlagen [m² BGF]	–	**60,00**	–	0,4%
480	**Gebäude- und Anlagenautomation**				
481	Automationseinrichtungen [m² BGF]	–	**41,00**	–	0,2%
482	Schaltschränke, Automationsschwerpunkte [m² BGF]	–	**20,00**	–	0,1%
490	**Sonstige Maßnahmen für technische Anlagen**				
	Sonstige Kostengruppen Bauwerk – Technische Anlagen				
	442, 443, 452, 453, 457, 473, 485, 491, 494				0,4%

Lagergebäude, mit bis zu 25% Mischnutzung

Kosten:
Stand 1. Quartal 2026
Bundesdurchschnitt
inkl. 19% MwSt.

Kostengruppen		▷	€/Einheit	◁	KG an 300+400
310	**Baugrube / Erdbau**				
311	Herstellung [m3]	26,00	**38,00**	45,00	1,1%
320	**Gründung, Unterbau**				
321	Baugrundverbesserung [m2]	13,00	**20,00**	23,00	0,9%
322	Flachgründungen und Bodenplatten [m2]	147,00	**178,00**	237,00	11,4%
324	Gründungsbeläge [m2]	159,00	**179,00**	216,00	1,3%
325	Abdichtungen und Bekleidungen [m2]	14,00	**39,00**	52,00	3,2%
330	**Außenwände/Vertikale Baukonstruktionen, außen**				
331	Tragende Außenwände [m2]	218,00	**246,00**	300,00	6,1%
332	Nichttragende Außenwände [m2]	–	**393,00**	–	< 0,1%
333	Außenstützen [m]	–	**637,00**	–	0,4%
334	Außenwandöffnungen [m2]	758,00	**876,00**	1.097,00	8,5%
335	Außenwandbekleidungen, außen [m2]	107,00	**255,00**	404,00	2,6%
336	Außenwandbekleidungen, innen [m2]	18,00	**36,00**	54,00	0,6%
337	Elementierte Außenwandkonstruktionen [m2]	145,00	**146,00**	147,00	5,6%
338	Lichtschutz zur KG 330 [m2]	–	**1.571,00**	–	0,5%
339	Sonstiges zur KG 330 [m2]	10,00	**11,00**	11,00	0,6%
340	**Innenwände/Vertikale Baukonstruktionen, innen**				
341	Tragende Innenwände [m2]	141,00	**196,00**	228,00	2,5%
342	Nichttragende Innenwände [m2]	141,00	**202,00**	235,00	1,6%
343	Innenstützen [m]	518,00	**590,00**	663,00	2,5%
344	Innenwandöffnungen [m2]	946,00	**1.097,00**	1.355,00	1,7%
345	Innenwandbekleidungen [m2]	16,00	**34,00**	70,00	1,1%
346	Elementierte Innenwandkonstruktionen [m2]	–	**780,00**	–	0,1%
350	**Decken/Horizontale Baukonstruktionen**				
351	Deckenkonstruktionen [m2]	172,00	**238,00**	347,00	1,9%
353	Deckenbeläge [m2]	–	**201,00**	–	0,4%
354	Deckenbekleidungen [m2]	61,00	**112,00**	139,00	0,6%
359	Sonstiges zur KG 350 [m2]	44,00	**53,00**	63,00	0,3%
360	**Dächer**				
361	Dachkonstruktionen [m2]	139,00	**157,00**	189,00	11,1%
362	Dachöffnungen [m2]	346,00	**594,00**	1.067,00	2,0%
363	Dachbeläge [m2]	130,00	**152,00**	194,00	9,8%
364	Dachbekleidungen [m2]	9,40	**26,00**	43,00	0,3%
366	Lichtschutz zur KG 360 [m2]	–	**148,00**	–	< 0,1%
369	Sonstiges zur KG 360 [m2]	1,80	**6,00**	15,00	0,4%
370	**Infrastrukturanlagen**				
380	**Baukonstruktive Einbauten**				
381	Allgemeine Einbauten [m2 BGF]	–	**31,00**	–	0,5%
382	Besondere Einbauten [m2 BGF]	–	**8,90**	–	0,2%
386	Orientierungs- und Informationssysteme [m2 BGF]	–	**16,00**	–	0,3%
387	Schutzeinbauten [m2 BGF]	–	**2,80**	–	< 0,1%

▷ von
ø Mittel
◁ bis

Kostengruppen		▷	€/Einheit	◁	KG an 300+400
390	**Sonstige Maßnahmen für Baukonstruktionen**				
391	Baustelleneinrichtung [m2 BGF]	10,00	**12,00**	15,00	0,8%
392	Gerüste [m2 BGF]	7,00	**20,00**	44,00	1,4%
399	Sonstiges zur KG 390 [m2 BGF]	–	**2,80**	–	< 0,1%
	Sonstige Kostengruppen Bauwerk – Baukonstruktionen				
	312, 352, 394, 397				< 0,1%
410	**Abwasser-, Wasser-, Gasanlagen**				
411	Abwasseranlagen [m2 BGF]	6,80	**13,00**	23,00	0,9%
412	Wasseranlagen [m2 BGF]	12,00	**21,00**	38,00	1,3%
419	Sonstiges zur KG 410 [m2 BGF]	1,00	**2,30**	3,60	< 0,1%
420	**Wärmeversorgungsanlagen**				
421	Wärmeerzeugungsanlagen [m2 BGF]	6,90	**10,00**	13,00	0,4%
422	Wärmeverteilnetze [m2 BGF]	11,00	**23,00**	34,00	0,8%
423	Raumheizflächen [m2 BGF]	27,00	**39,00**	50,00	1,4%
429	Sonstiges zur KG 420 [m2 BGF]	1,20	**1,40**	1,60	< 0,1%
430	**Raumlufttechnische Anlagen**				
431	Lüftungsanlagen [m2 BGF]	–	**40,00**	–	0,7%
434	Kälteanlagen [m2 BGF]	–	**29,00**	–	0,5%
440	**Elektrische Anlagen**				
442	Eigenstromversorgungsanlagen [m2 BGF]	–	**7,70**	–	0,1%
444	Niederspannungsinstallationsanlagen [m2 BGF]	28,00	**61,00**	83,00	3,9%
445	Beleuchtungsanlagen [m2 BGF]	13,00	**32,00**	66,00	1,8%
446	Blitzschutz- und Erdungsanlagen [m2 BGF]	2,20	**6,30**	8,30	0,4%
450	**Kommunikations-, sicherheits- und informationstechnische Anlagen**				
452	Such- und Signalanlagen [m2 BGF]	1,80	**3,30**	4,80	0,1%
456	Gefahrenmelde- und Alarmanlagen [m2 BGF]	3,50	**19,00**	35,00	0,7%
457	Datenübertragungsnetze [m2 BGF]	17,00	**18,00**	19,00	0,7%
460	**Förderanlagen**				
466	Hydraulikanlagen [m2 BGF]	–	**21,00**	–	0,4%
470	**Nutzungsspezifische und verfahrenstechnische Anlagen**				
474	Feuerlöschanlagen [m2 BGF]	–	**13,00**	–	0,2%
476	Weitere nutzungsspezifische Anlagen [m2 BGF]	–	**6,30**	–	0,1%
480	**Gebäude- und Anlagenautomation**				
481	Automationseinrichtungen [m2 BGF]	–	**45,00**	–	0,8%
490	**Sonstige Maßnahmen für technische Anlagen**				
	Sonstige Kostengruppen Bauwerk – Technische Anlagen				
	451, 455				< 0,1%

Lagergebäude, mit mehr als 25% Mischnutzung

Kosten:
Stand 1. Quartal 2026
Bundesdurchschnitt
inkl. 19% MwSt.

▷ von
ø Mittel
◁ bis

Kostengruppen		▷	€/Einheit	◁	KG an 300+400
310	**Baugrube / Erdbau**				
311	Herstellung [m³]	11,00	**43,00**	75,00	0,4%
320	**Gründung, Unterbau**				
321	Baugrundverbesserung [m²]	65,00	**69,00**	74,00	1,3%
322	Flachgründungen und Bodenplatten [m²]	173,00	**196,00**	219,00	9,0%
324	Gründungsbeläge [m²]	42,00	**74,00**	106,00	2,3%
325	Abdichtungen und Bekleidungen [m²]	8,40	**11,00**	15,00	0,6%
330	**Außenwände/Vertikale Baukonstruktionen, außen**				
331	Tragende Außenwände [m²]	158,00	**241,00**	324,00	4,0%
333	Außenstützen [m]	307,00	**569,00**	830,00	2,3%
334	Außenwandöffnungen [m²]	372,00	**490,00**	607,00	10,1%
335	Außenwandbekleidungen, außen [m²]	–	**108,00**	–	1,9%
336	Außenwandbekleidungen, innen [m²]	–	**56,00**	–	0,8%
338	Lichtschutz zur KG 330 [m²]	–	**513,00**	–	0,4%
339	Sonstiges zur KG 330 [m²]	–	**4,50**	–	0,1%
340	**Innenwände/Vertikale Baukonstruktionen, innen**				
341	Tragende Innenwände [m²]	128,00	**144,00**	160,00	2,5%
342	Nichttragende Innenwände [m²]	160,00	**193,00**	227,00	0,9%
343	Innenstützen [m]	315,00	**695,00**	1.075,00	1,0%
344	Innenwandöffnungen [m²]	579,00	**901,00**	1.222,00	2,9%
345	Innenwandbekleidungen [m²]	67,00	**122,00**	176,00	2,1%
346	Elementierte Innenwandkonstruktionen [m²]	311,00	**447,00**	583,00	0,1%
349	Sonstiges zur KG 340 [m²]	–	**17,00**	–	0,1%
350	**Decken/Horizontale Baukonstruktionen**				
351	Deckenkonstruktionen [m²]	278,00	**335,00**	392,00	5,4%
353	Deckenbeläge [m²]	168,00	**175,00**	183,00	1,3%
354	Deckenbekleidungen [m²]	–	**92,00**	–	0,6%
359	Sonstiges zur KG 350 [m²]	–	**25,00**	–	0,2%
360	**Dächer**				
361	Dachkonstruktionen [m²]	60,00	**262,00**	465,00	14,5%
362	Dachöffnungen [m²]	1.641,00	**2.098,00**	2.555,00	6,0%
363	Dachbeläge [m²]	153,00	**159,00**	164,00	8,4%
364	Dachbekleidungen [m²]	–	**232,00**	–	< 0,1%
370	**Infrastrukturanlagen**				
380	**Baukonstruktive Einbauten**				
381	Allgemeine Einbauten [m² BGF]	–	**7,80**	–	0,3%
386	Orientierungs- und Informationssysteme [m² BGF]	–	**0,40**	–	< 0,1%
390	**Sonstige Maßnahmen für Baukonstruktionen**				
391	Baustelleneinrichtung [m² BGF]	19,00	**39,00**	58,00	2,5%
392	Gerüste [m² BGF]	–	**12,00**	–	0,4%
397	Zusätzliche Maßnahmen [m² BGF]	–	**2,50**	–	< 0,1%
399	Sonstiges zur KG 390 [m² BGF]	–	**1,80**	–	< 0,1%

Kostengruppen		▷	€/Einheit	◁	KG an 300+400
410	**Abwasser-, Wasser-, Gasanlagen**				
411	Abwasseranlagen [m² BGF]	8,00	**17,00**	26,00	1,0%
412	Wasseranlagen [m² BGF]	19,00	**36,00**	54,00	2,3%
420	**Wärmeversorgungsanlagen**				
421	Wärmeerzeugungsanlagen [m² BGF]	15,00	**18,00**	21,00	1,1%
422	Wärmeverteilnetze [m² BGF]	–	**14,00**	–	0,9%
423	Raumheizflächen [m² BGF]	6,40	**20,00**	33,00	1,2%
429	Sonstiges zur KG 420 [m² BGF]	–	**1,20**	–	< 0,1%
430	**Raumlufttechnische Anlagen**				
431	Lüftungsanlagen [m² BGF]	–	**2,70**	–	< 0,1%
440	**Elektrische Anlagen**				
443	Niederspannungsschaltanlagen [m² BGF]	–	**9,70**	–	0,3%
444	Niederspannungsinstallationsanlagen [m² BGF]	39,00	**41,00**	43,00	2,6%
445	Beleuchtungsanlagen [m² BGF]	15,00	**31,00**	48,00	1,9%
446	Blitzschutz- und Erdungsanlagen [m² BGF]	1,70	**2,90**	4,10	0,2%
450	**Kommunikations-, sicherheits- und informationstechnische Anlagen**				
452	Such- und Signalanlagen [m² BGF]	–	**0,60**	–	< 0,1%
456	Gefahrenmelde- und Alarmanlagen [m² BGF]	–	**14,00**	–	0,5%
460	**Förderanlagen**				
470	**Nutzungsspezifische und verfahrenstechnische Anlagen**				
474	Feuerlöschanlagen [m² BGF]	–	**1,90**	–	< 0,1%
476	Weitere nutzungsspezifische Anlagen [m² BGF]	–	**150,00**	–	4,9%
480	**Gebäude- und Anlagenautomation**				
490	**Sonstige Maßnahmen für technische Anlagen**				

Kostengruppen		▷	€/Einheit	◁	KG an 300+400
310	**Baugrube / Erdbau**				
311	Herstellung [m³]	16,00	**35,00**	45,00	1,4%
320	**Gründung, Unterbau**				
321	Baugrundverbesserung [m²]	–	**82,00**	–	0,9%
322	Flachgründungen und Bodenplatten [m²]	123,00	**229,00**	381,00	14,5%
324	Gründungsbeläge [m²]	18,00	**110,00**	291,00	1,0%
325	Abdichtungen und Bekleidungen [m²]	19,00	**31,00**	71,00	2,3%
326	Dränagen [m²]	–	**2,90**	–	< 0,1%
330	**Außenwände/Vertikale Baukonstruktionen, außen**				
331	Tragende Außenwände [m²]	159,00	**218,00**	289,00	6,1%
332	Nichttragende Außenwände [m²]	–	**143,00**	–	2,9%
333	Außenstützen [m]	178,00	**258,00**	416,00	2,4%
334	Außenwandöffnungen [m²]	476,00	**591,00**	735,00	9,4%
335	Außenwandbekleidungen, außen [m²]	51,00	**99,00**	191,00	1,5%
336	Außenwandbekleidungen, innen [m²]	34,00	**61,00**	114,00	0,7%
337	Elementierte Außenwandkonstruktionen [m²]	214,00	**304,00**	394,00	4,8%
338	Lichtschutz zur KG 330 [m²]	–	**599,00**	–	0,2%
339	Sonstiges zur KG 330 [m²]	8,30	**16,00**	23,00	0,4%
340	**Innenwände/Vertikale Baukonstruktionen, innen**				
341	Tragende Innenwände [m²]	138,00	**173,00**	241,00	2,0%
342	Nichttragende Innenwände [m²]	–	**142,00**	–	0,3%
344	Innenwandöffnungen [m²]	–	**947,00**	–	0,4%
345	Innenwandbekleidungen [m²]	27,00	**60,00**	77,00	1,1%
346	Elementierte Innenwandkonstruktionen [m²]	–	**232,00**	–	< 0,1%
349	Sonstiges zur KG 340 [m²]	–	**2,40**	–	< 0,1%
350	**Decken/Horizontale Baukonstruktionen**				
351	Deckenkonstruktionen [m²]	245,00	**335,00**	426,00	1,0%
353	Deckenbeläge [m²]	49,00	**161,00**	272,00	0,4%
354	Deckenbekleidungen [m²]	22,00	**71,00**	119,00	< 0,1%
359	Sonstiges zur KG 350 [m²]	–	**49,00**	–	0,2%
360	**Dächer**				
361	Dachkonstruktionen [m²]	47,00	**109,00**	126,00	10,1%
363	Dachbeläge [m²]	87,00	**178,00**	292,00	11,1%
364	Dachbekleidungen [m²]	–	**326,00**	–	< 0,1%
365	Elementierte Dachkonstruktionen [m²]	112,00	**143,00**	174,00	4,2%
369	Sonstiges zur KG 360 [m²]	5,50	**63,00**	120,00	2,1%
370	**Infrastrukturanlagen**				
380	**Baukonstruktive Einbauten**				
389	Sonstiges zur KG 380 [m² BGF]	–	**3,10**	–	< 0,1%

Kosten:
Stand 1. Quartal 2026
Bundesdurchschnitt
inkl. 19% MwSt.

▷ von
ø Mittel
◁ bis

Kostengruppen		▷	€/Einheit	◁	KG an 300+400
390	**Sonstige Maßnahmen für Baukonstruktionen**				
391	Baustelleneinrichtung [m² BGF]	13,00	**36,00**	75,00	1,1%
392	Gerüste [m² BGF]	7,10	**10,00**	14,00	0,3%
397	Zusätzliche Maßnahmen [m² BGF]	–	**3,50**	–	< 0,1%
410	**Abwasser-, Wasser-, Gasanlagen**				
411	Abwasseranlagen [m² BGF]	9,40	**26,00**	59,00	2,0%
412	Wasseranlagen [m² BGF]	2,20	**25,00**	71,00	0,7%
420	**Wärmeversorgungsanlagen**				
421	Wärmeerzeugungsanlagen [m² BGF]	–	**98,00**	–	0,9%
422	Wärmeverteilnetze [m² BGF]	–	**45,00**	–	0,4%
423	Raumheizflächen [m² BGF]	0,10	**25,00**	50,00	0,5%
429	Sonstiges zur KG 420 [m² BGF]	–	**8,10**	–	< 0,1%
430	**Raumlufttechnische Anlagen**				
440	**Elektrische Anlagen**				
444	Niederspannungsinstallationsanlagen [m² BGF]	7,40	**22,00**	61,00	1,1%
445	Beleuchtungsanlagen [m² BGF]	2,40	**7,70**	23,00	0,4%
446	Blitzschutz- und Erdungsanlagen [m² BGF]	2,40	**5,10**	8,10	0,4%
450	**Kommunikations-, sicherheits- und informationstechnische Anlagen**				
451	Telekommunikationsanlagen [m² BGF]	0,30	**0,80**	1,40	< 0,1%
452	Such- und Signalanlagen [m² BGF]	–	**3,20**	–	< 0,1%
455	Audiovisuelle Medien- und Antennenanlagen [m² BGF]	–	**5,70**	–	< 0,1%
456	Gefahrenmelde- und Alarmanlagen [m² BGF]	–	**1,90**	–	< 0,1%
460	**Förderanlagen**				
469	Sonstiges zur KG 460 [m² BGF]	–	**853,00**	–	8,5%
470	**Nutzungsspezifische und verfahrenstechnische Anlagen**				
474	Feuerlöschanlagen [m² BGF]	–	**0,20**	–	< 0,1%
476	Weitere nutzungsspezifische Anlagen [m² BGF]	9,50	**37,00**	65,00	1,6%
480	**Gebäude- und Anlagenautomation**				
490	**Sonstige Maßnahmen für technische Anlagen**				

Kostengruppen		▷	€/Einheit	◁	KG an 300+400
310	**Baugrube / Erdbau**				
311	Herstellung [m³]	55,00	**97,00**	119,00	2,8%
312	Umschließung [m²]	–	**100,00**	–	0,5%
313	Wasserhaltung [m³]	–	**–**	–	< 0,1%
320	**Gründung, Unterbau**				
321	Baugrundverbesserung [m²]	–	**22,00**	–	0,3%
322	Flachgründungen und Bodenplatten [m²]	145,00	**345,00**	462,00	8,5%
323	Tiefgründungen [m²]	–	**924,00**	–	5,5%
324	Gründungsbeläge [m²]	72,00	**96,00**	144,00	2,8%
325	Abdichtungen und Bekleidungen [m²]	22,00	**40,00**	71,00	0,4%
326	Dränagen [m²]	–	**1,10**	–	< 0,1%
330	**Außenwände/Vertikale Baukonstruktionen, außen**				
331	Tragende Außenwände [m²]	124,00	**306,00**	397,00	6,5%
332	Nichttragende Außenwände [m²]	–	**271,00**	–	< 0,1%
333	Außenstützen [m]	365,00	**547,00**	729,00	2,6%
334	Außenwandöffnungen [m²]	1.000,00	**1.138,00**	1.276,00	0,6%
335	Außenwandbekleidungen, außen [m²]	76,00	**293,00**	402,00	11,1%
336	Außenwandbekleidungen, innen [m²]	36,00	**150,00**	263,00	0,2%
339	Sonstiges zur KG 330 [m²]	–	**152,00**	–	0,3%
340	**Innenwände/Vertikale Baukonstruktionen, innen**				
341	Tragende Innenwände [m²]	334,00	**393,00**	452,00	0,6%
342	Nichttragende Innenwände [m²]	–	**316,00**	–	< 0,1%
343	Innenstützen [m]	–	**369,00**	–	0,6%
344	Innenwandöffnungen [m²]	–	**2.965,00**	–	0,5%
345	Innenwandbekleidungen [m²]	22,00	**73,00**	124,00	0,1%
346	Elementierte Innenwandkonstruktionen [m²]	–	**331,00**	–	< 0,1%
349	Sonstiges zur KG 340 [m²]	–	**189,00**	–	0,3%
350	**Decken/Horizontale Baukonstruktionen**				
351	Deckenkonstruktionen [m²]	326,00	**358,00**	412,00	17,8%
353	Deckenbeläge [m²]	101,00	**123,00**	166,00	4,8%
354	Deckenbekleidungen [m²]	10,00	**68,00**	127,00	0,3%
355	Elementierte Deckenkonstruktionen [m²]	1.018,00	**1.320,00**	1.622,00	0,2%
359	Sonstiges zur KG 350 [m²]	23,00	**24,00**	27,00	1,2%
360	**Dächer**				
361	Dachkonstruktionen [m²]	290,00	**336,00**	414,00	11,6%
362	Dachöffnungen [m²]	–	**2.098,00**	–	< 0,1%
363	Dachbeläge [m²]	115,00	**168,00**	199,00	4,5%
364	Dachbekleidungen [m²]	10,00	**385,00**	759,00	0,6%
369	Sonstiges zur KG 360 [m²]	5,40	**24,00**	62,00	1,0%
370	**Infrastrukturanlagen**				
380	**Baukonstruktive Einbauten**				
382	Besondere Einbauten [m² BGF]	–	**16,00**	–	0,8%
386	Orientierungs- und Informationssysteme [m² BGF]	2,30	**3,40**	4,60	0,2%

Kosten:
Stand 1. Quartal 2026
Bundesdurchschnitt
inkl. 19% MwSt.

▷ von
ø Mittel
◁ bis

Kostengruppen		▷	€/Einheit	◁	KG an 300+400
390	**Sonstige Maßnahmen für Baukonstruktionen**				
391	Baustelleneinrichtung [m2 BGF]	10,00	**35,00**	82,00	3,1%
392	Gerüste [m2 BGF]	1,40	**5,50**	14,00	0,5%
397	Zusätzliche Maßnahmen [m2 BGF]	1,00	**1,20**	1,50	< 0,1%
398	Provisorische Baukonstruktionen [m2 BGF]	–	**< 0,10**	–	< 0,1%
410	**Abwasser-, Wasser-, Gasanlagen**				
411	Abwasseranlagen [m2 BGF]	2,70	**11,00**	16,00	1,1%
412	Wasseranlagen [m2 BGF]	–	**6,30**	–	0,2%
419	Sonstiges zur KG 410 [m2 BGF]	–	**0,60**	–	< 0,1%
420	**Wärmeversorgungsanlagen**				
423	Raumheizflächen [m2 BGF]	–	**1,00**	–	< 0,1%
430	**Raumlufttechnische Anlagen**				
431	Lüftungsanlagen [m2 BGF]	–	**4,30**	–	0,1%
440	**Elektrische Anlagen**				
442	Eigenstromversorgungsanlagen [m2 BGF]	–	**2,00**	–	< 0,1%
444	Niederspannungsinstallationsanlagen [m2 BGF]	7,10	**16,00**	33,00	1,5%
445	Beleuchtungsanlagen [m2 BGF]	3,90	**25,00**	37,00	2,3%
446	Blitzschutz- und Erdungsanlagen [m2 BGF]	1,30	**2,10**	2,60	0,2%
450	**Kommunikations-, sicherheits- und informationstechnische Anlagen**				
451	Telekommunikationsanlagen [m2 BGF]	–	**< 0,10**	–	< 0,1%
452	Such- und Signalanlagen [m2 BGF]	–	**< 0,10**	–	< 0,1%
456	Gefahrenmelde- und Alarmanlagen [m2 BGF]	–	**26,00**	–	0,8%
457	Datenübertragungsnetze [m2 BGF]	0,20	**0,50**	0,70	< 0,1%
458	Verkehrsbeeinflussungsanlagen [m2 BGF]	17,00	**33,00**	49,00	1,9%
460	**Förderanlagen**				
461	Aufzugsanlagen [m2 BGF]	–	**9,60**	–	0,3%
470	**Nutzungsspezifische und verfahrenstechnische Anlagen**				
474	Feuerlöschanlagen [m2 BGF]	–	**4,60**	–	0,1%
480	**Gebäude- und Anlagenautomation**				
490	**Sonstige Maßnahmen für technische Anlagen**				
491	Baustelleneinrichtung [m2 BGF]	–	**4,10**	–	0,1%
497	Zusätzliche Maßnahmen [m2 BGF]	–	**0,20**	–	< 0,1%

Kostengruppen		▷	€/Einheit	◁	KG an 300+400
310	**Baugrube / Erdbau**				
311	Herstellung [m³]	33,00	**174,00**	315,00	0,8%
312	Umschließung [m²]	–	**419,00**	–	0,8%
320	**Gründung, Unterbau**				
321	Baugrundverbesserung [m²]	–	**148,00**	–	0,9%
322	Flachgründungen und Bodenplatten [m²]	75,00	**105,00**	126,00	4,9%
324	Gründungsbeläge [m²]	128,00	**150,00**	173,00	3,7%
325	Abdichtungen und Bekleidungen [m²]	14,00	**32,00**	64,00	0,5%
330	**Außenwände/Vertikale Baukonstruktionen, außen**				
331	Tragende Außenwände [m²]	91,00	**252,00**	414,00	3,1%
332	Nichttragende Außenwände [m²]	–	**386,00**	–	0,5%
333	Außenstützen [m]	271,00	**826,00**	1.869,00	3,0%
334	Außenwandöffnungen [m²]	1.528,00	**3.398,00**	4.519,00	6,8%
335	Außenwandbekleidungen, außen [m²]	364,00	**489,00**	733,00	15,3%
336	Außenwandbekleidungen, innen [m²]	30,00	**74,00**	118,00	0,1%
337	Elementierte Außenwandkonstruktionen [m²]	–	**524,00**	–	0,3%
339	Sonstiges zur KG 330 [m²]	–	**26,00**	–	0,2%
340	**Innenwände/Vertikale Baukonstruktionen, innen**				
341	Tragende Innenwände [m²]	285,00	**317,00**	349,00	1,8%
342	Nichttragende Innenwände [m²]	147,00	**200,00**	252,00	0,3%
344	Innenwandöffnungen [m²]	471,00	**871,00**	1.271,00	0,2%
345	Innenwandbekleidungen [m²]	101,00	**104,00**	107,00	0,6%
346	Elementierte Innenwandkonstruktionen [m²]	477,00	**478,00**	479,00	1,1%
350	**Decken/Horizontale Baukonstruktionen**				
351	Deckenkonstruktionen [m²]	–	**570,00**	–	4,1%
352	Deckenöffnungen [m²]	–	**1.705,00**	–	0,3%
353	Deckenbeläge [m²]	–	**50,00**	–	0,3%
354	Deckenbekleidungen [m²]	–	**178,00**	–	0,5%
359	Sonstiges zur KG 350 [m²]	–	**40,00**	–	0,3%
360	**Dächer**				
361	Dachkonstruktionen [m²]	170,00	**333,00**	653,00	10,2%
362	Dachöffnungen [m²]	530,00	**1.086,00**	1.642,00	0,6%
363	Dachbeläge [m²]	175,00	**234,00**	349,00	8,5%
364	Dachbekleidungen [m²]	83,00	**472,00**	861,00	< 0,1%
369	Sonstiges zur KG 360 [m²]	4,90	**14,00**	24,00	0,3%
370	**Infrastrukturanlagen**				
380	**Baukonstruktive Einbauten**				
381	Allgemeine Einbauten [m² BGF]	14,00	**41,00**	92,00	1,6%
382	Besondere Einbauten [m² BGF]	137,00	**240,00**	344,00	9,7%
386	Orientierungs- und Informationssysteme [m² BGF]	–	**18,00**	–	0,2%

Kosten:
Stand 1.Quartal 2026
Bundesdurchschnitt
inkl. 19% MwSt.

▷ von
ø Mittel
◁ bis

Kostengruppen		▷	€/Einheit	◁	KG an 300+400
390	**Sonstige Maßnahmen für Baukonstruktionen**				
391	Baustelleneinrichtung [m2 BGF]	16,00	**44,00**	95,00	2,7%
392	Gerüste [m2 BGF]	14,00	**61,00**	150,00	2,4%
397	Zusätzliche Maßnahmen [m2 BGF]	2,60	**5,70**	7,30	0,3%
398	Provisorische Baukonstruktionen [m2 BGF]	–	**0,60**	–	< 0,1%
410	**Abwasser-, Wasser-, Gasanlagen**				
411	Abwasseranlagen [m2 BGF]	3,50	**7,70**	12,00	0,3%
412	Wasseranlagen [m2 BGF]	5,20	**9,40**	14,00	0,4%
419	Sonstiges zur KG 410 [m2 BGF]	0,40	**2,50**	4,60	< 0,1%
420	**Wärmeversorgungsanlagen**				
421	Wärmeerzeugungsanlagen [m2 BGF]	7,60	**13,00**	18,00	0,6%
422	Wärmeverteilnetze [m2 BGF]	0,60	**7,10**	14,00	0,2%
423	Raumheizflächen [m2 BGF]	1,50	**11,00**	20,00	0,3%
430	**Raumlufttechnische Anlagen**				
431	Lüftungsanlagen [m2 BGF]	0,20	**31,00**	61,00	0,8%
440	**Elektrische Anlagen**				
444	Niederspannungsinstallationsanlagen [m2 BGF]	31,00	**60,00**	108,00	2,7%
445	Beleuchtungsanlagen [m2 BGF]	20,00	**130,00**	349,00	4,8%
446	Blitzschutz- und Erdungsanlagen [m2 BGF]	2,30	**15,00**	41,00	0,5%
450	**Kommunikations-, sicherheits- und informationstechnische Anlagen**				
452	Such- und Signalanlagen [m2 BGF]	–	**0,90**	–	< 0,1%
456	Gefahrenmelde- und Alarmanlagen [m2 BGF]	3,70	**74,00**	144,00	1,7%
457	Datenübertragungsnetze [m2 BGF]	1,60	**5,80**	10,00	0,2%
460	**Förderanlagen**				
470	**Nutzungsspezifische und verfahrenstechnische Anlagen**				
473	Medienversorgungsanlagen, Medizin- und labortechnische An-	–	**3,60**	–	< 0,1%
480	**Gebäude- und Anlagenautomation**				
490	**Sonstige Maßnahmen für technische Anlagen**				
491	Baustelleneinrichtung [m2 BGF]	0,90	**1,10**	1,40	< 0,1%
492	Gerüste [m2 BGF]	–	**0,30**	–	< 0,1%

Kostengruppen		▷	€/Einheit	◁	KG an 300+400
310	**Baugrube / Erdbau**				
311	Herstellung [m³]	33,00	**50,00**	68,00	9,7%
312	Umschließung [m²]	84,00	**454,00**	737,00	4,1%
313	Wasserhaltung [m³]	5,10	**11,00**	21,00	1,8%
320	**Gründung, Unterbau**				
321	Baugrundverbesserung [m²]	20,00	**20,00**	21,00	0,2%
322	Flachgründungen und Bodenplatten [m²]	255,00	**300,00**	322,00	19,0%
323	Tiefgründungen [m²]	–	**172,00**	–	1,4%
324	Gründungsbeläge [m²]	74,00	**106,00**	145,00	4,9%
325	Abdichtungen und Bekleidungen [m²]	20,00	**33,00**	67,00	2,0%
329	Sonstiges zur KG 320 [m²]	0,50	**4,20**	12,00	0,2%
330	**Außenwände/Vertikale Baukonstruktionen, außen**				
331	Tragende Außenwände [m²]	312,00	**392,00**	466,00	8,1%
332	Nichttragende Außenwände [m²]	–	**652,00**	–	< 0,1%
333	Außenstützen [m]	–	**562,00**	–	< 0,1%
334	Außenwandöffnungen [m²]	985,00	**1.824,00**	2.287,00	0,9%
335	Außenwandbekleidungen, außen [m²]	34,00	**75,00**	112,00	0,9%
336	Außenwandbekleidungen, innen [m²]	9,00	**68,00**	162,00	0,7%
339	Sonstiges zur KG 330 [m²]	14,00	**32,00**	64,00	0,7%
340	**Innenwände/Vertikale Baukonstruktionen, innen**				
341	Tragende Innenwände [m²]	155,00	**270,00**	322,00	4,1%
342	Nichttragende Innenwände [m²]	97,00	**112,00**	137,00	0,1%
343	Innenstützen [m]	262,00	**321,00**	427,00	0,7%
344	Innenwandöffnungen [m²]	1.053,00	**1.651,00**	2.785,00	1,7%
345	Innenwandbekleidungen [m²]	38,00	**65,00**	110,00	1,7%
346	Elementierte Innenwandkonstruktionen [m²]	58,00	**97,00**	214,00	0,3%
349	Sonstiges zur KG 340 [m²]	3,80	**4,60**	6,90	< 0,1%
350	**Decken/Horizontale Baukonstruktionen**				
351	Deckenkonstruktionen [m²]	195,00	**287,00**	387,00	9,9%
353	Deckenbeläge [m²]	372,00	**480,00**	514,00	0,5%
354	Deckenbekleidungen [m²]	67,00	**110,00**	163,00	2,1%
359	Sonstiges zur KG 350 [m²]	22,00	**29,00**	37,00	0,4%
360	**Dächer**				
361	Dachkonstruktionen [m²]	283,00	**318,00**	330,00	7,8%
363	Dachbeläge [m²]	76,00	**139,00**	204,00	3,3%
364	Dachbekleidungen [m²]	88,00	**96,00**	100,00	0,2%
369	Sonstiges zur KG 360 [m²]	–	**5,60**	–	< 0,1%
370	**Infrastrukturanlagen**				
380	**Baukonstruktive Einbauten**				
381	Allgemeine Einbauten [m² BGF]	1,10	**3,50**	5,80	< 0,1%
382	Besondere Einbauten [m² BGF]	3,20	**17,00**	46,00	0,6%
386	Orientierungs- und Informationssysteme [m² BGF]	–	**0,90**	–	< 0,1%

Kosten:
Stand 1. Quartal 2026
Bundesdurchschnitt
inkl. 19% MwSt.

▷ von
ø Mittel
◁ bis

Kostengruppen		▷	€/Einheit	◁	KG an 300+400
390	**Sonstige Maßnahmen für Baukonstruktionen**				
391	Baustelleneinrichtung [m² BGF]	32,00	**94,00**	135,00	6,0%
392	Gerüste [m² BGF]	–	**0,40**	–	< 0,1%
396	Materialentsorgung [m² BGF]	0,60	**0,80**	1,00	< 0,1%
397	Zusätzliche Maßnahmen [m² BGF]	3,50	**6,90**	21,00	0,4%
399	Sonstiges zur KG 390 [m² BGF]	–	**19,00**	–	0,2%
410	**Abwasser-, Wasser-, Gasanlagen**				
411	Abwasseranlagen [m² BGF]	12,00	**19,00**	31,00	1,1%
420	**Wärmeversorgungsanlagen**				
424	Verkehrsheizflächen [m² BGF]	10,00	**12,00**	17,00	0,5%
430	**Raumlufttechnische Anlagen**				
431	Lüftungsanlagen [m² BGF]	8,40	**14,00**	26,00	0,5%
440	**Elektrische Anlagen**				
442	Eigenstromversorgungsanlagen [m² BGF]	–	**3,80**	–	< 0,1%
444	Niederspannungsinstallationsanlagen [m² BGF]	18,00	**26,00**	61,00	1,5%
445	Beleuchtungsanlagen [m² BGF]	8,70	**13,00**	17,00	0,8%
446	Blitzschutz- und Erdungsanlagen [m² BGF]	9,20	**10,00**	12,00	0,6%
450	**Kommunikations-, sicherheits- und informationstechnische Anlagen**				
456	Gefahrenmelde- und Alarmanlagen [m² BGF]	0,40	**0,60**	1,00	< 0,1%
460	**Förderanlagen**				
470	**Nutzungsspezifische und verfahrenstechnische Anlagen**				
474	Feuerlöschanlagen [m² BGF]	0,10	**0,50**	0,90	< 0,1%
480	**Gebäude- und Anlagenautomation**				
490	**Sonstige Maßnahmen für technische Anlagen**				
491	Baustelleneinrichtung [m² BGF]	–	**0,10**	–	< 0,1%

Kosten:
Stand 1. Quartal 2026
Bundesdurchschnitt
inkl. 19% MwSt.

Kostengruppen		▷	€/Einheit	◁	KG an 300+400
310	**Baugrube / Erdbau**				
311	Herstellung [m³]	25,00	**42,00**	71,00	1,2%
313	Wasserhaltung [m³]	–	**0,30**	–	0,2%
320	**Gründung, Unterbau**				
321	Baugrundverbesserung [m²]	57,00	**66,00**	72,00	1,2%
322	Flachgründungen und Bodenplatten [m²]	84,00	**129,00**	205,00	4,4%
323	Tiefgründungen [m²]	72,00	**136,00**	200,00	0,7%
324	Gründungsbeläge [m²]	75,00	**153,00**	223,00	5,1%
325	Abdichtungen und Bekleidungen [m²]	28,00	**48,00**	67,00	1,8%
330	**Außenwände/Vertikale Baukonstruktionen, außen**				
331	Tragende Außenwände [m²]	152,00	**193,00**	239,00	4,8%
332	Nichttragende Außenwände [m²]	151,00	**250,00**	377,00	0,3%
334	Außenwandöffnungen [m²]	798,00	**962,00**	1.277,00	7,5%
335	Außenwandbekleidungen, außen [m²]	213,00	**263,00**	353,00	7,7%
336	Außenwandbekleidungen, innen [m²]	41,00	**54,00**	65,00	1,1%
339	Sonstiges zur KG 330 [m²]	5,10	**14,00**	22,00	0,3%
340	**Innenwände/Vertikale Baukonstruktionen, innen**				
341	Tragende Innenwände [m²]	123,00	**152,00**	192,00	2,4%
342	Nichttragende Innenwände [m²]	113,00	**136,00**	161,00	1,7%
343	Innenstützen [m]	160,00	**220,00**	266,00	0,5%
344	Innenwandöffnungen [m²]	730,00	**977,00**	1.155,00	3,7%
345	Innenwandbekleidungen [m²]	52,00	**57,00**	65,00	2,5%
346	Elementierte Innenwandkonstruktionen [m²]	343,00	**481,00**	557,00	0,8%
350	**Decken/Horizontale Baukonstruktionen**				
351	Deckenkonstruktionen [m²]	138,00	**228,00**	311,00	1,4%
353	Deckenbeläge [m²]	125,00	**144,00**	161,00	0,8%
354	Deckenbekleidungen [m²]	94,00	**109,00**	127,00	0,5%
360	**Dächer**				
361	Dachkonstruktionen [m²]	136,00	**179,00**	249,00	6,7%
362	Dachöffnungen [m²]	1.311,00	**2.227,00**	2.963,00	1,1%
363	Dachbeläge [m²]	159,00	**187,00**	213,00	7,1%
364	Dachbekleidungen [m²]	28,00	**60,00**	98,00	1,1%
369	Sonstiges zur KG 360 [m²]	3,40	**8,50**	15,00	0,2%
370	**Infrastrukturanlagen**				
380	**Baukonstruktive Einbauten**				
381	Allgemeine Einbauten [m² BGF]	23,00	**39,00**	71,00	1,0%
390	**Sonstige Maßnahmen für Baukonstruktionen**				
391	Baustelleneinrichtung [m² BGF]	38,00	**59,00**	95,00	2,5%
392	Gerüste [m² BGF]	11,00	**27,00**	42,00	1,1%
397	Zusätzliche Maßnahmen [m² BGF]	5,50	**8,40**	10,00	0,3%
	Sonstige Kostengruppen Bauwerk – Baukonstruktionen				
	326, 329, 333, 338, 347, 349, 355, 359, 382, 386, 395, 398, 399				1,0%

▷ von
ø Mittel
◁ bis

Kostengruppen		▷	€/Einheit	◁	KG an 300+400
410	**Abwasser-, Wasser-, Gasanlagen**				
411	Abwasseranlagen [m2 BGF]	37,00	**73,00**	137,00	3,0%
412	Wasseranlagen [m2 BGF]	46,00	**59,00**	82,00	2,5%
419	Sonstiges zur KG 410 [m2 BGF]	6,40	**9,20**	21,00	0,4%
420	**Wärmeversorgungsanlagen**				
421	Wärmeerzeugungsanlagen [m2 BGF]	10,00	**35,00**	62,00	1,4%
422	Wärmeverteilnetze [m2 BGF]	26,00	**43,00**	73,00	1,8%
423	Raumheizflächen [m2 BGF]	24,00	**42,00**	61,00	1,7%
430	**Raumlufttechnische Anlagen**				
431	Lüftungsanlagen [m2 BGF]	22,00	**40,00**	74,00	1,8%
440	**Elektrische Anlagen**				
442	Eigenstromversorgungsanlagen [m2 BGF]	19,00	**38,00**	67,00	0,8%
444	Niederspannungsinstallationsanlagen [m2 BGF]	85,00	**103,00**	180,00	4,3%
445	Beleuchtungsanlagen [m2 BGF]	43,00	**58,00**	73,00	2,5%
446	Blitzschutz- und Erdungsanlagen [m2 BGF]	5,80	**15,00**	27,00	0,7%
450	**Kommunikations-, sicherheits- und informationstechnische Anlagen**				
451	Telekommunikationsanlagen [m2 BGF]	5,60	**12,00**	15,00	0,2%
452	Such- und Signalanlagen [m2 BGF]	1,60	**5,90**	23,00	0,2%
456	Gefahrenmelde- und Alarmanlagen [m2 BGF]	8,90	**44,00**	82,00	1,2%
457	Datenübertragungsnetze [m2 BGF]	5,00	**17,00**	35,00	0,7%
460	**Förderanlagen**				
470	**Nutzungsspezifische und verfahrenstechnische Anlagen**				
474	Feuerlöschanlagen [m2 BGF]	6,50	**18,00**	38,00	0,4%
475	Prozesswärme-, kälte- und -luftanlagen [m2 BGF]	31,00	**44,00**	58,00	0,6%
476	Weitere nutzungsspezifische Anlagen [m2 BGF]	17,00	**42,00**	100,00	1,4%
480	**Gebäude- und Anlagenautomation**				
481	Automationseinrichtungen [m2 BGF]	8,30	**22,00**	36,00	0,3%
490	**Sonstige Maßnahmen für technische Anlagen**				
	Sonstige Kostengruppen Bauwerk – Technische Anlagen				
	429, 432, 434, 443, 453, 454, 455, 461, 473, 482, 483, 485, 492, 494				1,3%

Kostengruppen		▷	€/Einheit	◁	KG an 300+400
310	**Baugrube / Erdbau**				
311	Herstellung [m³]	19,00	**39,00**	54,00	3,2%
320	**Gründung, Unterbau**				
321	Baugrundverbesserung [m²]	17,00	**28,00**	46,00	0,7%
322	Flachgründungen und Bodenplatten [m²]	182,00	**269,00**	434,00	9,8%
323	Tiefgründungen [m²]	–	**317,00**	–	1,2%
324	Gründungsbeläge [m²]	84,00	**129,00**	218,00	1,9%
325	Abdichtungen und Bekleidungen [m²]	19,00	**45,00**	60,00	1,9%
330	**Außenwände/Vertikale Baukonstruktionen, außen**				
331	Tragende Außenwände [m²]	158,00	**242,00**	323,00	9,9%
332	Nichttragende Außenwände [m²]	154,00	**177,00**	201,00	< 0,1%
333	Außenstützen [m]	304,00	**502,00**	1.020,00	1,6%
334	Außenwandöffnungen [m²]	676,00	**1.109,00**	2.372,00	9,3%
335	Außenwandbekleidungen, außen [m²]	143,00	**232,00**	560,00	6,9%
336	Außenwandbekleidungen, innen [m²]	39,00	**65,00**	139,00	1,4%
337	Elementierte Außenwandkonstruktionen [m²]	–	**246,00**	–	0,9%
338	Lichtschutz zur KG 330 [m²]	293,00	**413,00**	647,00	0,3%
339	Sonstiges zur KG 330 [m²]	6,10	**6,50**	6,80	0,1%
340	**Innenwände/Vertikale Baukonstruktionen, innen**				
341	Tragende Innenwände [m²]	127,00	**152,00**	218,00	1,2%
342	Nichttragende Innenwände [m²]	86,00	**140,00**	299,00	0,8%
343	Innenstützen [m]	279,00	**450,00**	932,00	1,1%
344	Innenwandöffnungen [m²]	781,00	**1.042,00**	1.701,00	1,8%
345	Innenwandbekleidungen [m²]	36,00	**66,00**	102,00	1,3%
346	Elementierte Innenwandkonstruktionen [m²]	663,00	**680,00**	697,00	0,3%
350	**Decken/Horizontale Baukonstruktionen**				
351	Deckenkonstruktionen [m²]	169,00	**184,00**	225,00	2,1%
353	Deckenbeläge [m²]	39,00	**97,00**	133,00	0,7%
354	Deckenbekleidungen [m²]	6,90	**54,00**	84,00	0,2%
355	Elementierte Deckenkonstruktionen [m²]	–	**1.713,00**	–	< 0,1%
359	Sonstiges zur KG 350 [m²]	29,00	**73,00**	98,00	0,7%
360	**Dächer**				
361	Dachkonstruktionen [m²]	122,00	**174,00**	246,00	8,5%
362	Dachöffnungen [m²]	775,00	**7.199,00**	13.623,00	0,5%
363	Dachbeläge [m²]	89,00	**144,00**	334,00	5,9%
364	Dachbekleidungen [m²]	62,00	**67,00**	76,00	0,8%
369	Sonstiges zur KG 360 [m²]	2,60	**6,90**	14,00	0,1%
370	**Infrastrukturanlagen**				
380	**Baukonstruktive Einbauten**				
381	Allgemeine Einbauten [m² BGF]	–	**62,00**	–	0,5%
382	Besondere Einbauten [m² BGF]	30,00	**71,00**	112,00	1,2%

Kosten:
Stand 1. Quartal 2026
Bundesdurchschnitt
inkl. 19% MwSt.

▷ von
ø Mittel
◁ bis

Kostengruppen		▷	€/Einheit	◁	KG an 300+400
390	**Sonstige Maßnahmen für Baukonstruktionen**				
391	Baustelleneinrichtung [m² BGF]	31,00	**35,00**	42,00	1,9%
392	Gerüste [m² BGF]	23,00	**45,00**	124,00	2,4%
394	Abbruchmaßnahmen [m² BGF]	–	**62,00**	–	0,6%
397	Zusätzliche Maßnahmen [m² BGF]	1,40	**3,00**	5,50	< 0,1%
	Sonstige Kostengruppen Bauwerk – Baukonstruktionen				
	313, 326, 329, 349, 398, 399				< 0,1%
410	**Abwasser-, Wasser-, Gasanlagen**				
411	Abwasseranlagen [m² BGF]	13,00	**17,00**	26,00	0,6%
412	Wasseranlagen [m² BGF]	8,70	**17,00**	31,00	0,5%
420	**Wärmeversorgungsanlagen**				
421	Wärmeerzeugungsanlagen [m² BGF]	14,00	**16,00**	20,00	0,5%
422	Wärmeverteilnetze [m² BGF]	17,00	**21,00**	28,00	0,7%
423	Raumheizflächen [m² BGF]	7,40	**12,00**	20,00	0,5%
430	**Raumlufttechnische Anlagen**				
431	Lüftungsanlagen [m² BGF]	–	**40,00**	–	0,4%
434	Kälteanlagen [m² BGF]	–	**42,00**	–	0,6%
440	**Elektrische Anlagen**				
444	Niederspannungsinstallationsanlagen [m² BGF]	31,00	**65,00**	98,00	2,9%
445	Beleuchtungsanlagen [m² BGF]	14,00	**22,00**	29,00	1,0%
446	Blitzschutz- und Erdungsanlagen [m² BGF]	3,10	**6,10**	14,00	0,3%
450	**Kommunikations-, sicherheits- und informationstechnische Anlagen**				
451	Telekommunikationsanlagen [m² BGF]	1,40	**2,30**	3,10	< 0,1%
456	Gefahrenmelde- und Alarmanlagen [m² BGF]	12,00	**32,00**	53,00	0,9%
457	Datenübertragungsnetze [m² BGF]	4,80	**5,40**	6,40	0,2%
460	**Förderanlagen**				
470	**Nutzungsspezifische und verfahrenstechnische Anlagen**				
473	Medienversorgungsanlagen, Medizin- und labortechnische An-	–	**13,00**	–	0,1%
475	Prozesswärme-, kälte- und -luftanlagen [m² BGF]	–	**19,00**	–	0,2%
476	Weitere nutzungsspezifische Anlagen [m² BGF]	1,80	**162,00**	322,00	3,1%
480	**Gebäude- und Anlagenautomation**				
481	Automationseinrichtungen [m² BGF]	–	**6,40**	–	< 0,1%
482	Schaltschränke, Automationsschwerpunkte [m² BGF]	–	**9,80**	–	< 0,1%
483	Automationsmanagement [m² BGF]	–	**8,40**	–	< 0,1%
485	Datenübertragungsnetze [m² BGF]	–	**11,00**	–	0,1%
490	**Sonstige Maßnahmen für technische Anlagen**				
	Sonstige Kostengruppen Bauwerk – Technische Anlagen				
	419, 429, 432, 442, 452, 455, 491, 492, 494				0,2%

Kosten:
Stand 1. Quartal 2026
Bundesdurchschnitt
inkl. 19% MwSt.

Kostengruppen		▷	€/Einheit	◁	KG an 300+400
310	**Baugrube / Erdbau**				
311	Herstellung [m³]	33,00	**39,00**	45,00	1,5%
313	Wasserhaltung [m³]	–	**4,70**	–	0,1%
320	**Gründung, Unterbau**				
322	Flachgründungen und Bodenplatten [m²]	115,00	**225,00**	336,00	2,3%
323	Tiefgründungen [m²]	–	**451,00**	–	4,6%
324	Gründungsbeläge [m²]	186,00	**203,00**	219,00	2,3%
325	Abdichtungen und Bekleidungen [m²]	10,00	**70,00**	129,00	0,5%
326	Dränagen [m²]	–	**16,00**	–	< 0,1%
329	Sonstiges zur KG 320 [m²]	–	**2,60**	–	< 0,1%
330	**Außenwände/Vertikale Baukonstruktionen, außen**				
331	Tragende Außenwände [m²]	391,00	**418,00**	444,00	2,2%
332	Nichttragende Außenwände [m²]	269,00	**311,00**	354,00	0,9%
333	Außenstützen [m]	223,00	**1.071,00**	1.919,00	0,8%
334	Außenwandöffnungen [m²]	1.086,00	**1.783,00**	2.481,00	11,9%
335	Außenwandbekleidungen, außen [m²]	233,00	**267,00**	301,00	3,2%
336	Außenwandbekleidungen, innen [m²]	23,00	**92,00**	160,00	1,0%
338	Lichtschutz zur KG 330 [m²]	237,00	**305,00**	373,00	0,4%
339	Sonstiges zur KG 330 [m²]	–	**14,00**	–	< 0,1%
340	**Innenwände/Vertikale Baukonstruktionen, innen**				
341	Tragende Innenwände [m²]	–	**479,00**	–	2,5%
342	Nichttragende Innenwände [m²]	238,00	**254,00**	269,00	2,7%
343	Innenstützen [m]	352,00	**1.161,00**	1.970,00	1,4%
344	Innenwandöffnungen [m²]	771,00	**1.750,00**	2.730,00	3,6%
345	Innenwandbekleidungen [m²]	84,00	**123,00**	162,00	4,2%
346	Elementierte Innenwandkonstruktionen [m²]	229,00	**498,00**	768,00	0,4%
349	Sonstiges zur KG 340 [m²]	–	**12,00**	–	0,1%
350	**Decken/Horizontale Baukonstruktionen**				
351	Deckenkonstruktionen [m²]	237,00	**396,00**	556,00	3,7%
353	Deckenbeläge [m²]	–	**289,00**	–	1,2%
354	Deckenbekleidungen [m²]	220,00	**230,00**	241,00	1,6%
359	Sonstiges zur KG 350 [m²]	–	**65,00**	–	0,4%
360	**Dächer**				
361	Dachkonstruktionen [m²]	587,00	**663,00**	739,00	8,5%
362	Dachöffnungen [m²]	–	**2.142,00**	–	< 0,1%
363	Dachbeläge [m²]	276,00	**334,00**	391,00	4,9%
364	Dachbekleidungen [m²]	212,00	**244,00**	276,00	1,6%
366	Lichtschutz zur KG 360 [m²]	–	**533,00**	–	< 0,1%
370	**Infrastrukturanlagen**				

▷ von
ø Mittel
◁ bis

Kostengruppen	▷	€/Einheit	◁	KG an 300+400
380 Baukonstruktive Einbauten				
381 Allgemeine Einbauten [m2 BGF]	43,00	**64,00**	86,00	1,3%
382 Besondere Einbauten [m2 BGF]	–	**95,00**	–	0,8%
383 Landschaftsgestalterische Einbauten [m2 BGF]	–	**11,00**	–	< 0,1%
386 Orientierungs- und Informationssysteme [m2 BGF]	–	**20,00**	–	0,3%
390 Sonstige Maßnahmen für Baukonstruktionen				
391 Baustelleneinrichtung [m2 BGF]	62,00	**78,00**	93,00	1,8%
392 Gerüste [m2 BGF]	61,00	**67,00**	73,00	1,5%
397 Zusätzliche Maßnahmen [m2 BGF]	–	**7,40**	–	< 0,1%
410 Abwasser-, Wasser-, Gasanlagen				
411 Abwasseranlagen [m2 BGF]	59,00	**83,00**	106,00	2,0%
412 Wasseranlagen [m2 BGF]	55,00	**87,00**	119,00	1,8%
413 Gasanlagen [m2 BGF]	–	**11,00**	–	< 0,1%
419 Sonstiges zur KG 410 [m2 BGF]	–	**8,40**	–	0,1%
420 Wärmeversorgungsanlagen				
421 Wärmeerzeugungsanlagen [m2 BGF]	–	**8,00**	–	< 0,1%
422 Wärmeverteilnetze [m2 BGF]	–	**86,00**	–	0,7%
423 Raumheizflächen [m2 BGF]	–	**100,00**	–	0,9%
430 Raumlufttechnische Anlagen				
431 Lüftungsanlagen [m2 BGF]	–	**393,00**	–	3,4%
440 Elektrische Anlagen				
442 Eigenstromversorgungsanlagen [m2 BGF]	–	**6,40**	–	< 0,1%
444 Niederspannungsinstallationsanlagen [m2 BGF]	115,00	**145,00**	175,00	3,1%
445 Beleuchtungsanlagen [m2 BGF]	81,00	**89,00**	96,00	2,0%
446 Blitzschutz- und Erdungsanlagen [m2 BGF]	2,40	**6,60**	11,00	0,2%
450 Kommunikations-, sicherheits- und informationstechnische Anlagen				
451 Telekommunikationsanlagen [m2 BGF]	0,60	**3,90**	7,20	< 0,1%
452 Such- und Signalanlagen [m2 BGF]	–	**1,30**	–	< 0,1%
454 Elektroakustische Anlagen [m2 BGF]	–	**25,00**	–	0,2%
456 Gefahrenmelde- und Alarmanlagen [m2 BGF]	–	**21,00**	–	0,2%
457 Datenübertragungsnetze [m2 BGF]	5,70	**15,00**	25,00	0,3%
460 Förderanlagen				
461 Aufzugsanlagen [m2 BGF]	–	**59,00**	–	0,5%
470 Nutzungsspezifische und verfahrenstechnische Anlagen				
474 Feuerlöschanlagen [m2 BGF]	–	**48,00**	–	0,4%
476 Weitere nutzungsspezifische Anlagen [m2 BGF]	–	**1.032,00**	–	9,0%
480 Gebäude- und Anlagenautomation				
490 Sonstige Maßnahmen für technische Anlagen				

Kosten:
Stand 1.Quartal 2026
Bundesdurchschnitt
inkl. 19% MwSt.

Kostengruppen		▷	€/Einheit	◁	KG an 300+400
310	**Baugrube / Erdbau**				
311	Herstellung [m³]	37,00	**72,00**	123,00	3,4%
319	Sonstiges zur KG 310 [m³]	–	**1,40**	–	< 0,1%
320	**Gründung, Unterbau**				
321	Baugrundverbesserung [m²]	5,90	**13,00**	19,00	0,3%
322	Flachgründungen und Bodenplatten [m²]	117,00	**123,00**	126,00	4,2%
324	Gründungsbeläge [m²]	95,00	**155,00**	186,00	4,9%
325	Abdichtungen und Bekleidungen [m²]	11,00	**16,00**	27,00	0,6%
330	**Außenwände/Vertikale Baukonstruktionen, außen**				
331	Tragende Außenwände [m²]	197,00	**218,00**	256,00	7,0%
333	Außenstützen [m]	264,00	**375,00**	485,00	0,5%
334	Außenwandöffnungen [m²]	630,00	**704,00**	750,00	7,3%
335	Außenwandbekleidungen, außen [m²]	134,00	**206,00**	246,00	7,8%
336	Außenwandbekleidungen, innen [m²]	31,00	**50,00**	62,00	1,1%
338	Lichtschutz zur KG 330 [m²]	236,00	**325,00**	414,00	1,3%
339	Sonstiges zur KG 330 [m²]	–	**18,00**	–	0,3%
340	**Innenwände/Vertikale Baukonstruktionen, innen**				
341	Tragende Innenwände [m²]	120,00	**130,00**	135,00	1,8%
342	Nichttragende Innenwände [m²]	63,00	**90,00**	104,00	1,7%
343	Innenstützen [m]	214,00	**245,00**	277,00	< 0,1%
344	Innenwandöffnungen [m²]	765,00	**917,00**	1.171,00	3,6%
345	Innenwandbekleidungen [m²]	44,00	**71,00**	88,00	4,0%
346	Elementierte Innenwandkonstruktionen [m²]	410,00	**427,00**	445,00	1,8%
350	**Decken/Horizontale Baukonstruktionen**				
351	Deckenkonstruktionen [m²]	228,00	**297,00**	367,00	4,4%
352	Deckenöffnungen [m²]	–	**3.306,00**	–	< 0,1%
353	Deckenbeläge [m²]	136,00	**137,00**	138,00	1,9%
354	Deckenbekleidungen [m²]	10,00	**29,00**	49,00	< 0,1%
359	Sonstiges zur KG 350 [m²]	17,00	**83,00**	149,00	0,8%
360	**Dächer**				
361	Dachkonstruktionen [m²]	90,00	**180,00**	359,00	7,4%
362	Dachöffnungen [m²]	1.667,00	**1.730,00**	1.855,00	1,5%
363	Dachbeläge [m²]	128,00	**155,00**	204,00	6,3%
364	Dachbekleidungen [m²]	119,00	**135,00**	168,00	4,6%
366	Lichtschutz zur KG 360 [m²]	–	**333,00**	–	< 0,1%
369	Sonstiges zur KG 360 [m²]	6,80	**8,00**	9,30	0,2%
370	**Infrastrukturanlagen**				
380	**Baukonstruktive Einbauten**				
381	Allgemeine Einbauten [m² BGF]	29,00	**92,00**	216,00	4,3%
382	Besondere Einbauten [m² BGF]	14,00	**28,00**	43,00	1,1%

▷ von
ø Mittel
◁ bis

Kostengruppen		▷	€/Einheit	◁	KG an 300+400
390	**Sonstige Maßnahmen für Baukonstruktionen**				
391	Baustelleneinrichtung [m² BGF]	17,00	**22,00**	26,00	1,1%
392	Gerüste [m² BGF]	4,30	**9,80**	19,00	0,5%
397	Zusätzliche Maßnahmen [m² BGF]	–	**3,80**	–	< 0,1%
399	Sonstiges zur KG 390 [m² BGF]	–	**9,70**	–	0,1%
410	**Abwasser-, Wasser-, Gasanlagen**				
411	Abwasseranlagen [m² BGF]	14,00	**18,00**	24,00	1,0%
412	Wasseranlagen [m² BGF]	33,00	**47,00**	76,00	2,3%
419	Sonstiges zur KG 410 [m² BGF]	0,50	**4,00**	7,60	0,1%
420	**Wärmeversorgungsanlagen**				
421	Wärmeerzeugungsanlagen [m² BGF]	18,00	**30,00**	48,00	1,5%
422	Wärmeverteilnetze [m² BGF]	4,80	**16,00**	22,00	0,8%
423	Raumheizflächen [m² BGF]	28,00	**35,00**	48,00	1,9%
429	Sonstiges zur KG 420 [m² BGF]	2,20	**7,60**	13,00	0,2%
430	**Raumlufttechnische Anlagen**				
431	Lüftungsanlagen [m² BGF]	1,60	**11,00**	21,00	0,3%
440	**Elektrische Anlagen**				
444	Niederspannungsinstallationsanlagen [m² BGF]	23,00	**31,00**	45,00	1,5%
445	Beleuchtungsanlagen [m² BGF]	21,00	**40,00**	75,00	1,9%
446	Blitzschutz- und Erdungsanlagen [m² BGF]	3,20	**5,30**	8,30	0,3%
450	**Kommunikations-, sicherheits- und informationstechnische Anlagen**				
451	Telekommunikationsanlagen [m² BGF]	0,60	**0,80**	1,10	< 0,1%
452	Such- und Signalanlagen [m² BGF]	0,60	**1,50**	2,40	< 0,1%
454	Elektroakustische Anlagen [m² BGF]	–	**2,60**	–	< 0,1%
455	Audiovisuelle Medien- und Antennenanlagen [m² BGF]	2,50	**2,70**	2,90	< 0,1%
457	Datenübertragungsnetze [m² BGF]	–	**3,00**	–	< 0,1%
460	**Förderanlagen**				
461	Aufzugsanlagen [m² BGF]	–	**16,00**	–	0,3%
470	**Nutzungsspezifische und verfahrenstechnische Anlagen**				
471	Küchentechnische Anlagen [m² BGF]	–	**53,00**	–	1,1%
474	Feuerlöschanlagen [m² BGF]	0,30	**0,80**	1,80	< 0,1%
480	**Gebäude- und Anlagenautomation**				
490	**Sonstige Maßnahmen für technische Anlagen**				

Kosten:
Stand 1. Quartal 2026
Bundesdurchschnitt
inkl. 19% MwSt.

Kostengruppen		▷	€/Einheit	◁	KG an 300+400
310	**Baugrube / Erdbau**				
311	Herstellung [m³]	53,00	**112,00**	202,00	2,2%
320	**Gründung, Unterbau**				
321	Baugrundverbesserung [m²]	4,80	**16,00**	28,00	0,1%
322	Flachgründungen und Bodenplatten [m²]	168,00	**206,00**	257,00	4,5%
324	Gründungsbeläge [m²]	142,00	**243,00**	384,00	4,4%
325	Abdichtungen und Bekleidungen [m²]	36,00	**78,00**	102,00	1,9%
326	Dränagen [m²]	13,00	**27,00**	42,00	0,2%
330	**Außenwände/Vertikale Baukonstruktionen, außen**				
331	Tragende Außenwände [m²]	218,00	**288,00**	390,00	5,6%
332	Nichttragende Außenwände [m²]	155,00	**251,00**	427,00	0,5%
333	Außenstützen [m]	75,00	**212,00**	271,00	0,3%
334	Außenwandöffnungen [m²]	1.024,00	**1.297,00**	1.706,00	8,1%
335	Außenwandbekleidungen, außen [m²]	173,00	**337,00**	471,00	8,6%
336	Außenwandbekleidungen, innen [m²]	59,00	**67,00**	72,00	1,2%
337	Elementierte Außenwandkonstruktionen [m²]	–	**1.209,00**	–	1,4%
338	Lichtschutz zur KG 330 [m²]	527,00	**691,00**	854,00	1,0%
339	Sonstiges zur KG 330 [m²]	3,40	**11,00**	23,00	0,2%
340	**Innenwände/Vertikale Baukonstruktionen, innen**				
341	Tragende Innenwände [m²]	153,00	**216,00**	253,00	2,2%
342	Nichttragende Innenwände [m²]	100,00	**149,00**	186,00	1,1%
344	Innenwandöffnungen [m²]	823,00	**1.169,00**	1.721,00	3,7%
345	Innenwandbekleidungen [m²]	65,00	**69,00**	74,00	2,1%
346	Elementierte Innenwandkonstruktionen [m²]	712,00	**771,00**	838,00	1,6%
350	**Decken/Horizontale Baukonstruktionen**				
351	Deckenkonstruktionen [m²]	79,00	**216,00**	282,00	2,6%
352	Deckenöffnungen [m²]	1.168,00	**2.750,00**	4.333,00	0,1%
353	Deckenbeläge [m²]	52,00	**160,00**	213,00	1,6%
354	Deckenbekleidungen [m²]	86,00	**142,00**	211,00	1,5%
355	Elementierte Deckenkonstruktionen [m²]	–	**3.864,00**	–	0,5%
359	Sonstiges zur KG 350 [m²]	42,00	**83,00**	162,00	0,5%
360	**Dächer**				
361	Dachkonstruktionen [m²]	156,00	**232,00**	454,00	5,4%
362	Dachöffnungen [m²]	2.263,00	**2.658,00**	3.397,00	0,3%
363	Dachbeläge [m²]	191,00	**251,00**	323,00	6,5%
364	Dachbekleidungen [m²]	116,00	**144,00**	165,00	2,9%
369	Sonstiges zur KG 360 [m²]	7,00	**8,60**	10,00	0,2%
370	**Infrastrukturanlagen**				
380	**Baukonstruktive Einbauten**				
381	Allgemeine Einbauten [m² BGF]	7,80	**30,00**	64,00	0,8%

▷ von
ø Mittel
◁ bis

Kostengruppen		▷	€/Einheit	◁	KG an 300+400
390	**Sonstige Maßnahmen für Baukonstruktionen**				
391	Baustelleneinrichtung [m2 BGF]	27,00	**87,00**	132,00	2,7%
392	Gerüste [m2 BGF]	27,00	**48,00**	119,00	1,4%
395	Instandsetzungen [m2 BGF]	1,10	**27,00**	53,00	0,2%
397	Zusätzliche Maßnahmen [m2 BGF]	5,60	**16,00**	31,00	0,4%
	Sonstige Kostengruppen Bauwerk – Baukonstruktionen				
	313, 329, 343, 349, 366, 382, 386, 393, 394, 399				0,5%
410	**Abwasser-, Wasser-, Gasanlagen**				
411	Abwasseranlagen [m2 BGF]	19,00	**39,00**	67,00	1,2%
412	Wasseranlagen [m2 BGF]	41,00	**59,00**	70,00	2,0%
419	Sonstiges zur KG 410 [m2 BGF]	7,80	**12,00**	17,00	0,3%
420	**Wärmeversorgungsanlagen**				
421	Wärmeerzeugungsanlagen [m2 BGF]	36,00	**65,00**	110,00	2,3%
422	Wärmeverteilnetze [m2 BGF]	27,00	**34,00**	46,00	1,2%
423	Raumheizflächen [m2 BGF]	26,00	**50,00**	71,00	1,7%
430	**Raumlufttechnische Anlagen**				
431	Lüftungsanlagen [m2 BGF]	77,00	**121,00**	144,00	2,0%
440	**Elektrische Anlagen**				
442	Eigenstromversorgungsanlagen [m2 BGF]	–	**40,00**	–	0,3%
444	Niederspannungsinstallationsanlagen [m2 BGF]	57,00	**95,00**	123,00	3,1%
445	Beleuchtungsanlagen [m2 BGF]	65,00	**97,00**	200,00	3,0%
446	Blitzschutz- und Erdungsanlagen [m2 BGF]	3,60	**10,00**	21,00	0,3%
450	**Kommunikations-, sicherheits- und informationstechnische Anlagen**				
452	Such- und Signalanlagen [m2 BGF]	2,50	**7,50**	21,00	0,1%
454	Elektroakustische Anlagen [m2 BGF]	4,00	**8,10**	12,00	0,1%
456	Gefahrenmelde- und Alarmanlagen [m2 BGF]	3,10	**8,80**	20,00	0,2%
457	Datenübertragungsnetze [m2 BGF]	3,40	**10,00**	21,00	0,2%
460	**Förderanlagen**				
461	Aufzugsanlagen [m2 BGF]	74,00	**78,00**	82,00	1,4%
470	**Nutzungsspezifische und verfahrenstechnische Anlagen**				
471	Küchentechnische Anlagen [m2 BGF]	–	**66,00**	–	0,6%
480	**Gebäude- und Anlagenautomation**				
481	Automationseinrichtungen [m2 BGF]	–	**80,00**	–	0,3%
484	Kabel, Leitungen und Verlegesysteme [m2 BGF]	–	**41,00**	–	0,2%
490	**Sonstige Maßnahmen für technische Anlagen**				
	Sonstige Kostengruppen Bauwerk – Technische Anlagen				
	429, 432, 451, 455, 474, 482, 492, 495				0,3%

Kosten:
Stand 1. Quartal 2026
Bundesdurchschnitt
inkl. 19% MwSt.

Kostengruppen		▷	€/Einheit	◁	KG an 300+400
310	**Baugrube / Erdbau**				
311	Herstellung [m³]	46,00	**99,00**	162,00	1,6%
312	Umschließung [m²]	–	**585,00**	–	0,4%
320	**Gründung, Unterbau**				
322	Flachgründungen und Bodenplatten [m²]	174,00	**233,00**	352,00	4,6%
324	Gründungsbeläge [m²]	169,00	**238,00**	302,00	4,7%
325	Abdichtungen und Bekleidungen [m²]	24,00	**47,00**	103,00	1,2%
330	**Außenwände/Vertikale Baukonstruktionen, außen**				
331	Tragende Außenwände [m²]	235,00	**360,00**	481,00	7,0%
333	Außenstützen [m]	120,00	**308,00**	820,00	0,3%
334	Außenwandöffnungen [m²]	1.154,00	**1.372,00**	1.590,00	9,4%
335	Außenwandbekleidungen, außen [m²]	154,00	**286,00**	416,00	5,7%
336	Außenwandbekleidungen, innen [m²]	69,00	**90,00**	149,00	1,0%
337	Elementierte Außenwandkonstruktionen [m²]	–	**1.239,00**	–	1,8%
338	Lichtschutz zur KG 330 [m²]	–	**180,00**	–	0,2%
339	Sonstiges zur KG 330 [m²]	28,00	**39,00**	59,00	0,8%
340	**Innenwände/Vertikale Baukonstruktionen, innen**				
341	Tragende Innenwände [m²]	131,00	**213,00**	449,00	2,5%
342	Nichttragende Innenwände [m²]	132,00	**278,00**	458,00	1,5%
343	Innenstützen [m]	65,00	**156,00**	274,00	0,8%
344	Innenwandöffnungen [m²]	1.018,00	**1.276,00**	1.548,00	2,6%
345	Innenwandbekleidungen [m²]	76,00	**88,00**	103,00	2,5%
346	Elementierte Innenwandkonstruktionen [m²]	641,00	**990,00**	1.411,00	2,3%
350	**Decken/Horizontale Baukonstruktionen**				
351	Deckenkonstruktionen [m²]	210,00	**259,00**	376,00	3,8%
353	Deckenbeläge [m²]	69,00	**164,00**	248,00	1,5%
354	Deckenbekleidungen [m²]	29,00	**90,00**	168,00	0,5%
355	Elementierte Deckenkonstruktionen [m²]	–	**1.079,00**	–	0,6%
359	Sonstiges zur KG 350 [m²]	32,00	**71,00**	146,00	0,8%
360	**Dächer**				
361	Dachkonstruktionen [m²]	154,00	**221,00**	420,00	5,3%
362	Dachöffnungen [m²]	–	**4.278,00**	–	0,6%
363	Dachbeläge [m²]	123,00	**225,00**	278,00	5,5%
364	Dachbekleidungen [m²]	71,00	**104,00**	137,00	2,7%
369	Sonstiges zur KG 360 [m²]	8,50	**13,00**	25,00	0,3%
370	**Infrastrukturanlagen**				
380	**Baukonstruktive Einbauten**				
381	Allgemeine Einbauten [m² BGF]	24,00	**89,00**	159,00	2,7%
382	Besondere Einbauten [m² BGF]	–	**91,00**	–	0,6%

▷ von
ø Mittel
◁ bis

Kostengruppen		▷	€/Einheit	◁	KG an 300+400
390	**Sonstige Maßnahmen für Baukonstruktionen**				
391	Baustelleneinrichtung [m² BGF]	7,50	**31,00**	41,00	0,9%
392	Gerüste [m² BGF]	23,00	**38,00**	52,00	1,1%
393	Sicherungsmaßnahmen [m² BGF]	–	**12,00**	–	0,1%
397	Zusätzliche Maßnahmen [m² BGF]	2,70	**10,00**	14,00	0,2%
399	Sonstiges zur KG 390 [m² BGF]	11,00	**16,00**	21,00	0,2%
	Sonstige Kostengruppen Bauwerk – Baukonstruktionen				
	319, 321, 326, 332, 349, 366, 386, 394, 396, 398				0,3%
410	**Abwasser-, Wasser-, Gasanlagen**				
411	Abwasseranlagen [m² BGF]	29,00	**50,00**	71,00	1,5%
412	Wasseranlagen [m² BGF]	52,00	**82,00**	115,00	2,5%
420	**Wärmeversorgungsanlagen**				
421	Wärmeerzeugungsanlagen [m² BGF]	54,00	**72,00**	112,00	2,1%
422	Wärmeverteilnetze [m² BGF]	11,00	**27,00**	33,00	0,8%
423	Raumheizflächen [m² BGF]	45,00	**66,00**	87,00	2,0%
429	Sonstiges zur KG 420 [m² BGF]	–	**44,00**	–	0,4%
430	**Raumlufttechnische Anlagen**				
431	Lüftungsanlagen [m² BGF]	9,40	**26,00**	43,00	0,8%
440	**Elektrische Anlagen**				
442	Eigenstromversorgungsanlagen [m² BGF]	19,00	**46,00**	72,00	0,7%
444	Niederspannungsinstallationsanlagen [m² BGF]	74,00	**92,00**	135,00	2,8%
445	Beleuchtungsanlagen [m² BGF]	70,00	**110,00**	148,00	3,3%
446	Blitzschutz- und Erdungsanlagen [m² BGF]	4,30	**11,00**	17,00	0,3%
449	Sonstiges zur KG 440 [m² BGF]	–	**29,00**	–	0,2%
450	**Kommunikations-, sicherheits- und informationstechnische Anlagen**				
454	Elektroakustische Anlagen [m² BGF]	16,00	**43,00**	57,00	0,9%
456	Gefahrenmelde- und Alarmanlagen [m² BGF]	5,40	**7,40**	9,40	0,1%
460	**Förderanlagen**				
461	Aufzugsanlagen [m² BGF]	–	**155,00**	–	1,3%
470	**Nutzungsspezifische und verfahrenstechnische Anlagen**				
471	Küchentechnische Anlagen [m² BGF]	–	**85,00**	–	0,6%
476	Weitere nutzungsspezifische Anlagen [m² BGF]	–	**58,00**	–	0,4%
480	**Gebäude- und Anlagenautomation**				
481	Automationseinrichtungen [m² BGF]	–	**28,00**	–	0,2%
490	**Sonstige Maßnahmen für technische Anlagen**				
	Sonstige Kostengruppen Bauwerk – Technische Anlagen				
	413, 419, 451, 452, 455, 457, 474				0,4%

Gemeindezentren, Holzbauweise

Kosten:
Stand 1. Quartal 2026
Bundesdurchschnitt
inkl. 19% MwSt.

Kostengruppen		▷	**€/Einheit**	◁	KG an 300+400
310	**Baugrube / Erdbau**				
311	Herstellung [m³]	29,00	**61,00**	112,00	1,2%
320	**Gründung, Unterbau**				
321	Baugrundverbesserung [m²]	9,30	**16,00**	22,00	0,3%
322	Flachgründungen und Bodenplatten [m²]	169,00	**195,00**	211,00	5,1%
324	Gründungsbeläge [m²]	232,00	**252,00**	290,00	5,9%
325	Abdichtungen und Bekleidungen [m²]	16,00	**28,00**	36,00	0,7%
329	Sonstiges zur KG 320 [m²]	–	**12,00**	–	< 0,1%
330	**Außenwände/Vertikale Baukonstruktionen, außen**				
331	Tragende Außenwände [m²]	291,00	**314,00**	326,00	6,8%
332	Nichttragende Außenwände [m²]	–	**560,00**	–	0,7%
333	Außenstützen [m]	229,00	**381,00**	533,00	0,6%
334	Außenwandöffnungen [m²]	962,00	**1.099,00**	1.170,00	9,8%
335	Außenwandbekleidungen, außen [m²]	191,00	**246,00**	276,00	6,3%
336	Außenwandbekleidungen, innen [m²]	25,00	**98,00**	145,00	2,3%
338	Lichtschutz zur KG 330 [m²]	231,00	**904,00**	1.576,00	0,9%
339	Sonstiges zur KG 330 [m²]	–	**4,20**	–	< 0,1%
340	**Innenwände/Vertikale Baukonstruktionen, innen**				
341	Tragende Innenwände [m²]	230,00	**276,00**	299,00	2,2%
342	Nichttragende Innenwände [m²]	132,00	**158,00**	199,00	1,5%
343	Innenstützen [m]	–	**351,00**	–	0,3%
344	Innenwandöffnungen [m²]	839,00	**1.291,00**	1.982,00	4,6%
345	Innenwandbekleidungen [m²]	53,00	**60,00**	75,00	1,8%
346	Elementierte Innenwandkonstruktionen [m²]	287,00	**648,00**	871,00	0,9%
349	Sonstiges zur KG 340 [m²]	5,00	**8,50**	12,00	0,1%
350	**Decken/Horizontale Baukonstruktionen**				
351	Deckenkonstruktionen [m²]	348,00	**420,00**	537,00	1,7%
352	Deckenöffnungen [m²]	–	**4.134,00**	–	0,2%
353	Deckenbeläge [m²]	–	**324,00**	–	0,5%
354	Deckenbekleidungen [m²]	37,00	**96,00**	133,00	0,3%
359	Sonstiges zur KG 350 [m²]	–	**119,00**	–	0,3%
360	**Dächer**				
361	Dachkonstruktionen [m²]	153,00	**179,00**	230,00	6,4%
362	Dachöffnungen [m²]	–	**2.604,00**	–	0,3%
363	Dachbeläge [m²]	142,00	**171,00**	186,00	6,5%
364	Dachbekleidungen [m²]	151,00	**178,00**	233,00	5,7%
369	Sonstiges zur KG 360 [m²]	3,00	**4,10**	5,20	< 0,1%
370	**Infrastrukturanlagen**				
380	**Baukonstruktive Einbauten**				
381	Allgemeine Einbauten [m² BGF]	24,00	**46,00**	69,00	1,0%
382	Besondere Einbauten [m² BGF]	27,00	**70,00**	113,00	1,4%

▷ von
ø Mittel
◁ bis

Kostengruppen		▷	€/Einheit	◁	KG an 300+400
390	**Sonstige Maßnahmen für Baukonstruktionen**				
391	Baustelleneinrichtung [m² BGF]	43,00	**70,00**	119,00	2,1%
392	Gerüste [m² BGF]	17,00	**23,00**	35,00	0,7%
395	Instandsetzungen [m² BGF]	–	**2,80**	–	< 0,1%
397	Zusätzliche Maßnahmen [m² BGF]	2,90	**8,70**	14,00	0,2%
399	Sonstiges zur KG 390 [m² BGF]	–	**23,00**	–	0,2%
410	**Abwasser-, Wasser-, Gasanlagen**				
411	Abwasseranlagen [m² BGF]	28,00	**35,00**	39,00	1,1%
412	Wasseranlagen [m² BGF]	55,00	**66,00**	86,00	2,1%
419	Sonstiges zur KG 410 [m² BGF]	7,30	**9,60**	12,00	0,2%
420	**Wärmeversorgungsanlagen**				
421	Wärmeerzeugungsanlagen [m² BGF]	42,00	**49,00**	60,00	1,5%
422	Wärmeverteilnetze [m² BGF]	12,00	**31,00**	41,00	1,0%
423	Raumheizflächen [m² BGF]	39,00	**55,00**	84,00	1,7%
429	Sonstiges zur KG 420 [m² BGF]	1,60	**3,70**	5,80	< 0,1%
430	**Raumlufttechnische Anlagen**				
431	Lüftungsanlagen [m² BGF]	8,50	**92,00**	176,00	2,0%
439	Sonstiges zur KG 430 [m² BGF]	–	**1,00**	–	< 0,1%
440	**Elektrische Anlagen**				
444	Niederspannungsinstallationsanlagen [m² BGF]	84,00	**134,00**	160,00	4,2%
445	Beleuchtungsanlagen [m² BGF]	123,00	**142,00**	175,00	4,5%
446	Blitzschutz- und Erdungsanlagen [m² BGF]	9,00	**11,00**	15,00	0,3%
450	**Kommunikations-, sicherheits- und informationstechnische Anlagen**				
451	Telekommunikationsanlagen [m² BGF]	–	**8,30**	–	< 0,1%
452	Such- und Signalanlagen [m² BGF]	2,40	**3,30**	4,30	< 0,1%
454	Elektroakustische Anlagen [m² BGF]	–	**2,60**	–	< 0,1%
455	Audiovisuelle Medien- und Antennenanlagen [m² BGF]	0,70	**1,30**	1,90	< 0,1%
456	Gefahrenmelde- und Alarmanlagen [m² BGF]	–	**7,50**	–	< 0,1%
457	Datenübertragungsnetze [m² BGF]	6,00	**15,00**	24,00	0,3%
460	**Förderanlagen**				
470	**Nutzungsspezifische und verfahrenstechnische Anlagen**				
474	Feuerlöschanlagen [m² BGF]	–	**0,90**	–	< 0,1%
476	Weitere nutzungsspezifische Anlagen [m² BGF]	–	**43,00**	–	0,4%
480	**Gebäude- und Anlagenautomation**				
481	Automationseinrichtungen [m² BGF]	–	**10,00**	–	0,1%
484	Kabel, Leitungen und Verlegesysteme [m² BGF]	–	**4,50**	–	< 0,1%
490	**Sonstige Maßnahmen für technische Anlagen**				
491	Baustelleneinrichtung [m² BGF]	–	**2,10**	–	< 0,1%

Kosten:
Stand 1. Quartal 2026
Bundesdurchschnitt
inkl. 19% MwSt.

Kostengruppen		▷	€/Einheit	◁	KG an 300+400
310	**Baugrube / Erdbau**				
311	Herstellung [m³]	73,00	**87,00**	101,00	5,2%
312	Umschließung [m²]	–	**88,00**	–	0,4%
320	**Gründung, Unterbau**				
321	Baugrundverbesserung [m²]	–	**112,00**	–	0,6%
322	Flachgründungen und Bodenplatten [m²]	238,00	**251,00**	263,00	3,0%
324	Gründungsbeläge [m²]	157,00	**206,00**	255,00	1,4%
325	Abdichtungen und Bekleidungen [m²]	41,00	**54,00**	68,00	0,6%
326	Dränagen [m²]	6,60	**14,00**	21,00	0,2%
329	Sonstiges zur KG 320 [m²]	–	**9,30**	–	< 0,1%
330	**Außenwände/Vertikale Baukonstruktionen, außen**				
331	Tragende Außenwände [m²]	192,00	**267,00**	343,00	6,0%
332	Nichttragende Außenwände [m²]	82,00	**241,00**	399,00	0,5%
333	Außenstützen [m]	307,00	**378,00**	449,00	1,1%
334	Außenwandöffnungen [m²]	1.239,00	**1.426,00**	1.613,00	7,9%
335	Außenwandbekleidungen, außen [m²]	149,00	**282,00**	414,00	6,8%
336	Außenwandbekleidungen, innen [m²]	70,00	**109,00**	149,00	1,9%
337	Elementierte Außenwandkonstruktionen [m²]	–	**857,00**	–	0,2%
338	Lichtschutz zur KG 330 [m²]	–	**743,00**	–	0,3%
339	Sonstiges zur KG 330 [m²]	3,90	**6,60**	9,20	0,2%
340	**Innenwände/Vertikale Baukonstruktionen, innen**				
341	Tragende Innenwände [m²]	139,00	**302,00**	464,00	3,0%
342	Nichttragende Innenwände [m²]	77,00	**130,00**	184,00	0,3%
344	Innenwandöffnungen [m²]	1.101,00	**1.149,00**	1.197,00	3,4%
345	Innenwandbekleidungen [m²]	28,00	**99,00**	171,00	1,0%
346	Elementierte Innenwandkonstruktionen [m²]	723,00	**784,00**	844,00	1,0%
350	**Decken/Horizontale Baukonstruktionen**				
351	Deckenkonstruktionen [m²]	162,00	**375,00**	589,00	2,9%
353	Deckenbeläge [m²]	266,00	**320,00**	373,00	2,3%
355	Elementierte Deckenkonstruktionen [m²]	–	**1.697,00**	–	0,1%
360	**Dächer**				
361	Dachkonstruktionen [m²]	136,00	**236,00**	337,00	4,4%
363	Dachbeläge [m²]	285,00	**302,00**	319,00	7,7%
364	Dachbekleidungen [m²]	63,00	**220,00**	377,00	1,9%
369	Sonstiges zur KG 360 [m²]	7,80	**14,00**	21,00	0,3%
370	**Infrastrukturanlagen**				
380	**Baukonstruktive Einbauten**				
381	Allgemeine Einbauten [m² BGF]	24,00	**25,00**	27,00	0,7%
382	Besondere Einbauten [m² BGF]	–	**6,10**	–	< 0,1%

▷ von
ø Mittel
◁ bis

Kostengruppen		▷	€/Einheit	◁	KG an 300+400
390	**Sonstige Maßnahmen für Baukonstruktionen**				
391	Baustelleneinrichtung [m² BGF]	78,00	**128,00**	178,00	3,1%
392	Gerüste [m² BGF]	41,00	**41,00**	42,00	1,1%
397	Zusätzliche Maßnahmen [m² BGF]	–	**25,00**	–	0,2%
399	Sonstiges zur KG 390 [m² BGF]	–	**72,00**	–	0,7%
	Sonstige Kostengruppen Bauwerk – Baukonstruktionen				
	313, 343, 349, 354, 359, 396				< 0,1%
410	**Abwasser-, Wasser-, Gasanlagen**				
411	Abwasseranlagen [m² BGF]	28,00	**36,00**	45,00	0,9%
412	Wasseranlagen [m² BGF]	44,00	**47,00**	50,00	1,3%
420	**Wärmeversorgungsanlagen**				
421	Wärmeerzeugungsanlagen [m² BGF]	–	**51,00**	–	0,5%
422	Wärmeverteilnetze [m² BGF]	–	**62,00**	–	0,6%
423	Raumheizflächen [m² BGF]	–	**11,00**	–	0,1%
430	**Raumlufttechnische Anlagen**				
431	Lüftungsanlagen [m² BGF]	7,80	**75,00**	142,00	1,5%
434	Kälteanlagen [m² BGF]	–	**276,00**	–	4,8%
440	**Elektrische Anlagen**				
444	Niederspannungsinstallationsanlagen [m² BGF]	101,00	**110,00**	119,00	2,9%
445	Beleuchtungsanlagen [m² BGF]	15,00	**40,00**	64,00	0,9%
446	Blitzschutz- und Erdungsanlagen [m² BGF]	14,00	**15,00**	15,00	0,4%
450	**Kommunikations-, sicherheits- und informationstechnische Anlagen**				
452	Such- und Signalanlagen [m² BGF]	–	**11,00**	–	0,1%
456	Gefahrenmelde- und Alarmanlagen [m² BGF]	–	**26,00**	–	0,3%
457	Datenübertragungsnetze [m² BGF]	–	**8,40**	–	< 0,1%
460	**Förderanlagen**				
461	Aufzugsanlagen [m² BGF]	–	**48,00**	–	0,5%
465	Krananlagen [m² BGF]	–	**9,80**	–	< 0,1%
470	**Nutzungsspezifische und verfahrenstechnische Anlagen**				
476	Weitere nutzungsspezifische Anlagen [m² BGF]	–	**1.332,00**	–	13,1%
480	**Gebäude- und Anlagenautomation**				
481	Automationseinrichtungen [m² BGF]	–	**59,00**	–	0,6%
482	Schaltschränke, Automationsschwerpunkte [m² BGF]	–	**22,00**	–	0,2%
484	Kabel, Leitungen und Verlegesysteme [m² BGF]	–	**20,00**	–	0,2%
485	Datenübertragungsnetze [m² BGF]	–	**8,20**	–	< 0,1%
490	**Sonstige Maßnahmen für technische Anlagen**				
491	Baustelleneinrichtung [m² BGF]	–	**5,50**	–	< 0,1%
	Sonstige Kostengruppen Bauwerk – Technische Anlagen				
	419, 429, 454, 455, 474, 492				0,1%

 Kostenstand: 1. Quartal 2026, Bundesdurchschnitt, **inkl. 19% MwSt.**

Bauelemente Neubau nach Kostengruppen

Kostenkennwerte für die Kostengruppen
der 3. Ebene DIN 276

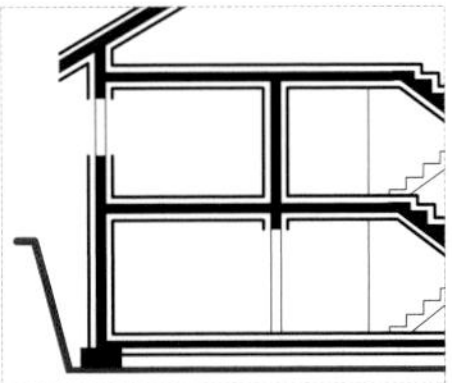

Kosten:
Stand 1.Quartal 2026
Bundesdurchschnitt
inkl. 19% MwSt.

Einheit: m³
Baugrubenrauminhalt /
Erdbaurauminhalt

▷ von
ø Mittel
◁ bis

Gebäudeart	▷	€/Einheit	◁	KG an 300
1 Büro- und Verwaltungsgebäude				
Büro- und Verwaltungsgebäude, einfacher Standard	16,00	**39,00**	51,00	1,8%
Büro- und Verwaltungsgebäude, mittlerer Standard	39,00	**67,00**	140,00	2,1%
Büro- und Verwaltungsgebäude, hoher Standard	41,00	**79,00**	145,00	2,6%
Büro- und Verwaltungsgebäude, Holzbauweise	49,00	**87,00**	176,00	1,2%
2 Gebäude für Forschung und Lehre				
Instituts- und Laborgebäude	45,00	**58,00**	82,00	0,9%
3 Gebäude des Gesundheitswesens				
Medizinische Einrichtungen	33,00	**56,00**	95,00	1,9%
Pflegeheime	34,00	**61,00**	119,00	2,4%
Gebäude für Erholungszwecke	36,00	**57,00**	90,00	1,4%
4 Schulen und Kindergärten				
Allgemeinbildende Schulen	24,00	**52,00**	82,00	3,1%
Schulen, Holzbauweise	29,00	**95,00**	172,00	1,9%
Berufliche Schulen	25,00	**45,00**	59,00	1,8%
Förder- und Sonderschulen	18,00	**41,00**	78,00	1,2%
Weiterbildungseinrichtungen	31,00	**34,00**	36,00	2,2%
Kindergärten, nicht unterkellert, einfacher Standard	21,00	**40,00**	50,00	1,3%
Kindergärten, nicht unterkellert, mittlerer Standard	28,00	**42,00**	58,00	1,4%
Kindergärten, nicht unterkellert, hoher Standard	8,40	**40,00**	51,00	1,8%
Kindergärten, Holzbauweise, nicht unterkellert	35,00	**61,00**	113,00	1,9%
Kindergärten, unterkellert	22,00	**34,00**	47,00	2,6%
5 Sportbauten				
Sport- und Mehrzweckhallen	19,00	**54,00**	74,00	2,7%
Sporthallen (Einfeldhallen)	29,00	**40,00**	50,00	3,0%
Sporthallen (Dreifeldhallen)	32,00	**45,00**	76,00	3,0%
6 Wohngebäude				
Ein- und Zweifamilienhäuser				
Ein- und Zweifamilienhäuser, unterkellert, einfacher Standard	28,00	**39,00**	60,00	4,5%
Ein- und Zweifamilienhäuser, unterkellert, mittlerer Standard	27,00	**40,00**	50,00	3,9%
Ein- und Zweifamilienhäuser, unterkellert, hoher Standard	8,20	**34,00**	46,00	3,0%
Ein- und Zweifamilienhäuser, nicht unterkellert, einfacher Standard	29,00	**62,00**	96,00	1,5%
Ein- und Zweifamilienhäuser, nicht unterkellert, mittlerer Standard	24,00	**42,00**	53,00	1,2%
Ein- und Zweifamilienhäuser, nicht unterkellert, hoher Standard	39,00	**66,00**	106,00	2,5%
Ein- und Zweifamilienhäuser, Passivhausstandard, Massivbauweise	27,00	**48,00**	108,00	2,6%
Ein- und Zweifamilienhäuser, Passivhausstandard, Holzbauweise	38,00	**59,00**	96,00	2,1%
Ein- und Zweifamilienhäuser, Holzbauweise, unterkellert	27,00	**42,00**	57,00	2,8%
Ein- und Zweifamilienhäuser, Holzbauweise, nicht unterkellert	23,00	**57,00**	124,00	1,5%
Doppel- und Reihenend- / Reihenhäuser				
Doppel- und Reihenendhäuser, einfacher Standard	74,00	**81,00**	88,00	3,1%
Doppel- und Reihenendhäuser, mittlerer Standard	23,00	**44,00**	71,00	2,4%
Doppel- und Reihenendhäuser, hoher Standard	39,00	**61,00**	81,00	3,8%
Doppel- und Reihenendhäuser, Holzbauweise	30,00	**47,00**	108,00	1,5%
Reihenhäuser, einfacher Standard	55,00	**84,00**	112,00	1,5%
Reihenhäuser, mittlerer Standard	23,00	**70,00**	97,00	2,6%
Reihenhäuser, hoher Standard	40,00	**62,00**	92,00	2,5%
Mehrfamilienhäuser				
Mehrfamilienhäuser, mit bis zu 6 WE, einfacher Standard	8,00	**20,00**	31,00	1,7%
Mehrfamilienhäuser, mit bis zu 6 WE, mittlerer Standard	44,00	**70,00**	146,00	2,2%
Mehrfamilienhäuser, mit bis zu 6 WE, hoher Standard	28,00	**41,00**	62,00	2,6%

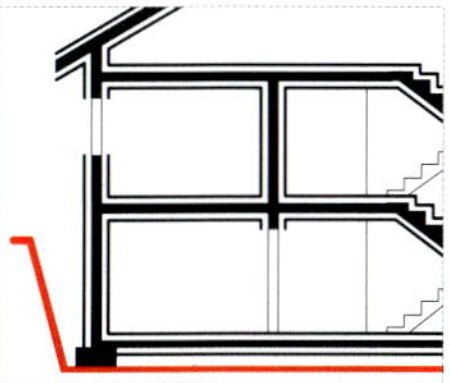

Einheit: m³
Baugrubenrauminhalt / Erdbaurauminhalt

Gebäudeart	▷	€/Einheit	◁	KG an 300
Mehrfamilienhäuser (Fortsetzung)				
Mehrfamilienhäuser, mit 6 bis 19 WE, einfacher Standard	37,00	**47,00**	53,00	2,6%
Mehrfamilienhäuser, mit 6 bis 19 WE, mittlerer Standard	35,00	**78,00**	172,00	4,1%
Mehrfamilienhäuser, mit 6 bis 19 WE, hoher Standard	43,00	**53,00**	74,00	3,7%
Mehrfamilienhäuser, mit 20 oder mehr WE, einfacher Standard	21,00	**28,00**	38,00	1,8%
Mehrfamilienhäuser, mit 20 oder mehr WE, mittlerer Standard	44,00	**75,00**	121,00	3,0%
Mehrfamilienhäuser, mit 20 oder mehr WE, hoher Standard	29,00	**37,00**	52,00	4,0%
Mehrfamilienhäuser, Passivhäuser	29,00	**37,00**	41,00	2,5%
Mehrfamilienhäuser, Holzbauweise	33,00	**54,00**	70,00	1,8%
Wohnhäuser, mit bis zu 15% Mischnutzung, einfacher Standard	44,00	**53,00**	70,00	2,6%
Wohnhäuser, mit bis zu 15% Mischnutzung, mittlerer Standard	15,00	**35,00**	45,00	1,3%
Wohnhäuser, mit bis zu 15% Mischnutzung, hoher Standard	–	**39,00**	–	1,0%
Wohnhäuser, mit mehr als 15% Mischnutzung	33,00	**46,00**	71,00	2,0%
Seniorenwohnungen und Beherbergungen				
Seniorenwohnungen, mittlerer Standard	33,00	**54,00**	93,00	2,1%
Seniorenwohnungen, hoher Standard	55,00	**106,00**	156,00	5,0%
Wohnheime und Internate	34,00	**52,00**	80,00	1,8%
Hotels	–	**93,00**	–	1,0%
7 Gewerbe, Lager und Garagen				
Gaststätten, Kantinen und Mensen	–	**76,00**	–	5,1%
Industrielle Produktionsgebäude, Massivbauweise	27,00	**37,00**	62,00	1,9%
Industrielle Produktionsgebäude, überwiegend Skelettbauweise	21,00	**59,00**	109,00	1,9%
Betriebs- und Werkstätten, eingeschossig	18,00	**24,00**	30,00	1,6%
Betriebs- und Werkstätten, mehrgeschossig, geringer Hallenanteil	41,00	**74,00**	231,00	2,8%
Betriebs- und Werkstätten, mehrgeschossig, hoher Hallenanteil	33,00	**55,00**	85,00	2,6%
Geschäftshäuser, mit Wohnungen	24,00	**28,00**	35,00	2,1%
Geschäftshäuser, ohne Wohnungen	44,00	**53,00**	63,00	3,8%
Verbrauchermärkte	51,00	**102,00**	199,00	1,1%
Autohäuser	13,00	**20,00**	26,00	5,7%
Lagergebäude, ohne Mischnutzung	26,00	**52,00**	82,00	4,4%
Lagergebäude, mit bis zu 25% Mischnutzung	26,00	**38,00**	45,00	1,3%
Lagergebäude, mit mehr als 25% Mischnutzung	11,00	**43,00**	75,00	0,5%
Garagen und Bereitschaftsdienste				
Einzel- und Doppelgaragen	–	**65,00**	–	0,3%
Mehrfachgaragen	16,00	**35,00**	45,00	2,0%
Hochgaragen	55,00	**97,00**	119,00	3,1%
Fahrradparkhäuser	33,00	**174,00**	315,00	0,9%
Carports	–	**91,00**	–	0,4%
Tiefgaragen	33,00	**50,00**	68,00	10,3%
Feuerwehrhäuser	25,00	**42,00**	71,00	1,7%
Öffentliche Bereitschaftsdienste	19,00	**39,00**	54,00	3,7%
8 Gebäude für kulturelle und religiöse Zwecke				
Bibliotheken, Museen und Ausstellungen	35,00	**72,00**	175,00	2,7%
Theater	33,00	**39,00**	45,00	2,0%
Gemeindezentren, einfacher Standard	37,00	**72,00**	123,00	4,1%
Gemeindezentren, mittlerer Standard	53,00	**112,00**	202,00	3,0%
Gemeindezentren, hoher Standard	46,00	**99,00**	162,00	2,1%
Gemeindezentren, Holzbauweise	29,00	**61,00**	112,00	1,4%
Friedhofsgebäude	73,00	**87,00**	101,00	8,2%

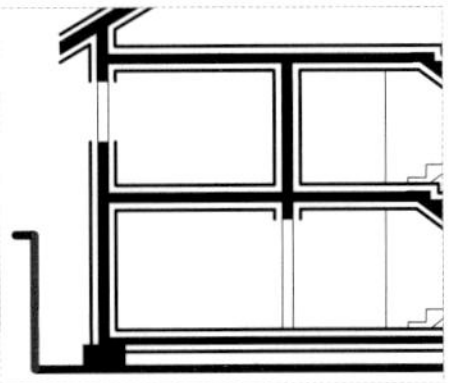

Kosten:
Stand 1. Quartal 2026
Bundesdurchschnitt
inkl. 19% MwSt.

Einheit: m² Umschließungsfläche

▷ von
ø Mittel
◁ bis

Gebäudeart	▷	€/Einheit	◁	KG an 300
1 Büro- und Verwaltungsgebäude				
Büro- und Verwaltungsgebäude, einfacher Standard	–	**–**	–	–
Büro- und Verwaltungsgebäude, mittlerer Standard	125,00	**296,00**	704,00	0,5%
Büro- und Verwaltungsgebäude, hoher Standard	103,00	**347,00**	540,00	0,7%
Büro- und Verwaltungsgebäude, Holzbauweise	–	**460,00**	–	0,5%
2 Gebäude für Forschung und Lehre				
Instituts- und Laborgebäude	–	**–**	–	–
3 Gebäude des Gesundheitswesens				
Medizinische Einrichtungen	–	**372,00**	–	0,8%
Pflegeheime	7,60	**50,00**	134,00	0,2%
Gebäude für Erholungszwecke	–	**–**	–	–
4 Schulen und Kindergärten				
Allgemeinbildende Schulen	5,10	**183,00**	360,00	0,1%
Schulen, Holzbauweise	–	**–**	–	–
Berufliche Schulen	2,10	**282,00**	563,00	0,1%
Förder- und Sonderschulen	–	**1,00**	–	< 0,1%
Weiterbildungseinrichtungen	7,60	**38,00**	68,00	0,1%
Kindergärten, nicht unterkellert, einfacher Standard	–	**–**	–	–
Kindergärten, nicht unterkellert, mittlerer Standard	–	**11,00**	–	< 0,1%
Kindergärten, nicht unterkellert, hoher Standard	–	**–**	–	–
Kindergärten, Holzbauweise, nicht unterkellert	–	**8,30**	–	< 0,1%
Kindergärten, unterkellert	5,30	**6,20**	7,00	< 0,1%
5 Sportbauten				
Sport- und Mehrzweckhallen	–	**3,90**	–	< 0,1%
Sporthallen (Einfeldhallen)	–	**–**	–	–
Sporthallen (Dreifeldhallen)	–	**85,00**	–	< 0,1%
6 Wohngebäude				
Ein- und Zweifamilienhäuser				
Ein- und Zweifamilienhäuser, unterkellert, einfacher Standard	–	**–**	–	–
Ein- und Zweifamilienhäuser, unterkellert, mittlerer Standard	–	**–**	–	–
Ein- und Zweifamilienhäuser, unterkellert, hoher Standard	–	**4,40**	–	< 0,1%
Ein- und Zweifamilienhäuser, nicht unterkellert, einfacher Standard	–	**–**	–	–
Ein- und Zweifamilienhäuser, nicht unterkellert, mittlerer Standard	–	**–**	–	–
Ein- und Zweifamilienhäuser, nicht unterkellert, hoher Standard	–	**–**	–	–
Ein- und Zweifamilienhäuser, Passivhausstandard, Massivbauweise	–	**248,00**	–	0,6%
Ein- und Zweifamilienhäuser, Passivhausstandard, Holzbauweise	–	**–**	–	–
Ein- und Zweifamilienhäuser, Holzbauweise, unterkellert	–	**3,90**	–	< 0,1%
Ein- und Zweifamilienhäuser, Holzbauweise, nicht unterkellert	–	**–**	–	–
Doppel- und Reihenend- / Reihenhäuser				
Doppel- und Reihenendhäuser, einfacher Standard	–	**4,80**	–	< 0,1%
Doppel- und Reihenendhäuser, mittlerer Standard	–	**9,50**	–	< 0,1%
Doppel- und Reihenendhäuser, hoher Standard	–	**6,60**	–	< 0,1%
Doppel- und Reihenendhäuser, Holzbauweise	–	**–**	–	–
Reihenhäuser, einfacher Standard	–	**–**	–	–
Reihenhäuser, mittlerer Standard	–	**–**	–	–
Reihenhäuser, hoher Standard	–	**–**	–	0,3%
Mehrfamilienhäuser				
Mehrfamilienhäuser, mit bis zu 6 WE, einfacher Standard	–	**–**	–	–
Mehrfamilienhäuser, mit bis zu 6 WE, mittlerer Standard	–	**4,40**	–	< 0,1%
Mehrfamilienhäuser, mit bis zu 6 WE, hoher Standard	3,50	**31,00**	58,00	< 0,1%

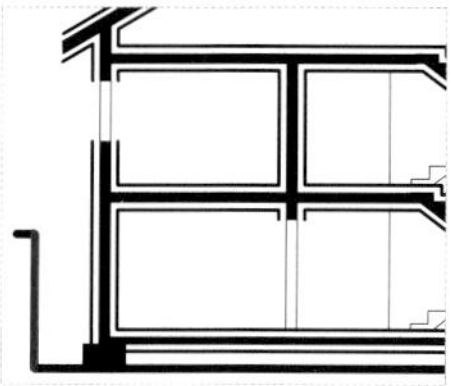

Einheit: m²
Umschließungsfläche

Gebäudeart	▷	€/Einheit	◁	KG an 300
Mehrfamilienhäuser (Fortsetzung)				
Mehrfamilienhäuser, mit 6 bis 19 WE, einfacher Standard	–	**–**	–	–
Mehrfamilienhäuser, mit 6 bis 19 WE, mittlerer Standard	–	**2,50**	–	< 0,1%
Mehrfamilienhäuser, mit 6 bis 19 WE, hoher Standard	123,00	**299,00**	551,00	0,6%
Mehrfamilienhäuser, mit 20 oder mehr WE, einfacher Standard	127,00	**207,00**	288,00	1,9%
Mehrfamilienhäuser, mit 20 oder mehr WE, mittlerer Standard	–	**30,00**	–	< 0,1%
Mehrfamilienhäuser, mit 20 oder mehr WE, hoher Standard	4,80	**299,00**	594,00	0,5%
Mehrfamilienhäuser, Passivhäuser	–	**–**	–	–
Mehrfamilienhäuser, Holzbauweise	–	**316,00**	–	0,2%
Wohnhäuser, mit bis zu 15% Mischnutzung, einfacher Standard	–	**520,00**	–	0,4%
Wohnhäuser, mit bis zu 15% Mischnutzung, mittlerer Standard	–	**–**	–	–
Wohnhäuser, mit bis zu 15% Mischnutzung, hoher Standard	–	**892,00**	–	5,0%
Wohnhäuser, mit mehr als 15% Mischnutzung	–	**–**	–	–
Seniorenwohnungen und Beherbergungen				
Seniorenwohnungen, mittlerer Standard	2,30	**3,10**	3,90	< 0,1%
Seniorenwohnungen, hoher Standard	–	**–**	–	–
Wohnheime und Internate	3,90	**172,00**	340,00	< 0,1%
Hotels	–	**–**	–	–
7 Gewerbe, Lager und Garagen				
Gaststätten, Kantinen und Mensen	–	**–**	–	–
Industrielle Produktionsgebäude, Massivbauweise	–	**–**	–	–
Industrielle Produktionsgebäude, überwiegend Skelettbauweise	–	**3,20**	–	< 0,1%
Betriebs- und Werkstätten, eingeschossig	–	**–**	–	–
Betriebs- und Werkstätten, mehrgeschossig, geringer Hallenanteil	–	**529,00**	–	0,1%
Betriebs- und Werkstätten, mehrgeschossig, hoher Hallenanteil	–	**–**	–	–
Geschäftshäuser, mit Wohnungen	–	**893,00**	–	4,1%
Geschäftshäuser, ohne Wohnungen	–	**–**	–	–
Verbrauchermärkte	–	**–**	–	–
Autohäuser	–	**1.303,00**	–	18,1%
Lagergebäude, ohne Mischnutzung	–	**8,10**	–	< 0,1%
Lagergebäude, mit bis zu 25% Mischnutzung	–	**1,80**	–	< 0,1%
Lagergebäude, mit mehr als 25% Mischnutzung	–	**–**	–	–
Garagen und Bereitschaftsdienste				
Einzel- und Doppelgaragen	–	**–**	–	–
Mehrfachgaragen	–	**–**	–	–
Hochgaragen	–	**100,00**	–	0,6%
Fahrradparkhäuser	–	**419,00**	–	0,9%
Carports	–	**–**	–	–
Tiefgaragen	84,00	**454,00**	737,00	4,3%
Feuerwehrhäuser	–	**–**	–	–
Öffentliche Bereitschaftsdienste	–	**–**	–	–
8 Gebäude für kulturelle und religiöse Zwecke				
Bibliotheken, Museen und Ausstellungen	1,60	**14,00**	51,00	< 0,1%
Theater	–	**–**	–	–
Gemeindezentren, einfacher Standard	–	**–**	–	–
Gemeindezentren, mittlerer Standard	–	**–**	–	–
Gemeindezentren, hoher Standard	–	**585,00**	–	0,5%
Gemeindezentren, Holzbauweise	–	**–**	–	–
Friedhofsgebäude	–	**88,00**	–	0,7%

313 Wasserhaltung

Kosten:
Stand 1. Quartal 2026
Bundesdurchschnitt
inkl. 19% MwSt.

Einheit: m³
Wasserhaltungsvolumen

▷ von
ø Mittel
◁ bis

Gebäudeart	▷	€/Einheit	◁	KG an 300
1 Büro- und Verwaltungsgebäude				
Büro- und Verwaltungsgebäude, einfacher Standard	–	**–**	–	–
Büro- und Verwaltungsgebäude, mittlerer Standard	2,60	**5,60**	8,60	< 0,1%
Büro- und Verwaltungsgebäude, hoher Standard	7,20	**32,00**	99,00	0,5%
Büro- und Verwaltungsgebäude, Holzbauweise	5,00	**5,70**	6,30	< 0,1%
2 Gebäude für Forschung und Lehre				
Instituts- und Laborgebäude	–	**114,00**	–	0,1%
3 Gebäude des Gesundheitswesens				
Medizinische Einrichtungen	–	**63,00**	–	0,4%
Pflegeheime	–	**17,00**	–	< 0,1%
Gebäude für Erholungszwecke	–	**–**	–	–
4 Schulen und Kindergärten				
Allgemeinbildende Schulen	0,50	**0,60**	0,70	< 0,1%
Schulen, Holzbauweise	–	**–**	–	< 0,1%
Berufliche Schulen	1,50	**4,60**	7,80	< 0,1%
Förder- und Sonderschulen	0,30	**0,70**	1,10	< 0,1%
Weiterbildungseinrichtungen	–	**–**	–	–
Kindergärten, nicht unterkellert, einfacher Standard	–	**–**	–	–
Kindergärten, nicht unterkellert, mittlerer Standard	–	**–**	–	–
Kindergärten, nicht unterkellert, hoher Standard	–	**–**	–	–
Kindergärten, Holzbauweise, nicht unterkellert	–	**–**	–	–
Kindergärten, unterkellert	–	**–**	–	–
5 Sportbauten				
Sport- und Mehrzweckhallen	–	**–**	–	–
Sporthallen (Einfeldhallen)	–	**–**	–	< 0,1%
Sporthallen (Dreifeldhallen)	–	**1,70**	–	< 0,1%
6 Wohngebäude				
Ein- und Zweifamilienhäuser				
Ein- und Zweifamilienhäuser, unterkellert, einfacher Standard	0,20	**2,50**	4,90	0,1%
Ein- und Zweifamilienhäuser, unterkellert, mittlerer Standard	7,00	**20,00**	42,00	0,4%
Ein- und Zweifamilienhäuser, unterkellert, hoher Standard	–	**–**	–	–
Ein- und Zweifamilienhäuser, nicht unterkellert, einfacher Standard	–	**–**	–	–
Ein- und Zweifamilienhäuser, nicht unterkellert, mittlerer Standard	–	**1,70**	–	< 0,1%
Ein- und Zweifamilienhäuser, nicht unterkellert, hoher Standard	–	**0,30**	–	< 0,1%
Ein- und Zweifamilienhäuser, Passivhausstandard, Massivbauweise	–	**32,00**	–	0,2%
Ein- und Zweifamilienhäuser, Passivhausstandard, Holzbauweise	–	**–**	–	–
Ein- und Zweifamilienhäuser, Holzbauweise, unterkellert	–	**4,80**	–	< 0,1%
Ein- und Zweifamilienhäuser, Holzbauweise, nicht unterkellert	–	**–**	–	–
Doppel- und Reihenend- / Reihenhäuser				
Doppel- und Reihenendhäuser, einfacher Standard	–	**–**	–	–
Doppel- und Reihenendhäuser, mittlerer Standard	–	**3,40**	–	< 0,1%
Doppel- und Reihenendhäuser, hoher Standard	–	**13,00**	–	0,2%
Doppel- und Reihenendhäuser, Holzbauweise	–	**–**	–	–
Reihenhäuser, einfacher Standard	–	**–**	–	–
Reihenhäuser, mittlerer Standard	–	**–**	–	–
Reihenhäuser, hoher Standard	–	**–**	–	–
Mehrfamilienhäuser				
Mehrfamilienhäuser, mit bis zu 6 WE, einfacher Standard	–	**–**	–	–
Mehrfamilienhäuser, mit bis zu 6 WE, mittlerer Standard	–	**4,70**	–	< 0,1%
Mehrfamilienhäuser, mit bis zu 6 WE, hoher Standard	–	**–**	–	–

Gebäudeart	▷	€/Einheit	◁	KG an 300
Mehrfamilienhäuser (Fortsetzung)				
Mehrfamilienhäuser, mit 6 bis 19 WE, einfacher Standard	–	**10,00**	–	< 0,1%
Mehrfamilienhäuser, mit 6 bis 19 WE, mittlerer Standard	–	**–**	–	< 0,1%
Mehrfamilienhäuser, mit 6 bis 19 WE, hoher Standard	5,10	**7,90**	14,00	0,1%
Mehrfamilienhäuser, mit 20 oder mehr WE, einfacher Standard	–	**9,20**	–	0,3%
Mehrfamilienhäuser, mit 20 oder mehr WE, mittlerer Standard	1,40	**2,50**	4,40	< 0,1%
Mehrfamilienhäuser, mit 20 oder mehr WE, hoher Standard	1,40	**4,20**	7,10	0,2%
Mehrfamilienhäuser, Passivhäuser	2,50	**4,80**	9,30	0,2%
Mehrfamilienhäuser, Holzbauweise	–	**–**	–	–
Wohnhäuser, mit bis zu 15% Mischnutzung, einfacher Standard	–	**15,00**	–	0,2%
Wohnhäuser, mit bis zu 15% Mischnutzung, mittlerer Standard	–	**–**	–	–
Wohnhäuser, mit bis zu 15% Mischnutzung, hoher Standard	–	**16,00**	–	0,4%
Wohnhäuser, mit mehr als 15% Mischnutzung	–	**–**	–	–
Seniorenwohnungen und Beherbergungen				
Seniorenwohnungen, mittlerer Standard	–	**0,90**	–	< 0,1%
Seniorenwohnungen, hoher Standard	–	**–**	–	–
Wohnheime und Internate	2,20	**4,30**	6,30	0,1%
Hotels	–	**–**	–	–
7 Gewerbe, Lager und Garagen				
Gaststätten, Kantinen und Mensen	–	**–**	–	–
Industrielle Produktionsgebäude, Massivbauweise	–	**–**	–	–
Industrielle Produktionsgebäude, überwiegend Skelettbauweise	–	**4,70**	–	< 0,1%
Betriebs- und Werkstätten, eingeschossig	–	**–**	–	–
Betriebs- und Werkstätten, mehrgeschossig, geringer Hallenanteil	0,20	**0,40**	0,50	< 0,1%
Betriebs- und Werkstätten, mehrgeschossig, hoher Hallenanteil	4,00	**13,00**	22,00	0,2%
Geschäftshäuser, mit Wohnungen	–	**–**	–	–
Geschäftshäuser, ohne Wohnungen	–	**–**	–	–
Verbrauchermärkte	–	**–**	–	–
Autohäuser	–	**–**	–	–
Lagergebäude, ohne Mischnutzung	–	**1,40**	–	< 0,1%
Lagergebäude, mit bis zu 25% Mischnutzung	–	**–**	–	–
Lagergebäude, mit mehr als 25% Mischnutzung	–	**–**	–	–
Garagen und Bereitschaftsdienste				
Einzel- und Doppelgaragen	–	**–**	–	–
Mehrfachgaragen	–	**–**	–	–
Hochgaragen	–	**–**	–	< 0,1%
Fahrradparkhäuser	–	**–**	–	–
Carports	–	**–**	–	–
Tiefgaragen	5,10	**11,00**	21,00	1,9%
Feuerwehrhäuser	–	**0,30**	–	0,3%
Öffentliche Bereitschaftsdienste	–	**0,90**	–	< 0,1%
8 Gebäude für kulturelle und religiöse Zwecke				
Bibliotheken, Museen und Ausstellungen	–	**0,80**	–	< 0,1%
Theater	–	**4,70**	–	0,2%
Gemeindezentren, einfacher Standard	–	**–**	–	–
Gemeindezentren, mittlerer Standard	–	**–**	–	< 0,1%
Gemeindezentren, hoher Standard	–	**–**	–	–
Gemeindezentren, Holzbauweise	–	**–**	–	–
Friedhofsgebäude	–	**0,10**	–	< 0,1%

Einheit: m³
Wasserhaltungsvolumen

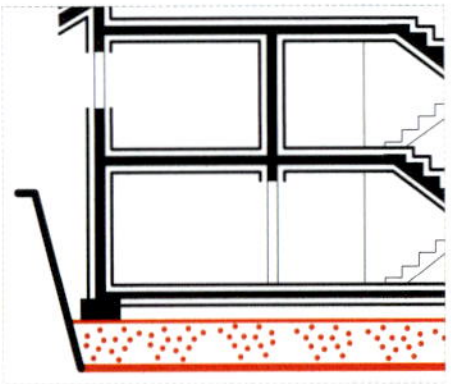

Kosten:
Stand 1. Quartal 2026
Bundesdurchschnitt
inkl. 19% MwSt.

Einheit: m²
Baugrundverbesserungs-
fläche

▷ von
ø Mittel
◁ bis

Gebäudeart	▷	€/Einheit	◁	KG an 300
1 Büro- und Verwaltungsgebäude				
Büro- und Verwaltungsgebäude, einfacher Standard	–	**24,00**	–	0,2%
Büro- und Verwaltungsgebäude, mittlerer Standard	17,00	**82,00**	323,00	0,3%
Büro- und Verwaltungsgebäude, hoher Standard	22,00	**33,00**	78,00	0,2%
Büro- und Verwaltungsgebäude, Holzbauweise	–	**25,00**	–	0,4%
2 Gebäude für Forschung und Lehre				
Instituts- und Laborgebäude	–	**51,00**	–	0,5%
3 Gebäude des Gesundheitswesens				
Medizinische Einrichtungen	7,70	**15,00**	30,00	0,5%
Pflegeheime	6,70	**21,00**	36,00	0,5%
Gebäude für Erholungszwecke	25,00	**39,00**	66,00	0,8%
4 Schulen und Kindergärten				
Allgemeinbildende Schulen	12,00	**27,00**	63,00	0,7%
Schulen, Holzbauweise	5,30	**12,00**	18,00	0,1%
Berufliche Schulen	–	**45,00**	–	0,7%
Förder- und Sonderschulen	13,00	**63,00**	88,00	0,9%
Weiterbildungseinrichtungen	–	**–**	–	–
Kindergärten, nicht unterkellert, einfacher Standard	20,00	**48,00**	75,00	1,8%
Kindergärten, nicht unterkellert, mittlerer Standard	–	**6,30**	–	< 0,1%
Kindergärten, nicht unterkellert, hoher Standard	33,00	**97,00**	131,00	3,1%
Kindergärten, Holzbauweise, nicht unterkellert	22,00	**130,00**	446,00	1,1%
Kindergärten, unterkellert	–	**39,00**	–	0,1%
5 Sportbauten				
Sport- und Mehrzweckhallen	–	**38,00**	–	0,4%
Sporthallen (Einfeldhallen)	12,00	**37,00**	54,00	1,5%
Sporthallen (Dreifeldhallen)	12,00	**35,00**	94,00	0,4%
6 Wohngebäude				
Ein- und Zweifamilienhäuser				
Ein- und Zweifamilienhäuser, unterkellert, einfacher Standard	–	**281,00**	–	< 0,1%
Ein- und Zweifamilienhäuser, unterkellert, mittlerer Standard	–	**–**	–	–
Ein- und Zweifamilienhäuser, unterkellert, hoher Standard	15,00	**16,00**	18,00	< 0,1%
Ein- und Zweifamilienhäuser, nicht unterkellert, einfacher Standard	–	**66,00**	–	1,7%
Ein- und Zweifamilienhäuser, nicht unterkellert, mittlerer Standard	43,00	**69,00**	119,00	0,4%
Ein- und Zweifamilienhäuser, nicht unterkellert, hoher Standard	34,00	**52,00**	104,00	0,5%
Ein- und Zweifamilienhäuser, Passivhausstandard, Massivbauweise	19,00	**51,00**	67,00	0,3%
Ein- und Zweifamilienhäuser, Passivhausstandard, Holzbauweise	28,00	**55,00**	71,00	0,3%
Ein- und Zweifamilienhäuser, Holzbauweise, unterkellert	–	**–**	–	–
Ein- und Zweifamilienhäuser, Holzbauweise, nicht unterkellert	31,00	**53,00**	94,00	0,6%
Doppel- und Reihenend- / Reihenhäuser				
Doppel- und Reihenendhäuser, einfacher Standard	–	**21,00**	–	0,2%
Doppel- und Reihenendhäuser, mittlerer Standard	–	**–**	–	–
Doppel- und Reihenendhäuser, hoher Standard	–	**–**	–	–
Doppel- und Reihenendhäuser, Holzbauweise	–	**21,00**	–	0,1%
Reihenhäuser, einfacher Standard	–	**–**	–	–
Reihenhäuser, mittlerer Standard	–	**–**	–	–
Reihenhäuser, hoher Standard	7,10	**22,00**	37,00	0,2%
Mehrfamilienhäuser				
Mehrfamilienhäuser, mit bis zu 6 WE, einfacher Standard	–	**–**	–	–
Mehrfamilienhäuser, mit bis zu 6 WE, mittlerer Standard	–	**–**	–	–
Mehrfamilienhäuser, mit bis zu 6 WE, hoher Standard	–	**109,00**	–	< 0,1%

 Kostenstand: 1. Quartal 2026, Bundesdurchschnitt, **inkl. 19% MwSt.**

Gebäudeart	▷	€/Einheit	◁	KG an 300
Mehrfamilienhäuser (Fortsetzung)				
Mehrfamilienhäuser, mit 6 bis 19 WE, einfacher Standard	–	**–**	–	–
Mehrfamilienhäuser, mit 6 bis 19 WE, mittlerer Standard	–	**–**	–	–
Mehrfamilienhäuser, mit 6 bis 19 WE, hoher Standard	40,00	**67,00**	138,00	0,5%
Mehrfamilienhäuser, mit 20 oder mehr WE, einfacher Standard	–	**–**	–	–
Mehrfamilienhäuser, mit 20 oder mehr WE, mittlerer Standard	147,00	**187,00**	227,00	0,9%
Mehrfamilienhäuser, mit 20 oder mehr WE, hoher Standard	21,00	**22,00**	24,00	0,2%
Mehrfamilienhäuser, Passivhäuser	–	**30,00**	–	0,1%
Mehrfamilienhäuser, Holzbauweise	8,70	**27,00**	45,00	0,3%
Wohnhäuser, mit bis zu 15% Mischnutzung, einfacher Standard	–	**32,00**	–	0,2%
Wohnhäuser, mit bis zu 15% Mischnutzung, mittlerer Standard	–	**–**	–	–
Wohnhäuser, mit bis zu 15% Mischnutzung, hoher Standard	–	**68,00**	–	0,5%
Wohnhäuser, mit mehr als 15% Mischnutzung	–	**–**	–	–
Seniorenwohnungen und Beherbergungen				
Seniorenwohnungen, mittlerer Standard	5,70	**13,00**	23,00	0,2%
Seniorenwohnungen, hoher Standard	–	**70,00**	–	0,6%
Wohnheime und Internate	72,00	**99,00**	155,00	0,6%
Hotels	–	**–**	–	–
7 Gewerbe, Lager und Garagen				
Gaststätten, Kantinen und Mensen	–	**–**	–	–
Industrielle Produktionsgebäude, Massivbauweise	–	**19,00**	–	0,2%
Industrielle Produktionsgebäude, überwiegend Skelettbauweise	38,00	**85,00**	165,00	0,7%
Betriebs- und Werkstätten, eingeschossig	52,00	**66,00**	87,00	4,2%
Betriebs- und Werkstätten, mehrgeschossig, geringer Hallenanteil	–	**–**	–	< 0,1%
Betriebs- und Werkstätten, mehrgeschossig, hoher Hallenanteil	19,00	**38,00**	65,00	2,1%
Geschäftshäuser, mit Wohnungen	–	**11,00**	–	< 0,1%
Geschäftshäuser, ohne Wohnungen	–	**–**	–	–
Verbrauchermärkte	–	**26,00**	–	0,7%
Autohäuser	–	**98,00**	–	2,3%
Lagergebäude, ohne Mischnutzung	72,00	**176,00**	541,00	1,2%
Lagergebäude, mit bis zu 25% Mischnutzung	13,00	**20,00**	23,00	1,1%
Lagergebäude, mit mehr als 25% Mischnutzung	65,00	**69,00**	74,00	1,5%
Garagen und Bereitschaftsdienste				
Einzel- und Doppelgaragen	–	**–**	–	–
Mehrfachgaragen	–	**82,00**	–	1,5%
Hochgaragen	–	**22,00**	–	0,3%
Fahrradparkhäuser	–	**148,00**	–	1,0%
Carports	–	**–**	–	–
Tiefgaragen	20,00	**20,00**	21,00	0,2%
Feuerwehrhäuser	57,00	**66,00**	72,00	1,7%
Öffentliche Bereitschaftsdienste	17,00	**28,00**	46,00	0,9%
8 Gebäude für kulturelle und religiöse Zwecke				
Bibliotheken, Museen und Ausstellungen	22,00	**49,00**	77,00	0,4%
Theater	–	**–**	–	–
Gemeindezentren, einfacher Standard	5,90	**13,00**	19,00	0,3%
Gemeindezentren, mittlerer Standard	4,80	**16,00**	28,00	0,2%
Gemeindezentren, hoher Standard	–	**–**	–	< 0,1%
Gemeindezentren, Holzbauweise	9,30	**16,00**	22,00	0,4%
Friedhofsgebäude	–	**112,00**	–	1,1%

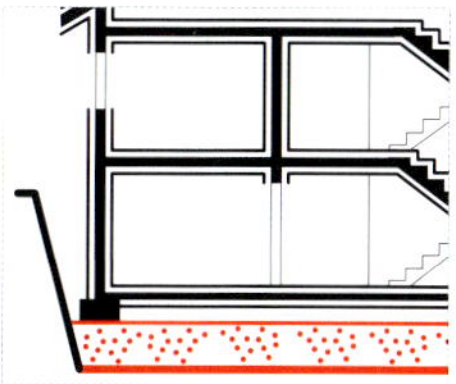

Einheit: m^2
Baugrundverbesserungs-
fläche

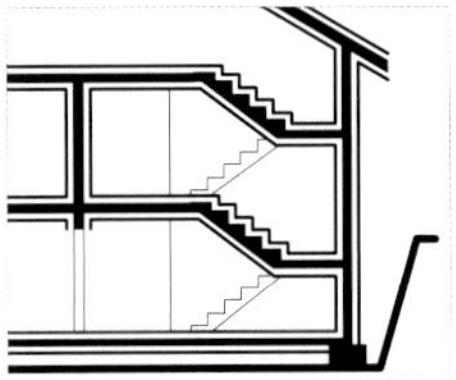

Kosten:
Stand 1. Quartal 2026
Bundesdurchschnitt
inkl. 19% MwSt.

Einheit: m²
Gründungsbelagsfläche

▷ von
ø Mittel
◁ bis

Gebäudeart	▷	€/Einheit	◁	KG an 300
1 Büro- und Verwaltungsgebäude				
Büro- und Verwaltungsgebäude, einfacher Standard	141,00	**173,00**	235,00	5,4%
Büro- und Verwaltungsgebäude, mittlerer Standard	118,00	**181,00**	248,00	3,5%
Büro- und Verwaltungsgebäude, hoher Standard	156,00	**250,00**	402,00	2,8%
Büro- und Verwaltungsgebäude, Holzbauweise	78,00	**182,00**	261,00	3,7%
2 Gebäude für Forschung und Lehre				
Instituts- und Laborgebäude	129,00	**181,00**	236,00	4,7%
3 Gebäude des Gesundheitswesens				
Medizinische Einrichtungen	129,00	**165,00**	236,00	3,0%
Pflegeheime	157,00	**180,00**	205,00	4,5%
Gebäude für Erholungszwecke	256,00	**320,00**	372,00	7,9%
4 Schulen und Kindergärten				
Allgemeinbildende Schulen	193,00	**222,00**	268,00	4,6%
Schulen, Holzbauweise	120,00	**197,00**	229,00	4,9%
Berufliche Schulen	112,00	**149,00**	200,00	5,5%
Förder- und Sonderschulen	166,00	**184,00**	217,00	3,2%
Weiterbildungseinrichtungen	90,00	**190,00**	246,00	2,6%
Kindergärten, nicht unterkellert, einfacher Standard	165,00	**172,00**	183,00	8,7%
Kindergärten, nicht unterkellert, mittlerer Standard	180,00	**228,00**	285,00	7,8%
Kindergärten, nicht unterkellert, hoher Standard	184,00	**196,00**	208,00	6,3%
Kindergärten, Holzbauweise, nicht unterkellert	155,00	**229,00**	560,00	6,8%
Kindergärten, unterkellert	182,00	**198,00**	215,00	4,6%
5 Sportbauten				
Sport- und Mehrzweckhallen	176,00	**229,00**	262,00	7,4%
Sporthallen (Einfeldhallen)	171,00	**204,00**	234,00	7,8%
Sporthallen (Dreifeldhallen)	172,00	**191,00**	234,00	6,2%
6 Wohngebäude				
Ein- und Zweifamilienhäuser				
Ein- und Zweifamilienhäuser, unterkellert, einfacher Standard	33,00	**88,00**	126,00	2,3%
Ein- und Zweifamilienhäuser, unterkellert, mittlerer Standard	83,00	**139,00**	184,00	2,0%
Ein- und Zweifamilienhäuser, unterkellert, hoher Standard	89,00	**194,00**	291,00	2,5%
Ein- und Zweifamilienhäuser, nicht unterkellert, einfacher Standard	179,00	**185,00**	190,00	4,8%
Ein- und Zweifamilienhäuser, nicht unterkellert, mittlerer Standard	146,00	**223,00**	278,00	5,4%
Ein- und Zweifamilienhäuser, nicht unterkellert, hoher Standard	185,00	**252,00**	312,00	5,0%
Ein- und Zweifamilienhäuser, Passivhausstandard, Massivbauweise	106,00	**193,00**	323,00	3,1%
Ein- und Zweifamilienhäuser, Passivhausstandard, Holzbauweise	111,00	**210,00**	336,00	4,2%
Ein- und Zweifamilienhäuser, Holzbauweise, unterkellert	132,00	**177,00**	419,00	1,8%
Ein- und Zweifamilienhäuser, Holzbauweise, nicht unterkellert	154,00	**251,00**	379,00	4,6%
Doppel- und Reihenend- / Reihenhäuser				
Doppel- und Reihenendhäuser, einfacher Standard	78,00	**99,00**	114,00	2,1%
Doppel- und Reihenendhäuser, mittlerer Standard	41,00	**122,00**	196,00	2,6%
Doppel- und Reihenendhäuser, hoher Standard	100,00	**160,00**	186,00	2,4%
Doppel- und Reihenendhäuser, Holzbauweise	102,00	**182,00**	238,00	3,4%
Reihenhäuser, einfacher Standard	91,00	**149,00**	207,00	4,6%
Reihenhäuser, mittlerer Standard	68,00	**127,00**	186,00	2,0%
Reihenhäuser, hoher Standard	189,00	**275,00**	361,00	3,1%
Mehrfamilienhäuser				
Mehrfamilienhäuser, mit bis zu 6 WE, einfacher Standard	49,00	**58,00**	67,00	1,0%
Mehrfamilienhäuser, mit bis zu 6 WE, mittlerer Standard	55,00	**135,00**	250,00	2,7%
Mehrfamilienhäuser, mit bis zu 6 WE, hoher Standard	76,00	**142,00**	215,00	1,4%

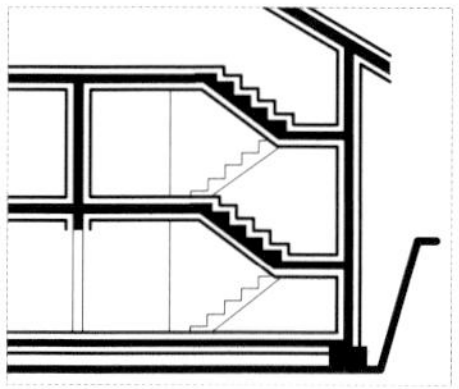

Einheit: m²
Gründungsbelagsfläche

Gebäudeart	▷	€/Einheit	◁	KG an 300
Mehrfamilienhäuser (Fortsetzung)				
Mehrfamilienhäuser, mit 6 bis 19 WE, einfacher Standard	41,00	**52,00**	60,00	0,5%
Mehrfamilienhäuser, mit 6 bis 19 WE, mittlerer Standard	69,00	**108,00**	181,00	1,5%
Mehrfamilienhäuser, mit 6 bis 19 WE, hoher Standard	55,00	**98,00**	177,00	0,8%
Mehrfamilienhäuser, mit 20 oder mehr WE, einfacher Standard	53,00	**72,00**	109,00	1,0%
Mehrfamilienhäuser, mit 20 oder mehr WE, mittlerer Standard	81,00	**157,00**	214,00	2,0%
Mehrfamilienhäuser, mit 20 oder mehr WE, hoher Standard	80,00	**91,00**	97,00	1,7%
Mehrfamilienhäuser, Passivhäuser	76,00	**153,00**	222,00	2,2%
Mehrfamilienhäuser, Holzbauweise	52,00	**103,00**	128,00	1,7%
Wohnhäuser, mit bis zu 15% Mischnutzung, einfacher Standard	59,00	**108,00**	193,00	1,1%
Wohnhäuser, mit bis zu 15% Mischnutzung, mittlerer Standard	179,00	**194,00**	220,00	5,5%
Wohnhäuser, mit bis zu 15% Mischnutzung, hoher Standard	–	**60,00**	–	0,4%
Wohnhäuser, mit mehr als 15% Mischnutzung	33,00	**106,00**	254,00	2,6%
Seniorenwohnungen und Beherbergungen				
Seniorenwohnungen, mittlerer Standard	93,00	**143,00**	183,00	2,1%
Seniorenwohnungen, hoher Standard	90,00	**105,00**	120,00	1,6%
Wohnheime und Internate	99,00	**181,00**	285,00	3,0%
Hotels	–	**99,00**	–	0,8%
7 Gewerbe, Lager und Garagen				
Gaststätten, Kantinen und Mensen	–	**140,00**	–	1,3%
Industrielle Produktionsgebäude, Massivbauweise	48,00	**89,00**	128,00	3,5%
Industrielle Produktionsgebäude, überwiegend Skelettbauweise	69,00	**104,00**	127,00	1,7%
Betriebs- und Werkstätten, eingeschossig	93,00	**141,00**	235,00	6,6%
Betriebs- und Werkstätten, mehrgeschossig, geringer Hallenanteil	82,00	**123,00**	172,00	3,8%
Betriebs- und Werkstätten, mehrgeschossig, hoher Hallenanteil	81,00	**126,00**	179,00	4,2%
Geschäftshäuser, mit Wohnungen	118,00	**126,00**	135,00	1,3%
Geschäftshäuser, ohne Wohnungen	107,00	**110,00**	112,00	1,7%
Verbrauchermärkte	143,00	**198,00**	306,00	9,4%
Autohäuser	55,00	**99,00**	142,00	3,8%
Lagergebäude, ohne Mischnutzung	52,00	**119,00**	203,00	2,7%
Lagergebäude, mit bis zu 25% Mischnutzung	159,00	**179,00**	216,00	1,6%
Lagergebäude, mit mehr als 25% Mischnutzung	42,00	**74,00**	106,00	2,7%
Garagen und Bereitschaftsdienste				
Einzel- und Doppelgaragen	–	**–**	–	–
Mehrfachgaragen	18,00	**110,00**	291,00	1,2%
Hochgaragen	72,00	**96,00**	144,00	3,0%
Fahrradparkhäuser	128,00	**150,00**	173,00	4,0%
Carports	–	**123,00**	–	1,0%
Tiefgaragen	74,00	**106,00**	145,00	5,2%
Feuerwehrhäuser	75,00	**153,00**	223,00	7,0%
Öffentliche Bereitschaftsdienste	84,00	**129,00**	218,00	2,3%
8 Gebäude für kulturelle und religiöse Zwecke				
Bibliotheken, Museen und Ausstellungen	160,00	**240,00**	395,00	4,2%
Theater	186,00	**203,00**	219,00	2,9%
Gemeindezentren, einfacher Standard	95,00	**155,00**	186,00	5,6%
Gemeindezentren, mittlerer Standard	142,00	**243,00**	384,00	5,5%
Gemeindezentren, hoher Standard	169,00	**238,00**	302,00	5,9%
Gemeindezentren, Holzbauweise	232,00	**252,00**	290,00	7,4%
Friedhofsgebäude	157,00	**206,00**	255,00	1,9%

325 Abdichtungen und Bekleidungen

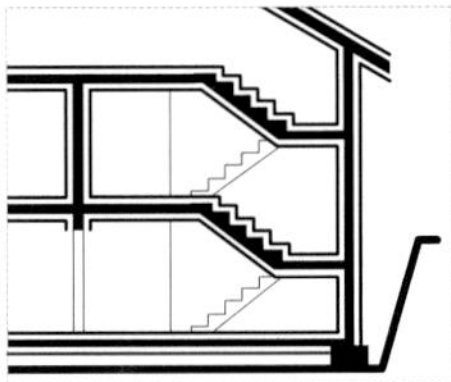

Kosten:
Stand 1.Quartal 2026
Bundesdurchschnitt
inkl. 19% MwSt.

Einheit: m²
Abdichtungs- und
Bekleidungsfläche

▷ von
ø Mittel
◁ bis

Gebäudeart	▷	€/Einheit	◁	KG an 300
1 Büro- und Verwaltungsgebäude				
Büro- und Verwaltungsgebäude, einfacher Standard	23,00	**28,00**	30,00	1,1%
Büro- und Verwaltungsgebäude, mittlerer Standard	36,00	**72,00**	150,00	1,4%
Büro- und Verwaltungsgebäude, hoher Standard	37,00	**80,00**	148,00	1,2%
Büro- und Verwaltungsgebäude, Holzbauweise	29,00	**77,00**	168,00	1,6%
2 Gebäude für Forschung und Lehre				
Instituts- und Laborgebäude	46,00	**67,00**	90,00	2,3%
3 Gebäude des Gesundheitswesens				
Medizinische Einrichtungen	20,00	**48,00**	64,00	0,9%
Pflegeheime	13,00	**55,00**	83,00	1,4%
Gebäude für Erholungszwecke	19,00	**45,00**	66,00	1,4%
4 Schulen und Kindergärten				
Allgemeinbildende Schulen	26,00	**64,00**	124,00	1,7%
Schulen, Holzbauweise	54,00	**79,00**	110,00	1,9%
Berufliche Schulen	36,00	**59,00**	96,00	2,5%
Förder- und Sonderschulen	27,00	**119,00**	215,00	1,5%
Weiterbildungseinrichtungen	77,00	**105,00**	158,00	2,3%
Kindergärten, nicht unterkellert, einfacher Standard	17,00	**34,00**	64,00	2,0%
Kindergärten, nicht unterkellert, mittlerer Standard	29,00	**56,00**	81,00	2,0%
Kindergärten, nicht unterkellert, hoher Standard	52,00	**64,00**	75,00	2,3%
Kindergärten, Holzbauweise, nicht unterkellert	42,00	**69,00**	91,00	2,1%
Kindergärten, unterkellert	48,00	**80,00**	118,00	2,5%
5 Sportbauten				
Sport- und Mehrzweckhallen	12,00	**21,00**	25,00	0,8%
Sporthallen (Einfeldhallen)	23,00	**35,00**	52,00	1,5%
Sporthallen (Dreifeldhallen)	12,00	**34,00**	56,00	1,2%
6 Wohngebäude				
Ein- und Zweifamilienhäuser				
Ein- und Zweifamilienhäuser, unterkellert, einfacher Standard	20,00	**37,00**	49,00	1,1%
Ein- und Zweifamilienhäuser, unterkellert, mittlerer Standard	27,00	**50,00**	81,00	1,1%
Ein- und Zweifamilienhäuser, unterkellert, hoher Standard	30,00	**57,00**	72,00	1,2%
Ein- und Zweifamilienhäuser, nicht unterkellert, einfacher Standard	17,00	**25,00**	33,00	0,8%
Ein- und Zweifamilienhäuser, nicht unterkellert, mittlerer Standard	25,00	**53,00**	82,00	1,7%
Ein- und Zweifamilienhäuser, nicht unterkellert, hoher Standard	27,00	**53,00**	110,00	1,3%
Ein- und Zweifamilienhäuser, Passivhausstandard, Massivbauweise	64,00	**120,00**	205,00	3,1%
Ein- und Zweifamilienhäuser, Passivhausstandard, Holzbauweise	28,00	**89,00**	159,00	2,0%
Ein- und Zweifamilienhäuser, Holzbauweise, unterkellert	27,00	**59,00**	96,00	1,6%
Ein- und Zweifamilienhäuser, Holzbauweise, nicht unterkellert	30,00	**82,00**	190,00	2,2%
Doppel- und Reihenend- / Reihenhäuser				
Doppel- und Reihenendhäuser, einfacher Standard	5,40	**12,00**	19,00	0,2%
Doppel- und Reihenendhäuser, mittlerer Standard	35,00	**70,00**	115,00	1,9%
Doppel- und Reihenendhäuser, hoher Standard	18,00	**38,00**	58,00	0,7%
Doppel- und Reihenendhäuser, Holzbauweise	34,00	**51,00**	75,00	1,5%
Reihenhäuser, einfacher Standard	–	**66,00**	–	1,2%
Reihenhäuser, mittlerer Standard	37,00	**48,00**	67,00	1,3%
Reihenhäuser, hoher Standard	16,00	**46,00**	90,00	0,7%
Mehrfamilienhäuser				
Mehrfamilienhäuser, mit bis zu 6 WE, einfacher Standard	17,00	**22,00**	27,00	0,7%
Mehrfamilienhäuser, mit bis zu 6 WE, mittlerer Standard	26,00	**48,00**	129,00	0,9%
Mehrfamilienhäuser, mit bis zu 6 WE, hoher Standard	32,00	**54,00**	73,00	1,0%

Gebäudeart	▷	€/Einheit	◁	KG an 300
Mehrfamilienhäuser (Fortsetzung)				
Mehrfamilienhäuser, mit 6 bis 19 WE, einfacher Standard	18,00	**36,00**	70,00	0,9%
Mehrfamilienhäuser, mit 6 bis 19 WE, mittlerer Standard	18,00	**31,00**	48,00	0,6%
Mehrfamilienhäuser, mit 6 bis 19 WE, hoher Standard	20,00	**28,00**	47,00	0,7%
Mehrfamilienhäuser, mit 20 oder mehr WE, einfacher Standard	12,00	**25,00**	31,00	0,5%
Mehrfamilienhäuser, mit 20 oder mehr WE, mittlerer Standard	33,00	**66,00**	117,00	1,4%
Mehrfamilienhäuser, mit 20 oder mehr WE, hoher Standard	23,00	**54,00**	75,00	1,3%
Mehrfamilienhäuser, Passivhäuser	41,00	**70,00**	120,00	1,7%
Mehrfamilienhäuser, Holzbauweise	40,00	**68,00**	87,00	1,3%
Wohnhäuser, mit bis zu 15% Mischnutzung, einfacher Standard	12,00	**27,00**	34,00	0,3%
Wohnhäuser, mit bis zu 15% Mischnutzung, mittlerer Standard	2,80	**38,00**	57,00	1,1%
Wohnhäuser, mit bis zu 15% Mischnutzung, hoher Standard	–	**33,00**	–	0,2%
Wohnhäuser, mit mehr als 15% Mischnutzung	70,00	**73,00**	79,00	1,6%
Seniorenwohnungen und Beherbergungen				
Seniorenwohnungen, mittlerer Standard	13,00	**30,00**	85,00	0,7%
Seniorenwohnungen, hoher Standard	27,00	**38,00**	49,00	0,7%
Wohnheime und Internate	22,00	**38,00**	91,00	0,8%
Hotels	–	**44,00**	–	0,5%
7 Gewerbe, Lager und Garagen				
Gaststätten, Kantinen und Mensen	–	**94,00**	–	1,5%
Industrielle Produktionsgebäude, Massivbauweise	23,00	**28,00**	33,00	1,6%
Industrielle Produktionsgebäude, überwiegend Skelettbauweise	36,00	**50,00**	64,00	2,7%
Betriebs- und Werkstätten, eingeschossig	33,00	**49,00**	80,00	2,9%
Betriebs- und Werkstätten, mehrgeschossig, geringer Hallenanteil	39,00	**52,00**	90,00	1,9%
Betriebs- und Werkstätten, mehrgeschossig, hoher Hallenanteil	12,00	**28,00**	65,00	1,6%
Geschäftshäuser, mit Wohnungen	20,00	**27,00**	31,00	0,4%
Geschäftshäuser, ohne Wohnungen	38,00	**49,00**	59,00	1,1%
Verbrauchermärkte	32,00	**39,00**	51,00	2,9%
Autohäuser	52,00	**59,00**	66,00	2,5%
Lagergebäude, ohne Mischnutzung	19,00	**42,00**	59,00	3,4%
Lagergebäude, mit bis zu 25% Mischnutzung	14,00	**39,00**	52,00	3,6%
Lagergebäude, mit mehr als 25% Mischnutzung	8,40	**11,00**	15,00	0,7%
Garagen und Bereitschaftsdienste				
Einzel- und Doppelgaragen	–	**17,00**	–	0,2%
Mehrfachgaragen	19,00	**31,00**	71,00	2,6%
Hochgaragen	22,00	**40,00**	71,00	0,4%
Fahrradparkhäuser	14,00	**32,00**	64,00	0,5%
Carports	–	**–**	–	–
Tiefgaragen	20,00	**33,00**	67,00	2,1%
Feuerwehrhäuser	28,00	**48,00**	67,00	2,5%
Öffentliche Bereitschaftsdienste	19,00	**45,00**	60,00	2,5%
8 Gebäude für kulturelle und religiöse Zwecke				
Bibliotheken, Museen und Ausstellungen	30,00	**70,00**	144,00	1,2%
Theater	10,00	**70,00**	129,00	0,8%
Gemeindezentren, einfacher Standard	11,00	**16,00**	27,00	0,7%
Gemeindezentren, mittlerer Standard	36,00	**78,00**	102,00	2,4%
Gemeindezentren, hoher Standard	24,00	**47,00**	103,00	1,5%
Gemeindezentren, Holzbauweise	16,00	**28,00**	36,00	0,9%
Friedhofsgebäude	41,00	**54,00**	68,00	1,0%

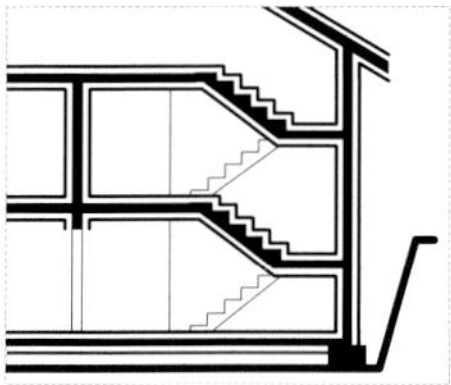

Einheit: m²
Abdichtungs- und
Bekleidungsfläche

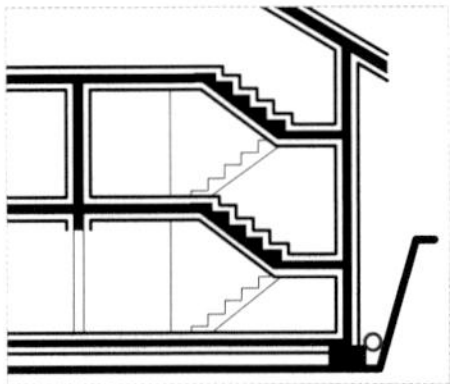

Kosten:
Stand 1. Quartal 2026
Bundesdurchschnitt
inkl. 19% MwSt.

Einheit: m²
Gründungsfläche/
Unterbaufläche

▷ von
ø Mittel
◁ bis

Gebäudeart	▷	€/Einheit	◁	KG an 300
1 Büro- und Verwaltungsgebäude				
Büro- und Verwaltungsgebäude, einfacher Standard	–	**11,00**	–	0,2%
Büro- und Verwaltungsgebäude, mittlerer Standard	8,40	**17,00**	26,00	0,1%
Büro- und Verwaltungsgebäude, hoher Standard	11,00	**31,00**	48,00	0,1%
Büro- und Verwaltungsgebäude, Holzbauweise	6,90	**16,00**	33,00	0,2%
2 Gebäude für Forschung und Lehre				
Instituts- und Laborgebäude	–	**11,00**	–	< 0,1%
3 Gebäude des Gesundheitswesens				
Medizinische Einrichtungen	–	**3,10**	–	< 0,1%
Pflegeheime	8,10	**18,00**	28,00	0,2%
Gebäude für Erholungszwecke	3,00	**7,70**	10,00	0,1%
4 Schulen und Kindergärten				
Allgemeinbildende Schulen	8,80	**54,00**	188,00	0,5%
Schulen, Holzbauweise	–	**16,00**	–	< 0,1%
Berufliche Schulen	0,90	**2,20**	3,50	< 0,1%
Förder- und Sonderschulen	10,00	**21,00**	40,00	0,3%
Weiterbildungseinrichtungen	31,00	**49,00**	66,00	0,6%
Kindergärten, nicht unterkellert, einfacher Standard	–	**–**	–	–
Kindergärten, nicht unterkellert, mittlerer Standard	–	**6,30**	–	< 0,1%
Kindergärten, nicht unterkellert, hoher Standard	–	**12,00**	–	0,1%
Kindergärten, Holzbauweise, nicht unterkellert	10,00	**16,00**	27,00	0,1%
Kindergärten, unterkellert	–	**–**	–	–
5 Sportbauten				
Sport- und Mehrzweckhallen	5,50	**9,40**	13,00	0,2%
Sporthallen (Einfeldhallen)	10,00	**12,00**	13,00	0,2%
Sporthallen (Dreifeldhallen)	20,00	**29,00**	59,00	0,8%
6 Wohngebäude				
Ein- und Zweifamilienhäuser				
Ein- und Zweifamilienhäuser, unterkellert, einfacher Standard	16,00	**60,00**	104,00	1,1%
Ein- und Zweifamilienhäuser, unterkellert, mittlerer Standard	15,00	**25,00**	39,00	0,3%
Ein- und Zweifamilienhäuser, unterkellert, hoher Standard	14,00	**24,00**	49,00	0,3%
Ein- und Zweifamilienhäuser, nicht unterkellert, einfacher Standard	–	**–**	–	–
Ein- und Zweifamilienhäuser, nicht unterkellert, mittlerer Standard	5,20	**14,00**	23,00	< 0,1%
Ein- und Zweifamilienhäuser, nicht unterkellert, hoher Standard	10,00	**34,00**	81,00	0,2%
Ein- und Zweifamilienhäuser, Passivhausstandard, Massivbauweise	7,20	**17,00**	27,00	0,2%
Ein- und Zweifamilienhäuser, Passivhausstandard, Holzbauweise	14,00	**25,00**	34,00	0,3%
Ein- und Zweifamilienhäuser, Holzbauweise, unterkellert	9,20	**26,00**	51,00	0,4%
Ein- und Zweifamilienhäuser, Holzbauweise, nicht unterkellert	1,90	**25,00**	47,00	0,1%
Doppel- und Reihenend- / Reihenhäuser				
Doppel- und Reihenendhäuser, einfacher Standard	–	**13,00**	–	< 0,1%
Doppel- und Reihenendhäuser, mittlerer Standard	–	**–**	–	–
Doppel- und Reihenendhäuser, hoher Standard	12,00	**21,00**	30,00	0,2%
Doppel- und Reihenendhäuser, Holzbauweise	–	**15,00**	–	< 0,1%
Reihenhäuser, einfacher Standard	–	**–**	–	–
Reihenhäuser, mittlerer Standard	–	**–**	–	–
Reihenhäuser, hoher Standard	11,00	**12,00**	14,00	0,1%
Mehrfamilienhäuser				
Mehrfamilienhäuser, mit bis zu 6 WE, einfacher Standard	–	**–**	–	–
Mehrfamilienhäuser, mit bis zu 6 WE, mittlerer Standard	–	**28,00**	–	0,1%
Mehrfamilienhäuser, mit bis zu 6 WE, hoher Standard	–	**34,00**	–	< 0,1%

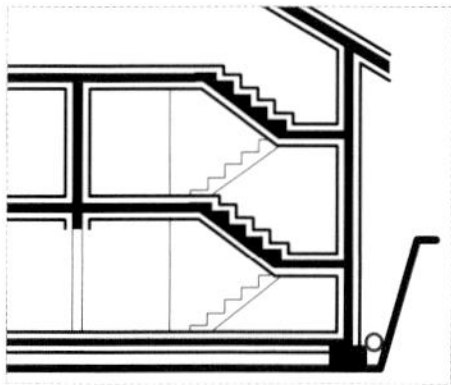

Einheit: m²
Gründungsfläche/
Unterbaufläche

Gebäudeart	▷	€/Einheit	◁	KG an 300
Mehrfamilienhäuser (Fortsetzung)				
Mehrfamilienhäuser, mit 6 bis 19 WE, einfacher Standard	11,00	**27,00**	51,00	0,5%
Mehrfamilienhäuser, mit 6 bis 19 WE, mittlerer Standard	1,70	**7,50**	18,00	0,1%
Mehrfamilienhäuser, mit 6 bis 19 WE, hoher Standard	7,20	**15,00**	30,00	0,2%
Mehrfamilienhäuser, mit 20 oder mehr WE, einfacher Standard	–	**18,00**	–	0,1%
Mehrfamilienhäuser, mit 20 oder mehr WE, mittlerer Standard	24,00	**32,00**	49,00	0,3%
Mehrfamilienhäuser, mit 20 oder mehr WE, hoher Standard	20,00	**22,00**	23,00	0,3%
Mehrfamilienhäuser, Passivhäuser	4,30	**22,00**	39,00	0,2%
Mehrfamilienhäuser, Holzbauweise	24,00	**42,00**	73,00	0,5%
Wohnhäuser, mit bis zu 15% Mischnutzung, einfacher Standard	15,00	**15,00**	16,00	0,1%
Wohnhäuser, mit bis zu 15% Mischnutzung, mittlerer Standard	–	**20,00**	–	0,1%
Wohnhäuser, mit bis zu 15% Mischnutzung, hoher Standard	–	**84,00**	–	0,5%
Wohnhäuser, mit mehr als 15% Mischnutzung	–	**17,00**	–	< 0,1%
Seniorenwohnungen und Beherbergungen				
Seniorenwohnungen, mittlerer Standard	–	**27,00**	–	< 0,1%
Seniorenwohnungen, hoher Standard	25,00	**29,00**	32,00	0,5%
Wohnheime und Internate	2,40	**6,20**	13,00	< 0,1%
Hotels	–	**–**	–	–
7 Gewerbe, Lager und Garagen				
Gaststätten, Kantinen und Mensen	–	**27,00**	–	0,4%
Industrielle Produktionsgebäude, Massivbauweise	–	**3,80**	–	< 0,1%
Industrielle Produktionsgebäude, überwiegend Skelettbauweise	6,10	**11,00**	17,00	0,2%
Betriebs- und Werkstätten, eingeschossig	–	**–**	–	–
Betriebs- und Werkstätten, mehrgeschossig, geringer Hallenanteil	2,40	**20,00**	30,00	0,2%
Betriebs- und Werkstätten, mehrgeschossig, hoher Hallenanteil	1,10	**4,60**	9,00	0,2%
Geschäftshäuser, mit Wohnungen	–	**6,80**	–	< 0,1%
Geschäftshäuser, ohne Wohnungen	–	**28,00**	–	0,2%
Verbrauchermärkte	–	**–**	–	–
Autohäuser	5,00	**10,00**	15,00	0,3%
Lagergebäude, ohne Mischnutzung	2,00	**3,10**	4,20	< 0,1%
Lagergebäude, mit bis zu 25% Mischnutzung	–	**–**	–	–
Lagergebäude, mit mehr als 25% Mischnutzung	–	**–**	–	–
Garagen und Bereitschaftsdienste				
Einzel- und Doppelgaragen	–	**–**	–	–
Mehrfachgaragen	–	**2,90**	–	< 0,1%
Hochgaragen	–	**1,10**	–	< 0,1%
Fahrradparkhäuser	–	**–**	–	–
Carports	–	**–**	–	–
Tiefgaragen	–	**–**	–	–
Feuerwehrhäuser	3,80	**4,00**	4,20	< 0,1%
Öffentliche Bereitschaftsdienste	–	**1,90**	–	< 0,1%
8 Gebäude für kulturelle und religiöse Zwecke				
Bibliotheken, Museen und Ausstellungen	1,00	**17,00**	26,00	< 0,1%
Theater	–	**16,00**	–	< 0,1%
Gemeindezentren, einfacher Standard	–	**–**	–	–
Gemeindezentren, mittlerer Standard	13,00	**27,00**	42,00	0,3%
Gemeindezentren, hoher Standard	–	**16,00**	–	0,1%
Gemeindezentren, Holzbauweise	–	**–**	–	–
Friedhofsgebäude	6,60	**14,00**	21,00	0,2%

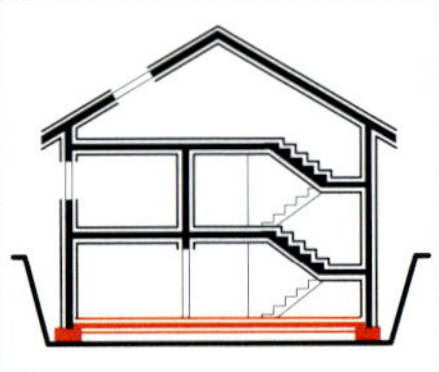

Kosten:
Stand 1.Quartal 2026
Bundesdurchschnitt
inkl. 19% MwSt.

Einheit: m2
Gründungsfläche/
Unterbaufläche

▷ von
ø Mittel
◁ bis

Gebäudeart	▷	€/Einheit	◁	KG an 300
1 Büro- und Verwaltungsgebäude				
Büro- und Verwaltungsgebäude, einfacher Standard	–	**13,00**	–	0,1%
Büro- und Verwaltungsgebäude, mittlerer Standard	1,20	**2,80**	4,30	< 0,1%
Büro- und Verwaltungsgebäude, hoher Standard	3,80	**4,10**	4,40	< 0,1%
Büro- und Verwaltungsgebäude, Holzbauweise	–	**8,70**	–	< 0,1%
2 Gebäude für Forschung und Lehre				
Instituts- und Laborgebäude	–	**6,30**	–	< 0,1%
3 Gebäude des Gesundheitswesens				
Medizinische Einrichtungen	–	**1,30**	–	< 0,1%
Pflegeheime	–	**–**	–	–
Gebäude für Erholungszwecke	–	**–**	–	–
4 Schulen und Kindergärten				
Allgemeinbildende Schulen	–	**–**	–	–
Schulen, Holzbauweise	–	**6,10**	–	< 0,1%
Berufliche Schulen	–	**–**	–	–
Förder- und Sonderschulen	–	**–**	–	–
Weiterbildungseinrichtungen	27,00	**34,00**	40,00	0,4%
Kindergärten, nicht unterkellert, einfacher Standard	–	**–**	–	–
Kindergärten, nicht unterkellert, mittlerer Standard	–	**–**	–	–
Kindergärten, nicht unterkellert, hoher Standard	–	**14,00**	–	0,1%
Kindergärten, Holzbauweise, nicht unterkellert	–	**2,30**	–	< 0,1%
Kindergärten, unterkellert	–	**–**	–	–
5 Sportbauten				
Sport- und Mehrzweckhallen	–	**6,40**	–	< 0,1%
Sporthallen (Einfeldhallen)	–	**–**	–	–
Sporthallen (Dreifeldhallen)	0,30	**4,20**	8,10	< 0,1%
6 Wohngebäude				
Ein- und Zweifamilienhäuser				
Ein- und Zweifamilienhäuser, unterkellert, einfacher Standard	–	**–**	–	–
Ein- und Zweifamilienhäuser, unterkellert, mittlerer Standard	–	**–**	–	–
Ein- und Zweifamilienhäuser, unterkellert, hoher Standard	–	**–**	–	–
Ein- und Zweifamilienhäuser, nicht unterkellert, einfacher Standard	–	**–**	–	–
Ein- und Zweifamilienhäuser, nicht unterkellert, mittlerer Standard	–	**29,00**	–	< 0,1%
Ein- und Zweifamilienhäuser, nicht unterkellert, hoher Standard	–	**–**	–	–
Ein- und Zweifamilienhäuser, Passivhausstandard, Massivbauweise	–	**–**	–	–
Ein- und Zweifamilienhäuser, Passivhausstandard, Holzbauweise	–	**–**	–	–
Ein- und Zweifamilienhäuser, Holzbauweise, unterkellert	–	**10,00**	–	< 0,1%
Ein- und Zweifamilienhäuser, Holzbauweise, nicht unterkellert	–	**–**	–	–
Doppel- und Reihenend- / Reihenhäuser				
Doppel- und Reihenendhäuser, einfacher Standard	–	**–**	–	–
Doppel- und Reihenendhäuser, mittlerer Standard	–	**–**	–	–
Doppel- und Reihenendhäuser, hoher Standard	–	**–**	–	–
Doppel- und Reihenendhäuser, Holzbauweise	–	**–**	–	–
Reihenhäuser, einfacher Standard	–	**–**	–	–
Reihenhäuser, mittlerer Standard	–	**–**	–	–
Reihenhäuser, hoher Standard	–	**–**	–	–
Mehrfamilienhäuser				
Mehrfamilienhäuser, mit bis zu 6 WE, einfacher Standard	–	**3,20**	–	< 0,1%
Mehrfamilienhäuser, mit bis zu 6 WE, mittlerer Standard	–	**–**	–	–
Mehrfamilienhäuser, mit bis zu 6 WE, hoher Standard	–	**–**	–	–

Gebäudeart	▷	€/Einheit	◁	KG an 300
Mehrfamilienhäuser (Fortsetzung)				
Mehrfamilienhäuser, mit 6 bis 19 WE, einfacher Standard	–	**–**	–	–
Mehrfamilienhäuser, mit 6 bis 19 WE, mittlerer Standard	–	**–**	–	–
Mehrfamilienhäuser, mit 6 bis 19 WE, hoher Standard	–	**1,00**	–	< 0,1%
Mehrfamilienhäuser, mit 20 oder mehr WE, einfacher Standard	–	**–**	–	–
Mehrfamilienhäuser, mit 20 oder mehr WE, mittlerer Standard	–	**9,70**	–	< 0,1%
Mehrfamilienhäuser, mit 20 oder mehr WE, hoher Standard	–	**0,50**	–	< 0,1%
Mehrfamilienhäuser, Passivhäuser	–	**–**	–	–
Mehrfamilienhäuser, Holzbauweise	–	**–**	–	–
Wohnhäuser, mit bis zu 15% Mischnutzung, einfacher Standard	–	**–**	–	–
Wohnhäuser, mit bis zu 15% Mischnutzung, mittlerer Standard	–	**–**	–	–
Wohnhäuser, mit bis zu 15% Mischnutzung, hoher Standard	–	**–**	–	–
Wohnhäuser, mit mehr als 15% Mischnutzung	–	**–**	–	–
Seniorenwohnungen und Beherbergungen				
Seniorenwohnungen, mittlerer Standard	–	**–**	–	–
Seniorenwohnungen, hoher Standard	–	**–**	–	–
Wohnheime und Internate	–	**–**	–	–
Hotels	–	**–**	–	–
7 Gewerbe, Lager und Garagen				
Gaststätten, Kantinen und Mensen	–	**–**	–	–
Industrielle Produktionsgebäude, Massivbauweise	–	**–**	–	–
Industrielle Produktionsgebäude, überwiegend Skelettbauweise	–	**4,30**	–	< 0,1%
Betriebs- und Werkstätten, eingeschossig	–	**8,00**	–	0,1%
Betriebs- und Werkstätten, mehrgeschossig, geringer Hallenanteil	–	**0,80**	–	< 0,1%
Betriebs- und Werkstätten, mehrgeschossig, hoher Hallenanteil	–	**–**	–	–
Geschäftshäuser, mit Wohnungen	–	**–**	–	–
Geschäftshäuser, ohne Wohnungen	–	**–**	–	–
Verbrauchermärkte	–	**–**	–	–
Autohäuser	–	**–**	–	–
Lagergebäude, ohne Mischnutzung	–	**–**	–	–
Lagergebäude, mit bis zu 25% Mischnutzung	–	**–**	–	–
Lagergebäude, mit mehr als 25% Mischnutzung	–	**–**	–	–
Garagen und Bereitschaftsdienste				
Einzel- und Doppelgaragen	–	**–**	–	–
Mehrfachgaragen	–	**–**	–	–
Hochgaragen	–	**–**	–	–
Fahrradparkhäuser	–	**–**	–	–
Carports	–	**–**	–	–
Tiefgaragen	0,50	**4,20**	12,00	0,2%
Feuerwehrhäuser	1,90	**7,30**	13,00	0,1%
Öffentliche Bereitschaftsdienste	1,10	**4,30**	7,50	< 0,1%
8 Gebäude für kulturelle und religiöse Zwecke				
Bibliotheken, Museen und Ausstellungen	0,50	**1,30**	2,20	< 0,1%
Theater	–	**2,60**	–	< 0,1%
Gemeindezentren, einfacher Standard	–	**–**	–	–
Gemeindezentren, mittlerer Standard	–	**3,20**	–	< 0,1%
Gemeindezentren, hoher Standard	–	**–**	–	–
Gemeindezentren, Holzbauweise	–	**12,00**	–	0,1%
Friedhofsgebäude	–	**9,30**	–	< 0,1%

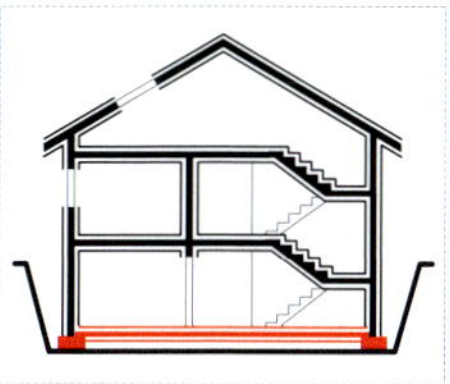

Einheit: m²
Gründungsfläche/
Unterbaufläche

331 Tragende Außenwände

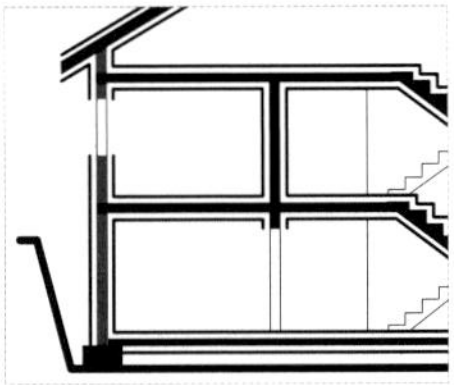

Kosten:
Stand 1.Quartal 2026
Bundesdurchschnitt
inkl. 19% MwSt.

Einheit: m² Außenwandfläche, tragend

▷ von
ø Mittel
◁ bis

Gebäudeart	▷	€/Einheit	◁	KG an 300
1 Büro- und Verwaltungsgebäude				
Büro- und Verwaltungsgebäude, einfacher Standard	176,00	**200,00**	246,00	8,4%
Büro- und Verwaltungsgebäude, mittlerer Standard	185,00	**284,00**	440,00	4,8%
Büro- und Verwaltungsgebäude, hoher Standard	219,00	**292,00**	433,00	4,9%
Büro- und Verwaltungsgebäude, Holzbauweise	215,00	**328,00**	428,00	8,1%
2 Gebäude für Forschung und Lehre				
Instituts- und Laborgebäude	83,00	**191,00**	270,00	5,1%
3 Gebäude des Gesundheitswesens				
Medizinische Einrichtungen	155,00	**218,00**	317,00	4,4%
Pflegeheime	207,00	**251,00**	327,00	5,5%
Gebäude für Erholungszwecke	203,00	**291,00**	373,00	12,1%
4 Schulen und Kindergärten				
Allgemeinbildende Schulen	269,00	**346,00**	572,00	3,4%
Schulen, Holzbauweise	217,00	**267,00**	336,00	5,7%
Berufliche Schulen	196,00	**308,00**	718,00	2,7%
Förder- und Sonderschulen	164,00	**269,00**	334,00	4,2%
Weiterbildungseinrichtungen	250,00	**325,00**	367,00	5,0%
Kindergärten, nicht unterkellert, einfacher Standard	165,00	**208,00**	238,00	6,1%
Kindergärten, nicht unterkellert, mittlerer Standard	169,00	**199,00**	237,00	5,9%
Kindergärten, nicht unterkellert, hoher Standard	151,00	**236,00**	344,00	4,8%
Kindergärten, Holzbauweise, nicht unterkellert	216,00	**264,00**	382,00	3,8%
Kindergärten, unterkellert	223,00	**248,00**	322,00	6,4%
5 Sportbauten				
Sport- und Mehrzweckhallen	244,00	**255,00**	272,00	5,8%
Sporthallen (Einfeldhallen)	209,00	**272,00**	426,00	7,8%
Sporthallen (Dreifeldhallen)	155,00	**263,00**	315,00	4,6%
6 Wohngebäude				
Ein- und Zweifamilienhäuser				
Ein- und Zweifamilienhäuser, unterkellert, einfacher Standard	189,00	**207,00**	236,00	14,2%
Ein- und Zweifamilienhäuser, unterkellert, mittlerer Standard	147,00	**196,00**	293,00	11,6%
Ein- und Zweifamilienhäuser, unterkellert, hoher Standard	182,00	**221,00**	270,00	10,3%
Ein- und Zweifamilienhäuser, nicht unterkellert, einfacher Standard	119,00	**151,00**	183,00	10,5%
Ein- und Zweifamilienhäuser, nicht unterkellert, mittlerer Standard	137,00	**193,00**	249,00	9,0%
Ein- und Zweifamilienhäuser, nicht unterkellert, hoher Standard	167,00	**211,00**	296,00	8,9%
Ein- und Zweifamilienhäuser, Passivhausstandard, Massivbauweise	152,00	**181,00**	209,00	9,8%
Ein- und Zweifamilienhäuser, Passivhausstandard, Holzbauweise	258,00	**309,00**	393,00	15,3%
Ein- und Zweifamilienhäuser, Holzbauweise, unterkellert	173,00	**237,00**	353,00	13,4%
Ein- und Zweifamilienhäuser, Holzbauweise, nicht unterkellert	214,00	**255,00**	306,00	10,5%
Doppel- und Reihenend- / Reihenhäuser				
Doppel- und Reihenendhäuser, einfacher Standard	108,00	**155,00**	183,00	11,3%
Doppel- und Reihenendhäuser, mittlerer Standard	118,00	**163,00**	197,00	10,9%
Doppel- und Reihenendhäuser, hoher Standard	158,00	**178,00**	191,00	12,7%
Doppel- und Reihenendhäuser, Holzbauweise	162,00	**230,00**	329,00	14,7%
Reihenhäuser, einfacher Standard	105,00	**129,00**	152,00	11,1%
Reihenhäuser, mittlerer Standard	110,00	**182,00**	218,00	18,2%
Reihenhäuser, hoher Standard	169,00	**213,00**	287,00	11,0%
Mehrfamilienhäuser				
Mehrfamilienhäuser, mit bis zu 6 WE, einfacher Standard	128,00	**165,00**	202,00	8,6%
Mehrfamilienhäuser, mit bis zu 6 WE, mittlerer Standard	164,00	**204,00**	233,00	8,9%
Mehrfamilienhäuser, mit bis zu 6 WE, hoher Standard	164,00	**178,00**	201,00	6,7%

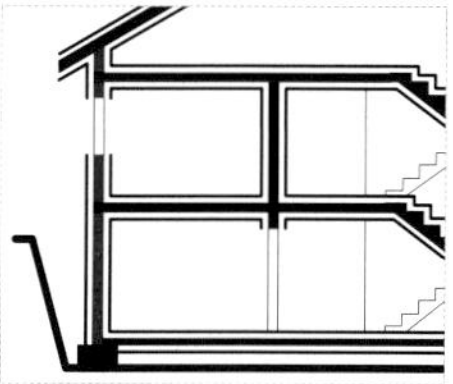

Einheit: m²
Außenwandfläche,
tragend

Gebäudeart	▷	€/Einheit	◁	KG an 300
Mehrfamilienhäuser (Fortsetzung)				
Mehrfamilienhäuser, mit 6 bis 19 WE, einfacher Standard	137,00	**191,00**	220,00	7,7%
Mehrfamilienhäuser, mit 6 bis 19 WE, mittlerer Standard	139,00	**191,00**	251,00	8,3%
Mehrfamilienhäuser, mit 6 bis 19 WE, hoher Standard	171,00	**201,00**	258,00	8,4%
Mehrfamilienhäuser, mit 20 oder mehr WE, einfacher Standard	121,00	**164,00**	245,00	6,6%
Mehrfamilienhäuser, mit 20 oder mehr WE, mittlerer Standard	146,00	**170,00**	253,00	5,8%
Mehrfamilienhäuser, mit 20 oder mehr WE, hoher Standard	147,00	**223,00**	334,00	8,8%
Mehrfamilienhäuser, Passivhäuser	141,00	**153,00**	179,00	7,4%
Mehrfamilienhäuser, Holzbauweise	190,00	**221,00**	246,00	8,3%
Wohnhäuser, mit bis zu 15% Mischnutzung, einfacher Standard	139,00	**188,00**	284,00	3,8%
Wohnhäuser, mit bis zu 15% Mischnutzung, mittlerer Standard	166,00	**199,00**	252,00	13,6%
Wohnhäuser, mit bis zu 15% Mischnutzung, hoher Standard	–	**383,00**	–	10,1%
Wohnhäuser, mit mehr als 15% Mischnutzung	181,00	**216,00**	283,00	6,8%
Seniorenwohnungen und Beherbergungen				
Seniorenwohnungen, mittlerer Standard	143,00	**152,00**	168,00	6,7%
Seniorenwohnungen, hoher Standard	146,00	**203,00**	260,00	7,3%
Wohnheime und Internate	168,00	**197,00**	235,00	5,4%
Hotels	–	**228,00**	–	7,9%
7 Gewerbe, Lager und Garagen				
Gaststätten, Kantinen und Mensen	–	**273,00**	–	4,1%
Industrielle Produktionsgebäude, Massivbauweise	198,00	**504,00**	1.414,00	7,0%
Industrielle Produktionsgebäude, überwiegend Skelettbauweise	189,00	**241,00**	273,00	8,4%
Betriebs- und Werkstätten, eingeschossig	80,00	**154,00**	229,00	2,8%
Betriebs- und Werkstätten, mehrgeschossig, geringer Hallenanteil	210,00	**276,00**	364,00	9,1%
Betriebs- und Werkstätten, mehrgeschossig, hoher Hallenanteil	147,00	**231,00**	356,00	7,1%
Geschäftshäuser, mit Wohnungen	183,00	**250,00**	357,00	7,2%
Geschäftshäuser, ohne Wohnungen	200,00	**206,00**	213,00	11,6%
Verbrauchermärkte	218,00	**249,00**	298,00	7,6%
Autohäuser	127,00	**234,00**	341,00	5,0%
Lagergebäude, ohne Mischnutzung	113,00	**227,00**	381,00	7,1%
Lagergebäude, mit bis zu 25% Mischnutzung	218,00	**246,00**	300,00	7,7%
Lagergebäude, mit mehr als 25% Mischnutzung	158,00	**241,00**	324,00	4,7%
Garagen und Bereitschaftsdienste				
Einzel- und Doppelgaragen	–	**–**	–	–
Mehrfachgaragen	159,00	**218,00**	289,00	8,2%
Hochgaragen	124,00	**306,00**	397,00	6,8%
Fahrradparkhäuser	91,00	**252,00**	414,00	3,5%
Carports	244,00	**290,00**	425,00	14,4%
Tiefgaragen	312,00	**392,00**	466,00	8,6%
Feuerwehrhäuser	152,00	**193,00**	239,00	6,6%
Öffentliche Bereitschaftsdienste	158,00	**242,00**	323,00	11,1%
8 Gebäude für kulturelle und religiöse Zwecke				
Bibliotheken, Museen und Ausstellungen	213,00	**278,00**	387,00	6,7%
Theater	391,00	**418,00**	444,00	3,1%
Gemeindezentren, einfacher Standard	197,00	**218,00**	256,00	8,1%
Gemeindezentren, mittlerer Standard	218,00	**288,00**	390,00	7,0%
Gemeindezentren, hoher Standard	235,00	**360,00**	481,00	8,8%
Gemeindezentren, Holzbauweise	291,00	**314,00**	326,00	8,4%
Friedhofsgebäude	192,00	**267,00**	343,00	8,3%

332 Nichttragende Außenwände

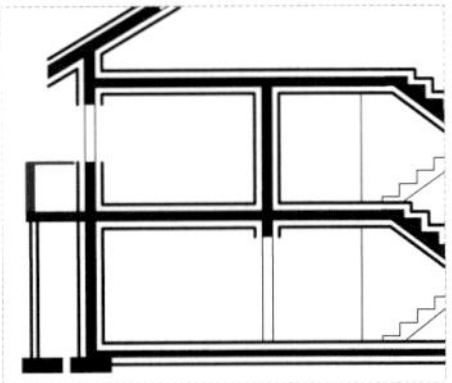

Kosten:
Stand 1. Quartal 2026
Bundesdurchschnitt
inkl. 19% MwSt.

Einheit: m²
Außenwandfläche,
nichttragend

▷ von
ø Mittel
◁ bis

Gebäudeart	▷	€/Einheit	◁	KG an 300
1 Büro- und Verwaltungsgebäude				
Büro- und Verwaltungsgebäude, einfacher Standard	–	**–**	–	–
Büro- und Verwaltungsgebäude, mittlerer Standard	187,00	**330,00**	482,00	0,7%
Büro- und Verwaltungsgebäude, hoher Standard	213,00	**302,00**	531,00	0,8%
Büro- und Verwaltungsgebäude, Holzbauweise	127,00	**227,00**	286,00	0,9%
2 Gebäude für Forschung und Lehre				
Instituts- und Laborgebäude	251,00	**307,00**	364,00	0,7%
3 Gebäude des Gesundheitswesens				
Medizinische Einrichtungen	283,00	**552,00**	822,00	0,3%
Pflegeheime	292,00	**618,00**	1.257,00	0,8%
Gebäude für Erholungszwecke	–	**168,00**	–	0,5%
4 Schulen und Kindergärten				
Allgemeinbildende Schulen	223,00	**267,00**	396,00	0,3%
Schulen, Holzbauweise	217,00	**261,00**	281,00	1,7%
Berufliche Schulen	179,00	**225,00**	315,00	1,5%
Förder- und Sonderschulen	134,00	**225,00**	316,00	0,1%
Weiterbildungseinrichtungen	–	**819,00**	–	< 0,1%
Kindergärten, nicht unterkellert, einfacher Standard	–	**197,00**	–	0,3%
Kindergärten, nicht unterkellert, mittlerer Standard	213,00	**303,00**	385,00	0,4%
Kindergärten, nicht unterkellert, hoher Standard	–	**173,00**	–	< 0,1%
Kindergärten, Holzbauweise, nicht unterkellert	136,00	**213,00**	331,00	0,3%
Kindergärten, unterkellert	–	**168,00**	–	0,3%
5 Sportbauten				
Sport- und Mehrzweckhallen	–	**–**	–	–
Sporthallen (Einfeldhallen)	161,00	**255,00**	349,00	0,2%
Sporthallen (Dreifeldhallen)	284,00	**413,00**	543,00	< 0,1%
6 Wohngebäude				
Ein- und Zweifamilienhäuser				
Ein- und Zweifamilienhäuser, unterkellert, einfacher Standard	94,00	**194,00**	293,00	0,2%
Ein- und Zweifamilienhäuser, unterkellert, mittlerer Standard	177,00	**254,00**	332,00	< 0,1%
Ein- und Zweifamilienhäuser, unterkellert, hoher Standard	120,00	**189,00**	323,00	0,3%
Ein- und Zweifamilienhäuser, nicht unterkellert, einfacher Standard	–	**–**	–	–
Ein- und Zweifamilienhäuser, nicht unterkellert, mittlerer Standard	188,00	**255,00**	322,00	0,4%
Ein- und Zweifamilienhäuser, nicht unterkellert, hoher Standard	167,00	**256,00**	386,00	0,5%
Ein- und Zweifamilienhäuser, Passivhausstandard, Massivbauweise	100,00	**179,00**	258,00	0,1%
Ein- und Zweifamilienhäuser, Passivhausstandard, Holzbauweise	–	**133,00**	–	< 0,1%
Ein- und Zweifamilienhäuser, Holzbauweise, unterkellert	–	**–**	–	–
Ein- und Zweifamilienhäuser, Holzbauweise, nicht unterkellert	201,00	**309,00**	416,00	0,3%
Doppel- und Reihenend- / Reihenhäuser				
Doppel- und Reihenendhäuser, einfacher Standard	–	**188,00**	–	0,1%
Doppel- und Reihenendhäuser, mittlerer Standard	–	**–**	–	–
Doppel- und Reihenendhäuser, hoher Standard	166,00	**325,00**	774,00	0,5%
Doppel- und Reihenendhäuser, Holzbauweise	–	**–**	–	–
Reihenhäuser, einfacher Standard	–	**188,00**	–	0,2%
Reihenhäuser, mittlerer Standard	–	**151,00**	–	0,1%
Reihenhäuser, hoher Standard	–	**–**	–	–
Mehrfamilienhäuser				
Mehrfamilienhäuser, mit bis zu 6 WE, einfacher Standard	–	**–**	–	–
Mehrfamilienhäuser, mit bis zu 6 WE, mittlerer Standard	–	**223,00**	–	0,5%
Mehrfamilienhäuser, mit bis zu 6 WE, hoher Standard	149,00	**301,00**	450,00	0,6%

 Erläuterungen zu den Tabellen siehe Seite 60

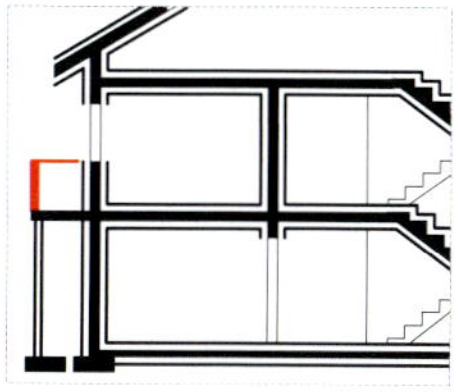

Einheit: m²
Außenwandfläche,
nichttragend

Gebäudeart	▷	€/Einheit	◁	KG an 300
Mehrfamilienhäuser (Fortsetzung)				
Mehrfamilienhäuser, mit 6 bis 19 WE, einfacher Standard	–	–	–	–
Mehrfamilienhäuser, mit 6 bis 19 WE, mittlerer Standard	233,00	**434,00**	1.140,00	0,3%
Mehrfamilienhäuser, mit 6 bis 19 WE, hoher Standard	235,00	**240,00**	245,00	0,3%
Mehrfamilienhäuser, mit 20 oder mehr WE, einfacher Standard	–	**136,00**	–	0,3%
Mehrfamilienhäuser, mit 20 oder mehr WE, mittlerer Standard	184,00	**269,00**	437,00	0,4%
Mehrfamilienhäuser, mit 20 oder mehr WE, hoher Standard	149,00	**270,00**	391,00	0,8%
Mehrfamilienhäuser, Passivhäuser	136,00	**333,00**	496,00	1,2%
Mehrfamilienhäuser, Holzbauweise	–	**295,00**	–	1,1%
Wohnhäuser, mit bis zu 15% Mischnutzung, einfacher Standard	336,00	**419,00**	582,00	4,0%
Wohnhäuser, mit bis zu 15% Mischnutzung, mittlerer Standard	–	**166,00**	–	0,2%
Wohnhäuser, mit bis zu 15% Mischnutzung, hoher Standard	–	–	–	–
Wohnhäuser, mit mehr als 15% Mischnutzung	199,00	**285,00**	371,00	1,3%
Seniorenwohnungen und Beherbergungen				
Seniorenwohnungen, mittlerer Standard	99,00	**166,00**	300,00	0,1%
Seniorenwohnungen, hoher Standard	–	**118,00**	–	0,1%
Wohnheime und Internate	157,00	**276,00**	502,00	1,0%
Hotels	–	**325,00**	–	0,3%
7 Gewerbe, Lager und Garagen				
Gaststätten, Kantinen und Mensen	–	–	–	–
Industrielle Produktionsgebäude, Massivbauweise	84,00	**115,00**	170,00	1,7%
Industrielle Produktionsgebäude, überwiegend Skelettbauweise	134,00	**201,00**	268,00	3,1%
Betriebs- und Werkstätten, eingeschossig	–	**171,00**	–	0,3%
Betriebs- und Werkstätten, mehrgeschossig, geringer Hallenanteil	209,00	**331,00**	400,00	0,7%
Betriebs- und Werkstätten, mehrgeschossig, hoher Hallenanteil	95,00	**247,00**	400,00	0,1%
Geschäftshäuser, mit Wohnungen	–	–	–	–
Geschäftshäuser, ohne Wohnungen	–	–	–	–
Verbrauchermärkte	–	**92,00**	–	0,2%
Autohäuser	–	**233,00**	–	0,4%
Lagergebäude, ohne Mischnutzung	162,00	**194,00**	254,00	2,0%
Lagergebäude, mit bis zu 25% Mischnutzung	–	**393,00**	–	< 0,1%
Lagergebäude, mit mehr als 25% Mischnutzung	–	–	–	–
Garagen und Bereitschaftsdienste				
Einzel- und Doppelgaragen	–	**132,00**	–	4,3%
Mehrfachgaragen	–	**143,00**	–	3,0%
Hochgaragen	–	**271,00**	–	< 0,1%
Fahrradparkhäuser	–	**386,00**	–	0,5%
Carports	–	–	–	–
Tiefgaragen	–	**652,00**	–	< 0,1%
Feuerwehrhäuser	151,00	**250,00**	377,00	0,4%
Öffentliche Bereitschaftsdienste	154,00	**177,00**	201,00	0,1%
8 Gebäude für kulturelle und religiöse Zwecke				
Bibliotheken, Museen und Ausstellungen	198,00	**263,00**	450,00	0,6%
Theater	269,00	**311,00**	354,00	1,1%
Gemeindezentren, einfacher Standard	–	–	–	–
Gemeindezentren, mittlerer Standard	155,00	**251,00**	427,00	0,6%
Gemeindezentren, hoher Standard	–	**265,00**	–	< 0,1%
Gemeindezentren, Holzbauweise	–	**560,00**	–	0,9%
Friedhofsgebäude	82,00	**241,00**	399,00	0,7%

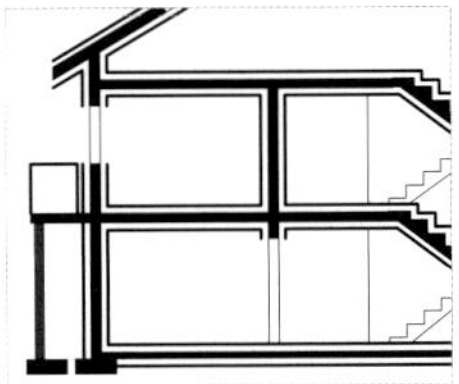

Kosten:
Stand 1.Quartal 2026
Bundesdurchschnitt
inkl. 19% MwSt.

Einheit: m
Außenstützenlänge

▷ von
ø Mittel
◁ bis

Gebäudeart	▷	€/Einheit	◁	KG an 300
1 Büro- und Verwaltungsgebäude				
Büro- und Verwaltungsgebäude, einfacher Standard	311,00	**374,00**	437,00	0,6%
Büro- und Verwaltungsgebäude, mittlerer Standard	199,00	**283,00**	420,00	0,5%
Büro- und Verwaltungsgebäude, hoher Standard	175,00	**215,00**	277,00	0,3%
Büro- und Verwaltungsgebäude, Holzbauweise	157,00	**261,00**	414,00	0,5%
2 Gebäude für Forschung und Lehre				
Instituts- und Laborgebäude	281,00	**345,00**	420,00	0,4%
3 Gebäude des Gesundheitswesens				
Medizinische Einrichtungen	253,00	**574,00**	1.188,00	0,3%
Pflegeheime	127,00	**185,00**	258,00	0,3%
Gebäude für Erholungszwecke	–	**254,00**	–	0,2%
4 Schulen und Kindergärten				
Allgemeinbildende Schulen	256,00	**365,00**	526,00	0,5%
Schulen, Holzbauweise	82,00	**202,00**	306,00	0,7%
Berufliche Schulen	193,00	**1.213,00**	5.269,00	0,8%
Förder- und Sonderschulen	182,00	**223,00**	263,00	0,4%
Weiterbildungseinrichtungen	198,00	**222,00**	271,00	0,7%
Kindergärten, nicht unterkellert, einfacher Standard	–	**197,00**	–	< 0,1%
Kindergärten, nicht unterkellert, mittlerer Standard	195,00	**243,00**	439,00	0,3%
Kindergärten, nicht unterkellert, hoher Standard	153,00	**245,00**	291,00	0,3%
Kindergärten, Holzbauweise, nicht unterkellert	104,00	**640,00**	2.377,00	0,1%
Kindergärten, unterkellert	91,00	**212,00**	333,00	0,3%
5 Sportbauten				
Sport- und Mehrzweckhallen	–	**494,00**	–	0,2%
Sporthallen (Einfeldhallen)	76,00	**266,00**	372,00	0,7%
Sporthallen (Dreifeldhallen)	229,00	**324,00**	415,00	0,8%
6 Wohngebäude				
Ein- und Zweifamilienhäuser				
Ein- und Zweifamilienhäuser, unterkellert, einfacher Standard	–	**128,00**	–	0,2%
Ein- und Zweifamilienhäuser, unterkellert, mittlerer Standard	44,00	**121,00**	183,00	0,1%
Ein- und Zweifamilienhäuser, unterkellert, hoher Standard	129,00	**195,00**	313,00	0,3%
Ein- und Zweifamilienhäuser, nicht unterkellert, einfacher Standard	–	**–**	–	–
Ein- und Zweifamilienhäuser, nicht unterkellert, mittlerer Standard	140,00	**225,00**	336,00	0,4%
Ein- und Zweifamilienhäuser, nicht unterkellert, hoher Standard	166,00	**318,00**	614,00	0,3%
Ein- und Zweifamilienhäuser, Passivhausstandard, Massivbauweise	165,00	**325,00**	824,00	0,2%
Ein- und Zweifamilienhäuser, Passivhausstandard, Holzbauweise	147,00	**203,00**	261,00	< 0,1%
Ein- und Zweifamilienhäuser, Holzbauweise, unterkellert	94,00	**163,00**	360,00	0,2%
Ein- und Zweifamilienhäuser, Holzbauweise, nicht unterkellert	77,00	**175,00**	321,00	< 0,1%
Doppel- und Reihenend- / Reihenhäuser				
Doppel- und Reihenendhäuser, einfacher Standard	–	**–**	–	–
Doppel- und Reihenendhäuser, mittlerer Standard	76,00	**370,00**	663,00	0,2%
Doppel- und Reihenendhäuser, hoher Standard	175,00	**181,00**	187,00	0,3%
Doppel- und Reihenendhäuser, Holzbauweise	115,00	**149,00**	215,00	0,7%
Reihenhäuser, einfacher Standard	–	**–**	–	–
Reihenhäuser, mittlerer Standard	–	**184,00**	–	1,0%
Reihenhäuser, hoher Standard	–	**75,00**	–	< 0,1%
Mehrfamilienhäuser				
Mehrfamilienhäuser, mit bis zu 6 WE, einfacher Standard	–	**214,00**	–	0,1%
Mehrfamilienhäuser, mit bis zu 6 WE, mittlerer Standard	–	**208,00**	–	< 0,1%
Mehrfamilienhäuser, mit bis zu 6 WE, hoher Standard	169,00	**239,00**	309,00	0,2%

Gebäudeart	▷	€/Einheit	◁	KG an 300
Mehrfamilienhäuser (Fortsetzung)				
Mehrfamilienhäuser, mit 6 bis 19 WE, einfacher Standard	–	**–**	–	–
Mehrfamilienhäuser, mit 6 bis 19 WE, mittlerer Standard	174,00	**225,00**	264,00	0,2%
Mehrfamilienhäuser, mit 6 bis 19 WE, hoher Standard	306,00	**441,00**	575,00	< 0,1%
Mehrfamilienhäuser, mit 20 oder mehr WE, einfacher Standard	190,00	**245,00**	332,00	0,2%
Mehrfamilienhäuser, mit 20 oder mehr WE, mittlerer Standard	113,00	**276,00**	441,00	0,8%
Mehrfamilienhäuser, mit 20 oder mehr WE, hoher Standard	217,00	**236,00**	255,00	0,2%
Mehrfamilienhäuser, Passivhäuser	147,00	**224,00**	315,00	0,5%
Mehrfamilienhäuser, Holzbauweise	159,00	**295,00**	376,00	0,2%
Wohnhäuser, mit bis zu 15% Mischnutzung, einfacher Standard	–	**235,00**	–	0,6%
Wohnhäuser, mit bis zu 15% Mischnutzung, mittlerer Standard	–	**167,00**	–	0,1%
Wohnhäuser, mit bis zu 15% Mischnutzung, hoher Standard	–	**357,00**	–	0,5%
Wohnhäuser, mit mehr als 15% Mischnutzung	–	**–**	–	–
Seniorenwohnungen und Beherbergungen				
Seniorenwohnungen, mittlerer Standard	168,00	**228,00**	262,00	0,3%
Seniorenwohnungen, hoher Standard	–	**160,00**	–	0,3%
Wohnheime und Internate	143,00	**232,00**	315,00	0,3%
Hotels	–	**270,00**	–	1,2%
7 Gewerbe, Lager und Garagen				
Gaststätten, Kantinen und Mensen	–	**837,00**	–	0,6%
Industrielle Produktionsgebäude, Massivbauweise	–	**600,00**	–	0,4%
Industrielle Produktionsgebäude, überwiegend Skelettbauweise	182,00	**354,00**	523,00	2,0%
Betriebs- und Werkstätten, eingeschossig	–	**320,00**	–	< 0,1%
Betriebs- und Werkstätten, mehrgeschossig, geringer Hallenanteil	277,00	**462,00**	699,00	1,2%
Betriebs- und Werkstätten, mehrgeschossig, hoher Hallenanteil	147,00	**329,00**	581,00	1,8%
Geschäftshäuser, mit Wohnungen	187,00	**219,00**	274,00	0,2%
Geschäftshäuser, ohne Wohnungen	–	**497,00**	–	0,4%
Verbrauchermärkte	–	**253,00**	–	1,0%
Autohäuser	–	**208,00**	–	0,2%
Lagergebäude, ohne Mischnutzung	183,00	**342,00**	544,00	4,7%
Lagergebäude, mit bis zu 25% Mischnutzung	–	**637,00**	–	0,6%
Lagergebäude, mit mehr als 25% Mischnutzung	307,00	**569,00**	830,00	2,7%
Garagen und Bereitschaftsdienste				
Einzel- und Doppelgaragen	–	**56,00**	–	0,5%
Mehrfachgaragen	178,00	**258,00**	416,00	2,8%
Hochgaragen	365,00	**547,00**	729,00	2,9%
Fahrradparkhäuser	271,00	**826,00**	1.869,00	3,6%
Carports	110,00	**114,00**	118,00	0,3%
Tiefgaragen	–	**562,00**	–	< 0,1%
Feuerwehrhäuser	207,00	**241,00**	294,00	0,2%
Öffentliche Bereitschaftsdienste	304,00	**502,00**	1.020,00	2,1%
8 Gebäude für kulturelle und religiöse Zwecke				
Bibliotheken, Museen und Ausstellungen	228,00	**334,00**	443,00	0,5%
Theater	223,00	**1.071,00**	1.919,00	1,0%
Gemeindezentren, einfacher Standard	264,00	**375,00**	485,00	0,6%
Gemeindezentren, mittlerer Standard	75,00	**212,00**	271,00	0,4%
Gemeindezentren, hoher Standard	120,00	**308,00**	820,00	0,4%
Gemeindezentren, Holzbauweise	229,00	**381,00**	533,00	0,8%
Friedhofsgebäude	307,00	**378,00**	449,00	1,4%

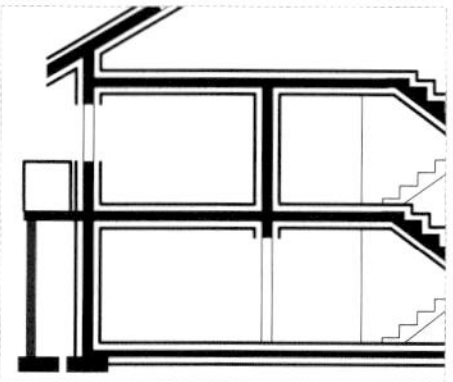

Einheit: m
Außenstützenlänge

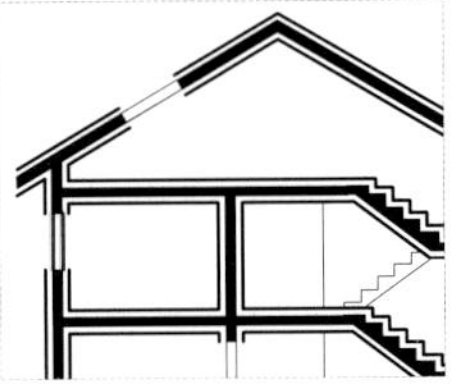

Kosten:
Stand 1.Quartal 2026
Bundesdurchschnitt
inkl. 19% MwSt.

Einheit: m2
Außenwandöffnungs-
fläche

▷ von
ø Mittel
◁ bis

Gebäudeart	▷	€/Einheit	◁	KG an 300
1 Büro- und Verwaltungsgebäude				
Büro- und Verwaltungsgebäude, einfacher Standard	433,00	**507,00**	641,00	7,3%
Büro- und Verwaltungsgebäude, mittlerer Standard	780,00	**1.124,00**	1.922,00	11,7%
Büro- und Verwaltungsgebäude, hoher Standard	910,00	**1.329,00**	1.814,00	12,7%
Büro- und Verwaltungsgebäude, Holzbauweise	870,00	**1.212,00**	1.683,00	8,9%
2 Gebäude für Forschung und Lehre				
Instituts- und Laborgebäude	1.087,00	**1.439,00**	2.756,00	11,5%
3 Gebäude des Gesundheitswesens				
Medizinische Einrichtungen	496,00	**787,00**	933,00	8,9%
Pflegeheime	739,00	**1.044,00**	1.301,00	7,6%
Gebäude für Erholungszwecke	1.232,00	**1.489,00**	2.364,00	12,0%
4 Schulen und Kindergärten				
Allgemeinbildende Schulen	852,00	**1.225,00**	1.890,00	15,2%
Schulen, Holzbauweise	1.109,00	**1.484,00**	3.097,00	9,3%
Berufliche Schulen	905,00	**1.191,00**	1.646,00	10,9%
Förder- und Sonderschulen	955,00	**3.377,00**	13.015,00	13,0%
Weiterbildungseinrichtungen	1.359,00	**1.421,00**	1.518,00	19,0%
Kindergärten, nicht unterkellert, einfacher Standard	727,00	**942,00**	1.049,00	8,9%
Kindergärten, nicht unterkellert, mittlerer Standard	908,00	**1.082,00**	1.659,00	11,0%
Kindergärten, nicht unterkellert, hoher Standard	868,00	**1.087,00**	1.306,00	11,0%
Kindergärten, Holzbauweise, nicht unterkellert	816,00	**1.036,00**	1.265,00	8,1%
Kindergärten, unterkellert	999,00	**1.079,00**	1.281,00	10,0%
5 Sportbauten				
Sport- und Mehrzweckhallen	931,00	**1.087,00**	1.166,00	18,5%
Sporthallen (Einfeldhallen)	909,00	**1.325,00**	1.766,00	5,9%
Sporthallen (Dreifeldhallen)	770,00	**915,00**	1.074,00	9,1%
6 Wohngebäude				
Ein- und Zweifamilienhäuser				
Ein- und Zweifamilienhäuser, unterkellert, einfacher Standard	766,00	**849,00**	976,00	7,3%
Ein- und Zweifamilienhäuser, unterkellert, mittlerer Standard	682,00	**808,00**	1.031,00	10,4%
Ein- und Zweifamilienhäuser, unterkellert, hoher Standard	871,00	**1.119,00**	1.349,00	13,8%
Ein- und Zweifamilienhäuser, nicht unterkellert, einfacher Standard	613,00	**704,00**	796,00	9,1%
Ein- und Zweifamilienhäuser, nicht unterkellert, mittlerer Standard	773,00	**914,00**	1.143,00	12,0%
Ein- und Zweifamilienhäuser, nicht unterkellert, hoher Standard	804,00	**1.019,00**	1.251,00	13,4%
Ein- und Zweifamilienhäuser, Passivhausstandard, Massivbauweise	853,00	**1.059,00**	1.245,00	12,8%
Ein- und Zweifamilienhäuser, Passivhausstandard, Holzbauweise	1.011,00	**1.143,00**	1.675,00	13,5%
Ein- und Zweifamilienhäuser, Holzbauweise, unterkellert	699,00	**830,00**	1.061,00	10,4%
Ein- und Zweifamilienhäuser, Holzbauweise, nicht unterkellert	745,00	**957,00**	1.224,00	10,9%
Doppel- und Reihenend- / Reihenhäuser				
Doppel- und Reihenendhäuser, einfacher Standard	495,00	**835,00**	1.006,00	11,9%
Doppel- und Reihenendhäuser, mittlerer Standard	711,00	**913,00**	1.147,00	8,8%
Doppel- und Reihenendhäuser, hoher Standard	674,00	**767,00**	1.025,00	8,7%
Doppel- und Reihenendhäuser, Holzbauweise	722,00	**856,00**	1.061,00	10,1%
Reihenhäuser, einfacher Standard	487,00	**668,00**	849,00	9,9%
Reihenhäuser, mittlerer Standard	688,00	**759,00**	888,00	8,8%
Reihenhäuser, hoher Standard	671,00	**972,00**	1.185,00	9,5%
Mehrfamilienhäuser				
Mehrfamilienhäuser, mit bis zu 6 WE, einfacher Standard	474,00	**543,00**	613,00	6,3%
Mehrfamilienhäuser, mit bis zu 6 WE, mittlerer Standard	527,00	**733,00**	840,00	8,8%
Mehrfamilienhäuser, mit bis zu 6 WE, hoher Standard	715,00	**882,00**	1.061,00	9,0%

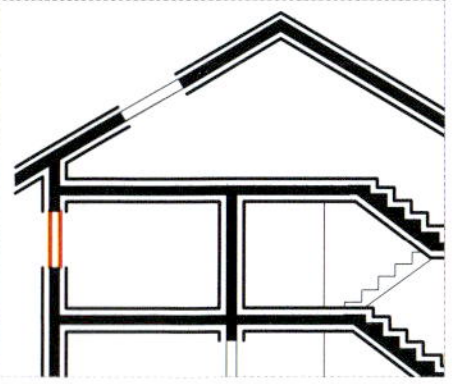

Einheit: m²
Außenwandöffnungs-
fläche

Gebäudeart	▷	€/Einheit	◁	KG an 300
Mehrfamilienhäuser (Fortsetzung)				
Mehrfamilienhäuser, mit 6 bis 19 WE, einfacher Standard	707,00	**896,00**	1.246,00	7,1%
Mehrfamilienhäuser, mit 6 bis 19 WE, mittlerer Standard	454,00	**612,00**	764,00	7,3%
Mehrfamilienhäuser, mit 6 bis 19 WE, hoher Standard	497,00	**697,00**	844,00	7,2%
Mehrfamilienhäuser, mit 20 oder mehr WE, einfacher Standard	401,00	**530,00**	753,00	6,9%
Mehrfamilienhäuser, mit 20 oder mehr WE, mittlerer Standard	680,00	**803,00**	882,00	7,8%
Mehrfamilienhäuser, mit 20 oder mehr WE, hoher Standard	582,00	**731,00**	997,00	6,8%
Mehrfamilienhäuser, Passivhäuser	738,00	**868,00**	1.098,00	10,1%
Mehrfamilienhäuser, Holzbauweise	720,00	**902,00**	1.169,00	9,1%
Wohnhäuser, mit bis zu 15% Mischnutzung, einfacher Standard	612,00	**824,00**	968,00	13,1%
Wohnhäuser, mit bis zu 15% Mischnutzung, mittlerer Standard	691,00	**741,00**	835,00	9,7%
Wohnhäuser, mit bis zu 15% Mischnutzung, hoher Standard	–	**1.182,00**	–	11,3%
Wohnhäuser, mit mehr als 15% Mischnutzung	760,00	**863,00**	1.068,00	17,3%
Seniorenwohnungen und Beherbergungen				
Seniorenwohnungen, mittlerer Standard	599,00	**664,00**	780,00	8,7%
Seniorenwohnungen, hoher Standard	480,00	**646,00**	813,00	7,7%
Wohnheime und Internate	752,00	**934,00**	1.221,00	10,8%
Hotels	–	**1.086,00**	–	10,8%
7 Gewerbe, Lager und Garagen				
Gaststätten, Kantinen und Mensen	–	**1.570,00**	–	11,3%
Industrielle Produktionsgebäude, Massivbauweise	584,00	**949,00**	1.107,00	11,9%
Industrielle Produktionsgebäude, überwiegend Skelettbauweise	638,00	**854,00**	1.123,00	6,6%
Betriebs- und Werkstätten, eingeschossig	1.000,00	**1.273,00**	1.729,00	13,9%
Betriebs- und Werkstätten, mehrgeschossig, geringer Hallenanteil	619,00	**886,00**	1.351,00	8,9%
Betriebs- und Werkstätten, mehrgeschossig, hoher Hallenanteil	644,00	**802,00**	1.239,00	8,8%
Geschäftshäuser, mit Wohnungen	876,00	**1.259,00**	1.501,00	14,7%
Geschäftshäuser, ohne Wohnungen	903,00	**1.119,00**	1.336,00	11,8%
Verbrauchermärkte	1.450,00	**1.644,00**	2.009,00	6,6%
Autohäuser	727,00	**848,00**	970,00	10,9%
Lagergebäude, ohne Mischnutzung	393,00	**579,00**	854,00	6,4%
Lagergebäude, mit bis zu 25% Mischnutzung	758,00	**876,00**	1.097,00	10,0%
Lagergebäude, mit mehr als 25% Mischnutzung	372,00	**490,00**	607,00	12,2%
Garagen und Bereitschaftsdienste				
Einzel- und Doppelgaragen	–	**588,00**	–	5,0%
Mehrfachgaragen	476,00	**591,00**	735,00	10,4%
Hochgaragen	1.000,00	**1.138,00**	1.276,00	0,7%
Fahrradparkhäuser	1.528,00	**3.398,00**	4.519,00	7,8%
Carports	391,00	**436,00**	527,00	3,9%
Tiefgaragen	985,00	**1.824,00**	2.287,00	1,0%
Feuerwehrhäuser	798,00	**962,00**	1.277,00	10,5%
Öffentliche Bereitschaftsdienste	676,00	**1.109,00**	2.372,00	11,3%
8 Gebäude für kulturelle und religiöse Zwecke				
Bibliotheken, Museen und Ausstellungen	1.056,00	**1.603,00**	2.394,00	9,0%
Theater	1.086,00	**1.783,00**	2.481,00	16,2%
Gemeindezentren, einfacher Standard	630,00	**704,00**	750,00	8,4%
Gemeindezentren, mittlerer Standard	1.024,00	**1.297,00**	1.706,00	10,3%
Gemeindezentren, hoher Standard	1.154,00	**1.372,00**	1.590,00	11,9%
Gemeindezentren, Holzbauweise	962,00	**1.099,00**	1.170,00	12,2%
Friedhofsgebäude	1.239,00	**1.426,00**	1.613,00	10,2%

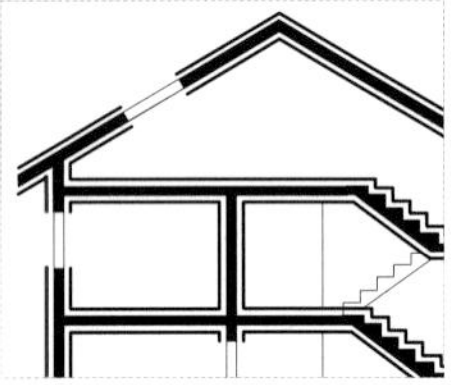

Kosten:
Stand 1. Quartal 2026
Bundesdurchschnitt
inkl. 19% MwSt.

Einheit: m²
Außenwandbekleidungs-
fläche, außen

▷ von
ø Mittel
◁ bis

Gebäudeart	▷	€/Einheit	◁	KG an 300
1 Büro- und Verwaltungsgebäude				
Büro- und Verwaltungsgebäude, einfacher Standard	106,00	**118,00**	126,00	5,2%
Büro- und Verwaltungsgebäude, mittlerer Standard	206,00	**330,00**	541,00	8,4%
Büro- und Verwaltungsgebäude, hoher Standard	268,00	**498,00**	1.142,00	8,8%
Büro- und Verwaltungsgebäude, Holzbauweise	163,00	**312,00**	446,00	8,1%
2 Gebäude für Forschung und Lehre				
Instituts- und Laborgebäude	389,00	**484,00**	636,00	14,6%
3 Gebäude des Gesundheitswesens				
Medizinische Einrichtungen	410,00	**424,00**	448,00	11,4%
Pflegeheime	205,00	**333,00**	486,00	7,5%
Gebäude für Erholungszwecke	179,00	**326,00**	608,00	12,4%
4 Schulen und Kindergärten				
Allgemeinbildende Schulen	183,00	**300,00**	427,00	4,5%
Schulen, Holzbauweise	218,00	**354,00**	607,00	10,5%
Berufliche Schulen	257,00	**320,00**	490,00	5,6%
Förder- und Sonderschulen	157,00	**296,00**	418,00	6,7%
Weiterbildungseinrichtungen	305,00	**380,00**	515,00	5,5%
Kindergärten, nicht unterkellert, einfacher Standard	150,00	**234,00**	277,00	7,4%
Kindergärten, nicht unterkellert, mittlerer Standard	204,00	**261,00**	325,00	9,4%
Kindergärten, nicht unterkellert, hoher Standard	167,00	**212,00**	257,00	5,1%
Kindergärten, Holzbauweise, nicht unterkellert	195,00	**265,00**	351,00	7,4%
Kindergärten, unterkellert	180,00	**261,00**	359,00	7,5%
5 Sportbauten				
Sport- und Mehrzweckhallen	103,00	**141,00**	214,00	3,7%
Sporthallen (Einfeldhallen)	181,00	**235,00**	278,00	9,1%
Sporthallen (Dreifeldhallen)	88,00	**189,00**	306,00	3,7%
6 Wohngebäude				
Ein- und Zweifamilienhäuser				
Ein- und Zweifamilienhäuser, unterkellert, einfacher Standard	57,00	**72,00**	80,00	5,4%
Ein- und Zweifamilienhäuser, unterkellert, mittlerer Standard	123,00	**179,00**	227,00	11,6%
Ein- und Zweifamilienhäuser, unterkellert, hoher Standard	134,00	**179,00**	245,00	9,3%
Ein- und Zweifamilienhäuser, nicht unterkellert, einfacher Standard	93,00	**157,00**	220,00	11,0%
Ein- und Zweifamilienhäuser, nicht unterkellert, mittlerer Standard	155,00	**222,00**	516,00	11,5%
Ein- und Zweifamilienhäuser, nicht unterkellert, hoher Standard	128,00	**189,00**	324,00	8,6%
Ein- und Zweifamilienhäuser, Passivhausstandard, Massivbauweise	156,00	**211,00**	270,00	12,4%
Ein- und Zweifamilienhäuser, Passivhausstandard, Holzbauweise	110,00	**167,00**	221,00	8,6%
Ein- und Zweifamilienhäuser, Holzbauweise, unterkellert	115,00	**179,00**	286,00	9,4%
Ein- und Zweifamilienhäuser, Holzbauweise, nicht unterkellert	122,00	**191,00**	370,00	8,6%
Doppel- und Reihenend- / Reihenhäuser				
Doppel- und Reihenendhäuser, einfacher Standard	87,00	**134,00**	165,00	10,1%
Doppel- und Reihenendhäuser, mittlerer Standard	112,00	**163,00**	304,00	10,8%
Doppel- und Reihenendhäuser, hoher Standard	120,00	**166,00**	202,00	11,0%
Doppel- und Reihenendhäuser, Holzbauweise	155,00	**243,00**	538,00	12,7%
Reihenhäuser, einfacher Standard	121,00	**150,00**	179,00	7,0%
Reihenhäuser, mittlerer Standard	74,00	**94,00**	105,00	8,3%
Reihenhäuser, hoher Standard	112,00	**211,00**	406,00	7,4%
Mehrfamilienhäuser				
Mehrfamilienhäuser, mit bis zu 6 WE, einfacher Standard	84,00	**106,00**	128,00	5,2%
Mehrfamilienhäuser, mit bis zu 6 WE, mittlerer Standard	120,00	**171,00**	249,00	8,1%
Mehrfamilienhäuser, mit bis zu 6 WE, hoher Standard	161,00	**234,00**	404,00	9,8%

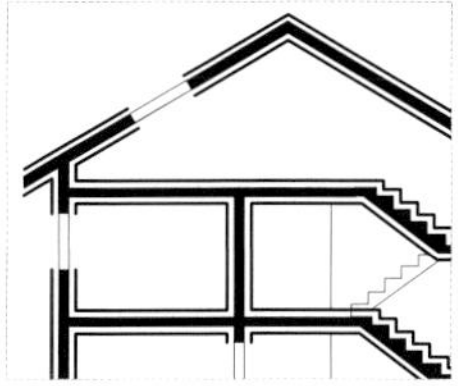

Einheit: m²
Außenwandbekleidungsfläche, außen

Gebäudeart	▷	€/Einheit	◁	KG an 300
Mehrfamilienhäuser (Fortsetzung)				
Mehrfamilienhäuser, mit 6 bis 19 WE, einfacher Standard	117,00	**201,00**	249,00	8,6%
Mehrfamilienhäuser, mit 6 bis 19 WE, mittlerer Standard	144,00	**180,00**	206,00	8,7%
Mehrfamilienhäuser, mit 6 bis 19 WE, hoher Standard	134,00	**240,00**	496,00	10,0%
Mehrfamilienhäuser, mit 20 oder mehr WE, einfacher Standard	119,00	**133,00**	159,00	6,4%
Mehrfamilienhäuser, mit 20 oder mehr WE, mittlerer Standard	161,00	**254,00**	412,00	8,9%
Mehrfamilienhäuser, mit 20 oder mehr WE, hoher Standard	171,00	**182,00**	205,00	8,7%
Mehrfamilienhäuser, Passivhäuser	118,00	**180,00**	216,00	9,8%
Mehrfamilienhäuser, Holzbauweise	163,00	**216,00**	288,00	8,6%
Wohnhäuser, mit bis zu 15% Mischnutzung, einfacher Standard	110,00	**144,00**	210,00	5,0%
Wohnhäuser, mit bis zu 15% Mischnutzung, mittlerer Standard	152,00	**205,00**	259,00	7,0%
Wohnhäuser, mit bis zu 15% Mischnutzung, hoher Standard	–	**362,00**	–	7,6%
Wohnhäuser, mit mehr als 15% Mischnutzung	137,00	**246,00**	301,00	8,7%
Seniorenwohnungen und Beherbergungen				
Seniorenwohnungen, mittlerer Standard	132,00	**146,00**	170,00	7,4%
Seniorenwohnungen, hoher Standard	128,00	**181,00**	234,00	6,9%
Wohnheime und Internate	154,00	**247,00**	387,00	7,1%
Hotels	–	**507,00**	–	19,2%
7 Gewerbe, Lager und Garagen				
Gaststätten, Kantinen und Mensen	–	**346,00**	–	5,9%
Industrielle Produktionsgebäude, Massivbauweise	74,00	**158,00**	226,00	6,5%
Industrielle Produktionsgebäude, überwiegend Skelettbauweise	63,00	**160,00**	341,00	5,3%
Betriebs- und Werkstätten, eingeschossig	213,00	**247,00**	281,00	3,9%
Betriebs- und Werkstätten, mehrgeschossig, geringer Hallenanteil	156,00	**242,00**	285,00	8,2%
Betriebs- und Werkstätten, mehrgeschossig, hoher Hallenanteil	126,00	**206,00**	621,00	5,7%
Geschäftshäuser, mit Wohnungen	199,00	**231,00**	248,00	6,4%
Geschäftshäuser, ohne Wohnungen	99,00	**123,00**	147,00	6,6%
Verbrauchermärkte	146,00	**217,00**	359,00	9,2%
Autohäuser	165,00	**226,00**	288,00	3,5%
Lagergebäude, ohne Mischnutzung	104,00	**155,00**	208,00	8,1%
Lagergebäude, mit bis zu 25% Mischnutzung	107,00	**255,00**	404,00	3,4%
Lagergebäude, mit mehr als 25% Mischnutzung	–	**108,00**	–	2,2%
Garagen und Bereitschaftsdienste				
Einzel- und Doppelgaragen	–	**–**	–	–
Mehrfachgaragen	51,00	**99,00**	191,00	1,8%
Hochgaragen	76,00	**293,00**	402,00	12,2%
Fahrradparkhäuser	364,00	**489,00**	733,00	17,6%
Carports	166,00	**175,00**	191,00	4,6%
Tiefgaragen	34,00	**75,00**	112,00	0,9%
Feuerwehrhäuser	213,00	**263,00**	353,00	10,4%
Öffentliche Bereitschaftsdienste	143,00	**232,00**	560,00	8,5%
8 Gebäude für kulturelle und religiöse Zwecke				
Bibliotheken, Museen und Ausstellungen	205,00	**455,00**	610,00	12,1%
Theater	233,00	**267,00**	301,00	4,3%
Gemeindezentren, einfacher Standard	134,00	**206,00**	246,00	8,9%
Gemeindezentren, mittlerer Standard	173,00	**337,00**	471,00	10,8%
Gemeindezentren, hoher Standard	154,00	**286,00**	416,00	7,2%
Gemeindezentren, Holzbauweise	191,00	**246,00**	276,00	7,7%
Friedhofsgebäude	149,00	**282,00**	414,00	9,8%

336 Außenwand-bekleidungen, innen

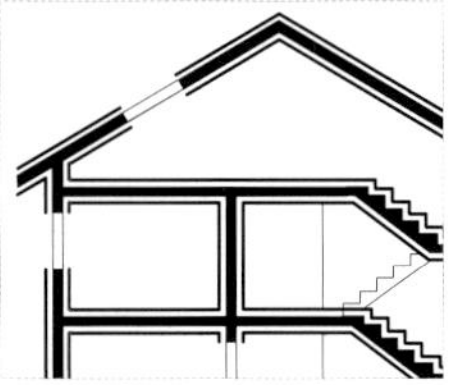

Kosten:
Stand 1.Quartal 2026
Bundesdurchschnitt
inkl. 19% MwSt.

Einheit: m²
Außenwandbekleidungsfläche, innen

▷ von
ø Mittel
◁ bis

Gebäudeart	▷	€/Einheit	◁	KG an 300
1 Büro- und Verwaltungsgebäude				
Büro- und Verwaltungsgebäude, einfacher Standard	19,00	**51,00**	68,00	1,8%
Büro- und Verwaltungsgebäude, mittlerer Standard	35,00	**71,00**	106,00	1,3%
Büro- und Verwaltungsgebäude, hoher Standard	49,00	**83,00**	139,00	1,2%
Büro- und Verwaltungsgebäude, Holzbauweise	51,00	**101,00**	227,00	2,0%
2 Gebäude für Forschung und Lehre				
Instituts- und Laborgebäude	31,00	**60,00**	82,00	1,0%
3 Gebäude des Gesundheitswesens				
Medizinische Einrichtungen	52,00	**59,00**	71,00	1,2%
Pflegeheime	53,00	**114,00**	239,00	1,3%
Gebäude für Erholungszwecke	93,00	**120,00**	142,00	2,4%
4 Schulen und Kindergärten				
Allgemeinbildende Schulen	37,00	**82,00**	174,00	0,9%
Schulen, Holzbauweise	35,00	**58,00**	86,00	1,4%
Berufliche Schulen	98,00	**168,00**	351,00	1,5%
Förder- und Sonderschulen	54,00	**64,00**	94,00	0,8%
Weiterbildungseinrichtungen	22,00	**59,00**	133,00	0,3%
Kindergärten, nicht unterkellert, einfacher Standard	71,00	**85,00**	94,00	2,3%
Kindergärten, nicht unterkellert, mittlerer Standard	50,00	**79,00**	127,00	1,6%
Kindergärten, nicht unterkellert, hoher Standard	44,00	**55,00**	66,00	1,1%
Kindergärten, Holzbauweise, nicht unterkellert	66,00	**100,00**	164,00	2,0%
Kindergärten, unterkellert	57,00	**70,00**	109,00	1,4%
5 Sportbauten				
Sport- und Mehrzweckhallen	11,00	**63,00**	99,00	1,5%
Sporthallen (Einfeldhallen)	84,00	**109,00**	131,00	3,2%
Sporthallen (Dreifeldhallen)	57,00	**142,00**	194,00	1,5%
6 Wohngebäude				
Ein- und Zweifamilienhäuser				
Ein- und Zweifamilienhäuser, unterkellert, einfacher Standard	29,00	**37,00**	41,00	2,6%
Ein- und Zweifamilienhäuser, unterkellert, mittlerer Standard	53,00	**71,00**	121,00	2,6%
Ein- und Zweifamilienhäuser, unterkellert, hoher Standard	45,00	**62,00**	90,00	2,4%
Ein- und Zweifamilienhäuser, nicht unterkellert, einfacher Standard	65,00	**69,00**	73,00	3,7%
Ein- und Zweifamilienhäuser, nicht unterkellert, mittlerer Standard	49,00	**70,00**	90,00	2,6%
Ein- und Zweifamilienhäuser, nicht unterkellert, hoher Standard	47,00	**58,00**	75,00	2,1%
Ein- und Zweifamilienhäuser, Passivhausstandard, Massivbauweise	55,00	**69,00**	82,00	3,0%
Ein- und Zweifamilienhäuser, Passivhausstandard, Holzbauweise	33,00	**62,00**	87,00	2,5%
Ein- und Zweifamilienhäuser, Holzbauweise, unterkellert	38,00	**59,00**	86,00	3,3%
Ein- und Zweifamilienhäuser, Holzbauweise, nicht unterkellert	38,00	**69,00**	112,00	2,0%
Doppel- und Reihenend- / Reihenhäuser				
Doppel- und Reihenendhäuser, einfacher Standard	6,30	**32,00**	44,00	1,9%
Doppel- und Reihenendhäuser, mittlerer Standard	32,00	**50,00**	65,00	2,8%
Doppel- und Reihenendhäuser, hoher Standard	43,00	**52,00**	58,00	3,2%
Doppel- und Reihenendhäuser, Holzbauweise	58,00	**74,00**	99,00	3,2%
Reihenhäuser, einfacher Standard	6,30	**67,00**	128,00	2,6%
Reihenhäuser, mittlerer Standard	49,00	**66,00**	97,00	3,9%
Reihenhäuser, hoher Standard	15,00	**62,00**	74,00	3,3%
Mehrfamilienhäuser				
Mehrfamilienhäuser, mit bis zu 6 WE, einfacher Standard	46,00	**56,00**	65,00	2,7%
Mehrfamilienhäuser, mit bis zu 6 WE, mittlerer Standard	37,00	**45,00**	52,00	1,8%
Mehrfamilienhäuser, mit bis zu 6 WE, hoher Standard	39,00	**50,00**	59,00	1,6%

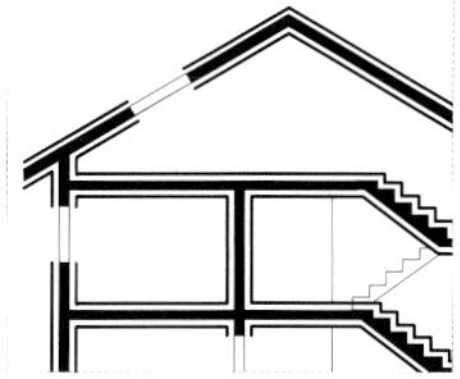

Gebäudeart	▷	€/Einheit	◁	KG an 300
Mehrfamilienhäuser (Fortsetzung)				
Mehrfamilienhäuser, mit 6 bis 19 WE, einfacher Standard	28,00	**40,00**	47,00	1,6%
Mehrfamilienhäuser, mit 6 bis 19 WE, mittlerer Standard	36,00	**46,00**	54,00	1,6%
Mehrfamilienhäuser, mit 6 bis 19 WE, hoher Standard	33,00	**47,00**	65,00	1,5%
Mehrfamilienhäuser, mit 20 oder mehr WE, einfacher Standard	23,00	**36,00**	42,00	1,5%
Mehrfamilienhäuser, mit 20 oder mehr WE, mittlerer Standard	34,00	**59,00**	76,00	1,8%
Mehrfamilienhäuser, mit 20 oder mehr WE, hoher Standard	41,00	**47,00**	50,00	2,1%
Mehrfamilienhäuser, Passivhäuser	46,00	**54,00**	91,00	2,0%
Mehrfamilienhäuser, Holzbauweise	50,00	**97,00**	134,00	3,0%
Wohnhäuser, mit bis zu 15% Mischnutzung, einfacher Standard	71,00	**135,00**	251,00	3,3%
Wohnhäuser, mit bis zu 15% Mischnutzung, mittlerer Standard	20,00	**57,00**	79,00	2,4%
Wohnhäuser, mit bis zu 15% Mischnutzung, hoher Standard	–	**67,00**	–	1,7%
Wohnhäuser, mit mehr als 15% Mischnutzung	57,00	**68,00**	85,00	1,8%
Seniorenwohnungen und Beherbergungen				
Seniorenwohnungen, mittlerer Standard	39,00	**46,00**	51,00	1,9%
Seniorenwohnungen, hoher Standard	39,00	**51,00**	64,00	1,8%
Wohnheime und Internate	41,00	**60,00**	83,00	1,4%
Hotels	–	**82,00**	–	2,5%
7 Gewerbe, Lager und Garagen				
Gaststätten, Kantinen und Mensen	–	**171,00**	–	1,7%
Industrielle Produktionsgebäude, Massivbauweise	15,00	**41,00**	102,00	1,1%
Industrielle Produktionsgebäude, überwiegend Skelettbauweise	19,00	**36,00**	91,00	0,5%
Betriebs- und Werkstätten, eingeschossig	13,00	**30,00**	47,00	0,5%
Betriebs- und Werkstätten, mehrgeschossig, geringer Hallenanteil	31,00	**66,00**	154,00	1,2%
Betriebs- und Werkstätten, mehrgeschossig, hoher Hallenanteil	36,00	**66,00**	92,00	1,7%
Geschäftshäuser, mit Wohnungen	67,00	**67,00**	69,00	2,1%
Geschäftshäuser, ohne Wohnungen	42,00	**43,00**	44,00	2,0%
Verbrauchermärkte	29,00	**61,00**	81,00	1,0%
Autohäuser	91,00	**99,00**	106,00	0,9%
Lagergebäude, ohne Mischnutzung	11,00	**38,00**	56,00	0,4%
Lagergebäude, mit bis zu 25% Mischnutzung	18,00	**36,00**	54,00	0,7%
Lagergebäude, mit mehr als 25% Mischnutzung	–	**56,00**	–	0,9%
Garagen und Bereitschaftsdienste				
Einzel- und Doppelgaragen	–	**–**	–	–
Mehrfachgaragen	34,00	**61,00**	114,00	0,7%
Hochgaragen	36,00	**150,00**	263,00	0,2%
Fahrradparkhäuser	30,00	**74,00**	118,00	0,1%
Carports	–	**–**	–	–
Tiefgaragen	9,00	**68,00**	162,00	0,8%
Feuerwehrhäuser	41,00	**54,00**	65,00	1,4%
Öffentliche Bereitschaftsdienste	39,00	**65,00**	139,00	1,8%
8 Gebäude für kulturelle und religiöse Zwecke				
Bibliotheken, Museen und Ausstellungen	56,00	**88,00**	117,00	1,9%
Theater	23,00	**92,00**	160,00	1,1%
Gemeindezentren, einfacher Standard	31,00	**50,00**	62,00	1,3%
Gemeindezentren, mittlerer Standard	59,00	**67,00**	72,00	1,5%
Gemeindezentren, hoher Standard	69,00	**90,00**	149,00	1,3%
Gemeindezentren, Holzbauweise	25,00	**98,00**	145,00	2,8%
Friedhofsgebäude	70,00	**109,00**	149,00	2,4%

Einheit: m²
Außenwandbekleidungs-
fläche, innen

338 Lichtschutz zur KG 330

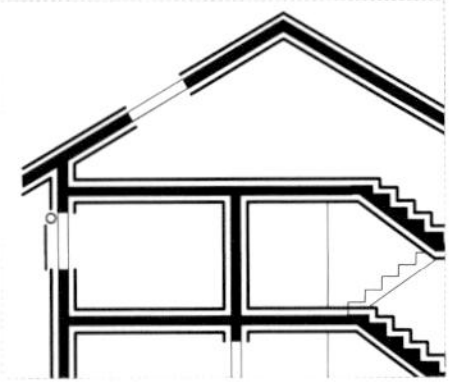

Kosten:
Stand 1. Quartal 2026
Bundesdurchschnitt
inkl. 19% MwSt.

Einheit: m²
Außenwand-Lichtschutzfläche

▷ von
ø Mittel
◁ bis

Gebäudeart	▷	€/Einheit	◁	KG an 300
1 Büro- und Verwaltungsgebäude				
Büro- und Verwaltungsgebäude, einfacher Standard	225,00	**354,00**	436,00	2,2%
Büro- und Verwaltungsgebäude, mittlerer Standard	211,00	**368,00**	802,00	2,7%
Büro- und Verwaltungsgebäude, hoher Standard	334,00	**538,00**	1.043,00	3,4%
Büro- und Verwaltungsgebäude, Holzbauweise	210,00	**301,00**	481,00	1,5%
2 Gebäude für Forschung und Lehre				
Instituts- und Laborgebäude	285,00	**448,00**	609,00	1,2%
3 Gebäude des Gesundheitswesens				
Medizinische Einrichtungen	193,00	**251,00**	309,00	0,8%
Pflegeheime	245,00	**328,00**	472,00	1,8%
Gebäude für Erholungszwecke	–	–	–	–
4 Schulen und Kindergärten				
Allgemeinbildende Schulen	282,00	**414,00**	654,00	1,8%
Schulen, Holzbauweise	127,00	**277,00**	468,00	1,0%
Berufliche Schulen	234,00	**330,00**	424,00	1,6%
Förder- und Sonderschulen	196,00	**273,00**	387,00	1,4%
Weiterbildungseinrichtungen	167,00	**206,00**	282,00	1,3%
Kindergärten, nicht unterkellert, einfacher Standard	253,00	**410,00**	510,00	1,7%
Kindergärten, nicht unterkellert, mittlerer Standard	238,00	**391,00**	793,00	1,8%
Kindergärten, nicht unterkellert, hoher Standard	432,00	**543,00**	764,00	1,8%
Kindergärten, Holzbauweise, nicht unterkellert	258,00	**352,00**	567,00	1,4%
Kindergärten, unterkellert	299,00	**344,00**	374,00	1,3%
5 Sportbauten				
Sport- und Mehrzweckhallen	–	**247,00**	–	0,4%
Sporthallen (Einfeldhallen)	–	–	–	–
Sporthallen (Dreifeldhallen)	204,00	**245,00**	322,00	0,8%
6 Wohngebäude				
Ein- und Zweifamilienhäuser				
Ein- und Zweifamilienhäuser, unterkellert, einfacher Standard	118,00	**400,00**	560,00	2,2%
Ein- und Zweifamilienhäuser, unterkellert, mittlerer Standard	312,00	**455,00**	809,00	2,0%
Ein- und Zweifamilienhäuser, unterkellert, hoher Standard	325,00	**496,00**	1.014,00	2,9%
Ein- und Zweifamilienhäuser, nicht unterkellert, einfacher Standard	474,00	**580,00**	685,00	3,2%
Ein- und Zweifamilienhäuser, nicht unterkellert, mittlerer Standard	136,00	**392,00**	616,00	1,1%
Ein- und Zweifamilienhäuser, nicht unterkellert, hoher Standard	328,00	**480,00**	630,00	1,0%
Ein- und Zweifamilienhäuser, Passivhausstandard, Massivbauweise	287,00	**478,00**	759,00	3,1%
Ein- und Zweifamilienhäuser, Passivhausstandard, Holzbauweise	224,00	**347,00**	566,00	3,0%
Ein- und Zweifamilienhäuser, Holzbauweise, unterkellert	227,00	**299,00**	404,00	1,6%
Ein- und Zweifamilienhäuser, Holzbauweise, nicht unterkellert	288,00	**472,00**	732,00	2,4%
Doppel- und Reihenend- / Reihenhäuser				
Doppel- und Reihenendhäuser, einfacher Standard	130,00	**322,00**	513,00	2,4%
Doppel- und Reihenendhäuser, mittlerer Standard	245,00	**493,00**	1.559,00	1,9%
Doppel- und Reihenendhäuser, hoher Standard	213,00	**284,00**	363,00	1,9%
Doppel- und Reihenendhäuser, Holzbauweise	203,00	**243,00**	289,00	1,6%
Reihenhäuser, einfacher Standard	–	**148,00**	–	1,1%
Reihenhäuser, mittlerer Standard	193,00	**206,00**	220,00	1,0%
Reihenhäuser, hoher Standard	85,00	**157,00**	193,00	0,8%
Mehrfamilienhäuser				
Mehrfamilienhäuser, mit bis zu 6 WE, einfacher Standard	–	–	–	–
Mehrfamilienhäuser, mit bis zu 6 WE, mittlerer Standard	241,00	**286,00**	330,00	1,5%
Mehrfamilienhäuser, mit bis zu 6 WE, hoher Standard	231,00	**344,00**	432,00	2,2%

Gebäudeart	▷	€/Einheit	◁	KG an 300
Mehrfamilienhäuser (Fortsetzung)				
Mehrfamilienhäuser, mit 6 bis 19 WE, einfacher Standard	270,00	**361,00**	452,00	1,3%
Mehrfamilienhäuser, mit 6 bis 19 WE, mittlerer Standard	97,00	**164,00**	225,00	0,7%
Mehrfamilienhäuser, mit 6 bis 19 WE, hoher Standard	145,00	**348,00**	440,00	1,0%
Mehrfamilienhäuser, mit 20 oder mehr WE, einfacher Standard	111,00	**294,00**	420,00	1,7%
Mehrfamilienhäuser, mit 20 oder mehr WE, mittlerer Standard	316,00	**535,00**	954,00	0,8%
Mehrfamilienhäuser, mit 20 oder mehr WE, hoher Standard	445,00	**703,00**	856,00	2,8%
Mehrfamilienhäuser, Passivhäuser	265,00	**450,00**	829,00	2,8%
Mehrfamilienhäuser, Holzbauweise	236,00	**293,00**	421,00	1,1%
Wohnhäuser, mit bis zu 15% Mischnutzung, einfacher Standard	148,00	**197,00**	294,00	1,8%
Wohnhäuser, mit bis zu 15% Mischnutzung, mittlerer Standard	224,00	**268,00**	354,00	2,8%
Wohnhäuser, mit bis zu 15% Mischnutzung, hoher Standard	–	**422,00**	–	1,8%
Wohnhäuser, mit mehr als 15% Mischnutzung	–	**–**	–	–
Seniorenwohnungen und Beherbergungen				
Seniorenwohnungen, mittlerer Standard	216,00	**888,00**	1.231,00	4,5%
Seniorenwohnungen, hoher Standard	225,00	**468,00**	712,00	2,8%
Wohnheime und Internate	212,00	**379,00**	558,00	1,0%
Hotels	–	**–**	–	–
7 Gewerbe, Lager und Garagen				
Gaststätten, Kantinen und Mensen	–	**603,00**	–	0,7%
Industrielle Produktionsgebäude, Massivbauweise	276,00	**466,00**	754,00	1,0%
Industrielle Produktionsgebäude, überwiegend Skelettbauweise	411,00	**600,00**	1.140,00	1,7%
Betriebs- und Werkstätten, eingeschossig	226,00	**358,00**	490,00	1,2%
Betriebs- und Werkstätten, mehrgeschossig, geringer Hallenanteil	225,00	**342,00**	469,00	1,9%
Betriebs- und Werkstätten, mehrgeschossig, hoher Hallenanteil	279,00	**432,00**	598,00	1,4%
Geschäftshäuser, mit Wohnungen	180,00	**252,00**	323,00	1,0%
Geschäftshäuser, ohne Wohnungen	–	**820,00**	–	1,5%
Verbrauchermärkte	–	**123,00**	–	< 0,1%
Autohäuser	–	**1.638,00**	–	0,2%
Lagergebäude, ohne Mischnutzung	–	**416,00**	–	0,1%
Lagergebäude, mit bis zu 25% Mischnutzung	–	**1.571,00**	–	0,6%
Lagergebäude, mit mehr als 25% Mischnutzung	–	**513,00**	–	0,5%
Garagen und Bereitschaftsdienste				
Einzel- und Doppelgaragen	–	**–**	–	–
Mehrfachgaragen	–	**599,00**	–	0,3%
Hochgaragen	–	**–**	–	–
Fahrradparkhäuser	–	**–**	–	–
Carports	–	**–**	–	–
Tiefgaragen	–	**–**	–	–
Feuerwehrhäuser	141,00	**177,00**	212,00	0,1%
Öffentliche Bereitschaftsdienste	293,00	**413,00**	647,00	0,4%
8 Gebäude für kulturelle und religiöse Zwecke				
Bibliotheken, Museen und Ausstellungen	132,00	**297,00**	380,00	1,1%
Theater	237,00	**305,00**	373,00	0,6%
Gemeindezentren, einfacher Standard	236,00	**325,00**	414,00	1,5%
Gemeindezentren, mittlerer Standard	527,00	**691,00**	854,00	1,2%
Gemeindezentren, hoher Standard	–	**180,00**	–	0,2%
Gemeindezentren, Holzbauweise	231,00	**904,00**	1.576,00	1,1%
Friedhofsgebäude	–	**743,00**	–	0,5%

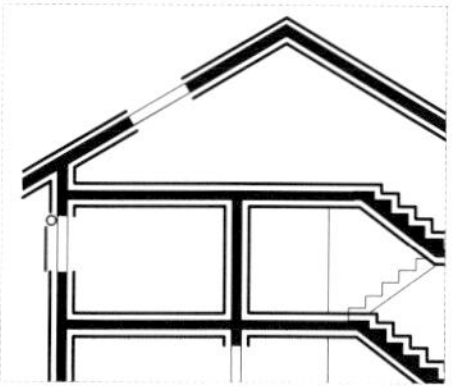

Einheit: m²
Außenwand-Lichtschutz-
fläche

339 Sonstiges zur KG 330

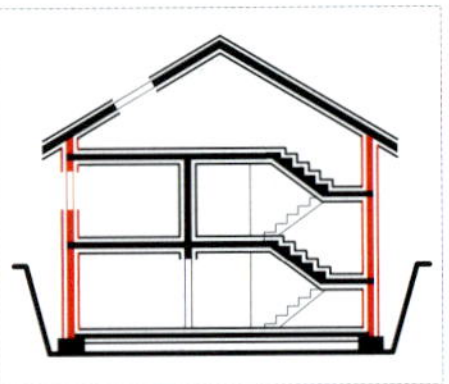

Kosten:
Stand 1. Quartal 2026
Bundesdurchschnitt
inkl. 19% MwSt.

Einheit: m²
Außenwandfläche/
Fläche der vertikalen
Baukonstruktionen

▷ von
ø Mittel
◁ bis

Gebäudeart	▷	€/Einheit	◁	KG an 300
1 Büro- und Verwaltungsgebäude				
Büro- und Verwaltungsgebäude, einfacher Standard	–	**1,50**	–	< 0,1%
Büro- und Verwaltungsgebäude, mittlerer Standard	4,50	**12,00**	67,00	0,2%
Büro- und Verwaltungsgebäude, hoher Standard	12,00	**28,00**	80,00	0,7%
Büro- und Verwaltungsgebäude, Holzbauweise	7,20	**17,00**	52,00	0,4%
2 Gebäude für Forschung und Lehre				
Instituts- und Laborgebäude	1,70	**8,50**	12,00	0,2%
3 Gebäude des Gesundheitswesens				
Medizinische Einrichtungen	11,00	**13,00**	15,00	0,3%
Pflegeheime	11,00	**15,00**	22,00	0,2%
Gebäude für Erholungszwecke	–	**6,20**	–	< 0,1%
4 Schulen und Kindergärten				
Allgemeinbildende Schulen	7,40	**24,00**	68,00	0,4%
Schulen, Holzbauweise	2,90	**24,00**	49,00	0,5%
Berufliche Schulen	–	**61,00**	–	0,2%
Förder- und Sonderschulen	0,80	**6,30**	17,00	0,1%
Weiterbildungseinrichtungen	3,90	**16,00**	39,00	0,4%
Kindergärten, nicht unterkellert, einfacher Standard	–	**30,00**	–	0,4%
Kindergärten, nicht unterkellert, mittlerer Standard	5,20	**29,00**	75,00	0,4%
Kindergärten, nicht unterkellert, hoher Standard	9,00	**9,20**	9,40	0,2%
Kindergärten, Holzbauweise, nicht unterkellert	7,70	**14,00**	25,00	0,2%
Kindergärten, unterkellert	8,80	**19,00**	49,00	0,7%
5 Sportbauten				
Sport- und Mehrzweckhallen	–	**–**	–	–
Sporthallen (Einfeldhallen)	5,50	**5,90**	6,30	0,1%
Sporthallen (Dreifeldhallen)	12,00	**33,00**	65,00	0,7%
6 Wohngebäude				
Ein- und Zweifamilienhäuser				
Ein- und Zweifamilienhäuser, unterkellert, einfacher Standard	2,40	**11,00**	16,00	0,9%
Ein- und Zweifamilienhäuser, unterkellert, mittlerer Standard	5,50	**16,00**	48,00	1,0%
Ein- und Zweifamilienhäuser, unterkellert, hoher Standard	9,30	**22,00**	45,00	1,2%
Ein- und Zweifamilienhäuser, nicht unterkellert, einfacher Standard	–	**3,10**	–	0,1%
Ein- und Zweifamilienhäuser, nicht unterkellert, mittlerer Standard	11,00	**29,00**	121,00	0,9%
Ein- und Zweifamilienhäuser, nicht unterkellert, hoher Standard	5,80	**12,00**	20,00	0,5%
Ein- und Zweifamilienhäuser, Passivhausstandard, Massivbauweise	4,40	**11,00**	22,00	0,5%
Ein- und Zweifamilienhäuser, Passivhausstandard, Holzbauweise	6,40	**15,00**	29,00	0,6%
Ein- und Zweifamilienhäuser, Holzbauweise, unterkellert	9,70	**21,00**	44,00	1,3%
Ein- und Zweifamilienhäuser, Holzbauweise, nicht unterkellert	4,10	**7,20**	13,00	0,2%
Doppel- und Reihenend- / Reihenhäuser				
Doppel- und Reihenendhäuser, einfacher Standard	–	**19,00**	–	0,4%
Doppel- und Reihenendhäuser, mittlerer Standard	3,50	**12,00**	17,00	0,8%
Doppel- und Reihenendhäuser, hoher Standard	13,00	**22,00**	30,00	1,4%
Doppel- und Reihenendhäuser, Holzbauweise	2,20	**4,80**	9,60	0,2%
Reihenhäuser, einfacher Standard	–	**12,00**	–	0,4%
Reihenhäuser, mittlerer Standard	3,60	**10,00**	22,00	1,1%
Reihenhäuser, hoher Standard	4,30	**19,00**	63,00	0,9%
Mehrfamilienhäuser				
Mehrfamilienhäuser, mit bis zu 6 WE, einfacher Standard	1,40	**2,90**	4,30	0,2%
Mehrfamilienhäuser, mit bis zu 6 WE, mittlerer Standard	8,00	**17,00**	53,00	1,1%
Mehrfamilienhäuser, mit bis zu 6 WE, hoher Standard	15,00	**26,00**	42,00	1,0%

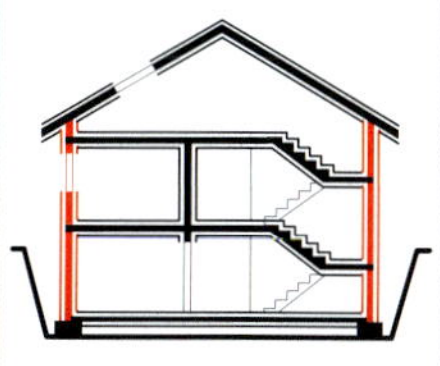

Einheit: m²
Außenwandfläche/
Fläche der vertikalen
Baukonstruktionen

Gebäudeart	▷	€/Einheit	◁	KG an 300
Mehrfamilienhäuser (Fortsetzung)				
Mehrfamilienhäuser, mit 6 bis 19 WE, einfacher Standard	6,40	**12,00**	22,00	0,7%
Mehrfamilienhäuser, mit 6 bis 19 WE, mittlerer Standard	9,60	**21,00**	34,00	0,9%
Mehrfamilienhäuser, mit 6 bis 19 WE, hoher Standard	9,20	**13,00**	18,00	0,7%
Mehrfamilienhäuser, mit 20 oder mehr WE, einfacher Standard	33,00	**37,00**	41,00	1,2%
Mehrfamilienhäuser, mit 20 oder mehr WE, mittlerer Standard	6,70	**24,00**	44,00	0,7%
Mehrfamilienhäuser, mit 20 oder mehr WE, hoher Standard	4,10	**12,00**	16,00	0,6%
Mehrfamilienhäuser, Passivhäuser	4,20	**10,00**	22,00	0,6%
Mehrfamilienhäuser, Holzbauweise	6,90	**8,50**	13,00	0,4%
Wohnhäuser, mit bis zu 15% Mischnutzung, einfacher Standard	2,20	**5,90**	8,40	0,3%
Wohnhäuser, mit bis zu 15% Mischnutzung, mittlerer Standard	–	**21,00**	–	0,9%
Wohnhäuser, mit bis zu 15% Mischnutzung, hoher Standard	–	**32,00**	–	1,1%
Wohnhäuser, mit mehr als 15% Mischnutzung	–	**3,30**	–	< 0,1%
Seniorenwohnungen und Beherbergungen				
Seniorenwohnungen, mittlerer Standard	7,20	**13,00**	17,00	0,7%
Seniorenwohnungen, hoher Standard	–	**37,00**	–	0,7%
Wohnheime und Internate	9,30	**18,00**	40,00	0,6%
Hotels	–	**5,80**	–	0,3%
7 Gewerbe, Lager und Garagen				
Gaststätten, Kantinen und Mensen	–	**15,00**	–	0,3%
Industrielle Produktionsgebäude, Massivbauweise	–	**18,00**	–	0,3%
Industrielle Produktionsgebäude, überwiegend Skelettbauweise	4,50	**10,00**	31,00	0,5%
Betriebs- und Werkstätten, eingeschossig	5,20	**12,00**	19,00	0,4%
Betriebs- und Werkstätten, mehrgeschossig, geringer Hallenanteil	2,60	**4,40**	6,30	< 0,1%
Betriebs- und Werkstätten, mehrgeschossig, hoher Hallenanteil	1,10	**1,60**	2,40	< 0,1%
Geschäftshäuser, mit Wohnungen	2,00	**41,00**	80,00	1,0%
Geschäftshäuser, ohne Wohnungen	1,80	**8,00**	14,00	0,4%
Verbrauchermärkte	18,00	**19,00**	19,00	0,5%
Autohäuser	–	**1,40**	–	< 0,1%
Lagergebäude, ohne Mischnutzung	4,80	**7,80**	13,00	0,2%
Lagergebäude, mit bis zu 25% Mischnutzung	10,00	**11,00**	11,00	0,7%
Lagergebäude, mit mehr als 25% Mischnutzung	–	**4,50**	–	0,1%
Garagen und Bereitschaftsdienste				
Einzel- und Doppelgaragen	–	**–**	–	–
Mehrfachgaragen	8,30	**16,00**	23,00	0,5%
Hochgaragen	–	**152,00**	–	0,4%
Fahrradparkhäuser	–	**26,00**	–	0,3%
Carports	–	**–**	–	–
Tiefgaragen	14,00	**32,00**	64,00	0,7%
Feuerwehrhäuser	5,10	**14,00**	22,00	0,5%
Öffentliche Bereitschaftsdienste	6,10	**6,50**	6,80	0,1%
8 Gebäude für kulturelle und religiöse Zwecke				
Bibliotheken, Museen und Ausstellungen	8,30	**16,00**	25,00	0,4%
Theater	–	**14,00**	–	0,1%
Gemeindezentren, einfacher Standard	–	**18,00**	–	0,3%
Gemeindezentren, mittlerer Standard	3,40	**11,00**	23,00	0,3%
Gemeindezentren, hoher Standard	28,00	**39,00**	59,00	1,0%
Gemeindezentren, Holzbauweise	–	**4,20**	–	< 0,1%
Friedhofsgebäude	3,90	**6,60**	9,20	0,3%

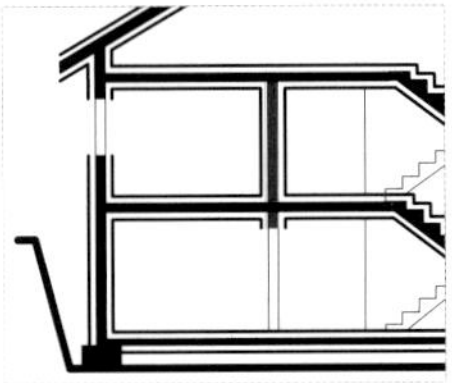

Kosten:
Stand 1.Quartal 2026
Bundesdurchschnitt
inkl. 19% MwSt.

Einheit: m²
Innenwandfläche,
tragend

▷ von
ø Mittel
◁ bis

Gebäudeart	▷	€/Einheit	◁	KG an 300
1 Büro- und Verwaltungsgebäude				
Büro- und Verwaltungsgebäude, einfacher Standard	138,00	**189,00**	240,00	2,9%
Büro- und Verwaltungsgebäude, mittlerer Standard	144,00	**245,00**	392,00	4,0%
Büro- und Verwaltungsgebäude, hoher Standard	207,00	**275,00**	453,00	2,5%
Büro- und Verwaltungsgebäude, Holzbauweise	164,00	**311,00**	483,00	4,4%
2 Gebäude für Forschung und Lehre				
Instituts- und Laborgebäude	152,00	**182,00**	223,00	2,2%
3 Gebäude des Gesundheitswesens				
Medizinische Einrichtungen	139,00	**156,00**	166,00	2,9%
Pflegeheime	169,00	**243,00**	426,00	3,7%
Gebäude für Erholungszwecke	172,00	**180,00**	196,00	2,2%
4 Schulen und Kindergärten				
Allgemeinbildende Schulen	220,00	**271,00**	396,00	3,9%
Schulen, Holzbauweise	205,00	**253,00**	324,00	4,3%
Berufliche Schulen	170,00	**256,00**	374,00	2,6%
Förder- und Sonderschulen	158,00	**263,00**	335,00	6,8%
Weiterbildungseinrichtungen	284,00	**333,00**	361,00	3,7%
Kindergärten, nicht unterkellert, einfacher Standard	132,00	**158,00**	196,00	5,9%
Kindergärten, nicht unterkellert, mittlerer Standard	132,00	**149,00**	176,00	4,9%
Kindergärten, nicht unterkellert, hoher Standard	127,00	**170,00**	280,00	4,6%
Kindergärten, Holzbauweise, nicht unterkellert	167,00	**213,00**	301,00	3,7%
Kindergärten, unterkellert	162,00	**206,00**	303,00	6,0%
5 Sportbauten				
Sport- und Mehrzweckhallen	117,00	**146,00**	196,00	1,5%
Sporthallen (Einfeldhallen)	132,00	**165,00**	193,00	2,8%
Sporthallen (Dreifeldhallen)	178,00	**208,00**	241,00	3,3%
6 Wohngebäude				
Ein- und Zweifamilienhäuser				
Ein- und Zweifamilienhäuser, unterkellert, einfacher Standard	111,00	**147,00**	164,00	2,9%
Ein- und Zweifamilienhäuser, unterkellert, mittlerer Standard	105,00	**131,00**	193,00	3,4%
Ein- und Zweifamilienhäuser, unterkellert, hoher Standard	129,00	**155,00**	209,00	2,3%
Ein- und Zweifamilienhäuser, nicht unterkellert, einfacher Standard	93,00	**96,00**	99,00	1,9%
Ein- und Zweifamilienhäuser, nicht unterkellert, mittlerer Standard	92,00	**121,00**	146,00	2,2%
Ein- und Zweifamilienhäuser, nicht unterkellert, hoher Standard	124,00	**150,00**	200,00	2,1%
Ein- und Zweifamilienhäuser, Passivhausstandard, Massivbauweise	114,00	**134,00**	173,00	2,1%
Ein- und Zweifamilienhäuser, Passivhausstandard, Holzbauweise	147,00	**192,00**	227,00	2,4%
Ein- und Zweifamilienhäuser, Holzbauweise, unterkellert	95,00	**138,00**	203,00	3,5%
Ein- und Zweifamilienhäuser, Holzbauweise, nicht unterkellert	166,00	**235,00**	324,00	2,0%
Doppel- und Reihenend- / Reihenhäuser				
Doppel- und Reihenendhäuser, einfacher Standard	99,00	**129,00**	188,00	4,4%
Doppel- und Reihenendhäuser, mittlerer Standard	106,00	**178,00**	235,00	2,6%
Doppel- und Reihenendhäuser, hoher Standard	135,00	**147,00**	175,00	0,9%
Doppel- und Reihenendhäuser, Holzbauweise	137,00	**186,00**	358,00	6,2%
Reihenhäuser, einfacher Standard	116,00	**152,00**	188,00	5,6%
Reihenhäuser, mittlerer Standard	141,00	**147,00**	153,00	3,9%
Reihenhäuser, hoher Standard	151,00	**220,00**	342,00	3,7%
Mehrfamilienhäuser				
Mehrfamilienhäuser, mit bis zu 6 WE, einfacher Standard	120,00	**140,00**	159,00	4,1%
Mehrfamilienhäuser, mit bis zu 6 WE, mittlerer Standard	109,00	**161,00**	232,00	2,5%
Mehrfamilienhäuser, mit bis zu 6 WE, hoher Standard	134,00	**179,00**	207,00	4,5%

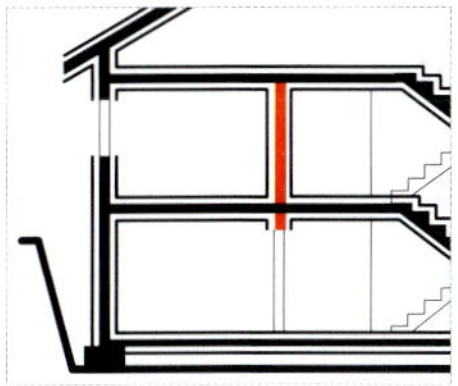

Gebäudeart	▷	€/Einheit	◁	KG an 300
Mehrfamilienhäuser (Fortsetzung)				
Mehrfamilienhäuser, mit 6 bis 19 WE, einfacher Standard	139,00	**154,00**	162,00	4,3%
Mehrfamilienhäuser, mit 6 bis 19 WE, mittlerer Standard	140,00	**160,00**	193,00	5,9%
Mehrfamilienhäuser, mit 6 bis 19 WE, hoher Standard	138,00	**185,00**	252,00	4,6%
Mehrfamilienhäuser, mit 20 oder mehr WE, einfacher Standard	98,00	**133,00**	152,00	4,7%
Mehrfamilienhäuser, mit 20 oder mehr WE, mittlerer Standard	123,00	**144,00**	161,00	3,9%
Mehrfamilienhäuser, mit 20 oder mehr WE, hoher Standard	126,00	**175,00**	274,00	4,6%
Mehrfamilienhäuser, Passivhäuser	114,00	**155,00**	197,00	3,8%
Mehrfamilienhäuser, Holzbauweise	137,00	**191,00**	238,00	3,9%
Wohnhäuser, mit bis zu 15% Mischnutzung, einfacher Standard	144,00	**172,00**	214,00	5,7%
Wohnhäuser, mit bis zu 15% Mischnutzung, mittlerer Standard	–	**159,00**	–	1,9%
Wohnhäuser, mit bis zu 15% Mischnutzung, hoher Standard	–	**205,00**	–	5,4%
Wohnhäuser, mit mehr als 15% Mischnutzung	141,00	**269,00**	477,00	4,9%
Seniorenwohnungen und Beherbergungen				
Seniorenwohnungen, mittlerer Standard	110,00	**136,00**	152,00	5,8%
Seniorenwohnungen, hoher Standard	152,00	**161,00**	170,00	3,6%
Wohnheime und Internate	136,00	**178,00**	217,00	4,8%
Hotels	–	**190,00**	–	2,8%
7 Gewerbe, Lager und Garagen				
Gaststätten, Kantinen und Mensen	–	**311,00**	–	5,0%
Industrielle Produktionsgebäude, Massivbauweise	115,00	**176,00**	353,00	1,9%
Industrielle Produktionsgebäude, überwiegend Skelettbauweise	171,00	**217,00**	276,00	2,6%
Betriebs- und Werkstätten, eingeschossig	169,00	**199,00**	229,00	2,8%
Betriebs- und Werkstätten, mehrgeschossig, geringer Hallenanteil	116,00	**186,00**	293,00	3,2%
Betriebs- und Werkstätten, mehrgeschossig, hoher Hallenanteil	90,00	**150,00**	244,00	3,0%
Geschäftshäuser, mit Wohnungen	158,00	**248,00**	420,00	3,7%
Geschäftshäuser, ohne Wohnungen	138,00	**201,00**	264,00	1,9%
Verbrauchermärkte	133,00	**168,00**	189,00	3,2%
Autohäuser	224,00	**256,00**	287,00	3,7%
Lagergebäude, ohne Mischnutzung	112,00	**176,00**	353,00	2,9%
Lagergebäude, mit bis zu 25% Mischnutzung	141,00	**196,00**	228,00	3,3%
Lagergebäude, mit mehr als 25% Mischnutzung	128,00	**144,00**	160,00	3,0%
Garagen und Bereitschaftsdienste				
Einzel- und Doppelgaragen	–	**–**	–	–
Mehrfachgaragen	138,00	**173,00**	241,00	2,4%
Hochgaragen	334,00	**393,00**	452,00	0,7%
Fahrradparkhäuser	285,00	**317,00**	349,00	2,0%
Carports	–	**–**	–	–
Tiefgaragen	155,00	**270,00**	322,00	4,4%
Feuerwehrhäuser	123,00	**152,00**	192,00	3,2%
Öffentliche Bereitschaftsdienste	127,00	**152,00**	218,00	1,7%
8 Gebäude für kulturelle und religiöse Zwecke				
Bibliotheken, Museen und Ausstellungen	165,00	**219,00**	311,00	3,0%
Theater	–	**479,00**	–	4,1%
Gemeindezentren, einfacher Standard	120,00	**130,00**	135,00	2,1%
Gemeindezentren, mittlerer Standard	153,00	**216,00**	253,00	2,8%
Gemeindezentren, hoher Standard	131,00	**213,00**	449,00	3,1%
Gemeindezentren, Holzbauweise	230,00	**276,00**	299,00	2,8%
Friedhofsgebäude	139,00	**302,00**	464,00	4,7%

Einheit: m²
Innenwandfläche,
tragend

342 Nichttragende Innenwände

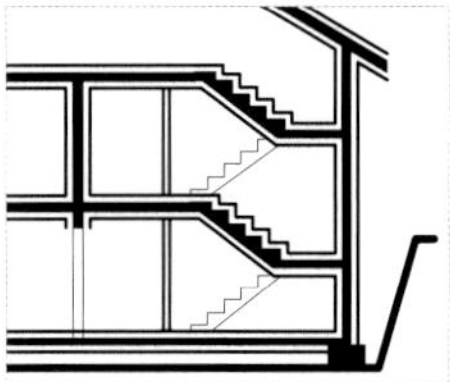

Kosten:
Stand 1.Quartal 2026
Bundesdurchschnitt
inkl. 19% MwSt.

Einheit: m²
Innenwandfläche,
nichttragend

▷ von
ø Mittel
◁ bis

Gebäudeart	▷	€/Einheit	◁	KG an 300
1 Büro- und Verwaltungsgebäude				
Büro- und Verwaltungsgebäude, einfacher Standard	101,00	**114,00**	140,00	4,5%
Büro- und Verwaltungsgebäude, mittlerer Standard	107,00	**127,00**	151,00	2,8%
Büro- und Verwaltungsgebäude, hoher Standard	116,00	**147,00**	192,00	1,8%
Büro- und Verwaltungsgebäude, Holzbauweise	119,00	**155,00**	191,00	1,9%
2 Gebäude für Forschung und Lehre				
Instituts- und Laborgebäude	105,00	**140,00**	196,00	2,5%
3 Gebäude des Gesundheitswesens				
Medizinische Einrichtungen	92,00	**128,00**	152,00	5,8%
Pflegeheime	94,00	**126,00**	154,00	5,4%
Gebäude für Erholungszwecke	142,00	**206,00**	413,00	3,6%
4 Schulen und Kindergärten				
Allgemeinbildende Schulen	140,00	**167,00**	239,00	1,6%
Schulen, Holzbauweise	121,00	**152,00**	182,00	2,5%
Berufliche Schulen	149,00	**226,00**	450,00	1,5%
Förder- und Sonderschulen	145,00	**160,00**	170,00	2,3%
Weiterbildungseinrichtungen	168,00	**256,00**	419,00	2,7%
Kindergärten, nicht unterkellert, einfacher Standard	70,00	**96,00**	123,00	0,7%
Kindergärten, nicht unterkellert, mittlerer Standard	99,00	**116,00**	150,00	1,4%
Kindergärten, nicht unterkellert, hoher Standard	89,00	**129,00**	164,00	1,0%
Kindergärten, Holzbauweise, nicht unterkellert	116,00	**154,00**	257,00	1,5%
Kindergärten, unterkellert	98,00	**164,00**	251,00	1,1%
5 Sportbauten				
Sport- und Mehrzweckhallen	99,00	**133,00**	198,00	0,8%
Sporthallen (Einfeldhallen)	103,00	**111,00**	128,00	0,9%
Sporthallen (Dreifeldhallen)	110,00	**125,00**	151,00	0,8%
6 Wohngebäude				
Ein- und Zweifamilienhäuser				
Ein- und Zweifamilienhäuser, unterkellert, einfacher Standard	75,00	**103,00**	122,00	2,8%
Ein- und Zweifamilienhäuser, unterkellert, mittlerer Standard	102,00	**139,00**	329,00	2,0%
Ein- und Zweifamilienhäuser, unterkellert, hoher Standard	103,00	**131,00**	182,00	2,3%
Ein- und Zweifamilienhäuser, nicht unterkellert, einfacher Standard	90,00	**115,00**	141,00	3,0%
Ein- und Zweifamilienhäuser, nicht unterkellert, mittlerer Standard	92,00	**115,00**	140,00	2,5%
Ein- und Zweifamilienhäuser, nicht unterkellert, hoher Standard	108,00	**133,00**	163,00	2,4%
Ein- und Zweifamilienhäuser, Passivhausstandard, Massivbauweise	85,00	**105,00**	131,00	2,2%
Ein- und Zweifamilienhäuser, Passivhausstandard, Holzbauweise	111,00	**161,00**	212,00	2,8%
Ein- und Zweifamilienhäuser, Holzbauweise, unterkellert	93,00	**118,00**	140,00	1,2%
Ein- und Zweifamilienhäuser, Holzbauweise, nicht unterkellert	66,00	**136,00**	208,00	2,9%
Doppel- und Reihenend- / Reihenhäuser				
Doppel- und Reihenendhäuser, einfacher Standard	104,00	**114,00**	119,00	3,1%
Doppel- und Reihenendhäuser, mittlerer Standard	82,00	**109,00**	126,00	3,4%
Doppel- und Reihenendhäuser, hoher Standard	96,00	**109,00**	126,00	3,4%
Doppel- und Reihenendhäuser, Holzbauweise	94,00	**130,00**	217,00	1,1%
Reihenhäuser, einfacher Standard	118,00	**126,00**	134,00	4,4%
Reihenhäuser, mittlerer Standard	87,00	**96,00**	106,00	2,9%
Reihenhäuser, hoher Standard	133,00	**165,00**	273,00	2,9%
Mehrfamilienhäuser				
Mehrfamilienhäuser, mit bis zu 6 WE, einfacher Standard	96,00	**114,00**	132,00	4,9%
Mehrfamilienhäuser, mit bis zu 6 WE, mittlerer Standard	114,00	**123,00**	136,00	4,5%
Mehrfamilienhäuser, mit bis zu 6 WE, hoher Standard	84,00	**105,00**	136,00	2,6%

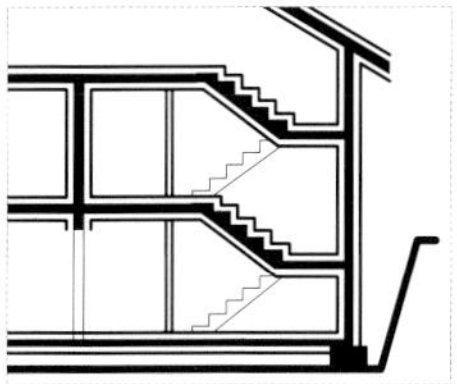

Einheit: m²
Innenwandfläche,
nichttragend

Gebäudeart	▷	€/Einheit	◁	KG an 300
Mehrfamilienhäuser (Fortsetzung)				
Mehrfamilienhäuser, mit 6 bis 19 WE, einfacher Standard	118,00	**121,00**	123,00	3,6%
Mehrfamilienhäuser, mit 6 bis 19 WE, mittlerer Standard	91,00	**103,00**	112,00	3,3%
Mehrfamilienhäuser, mit 6 bis 19 WE, hoher Standard	85,00	**105,00**	146,00	3,3%
Mehrfamilienhäuser, mit 20 oder mehr WE, einfacher Standard	85,00	**95,00**	114,00	3,7%
Mehrfamilienhäuser, mit 20 oder mehr WE, mittlerer Standard	90,00	**115,00**	160,00	3,9%
Mehrfamilienhäuser, mit 20 oder mehr WE, hoher Standard	113,00	**285,00**	627,00	3,8%
Mehrfamilienhäuser, Passivhäuser	91,00	**110,00**	128,00	2,9%
Mehrfamilienhäuser, Holzbauweise	93,00	**136,00**	199,00	3,9%
Wohnhäuser, mit bis zu 15% Mischnutzung, einfacher Standard	99,00	**123,00**	162,00	4,2%
Wohnhäuser, mit bis zu 15% Mischnutzung, mittlerer Standard	120,00	**138,00**	169,00	4,8%
Wohnhäuser, mit bis zu 15% Mischnutzung, hoher Standard	–	**168,00**	–	4,1%
Wohnhäuser, mit mehr als 15% Mischnutzung	91,00	**100,00**	105,00	3,8%
Seniorenwohnungen und Beherbergungen				
Seniorenwohnungen, mittlerer Standard	85,00	**101,00**	144,00	2,4%
Seniorenwohnungen, hoher Standard	113,00	**128,00**	144,00	3,8%
Wohnheime und Internate	112,00	**140,00**	200,00	2,9%
Hotels	–	**195,00**	–	1,4%
7 Gewerbe, Lager und Garagen				
Gaststätten, Kantinen und Mensen	–	**149,00**	–	1,6%
Industrielle Produktionsgebäude, Massivbauweise	98,00	**116,00**	165,00	2,1%
Industrielle Produktionsgebäude, überwiegend Skelettbauweise	120,00	**127,00**	156,00	1,5%
Betriebs- und Werkstätten, eingeschossig	112,00	**142,00**	198,00	3,3%
Betriebs- und Werkstätten, mehrgeschossig, geringer Hallenanteil	128,00	**165,00**	250,00	2,2%
Betriebs- und Werkstätten, mehrgeschossig, hoher Hallenanteil	107,00	**135,00**	154,00	1,2%
Geschäftshäuser, mit Wohnungen	98,00	**132,00**	150,00	3,3%
Geschäftshäuser, ohne Wohnungen	97,00	**107,00**	118,00	3,1%
Verbrauchermärkte	104,00	**110,00**	116,00	1,0%
Autohäuser	111,00	**131,00**	150,00	1,5%
Lagergebäude, ohne Mischnutzung	74,00	**119,00**	164,00	0,2%
Lagergebäude, mit bis zu 25% Mischnutzung	141,00	**202,00**	235,00	2,1%
Lagergebäude, mit mehr als 25% Mischnutzung	160,00	**193,00**	227,00	1,1%
Garagen und Bereitschaftsdienste				
Einzel- und Doppelgaragen	–	**–**	–	–
Mehrfachgaragen	–	**142,00**	–	0,3%
Hochgaragen	–	**316,00**	–	< 0,1%
Fahrradparkhäuser	147,00	**200,00**	252,00	0,3%
Carports	–	**148,00**	–	0,2%
Tiefgaragen	97,00	**112,00**	137,00	0,1%
Feuerwehrhäuser	113,00	**136,00**	161,00	2,4%
Öffentliche Bereitschaftsdienste	86,00	**140,00**	299,00	1,0%
8 Gebäude für kulturelle und religiöse Zwecke				
Bibliotheken, Museen und Ausstellungen	119,00	**185,00**	270,00	1,5%
Theater	238,00	**254,00**	269,00	3,3%
Gemeindezentren, einfacher Standard	63,00	**90,00**	104,00	1,9%
Gemeindezentren, mittlerer Standard	100,00	**149,00**	186,00	1,4%
Gemeindezentren, hoher Standard	132,00	**278,00**	458,00	2,0%
Gemeindezentren, Holzbauweise	132,00	**158,00**	199,00	2,0%
Friedhofsgebäude	77,00	**130,00**	184,00	0,4%

343 Innenstützen

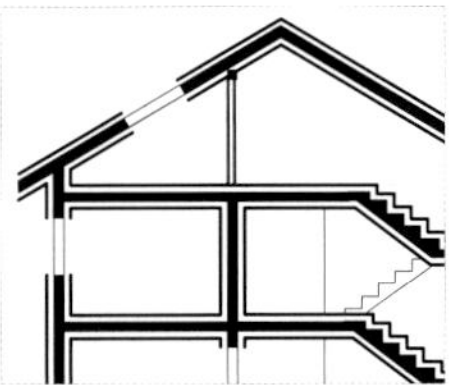

Kosten:
Stand 1. Quartal 2026
Bundesdurchschnitt
inkl. 19% MwSt.

Einheit: m
Innenstützenlänge

▷ von
ø Mittel
◁ bis

Gebäudeart	▷	€/Einheit	◁	KG an 300
1 Büro- und Verwaltungsgebäude				
Büro- und Verwaltungsgebäude, einfacher Standard	235,00	**263,00**	291,00	0,3%
Büro- und Verwaltungsgebäude, mittlerer Standard	167,00	**263,00**	390,00	0,4%
Büro- und Verwaltungsgebäude, hoher Standard	177,00	**283,00**	433,00	0,6%
Büro- und Verwaltungsgebäude, Holzbauweise	86,00	**209,00**	543,00	0,3%
2 Gebäude für Forschung und Lehre				
Instituts- und Laborgebäude	156,00	**288,00**	339,00	0,4%
3 Gebäude des Gesundheitswesens				
Medizinische Einrichtungen	149,00	**182,00**	248,00	0,6%
Pflegeheime	52,00	**159,00**	220,00	0,4%
Gebäude für Erholungszwecke	–	**388,00**	–	0,2%
4 Schulen und Kindergärten				
Allgemeinbildende Schulen	169,00	**262,00**	399,00	0,5%
Schulen, Holzbauweise	79,00	**192,00**	331,00	0,2%
Berufliche Schulen	123,00	**227,00**	324,00	0,5%
Förder- und Sonderschulen	227,00	**285,00**	395,00	0,3%
Weiterbildungseinrichtungen	228,00	**419,00**	521,00	1,1%
Kindergärten, nicht unterkellert, einfacher Standard	9,00	**120,00**	230,00	< 0,1%
Kindergärten, nicht unterkellert, mittlerer Standard	–	**293,00**	–	< 0,1%
Kindergärten, nicht unterkellert, hoher Standard	27,00	**119,00**	211,00	< 0,1%
Kindergärten, Holzbauweise, nicht unterkellert	32,00	**128,00**	225,00	< 0,1%
Kindergärten, unterkellert	–	**–**	–	–
5 Sportbauten				
Sport- und Mehrzweckhallen	153,00	**285,00**	417,00	0,2%
Sporthallen (Einfeldhallen)	104,00	**216,00**	423,00	0,4%
Sporthallen (Dreifeldhallen)	149,00	**321,00**	531,00	0,4%
6 Wohngebäude				
Ein- und Zweifamilienhäuser				
Ein- und Zweifamilienhäuser, unterkellert, einfacher Standard	–	**54,00**	–	< 0,1%
Ein- und Zweifamilienhäuser, unterkellert, mittlerer Standard	128,00	**160,00**	216,00	0,1%
Ein- und Zweifamilienhäuser, unterkellert, hoher Standard	170,00	**225,00**	253,00	0,2%
Ein- und Zweifamilienhäuser, nicht unterkellert, einfacher Standard	–	**–**	–	–
Ein- und Zweifamilienhäuser, nicht unterkellert, mittlerer Standard	204,00	**246,00**	349,00	0,2%
Ein- und Zweifamilienhäuser, nicht unterkellert, hoher Standard	148,00	**322,00**	526,00	0,1%
Ein- und Zweifamilienhäuser, Passivhausstandard, Massivbauweise	196,00	**238,00**	350,00	< 0,1%
Ein- und Zweifamilienhäuser, Passivhausstandard, Holzbauweise	150,00	**205,00**	330,00	< 0,1%
Ein- und Zweifamilienhäuser, Holzbauweise, unterkellert	28,00	**176,00**	325,00	< 0,1%
Ein- und Zweifamilienhäuser, Holzbauweise, nicht unterkellert	51,00	**156,00**	471,00	0,3%
Doppel- und Reihenend- / Reihenhäuser				
Doppel- und Reihenendhäuser, einfacher Standard	–	**132,00**	–	< 0,1%
Doppel- und Reihenendhäuser, mittlerer Standard	210,00	**248,00**	315,00	0,1%
Doppel- und Reihenendhäuser, hoher Standard	127,00	**201,00**	318,00	0,2%
Doppel- und Reihenendhäuser, Holzbauweise	–	**30,00**	–	< 0,1%
Reihenhäuser, einfacher Standard	–	**–**	–	–
Reihenhäuser, mittlerer Standard	–	**375,00**	–	< 0,1%
Reihenhäuser, hoher Standard	62,00	**91,00**	151,00	0,1%
Mehrfamilienhäuser				
Mehrfamilienhäuser, mit bis zu 6 WE, einfacher Standard	–	**122,00**	–	< 0,1%
Mehrfamilienhäuser, mit bis zu 6 WE, mittlerer Standard	225,00	**337,00**	642,00	0,4%
Mehrfamilienhäuser, mit bis zu 6 WE, hoher Standard	156,00	**209,00**	299,00	< 0,1%

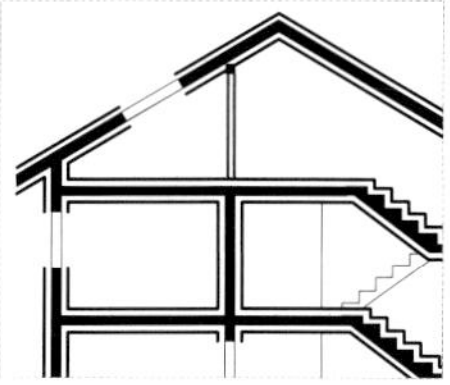

Einheit: m
Innenstützenlänge

Gebäudeart	▷	€/Einheit	◁	KG an 300
Mehrfamilienhäuser (Fortsetzung)				
Mehrfamilienhäuser, mit 6 bis 19 WE, einfacher Standard	225,00	**329,00**	384,00	0,8%
Mehrfamilienhäuser, mit 6 bis 19 WE, mittlerer Standard	129,00	**231,00**	326,00	0,4%
Mehrfamilienhäuser, mit 6 bis 19 WE, hoher Standard	257,00	**402,00**	874,00	0,6%
Mehrfamilienhäuser, mit 20 oder mehr WE, einfacher Standard	–	**441,00**	–	0,2%
Mehrfamilienhäuser, mit 20 oder mehr WE, mittlerer Standard	151,00	**182,00**	214,00	0,1%
Mehrfamilienhäuser, mit 20 oder mehr WE, hoher Standard	189,00	**197,00**	204,00	0,2%
Mehrfamilienhäuser, Passivhäuser	150,00	**212,00**	328,00	0,2%
Mehrfamilienhäuser, Holzbauweise	62,00	**145,00**	279,00	0,2%
Wohnhäuser, mit bis zu 15% Mischnutzung, einfacher Standard	198,00	**280,00**	361,00	0,4%
Wohnhäuser, mit bis zu 15% Mischnutzung, mittlerer Standard	209,00	**217,00**	226,00	0,3%
Wohnhäuser, mit bis zu 15% Mischnutzung, hoher Standard	–	**288,00**	–	0,3%
Wohnhäuser, mit mehr als 15% Mischnutzung	–	**215,00**	–	< 0,1%
Seniorenwohnungen und Beherbergungen				
Seniorenwohnungen, mittlerer Standard	167,00	**223,00**	253,00	< 0,1%
Seniorenwohnungen, hoher Standard	127,00	**190,00**	254,00	0,6%
Wohnheime und Internate	244,00	**359,00**	741,00	0,4%
Hotels	–	**–**	–	–
7 Gewerbe, Lager und Garagen				
Gaststätten, Kantinen und Mensen	–	**869,00**	–	0,3%
Industrielle Produktionsgebäude, Massivbauweise	147,00	**221,00**	425,00	0,7%
Industrielle Produktionsgebäude, überwiegend Skelettbauweise	158,00	**419,00**	627,00	1,3%
Betriebs- und Werkstätten, eingeschossig	–	**419,00**	–	0,3%
Betriebs- und Werkstätten, mehrgeschossig, geringer Hallenanteil	206,00	**325,00**	460,00	0,7%
Betriebs- und Werkstätten, mehrgeschossig, hoher Hallenanteil	216,00	**376,00**	771,00	0,9%
Geschäftshäuser, mit Wohnungen	209,00	**321,00**	545,00	1,3%
Geschäftshäuser, ohne Wohnungen	287,00	**328,00**	369,00	0,6%
Verbrauchermärkte	147,00	**227,00**	307,00	0,2%
Autohäuser	153,00	**322,00**	492,00	0,7%
Lagergebäude, ohne Mischnutzung	274,00	**389,00**	522,00	1,2%
Lagergebäude, mit bis zu 25% Mischnutzung	518,00	**590,00**	663,00	3,1%
Lagergebäude, mit mehr als 25% Mischnutzung	315,00	**695,00**	1.075,00	1,3%
Garagen und Bereitschaftsdienste				
Einzel- und Doppelgaragen	–	**–**	–	–
Mehrfachgaragen	–	**–**	–	–
Hochgaragen	–	**369,00**	–	0,7%
Fahrradparkhäuser	–	**–**	–	–
Carports	–	**–**	–	–
Tiefgaragen	262,00	**321,00**	427,00	0,7%
Feuerwehrhäuser	160,00	**220,00**	266,00	0,6%
Öffentliche Bereitschaftsdienste	279,00	**450,00**	932,00	1,4%
8 Gebäude für kulturelle und religiöse Zwecke				
Bibliotheken, Museen und Ausstellungen	77,00	**173,00**	303,00	0,3%
Theater	352,00	**1.161,00**	1.970,00	1,7%
Gemeindezentren, einfacher Standard	214,00	**245,00**	277,00	< 0,1%
Gemeindezentren, mittlerer Standard	120,00	**158,00**	233,00	< 0,1%
Gemeindezentren, hoher Standard	65,00	**156,00**	274,00	1,0%
Gemeindezentren, Holzbauweise	–	**351,00**	–	0,3%
Friedhofsgebäude	–	**249,00**	–	< 0,1%

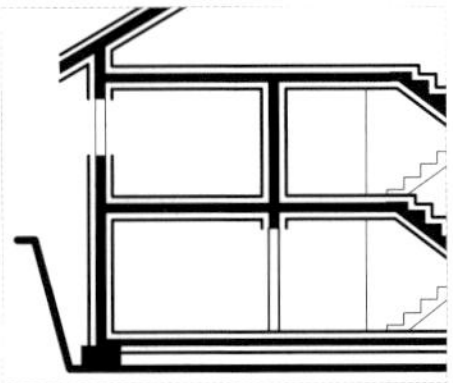

Kosten:
Stand 1.Quartal 2026
Bundesdurchschnitt
inkl. 19% MwSt.

Einheit: m² Innenwandöffnungsfläche

▷ von
ø Mittel
◁ bis

Gebäudeart	▷	€/Einheit	◁	KG an 300
1 Büro- und Verwaltungsgebäude				
Büro- und Verwaltungsgebäude, einfacher Standard	689,00	**761,00**	881,00	5,8%
Büro- und Verwaltungsgebäude, mittlerer Standard	682,00	**993,00**	1.384,00	5,6%
Büro- und Verwaltungsgebäude, hoher Standard	1.184,00	**1.501,00**	1.788,00	5,5%
Büro- und Verwaltungsgebäude, Holzbauweise	687,00	**1.200,00**	1.588,00	4,0%
2 Gebäude für Forschung und Lehre				
Instituts- und Laborgebäude	1.198,00	**1.362,00**	1.508,00	6,5%
3 Gebäude des Gesundheitswesens				
Medizinische Einrichtungen	595,00	**1.137,00**	1.430,00	8,2%
Pflegeheime	709,00	**891,00**	1.287,00	6,8%
Gebäude für Erholungszwecke	594,00	**687,00**	794,00	1,1%
4 Schulen und Kindergärten				
Allgemeinbildende Schulen	1.356,00	**1.556,00**	1.875,00	5,3%
Schulen, Holzbauweise	972,00	**1.183,00**	1.571,00	4,0%
Berufliche Schulen	839,00	**1.101,00**	1.292,00	3,7%
Förder- und Sonderschulen	1.058,00	**1.186,00**	1.268,00	5,3%
Weiterbildungseinrichtungen	1.338,00	**1.840,00**	2.784,00	5,5%
Kindergärten, nicht unterkellert, einfacher Standard	666,00	**955,00**	1.100,00	4,8%
Kindergärten, nicht unterkellert, mittlerer Standard	762,00	**1.069,00**	1.650,00	5,1%
Kindergärten, nicht unterkellert, hoher Standard	805,00	**998,00**	1.180,00	4,0%
Kindergärten, Holzbauweise, nicht unterkellert	835,00	**1.140,00**	1.389,00	4,3%
Kindergärten, unterkellert	944,00	**1.149,00**	1.533,00	4,5%
5 Sportbauten				
Sport- und Mehrzweckhallen	197,00	**675,00**	929,00	2,2%
Sporthallen (Einfeldhallen)	917,00	**1.079,00**	1.211,00	4,2%
Sporthallen (Dreifeldhallen)	885,00	**1.452,00**	2.116,00	3,8%
6 Wohngebäude				
Ein- und Zweifamilienhäuser				
Ein- und Zweifamilienhäuser, unterkellert, einfacher Standard	319,00	**367,00**	436,00	2,9%
Ein- und Zweifamilienhäuser, unterkellert, mittlerer Standard	431,00	**556,00**	647,00	2,6%
Ein- und Zweifamilienhäuser, unterkellert, hoher Standard	567,00	**838,00**	1.180,00	3,5%
Ein- und Zweifamilienhäuser, nicht unterkellert, einfacher Standard	401,00	**465,00**	529,00	2,9%
Ein- und Zweifamilienhäuser, nicht unterkellert, mittlerer Standard	412,00	**595,00**	1.067,00	2,4%
Ein- und Zweifamilienhäuser, nicht unterkellert, hoher Standard	499,00	**711,00**	1.025,00	3,6%
Ein- und Zweifamilienhäuser, Passivhausstandard, Massivbauweise	392,00	**515,00**	665,00	2,5%
Ein- und Zweifamilienhäuser, Passivhausstandard, Holzbauweise	373,00	**581,00**	859,00	2,3%
Ein- und Zweifamilienhäuser, Holzbauweise, unterkellert	467,00	**627,00**	1.262,00	2,6%
Ein- und Zweifamilienhäuser, Holzbauweise, nicht unterkellert	408,00	**638,00**	1.051,00	2,3%
Doppel- und Reihenend- / Reihenhäuser				
Doppel- und Reihenendhäuser, einfacher Standard	275,00	**317,00**	391,00	2,1%
Doppel- und Reihenendhäuser, mittlerer Standard	297,00	**437,00**	533,00	3,0%
Doppel- und Reihenendhäuser, hoher Standard	275,00	**453,00**	579,00	2,5%
Doppel- und Reihenendhäuser, Holzbauweise	310,00	**447,00**	659,00	2,1%
Reihenhäuser, einfacher Standard	261,00	**573,00**	884,00	3,0%
Reihenhäuser, mittlerer Standard	306,00	**350,00**	438,00	1,9%
Reihenhäuser, hoher Standard	422,00	**593,00**	697,00	2,4%
Mehrfamilienhäuser				
Mehrfamilienhäuser, mit bis zu 6 WE, einfacher Standard	348,00	**545,00**	741,00	5,3%
Mehrfamilienhäuser, mit bis zu 6 WE, mittlerer Standard	508,00	**570,00**	604,00	3,4%
Mehrfamilienhäuser, mit bis zu 6 WE, hoher Standard	581,00	**893,00**	1.835,00	4,2%

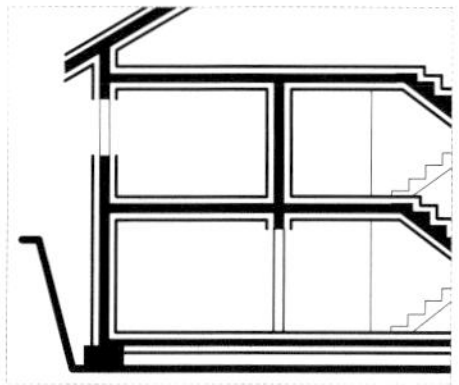

Einheit: m² Innenwandöffnungsfläche

Gebäudeart	▷	€/Einheit	◁	KG an 300
Mehrfamilienhäuser (Fortsetzung)				
Mehrfamilienhäuser, mit 6 bis 19 WE, einfacher Standard	448,00	**508,00**	538,00	3,2%
Mehrfamilienhäuser, mit 6 bis 19 WE, mittlerer Standard	381,00	**448,00**	537,00	2,9%
Mehrfamilienhäuser, mit 6 bis 19 WE, hoher Standard	519,00	**659,00**	749,00	3,8%
Mehrfamilienhäuser, mit 20 oder mehr WE, einfacher Standard	329,00	**449,00**	509,00	4,5%
Mehrfamilienhäuser, mit 20 oder mehr WE, mittlerer Standard	468,00	**640,00**	733,00	4,5%
Mehrfamilienhäuser, mit 20 oder mehr WE, hoher Standard	525,00	**565,00**	636,00	3,2%
Mehrfamilienhäuser, Passivhäuser	346,00	**425,00**	600,00	2,2%
Mehrfamilienhäuser, Holzbauweise	559,00	**697,00**	906,00	3,6%
Wohnhäuser, mit bis zu 15% Mischnutzung, einfacher Standard	333,00	**438,00**	497,00	2,4%
Wohnhäuser, mit bis zu 15% Mischnutzung, mittlerer Standard	476,00	**697,00**	1.067,00	4,6%
Wohnhäuser, mit bis zu 15% Mischnutzung, hoher Standard	–	**774,00**	–	2,5%
Wohnhäuser, mit mehr als 15% Mischnutzung	517,00	**639,00**	722,00	3,8%
Seniorenwohnungen und Beherbergungen				
Seniorenwohnungen, mittlerer Standard	403,00	**518,00**	678,00	4,3%
Seniorenwohnungen, hoher Standard	639,00	**679,00**	719,00	4,4%
Wohnheime und Internate	593,00	**860,00**	1.099,00	5,2%
Hotels	–	**566,00**	–	1,0%
7 Gewerbe, Lager und Garagen				
Gaststätten, Kantinen und Mensen	–	**1.851,00**	–	5,4%
Industrielle Produktionsgebäude, Massivbauweise	698,00	**1.207,00**	1.792,00	4,3%
Industrielle Produktionsgebäude, überwiegend Skelettbauweise	838,00	**985,00**	1.158,00	4,0%
Betriebs- und Werkstätten, eingeschossig	621,00	**752,00**	838,00	2,5%
Betriebs- und Werkstätten, mehrgeschossig, geringer Hallenanteil	690,00	**886,00**	1.155,00	3,1%
Betriebs- und Werkstätten, mehrgeschossig, hoher Hallenanteil	367,00	**603,00**	876,00	1,9%
Geschäftshäuser, mit Wohnungen	773,00	**824,00**	899,00	3,7%
Geschäftshäuser, ohne Wohnungen	820,00	**842,00**	864,00	4,1%
Verbrauchermärkte	879,00	**940,00**	1.033,00	4,3%
Autohäuser	731,00	**763,00**	796,00	3,7%
Lagergebäude, ohne Mischnutzung	770,00	**997,00**	1.375,00	1,1%
Lagergebäude, mit bis zu 25% Mischnutzung	946,00	**1.097,00**	1.355,00	2,2%
Lagergebäude, mit mehr als 25% Mischnutzung	579,00	**901,00**	1.222,00	3,6%
Garagen und Bereitschaftsdienste				
Einzel- und Doppelgaragen	–	**–**	–	–
Mehrfachgaragen	–	**947,00**	–	0,5%
Hochgaragen	–	**2.965,00**	–	0,6%
Fahrradparkhäuser	471,00	**871,00**	1.271,00	0,3%
Carports	–	**–**	–	–
Tiefgaragen	1.053,00	**1.651,00**	2.785,00	1,8%
Feuerwehrhäuser	730,00	**977,00**	1.155,00	5,1%
Öffentliche Bereitschaftsdienste	781,00	**1.042,00**	1.701,00	2,3%
8 Gebäude für kulturelle und religiöse Zwecke				
Bibliotheken, Museen und Ausstellungen	1.100,00	**1.579,00**	3.120,00	3,2%
Theater	771,00	**1.750,00**	2.730,00	5,2%
Gemeindezentren, einfacher Standard	765,00	**917,00**	1.171,00	4,1%
Gemeindezentren, mittlerer Standard	823,00	**1.169,00**	1.721,00	4,7%
Gemeindezentren, hoher Standard	1.018,00	**1.276,00**	1.548,00	3,3%
Gemeindezentren, Holzbauweise	839,00	**1.291,00**	1.982,00	5,9%
Friedhofsgebäude	1.101,00	**1.149,00**	1.197,00	4,4%

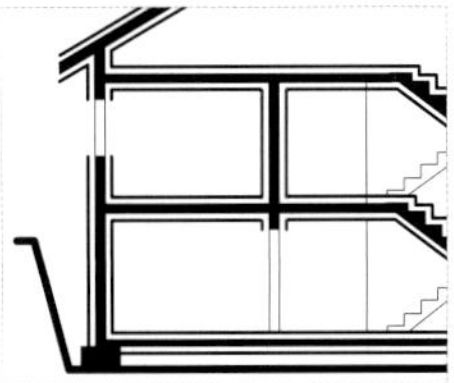

Kosten:
Stand 1.Quartal 2026
Bundesdurchschnitt
inkl. 19% MwSt.

Einheit: m²
Innenwandbekleidungs-
fläche

▷ von
ø Mittel
◁ bis

Gebäudeart	▷	€/Einheit	◁	KG an 300
1 Büro- und Verwaltungsgebäude				
Büro- und Verwaltungsgebäude, einfacher Standard	25,00	**37,00**	62,00	4,4%
Büro- und Verwaltungsgebäude, mittlerer Standard	30,00	**50,00**	72,00	3,3%
Büro- und Verwaltungsgebäude, hoher Standard	48,00	**69,00**	121,00	2,5%
Büro- und Verwaltungsgebäude, Holzbauweise	49,00	**77,00**	152,00	3,0%
2 Gebäude für Forschung und Lehre				
Instituts- und Laborgebäude	55,00	**77,00**	98,00	3,4%
3 Gebäude des Gesundheitswesens				
Medizinische Einrichtungen	38,00	**43,00**	46,00	4,5%
Pflegeheime	49,00	**63,00**	124,00	5,6%
Gebäude für Erholungszwecke	99,00	**115,00**	161,00	3,8%
4 Schulen und Kindergärten				
Allgemeinbildende Schulen	57,00	**91,00**	114,00	3,1%
Schulen, Holzbauweise	44,00	**58,00**	73,00	3,0%
Berufliche Schulen	57,00	**105,00**	136,00	3,0%
Förder- und Sonderschulen	40,00	**61,00**	92,00	3,2%
Weiterbildungseinrichtungen	39,00	**66,00**	117,00	1,6%
Kindergärten, nicht unterkellert, einfacher Standard	64,00	**83,00**	95,00	6,3%
Kindergärten, nicht unterkellert, mittlerer Standard	61,00	**96,00**	208,00	4,4%
Kindergärten, nicht unterkellert, hoher Standard	52,00	**58,00**	63,00	3,7%
Kindergärten, Holzbauweise, nicht unterkellert	39,00	**71,00**	114,00	3,6%
Kindergärten, unterkellert	46,00	**73,00**	100,00	4,3%
5 Sportbauten				
Sport- und Mehrzweckhallen	31,00	**97,00**	216,00	3,2%
Sporthallen (Einfeldhallen)	66,00	**93,00**	120,00	4,4%
Sporthallen (Dreifeldhallen)	104,00	**129,00**	157,00	3,7%
6 Wohngebäude				
Ein- und Zweifamilienhäuser				
Ein- und Zweifamilienhäuser, unterkellert, einfacher Standard	53,00	**61,00**	74,00	5,4%
Ein- und Zweifamilienhäuser, unterkellert, mittlerer Standard	57,00	**73,00**	113,00	4,0%
Ein- und Zweifamilienhäuser, unterkellert, hoher Standard	45,00	**66,00**	85,00	3,6%
Ein- und Zweifamilienhäuser, nicht unterkellert, einfacher Standard	60,00	**65,00**	70,00	4,1%
Ein- und Zweifamilienhäuser, nicht unterkellert, mittlerer Standard	36,00	**59,00**	77,00	4,3%
Ein- und Zweifamilienhäuser, nicht unterkellert, hoher Standard	40,00	**71,00**	119,00	3,6%
Ein- und Zweifamilienhäuser, Passivhausstandard, Massivbauweise	38,00	**63,00**	81,00	3,9%
Ein- und Zweifamilienhäuser, Passivhausstandard, Holzbauweise	38,00	**54,00**	73,00	2,7%
Ein- und Zweifamilienhäuser, Holzbauweise, unterkellert	38,00	**54,00**	90,00	3,7%
Ein- und Zweifamilienhäuser, Holzbauweise, nicht unterkellert	57,00	**94,00**	184,00	3,4%
Doppel- und Reihenend- / Reihenhäuser				
Doppel- und Reihenendhäuser, einfacher Standard	31,00	**38,00**	49,00	4,3%
Doppel- und Reihenendhäuser, mittlerer Standard	45,00	**68,00**	91,00	5,0%
Doppel- und Reihenendhäuser, hoher Standard	43,00	**62,00**	131,00	3,8%
Doppel- und Reihenendhäuser, Holzbauweise	29,00	**65,00**	88,00	3,8%
Reihenhäuser, einfacher Standard	28,00	**42,00**	55,00	4,6%
Reihenhäuser, mittlerer Standard	17,00	**25,00**	40,00	2,5%
Reihenhäuser, hoher Standard	31,00	**62,00**	81,00	3,7%
Mehrfamilienhäuser				
Mehrfamilienhäuser, mit bis zu 6 WE, einfacher Standard	34,00	**71,00**	109,00	9,1%
Mehrfamilienhäuser, mit bis zu 6 WE, mittlerer Standard	35,00	**47,00**	72,00	4,1%
Mehrfamilienhäuser, mit bis zu 6 WE, hoher Standard	47,00	**59,00**	71,00	4,5%

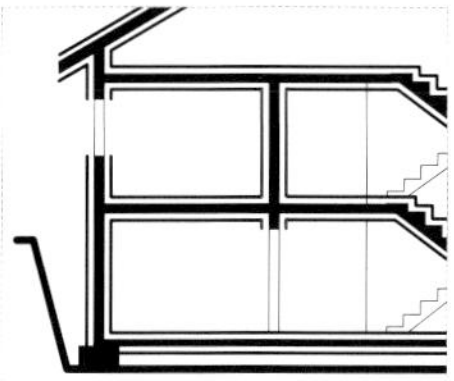

Einheit: m^2
Innenwandbekleidungs-
fläche

Gebäudeart	▷	€/Einheit	◁	KG an 300
Mehrfamilienhäuser (Fortsetzung)				
Mehrfamilienhäuser, mit 6 bis 19 WE, einfacher Standard	34,00	**55,00**	96,00	4,6%
Mehrfamilienhäuser, mit 6 bis 19 WE, mittlerer Standard	33,00	**44,00**	53,00	5,2%
Mehrfamilienhäuser, mit 6 bis 19 WE, hoher Standard	43,00	**57,00**	79,00	5,0%
Mehrfamilienhäuser, mit 20 oder mehr WE, einfacher Standard	21,00	**33,00**	53,00	3,6%
Mehrfamilienhäuser, mit 20 oder mehr WE, mittlerer Standard	32,00	**39,00**	50,00	4,1%
Mehrfamilienhäuser, mit 20 oder mehr WE, hoher Standard	40,00	**46,00**	58,00	4,2%
Mehrfamilienhäuser, Passivhäuser	41,00	**51,00**	65,00	4,6%
Mehrfamilienhäuser, Holzbauweise	35,00	**52,00**	63,00	4,6%
Wohnhäuser, mit bis zu 15% Mischnutzung, einfacher Standard	16,00	**51,00**	69,00	4,6%
Wohnhäuser, mit bis zu 15% Mischnutzung, mittlerer Standard	23,00	**53,00**	74,00	4,6%
Wohnhäuser, mit bis zu 15% Mischnutzung, hoher Standard	–	**65,00**	–	4,2%
Wohnhäuser, mit mehr als 15% Mischnutzung	33,00	**48,00**	76,00	5,0%
Seniorenwohnungen und Beherbergungen				
Seniorenwohnungen, mittlerer Standard	38,00	**47,00**	62,00	5,6%
Seniorenwohnungen, hoher Standard	46,00	**49,00**	51,00	4,8%
Wohnheime und Internate	41,00	**60,00**	88,00	5,0%
Hotels	–	**85,00**	–	3,3%
7 Gewerbe, Lager und Garagen				
Gaststätten, Kantinen und Mensen	–	**155,00**	–	5,8%
Industrielle Produktionsgebäude, Massivbauweise	27,00	**55,00**	85,00	2,3%
Industrielle Produktionsgebäude, überwiegend Skelettbauweise	29,00	**37,00**	50,00	1,3%
Betriebs- und Werkstätten, eingeschossig	26,00	**31,00**	42,00	2,1%
Betriebs- und Werkstätten, mehrgeschossig, geringer Hallenanteil	37,00	**60,00**	77,00	2,2%
Betriebs- und Werkstätten, mehrgeschossig, hoher Hallenanteil	49,00	**68,00**	92,00	3,5%
Geschäftshäuser, mit Wohnungen	37,00	**45,00**	60,00	2,9%
Geschäftshäuser, ohne Wohnungen	61,00	**66,00**	72,00	4,5%
Verbrauchermärkte	39,00	**53,00**	82,00	3,0%
Autohäuser	25,00	**32,00**	39,00	1,7%
Lagergebäude, ohne Mischnutzung	47,00	**54,00**	58,00	0,4%
Lagergebäude, mit bis zu 25% Mischnutzung	16,00	**34,00**	70,00	1,3%
Lagergebäude, mit mehr als 25% Mischnutzung	67,00	**122,00**	176,00	2,5%
Garagen und Bereitschaftsdienste				
Einzel- und Doppelgaragen	–	**–**	–	–
Mehrfachgaragen	27,00	**60,00**	77,00	1,3%
Hochgaragen	22,00	**73,00**	124,00	0,1%
Fahrradparkhäuser	101,00	**104,00**	107,00	0,6%
Carports	–	**–**	–	–
Tiefgaragen	38,00	**65,00**	110,00	1,8%
Feuerwehrhäuser	52,00	**57,00**	65,00	3,4%
Öffentliche Bereitschaftsdienste	36,00	**66,00**	102,00	1,7%
8 Gebäude für kulturelle und religiöse Zwecke				
Bibliotheken, Museen und Ausstellungen	63,00	**98,00**	150,00	2,5%
Theater	84,00	**123,00**	162,00	5,3%
Gemeindezentren, einfacher Standard	44,00	**71,00**	88,00	4,6%
Gemeindezentren, mittlerer Standard	65,00	**69,00**	74,00	2,7%
Gemeindezentren, hoher Standard	76,00	**88,00**	103,00	3,2%
Gemeindezentren, Holzbauweise	53,00	**60,00**	75,00	2,3%
Friedhofsgebäude	28,00	**99,00**	171,00	1,5%

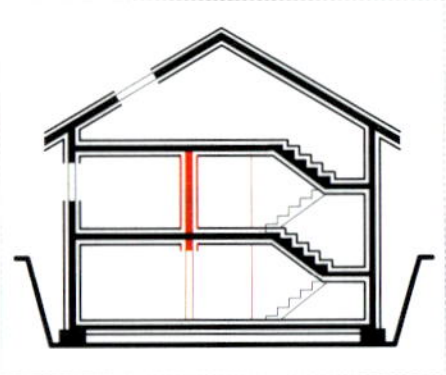

Kosten:
Stand 1. Quartal 2026
Bundesdurchschnitt
inkl. 19% MwSt.

Einheit: m²
Innenwandfläche/
Fläche der vertikalen
Baukonstruktionen

▷ von
ø Mittel
◁ bis

Gebäudeart	▷	€/Einheit	◁	KG an 300
1 Büro- und Verwaltungsgebäude				
Büro- und Verwaltungsgebäude, einfacher Standard	–	**–**	–	–
Büro- und Verwaltungsgebäude, mittlerer Standard	2,30	**4,40**	7,70	< 0,1%
Büro- und Verwaltungsgebäude, hoher Standard	1,90	**4,90**	11,00	< 0,1%
Büro- und Verwaltungsgebäude, Holzbauweise	2,50	**6,10**	7,90	< 0,1%
2 Gebäude für Forschung und Lehre				
Instituts- und Laborgebäude	–	**–**	–	–
3 Gebäude des Gesundheitswesens				
Medizinische Einrichtungen	0,70	**4,70**	8,80	0,2%
Pflegeheime	4,60	**6,80**	9,20	0,5%
Gebäude für Erholungszwecke	–	**–**	–	–
4 Schulen und Kindergärten				
Allgemeinbildende Schulen	1,00	**1,90**	2,40	< 0,1%
Schulen, Holzbauweise	6,80	**12,00**	16,00	0,2%
Berufliche Schulen	0,20	**2,50**	4,00	< 0,1%
Förder- und Sonderschulen	5,60	**9,40**	13,00	0,2%
Weiterbildungseinrichtungen	–	**1,20**	–	< 0,1%
Kindergärten, nicht unterkellert, einfacher Standard	–	**20,00**	–	0,3%
Kindergärten, nicht unterkellert, mittlerer Standard	0,50	**1,90**	2,70	< 0,1%
Kindergärten, nicht unterkellert, hoher Standard	–	**6,20**	–	< 0,1%
Kindergärten, Holzbauweise, nicht unterkellert	3,40	**3,50**	3,80	< 0,1%
Kindergärten, unterkellert	0,50	**2,60**	4,70	< 0,1%
5 Sportbauten				
Sport- und Mehrzweckhallen	20,00	**29,00**	37,00	0,4%
Sporthallen (Einfeldhallen)	1,50	**2,40**	4,10	< 0,1%
Sporthallen (Dreifeldhallen)	3,60	**8,60**	17,00	0,1%
6 Wohngebäude				
Ein- und Zweifamilienhäuser				
Ein- und Zweifamilienhäuser, unterkellert, einfacher Standard	–	**12,00**	–	0,2%
Ein- und Zweifamilienhäuser, unterkellert, mittlerer Standard	3,50	**8,90**	14,00	0,1%
Ein- und Zweifamilienhäuser, unterkellert, hoher Standard	5,40	**7,60**	12,00	< 0,1%
Ein- und Zweifamilienhäuser, nicht unterkellert, einfacher Standard	–	**–**	–	–
Ein- und Zweifamilienhäuser, nicht unterkellert, mittlerer Standard	3,90	**7,30**	9,30	< 0,1%
Ein- und Zweifamilienhäuser, nicht unterkellert, hoher Standard	4,70	**5,00**	5,30	< 0,1%
Ein- und Zweifamilienhäuser, Passivhausstandard, Massivbauweise	–	**7,10**	–	< 0,1%
Ein- und Zweifamilienhäuser, Passivhausstandard, Holzbauweise	–	**–**	–	–
Ein- und Zweifamilienhäuser, Holzbauweise, unterkellert	2,20	**4,50**	6,80	< 0,1%
Ein- und Zweifamilienhäuser, Holzbauweise, nicht unterkellert	–	**3,50**	–	< 0,1%
Doppel- und Reihenend- / Reihenhäuser				
Doppel- und Reihenendhäuser, einfacher Standard	–	**8,60**	–	0,2%
Doppel- und Reihenendhäuser, mittlerer Standard	3,30	**5,00**	6,20	0,1%
Doppel- und Reihenendhäuser, hoher Standard	–	**4,50**	–	< 0,1%
Doppel- und Reihenendhäuser, Holzbauweise	–	**11,00**	–	0,1%
Reihenhäuser, einfacher Standard	–	**–**	–	–
Reihenhäuser, mittlerer Standard	–	**–**	–	–
Reihenhäuser, hoher Standard	–	**–**	–	–
Mehrfamilienhäuser				
Mehrfamilienhäuser, mit bis zu 6 WE, einfacher Standard	–	**–**	–	–
Mehrfamilienhäuser, mit bis zu 6 WE, mittlerer Standard	–	**5,90**	–	< 0,1%
Mehrfamilienhäuser, mit bis zu 6 WE, hoher Standard	–	**2,00**	–	< 0,1%

Gebäudeart	▷	€/Einheit	◁	KG an 300
Mehrfamilienhäuser (Fortsetzung)				
Mehrfamilienhäuser, mit 6 bis 19 WE, einfacher Standard	–	**1,30**	–	< 0,1%
Mehrfamilienhäuser, mit 6 bis 19 WE, mittlerer Standard	0,90	**2,60**	5,90	0,1%
Mehrfamilienhäuser, mit 6 bis 19 WE, hoher Standard	–	**2,20**	–	< 0,1%
Mehrfamilienhäuser, mit 20 oder mehr WE, einfacher Standard	–	**–**	–	–
Mehrfamilienhäuser, mit 20 oder mehr WE, mittlerer Standard	3,60	**3,60**	3,70	0,2%
Mehrfamilienhäuser, mit 20 oder mehr WE, hoher Standard	–	**2,80**	–	< 0,1%
Mehrfamilienhäuser, Passivhäuser	9,30	**13,00**	17,00	0,3%
Mehrfamilienhäuser, Holzbauweise	–	**3,10**	–	< 0,1%
Wohnhäuser, mit bis zu 15% Mischnutzung, einfacher Standard	–	**0,10**	–	< 0,1%
Wohnhäuser, mit bis zu 15% Mischnutzung, mittlerer Standard	–	**–**	–	–
Wohnhäuser, mit bis zu 15% Mischnutzung, hoher Standard	–	**1,90**	–	0,1%
Wohnhäuser, mit mehr als 15% Mischnutzung	–	**1,30**	–	< 0,1%
Seniorenwohnungen und Beherbergungen				
Seniorenwohnungen, mittlerer Standard	1,20	**2,30**	4,50	0,1%
Seniorenwohnungen, hoher Standard	0,20	**1,20**	2,20	< 0,1%
Wohnheime und Internate	1,10	**3,80**	6,50	< 0,1%
Hotels	–	**–**	–	–
7 Gewerbe, Lager und Garagen				
Gaststätten, Kantinen und Mensen	–	**5,00**	–	0,2%
Industrielle Produktionsgebäude, Massivbauweise	–	**–**	–	–
Industrielle Produktionsgebäude, überwiegend Skelettbauweise	0,80	**1,20**	1,40	< 0,1%
Betriebs- und Werkstätten, eingeschossig	–	**21,00**	–	0,4%
Betriebs- und Werkstätten, mehrgeschossig, geringer Hallenanteil	3,80	**7,20**	11,00	< 0,1%
Betriebs- und Werkstätten, mehrgeschossig, hoher Hallenanteil	–	**2,30**	–	< 0,1%
Geschäftshäuser, mit Wohnungen	–	**40,00**	–	0,4%
Geschäftshäuser, ohne Wohnungen	–	**42,00**	–	1,0%
Verbrauchermärkte	13,00	**13,00**	14,00	0,3%
Autohäuser	–	**–**	–	–
Lagergebäude, ohne Mischnutzung	–	**–**	–	–
Lagergebäude, mit bis zu 25% Mischnutzung	–	**–**	–	–
Lagergebäude, mit mehr als 25% Mischnutzung	–	**17,00**	–	0,2%
Garagen und Bereitschaftsdienste				
Einzel- und Doppelgaragen	–	**–**	–	–
Mehrfachgaragen	–	**2,40**	–	< 0,1%
Hochgaragen	–	**189,00**	–	0,4%
Fahrradparkhäuser	–	**–**	–	–
Carports	–	**–**	–	–
Tiefgaragen	3,80	**4,60**	6,90	0,1%
Feuerwehrhäuser	0,70	**1,60**	2,50	< 0,1%
Öffentliche Bereitschaftsdienste	–	**3,00**	–	< 0,1%
8 Gebäude für kulturelle und religiöse Zwecke				
Bibliotheken, Museen und Ausstellungen	4,40	**7,10**	9,70	< 0,1%
Theater	–	**12,00**	–	0,2%
Gemeindezentren, einfacher Standard	–	**–**	–	–
Gemeindezentren, mittlerer Standard	–	**7,20**	–	< 0,1%
Gemeindezentren, hoher Standard	–	**14,00**	–	0,1%
Gemeindezentren, Holzbauweise	5,00	**8,50**	12,00	0,2%
Friedhofsgebäude	–	**0,90**	–	< 0,1%

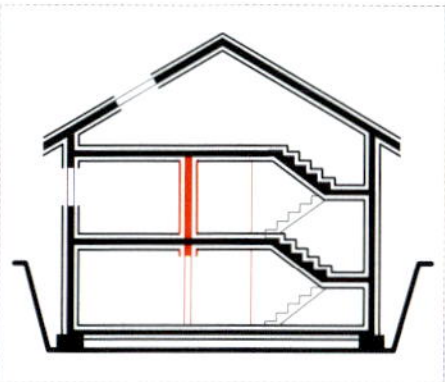

Einheit: m²
Innenwandfläche/
Fläche der vertikalen
Baukonstruktionen

351 Deckenkonstruktionen

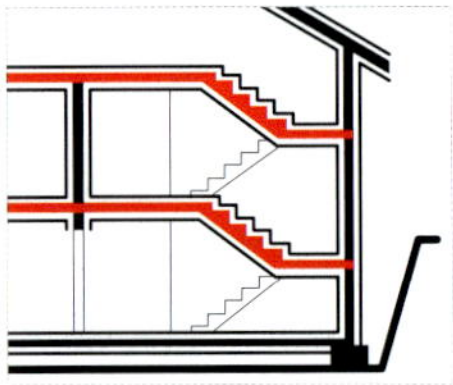

Kosten:
Stand 1.Quartal 2026
Bundesdurchschnitt
inkl. 19% MwSt.

Einheit: m²
Deckenkonstruktionsfläche

▷ von
ø Mittel
◁ bis

Gebäudeart	▷	€/Einheit	◁	KG an 300
1 Büro- und Verwaltungsgebäude				
Büro- und Verwaltungsgebäude, einfacher Standard	139,00	**214,00**	290,00	6,4%
Büro- und Verwaltungsgebäude, mittlerer Standard	248,00	**294,00**	424,00	8,4%
Büro- und Verwaltungsgebäude, hoher Standard	225,00	**299,00**	455,00	7,2%
Büro- und Verwaltungsgebäude, Holzbauweise	241,00	**393,00**	575,00	8,0%
2 Gebäude für Forschung und Lehre				
Instituts- und Laborgebäude	229,00	**349,00**	440,00	4,8%
3 Gebäude des Gesundheitswesens				
Medizinische Einrichtungen	210,00	**237,00**	281,00	9,4%
Pflegeheime	186,00	**234,00**	397,00	6,3%
Gebäude für Erholungszwecke	–	**205,00**	–	0,5%
4 Schulen und Kindergärten				
Allgemeinbildende Schulen	232,00	**284,00**	332,00	6,3%
Schulen, Holzbauweise	245,00	**335,00**	521,00	5,1%
Berufliche Schulen	198,00	**281,00**	332,00	3,2%
Förder- und Sonderschulen	235,00	**284,00**	315,00	7,7%
Weiterbildungseinrichtungen	328,00	**403,00**	542,00	9,1%
Kindergärten, nicht unterkellert, einfacher Standard	–	**601,00**	–	1,0%
Kindergärten, nicht unterkellert, mittlerer Standard	151,00	**241,00**	278,00	2,7%
Kindergärten, nicht unterkellert, hoher Standard	253,00	**310,00**	475,00	2,5%
Kindergärten, Holzbauweise, nicht unterkellert	355,00	**626,00**	1.125,00	3,2%
Kindergärten, unterkellert	206,00	**299,00**	388,00	4,4%
5 Sportbauten				
Sport- und Mehrzweckhallen	191,00	**269,00**	346,00	2,0%
Sporthallen (Einfeldhallen)	107,00	**274,00**	383,00	1,5%
Sporthallen (Dreifeldhallen)	271,00	**306,00**	433,00	3,1%
6 Wohngebäude				
Ein- und Zweifamilienhäuser				
Ein- und Zweifamilienhäuser, unterkellert, einfacher Standard	184,00	**211,00**	264,00	10,2%
Ein- und Zweifamilienhäuser, unterkellert, mittlerer Standard	195,00	**240,00**	286,00	9,8%
Ein- und Zweifamilienhäuser, unterkellert, hoher Standard	225,00	**298,00**	419,00	9,2%
Ein- und Zweifamilienhäuser, nicht unterkellert, einfacher Standard	194,00	**209,00**	225,00	10,5%
Ein- und Zweifamilienhäuser, nicht unterkellert, mittlerer Standard	187,00	**255,00**	333,00	6,2%
Ein- und Zweifamilienhäuser, nicht unterkellert, hoher Standard	206,00	**271,00**	340,00	6,5%
Ein- und Zweifamilienhäuser, Passivhausstandard, Massivbauweise	196,00	**235,00**	327,00	7,8%
Ein- und Zweifamilienhäuser, Passivhausstandard, Holzbauweise	218,00	**276,00**	335,00	6,5%
Ein- und Zweifamilienhäuser, Holzbauweise, unterkellert	219,00	**268,00**	336,00	10,6%
Ein- und Zweifamilienhäuser, Holzbauweise, nicht unterkellert	186,00	**257,00**	437,00	6,0%
Doppel- und Reihenend- / Reihenhäuser				
Doppel- und Reihenendhäuser, einfacher Standard	184,00	**200,00**	209,00	13,9%
Doppel- und Reihenendhäuser, mittlerer Standard	188,00	**255,00**	336,00	10,3%
Doppel- und Reihenendhäuser, hoher Standard	203,00	**271,00**	317,00	10,5%
Doppel- und Reihenendhäuser, Holzbauweise	200,00	**262,00**	492,00	8,2%
Reihenhäuser, einfacher Standard	192,00	**200,00**	208,00	15,0%
Reihenhäuser, mittlerer Standard	197,00	**220,00**	261,00	11,8%
Reihenhäuser, hoher Standard	268,00	**331,00**	371,00	12,1%
Mehrfamilienhäuser				
Mehrfamilienhäuser, mit bis zu 6 WE, einfacher Standard	157,00	**231,00**	305,00	14,1%
Mehrfamilienhäuser, mit bis zu 6 WE, mittlerer Standard	219,00	**254,00**	371,00	12,0%
Mehrfamilienhäuser, mit bis zu 6 WE, hoher Standard	247,00	**300,00**	468,00	11,7%

Gebäudeart	▷	€/Einheit	◁	KG an 300
Mehrfamilienhäuser (Fortsetzung)				
Mehrfamilienhäuser, mit 6 bis 19 WE, einfacher Standard	243,00	**255,00**	279,00	14,2%
Mehrfamilienhäuser, mit 6 bis 19 WE, mittlerer Standard	185,00	**233,00**	268,00	13,0%
Mehrfamilienhäuser, mit 6 bis 19 WE, hoher Standard	192,00	**248,00**	298,00	11,4%
Mehrfamilienhäuser, mit 20 oder mehr WE, einfacher Standard	191,00	**257,00**	378,00	16,7%
Mehrfamilienhäuser, mit 20 oder mehr WE, mittlerer Standard	209,00	**240,00**	282,00	13,0%
Mehrfamilienhäuser, mit 20 oder mehr WE, hoher Standard	206,00	**250,00**	339,00	10,9%
Mehrfamilienhäuser, Passivhäuser	194,00	**233,00**	283,00	10,7%
Mehrfamilienhäuser, Holzbauweise	232,00	**241,00**	272,00	10,5%
Wohnhäuser, mit bis zu 15% Mischnutzung, einfacher Standard	261,00	**285,00**	331,00	17,8%
Wohnhäuser, mit bis zu 15% Mischnutzung, mittlerer Standard	116,00	**165,00**	244,00	7,0%
Wohnhäuser, mit bis zu 15% Mischnutzung, hoher Standard	–	**280,00**	–	10,3%
Wohnhäuser, mit mehr als 15% Mischnutzung	178,00	**256,00**	411,00	9,1%
Seniorenwohnungen und Beherbergungen				
Seniorenwohnungen, mittlerer Standard	160,00	**194,00**	237,00	11,4%
Seniorenwohnungen, hoher Standard	193,00	**253,00**	314,00	14,1%
Wohnheime und Internate	224,00	**292,00**	365,00	9,7%
Hotels	–	**378,00**	–	11,7%
7 Gewerbe, Lager und Garagen				
Gaststätten, Kantinen und Mensen	–	**340,00**	–	9,0%
Industrielle Produktionsgebäude, Massivbauweise	216,00	**306,00**	404,00	6,0%
Industrielle Produktionsgebäude, überwiegend Skelettbauweise	219,00	**268,00**	421,00	4,3%
Betriebs- und Werkstätten, eingeschossig	–	**250,00**	–	2,1%
Betriebs- und Werkstätten, mehrgeschossig, geringer Hallenanteil	166,00	**221,00**	275,00	5,7%
Betriebs- und Werkstätten, mehrgeschossig, hoher Hallenanteil	136,00	**198,00**	424,00	2,6%
Geschäftshäuser, mit Wohnungen	249,00	**283,00**	307,00	15,7%
Geschäftshäuser, ohne Wohnungen	188,00	**206,00**	223,00	11,6%
Verbrauchermärkte	–	**–**	–	–
Autohäuser	141,00	**214,00**	287,00	2,3%
Lagergebäude, ohne Mischnutzung	94,00	**168,00**	340,00	1,0%
Lagergebäude, mit bis zu 25% Mischnutzung	172,00	**238,00**	347,00	2,4%
Lagergebäude, mit mehr als 25% Mischnutzung	278,00	**335,00**	392,00	6,6%
Garagen und Bereitschaftsdienste				
Einzel- und Doppelgaragen	–	**–**	–	–
Mehrfachgaragen	245,00	**335,00**	426,00	1,3%
Hochgaragen	326,00	**358,00**	412,00	19,6%
Fahrradparkhäuser	–	**570,00**	–	4,6%
Carports	–	**–**	–	–
Tiefgaragen	195,00	**287,00**	387,00	10,5%
Feuerwehrhäuser	138,00	**228,00**	311,00	2,1%
Öffentliche Bereitschaftsdienste	169,00	**184,00**	225,00	2,6%
8 Gebäude für kulturelle und religiöse Zwecke				
Bibliotheken, Museen und Ausstellungen	195,00	**333,00**	489,00	6,1%
Theater	237,00	**396,00**	556,00	5,8%
Gemeindezentren, einfacher Standard	228,00	**297,00**	367,00	5,1%
Gemeindezentren, mittlerer Standard	79,00	**216,00**	282,00	3,4%
Gemeindezentren, hoher Standard	210,00	**259,00**	376,00	4,7%
Gemeindezentren, Holzbauweise	348,00	**420,00**	537,00	2,2%
Friedhofsgebäude	162,00	**375,00**	589,00	4,4%

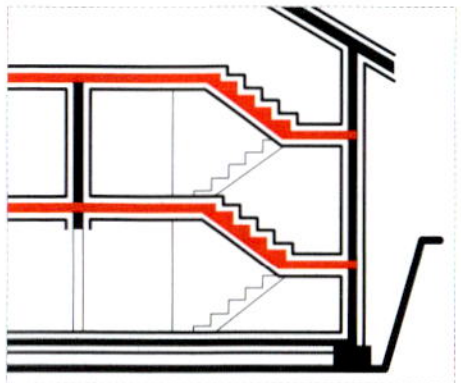

Einheit: m²
Deckenkonstruktionsfläche

352 Deckenöffnungen

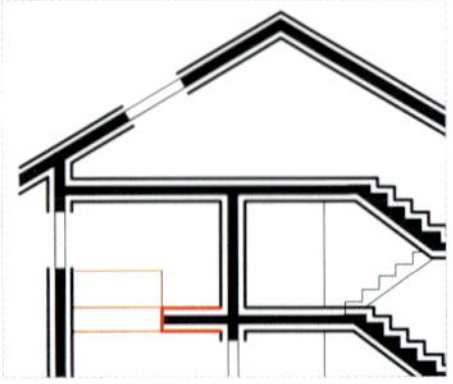

Kosten:
Stand 1. Quartal 2026
Bundesdurchschnitt
inkl. 19% MwSt.

Einheit: m²
Deckenöffnungsfläche

▷ von
ø Mittel
◁ bis

Gebäudeart	▷	€/Einheit	◁	KG an 300
1 Büro- und Verwaltungsgebäude				
Büro- und Verwaltungsgebäude, einfacher Standard	–	**–**	–	–
Büro- und Verwaltungsgebäude, mittlerer Standard	–	**1.235,00**	–	< 0,1%
Büro- und Verwaltungsgebäude, hoher Standard	4.538,00	**7.569,00**	10.601,00	< 0,1%
Büro- und Verwaltungsgebäude, Holzbauweise	–	**–**	–	–
2 Gebäude für Forschung und Lehre				
Instituts- und Laborgebäude	–	**–**	–	–
3 Gebäude des Gesundheitswesens				
Medizinische Einrichtungen	–	**–**	–	–
Pflegeheime	–	**1.440,00**	–	< 0,1%
Gebäude für Erholungszwecke	–	**–**	–	–
4 Schulen und Kindergärten				
Allgemeinbildende Schulen	–	**–**	–	–
Schulen, Holzbauweise	–	**3.886,00**	–	< 0,1%
Berufliche Schulen	–	**–**	–	–
Förder- und Sonderschulen	–	**–**	–	–
Weiterbildungseinrichtungen	–	**–**	–	–
Kindergärten, nicht unterkellert, einfacher Standard	–	**–**	–	–
Kindergärten, nicht unterkellert, mittlerer Standard	–	**–**	–	–
Kindergärten, nicht unterkellert, hoher Standard	1.023,00	**1.322,00**	1.621,00	0,2%
Kindergärten, Holzbauweise, nicht unterkellert	–	**–**	–	–
Kindergärten, unterkellert	–	**–**	–	–
5 Sportbauten				
Sport- und Mehrzweckhallen	–	**–**	–	–
Sporthallen (Einfeldhallen)	–	**–**	–	–
Sporthallen (Dreifeldhallen)	–	**–**	–	–
6 Wohngebäude				
Ein- und Zweifamilienhäuser				
Ein- und Zweifamilienhäuser, unterkellert, einfacher Standard	881,00	**1.034,00**	1.188,00	0,1%
Ein- und Zweifamilienhäuser, unterkellert, mittlerer Standard	–	**1.034,00**	–	< 0,1%
Ein- und Zweifamilienhäuser, unterkellert, hoher Standard	–	**–**	–	–
Ein- und Zweifamilienhäuser, nicht unterkellert, einfacher Standard	–	**1.229,00**	–	0,1%
Ein- und Zweifamilienhäuser, nicht unterkellert, mittlerer Standard	750,00	**1.024,00**	1.297,00	< 0,1%
Ein- und Zweifamilienhäuser, nicht unterkellert, hoher Standard	–	**–**	–	–
Ein- und Zweifamilienhäuser, Passivhausstandard, Massivbauweise	–	**1.717,00**	–	< 0,1%
Ein- und Zweifamilienhäuser, Passivhausstandard, Holzbauweise	–	**687,00**	–	< 0,1%
Ein- und Zweifamilienhäuser, Holzbauweise, unterkellert	–	**1.612,00**	–	0,1%
Ein- und Zweifamilienhäuser, Holzbauweise, nicht unterkellert	–	**–**	–	–
Doppel- und Reihenend- / Reihenhäuser				
Doppel- und Reihenendhäuser, einfacher Standard	–	**1.855,00**	–	0,1%
Doppel- und Reihenendhäuser, mittlerer Standard	1.005,00	**1.215,00**	1.426,00	0,1%
Doppel- und Reihenendhäuser, hoher Standard	–	**–**	–	–
Doppel- und Reihenendhäuser, Holzbauweise	–	**–**	–	–
Reihenhäuser, einfacher Standard	–	**1.294,00**	–	< 0,1%
Reihenhäuser, mittlerer Standard	–	**–**	–	–
Reihenhäuser, hoher Standard	–	**–**	–	–
Mehrfamilienhäuser				
Mehrfamilienhäuser, mit bis zu 6 WE, einfacher Standard	–	**2.251,00**	–	< 0,1%
Mehrfamilienhäuser, mit bis zu 6 WE, mittlerer Standard	–	**3.756,00**	–	0,1%
Mehrfamilienhäuser, mit bis zu 6 WE, hoher Standard	2.402,00	**2.442,00**	2.482,00	< 0,1%

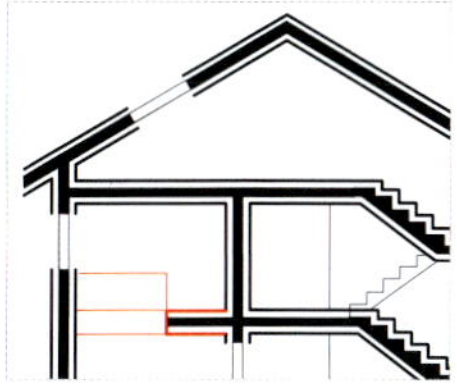

Einheit: m²
Deckenöffnungsfläche

Gebäudeart	▷	€/Einheit	◁	KG an 300
Mehrfamilienhäuser (Fortsetzung)				
Mehrfamilienhäuser, mit 6 bis 19 WE, einfacher Standard	–	**–**	–	–
Mehrfamilienhäuser, mit 6 bis 19 WE, mittlerer Standard	–	**1.342,00**	–	< 0,1%
Mehrfamilienhäuser, mit 6 bis 19 WE, hoher Standard	–	**–**	–	–
Mehrfamilienhäuser, mit 20 oder mehr WE, einfacher Standard	–	**–**	–	–
Mehrfamilienhäuser, mit 20 oder mehr WE, mittlerer Standard	–	**–**	–	–
Mehrfamilienhäuser, mit 20 oder mehr WE, hoher Standard	–	**–**	–	–
Mehrfamilienhäuser, Passivhäuser	–	**–**	–	–
Mehrfamilienhäuser, Holzbauweise	–	**5.785,00**	–	< 0,1%
Wohnhäuser, mit bis zu 15% Mischnutzung, einfacher Standard	–	**–**	–	–
Wohnhäuser, mit bis zu 15% Mischnutzung, mittlerer Standard	–	**489,00**	–	< 0,1%
Wohnhäuser, mit bis zu 15% Mischnutzung, hoher Standard	–	**–**	–	–
Wohnhäuser, mit mehr als 15% Mischnutzung	–	**1.234,00**	–	< 0,1%
Seniorenwohnungen und Beherbergungen				
Seniorenwohnungen, mittlerer Standard	1.537,00	**1.641,00**	1.745,00	< 0,1%
Seniorenwohnungen, hoher Standard	–	**1.154,00**	–	< 0,1%
Wohnheime und Internate	–	**–**	–	–
Hotels	–	**–**	–	–
7 Gewerbe, Lager und Garagen				
Gaststätten, Kantinen und Mensen	–	**–**	–	–
Industrielle Produktionsgebäude, Massivbauweise	–	**–**	–	–
Industrielle Produktionsgebäude, überwiegend Skelettbauweise	–	**–**	–	–
Betriebs- und Werkstätten, eingeschossig	–	**–**	–	–
Betriebs- und Werkstätten, mehrgeschossig, geringer Hallenanteil	–	**–**	–	–
Betriebs- und Werkstätten, mehrgeschossig, hoher Hallenanteil	–	**–**	–	–
Geschäftshäuser, mit Wohnungen	–	**–**	–	–
Geschäftshäuser, ohne Wohnungen	–	**–**	–	–
Verbrauchermärkte	–	**–**	–	–
Autohäuser	–	**–**	–	–
Lagergebäude, ohne Mischnutzung	–	**–**	–	–
Lagergebäude, mit bis zu 25% Mischnutzung	–	**2.091,00**	–	< 0,1%
Lagergebäude, mit mehr als 25% Mischnutzung	–	**–**	–	–
Garagen und Bereitschaftsdienste				
Einzel- und Doppelgaragen	–	**–**	–	–
Mehrfachgaragen	–	**–**	–	–
Hochgaragen	–	**–**	–	–
Fahrradparkhäuser	–	**1.705,00**	–	0,3%
Carports	–	**–**	–	–
Tiefgaragen	–	**–**	–	–
Feuerwehrhäuser	–	**–**	–	–
Öffentliche Bereitschaftsdienste	–	**–**	–	–
8 Gebäude für kulturelle und religiöse Zwecke				
Bibliotheken, Museen und Ausstellungen	–	**1.556,00**	–	< 0,1%
Theater	–	**–**	–	–
Gemeindezentren, einfacher Standard	–	**3.306,00**	–	< 0,1%
Gemeindezentren, mittlerer Standard	1.168,00	**2.750,00**	4.333,00	0,2%
Gemeindezentren, hoher Standard	–	**–**	–	–
Gemeindezentren, Holzbauweise	–	**4.134,00**	–	0,2%
Friedhofsgebäude	–	**–**	–	–

353 Deckenbeläge

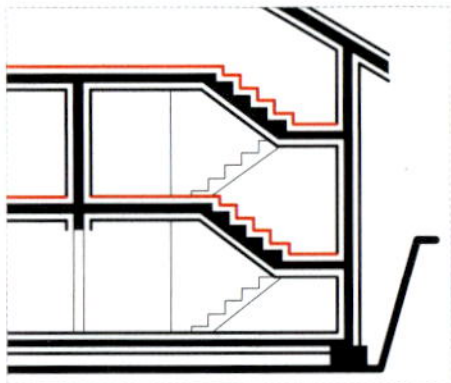

Kosten:
Stand 1. Quartal 2026
Bundesdurchschnitt
inkl. 19% MwSt.

Einheit: m²
Deckenbelagsfläche

▷ von
Ø Mittel
◁ bis

Gebäudeart	▷	€/Einheit	◁	KG an 300
1 Büro- und Verwaltungsgebäude				
Büro- und Verwaltungsgebäude, einfacher Standard	153,00	**168,00**	184,00	4,4%
Büro- und Verwaltungsgebäude, mittlerer Standard	166,00	**195,00**	228,00	4,8%
Büro- und Verwaltungsgebäude, hoher Standard	191,00	**243,00**	301,00	5,4%
Büro- und Verwaltungsgebäude, Holzbauweise	147,00	**214,00**	329,00	3,7%
2 Gebäude für Forschung und Lehre				
Instituts- und Laborgebäude	80,00	**151,00**	200,00	2,4%
3 Gebäude des Gesundheitswesens				
Medizinische Einrichtungen	136,00	**183,00**	262,00	5,4%
Pflegeheime	78,00	**142,00**	219,00	3,7%
Gebäude für Erholungszwecke	–	**174,00**	–	0,3%
4 Schulen und Kindergärten				
Allgemeinbildende Schulen	155,00	**166,00**	180,00	3,0%
Schulen, Holzbauweise	167,00	**173,00**	180,00	2,2%
Berufliche Schulen	228,00	**244,00**	260,00	2,6%
Förder- und Sonderschulen	134,00	**169,00**	223,00	4,1%
Weiterbildungseinrichtungen	175,00	**214,00**	234,00	4,1%
Kindergärten, nicht unterkellert, einfacher Standard	–	**181,00**	–	0,2%
Kindergärten, nicht unterkellert, mittlerer Standard	86,00	**139,00**	186,00	1,5%
Kindergärten, nicht unterkellert, hoher Standard	62,00	**112,00**	154,00	0,8%
Kindergärten, Holzbauweise, nicht unterkellert	192,00	**253,00**	361,00	1,3%
Kindergärten, unterkellert	128,00	**155,00**	192,00	2,0%
5 Sportbauten				
Sport- und Mehrzweckhallen	168,00	**360,00**	552,00	2,2%
Sporthallen (Einfeldhallen)	158,00	**203,00**	248,00	0,7%
Sporthallen (Dreifeldhallen)	195,00	**235,00**	266,00	1,7%
6 Wohngebäude				
Ein- und Zweifamilienhäuser				
Ein- und Zweifamilienhäuser, unterkellert, einfacher Standard	176,00	**206,00**	224,00	8,4%
Ein- und Zweifamilienhäuser, unterkellert, mittlerer Standard	181,00	**213,00**	295,00	6,9%
Ein- und Zweifamilienhäuser, unterkellert, hoher Standard	189,00	**269,00**	352,00	6,9%
Ein- und Zweifamilienhäuser, nicht unterkellert, einfacher Standard	139,00	**160,00**	180,00	5,5%
Ein- und Zweifamilienhäuser, nicht unterkellert, mittlerer Standard	159,00	**204,00**	275,00	3,9%
Ein- und Zweifamilienhäuser, nicht unterkellert, hoher Standard	212,00	**281,00**	361,00	5,2%
Ein- und Zweifamilienhäuser, Passivhausstandard, Massivbauweise	161,00	**192,00**	222,00	5,1%
Ein- und Zweifamilienhäuser, Passivhausstandard, Holzbauweise	182,00	**211,00**	261,00	4,3%
Ein- und Zweifamilienhäuser, Holzbauweise, unterkellert	120,00	**180,00**	283,00	5,3%
Ein- und Zweifamilienhäuser, Holzbauweise, nicht unterkellert	110,00	**213,00**	306,00	3,5%
Doppel- und Reihenend- / Reihenhäuser				
Doppel- und Reihenendhäuser, einfacher Standard	109,00	**152,00**	174,00	7,2%
Doppel- und Reihenendhäuser, mittlerer Standard	150,00	**177,00**	231,00	5,8%
Doppel- und Reihenendhäuser, hoher Standard	169,00	**208,00**	232,00	6,6%
Doppel- und Reihenendhäuser, Holzbauweise	101,00	**174,00**	246,00	4,9%
Reihenhäuser, einfacher Standard	72,00	**152,00**	231,00	5,5%
Reihenhäuser, mittlerer Standard	85,00	**118,00**	135,00	5,3%
Reihenhäuser, hoher Standard	191,00	**235,00**	306,00	7,7%
Mehrfamilienhäuser				
Mehrfamilienhäuser, mit bis zu 6 WE, einfacher Standard	84,00	**136,00**	188,00	6,9%
Mehrfamilienhäuser, mit bis zu 6 WE, mittlerer Standard	170,00	**200,00**	243,00	6,8%
Mehrfamilienhäuser, mit bis zu 6 WE, hoher Standard	199,00	**246,00**	281,00	8,4%

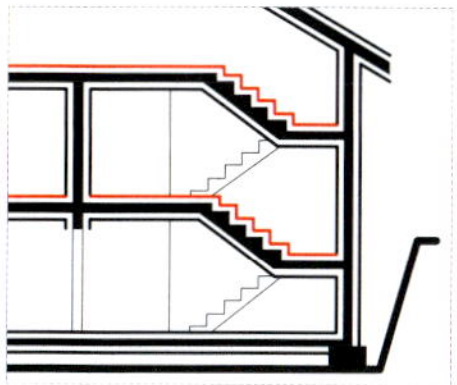

Einheit: m²
Deckenbelagsfläche

Gebäudeart	▷	€/Einheit	◁	KG an 300
Mehrfamilienhäuser (Fortsetzung)				
Mehrfamilienhäuser, mit 6 bis 19 WE, einfacher Standard	146,00	**176,00**	191,00	8,6%
Mehrfamilienhäuser, mit 6 bis 19 WE, mittlerer Standard	135,00	**160,00**	176,00	7,6%
Mehrfamilienhäuser, mit 6 bis 19 WE, hoher Standard	144,00	**183,00**	231,00	6,6%
Mehrfamilienhäuser, mit 20 oder mehr WE, einfacher Standard	103,00	**107,00**	115,00	5,8%
Mehrfamilienhäuser, mit 20 oder mehr WE, mittlerer Standard	143,00	**160,00**	218,00	7,0%
Mehrfamilienhäuser, mit 20 oder mehr WE, hoher Standard	176,00	**195,00**	222,00	7,6%
Mehrfamilienhäuser, Passivhäuser	159,00	**212,00**	277,00	7,6%
Mehrfamilienhäuser, Holzbauweise	178,00	**242,00**	287,00	8,4%
Wohnhäuser, mit bis zu 15% Mischnutzung, einfacher Standard	66,00	**103,00**	175,00	5,0%
Wohnhäuser, mit bis zu 15% Mischnutzung, mittlerer Standard	33,00	**139,00**	192,00	4,8%
Wohnhäuser, mit bis zu 15% Mischnutzung, hoher Standard	–	**198,00**	–	6,1%
Wohnhäuser, mit mehr als 15% Mischnutzung	74,00	**162,00**	302,00	5,7%
Seniorenwohnungen und Beherbergungen				
Seniorenwohnungen, mittlerer Standard	110,00	**161,00**	194,00	7,6%
Seniorenwohnungen, hoher Standard	117,00	**135,00**	154,00	6,8%
Wohnheime und Internate	137,00	**198,00**	262,00	5,5%
Hotels	–	**337,00**	–	9,0%
7 Gewerbe, Lager und Garagen				
Gaststätten, Kantinen und Mensen	–	**286,00**	–	6,8%
Industrielle Produktionsgebäude, Massivbauweise	105,00	**143,00**	157,00	3,0%
Industrielle Produktionsgebäude, überwiegend Skelettbauweise	134,00	**165,00**	208,00	1,9%
Betriebs- und Werkstätten, eingeschossig	–	**155,00**	–	1,3%
Betriebs- und Werkstätten, mehrgeschossig, geringer Hallenanteil	108,00	**155,00**	292,00	3,3%
Betriebs- und Werkstätten, mehrgeschossig, hoher Hallenanteil	84,00	**131,00**	173,00	1,4%
Geschäftshäuser, mit Wohnungen	130,00	**170,00**	235,00	6,8%
Geschäftshäuser, ohne Wohnungen	187,00	**206,00**	225,00	9,7%
Verbrauchermärkte	–	**–**	–	–
Autohäuser	92,00	**142,00**	193,00	1,5%
Lagergebäude, ohne Mischnutzung	52,00	**73,00**	101,00	0,1%
Lagergebäude, mit bis zu 25% Mischnutzung	–	**201,00**	–	0,6%
Lagergebäude, mit mehr als 25% Mischnutzung	168,00	**175,00**	183,00	1,5%
Garagen und Bereitschaftsdienste				
Einzel- und Doppelgaragen	–	**–**	–	–
Mehrfachgaragen	49,00	**161,00**	272,00	0,6%
Hochgaragen	101,00	**123,00**	166,00	5,2%
Fahrradparkhäuser	–	**50,00**	–	0,3%
Carports	–	**–**	–	–
Tiefgaragen	372,00	**480,00**	514,00	0,5%
Feuerwehrhäuser	125,00	**144,00**	161,00	1,2%
Öffentliche Bereitschaftsdienste	39,00	**97,00**	133,00	1,0%
8 Gebäude für kulturelle und religiöse Zwecke				
Bibliotheken, Museen und Ausstellungen	113,00	**256,00**	393,00	2,4%
Theater	–	**289,00**	–	2,0%
Gemeindezentren, einfacher Standard	136,00	**137,00**	138,00	2,2%
Gemeindezentren, mittlerer Standard	52,00	**160,00**	213,00	2,1%
Gemeindezentren, hoher Standard	69,00	**164,00**	248,00	1,9%
Gemeindezentren, Holzbauweise	–	**324,00**	–	0,7%
Friedhofsgebäude	266,00	**320,00**	373,00	3,0%

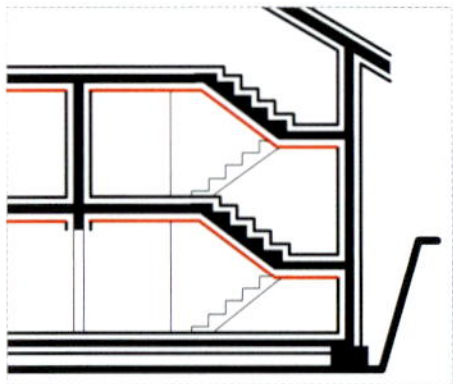

Kosten:
Stand 1. Quartal 2026
Bundesdurchschnitt
inkl. 19% MwSt.

Einheit: m²
Deckenbekleidungsfläche

▷ von
ø Mittel
◁ bis

Gebäudeart	▷	€/Einheit	◁	KG an 300
1 Büro- und Verwaltungsgebäude				
Büro- und Verwaltungsgebäude, einfacher Standard	17,00	**25,00**	33,00	0,7%
Büro- und Verwaltungsgebäude, mittlerer Standard	67,00	**96,00**	148,00	1,9%
Büro- und Verwaltungsgebäude, hoher Standard	78,00	**118,00**	217,00	2,2%
Büro- und Verwaltungsgebäude, Holzbauweise	67,00	**126,00**	256,00	1,7%
2 Gebäude für Forschung und Lehre				
Instituts- und Laborgebäude	114,00	**231,00**	695,00	1,5%
3 Gebäude des Gesundheitswesens				
Medizinische Einrichtungen	63,00	**110,00**	134,00	3,3%
Pflegeheime	35,00	**92,00**	134,00	2,5%
Gebäude für Erholungszwecke	–	**11,00**	–	< 0,1%
4 Schulen und Kindergärten				
Allgemeinbildende Schulen	114,00	**144,00**	165,00	2,4%
Schulen, Holzbauweise	122,00	**148,00**	172,00	1,6%
Berufliche Schulen	226,00	**244,00**	262,00	2,0%
Förder- und Sonderschulen	146,00	**178,00**	234,00	4,0%
Weiterbildungseinrichtungen	49,00	**69,00**	99,00	1,1%
Kindergärten, nicht unterkellert, einfacher Standard	–	**–**	–	–
Kindergärten, nicht unterkellert, mittlerer Standard	73,00	**90,00**	107,00	0,9%
Kindergärten, nicht unterkellert, hoher Standard	83,00	**129,00**	255,00	1,1%
Kindergärten, Holzbauweise, nicht unterkellert	117,00	**176,00**	245,00	0,7%
Kindergärten, unterkellert	44,00	**149,00**	254,00	1,2%
5 Sportbauten				
Sport- und Mehrzweckhallen	115,00	**131,00**	148,00	0,8%
Sporthallen (Einfeldhallen)	38,00	**62,00**	97,00	0,2%
Sporthallen (Dreifeldhallen)	73,00	**100,00**	198,00	0,7%
6 Wohngebäude				
Ein- und Zweifamilienhäuser				
Ein- und Zweifamilienhäuser, unterkellert, einfacher Standard	15,00	**27,00**	45,00	1,1%
Ein- und Zweifamilienhäuser, unterkellert, mittlerer Standard	24,00	**42,00**	75,00	1,0%
Ein- und Zweifamilienhäuser, unterkellert, hoher Standard	29,00	**67,00**	115,00	1,6%
Ein- und Zweifamilienhäuser, nicht unterkellert, einfacher Standard	36,00	**47,00**	58,00	2,0%
Ein- und Zweifamilienhäuser, nicht unterkellert, mittlerer Standard	18,00	**41,00**	60,00	0,9%
Ein- und Zweifamilienhäuser, nicht unterkellert, hoher Standard	33,00	**61,00**	123,00	1,0%
Ein- und Zweifamilienhäuser, Passivhausstandard, Massivbauweise	26,00	**43,00**	71,00	1,1%
Ein- und Zweifamilienhäuser, Passivhausstandard, Holzbauweise	27,00	**70,00**	112,00	1,1%
Ein- und Zweifamilienhäuser, Holzbauweise, unterkellert	44,00	**68,00**	127,00	0,9%
Ein- und Zweifamilienhäuser, Holzbauweise, nicht unterkellert	40,00	**102,00**	171,00	1,4%
Doppel- und Reihenend- / Reihenhäuser				
Doppel- und Reihenendhäuser, einfacher Standard	6,30	**26,00**	40,00	1,1%
Doppel- und Reihenendhäuser, mittlerer Standard	27,00	**40,00**	55,00	1,2%
Doppel- und Reihenendhäuser, hoher Standard	31,00	**39,00**	48,00	1,2%
Doppel- und Reihenendhäuser, Holzbauweise	9,70	**30,00**	41,00	0,5%
Reihenhäuser, einfacher Standard	6,30	**36,00**	65,00	2,7%
Reihenhäuser, mittlerer Standard	14,00	**21,00**	33,00	0,8%
Reihenhäuser, hoher Standard	25,00	**39,00**	79,00	1,0%
Mehrfamilienhäuser				
Mehrfamilienhäuser, mit bis zu 6 WE, einfacher Standard	21,00	**27,00**	34,00	1,2%
Mehrfamilienhäuser, mit bis zu 6 WE, mittlerer Standard	40,00	**58,00**	103,00	1,9%
Mehrfamilienhäuser, mit bis zu 6 WE, hoher Standard	36,00	**41,00**	49,00	1,4%

Gebäudeart	▷	€/Einheit	◁	KG an 300
Mehrfamilienhäuser (Fortsetzung)				
Mehrfamilienhäuser, mit 6 bis 19 WE, einfacher Standard	20,00	**27,00**	42,00	1,3%
Mehrfamilienhäuser, mit 6 bis 19 WE, mittlerer Standard	21,00	**38,00**	57,00	1,9%
Mehrfamilienhäuser, mit 6 bis 19 WE, hoher Standard	36,00	**48,00**	74,00	1,6%
Mehrfamilienhäuser, mit 20 oder mehr WE, einfacher Standard	18,00	**34,00**	45,00	1,7%
Mehrfamilienhäuser, mit 20 oder mehr WE, mittlerer Standard	20,00	**39,00**	105,00	0,9%
Mehrfamilienhäuser, mit 20 oder mehr WE, hoher Standard	24,00	**36,00**	59,00	1,3%
Mehrfamilienhäuser, Passivhäuser	44,00	**51,00**	58,00	1,9%
Mehrfamilienhäuser, Holzbauweise	48,00	**96,00**	161,00	2,1%
Wohnhäuser, mit bis zu 15% Mischnutzung, einfacher Standard	30,00	**35,00**	44,00	1,5%
Wohnhäuser, mit bis zu 15% Mischnutzung, mittlerer Standard	23,00	**41,00**	69,00	1,8%
Wohnhäuser, mit bis zu 15% Mischnutzung, hoher Standard	–	**61,00**	–	2,0%
Wohnhäuser, mit mehr als 15% Mischnutzung	9,10	**31,00**	52,00	0,6%
Seniorenwohnungen und Beherbergungen				
Seniorenwohnungen, mittlerer Standard	19,00	**25,00**	28,00	1,4%
Seniorenwohnungen, hoher Standard	24,00	**35,00**	46,00	1,7%
Wohnheime und Internate	35,00	**70,00**	184,00	1,6%
Hotels	–	**33,00**	–	0,8%
7 Gewerbe, Lager und Garagen				
Gaststätten, Kantinen und Mensen	–	**110,00**	–	2,7%
Industrielle Produktionsgebäude, Massivbauweise	7,70	**62,00**	83,00	0,8%
Industrielle Produktionsgebäude, überwiegend Skelettbauweise	9,20	**68,00**	110,00	0,6%
Betriebs- und Werkstätten, eingeschossig	–	**41,00**	–	0,3%
Betriebs- und Werkstätten, mehrgeschossig, geringer Hallenanteil	38,00	**93,00**	174,00	1,3%
Betriebs- und Werkstätten, mehrgeschossig, hoher Hallenanteil	45,00	**99,00**	132,00	0,8%
Geschäftshäuser, mit Wohnungen	69,00	**80,00**	99,00	3,0%
Geschäftshäuser, ohne Wohnungen	38,00	**46,00**	54,00	2,1%
Verbrauchermärkte	–	**–**	–	–
Autohäuser	95,00	**119,00**	143,00	0,4%
Lagergebäude, ohne Mischnutzung	14,00	**15,00**	16,00	< 0,1%
Lagergebäude, mit bis zu 25% Mischnutzung	61,00	**112,00**	139,00	0,8%
Lagergebäude, mit mehr als 25% Mischnutzung	–	**92,00**	–	0,7%
Garagen und Bereitschaftsdienste				
Einzel- und Doppelgaragen	–	**–**	–	–
Mehrfachgaragen	22,00	**71,00**	119,00	0,1%
Hochgaragen	10,00	**68,00**	127,00	0,3%
Fahrradparkhäuser	–	**178,00**	–	0,6%
Carports	–	**–**	–	–
Tiefgaragen	67,00	**110,00**	163,00	2,2%
Feuerwehrhäuser	94,00	**109,00**	127,00	0,7%
Öffentliche Bereitschaftsdienste	6,90	**54,00**	84,00	0,3%
8 Gebäude für kulturelle und religiöse Zwecke				
Bibliotheken, Museen und Ausstellungen	34,00	**121,00**	223,00	1,0%
Theater	220,00	**230,00**	241,00	2,3%
Gemeindezentren, einfacher Standard	10,00	**29,00**	49,00	0,1%
Gemeindezentren, mittlerer Standard	86,00	**142,00**	211,00	1,9%
Gemeindezentren, hoher Standard	29,00	**90,00**	168,00	0,6%
Gemeindezentren, Holzbauweise	37,00	**96,00**	133,00	0,4%
Friedhofsgebäude	–	**7,40**	–	< 0,1%

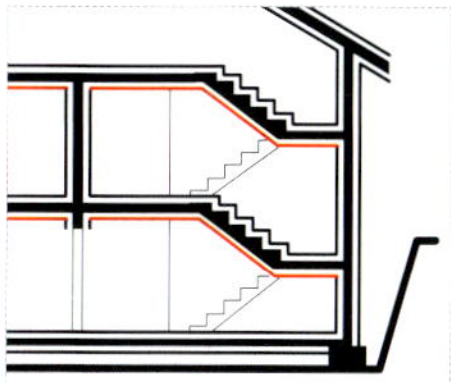

Einheit: m²
Deckenbekleidungsfläche

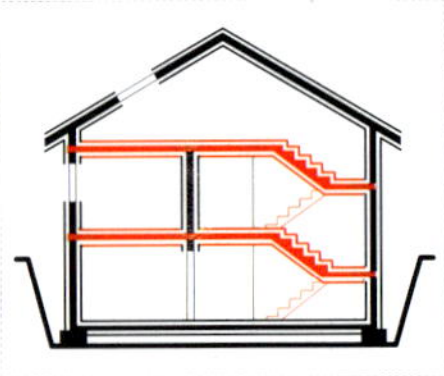

Kosten:
Stand 1. Quartal 2026
Bundesdurchschnitt
inkl. 19% MwSt.

Einheit: m²
Deckenfläche/
Fläche der horizontalen
Baukonstruktionen

▷ von
ø Mittel
◁ bis

Gebäudeart	▷	€/Einheit	◁	KG an 300
1 Büro- und Verwaltungsgebäude				
Büro- und Verwaltungsgebäude, einfacher Standard	10,00	**28,00**	46,00	0,8%
Büro- und Verwaltungsgebäude, mittlerer Standard	19,00	**51,00**	148,00	1,2%
Büro- und Verwaltungsgebäude, hoher Standard	17,00	**45,00**	72,00	1,1%
Büro- und Verwaltungsgebäude, Holzbauweise	18,00	**49,00**	73,00	0,8%
2 Gebäude für Forschung und Lehre				
Instituts- und Laborgebäude	53,00	**116,00**	211,00	1,2%
3 Gebäude des Gesundheitswesens				
Medizinische Einrichtungen	14,00	**18,00**	20,00	0,7%
Pflegeheime	7,40	**15,00**	18,00	0,4%
Gebäude für Erholungszwecke	–	**58,00**	–	0,2%
4 Schulen und Kindergärten				
Allgemeinbildende Schulen	38,00	**54,00**	77,00	1,1%
Schulen, Holzbauweise	10,00	**37,00**	54,00	0,4%
Berufliche Schulen	34,00	**38,00**	43,00	0,5%
Förder- und Sonderschulen	34,00	**65,00**	155,00	1,6%
Weiterbildungseinrichtungen	24,00	**98,00**	243,00	2,1%
Kindergärten, nicht unterkellert, einfacher Standard	–	**247,00**	–	0,3%
Kindergärten, nicht unterkellert, mittlerer Standard	29,00	**74,00**	141,00	0,8%
Kindergärten, nicht unterkellert, hoher Standard	43,00	**103,00**	244,00	0,7%
Kindergärten, Holzbauweise, nicht unterkellert	12,00	**64,00**	112,00	0,3%
Kindergärten, unterkellert	57,00	**138,00**	298,00	0,9%
5 Sportbauten				
Sport- und Mehrzweckhallen	23,00	**35,00**	48,00	0,2%
Sporthallen (Einfeldhallen)	107,00	**189,00**	271,00	0,7%
Sporthallen (Dreifeldhallen)	95,00	**109,00**	131,00	1,0%
6 Wohngebäude				
Ein- und Zweifamilienhäuser				
Ein- und Zweifamilienhäuser, unterkellert, einfacher Standard	–	**17,00**	–	0,3%
Ein- und Zweifamilienhäuser, unterkellert, mittlerer Standard	14,00	**39,00**	77,00	1,1%
Ein- und Zweifamilienhäuser, unterkellert, hoher Standard	33,00	**70,00**	220,00	1,2%
Ein- und Zweifamilienhäuser, nicht unterkellert, einfacher Standard	–	**10,00**	–	0,3%
Ein- und Zweifamilienhäuser, nicht unterkellert, mittlerer Standard	30,00	**50,00**	104,00	0,6%
Ein- und Zweifamilienhäuser, nicht unterkellert, hoher Standard	15,00	**40,00**	58,00	0,8%
Ein- und Zweifamilienhäuser, Passivhausstandard, Massivbauweise	15,00	**35,00**	42,00	0,4%
Ein- und Zweifamilienhäuser, Passivhausstandard, Holzbauweise	13,00	**22,00**	39,00	0,3%
Ein- und Zweifamilienhäuser, Holzbauweise, unterkellert	9,60	**24,00**	49,00	0,5%
Ein- und Zweifamilienhäuser, Holzbauweise, nicht unterkellert	12,00	**30,00**	135,00	0,4%
Doppel- und Reihenend- / Reihenhäuser				
Doppel- und Reihenendhäuser, einfacher Standard	9,30	**10,00**	11,00	0,5%
Doppel- und Reihenendhäuser, mittlerer Standard	23,00	**47,00**	95,00	1,8%
Doppel- und Reihenendhäuser, hoher Standard	28,00	**59,00**	77,00	1,8%
Doppel- und Reihenendhäuser, Holzbauweise	6,40	**36,00**	55,00	0,9%
Reihenhäuser, einfacher Standard	5,80	**8,30**	11,00	0,6%
Reihenhäuser, mittlerer Standard	9,70	**13,00**	16,00	0,5%
Reihenhäuser, hoher Standard	5,40	**23,00**	41,00	0,8%
Mehrfamilienhäuser				
Mehrfamilienhäuser, mit bis zu 6 WE, einfacher Standard	11,00	**21,00**	31,00	1,3%
Mehrfamilienhäuser, mit bis zu 6 WE, mittlerer Standard	11,00	**43,00**	64,00	2,3%
Mehrfamilienhäuser, mit bis zu 6 WE, hoher Standard	28,00	**43,00**	57,00	1,4%

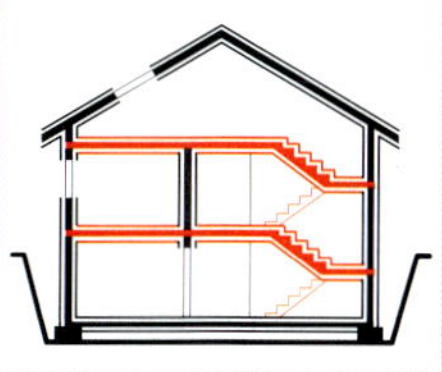

Einheit: m²
Deckenfläche/
Fläche der horizontalen
Baukonstruktionen

Gebäudeart	▷	€/Einheit	◁	KG an 300
Mehrfamilienhäuser (Fortsetzung)				
Mehrfamilienhäuser, mit 6 bis 19 WE, einfacher Standard	27,00	**48,00**	59,00	2,6%
Mehrfamilienhäuser, mit 6 bis 19 WE, mittlerer Standard	31,00	**45,00**	62,00	2,5%
Mehrfamilienhäuser, mit 6 bis 19 WE, hoher Standard	27,00	**44,00**	71,00	2,0%
Mehrfamilienhäuser, mit 20 oder mehr WE, einfacher Standard	60,00	**73,00**	99,00	4,8%
Mehrfamilienhäuser, mit 20 oder mehr WE, mittlerer Standard	34,00	**39,00**	53,00	1,6%
Mehrfamilienhäuser, mit 20 oder mehr WE, hoher Standard	0,50	**49,00**	75,00	2,4%
Mehrfamilienhäuser, Passivhäuser	35,00	**56,00**	92,00	2,3%
Mehrfamilienhäuser, Holzbauweise	33,00	**54,00**	85,00	2,6%
Wohnhäuser, mit bis zu 15% Mischnutzung, einfacher Standard	49,00	**53,00**	54,00	3,3%
Wohnhäuser, mit bis zu 15% Mischnutzung, mittlerer Standard	–	**30,00**	–	0,5%
Wohnhäuser, mit bis zu 15% Mischnutzung, hoher Standard	–	**43,00**	–	1,5%
Wohnhäuser, mit mehr als 15% Mischnutzung	14,00	**26,00**	33,00	1,0%
Seniorenwohnungen und Beherbergungen				
Seniorenwohnungen, mittlerer Standard	26,00	**30,00**	42,00	1,8%
Seniorenwohnungen, hoher Standard	–	**57,00**	–	3,3%
Wohnheime und Internate	18,00	**43,00**	88,00	1,5%
Hotels	–	**103,00**	–	3,2%
7 Gewerbe, Lager und Garagen				
Gaststätten, Kantinen und Mensen	–	**65,00**	–	1,7%
Industrielle Produktionsgebäude, Massivbauweise	37,00	**87,00**	149,00	1,5%
Industrielle Produktionsgebäude, überwiegend Skelettbauweise	22,00	**28,00**	43,00	0,5%
Betriebs- und Werkstätten, eingeschossig	–	**–**	–	–
Betriebs- und Werkstätten, mehrgeschossig, geringer Hallenanteil	8,50	**36,00**	68,00	0,8%
Betriebs- und Werkstätten, mehrgeschossig, hoher Hallenanteil	35,00	**81,00**	173,00	0,3%
Geschäftshäuser, mit Wohnungen	20,00	**25,00**	27,00	1,3%
Geschäftshäuser, ohne Wohnungen	–	**62,00**	–	1,6%
Verbrauchermärkte	–	**–**	–	–
Autohäuser	65,00	**88,00**	111,00	1,0%
Lagergebäude, ohne Mischnutzung	39,00	**91,00**	193,00	0,2%
Lagergebäude, mit bis zu 25% Mischnutzung	44,00	**53,00**	63,00	0,4%
Lagergebäude, mit mehr als 25% Mischnutzung	–	**25,00**	–	0,3%
Garagen und Bereitschaftsdienste				
Einzel- und Doppelgaragen	–	**–**	–	–
Mehrfachgaragen	–	**49,00**	–	0,2%
Hochgaragen	23,00	**24,00**	27,00	1,3%
Fahrradparkhäuser	–	**40,00**	–	0,3%
Carports	–	**–**	–	–
Tiefgaragen	22,00	**29,00**	37,00	0,4%
Feuerwehrhäuser	19,00	**32,00**	57,00	0,3%
Öffentliche Bereitschaftsdienste	29,00	**73,00**	98,00	0,9%
8 Gebäude für kulturelle und religiöse Zwecke				
Bibliotheken, Museen und Ausstellungen	11,00	**33,00**	117,00	0,6%
Theater	–	**65,00**	–	0,6%
Gemeindezentren, einfacher Standard	17,00	**83,00**	149,00	0,9%
Gemeindezentren, mittlerer Standard	42,00	**83,00**	162,00	0,6%
Gemeindezentren, hoher Standard	32,00	**71,00**	146,00	1,0%
Gemeindezentren, Holzbauweise	–	**119,00**	–	0,4%
Friedhofsgebäude	–	**14,00**	–	< 0,1%

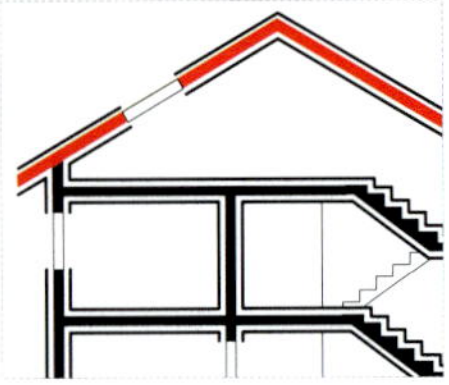

Kosten:
Stand 1.Quartal 2026
Bundesdurchschnitt
inkl. 19% MwSt.

Einheit: m²
Dachkonstruktionsfläche

▷ von
ø Mittel
◁ bis

Gebäudeart	▷	€/Einheit	◁	KG an 300
1 Büro- und Verwaltungsgebäude				
Büro- und Verwaltungsgebäude, einfacher Standard	110,00	**157,00**	240,00	6,3%
Büro- und Verwaltungsgebäude, mittlerer Standard	181,00	**236,00**	331,00	4,5%
Büro- und Verwaltungsgebäude, hoher Standard	179,00	**277,00**	374,00	4,0%
Büro- und Verwaltungsgebäude, Holzbauweise	192,00	**309,00**	498,00	6,3%
2 Gebäude für Forschung und Lehre				
Instituts- und Laborgebäude	144,00	**189,00**	273,00	5,8%
3 Gebäude des Gesundheitswesens				
Medizinische Einrichtungen	107,00	**154,00**	227,00	2,8%
Pflegeheime	119,00	**191,00**	280,00	5,4%
Gebäude für Erholungszwecke	128,00	**180,00**	257,00	6,5%
4 Schulen und Kindergärten				
Allgemeinbildende Schulen	166,00	**228,00**	291,00	6,4%
Schulen, Holzbauweise	204,00	**283,00**	406,00	8,4%
Berufliche Schulen	134,00	**203,00**	294,00	9,2%
Förder- und Sonderschulen	162,00	**219,00**	307,00	5,1%
Weiterbildungseinrichtungen	196,00	**292,00**	463,00	7,1%
Kindergärten, nicht unterkellert, einfacher Standard	98,00	**119,00**	157,00	7,1%
Kindergärten, nicht unterkellert, mittlerer Standard	127,00	**193,00**	242,00	8,5%
Kindergärten, nicht unterkellert, hoher Standard	169,00	**199,00**	222,00	8,6%
Kindergärten, Holzbauweise, nicht unterkellert	164,00	**233,00**	320,00	6,2%
Kindergärten, unterkellert	141,00	**215,00**	307,00	5,9%
5 Sportbauten				
Sport- und Mehrzweckhallen	221,00	**336,00**	547,00	13,7%
Sporthallen (Einfeldhallen)	204,00	**282,00**	460,00	13,8%
Sporthallen (Dreifeldhallen)	192,00	**243,00**	338,00	10,1%
6 Wohngebäude				
Ein- und Zweifamilienhäuser				
Ein- und Zweifamilienhäuser, unterkellert, einfacher Standard	91,00	**100,00**	117,00	4,6%
Ein- und Zweifamilienhäuser, unterkellert, mittlerer Standard	100,00	**140,00**	227,00	3,8%
Ein- und Zweifamilienhäuser, unterkellert, hoher Standard	99,00	**162,00**	257,00	3,4%
Ein- und Zweifamilienhäuser, nicht unterkellert, einfacher Standard	55,00	**73,00**	91,00	3,5%
Ein- und Zweifamilienhäuser, nicht unterkellert, mittlerer Standard	109,00	**148,00**	197,00	5,3%
Ein- und Zweifamilienhäuser, nicht unterkellert, hoher Standard	138,00	**196,00**	254,00	5,5%
Ein- und Zweifamilienhäuser, Passivhausstandard, Massivbauweise	117,00	**177,00**	252,00	4,4%
Ein- und Zweifamilienhäuser, Passivhausstandard, Holzbauweise	190,00	**240,00**	295,00	6,5%
Ein- und Zweifamilienhäuser, Holzbauweise, unterkellert	111,00	**186,00**	257,00	5,1%
Ein- und Zweifamilienhäuser, Holzbauweise, nicht unterkellert	90,00	**177,00**	223,00	5,6%
Doppel- und Reihenend- / Reihenhäuser				
Doppel- und Reihenendhäuser, einfacher Standard	90,00	**142,00**	168,00	4,2%
Doppel- und Reihenendhäuser, mittlerer Standard	94,00	**144,00**	175,00	4,8%
Doppel- und Reihenendhäuser, hoher Standard	136,00	**186,00**	262,00	4,6%
Doppel- und Reihenendhäuser, Holzbauweise	119,00	**196,00**	333,00	5,4%
Reihenhäuser, einfacher Standard	51,00	**111,00**	171,00	4,7%
Reihenhäuser, mittlerer Standard	95,00	**129,00**	150,00	3,8%
Reihenhäuser, hoher Standard	127,00	**245,00**	326,00	4,6%
Mehrfamilienhäuser				
Mehrfamilienhäuser, mit bis zu 6 WE, einfacher Standard	88,00	**134,00**	181,00	5,9%
Mehrfamilienhäuser, mit bis zu 6 WE, mittlerer Standard	106,00	**148,00**	178,00	4,1%
Mehrfamilienhäuser, mit bis zu 6 WE, hoher Standard	175,00	**217,00**	297,00	4,2%

 Erläuterungen zu den Tabellen siehe Seite 60

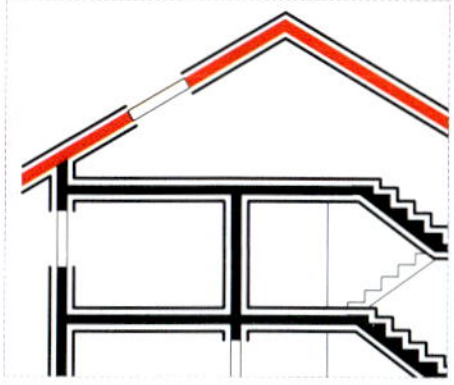

Einheit: m²
Dachkonstruktionsfläche

Gebäudeart	▷	€/Einheit	◁	KG an 300
Mehrfamilienhäuser (Fortsetzung)				
Mehrfamilienhäuser, mit 6 bis 19 WE, einfacher Standard	127,00	**159,00**	177,00	4,4%
Mehrfamilienhäuser, mit 6 bis 19 WE, mittlerer Standard	125,00	**155,00**	187,00	4,3%
Mehrfamilienhäuser, mit 6 bis 19 WE, hoher Standard	171,00	**206,00**	253,00	4,7%
Mehrfamilienhäuser, mit 20 oder mehr WE, einfacher Standard	171,00	**258,00**	314,00	5,6%
Mehrfamilienhäuser, mit 20 oder mehr WE, mittlerer Standard	142,00	**191,00**	271,00	3,7%
Mehrfamilienhäuser, mit 20 oder mehr WE, hoher Standard	132,00	**179,00**	225,00	2,6%
Mehrfamilienhäuser, Passivhäuser	184,00	**204,00**	267,00	4,4%
Mehrfamilienhäuser, Holzbauweise	94,00	**161,00**	200,00	3,6%
Wohnhäuser, mit bis zu 15% Mischnutzung, einfacher Standard	241,00	**259,00**	271,00	3,2%
Wohnhäuser, mit bis zu 15% Mischnutzung, mittlerer Standard	38,00	**132,00**	225,00	2,2%
Wohnhäuser, mit bis zu 15% Mischnutzung, hoher Standard	–	**251,00**	–	1,4%
Wohnhäuser, mit mehr als 15% Mischnutzung	167,00	**235,00**	361,00	4,7%
Seniorenwohnungen und Beherbergungen				
Seniorenwohnungen, mittlerer Standard	96,00	**153,00**	238,00	3,6%
Seniorenwohnungen, hoher Standard	132,00	**180,00**	229,00	4,2%
Wohnheime und Internate	123,00	**192,00**	256,00	4,1%
Hotels	–	**273,00**	–	2,9%
7 Gewerbe, Lager und Garagen				
Gaststätten, Kantinen und Mensen	–	**334,00**	–	5,5%
Industrielle Produktionsgebäude, Massivbauweise	153,00	**172,00**	196,00	8,9%
Industrielle Produktionsgebäude, überwiegend Skelettbauweise	170,00	**222,00**	309,00	11,1%
Betriebs- und Werkstätten, eingeschossig	99,00	**211,00**	280,00	12,0%
Betriebs- und Werkstätten, mehrgeschossig, geringer Hallenanteil	155,00	**222,00**	316,00	8,6%
Betriebs- und Werkstätten, mehrgeschossig, hoher Hallenanteil	130,00	**163,00**	220,00	12,5%
Geschäftshäuser, mit Wohnungen	131,00	**185,00**	212,00	3,6%
Geschäftshäuser, ohne Wohnungen	93,00	**140,00**	188,00	2,8%
Verbrauchermärkte	141,00	**205,00**	332,00	16,8%
Autohäuser	119,00	**149,00**	179,00	6,2%
Lagergebäude, ohne Mischnutzung	70,00	**148,00**	209,00	11,7%
Lagergebäude, mit bis zu 25% Mischnutzung	139,00	**157,00**	189,00	13,1%
Lagergebäude, mit mehr als 25% Mischnutzung	60,00	**262,00**	465,00	18,3%
Garagen und Bereitschaftsdienste				
Einzel- und Doppelgaragen	–	**74,00**	–	3,0%
Mehrfachgaragen	47,00	**109,00**	126,00	11,7%
Hochgaragen	290,00	**336,00**	414,00	12,6%
Fahrradparkhäuser	170,00	**333,00**	653,00	12,4%
Carports	128,00	**194,00**	253,00	9,9%
Tiefgaragen	283,00	**318,00**	330,00	8,1%
Feuerwehrhäuser	136,00	**179,00**	249,00	9,1%
Öffentliche Bereitschaftsdienste	122,00	**174,00**	246,00	10,3%
8 Gebäude für kulturelle und religiöse Zwecke				
Bibliotheken, Museen und Ausstellungen	229,00	**320,00**	482,00	6,3%
Theater	587,00	**663,00**	739,00	10,9%
Gemeindezentren, einfacher Standard	90,00	**180,00**	359,00	8,4%
Gemeindezentren, mittlerer Standard	156,00	**232,00**	454,00	6,8%
Gemeindezentren, hoher Standard	154,00	**221,00**	420,00	6,8%
Gemeindezentren, Holzbauweise	153,00	**179,00**	230,00	8,0%
Friedhofsgebäude	136,00	**236,00**	337,00	6,3%

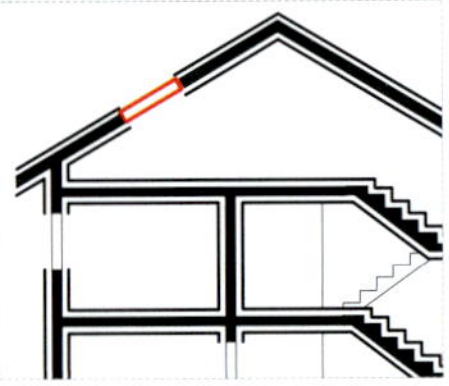

Kosten:
Stand 1. Quartal 2026
Bundesdurchschnitt
inkl. 19% MwSt.

Einheit: m² Dachöffnungsfläche

▷ von
ø Mittel
◁ bis

Gebäudeart	▷	€/Einheit	◁	KG an 300
1 Büro- und Verwaltungsgebäude				
Büro- und Verwaltungsgebäude, einfacher Standard	–	**1.690,00**	–	3,4%
Büro- und Verwaltungsgebäude, mittlerer Standard	2.070,00	**3.533,00**	7.238,00	0,6%
Büro- und Verwaltungsgebäude, hoher Standard	2.446,00	**3.415,00**	5.305,00	0,5%
Büro- und Verwaltungsgebäude, Holzbauweise	3.019,00	**4.013,00**	7.977,00	0,7%
2 Gebäude für Forschung und Lehre				
Instituts- und Laborgebäude	1.521,00	**2.433,00**	4.182,00	0,5%
3 Gebäude des Gesundheitswesens				
Medizinische Einrichtungen	7.438,00	**13.863,00**	25.208,00	0,3%
Pflegeheime	1.182,00	**2.731,00**	5.036,00	0,2%
Gebäude für Erholungszwecke	–	–	–	–
4 Schulen und Kindergärten				
Allgemeinbildende Schulen	2.699,00	**3.598,00**	5.334,00	1,2%
Schulen, Holzbauweise	1.513,00	**3.690,00**	7.905,00	0,2%
Berufliche Schulen	933,00	**1.746,00**	3.224,00	2,6%
Förder- und Sonderschulen	2.096,00	**3.096,00**	6.518,00	0,9%
Weiterbildungseinrichtungen	1.029,00	**2.043,00**	2.640,00	< 0,1%
Kindergärten, nicht unterkellert, einfacher Standard	–	**1.291,00**	–	0,1%
Kindergärten, nicht unterkellert, mittlerer Standard	1.657,00	**2.359,00**	3.125,00	1,1%
Kindergärten, nicht unterkellert, hoher Standard	2.253,00	**3.177,00**	3.885,00	2,0%
Kindergärten, Holzbauweise, nicht unterkellert	1.215,00	**1.948,00**	2.940,00	0,6%
Kindergärten, unterkellert	1.102,00	**6.152,00**	8.818,00	0,4%
5 Sportbauten				
Sport- und Mehrzweckhallen	721,00	**2.924,00**	5.127,00	1,3%
Sporthallen (Einfeldhallen)	626,00	**1.659,00**	2.206,00	1,1%
Sporthallen (Dreifeldhallen)	685,00	**1.035,00**	1.520,00	3,6%
6 Wohngebäude				
Ein- und Zweifamilienhäuser				
Ein- und Zweifamilienhäuser, unterkellert, einfacher Standard	901,00	**1.525,00**	1.905,00	1,3%
Ein- und Zweifamilienhäuser, unterkellert, mittlerer Standard	1.184,00	**1.853,00**	2.754,00	1,3%
Ein- und Zweifamilienhäuser, unterkellert, hoher Standard	1.289,00	**1.953,00**	3.119,00	0,6%
Ein- und Zweifamilienhäuser, nicht unterkellert, einfacher Standard	–	**1.201,00**	–	< 0,1%
Ein- und Zweifamilienhäuser, nicht unterkellert, mittlerer Standard	1.300,00	**2.151,00**	3.364,00	0,6%
Ein- und Zweifamilienhäuser, nicht unterkellert, hoher Standard	978,00	**1.786,00**	2.443,00	0,8%
Ein- und Zweifamilienhäuser, Passivhausstandard, Massivbauweise	2.155,00	**2.366,00**	2.576,00	0,2%
Ein- und Zweifamilienhäuser, Passivhausstandard, Holzbauweise	2.071,00	**3.279,00**	4.488,00	0,4%
Ein- und Zweifamilienhäuser, Holzbauweise, unterkellert	1.224,00	**2.099,00**	2.975,00	0,8%
Ein- und Zweifamilienhäuser, Holzbauweise, nicht unterkellert	1.648,00	**2.501,00**	3.726,00	1,6%
Doppel- und Reihenend- / Reihenhäuser				
Doppel- und Reihenendhäuser, einfacher Standard	–	–	–	–
Doppel- und Reihenendhäuser, mittlerer Standard	636,00	**1.397,00**	1.751,00	1,2%
Doppel- und Reihenendhäuser, hoher Standard	1.227,00	**2.045,00**	2.465,00	0,9%
Doppel- und Reihenendhäuser, Holzbauweise	632,00	**1.698,00**	3.561,00	0,7%
Reihenhäuser, einfacher Standard	–	**868,00**	–	< 0,1%
Reihenhäuser, mittlerer Standard	–	**776,00**	–	0,2%
Reihenhäuser, hoher Standard	1.394,00	**2.008,00**	2.581,00	1,0%
Mehrfamilienhäuser				
Mehrfamilienhäuser, mit bis zu 6 WE, einfacher Standard	882,00	**969,00**	1.057,00	1,3%
Mehrfamilienhäuser, mit bis zu 6 WE, mittlerer Standard	1.303,00	**2.036,00**	3.074,00	1,0%
Mehrfamilienhäuser, mit bis zu 6 WE, hoher Standard	1.111,00	**2.465,00**	3.221,00	0,5%

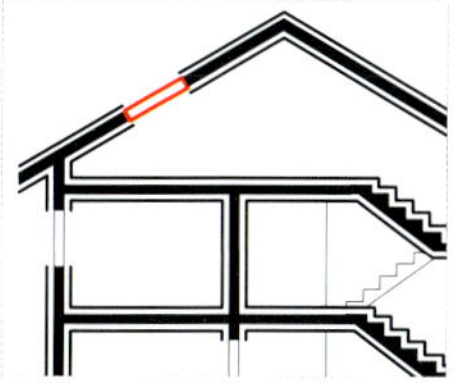

Einheit: m²
Dachöffnungsfläche

Gebäudeart	▷	€/Einheit	◁	KG an 300
Mehrfamilienhäuser (Fortsetzung)				
Mehrfamilienhäuser, mit 6 bis 19 WE, einfacher Standard	960,00	**1.255,00**	1.550,00	1,0%
Mehrfamilienhäuser, mit 6 bis 19 WE, mittlerer Standard	1.849,00	**4.350,00**	10.204,00	0,7%
Mehrfamilienhäuser, mit 6 bis 19 WE, hoher Standard	1.168,00	**2.939,00**	10.811,00	0,6%
Mehrfamilienhäuser, mit 20 oder mehr WE, einfacher Standard	2.813,00	**3.298,00**	3.783,00	< 0,1%
Mehrfamilienhäuser, mit 20 oder mehr WE, mittlerer Standard	1.184,00	**2.405,00**	3.232,00	0,5%
Mehrfamilienhäuser, mit 20 oder mehr WE, hoher Standard	1.293,00	**1.390,00**	1.488,00	0,3%
Mehrfamilienhäuser, Passivhäuser	2.807,00	**4.355,00**	5.902,00	< 0,1%
Mehrfamilienhäuser, Holzbauweise	1.022,00	**3.257,00**	4.152,00	0,6%
Wohnhäuser, mit bis zu 15% Mischnutzung, einfacher Standard	1.156,00	**1.579,00**	2.001,00	0,2%
Wohnhäuser, mit bis zu 15% Mischnutzung, mittlerer Standard	–	**6.329,00**	–	0,2%
Wohnhäuser, mit bis zu 15% Mischnutzung, hoher Standard	–	**2.112,00**	–	1,0%
Wohnhäuser, mit mehr als 15% Mischnutzung	1.209,00	**2.031,00**	2.466,00	2,4%
Seniorenwohnungen und Beherbergungen				
Seniorenwohnungen, mittlerer Standard	1.088,00	**1.212,00**	1.342,00	0,6%
Seniorenwohnungen, hoher Standard	1.078,00	**1.761,00**	2.444,00	0,3%
Wohnheime und Internate	1.932,00	**3.807,00**	7.654,00	0,6%
Hotels	–	**–**	–	–
7 Gewerbe, Lager und Garagen				
Gaststätten, Kantinen und Mensen	–	**4.915,00**	–	2,3%
Industrielle Produktionsgebäude, Massivbauweise	167,00	**536,00**	882,00	1,5%
Industrielle Produktionsgebäude, überwiegend Skelettbauweise	694,00	**1.069,00**	1.608,00	1,5%
Betriebs- und Werkstätten, eingeschossig	623,00	**1.341,00**	2.059,00	2,3%
Betriebs- und Werkstätten, mehrgeschossig, geringer Hallenanteil	1.036,00	**2.574,00**	4.827,00	1,0%
Betriebs- und Werkstätten, mehrgeschossig, hoher Hallenanteil	434,00	**707,00**	1.234,00	1,7%
Geschäftshäuser, mit Wohnungen	786,00	**1.265,00**	1.743,00	0,7%
Geschäftshäuser, ohne Wohnungen	–	**2.290,00**	–	0,1%
Verbrauchermärkte	1.236,00	**1.723,00**	2.211,00	1,0%
Autohäuser	1.939,00	**2.364,00**	2.789,00	1,0%
Lagergebäude, ohne Mischnutzung	534,00	**748,00**	1.172,00	1,2%
Lagergebäude, mit bis zu 25% Mischnutzung	346,00	**594,00**	1.067,00	2,4%
Lagergebäude, mit mehr als 25% Mischnutzung	1.641,00	**2.098,00**	2.555,00	6,9%
Garagen und Bereitschaftsdienste				
Einzel- und Doppelgaragen	–	**–**	–	–
Mehrfachgaragen	–	**–**	–	–
Hochgaragen	–	**2.098,00**	–	< 0,1%
Fahrradparkhäuser	530,00	**1.086,00**	1.642,00	0,7%
Carports	–	**–**	–	–
Tiefgaragen	–	**–**	–	–
Feuerwehrhäuser	1.311,00	**2.227,00**	2.963,00	1,6%
Öffentliche Bereitschaftsdienste	775,00	**7.199,00**	13.623,00	0,8%
8 Gebäude für kulturelle und religiöse Zwecke				
Bibliotheken, Museen und Ausstellungen	1.479,00	**3.627,00**	9.103,00	0,8%
Theater	–	**2.142,00**	–	< 0,1%
Gemeindezentren, einfacher Standard	1.667,00	**1.730,00**	1.855,00	1,7%
Gemeindezentren, mittlerer Standard	2.263,00	**2.658,00**	3.397,00	0,4%
Gemeindezentren, hoher Standard	–	**4.278,00**	–	0,8%
Gemeindezentren, Holzbauweise	–	**2.604,00**	–	0,4%
Friedhofsgebäude	–	**–**	–	–

 Erläuterungen zu den Tabellen siehe Seite 60 Kostenstand: 1. Quartal 2026, Bundesdurchschnitt, **inkl. 19% MwSt.**

Kosten:
Stand 1.Quartal 2026
Bundesdurchschnitt
inkl. 19% MwSt.

Einheit: m²
Dachbekleidungsfläche

▷ von
ø Mittel
◁ bis

Gebäudeart	▷	€/Einheit	◁	KG an 300
1 Büro- und Verwaltungsgebäude				
Büro- und Verwaltungsgebäude, einfacher Standard	99,00	**120,00**	149,00	4,2%
Büro- und Verwaltungsgebäude, mittlerer Standard	29,00	**73,00**	155,00	1,1%
Büro- und Verwaltungsgebäude, hoher Standard	108,00	**154,00**	239,00	1,6%
Büro- und Verwaltungsgebäude, Holzbauweise	55,00	**118,00**	154,00	2,4%
2 Gebäude für Forschung und Lehre				
Instituts- und Laborgebäude	35,00	**85,00**	128,00	1,9%
3 Gebäude des Gesundheitswesens				
Medizinische Einrichtungen	105,00	**118,00**	143,00	2,0%
Pflegeheime	49,00	**111,00**	177,00	2,8%
Gebäude für Erholungszwecke	120,00	**141,00**	199,00	3,1%
4 Schulen und Kindergärten				
Allgemeinbildende Schulen	70,00	**118,00**	150,00	2,6%
Schulen, Holzbauweise	34,00	**106,00**	156,00	2,5%
Berufliche Schulen	61,00	**184,00**	278,00	3,7%
Förder- und Sonderschulen	104,00	**166,00**	228,00	3,4%
Weiterbildungseinrichtungen	37,00	**74,00**	134,00	0,6%
Kindergärten, nicht unterkellert, einfacher Standard	82,00	**107,00**	120,00	5,9%
Kindergärten, nicht unterkellert, mittlerer Standard	96,00	**122,00**	160,00	4,3%
Kindergärten, nicht unterkellert, hoher Standard	128,00	**174,00**	220,00	6,5%
Kindergärten, Holzbauweise, nicht unterkellert	42,00	**136,00**	179,00	3,2%
Kindergärten, unterkellert	136,00	**148,00**	180,00	3,9%
5 Sportbauten				
Sport- und Mehrzweckhallen	8,80	**82,00**	119,00	4,2%
Sporthallen (Einfeldhallen)	37,00	**76,00**	108,00	3,0%
Sporthallen (Dreifeldhallen)	129,00	**216,00**	329,00	2,8%
6 Wohngebäude				
Ein- und Zweifamilienhäuser				
Ein- und Zweifamilienhäuser, unterkellert, einfacher Standard	42,00	**75,00**	135,00	2,7%
Ein- und Zweifamilienhäuser, unterkellert, mittlerer Standard	85,00	**120,00**	175,00	2,2%
Ein- und Zweifamilienhäuser, unterkellert, hoher Standard	56,00	**120,00**	197,00	2,0%
Ein- und Zweifamilienhäuser, nicht unterkellert, einfacher Standard	–	**71,00**	–	0,4%
Ein- und Zweifamilienhäuser, nicht unterkellert, mittlerer Standard	38,00	**90,00**	128,00	2,8%
Ein- und Zweifamilienhäuser, nicht unterkellert, hoher Standard	20,00	**83,00**	120,00	2,3%
Ein- und Zweifamilienhäuser, Passivhausstandard, Massivbauweise	68,00	**117,00**	210,00	2,3%
Ein- und Zweifamilienhäuser, Passivhausstandard, Holzbauweise	60,00	**96,00**	177,00	1,6%
Ein- und Zweifamilienhäuser, Holzbauweise, unterkellert	35,00	**75,00**	135,00	2,0%
Ein- und Zweifamilienhäuser, Holzbauweise, nicht unterkellert	36,00	**83,00**	125,00	1,5%
Doppel- und Reihenend- / Reihenhäuser				
Doppel- und Reihenendhäuser, einfacher Standard	–	**99,00**	–	0,7%
Doppel- und Reihenendhäuser, mittlerer Standard	51,00	**85,00**	105,00	2,3%
Doppel- und Reihenendhäuser, hoher Standard	45,00	**68,00**	98,00	1,6%
Doppel- und Reihenendhäuser, Holzbauweise	62,00	**96,00**	178,00	1,5%
Reihenhäuser, einfacher Standard	–	**168,00**	–	0,1%
Reihenhäuser, mittlerer Standard	97,00	**121,00**	162,00	2,7%
Reihenhäuser, hoher Standard	39,00	**119,00**	203,00	2,0%
Mehrfamilienhäuser				
Mehrfamilienhäuser, mit bis zu 6 WE, einfacher Standard	–	**151,00**	–	1,7%
Mehrfamilienhäuser, mit bis zu 6 WE, mittlerer Standard	74,00	**88,00**	133,00	2,1%
Mehrfamilienhäuser, mit bis zu 6 WE, hoher Standard	33,00	**73,00**	139,00	1,2%

Einheit: m²
Dachbekleidungsfläche

Gebäudeart	▷	€/Einheit	◁	KG an 300
Mehrfamilienhäuser (Fortsetzung)				
Mehrfamilienhäuser, mit 6 bis 19 WE, einfacher Standard	46,00	**98,00**	126,00	1,8%
Mehrfamilienhäuser, mit 6 bis 19 WE, mittlerer Standard	42,00	**83,00**	183,00	1,8%
Mehrfamilienhäuser, mit 6 bis 19 WE, hoher Standard	28,00	**45,00**	89,00	0,8%
Mehrfamilienhäuser, mit 20 oder mehr WE, einfacher Standard	14,00	**26,00**	48,00	0,3%
Mehrfamilienhäuser, mit 20 oder mehr WE, mittlerer Standard	29,00	**63,00**	98,00	1,0%
Mehrfamilienhäuser, mit 20 oder mehr WE, hoher Standard	35,00	**37,00**	39,00	0,3%
Mehrfamilienhäuser, Passivhäuser	30,00	**53,00**	94,00	1,0%
Mehrfamilienhäuser, Holzbauweise	72,00	**118,00**	184,00	1,9%
Wohnhäuser, mit bis zu 15% Mischnutzung, einfacher Standard	23,00	**36,00**	42,00	0,4%
Wohnhäuser, mit bis zu 15% Mischnutzung, mittlerer Standard	–	**73,00**	–	0,2%
Wohnhäuser, mit bis zu 15% Mischnutzung, hoher Standard	–	**106,00**	–	0,5%
Wohnhäuser, mit mehr als 15% Mischnutzung	69,00	**74,00**	79,00	1,0%
Seniorenwohnungen und Beherbergungen				
Seniorenwohnungen, mittlerer Standard	17,00	**41,00**	57,00	0,8%
Seniorenwohnungen, hoher Standard	40,00	**71,00**	101,00	1,4%
Wohnheime und Internate	31,00	**67,00**	138,00	1,3%
Hotels	–	**61,00**	–	0,5%
7 Gewerbe, Lager und Garagen				
Gaststätten, Kantinen und Mensen	–	**339,00**	–	6,3%
Industrielle Produktionsgebäude, Massivbauweise	33,00	**58,00**	106,00	0,4%
Industrielle Produktionsgebäude, überwiegend Skelettbauweise	9,00	**89,00**	143,00	0,8%
Betriebs- und Werkstätten, eingeschossig	9,10	**76,00**	122,00	1,3%
Betriebs- und Werkstätten, mehrgeschossig, geringer Hallenanteil	78,00	**169,00**	340,00	1,9%
Betriebs- und Werkstätten, mehrgeschossig, hoher Hallenanteil	37,00	**72,00**	111,00	1,4%
Geschäftshäuser, mit Wohnungen	24,00	**48,00**	88,00	0,8%
Geschäftshäuser, ohne Wohnungen	42,00	**53,00**	65,00	0,7%
Verbrauchermärkte	49,00	**53,00**	55,00	2,6%
Autohäuser	–	**19,00**	–	0,5%
Lagergebäude, ohne Mischnutzung	12,00	**32,00**	72,00	1,0%
Lagergebäude, mit bis zu 25% Mischnutzung	9,40	**26,00**	43,00	0,4%
Lagergebäude, mit mehr als 25% Mischnutzung	–	**232,00**	–	< 0,1%
Garagen und Bereitschaftsdienste				
Einzel- und Doppelgaragen	–	**–**	–	–
Mehrfachgaragen	–	**326,00**	–	< 0,1%
Hochgaragen	10,00	**385,00**	759,00	0,7%
Fahrradparkhäuser	83,00	**472,00**	861,00	< 0,1%
Carports	117,00	**170,00**	223,00	1,1%
Tiefgaragen	88,00	**96,00**	100,00	0,2%
Feuerwehrhäuser	28,00	**60,00**	98,00	1,4%
Öffentliche Bereitschaftsdienste	62,00	**67,00**	76,00	0,9%
8 Gebäude für kulturelle und religiöse Zwecke				
Bibliotheken, Museen und Ausstellungen	73,00	**188,00**	339,00	3,0%
Theater	212,00	**244,00**	276,00	2,2%
Gemeindezentren, einfacher Standard	119,00	**135,00**	168,00	5,4%
Gemeindezentren, mittlerer Standard	116,00	**144,00**	165,00	3,6%
Gemeindezentren, hoher Standard	71,00	**104,00**	137,00	3,4%
Gemeindezentren, Holzbauweise	151,00	**178,00**	233,00	7,2%
Friedhofsgebäude	63,00	**220,00**	377,00	2,8%

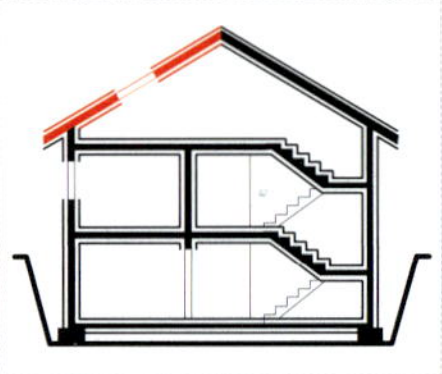

Kosten:
Stand 1.Quartal 2026
Bundesdurchschnitt
inkl. 19% MwSt.

Einheit: m²
Dachfläche,
elementiert

Gebäudeart	▷	€/Einheit	◁	KG an 300
1 Büro- und Verwaltungsgebäude				
Büro- und Verwaltungsgebäude, einfacher Standard	–	–	–	–
Büro- und Verwaltungsgebäude, mittlerer Standard	–	–	–	–
Büro- und Verwaltungsgebäude, hoher Standard	–	–	–	–
Büro- und Verwaltungsgebäude, Holzbauweise	–	–	–	–
2 Gebäude für Forschung und Lehre				
Instituts- und Laborgebäude	–	–	–	–
3 Gebäude des Gesundheitswesens				
Medizinische Einrichtungen	–	–	–	–
Pflegeheime	–	–	–	–
Gebäude für Erholungszwecke	–	–	–	–
4 Schulen und Kindergärten				
Allgemeinbildende Schulen	–	–	–	–
Schulen, Holzbauweise	–	–	–	–
Berufliche Schulen	–	–	–	–
Förder- und Sonderschulen	–	–	–	–
Weiterbildungseinrichtungen	–	–	–	–
Kindergärten, nicht unterkellert, einfacher Standard	–	–	–	–
Kindergärten, nicht unterkellert, mittlerer Standard	–	–	–	–
Kindergärten, nicht unterkellert, hoher Standard	–	–	–	–
Kindergärten, Holzbauweise, nicht unterkellert	205,00	**209,00**	213,00	1,9%
Kindergärten, unterkellert	–	–	–	–
5 Sportbauten				
Sport- und Mehrzweckhallen	–	–	–	–
Sporthallen (Einfeldhallen)	–	–	–	–
Sporthallen (Dreifeldhallen)	–	–	–	–
6 Wohngebäude				
Ein- und Zweifamilienhäuser				
Ein- und Zweifamilienhäuser, unterkellert, einfacher Standard	–	–	–	–
Ein- und Zweifamilienhäuser, unterkellert, mittlerer Standard	–	–	–	–
Ein- und Zweifamilienhäuser, unterkellert, hoher Standard	–	–	–	–
Ein- und Zweifamilienhäuser, nicht unterkellert, einfacher Standard	–	–	–	–
Ein- und Zweifamilienhäuser, nicht unterkellert, mittlerer Standard	–	–	–	–
Ein- und Zweifamilienhäuser, nicht unterkellert, hoher Standard	–	–	–	–
Ein- und Zweifamilienhäuser, Passivhausstandard, Massivbauweise	–	**266,00**	–	0,4%
Ein- und Zweifamilienhäuser, Passivhausstandard, Holzbauweise	–	–	–	–
Ein- und Zweifamilienhäuser, Holzbauweise, unterkellert	–	–	–	–
Ein- und Zweifamilienhäuser, Holzbauweise, nicht unterkellert	–	**213,00**	–	0,5%
Doppel- und Reihenend- / Reihenhäuser				
Doppel- und Reihenendhäuser, einfacher Standard	–	–	–	–
Doppel- und Reihenendhäuser, mittlerer Standard	–	–	–	–
Doppel- und Reihenendhäuser, hoher Standard	–	–	–	–
Doppel- und Reihenendhäuser, Holzbauweise	–	–	–	–
Reihenhäuser, einfacher Standard	–	–	–	–
Reihenhäuser, mittlerer Standard	–	–	–	–
Reihenhäuser, hoher Standard	–	–	–	–
Mehrfamilienhäuser				
Mehrfamilienhäuser, mit bis zu 6 WE, einfacher Standard	–	–	–	–
Mehrfamilienhäuser, mit bis zu 6 WE, mittlerer Standard	–	–	–	–
Mehrfamilienhäuser, mit bis zu 6 WE, hoher Standard	–	–	–	–

▷ von
ø Mittel
◁ bis

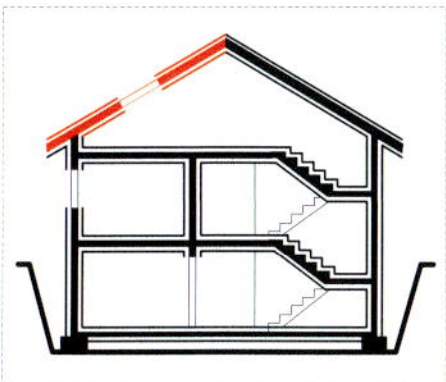

Einheit: m² Dachfläche, elementiert

Gebäudeart	▷	€/Einheit	◁	KG an 300
Mehrfamilienhäuser (Fortsetzung)				
Mehrfamilienhäuser, mit 6 bis 19 WE, einfacher Standard	–	**–**	–	–
Mehrfamilienhäuser, mit 6 bis 19 WE, mittlerer Standard	–	**–**	–	–
Mehrfamilienhäuser, mit 6 bis 19 WE, hoher Standard	–	**–**	–	–
Mehrfamilienhäuser, mit 20 oder mehr WE, einfacher Standard	–	**–**	–	–
Mehrfamilienhäuser, mit 20 oder mehr WE, mittlerer Standard	–	**–**	–	–
Mehrfamilienhäuser, mit 20 oder mehr WE, hoher Standard	–	**–**	–	–
Mehrfamilienhäuser, Passivhäuser	–	**–**	–	–
Mehrfamilienhäuser, Holzbauweise	–	**–**	–	–
Wohnhäuser, mit bis zu 15% Mischnutzung, einfacher Standard	–	**–**	–	–
Wohnhäuser, mit bis zu 15% Mischnutzung, mittlerer Standard	–	**–**	–	–
Wohnhäuser, mit bis zu 15% Mischnutzung, hoher Standard	–	**–**	–	–
Wohnhäuser, mit mehr als 15% Mischnutzung	–	**–**	–	–
Seniorenwohnungen und Beherbergungen				
Seniorenwohnungen, mittlerer Standard	–	**–**	–	–
Seniorenwohnungen, hoher Standard	–	**–**	–	–
Wohnheime und Internate	–	**–**	–	–
Hotels	–	**–**	–	–
7 Gewerbe, Lager und Garagen				
Gaststätten, Kantinen und Mensen	–	**–**	–	–
Industrielle Produktionsgebäude, Massivbauweise	–	**–**	–	–
Industrielle Produktionsgebäude, überwiegend Skelettbauweise	–	**–**	–	–
Betriebs- und Werkstätten, eingeschossig	–	**129,00**	–	3,0%
Betriebs- und Werkstätten, mehrgeschossig, geringer Hallenanteil	–	**–**	–	–
Betriebs- und Werkstätten, mehrgeschossig, hoher Hallenanteil	–	**–**	–	–
Geschäftshäuser, mit Wohnungen	–	**–**	–	–
Geschäftshäuser, ohne Wohnungen	–	**–**	–	–
Verbrauchermärkte	–	**–**	–	–
Autohäuser	–	**–**	–	–
Lagergebäude, ohne Mischnutzung	–	**–**	–	–
Lagergebäude, mit bis zu 25% Mischnutzung	–	**–**	–	–
Lagergebäude, mit mehr als 25% Mischnutzung	–	**–**	–	–
Garagen und Bereitschaftsdienste				
Einzel- und Doppelgaragen	–	**–**	–	–
Mehrfachgaragen	112,00	**143,00**	174,00	5,0%
Hochgaragen	–	**–**	–	–
Fahrradparkhäuser	–	**–**	–	–
Carports	–	**–**	–	–
Tiefgaragen	–	**–**	–	–
Feuerwehrhäuser	–	**–**	–	–
Öffentliche Bereitschaftsdienste	–	**–**	–	–
8 Gebäude für kulturelle und religiöse Zwecke				
Bibliotheken, Museen und Ausstellungen	–	**–**	–	–
Theater	–	**–**	–	–
Gemeindezentren, einfacher Standard	–	**–**	–	–
Gemeindezentren, mittlerer Standard	–	**–**	–	–
Gemeindezentren, hoher Standard	–	**–**	–	–
Gemeindezentren, Holzbauweise	–	**–**	–	–
Friedhofsgebäude	–	**–**	–	–

366 Lichtschutz zur KG 360

Kosten:
Stand 1. Quartal 2026
Bundesdurchschnitt
inkl. 19% MwSt.

Einheit: m² Dachlichtschutzfläche

▷ von
ø Mittel
◁ bis

Gebäudeart	▷	€/Einheit	◁	KG an 300
1 Büro- und Verwaltungsgebäude				
Büro- und Verwaltungsgebäude, einfacher Standard	–	**–**	–	–
Büro- und Verwaltungsgebäude, mittlerer Standard	–	**–**	–	–
Büro- und Verwaltungsgebäude, hoher Standard	316,00	**785,00**	1.087,00	0,2%
Büro- und Verwaltungsgebäude, Holzbauweise	–	**371,00**	–	< 0,1%
2 Gebäude für Forschung und Lehre				
Instituts- und Laborgebäude	–	**–**	–	–
3 Gebäude des Gesundheitswesens				
Medizinische Einrichtungen	–	**–**	–	–
Pflegeheime	–	**–**	–	–
Gebäude für Erholungszwecke	–	**–**	–	–
4 Schulen und Kindergärten				
Allgemeinbildende Schulen	–	**957,00**	–	< 0,1%
Schulen, Holzbauweise	–	**3.236,00**	–	< 0,1%
Berufliche Schulen	102,00	**472,00**	842,00	0,2%
Förder- und Sonderschulen	–	**–**	–	–
Weiterbildungseinrichtungen	–	**–**	–	–
Kindergärten, nicht unterkellert, einfacher Standard	–	**–**	–	–
Kindergärten, nicht unterkellert, mittlerer Standard	761,00	**1.052,00**	1.619,00	0,1%
Kindergärten, nicht unterkellert, hoher Standard	–	**448,00**	–	0,2%
Kindergärten, Holzbauweise, nicht unterkellert	–	**444,00**	–	< 0,1%
Kindergärten, unterkellert	–	**–**	–	–
5 Sportbauten				
Sport- und Mehrzweckhallen	–	**–**	–	–
Sporthallen (Einfeldhallen)	–	**–**	–	–
Sporthallen (Dreifeldhallen)	–	**–**	–	–
6 Wohngebäude				
Ein- und Zweifamilienhäuser				
Ein- und Zweifamilienhäuser, unterkellert, einfacher Standard	–	**–**	–	–
Ein- und Zweifamilienhäuser, unterkellert, mittlerer Standard	799,00	**957,00**	1.114,00	< 0,1%
Ein- und Zweifamilienhäuser, unterkellert, hoher Standard	–	**1.656,00**	–	< 0,1%
Ein- und Zweifamilienhäuser, nicht unterkellert, einfacher Standard	–	**–**	–	–
Ein- und Zweifamilienhäuser, nicht unterkellert, mittlerer Standard	–	**4.114,00**	–	< 0,1%
Ein- und Zweifamilienhäuser, nicht unterkellert, hoher Standard	–	**464,00**	–	< 0,1%
Ein- und Zweifamilienhäuser, Passivhausstandard, Massivbauweise	–	**–**	–	–
Ein- und Zweifamilienhäuser, Passivhausstandard, Holzbauweise	301,00	**685,00**	878,00	0,1%
Ein- und Zweifamilienhäuser, Holzbauweise, unterkellert	–	**–**	–	–
Ein- und Zweifamilienhäuser, Holzbauweise, nicht unterkellert	–	**250,00**	–	< 0,1%
Doppel- und Reihenend- / Reihenhäuser				
Doppel- und Reihenendhäuser, einfacher Standard	–	**–**	–	–
Doppel- und Reihenendhäuser, mittlerer Standard	–	**–**	–	–
Doppel- und Reihenendhäuser, hoher Standard	–	**–**	–	–
Doppel- und Reihenendhäuser, Holzbauweise	–	**–**	–	–
Reihenhäuser, einfacher Standard	–	**–**	–	–
Reihenhäuser, mittlerer Standard	–	**–**	–	–
Reihenhäuser, hoher Standard	–	**–**	–	–
Mehrfamilienhäuser				
Mehrfamilienhäuser, mit bis zu 6 WE, einfacher Standard	–	**–**	–	–
Mehrfamilienhäuser, mit bis zu 6 WE, mittlerer Standard	–	**–**	–	–
Mehrfamilienhäuser, mit bis zu 6 WE, hoher Standard	435,00	**754,00**	1.074,00	0,2%

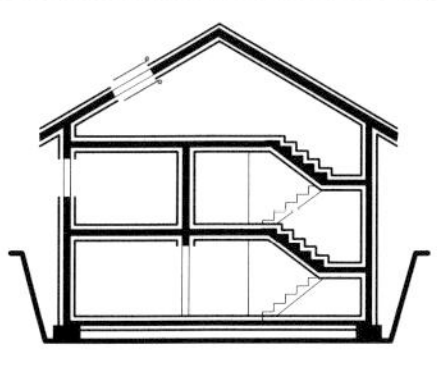

Einheit: m²
Dachlichtschutzfläche

Gebäudeart	▷	€/Einheit	◁	KG an 300
Mehrfamilienhäuser (Fortsetzung)				
Mehrfamilienhäuser, mit 6 bis 19 WE, einfacher Standard	–	–	–	–
Mehrfamilienhäuser, mit 6 bis 19 WE, mittlerer Standard	–	**747,00**	–	< 0,1%
Mehrfamilienhäuser, mit 6 bis 19 WE, hoher Standard	–	–	–	–
Mehrfamilienhäuser, mit 20 oder mehr WE, einfacher Standard	–	–	–	–
Mehrfamilienhäuser, mit 20 oder mehr WE, mittlerer Standard	–	**983,00**	–	0,1%
Mehrfamilienhäuser, mit 20 oder mehr WE, hoher Standard	–	**836,00**	–	< 0,1%
Mehrfamilienhäuser, Passivhäuser	–	–	–	–
Mehrfamilienhäuser, Holzbauweise	–	–	–	–
Wohnhäuser, mit bis zu 15% Mischnutzung, einfacher Standard	–	–	–	–
Wohnhäuser, mit bis zu 15% Mischnutzung, mittlerer Standard	–	–	–	–
Wohnhäuser, mit bis zu 15% Mischnutzung, hoher Standard	–	–	–	–
Wohnhäuser, mit mehr als 15% Mischnutzung	–	–	–	–
Seniorenwohnungen und Beherbergungen				
Seniorenwohnungen, mittlerer Standard	–	**88,00**	–	< 0,1%
Seniorenwohnungen, hoher Standard	–	**162,00**	–	< 0,1%
Wohnheime und Internate	–	–	–	–
Hotels	–	–	–	–
7 Gewerbe, Lager und Garagen				
Gaststätten, Kantinen und Mensen	–	–	–	–
Industrielle Produktionsgebäude, Massivbauweise	–	–	–	–
Industrielle Produktionsgebäude, überwiegend Skelettbauweise	–	–	–	–
Betriebs- und Werkstätten, eingeschossig	–	–	–	–
Betriebs- und Werkstätten, mehrgeschossig, geringer Hallenanteil	–	–	–	–
Betriebs- und Werkstätten, mehrgeschossig, hoher Hallenanteil	–	**681,00**	–	0,1%
Geschäftshäuser, mit Wohnungen	–	–	–	–
Geschäftshäuser, ohne Wohnungen	–	–	–	–
Verbrauchermärkte	–	–	–	–
Autohäuser	–	–	–	–
Lagergebäude, ohne Mischnutzung	–	–	–	–
Lagergebäude, mit bis zu 25% Mischnutzung	–	**148,00**	–	< 0,1%
Lagergebäude, mit mehr als 25% Mischnutzung	–	–	–	–
Garagen und Bereitschaftsdienste				
Einzel- und Doppelgaragen	–	–	–	–
Mehrfachgaragen	–	–	–	–
Hochgaragen	–	–	–	–
Fahrradparkhäuser	–	–	–	–
Carports	–	–	–	–
Tiefgaragen	–	–	–	–
Feuerwehrhäuser	–	–	–	–
Öffentliche Bereitschaftsdienste	–	–	–	–
8 Gebäude für kulturelle und religiöse Zwecke				
Bibliotheken, Museen und Ausstellungen	–	**692,00**	–	0,3%
Theater	–	**533,00**	–	0,1%
Gemeindezentren, einfacher Standard	–	**333,00**	–	< 0,1%
Gemeindezentren, mittlerer Standard	–	**1.204,00**	–	< 0,1%
Gemeindezentren, hoher Standard	–	**686,00**	–	0,1%
Gemeindezentren, Holzbauweise	–	–	–	–
Friedhofsgebäude	–	–	–	–

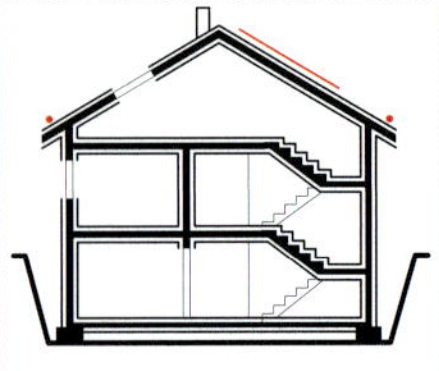

Kosten:
Stand 1. Quartal 2026
Bundesdurchschnitt
inkl. 19% MwSt.

Einheit: m² Dachfläche

▷ von
ø Mittel
◁ bis

Gebäudeart	▷	€/Einheit	◁	KG an 300
1 Büro- und Verwaltungsgebäude				
Büro- und Verwaltungsgebäude, einfacher Standard	–	**0,80**	–	< 0,1%
Büro- und Verwaltungsgebäude, mittlerer Standard	8,00	**33,00**	75,00	0,3%
Büro- und Verwaltungsgebäude, hoher Standard	11,00	**41,00**	95,00	0,4%
Büro- und Verwaltungsgebäude, Holzbauweise	25,00	**40,00**	67,00	0,2%
2 Gebäude für Forschung und Lehre				
Instituts- und Laborgebäude	15,00	**16,00**	18,00	0,3%
3 Gebäude des Gesundheitswesens				
Medizinische Einrichtungen	7,60	**25,00**	35,00	0,5%
Pflegeheime	3,80	**33,00**	72,00	0,6%
Gebäude für Erholungszwecke	4,30	**6,20**	8,00	0,1%
4 Schulen und Kindergärten				
Allgemeinbildende Schulen	4,20	**16,00**	29,00	0,3%
Schulen, Holzbauweise	4,50	**11,00**	20,00	0,2%
Berufliche Schulen	6,10	**15,00**	27,00	0,4%
Förder- und Sonderschulen	6,20	**11,00**	15,00	0,3%
Weiterbildungseinrichtungen	2,40	**15,00**	28,00	0,2%
Kindergärten, nicht unterkellert, einfacher Standard	5,50	**7,50**	9,50	0,3%
Kindergärten, nicht unterkellert, mittlerer Standard	6,40	**7,80**	11,00	0,1%
Kindergärten, nicht unterkellert, hoher Standard	14,00	**26,00**	31,00	1,2%
Kindergärten, Holzbauweise, nicht unterkellert	5,30	**12,00**	22,00	0,4%
Kindergärten, unterkellert	9,40	**16,00**	28,00	0,3%
5 Sportbauten				
Sport- und Mehrzweckhallen	–	**1,80**	–	< 0,1%
Sporthallen (Einfeldhallen)	–	**10,00**	–	0,1%
Sporthallen (Dreifeldhallen)	2,20	**4,60**	7,20	0,2%
6 Wohngebäude				
Ein- und Zweifamilienhäuser				
Ein- und Zweifamilienhäuser, unterkellert, einfacher Standard	–	**15,00**	–	0,2%
Ein- und Zweifamilienhäuser, unterkellert, mittlerer Standard	6,10	**26,00**	63,00	0,3%
Ein- und Zweifamilienhäuser, unterkellert, hoher Standard	11,00	**20,00**	30,00	0,2%
Ein- und Zweifamilienhäuser, nicht unterkellert, einfacher Standard	–	**–**	–	–
Ein- und Zweifamilienhäuser, nicht unterkellert, mittlerer Standard	9,60	**18,00**	26,00	< 0,1%
Ein- und Zweifamilienhäuser, nicht unterkellert, hoher Standard	19,00	**32,00**	68,00	0,3%
Ein- und Zweifamilienhäuser, Passivhausstandard, Massivbauweise	4,10	**5,60**	7,20	< 0,1%
Ein- und Zweifamilienhäuser, Passivhausstandard, Holzbauweise	4,80	**7,80**	9,30	< 0,1%
Ein- und Zweifamilienhäuser, Holzbauweise, unterkellert	2,20	**6,70**	11,00	< 0,1%
Ein- und Zweifamilienhäuser, Holzbauweise, nicht unterkellert	1,10	**3,60**	6,30	< 0,1%
Doppel- und Reihenend- / Reihenhäuser				
Doppel- und Reihenendhäuser, einfacher Standard	–	**–**	–	–
Doppel- und Reihenendhäuser, mittlerer Standard	7,70	**9,40**	11,00	0,1%
Doppel- und Reihenendhäuser, hoher Standard	7,00	**25,00**	58,00	0,4%
Doppel- und Reihenendhäuser, Holzbauweise	–	**–**	–	–
Reihenhäuser, einfacher Standard	–	**3,00**	–	< 0,1%
Reihenhäuser, mittlerer Standard	2,10	**12,00**	23,00	0,2%
Reihenhäuser, hoher Standard	4,70	**20,00**	66,00	0,4%
Mehrfamilienhäuser				
Mehrfamilienhäuser, mit bis zu 6 WE, einfacher Standard	–	**8,10**	–	0,2%
Mehrfamilienhäuser, mit bis zu 6 WE, mittlerer Standard	6,40	**12,00**	20,00	0,2%
Mehrfamilienhäuser, mit bis zu 6 WE, hoher Standard	10,00	**47,00**	106,00	0,6%

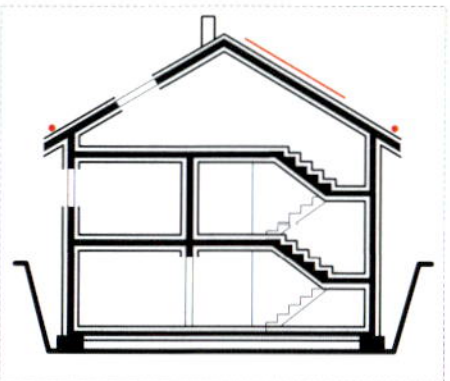

Einheit: m² Dachfläche

Gebäudeart	▷	€/Einheit	◁	KG an 300
Mehrfamilienhäuser (Fortsetzung)				
Mehrfamilienhäuser, mit 6 bis 19 WE, einfacher Standard	5,10	**27,00**	39,00	0,7%
Mehrfamilienhäuser, mit 6 bis 19 WE, mittlerer Standard	5,80	**20,00**	53,00	0,4%
Mehrfamilienhäuser, mit 6 bis 19 WE, hoher Standard	6,80	**30,00**	72,00	0,8%
Mehrfamilienhäuser, mit 20 oder mehr WE, einfacher Standard	4,30	**22,00**	58,00	0,3%
Mehrfamilienhäuser, mit 20 oder mehr WE, mittlerer Standard	6,60	**21,00**	44,00	0,4%
Mehrfamilienhäuser, mit 20 oder mehr WE, hoher Standard	–	**3,40**	–	< 0,1%
Mehrfamilienhäuser, Passivhäuser	6,00	**21,00**	48,00	0,4%
Mehrfamilienhäuser, Holzbauweise	89,00	**90,00**	91,00	0,5%
Wohnhäuser, mit bis zu 15% Mischnutzung, einfacher Standard	3,00	**65,00**	97,00	0,8%
Wohnhäuser, mit bis zu 15% Mischnutzung, mittlerer Standard	–	**25,00**	–	0,1%
Wohnhäuser, mit bis zu 15% Mischnutzung, hoher Standard	–	**421,00**	–	2,2%
Wohnhäuser, mit mehr als 15% Mischnutzung	1,00	**6,80**	13,00	< 0,1%
Seniorenwohnungen und Beherbergungen				
Seniorenwohnungen, mittlerer Standard	6,40	**22,00**	82,00	0,5%
Seniorenwohnungen, hoher Standard	1,80	**4,50**	7,10	< 0,1%
Wohnheime und Internate	14,00	**36,00**	109,00	0,6%
Hotels	–	**98,00**	–	1,0%
7 Gewerbe, Lager und Garagen				
Gaststätten, Kantinen und Mensen	–	**–**	–	–
Industrielle Produktionsgebäude, Massivbauweise	–	**9,90**	–	0,1%
Industrielle Produktionsgebäude, überwiegend Skelettbauweise	2,60	**8,10**	18,00	0,2%
Betriebs- und Werkstätten, eingeschossig	0,60	**3,20**	5,80	< 0,1%
Betriebs- und Werkstätten, mehrgeschossig, geringer Hallenanteil	15,00	**33,00**	87,00	0,6%
Betriebs- und Werkstätten, mehrgeschossig, hoher Hallenanteil	2,00	**5,30**	11,00	0,2%
Geschäftshäuser, mit Wohnungen	12,00	**18,00**	28,00	0,3%
Geschäftshäuser, ohne Wohnungen	6,50	**7,00**	7,50	0,1%
Verbrauchermärkte	4,40	**7,60**	14,00	0,6%
Autohäuser	–	**–**	–	–
Lagergebäude, ohne Mischnutzung	1,80	**2,60**	3,50	< 0,1%
Lagergebäude, mit bis zu 25% Mischnutzung	1,80	**6,00**	15,00	0,4%
Lagergebäude, mit mehr als 25% Mischnutzung	–	**–**	–	–
Garagen und Bereitschaftsdienste				
Einzel- und Doppelgaragen	–	**–**	–	–
Mehrfachgaragen	5,50	**63,00**	120,00	2,1%
Hochgaragen	5,40	**24,00**	62,00	1,0%
Fahrradparkhäuser	4,90	**14,00**	24,00	0,3%
Carports	–	**–**	–	–
Tiefgaragen	–	**5,60**	–	< 0,1%
Feuerwehrhäuser	3,40	**8,50**	15,00	0,3%
Öffentliche Bereitschaftsdienste	2,60	**6,90**	14,00	0,1%
8 Gebäude für kulturelle und religiöse Zwecke				
Bibliotheken, Museen und Ausstellungen	6,70	**17,00**	35,00	0,4%
Theater	–	**–**	–	–
Gemeindezentren, einfacher Standard	6,80	**8,00**	9,30	0,2%
Gemeindezentren, mittlerer Standard	7,00	**8,60**	10,00	0,2%
Gemeindezentren, hoher Standard	8,50	**13,00**	25,00	0,4%
Gemeindezentren, Holzbauweise	3,00	**4,10**	5,20	0,1%
Friedhofsgebäude	7,80	**14,00**	21,00	0,4%

Kosten:
Stand 1.Quartal 2026
Bundesdurchschnitt
inkl. 19% MwSt.

Einheit: m²
Brutto-Grundfläche (BGF)

▷ von
ø Mittel
◁ bis

Gebäudeart	▷	€/Einheit	◁	KG an 300
1 Büro- und Verwaltungsgebäude				
Büro- und Verwaltungsgebäude, einfacher Standard	0,80	**4,00**	10,00	0,3%
Büro- und Verwaltungsgebäude, mittlerer Standard	11,00	**36,00**	71,00	1,1%
Büro- und Verwaltungsgebäude, hoher Standard	10,00	**43,00**	161,00	1,0%
Büro- und Verwaltungsgebäude, Holzbauweise	18,00	**42,00**	59,00	1,3%
2 Gebäude für Forschung und Lehre				
Instituts- und Laborgebäude	14,00	**14,00**	15,00	0,2%
3 Gebäude des Gesundheitswesens				
Medizinische Einrichtungen	29,00	**44,00**	58,00	1,5%
Pflegeheime	2,70	**17,00**	79,00	0,7%
Gebäude für Erholungszwecke	–	**170,00**	–	1,0%
4 Schulen und Kindergärten				
Allgemeinbildende Schulen	4,50	**17,00**	45,00	0,6%
Schulen, Holzbauweise	6,10	**15,00**	25,00	0,3%
Berufliche Schulen	–	**1,80**	–	< 0,1%
Förder- und Sonderschulen	26,00	**61,00**	169,00	2,8%
Weiterbildungseinrichtungen	56,00	**58,00**	60,00	1,7%
Kindergärten, nicht unterkellert, einfacher Standard	52,00	**54,00**	56,00	2,0%
Kindergärten, nicht unterkellert, mittlerer Standard	19,00	**82,00**	159,00	1,9%
Kindergärten, nicht unterkellert, hoher Standard	53,00	**92,00**	111,00	3,3%
Kindergärten, Holzbauweise, nicht unterkellert	78,00	**105,00**	136,00	3,8%
Kindergärten, unterkellert	59,00	**143,00**	222,00	6,3%
5 Sportbauten				
Sport- und Mehrzweckhallen	–	**33,00**	–	0,5%
Sporthallen (Einfeldhallen)	–	**–**	–	–
Sporthallen (Dreifeldhallen)	10,00	**21,00**	40,00	0,8%
6 Wohngebäude				
Ein- und Zweifamilienhäuser				
Ein- und Zweifamilienhäuser, unterkellert, einfacher Standard	–	**–**	–	–
Ein- und Zweifamilienhäuser, unterkellert, mittlerer Standard	8,70	**22,00**	53,00	0,5%
Ein- und Zweifamilienhäuser, unterkellert, hoher Standard	20,00	**59,00**	160,00	1,4%
Ein- und Zweifamilienhäuser, nicht unterkellert, einfacher Standard	–	**–**	–	–
Ein- und Zweifamilienhäuser, nicht unterkellert, mittlerer Standard	57,00	**68,00**	89,00	0,9%
Ein- und Zweifamilienhäuser, nicht unterkellert, hoher Standard	25,00	**54,00**	108,00	1,5%
Ein- und Zweifamilienhäuser, Passivhausstandard, Massivbauweise	7,80	**13,00**	18,00	0,1%
Ein- und Zweifamilienhäuser, Passivhausstandard, Holzbauweise	17,00	**72,00**	110,00	1,3%
Ein- und Zweifamilienhäuser, Holzbauweise, unterkellert	–	**98,00**	–	0,4%
Ein- und Zweifamilienhäuser, Holzbauweise, nicht unterkellert	25,00	**68,00**	155,00	0,7%
Doppel- und Reihenend- / Reihenhäuser				
Doppel- und Reihenendhäuser, einfacher Standard	–	**–**	–	–
Doppel- und Reihenendhäuser, mittlerer Standard	–	**86,00**	–	1,1%
Doppel- und Reihenendhäuser, hoher Standard	11,00	**25,00**	39,00	0,5%
Doppel- und Reihenendhäuser, Holzbauweise	–	**–**	–	–
Reihenhäuser, einfacher Standard	–	**1,40**	–	< 0,1%
Reihenhäuser, mittlerer Standard	–	**–**	–	–
Reihenhäuser, hoher Standard	–	**48,00**	–	0,3%
Mehrfamilienhäuser				
Mehrfamilienhäuser, mit bis zu 6 WE, einfacher Standard	–	**2,70**	–	0,1%
Mehrfamilienhäuser, mit bis zu 6 WE, mittlerer Standard	1,80	**2,80**	3,80	< 0,1%
Mehrfamilienhäuser, mit bis zu 6 WE, hoher Standard	0,10	**18,00**	35,00	0,3%

Gebäudeart	▷	€/Einheit	◁	KG an 300
Mehrfamilienhäuser (Fortsetzung)				
Mehrfamilienhäuser, mit 6 bis 19 WE, einfacher Standard	–	**38,00**	–	0,9%
Mehrfamilienhäuser, mit 6 bis 19 WE, mittlerer Standard	4,80	**18,00**	52,00	0,9%
Mehrfamilienhäuser, mit 6 bis 19 WE, hoher Standard	5,00	**28,00**	71,00	1,2%
Mehrfamilienhäuser, mit 20 oder mehr WE, einfacher Standard	1,80	**5,70**	9,70	0,3%
Mehrfamilienhäuser, mit 20 oder mehr WE, mittlerer Standard	2,60	**14,00**	46,00	0,8%
Mehrfamilienhäuser, mit 20 oder mehr WE, hoher Standard	7,40	**17,00**	27,00	0,7%
Mehrfamilienhäuser, Passivhäuser	5,10	**14,00**	31,00	0,4%
Mehrfamilienhäuser, Holzbauweise	5,00	**28,00**	52,00	0,7%
Wohnhäuser, mit bis zu 15% Mischnutzung, einfacher Standard	3,00	**20,00**	37,00	1,1%
Wohnhäuser, mit bis zu 15% Mischnutzung, mittlerer Standard	15,00	**24,00**	33,00	1,2%
Wohnhäuser, mit bis zu 15% Mischnutzung, hoher Standard	–	**–**	–	–
Wohnhäuser, mit mehr als 15% Mischnutzung	4,80	**12,00**	20,00	0,7%
Seniorenwohnungen und Beherbergungen				
Seniorenwohnungen, mittlerer Standard	7,00	**41,00**	76,00	1,2%
Seniorenwohnungen, hoher Standard	–	**7,50**	–	0,2%
Wohnheime und Internate	12,00	**50,00**	90,00	1,9%
Hotels	–	**–**	–	–
7 Gewerbe, Lager und Garagen				
Gaststätten, Kantinen und Mensen	–	**1,30**	–	< 0,1%
Industrielle Produktionsgebäude, Massivbauweise	12,00	**33,00**	53,00	1,1%
Industrielle Produktionsgebäude, überwiegend Skelettbauweise	–	**–**	–	–
Betriebs- und Werkstätten, eingeschossig	–	**8,50**	–	0,2%
Betriebs- und Werkstätten, mehrgeschossig, geringer Hallenanteil	10,00	**71,00**	192,00	1,9%
Betriebs- und Werkstätten, mehrgeschossig, hoher Hallenanteil	–	**9,80**	–	0,2%
Geschäftshäuser, mit Wohnungen	–	**7,00**	–	0,2%
Geschäftshäuser, ohne Wohnungen	–	**2,10**	–	< 0,1%
Verbrauchermärkte	–	**1,50**	–	< 0,1%
Autohäuser	–	**–**	–	–
Lagergebäude, ohne Mischnutzung	–	**–**	–	–
Lagergebäude, mit bis zu 25% Mischnutzung	–	**31,00**	–	0,7%
Lagergebäude, mit mehr als 25% Mischnutzung	–	**7,80**	–	0,3%
Garagen und Bereitschaftsdienste				
Einzel- und Doppelgaragen	–	**–**	–	–
Mehrfachgaragen	–	**–**	–	–
Hochgaragen	–	**–**	–	–
Fahrradparkhäuser	14,00	**41,00**	92,00	1,9%
Carports	–	**–**	–	–
Tiefgaragen	1,10	**3,50**	5,80	< 0,1%
Feuerwehrhäuser	23,00	**39,00**	71,00	1,4%
Öffentliche Bereitschaftsdienste	–	**62,00**	–	0,7%
8 Gebäude für kulturelle und religiöse Zwecke				
Bibliotheken, Museen und Ausstellungen	50,00	**89,00**	131,00	1,5%
Theater	43,00	**64,00**	86,00	1,9%
Gemeindezentren, einfacher Standard	29,00	**92,00**	216,00	5,1%
Gemeindezentren, mittlerer Standard	7,80	**30,00**	64,00	1,0%
Gemeindezentren, hoher Standard	24,00	**89,00**	159,00	3,5%
Gemeindezentren, Holzbauweise	24,00	**46,00**	69,00	1,3%
Friedhofsgebäude	24,00	**25,00**	27,00	1,0%

Einheit: m²
Brutto-Grundfläche (BGF)

Kosten:
Stand 1. Quartal 2026
Bundesdurchschnitt
inkl. 19% MwSt.

Einheit: m²
Brutto-Grundfläche (BGF)

▷ von
ø Mittel
◁ bis

Gebäudeart	▷	€/Einheit	◁	KG an 300
1 Büro- und Verwaltungsgebäude				
Büro- und Verwaltungsgebäude, einfacher Standard	–	**–**	–	–
Büro- und Verwaltungsgebäude, mittlerer Standard	–	**3,00**	–	< 0,1%
Büro- und Verwaltungsgebäude, hoher Standard	–	**2,30**	–	< 0,1%
Büro- und Verwaltungsgebäude, Holzbauweise	–	**34,00**	–	0,2%
2 Gebäude für Forschung und Lehre				
Instituts- und Laborgebäude	3,40	**19,00**	34,00	0,3%
3 Gebäude des Gesundheitswesens				
Medizinische Einrichtungen	0,10	**0,30**	0,50	< 0,1%
Pflegeheime	–	**4,60**	–	< 0,1%
Gebäude für Erholungszwecke	–	**–**	–	–
4 Schulen und Kindergärten				
Allgemeinbildende Schulen	7,80	**19,00**	31,00	0,3%
Schulen, Holzbauweise	–	**5,80**	–	< 0,1%
Berufliche Schulen	14,00	**63,00**	156,00	1,5%
Förder- und Sonderschulen	0,60	**11,00**	16,00	0,3%
Weiterbildungseinrichtungen	0,70	**2,10**	3,40	< 0,1%
Kindergärten, nicht unterkellert, einfacher Standard	–	**–**	–	–
Kindergärten, nicht unterkellert, mittlerer Standard	–	**2,70**	–	< 0,1%
Kindergärten, nicht unterkellert, hoher Standard	–	**39,00**	–	0,5%
Kindergärten, Holzbauweise, nicht unterkellert	0,90	**2,20**	3,60	< 0,1%
Kindergärten, unterkellert	4,40	**6,70**	9,10	0,1%
5 Sportbauten				
Sport- und Mehrzweckhallen	–	**13,00**	–	0,2%
Sporthallen (Einfeldhallen)	14,00	**33,00**	44,00	1,1%
Sporthallen (Dreifeldhallen)	79,00	**132,00**	164,00	6,2%
6 Wohngebäude				
Ein- und Zweifamilienhäuser				
Ein- und Zweifamilienhäuser, unterkellert, einfacher Standard	–	**–**	–	–
Ein- und Zweifamilienhäuser, unterkellert, mittlerer Standard	–	**9,40**	–	< 0,1%
Ein- und Zweifamilienhäuser, unterkellert, hoher Standard	15,00	**26,00**	43,00	0,3%
Ein- und Zweifamilienhäuser, nicht unterkellert, einfacher Standard	–	**–**	–	–
Ein- und Zweifamilienhäuser, nicht unterkellert, mittlerer Standard	–	**–**	–	–
Ein- und Zweifamilienhäuser, nicht unterkellert, hoher Standard	–	**–**	–	–
Ein- und Zweifamilienhäuser, Passivhausstandard, Massivbauweise	–	**–**	–	–
Ein- und Zweifamilienhäuser, Passivhausstandard, Holzbauweise	–	**–**	–	–
Ein- und Zweifamilienhäuser, Holzbauweise, unterkellert	–	**1,80**	–	< 0,1%
Ein- und Zweifamilienhäuser, Holzbauweise, nicht unterkellert	–	**77,00**	–	0,3%
Doppel- und Reihenend- / Reihenhäuser				
Doppel- und Reihenendhäuser, einfacher Standard	–	**–**	–	–
Doppel- und Reihenendhäuser, mittlerer Standard	–	**–**	–	–
Doppel- und Reihenendhäuser, hoher Standard	–	**–**	–	–
Doppel- und Reihenendhäuser, Holzbauweise	–	**–**	–	–
Reihenhäuser, einfacher Standard	–	**–**	–	–
Reihenhäuser, mittlerer Standard	–	**–**	–	–
Reihenhäuser, hoher Standard	–	**–**	–	–
Mehrfamilienhäuser				
Mehrfamilienhäuser, mit bis zu 6 WE, einfacher Standard	–	**–**	–	–
Mehrfamilienhäuser, mit bis zu 6 WE, mittlerer Standard	–	**–**	–	–
Mehrfamilienhäuser, mit bis zu 6 WE, hoher Standard	–	**7,50**	–	< 0,1%

Gebäudeart	▷	€/Einheit	◁	KG an 300
Mehrfamilienhäuser (Fortsetzung)				
Mehrfamilienhäuser, mit 6 bis 19 WE, einfacher Standard	–	**–**	–	–
Mehrfamilienhäuser, mit 6 bis 19 WE, mittlerer Standard	–	**2,10**	–	< 0,1%
Mehrfamilienhäuser, mit 6 bis 19 WE, hoher Standard	–	**–**	–	–
Mehrfamilienhäuser, mit 20 oder mehr WE, einfacher Standard	–	**–**	–	–
Mehrfamilienhäuser, mit 20 oder mehr WE, mittlerer Standard	–	**7,00**	–	0,1%
Mehrfamilienhäuser, mit 20 oder mehr WE, hoher Standard	–	**1,40**	–	< 0,1%
Mehrfamilienhäuser, Passivhäuser	–	**–**	–	–
Mehrfamilienhäuser, Holzbauweise	–	**–**	–	–
Wohnhäuser, mit bis zu 15% Mischnutzung, einfacher Standard	–	**–**	–	–
Wohnhäuser, mit bis zu 15% Mischnutzung, mittlerer Standard	–	**–**	–	–
Wohnhäuser, mit bis zu 15% Mischnutzung, hoher Standard	–	**–**	–	–
Wohnhäuser, mit mehr als 15% Mischnutzung	–	**27,00**	–	0,7%
Seniorenwohnungen und Beherbergungen				
Seniorenwohnungen, mittlerer Standard	–	**–**	–	–
Seniorenwohnungen, hoher Standard	–	**–**	–	–
Wohnheime und Internate	–	**1,30**	–	< 0,1%
Hotels	–	**–**	–	–
7 Gewerbe, Lager und Garagen				
Gaststätten, Kantinen und Mensen	–	**1,40**	–	< 0,1%
Industrielle Produktionsgebäude, Massivbauweise	–	**–**	–	–
Industrielle Produktionsgebäude, überwiegend Skelettbauweise	–	**–**	–	–
Betriebs- und Werkstätten, eingeschossig	–	**34,00**	–	0,8%
Betriebs- und Werkstätten, mehrgeschossig, geringer Hallenanteil	–	**–**	–	–
Betriebs- und Werkstätten, mehrgeschossig, hoher Hallenanteil	–	**2,30**	–	< 0,1%
Geschäftshäuser, mit Wohnungen	–	**0,50**	–	< 0,1%
Geschäftshäuser, ohne Wohnungen	–	**1,90**	–	< 0,1%
Verbrauchermärkte	–	**–**	–	–
Autohäuser	–	**–**	–	–
Lagergebäude, ohne Mischnutzung	–	**–**	–	–
Lagergebäude, mit bis zu 25% Mischnutzung	–	**8,90**	–	0,2%
Lagergebäude, mit mehr als 25% Mischnutzung	–	**–**	–	–
Garagen und Bereitschaftsdienste				
Einzel- und Doppelgaragen	–	**–**	–	–
Mehrfachgaragen	–	**–**	–	–
Hochgaragen	–	**16,00**	–	0,8%
Fahrradparkhäuser	137,00	**240,00**	344,00	11,2%
Carports	–	**–**	–	–
Tiefgaragen	3,20	**17,00**	46,00	0,7%
Feuerwehrhäuser	4,10	**9,20**	14,00	0,2%
Öffentliche Bereitschaftsdienste	30,00	**71,00**	112,00	1,6%
8 Gebäude für kulturelle und religiöse Zwecke				
Bibliotheken, Museen und Ausstellungen	226,00	**237,00**	247,00	2,1%
Theater	–	**95,00**	–	1,4%
Gemeindezentren, einfacher Standard	14,00	**28,00**	43,00	1,3%
Gemeindezentren, mittlerer Standard	6,40	**8,40**	10,00	0,1%
Gemeindezentren, hoher Standard	–	**91,00**	–	0,8%
Gemeindezentren, Holzbauweise	27,00	**70,00**	113,00	1,7%
Friedhofsgebäude	–	**6,10**	–	0,1%

Einheit: m²
Brutto-Grundfläche (BGF)

Kosten:
Stand 1.Quartal 2026
Bundesdurchschnitt
inkl. 19% MwSt.

Einheit: m²
Brutto-Grundfläche (BGF)

▷ von
ø Mittel
◁ bis

Gebäudeart	▷	€/Einheit	◁	KG an 300
1 Büro- und Verwaltungsgebäude				
Büro- und Verwaltungsgebäude, einfacher Standard	–	**–**	–	–
Büro- und Verwaltungsgebäude, mittlerer Standard	1,90	**5,00**	11,00	< 0,1%
Büro- und Verwaltungsgebäude, hoher Standard	1,60	**2,10**	2,70	< 0,1%
Büro- und Verwaltungsgebäude, Holzbauweise	2,00	**5,10**	8,10	< 0,1%
2 Gebäude für Forschung und Lehre				
Instituts- und Laborgebäude	–	**8,10**	–	< 0,1%
3 Gebäude des Gesundheitswesens				
Medizinische Einrichtungen	–	**–**	–	–
Pflegeheime	–	**5,80**	–	< 0,1%
Gebäude für Erholungszwecke	0,60	**1,30**	1,90	< 0,1%
4 Schulen und Kindergärten				
Allgemeinbildende Schulen	5,00	**6,50**	8,00	< 0,1%
Schulen, Holzbauweise	0,60	**1,50**	3,10	< 0,1%
Berufliche Schulen	0,30	**1,70**	2,70	< 0,1%
Förder- und Sonderschulen	–	**–**	–	–
Weiterbildungseinrichtungen	–	**–**	–	–
Kindergärten, nicht unterkellert, einfacher Standard	–	**–**	–	–
Kindergärten, nicht unterkellert, mittlerer Standard	0,50	**1,70**	2,30	< 0,1%
Kindergärten, nicht unterkellert, hoher Standard	0,20	**2,30**	4,30	< 0,1%
Kindergärten, Holzbauweise, nicht unterkellert	0,90	**2,20**	6,80	< 0,1%
Kindergärten, unterkellert	4,30	**10,00**	16,00	0,2%
5 Sportbauten				
Sport- und Mehrzweckhallen	–	**–**	–	–
Sporthallen (Einfeldhallen)	–	**0,30**	–	< 0,1%
Sporthallen (Dreifeldhallen)	0,80	**2,30**	3,70	< 0,1%
6 Wohngebäude				
Ein- und Zweifamilienhäuser				
Ein- und Zweifamilienhäuser, unterkellert, einfacher Standard	–	**–**	–	–
Ein- und Zweifamilienhäuser, unterkellert, mittlerer Standard	–	**–**	–	–
Ein- und Zweifamilienhäuser, unterkellert, hoher Standard	–	**–**	–	–
Ein- und Zweifamilienhäuser, nicht unterkellert, einfacher Standard	–	**–**	–	–
Ein- und Zweifamilienhäuser, nicht unterkellert, mittlerer Standard	–	**–**	–	–
Ein- und Zweifamilienhäuser, nicht unterkellert, hoher Standard	–	**4,60**	–	< 0,1%
Ein- und Zweifamilienhäuser, Passivhausstandard, Massivbauweise	–	**–**	–	–
Ein- und Zweifamilienhäuser, Passivhausstandard, Holzbauweise	–	**–**	–	–
Ein- und Zweifamilienhäuser, Holzbauweise, unterkellert	–	**–**	–	–
Ein- und Zweifamilienhäuser, Holzbauweise, nicht unterkellert	–	**–**	–	–
Doppel- und Reihenend- / Reihenhäuser				
Doppel- und Reihenendhäuser, einfacher Standard	–	**–**	–	–
Doppel- und Reihenendhäuser, mittlerer Standard	–	**–**	–	–
Doppel- und Reihenendhäuser, hoher Standard	–	**–**	–	–
Doppel- und Reihenendhäuser, Holzbauweise	–	**–**	–	–
Reihenhäuser, einfacher Standard	–	**–**	–	–
Reihenhäuser, mittlerer Standard	–	**–**	–	–
Reihenhäuser, hoher Standard	–	**–**	–	–
Mehrfamilienhäuser				
Mehrfamilienhäuser, mit bis zu 6 WE, einfacher Standard	–	**–**	–	–
Mehrfamilienhäuser, mit bis zu 6 WE, mittlerer Standard	–	**–**	–	–
Mehrfamilienhäuser, mit bis zu 6 WE, hoher Standard	–	**–**	–	–

Gebäudeart	▷	€/Einheit	◁	KG an 300
Mehrfamilienhäuser (Fortsetzung)				
Mehrfamilienhäuser, mit 6 bis 19 WE, einfacher Standard	–	–	–	–
Mehrfamilienhäuser, mit 6 bis 19 WE, mittlerer Standard	–	**< 0,10**	–	< 0,1%
Mehrfamilienhäuser, mit 6 bis 19 WE, hoher Standard	–	–	–	–
Mehrfamilienhäuser, mit 20 oder mehr WE, einfacher Standard	–	–	–	–
Mehrfamilienhäuser, mit 20 oder mehr WE, mittlerer Standard	0,20	**0,50**	0,80	< 0,1%
Mehrfamilienhäuser, mit 20 oder mehr WE, hoher Standard	–	–	–	–
Mehrfamilienhäuser, Passivhäuser	–	–	–	–
Mehrfamilienhäuser, Holzbauweise	–	**0,10**	–	< 0,1%
Wohnhäuser, mit bis zu 15% Mischnutzung, einfacher Standard	–	–	–	–
Wohnhäuser, mit bis zu 15% Mischnutzung, mittlerer Standard	–	–	–	–
Wohnhäuser, mit bis zu 15% Mischnutzung, hoher Standard	–	–	–	–
Wohnhäuser, mit mehr als 15% Mischnutzung	–	–	–	–
Seniorenwohnungen und Beherbergungen				
Seniorenwohnungen, mittlerer Standard	–	**1,40**	–	< 0,1%
Seniorenwohnungen, hoher Standard	–	–	–	–
Wohnheime und Internate	0,50	**1,20**	1,80	< 0,1%
Hotels	–	–	–	–
7 Gewerbe, Lager und Garagen				
Gaststätten, Kantinen und Mensen	–	**6,10**	–	0,2%
Industrielle Produktionsgebäude, Massivbauweise	–	**0,20**	–	< 0,1%
Industrielle Produktionsgebäude, überwiegend Skelettbauweise	–	**3,10**	–	< 0,1%
Betriebs- und Werkstätten, eingeschossig	–	–	–	–
Betriebs- und Werkstätten, mehrgeschossig, geringer Hallenanteil	–	**8,30**	–	< 0,1%
Betriebs- und Werkstätten, mehrgeschossig, hoher Hallenanteil	–	**0,10**	–	< 0,1%
Geschäftshäuser, mit Wohnungen	–	–	–	–
Geschäftshäuser, ohne Wohnungen	–	–	–	–
Verbrauchermärkte	–	**2,10**	–	< 0,1%
Autohäuser	–	**5,00**	–	0,1%
Lagergebäude, ohne Mischnutzung	–	**1,70**	–	< 0,1%
Lagergebäude, mit bis zu 25% Mischnutzung	–	**16,00**	–	0,4%
Lagergebäude, mit mehr als 25% Mischnutzung	–	**0,40**	–	< 0,1%
Garagen und Bereitschaftsdienste				
Einzel- und Doppelgaragen	–	–	–	–
Mehrfachgaragen	–	–	–	–
Hochgaragen	2,30	**3,40**	4,60	0,3%
Fahrradparkhäuser	–	**18,00**	–	0,2%
Carports	–	–	–	–
Tiefgaragen	–	**0,90**	–	< 0,1%
Feuerwehrhäuser	0,20	**2,40**	4,50	< 0,1%
Öffentliche Bereitschaftsdienste	–	–	–	–
8 Gebäude für kulturelle und religiöse Zwecke				
Bibliotheken, Museen und Ausstellungen	1,30	**13,00**	26,00	0,2%
Theater	–	**20,00**	–	0,3%
Gemeindezentren, einfacher Standard	–	–	–	–
Gemeindezentren, mittlerer Standard	–	**12,00**	–	< 0,1%
Gemeindezentren, hoher Standard	–	**0,40**	–	< 0,1%
Gemeindezentren, Holzbauweise	–	–	–	–
Friedhofsgebäude	–	–	–	–

Einheit: m²
Brutto-Grundfläche (BGF)

Kosten:
Stand 1.Quartal 2026
Bundesdurchschnitt
inkl. 19% MwSt.

Einheit: m²
Brutto-Grundfläche (BGF)

▷ von
ø Mittel
◁ bis

Gebäudeart	▷	€/Einheit	◁	KG an 300
1 Büro- und Verwaltungsgebäude				
Büro- und Verwaltungsgebäude, einfacher Standard	–	**–**	–	–
Büro- und Verwaltungsgebäude, mittlerer Standard	2,50	**3,40**	4,30	< 0,1%
Büro- und Verwaltungsgebäude, hoher Standard	–	**–**	–	–
Büro- und Verwaltungsgebäude, Holzbauweise	–	**–**	–	–
2 Gebäude für Forschung und Lehre				
Instituts- und Laborgebäude	–	**–**	–	–
3 Gebäude des Gesundheitswesens				
Medizinische Einrichtungen	–	**5,10**	–	< 0,1%
Pflegeheime	–	**–**	–	–
Gebäude für Erholungszwecke	–	**–**	–	–
4 Schulen und Kindergärten				
Allgemeinbildende Schulen	–	**0,50**	–	< 0,1%
Schulen, Holzbauweise	–	**–**	–	–
Berufliche Schulen	–	**–**	–	–
Förder- und Sonderschulen	–	**–**	–	–
Weiterbildungseinrichtungen	–	**–**	–	–
Kindergärten, nicht unterkellert, einfacher Standard	–	**12,00**	–	0,3%
Kindergärten, nicht unterkellert, mittlerer Standard	–	**–**	–	–
Kindergärten, nicht unterkellert, hoher Standard	–	**–**	–	–
Kindergärten, Holzbauweise, nicht unterkellert	0,40	**0,80**	1,20	< 0,1%
Kindergärten, unterkellert	–	**–**	–	–
5 Sportbauten				
Sport- und Mehrzweckhallen	–	**–**	–	–
Sporthallen (Einfeldhallen)	–	**–**	–	–
Sporthallen (Dreifeldhallen)	–	**–**	–	–
6 Wohngebäude				
Ein- und Zweifamilienhäuser				
Ein- und Zweifamilienhäuser, unterkellert, einfacher Standard	–	**–**	–	–
Ein- und Zweifamilienhäuser, unterkellert, mittlerer Standard	–	**4,40**	–	< 0,1%
Ein- und Zweifamilienhäuser, unterkellert, hoher Standard	7,80	**9,00**	10,00	< 0,1%
Ein- und Zweifamilienhäuser, nicht unterkellert, einfacher Standard	–	**–**	–	–
Ein- und Zweifamilienhäuser, nicht unterkellert, mittlerer Standard	–	**–**	–	–
Ein- und Zweifamilienhäuser, nicht unterkellert, hoher Standard	–	**–**	–	–
Ein- und Zweifamilienhäuser, Passivhausstandard, Massivbauweise	–	**–**	–	–
Ein- und Zweifamilienhäuser, Passivhausstandard, Holzbauweise	–	**–**	–	–
Ein- und Zweifamilienhäuser, Holzbauweise, unterkellert	–	**2,40**	–	< 0,1%
Ein- und Zweifamilienhäuser, Holzbauweise, nicht unterkellert	–	**–**	–	–
Doppel- und Reihenend- / Reihenhäuser				
Doppel- und Reihenendhäuser, einfacher Standard	–	**–**	–	–
Doppel- und Reihenendhäuser, mittlerer Standard	–	**–**	–	–
Doppel- und Reihenendhäuser, hoher Standard	–	**–**	–	–
Doppel- und Reihenendhäuser, Holzbauweise	–	**–**	–	–
Reihenhäuser, einfacher Standard	–	**–**	–	–
Reihenhäuser, mittlerer Standard	–	**–**	–	–
Reihenhäuser, hoher Standard	–	**–**	–	–
Mehrfamilienhäuser				
Mehrfamilienhäuser, mit bis zu 6 WE, einfacher Standard	–	**–**	–	–
Mehrfamilienhäuser, mit bis zu 6 WE, mittlerer Standard	–	**–**	–	–
Mehrfamilienhäuser, mit bis zu 6 WE, hoher Standard	–	**–**	–	–

Gebäudeart	▷	€/Einheit	◁	KG an 300
Mehrfamilienhäuser (Fortsetzung)				
Mehrfamilienhäuser, mit 6 bis 19 WE, einfacher Standard	–	**–**	–	–
Mehrfamilienhäuser, mit 6 bis 19 WE, mittlerer Standard	–	**–**	–	–
Mehrfamilienhäuser, mit 6 bis 19 WE, hoher Standard	–	**–**	–	–
Mehrfamilienhäuser, mit 20 oder mehr WE, einfacher Standard	–	**–**	–	–
Mehrfamilienhäuser, mit 20 oder mehr WE, mittlerer Standard	–	**1,30**	–	< 0,1%
Mehrfamilienhäuser, mit 20 oder mehr WE, hoher Standard	–	**–**	–	–
Mehrfamilienhäuser, Passivhäuser	–	**–**	–	–
Mehrfamilienhäuser, Holzbauweise	0,40	**1,70**	3,00	< 0,1%
Wohnhäuser, mit bis zu 15% Mischnutzung, einfacher Standard	–	**0,70**	–	< 0,1%
Wohnhäuser, mit bis zu 15% Mischnutzung, mittlerer Standard	–	**–**	–	–
Wohnhäuser, mit bis zu 15% Mischnutzung, hoher Standard	–	**–**	–	–
Wohnhäuser, mit mehr als 15% Mischnutzung	–	**–**	–	–
Seniorenwohnungen und Beherbergungen				
Seniorenwohnungen, mittlerer Standard	–	**3,90**	–	< 0,1%
Seniorenwohnungen, hoher Standard	–	**4,90**	–	0,2%
Wohnheime und Internate	–	**–**	–	–
Hotels	–	**14,00**	–	0,7%
7 Gewerbe, Lager und Garagen				
Gaststätten, Kantinen und Mensen	–	**–**	–	–
Industrielle Produktionsgebäude, Massivbauweise	–	**0,30**	–	< 0,1%
Industrielle Produktionsgebäude, überwiegend Skelettbauweise	–	**–**	–	–
Betriebs- und Werkstätten, eingeschossig	–	**–**	–	–
Betriebs- und Werkstätten, mehrgeschossig, geringer Hallenanteil	–	**–**	–	–
Betriebs- und Werkstätten, mehrgeschossig, hoher Hallenanteil	–	**–**	–	–
Geschäftshäuser, mit Wohnungen	–	**–**	–	–
Geschäftshäuser, ohne Wohnungen	–	**–**	–	–
Verbrauchermärkte	–	**–**	–	–
Autohäuser	–	**–**	–	–
Lagergebäude, ohne Mischnutzung	–	**–**	–	–
Lagergebäude, mit bis zu 25% Mischnutzung	–	**–**	–	–
Lagergebäude, mit mehr als 25% Mischnutzung	–	**–**	–	–
Garagen und Bereitschaftsdienste				
Einzel- und Doppelgaragen	–	**–**	–	–
Mehrfachgaragen	–	**3,10**	–	< 0,1%
Hochgaragen	–	**–**	–	–
Fahrradparkhäuser	–	**–**	–	–
Carports	–	**–**	–	–
Tiefgaragen	–	**–**	–	–
Feuerwehrhäuser	–	**–**	–	–
Öffentliche Bereitschaftsdienste	–	**–**	–	–
8 Gebäude für kulturelle und religiöse Zwecke				
Bibliotheken, Museen und Ausstellungen	–	**–**	–	–
Theater	–	**–**	–	–
Gemeindezentren, einfacher Standard	–	**–**	–	–
Gemeindezentren, mittlerer Standard	–	**–**	–	–
Gemeindezentren, hoher Standard	–	**–**	–	–
Gemeindezentren, Holzbauweise	–	**–**	–	–
Friedhofsgebäude	–	**–**	–	–

Einheit: m²
Brutto-Grundfläche (BGF)

Kosten:
Stand 1. Quartal 2026
Bundesdurchschnitt
inkl. 19% MwSt.

Einheit: m²
Brutto-Grundfläche (BGF)

Gebäudeart	▷	€/Einheit	◁	KG an 300
1 Büro- und Verwaltungsgebäude				
Büro- und Verwaltungsgebäude, einfacher Standard	28,00	**38,00**	58,00	2,5%
Büro- und Verwaltungsgebäude, mittlerer Standard	35,00	**67,00**	115,00	3,4%
Büro- und Verwaltungsgebäude, hoher Standard	49,00	**103,00**	176,00	3,8%
Büro- und Verwaltungsgebäude, Holzbauweise	40,00	**73,00**	116,00	2,9%
2 Gebäude für Forschung und Lehre				
Instituts- und Laborgebäude	37,00	**61,00**	75,00	2,8%
3 Gebäude des Gesundheitswesens				
Medizinische Einrichtungen	38,00	**49,00**	71,00	2,8%
Pflegeheime	17,00	**53,00**	129,00	2,6%
Gebäude für Erholungszwecke	24,00	**53,00**	162,00	1,8%
4 Schulen und Kindergärten				
Allgemeinbildende Schulen	37,00	**73,00**	111,00	3,3%
Schulen, Holzbauweise	30,00	**55,00**	103,00	2,5%
Berufliche Schulen	15,00	**66,00**	144,00	3,5%
Förder- und Sonderschulen	46,00	**68,00**	98,00	3,2%
Weiterbildungseinrichtungen	14,00	**60,00**	84,00	2,7%
Kindergärten, nicht unterkellert, einfacher Standard	7,40	**22,00**	51,00	1,2%
Kindergärten, nicht unterkellert, mittlerer Standard	29,00	**48,00**	68,00	2,0%
Kindergärten, nicht unterkellert, hoher Standard	23,00	**41,00**	57,00	1,9%
Kindergärten, Holzbauweise, nicht unterkellert	35,00	**58,00**	86,00	2,3%
Kindergärten, unterkellert	51,00	**76,00**	100,00	3,4%
5 Sportbauten				
Sport- und Mehrzweckhallen	11,00	**39,00**	90,00	1,8%
Sporthallen (Einfeldhallen)	39,00	**69,00**	158,00	3,3%
Sporthallen (Dreifeldhallen)	54,00	**92,00**	152,00	4,1%
6 Wohngebäude				
Ein- und Zweifamilienhäuser				
Ein- und Zweifamilienhäuser, unterkellert, einfacher Standard	12,00	**20,00**	28,00	1,0%
Ein- und Zweifamilienhäuser, unterkellert, mittlerer Standard	19,00	**40,00**	66,00	2,6%
Ein- und Zweifamilienhäuser, unterkellert, hoher Standard	20,00	**38,00**	73,00	1,9%
Ein- und Zweifamilienhäuser, nicht unterkellert, einfacher Standard	21,00	**33,00**	45,00	3,0%
Ein- und Zweifamilienhäuser, nicht unterkellert, mittlerer Standard	15,00	**47,00**	124,00	2,3%
Ein- und Zweifamilienhäuser, nicht unterkellert, hoher Standard	13,00	**28,00**	41,00	1,5%
Ein- und Zweifamilienhäuser, Passivhausstandard, Massivbauweise	13,00	**30,00**	59,00	1,8%
Ein- und Zweifamilienhäuser, Passivhausstandard, Holzbauweise	24,00	**33,00**	46,00	1,7%
Ein- und Zweifamilienhäuser, Holzbauweise, unterkellert	19,00	**27,00**	42,00	1,7%
Ein- und Zweifamilienhäuser, Holzbauweise, nicht unterkellert	15,00	**42,00**	72,00	2,1%
Doppel- und Reihenend- / Reihenhäuser				
Doppel- und Reihenendhäuser, einfacher Standard	3,10	**13,00**	19,00	1,2%
Doppel- und Reihenendhäuser, mittlerer Standard	7,60	**18,00**	34,00	1,2%
Doppel- und Reihenendhäuser, hoher Standard	13,00	**28,00**	48,00	1,9%
Doppel- und Reihenendhäuser, Holzbauweise	19,00	**41,00**	59,00	2,4%
Reihenhäuser, einfacher Standard	3,10	**4,10**	5,00	0,4%
Reihenhäuser, mittlerer Standard	16,00	**24,00**	38,00	2,0%
Reihenhäuser, hoher Standard	35,00	**50,00**	108,00	2,5%
Mehrfamilienhäuser				
Mehrfamilienhäuser, mit bis zu 6 WE, einfacher Standard	13,00	**14,00**	14,00	1,4%
Mehrfamilienhäuser, mit bis zu 6 WE, mittlerer Standard	8,40	**18,00**	49,00	1,3%
Mehrfamilienhäuser, mit bis zu 6 WE, hoher Standard	26,00	**42,00**	68,00	2,6%

▷ von
ø Mittel
◁ bis

Einheit: m²
Brutto-Grundfläche (BGF)

Gebäudeart	▷	€/Einheit	◁	KG an 300
Mehrfamilienhäuser (Fortsetzung)				
Mehrfamilienhäuser, mit 6 bis 19 WE, einfacher Standard	9,20	**35,00**	82,00	2,5%
Mehrfamilienhäuser, mit 6 bis 19 WE, mittlerer Standard	14,00	**22,00**	41,00	1,7%
Mehrfamilienhäuser, mit 6 bis 19 WE, hoher Standard	20,00	**39,00**	79,00	2,7%
Mehrfamilienhäuser, mit 20 oder mehr WE, einfacher Standard	10,00	**27,00**	37,00	2,4%
Mehrfamilienhäuser, mit 20 oder mehr WE, mittlerer Standard	19,00	**46,00**	65,00	3,3%
Mehrfamilienhäuser, mit 20 oder mehr WE, hoher Standard	13,00	**40,00**	93,00	2,8%
Mehrfamilienhäuser, Passivhäuser	18,00	**31,00**	56,00	2,3%
Mehrfamilienhäuser, Holzbauweise	18,00	**38,00**	74,00	2,3%
Wohnhäuser, mit bis zu 15% Mischnutzung, einfacher Standard	24,00	**44,00**	86,00	3,6%
Wohnhäuser, mit bis zu 15% Mischnutzung, mittlerer Standard	22,00	**26,00**	30,00	1,3%
Wohnhäuser, mit bis zu 15% Mischnutzung, hoher Standard	–	**101,00**	–	4,7%
Wohnhäuser, mit mehr als 15% Mischnutzung	18,00	**34,00**	64,00	2,0%
Seniorenwohnungen und Beherbergungen				
Seniorenwohnungen, mittlerer Standard	15,00	**42,00**	83,00	3,3%
Seniorenwohnungen, hoher Standard	16,00	**20,00**	24,00	1,5%
Wohnheime und Internate	18,00	**56,00**	224,00	3,3%
Hotels	–	**48,00**	–	2,3%
7 Gewerbe, Lager und Garagen				
Gaststätten, Kantinen und Mensen	–	**67,00**	–	2,6%
Industrielle Produktionsgebäude, Massivbauweise	24,00	**30,00**	36,00	2,2%
Industrielle Produktionsgebäude, überwiegend Skelettbauweise	19,00	**59,00**	98,00	3,4%
Betriebs- und Werkstätten, eingeschossig	38,00	**68,00**	83,00	4,1%
Betriebs- und Werkstätten, mehrgeschossig, geringer Hallenanteil	33,00	**89,00**	259,00	5,0%
Betriebs- und Werkstätten, mehrgeschossig, hoher Hallenanteil	7,70	**25,00**	46,00	1,5%
Geschäftshäuser, mit Wohnungen	19,00	**31,00**	55,00	2,1%
Geschäftshäuser, ohne Wohnungen	7,70	**9,70**	12,00	0,7%
Verbrauchermärkte	7,20	**13,00**	17,00	1,0%
Autohäuser	15,00	**21,00**	28,00	1,0%
Lagergebäude, ohne Mischnutzung	18,00	**42,00**	72,00	3,0%
Lagergebäude, mit bis zu 25% Mischnutzung	10,00	**12,00**	15,00	1,0%
Lagergebäude, mit mehr als 25% Mischnutzung	19,00	**39,00**	58,00	3,1%
Garagen und Bereitschaftsdienste				
Einzel- und Doppelgaragen	–	**–**	–	–
Mehrfachgaragen	13,00	**36,00**	75,00	1,8%
Hochgaragen	10,00	**35,00**	82,00	3,6%
Fahrradparkhäuser	16,00	**44,00**	95,00	2,9%
Carports	–	**–**	–	–
Tiefgaragen	32,00	**94,00**	135,00	6,3%
Feuerwehrhäuser	38,00	**59,00**	95,00	3,4%
Öffentliche Bereitschaftsdienste	31,00	**35,00**	42,00	2,3%
8 Gebäude für kulturelle und religiöse Zwecke				
Bibliotheken, Museen und Ausstellungen	57,00	**114,00**	151,00	4,1%
Theater	62,00	**78,00**	93,00	2,4%
Gemeindezentren, einfacher Standard	17,00	**22,00**	26,00	1,3%
Gemeindezentren, mittlerer Standard	27,00	**87,00**	132,00	3,5%
Gemeindezentren, hoher Standard	7,50	**31,00**	41,00	1,1%
Gemeindezentren, Holzbauweise	43,00	**70,00**	119,00	2,6%
Friedhofsgebäude	78,00	**128,00**	178,00	4,6%

Kosten:
Stand 1.Quartal 2026
Bundesdurchschnitt
inkl. 19% MwSt.

Einheit: m²
Brutto-Grundfläche (BGF)

▷ von
ø Mittel
◁ bis

Gebäudeart	▷	€/Einheit	◁	KG an 300
1 Büro- und Verwaltungsgebäude				
Büro- und Verwaltungsgebäude, einfacher Standard	8,60	**13,00**	15,00	0,9%
Büro- und Verwaltungsgebäude, mittlerer Standard	19,00	**30,00**	43,00	1,5%
Büro- und Verwaltungsgebäude, hoher Standard	17,00	**31,00**	55,00	1,2%
Büro- und Verwaltungsgebäude, Holzbauweise	21,00	**35,00**	46,00	1,4%
2 Gebäude für Forschung und Lehre				
Instituts- und Laborgebäude	17,00	**37,00**	71,00	1,7%
3 Gebäude des Gesundheitswesens				
Medizinische Einrichtungen	23,00	**25,00**	29,00	1,5%
Pflegeheime	11,00	**27,00**	43,00	1,4%
Gebäude für Erholungszwecke	40,00	**52,00**	86,00	1,7%
4 Schulen und Kindergärten				
Allgemeinbildende Schulen	15,00	**34,00**	47,00	1,5%
Schulen, Holzbauweise	20,00	**35,00**	61,00	1,4%
Berufliche Schulen	11,00	**25,00**	46,00	1,1%
Förder- und Sonderschulen	18,00	**43,00**	66,00	1,9%
Weiterbildungseinrichtungen	3,00	**40,00**	64,00	1,5%
Kindergärten, nicht unterkellert, einfacher Standard	9,10	**17,00**	21,00	1,0%
Kindergärten, nicht unterkellert, mittlerer Standard	8,60	**22,00**	35,00	1,1%
Kindergärten, nicht unterkellert, hoher Standard	14,00	**28,00**	36,00	1,0%
Kindergärten, Holzbauweise, nicht unterkellert	19,00	**28,00**	45,00	0,9%
Kindergärten, unterkellert	21,00	**27,00**	41,00	1,1%
5 Sportbauten				
Sport- und Mehrzweckhallen	42,00	**48,00**	54,00	1,5%
Sporthallen (Einfeldhallen)	35,00	**53,00**	72,00	2,4%
Sporthallen (Dreifeldhallen)	20,00	**44,00**	69,00	2,0%
6 Wohngebäude				
Ein- und Zweifamilienhäuser				
Ein- und Zweifamilienhäuser, unterkellert, einfacher Standard	8,00	**11,00**	16,00	0,9%
Ein- und Zweifamilienhäuser, unterkellert, mittlerer Standard	14,00	**23,00**	36,00	1,5%
Ein- und Zweifamilienhäuser, unterkellert, hoher Standard	11,00	**20,00**	33,00	1,0%
Ein- und Zweifamilienhäuser, nicht unterkellert, einfacher Standard	20,00	**21,00**	21,00	1,9%
Ein- und Zweifamilienhäuser, nicht unterkellert, mittlerer Standard	21,00	**36,00**	73,00	1,8%
Ein- und Zweifamilienhäuser, nicht unterkellert, hoher Standard	19,00	**27,00**	51,00	1,4%
Ein- und Zweifamilienhäuser, Passivhausstandard, Massivbauweise	14,00	**20,00**	30,00	1,2%
Ein- und Zweifamilienhäuser, Passivhausstandard, Holzbauweise	14,00	**21,00**	34,00	1,0%
Ein- und Zweifamilienhäuser, Holzbauweise, unterkellert	17,00	**33,00**	102,00	1,6%
Ein- und Zweifamilienhäuser, Holzbauweise, nicht unterkellert	14,00	**24,00**	34,00	1,2%
Doppel- und Reihenend- / Reihenhäuser				
Doppel- und Reihenendhäuser, einfacher Standard	–	**17,00**	–	0,5%
Doppel- und Reihenendhäuser, mittlerer Standard	17,00	**23,00**	29,00	1,6%
Doppel- und Reihenendhäuser, hoher Standard	5,20	**10,00**	15,00	0,5%
Doppel- und Reihenendhäuser, Holzbauweise	17,00	**27,00**	59,00	1,5%
Reihenhäuser, einfacher Standard	7,60	**9,50**	11,00	1,0%
Reihenhäuser, mittlerer Standard	10,00	**12,00**	15,00	1,0%
Reihenhäuser, hoher Standard	16,00	**23,00**	33,00	0,9%
Mehrfamilienhäuser				
Mehrfamilienhäuser, mit bis zu 6 WE, einfacher Standard	4,00	**7,30**	11,00	0,8%
Mehrfamilienhäuser, mit bis zu 6 WE, mittlerer Standard	11,00	**16,00**	25,00	1,2%
Mehrfamilienhäuser, mit bis zu 6 WE, hoher Standard	9,80	**19,00**	30,00	1,2%

Gebäudeart	▷	€/Einheit	◁	KG an 300
Mehrfamilienhäuser (Fortsetzung)				
Mehrfamilienhäuser, mit 6 bis 19 WE, einfacher Standard	6,00	**15,00**	24,00	0,7%
Mehrfamilienhäuser, mit 6 bis 19 WE, mittlerer Standard	12,00	**20,00**	27,00	1,2%
Mehrfamilienhäuser, mit 6 bis 19 WE, hoher Standard	9,50	**18,00**	32,00	1,2%
Mehrfamilienhäuser, mit 20 oder mehr WE, einfacher Standard	0,70	**13,00**	21,00	1,3%
Mehrfamilienhäuser, mit 20 oder mehr WE, mittlerer Standard	9,20	**21,00**	38,00	1,5%
Mehrfamilienhäuser, mit 20 oder mehr WE, hoher Standard	9,80	**16,00**	19,00	1,0%
Mehrfamilienhäuser, Passivhäuser	13,00	**22,00**	31,00	1,6%
Mehrfamilienhäuser, Holzbauweise	9,80	**19,00**	26,00	1,2%
Wohnhäuser, mit bis zu 15% Mischnutzung, einfacher Standard	11,00	**15,00**	20,00	1,2%
Wohnhäuser, mit bis zu 15% Mischnutzung, mittlerer Standard	–	**12,00**	–	0,3%
Wohnhäuser, mit bis zu 15% Mischnutzung, hoher Standard	–	**31,00**	–	1,5%
Wohnhäuser, mit mehr als 15% Mischnutzung	15,00	**25,00**	39,00	1,6%
Seniorenwohnungen und Beherbergungen				
Seniorenwohnungen, mittlerer Standard	6,90	**14,00**	21,00	1,1%
Seniorenwohnungen, hoher Standard	16,00	**22,00**	27,00	1,6%
Wohnheime und Internate	13,00	**22,00**	32,00	1,2%
Hotels	–	**49,00**	–	2,4%
7 Gewerbe, Lager und Garagen				
Gaststätten, Kantinen und Mensen	–	**25,00**	–	1,0%
Industrielle Produktionsgebäude, Massivbauweise	8,80	**12,00**	15,00	0,9%
Industrielle Produktionsgebäude, überwiegend Skelettbauweise	4,70	**10,00**	33,00	0,7%
Betriebs- und Werkstätten, eingeschossig	4,10	**16,00**	37,00	0,8%
Betriebs- und Werkstätten, mehrgeschossig, geringer Hallenanteil	4,30	**13,00**	21,00	0,8%
Betriebs- und Werkstätten, mehrgeschossig, hoher Hallenanteil	12,00	**18,00**	22,00	1,5%
Geschäftshäuser, mit Wohnungen	12,00	**13,00**	14,00	0,9%
Geschäftshäuser, ohne Wohnungen	14,00	**16,00**	17,00	1,1%
Verbrauchermärkte	12,00	**16,00**	25,00	1,2%
Autohäuser	16,00	**19,00**	22,00	0,9%
Lagergebäude, ohne Mischnutzung	16,00	**23,00**	34,00	1,8%
Lagergebäude, mit bis zu 25% Mischnutzung	7,00	**20,00**	44,00	1,6%
Lagergebäude, mit mehr als 25% Mischnutzung	–	**12,00**	–	0,4%
Garagen und Bereitschaftsdienste				
Einzel- und Doppelgaragen	–	**–**	–	–
Mehrfachgaragen	7,10	**10,00**	14,00	0,4%
Hochgaragen	1,40	**5,50**	14,00	0,6%
Fahrradparkhäuser	14,00	**61,00**	150,00	2,7%
Carports	–	**–**	–	–
Tiefgaragen	–	**0,40**	–	< 0,1%
Feuerwehrhäuser	11,00	**27,00**	42,00	1,5%
Öffentliche Bereitschaftsdienste	23,00	**45,00**	124,00	2,7%
8 Gebäude für kulturelle und religiöse Zwecke				
Bibliotheken, Museen und Ausstellungen	28,00	**50,00**	89,00	1,8%
Theater	61,00	**67,00**	73,00	2,0%
Gemeindezentren, einfacher Standard	4,30	**9,80**	19,00	0,6%
Gemeindezentren, mittlerer Standard	27,00	**48,00**	119,00	1,8%
Gemeindezentren, hoher Standard	23,00	**38,00**	52,00	1,4%
Gemeindezentren, Holzbauweise	17,00	**23,00**	35,00	0,9%
Friedhofsgebäude	41,00	**41,00**	42,00	1,6%

Einheit: m²
Brutto-Grundfläche (BGF)

Kosten:
Stand 1.Quartal 2026
Bundesdurchschnitt
inkl. 19% MwSt.

Einheit: m²
Brutto-Grundfläche (BGF)

▷ von
ø Mittel
◁ bis

Gebäudeart	▷	€/Einheit	◁	KG an 300
1 Büro- und Verwaltungsgebäude				
Büro- und Verwaltungsgebäude, einfacher Standard	–	–	–	–
Büro- und Verwaltungsgebäude, mittlerer Standard	–	**5,50**	–	< 0,1%
Büro- und Verwaltungsgebäude, hoher Standard	–	–	–	–
Büro- und Verwaltungsgebäude, Holzbauweise	–	–	–	–
2 Gebäude für Forschung und Lehre				
Instituts- und Laborgebäude	–	**7,10**	–	< 0,1%
3 Gebäude des Gesundheitswesens				
Medizinische Einrichtungen	–	–	–	–
Pflegeheime	–	–	–	–
Gebäude für Erholungszwecke	–	–	–	–
4 Schulen und Kindergärten				
Allgemeinbildende Schulen	–	–	–	–
Schulen, Holzbauweise	–	**8,60**	–	< 0,1%
Berufliche Schulen	–	–	–	–
Förder- und Sonderschulen	–	**4,50**	–	< 0,1%
Weiterbildungseinrichtungen	–	–	–	–
Kindergärten, nicht unterkellert, einfacher Standard	–	–	–	–
Kindergärten, nicht unterkellert, mittlerer Standard	–	–	–	–
Kindergärten, nicht unterkellert, hoher Standard	–	–	–	–
Kindergärten, Holzbauweise, nicht unterkellert	–	–	–	–
Kindergärten, unterkellert	–	–	–	–
5 Sportbauten				
Sport- und Mehrzweckhallen	–	–	–	–
Sporthallen (Einfeldhallen)	–	–	–	–
Sporthallen (Dreifeldhallen)	–	–	–	–
6 Wohngebäude				
Ein- und Zweifamilienhäuser				
Ein- und Zweifamilienhäuser, unterkellert, einfacher Standard	–	–	–	–
Ein- und Zweifamilienhäuser, unterkellert, mittlerer Standard	–	–	–	–
Ein- und Zweifamilienhäuser, unterkellert, hoher Standard	3,30	**11,00**	19,00	0,1%
Ein- und Zweifamilienhäuser, nicht unterkellert, einfacher Standard	–	–	–	–
Ein- und Zweifamilienhäuser, nicht unterkellert, mittlerer Standard	–	–	–	–
Ein- und Zweifamilienhäuser, nicht unterkellert, hoher Standard	–	–	–	–
Ein- und Zweifamilienhäuser, Passivhausstandard, Massivbauweise	–	–	–	–
Ein- und Zweifamilienhäuser, Passivhausstandard, Holzbauweise	–	–	–	–
Ein- und Zweifamilienhäuser, Holzbauweise, unterkellert	–	**45,00**	–	0,2%
Ein- und Zweifamilienhäuser, Holzbauweise, nicht unterkellert	–	–	–	–
Doppel- und Reihenend- / Reihenhäuser				
Doppel- und Reihenendhäuser, einfacher Standard	–	–	–	–
Doppel- und Reihenendhäuser, mittlerer Standard	–	**52,00**	–	0,4%
Doppel- und Reihenendhäuser, hoher Standard	–	**3,20**	–	< 0,1%
Doppel- und Reihenendhäuser, Holzbauweise	–	–	–	–
Reihenhäuser, einfacher Standard	–	–	–	–
Reihenhäuser, mittlerer Standard	–	–	–	–
Reihenhäuser, hoher Standard	–	–	–	–
Mehrfamilienhäuser				
Mehrfamilienhäuser, mit bis zu 6 WE, einfacher Standard	–	–	–	–
Mehrfamilienhäuser, mit bis zu 6 WE, mittlerer Standard	–	–	–	–
Mehrfamilienhäuser, mit bis zu 6 WE, hoher Standard	–	–	–	–

Gebäudeart	▷	€/Einheit	◁	KG an 300
Mehrfamilienhäuser (Fortsetzung)				
Mehrfamilienhäuser, mit 6 bis 19 WE, einfacher Standard	–	–	–	–
Mehrfamilienhäuser, mit 6 bis 19 WE, mittlerer Standard	0,30	**0,50**	0,80	< 0,1%
Mehrfamilienhäuser, mit 6 bis 19 WE, hoher Standard	6,30	**19,00**	27,00	0,6%
Mehrfamilienhäuser, mit 20 oder mehr WE, einfacher Standard	–	–	–	–
Mehrfamilienhäuser, mit 20 oder mehr WE, mittlerer Standard	–	–	–	–
Mehrfamilienhäuser, mit 20 oder mehr WE, hoher Standard	–	–	–	–
Mehrfamilienhäuser, Passivhäuser	–	**5,90**	–	< 0,1%
Mehrfamilienhäuser, Holzbauweise	–	–	–	–
Wohnhäuser, mit bis zu 15% Mischnutzung, einfacher Standard	–	–	–	–
Wohnhäuser, mit bis zu 15% Mischnutzung, mittlerer Standard	–	–	–	–
Wohnhäuser, mit bis zu 15% Mischnutzung, hoher Standard	–	–	–	–
Wohnhäuser, mit mehr als 15% Mischnutzung	–	–	–	–
Seniorenwohnungen und Beherbergungen				
Seniorenwohnungen, mittlerer Standard	–	–	–	–
Seniorenwohnungen, hoher Standard	–	–	–	–
Wohnheime und Internate	–	**46,00**	–	0,3%
Hotels	–	–	–	–
7 Gewerbe, Lager und Garagen				
Gaststätten, Kantinen und Mensen	–	–	–	–
Industrielle Produktionsgebäude, Massivbauweise	–	–	–	–
Industrielle Produktionsgebäude, überwiegend Skelettbauweise	–	–	–	–
Betriebs- und Werkstätten, eingeschossig	–	–	–	–
Betriebs- und Werkstätten, mehrgeschossig, geringer Hallenanteil	4,20	**7,80**	11,00	0,1%
Betriebs- und Werkstätten, mehrgeschossig, hoher Hallenanteil	–	–	–	–
Geschäftshäuser, mit Wohnungen	–	–	–	–
Geschäftshäuser, ohne Wohnungen	–	–	–	–
Verbrauchermärkte	–	–	–	–
Autohäuser	–	–	–	–
Lagergebäude, ohne Mischnutzung	–	–	–	–
Lagergebäude, mit bis zu 25% Mischnutzung	–	–	–	–
Lagergebäude, mit mehr als 25% Mischnutzung	–	–	–	–
Garagen und Bereitschaftsdienste				
Einzel- und Doppelgaragen	–	–	–	–
Mehrfachgaragen	–	–	–	–
Hochgaragen	–	–	–	–
Fahrradparkhäuser	–	–	–	–
Carports	–	–	–	–
Tiefgaragen	–	–	–	–
Feuerwehrhäuser	–	–	–	–
Öffentliche Bereitschaftsdienste	–	–	–	–
8 Gebäude für kulturelle und religiöse Zwecke				
Bibliotheken, Museen und Ausstellungen	–	**3,70**	–	< 0,1%
Theater	–	–	–	–
Gemeindezentren, einfacher Standard	–	–	–	–
Gemeindezentren, mittlerer Standard	–	**11,00**	–	< 0,1%
Gemeindezentren, hoher Standard	–	**12,00**	–	0,1%
Gemeindezentren, Holzbauweise	–	–	–	–
Friedhofsgebäude	–	–	–	–

Einheit: m²
Brutto-Grundfläche (BGF)

Kosten:
Stand 1. Quartal 2026
Bundesdurchschnitt
inkl. 19% MwSt.

Einheit: m²
Brutto-Grundfläche (BGF)

▷ von
ø Mittel
◁ bis

Gebäudeart	▷	€/Einheit	◁	KG an 300
1 Büro- und Verwaltungsgebäude				
Büro- und Verwaltungsgebäude, einfacher Standard	–	**–**	–	–
Büro- und Verwaltungsgebäude, mittlerer Standard	0,80	**10,00**	28,00	< 0,1%
Büro- und Verwaltungsgebäude, hoher Standard	0,70	**2,70**	4,60	< 0,1%
Büro- und Verwaltungsgebäude, Holzbauweise	–	**2,60**	–	< 0,1%
2 Gebäude für Forschung und Lehre				
Instituts- und Laborgebäude	0,20	**6,30**	12,00	< 0,1%
3 Gebäude des Gesundheitswesens				
Medizinische Einrichtungen	–	**1,00**	–	< 0,1%
Pflegeheime	–	**–**	–	–
Gebäude für Erholungszwecke	–	**24,00**	–	0,1%
4 Schulen und Kindergärten				
Allgemeinbildende Schulen	–	**4,80**	–	< 0,1%
Schulen, Holzbauweise	–	**5,70**	–	< 0,1%
Berufliche Schulen	–	**0,40**	–	< 0,1%
Förder- und Sonderschulen	–	**19,00**	–	0,1%
Weiterbildungseinrichtungen	–	**0,40**	–	< 0,1%
Kindergärten, nicht unterkellert, einfacher Standard	–	**10,00**	–	0,2%
Kindergärten, nicht unterkellert, mittlerer Standard	–	**3,10**	–	< 0,1%
Kindergärten, nicht unterkellert, hoher Standard	–	**–**	–	–
Kindergärten, Holzbauweise, nicht unterkellert	–	**–**	–	–
Kindergärten, unterkellert	–	**3,90**	–	< 0,1%
5 Sportbauten				
Sport- und Mehrzweckhallen	–	**–**	–	–
Sporthallen (Einfeldhallen)	–	**–**	–	–
Sporthallen (Dreifeldhallen)	–	**–**	–	–
6 Wohngebäude				
Ein- und Zweifamilienhäuser				
Ein- und Zweifamilienhäuser, unterkellert, einfacher Standard	–	**–**	–	–
Ein- und Zweifamilienhäuser, unterkellert, mittlerer Standard	–	**–**	–	–
Ein- und Zweifamilienhäuser, unterkellert, hoher Standard	5,60	**7,00**	8,40	< 0,1%
Ein- und Zweifamilienhäuser, nicht unterkellert, einfacher Standard	–	**–**	–	–
Ein- und Zweifamilienhäuser, nicht unterkellert, mittlerer Standard	–	**1,60**	–	< 0,1%
Ein- und Zweifamilienhäuser, nicht unterkellert, hoher Standard	–	**4,40**	–	< 0,1%
Ein- und Zweifamilienhäuser, Passivhausstandard, Massivbauweise	–	**–**	–	–
Ein- und Zweifamilienhäuser, Passivhausstandard, Holzbauweise	–	**60,00**	–	0,3%
Ein- und Zweifamilienhäuser, Holzbauweise, unterkellert	–	**–**	–	–
Ein- und Zweifamilienhäuser, Holzbauweise, nicht unterkellert	–	**70,00**	–	0,5%
Doppel- und Reihenend- / Reihenhäuser				
Doppel- und Reihenendhäuser, einfacher Standard	–	**–**	–	–
Doppel- und Reihenendhäuser, mittlerer Standard	–	**–**	–	–
Doppel- und Reihenendhäuser, hoher Standard	2,60	**4,60**	6,70	0,1%
Doppel- und Reihenendhäuser, Holzbauweise	–	**–**	–	–
Reihenhäuser, einfacher Standard	–	**2,40**	–	0,1%
Reihenhäuser, mittlerer Standard	–	**–**	–	–
Reihenhäuser, hoher Standard	–	**–**	–	–
Mehrfamilienhäuser				
Mehrfamilienhäuser, mit bis zu 6 WE, einfacher Standard	–	**0,50**	–	< 0,1%
Mehrfamilienhäuser, mit bis zu 6 WE, mittlerer Standard	–	**24,00**	–	0,3%
Mehrfamilienhäuser, mit bis zu 6 WE, hoher Standard	–	**13,00**	–	< 0,1%

Gebäudeart	▷	€/Einheit	◁	KG an 300
Mehrfamilienhäuser (Fortsetzung)				
Mehrfamilienhäuser, mit 6 bis 19 WE, einfacher Standard	–	**3,80**	–	< 0,1%
Mehrfamilienhäuser, mit 6 bis 19 WE, mittlerer Standard	–	**–**	–	–
Mehrfamilienhäuser, mit 6 bis 19 WE, hoher Standard	5,10	**6,60**	8,20	0,1%
Mehrfamilienhäuser, mit 20 oder mehr WE, einfacher Standard	–	**3,90**	–	0,1%
Mehrfamilienhäuser, mit 20 oder mehr WE, mittlerer Standard	–	**0,10**	–	< 0,1%
Mehrfamilienhäuser, mit 20 oder mehr WE, hoher Standard	–	**–**	–	–
Mehrfamilienhäuser, Passivhäuser	–	**8,40**	–	0,1%
Mehrfamilienhäuser, Holzbauweise	–	**–**	–	–
Wohnhäuser, mit bis zu 15% Mischnutzung, einfacher Standard	–	**–**	–	–
Wohnhäuser, mit bis zu 15% Mischnutzung, mittlerer Standard	–	**–**	–	–
Wohnhäuser, mit bis zu 15% Mischnutzung, hoher Standard	–	**0,70**	–	< 0,1%
Wohnhäuser, mit mehr als 15% Mischnutzung	–	**–**	–	–
Seniorenwohnungen und Beherbergungen				
Seniorenwohnungen, mittlerer Standard	–	**–**	–	–
Seniorenwohnungen, hoher Standard	–	**–**	–	–
Wohnheime und Internate	2,40	**13,00**	45,00	0,3%
Hotels	–	**–**	–	–
7 Gewerbe, Lager und Garagen				
Gaststätten, Kantinen und Mensen	–	**–**	–	–
Industrielle Produktionsgebäude, Massivbauweise	–	**–**	–	–
Industrielle Produktionsgebäude, überwiegend Skelettbauweise	–	**8,50**	–	0,2%
Betriebs- und Werkstätten, eingeschossig	–	**–**	–	–
Betriebs- und Werkstätten, mehrgeschossig, geringer Hallenanteil	–	**0,60**	–	< 0,1%
Betriebs- und Werkstätten, mehrgeschossig, hoher Hallenanteil	–	**0,90**	–	< 0,1%
Geschäftshäuser, mit Wohnungen	–	**–**	–	–
Geschäftshäuser, ohne Wohnungen	–	**–**	–	–
Verbrauchermärkte	–	**–**	–	–
Autohäuser	–	**–**	–	–
Lagergebäude, ohne Mischnutzung	5,90	**8,40**	13,00	0,2%
Lagergebäude, mit bis zu 25% Mischnutzung	–	**0,60**	–	< 0,1%
Lagergebäude, mit mehr als 25% Mischnutzung	–	**–**	–	–
Garagen und Bereitschaftsdienste				
Einzel- und Doppelgaragen	–	**–**	–	–
Mehrfachgaragen	–	**–**	–	–
Hochgaragen	–	**–**	–	–
Fahrradparkhäuser	–	**–**	–	–
Carports	–	**–**	–	–
Tiefgaragen	–	**–**	–	–
Feuerwehrhäuser	–	**–**	–	–
Öffentliche Bereitschaftsdienste	–	**62,00**	–	0,7%
8 Gebäude für kulturelle und religiöse Zwecke				
Bibliotheken, Museen und Ausstellungen	12,00	**32,00**	51,00	0,3%
Theater	–	**–**	–	–
Gemeindezentren, einfacher Standard	–	**–**	–	–
Gemeindezentren, mittlerer Standard	–	**3,00**	–	< 0,1%
Gemeindezentren, hoher Standard	–	**0,30**	–	< 0,1%
Gemeindezentren, Holzbauweise	–	**–**	–	–
Friedhofsgebäude	–	**–**	–	–

Einheit: m^2
Brutto-Grundfläche (BGF)

Kosten:
Stand 1. Quartal 2026
Bundesdurchschnitt
inkl. 19% MwSt.

Einheit: m²
Brutto-Grundfläche (BGF)

▷ von
ø Mittel
◁ bis

Gebäudeart	▷	€/Einheit	◁	KG an 300
1 Büro- und Verwaltungsgebäude				
Büro- und Verwaltungsgebäude, einfacher Standard	–	**–**	–	–
Büro- und Verwaltungsgebäude, mittlerer Standard	2,90	**9,90**	19,00	< 0,1%
Büro- und Verwaltungsgebäude, hoher Standard	1,10	**2,10**	4,60	< 0,1%
Büro- und Verwaltungsgebäude, Holzbauweise	–	**–**	–	–
2 Gebäude für Forschung und Lehre				
Instituts- und Laborgebäude	–	**–**	–	–
3 Gebäude des Gesundheitswesens				
Medizinische Einrichtungen	–	**22,00**	–	0,3%
Pflegeheime	–	**–**	–	–
Gebäude für Erholungszwecke	–	**–**	–	–
4 Schulen und Kindergärten				
Allgemeinbildende Schulen	2,60	**3,40**	4,10	< 0,1%
Schulen, Holzbauweise	–	**–**	–	–
Berufliche Schulen	–	**2,50**	–	< 0,1%
Förder- und Sonderschulen	–	**44,00**	–	0,3%
Weiterbildungseinrichtungen	–	**2,10**	–	< 0,1%
Kindergärten, nicht unterkellert, einfacher Standard	–	**–**	–	–
Kindergärten, nicht unterkellert, mittlerer Standard	0,60	**0,60**	0,70	< 0,1%
Kindergärten, nicht unterkellert, hoher Standard	–	**1,90**	–	< 0,1%
Kindergärten, Holzbauweise, nicht unterkellert	–	**5,80**	–	< 0,1%
Kindergärten, unterkellert	2,40	**7,00**	12,00	0,1%
5 Sportbauten				
Sport- und Mehrzweckhallen	–	**19,00**	–	0,3%
Sporthallen (Einfeldhallen)	–	**0,50**	–	< 0,1%
Sporthallen (Dreifeldhallen)	–	**1,00**	–	< 0,1%
6 Wohngebäude				
Ein- und Zweifamilienhäuser				
Ein- und Zweifamilienhäuser, unterkellert, einfacher Standard	–	**–**	–	–
Ein- und Zweifamilienhäuser, unterkellert, mittlerer Standard	–	**1,00**	–	< 0,1%
Ein- und Zweifamilienhäuser, unterkellert, hoher Standard	–	**27,00**	–	< 0,1%
Ein- und Zweifamilienhäuser, nicht unterkellert, einfacher Standard	–	**–**	–	–
Ein- und Zweifamilienhäuser, nicht unterkellert, mittlerer Standard	–	**–**	–	–
Ein- und Zweifamilienhäuser, nicht unterkellert, hoher Standard	4,80	**59,00**	114,00	0,5%
Ein- und Zweifamilienhäuser, Passivhausstandard, Massivbauweise	–	**–**	–	–
Ein- und Zweifamilienhäuser, Passivhausstandard, Holzbauweise	–	**–**	–	–
Ein- und Zweifamilienhäuser, Holzbauweise, unterkellert	–	**–**	–	–
Ein- und Zweifamilienhäuser, Holzbauweise, nicht unterkellert	–	**–**	–	–
Doppel- und Reihenend- / Reihenhäuser				
Doppel- und Reihenendhäuser, einfacher Standard	–	**1,40**	–	< 0,1%
Doppel- und Reihenendhäuser, mittlerer Standard	–	**–**	–	–
Doppel- und Reihenendhäuser, hoher Standard	–	**–**	–	–
Doppel- und Reihenendhäuser, Holzbauweise	–	**–**	–	–
Reihenhäuser, einfacher Standard	–	**–**	–	–
Reihenhäuser, mittlerer Standard	–	**–**	–	–
Reihenhäuser, hoher Standard	–	**–**	–	–
Mehrfamilienhäuser				
Mehrfamilienhäuser, mit bis zu 6 WE, einfacher Standard	–	**–**	–	–
Mehrfamilienhäuser, mit bis zu 6 WE, mittlerer Standard	–	**–**	–	–
Mehrfamilienhäuser, mit bis zu 6 WE, hoher Standard	–	**–**	–	–

Einheit: m²
Brutto-Grundfläche (BGF)

Gebäudeart	▷	€/Einheit	◁	KG an 300
Mehrfamilienhäuser (Fortsetzung)				
Mehrfamilienhäuser, mit 6 bis 19 WE, einfacher Standard	–	**1,30**	–	< 0,1%
Mehrfamilienhäuser, mit 6 bis 19 WE, mittlerer Standard	–	**–**	–	–
Mehrfamilienhäuser, mit 6 bis 19 WE, hoher Standard	–	**–**	–	–
Mehrfamilienhäuser, mit 20 oder mehr WE, einfacher Standard	–	**0,10**	–	< 0,1%
Mehrfamilienhäuser, mit 20 oder mehr WE, mittlerer Standard	–	**1,20**	–	< 0,1%
Mehrfamilienhäuser, mit 20 oder mehr WE, hoher Standard	–	**1,60**	–	< 0,1%
Mehrfamilienhäuser, Passivhäuser	–	**3,40**	–	< 0,1%
Mehrfamilienhäuser, Holzbauweise	–	**8,20**	–	< 0,1%
Wohnhäuser, mit bis zu 15% Mischnutzung, einfacher Standard	–	**0,20**	–	< 0,1%
Wohnhäuser, mit bis zu 15% Mischnutzung, mittlerer Standard	–	**–**	–	–
Wohnhäuser, mit bis zu 15% Mischnutzung, hoher Standard	–	**–**	–	–
Wohnhäuser, mit mehr als 15% Mischnutzung	–	**–**	–	–
Seniorenwohnungen und Beherbergungen				
Seniorenwohnungen, mittlerer Standard	–	**12,00**	–	0,2%
Seniorenwohnungen, hoher Standard	–	**–**	–	–
Wohnheime und Internate	–	**0,50**	–	< 0,1%
Hotels	–	**12,00**	–	0,6%
7 Gewerbe, Lager und Garagen				
Gaststätten, Kantinen und Mensen	–	**–**	–	–
Industrielle Produktionsgebäude, Massivbauweise	–	**–**	–	–
Industrielle Produktionsgebäude, überwiegend Skelettbauweise	0,20	**0,50**	1,00	< 0,1%
Betriebs- und Werkstätten, eingeschossig	–	**–**	–	–
Betriebs- und Werkstätten, mehrgeschossig, geringer Hallenanteil	–	**–**	–	–
Betriebs- und Werkstätten, mehrgeschossig, hoher Hallenanteil	–	**0,20**	–	< 0,1%
Geschäftshäuser, mit Wohnungen	–	**–**	–	–
Geschäftshäuser, ohne Wohnungen	–	**–**	–	–
Verbrauchermärkte	–	**–**	–	–
Autohäuser	–	**–**	–	–
Lagergebäude, ohne Mischnutzung	–	**1,60**	–	< 0,1%
Lagergebäude, mit bis zu 25% Mischnutzung	–	**–**	–	–
Lagergebäude, mit mehr als 25% Mischnutzung	–	**–**	–	–
Garagen und Bereitschaftsdienste				
Einzel- und Doppelgaragen	–	**–**	–	–
Mehrfachgaragen	–	**–**	–	–
Hochgaragen	–	**–**	–	–
Fahrradparkhäuser	–	**–**	–	–
Carports	–	**–**	–	–
Tiefgaragen	–	**–**	–	–
Feuerwehrhäuser	–	**1,60**	–	< 0,1%
Öffentliche Bereitschaftsdienste	–	**–**	–	–
8 Gebäude für kulturelle und religiöse Zwecke				
Bibliotheken, Museen und Ausstellungen	–	**1,90**	–	< 0,1%
Theater	–	**–**	–	–
Gemeindezentren, einfacher Standard	–	**–**	–	–
Gemeindezentren, mittlerer Standard	1,10	**27,00**	53,00	0,3%
Gemeindezentren, hoher Standard	–	**–**	–	–
Gemeindezentren, Holzbauweise	–	**2,80**	–	< 0,1%
Friedhofsgebäude	–	**–**	–	–

Kosten:
Stand 1. Quartal 2026
Bundesdurchschnitt
inkl. 19% MwSt.

Einheit: m²
Brutto-Grundfläche (BGF)

▷ von
ø Mittel
◁ bis

Gebäudeart	▷	€/Einheit	◁	KG an 300
1 Büro- und Verwaltungsgebäude				
Büro- und Verwaltungsgebäude, einfacher Standard	–	**5,10**	–	0,1%
Büro- und Verwaltungsgebäude, mittlerer Standard	6,00	**18,00**	34,00	0,8%
Büro- und Verwaltungsgebäude, hoher Standard	20,00	**46,00**	121,00	1,4%
Büro- und Verwaltungsgebäude, Holzbauweise	7,40	**19,00**	32,00	0,7%
2 Gebäude für Forschung und Lehre				
Instituts- und Laborgebäude	9,30	**23,00**	51,00	1,0%
3 Gebäude des Gesundheitswesens				
Medizinische Einrichtungen	6,10	**15,00**	29,00	0,8%
Pflegeheime	6,10	**21,00**	42,00	0,8%
Gebäude für Erholungszwecke	6,30	**13,00**	26,00	0,2%
4 Schulen und Kindergärten				
Allgemeinbildende Schulen	14,00	**22,00**	39,00	0,9%
Schulen, Holzbauweise	6,90	**13,00**	20,00	0,7%
Berufliche Schulen	12,00	**22,00**	48,00	0,8%
Förder- und Sonderschulen	2,80	**8,80**	13,00	0,4%
Weiterbildungseinrichtungen	4,10	**7,80**	12,00	0,2%
Kindergärten, nicht unterkellert, einfacher Standard	0,40	**4,00**	7,60	0,1%
Kindergärten, nicht unterkellert, mittlerer Standard	11,00	**24,00**	37,00	0,6%
Kindergärten, nicht unterkellert, hoher Standard	2,00	**6,20**	14,00	0,2%
Kindergärten, Holzbauweise, nicht unterkellert	8,10	**17,00**	40,00	0,6%
Kindergärten, unterkellert	8,30	**14,00**	19,00	0,6%
5 Sportbauten				
Sport- und Mehrzweckhallen	2,80	**5,20**	8,50	0,2%
Sporthallen (Einfeldhallen)	0,30	**5,10**	9,90	0,1%
Sporthallen (Dreifeldhallen)	13,00	**34,00**	136,00	1,5%
6 Wohngebäude				
Ein- und Zweifamilienhäuser				
Ein- und Zweifamilienhäuser, unterkellert, einfacher Standard	–	**–**	–	–
Ein- und Zweifamilienhäuser, unterkellert, mittlerer Standard	2,90	**12,00**	26,00	0,3%
Ein- und Zweifamilienhäuser, unterkellert, hoher Standard	1,70	**7,20**	21,00	0,2%
Ein- und Zweifamilienhäuser, nicht unterkellert, einfacher Standard	–	**–**	–	–
Ein- und Zweifamilienhäuser, nicht unterkellert, mittlerer Standard	1,60	**4,50**	7,50	0,1%
Ein- und Zweifamilienhäuser, nicht unterkellert, hoher Standard	5,70	**12,00**	33,00	0,3%
Ein- und Zweifamilienhäuser, Passivhausstandard, Massivbauweise	2,80	**5,70**	8,80	0,2%
Ein- und Zweifamilienhäuser, Passivhausstandard, Holzbauweise	2,10	**3,30**	4,00	< 0,1%
Ein- und Zweifamilienhäuser, Holzbauweise, unterkellert	1,60	**3,60**	7,70	< 0,1%
Ein- und Zweifamilienhäuser, Holzbauweise, nicht unterkellert	10,00	**11,00**	11,00	< 0,1%
Doppel- und Reihenend- / Reihenhäuser				
Doppel- und Reihenendhäuser, einfacher Standard	2,70	**4,00**	5,30	0,3%
Doppel- und Reihenendhäuser, mittlerer Standard	4,50	**8,30**	18,00	0,3%
Doppel- und Reihenendhäuser, hoher Standard	0,20	**7,00**	11,00	0,3%
Doppel- und Reihenendhäuser, Holzbauweise	–	**2,60**	–	< 0,1%
Reihenhäuser, einfacher Standard	–	**3,40**	–	0,2%
Reihenhäuser, mittlerer Standard	–	**–**	–	–
Reihenhäuser, hoher Standard	9,30	**20,00**	41,00	0,5%
Mehrfamilienhäuser				
Mehrfamilienhäuser, mit bis zu 6 WE, einfacher Standard	1,10	**6,40**	12,00	0,7%
Mehrfamilienhäuser, mit bis zu 6 WE, mittlerer Standard	2,40	**4,10**	7,40	0,2%
Mehrfamilienhäuser, mit bis zu 6 WE, hoher Standard	1,50	**5,50**	8,90	0,3%

Gebäudeart	▷	€/Einheit	◁	KG an 300
Mehrfamilienhäuser (Fortsetzung)				
Mehrfamilienhäuser, mit 6 bis 19 WE, einfacher Standard	1,40	**7,40**	13,00	0,4%
Mehrfamilienhäuser, mit 6 bis 19 WE, mittlerer Standard	4,40	**9,30**	17,00	0,5%
Mehrfamilienhäuser, mit 6 bis 19 WE, hoher Standard	1,50	**5,70**	8,60	0,3%
Mehrfamilienhäuser, mit 20 oder mehr WE, einfacher Standard	3,70	**9,40**	20,00	0,9%
Mehrfamilienhäuser, mit 20 oder mehr WE, mittlerer Standard	5,30	**9,00**	19,00	0,7%
Mehrfamilienhäuser, mit 20 oder mehr WE, hoher Standard	4,50	**8,50**	12,00	0,4%
Mehrfamilienhäuser, Passivhäuser	1,70	**8,80**	18,00	0,6%
Mehrfamilienhäuser, Holzbauweise	4,70	**11,00**	17,00	0,6%
Wohnhäuser, mit bis zu 15% Mischnutzung, einfacher Standard	0,50	**5,40**	7,90	0,5%
Wohnhäuser, mit bis zu 15% Mischnutzung, mittlerer Standard	–	**13,00**	–	0,3%
Wohnhäuser, mit bis zu 15% Mischnutzung, hoher Standard	–	**13,00**	–	0,6%
Wohnhäuser, mit mehr als 15% Mischnutzung	0,40	**6,00**	12,00	0,3%
Seniorenwohnungen und Beherbergungen				
Seniorenwohnungen, mittlerer Standard	2,60	**8,10**	16,00	0,6%
Seniorenwohnungen, hoher Standard	3,30	**7,50**	12,00	0,5%
Wohnheime und Internate	6,20	**14,00**	25,00	0,7%
Hotels	–	**1,20**	–	< 0,1%
7 Gewerbe, Lager und Garagen				
Gaststätten, Kantinen und Mensen	–	**11,00**	–	0,4%
Industrielle Produktionsgebäude, Massivbauweise	2,80	**3,60**	4,40	0,3%
Industrielle Produktionsgebäude, überwiegend Skelettbauweise	2,40	**6,40**	13,00	0,5%
Betriebs- und Werkstätten, eingeschossig	4,10	**4,60**	5,10	0,2%
Betriebs- und Werkstätten, mehrgeschossig, geringer Hallenanteil	6,00	**8,30**	11,00	0,4%
Betriebs- und Werkstätten, mehrgeschossig, hoher Hallenanteil	1,40	**3,90**	8,20	0,2%
Geschäftshäuser, mit Wohnungen	–	**1,50**	–	< 0,1%
Geschäftshäuser, ohne Wohnungen	4,00	**5,80**	7,60	0,4%
Verbrauchermärkte	–	**1,20**	–	< 0,1%
Autohäuser	–	**9,70**	–	0,3%
Lagergebäude, ohne Mischnutzung	0,30	**0,70**	1,20	< 0,1%
Lagergebäude, mit bis zu 25% Mischnutzung	–	**0,50**	–	< 0,1%
Lagergebäude, mit mehr als 25% Mischnutzung	–	**2,50**	–	0,1%
Garagen und Bereitschaftsdienste				
Einzel- und Doppelgaragen	–	**–**	–	–
Mehrfachgaragen	–	**3,50**	–	< 0,1%
Hochgaragen	1,00	**1,20**	1,50	0,1%
Fahrradparkhäuser	2,60	**5,70**	7,30	0,3%
Carports	–	**9,00**	–	< 0,1%
Tiefgaragen	3,50	**6,90**	21,00	0,5%
Feuerwehrhäuser	5,50	**8,40**	10,00	0,4%
Öffentliche Bereitschaftsdienste	1,40	**3,00**	5,50	0,1%
8 Gebäude für kulturelle und religiöse Zwecke				
Bibliotheken, Museen und Ausstellungen	6,70	**16,00**	23,00	0,5%
Theater	–	**7,40**	–	0,1%
Gemeindezentren, einfacher Standard	–	**3,80**	–	< 0,1%
Gemeindezentren, mittlerer Standard	5,60	**16,00**	31,00	0,6%
Gemeindezentren, hoher Standard	2,70	**10,00**	14,00	0,3%
Gemeindezentren, Holzbauweise	2,90	**8,70**	14,00	0,2%
Friedhofsgebäude	–	**25,00**	–	0,4%

Einheit: m^2
Brutto-Grundfläche (BGF)

Kosten:
Stand 1. Quartal 2026
Bundesdurchschnitt
inkl. 19% MwSt.

Einheit: m²
Brutto-Grundfläche (BGF)

▷ von
ø Mittel
◁ bis

Gebäudeart	▷	€/Einheit	◁	KG an 300
1 Büro- und Verwaltungsgebäude				
Büro- und Verwaltungsgebäude, einfacher Standard	–	–	–	–
Büro- und Verwaltungsgebäude, mittlerer Standard	0,50	**3,00**	10,00	< 0,1%
Büro- und Verwaltungsgebäude, hoher Standard	0,80	**4,80**	10,00	< 0,1%
Büro- und Verwaltungsgebäude, Holzbauweise	1,10	**1,90**	2,60	< 0,1%
2 Gebäude für Forschung und Lehre				
Instituts- und Laborgebäude	–	**0,40**	–	< 0,1%
3 Gebäude des Gesundheitswesens				
Medizinische Einrichtungen	0,60	**1,50**	2,40	< 0,1%
Pflegeheime	0,20	**0,40**	0,60	< 0,1%
Gebäude für Erholungszwecke	–	–	–	–
4 Schulen und Kindergärten				
Allgemeinbildende Schulen	0,60	**1,10**	1,60	< 0,1%
Schulen, Holzbauweise	–	**0,40**	–	< 0,1%
Berufliche Schulen	–	–	–	–
Förder- und Sonderschulen	0,40	**1,20**	2,70	< 0,1%
Weiterbildungseinrichtungen	–	**0,80**	–	< 0,1%
Kindergärten, nicht unterkellert, einfacher Standard	–	–	–	–
Kindergärten, nicht unterkellert, mittlerer Standard	0,30	**0,40**	0,50	< 0,1%
Kindergärten, nicht unterkellert, hoher Standard	–	**0,40**	–	< 0,1%
Kindergärten, Holzbauweise, nicht unterkellert	0,20	**0,80**	1,10	< 0,1%
Kindergärten, unterkellert	–	–	–	–
5 Sportbauten				
Sport- und Mehrzweckhallen	–	–	–	–
Sporthallen (Einfeldhallen)	–	**1,20**	–	< 0,1%
Sporthallen (Dreifeldhallen)	–	**0,40**	–	< 0,1%
6 Wohngebäude				
Ein- und Zweifamilienhäuser				
Ein- und Zweifamilienhäuser, unterkellert, einfacher Standard	–	–	–	–
Ein- und Zweifamilienhäuser, unterkellert, mittlerer Standard	–	**0,30**	–	< 0,1%
Ein- und Zweifamilienhäuser, unterkellert, hoher Standard	–	**1,00**	–	< 0,1%
Ein- und Zweifamilienhäuser, nicht unterkellert, einfacher Standard	–	–	–	–
Ein- und Zweifamilienhäuser, nicht unterkellert, mittlerer Standard	–	**1,90**	–	< 0,1%
Ein- und Zweifamilienhäuser, nicht unterkellert, hoher Standard	–	–	–	–
Ein- und Zweifamilienhäuser, Passivhausstandard, Massivbauweise	–	–	–	–
Ein- und Zweifamilienhäuser, Passivhausstandard, Holzbauweise	–	–	–	–
Ein- und Zweifamilienhäuser, Holzbauweise, unterkellert	–	–	–	–
Ein- und Zweifamilienhäuser, Holzbauweise, nicht unterkellert	–	–	–	–
Doppel- und Reihenend- / Reihenhäuser				
Doppel- und Reihenendhäuser, einfacher Standard	–	–	–	–
Doppel- und Reihenendhäuser, mittlerer Standard	–	**< 0,10**	–	< 0,1%
Doppel- und Reihenendhäuser, hoher Standard	–	**0,70**	–	< 0,1%
Doppel- und Reihenendhäuser, Holzbauweise	–	–	–	–
Reihenhäuser, einfacher Standard	–	–	–	–
Reihenhäuser, mittlerer Standard	–	–	–	–
Reihenhäuser, hoher Standard	–	–	–	–
Mehrfamilienhäuser				
Mehrfamilienhäuser, mit bis zu 6 WE, einfacher Standard	–	–	–	–
Mehrfamilienhäuser, mit bis zu 6 WE, mittlerer Standard	–	–	–	–
Mehrfamilienhäuser, mit bis zu 6 WE, hoher Standard	1,10	**2,30**	3,50	< 0,1%

Einheit: m²
Brutto-Grundfläche (BGF)

Gebäudeart	▷	€/Einheit	◁	KG an 300
Mehrfamilienhäuser (Fortsetzung)				
Mehrfamilienhäuser, mit 6 bis 19 WE, einfacher Standard	–	**–**	–	–
Mehrfamilienhäuser, mit 6 bis 19 WE, mittlerer Standard	0,20	**1,60**	3,00	< 0,1%
Mehrfamilienhäuser, mit 6 bis 19 WE, hoher Standard	–	**–**	–	–
Mehrfamilienhäuser, mit 20 oder mehr WE, einfacher Standard	–	**0,20**	–	< 0,1%
Mehrfamilienhäuser, mit 20 oder mehr WE, mittlerer Standard	0,50	**2,50**	6,40	0,1%
Mehrfamilienhäuser, mit 20 oder mehr WE, hoher Standard	–	**1,00**	–	< 0,1%
Mehrfamilienhäuser, Passivhäuser	–	**0,80**	–	< 0,1%
Mehrfamilienhäuser, Holzbauweise	–	**< 0,10**	–	< 0,1%
Wohnhäuser, mit bis zu 15% Mischnutzung, einfacher Standard	–	**–**	–	–
Wohnhäuser, mit bis zu 15% Mischnutzung, mittlerer Standard	–	**–**	–	–
Wohnhäuser, mit bis zu 15% Mischnutzung, hoher Standard	–	**–**	–	–
Wohnhäuser, mit mehr als 15% Mischnutzung	–	**–**	–	–
Seniorenwohnungen und Beherbergungen				
Seniorenwohnungen, mittlerer Standard	–	**–**	–	–
Seniorenwohnungen, hoher Standard	–	**–**	–	–
Wohnheime und Internate	–	**0,50**	–	< 0,1%
Hotels	–	**–**	–	–
7 Gewerbe, Lager und Garagen				
Gaststätten, Kantinen und Mensen	–	**–**	–	–
Industrielle Produktionsgebäude, Massivbauweise	–	**–**	–	–
Industrielle Produktionsgebäude, überwiegend Skelettbauweise	–	**1,70**	–	< 0,1%
Betriebs- und Werkstätten, eingeschossig	–	**–**	–	–
Betriebs- und Werkstätten, mehrgeschossig, geringer Hallenanteil	0,60	**1,90**	3,20	< 0,1%
Betriebs- und Werkstätten, mehrgeschossig, hoher Hallenanteil	–	**–**	–	–
Geschäftshäuser, mit Wohnungen	–	**–**	–	–
Geschäftshäuser, ohne Wohnungen	–	**–**	–	–
Verbrauchermärkte	–	**–**	–	–
Autohäuser	–	**–**	–	–
Lagergebäude, ohne Mischnutzung	–	**5,30**	–	< 0,1%
Lagergebäude, mit bis zu 25% Mischnutzung	–	**–**	–	–
Lagergebäude, mit mehr als 25% Mischnutzung	–	**–**	–	–
Garagen und Bereitschaftsdienste				
Einzel- und Doppelgaragen	–	**–**	–	–
Mehrfachgaragen	–	**–**	–	–
Hochgaragen	–	**< 0,10**	–	< 0,1%
Fahrradparkhäuser	–	**0,60**	–	< 0,1%
Carports	–	**–**	–	–
Tiefgaragen	–	**–**	–	–
Feuerwehrhäuser	–	**0,50**	–	< 0,1%
Öffentliche Bereitschaftsdienste	–	**0,20**	–	< 0,1%
8 Gebäude für kulturelle und religiöse Zwecke				
Bibliotheken, Museen und Ausstellungen	0,70	**7,20**	15,00	0,1%
Theater	–	**–**	–	–
Gemeindezentren, einfacher Standard	–	**–**	–	–
Gemeindezentren, mittlerer Standard	–	**–**	–	–
Gemeindezentren, hoher Standard	–	**0,20**	–	< 0,1%
Gemeindezentren, Holzbauweise	–	**–**	–	–
Friedhofsgebäude	–	**–**	–	–

Kosten:
Stand 1.Quartal 2026
Bundesdurchschnitt
inkl. 19% MwSt.

Einheit: m²
Brutto-Grundfläche (BGF)

▷ von
ø Mittel
◁ bis

Gebäudeart	▷	€/Einheit	◁	KG an 300
1 Büro- und Verwaltungsgebäude				
Büro- und Verwaltungsgebäude, einfacher Standard	–	**–**	–	–
Büro- und Verwaltungsgebäude, mittlerer Standard	2,20	**4,10**	10,00	< 0,1%
Büro- und Verwaltungsgebäude, hoher Standard	–	**3,50**	–	< 0,1%
Büro- und Verwaltungsgebäude, Holzbauweise	–	**–**	–	–
2 Gebäude für Forschung und Lehre				
Instituts- und Laborgebäude	6,70	**9,80**	16,00	0,2%
3 Gebäude des Gesundheitswesens				
Medizinische Einrichtungen	–	**–**	–	–
Pflegeheime	3,40	**11,00**	25,00	0,3%
Gebäude für Erholungszwecke	–	**–**	–	–
4 Schulen und Kindergärten				
Allgemeinbildende Schulen	2,00	**14,00**	26,00	0,2%
Schulen, Holzbauweise	–	**0,30**	–	< 0,1%
Berufliche Schulen	2,30	**3,10**	4,00	< 0,1%
Förder- und Sonderschulen	–	**4,30**	–	< 0,1%
Weiterbildungseinrichtungen	–	**4,70**	–	< 0,1%
Kindergärten, nicht unterkellert, einfacher Standard	–	**–**	–	–
Kindergärten, nicht unterkellert, mittlerer Standard	4,90	**7,80**	13,00	0,2%
Kindergärten, nicht unterkellert, hoher Standard	–	**–**	–	–
Kindergärten, Holzbauweise, nicht unterkellert	0,20	**4,30**	6,40	< 0,1%
Kindergärten, unterkellert	–	**–**	–	–
5 Sportbauten				
Sport- und Mehrzweckhallen	2,20	**2,80**	3,40	< 0,1%
Sporthallen (Einfeldhallen)	–	**–**	–	–
Sporthallen (Dreifeldhallen)	2,00	**2,40**	3,10	< 0,1%
6 Wohngebäude				
Ein- und Zweifamilienhäuser				
Ein- und Zweifamilienhäuser, unterkellert, einfacher Standard	–	**–**	–	–
Ein- und Zweifamilienhäuser, unterkellert, mittlerer Standard	–	**1,30**	–	< 0,1%
Ein- und Zweifamilienhäuser, unterkellert, hoher Standard	–	**–**	–	–
Ein- und Zweifamilienhäuser, nicht unterkellert, einfacher Standard	–	**–**	–	–
Ein- und Zweifamilienhäuser, nicht unterkellert, mittlerer Standard	–	**16,00**	–	< 0,1%
Ein- und Zweifamilienhäuser, nicht unterkellert, hoher Standard	1,90	**97,00**	192,00	0,8%
Ein- und Zweifamilienhäuser, Passivhausstandard, Massivbauweise	–	**–**	–	–
Ein- und Zweifamilienhäuser, Passivhausstandard, Holzbauweise	–	**–**	–	–
Ein- und Zweifamilienhäuser, Holzbauweise, unterkellert	–	**–**	–	–
Ein- und Zweifamilienhäuser, Holzbauweise, nicht unterkellert	–	**–**	–	–
Doppel- und Reihenend- / Reihenhäuser				
Doppel- und Reihenendhäuser, einfacher Standard	–	**–**	–	–
Doppel- und Reihenendhäuser, mittlerer Standard	–	**17,00**	–	0,2%
Doppel- und Reihenendhäuser, hoher Standard	–	**–**	–	–
Doppel- und Reihenendhäuser, Holzbauweise	–	**–**	–	–
Reihenhäuser, einfacher Standard	–	**–**	–	–
Reihenhäuser, mittlerer Standard	–	**–**	–	–
Reihenhäuser, hoher Standard	–	**–**	–	–
Mehrfamilienhäuser				
Mehrfamilienhäuser, mit bis zu 6 WE, einfacher Standard	–	**–**	–	–
Mehrfamilienhäuser, mit bis zu 6 WE, mittlerer Standard	–	**173,00**	–	3,0%
Mehrfamilienhäuser, mit bis zu 6 WE, hoher Standard	6,60	**27,00**	99,00	0,9%

Gebäudeart	▷	€/Einheit	◁	KG an 300
Mehrfamilienhäuser (Fortsetzung)				
Mehrfamilienhäuser, mit 6 bis 19 WE, einfacher Standard	–	**4,00**	–	0,1%
Mehrfamilienhäuser, mit 6 bis 19 WE, mittlerer Standard	–	**–**	–	–
Mehrfamilienhäuser, mit 6 bis 19 WE, hoher Standard	4,60	**13,00**	22,00	0,3%
Mehrfamilienhäuser, mit 20 oder mehr WE, einfacher Standard	–	**–**	–	–
Mehrfamilienhäuser, mit 20 oder mehr WE, mittlerer Standard	2,20	**69,00**	137,00	3,9%
Mehrfamilienhäuser, mit 20 oder mehr WE, hoher Standard	–	**–**	–	–
Mehrfamilienhäuser, Passivhäuser	1,90	**2,40**	2,80	< 0,1%
Mehrfamilienhäuser, Holzbauweise	–	**–**	–	–
Wohnhäuser, mit bis zu 15% Mischnutzung, einfacher Standard	–	**–**	–	–
Wohnhäuser, mit bis zu 15% Mischnutzung, mittlerer Standard	–	**60,00**	–	1,5%
Wohnhäuser, mit bis zu 15% Mischnutzung, hoher Standard	–	**–**	–	–
Wohnhäuser, mit mehr als 15% Mischnutzung	–	**1,40**	–	< 0,1%
Seniorenwohnungen und Beherbergungen				
Seniorenwohnungen, mittlerer Standard	0,80	**60,00**	118,00	1,9%
Seniorenwohnungen, hoher Standard	–	**–**	–	–
Wohnheime und Internate	2,50	**38,00**	74,00	0,5%
Hotels	–	**4,90**	–	0,2%
7 Gewerbe, Lager und Garagen				
Gaststätten, Kantinen und Mensen	–	**49,00**	–	1,9%
Industrielle Produktionsgebäude, Massivbauweise	–	**3,20**	–	< 0,1%
Industrielle Produktionsgebäude, überwiegend Skelettbauweise	8,20	**17,00**	26,00	0,4%
Betriebs- und Werkstätten, eingeschossig	–	**0,80**	–	< 0,1%
Betriebs- und Werkstätten, mehrgeschossig, geringer Hallenanteil	14,00	**23,00**	33,00	0,3%
Betriebs- und Werkstätten, mehrgeschossig, hoher Hallenanteil	8,70	**11,00**	14,00	0,2%
Geschäftshäuser, mit Wohnungen	–	**–**	–	–
Geschäftshäuser, ohne Wohnungen	–	**–**	–	–
Verbrauchermärkte	–	**2,50**	–	< 0,1%
Autohäuser	–	**–**	–	–
Lagergebäude, ohne Mischnutzung	1,40	**36,00**	70,00	0,5%
Lagergebäude, mit bis zu 25% Mischnutzung	–	**2,80**	–	< 0,1%
Lagergebäude, mit mehr als 25% Mischnutzung	–	**1,80**	–	< 0,1%
Garagen und Bereitschaftsdienste				
Einzel- und Doppelgaragen	643,00	**872,00**	1.180,00	75,9%
Mehrfachgaragen	–	**–**	–	–
Hochgaragen	–	**–**	–	–
Fahrradparkhäuser	–	**–**	–	–
Carports	379,00	**618,00**	841,00	40,8%
Tiefgaragen	–	**19,00**	–	0,2%
Feuerwehrhäuser	–	**6,70**	–	< 0,1%
Öffentliche Bereitschaftsdienste	–	**1,20**	–	< 0,1%
8 Gebäude für kulturelle und religiöse Zwecke				
Bibliotheken, Museen und Ausstellungen	3,10	**22,00**	58,00	0,2%
Theater	–	**–**	–	–
Gemeindezentren, einfacher Standard	–	**9,70**	–	0,2%
Gemeindezentren, mittlerer Standard	4,10	**8,80**	13,00	0,1%
Gemeindezentren, hoher Standard	11,00	**16,00**	21,00	0,3%
Gemeindezentren, Holzbauweise	–	**23,00**	–	0,3%
Friedhofsgebäude	–	**72,00**	–	1,2%

Einheit: m²
Brutto-Grundfläche (BGF)

Kosten:
Stand 1. Quartal 2026
Bundesdurchschnitt
inkl. 19% MwSt.

Einheit: m²
Brutto-Grundfläche (BGF)

▷ von
ø Mittel
◁ bis

Gebäudeart	▷	€/Einheit	◁	KG an 400
1 Büro- und Verwaltungsgebäude				
Büro- und Verwaltungsgebäude, einfacher Standard	7,80	**20,00**	44,00	7,0%
Büro- und Verwaltungsgebäude, mittlerer Standard	17,00	**30,00**	50,00	4,7%
Büro- und Verwaltungsgebäude, hoher Standard	22,00	**34,00**	51,00	3,8%
Büro- und Verwaltungsgebäude, Holzbauweise	17,00	**29,00**	45,00	4,3%
2 Gebäude für Forschung und Lehre				
Instituts- und Laborgebäude	28,00	**48,00**	87,00	2,8%
3 Gebäude des Gesundheitswesens				
Medizinische Einrichtungen	44,00	**51,00**	61,00	6,9%
Pflegeheime	28,00	**53,00**	69,00	6,1%
Gebäude für Erholungszwecke	34,00	**90,00**	167,00	17,1%
4 Schulen und Kindergärten				
Allgemeinbildende Schulen	24,00	**36,00**	53,00	4,9%
Schulen, Holzbauweise	13,00	**30,00**	50,00	5,5%
Berufliche Schulen	34,00	**52,00**	117,00	6,0%
Förder- und Sonderschulen	20,00	**33,00**	58,00	5,5%
Weiterbildungseinrichtungen	54,00	**70,00**	87,00	6,2%
Kindergärten, nicht unterkellert, einfacher Standard	29,00	**39,00**	59,00	8,6%
Kindergärten, nicht unterkellert, mittlerer Standard	18,00	**33,00**	55,00	6,3%
Kindergärten, nicht unterkellert, hoher Standard	15,00	**25,00**	53,00	4,4%
Kindergärten, Holzbauweise, nicht unterkellert	21,00	**39,00**	61,00	6,2%
Kindergärten, unterkellert	31,00	**40,00**	43,00	8,1%
5 Sportbauten				
Sport- und Mehrzweckhallen	36,00	**45,00**	58,00	9,8%
Sporthallen (Einfeldhallen)	12,00	**25,00**	36,00	4,8%
Sporthallen (Dreifeldhallen)	19,00	**41,00**	58,00	5,8%
6 Wohngebäude				
Ein- und Zweifamilienhäuser				
Ein- und Zweifamilienhäuser, unterkellert, einfacher Standard	13,00	**24,00**	44,00	10,7%
Ein- und Zweifamilienhäuser, unterkellert, mittlerer Standard	17,00	**30,00**	46,00	7,5%
Ein- und Zweifamilienhäuser, unterkellert, hoher Standard	26,00	**36,00**	50,00	7,7%
Ein- und Zweifamilienhäuser, nicht unterkellert, einfacher Standard	12,00	**21,00**	31,00	8,4%
Ein- und Zweifamilienhäuser, nicht unterkellert, mittlerer Standard	23,00	**36,00**	61,00	8,2%
Ein- und Zweifamilienhäuser, nicht unterkellert, hoher Standard	17,00	**32,00**	46,00	7,3%
Ein- und Zweifamilienhäuser, Passivhausstandard, Massivbauweise	17,00	**31,00**	52,00	7,0%
Ein- und Zweifamilienhäuser, Passivhausstandard, Holzbauweise	22,00	**36,00**	58,00	6,9%
Ein- und Zweifamilienhäuser, Holzbauweise, unterkellert	23,00	**34,00**	51,00	9,2%
Ein- und Zweifamilienhäuser, Holzbauweise, nicht unterkellert	12,00	**28,00**	63,00	6,8%
Doppel- und Reihenend- / Reihenhäuser				
Doppel- und Reihenendhäuser, einfacher Standard	21,00	**28,00**	32,00	10,6%
Doppel- und Reihenendhäuser, mittlerer Standard	22,00	**38,00**	78,00	10,1%
Doppel- und Reihenendhäuser, hoher Standard	24,00	**40,00**	102,00	9,3%
Doppel- und Reihenendhäuser, Holzbauweise	17,00	**26,00**	40,00	7,4%
Reihenhäuser, einfacher Standard	14,00	**29,00**	45,00	10,2%
Reihenhäuser, mittlerer Standard	13,00	**26,00**	33,00	8,9%
Reihenhäuser, hoher Standard	31,00	**41,00**	53,00	9,1%
Mehrfamilienhäuser				
Mehrfamilienhäuser, mit bis zu 6 WE, einfacher Standard	24,00	**31,00**	38,00	15,6%
Mehrfamilienhäuser, mit bis zu 6 WE, mittlerer Standard	17,00	**27,00**	44,00	8,4%
Mehrfamilienhäuser, mit bis zu 6 WE, hoher Standard	27,00	**33,00**	43,00	8,6%

Gebäudeart	▷	€/Einheit	◁	KG an 400
Mehrfamilienhäuser (Fortsetzung)				
Mehrfamilienhäuser, mit 6 bis 19 WE, einfacher Standard	20,00	**29,00**	36,00	11,2%
Mehrfamilienhäuser, mit 6 bis 19 WE, mittlerer Standard	11,00	**21,00**	31,00	7,5%
Mehrfamilienhäuser, mit 6 bis 19 WE, hoher Standard	25,00	**32,00**	39,00	9,9%
Mehrfamilienhäuser, mit 20 oder mehr WE, einfacher Standard	20,00	**26,00**	32,00	6,2%
Mehrfamilienhäuser, mit 20 oder mehr WE, mittlerer Standard	21,00	**29,00**	42,00	7,5%
Mehrfamilienhäuser, mit 20 oder mehr WE, hoher Standard	30,00	**36,00**	46,00	9,1%
Mehrfamilienhäuser, Passivhäuser	19,00	**32,00**	47,00	8,5%
Mehrfamilienhäuser, Holzbauweise	14,00	**22,00**	36,00	6,0%
Wohnhäuser, mit bis zu 15% Mischnutzung, einfacher Standard	33,00	**39,00**	44,00	12,4%
Wohnhäuser, mit bis zu 15% Mischnutzung, mittlerer Standard	7,50	**27,00**	38,00	8,5%
Wohnhäuser, mit bis zu 15% Mischnutzung, hoher Standard	–	**30,00**	–	8,5%
Wohnhäuser, mit mehr als 15% Mischnutzung	41,00	**51,00**	62,00	8,2%
Seniorenwohnungen und Beherbergungen				
Seniorenwohnungen, mittlerer Standard	28,00	**40,00**	58,00	9,4%
Seniorenwohnungen, hoher Standard	23,00	**34,00**	45,00	7,0%
Wohnheime und Internate	22,00	**48,00**	78,00	9,0%
Hotels	–	**10,00**	–	3,2%
7 Gewerbe, Lager und Garagen				
Gaststätten, Kantinen und Mensen	–	**112,00**	–	9,3%
Industrielle Produktionsgebäude, Massivbauweise	20,00	**24,00**	34,00	5,1%
Industrielle Produktionsgebäude, überwiegend Skelettbauweise	16,00	**23,00**	28,00	4,0%
Betriebs- und Werkstätten, eingeschossig	16,00	**28,00**	47,00	3,8%
Betriebs- und Werkstätten, mehrgeschossig, geringer Hallenanteil	8,80	**25,00**	62,00	7,0%
Betriebs- und Werkstätten, mehrgeschossig, hoher Hallenanteil	11,00	**32,00**	54,00	8,6%
Geschäftshäuser, mit Wohnungen	22,00	**23,00**	26,00	6,0%
Geschäftshäuser, ohne Wohnungen	22,00	**36,00**	50,00	10,3%
Verbrauchermärkte	23,00	**27,00**	34,00	7,4%
Autohäuser	7,90	**33,00**	59,00	10,0%
Lagergebäude, ohne Mischnutzung	2,90	**10,00**	14,00	13,3%
Lagergebäude, mit bis zu 25% Mischnutzung	6,80	**13,00**	23,00	5,3%
Lagergebäude, mit mehr als 25% Mischnutzung	8,00	**17,00**	26,00	7,5%
Garagen und Bereitschaftsdienste				
Einzel- und Doppelgaragen	–	**–**	–	–
Mehrfachgaragen	9,40	**26,00**	59,00	31,0%
Hochgaragen	2,70	**11,00**	16,00	14,7%
Fahrradparkhäuser	3,50	**7,70**	12,00	3,6%
Carports	–	**–**	–	–
Tiefgaragen	12,00	**19,00**	31,00	23,8%
Feuerwehrhäuser	37,00	**73,00**	137,00	10,6%
Öffentliche Bereitschaftsdienste	13,00	**17,00**	26,00	2,9%
8 Gebäude für kulturelle und religiöse Zwecke				
Bibliotheken, Museen und Ausstellungen	31,00	**69,00**	192,00	7,8%
Theater	59,00	**83,00**	106,00	14,9%
Gemeindezentren, einfacher Standard	14,00	**18,00**	24,00	7,0%
Gemeindezentren, mittlerer Standard	19,00	**39,00**	67,00	5,6%
Gemeindezentren, hoher Standard	29,00	**50,00**	71,00	6,9%
Gemeindezentren, Holzbauweise	28,00	**35,00**	39,00	5,8%
Friedhofsgebäude	28,00	**36,00**	45,00	3,9%

Einheit: m²
Brutto-Grundfläche (BGF)

Kosten:
Stand 1.Quartal 2026
Bundesdurchschnitt
inkl. 19% MwSt.

Einheit: m²
Brutto-Grundfläche (BGF)

▷ von
ø Mittel
◁ bis

Gebäudeart	▷	€/Einheit	◁	KG an 400
1 Büro- und Verwaltungsgebäude				
Büro- und Verwaltungsgebäude, einfacher Standard	15,00	**27,00**	33,00	10,9%
Büro- und Verwaltungsgebäude, mittlerer Standard	30,00	**38,00**	68,00	5,7%
Büro- und Verwaltungsgebäude, hoher Standard	36,00	**55,00**	75,00	6,9%
Büro- und Verwaltungsgebäude, Holzbauweise	35,00	**48,00**	118,00	6,9%
2 Gebäude für Forschung und Lehre				
Instituts- und Laborgebäude	36,00	**72,00**	135,00	4,3%
3 Gebäude des Gesundheitswesens				
Medizinische Einrichtungen	59,00	**67,00**	80,00	9,0%
Pflegeheime	68,00	**105,00**	141,00	12,3%
Gebäude für Erholungszwecke	183,00	**275,00**	333,00	13,1%
4 Schulen und Kindergärten				
Allgemeinbildende Schulen	32,00	**43,00**	53,00	7,8%
Schulen, Holzbauweise	42,00	**61,00**	101,00	10,6%
Berufliche Schulen	37,00	**67,00**	172,00	7,4%
Förder- und Sonderschulen	40,00	**56,00**	107,00	8,6%
Weiterbildungseinrichtungen	33,00	**34,00**	34,00	3,1%
Kindergärten, nicht unterkellert, einfacher Standard	62,00	**72,00**	90,00	16,4%
Kindergärten, nicht unterkellert, mittlerer Standard	56,00	**88,00**	112,00	16,4%
Kindergärten, nicht unterkellert, hoher Standard	61,00	**70,00**	94,00	13,6%
Kindergärten, Holzbauweise, nicht unterkellert	58,00	**77,00**	93,00	13,5%
Kindergärten, unterkellert	52,00	**75,00**	107,00	13,8%
5 Sportbauten				
Sport- und Mehrzweckhallen	60,00	**71,00**	93,00	16,7%
Sporthallen (Einfeldhallen)	69,00	**83,00**	113,00	16,5%
Sporthallen (Dreifeldhallen)	56,00	**69,00**	89,00	9,9%
6 Wohngebäude				
Ein- und Zweifamilienhäuser				
Ein- und Zweifamilienhäuser, unterkellert, einfacher Standard	44,00	**50,00**	53,00	23,4%
Ein- und Zweifamilienhäuser, unterkellert, mittlerer Standard	50,00	**68,00**	112,00	16,2%
Ein- und Zweifamilienhäuser, unterkellert, hoher Standard	49,00	**77,00**	103,00	16,6%
Ein- und Zweifamilienhäuser, nicht unterkellert, einfacher Standard	44,00	**55,00**	67,00	23,4%
Ein- und Zweifamilienhäuser, nicht unterkellert, mittlerer Standard	68,00	**83,00**	112,00	19,9%
Ein- und Zweifamilienhäuser, nicht unterkellert, hoher Standard	42,00	**73,00**	89,00	16,1%
Ein- und Zweifamilienhäuser, Passivhausstandard, Massivbauweise	59,00	**86,00**	129,00	19,3%
Ein- und Zweifamilienhäuser, Passivhausstandard, Holzbauweise	73,00	**108,00**	162,00	20,8%
Ein- und Zweifamilienhäuser, Holzbauweise, unterkellert	53,00	**79,00**	167,00	19,1%
Ein- und Zweifamilienhäuser, Holzbauweise, nicht unterkellert	43,00	**68,00**	102,00	16,2%
Doppel- und Reihenend- / Reihenhäuser				
Doppel- und Reihenendhäuser, einfacher Standard	48,00	**58,00**	75,00	22,1%
Doppel- und Reihenendhäuser, mittlerer Standard	40,00	**62,00**	79,00	16,6%
Doppel- und Reihenendhäuser, hoher Standard	75,00	**95,00**	155,00	21,5%
Doppel- und Reihenendhäuser, Holzbauweise	56,00	**78,00**	112,00	21,6%
Reihenhäuser, einfacher Standard	50,00	**60,00**	71,00	23,2%
Reihenhäuser, mittlerer Standard	52,00	**67,00**	88,00	23,0%
Reihenhäuser, hoher Standard	97,00	**117,00**	181,00	24,3%
Mehrfamilienhäuser				
Mehrfamilienhäuser, mit bis zu 6 WE, einfacher Standard	40,00	**50,00**	60,00	25,6%
Mehrfamilienhäuser, mit bis zu 6 WE, mittlerer Standard	45,00	**84,00**	119,00	27,3%
Mehrfamilienhäuser, mit bis zu 6 WE, hoher Standard	56,00	**74,00**	94,00	17,9%

Gebäudeart	▷	€/Einheit	◁	KG an 400
Mehrfamilienhäuser (Fortsetzung)				
Mehrfamilienhäuser, mit 6 bis 19 WE, einfacher Standard	60,00	**70,00**	91,00	26,2%
Mehrfamilienhäuser, mit 6 bis 19 WE, mittlerer Standard	34,00	**53,00**	67,00	19,1%
Mehrfamilienhäuser, mit 6 bis 19 WE, hoher Standard	57,00	**75,00**	127,00	21,7%
Mehrfamilienhäuser, mit 20 oder mehr WE, einfacher Standard	37,00	**50,00**	63,00	12,1%
Mehrfamilienhäuser, mit 20 oder mehr WE, mittlerer Standard	44,00	**58,00**	79,00	15,3%
Mehrfamilienhäuser, mit 20 oder mehr WE, hoher Standard	50,00	**92,00**	121,00	22,7%
Mehrfamilienhäuser, Passivhäuser	52,00	**61,00**	77,00	18,1%
Mehrfamilienhäuser, Holzbauweise	46,00	**67,00**	99,00	18,0%
Wohnhäuser, mit bis zu 15% Mischnutzung, einfacher Standard	66,00	**72,00**	82,00	22,6%
Wohnhäuser, mit bis zu 15% Mischnutzung, mittlerer Standard	25,00	**63,00**	88,00	20,9%
Wohnhäuser, mit bis zu 15% Mischnutzung, hoher Standard	–	**80,00**	–	23,0%
Wohnhäuser, mit mehr als 15% Mischnutzung	59,00	**87,00**	115,00	13,4%
Seniorenwohnungen und Beherbergungen				
Seniorenwohnungen, mittlerer Standard	44,00	**58,00**	70,00	13,9%
Seniorenwohnungen, hoher Standard	69,00	**99,00**	128,00	20,1%
Wohnheime und Internate	53,00	**82,00**	141,00	15,5%
Hotels	–	**112,00**	–	35,0%
7 Gewerbe, Lager und Garagen				
Gaststätten, Kantinen und Mensen	–	**108,00**	–	9,0%
Industrielle Produktionsgebäude, Massivbauweise	35,00	**47,00**	53,00	9,9%
Industrielle Produktionsgebäude, überwiegend Skelettbauweise	16,00	**32,00**	61,00	3,3%
Betriebs- und Werkstätten, eingeschossig	37,00	**55,00**	86,00	10,9%
Betriebs- und Werkstätten, mehrgeschossig, geringer Hallenanteil	24,00	**38,00**	86,00	6,3%
Betriebs- und Werkstätten, mehrgeschossig, hoher Hallenanteil	25,00	**43,00**	82,00	10,3%
Geschäftshäuser, mit Wohnungen	15,00	**30,00**	38,00	8,0%
Geschäftshäuser, ohne Wohnungen	44,00	**50,00**	57,00	15,2%
Verbrauchermärkte	21,00	**37,00**	63,00	8,1%
Autohäuser	9,40	**22,00**	35,00	7,9%
Lagergebäude, ohne Mischnutzung	4,60	**10,00**	27,00	1,9%
Lagergebäude, mit bis zu 25% Mischnutzung	12,00	**21,00**	38,00	7,8%
Lagergebäude, mit mehr als 25% Mischnutzung	19,00	**36,00**	54,00	12,6%
Garagen und Bereitschaftsdienste				
Einzel- und Doppelgaragen	–	**–**	–	–
Mehrfachgaragen	2,20	**25,00**	71,00	3,7%
Hochgaragen	–	**6,30**	–	1,1%
Fahrradparkhäuser	5,20	**9,40**	14,00	4,7%
Carports	–	**–**	–	–
Tiefgaragen	–	**–**	–	–
Feuerwehrhäuser	46,00	**59,00**	82,00	9,3%
Öffentliche Bereitschaftsdienste	8,70	**17,00**	31,00	2,6%
8 Gebäude für kulturelle und religiöse Zwecke				
Bibliotheken, Museen und Ausstellungen	22,00	**45,00**	74,00	6,2%
Theater	55,00	**87,00**	119,00	9,7%
Gemeindezentren, einfacher Standard	33,00	**47,00**	76,00	17,2%
Gemeindezentren, mittlerer Standard	41,00	**59,00**	70,00	10,0%
Gemeindezentren, hoher Standard	52,00	**82,00**	115,00	11,6%
Gemeindezentren, Holzbauweise	55,00	**66,00**	86,00	10,6%
Friedhofsgebäude	44,00	**47,00**	50,00	6,2%

Einheit: m²
Brutto-Grundfläche (BGF)

Kosten:
Stand 1. Quartal 2026
Bundesdurchschnitt
inkl. 19% MwSt.

Einheit: m²
Brutto-Grundfläche (BGF)

▷ von
ø Mittel
◁ bis

Gebäudeart	▷	€/Einheit	◁	KG an 400
1 Büro- und Verwaltungsgebäude				
Büro- und Verwaltungsgebäude, einfacher Standard	–	**7,70**	–	0,8%
Büro- und Verwaltungsgebäude, mittlerer Standard	3,50	**5,30**	8,20	0,8%
Büro- und Verwaltungsgebäude, hoher Standard	3,00	**4,40**	7,20	0,5%
Büro- und Verwaltungsgebäude, Holzbauweise	3,00	**7,00**	12,00	1,1%
2 Gebäude für Forschung und Lehre				
Instituts- und Laborgebäude	2,70	**6,10**	11,00	0,3%
3 Gebäude des Gesundheitswesens				
Medizinische Einrichtungen	–	**6,00**	–	0,3%
Pflegeheime	17,00	**72,00**	171,00	6,6%
Gebäude für Erholungszwecke	16,00	**21,00**	24,00	1,1%
4 Schulen und Kindergärten				
Allgemeinbildende Schulen	3,40	**4,30**	6,10	0,3%
Schulen, Holzbauweise	4,20	**12,00**	18,00	2,1%
Berufliche Schulen	2,40	**4,40**	6,30	0,3%
Förder- und Sonderschulen	3,50	**4,60**	5,80	0,4%
Weiterbildungseinrichtungen	–	**12,00**	–	0,4%
Kindergärten, nicht unterkellert, einfacher Standard	4,90	**7,10**	9,20	1,0%
Kindergärten, nicht unterkellert, mittlerer Standard	7,30	**11,00**	15,00	1,5%
Kindergärten, nicht unterkellert, hoher Standard	4,60	**6,30**	8,00	0,5%
Kindergärten, Holzbauweise, nicht unterkellert	8,30	**11,00**	16,00	2,1%
Kindergärten, unterkellert	5,00	**6,60**	9,10	0,8%
5 Sportbauten				
Sport- und Mehrzweckhallen	–	**–**	–	–
Sporthallen (Einfeldhallen)	7,40	**14,00**	21,00	1,2%
Sporthallen (Dreifeldhallen)	2,80	**6,70**	11,00	0,4%
6 Wohngebäude				
Ein- und Zweifamilienhäuser				
Ein- und Zweifamilienhäuser, unterkellert, einfacher Standard	–	**1,60**	–	0,2%
Ein- und Zweifamilienhäuser, unterkellert, mittlerer Standard	2,80	**6,00**	16,00	1,1%
Ein- und Zweifamilienhäuser, unterkellert, hoher Standard	2,70	**5,20**	14,00	0,6%
Ein- und Zweifamilienhäuser, nicht unterkellert, einfacher Standard	–	**3,80**	–	0,7%
Ein- und Zweifamilienhäuser, nicht unterkellert, mittlerer Standard	5,10	**9,90**	27,00	1,3%
Ein- und Zweifamilienhäuser, nicht unterkellert, hoher Standard	1,90	**3,40**	6,00	0,5%
Ein- und Zweifamilienhäuser, Passivhausstandard, Massivbauweise	6,40	**11,00**	13,00	1,1%
Ein- und Zweifamilienhäuser, Passivhausstandard, Holzbauweise	5,10	**8,80**	17,00	0,8%
Ein- und Zweifamilienhäuser, Holzbauweise, unterkellert	4,00	**6,80**	8,90	0,9%
Ein- und Zweifamilienhäuser, Holzbauweise, nicht unterkellert	3,30	**5,20**	6,70	1,0%
Doppel- und Reihenend- / Reihenhäuser				
Doppel- und Reihenendhäuser, einfacher Standard	4,20	**8,20**	12,00	1,9%
Doppel- und Reihenendhäuser, mittlerer Standard	3,00	**6,40**	11,00	0,9%
Doppel- und Reihenendhäuser, hoher Standard	–	**7,50**	–	0,4%
Doppel- und Reihenendhäuser, Holzbauweise	5,20	**16,00**	28,00	1,4%
Reihenhäuser, einfacher Standard	–	**–**	–	–
Reihenhäuser, mittlerer Standard	–	**4,90**	–	0,7%
Reihenhäuser, hoher Standard	6,80	**7,70**	8,60	0,6%
Mehrfamilienhäuser				
Mehrfamilienhäuser, mit bis zu 6 WE, einfacher Standard	–	**–**	–	–
Mehrfamilienhäuser, mit bis zu 6 WE, mittlerer Standard	2,00	**2,90**	3,70	0,4%
Mehrfamilienhäuser, mit bis zu 6 WE, hoher Standard	4,00	**6,30**	8,80	0,9%

Gebäudeart	▷	€/Einheit	◁	KG an 400
Mehrfamilienhäuser (Fortsetzung)				
Mehrfamilienhäuser, mit 6 bis 19 WE, einfacher Standard	–	**4,90**	–	0,5%
Mehrfamilienhäuser, mit 6 bis 19 WE, mittlerer Standard	6,60	**9,50**	24,00	2,2%
Mehrfamilienhäuser, mit 6 bis 19 WE, hoher Standard	2,60	**7,00**	10,00	1,7%
Mehrfamilienhäuser, mit 20 oder mehr WE, einfacher Standard	2,50	**38,00**	73,00	7,4%
Mehrfamilienhäuser, mit 20 oder mehr WE, mittlerer Standard	2,90	**7,50**	13,00	1,9%
Mehrfamilienhäuser, mit 20 oder mehr WE, hoher Standard	3,10	**6,00**	7,70	1,5%
Mehrfamilienhäuser, Passivhäuser	2,40	**7,30**	15,00	1,5%
Mehrfamilienhäuser, Holzbauweise	7,10	**11,00**	21,00	1,9%
Wohnhäuser, mit bis zu 15% Mischnutzung, einfacher Standard	–	**–**	–	–
Wohnhäuser, mit bis zu 15% Mischnutzung, mittlerer Standard	–	**17,00**	–	1,3%
Wohnhäuser, mit bis zu 15% Mischnutzung, hoher Standard	–	**–**	–	–
Wohnhäuser, mit mehr als 15% Mischnutzung	–	**–**	–	–
Seniorenwohnungen und Beherbergungen				
Seniorenwohnungen, mittlerer Standard	11,00	**44,00**	145,00	7,0%
Seniorenwohnungen, hoher Standard	–	**–**	–	–
Wohnheime und Internate	6,70	**12,00**	24,00	1,8%
Hotels	–	**13,00**	–	4,2%
7 Gewerbe, Lager und Garagen				
Gaststätten, Kantinen und Mensen	–	**–**	–	–
Industrielle Produktionsgebäude, Massivbauweise	–	**–**	–	–
Industrielle Produktionsgebäude, überwiegend Skelettbauweise	0,90	**2,10**	3,00	0,3%
Betriebs- und Werkstätten, eingeschossig	–	**–**	–	–
Betriebs- und Werkstätten, mehrgeschossig, geringer Hallenanteil	1,90	**3,60**	6,40	0,6%
Betriebs- und Werkstätten, mehrgeschossig, hoher Hallenanteil	1,80	**4,00**	8,50	0,2%
Geschäftshäuser, mit Wohnungen	–	**2,40**	–	0,2%
Geschäftshäuser, ohne Wohnungen	1,30	**2,60**	4,00	0,9%
Verbrauchermärkte	1,80	**2,20**	2,50	0,4%
Autohäuser	–	**3,50**	–	1,4%
Lagergebäude, ohne Mischnutzung	–	**–**	–	–
Lagergebäude, mit bis zu 25% Mischnutzung	1,00	**2,30**	3,60	0,4%
Lagergebäude, mit mehr als 25% Mischnutzung	–	**–**	–	–
Garagen und Bereitschaftsdienste				
Einzel- und Doppelgaragen	–	**–**	–	–
Mehrfachgaragen	–	**–**	–	–
Hochgaragen	–	**0,60**	–	< 0,1%
Fahrradparkhäuser	0,40	**2,50**	4,60	0,8%
Carports	–	**–**	–	–
Tiefgaragen	–	**–**	–	–
Feuerwehrhäuser	6,40	**9,20**	21,00	1,4%
Öffentliche Bereitschaftsdienste	–	**2,50**	–	< 0,1%
8 Gebäude für kulturelle und religiöse Zwecke				
Bibliotheken, Museen und Ausstellungen	3,90	**8,50**	19,00	0,9%
Theater	–	**8,40**	–	1,1%
Gemeindezentren, einfacher Standard	0,50	**4,00**	7,60	1,4%
Gemeindezentren, mittlerer Standard	7,80	**12,00**	17,00	1,9%
Gemeindezentren, hoher Standard	–	**7,50**	–	0,3%
Gemeindezentren, Holzbauweise	7,30	**9,60**	12,00	1,1%
Friedhofsgebäude	–	**0,60**	–	< 0,1%

Einheit: m²
Brutto-Grundfläche (BGF)

Kosten:
Stand 1.Quartal 2026
Bundesdurchschnitt
inkl. 19% MwSt.

Einheit: m²
Brutto-Grundfläche (BGF)

Gebäudeart	▷	€/Einheit	◁	KG an 400
1 Büro- und Verwaltungsgebäude				
Büro- und Verwaltungsgebäude, einfacher Standard	11,00	**23,00**	29,00	10,5%
Büro- und Verwaltungsgebäude, mittlerer Standard	16,00	**34,00**	72,00	4,7%
Büro- und Verwaltungsgebäude, hoher Standard	19,00	**56,00**	83,00	7,1%
Büro- und Verwaltungsgebäude, Holzbauweise	17,00	**34,00**	51,00	4,3%
2 Gebäude für Forschung und Lehre				
Instituts- und Laborgebäude	14,00	**70,00**	238,00	2,7%
3 Gebäude des Gesundheitswesens				
Medizinische Einrichtungen	14,00	**23,00**	39,00	2,8%
Pflegeheime	13,00	**40,00**	76,00	5,9%
Gebäude für Erholungszwecke	113,00	**142,00**	185,00	6,6%
4 Schulen und Kindergärten				
Allgemeinbildende Schulen	13,00	**39,00**	109,00	5,8%
Schulen, Holzbauweise	7,70	**20,00**	43,00	3,5%
Berufliche Schulen	11,00	**24,00**	37,00	1,5%
Förder- und Sonderschulen	15,00	**48,00**	105,00	7,7%
Weiterbildungseinrichtungen	8,00	**17,00**	26,00	1,8%
Kindergärten, nicht unterkellert, einfacher Standard	20,00	**28,00**	39,00	6,1%
Kindergärten, nicht unterkellert, mittlerer Standard	29,00	**64,00**	141,00	11,4%
Kindergärten, nicht unterkellert, hoher Standard	8,40	**28,00**	41,00	4,5%
Kindergärten, Holzbauweise, nicht unterkellert	25,00	**56,00**	105,00	9,0%
Kindergärten, unterkellert	18,00	**36,00**	81,00	6,3%
5 Sportbauten				
Sport- und Mehrzweckhallen	12,00	**36,00**	49,00	6,2%
Sporthallen (Einfeldhallen)	15,00	**27,00**	59,00	4,8%
Sporthallen (Dreifeldhallen)	16,00	**52,00**	77,00	4,1%
6 Wohngebäude				
Ein- und Zweifamilienhäuser				
Ein- und Zweifamilienhäuser, unterkellert, einfacher Standard	36,00	**39,00**	45,00	18,8%
Ein- und Zweifamilienhäuser, unterkellert, mittlerer Standard	46,00	**89,00**	126,00	20,3%
Ein- und Zweifamilienhäuser, unterkellert, hoher Standard	55,00	**101,00**	152,00	20,9%
Ein- und Zweifamilienhäuser, nicht unterkellert, einfacher Standard	26,00	**49,00**	72,00	19,3%
Ein- und Zweifamilienhäuser, nicht unterkellert, mittlerer Standard	42,00	**80,00**	134,00	18,5%
Ein- und Zweifamilienhäuser, nicht unterkellert, hoher Standard	63,00	**115,00**	216,00	24,3%
Ein- und Zweifamilienhäuser, Passivhausstandard, Massivbauweise	39,00	**93,00**	131,00	20,0%
Ein- und Zweifamilienhäuser, Passivhausstandard, Holzbauweise	65,00	**124,00**	174,00	15,0%
Ein- und Zweifamilienhäuser, Holzbauweise, unterkellert	56,00	**79,00**	115,00	15,7%
Ein- und Zweifamilienhäuser, Holzbauweise, nicht unterkellert	56,00	**99,00**	150,00	20,1%
Doppel- und Reihenend- / Reihenhäuser				
Doppel- und Reihenendhäuser, einfacher Standard	49,00	**77,00**	130,00	27,2%
Doppel- und Reihenendhäuser, mittlerer Standard	33,00	**67,00**	102,00	17,5%
Doppel- und Reihenendhäuser, hoher Standard	42,00	**52,00**	57,00	7,5%
Doppel- und Reihenendhäuser, Holzbauweise	48,00	**90,00**	123,00	23,4%
Reihenhäuser, einfacher Standard	45,00	**59,00**	73,00	21,4%
Reihenhäuser, mittlerer Standard	42,00	**51,00**	66,00	17,3%
Reihenhäuser, hoher Standard	57,00	**76,00**	105,00	16,1%
Mehrfamilienhäuser				
Mehrfamilienhäuser, mit bis zu 6 WE, einfacher Standard	9,10	**12,00**	15,00	6,5%
Mehrfamilienhäuser, mit bis zu 6 WE, mittlerer Standard	21,00	**29,00**	36,00	7,3%
Mehrfamilienhäuser, mit bis zu 6 WE, hoher Standard	27,00	**45,00**	64,00	10,7%

▷ von
ø Mittel
◁ bis

Gebäudeart	▷	€/Einheit	◁	KG an 400
Mehrfamilienhäuser (Fortsetzung)				
Mehrfamilienhäuser, mit 6 bis 19 WE, einfacher Standard	6,30	**19,00**	43,00	7,3%
Mehrfamilienhäuser, mit 6 bis 19 WE, mittlerer Standard	17,00	**48,00**	86,00	12,3%
Mehrfamilienhäuser, mit 6 bis 19 WE, hoher Standard	13,00	**20,00**	53,00	5,4%
Mehrfamilienhäuser, mit 20 oder mehr WE, einfacher Standard	8,10	**13,00**	19,00	3,3%
Mehrfamilienhäuser, mit 20 oder mehr WE, mittlerer Standard	12,00	**37,00**	58,00	9,5%
Mehrfamilienhäuser, mit 20 oder mehr WE, hoher Standard	7,50	**15,00**	22,00	2,3%
Mehrfamilienhäuser, Passivhäuser	19,00	**50,00**	128,00	12,1%
Mehrfamilienhäuser, Holzbauweise	12,00	**39,00**	85,00	9,9%
Wohnhäuser, mit bis zu 15% Mischnutzung, einfacher Standard	22,00	**50,00**	99,00	14,9%
Wohnhäuser, mit bis zu 15% Mischnutzung, mittlerer Standard	36,00	**45,00**	59,00	19,4%
Wohnhäuser, mit bis zu 15% Mischnutzung, hoher Standard	–	**4,60**	–	1,3%
Wohnhäuser, mit mehr als 15% Mischnutzung	–	**18,00**	–	1,8%
Seniorenwohnungen und Beherbergungen				
Seniorenwohnungen, mittlerer Standard	5,70	**21,00**	42,00	5,0%
Seniorenwohnungen, hoher Standard	58,00	**64,00**	70,00	13,4%
Wohnheime und Internate	19,00	**50,00**	89,00	9,4%
Hotels	–	**63,00**	–	19,6%
7 Gewerbe, Lager und Garagen				
Gaststätten, Kantinen und Mensen	–	**51,00**	–	4,2%
Industrielle Produktionsgebäude, Massivbauweise	17,00	**36,00**	50,00	7,3%
Industrielle Produktionsgebäude, überwiegend Skelettbauweise	7,40	**16,00**	39,00	2,1%
Betriebs- und Werkstätten, eingeschossig	15,00	**45,00**	76,00	4,1%
Betriebs- und Werkstätten, mehrgeschossig, geringer Hallenanteil	13,00	**37,00**	99,00	5,6%
Betriebs- und Werkstätten, mehrgeschossig, hoher Hallenanteil	14,00	**47,00**	75,00	11,7%
Geschäftshäuser, mit Wohnungen	19,00	**33,00**	43,00	9,3%
Geschäftshäuser, ohne Wohnungen	11,00	**18,00**	24,00	5,1%
Verbrauchermärkte	13,00	**23,00**	32,00	3,6%
Autohäuser	13,00	**18,00**	24,00	7,9%
Lagergebäude, ohne Mischnutzung	6,40	**20,00**	38,00	3,7%
Lagergebäude, mit bis zu 25% Mischnutzung	6,90	**10,00**	13,00	2,7%
Lagergebäude, mit mehr als 25% Mischnutzung	15,00	**18,00**	21,00	7,2%
Garagen und Bereitschaftsdienste				
Einzel- und Doppelgaragen	–	**–**	–	–
Mehrfachgaragen	–	**98,00**	–	4,3%
Hochgaragen	–	**–**	–	–
Fahrradparkhäuser	7,60	**13,00**	18,00	6,7%
Carports	–	**–**	–	–
Tiefgaragen	–	**–**	–	–
Feuerwehrhäuser	10,00	**35,00**	62,00	5,5%
Öffentliche Bereitschaftsdienste	14,00	**16,00**	20,00	3,2%
8 Gebäude für kulturelle und religiöse Zwecke				
Bibliotheken, Museen und Ausstellungen	14,00	**37,00**	65,00	4,5%
Theater	–	**8,00**	–	0,2%
Gemeindezentren, einfacher Standard	18,00	**30,00**	48,00	11,4%
Gemeindezentren, mittlerer Standard	36,00	**65,00**	110,00	10,4%
Gemeindezentren, hoher Standard	54,00	**72,00**	112,00	10,1%
Gemeindezentren, Holzbauweise	42,00	**49,00**	60,00	8,0%
Friedhofsgebäude	–	**51,00**	–	1,2%

Einheit: m²
Brutto-Grundfläche (BGF)

Gebäudeart	▷	€/Einheit	◁	KG an 400
1 Büro- und Verwaltungsgebäude				
Büro- und Verwaltungsgebäude, einfacher Standard	8,60	**11,00**	15,00	4,3%
Büro- und Verwaltungsgebäude, mittlerer Standard	29,00	**51,00**	90,00	7,0%
Büro- und Verwaltungsgebäude, hoher Standard	50,00	**80,00**	131,00	8,7%
Büro- und Verwaltungsgebäude, Holzbauweise	27,00	**42,00**	57,00	5,4%
2 Gebäude für Forschung und Lehre				
Instituts- und Laborgebäude	41,00	**91,00**	158,00	5,3%
3 Gebäude des Gesundheitswesens				
Medizinische Einrichtungen	19,00	**23,00**	27,00	3,4%
Pflegeheime	35,00	**41,00**	62,00	4,9%
Gebäude für Erholungszwecke	61,00	**91,00**	146,00	4,5%
4 Schulen und Kindergärten				
Allgemeinbildende Schulen	25,00	**40,00**	57,00	8,8%
Schulen, Holzbauweise	22,00	**29,00**	46,00	4,7%
Berufliche Schulen	17,00	**42,00**	80,00	3,2%
Förder- und Sonderschulen	22,00	**41,00**	67,00	6,4%
Weiterbildungseinrichtungen	17,00	**31,00**	45,00	3,2%
Kindergärten, nicht unterkellert, einfacher Standard	25,00	**29,00**	34,00	6,5%
Kindergärten, nicht unterkellert, mittlerer Standard	15,00	**24,00**	33,00	2,5%
Kindergärten, nicht unterkellert, hoher Standard	15,00	**39,00**	48,00	7,2%
Kindergärten, Holzbauweise, nicht unterkellert	23,00	**34,00**	63,00	5,5%
Kindergärten, unterkellert	26,00	**32,00**	39,00	6,6%
5 Sportbauten				
Sport- und Mehrzweckhallen	7,80	**33,00**	47,00	5,4%
Sporthallen (Einfeldhallen)	22,00	**49,00**	72,00	9,6%
Sporthallen (Dreifeldhallen)	33,00	**36,00**	44,00	2,9%
6 Wohngebäude				
Ein- und Zweifamilienhäuser				
Ein- und Zweifamilienhäuser, unterkellert, einfacher Standard	9,50	**14,00**	22,00	6,4%
Ein- und Zweifamilienhäuser, unterkellert, mittlerer Standard	12,00	**17,00**	25,00	3,9%
Ein- und Zweifamilienhäuser, unterkellert, hoher Standard	13,00	**25,00**	39,00	4,9%
Ein- und Zweifamilienhäuser, nicht unterkellert, einfacher Standard	17,00	**20,00**	24,00	9,4%
Ein- und Zweifamilienhäuser, nicht unterkellert, mittlerer Standard	10,00	**15,00**	24,00	2,7%
Ein- und Zweifamilienhäuser, nicht unterkellert, hoher Standard	9,60	**18,00**	29,00	3,4%
Ein- und Zweifamilienhäuser, Passivhausstandard, Massivbauweise	8,80	**15,00**	25,00	2,1%
Ein- und Zweifamilienhäuser, Passivhausstandard, Holzbauweise	7,40	**11,00**	17,00	1,7%
Ein- und Zweifamilienhäuser, Holzbauweise, unterkellert	7,90	**14,00**	19,00	2,8%
Ein- und Zweifamilienhäuser, Holzbauweise, nicht unterkellert	7,20	**13,00**	17,00	2,6%
Doppel- und Reihenend- / Reihenhäuser				
Doppel- und Reihenendhäuser, einfacher Standard	16,00	**18,00**	19,00	6,7%
Doppel- und Reihenendhäuser, mittlerer Standard	25,00	**35,00**	82,00	7,5%
Doppel- und Reihenendhäuser, hoher Standard	10,00	**20,00**	27,00	2,9%
Doppel- und Reihenendhäuser, Holzbauweise	18,00	**22,00**	25,00	5,4%
Reihenhäuser, einfacher Standard	18,00	**21,00**	24,00	7,9%
Reihenhäuser, mittlerer Standard	4,70	**22,00**	31,00	7,1%
Reihenhäuser, hoher Standard	22,00	**32,00**	62,00	6,8%
Mehrfamilienhäuser				
Mehrfamilienhäuser, mit bis zu 6 WE, einfacher Standard	18,00	**30,00**	42,00	14,7%
Mehrfamilienhäuser, mit bis zu 6 WE, mittlerer Standard	12,00	**24,00**	32,00	8,0%
Mehrfamilienhäuser, mit bis zu 6 WE, hoher Standard	17,00	**28,00**	50,00	7,0%

Kosten:
Stand 1.Quartal 2026
Bundesdurchschnitt
inkl. 19% MwSt.

Einheit: m²
Brutto-Grundfläche (BGF)

▷ von
ø Mittel
◁ bis

Gebäudeart	▷	€/Einheit	◁	KG an 400
Mehrfamilienhäuser (Fortsetzung)				
Mehrfamilienhäuser, mit 6 bis 19 WE, einfacher Standard	24,00	**29,00**	38,00	10,6%
Mehrfamilienhäuser, mit 6 bis 19 WE, mittlerer Standard	9,60	**19,00**	30,00	5,4%
Mehrfamilienhäuser, mit 6 bis 19 WE, hoher Standard	18,00	**24,00**	29,00	7,2%
Mehrfamilienhäuser, mit 20 oder mehr WE, einfacher Standard	16,00	**17,00**	19,00	4,0%
Mehrfamilienhäuser, mit 20 oder mehr WE, mittlerer Standard	16,00	**28,00**	38,00	7,8%
Mehrfamilienhäuser, mit 20 oder mehr WE, hoher Standard	14,00	**21,00**	34,00	5,3%
Mehrfamilienhäuser, Passivhäuser	12,00	**17,00**	27,00	3,5%
Mehrfamilienhäuser, Holzbauweise	27,00	**32,00**	47,00	9,5%
Wohnhäuser, mit bis zu 15% Mischnutzung, einfacher Standard	–	**21,00**	–	2,3%
Wohnhäuser, mit bis zu 15% Mischnutzung, mittlerer Standard	8,90	**18,00**	36,00	5,6%
Wohnhäuser, mit bis zu 15% Mischnutzung, hoher Standard	–	**47,00**	–	13,4%
Wohnhäuser, mit mehr als 15% Mischnutzung	–	**38,00**	–	3,9%
Seniorenwohnungen und Beherbergungen				
Seniorenwohnungen, mittlerer Standard	20,00	**36,00**	51,00	8,3%
Seniorenwohnungen, hoher Standard	37,00	**55,00**	74,00	12,1%
Wohnheime und Internate	19,00	**32,00**	47,00	6,4%
Hotels	–	**7,50**	–	2,3%
7 Gewerbe, Lager und Garagen				
Gaststätten, Kantinen und Mensen	–	**72,00**	–	6,0%
Industrielle Produktionsgebäude, Massivbauweise	22,00	**26,00**	38,00	5,7%
Industrielle Produktionsgebäude, überwiegend Skelettbauweise	22,00	**33,00**	48,00	3,6%
Betriebs- und Werkstätten, eingeschossig	70,00	**72,00**	74,00	5,9%
Betriebs- und Werkstätten, mehrgeschossig, geringer Hallenanteil	13,00	**26,00**	45,00	4,2%
Betriebs- und Werkstätten, mehrgeschossig, hoher Hallenanteil	14,00	**48,00**	102,00	5,6%
Geschäftshäuser, mit Wohnungen	19,00	**21,00**	23,00	5,6%
Geschäftshäuser, ohne Wohnungen	32,00	**39,00**	46,00	12,3%
Verbrauchermärkte	7,20	**61,00**	116,00	7,0%
Autohäuser	13,00	**29,00**	46,00	10,4%
Lagergebäude, ohne Mischnutzung	16,00	**31,00**	72,00	6,0%
Lagergebäude, mit bis zu 25% Mischnutzung	11,00	**23,00**	34,00	4,0%
Lagergebäude, mit mehr als 25% Mischnutzung	–	**14,00**	–	5,4%
Garagen und Bereitschaftsdienste				
Einzel- und Doppelgaragen	–	**–**	–	–
Mehrfachgaragen	–	**45,00**	–	2,0%
Hochgaragen	–	**–**	–	–
Fahrradparkhäuser	0,60	**7,10**	14,00	2,2%
Carports	–	**–**	–	–
Tiefgaragen	–	**–**	–	–
Feuerwehrhäuser	26,00	**43,00**	73,00	6,4%
Öffentliche Bereitschaftsdienste	17,00	**21,00**	28,00	3,8%
8 Gebäude für kulturelle und religiöse Zwecke				
Bibliotheken, Museen und Ausstellungen	20,00	**36,00**	66,00	4,1%
Theater	–	**86,00**	–	1,9%
Gemeindezentren, einfacher Standard	4,80	**16,00**	22,00	6,7%
Gemeindezentren, mittlerer Standard	27,00	**34,00**	46,00	5,9%
Gemeindezentren, hoher Standard	11,00	**27,00**	33,00	3,9%
Gemeindezentren, Holzbauweise	12,00	**31,00**	41,00	4,6%
Friedhofsgebäude	–	**62,00**	–	1,5%

Einheit: m²
Brutto-Grundfläche (BGF)

Kosten:
Stand 1. Quartal 2026
Bundesdurchschnitt
inkl. 19% MwSt.

Einheit: m²
Brutto-Grundfläche (BGF)

▷ von
ø Mittel
◁ bis

Gebäudeart	▷	€/Einheit	◁	KG an 400
1 Büro- und Verwaltungsgebäude				
Büro- und Verwaltungsgebäude, einfacher Standard	2,00	**2,10**	2,20	0,5%
Büro- und Verwaltungsgebäude, mittlerer Standard	19,00	**79,00**	172,00	8,5%
Büro- und Verwaltungsgebäude, hoher Standard	22,00	**89,00**	166,00	7,1%
Büro- und Verwaltungsgebäude, Holzbauweise	9,70	**67,00**	125,00	11,1%
2 Gebäude für Forschung und Lehre				
Instituts- und Laborgebäude	156,00	**340,00**	413,00	21,3%
3 Gebäude des Gesundheitswesens				
Medizinische Einrichtungen	–	**12,00**	–	0,7%
Pflegeheime	19,00	**101,00**	162,00	9,3%
Gebäude für Erholungszwecke	20,00	**75,00**	175,00	3,3%
4 Schulen und Kindergärten				
Allgemeinbildende Schulen	23,00	**96,00**	188,00	11,8%
Schulen, Holzbauweise	11,00	**80,00**	157,00	10,3%
Berufliche Schulen	53,00	**73,00**	93,00	4,8%
Förder- und Sonderschulen	16,00	**25,00**	39,00	4,3%
Weiterbildungseinrichtungen	77,00	**99,00**	120,00	9,6%
Kindergärten, nicht unterkellert, einfacher Standard	14,00	**51,00**	71,00	10,5%
Kindergärten, nicht unterkellert, mittlerer Standard	18,00	**89,00**	210,00	8,8%
Kindergärten, nicht unterkellert, hoher Standard	24,00	**85,00**	136,00	16,2%
Kindergärten, Holzbauweise, nicht unterkellert	35,00	**81,00**	141,00	8,8%
Kindergärten, unterkellert	4,90	**80,00**	154,00	13,1%
5 Sportbauten				
Sport- und Mehrzweckhallen	16,00	**84,00**	119,00	13,4%
Sporthallen (Einfeldhallen)	10,00	**47,00**	88,00	7,9%
Sporthallen (Dreifeldhallen)	36,00	**57,00**	94,00	4,9%
6 Wohngebäude				
Ein- und Zweifamilienhäuser				
Ein- und Zweifamilienhäuser, unterkellert, einfacher Standard	–	**–**	–	–
Ein- und Zweifamilienhäuser, unterkellert, mittlerer Standard	6,80	**33,00**	49,00	3,5%
Ein- und Zweifamilienhäuser, unterkellert, hoher Standard	2,30	**34,00**	58,00	3,8%
Ein- und Zweifamilienhäuser, nicht unterkellert, einfacher Standard	–	**35,00**	–	6,0%
Ein- und Zweifamilienhäuser, nicht unterkellert, mittlerer Standard	4,80	**34,00**	61,00	4,0%
Ein- und Zweifamilienhäuser, nicht unterkellert, hoher Standard	3,70	**23,00**	46,00	1,6%
Ein- und Zweifamilienhäuser, Passivhausstandard, Massivbauweise	54,00	**103,00**	176,00	18,8%
Ein- und Zweifamilienhäuser, Passivhausstandard, Holzbauweise	81,00	**132,00**	213,00	23,9%
Ein- und Zweifamilienhäuser, Holzbauweise, unterkellert	25,00	**44,00**	73,00	7,3%
Ein- und Zweifamilienhäuser, Holzbauweise, nicht unterkellert	38,00	**48,00**	63,00	8,9%
Doppel- und Reihenend- / Reihenhäuser				
Doppel- und Reihenendhäuser, einfacher Standard	–	**–**	–	–
Doppel- und Reihenendhäuser, mittlerer Standard	15,00	**48,00**	60,00	12,2%
Doppel- und Reihenendhäuser, hoher Standard	5,00	**22,00**	42,00	4,4%
Doppel- und Reihenendhäuser, Holzbauweise	14,00	**23,00**	38,00	3,6%
Reihenhäuser, einfacher Standard	–	**7,10**	–	1,5%
Reihenhäuser, mittlerer Standard	6,70	**40,00**	74,00	7,4%
Reihenhäuser, hoher Standard	19,00	**53,00**	74,00	12,3%
Mehrfamilienhäuser				
Mehrfamilienhäuser, mit bis zu 6 WE, einfacher Standard	–	**2,00**	–	0,4%
Mehrfamilienhäuser, mit bis zu 6 WE, mittlerer Standard	5,80	**16,00**	45,00	3,7%
Mehrfamilienhäuser, mit bis zu 6 WE, hoher Standard	6,20	**27,00**	60,00	5,9%

Gebäudeart	▷	€/Einheit	◁	KG an 400
Mehrfamilienhäuser (Fortsetzung)				
Mehrfamilienhäuser, mit 6 bis 19 WE, einfacher Standard	5,30	**22,00**	38,00	4,9%
Mehrfamilienhäuser, mit 6 bis 19 WE, mittlerer Standard	9,80	**30,00**	75,00	9,0%
Mehrfamilienhäuser, mit 6 bis 19 WE, hoher Standard	8,90	**16,00**	31,00	4,6%
Mehrfamilienhäuser, mit 20 oder mehr WE, einfacher Standard	7,70	**7,80**	7,90	1,8%
Mehrfamilienhäuser, mit 20 oder mehr WE, mittlerer Standard	7,90	**22,00**	47,00	5,2%
Mehrfamilienhäuser, mit 20 oder mehr WE, hoher Standard	21,00	**45,00**	90,00	12,1%
Mehrfamilienhäuser, Passivhäuser	43,00	**75,00**	101,00	20,1%
Mehrfamilienhäuser, Holzbauweise	12,00	**43,00**	95,00	9,2%
Wohnhäuser, mit bis zu 15% Mischnutzung, einfacher Standard	0,90	**5,30**	14,00	1,8%
Wohnhäuser, mit bis zu 15% Mischnutzung, mittlerer Standard	22,00	**30,00**	38,00	5,5%
Wohnhäuser, mit bis zu 15% Mischnutzung, hoher Standard	–	**28,00**	–	7,9%
Wohnhäuser, mit mehr als 15% Mischnutzung	–	**5,90**	–	0,6%
Seniorenwohnungen und Beherbergungen				
Seniorenwohnungen, mittlerer Standard	12,00	**14,00**	16,00	3,4%
Seniorenwohnungen, hoher Standard	–	**4,70**	–	0,4%
Wohnheime und Internate	16,00	**49,00**	105,00	7,3%
Hotels	–	**–**	–	–
7 Gewerbe, Lager und Garagen				
Gaststätten, Kantinen und Mensen	–	**313,00**	–	26,1%
Industrielle Produktionsgebäude, Massivbauweise	16,00	**24,00**	32,00	1,7%
Industrielle Produktionsgebäude, überwiegend Skelettbauweise	7,50	**25,00**	39,00	3,1%
Betriebs- und Werkstätten, eingeschossig	–	**197,00**	–	7,0%
Betriebs- und Werkstätten, mehrgeschossig, geringer Hallenanteil	8,70	**43,00**	179,00	5,6%
Betriebs- und Werkstätten, mehrgeschossig, hoher Hallenanteil	2,90	**45,00**	87,00	3,3%
Geschäftshäuser, mit Wohnungen	3,30	**12,00**	28,00	2,4%
Geschäftshäuser, ohne Wohnungen	3,80	**4,30**	4,80	1,4%
Verbrauchermärkte	–	**109,00**	–	5,6%
Autohäuser	0,90	**3,40**	5,90	1,0%
Lagergebäude, ohne Mischnutzung	4,00	**77,00**	150,00	2,3%
Lagergebäude, mit bis zu 25% Mischnutzung	–	**40,00**	–	2,5%
Lagergebäude, mit mehr als 25% Mischnutzung	–	**2,70**	–	0,6%
Garagen und Bereitschaftsdienste				
Einzel- und Doppelgaragen	–	**–**	–	–
Mehrfachgaragen	–	**–**	–	–
Hochgaragen	–	**4,30**	–	0,8%
Fahrradparkhäuser	0,20	**31,00**	61,00	8,4%
Carports	–	**–**	–	–
Tiefgaragen	8,40	**14,00**	26,00	8,5%
Feuerwehrhäuser	22,00	**40,00**	74,00	7,0%
Öffentliche Bereitschaftsdienste	–	**40,00**	–	1,2%
8 Gebäude für kulturelle und religiöse Zwecke				
Bibliotheken, Museen und Ausstellungen	6,30	**52,00**	98,00	4,0%
Theater	–	**393,00**	–	8,7%
Gemeindezentren, einfacher Standard	1,60	**11,00**	21,00	2,2%
Gemeindezentren, mittlerer Standard	77,00	**121,00**	144,00	8,8%
Gemeindezentren, hoher Standard	9,40	**26,00**	43,00	3,8%
Gemeindezentren, Holzbauweise	8,50	**92,00**	176,00	8,2%
Friedhofsgebäude	7,80	**75,00**	142,00	4,2%

Einheit: m²
Brutto-Grundfläche (BGF)

Kosten:
Stand 1.Quartal 2026
Bundesdurchschnitt
inkl. 19% MwSt.

Einheit: m^2
Brutto-Grundfläche (BGF)

Gebäudeart	▷	€/Einheit	◁	KG an 400
1 Büro- und Verwaltungsgebäude				
Büro- und Verwaltungsgebäude, einfacher Standard	–	**–**	–	–
Büro- und Verwaltungsgebäude, mittlerer Standard	4,80	**17,00**	27,00	0,5%
Büro- und Verwaltungsgebäude, hoher Standard	36,00	**70,00**	112,00	2,2%
Büro- und Verwaltungsgebäude, Holzbauweise	13,00	**76,00**	139,00	2,2%
2 Gebäude für Forschung und Lehre				
Instituts- und Laborgebäude	–	**–**	–	–
3 Gebäude des Gesundheitswesens				
Medizinische Einrichtungen	1,10	**111,00**	168,00	13,5%
Pflegeheime	1,50	**60,00**	118,00	1,8%
Gebäude für Erholungszwecke	–	**–**	–	–
4 Schulen und Kindergärten				
Allgemeinbildende Schulen	–	**5,50**	–	< 0,1%
Schulen, Holzbauweise	–	**–**	–	–
Berufliche Schulen	–	**–**	–	–
Förder- und Sonderschulen	–	**1,70**	–	< 0,1%
Weiterbildungseinrichtungen	–	**–**	–	–
Kindergärten, nicht unterkellert, einfacher Standard	–	**–**	–	–
Kindergärten, nicht unterkellert, mittlerer Standard	–	**–**	–	–
Kindergärten, nicht unterkellert, hoher Standard	–	**–**	–	–
Kindergärten, Holzbauweise, nicht unterkellert	–	**–**	–	–
Kindergärten, unterkellert	–	**–**	–	–
5 Sportbauten				
Sport- und Mehrzweckhallen	–	**–**	–	–
Sporthallen (Einfeldhallen)	–	**–**	–	–
Sporthallen (Dreifeldhallen)	–	**130,00**	–	3,5%
6 Wohngebäude				
Ein- und Zweifamilienhäuser				
Ein- und Zweifamilienhäuser, unterkellert, einfacher Standard	–	**–**	–	–
Ein- und Zweifamilienhäuser, unterkellert, mittlerer Standard	–	**–**	–	–
Ein- und Zweifamilienhäuser, unterkellert, hoher Standard	–	**–**	–	–
Ein- und Zweifamilienhäuser, nicht unterkellert, einfacher Standard	–	**–**	–	–
Ein- und Zweifamilienhäuser, nicht unterkellert, mittlerer Standard	–	**235,00**	–	3,1%
Ein- und Zweifamilienhäuser, nicht unterkellert, hoher Standard	–	**–**	–	–
Ein- und Zweifamilienhäuser, Passivhausstandard, Massivbauweise	–	**–**	–	–
Ein- und Zweifamilienhäuser, Passivhausstandard, Holzbauweise	–	**–**	–	–
Ein- und Zweifamilienhäuser, Holzbauweise, unterkellert	–	**–**	–	–
Ein- und Zweifamilienhäuser, Holzbauweise, nicht unterkellert	–	**–**	–	–
Doppel- und Reihenend- / Reihenhäuser				
Doppel- und Reihenendhäuser, einfacher Standard	–	**–**	–	–
Doppel- und Reihenendhäuser, mittlerer Standard	–	**–**	–	–
Doppel- und Reihenendhäuser, hoher Standard	–	**–**	–	–
Doppel- und Reihenendhäuser, Holzbauweise	–	**–**	–	–
Reihenhäuser, einfacher Standard	–	**–**	–	–
Reihenhäuser, mittlerer Standard	–	**–**	–	–
Reihenhäuser, hoher Standard	–	**–**	–	–
Mehrfamilienhäuser				
Mehrfamilienhäuser, mit bis zu 6 WE, einfacher Standard	–	**–**	–	–
Mehrfamilienhäuser, mit bis zu 6 WE, mittlerer Standard	–	**–**	–	–
Mehrfamilienhäuser, mit bis zu 6 WE, hoher Standard	–	**–**	–	–

▷ von
ø Mittel
◁ bis

Gebäudeart	▷	€/Einheit	◁	KG an 400
Mehrfamilienhäuser (Fortsetzung)				
Mehrfamilienhäuser, mit 6 bis 19 WE, einfacher Standard	–	**4,00**	–	0,4%
Mehrfamilienhäuser, mit 6 bis 19 WE, mittlerer Standard	–	–	–	–
Mehrfamilienhäuser, mit 6 bis 19 WE, hoher Standard	–	–	–	–
Mehrfamilienhäuser, mit 20 oder mehr WE, einfacher Standard	–	–	–	–
Mehrfamilienhäuser, mit 20 oder mehr WE, mittlerer Standard	–	–	–	–
Mehrfamilienhäuser, mit 20 oder mehr WE, hoher Standard	–	–	–	–
Mehrfamilienhäuser, Passivhäuser	–	–	–	–
Mehrfamilienhäuser, Holzbauweise	–	–	–	–
Wohnhäuser, mit bis zu 15% Mischnutzung, einfacher Standard	–	–	–	–
Wohnhäuser, mit bis zu 15% Mischnutzung, mittlerer Standard	–	–	–	–
Wohnhäuser, mit bis zu 15% Mischnutzung, hoher Standard	–	–	–	–
Wohnhäuser, mit mehr als 15% Mischnutzung	–	–	–	–
Seniorenwohnungen und Beherbergungen				
Seniorenwohnungen, mittlerer Standard	–	–	–	–
Seniorenwohnungen, hoher Standard	–	–	–	–
Wohnheime und Internate	–	–	–	–
Hotels	–	–	–	–
7 Gewerbe, Lager und Garagen				
Gaststätten, Kantinen und Mensen	–	–	–	–
Industrielle Produktionsgebäude, Massivbauweise	–	**66,00**	–	4,5%
Industrielle Produktionsgebäude, überwiegend Skelettbauweise	41,00	**75,00**	109,00	2,5%
Betriebs- und Werkstätten, eingeschossig	–	–	–	–
Betriebs- und Werkstätten, mehrgeschossig, geringer Hallenanteil	5,00	**142,00**	416,00	3,9%
Betriebs- und Werkstätten, mehrgeschossig, hoher Hallenanteil	–	–	–	–
Geschäftshäuser, mit Wohnungen	–	**86,00**	–	5,2%
Geschäftshäuser, ohne Wohnungen	–	–	–	–
Verbrauchermärkte	–	–	–	–
Autohäuser	–	–	–	–
Lagergebäude, ohne Mischnutzung	–	–	–	–
Lagergebäude, mit bis zu 25% Mischnutzung	–	–	–	–
Lagergebäude, mit mehr als 25% Mischnutzung	–	–	–	–
Garagen und Bereitschaftsdienste				
Einzel- und Doppelgaragen	–	–	–	–
Mehrfachgaragen	–	–	–	–
Hochgaragen	–	–	–	–
Fahrradparkhäuser	–	–	–	–
Carports	–	–	–	–
Tiefgaragen	–	–	–	–
Feuerwehrhäuser	–	**5,20**	–	0,1%
Öffentliche Bereitschaftsdienste	–	**2,60**	–	< 0,1%
8 Gebäude für kulturelle und religiöse Zwecke				
Bibliotheken, Museen und Ausstellungen	–	**26,00**	–	0,4%
Theater	–	–	–	–
Gemeindezentren, einfacher Standard	–	–	–	–
Gemeindezentren, mittlerer Standard	–	**14,00**	–	0,4%
Gemeindezentren, hoher Standard	–	–	–	–
Gemeindezentren, Holzbauweise	–	–	–	–
Friedhofsgebäude	–	–	–	–

Einheit: m²
Brutto-Grundfläche (BGF)

Kosten:
Stand 1. Quartal 2026
Bundesdurchschnitt
inkl. 19% MwSt.

Einheit: m²
Brutto-Grundfläche (BGF)

▷ von
ø Mittel
◁ bis

Gebäudeart	▷	€/Einheit	◁	KG an 400
1 Büro- und Verwaltungsgebäude				
Büro- und Verwaltungsgebäude, einfacher Standard	–	**–**	–	–
Büro- und Verwaltungsgebäude, mittlerer Standard	8,50	**50,00**	121,00	1,5%
Büro- und Verwaltungsgebäude, hoher Standard	56,00	**113,00**	176,00	4,1%
Büro- und Verwaltungsgebäude, Holzbauweise	–	**142,00**	–	2,1%
2 Gebäude für Forschung und Lehre				
Instituts- und Laborgebäude	–	**567,00**	–	4,6%
3 Gebäude des Gesundheitswesens				
Medizinische Einrichtungen	–	**–**	–	–
Pflegeheime	–	**–**	–	–
Gebäude für Erholungszwecke	–	**–**	–	–
4 Schulen und Kindergärten				
Allgemeinbildende Schulen	–	**–**	–	–
Schulen, Holzbauweise	–	**–**	–	–
Berufliche Schulen	–	**–**	–	–
Förder- und Sonderschulen	–	**–**	–	–
Weiterbildungseinrichtungen	–	**–**	–	–
Kindergärten, nicht unterkellert, einfacher Standard	–	**–**	–	–
Kindergärten, nicht unterkellert, mittlerer Standard	–	**–**	–	–
Kindergärten, nicht unterkellert, hoher Standard	–	**–**	–	–
Kindergärten, Holzbauweise, nicht unterkellert	–	**–**	–	–
Kindergärten, unterkellert	–	**–**	–	–
5 Sportbauten				
Sport- und Mehrzweckhallen	–	**–**	–	–
Sporthallen (Einfeldhallen)	–	**–**	–	–
Sporthallen (Dreifeldhallen)	–	**–**	–	–
6 Wohngebäude				
Ein- und Zweifamilienhäuser				
Ein- und Zweifamilienhäuser, unterkellert, einfacher Standard	–	**–**	–	–
Ein- und Zweifamilienhäuser, unterkellert, mittlerer Standard	–	**–**	–	–
Ein- und Zweifamilienhäuser, unterkellert, hoher Standard	–	**105,00**	–	1,2%
Ein- und Zweifamilienhäuser, nicht unterkellert, einfacher Standard	–	**–**	–	–
Ein- und Zweifamilienhäuser, nicht unterkellert, mittlerer Standard	–	**–**	–	–
Ein- und Zweifamilienhäuser, nicht unterkellert, hoher Standard	–	**–**	–	–
Ein- und Zweifamilienhäuser, Passivhausstandard, Massivbauweise	–	**–**	–	–
Ein- und Zweifamilienhäuser, Passivhausstandard, Holzbauweise	–	**–**	–	–
Ein- und Zweifamilienhäuser, Holzbauweise, unterkellert	–	**–**	–	–
Ein- und Zweifamilienhäuser, Holzbauweise, nicht unterkellert	–	**–**	–	–
Doppel- und Reihenend- / Reihenhäuser				
Doppel- und Reihenendhäuser, einfacher Standard	–	**–**	–	–
Doppel- und Reihenendhäuser, mittlerer Standard	–	**–**	–	–
Doppel- und Reihenendhäuser, hoher Standard	–	**–**	–	–
Doppel- und Reihenendhäuser, Holzbauweise	–	**–**	–	–
Reihenhäuser, einfacher Standard	–	**14,00**	–	2,3%
Reihenhäuser, mittlerer Standard	–	**–**	–	–
Reihenhäuser, hoher Standard	–	**–**	–	–
Mehrfamilienhäuser				
Mehrfamilienhäuser, mit bis zu 6 WE, einfacher Standard	–	**–**	–	–
Mehrfamilienhäuser, mit bis zu 6 WE, mittlerer Standard	–	**–**	–	–
Mehrfamilienhäuser, mit bis zu 6 WE, hoher Standard	–	**–**	–	–

Gebäudeart	▷	€/Einheit	◁	KG an 400
Mehrfamilienhäuser (Fortsetzung)				
Mehrfamilienhäuser, mit 6 bis 19 WE, einfacher Standard	–	–	–	–
Mehrfamilienhäuser, mit 6 bis 19 WE, mittlerer Standard	–	–	–	–
Mehrfamilienhäuser, mit 6 bis 19 WE, hoher Standard	–	–	–	–
Mehrfamilienhäuser, mit 20 oder mehr WE, einfacher Standard	–	–	–	–
Mehrfamilienhäuser, mit 20 oder mehr WE, mittlerer Standard	–	–	–	–
Mehrfamilienhäuser, mit 20 oder mehr WE, hoher Standard	–	–	–	–
Mehrfamilienhäuser, Passivhäuser	–	–	–	–
Mehrfamilienhäuser, Holzbauweise	–	–	–	–
Wohnhäuser, mit bis zu 15% Mischnutzung, einfacher Standard	–	–	–	–
Wohnhäuser, mit bis zu 15% Mischnutzung, mittlerer Standard	–	–	–	–
Wohnhäuser, mit bis zu 15% Mischnutzung, hoher Standard	–	–	–	–
Wohnhäuser, mit mehr als 15% Mischnutzung	–	–	–	–
Seniorenwohnungen und Beherbergungen				
Seniorenwohnungen, mittlerer Standard	–	–	–	–
Seniorenwohnungen, hoher Standard	–	–	–	–
Wohnheime und Internate	–	**3,00**	–	< 0,1%
Hotels	–	–	–	–
7 Gewerbe, Lager und Garagen				
Gaststätten, Kantinen und Mensen	–	–	–	–
Industrielle Produktionsgebäude, Massivbauweise	–	–	–	–
Industrielle Produktionsgebäude, überwiegend Skelettbauweise	13,00	**82,00**	217,00	4,0%
Betriebs- und Werkstätten, eingeschossig	–	–	–	–
Betriebs- und Werkstätten, mehrgeschossig, geringer Hallenanteil	–	**298,00**	–	6,1%
Betriebs- und Werkstätten, mehrgeschossig, hoher Hallenanteil	–	**4,20**	–	< 0,1%
Geschäftshäuser, mit Wohnungen	–	–	–	–
Geschäftshäuser, ohne Wohnungen	–	–	–	–
Verbrauchermärkte	–	–	–	–
Autohäuser	–	–	–	–
Lagergebäude, ohne Mischnutzung	–	–	–	–
Lagergebäude, mit bis zu 25% Mischnutzung	–	–	–	–
Lagergebäude, mit mehr als 25% Mischnutzung	–	–	–	–
Garagen und Bereitschaftsdienste				
Einzel- und Doppelgaragen	–	–	–	–
Mehrfachgaragen	–	–	–	–
Hochgaragen	–	–	–	–
Fahrradparkhäuser	–	–	–	–
Carports	–	–	–	–
Tiefgaragen	–	–	–	–
Feuerwehrhäuser	–	–	–	–
Öffentliche Bereitschaftsdienste	–	–	–	–
8 Gebäude für kulturelle und religiöse Zwecke				
Bibliotheken, Museen und Ausstellungen	67,00	**107,00**	148,00	3,0%
Theater	–	–	–	–
Gemeindezentren, einfacher Standard	–	–	–	–
Gemeindezentren, mittlerer Standard	–	–	–	–
Gemeindezentren, hoher Standard	–	–	–	–
Gemeindezentren, Holzbauweise	–	–	–	–
Friedhofsgebäude	–	–	–	–

Einheit: m²
Brutto-Grundfläche (BGF)

Kosten:
Stand 1. Quartal 2026
Bundesdurchschnitt
inkl. 19% MwSt.

Einheit: m²
Brutto-Grundfläche (BGF)

▷ von
ø Mittel
◁ bis

Gebäudeart	▷	€/Einheit	◁	KG an 400
1 Büro- und Verwaltungsgebäude				
Büro- und Verwaltungsgebäude, einfacher Standard	–	**–**	–	–
Büro- und Verwaltungsgebäude, mittlerer Standard	15,00	**52,00**	123,00	1,5%
Büro- und Verwaltungsgebäude, hoher Standard	35,00	**75,00**	106,00	2,1%
Büro- und Verwaltungsgebäude, Holzbauweise	–	**38,00**	–	0,5%
2 Gebäude für Forschung und Lehre				
Instituts- und Laborgebäude	198,00	**359,00**	673,00	10,7%
3 Gebäude des Gesundheitswesens				
Medizinische Einrichtungen	–	**67,00**	–	2,0%
Pflegeheime	–	**20,00**	–	0,4%
Gebäude für Erholungszwecke	–	**59,00**	–	0,6%
4 Schulen und Kindergärten				
Allgemeinbildende Schulen	–	**–**	–	–
Schulen, Holzbauweise	–	**1,70**	–	< 0,1%
Berufliche Schulen	–	**–**	–	–
Förder- und Sonderschulen	–	**–**	–	–
Weiterbildungseinrichtungen	–	**–**	–	–
Kindergärten, nicht unterkellert, einfacher Standard	–	**–**	–	–
Kindergärten, nicht unterkellert, mittlerer Standard	–	**–**	–	–
Kindergärten, nicht unterkellert, hoher Standard	–	**–**	–	–
Kindergärten, Holzbauweise, nicht unterkellert	–	**–**	–	–
Kindergärten, unterkellert	–	**–**	–	–
5 Sportbauten				
Sport- und Mehrzweckhallen	–	**–**	–	–
Sporthallen (Einfeldhallen)	–	**–**	–	–
Sporthallen (Dreifeldhallen)	–	**–**	–	–
6 Wohngebäude				
Ein- und Zweifamilienhäuser				
Ein- und Zweifamilienhäuser, unterkellert, einfacher Standard	–	**–**	–	–
Ein- und Zweifamilienhäuser, unterkellert, mittlerer Standard	–	**–**	–	–
Ein- und Zweifamilienhäuser, unterkellert, hoher Standard	–	**–**	–	–
Ein- und Zweifamilienhäuser, nicht unterkellert, einfacher Standard	–	**–**	–	–
Ein- und Zweifamilienhäuser, nicht unterkellert, mittlerer Standard	–	**–**	–	–
Ein- und Zweifamilienhäuser, nicht unterkellert, hoher Standard	–	**–**	–	–
Ein- und Zweifamilienhäuser, Passivhausstandard, Massivbauweise	–	**58,00**	–	1,1%
Ein- und Zweifamilienhäuser, Passivhausstandard, Holzbauweise	–	**–**	–	–
Ein- und Zweifamilienhäuser, Holzbauweise, unterkellert	–	**–**	–	–
Ein- und Zweifamilienhäuser, Holzbauweise, nicht unterkellert	–	**–**	–	–
Doppel- und Reihenend- / Reihenhäuser				
Doppel- und Reihenendhäuser, einfacher Standard	–	**–**	–	–
Doppel- und Reihenendhäuser, mittlerer Standard	–	**–**	–	–
Doppel- und Reihenendhäuser, hoher Standard	–	**–**	–	–
Doppel- und Reihenendhäuser, Holzbauweise	–	**–**	–	–
Reihenhäuser, einfacher Standard	–	**–**	–	–
Reihenhäuser, mittlerer Standard	–	**–**	–	–
Reihenhäuser, hoher Standard	–	**–**	–	–
Mehrfamilienhäuser				
Mehrfamilienhäuser, mit bis zu 6 WE, einfacher Standard	–	**–**	–	–
Mehrfamilienhäuser, mit bis zu 6 WE, mittlerer Standard	–	**–**	–	–
Mehrfamilienhäuser, mit bis zu 6 WE, hoher Standard	–	**–**	–	–

Gebäudeart	▷	€/Einheit	◁	KG an 400
Mehrfamilienhäuser (Fortsetzung)				
Mehrfamilienhäuser, mit 6 bis 19 WE, einfacher Standard	–	–	–	–
Mehrfamilienhäuser, mit 6 bis 19 WE, mittlerer Standard	–	–	–	–
Mehrfamilienhäuser, mit 6 bis 19 WE, hoher Standard	–	–	–	–
Mehrfamilienhäuser, mit 20 oder mehr WE, einfacher Standard	–	–	–	–
Mehrfamilienhäuser, mit 20 oder mehr WE, mittlerer Standard	–	**13,00**	–	0,7%
Mehrfamilienhäuser, mit 20 oder mehr WE, hoher Standard	–	–	–	–
Mehrfamilienhäuser, Passivhäuser	–	–	–	–
Mehrfamilienhäuser, Holzbauweise	–	–	–	–
Wohnhäuser, mit bis zu 15% Mischnutzung, einfacher Standard	–	–	–	–
Wohnhäuser, mit bis zu 15% Mischnutzung, mittlerer Standard	–	–	–	–
Wohnhäuser, mit bis zu 15% Mischnutzung, hoher Standard	–	–	–	–
Wohnhäuser, mit mehr als 15% Mischnutzung	–	–	–	–
Seniorenwohnungen und Beherbergungen				
Seniorenwohnungen, mittlerer Standard	–	–	–	–
Seniorenwohnungen, hoher Standard	–	–	–	–
Wohnheime und Internate	–	–	–	–
Hotels	–	–	–	–
7 Gewerbe, Lager und Garagen				
Gaststätten, Kantinen und Mensen	–	–	–	–
Industrielle Produktionsgebäude, Massivbauweise	–	–	–	–
Industrielle Produktionsgebäude, überwiegend Skelettbauweise	112,00	**175,00**	289,00	7,8%
Betriebs- und Werkstätten, eingeschossig	–	**76,00**	–	2,7%
Betriebs- und Werkstätten, mehrgeschossig, geringer Hallenanteil	–	**146,00**	–	1,2%
Betriebs- und Werkstätten, mehrgeschossig, hoher Hallenanteil	–	–	–	–
Geschäftshäuser, mit Wohnungen	–	**34,00**	–	2,1%
Geschäftshäuser, ohne Wohnungen	–	**0,40**	–	< 0,1%
Verbrauchermärkte	–	–	–	–
Autohäuser	–	–	–	–
Lagergebäude, ohne Mischnutzung	–	**37,00**	–	0,5%
Lagergebäude, mit bis zu 25% Mischnutzung	–	**29,00**	–	1,8%
Lagergebäude, mit mehr als 25% Mischnutzung	–	–	–	–
Garagen und Bereitschaftsdienste				
Einzel- und Doppelgaragen	–	–	–	–
Mehrfachgaragen	–	–	–	–
Hochgaragen	–	–	–	–
Fahrradparkhäuser	–	–	–	–
Carports	–	–	–	–
Tiefgaragen	–	–	–	–
Feuerwehrhäuser	–	**18,00**	–	0,4%
Öffentliche Bereitschaftsdienste	–	**42,00**	–	3,1%
8 Gebäude für kulturelle und religiöse Zwecke				
Bibliotheken, Museen und Ausstellungen	37,00	**44,00**	47,00	2,0%
Theater	–	–	–	–
Gemeindezentren, einfacher Standard	–	–	–	–
Gemeindezentren, mittlerer Standard	–	–	–	–
Gemeindezentren, hoher Standard	–	–	–	–
Gemeindezentren, Holzbauweise	–	–	–	–
Friedhofsgebäude	–	**276,00**	–	28,0%

Einheit: m²
Brutto-Grundfläche (BGF)

Kosten:
Stand 1.Quartal 2026
Bundesdurchschnitt
inkl. 19% MwSt.

Einheit: m²
Brutto-Grundfläche (BGF)

▷ von
ø Mittel
◁ bis

Gebäudeart	▷	€/Einheit	◁	KG an 400
1 Büro- und Verwaltungsgebäude				
Büro- und Verwaltungsgebäude, einfacher Standard	–	**–**	–	–
Büro- und Verwaltungsgebäude, mittlerer Standard	9,60	**19,00**	34,00	0,9%
Büro- und Verwaltungsgebäude, hoher Standard	16,00	**24,00**	32,00	0,8%
Büro- und Verwaltungsgebäude, Holzbauweise	–	**5,50**	–	< 0,1%
2 Gebäude für Forschung und Lehre				
Instituts- und Laborgebäude	22,00	**94,00**	166,00	2,4%
3 Gebäude des Gesundheitswesens				
Medizinische Einrichtungen	–	**–**	–	–
Pflegeheime	7,00	**11,00**	14,00	0,6%
Gebäude für Erholungszwecke	–	**–**	–	–
4 Schulen und Kindergärten				
Allgemeinbildende Schulen	24,00	**28,00**	32,00	1,3%
Schulen, Holzbauweise	7,60	**22,00**	36,00	0,7%
Berufliche Schulen	–	**21,00**	–	0,6%
Förder- und Sonderschulen	–	**19,00**	–	0,8%
Weiterbildungseinrichtungen	–	**29,00**	–	1,0%
Kindergärten, nicht unterkellert, einfacher Standard	–	**–**	–	–
Kindergärten, nicht unterkellert, mittlerer Standard	–	**13,00**	–	0,5%
Kindergärten, nicht unterkellert, hoher Standard	–	**11,00**	–	0,6%
Kindergärten, Holzbauweise, nicht unterkellert	–	**–**	–	–
Kindergärten, unterkellert	–	**–**	–	–
5 Sportbauten				
Sport- und Mehrzweckhallen	–	**14,00**	–	0,7%
Sporthallen (Einfeldhallen)	–	**–**	–	–
Sporthallen (Dreifeldhallen)	5,70	**12,00**	18,00	0,7%
6 Wohngebäude				
Ein- und Zweifamilienhäuser				
Ein- und Zweifamilienhäuser, unterkellert, einfacher Standard	–	**–**	–	–
Ein- und Zweifamilienhäuser, unterkellert, mittlerer Standard	–	**–**	–	–
Ein- und Zweifamilienhäuser, unterkellert, hoher Standard	–	**–**	–	–
Ein- und Zweifamilienhäuser, nicht unterkellert, einfacher Standard	–	**–**	–	–
Ein- und Zweifamilienhäuser, nicht unterkellert, mittlerer Standard	–	**–**	–	–
Ein- und Zweifamilienhäuser, nicht unterkellert, hoher Standard	–	**–**	–	–
Ein- und Zweifamilienhäuser, Passivhausstandard, Massivbauweise	–	**–**	–	–
Ein- und Zweifamilienhäuser, Passivhausstandard, Holzbauweise	–	**–**	–	–
Ein- und Zweifamilienhäuser, Holzbauweise, unterkellert	–	**–**	–	–
Ein- und Zweifamilienhäuser, Holzbauweise, nicht unterkellert	–	**–**	–	–
Doppel- und Reihenend- / Reihenhäuser				
Doppel- und Reihenendhäuser, einfacher Standard	–	**–**	–	–
Doppel- und Reihenendhäuser, mittlerer Standard	–	**–**	–	–
Doppel- und Reihenendhäuser, hoher Standard	–	**–**	–	–
Doppel- und Reihenendhäuser, Holzbauweise	–	**–**	–	–
Reihenhäuser, einfacher Standard	–	**19,00**	–	3,1%
Reihenhäuser, mittlerer Standard	–	**–**	–	–
Reihenhäuser, hoher Standard	–	**–**	–	–
Mehrfamilienhäuser				
Mehrfamilienhäuser, mit bis zu 6 WE, einfacher Standard	3,00	**6,50**	10,00	3,2%
Mehrfamilienhäuser, mit bis zu 6 WE, mittlerer Standard	–	**–**	–	–
Mehrfamilienhäuser, mit bis zu 6 WE, hoher Standard	–	**8,50**	–	0,2%

 Erläuterungen zu den Tabellen siehe Seite 60

Gebäudeart	▷	€/Einheit	◁	KG an 400
Mehrfamilienhäuser (Fortsetzung)				
Mehrfamilienhäuser, mit 6 bis 19 WE, einfacher Standard	–	**4,90**	–	0,5%
Mehrfamilienhäuser, mit 6 bis 19 WE, mittlerer Standard	–	**18,00**	–	0,5%
Mehrfamilienhäuser, mit 6 bis 19 WE, hoher Standard	–	**–**	–	–
Mehrfamilienhäuser, mit 20 oder mehr WE, einfacher Standard	–	**–**	–	–
Mehrfamilienhäuser, mit 20 oder mehr WE, mittlerer Standard	7,50	**8,40**	9,30	0,9%
Mehrfamilienhäuser, mit 20 oder mehr WE, hoher Standard	–	**–**	–	–
Mehrfamilienhäuser, Passivhäuser	–	**–**	–	–
Mehrfamilienhäuser, Holzbauweise	–	**–**	–	–
Wohnhäuser, mit bis zu 15% Mischnutzung, einfacher Standard	–	**–**	–	–
Wohnhäuser, mit bis zu 15% Mischnutzung, mittlerer Standard	–	**–**	–	–
Wohnhäuser, mit bis zu 15% Mischnutzung, hoher Standard	–	**3,10**	–	0,9%
Wohnhäuser, mit mehr als 15% Mischnutzung	–	**–**	–	–
Seniorenwohnungen und Beherbergungen				
Seniorenwohnungen, mittlerer Standard	–	**5,90**	–	0,2%
Seniorenwohnungen, hoher Standard	–	**–**	–	–
Wohnheime und Internate	–	**–**	–	–
Hotels	–	**–**	–	–
7 Gewerbe, Lager und Garagen				
Gaststätten, Kantinen und Mensen	–	**46,00**	–	3,8%
Industrielle Produktionsgebäude, Massivbauweise	9,20	**38,00**	52,00	4,5%
Industrielle Produktionsgebäude, überwiegend Skelettbauweise	6,50	**17,00**	34,00	1,7%
Betriebs- und Werkstätten, eingeschossig	–	**35,00**	–	1,2%
Betriebs- und Werkstätten, mehrgeschossig, geringer Hallenanteil	4,10	**31,00**	45,00	2,9%
Betriebs- und Werkstätten, mehrgeschossig, hoher Hallenanteil	14,00	**26,00**	40,00	3,3%
Geschäftshäuser, mit Wohnungen	–	**2,00**	–	0,1%
Geschäftshäuser, ohne Wohnungen	–	**–**	–	–
Verbrauchermärkte	–	**5,20**	–	0,3%
Autohäuser	–	**–**	–	–
Lagergebäude, ohne Mischnutzung	–	**19,00**	–	0,2%
Lagergebäude, mit bis zu 25% Mischnutzung	–	**–**	–	–
Lagergebäude, mit mehr als 25% Mischnutzung	–	**9,70**	–	1,5%
Garagen und Bereitschaftsdienste				
Einzel- und Doppelgaragen	–	**–**	–	–
Mehrfachgaragen	–	**–**	–	–
Hochgaragen	–	**–**	–	–
Fahrradparkhäuser	–	**–**	–	–
Carports	–	**–**	–	–
Tiefgaragen	–	**–**	–	–
Feuerwehrhäuser	–	**22,00**	–	0,4%
Öffentliche Bereitschaftsdienste	–	**–**	–	–
8 Gebäude für kulturelle und religiöse Zwecke				
Bibliotheken, Museen und Ausstellungen	6,80	**15,00**	23,00	0,4%
Theater	–	**–**	–	–
Gemeindezentren, einfacher Standard	–	**–**	–	–
Gemeindezentren, mittlerer Standard	–	**–**	–	–
Gemeindezentren, hoher Standard	–	**–**	–	–
Gemeindezentren, Holzbauweise	–	**–**	–	–
Friedhofsgebäude	–	**–**	–	–

Einheit: m²
Brutto-Grundfläche (BGF)

Kosten:
Stand 1. Quartal 2026
Bundesdurchschnitt
inkl. 19% MwSt.

Einheit: m²
Brutto-Grundfläche (BGF)

▷ von
ø Mittel
◁ bis

Gebäudeart	▷	€/Einheit	◁	KG an 400
1 Büro- und Verwaltungsgebäude				
Büro- und Verwaltungsgebäude, einfacher Standard	29,00	**48,00**	59,00	19,9%
Büro- und Verwaltungsgebäude, mittlerer Standard	90,00	**124,00**	179,00	19,2%
Büro- und Verwaltungsgebäude, hoher Standard	97,00	**130,00**	197,00	14,1%
Büro- und Verwaltungsgebäude, Holzbauweise	61,00	**126,00**	153,00	18,8%
2 Gebäude für Forschung und Lehre				
Instituts- und Laborgebäude	52,00	**131,00**	185,00	9,1%
3 Gebäude des Gesundheitswesens				
Medizinische Einrichtungen	100,00	**144,00**	229,00	18,1%
Pflegeheime	72,00	**110,00**	128,00	13,7%
Gebäude für Erholungszwecke	107,00	**154,00**	224,00	8,2%
4 Schulen und Kindergärten				
Allgemeinbildende Schulen	64,00	**95,00**	125,00	16,6%
Schulen, Holzbauweise	68,00	**102,00**	139,00	16,7%
Berufliche Schulen	101,00	**156,00**	204,00	17,4%
Förder- und Sonderschulen	95,00	**146,00**	316,00	22,3%
Weiterbildungseinrichtungen	94,00	**182,00**	357,00	20,0%
Kindergärten, nicht unterkellert, einfacher Standard	52,00	**70,00**	96,00	15,5%
Kindergärten, nicht unterkellert, mittlerer Standard	67,00	**95,00**	161,00	17,5%
Kindergärten, nicht unterkellert, hoher Standard	43,00	**68,00**	97,00	12,4%
Kindergärten, Holzbauweise, nicht unterkellert	63,00	**103,00**	150,00	16,3%
Kindergärten, unterkellert	50,00	**111,00**	175,00	18,3%
5 Sportbauten				
Sport- und Mehrzweckhallen	48,00	**122,00**	271,00	22,2%
Sporthallen (Einfeldhallen)	36,00	**61,00**	90,00	12,1%
Sporthallen (Dreifeldhallen)	55,00	**68,00**	102,00	8,1%
6 Wohngebäude				
Ein- und Zweifamilienhäuser				
Ein- und Zweifamilienhäuser, unterkellert, einfacher Standard	29,00	**38,00**	56,00	17,5%
Ein- und Zweifamilienhäuser, unterkellert, mittlerer Standard	43,00	**74,00**	122,00	17,5%
Ein- und Zweifamilienhäuser, unterkellert, hoher Standard	46,00	**85,00**	145,00	16,9%
Ein- und Zweifamilienhäuser, nicht unterkellert, einfacher Standard	–	**31,00**	–	13,7%
Ein- und Zweifamilienhäuser, nicht unterkellert, mittlerer Standard	53,00	**80,00**	125,00	18,3%
Ein- und Zweifamilienhäuser, nicht unterkellert, hoher Standard	49,00	**74,00**	112,00	16,3%
Ein- und Zweifamilienhäuser, Passivhausstandard, Massivbauweise	45,00	**54,00**	66,00	11,9%
Ein- und Zweifamilienhäuser, Passivhausstandard, Holzbauweise	58,00	**76,00**	108,00	14,6%
Ein- und Zweifamilienhäuser, Holzbauweise, unterkellert	41,00	**68,00**	121,00	16,4%
Ein- und Zweifamilienhäuser, Holzbauweise, nicht unterkellert	43,00	**67,00**	124,00	15,7%
Doppel- und Reihenend- / Reihenhäuser				
Doppel- und Reihenendhäuser, einfacher Standard	43,00	**45,00**	46,00	16,7%
Doppel- und Reihenendhäuser, mittlerer Standard	53,00	**62,00**	90,00	16,3%
Doppel- und Reihenendhäuser, hoher Standard	58,00	**77,00**	135,00	17,4%
Doppel- und Reihenendhäuser, Holzbauweise	34,00	**52,00**	66,00	14,4%
Reihenhäuser, einfacher Standard	30,00	**40,00**	50,00	15,5%
Reihenhäuser, mittlerer Standard	37,00	**49,00**	58,00	16,9%
Reihenhäuser, hoher Standard	43,00	**76,00**	192,00	14,9%
Mehrfamilienhäuser				
Mehrfamilienhäuser, mit bis zu 6 WE, einfacher Standard	27,00	**30,00**	33,00	15,6%
Mehrfamilienhäuser, mit bis zu 6 WE, mittlerer Standard	35,00	**52,00**	64,00	16,5%
Mehrfamilienhäuser, mit bis zu 6 WE, hoher Standard	64,00	**79,00**	101,00	19,5%

Gebäudeart	▷	€/Einheit	◁	KG an 400
Mehrfamilienhäuser (Fortsetzung)				
Mehrfamilienhäuser, mit 6 bis 19 WE, einfacher Standard	37,00	**46,00**	64,00	16,9%
Mehrfamilienhäuser, mit 6 bis 19 WE, mittlerer Standard	38,00	**63,00**	85,00	21,6%
Mehrfamilienhäuser, mit 6 bis 19 WE, hoher Standard	41,00	**59,00**	153,00	15,9%
Mehrfamilienhäuser, mit 20 oder mehr WE, einfacher Standard	47,00	**56,00**	66,00	13,4%
Mehrfamilienhäuser, mit 20 oder mehr WE, mittlerer Standard	60,00	**83,00**	160,00	20,8%
Mehrfamilienhäuser, mit 20 oder mehr WE, hoher Standard	45,00	**60,00**	68,00	14,9%
Mehrfamilienhäuser, Passivhäuser	51,00	**67,00**	91,00	18,7%
Mehrfamilienhäuser, Holzbauweise	52,00	**80,00**	101,00	20,9%
Wohnhäuser, mit bis zu 15% Mischnutzung, einfacher Standard	51,00	**53,00**	58,00	16,9%
Wohnhäuser, mit bis zu 15% Mischnutzung, mittlerer Standard	26,00	**44,00**	54,00	15,6%
Wohnhäuser, mit bis zu 15% Mischnutzung, hoher Standard	–	**58,00**	–	16,7%
Wohnhäuser, mit mehr als 15% Mischnutzung	86,00	**132,00**	177,00	20,1%
Seniorenwohnungen und Beherbergungen				
Seniorenwohnungen, mittlerer Standard	61,00	**75,00**	84,00	17,9%
Seniorenwohnungen, hoher Standard	69,00	**78,00**	88,00	16,7%
Wohnheime und Internate	67,00	**91,00**	123,00	18,5%
Hotels	–	**53,00**	–	16,5%
7 Gewerbe, Lager und Garagen				
Gaststätten, Kantinen und Mensen	–	**51,00**	–	4,3%
Industrielle Produktionsgebäude, Massivbauweise	59,00	**98,00**	134,00	18,1%
Industrielle Produktionsgebäude, überwiegend Skelettbauweise	72,00	**153,00**	235,00	21,7%
Betriebs- und Werkstätten, eingeschossig	135,00	**137,00**	142,00	23,7%
Betriebs- und Werkstätten, mehrgeschossig, geringer Hallenanteil	32,00	**74,00**	130,00	15,5%
Betriebs- und Werkstätten, mehrgeschossig, hoher Hallenanteil	39,00	**87,00**	134,00	23,0%
Geschäftshäuser, mit Wohnungen	37,00	**80,00**	106,00	22,7%
Geschäftshäuser, ohne Wohnungen	54,00	**62,00**	69,00	19,4%
Verbrauchermärkte	58,00	**102,00**	123,00	25,0%
Autohäuser	33,00	**92,00**	151,00	30,8%
Lagergebäude, ohne Mischnutzung	27,00	**47,00**	114,00	22,8%
Lagergebäude, mit bis zu 25% Mischnutzung	28,00	**61,00**	83,00	24,6%
Lagergebäude, mit mehr als 25% Mischnutzung	39,00	**41,00**	43,00	16,3%
Garagen und Bereitschaftsdienste				
Einzel- und Doppelgaragen	–	**70,00**	–	100,0%
Mehrfachgaragen	7,40	**22,00**	61,00	13,4%
Hochgaragen	7,10	**16,00**	33,00	22,0%
Fahrradparkhäuser	31,00	**60,00**	108,00	23,7%
Carports	–	**–**	–	–
Tiefgaragen	18,00	**26,00**	61,00	29,2%
Feuerwehrhäuser	85,00	**103,00**	180,00	16,2%
Öffentliche Bereitschaftsdienste	31,00	**65,00**	98,00	27,6%
8 Gebäude für kulturelle und religiöse Zwecke				
Bibliotheken, Museen und Ausstellungen	83,00	**126,00**	192,00	17,2%
Theater	115,00	**145,00**	175,00	18,6%
Gemeindezentren, einfacher Standard	23,00	**31,00**	45,00	11,8%
Gemeindezentren, mittlerer Standard	57,00	**95,00**	123,00	15,3%
Gemeindezentren, hoher Standard	74,00	**92,00**	135,00	13,1%
Gemeindezentren, Holzbauweise	84,00	**134,00**	160,00	20,9%
Friedhofsgebäude	101,00	**110,00**	119,00	13,0%

Einheit: m²
Brutto-Grundfläche (BGF)

Kosten:
Stand 1. Quartal 2026
Bundesdurchschnitt
inkl. 19% MwSt.

Einheit: m²
Brutto-Grundfläche (BGF)

▷ von
ø Mittel
◁ bis

Gebäudeart	▷	€/Einheit	◁	KG an 400
1 Büro- und Verwaltungsgebäude				
Büro- und Verwaltungsgebäude, einfacher Standard	3,80	**30,00**	44,00	11,4%
Büro- und Verwaltungsgebäude, mittlerer Standard	31,00	**59,00**	79,00	9,0%
Büro- und Verwaltungsgebäude, hoher Standard	51,00	**99,00**	150,00	10,0%
Büro- und Verwaltungsgebäude, Holzbauweise	27,00	**84,00**	120,00	9,4%
2 Gebäude für Forschung und Lehre				
Instituts- und Laborgebäude	45,00	**67,00**	91,00	4,4%
3 Gebäude des Gesundheitswesens				
Medizinische Einrichtungen	81,00	**99,00**	130,00	14,1%
Pflegeheime	50,00	**71,00**	91,00	8,3%
Gebäude für Erholungszwecke	73,00	**106,00**	168,00	4,7%
4 Schulen und Kindergärten				
Allgemeinbildende Schulen	39,00	**58,00**	75,00	10,6%
Schulen, Holzbauweise	49,00	**86,00**	167,00	14,1%
Berufliche Schulen	48,00	**68,00**	88,00	6,9%
Förder- und Sonderschulen	38,00	**61,00**	93,00	9,7%
Weiterbildungseinrichtungen	31,00	**73,00**	96,00	8,0%
Kindergärten, nicht unterkellert, einfacher Standard	57,00	**67,00**	88,00	15,4%
Kindergärten, nicht unterkellert, mittlerer Standard	37,00	**77,00**	175,00	10,2%
Kindergärten, nicht unterkellert, hoher Standard	37,00	**74,00**	105,00	14,8%
Kindergärten, Holzbauweise, nicht unterkellert	29,00	**62,00**	81,00	9,9%
Kindergärten, unterkellert	50,00	**68,00**	110,00	12,3%
5 Sportbauten				
Sport- und Mehrzweckhallen	24,00	**58,00**	117,00	9,5%
Sporthallen (Einfeldhallen)	66,00	**100,00**	197,00	20,5%
Sporthallen (Dreifeldhallen)	53,00	**63,00**	72,00	7,5%
6 Wohngebäude				
Ein- und Zweifamilienhäuser				
Ein- und Zweifamilienhäuser, unterkellert, einfacher Standard	0,10	**0,80**	1,40	0,2%
Ein- und Zweifamilienhäuser, unterkellert, mittlerer Standard	2,50	**4,50**	15,00	0,7%
Ein- und Zweifamilienhäuser, unterkellert, hoher Standard	6,20	**20,00**	50,00	2,9%
Ein- und Zweifamilienhäuser, nicht unterkellert, einfacher Standard	–	**4,90**	–	0,8%
Ein- und Zweifamilienhäuser, nicht unterkellert, mittlerer Standard	5,70	**19,00**	41,00	2,7%
Ein- und Zweifamilienhäuser, nicht unterkellert, hoher Standard	2,10	**6,00**	20,00	1,0%
Ein- und Zweifamilienhäuser, Passivhausstandard, Massivbauweise	2,00	**5,90**	10,00	0,5%
Ein- und Zweifamilienhäuser, Passivhausstandard, Holzbauweise	3,20	**11,00**	18,00	1,0%
Ein- und Zweifamilienhäuser, Holzbauweise, unterkellert	2,30	**6,10**	16,00	0,6%
Ein- und Zweifamilienhäuser, Holzbauweise, nicht unterkellert	6,10	**15,00**	22,00	2,1%
Doppel- und Reihenend- / Reihenhäuser				
Doppel- und Reihenendhäuser, einfacher Standard	0,20	**1,20**	2,20	0,3%
Doppel- und Reihenendhäuser, mittlerer Standard	5,20	**13,00**	27,00	1,4%
Doppel- und Reihenendhäuser, hoher Standard	6,00	**18,00**	51,00	3,2%
Doppel- und Reihenendhäuser, Holzbauweise	15,00	**16,00**	18,00	1,5%
Reihenhäuser, einfacher Standard	–	**1,10**	–	0,2%
Reihenhäuser, mittlerer Standard	–	**0,60**	–	< 0,1%
Reihenhäuser, hoher Standard	5,30	**8,40**	14,00	1,2%
Mehrfamilienhäuser				
Mehrfamilienhäuser, mit bis zu 6 WE, einfacher Standard	–	**3,40**	–	1,0%
Mehrfamilienhäuser, mit bis zu 6 WE, mittlerer Standard	2,40	**4,50**	7,70	1,4%
Mehrfamilienhäuser, mit bis zu 6 WE, hoher Standard	7,10	**12,00**	24,00	2,6%

Gebäudeart	▷	€/Einheit	◁	KG an 400
Mehrfamilienhäuser (Fortsetzung)				
Mehrfamilienhäuser, mit 6 bis 19 WE, einfacher Standard	3,40	**9,70**	20,00	3,4%
Mehrfamilienhäuser, mit 6 bis 19 WE, mittlerer Standard	1,70	**4,70**	8,50	1,4%
Mehrfamilienhäuser, mit 6 bis 19 WE, hoher Standard	2,40	**7,60**	15,00	1,7%
Mehrfamilienhäuser, mit 20 oder mehr WE, einfacher Standard	9,40	**12,00**	14,00	2,9%
Mehrfamilienhäuser, mit 20 oder mehr WE, mittlerer Standard	8,80	**15,00**	25,00	4,5%
Mehrfamilienhäuser, mit 20 oder mehr WE, hoher Standard	0,90	**5,20**	8,10	1,4%
Mehrfamilienhäuser, Passivhäuser	3,40	**5,40**	6,10	0,9%
Mehrfamilienhäuser, Holzbauweise	1,50	**5,80**	8,80	1,5%
Wohnhäuser, mit bis zu 15% Mischnutzung, einfacher Standard	1,70	**5,50**	13,00	1,8%
Wohnhäuser, mit bis zu 15% Mischnutzung, mittlerer Standard	0,60	**3,90**	11,00	1,1%
Wohnhäuser, mit bis zu 15% Mischnutzung, hoher Standard	–	**12,00**	–	3,4%
Wohnhäuser, mit mehr als 15% Mischnutzung	–	**11,00**	–	1,1%
Seniorenwohnungen und Beherbergungen				
Seniorenwohnungen, mittlerer Standard	14,00	**18,00**	24,00	4,1%
Seniorenwohnungen, hoher Standard	2,70	**4,80**	7,00	1,1%
Wohnheime und Internate	10,00	**31,00**	74,00	5,3%
Hotels	–	**16,00**	–	5,1%
7 Gewerbe, Lager und Garagen				
Gaststätten, Kantinen und Mensen	–	**100,00**	–	8,3%
Industrielle Produktionsgebäude, Massivbauweise	31,00	**40,00**	51,00	9,0%
Industrielle Produktionsgebäude, überwiegend Skelettbauweise	20,00	**38,00**	60,00	5,2%
Betriebs- und Werkstätten, eingeschossig	22,00	**43,00**	64,00	3,8%
Betriebs- und Werkstätten, mehrgeschossig, geringer Hallenanteil	18,00	**45,00**	73,00	6,5%
Betriebs- und Werkstätten, mehrgeschossig, hoher Hallenanteil	12,00	**35,00**	60,00	7,2%
Geschäftshäuser, mit Wohnungen	22,00	**35,00**	55,00	9,1%
Geschäftshäuser, ohne Wohnungen	4,90	**5,10**	5,40	1,6%
Verbrauchermärkte	12,00	**29,00**	38,00	8,3%
Autohäuser	26,00	**34,00**	42,00	15,2%
Lagergebäude, ohne Mischnutzung	12,00	**20,00**	35,00	7,5%
Lagergebäude, mit bis zu 25% Mischnutzung	13,00	**32,00**	66,00	9,9%
Lagergebäude, mit mehr als 25% Mischnutzung	15,00	**31,00**	48,00	13,7%
Garagen und Bereitschaftsdienste				
Einzel- und Doppelgaragen	–	**–**	–	–
Mehrfachgaragen	2,40	**7,70**	23,00	5,3%
Hochgaragen	3,90	**25,00**	37,00	29,9%
Fahrradparkhäuser	20,00	**130,00**	349,00	29,8%
Carports	–	**–**	–	–
Tiefgaragen	8,70	**13,00**	17,00	15,6%
Feuerwehrhäuser	43,00	**58,00**	73,00	9,2%
Öffentliche Bereitschaftsdienste	14,00	**22,00**	29,00	11,6%
8 Gebäude für kulturelle und religiöse Zwecke				
Bibliotheken, Museen und Ausstellungen	27,00	**75,00**	117,00	9,0%
Theater	81,00	**89,00**	96,00	12,5%
Gemeindezentren, einfacher Standard	21,00	**40,00**	75,00	13,5%
Gemeindezentren, mittlerer Standard	65,00	**97,00**	200,00	15,9%
Gemeindezentren, hoher Standard	70,00	**110,00**	148,00	15,8%
Gemeindezentren, Holzbauweise	123,00	**142,00**	175,00	22,7%
Friedhofsgebäude	15,00	**40,00**	64,00	3,1%

Einheit: m²
Brutto-Grundfläche (BGF)

Kosten:
Stand 1. Quartal 2026
Bundesdurchschnitt
inkl. 19% MwSt.

Einheit: m²
Brutto-Grundfläche (BGF)

▷ von
ø Mittel
◁ bis

Gebäudeart	▷	€/Einheit	◁	KG an 400
1 Büro- und Verwaltungsgebäude				
Büro- und Verwaltungsgebäude, einfacher Standard	2,00	**4,40**	5,90	2,0%
Büro- und Verwaltungsgebäude, mittlerer Standard	4,10	**7,80**	12,00	1,2%
Büro- und Verwaltungsgebäude, hoher Standard	6,10	**9,70**	20,00	1,0%
Büro- und Verwaltungsgebäude, Holzbauweise	4,50	**10,00**	24,00	1,6%
2 Gebäude für Forschung und Lehre				
Instituts- und Laborgebäude	6,40	**14,00**	25,00	1,0%
3 Gebäude des Gesundheitswesens				
Medizinische Einrichtungen	7,60	**12,00**	14,00	1,6%
Pflegeheime	5,30	**12,00**	30,00	1,5%
Gebäude für Erholungszwecke	9,00	**20,00**	60,00	4,5%
4 Schulen und Kindergärten				
Allgemeinbildende Schulen	3,00	**5,10**	7,70	1,0%
Schulen, Holzbauweise	11,00	**17,00**	27,00	3,3%
Berufliche Schulen	6,90	**26,00**	36,00	2,5%
Förder- und Sonderschulen	3,90	**7,30**	13,00	1,3%
Weiterbildungseinrichtungen	1,70	**6,00**	8,10	0,8%
Kindergärten, nicht unterkellert, einfacher Standard	11,00	**19,00**	35,00	4,4%
Kindergärten, nicht unterkellert, mittlerer Standard	9,50	**17,00**	47,00	2,7%
Kindergärten, nicht unterkellert, hoher Standard	4,90	**10,00**	14,00	1,8%
Kindergärten, Holzbauweise, nicht unterkellert	11,00	**19,00**	26,00	3,3%
Kindergärten, unterkellert	3,70	**11,00**	17,00	1,8%
5 Sportbauten				
Sport- und Mehrzweckhallen	5,90	**9,70**	17,00	1,9%
Sporthallen (Einfeldhallen)	9,50	**16,00**	21,00	3,1%
Sporthallen (Dreifeldhallen)	3,80	**9,00**	16,00	1,0%
6 Wohngebäude				
Ein- und Zweifamilienhäuser				
Ein- und Zweifamilienhäuser, unterkellert, einfacher Standard	1,10	**2,20**	4,30	1,0%
Ein- und Zweifamilienhäuser, unterkellert, mittlerer Standard	2,00	**4,10**	9,70	1,0%
Ein- und Zweifamilienhäuser, unterkellert, hoher Standard	2,60	**5,60**	11,00	1,2%
Ein- und Zweifamilienhäuser, nicht unterkellert, einfacher Standard	1,70	**2,60**	3,60	1,1%
Ein- und Zweifamilienhäuser, nicht unterkellert, mittlerer Standard	2,30	**6,20**	12,00	1,3%
Ein- und Zweifamilienhäuser, nicht unterkellert, hoher Standard	2,90	**9,20**	23,00	2,1%
Ein- und Zweifamilienhäuser, Passivhausstandard, Massivbauweise	2,10	**4,60**	9,70	1,0%
Ein- und Zweifamilienhäuser, Passivhausstandard, Holzbauweise	1,80	**3,60**	8,10	0,5%
Ein- und Zweifamilienhäuser, Holzbauweise, unterkellert	2,50	**6,20**	16,00	1,4%
Ein- und Zweifamilienhäuser, Holzbauweise, nicht unterkellert	2,60	**5,20**	13,00	1,4%
Doppel- und Reihenend- / Reihenhäuser				
Doppel- und Reihenendhäuser, einfacher Standard	1,10	**2,80**	4,50	0,7%
Doppel- und Reihenendhäuser, mittlerer Standard	3,40	**4,20**	6,70	1,1%
Doppel- und Reihenendhäuser, hoher Standard	3,10	**5,50**	7,80	1,0%
Doppel- und Reihenendhäuser, Holzbauweise	4,30	**7,30**	12,00	2,0%
Reihenhäuser, einfacher Standard	–	**1,30**	–	0,2%
Reihenhäuser, mittlerer Standard	2,50	**3,30**	4,10	0,8%
Reihenhäuser, hoher Standard	1,60	**3,60**	7,00	0,7%
Mehrfamilienhäuser				
Mehrfamilienhäuser, mit bis zu 6 WE, einfacher Standard	0,40	**0,80**	1,20	0,5%
Mehrfamilienhäuser, mit bis zu 6 WE, mittlerer Standard	1,80	**2,80**	4,20	0,9%
Mehrfamilienhäuser, mit bis zu 6 WE, hoher Standard	2,20	**4,70**	8,00	1,1%

Gebäudeart	▷	€/Einheit	◁	KG an 400
Mehrfamilienhäuser (Fortsetzung)				
Mehrfamilienhäuser, mit 6 bis 19 WE, einfacher Standard	1,60	**2,20**	3,40	0,8%
Mehrfamilienhäuser, mit 6 bis 19 WE, mittlerer Standard	0,70	**2,00**	4,40	0,7%
Mehrfamilienhäuser, mit 6 bis 19 WE, hoher Standard	1,20	**1,70**	2,20	0,5%
Mehrfamilienhäuser, mit 20 oder mehr WE, einfacher Standard	2,40	**2,60**	2,80	0,6%
Mehrfamilienhäuser, mit 20 oder mehr WE, mittlerer Standard	2,40	**4,60**	8,70	1,3%
Mehrfamilienhäuser, mit 20 oder mehr WE, hoher Standard	3,90	**5,10**	7,30	1,3%
Mehrfamilienhäuser, Passivhäuser	1,90	**2,80**	6,40	0,9%
Mehrfamilienhäuser, Holzbauweise	3,30	**4,10**	5,10	1,2%
Wohnhäuser, mit bis zu 15% Mischnutzung, einfacher Standard	2,90	**2,90**	3,00	0,9%
Wohnhäuser, mit bis zu 15% Mischnutzung, mittlerer Standard	2,00	**3,10**	4,80	1,1%
Wohnhäuser, mit bis zu 15% Mischnutzung, hoher Standard	–	**2,30**	–	0,7%
Wohnhäuser, mit mehr als 15% Mischnutzung	3,50	**4,50**	5,50	0,7%
Seniorenwohnungen und Beherbergungen				
Seniorenwohnungen, mittlerer Standard	3,90	**6,40**	11,00	1,6%
Seniorenwohnungen, hoher Standard	5,90	**6,90**	7,80	1,4%
Wohnheime und Internate	3,20	**8,20**	30,00	1,4%
Hotels	–	**4,00**	–	1,2%
7 Gewerbe, Lager und Garagen				
Gaststätten, Kantinen und Mensen	–	**6,70**	–	0,6%
Industrielle Produktionsgebäude, Massivbauweise	3,90	**6,50**	13,00	1,4%
Industrielle Produktionsgebäude, überwiegend Skelettbauweise	2,60	**9,40**	13,00	1,8%
Betriebs- und Werkstätten, eingeschossig	2,50	**9,40**	23,00	1,3%
Betriebs- und Werkstätten, mehrgeschossig, geringer Hallenanteil	3,10	**9,70**	19,00	2,5%
Betriebs- und Werkstätten, mehrgeschossig, hoher Hallenanteil	2,60	**5,40**	11,00	1,3%
Geschäftshäuser, mit Wohnungen	0,80	**2,20**	2,90	0,5%
Geschäftshäuser, ohne Wohnungen	2,50	**3,80**	5,10	1,2%
Verbrauchermärkte	4,80	**6,10**	8,60	1,7%
Autohäuser	1,50	**1,80**	2,10	0,8%
Lagergebäude, ohne Mischnutzung	2,90	**11,00**	36,00	11,5%
Lagergebäude, mit bis zu 25% Mischnutzung	2,20	**6,30**	8,30	2,6%
Lagergebäude, mit mehr als 25% Mischnutzung	1,70	**2,90**	4,10	1,0%
Garagen und Bereitschaftsdienste				
Einzel- und Doppelgaragen	–	**–**	–	–
Mehrfachgaragen	2,40	**5,10**	8,10	5,4%
Hochgaragen	1,30	**2,10**	2,60	7,0%
Fahrradparkhäuser	2,30	**15,00**	41,00	3,2%
Carports	–	**–**	–	–
Tiefgaragen	9,20	**10,00**	12,00	13,1%
Feuerwehrhäuser	5,80	**15,00**	27,00	2,8%
Öffentliche Bereitschaftsdienste	3,10	**6,10**	14,00	3,9%
8 Gebäude für kulturelle und religiöse Zwecke				
Bibliotheken, Museen und Ausstellungen	9,50	**20,00**	34,00	2,8%
Theater	2,40	**6,60**	11,00	1,4%
Gemeindezentren, einfacher Standard	3,20	**5,30**	8,30	2,4%
Gemeindezentren, mittlerer Standard	3,60	**10,00**	21,00	1,5%
Gemeindezentren, hoher Standard	4,30	**11,00**	17,00	1,6%
Gemeindezentren, Holzbauweise	9,00	**11,00**	15,00	1,9%
Friedhofsgebäude	14,00	**15,00**	15,00	1,8%

Einheit: m²
Brutto-Grundfläche (BGF)

Kosten:
Stand 1. Quartal 2026
Bundesdurchschnitt
inkl. 19% MwSt.

Einheit: m²
Brutto-Grundfläche (BGF)

Gebäudeart	▷	€/Einheit	◁	KG an 400
1 Büro- und Verwaltungsgebäude				
Büro- und Verwaltungsgebäude, einfacher Standard	1,00	**3,60**	8,90	1,5%
Büro- und Verwaltungsgebäude, mittlerer Standard	1,70	**4,70**	10,00	0,6%
Büro- und Verwaltungsgebäude, hoher Standard	1,30	**5,60**	11,00	0,6%
Büro- und Verwaltungsgebäude, Holzbauweise	0,90	**3,40**	7,60	0,4%
2 Gebäude für Forschung und Lehre				
Instituts- und Laborgebäude	1,70	**5,10**	15,00	0,3%
3 Gebäude des Gesundheitswesens				
Medizinische Einrichtungen	5,40	**17,00**	38,00	2,4%
Pflegeheime	12,00	**27,00**	35,00	3,1%
Gebäude für Erholungszwecke	1,80	**1,90**	2,10	< 0,1%
4 Schulen und Kindergärten				
Allgemeinbildende Schulen	0,50	**0,60**	0,80	< 0,1%
Schulen, Holzbauweise	2,10	**4,00**	10,00	0,5%
Berufliche Schulen	0,50	**0,90**	1,30	< 0,1%
Förder- und Sonderschulen	1,30	**2,20**	4,30	0,3%
Weiterbildungseinrichtungen	–	**3,30**	–	0,1%
Kindergärten, nicht unterkellert, einfacher Standard	1,60	**4,00**	8,30	0,9%
Kindergärten, nicht unterkellert, mittlerer Standard	1,60	**2,70**	3,80	0,4%
Kindergärten, nicht unterkellert, hoher Standard	1,40	**2,50**	4,30	0,3%
Kindergärten, Holzbauweise, nicht unterkellert	2,90	**4,80**	8,60	0,6%
Kindergärten, unterkellert	2,20	**4,80**	11,00	0,7%
5 Sportbauten				
Sport- und Mehrzweckhallen	–	**1,00**	–	< 0,1%
Sporthallen (Einfeldhallen)	1,10	**2,00**	3,00	0,2%
Sporthallen (Dreifeldhallen)	0,60	**0,70**	0,90	< 0,1%
6 Wohngebäude				
Ein- und Zweifamilienhäuser				
Ein- und Zweifamilienhäuser, unterkellert, einfacher Standard	1,30	**2,10**	3,40	1,0%
Ein- und Zweifamilienhäuser, unterkellert, mittlerer Standard	1,30	**3,20**	6,10	0,7%
Ein- und Zweifamilienhäuser, unterkellert, hoher Standard	2,90	**6,50**	16,00	1,2%
Ein- und Zweifamilienhäuser, nicht unterkellert, einfacher Standard	1,50	**1,70**	1,90	0,7%
Ein- und Zweifamilienhäuser, nicht unterkellert, mittlerer Standard	1,20	**2,80**	4,30	0,6%
Ein- und Zweifamilienhäuser, nicht unterkellert, hoher Standard	1,30	**4,00**	8,10	0,8%
Ein- und Zweifamilienhäuser, Passivhausstandard, Massivbauweise	2,00	**4,10**	8,70	0,8%
Ein- und Zweifamilienhäuser, Passivhausstandard, Holzbauweise	3,10	**5,40**	10,00	0,8%
Ein- und Zweifamilienhäuser, Holzbauweise, unterkellert	1,30	**2,80**	4,70	0,7%
Ein- und Zweifamilienhäuser, Holzbauweise, nicht unterkellert	2,50	**4,10**	6,50	0,5%
Doppel- und Reihenend- / Reihenhäuser				
Doppel- und Reihenendhäuser, einfacher Standard	1,50	**5,60**	9,60	1,4%
Doppel- und Reihenendhäuser, mittlerer Standard	2,20	**4,40**	7,00	1,2%
Doppel- und Reihenendhäuser, hoher Standard	3,70	**4,10**	4,80	1,0%
Doppel- und Reihenendhäuser, Holzbauweise	1,80	**3,30**	4,30	1,0%
Reihenhäuser, einfacher Standard	–	**1,60**	–	0,3%
Reihenhäuser, mittlerer Standard	1,40	**2,80**	4,30	0,7%
Reihenhäuser, hoher Standard	3,30	**4,20**	5,20	0,7%
Mehrfamilienhäuser				
Mehrfamilienhäuser, mit bis zu 6 WE, einfacher Standard	–	**2,50**	–	0,8%
Mehrfamilienhäuser, mit bis zu 6 WE, mittlerer Standard	1,80	**3,70**	4,80	1,2%
Mehrfamilienhäuser, mit bis zu 6 WE, hoher Standard	2,80	**8,00**	12,00	1,8%

▷ von
ø Mittel
◁ bis

Gebäudeart	▷	€/Einheit	◁	KG an 400
Mehrfamilienhäuser (Fortsetzung)				
Mehrfamilienhäuser, mit 6 bis 19 WE, einfacher Standard	2,20	**2,70**	3,60	1,0%
Mehrfamilienhäuser, mit 6 bis 19 WE, mittlerer Standard	1,80	**2,60**	4,60	0,6%
Mehrfamilienhäuser, mit 6 bis 19 WE, hoher Standard	4,40	**7,40**	14,00	1,7%
Mehrfamilienhäuser, mit 20 oder mehr WE, einfacher Standard	1,90	**2,50**	3,10	0,6%
Mehrfamilienhäuser, mit 20 oder mehr WE, mittlerer Standard	3,90	**8,10**	23,00	2,3%
Mehrfamilienhäuser, mit 20 oder mehr WE, hoher Standard	2,30	**3,50**	5,70	0,8%
Mehrfamilienhäuser, Passivhäuser	2,80	**4,00**	5,30	1,2%
Mehrfamilienhäuser, Holzbauweise	1,10	**2,90**	4,40	0,8%
Wohnhäuser, mit bis zu 15% Mischnutzung, einfacher Standard	–	**1,00**	–	0,1%
Wohnhäuser, mit bis zu 15% Mischnutzung, mittlerer Standard	1,40	**2,60**	3,80	0,4%
Wohnhäuser, mit bis zu 15% Mischnutzung, hoher Standard	–	**2,70**	–	0,8%
Wohnhäuser, mit mehr als 15% Mischnutzung	2,40	**2,60**	2,70	0,4%
Seniorenwohnungen und Beherbergungen				
Seniorenwohnungen, mittlerer Standard	4,10	**12,00**	27,00	2,9%
Seniorenwohnungen, hoher Standard	5,60	**11,00**	16,00	2,2%
Wohnheime und Internate	1,70	**3,10**	5,30	0,6%
Hotels	–	**–**	–	–
7 Gewerbe, Lager und Garagen				
Gaststätten, Kantinen und Mensen	–	**–**	–	–
Industrielle Produktionsgebäude, Massivbauweise	–	**6,60**	–	0,5%
Industrielle Produktionsgebäude, überwiegend Skelettbauweise	1,30	**3,80**	8,70	0,2%
Betriebs- und Werkstätten, eingeschossig	–	**2,50**	–	< 0,1%
Betriebs- und Werkstätten, mehrgeschossig, geringer Hallenanteil	1,60	**2,80**	4,50	0,5%
Betriebs- und Werkstätten, mehrgeschossig, hoher Hallenanteil	0,70	**1,80**	6,20	0,4%
Geschäftshäuser, mit Wohnungen	0,40	**6,20**	12,00	1,0%
Geschäftshäuser, ohne Wohnungen	2,60	**2,70**	2,80	0,8%
Verbrauchermärkte	–	**2,50**	–	0,1%
Autohäuser	–	**–**	–	–
Lagergebäude, ohne Mischnutzung	2,10	**2,90**	3,60	0,3%
Lagergebäude, mit bis zu 25% Mischnutzung	1,80	**3,30**	4,80	0,6%
Lagergebäude, mit mehr als 25% Mischnutzung	–	**0,60**	–	< 0,1%
Garagen und Bereitschaftsdienste				
Einzel- und Doppelgaragen	–	**–**	–	–
Mehrfachgaragen	–	**3,20**	–	0,1%
Hochgaragen	–	**< 0,10**	–	< 0,1%
Fahrradparkhäuser	–	**0,90**	–	0,1%
Carports	–	**–**	–	–
Tiefgaragen	–	**–**	–	–
Feuerwehrhäuser	1,60	**5,90**	23,00	0,8%
Öffentliche Bereitschaftsdienste	0,80	**1,10**	1,50	0,2%
8 Gebäude für kulturelle und religiöse Zwecke				
Bibliotheken, Museen und Ausstellungen	0,90	**2,00**	2,60	0,1%
Theater	–	**1,30**	–	0,2%
Gemeindezentren, einfacher Standard	0,60	**1,50**	2,40	0,4%
Gemeindezentren, mittlerer Standard	2,50	**7,50**	21,00	0,7%
Gemeindezentren, hoher Standard	1,40	**1,90**	2,10	0,2%
Gemeindezentren, Holzbauweise	2,40	**3,30**	4,30	0,4%
Friedhofsgebäude	–	**11,00**	–	0,3%

Einheit: m^2
Brutto-Grundfläche (BGF)

Kosten:
Stand 1. Quartal 2026
Bundesdurchschnitt
inkl. 19% MwSt.

Einheit: m²
Brutto-Grundfläche (BGF)

▷ von
ø Mittel
◁ bis

Gebäudeart	▷	€/Einheit	◁	KG an 400
1 Büro- und Verwaltungsgebäude				
Büro- und Verwaltungsgebäude, einfacher Standard	–	**–**	–	–
Büro- und Verwaltungsgebäude, mittlerer Standard	–	**24,00**	–	0,1%
Büro- und Verwaltungsgebäude, hoher Standard	–	**–**	–	–
Büro- und Verwaltungsgebäude, Holzbauweise	–	**3,20**	–	< 0,1%
2 Gebäude für Forschung und Lehre				
Instituts- und Laborgebäude	–	**2,70**	–	< 0,1%
3 Gebäude des Gesundheitswesens				
Medizinische Einrichtungen	–	**–**	–	–
Pflegeheime	–	**–**	–	–
Gebäude für Erholungszwecke	–	**–**	–	–
4 Schulen und Kindergärten				
Allgemeinbildende Schulen	0,50	**1,30**	3,40	0,1%
Schulen, Holzbauweise	–	**0,60**	–	< 0,1%
Berufliche Schulen	–	**3,60**	–	0,1%
Förder- und Sonderschulen	1,20	**2,00**	2,80	0,2%
Weiterbildungseinrichtungen	–	**–**	–	–
Kindergärten, nicht unterkellert, einfacher Standard	–	**–**	–	–
Kindergärten, nicht unterkellert, mittlerer Standard	–	**–**	–	–
Kindergärten, nicht unterkellert, hoher Standard	–	**–**	–	–
Kindergärten, Holzbauweise, nicht unterkellert	–	**1,10**	–	< 0,1%
Kindergärten, unterkellert	–	**0,60**	–	< 0,1%
5 Sportbauten				
Sport- und Mehrzweckhallen	–	**0,40**	–	< 0,1%
Sporthallen (Einfeldhallen)	–	**–**	–	–
Sporthallen (Dreifeldhallen)	0,40	**1,20**	2,10	< 0,1%
6 Wohngebäude				
Ein- und Zweifamilienhäuser				
Ein- und Zweifamilienhäuser, unterkellert, einfacher Standard	–	**–**	–	–
Ein- und Zweifamilienhäuser, unterkellert, mittlerer Standard	–	**–**	–	–
Ein- und Zweifamilienhäuser, unterkellert, hoher Standard	–	**–**	–	–
Ein- und Zweifamilienhäuser, nicht unterkellert, einfacher Standard	–	**–**	–	–
Ein- und Zweifamilienhäuser, nicht unterkellert, mittlerer Standard	–	**–**	–	–
Ein- und Zweifamilienhäuser, nicht unterkellert, hoher Standard	–	**–**	–	–
Ein- und Zweifamilienhäuser, Passivhausstandard, Massivbauweise	–	**–**	–	–
Ein- und Zweifamilienhäuser, Passivhausstandard, Holzbauweise	–	**–**	–	–
Ein- und Zweifamilienhäuser, Holzbauweise, unterkellert	–	**–**	–	–
Ein- und Zweifamilienhäuser, Holzbauweise, nicht unterkellert	–	**–**	–	–
Doppel- und Reihenend- / Reihenhäuser				
Doppel- und Reihenendhäuser, einfacher Standard	–	**–**	–	–
Doppel- und Reihenendhäuser, mittlerer Standard	–	**–**	–	–
Doppel- und Reihenendhäuser, hoher Standard	–	**–**	–	–
Doppel- und Reihenendhäuser, Holzbauweise	–	**–**	–	–
Reihenhäuser, einfacher Standard	–	**–**	–	–
Reihenhäuser, mittlerer Standard	–	**–**	–	–
Reihenhäuser, hoher Standard	–	**–**	–	–
Mehrfamilienhäuser				
Mehrfamilienhäuser, mit bis zu 6 WE, einfacher Standard	–	**–**	–	–
Mehrfamilienhäuser, mit bis zu 6 WE, mittlerer Standard	–	**–**	–	–
Mehrfamilienhäuser, mit bis zu 6 WE, hoher Standard	–	**–**	–	–

Gebäudeart	▷	€/Einheit	◁	KG an 400
Mehrfamilienhäuser (Fortsetzung)				
Mehrfamilienhäuser, mit 6 bis 19 WE, einfacher Standard	–	–	–	–
Mehrfamilienhäuser, mit 6 bis 19 WE, mittlerer Standard	–	–	–	–
Mehrfamilienhäuser, mit 6 bis 19 WE, hoher Standard	–	–	–	–
Mehrfamilienhäuser, mit 20 oder mehr WE, einfacher Standard	–	–	–	–
Mehrfamilienhäuser, mit 20 oder mehr WE, mittlerer Standard	–	–	–	–
Mehrfamilienhäuser, mit 20 oder mehr WE, hoher Standard	–	–	–	–
Mehrfamilienhäuser, Passivhäuser	–	–	–	–
Mehrfamilienhäuser, Holzbauweise	–	–	–	–
Wohnhäuser, mit bis zu 15% Mischnutzung, einfacher Standard	–	–	–	–
Wohnhäuser, mit bis zu 15% Mischnutzung, mittlerer Standard	–	–	–	–
Wohnhäuser, mit bis zu 15% Mischnutzung, hoher Standard	–	–	–	–
Wohnhäuser, mit mehr als 15% Mischnutzung	–	–	–	–
Seniorenwohnungen und Beherbergungen				
Seniorenwohnungen, mittlerer Standard	–	–	–	–
Seniorenwohnungen, hoher Standard	–	–	–	–
Wohnheime und Internate	–	–	–	–
Hotels	–	–	–	–
7 Gewerbe, Lager und Garagen				
Gaststätten, Kantinen und Mensen	–	–	–	–
Industrielle Produktionsgebäude, Massivbauweise	–	–	–	–
Industrielle Produktionsgebäude, überwiegend Skelettbauweise	–	–	–	–
Betriebs- und Werkstätten, eingeschossig	–	–	–	–
Betriebs- und Werkstätten, mehrgeschossig, geringer Hallenanteil	–	–	–	–
Betriebs- und Werkstätten, mehrgeschossig, hoher Hallenanteil	–	–	–	–
Geschäftshäuser, mit Wohnungen	–	–	–	–
Geschäftshäuser, ohne Wohnungen	–	–	–	–
Verbrauchermärkte	–	–	–	–
Autohäuser	–	–	–	–
Lagergebäude, ohne Mischnutzung	–	**0,60**	–	< 0,1%
Lagergebäude, mit bis zu 25% Mischnutzung	–	–	–	–
Lagergebäude, mit mehr als 25% Mischnutzung	–	–	–	–
Garagen und Bereitschaftsdienste				
Einzel- und Doppelgaragen	–	–	–	–
Mehrfachgaragen	–	–	–	–
Hochgaragen	–	–	–	–
Fahrradparkhäuser	–	–	–	–
Carports	–	–	–	–
Tiefgaragen	–	–	–	–
Feuerwehrhäuser	–	**3,90**	–	0,1%
Öffentliche Bereitschaftsdienste	–	–	–	–
8 Gebäude für kulturelle und religiöse Zwecke				
Bibliotheken, Museen und Ausstellungen	–	–	–	–
Theater	–	–	–	–
Gemeindezentren, einfacher Standard	–	–	–	–
Gemeindezentren, mittlerer Standard	–	–	–	–
Gemeindezentren, hoher Standard	–	–	–	–
Gemeindezentren, Holzbauweise	–	–	–	–
Friedhofsgebäude	–	–	–	–

Einheit: m²
Brutto-Grundfläche (BGF)

Kosten:
Stand 1. Quartal 2026
Bundesdurchschnitt
inkl. 19% MwSt.

Einheit: m²
Brutto-Grundfläche (BGF)

▷ von
ø Mittel
◁ bis

Gebäudeart	▷	€/Einheit	◁	KG an 400
1 Büro- und Verwaltungsgebäude				
Büro- und Verwaltungsgebäude, einfacher Standard	–	–	–	–
Büro- und Verwaltungsgebäude, mittlerer Standard	0,20	**1,00**	1,80	< 0,1%
Büro- und Verwaltungsgebäude, hoher Standard	–	–	–	–
Büro- und Verwaltungsgebäude, Holzbauweise	–	**2,30**	–	< 0,1%
2 Gebäude für Forschung und Lehre				
Instituts- und Laborgebäude	–	**2,40**	–	< 0,1%
3 Gebäude des Gesundheitswesens				
Medizinische Einrichtungen	0,20	**5,20**	8,00	0,6%
Pflegeheime	3,40	**9,90**	16,00	0,3%
Gebäude für Erholungszwecke	–	–	–	–
4 Schulen und Kindergärten				
Allgemeinbildende Schulen	2,80	**8,60**	13,00	1,1%
Schulen, Holzbauweise	1,70	**3,60**	5,60	0,2%
Berufliche Schulen	11,00	**14,00**	18,00	0,7%
Förder- und Sonderschulen	3,80	**9,00**	19,00	1,0%
Weiterbildungseinrichtungen	–	–	–	–
Kindergärten, nicht unterkellert, einfacher Standard	–	–	–	–
Kindergärten, nicht unterkellert, mittlerer Standard	–	**22,00**	–	0,8%
Kindergärten, nicht unterkellert, hoher Standard	–	**2,10**	–	< 0,1%
Kindergärten, Holzbauweise, nicht unterkellert	–	**13,00**	–	0,1%
Kindergärten, unterkellert	–	–	–	–
5 Sportbauten				
Sport- und Mehrzweckhallen	4,50	**6,50**	8,50	0,6%
Sporthallen (Einfeldhallen)	1,00	**5,60**	10,00	0,5%
Sporthallen (Dreifeldhallen)	3,90	**12,00**	19,00	1,5%
6 Wohngebäude				
Ein- und Zweifamilienhäuser				
Ein- und Zweifamilienhäuser, unterkellert, einfacher Standard	–	–	–	–
Ein- und Zweifamilienhäuser, unterkellert, mittlerer Standard	1,80	**2,60**	4,30	0,1%
Ein- und Zweifamilienhäuser, unterkellert, hoher Standard	1,40	**3,70**	17,00	0,3%
Ein- und Zweifamilienhäuser, nicht unterkellert, einfacher Standard	–	–	–	–
Ein- und Zweifamilienhäuser, nicht unterkellert, mittlerer Standard	1,00	**1,20**	1,40	< 0,1%
Ein- und Zweifamilienhäuser, nicht unterkellert, hoher Standard	0,50	**1,00**	2,10	< 0,1%
Ein- und Zweifamilienhäuser, Passivhausstandard, Massivbauweise	–	–	–	–
Ein- und Zweifamilienhäuser, Passivhausstandard, Holzbauweise	–	–	–	–
Ein- und Zweifamilienhäuser, Holzbauweise, unterkellert	–	**5,50**	–	0,1%
Ein- und Zweifamilienhäuser, Holzbauweise, nicht unterkellert	1,10	**1,80**	3,40	0,1%
Doppel- und Reihenend- / Reihenhäuser				
Doppel- und Reihenendhäuser, einfacher Standard	–	–	–	–
Doppel- und Reihenendhäuser, mittlerer Standard	–	–	–	–
Doppel- und Reihenendhäuser, hoher Standard	–	**0,30**	–	< 0,1%
Doppel- und Reihenendhäuser, Holzbauweise	–	**1,40**	–	< 0,1%
Reihenhäuser, einfacher Standard	–	–	–	–
Reihenhäuser, mittlerer Standard	–	–	–	–
Reihenhäuser, hoher Standard	–	**0,90**	–	< 0,1%
Mehrfamilienhäuser				
Mehrfamilienhäuser, mit bis zu 6 WE, einfacher Standard	–	–	–	–
Mehrfamilienhäuser, mit bis zu 6 WE, mittlerer Standard	–	**0,60**	–	< 0,1%
Mehrfamilienhäuser, mit bis zu 6 WE, hoher Standard	0,90	**2,50**	4,10	0,1%

Gebäudeart	▷	€/Einheit	◁	KG an 400
Mehrfamilienhäuser (Fortsetzung)				
Mehrfamilienhäuser, mit 6 bis 19 WE, einfacher Standard	–	**–**	–	–
Mehrfamilienhäuser, mit 6 bis 19 WE, mittlerer Standard	–	**–**	–	–
Mehrfamilienhäuser, mit 6 bis 19 WE, hoher Standard	–	**1,30**	–	< 0,1%
Mehrfamilienhäuser, mit 20 oder mehr WE, einfacher Standard	–	**–**	–	–
Mehrfamilienhäuser, mit 20 oder mehr WE, mittlerer Standard	–	**–**	–	–
Mehrfamilienhäuser, mit 20 oder mehr WE, hoher Standard	–	**–**	–	–
Mehrfamilienhäuser, Passivhäuser	–	**0,10**	–	< 0,1%
Mehrfamilienhäuser, Holzbauweise	–	**1,00**	–	< 0,1%
Wohnhäuser, mit bis zu 15% Mischnutzung, einfacher Standard	–	**1,50**	–	0,2%
Wohnhäuser, mit bis zu 15% Mischnutzung, mittlerer Standard	–	**1,00**	–	0,2%
Wohnhäuser, mit bis zu 15% Mischnutzung, hoher Standard	–	**–**	–	–
Wohnhäuser, mit mehr als 15% Mischnutzung	–	**–**	–	–
Seniorenwohnungen und Beherbergungen				
Seniorenwohnungen, mittlerer Standard	–	**–**	–	–
Seniorenwohnungen, hoher Standard	–	**–**	–	–
Wohnheime und Internate	3,20	**9,30**	15,00	0,3%
Hotels	–	**–**	–	–
7 Gewerbe, Lager und Garagen				
Gaststätten, Kantinen und Mensen	–	**18,00**	–	1,5%
Industrielle Produktionsgebäude, Massivbauweise	–	**–**	–	–
Industrielle Produktionsgebäude, überwiegend Skelettbauweise	–	**–**	–	–
Betriebs- und Werkstätten, eingeschossig	–	**–**	–	–
Betriebs- und Werkstätten, mehrgeschossig, geringer Hallenanteil	–	**–**	–	–
Betriebs- und Werkstätten, mehrgeschossig, hoher Hallenanteil	–	**0,40**	–	< 0,1%
Geschäftshäuser, mit Wohnungen	–	**–**	–	–
Geschäftshäuser, ohne Wohnungen	–	**–**	–	–
Verbrauchermärkte	–	**1,70**	–	< 0,1%
Autohäuser	–	**–**	–	–
Lagergebäude, ohne Mischnutzung	–	**–**	–	–
Lagergebäude, mit bis zu 25% Mischnutzung	–	**–**	–	–
Lagergebäude, mit mehr als 25% Mischnutzung	–	**–**	–	–
Garagen und Bereitschaftsdienste				
Einzel- und Doppelgaragen	–	**–**	–	–
Mehrfachgaragen	–	**–**	–	–
Hochgaragen	–	**–**	–	–
Fahrradparkhäuser	–	**–**	–	–
Carports	–	**–**	–	–
Tiefgaragen	–	**–**	–	–
Feuerwehrhäuser	11,00	**12,00**	14,00	0,5%
Öffentliche Bereitschaftsdienste	–	**–**	–	–
8 Gebäude für kulturelle und religiöse Zwecke				
Bibliotheken, Museen und Ausstellungen	16,00	**63,00**	111,00	1,9%
Theater	–	**25,00**	–	0,6%
Gemeindezentren, einfacher Standard	–	**2,60**	–	0,2%
Gemeindezentren, mittlerer Standard	4,00	**8,10**	12,00	0,4%
Gemeindezentren, hoher Standard	16,00	**43,00**	57,00	4,6%
Gemeindezentren, Holzbauweise	–	**2,60**	–	0,1%
Friedhofsgebäude	–	**1,80**	–	< 0,1%

Einheit: m²
Brutto-Grundfläche (BGF)

Kosten:
Stand 1. Quartal 2026
Bundesdurchschnitt
inkl. 19% MwSt.

Einheit: m²
Brutto-Grundfläche (BGF)

▷ von
ø Mittel
◁ bis

Gebäudeart	▷	€/Einheit	◁	KG an 400
1 Büro- und Verwaltungsgebäude				
Büro- und Verwaltungsgebäude, einfacher Standard	–	**6,80**	–	1,0%
Büro- und Verwaltungsgebäude, mittlerer Standard	0,40	**1,50**	7,00	< 0,1%
Büro- und Verwaltungsgebäude, hoher Standard	1,60	**4,70**	22,00	0,2%
Büro- und Verwaltungsgebäude, Holzbauweise	1,90	**13,00**	23,00	0,5%
2 Gebäude für Forschung und Lehre				
Instituts- und Laborgebäude	–	**3,90**	–	< 0,1%
3 Gebäude des Gesundheitswesens				
Medizinische Einrichtungen	0,20	**1,80**	2,60	0,2%
Pflegeheime	3,60	**4,90**	5,80	0,6%
Gebäude für Erholungszwecke	–	**0,40**	–	< 0,1%
4 Schulen und Kindergärten				
Allgemeinbildende Schulen	–	**0,60**	–	< 0,1%
Schulen, Holzbauweise	–	**2,10**	–	< 0,1%
Berufliche Schulen	–	**3,30**	–	< 0,1%
Förder- und Sonderschulen	0,70	**1,00**	1,60	< 0,1%
Weiterbildungseinrichtungen	–	**3,00**	–	0,1%
Kindergärten, nicht unterkellert, einfacher Standard	–	**–**	–	–
Kindergärten, nicht unterkellert, mittlerer Standard	0,40	**0,60**	0,80	< 0,1%
Kindergärten, nicht unterkellert, hoher Standard	1,30	**3,40**	5,50	0,4%
Kindergärten, Holzbauweise, nicht unterkellert	0,40	**2,90**	5,30	0,1%
Kindergärten, unterkellert	–	**0,70**	–	< 0,1%
5 Sportbauten				
Sport- und Mehrzweckhallen	1,10	**1,40**	1,60	0,1%
Sporthallen (Einfeldhallen)	–	**–**	–	–
Sporthallen (Dreifeldhallen)	1,70	**2,10**	2,40	0,1%
6 Wohngebäude				
Ein- und Zweifamilienhäuser				
Ein- und Zweifamilienhäuser, unterkellert, einfacher Standard	1,70	**4,50**	9,20	2,0%
Ein- und Zweifamilienhäuser, unterkellert, mittlerer Standard	4,10	**5,90**	8,00	1,1%
Ein- und Zweifamilienhäuser, unterkellert, hoher Standard	4,60	**6,50**	8,90	1,0%
Ein- und Zweifamilienhäuser, nicht unterkellert, einfacher Standard	0,60	**4,00**	7,40	1,4%
Ein- und Zweifamilienhäuser, nicht unterkellert, mittlerer Standard	2,40	**7,10**	15,00	1,2%
Ein- und Zweifamilienhäuser, nicht unterkellert, hoher Standard	1,40	**3,90**	9,50	0,7%
Ein- und Zweifamilienhäuser, Passivhausstandard, Massivbauweise	1,90	**4,40**	7,60	0,9%
Ein- und Zweifamilienhäuser, Passivhausstandard, Holzbauweise	3,40	**6,90**	11,00	0,8%
Ein- und Zweifamilienhäuser, Holzbauweise, unterkellert	1,60	**3,70**	6,90	0,9%
Ein- und Zweifamilienhäuser, Holzbauweise, nicht unterkellert	1,50	**5,00**	9,00	0,9%
Doppel- und Reihenend- / Reihenhäuser				
Doppel- und Reihenendhäuser, einfacher Standard	2,10	**4,70**	7,30	1,2%
Doppel- und Reihenendhäuser, mittlerer Standard	1,40	**5,70**	9,30	1,6%
Doppel- und Reihenendhäuser, hoher Standard	1,60	**4,10**	7,00	0,8%
Doppel- und Reihenendhäuser, Holzbauweise	1,60	**5,40**	8,80	1,5%
Reihenhäuser, einfacher Standard	–	**1,70**	–	0,3%
Reihenhäuser, mittlerer Standard	–	**13,00**	–	1,7%
Reihenhäuser, hoher Standard	1,90	**3,10**	5,40	0,4%
Mehrfamilienhäuser				
Mehrfamilienhäuser, mit bis zu 6 WE, einfacher Standard	–	**1,00**	–	0,3%
Mehrfamilienhäuser, mit bis zu 6 WE, mittlerer Standard	1,80	**4,40**	6,80	1,5%
Mehrfamilienhäuser, mit bis zu 6 WE, hoher Standard	3,10	**4,10**	5,40	1,0%

Gebäudeart	▷	€/Einheit	◁	KG an 400
Mehrfamilienhäuser (Fortsetzung)				
Mehrfamilienhäuser, mit 6 bis 19 WE, einfacher Standard	2,40	**5,10**	10,00	1,8%
Mehrfamilienhäuser, mit 6 bis 19 WE, mittlerer Standard	1,80	**3,70**	6,80	0,9%
Mehrfamilienhäuser, mit 6 bis 19 WE, hoher Standard	3,20	**4,40**	5,50	1,1%
Mehrfamilienhäuser, mit 20 oder mehr WE, einfacher Standard	1,80	**2,00**	2,10	0,5%
Mehrfamilienhäuser, mit 20 oder mehr WE, mittlerer Standard	3,40	**8,30**	20,00	1,9%
Mehrfamilienhäuser, mit 20 oder mehr WE, hoher Standard	3,60	**7,90**	16,00	1,8%
Mehrfamilienhäuser, Passivhäuser	2,10	**6,20**	10,00	1,8%
Mehrfamilienhäuser, Holzbauweise	2,70	**4,10**	5,10	1,1%
Wohnhäuser, mit bis zu 15% Mischnutzung, einfacher Standard	2,60	**3,90**	4,70	1,2%
Wohnhäuser, mit bis zu 15% Mischnutzung, mittlerer Standard	2,90	**8,80**	19,00	2,5%
Wohnhäuser, mit bis zu 15% Mischnutzung, hoher Standard	–	**2,00**	–	0,6%
Wohnhäuser, mit mehr als 15% Mischnutzung	–	**4,80**	–	0,5%
Seniorenwohnungen und Beherbergungen				
Seniorenwohnungen, mittlerer Standard	2,10	**4,30**	8,20	1,0%
Seniorenwohnungen, hoher Standard	–	**3,90**	–	0,8%
Wohnheime und Internate	1,90	**3,70**	8,10	0,6%
Hotels	–	**4,40**	–	1,4%
7 Gewerbe, Lager und Garagen				
Gaststätten, Kantinen und Mensen	–	**4,30**	–	0,4%
Industrielle Produktionsgebäude, Massivbauweise	–	**2,50**	–	< 0,1%
Industrielle Produktionsgebäude, überwiegend Skelettbauweise	–	**–**	–	–
Betriebs- und Werkstätten, eingeschossig	–	**–**	–	–
Betriebs- und Werkstätten, mehrgeschossig, geringer Hallenanteil	0,70	**1,00**	1,10	0,1%
Betriebs- und Werkstätten, mehrgeschossig, hoher Hallenanteil	–	**7,40**	–	0,4%
Geschäftshäuser, mit Wohnungen	0,20	**0,90**	1,70	0,2%
Geschäftshäuser, ohne Wohnungen	–	**2,40**	–	0,3%
Verbrauchermärkte	–	**–**	–	–
Autohäuser	–	**–**	–	–
Lagergebäude, ohne Mischnutzung	–	**–**	–	–
Lagergebäude, mit bis zu 25% Mischnutzung	–	**0,80**	–	0,1%
Lagergebäude, mit mehr als 25% Mischnutzung	–	**–**	–	–
Garagen und Bereitschaftsdienste				
Einzel- und Doppelgaragen	–	**–**	–	–
Mehrfachgaragen	–	**5,70**	–	0,2%
Hochgaragen	–	**–**	–	–
Fahrradparkhäuser	–	**–**	–	–
Carports	–	**–**	–	–
Tiefgaragen	–	**–**	–	–
Feuerwehrhäuser	2,50	**4,00**	9,00	0,5%
Öffentliche Bereitschaftsdienste	–	**2,00**	–	0,1%
8 Gebäude für kulturelle und religiöse Zwecke				
Bibliotheken, Museen und Ausstellungen	–	**1,60**	–	< 0,1%
Theater	–	**–**	–	–
Gemeindezentren, einfacher Standard	2,50	**2,70**	2,90	0,6%
Gemeindezentren, mittlerer Standard	–	**0,80**	–	< 0,1%
Gemeindezentren, hoher Standard	–	**4,20**	–	0,2%
Gemeindezentren, Holzbauweise	0,70	**1,30**	1,90	0,1%
Friedhofsgebäude	–	**1,60**	–	< 0,1%

Einheit: m²
Brutto-Grundfläche (BGF)

Kosten:
Stand 1. Quartal 2026
Bundesdurchschnitt
inkl. 19% MwSt.

Einheit: m²
Brutto-Grundfläche (BGF)

▷ von
ø Mittel
◁ bis

Gebäudeart	▷	€/Einheit	◁	KG an 400
1 Büro- und Verwaltungsgebäude				
Büro- und Verwaltungsgebäude, einfacher Standard	–	**–**	–	–
Büro- und Verwaltungsgebäude, mittlerer Standard	6,00	**21,00**	40,00	2,8%
Büro- und Verwaltungsgebäude, hoher Standard	23,00	**48,00**	91,00	4,2%
Büro- und Verwaltungsgebäude, Holzbauweise	19,00	**43,00**	84,00	2,0%
2 Gebäude für Forschung und Lehre				
Instituts- und Laborgebäude	7,40	**42,00**	66,00	2,7%
3 Gebäude des Gesundheitswesens				
Medizinische Einrichtungen	15,00	**28,00**	51,00	3,5%
Pflegeheime	25,00	**45,00**	59,00	3,9%
Gebäude für Erholungszwecke	23,00	**68,00**	113,00	1,7%
4 Schulen und Kindergärten				
Allgemeinbildende Schulen	4,60	**14,00**	26,00	1,8%
Schulen, Holzbauweise	18,00	**38,00**	67,00	4,8%
Berufliche Schulen	18,00	**32,00**	67,00	3,5%
Förder- und Sonderschulen	4,50	**15,00**	22,00	2,7%
Weiterbildungseinrichtungen	< 0,10	**12,00**	24,00	0,9%
Kindergärten, nicht unterkellert, einfacher Standard	7,40	**11,00**	19,00	2,4%
Kindergärten, nicht unterkellert, mittlerer Standard	10,00	**23,00**	45,00	3,2%
Kindergärten, nicht unterkellert, hoher Standard	12,00	**19,00**	23,00	2,7%
Kindergärten, Holzbauweise, nicht unterkellert	13,00	**25,00**	42,00	3,3%
Kindergärten, unterkellert	3,60	**10,00**	18,00	1,8%
5 Sportbauten				
Sport- und Mehrzweckhallen	–	**26,00**	–	1,1%
Sporthallen (Einfeldhallen)	9,50	**17,00**	24,00	3,6%
Sporthallen (Dreifeldhallen)	12,00	**24,00**	47,00	1,9%
6 Wohngebäude				
Ein- und Zweifamilienhäuser				
Ein- und Zweifamilienhäuser, unterkellert, einfacher Standard	–	**–**	–	–
Ein- und Zweifamilienhäuser, unterkellert, mittlerer Standard	1,70	**2,70**	6,30	0,2%
Ein- und Zweifamilienhäuser, unterkellert, hoher Standard	3,70	**8,00**	15,00	0,6%
Ein- und Zweifamilienhäuser, nicht unterkellert, einfacher Standard	–	**–**	–	–
Ein- und Zweifamilienhäuser, nicht unterkellert, mittlerer Standard	1,80	**2,50**	3,10	0,1%
Ein- und Zweifamilienhäuser, nicht unterkellert, hoher Standard	2,80	**6,50**	27,00	0,8%
Ein- und Zweifamilienhäuser, Passivhausstandard, Massivbauweise	0,90	**8,00**	13,00	0,4%
Ein- und Zweifamilienhäuser, Passivhausstandard, Holzbauweise	1,10	**2,40**	6,60	0,2%
Ein- und Zweifamilienhäuser, Holzbauweise, unterkellert	–	**–**	–	–
Ein- und Zweifamilienhäuser, Holzbauweise, nicht unterkellert	1,40	**1,60**	2,10	0,1%
Doppel- und Reihenend- / Reihenhäuser				
Doppel- und Reihenendhäuser, einfacher Standard	–	**1,90**	–	0,2%
Doppel- und Reihenendhäuser, mittlerer Standard	–	**3,50**	–	0,1%
Doppel- und Reihenendhäuser, hoher Standard	–	**0,80**	–	< 0,1%
Doppel- und Reihenendhäuser, Holzbauweise	–	**–**	–	–
Reihenhäuser, einfacher Standard	–	**7,60**	–	1,2%
Reihenhäuser, mittlerer Standard	–	**–**	–	–
Reihenhäuser, hoher Standard	1,80	**3,70**	5,50	0,3%
Mehrfamilienhäuser				
Mehrfamilienhäuser, mit bis zu 6 WE, einfacher Standard	–	**–**	–	–
Mehrfamilienhäuser, mit bis zu 6 WE, mittlerer Standard	0,90	**2,20**	3,50	0,3%
Mehrfamilienhäuser, mit bis zu 6 WE, hoher Standard	1,20	**2,30**	5,70	0,2%

Gebäudeart	▷	€/Einheit	◁	KG an 400
Mehrfamilienhäuser (Fortsetzung)				
Mehrfamilienhäuser, mit 6 bis 19 WE, einfacher Standard	–	**1,50**	–	0,2%
Mehrfamilienhäuser, mit 6 bis 19 WE, mittlerer Standard	0,70	**1,30**	1,80	0,2%
Mehrfamilienhäuser, mit 6 bis 19 WE, hoher Standard	2,40	**6,80**	15,00	1,1%
Mehrfamilienhäuser, mit 20 oder mehr WE, einfacher Standard	–	**1,10**	–	0,3%
Mehrfamilienhäuser, mit 20 oder mehr WE, mittlerer Standard	3,10	**5,30**	11,00	1,3%
Mehrfamilienhäuser, mit 20 oder mehr WE, hoher Standard	–	**3,00**	–	0,3%
Mehrfamilienhäuser, Passivhäuser	–	**0,30**	–	< 0,1%
Mehrfamilienhäuser, Holzbauweise	1,90	**2,30**	3,00	0,4%
Wohnhäuser, mit bis zu 15% Mischnutzung, einfacher Standard	–	**–**	–	–
Wohnhäuser, mit bis zu 15% Mischnutzung, mittlerer Standard	–	**2,10**	–	0,2%
Wohnhäuser, mit bis zu 15% Mischnutzung, hoher Standard	–	**–**	–	–
Wohnhäuser, mit mehr als 15% Mischnutzung	–	**18,00**	–	1,1%
Seniorenwohnungen und Beherbergungen				
Seniorenwohnungen, mittlerer Standard	3,60	**4,50**	6,00	1,1%
Seniorenwohnungen, hoher Standard	–	**1,60**	–	0,2%
Wohnheime und Internate	8,50	**17,00**	23,00	3,1%
Hotels	–	**–**	–	–
7 Gewerbe, Lager und Garagen				
Gaststätten, Kantinen und Mensen	–	**18,00**	–	1,5%
Industrielle Produktionsgebäude, Massivbauweise	–	**24,00**	–	0,5%
Industrielle Produktionsgebäude, überwiegend Skelettbauweise	4,20	**27,00**	59,00	2,0%
Betriebs- und Werkstätten, eingeschossig	44,00	**86,00**	127,00	7,5%
Betriebs- und Werkstätten, mehrgeschossig, geringer Hallenanteil	6,70	**15,00**	24,00	1,2%
Betriebs- und Werkstätten, mehrgeschossig, hoher Hallenanteil	–	**29,00**	–	0,5%
Geschäftshäuser, mit Wohnungen	–	**13,00**	–	0,8%
Geschäftshäuser, ohne Wohnungen	–	**13,00**	–	2,4%
Verbrauchermärkte	8,70	**8,90**	9,00	1,8%
Autohäuser	–	**–**	–	–
Lagergebäude, ohne Mischnutzung	10,00	**27,00**	71,00	4,1%
Lagergebäude, mit bis zu 25% Mischnutzung	3,50	**19,00**	35,00	2,7%
Lagergebäude, mit mehr als 25% Mischnutzung	–	**14,00**	–	2,1%
Garagen und Bereitschaftsdienste				
Einzel- und Doppelgaragen	–	**–**	–	–
Mehrfachgaragen	–	**1,90**	–	< 0,1%
Hochgaragen	–	**26,00**	–	4,6%
Fahrradparkhäuser	3,70	**74,00**	144,00	9,6%
Carports	–	**–**	–	–
Tiefgaragen	0,40	**0,60**	1,00	0,4%
Feuerwehrhäuser	8,90	**44,00**	82,00	4,2%
Öffentliche Bereitschaftsdienste	12,00	**32,00**	53,00	4,2%
8 Gebäude für kulturelle und religiöse Zwecke				
Bibliotheken, Museen und Ausstellungen	34,00	**45,00**	59,00	3,7%
Theater	–	**21,00**	–	0,5%
Gemeindezentren, einfacher Standard	–	**–**	–	–
Gemeindezentren, mittlerer Standard	3,10	**8,80**	20,00	0,9%
Gemeindezentren, hoher Standard	5,40	**7,40**	9,40	0,5%
Gemeindezentren, Holzbauweise	–	**7,50**	–	0,4%
Friedhofsgebäude	–	**26,00**	–	0,6%

Einheit: m²
Brutto-Grundfläche (BGF)

Kosten:
Stand 1.Quartal 2026
Bundesdurchschnitt
inkl. 19% MwSt.

Einheit: m²
Brutto-Grundfläche (BGF)

▷ von
ø Mittel
◁ bis

Gebäudeart	▷	€/Einheit	◁	KG an 400
1 Büro- und Verwaltungsgebäude				
Büro- und Verwaltungsgebäude, einfacher Standard	–	**–**	–	–
Büro- und Verwaltungsgebäude, mittlerer Standard	3,10	**12,00**	31,00	0,2%
Büro- und Verwaltungsgebäude, hoher Standard	–	**2,20**	–	< 0,1%
Büro- und Verwaltungsgebäude, Holzbauweise	–	**–**	–	–
2 Gebäude für Forschung und Lehre				
Instituts- und Laborgebäude	–	**–**	–	–
3 Gebäude des Gesundheitswesens				
Medizinische Einrichtungen	–	**3,60**	–	0,1%
Pflegeheime	54,00	**88,00**	173,00	6,2%
Gebäude für Erholungszwecke	–	**374,00**	–	3,9%
4 Schulen und Kindergärten				
Allgemeinbildende Schulen	15,00	**81,00**	149,00	5,2%
Schulen, Holzbauweise	–	**12,00**	–	0,2%
Berufliche Schulen	–	**154,00**	–	2,4%
Förder- und Sonderschulen	8,60	**13,00**	16,00	1,0%
Weiterbildungseinrichtungen	7,30	**115,00**	222,00	8,3%
Kindergärten, nicht unterkellert, einfacher Standard	–	**–**	–	–
Kindergärten, nicht unterkellert, mittlerer Standard	–	**85,00**	–	2,0%
Kindergärten, nicht unterkellert, hoher Standard	33,00	**40,00**	43,00	5,4%
Kindergärten, Holzbauweise, nicht unterkellert	–	**57,00**	–	0,5%
Kindergärten, unterkellert	–	**–**	–	–
5 Sportbauten				
Sport- und Mehrzweckhallen	–	**1,30**	–	< 0,1%
Sporthallen (Einfeldhallen)	–	**–**	–	–
Sporthallen (Dreifeldhallen)	–	**–**	–	–
6 Wohngebäude				
Ein- und Zweifamilienhäuser				
Ein- und Zweifamilienhäuser, unterkellert, einfacher Standard	–	**–**	–	–
Ein- und Zweifamilienhäuser, unterkellert, mittlerer Standard	–	**–**	–	–
Ein- und Zweifamilienhäuser, unterkellert, hoher Standard	–	**–**	–	–
Ein- und Zweifamilienhäuser, nicht unterkellert, einfacher Standard	–	**–**	–	–
Ein- und Zweifamilienhäuser, nicht unterkellert, mittlerer Standard	–	**–**	–	–
Ein- und Zweifamilienhäuser, nicht unterkellert, hoher Standard	–	**–**	–	–
Ein- und Zweifamilienhäuser, Passivhausstandard, Massivbauweise	–	**–**	–	–
Ein- und Zweifamilienhäuser, Passivhausstandard, Holzbauweise	–	**–**	–	–
Ein- und Zweifamilienhäuser, Holzbauweise, unterkellert	–	**–**	–	–
Ein- und Zweifamilienhäuser, Holzbauweise, nicht unterkellert	–	**–**	–	–
Doppel- und Reihenend- / Reihenhäuser				
Doppel- und Reihenendhäuser, einfacher Standard	–	**–**	–	–
Doppel- und Reihenendhäuser, mittlerer Standard	–	**–**	–	–
Doppel- und Reihenendhäuser, hoher Standard	–	**–**	–	–
Doppel- und Reihenendhäuser, Holzbauweise	–	**–**	–	–
Reihenhäuser, einfacher Standard	–	**–**	–	–
Reihenhäuser, mittlerer Standard	–	**–**	–	–
Reihenhäuser, hoher Standard	–	**–**	–	–
Mehrfamilienhäuser				
Mehrfamilienhäuser, mit bis zu 6 WE, einfacher Standard	–	**–**	–	–
Mehrfamilienhäuser, mit bis zu 6 WE, mittlerer Standard	–	**–**	–	–
Mehrfamilienhäuser, mit bis zu 6 WE, hoher Standard	–	**–**	–	–

Gebäudeart	▷	€/Einheit	◁	KG an 400
Mehrfamilienhäuser (Fortsetzung)				
Mehrfamilienhäuser, mit 6 bis 19 WE, einfacher Standard	–	–	–	–
Mehrfamilienhäuser, mit 6 bis 19 WE, mittlerer Standard	–	–	–	–
Mehrfamilienhäuser, mit 6 bis 19 WE, hoher Standard	–	–	–	–
Mehrfamilienhäuser, mit 20 oder mehr WE, einfacher Standard	–	–	–	–
Mehrfamilienhäuser, mit 20 oder mehr WE, mittlerer Standard	–	–	–	–
Mehrfamilienhäuser, mit 20 oder mehr WE, hoher Standard	–	–	–	–
Mehrfamilienhäuser, Passivhäuser	–	–	–	–
Mehrfamilienhäuser, Holzbauweise	–	–	–	–
Wohnhäuser, mit bis zu 15% Mischnutzung, einfacher Standard	–	–	–	–
Wohnhäuser, mit bis zu 15% Mischnutzung, mittlerer Standard	–	–	–	–
Wohnhäuser, mit bis zu 15% Mischnutzung, hoher Standard	–	–	–	–
Wohnhäuser, mit mehr als 15% Mischnutzung	–	**215,00**	–	10,2%
Seniorenwohnungen und Beherbergungen				
Seniorenwohnungen, mittlerer Standard	–	–	–	–
Seniorenwohnungen, hoher Standard	–	–	–	–
Wohnheime und Internate	–	**45,00**	–	0,8%
Hotels	–	–	–	–
7 Gewerbe, Lager und Garagen				
Gaststätten, Kantinen und Mensen	–	**100,00**	–	8,4%
Industrielle Produktionsgebäude, Massivbauweise	–	**1,70**	–	< 0,1%
Industrielle Produktionsgebäude, überwiegend Skelettbauweise	–	–	–	–
Betriebs- und Werkstätten, eingeschossig	–	–	–	–
Betriebs- und Werkstätten, mehrgeschossig, geringer Hallenanteil	–	**501,00**	–	4,2%
Betriebs- und Werkstätten, mehrgeschossig, hoher Hallenanteil	–	–	–	–
Geschäftshäuser, mit Wohnungen	–	–	–	–
Geschäftshäuser, ohne Wohnungen	–	–	–	–
Verbrauchermärkte	–	–	–	–
Autohäuser	–	–	–	–
Lagergebäude, ohne Mischnutzung	–	–	–	–
Lagergebäude, mit bis zu 25% Mischnutzung	–	–	–	–
Lagergebäude, mit mehr als 25% Mischnutzung	–	–	–	–
Garagen und Bereitschaftsdienste				
Einzel- und Doppelgaragen	–	–	–	–
Mehrfachgaragen	–	–	–	–
Hochgaragen	–	–	–	–
Fahrradparkhäuser	–	–	–	–
Carports	–	–	–	–
Tiefgaragen	–	–	–	–
Feuerwehrhäuser	–	–	–	–
Öffentliche Bereitschaftsdienste	–	–	–	–
8 Gebäude für kulturelle und religiöse Zwecke				
Bibliotheken, Museen und Ausstellungen	–	**73,00**	–	0,8%
Theater	–	–	–	–
Gemeindezentren, einfacher Standard	–	**53,00**	–	7,0%
Gemeindezentren, mittlerer Standard	–	**66,00**	–	1,8%
Gemeindezentren, hoher Standard	–	**85,00**	–	2,7%
Gemeindezentren, Holzbauweise	–	–	–	–
Friedhofsgebäude	–	–	–	–

Einheit: m²
Brutto-Grundfläche (BGF)

Kosten:
Stand 1. Quartal 2026
Bundesdurchschnitt
inkl. 19% MwSt.

Einheit: m²
Brutto-Grundfläche (BGF)

▷ von
ø Mittel
◁ bis

Gebäudeart	▷	€/Einheit	◁	KG an 400
1 Büro- und Verwaltungsgebäude				
Büro- und Verwaltungsgebäude, einfacher Standard	–	**–**	–	–
Büro- und Verwaltungsgebäude, mittlerer Standard	–	**0,70**	–	< 0,1%
Büro- und Verwaltungsgebäude, hoher Standard	–	**–**	–	–
Büro- und Verwaltungsgebäude, Holzbauweise	–	**–**	–	–
2 Gebäude für Forschung und Lehre				
Instituts- und Laborgebäude	144,00	**278,00**	416,00	14,2%
3 Gebäude des Gesundheitswesens				
Medizinische Einrichtungen	–	**50,00**	–	1,5%
Pflegeheime	–	**30,00**	–	0,6%
Gebäude für Erholungszwecke	–	**–**	–	–
4 Schulen und Kindergärten				
Allgemeinbildende Schulen	25,00	**44,00**	64,00	2,1%
Schulen, Holzbauweise	–	**–**	–	–
Berufliche Schulen	–	**–**	–	–
Förder- und Sonderschulen	–	**–**	–	–
Weiterbildungseinrichtungen	–	**17,00**	–	1,0%
Kindergärten, nicht unterkellert, einfacher Standard	–	**–**	–	–
Kindergärten, nicht unterkellert, mittlerer Standard	–	**–**	–	–
Kindergärten, nicht unterkellert, hoher Standard	–	**–**	–	–
Kindergärten, Holzbauweise, nicht unterkellert	–	**–**	–	–
Kindergärten, unterkellert	–	**–**	–	–
5 Sportbauten				
Sport- und Mehrzweckhallen	–	**–**	–	–
Sporthallen (Einfeldhallen)	–	**–**	–	–
Sporthallen (Dreifeldhallen)	–	**–**	–	–
6 Wohngebäude				
Ein- und Zweifamilienhäuser				
Ein- und Zweifamilienhäuser, unterkellert, einfacher Standard	–	**–**	–	–
Ein- und Zweifamilienhäuser, unterkellert, mittlerer Standard	–	**–**	–	–
Ein- und Zweifamilienhäuser, unterkellert, hoher Standard	–	**–**	–	–
Ein- und Zweifamilienhäuser, nicht unterkellert, einfacher Standard	–	**–**	–	–
Ein- und Zweifamilienhäuser, nicht unterkellert, mittlerer Standard	–	**–**	–	–
Ein- und Zweifamilienhäuser, nicht unterkellert, hoher Standard	–	**–**	–	–
Ein- und Zweifamilienhäuser, Passivhausstandard, Massivbauweise	–	**–**	–	–
Ein- und Zweifamilienhäuser, Passivhausstandard, Holzbauweise	–	**–**	–	–
Ein- und Zweifamilienhäuser, Holzbauweise, unterkellert	–	**–**	–	–
Ein- und Zweifamilienhäuser, Holzbauweise, nicht unterkellert	–	**–**	–	–
Doppel- und Reihenend- / Reihenhäuser				
Doppel- und Reihenendhäuser, einfacher Standard	–	**–**	–	–
Doppel- und Reihenendhäuser, mittlerer Standard	–	**–**	–	–
Doppel- und Reihenendhäuser, hoher Standard	–	**–**	–	–
Doppel- und Reihenendhäuser, Holzbauweise	–	**–**	–	–
Reihenhäuser, einfacher Standard	–	**–**	–	–
Reihenhäuser, mittlerer Standard	–	**–**	–	–
Reihenhäuser, hoher Standard	–	**–**	–	–
Mehrfamilienhäuser				
Mehrfamilienhäuser, mit bis zu 6 WE, einfacher Standard	–	**–**	–	–
Mehrfamilienhäuser, mit bis zu 6 WE, mittlerer Standard	–	**–**	–	–
Mehrfamilienhäuser, mit bis zu 6 WE, hoher Standard	–	**–**	–	–

Gebäudeart	▷	€/Einheit	◁	KG an 400
Mehrfamilienhäuser (Fortsetzung)				
Mehrfamilienhäuser, mit 6 bis 19 WE, einfacher Standard	–	–	–	–
Mehrfamilienhäuser, mit 6 bis 19 WE, mittlerer Standard	–	–	–	–
Mehrfamilienhäuser, mit 6 bis 19 WE, hoher Standard	–	–	–	–
Mehrfamilienhäuser, mit 20 oder mehr WE, einfacher Standard	–	–	–	–
Mehrfamilienhäuser, mit 20 oder mehr WE, mittlerer Standard	–	–	–	–
Mehrfamilienhäuser, mit 20 oder mehr WE, hoher Standard	–	–	–	–
Mehrfamilienhäuser, Passivhäuser	–	–	–	–
Mehrfamilienhäuser, Holzbauweise	–	–	–	–
Wohnhäuser, mit bis zu 15% Mischnutzung, einfacher Standard	–	–	–	–
Wohnhäuser, mit bis zu 15% Mischnutzung, mittlerer Standard	–	–	–	–
Wohnhäuser, mit bis zu 15% Mischnutzung, hoher Standard	–	–	–	–
Wohnhäuser, mit mehr als 15% Mischnutzung	–	–	–	–
Seniorenwohnungen und Beherbergungen				
Seniorenwohnungen, mittlerer Standard	–	–	–	–
Seniorenwohnungen, hoher Standard	–	–	–	–
Wohnheime und Internate	–	**84,00**	–	1,4%
Hotels	–	–	–	–
7 Gewerbe, Lager und Garagen				
Gaststätten, Kantinen und Mensen	–	–	–	–
Industrielle Produktionsgebäude, Massivbauweise	9,20	**11,00**	14,00	1,4%
Industrielle Produktionsgebäude, überwiegend Skelettbauweise	12,00	**46,00**	69,00	3,0%
Betriebs- und Werkstätten, eingeschossig	–	**24,00**	–	0,8%
Betriebs- und Werkstätten, mehrgeschossig, geringer Hallenanteil	–	–	–	–
Betriebs- und Werkstätten, mehrgeschossig, hoher Hallenanteil	4,50	**14,00**	32,00	0,9%
Geschäftshäuser, mit Wohnungen	–	–	–	–
Geschäftshäuser, ohne Wohnungen	–	–	–	–
Verbrauchermärkte	–	–	–	–
Autohäuser	–	–	–	–
Lagergebäude, ohne Mischnutzung	–	**15,00**	–	0,2%
Lagergebäude, mit bis zu 25% Mischnutzung	–	–	–	–
Lagergebäude, mit mehr als 25% Mischnutzung	–	–	–	–
Garagen und Bereitschaftsdienste				
Einzel- und Doppelgaragen	–	–	–	–
Mehrfachgaragen	–	–	–	–
Hochgaragen	–	–	–	–
Fahrradparkhäuser	–	**3,60**	–	0,5%
Carports	–	–	–	–
Tiefgaragen	–	–	–	–
Feuerwehrhäuser	–	**27,00**	–	0,5%
Öffentliche Bereitschaftsdienste	–	**13,00**	–	0,4%
8 Gebäude für kulturelle und religiöse Zwecke				
Bibliotheken, Museen und Ausstellungen	–	–	–	–
Theater	–	–	–	–
Gemeindezentren, einfacher Standard	–	–	–	–
Gemeindezentren, mittlerer Standard	–	–	–	–
Gemeindezentren, hoher Standard	–	–	–	–
Gemeindezentren, Holzbauweise	–	–	–	–
Friedhofsgebäude	–	–	–	–

Einheit: m²
Brutto-Grundfläche (BGF)

Kosten:
Stand 1. Quartal 2026
Bundesdurchschnitt
inkl. 19% MwSt.

Einheit: m²
Brutto-Grundfläche (BGF)

▷ von
ø Mittel
◁ bis

Gebäudeart	▷	€/Einheit	◁	KG an 400
1 Büro- und Verwaltungsgebäude				
Büro- und Verwaltungsgebäude, einfacher Standard	–	**–**	–	–
Büro- und Verwaltungsgebäude, mittlerer Standard	19,00	**39,00**	71,00	3,0%
Büro- und Verwaltungsgebäude, hoher Standard	25,00	**57,00**	121,00	3,9%
Büro- und Verwaltungsgebäude, Holzbauweise	55,00	**71,00**	97,00	6,3%
2 Gebäude für Forschung und Lehre				
Instituts- und Laborgebäude	28,00	**84,00**	188,00	2,9%
3 Gebäude des Gesundheitswesens				
Medizinische Einrichtungen	15,00	**20,00**	24,00	1,5%
Pflegeheime	1,40	**6,60**	9,60	0,3%
Gebäude für Erholungszwecke	–	**–**	–	–
4 Schulen und Kindergärten				
Allgemeinbildende Schulen	19,00	**36,00**	49,00	2,5%
Schulen, Holzbauweise	11,00	**42,00**	57,00	2,8%
Berufliche Schulen	59,00	**97,00**	135,00	4,6%
Förder- und Sonderschulen	9,00	**24,00**	42,00	3,1%
Weiterbildungseinrichtungen	19,00	**79,00**	139,00	6,0%
Kindergärten, nicht unterkellert, einfacher Standard	–	**–**	–	–
Kindergärten, nicht unterkellert, mittlerer Standard	13,00	**34,00**	55,00	1,2%
Kindergärten, nicht unterkellert, hoher Standard	–	**6,50**	–	0,2%
Kindergärten, Holzbauweise, nicht unterkellert	15,00	**31,00**	53,00	1,3%
Kindergärten, unterkellert	–	**13,00**	–	0,6%
5 Sportbauten				
Sport- und Mehrzweckhallen	–	**25,00**	–	1,1%
Sporthallen (Einfeldhallen)	–	**22,00**	–	0,7%
Sporthallen (Dreifeldhallen)	10,00	**16,00**	19,00	1,2%
6 Wohngebäude				
Ein- und Zweifamilienhäuser				
Ein- und Zweifamilienhäuser, unterkellert, einfacher Standard	–	**–**	–	–
Ein- und Zweifamilienhäuser, unterkellert, mittlerer Standard	23,00	**38,00**	54,00	1,0%
Ein- und Zweifamilienhäuser, unterkellert, hoher Standard	55,00	**56,00**	57,00	2,1%
Ein- und Zweifamilienhäuser, nicht unterkellert, einfacher Standard	–	**–**	–	–
Ein- und Zweifamilienhäuser, nicht unterkellert, mittlerer Standard	–	**–**	–	–
Ein- und Zweifamilienhäuser, nicht unterkellert, hoher Standard	–	**62,00**	–	1,2%
Ein- und Zweifamilienhäuser, Passivhausstandard, Massivbauweise	10,00	**36,00**	49,00	1,8%
Ein- und Zweifamilienhäuser, Passivhausstandard, Holzbauweise	–	**–**	–	–
Ein- und Zweifamilienhäuser, Holzbauweise, unterkellert	–	**–**	–	–
Ein- und Zweifamilienhäuser, Holzbauweise, nicht unterkellert	–	**21,00**	–	0,9%
Doppel- und Reihenend- / Reihenhäuser				
Doppel- und Reihenendhäuser, einfacher Standard	–	**–**	–	–
Doppel- und Reihenendhäuser, mittlerer Standard	–	**–**	–	–
Doppel- und Reihenendhäuser, hoher Standard	–	**–**	–	–
Doppel- und Reihenendhäuser, Holzbauweise	–	**–**	–	–
Reihenhäuser, einfacher Standard	–	**–**	–	–
Reihenhäuser, mittlerer Standard	–	**–**	–	–
Reihenhäuser, hoher Standard	–	**–**	–	–
Mehrfamilienhäuser				
Mehrfamilienhäuser, mit bis zu 6 WE, einfacher Standard	–	**–**	–	–
Mehrfamilienhäuser, mit bis zu 6 WE, mittlerer Standard	–	**–**	–	–
Mehrfamilienhäuser, mit bis zu 6 WE, hoher Standard	–	**–**	–	–

Gebäudeart	▷	€/Einheit	◁	KG an 400
Mehrfamilienhäuser (Fortsetzung)				
Mehrfamilienhäuser, mit 6 bis 19 WE, einfacher Standard	–	**–**	–	–
Mehrfamilienhäuser, mit 6 bis 19 WE, mittlerer Standard	–	**–**	–	–
Mehrfamilienhäuser, mit 6 bis 19 WE, hoher Standard	–	**–**	–	–
Mehrfamilienhäuser, mit 20 oder mehr WE, einfacher Standard	–	**–**	–	–
Mehrfamilienhäuser, mit 20 oder mehr WE, mittlerer Standard	–	**–**	–	–
Mehrfamilienhäuser, mit 20 oder mehr WE, hoher Standard	–	**–**	–	–
Mehrfamilienhäuser, Passivhäuser	–	**–**	–	–
Mehrfamilienhäuser, Holzbauweise	–	**–**	–	–
Wohnhäuser, mit bis zu 15% Mischnutzung, einfacher Standard	–	**–**	–	–
Wohnhäuser, mit bis zu 15% Mischnutzung, mittlerer Standard	–	**–**	–	–
Wohnhäuser, mit bis zu 15% Mischnutzung, hoher Standard	–	**–**	–	–
Wohnhäuser, mit mehr als 15% Mischnutzung	–	**–**	–	–
Seniorenwohnungen und Beherbergungen				
Seniorenwohnungen, mittlerer Standard	–	**–**	–	–
Seniorenwohnungen, hoher Standard	–	**–**	–	–
Wohnheime und Internate	9,10	**11,00**	13,00	0,8%
Hotels	–	**–**	–	–
7 Gewerbe, Lager und Garagen				
Gaststätten, Kantinen und Mensen	–	**–**	–	–
Industrielle Produktionsgebäude, Massivbauweise	–	**–**	–	–
Industrielle Produktionsgebäude, überwiegend Skelettbauweise	20,00	**36,00**	52,00	2,6%
Betriebs- und Werkstätten, eingeschossig	–	**101,00**	–	3,6%
Betriebs- und Werkstätten, mehrgeschossig, geringer Hallenanteil	–	**33,00**	–	0,3%
Betriebs- und Werkstätten, mehrgeschossig, hoher Hallenanteil	–	**28,00**	–	0,5%
Geschäftshäuser, mit Wohnungen	–	**–**	–	–
Geschäftshäuser, ohne Wohnungen	–	**–**	–	–
Verbrauchermärkte	–	**–**	–	–
Autohäuser	–	**–**	–	–
Lagergebäude, ohne Mischnutzung	–	**41,00**	–	0,5%
Lagergebäude, mit bis zu 25% Mischnutzung	–	**45,00**	–	2,8%
Lagergebäude, mit mehr als 25% Mischnutzung	–	**–**	–	–
Garagen und Bereitschaftsdienste				
Einzel- und Doppelgaragen	–	**–**	–	–
Mehrfachgaragen	–	**–**	–	–
Hochgaragen	–	**–**	–	–
Fahrradparkhäuser	–	**–**	–	–
Carports	–	**–**	–	–
Tiefgaragen	–	**–**	–	–
Feuerwehrhäuser	8,30	**22,00**	36,00	1,1%
Öffentliche Bereitschaftsdienste	–	**6,40**	–	0,2%
8 Gebäude für kulturelle und religiöse Zwecke				
Bibliotheken, Museen und Ausstellungen	22,00	**30,00**	38,00	1,0%
Theater	–	**–**	–	–
Gemeindezentren, einfacher Standard	–	**–**	–	–
Gemeindezentren, mittlerer Standard	–	**80,00**	–	1,5%
Gemeindezentren, hoher Standard	–	**28,00**	–	0,9%
Gemeindezentren, Holzbauweise	–	**10,00**	–	0,5%
Friedhofsgebäude	–	**59,00**	–	1,4%

Einheit: m²
Brutto-Grundfläche (BGF)

Kosten:
Stand 1.Quartal 2026
Bundesdurchschnitt
inkl. 19% MwSt.

Einheit: m²
Brutto-Grundfläche (BGF)

▷ von
ø Mittel
◁ bis

Gebäudeart	▷	€/Einheit	◁	KG an 400
1 Büro- und Verwaltungsgebäude				
Büro- und Verwaltungsgebäude, einfacher Standard	–	**–**	–	–
Büro- und Verwaltungsgebäude, mittlerer Standard	6,10	**13,00**	25,00	0,9%
Büro- und Verwaltungsgebäude, hoher Standard	10,00	**18,00**	33,00	1,0%
Büro- und Verwaltungsgebäude, Holzbauweise	7,50	**12,00**	15,00	0,5%
2 Gebäude für Forschung und Lehre				
Instituts- und Laborgebäude	16,00	**29,00**	48,00	1,4%
3 Gebäude des Gesundheitswesens				
Medizinische Einrichtungen	–	**–**	–	–
Pflegeheime	–	**1,90**	–	< 0,1%
Gebäude für Erholungszwecke	–	**–**	–	–
4 Schulen und Kindergärten				
Allgemeinbildende Schulen	12,00	**14,00**	15,00	0,7%
Schulen, Holzbauweise	19,00	**25,00**	30,00	1,1%
Berufliche Schulen	–	**–**	–	–
Förder- und Sonderschulen	9,20	**13,00**	17,00	1,0%
Weiterbildungseinrichtungen	–	**20,00**	–	1,1%
Kindergärten, nicht unterkellert, einfacher Standard	–	**–**	–	–
Kindergärten, nicht unterkellert, mittlerer Standard	–	**25,00**	–	0,4%
Kindergärten, nicht unterkellert, hoher Standard	–	**16,00**	–	0,6%
Kindergärten, Holzbauweise, nicht unterkellert	5,00	**13,00**	20,00	0,3%
Kindergärten, unterkellert	–	**29,00**	–	1,4%
5 Sportbauten				
Sport- und Mehrzweckhallen	–	**11,00**	–	0,5%
Sporthallen (Einfeldhallen)	–	**–**	–	–
Sporthallen (Dreifeldhallen)	5,40	**8,40**	10,00	0,7%
6 Wohngebäude				
Ein- und Zweifamilienhäuser				
Ein- und Zweifamilienhäuser, unterkellert, einfacher Standard	–	**–**	–	–
Ein- und Zweifamilienhäuser, unterkellert, mittlerer Standard	–	**–**	–	–
Ein- und Zweifamilienhäuser, unterkellert, hoher Standard	–	**–**	–	–
Ein- und Zweifamilienhäuser, nicht unterkellert, einfacher Standard	–	**–**	–	–
Ein- und Zweifamilienhäuser, nicht unterkellert, mittlerer Standard	–	**–**	–	–
Ein- und Zweifamilienhäuser, nicht unterkellert, hoher Standard	–	**–**	–	–
Ein- und Zweifamilienhäuser, Passivhausstandard, Massivbauweise	–	**–**	–	–
Ein- und Zweifamilienhäuser, Passivhausstandard, Holzbauweise	–	**–**	–	–
Ein- und Zweifamilienhäuser, Holzbauweise, unterkellert	–	**–**	–	–
Ein- und Zweifamilienhäuser, Holzbauweise, nicht unterkellert	–	**–**	–	–
Doppel- und Reihenend- / Reihenhäuser				
Doppel- und Reihenendhäuser, einfacher Standard	–	**–**	–	–
Doppel- und Reihenendhäuser, mittlerer Standard	–	**–**	–	–
Doppel- und Reihenendhäuser, hoher Standard	–	**–**	–	–
Doppel- und Reihenendhäuser, Holzbauweise	–	**–**	–	–
Reihenhäuser, einfacher Standard	–	**–**	–	–
Reihenhäuser, mittlerer Standard	–	**–**	–	–
Reihenhäuser, hoher Standard	–	**–**	–	–
Mehrfamilienhäuser				
Mehrfamilienhäuser, mit bis zu 6 WE, einfacher Standard	–	**–**	–	–
Mehrfamilienhäuser, mit bis zu 6 WE, mittlerer Standard	–	**–**	–	–
Mehrfamilienhäuser, mit bis zu 6 WE, hoher Standard	–	**–**	–	–

Gebäudeart	▷	€/Einheit	◁	KG an 400
Mehrfamilienhäuser (Fortsetzung)				
Mehrfamilienhäuser, mit 6 bis 19 WE, einfacher Standard	–	**–**	–	–
Mehrfamilienhäuser, mit 6 bis 19 WE, mittlerer Standard	–	**–**	–	–
Mehrfamilienhäuser, mit 6 bis 19 WE, hoher Standard	–	**–**	–	–
Mehrfamilienhäuser, mit 20 oder mehr WE, einfacher Standard	–	**–**	–	–
Mehrfamilienhäuser, mit 20 oder mehr WE, mittlerer Standard	–	**–**	–	–
Mehrfamilienhäuser, mit 20 oder mehr WE, hoher Standard	–	**–**	–	–
Mehrfamilienhäuser, Passivhäuser	–	**–**	–	–
Mehrfamilienhäuser, Holzbauweise	–	**–**	–	–
Wohnhäuser, mit bis zu 15% Mischnutzung, einfacher Standard	–	**–**	–	–
Wohnhäuser, mit bis zu 15% Mischnutzung, mittlerer Standard	–	**–**	–	–
Wohnhäuser, mit bis zu 15% Mischnutzung, hoher Standard	–	**–**	–	–
Wohnhäuser, mit mehr als 15% Mischnutzung	–	**–**	–	–
Seniorenwohnungen und Beherbergungen				
Seniorenwohnungen, mittlerer Standard	–	**–**	–	–
Seniorenwohnungen, hoher Standard	–	**–**	–	–
Wohnheime und Internate	1,90	**4,70**	6,10	0,3%
Hotels	–	**–**	–	–
7 Gewerbe, Lager und Garagen				
Gaststätten, Kantinen und Mensen	–	**–**	–	–
Industrielle Produktionsgebäude, Massivbauweise	–	**–**	–	–
Industrielle Produktionsgebäude, überwiegend Skelettbauweise	12,00	**15,00**	22,00	0,7%
Betriebs- und Werkstätten, eingeschossig	–	**–**	–	–
Betriebs- und Werkstätten, mehrgeschossig, geringer Hallenanteil	–	**12,00**	–	< 0,1%
Betriebs- und Werkstätten, mehrgeschossig, hoher Hallenanteil	–	**2,20**	–	< 0,1%
Geschäftshäuser, mit Wohnungen	–	**–**	–	–
Geschäftshäuser, ohne Wohnungen	–	**–**	–	–
Verbrauchermärkte	–	**–**	–	–
Autohäuser	–	**–**	–	–
Lagergebäude, ohne Mischnutzung	–	**20,00**	–	0,3%
Lagergebäude, mit bis zu 25% Mischnutzung	–	**–**	–	–
Lagergebäude, mit mehr als 25% Mischnutzung	–	**–**	–	–
Garagen und Bereitschaftsdienste				
Einzel- und Doppelgaragen	–	**–**	–	–
Mehrfachgaragen	–	**–**	–	–
Hochgaragen	–	**–**	–	–
Fahrradparkhäuser	–	**–**	–	–
Carports	–	**–**	–	–
Tiefgaragen	–	**–**	–	–
Feuerwehrhäuser	–	**5,80**	–	0,1%
Öffentliche Bereitschaftsdienste	–	**9,80**	–	0,3%
8 Gebäude für kulturelle und religiöse Zwecke				
Bibliotheken, Museen und Ausstellungen	10,00	**12,00**	14,00	0,4%
Theater	–	**–**	–	–
Gemeindezentren, einfacher Standard	–	**–**	–	–
Gemeindezentren, mittlerer Standard	–	**24,00**	–	0,5%
Gemeindezentren, hoher Standard	–	**–**	–	–
Gemeindezentren, Holzbauweise	–	**–**	–	–
Friedhofsgebäude	–	**22,00**	–	0,5%

Einheit: m^2
Brutto-Grundfläche (BGF)

Kosten:
Stand 1. Quartal 2026
Bundesdurchschnitt
inkl. 19% MwSt.

Einheit: m²
Brutto-Grundfläche (BGF)

▷ von
ø Mittel
◁ bis

Gebäudeart	▷	€/Einheit	◁	KG an 400
1 Büro- und Verwaltungsgebäude				
Büro- und Verwaltungsgebäude, einfacher Standard	–	**–**	–	–
Büro- und Verwaltungsgebäude, mittlerer Standard	5,90	**13,00**	28,00	0,6%
Büro- und Verwaltungsgebäude, hoher Standard	7,40	**8,30**	9,10	0,1%
Büro- und Verwaltungsgebäude, Holzbauweise	–	**–**	–	–
2 Gebäude für Forschung und Lehre				
Instituts- und Laborgebäude	–	**17,00**	–	0,3%
3 Gebäude des Gesundheitswesens				
Medizinische Einrichtungen	–	**–**	–	–
Pflegeheime	–	**–**	–	–
Gebäude für Erholungszwecke	–	**–**	–	–
4 Schulen und Kindergärten				
Allgemeinbildende Schulen	3,80	**6,20**	9,70	0,3%
Schulen, Holzbauweise	10,00	**26,00**	41,00	1,0%
Berufliche Schulen	–	**–**	–	–
Förder- und Sonderschulen	–	**–**	–	–
Weiterbildungseinrichtungen	–	**–**	–	–
Kindergärten, nicht unterkellert, einfacher Standard	–	**–**	–	–
Kindergärten, nicht unterkellert, mittlerer Standard	–	**20,00**	–	0,3%
Kindergärten, nicht unterkellert, hoher Standard	–	**18,00**	–	0,7%
Kindergärten, Holzbauweise, nicht unterkellert	–	**9,40**	–	< 0,1%
Kindergärten, unterkellert	–	**–**	–	–
5 Sportbauten				
Sport- und Mehrzweckhallen	–	**–**	–	–
Sporthallen (Einfeldhallen)	–	**–**	–	–
Sporthallen (Dreifeldhallen)	4,00	**5,90**	7,70	0,3%
6 Wohngebäude				
Ein- und Zweifamilienhäuser				
Ein- und Zweifamilienhäuser, unterkellert, einfacher Standard	–	**–**	–	–
Ein- und Zweifamilienhäuser, unterkellert, mittlerer Standard	–	**–**	–	–
Ein- und Zweifamilienhäuser, unterkellert, hoher Standard	–	**12,00**	–	0,1%
Ein- und Zweifamilienhäuser, nicht unterkellert, einfacher Standard	–	**–**	–	–
Ein- und Zweifamilienhäuser, nicht unterkellert, mittlerer Standard	–	**–**	–	–
Ein- und Zweifamilienhäuser, nicht unterkellert, hoher Standard	–	**–**	–	–
Ein- und Zweifamilienhäuser, Passivhausstandard, Massivbauweise	–	**–**	–	–
Ein- und Zweifamilienhäuser, Passivhausstandard, Holzbauweise	–	**–**	–	–
Ein- und Zweifamilienhäuser, Holzbauweise, unterkellert	–	**–**	–	–
Ein- und Zweifamilienhäuser, Holzbauweise, nicht unterkellert	–	**–**	–	–
Doppel- und Reihenend- / Reihenhäuser				
Doppel- und Reihenendhäuser, einfacher Standard	–	**–**	–	–
Doppel- und Reihenendhäuser, mittlerer Standard	–	**–**	–	–
Doppel- und Reihenendhäuser, hoher Standard	–	**–**	–	–
Doppel- und Reihenendhäuser, Holzbauweise	–	**–**	–	–
Reihenhäuser, einfacher Standard	–	**–**	–	–
Reihenhäuser, mittlerer Standard	–	**–**	–	–
Reihenhäuser, hoher Standard	–	**–**	–	–
Mehrfamilienhäuser				
Mehrfamilienhäuser, mit bis zu 6 WE, einfacher Standard	–	**–**	–	–
Mehrfamilienhäuser, mit bis zu 6 WE, mittlerer Standard	–	**–**	–	–
Mehrfamilienhäuser, mit bis zu 6 WE, hoher Standard	–	**–**	–	–

Gebäudeart	▷	€/Einheit	◁	KG an 400
Mehrfamilienhäuser (Fortsetzung)				
Mehrfamilienhäuser, mit 6 bis 19 WE, einfacher Standard	–	**–**	–	–
Mehrfamilienhäuser, mit 6 bis 19 WE, mittlerer Standard	–	**–**	–	–
Mehrfamilienhäuser, mit 6 bis 19 WE, hoher Standard	–	**–**	–	–
Mehrfamilienhäuser, mit 20 oder mehr WE, einfacher Standard	–	**–**	–	–
Mehrfamilienhäuser, mit 20 oder mehr WE, mittlerer Standard	–	**–**	–	–
Mehrfamilienhäuser, mit 20 oder mehr WE, hoher Standard	–	**–**	–	–
Mehrfamilienhäuser, Passivhäuser	–	**–**	–	–
Mehrfamilienhäuser, Holzbauweise	–	**–**	–	–
Wohnhäuser, mit bis zu 15% Mischnutzung, einfacher Standard	–	**–**	–	–
Wohnhäuser, mit bis zu 15% Mischnutzung, mittlerer Standard	–	**–**	–	–
Wohnhäuser, mit bis zu 15% Mischnutzung, hoher Standard	–	**–**	–	–
Wohnhäuser, mit mehr als 15% Mischnutzung	–	**–**	–	–
Seniorenwohnungen und Beherbergungen				
Seniorenwohnungen, mittlerer Standard	–	**–**	–	–
Seniorenwohnungen, hoher Standard	–	**–**	–	–
Wohnheime und Internate	–	**–**	–	–
Hotels	–	**–**	–	–
7 Gewerbe, Lager und Garagen				
Gaststätten, Kantinen und Mensen	–	**–**	–	–
Industrielle Produktionsgebäude, Massivbauweise	–	**–**	–	–
Industrielle Produktionsgebäude, überwiegend Skelettbauweise	9,00	**10,00**	11,00	0,3%
Betriebs- und Werkstätten, eingeschossig	–	**–**	–	–
Betriebs- und Werkstätten, mehrgeschossig, geringer Hallenanteil	8,50	**24,00**	40,00	0,9%
Betriebs- und Werkstätten, mehrgeschossig, hoher Hallenanteil	–	**–**	–	–
Geschäftshäuser, mit Wohnungen	–	**–**	–	–
Geschäftshäuser, ohne Wohnungen	–	**–**	–	–
Verbrauchermärkte	–	**–**	–	–
Autohäuser	–	**–**	–	–
Lagergebäude, ohne Mischnutzung	–	**–**	–	–
Lagergebäude, mit bis zu 25% Mischnutzung	–	**–**	–	–
Lagergebäude, mit mehr als 25% Mischnutzung	–	**–**	–	–
Garagen und Bereitschaftsdienste				
Einzel- und Doppelgaragen	–	**–**	–	–
Mehrfachgaragen	–	**–**	–	–
Hochgaragen	–	**–**	–	–
Fahrradparkhäuser	–	**–**	–	–
Carports	–	**–**	–	–
Tiefgaragen	–	**–**	–	–
Feuerwehrhäuser	–	**14,00**	–	0,4%
Öffentliche Bereitschaftsdienste	–	**8,40**	–	0,2%
8 Gebäude für kulturelle und religiöse Zwecke				
Bibliotheken, Museen und Ausstellungen	–	**4,50**	–	< 0,1%
Theater	–	**–**	–	–
Gemeindezentren, einfacher Standard	–	**–**	–	–
Gemeindezentren, mittlerer Standard	–	**–**	–	–
Gemeindezentren, hoher Standard	–	**–**	–	–
Gemeindezentren, Holzbauweise	–	**–**	–	–
Friedhofsgebäude	–	**–**	–	–

Einheit: m²
Brutto-Grundfläche (BGF)

Kosten:
Stand 1. Quartal 2026
Bundesdurchschnitt
inkl. 19% MwSt.

Einheit: m²
Brutto-Grundfläche (BGF)

▷ von
ø Mittel
◁ bis

Gebäudeart	▷	€/Einheit	◁	KG an 400
1 Büro- und Verwaltungsgebäude				
Büro- und Verwaltungsgebäude, einfacher Standard	–	**–**	–	–
Büro- und Verwaltungsgebäude, mittlerer Standard	2,60	**5,40**	12,00	0,3%
Büro- und Verwaltungsgebäude, hoher Standard	2,90	**8,90**	22,00	0,4%
Büro- und Verwaltungsgebäude, Holzbauweise	3,70	**11,00**	24,00	0,5%
2 Gebäude für Forschung und Lehre				
Instituts- und Laborgebäude	–	**41,00**	–	0,5%
3 Gebäude des Gesundheitswesens				
Medizinische Einrichtungen	–	**19,00**	–	0,6%
Pflegeheime	–	**–**	–	–
Gebäude für Erholungszwecke	–	**–**	–	–
4 Schulen und Kindergärten				
Allgemeinbildende Schulen	–	**3,50**	–	< 0,1%
Schulen, Holzbauweise	–	**3,10**	–	< 0,1%
Berufliche Schulen	–	**–**	–	–
Förder- und Sonderschulen	–	**2,80**	–	< 0,1%
Weiterbildungseinrichtungen	–	**9,40**	–	0,3%
Kindergärten, nicht unterkellert, einfacher Standard	–	**–**	–	–
Kindergärten, nicht unterkellert, mittlerer Standard	0,70	**3,30**	5,80	0,1%
Kindergärten, nicht unterkellert, hoher Standard	–	**14,00**	–	0,5%
Kindergärten, Holzbauweise, nicht unterkellert	–	**3,10**	–	< 0,1%
Kindergärten, unterkellert	–	**–**	–	–
5 Sportbauten				
Sport- und Mehrzweckhallen	–	**–**	–	–
Sporthallen (Einfeldhallen)	–	**0,80**	–	< 0,1%
Sporthallen (Dreifeldhallen)	0,90	**6,10**	9,00	0,5%
6 Wohngebäude				
Ein- und Zweifamilienhäuser				
Ein- und Zweifamilienhäuser, unterkellert, einfacher Standard	–	**–**	–	–
Ein- und Zweifamilienhäuser, unterkellert, mittlerer Standard	–	**–**	–	–
Ein- und Zweifamilienhäuser, unterkellert, hoher Standard	–	**–**	–	–
Ein- und Zweifamilienhäuser, nicht unterkellert, einfacher Standard	–	**–**	–	–
Ein- und Zweifamilienhäuser, nicht unterkellert, mittlerer Standard	–	**–**	–	–
Ein- und Zweifamilienhäuser, nicht unterkellert, hoher Standard	–	**4,10**	–	< 0,1%
Ein- und Zweifamilienhäuser, Passivhausstandard, Massivbauweise	–	**8,00**	–	0,1%
Ein- und Zweifamilienhäuser, Passivhausstandard, Holzbauweise	–	**–**	–	–
Ein- und Zweifamilienhäuser, Holzbauweise, unterkellert	–	**–**	–	–
Ein- und Zweifamilienhäuser, Holzbauweise, nicht unterkellert	–	**–**	–	–
Doppel- und Reihenend- / Reihenhäuser				
Doppel- und Reihenendhäuser, einfacher Standard	–	**–**	–	–
Doppel- und Reihenendhäuser, mittlerer Standard	–	**–**	–	–
Doppel- und Reihenendhäuser, hoher Standard	–	**–**	–	–
Doppel- und Reihenendhäuser, Holzbauweise	–	**–**	–	–
Reihenhäuser, einfacher Standard	–	**–**	–	–
Reihenhäuser, mittlerer Standard	–	**–**	–	–
Reihenhäuser, hoher Standard	–	**–**	–	–
Mehrfamilienhäuser				
Mehrfamilienhäuser, mit bis zu 6 WE, einfacher Standard	–	**–**	–	–
Mehrfamilienhäuser, mit bis zu 6 WE, mittlerer Standard	–	**–**	–	–
Mehrfamilienhäuser, mit bis zu 6 WE, hoher Standard	–	**–**	–	–

Gebäudeart	▷	€/Einheit	◁	KG an 400
Mehrfamilienhäuser (Fortsetzung)				
Mehrfamilienhäuser, mit 6 bis 19 WE, einfacher Standard	–	–	–	–
Mehrfamilienhäuser, mit 6 bis 19 WE, mittlerer Standard	–	–	–	–
Mehrfamilienhäuser, mit 6 bis 19 WE, hoher Standard	–	–	–	–
Mehrfamilienhäuser, mit 20 oder mehr WE, einfacher Standard	–	–	–	–
Mehrfamilienhäuser, mit 20 oder mehr WE, mittlerer Standard	–	–	–	–
Mehrfamilienhäuser, mit 20 oder mehr WE, hoher Standard	–	–	–	–
Mehrfamilienhäuser, Passivhäuser	–	–	–	–
Mehrfamilienhäuser, Holzbauweise	–	–	–	–
Wohnhäuser, mit bis zu 15% Mischnutzung, einfacher Standard	–	–	–	–
Wohnhäuser, mit bis zu 15% Mischnutzung, mittlerer Standard	–	–	–	–
Wohnhäuser, mit bis zu 15% Mischnutzung, hoher Standard	–	–	–	–
Wohnhäuser, mit mehr als 15% Mischnutzung	–	–	–	–
Seniorenwohnungen und Beherbergungen				
Seniorenwohnungen, mittlerer Standard	–	–	–	–
Seniorenwohnungen, hoher Standard	–	–	–	–
Wohnheime und Internate	–	**2,80**	–	< 0,1%
Hotels	–	–	–	–
7 Gewerbe, Lager und Garagen				
Gaststätten, Kantinen und Mensen	–	–	–	–
Industrielle Produktionsgebäude, Massivbauweise	–	–	–	–
Industrielle Produktionsgebäude, überwiegend Skelettbauweise	–	**3,90**	–	< 0,1%
Betriebs- und Werkstätten, eingeschossig	–	–	–	–
Betriebs- und Werkstätten, mehrgeschossig, geringer Hallenanteil	–	–	–	–
Betriebs- und Werkstätten, mehrgeschossig, hoher Hallenanteil	–	–	–	–
Geschäftshäuser, mit Wohnungen	–	–	–	–
Geschäftshäuser, ohne Wohnungen	–	–	–	–
Verbrauchermärkte	–	–	–	–
Autohäuser	–	–	–	–
Lagergebäude, ohne Mischnutzung	–	–	–	–
Lagergebäude, mit bis zu 25% Mischnutzung	–	–	–	–
Lagergebäude, mit mehr als 25% Mischnutzung	–	–	–	–
Garagen und Bereitschaftsdienste				
Einzel- und Doppelgaragen	–	–	–	–
Mehrfachgaragen	–	–	–	–
Hochgaragen	–	–	–	–
Fahrradparkhäuser	–	–	–	–
Carports	–	–	–	–
Tiefgaragen	–	–	–	–
Feuerwehrhäuser	–	–	–	–
Öffentliche Bereitschaftsdienste	–	–	–	–
8 Gebäude für kulturelle und religiöse Zwecke				
Bibliotheken, Museen und Ausstellungen	–	**34,00**	–	0,7%
Theater	–	–	–	–
Gemeindezentren, einfacher Standard	–	–	–	–
Gemeindezentren, mittlerer Standard	–	**41,00**	–	0,8%
Gemeindezentren, hoher Standard	–	–	–	–
Gemeindezentren, Holzbauweise	–	**4,50**	–	0,2%
Friedhofsgebäude	–	**20,00**	–	0,5%

Einheit: m²
Brutto-Grundfläche (BGF)

Kosten:
Stand 1. Quartal 2026
Bundesdurchschnitt
inkl. 19% MwSt.

Einheit: m²
Brutto-Grundfläche (BGF)

▷ von
ø Mittel
◁ bis

Gebäudeart	▷	€/Einheit	◁	KG an 400
1 Büro- und Verwaltungsgebäude				
Büro- und Verwaltungsgebäude, einfacher Standard	–	**–**	–	–
Büro- und Verwaltungsgebäude, mittlerer Standard	5,00	**12,00**	30,00	0,8%
Büro- und Verwaltungsgebäude, hoher Standard	3,10	**9,40**	25,00	0,6%
Büro- und Verwaltungsgebäude, Holzbauweise	2,70	**4,50**	9,20	0,3%
2 Gebäude für Forschung und Lehre				
Instituts- und Laborgebäude	–	**25,00**	–	0,4%
3 Gebäude des Gesundheitswesens				
Medizinische Einrichtungen	–	**2,00**	–	< 0,1%
Pflegeheime	–	**–**	–	–
Gebäude für Erholungszwecke	–	**–**	–	–
4 Schulen und Kindergärten				
Allgemeinbildende Schulen	0,70	**7,20**	14,00	0,5%
Schulen, Holzbauweise	–	**32,00**	–	0,5%
Berufliche Schulen	–	**–**	–	–
Förder- und Sonderschulen	–	**1,50**	–	< 0,1%
Weiterbildungseinrichtungen	–	**–**	–	–
Kindergärten, nicht unterkellert, einfacher Standard	–	**–**	–	–
Kindergärten, nicht unterkellert, mittlerer Standard	–	**–**	–	–
Kindergärten, nicht unterkellert, hoher Standard	–	**–**	–	–
Kindergärten, Holzbauweise, nicht unterkellert	–	**1,30**	–	< 0,1%
Kindergärten, unterkellert	–	**9,60**	–	0,5%
5 Sportbauten				
Sport- und Mehrzweckhallen	–	**–**	–	–
Sporthallen (Einfeldhallen)	–	**–**	–	–
Sporthallen (Dreifeldhallen)	–	**–**	–	–
6 Wohngebäude				
Ein- und Zweifamilienhäuser				
Ein- und Zweifamilienhäuser, unterkellert, einfacher Standard	–	**–**	–	–
Ein- und Zweifamilienhäuser, unterkellert, mittlerer Standard	–	**1,20**	–	< 0,1%
Ein- und Zweifamilienhäuser, unterkellert, hoher Standard	1,50	**2,50**	3,50	< 0,1%
Ein- und Zweifamilienhäuser, nicht unterkellert, einfacher Standard	–	**–**	–	–
Ein- und Zweifamilienhäuser, nicht unterkellert, mittlerer Standard	–	**–**	–	–
Ein- und Zweifamilienhäuser, nicht unterkellert, hoher Standard	–	**–**	–	–
Ein- und Zweifamilienhäuser, Passivhausstandard, Massivbauweise	–	**5,20**	–	< 0,1%
Ein- und Zweifamilienhäuser, Passivhausstandard, Holzbauweise	–	**–**	–	–
Ein- und Zweifamilienhäuser, Holzbauweise, unterkellert	–	**–**	–	–
Ein- und Zweifamilienhäuser, Holzbauweise, nicht unterkellert	–	**–**	–	–
Doppel- und Reihenend- / Reihenhäuser				
Doppel- und Reihenendhäuser, einfacher Standard	–	**–**	–	–
Doppel- und Reihenendhäuser, mittlerer Standard	–	**–**	–	–
Doppel- und Reihenendhäuser, hoher Standard	–	**–**	–	–
Doppel- und Reihenendhäuser, Holzbauweise	–	**–**	–	–
Reihenhäuser, einfacher Standard	–	**–**	–	–
Reihenhäuser, mittlerer Standard	–	**–**	–	–
Reihenhäuser, hoher Standard	–	**–**	–	–
Mehrfamilienhäuser				
Mehrfamilienhäuser, mit bis zu 6 WE, einfacher Standard	–	**–**	–	–
Mehrfamilienhäuser, mit bis zu 6 WE, mittlerer Standard	–	**–**	–	–
Mehrfamilienhäuser, mit bis zu 6 WE, hoher Standard	–	**–**	–	–

Gebäudeart	▷	€/Einheit	◁	KG an 400
Mehrfamilienhäuser (Fortsetzung)				
Mehrfamilienhäuser, mit 6 bis 19 WE, einfacher Standard	–	–	–	–
Mehrfamilienhäuser, mit 6 bis 19 WE, mittlerer Standard	–	–	–	–
Mehrfamilienhäuser, mit 6 bis 19 WE, hoher Standard	–	–	–	–
Mehrfamilienhäuser, mit 20 oder mehr WE, einfacher Standard	–	–	–	–
Mehrfamilienhäuser, mit 20 oder mehr WE, mittlerer Standard	–	–	–	–
Mehrfamilienhäuser, mit 20 oder mehr WE, hoher Standard	–	–	–	–
Mehrfamilienhäuser, Passivhäuser	–	–	–	–
Mehrfamilienhäuser, Holzbauweise	–	–	–	–
Wohnhäuser, mit bis zu 15% Mischnutzung, einfacher Standard	–	–	–	–
Wohnhäuser, mit bis zu 15% Mischnutzung, mittlerer Standard	–	–	–	–
Wohnhäuser, mit bis zu 15% Mischnutzung, hoher Standard	–	–	–	–
Wohnhäuser, mit mehr als 15% Mischnutzung	–	–	–	–
Seniorenwohnungen und Beherbergungen				
Seniorenwohnungen, mittlerer Standard	–	–	–	–
Seniorenwohnungen, hoher Standard	–	–	–	–
Wohnheime und Internate	–	**10,00**	–	0,1%
Hotels	–	–	–	–
7 Gewerbe, Lager und Garagen				
Gaststätten, Kantinen und Mensen	–	–	–	–
Industrielle Produktionsgebäude, Massivbauweise	–	–	–	–
Industrielle Produktionsgebäude, überwiegend Skelettbauweise	6,40	**8,10**	11,00	0,4%
Betriebs- und Werkstätten, eingeschossig	–	–	–	–
Betriebs- und Werkstätten, mehrgeschossig, geringer Hallenanteil	–	**4,20**	–	< 0,1%
Betriebs- und Werkstätten, mehrgeschossig, hoher Hallenanteil	–	–	–	–
Geschäftshäuser, mit Wohnungen	–	–	–	–
Geschäftshäuser, ohne Wohnungen	–	–	–	–
Verbrauchermärkte	–	–	–	–
Autohäuser	–	–	–	–
Lagergebäude, ohne Mischnutzung	–	**6,80**	–	< 0,1%
Lagergebäude, mit bis zu 25% Mischnutzung	–	–	–	–
Lagergebäude, mit mehr als 25% Mischnutzung	–	–	–	–
Garagen und Bereitschaftsdienste				
Einzel- und Doppelgaragen	–	–	–	–
Mehrfachgaragen	–	–	–	–
Hochgaragen	–	–	–	–
Fahrradparkhäuser	–	–	–	–
Carports	–	–	–	–
Tiefgaragen	–	–	–	–
Feuerwehrhäuser	1,00	**1,40**	1,70	< 0,1%
Öffentliche Bereitschaftsdienste	–	**11,00**	–	0,3%
8 Gebäude für kulturelle und religiöse Zwecke				
Bibliotheken, Museen und Ausstellungen	–	–	–	–
Theater	–	–	–	–
Gemeindezentren, einfacher Standard	–	–	–	–
Gemeindezentren, mittlerer Standard	–	–	–	–
Gemeindezentren, hoher Standard	–	–	–	–
Gemeindezentren, Holzbauweise	–	–	–	–
Friedhofsgebäude	–	**8,20**	–	0,2%

Einheit: m²
Brutto-Grundfläche (BGF)

Kosten:
Stand 1. Quartal 2026
Bundesdurchschnitt
inkl. 19% MwSt.

Einheit: m²
Brutto-Grundfläche (BGF)

▷ von
ø Mittel
◁ bis

Gebäudeart	▷	€/Einheit	◁	KG an 400
1 Büro- und Verwaltungsgebäude				
Büro- und Verwaltungsgebäude, einfacher Standard	–	**–**	–	–
Büro- und Verwaltungsgebäude, mittlerer Standard	0,90	**1,90**	3,50	< 0,1%
Büro- und Verwaltungsgebäude, hoher Standard	0,80	**4,60**	15,00	0,2%
Büro- und Verwaltungsgebäude, Holzbauweise	1,10	**2,10**	2,60	< 0,1%
2 Gebäude für Forschung und Lehre				
Instituts- und Laborgebäude	0,50	**2,50**	4,40	< 0,1%
3 Gebäude des Gesundheitswesens				
Medizinische Einrichtungen	–	**4,50**	–	0,3%
Pflegeheime	–	**1,60**	–	< 0,1%
Gebäude für Erholungszwecke	–	**9,60**	–	< 0,1%
4 Schulen und Kindergärten				
Allgemeinbildende Schulen	1,00	**1,50**	2,10	< 0,1%
Schulen, Holzbauweise	1,70	**2,50**	3,40	0,2%
Berufliche Schulen	–	**–**	–	–
Förder- und Sonderschulen	0,30	**2,60**	4,90	0,2%
Weiterbildungseinrichtungen	–	**–**	–	–
Kindergärten, nicht unterkellert, einfacher Standard	–	**–**	–	–
Kindergärten, nicht unterkellert, mittlerer Standard	–	**3,20**	–	0,1%
Kindergärten, nicht unterkellert, hoher Standard	–	**–**	–	–
Kindergärten, Holzbauweise, nicht unterkellert	2,30	**2,70**	3,20	< 0,1%
Kindergärten, unterkellert	–	**0,70**	–	< 0,1%
5 Sportbauten				
Sport- und Mehrzweckhallen	–	**–**	–	–
Sporthallen (Einfeldhallen)	0,90	**3,20**	5,50	0,2%
Sporthallen (Dreifeldhallen)	–	**–**	–	–
6 Wohngebäude				
Ein- und Zweifamilienhäuser				
Ein- und Zweifamilienhäuser, unterkellert, einfacher Standard	–	**–**	–	–
Ein- und Zweifamilienhäuser, unterkellert, mittlerer Standard	–	**–**	–	–
Ein- und Zweifamilienhäuser, unterkellert, hoher Standard	–	**3,60**	–	< 0,1%
Ein- und Zweifamilienhäuser, nicht unterkellert, einfacher Standard	–	**–**	–	–
Ein- und Zweifamilienhäuser, nicht unterkellert, mittlerer Standard	1,00	**2,20**	3,30	< 0,1%
Ein- und Zweifamilienhäuser, nicht unterkellert, hoher Standard	–	**7,90**	–	0,1%
Ein- und Zweifamilienhäuser, Passivhausstandard, Massivbauweise	–	**–**	–	–
Ein- und Zweifamilienhäuser, Passivhausstandard, Holzbauweise	–	**–**	–	–
Ein- und Zweifamilienhäuser, Holzbauweise, unterkellert	–	**–**	–	–
Ein- und Zweifamilienhäuser, Holzbauweise, nicht unterkellert	–	**–**	–	–
Doppel- und Reihenend- / Reihenhäuser				
Doppel- und Reihenendhäuser, einfacher Standard	–	**1,10**	–	0,2%
Doppel- und Reihenendhäuser, mittlerer Standard	–	**–**	–	–
Doppel- und Reihenendhäuser, hoher Standard	–	**–**	–	–
Doppel- und Reihenendhäuser, Holzbauweise	–	**–**	–	–
Reihenhäuser, einfacher Standard	–	**1,10**	–	0,2%
Reihenhäuser, mittlerer Standard	–	**–**	–	–
Reihenhäuser, hoher Standard	–	**–**	–	–
Mehrfamilienhäuser				
Mehrfamilienhäuser, mit bis zu 6 WE, einfacher Standard	–	**–**	–	–
Mehrfamilienhäuser, mit bis zu 6 WE, mittlerer Standard	–	**–**	–	–
Mehrfamilienhäuser, mit bis zu 6 WE, hoher Standard	–	**–**	–	–

Gebäudeart	▷	€/Einheit	◁	KG an 400
Mehrfamilienhäuser (Fortsetzung)				
Mehrfamilienhäuser, mit 6 bis 19 WE, einfacher Standard	–	**2,40**	–	0,3%
Mehrfamilienhäuser, mit 6 bis 19 WE, mittlerer Standard	–	**–**	–	–
Mehrfamilienhäuser, mit 6 bis 19 WE, hoher Standard	0,70	**6,10**	12,00	0,3%
Mehrfamilienhäuser, mit 20 oder mehr WE, einfacher Standard	–	**0,20**	–	< 0,1%
Mehrfamilienhäuser, mit 20 oder mehr WE, mittlerer Standard	0,20	**3,50**	6,90	0,3%
Mehrfamilienhäuser, mit 20 oder mehr WE, hoher Standard	–	**0,20**	–	< 0,1%
Mehrfamilienhäuser, Passivhäuser	–	**–**	–	–
Mehrfamilienhäuser, Holzbauweise	–	**–**	–	–
Wohnhäuser, mit bis zu 15% Mischnutzung, einfacher Standard	–	**–**	–	–
Wohnhäuser, mit bis zu 15% Mischnutzung, mittlerer Standard	–	**–**	–	–
Wohnhäuser, mit bis zu 15% Mischnutzung, hoher Standard	–	**–**	–	–
Wohnhäuser, mit mehr als 15% Mischnutzung	–	**–**	–	–
Seniorenwohnungen und Beherbergungen				
Seniorenwohnungen, mittlerer Standard	–	**–**	–	–
Seniorenwohnungen, hoher Standard	–	**–**	–	–
Wohnheime und Internate	–	**3,20**	–	< 0,1%
Hotels	–	**0,40**	–	0,1%
7 Gewerbe, Lager und Garagen				
Gaststätten, Kantinen und Mensen	–	**1,20**	–	0,1%
Industrielle Produktionsgebäude, Massivbauweise	–	**–**	–	–
Industrielle Produktionsgebäude, überwiegend Skelettbauweise	1,30	**3,20**	6,30	0,2%
Betriebs- und Werkstätten, eingeschossig	–	**–**	–	–
Betriebs- und Werkstätten, mehrgeschossig, geringer Hallenanteil	0,40	**2,70**	5,00	< 0,1%
Betriebs- und Werkstätten, mehrgeschossig, hoher Hallenanteil	0,40	**0,80**	1,30	< 0,1%
Geschäftshäuser, mit Wohnungen	–	**–**	–	–
Geschäftshäuser, ohne Wohnungen	–	**–**	–	–
Verbrauchermärkte	–	**–**	–	–
Autohäuser	–	**–**	–	–
Lagergebäude, ohne Mischnutzung	–	**0,30**	–	< 0,1%
Lagergebäude, mit bis zu 25% Mischnutzung	–	**–**	–	–
Lagergebäude, mit mehr als 25% Mischnutzung	–	**–**	–	–
Garagen und Bereitschaftsdienste				
Einzel- und Doppelgaragen	–	**–**	–	–
Mehrfachgaragen	–	**–**	–	–
Hochgaragen	–	**4,10**	–	0,7%
Fahrradparkhäuser	0,90	**1,10**	1,40	0,7%
Carports	–	**–**	–	–
Tiefgaragen	–	**0,10**	–	< 0,1%
Feuerwehrhäuser	–	**–**	–	–
Öffentliche Bereitschaftsdienste	–	**0,30**	–	< 0,1%
8 Gebäude für kulturelle und religiöse Zwecke				
Bibliotheken, Museen und Ausstellungen	3,70	**9,50**	21,00	0,6%
Theater	–	**–**	–	–
Gemeindezentren, einfacher Standard	–	**–**	–	–
Gemeindezentren, mittlerer Standard	–	**–**	–	–
Gemeindezentren, hoher Standard	–	**–**	–	–
Gemeindezentren, Holzbauweise	–	**2,10**	–	0,1%
Friedhofsgebäude	–	**5,50**	–	0,1%

Einheit: m²
Brutto-Grundfläche (BGF)

Kosten:
Stand 1.Quartal 2026
Bundesdurchschnitt
inkl. 19% MwSt.

Einheit: m²
Brutto-Grundfläche (BGF)

▷ von
ø Mittel
◁ bis

Gebäudeart	▷	€/Einheit	◁	KG an 400
1 Büro- und Verwaltungsgebäude				
Büro- und Verwaltungsgebäude, einfacher Standard	–	**–**	–	–
Büro- und Verwaltungsgebäude, mittlerer Standard	< 0,10	**1,10**	2,10	< 0,1%
Büro- und Verwaltungsgebäude, hoher Standard	–	**–**	–	–
Büro- und Verwaltungsgebäude, Holzbauweise	–	**–**	–	–
2 Gebäude für Forschung und Lehre				
Instituts- und Laborgebäude	–	**–**	–	–
3 Gebäude des Gesundheitswesens				
Medizinische Einrichtungen	–	**–**	–	–
Pflegeheime	–	**2,80**	–	< 0,1%
Gebäude für Erholungszwecke	–	**–**	–	–
4 Schulen und Kindergärten				
Allgemeinbildende Schulen	–	**33,00**	–	1,4%
Schulen, Holzbauweise	–	**0,70**	–	< 0,1%
Berufliche Schulen	–	**1,50**	–	< 0,1%
Förder- und Sonderschulen	–	**1,20**	–	< 0,1%
Weiterbildungseinrichtungen	–	**–**	–	–
Kindergärten, nicht unterkellert, einfacher Standard	–	**–**	–	–
Kindergärten, nicht unterkellert, mittlerer Standard	–	**–**	–	–
Kindergärten, nicht unterkellert, hoher Standard	–	**2,00**	–	< 0,1%
Kindergärten, Holzbauweise, nicht unterkellert	–	**–**	–	–
Kindergärten, unterkellert	–	**–**	–	–
5 Sportbauten				
Sport- und Mehrzweckhallen	–	**0,70**	–	< 0,1%
Sporthallen (Einfeldhallen)	–	**–**	–	–
Sporthallen (Dreifeldhallen)	–	**0,60**	–	< 0,1%
6 Wohngebäude				
Ein- und Zweifamilienhäuser				
Ein- und Zweifamilienhäuser, unterkellert, einfacher Standard	–	**–**	–	–
Ein- und Zweifamilienhäuser, unterkellert, mittlerer Standard	–	**–**	–	–
Ein- und Zweifamilienhäuser, unterkellert, hoher Standard	–	**–**	–	–
Ein- und Zweifamilienhäuser, nicht unterkellert, einfacher Standard	–	**–**	–	–
Ein- und Zweifamilienhäuser, nicht unterkellert, mittlerer Standard	–	**–**	–	–
Ein- und Zweifamilienhäuser, nicht unterkellert, hoher Standard	–	**–**	–	–
Ein- und Zweifamilienhäuser, Passivhausstandard, Massivbauweise	–	**–**	–	–
Ein- und Zweifamilienhäuser, Passivhausstandard, Holzbauweise	–	**–**	–	–
Ein- und Zweifamilienhäuser, Holzbauweise, unterkellert	–	**–**	–	–
Ein- und Zweifamilienhäuser, Holzbauweise, nicht unterkellert	–	**–**	–	–
Doppel- und Reihenend- / Reihenhäuser				
Doppel- und Reihenendhäuser, einfacher Standard	–	**–**	–	–
Doppel- und Reihenendhäuser, mittlerer Standard	–	**–**	–	–
Doppel- und Reihenendhäuser, hoher Standard	–	**–**	–	–
Doppel- und Reihenendhäuser, Holzbauweise	–	**–**	–	–
Reihenhäuser, einfacher Standard	–	**–**	–	–
Reihenhäuser, mittlerer Standard	–	**–**	–	–
Reihenhäuser, hoher Standard	–	**–**	–	–
Mehrfamilienhäuser				
Mehrfamilienhäuser, mit bis zu 6 WE, einfacher Standard	–	**–**	–	–
Mehrfamilienhäuser, mit bis zu 6 WE, mittlerer Standard	–	**–**	–	–
Mehrfamilienhäuser, mit bis zu 6 WE, hoher Standard	–	**–**	–	–

Einheit: m²
Brutto-Grundfläche (BGF)

Gebäudeart	▷	€/Einheit	◁	KG an 400
Mehrfamilienhäuser (Fortsetzung)				
Mehrfamilienhäuser, mit 6 bis 19 WE, einfacher Standard	–	**0,20**	–	< 0,1%
Mehrfamilienhäuser, mit 6 bis 19 WE, mittlerer Standard	–	–	–	–
Mehrfamilienhäuser, mit 6 bis 19 WE, hoher Standard	–	–	–	–
Mehrfamilienhäuser, mit 20 oder mehr WE, einfacher Standard	–	–	–	–
Mehrfamilienhäuser, mit 20 oder mehr WE, mittlerer Standard	–	–	–	–
Mehrfamilienhäuser, mit 20 oder mehr WE, hoher Standard	–	–	–	–
Mehrfamilienhäuser, Passivhäuser	–	–	–	–
Mehrfamilienhäuser, Holzbauweise	–	–	–	–
Wohnhäuser, mit bis zu 15% Mischnutzung, einfacher Standard	–	–	–	–
Wohnhäuser, mit bis zu 15% Mischnutzung, mittlerer Standard	–	–	–	–
Wohnhäuser, mit bis zu 15% Mischnutzung, hoher Standard	–	–	–	–
Wohnhäuser, mit mehr als 15% Mischnutzung	–	–	–	–
Seniorenwohnungen und Beherbergungen				
Seniorenwohnungen, mittlerer Standard	–	–	–	–
Seniorenwohnungen, hoher Standard	–	–	–	–
Wohnheime und Internate	–	**11,00**	–	0,2%
Hotels	–	–	–	–
7 Gewerbe, Lager und Garagen				
Gaststätten, Kantinen und Mensen	–	–	–	–
Industrielle Produktionsgebäude, Massivbauweise	–	–	–	–
Industrielle Produktionsgebäude, überwiegend Skelettbauweise	–	–	–	–
Betriebs- und Werkstätten, eingeschossig	–	–	–	–
Betriebs- und Werkstätten, mehrgeschossig, geringer Hallenanteil	–	–	–	–
Betriebs- und Werkstätten, mehrgeschossig, hoher Hallenanteil	–	–	–	–
Geschäftshäuser, mit Wohnungen	–	–	–	–
Geschäftshäuser, ohne Wohnungen	–	–	–	–
Verbrauchermärkte	–	–	–	–
Autohäuser	–	–	–	–
Lagergebäude, ohne Mischnutzung	–	**3,00**	–	< 0,1%
Lagergebäude, mit bis zu 25% Mischnutzung	–	–	–	–
Lagergebäude, mit mehr als 25% Mischnutzung	–	–	–	–
Garagen und Bereitschaftsdienste				
Einzel- und Doppelgaragen	–	–	–	–
Mehrfachgaragen	–	–	–	–
Hochgaragen	–	–	–	–
Fahrradparkhäuser	–	–	–	–
Carports	–	–	–	–
Tiefgaragen	–	–	–	–
Feuerwehrhäuser	–	**0,60**	–	< 0,1%
Öffentliche Bereitschaftsdienste	–	**< 0,10**	–	< 0,1%
8 Gebäude für kulturelle und religiöse Zwecke				
Bibliotheken, Museen und Ausstellungen	–	**0,20**	–	< 0,1%
Theater	–	–	–	–
Gemeindezentren, einfacher Standard	–	–	–	–
Gemeindezentren, mittlerer Standard	–	–	–	–
Gemeindezentren, hoher Standard	–	–	–	–
Gemeindezentren, Holzbauweise	–	–	–	–
Friedhofsgebäude	–	–	–	–

Gebäudeart	▷	€/Einheit	◁	KG an 400
1 Büro- und Verwaltungsgebäude				
Büro- und Verwaltungsgebäude, einfacher Standard	–	**–**	–	–
Büro- und Verwaltungsgebäude, mittlerer Standard	0,50	**8,10**	23,00	< 0,1%
Büro- und Verwaltungsgebäude, hoher Standard	–	**–**	–	–
Büro- und Verwaltungsgebäude, Holzbauweise	–	**–**	–	–
2 Gebäude für Forschung und Lehre				
Instituts- und Laborgebäude	–	**–**	–	–
3 Gebäude des Gesundheitswesens				
Medizinische Einrichtungen	–	**2,90**	–	< 0,1%
Pflegeheime	–	**–**	–	–
Gebäude für Erholungszwecke	–	**–**	–	–
4 Schulen und Kindergärten				
Allgemeinbildende Schulen	–	**0,50**	–	< 0,1%
Schulen, Holzbauweise	–	**0,60**	–	< 0,1%
Berufliche Schulen	–	**–**	–	–
Förder- und Sonderschulen	–	**–**	–	–
Weiterbildungseinrichtungen	–	**–**	–	–
Kindergärten, nicht unterkellert, einfacher Standard	–	**–**	–	–
Kindergärten, nicht unterkellert, mittlerer Standard	–	**7,10**	–	0,2%
Kindergärten, nicht unterkellert, hoher Standard	–	**1,30**	–	< 0,1%
Kindergärten, Holzbauweise, nicht unterkellert	–	**–**	–	–
Kindergärten, unterkellert	1,40	**4,80**	8,20	0,4%
5 Sportbauten				
Sport- und Mehrzweckhallen	–	**–**	–	–
Sporthallen (Einfeldhallen)	–	**–**	–	–
Sporthallen (Dreifeldhallen)	–	**–**	–	–
6 Wohngebäude				
Ein- und Zweifamilienhäuser				
Ein- und Zweifamilienhäuser, unterkellert, einfacher Standard	–	**–**	–	–
Ein- und Zweifamilienhäuser, unterkellert, mittlerer Standard	–	**–**	–	–
Ein- und Zweifamilienhäuser, unterkellert, hoher Standard	–	**–**	–	–
Ein- und Zweifamilienhäuser, nicht unterkellert, einfacher Standard	–	**–**	–	–
Ein- und Zweifamilienhäuser, nicht unterkellert, mittlerer Standard	–	**–**	–	–
Ein- und Zweifamilienhäuser, nicht unterkellert, hoher Standard	–	**–**	–	–
Ein- und Zweifamilienhäuser, Passivhausstandard, Massivbauweise	–	**–**	–	–
Ein- und Zweifamilienhäuser, Passivhausstandard, Holzbauweise	–	**–**	–	–
Ein- und Zweifamilienhäuser, Holzbauweise, unterkellert	–	**13,00**	–	0,2%
Ein- und Zweifamilienhäuser, Holzbauweise, nicht unterkellert	–	**–**	–	–
Doppel- und Reihenend- / Reihenhäuser				
Doppel- und Reihenendhäuser, einfacher Standard	–	**–**	–	–
Doppel- und Reihenendhäuser, mittlerer Standard	–	**–**	–	–
Doppel- und Reihenendhäuser, hoher Standard	–	**–**	–	–
Doppel- und Reihenendhäuser, Holzbauweise	–	**–**	–	–
Reihenhäuser, einfacher Standard	–	**–**	–	–
Reihenhäuser, mittlerer Standard	–	**–**	–	–
Reihenhäuser, hoher Standard	–	**–**	–	–
Mehrfamilienhäuser				
Mehrfamilienhäuser, mit bis zu 6 WE, einfacher Standard	–	**–**	–	–
Mehrfamilienhäuser, mit bis zu 6 WE, mittlerer Standard	–	**–**	–	–
Mehrfamilienhäuser, mit bis zu 6 WE, hoher Standard	–	**–**	–	–

Kosten:
Stand 1.Quartal 2026
Bundesdurchschnitt
inkl. 19% MwSt.

Einheit: m^2
Brutto-Grundfläche (BGF)

▷ von
ø Mittel
◁ bis

Gebäudeart	▷	€/Einheit	◁	KG an 400
Mehrfamilienhäuser (Fortsetzung)				
Mehrfamilienhäuser, mit 6 bis 19 WE, einfacher Standard	–	–	–	–
Mehrfamilienhäuser, mit 6 bis 19 WE, mittlerer Standard	–	–	–	–
Mehrfamilienhäuser, mit 6 bis 19 WE, hoher Standard	–	–	–	–
Mehrfamilienhäuser, mit 20 oder mehr WE, einfacher Standard	–	–	–	–
Mehrfamilienhäuser, mit 20 oder mehr WE, mittlerer Standard	–	**1,80**	–	< 0,1%
Mehrfamilienhäuser, mit 20 oder mehr WE, hoher Standard	–	**0,50**	–	< 0,1%
Mehrfamilienhäuser, Passivhäuser	–	–	–	–
Mehrfamilienhäuser, Holzbauweise	–	**1,70**	–	< 0,1%
Wohnhäuser, mit bis zu 15% Mischnutzung, einfacher Standard	–	–	–	–
Wohnhäuser, mit bis zu 15% Mischnutzung, mittlerer Standard	–	–	–	–
Wohnhäuser, mit bis zu 15% Mischnutzung, hoher Standard	–	–	–	–
Wohnhäuser, mit mehr als 15% Mischnutzung	–	–	–	–
Seniorenwohnungen und Beherbergungen				
Seniorenwohnungen, mittlerer Standard	–	–	–	–
Seniorenwohnungen, hoher Standard	–	–	–	–
Wohnheime und Internate	–	–	–	–
Hotels	–	**0,50**	–	0,2%
7 Gewerbe, Lager und Garagen				
Gaststätten, Kantinen und Mensen	–	–	–	–
Industrielle Produktionsgebäude, Massivbauweise	–	–	–	–
Industrielle Produktionsgebäude, überwiegend Skelettbauweise	–	–	–	–
Betriebs- und Werkstätten, eingeschossig	–	–	–	–
Betriebs- und Werkstätten, mehrgeschossig, geringer Hallenanteil	–	–	–	–
Betriebs- und Werkstätten, mehrgeschossig, hoher Hallenanteil	–	–	–	–
Geschäftshäuser, mit Wohnungen	–	–	–	–
Geschäftshäuser, ohne Wohnungen	–	–	–	–
Verbrauchermärkte	–	–	–	–
Autohäuser	–	–	–	–
Lagergebäude, ohne Mischnutzung	–	–	–	–
Lagergebäude, mit bis zu 25% Mischnutzung	–	–	–	–
Lagergebäude, mit mehr als 25% Mischnutzung	–	–	–	–
Garagen und Bereitschaftsdienste				
Einzel- und Doppelgaragen	–	–	–	–
Mehrfachgaragen	–	–	–	–
Hochgaragen	–	–	–	–
Fahrradparkhäuser	–	–	–	–
Carports	–	–	–	–
Tiefgaragen	–	–	–	–
Feuerwehrhäuser	–	–	–	–
Öffentliche Bereitschaftsdienste	–	–	–	–
8 Gebäude für kulturelle und religiöse Zwecke				
Bibliotheken, Museen und Ausstellungen	–	**32,00**	–	0,8%
Theater	–	–	–	–
Gemeindezentren, einfacher Standard	–	–	–	–
Gemeindezentren, mittlerer Standard	–	**1,70**	–	< 0,1%
Gemeindezentren, hoher Standard	–	–	–	–
Gemeindezentren, Holzbauweise	–	–	–	–
Friedhofsgebäude	–	–	–	–

Einheit: m²
Brutto-Grundfläche (BGF)

Kosten:
Stand 1. Quartal 2026
Bundesdurchschnitt
inkl. 19% MwSt.

Einheit: m²
Brutto-Grundfläche (BGF)

▷ von
ø Mittel
◁ bis

Gebäudeart	▷	€/Einheit	◁	KG an 400
1 Büro- und Verwaltungsgebäude				
Büro- und Verwaltungsgebäude, einfacher Standard	–	**–**	–	–
Büro- und Verwaltungsgebäude, mittlerer Standard	0,60	**0,60**	0,70	< 0,1%
Büro- und Verwaltungsgebäude, hoher Standard	3,50	**4,60**	5,80	< 0,1%
Büro- und Verwaltungsgebäude, Holzbauweise	0,20	**0,30**	0,40	< 0,1%
2 Gebäude für Forschung und Lehre				
Instituts- und Laborgebäude	–	**–**	–	–
3 Gebäude des Gesundheitswesens				
Medizinische Einrichtungen	–	**–**	–	–
Pflegeheime	0,60	**1,30**	1,90	< 0,1%
Gebäude für Erholungszwecke	–	**–**	–	–
4 Schulen und Kindergärten				
Allgemeinbildende Schulen	–	**4,10**	–	< 0,1%
Schulen, Holzbauweise	–	**–**	–	–
Berufliche Schulen	–	**–**	–	–
Förder- und Sonderschulen	–	**2,10**	–	< 0,1%
Weiterbildungseinrichtungen	–	**–**	–	–
Kindergärten, nicht unterkellert, einfacher Standard	–	**–**	–	–
Kindergärten, nicht unterkellert, mittlerer Standard	0,70	**4,30**	6,30	0,4%
Kindergärten, nicht unterkellert, hoher Standard	–	**–**	–	–
Kindergärten, Holzbauweise, nicht unterkellert	1,00	**3,00**	5,10	< 0,1%
Kindergärten, unterkellert	–	**0,40**	–	< 0,1%
5 Sportbauten				
Sport- und Mehrzweckhallen	–	**–**	–	–
Sporthallen (Einfeldhallen)	–	**–**	–	–
Sporthallen (Dreifeldhallen)	–	**–**	–	–
6 Wohngebäude				
Ein- und Zweifamilienhäuser				
Ein- und Zweifamilienhäuser, unterkellert, einfacher Standard	–	**–**	–	–
Ein- und Zweifamilienhäuser, unterkellert, mittlerer Standard	–	**–**	–	–
Ein- und Zweifamilienhäuser, unterkellert, hoher Standard	–	**–**	–	–
Ein- und Zweifamilienhäuser, nicht unterkellert, einfacher Standard	–	**–**	–	–
Ein- und Zweifamilienhäuser, nicht unterkellert, mittlerer Standard	–	**–**	–	–
Ein- und Zweifamilienhäuser, nicht unterkellert, hoher Standard	–	**–**	–	–
Ein- und Zweifamilienhäuser, Passivhausstandard, Massivbauweise	–	**–**	–	–
Ein- und Zweifamilienhäuser, Passivhausstandard, Holzbauweise	–	**–**	–	–
Ein- und Zweifamilienhäuser, Holzbauweise, unterkellert	–	**–**	–	–
Ein- und Zweifamilienhäuser, Holzbauweise, nicht unterkellert	–	**–**	–	–
Doppel- und Reihenend- / Reihenhäuser				
Doppel- und Reihenendhäuser, einfacher Standard	–	**–**	–	–
Doppel- und Reihenendhäuser, mittlerer Standard	–	**–**	–	–
Doppel- und Reihenendhäuser, hoher Standard	–	**–**	–	–
Doppel- und Reihenendhäuser, Holzbauweise	–	**–**	–	–
Reihenhäuser, einfacher Standard	–	**–**	–	–
Reihenhäuser, mittlerer Standard	–	**–**	–	–
Reihenhäuser, hoher Standard	–	**–**	–	–
Mehrfamilienhäuser				
Mehrfamilienhäuser, mit bis zu 6 WE, einfacher Standard	–	**–**	–	–
Mehrfamilienhäuser, mit bis zu 6 WE, mittlerer Standard	–	**–**	–	–
Mehrfamilienhäuser, mit bis zu 6 WE, hoher Standard	–	**0,80**	–	< 0,1%

Gebäudeart	▷	€/Einheit	◁	KG an 400
Mehrfamilienhäuser (Fortsetzung)				
Mehrfamilienhäuser, mit 6 bis 19 WE, einfacher Standard	–	**–**	–	–
Mehrfamilienhäuser, mit 6 bis 19 WE, mittlerer Standard	–	**–**	–	–
Mehrfamilienhäuser, mit 6 bis 19 WE, hoher Standard	–	**–**	–	–
Mehrfamilienhäuser, mit 20 oder mehr WE, einfacher Standard	–	**–**	–	–
Mehrfamilienhäuser, mit 20 oder mehr WE, mittlerer Standard	–	**0,20**	–	< 0,1%
Mehrfamilienhäuser, mit 20 oder mehr WE, hoher Standard	–	**–**	–	–
Mehrfamilienhäuser, Passivhäuser	–	**–**	–	–
Mehrfamilienhäuser, Holzbauweise	–	**–**	–	–
Wohnhäuser, mit bis zu 15% Mischnutzung, einfacher Standard	–	**–**	–	–
Wohnhäuser, mit bis zu 15% Mischnutzung, mittlerer Standard	–	**–**	–	–
Wohnhäuser, mit bis zu 15% Mischnutzung, hoher Standard	–	**–**	–	–
Wohnhäuser, mit mehr als 15% Mischnutzung	–	**–**	–	–
Seniorenwohnungen und Beherbergungen				
Seniorenwohnungen, mittlerer Standard	–	**–**	–	–
Seniorenwohnungen, hoher Standard	–	**–**	–	–
Wohnheime und Internate	–	**–**	–	–
Hotels	–	**0,70**	–	0,2%
7 Gewerbe, Lager und Garagen				
Gaststätten, Kantinen und Mensen	–	**19,00**	–	1,6%
Industrielle Produktionsgebäude, Massivbauweise	–	**–**	–	–
Industrielle Produktionsgebäude, überwiegend Skelettbauweise	–	**16,00**	–	0,2%
Betriebs- und Werkstätten, eingeschossig	–	**–**	–	–
Betriebs- und Werkstätten, mehrgeschossig, geringer Hallenanteil	–	**0,60**	–	< 0,1%
Betriebs- und Werkstätten, mehrgeschossig, hoher Hallenanteil	–	**3,30**	–	< 0,1%
Geschäftshäuser, mit Wohnungen	–	**–**	–	–
Geschäftshäuser, ohne Wohnungen	–	**–**	–	–
Verbrauchermärkte	–	**–**	–	–
Autohäuser	–	**–**	–	–
Lagergebäude, ohne Mischnutzung	–	**–**	–	–
Lagergebäude, mit bis zu 25% Mischnutzung	–	**–**	–	–
Lagergebäude, mit mehr als 25% Mischnutzung	–	**–**	–	–
Garagen und Bereitschaftsdienste				
Einzel- und Doppelgaragen	–	**–**	–	–
Mehrfachgaragen	–	**–**	–	–
Hochgaragen	–	**0,20**	–	< 0,1%
Fahrradparkhäuser	–	**–**	–	–
Carports	–	**–**	–	–
Tiefgaragen	–	**–**	–	–
Feuerwehrhäuser	–	**–**	–	–
Öffentliche Bereitschaftsdienste	–	**–**	–	–
8 Gebäude für kulturelle und religiöse Zwecke				
Bibliotheken, Museen und Ausstellungen	1,30	**1,80**	2,30	< 0,1%
Theater	–	**–**	–	–
Gemeindezentren, einfacher Standard	–	**–**	–	–
Gemeindezentren, mittlerer Standard	–	**–**	–	–
Gemeindezentren, hoher Standard	–	**–**	–	–
Gemeindezentren, Holzbauweise	–	**–**	–	–
Friedhofsgebäude	–	**–**	–	–

Einheit: m²
Brutto-Grundfläche (BGF)

Kosten:
Stand 1. Quartal 2026
Bundesdurchschnitt
inkl. 19% MwSt.

Einheit: m²
Brutto-Grundfläche (BGF)

▷ von
ø Mittel
◁ bis

Gebäudeart	▷	€/Einheit	◁	KG an 400
1 Büro- und Verwaltungsgebäude				
Büro- und Verwaltungsgebäude, einfacher Standard	–	–	–	–
Büro- und Verwaltungsgebäude, mittlerer Standard	0,90	**1,60**	1,90	< 0,1%
Büro- und Verwaltungsgebäude, hoher Standard	0,60	**0,90**	1,10	< 0,1%
Büro- und Verwaltungsgebäude, Holzbauweise	–	–	–	–
2 Gebäude für Forschung und Lehre				
Instituts- und Laborgebäude	–	–	–	–
3 Gebäude des Gesundheitswesens				
Medizinische Einrichtungen	–	–	–	–
Pflegeheime	–	**1,10**	–	< 0,1%
Gebäude für Erholungszwecke	–	–	–	–
4 Schulen und Kindergärten				
Allgemeinbildende Schulen	–	–	–	–
Schulen, Holzbauweise	–	**1,40**	–	< 0,1%
Berufliche Schulen	–	–	–	–
Förder- und Sonderschulen	–	–	–	–
Weiterbildungseinrichtungen	–	–	–	–
Kindergärten, nicht unterkellert, einfacher Standard	–	–	–	–
Kindergärten, nicht unterkellert, mittlerer Standard	–	–	–	–
Kindergärten, nicht unterkellert, hoher Standard	–	–	–	–
Kindergärten, Holzbauweise, nicht unterkellert	–	**0,40**	–	< 0,1%
Kindergärten, unterkellert	–	–	–	–
5 Sportbauten				
Sport- und Mehrzweckhallen	–	–	–	–
Sporthallen (Einfeldhallen)	–	–	–	–
Sporthallen (Dreifeldhallen)	–	–	–	–
6 Wohngebäude				
Ein- und Zweifamilienhäuser				
Ein- und Zweifamilienhäuser, unterkellert, einfacher Standard	–	–	–	–
Ein- und Zweifamilienhäuser, unterkellert, mittlerer Standard	–	–	–	–
Ein- und Zweifamilienhäuser, unterkellert, hoher Standard	–	–	–	–
Ein- und Zweifamilienhäuser, nicht unterkellert, einfacher Standard	–	–	–	–
Ein- und Zweifamilienhäuser, nicht unterkellert, mittlerer Standard	–	–	–	–
Ein- und Zweifamilienhäuser, nicht unterkellert, hoher Standard	–	–	–	–
Ein- und Zweifamilienhäuser, Passivhausstandard, Massivbauweise	–	–	–	–
Ein- und Zweifamilienhäuser, Passivhausstandard, Holzbauweise	–	–	–	–
Ein- und Zweifamilienhäuser, Holzbauweise, unterkellert	–	–	–	–
Ein- und Zweifamilienhäuser, Holzbauweise, nicht unterkellert	–	–	–	–
Doppel- und Reihenend- / Reihenhäuser				
Doppel- und Reihenendhäuser, einfacher Standard	–	–	–	–
Doppel- und Reihenendhäuser, mittlerer Standard	–	–	–	–
Doppel- und Reihenendhäuser, hoher Standard	–	–	–	–
Doppel- und Reihenendhäuser, Holzbauweise	–	–	–	–
Reihenhäuser, einfacher Standard	–	–	–	–
Reihenhäuser, mittlerer Standard	–	–	–	–
Reihenhäuser, hoher Standard	–	–	–	–
Mehrfamilienhäuser				
Mehrfamilienhäuser, mit bis zu 6 WE, einfacher Standard	–	–	–	–
Mehrfamilienhäuser, mit bis zu 6 WE, mittlerer Standard	–	–	–	–
Mehrfamilienhäuser, mit bis zu 6 WE, hoher Standard	–	–	–	–

Gebäudeart	▷	€/Einheit	◁	KG an 400
Mehrfamilienhäuser (Fortsetzung)				
Mehrfamilienhäuser, mit 6 bis 19 WE, einfacher Standard	–	–	–	–
Mehrfamilienhäuser, mit 6 bis 19 WE, mittlerer Standard	–	–	–	–
Mehrfamilienhäuser, mit 6 bis 19 WE, hoher Standard	–	–	–	–
Mehrfamilienhäuser, mit 20 oder mehr WE, einfacher Standard	–	–	–	–
Mehrfamilienhäuser, mit 20 oder mehr WE, mittlerer Standard	0,30	**0,50**	0,70	< 0,1%
Mehrfamilienhäuser, mit 20 oder mehr WE, hoher Standard	–	–	–	–
Mehrfamilienhäuser, Passivhäuser	–	–	–	–
Mehrfamilienhäuser, Holzbauweise	–	–	–	–
Wohnhäuser, mit bis zu 15% Mischnutzung, einfacher Standard	–	–	–	–
Wohnhäuser, mit bis zu 15% Mischnutzung, mittlerer Standard	–	–	–	–
Wohnhäuser, mit bis zu 15% Mischnutzung, hoher Standard	–	–	–	–
Wohnhäuser, mit mehr als 15% Mischnutzung	–	–	–	–
Seniorenwohnungen und Beherbergungen				
Seniorenwohnungen, mittlerer Standard	–	–	–	–
Seniorenwohnungen, hoher Standard	–	–	–	–
Wohnheime und Internate	1,40	**1,80**	2,10	< 0,1%
Hotels	–	–	–	–
7 Gewerbe, Lager und Garagen				
Gaststätten, Kantinen und Mensen	–	–	–	–
Industrielle Produktionsgebäude, Massivbauweise	–	–	–	–
Industrielle Produktionsgebäude, überwiegend Skelettbauweise	–	–	–	–
Betriebs- und Werkstätten, eingeschossig	–	–	–	–
Betriebs- und Werkstätten, mehrgeschossig, geringer Hallenanteil	–	–	–	–
Betriebs- und Werkstätten, mehrgeschossig, hoher Hallenanteil	–	–	–	–
Geschäftshäuser, mit Wohnungen	–	–	–	–
Geschäftshäuser, ohne Wohnungen	–	–	–	–
Verbrauchermärkte	–	–	–	–
Autohäuser	–	–	–	–
Lagergebäude, ohne Mischnutzung	–	–	–	–
Lagergebäude, mit bis zu 25% Mischnutzung	–	–	–	–
Lagergebäude, mit mehr als 25% Mischnutzung	–	–	–	–
Garagen und Bereitschaftsdienste				
Einzel- und Doppelgaragen	–	–	–	–
Mehrfachgaragen	–	–	–	–
Hochgaragen	–	–	–	–
Fahrradparkhäuser	–	–	–	–
Carports	–	–	–	–
Tiefgaragen	–	–	–	–
Feuerwehrhäuser	–	–	–	–
Öffentliche Bereitschaftsdienste	–	–	–	–
8 Gebäude für kulturelle und religiöse Zwecke				
Bibliotheken, Museen und Ausstellungen	–	–	–	–
Theater	–	–	–	–
Gemeindezentren, einfacher Standard	–	–	–	–
Gemeindezentren, mittlerer Standard	–	–	–	–
Gemeindezentren, hoher Standard	–	–	–	–
Gemeindezentren, Holzbauweise	–	–	–	–
Friedhofsgebäude	–	–	–	–

Einheit: m²
Brutto-Grundfläche (BGF)

Elementarten Neubau

Kostenkennwerte für von BKI gebildete Untergliederung der 3. Ebene DIN 276

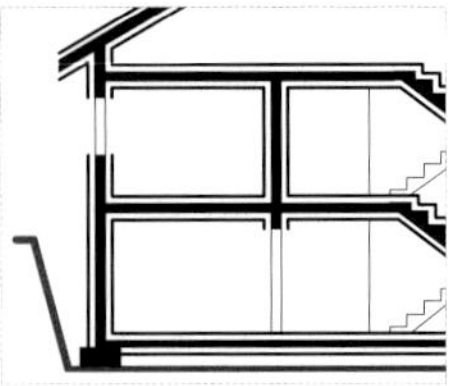

Kosten:
Stand 1. Quartal 2026
Bundesdurchschnitt
inkl. 19% MwSt.

▷ von
ø Mittel
◁ bis

KG.OZ		▷	€/Einheit	◁	LB an EA
311.10	**Oberbodenabtrag**				
01	**BG Oberboden abschieben, 20cm, lagern**	6,70	**7,40**	9,00	
	Oberboden abschieben, bis 20cm, seitlich lagern				
	Einheit: m² Abtragsfläche				
	002 Erdarbeiten				100,0%
02	**BG Oberboden abschieben, 30cm, lagern**	8,50	**9,90**	11,00	
	Oberboden abschieben, bis 30cm, seitlich lagern				
	Einheit: m² Abtragsfläche				
	002 Erdarbeiten				100,0%
03	**BG Oberboden abschieben, über 30cm, lagern**	8,90	**11,00**	12,00	
	Oberboden abschieben, über 30cm, seitlich lagern				
	Einheit: m² Abtragsfläche				
	002 Erdarbeiten				100,0%
04	**BG Oberboden abschieben, lagern, andecken, 30cm**	13,00	**15,00**	17,00	
	Oberboden abschieben, seitlich lagern und andecken, bis 30cm				
	Einheit: m² Abtragsfläche				
	002 Erdarbeiten				67,9%
	003 Landschaftsbauarbeiten				32,1%
05	**BG Oberboden abschieben, 30cm, abfahren**	9,20	**9,70**	11,00	
	Oberboden abschieben und entsorgen, bis 30cm				
	Einheit: m² Abtragsfläche				
	002 Erdarbeiten				100,0%
06	**BG Oberboden abschieben, abfahren, liefern, andecken, 30cm**	23,00	**25,00**	27,00	
	Oberboden abschieben, entsorgen, neuen Oberboden liefern, andecken, bis 30cm				
	Einheit: m² Abtragsfläche				
	002 Erdarbeiten				39,0%
	003 Landschaftsbauarbeiten				61,0%
311.20	**Aushub normal lösbar**				
01	**BG Fundament ausheben, lagern**	45,00	**49,00**	55,00	
	Baugrubenaushub des Fundamentes, normal lösbarer Boden, Material seitlich lagern				
	Einheit: m³ Aushub				
	002 Erdarbeiten				100,0%
02	**BG Fundament ausheben, lagern, hinterfüllen**	82,00	**88,00**	99,00	
	Baugrubenaushub des Fundamentes, normal lösbarer Boden, Material seitlich lagern, hinterfüllen, überschüssiges Material abfahren				
	Einheit: m³ Aushub				
	002 Erdarbeiten				100,0%
03	**BG Fundament ausheben, lagern, 80% abfahren**	52,00	**55,00**	61,00	
	Baugrubenaushub des Fundamentes, normal lösbarer Boden, Material seitlich lagern, überschüssiges Material abfahren				
	Einheit: m³ Aushub				
	002 Erdarbeiten				100,0%

KG.OZ		▷	€/Einheit	◁	LB an EA
311.20	**Aushub normal lösbar**				
04	**BG Fundament ausheben, entsorgen** Baugrubenaushub des Fundamentes, normal lösbarer Boden, Material entsorgen Einheit: m³ Aushub 002 Erdarbeiten	53,00	**56,00**	62,00	100,0%
05	**BG Fundament ausheben, entsorgen, liefern, 100% hinter-füllen** Baugrubenaushub des Fundamentes, normal lösbarer Boden, Material entsorgen lagern, 100% Hinterfüllmaterial liefern und hinterfüllen, überschüssiges Material abfahren Einheit: m³ Aushub 002 Erdarbeiten	90,00	**99,00**	111,00	100,0%
06	**BG Fundament ausheben, entsorgen, liefern, 20% hinter-füllen** Baugrubenaushub des Fundamentes, normal lösbarer Boden, Material entsorgen lagern, 20% Hinterfüllmaterial liefern und hinterfüllen, überschüssiges Material abfahren Einheit: m³ Aushub 002 Erdarbeiten	61,00	**65,00**	72,00	100,0%
07	**BG Baugrube ausheben, lagern** Baugrubenaushub, normal lösbarer Boden, Material seitlich lagern, Baugrube abgeböscht Einheit: m³ Aushub 002 Erdarbeiten	22,00	**24,00**	27,00	100,0%
08	**BG Baugrube ausheben, lagern, hinterfüllen** Baugrubenaushub, normal lösbarer Boden, Material seitlich lagern, hinterfüllen, überschüssiges Material abfahren, Baugrube abgeböscht Einheit: m³ Aushub 002 Erdarbeiten	42,00	**48,00**	56,00	100,0%
09	**BG Baugrube ausheben, lagern, 80% abfahren** Baugrubenaushub, normal lösbarer Boden, Material seitlich lagern, überschüssiges Material abfahren, Baugrube abgeböscht Einheit: m³ Aushub 002 Erdarbeiten	36,00	**41,00**	43,00	100,0%
10	**BG Baugrube ausheben, entsorgen** Baugrubenaushub normal lösbarer Boden, Material entsorgen, Baugrube abgeböscht Einheit: m³ Aushub 002 Erdarbeiten	39,00	**46,00**	48,00	100,0%
11	**BG Baugrube ausheben, entsorgen, liefern, 100% hinter-füllen** Baugrubenaushub normal lösbarer Boden, Material entsorgen, 100% Hinterfüllmaterial liefern und hinterfüllen, Baugrube abgeböscht Einheit: m³ Aushub 002 Erdarbeiten	86,00	**95,00**	100,00	100,0%

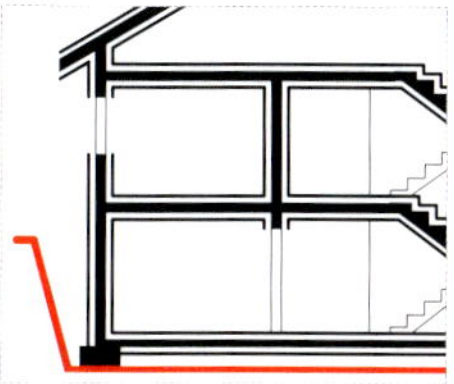

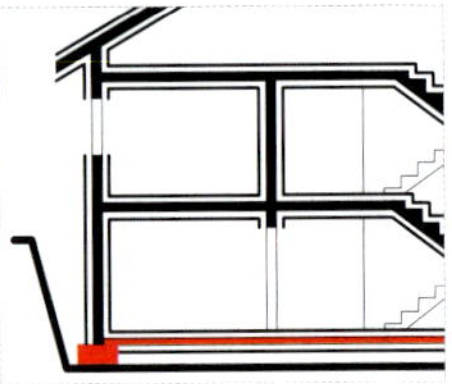

Kosten:
Stand 1.Quartal 2026
Bundesdurchschnitt
inkl. 19% MwSt.

▷ von
ø Mittel
◁ bis

KG.OZ		▷	€/Einheit	◁	LB an EA
322.10	**Fundamente Beton**				
01	**GR Einzelfundament C30/37, 20x20x50cm, 100kg/m³** Gründung, Einzelfundament C30/37, Bewehrung 100kg/m³, Schalung, 20x20x50cm Einheit: St Einzelfundament	32,00	**36,00**	43,00	
	013 Betonarbeiten				100,0%
02	**GR Einzelfundament C30/37, 20x20x50cm, 150kg/m³** Gründung, Einzelfundament C30/37, Bewehrung 150kg/m³, Schalung, 20x20x50cm Einheit: St Einzelfundament	35,00	**39,00**	46,00	
	013 Betonarbeiten				100,0%
03	**GR Einzelfundament C30/37, 20x20x100cm, 75kg/m³** Gründung, Einzelfundament C30/37, Bewehrung 75kg/m³, Schalung, 20x20x100cm Einheit: St Einzelfundament	62,00	**70,00**	82,00	
	013 Betonarbeiten				100,0%
04	**GR Einzelfundament C30/37, 20x20x100cm, 100kg/m³** Gründung, Einzelfundament C30/37, Bewehrung 100kg/m³, Schalung, 20x20x100cm Einheit: St Einzelfundament	65,00	**73,00**	85,00	
	013 Betonarbeiten				100,0%
05	**GR Einzelfundament C30/37, 30x30x50cm, 100kg/m³** Gründung, Einzelfundament C30/37, Bewehrung 100kg/m³, Schalung, 30x30x50cm Einheit: St Einzelfundament	57,00	**64,00**	74,00	
	013 Betonarbeiten				100,0%
06	**GR Einzelfundament C30/37, 30x30x50cm, 150kg/m³** Gründung, Einzelfundament C30/37, Bewehrung 150kg/m³, Schalung, 30x30x50cm Einheit: St Einzelfundament	62,00	**69,00**	80,00	
	013 Betonarbeiten				100,0%
07	**GR Einzelfundament C30/37, 30x30x100cm, 75kg/m³** Gründung, Einzelfundament C30/37, Bewehrung 75kg/m³, Schalung, 30x30x100cm Einheit: St Einzelfundament	107,00	**120,00**	140,00	
	013 Betonarbeiten				100,0%
08	**GR Einzelfundament C30/37, 50x50x50cm, 150kg/m³** Gründung, Einzelfundament C30/37, Bewehrung 150kg/m³, Schalung, 50x50x50cm Einheit: St Einzelfundament	134,00	**149,00**	171,00	
	013 Betonarbeiten				100,0%
09	**GR Einzelfundament C30/37, 50x50x100cm, 75kg/m³** Gründung, Einzelfundament C30/37, Bewehrung 75kg/m³, Schalung, 50x50x100cm Einheit: St Einzelfundament	223,00	**247,00**	285,00	
	013 Betonarbeiten				100,0%
10	**GR Einzelfundament C30/37, 100x100x50cm, 150kg/m³** Gründung, Einzelfundament C30/37, Bewehrung 150kg/m³, Schalung, 100x100x50cm Einheit: St Einzelfundament	424,00	**468,00**	528,00	
	013 Betonarbeiten				100,0%

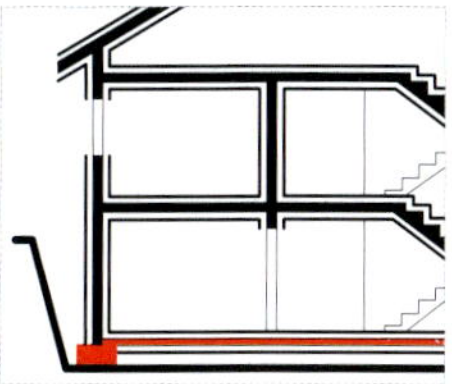

KG.OZ		▷	€/Einheit	◁	LB an EA
322.10	**Fundamente Beton**				
11	**GR Einzelfundament C30/37, 100x100x100cm, 75kg/m³** Gründung, Einzelfundament C30/37, Bewehrung 75kg/m³, Schalung, 100x100x100cm Einheit: St Einzelfundament	666,00	**733,00**	832,00	
	013 Betonarbeiten				100,0%
12	**GR Einzelfundament C30/37, 100x100x100cm, 100kg/m³** Gründung, Einzelfundament C30/37, Bewehrung 100kg/m³, Schalung, 100x100x100cm Einheit: St Einzelfundament	727,00	**801,00**	907,00	
	013 Betonarbeiten				100,0%
13	**GR Streifenfundament C30/37, 30x50cm, 100kg/m³** Gründung, Streifenfundament C30/37, Bewehrung 100kg/m³, Schalung, 30x50cm Einheit: m Streifenfundament	131,00	**145,00**	166,00	
	013 Betonarbeiten				100,0%
14	**GR Streifenfundament C30/37, 30x50cm, 150kg/m³** Gründung, Streifenfundament C30/37, Bewehrung 150kg/m³, Schalung, 30x50cm Einheit: m Streifenfundament	151,00	**167,00**	190,00	
	013 Betonarbeiten				100,0%
15	**GR Streifenfundament C30/37, 30x100cm, 75kg/m³** Gründung, Streifenfundament C30/37, Bewehrung 75kg/m³, Schalung, 30x100cm Einheit: m Streifenfundament	246,00	**272,00**	312,00	
	013 Betonarbeiten				100,0%
16	**GR Streifenfundament C30/37, 30x100cm, 100kg/m³** Gründung, Streifenfundament C30/37, Bewehrung 100kg/m³, Schalung, 30x100cm Einheit: m Streifenfundament	263,00	**291,00**	333,00	
	013 Betonarbeiten				100,0%
17	**GR Streifenfundament C30/37, 50x50cm, 100kg/m³** Gründung, Streifenfundament C30/37, Bewehrung 100kg/m³, Schalung, 50x50cm Einheit: m Streifenfundament	182,00	**200,00**	227,00	
	013 Betonarbeiten				100,0%
18	**GR Streifenfundament C30/37, 50x50cm, 150kg/m³** Gründung, Streifenfundament C30/37, Bewehrung 150kg/m³, Schalung, 50x50cm Einheit: m Streifenfundament	213,00	**236,00**	265,00	
	013 Betonarbeiten				100,0%
19	**GR Streifenfundament C30/37, 50x100cm, 75kg/m³** Gründung, Streifenfundament C30/37, Bewehrung 75kg/m³, Schalung, 50x100cm Einheit: m Streifenfundament	334,00	**368,00**	417,00	
	013 Betonarbeiten				100,0%
20	**GR Streifenfundament C30/37, 50x100cm, 100kg/m³** Gründung, Streifenfundament C30/37, Bewehrung 100kg/m³, Schalung, 50x100cm Einheit: m Streifenfundament	363,00	**400,00**	453,00	
	013 Betonarbeiten				100,0%

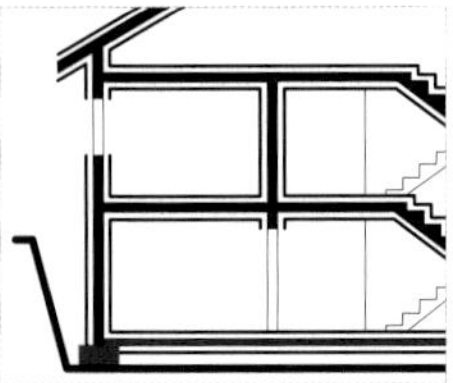

Kosten:
Stand 1. Quartal 2026
Bundesdurchschnitt
inkl. 19% MwSt.

▷ von
ø Mittel
◁ bis

KG.OZ		▷	€/Einheit	◁	LB an EA
322.10	**Fundamente Beton**				
21	**GR Streifenfundament C30/37, 30x100cm, 75kg/m³, gedämmt, einseitig** Gründung, Streifenfundament C30/37, Bewehrung 75kg/m³, Schalung, 30x100cm, einseitig gedämmt Einheit: m Streifenfundament 013 Betonarbeiten	287,00	**322,00**	367,00	100,0%
22	**GR Streifenfundament C30/37, 30x100cm, 100kg/m³, gedämmt, einseitig** Gründung, Streifenfundament C30/37, Bewehrung 100kg/m³, Schalung, 30x100cm, einseitig gedämmt Einheit: m Streifenfundament 013 Betonarbeiten	304,00	**341,00**	388,00	100,0%
23	**GR Streifenfundament C30/37, 50x100cm, 75kg/m³, gedämmt, einseitig** Gründung, Streifenfundament C30/37, Bewehrung 75kg/m³, Schalung, 50x100cm, einseitig Einheit: m Streifenfundament 013 Betonarbeiten	376,00	**418,00**	472,00	100,0%
24	**GR Streifenfundament C30/37, 50x100cm, 100kg/m³, gedämmt, einseitig** Gründung, Streifenfundament C30/37, Bewehrung 100kg/m³, Schalung, 50x100cm, einseitig gedämmt Einheit: m Streifenfundament 013 Betonarbeiten	405,00	**451,00**	508,00	100,0%
25	**GR Einzelfundament, C30/35, Bewehrung 40kg/m³, T 50cm, Schalung 8m²/m³** Gründung, Einzelfundament C30/35, Bewehrung 40kg/m³, Fundamenthöhe 50cm, mit 8,0m² Schalung/m³ Einheit: m³ Fundamentvolumen 013 Betonarbeiten	804,00	**891,00**	1.033,00	100,0%
26	**GR Einzelfundament, C30/35, Bewehrung 100kg/m³, T 50cm, Schalung 8m²/m³** Gründung, Einzelfundament C30/35, Bewehrung 100kg/m³, Fundamenthöhe 50cm, mit 8,0m² Schalung/m³ Einheit: m³ Fundamentvolumen 013 Betonarbeiten	950,00	**1.054,00**	1.212,00	100,0%
27	**GR Einzelfundament, C30/35, Bewehrung 150kg/m³, T 50cm, Schalung 8m²/m³** Gründung, Einzelfundament C30/35, Bewehrung 150kg/m³, Schalung, Fundamenthöhe 50cm, mit 8,0m² Schalung/m³ Einheit: m³ Fundamentvolumen 013 Betonarbeiten	1.071,00	**1.190,00**	1.361,00	100,0%
28	**GR Einzelfundament, C30/35, Bewehrung 30kg/m³, T 100cm, Schalung 4m²/m³** Gründung, Einzelfundament C30/35, Bewehrung 30kg/m³, Schalung, Fundamenthöhe 100cm, mit 4,0m² Schalung/m³ Einheit: m³ Fundamentvolumen 013 Betonarbeiten	557,00	**611,00**	698,00	100,0%

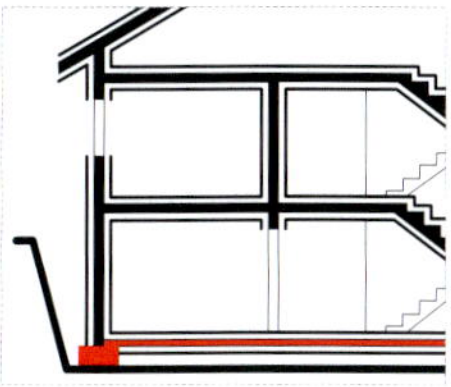

322.10 Fundamente Beton

29 **GR Einzelfundament, C30/35, Bewehrung 80kg/m^3, T 100cm, Schalung 4m^2/m^3** 678,00 **747,00** 847,00
Gründung, Einzelfundament C30/35, Bewehrung 80kg/m^3, Schalung, Fundamenthöhe 100cm, mit 4,0m^2 Schalung/m^3
Einheit: m^3 Fundamentvolumen
013 Betonarbeiten 100,0%

30 **GR Einzelfundament, C30/35, Bewehrung 120kg/m^3, T 100cm, Schalung 4m^2/m^3** 775,00 **855,00** 966,00
Gründung, Einzelfundament C30/35, Bewehrung 120kg/m^3, Schalung, Fundamenthöhe 100cm, mit 4,0m^2 Schalung/m^3
Einheit: m^3 Fundamentvolumen
013 Betonarbeiten 100,0%

31 **GR Streifenfundament, C30/35, Bewehrung 40kg/m^3, T 50cm, Schalung 4m^2/m^3** 581,00 **638,00** 728,00
Gründung, Streifenfundament C30/35, Bewehrung 40kg/m^3, Schalung, Fundamenthöhe 50cm, mit 4,0m^2 Schalung/m^3
Einheit: m^3 Fundamentvolumen
013 Betonarbeiten 100,0%

32 **GR Streifenfundament, C30/35, Bewehrung 100kg/m^3, T 50cm, Schalung 4m^2/m^3** 727,00 **801,00** 907,00
Gründung, Streifenfundament C30/35, Bewehrung 100kg/m^3, Schalung, Fundamenthöhe 50cm, mit 4,0m^2 Schalung/m^3
Einheit: m^3 Fundamentvolumen
013 Betonarbeiten 100,0%

33 **GR Streifenfundament, C30/35, Bewehrung 150kg/m^3, T 50cm, Schalung 4m^2/m^3** 848,00 **937,00** 1.056,00
Gründung, Streifenfundament C30/35, Bewehrung 150kg/m^3, Schalung, Fundamenthöhe 50cm, mit 4,0m^2 Schalung/m^3
Einheit: m^3 Fundamentvolumen
013 Betonarbeiten 100,0%

34 **GR Streifenfundament, C30/35, Bewehrung 30kg/m^3, T 100cm, Schalung 2m^2/m^3** 445,00 **484,00** 545,00
Gründung, Streifenfundament C30/35, Bewehrung 30kg/m^3, Schalung, Fundamenthöhe 100cm, mit 2,0m^2 Schalung/m^3
Einheit: m^3 Fundamentvolumen
013 Betonarbeiten 100,0%

35 **GR Streifenfundament, C30/35, Bewehrung 80kg/m^3, T 100cm, Schalung 2m^2/m^3** 567,00 **620,00** 694,00
Gründung, Streifenfundament C30/35, Bewehrung 80kg/m^3, Schalung, Fundamenthöhe 100cm, mit 2,0m^2 Schalung/m^3
Einheit: m^3 Fundamentvolumen
013 Betonarbeiten 100,0%

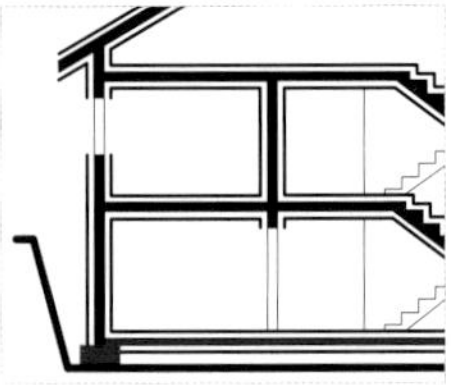

Kosten:
Stand 1. Quartal 2026
Bundesdurchschnitt
inkl. 19% MwSt.

▷ von
ø Mittel
◁ bis

KG.OZ		▷	€/Einheit	◁	LB an EA
322.10	**Fundamente Beton**				
36	**GR Streifenfundament, C30/35, Bewehrung 120kg/m³, T 100cm, Schalung 2m²/m³** Gründung, Streifenfundament C30/35, Bewehrung 120kg/m³, Schalung, Fundamenthöhe 100cm, mit 2,0m² Schalung/m³ Einheit: m³ Fundamentvolumen	663,00	**728,00**	814,00	
	013 Betonarbeiten				100,0%
322.40	**Fundament- und Bodenplatten**				
01	**GR Bodenplatte, Stahlbeton, C25/30, 20cm, Bewehrung 80kg/m³** Gründung, Bodenplatte, Ortbeton C25/30, 20cm, Bewehrung 80kg/m³, Randschalung Einheit: m² Plattenfläche	98,00	**109,00**	120,00	
	013 Betonarbeiten				100,0%
02	**GR Bodenplatte, Stahlbeton, C25/30, 20cm, Bewehrung 100kg/m³** Gründung, Bodenplatte, Ortbeton C25/30, 20cm, Bewehrung 100kg/m³, Randschalung Einheit: m² Plattenfläche	107,00	**120,00**	132,00	
	013 Betonarbeiten				100,0%
03	**GR Bodenplatte, Stahlbeton, C25/30, 25cm, Bewehrung 80kg/m³** Gründung, Bodenplatte, Ortbeton C25/30, 25cm, Bewehrung 80kg/m³, Randschalung Einheit: m² Plattenfläche	124,00	**137,00**	150,00	
	013 Betonarbeiten				100,0%
04	**GR Bodenplatte, Stahlbeton, C25/30, 25cm, Bewehrung 100kg/m³** Gründung, Bodenplatte, Ortbeton C25/30, 25cm, Bewehrung 100kg/m³, Randschalung Einheit: m² Plattenfläche	136,00	**150,00**	165,00	
	013 Betonarbeiten				100,0%
05	**GR Bodenplatte, Stahlbeton, C25/30, 30cm, Bewehrung 80kg/m³** Gründung, Bodenplatte, Ortbeton C25/30, 30cm, Bewehrung 80kg/m³, Randschalung Einheit: m² Plattenfläche	146,00	**161,00**	176,00	
	013 Betonarbeiten				100,0%
06	**GR Bodenplatte, Stahlbeton, C25/30, 30cm, Bewehrung 100kg/m³** Gründung, Bodenplatte, Ortbeton C25/30, 30cm, Bewehrung 100kg/m³, Randschalung Einheit: m² Plattenfläche	160,00	**177,00**	194,00	
	013 Betonarbeiten				100,0%
07	**GR Fundamentplatte, Stahlbeton, C25/30, 20cm, Bewehrung 120kg/m³** Gründung, Fundamentplatte, Ortbeton C25/30, 20cm, Bewehrung 120kg/m³, Randschalung Einheit: m² Plattenfläche	117,00	**130,00**	144,00	
	013 Betonarbeiten				100,0%

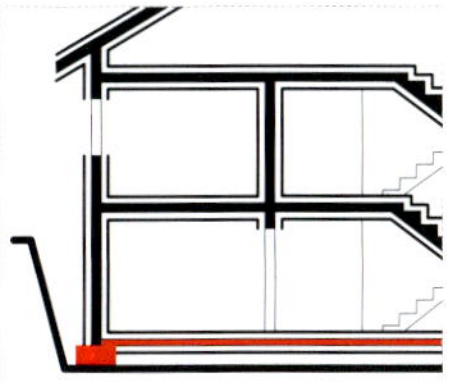

322.40	**Fundament- und Bodenplatten**				
08	**GR Fundamentplatte, Stahlbeton, C25/30, 25cm, Bewehrung 120kg/m³** Gründung, Fundamentplatte, Ortbeton C25/30, 25cm, Bewehrung 120kg/m³, Randschalung Einheit: m² Plattenfläche 013 Betonarbeiten	148,00	**163,00**	179,00	100,0%
09	**GR Fundamentplatte, Stahlbeton, C25/30, 30cm, Bewehrung 120kg/m³** Gründung, Fundamentplatte, Ortbeton C25/30, 30cm, Bewehrung 120kg/m³, Randschalung Einheit: m² Plattenfläche 013 Betonarbeiten	174,00	**193,00**	211,00	100,0%
10	**GR Fundamentplatte, Stahlbeton, C30/37, WU, 25cm, Bewehrung 140kg/m³** Gründung, Fundamentplatte, Ortbeton C30/37, wasserundurchlässig, 25cm, Bewehrung 140kg/m³, Randschalung Einheit: m² Plattenfläche 013 Betonarbeiten	189,00	**211,00**	231,00	100,0%
11	**GR Fundamentplatte, Stahlbeton, C30/37, WU, 30cm, Bewehrung 140kg/m³** Gründung, Fundamentplatte, Ortbeton C30/37, wasserundurchlässig, 30cm, Bewehrung 140kg/m³, Randschalung Einheit: m² Plattenfläche 013 Betonarbeiten	219,00	**245,00**	268,00	100,0%
12	**GR Fundamentplatte, Stahlbeton, C30/37, WU, 35cm, Bewehrung 140kg/m³** Gründung, Fundamentplatte, Ortbeton C30/37, wasserundurchlässig, 35cm, Bewehrung 140kg/m³, Randschalung Einheit: m² Plattenfläche 013 Betonarbeiten	250,00	**281,00**	306,00	100,0%
13	**GR Fundamentplatte, Stahlbeton, C30/37, WU, 40cm, Bewehrung 140kg/m³** Gründung, Fundamentplatte, Ortbeton C30/37, wasserundurchlässig, 40cm, Bewehrung 140kg/m³, Randschalung Einheit: m² Plattenfläche 013 Betonarbeiten	290,00	**321,00**	362,00	100,0%

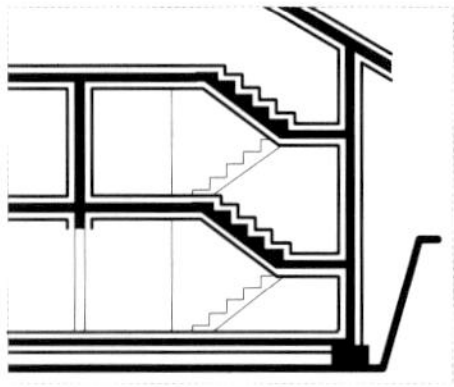

Kosten:
Stand 1. Quartal 2026
Bundesdurchschnitt
inkl. 19% MwSt.

▷ von
ø Mittel
◁ bis

KG.OZ		▷	€/Einheit	◁	LB an EA
324.20	**Estrich**				
14	**GR Heizestrich, Trockenestrich, Abdichtung, TSD**	182,00	**205,00**	230,00	
	Bodenaufbau auf Gründungsbodenplatte, Heizestrich mit Trockenestrich, Gipsfaserplatten, einlagig, Abdichtung mit Bitumenbahn, mit TSD aus Mineralwolledämmplatten, Fußbodensystemträger und Heizleitungen				
	Einheit: m² Belagsfläche				
	025 Estricharbeiten				20,1%
	039 Trockenbauarbeiten				27,4%
	041 Wärmeversorgungsanlagen - Leitungen, Armaturen, Heizflächen				52,4%
15	**GR Heizestrich, Trockenestrich, Abdichtung, EPS 60, TSD**	196,00	**221,00**	248,00	
	Bodenaufbau auf Gründungsbodenplatte, Heizestrich mit Trockenestrich, Gipsfaserplatten, einlagig, Abdichtung mit Bitumenbahn, mit TSD aus Mineralwolledämmplatten und EPS-Wärmedämmung 60mm, Fußbodensystemträger und Heizleitungen				
	Einheit: m² Belagsfläche				
	025 Estricharbeiten				25,8%
	039 Trockenbauarbeiten				25,5%
	041 Wärmeversorgungsanlagen - Leitungen, Armaturen, Heizflächen				48,7%
324.30	**Fliesen und Platten**				
01	**GR Bodenfliesen, 20x20cm, Sockelfliesen**	131,00	**146,00**	164,00	
	Bodenbelag auf Gründungsbodenplatte, mit Bodenfliesen, 20x20cm, Sockelfliesen				
	Einheit: m² Belagsfläche				
	024 Fliesen- und Plattenarbeiten				100,0%
02	**GR Bodenfliesen, 30x30cm, Sockelfliesen**	127,00	**139,00**	159,00	
	Bodenbelag auf Gründungsbodenplatte, mit Bodenfliesen, 30x30cm, Sockelfliesen				
	Einheit: m² Belagsfläche				
	024 Fliesen- und Plattenarbeiten				100,0%
03	**GR Bodenfliesen, 30x60cm, Sockelfliesen**	129,00	**140,00**	163,00	
	Deckenbelag aus Bodenfliesen, 30x60cm, Sockelfliesen, Untergrundvorbereitung				
	Einheit: m² Belagsfläche				
	024 Fliesen- und Plattenarbeiten				100,0%
04	**GR Bodenfliesen, 40x40cm, Sockelfliesen**	121,00	**132,00**	152,00	
	Bodenbelag auf Gründungsbodenplatte, mit Bodenfliesen, 40x40cm, Sockelfliesen				
	Einheit: m² Belagsfläche				
	024 Fliesen- und Plattenarbeiten				100,0%
05	**GR Bodenfliesen, 60x60cm, Sockelfliesen**	175,00	**198,00**	229,00	
	Bodenbelag auf Gründungsbodenplatte, mit Bodenfliesen, 60x60cm, Sockelfliesen				
	Einheit: m² Belagsfläche				
	024 Fliesen- und Plattenarbeiten				100,0%
324.40	**Naturstein**				
01	**GR Natursteinbelag, Granit, Natursteinsockel**	290,00	**314,00**	341,00	
	Bodenbelag auf Gründungsbodenplatte, mit Naturstein, Granit, Natursteinsockel				
	Einheit: m² Belagsfläche				
	014 Natur-, Betonwerksteinarbeiten				100,0%

KG.OZ		▷	€/Einheit	◁	LB an EA
324.40	**Naturstein**				
02	**GR Natursteinbelag, Marmor, Natursteinsockel**	295,00	**309,00**	342,00	
	Bodenbelag auf Gründungsbodenplatte, mit Naturstein, Marmor, Natursteinsockel				
	Einheit: m² Belagsfläche				
	014 Natur-, Betonwerksteinarbeiten				100,0%
03	**GR Natursteinbelag, Kalksandstein, Natursteinsockel**	241,00	**273,00**	303,00	
	Bodenbelag auf Gründungsbodenplatte, mit Naturstein, Kalksandstein, Natursteinsockel				
	Einheit: m² Belagsfläche				
	014 Natur-, Betonwerksteinarbeiten				100,0%
324.60	**Textil**				
01	**GR Textilbelag, Nadelvlies, Sockelleiste**	70,00	**76,00**	90,00	
	Gründungsplattenbelag aus Textilboden, Nadelvlies, Sockelleisten aus Holz, Untergrundvorbereitung				
	Einheit: m² Belagsfläche				
	036 Bodenbelagarbeiten				100,0%
02	**GR Textilbelag, Kugelgarn, Sockelleiste**	92,00	**97,00**	127,00	
	Gründungsplattenbelag aus Textilboden, Kugelgarn, Sockelleisten aus Holz, Untergrundvorbereitung				
	Einheit: m² Belagsfläche				
	036 Bodenbelagarbeiten				100,0%
03	**GR Textilbelag, Naturhaar-Polyamid, Sockelleiste**	94,00	**100,00**	112,00	
	Gründungsplattenbelag aus Textilboden, Naturhaar-Polyamidmischung, Sockelleisten aus Holz, Untergrundvorbereitung				
	Einheit: m² Belagsfläche				
	036 Bodenbelagarbeiten				100,0%
04	**GR Textilbelag, Tufting, Sockelleiste**	130,00	**139,00**	156,00	
	Gründungsplattenbelag aus Textilboden, Tufting, Sockelleisten aus Holz, Untergrundvorbereitung				
	Einheit: m² Belagsfläche				
	036 Bodenbelagarbeiten				100,0%
05	**GR Textilbelag, Kunstfaser gewebt, Sockelleiste**	83,00	**89,00**	100,00	
	Bodenbelag auf Gründungsbodenplatte, mit textilem Belag, gewebter Kunstfaserteppich, Sockelleisten aus Holz				
	Einheit: m² Belagsfläche				
	036 Bodenbelagarbeiten				100,0%
06	**GR Textilbelag, Naturfaser, Sockelleiste**	121,00	**128,00**	141,00	
	Bodenbelag auf Gründungsbodenplatte, mit textilem Belag, Naturfasern, Sockelleisten aus Holz				
	Einheit: m² Belagsfläche				
	036 Bodenbelagarbeiten				100,0%
324.70	**Holz**				
01	**GR Fertigparkett, Eiche, beschichtet, Sockelleiste**	160,00	**177,00**	204,00	
	Bodenbelag auf Gründungsbodenplatte, aus Fertigparkett, Eiche, beschichtet, Sockelleiste aus Holz				
	Einheit: m² Belagsfläche				
	028 Parkett-, Holzpflasterarbeiten				99,2%
	036 Bodenbelagarbeiten				0,8%

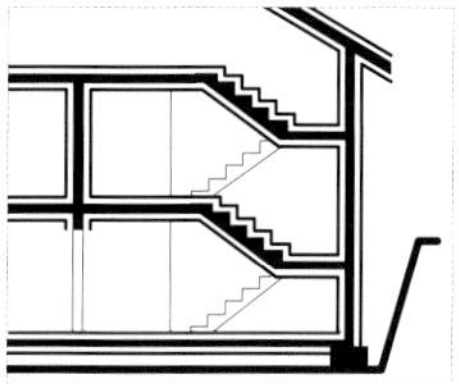

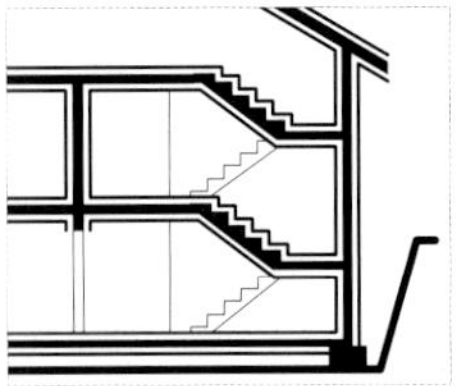

Kosten:
Stand 1. Quartal 2026
Bundesdurchschnitt
inkl. 19% MwSt.

▷ von
ø Mittel
◁ bis

KG.OZ		▷	€/Einheit	◁	LB an EA
324.70	**Holz**				
02	**GR Fertigparkett, Buche, beschichtet, Sockelleiste**	144,00	**159,00**	182,00	
	Bodenbelag auf Gründungsbodenplatte, aus Fertigparkett, Buche beschichtet, Sockelleiste aus Holz				
	Einheit: m² Belagsfläche				
	028 Parkett-, Holzpflasterarbeiten				99,1%
	036 Bodenbelagarbeiten				0,9%
03	**GR Stabparkett, Eiche, geschliffen/behandelt, Sockelleiste**	189,00	**207,00**	224,00	
	Bodenbelag auf Gründungsbodenplatte, aus Stabparkett, Eiche, schleifen und nachbehandeln, Sockelleiste aus Holz				
	Einheit: m² Belagsfläche				
	028 Parkett-, Holzpflasterarbeiten				99,3%
	036 Bodenbelagarbeiten				0,7%
04	**GR Stabparkett, Buche, geschliffen/behandelt, Sockelleiste**	203,00	**211,00**	221,00	
	Bodenbelag auf Gründungsbodenplatte, aus Stabparkett, Buche, schleifen und nachbehandeln, Sockelleiste aus Holz				
	Einheit: m² Belagsfläche				
	028 Parkett-, Holzpflasterarbeiten				100,0%
05	**GR Mosaikparkett, Eiche, geschliffen/behandelt, Sockelleiste**	135,00	**152,00**	169,00	
	Bodenbelag auf Gründungsbodenplatte, aus Mosaikparkett, Eiche, schleifen und nachbehandeln, Sockelleiste aus Holz				
	Einheit: m² Belagsfläche				
	028 Parkett-, Holzpflasterarbeiten				99,1%
	036 Bodenbelagarbeiten				0,9%
06	**GR Mosaikparkett, Buche, geschliffen/behandelt, Sockelleiste**	156,00	**172,00**	200,00	
	Bodenbelag auf Gründungsbodenplatte, aus Mosaikparkett, Buche, schleifen und nachbehandeln, Sockelleiste aus Holz				
	Einheit: m² Belagsfläche				
	028 Parkett-, Holzpflasterarbeiten				99,2%
	036 Bodenbelagarbeiten				0,8%
07	**GR Lamparkett, Eiche, geschliffen/behandelt, Sockelleiste**	184,00	**238,00**	269,00	
	Bodenbelag auf Gründungsbodenplatte, aus Lamparkett, Eiche, schleifen und nachbehandeln, Sockelleiste aus Holz				
	Einheit: m² Belagsfläche				
	028 Parkett-, Holzpflasterarbeiten				99,4%
	036 Bodenbelagarbeiten				0,6%
324.80	**Hartbeläge**				
01	**GR Naturkorkparkett, Sockelleiste**	91,00	**104,00**	116,00	
	Bodenbelag auf Gründungsbodenplatte, mit Naturkork-Fertigparkett, Sockelleisten aus Holz				
	Einheit: m² Belagsfläche				
	036 Bodenbelagarbeiten				100,0%

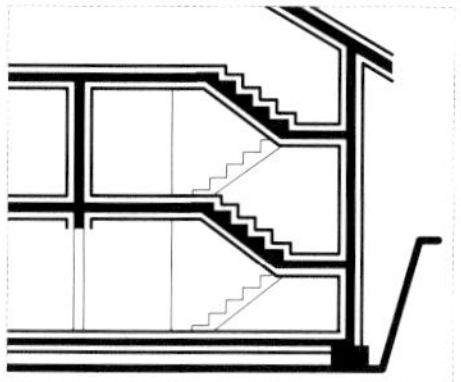

324.80 Hartbeläge

02	**GR Linoleumbelag, 2,5mm, Sockelleiste**	104,00	**114,00**	140,00	
	Gründungsbodenplatte, Korkunterlage, mit Linoleumbodenbelag, 2,5mm, mit Sockelleiste aus Linoleum				
	Einheit: m² Belagsfläche				
	036 Bodenbelagarbeiten				100,0%
03	**GR PVC-Belag, 3,0mm, Sockelleiste**	79,00	**88,00**	103,00	
	Bodenbelag auf Gründungsbodenplatte, mit PVC-Belag, 3,0mm, mit Sockelleiste aus PVC				
	Einheit: m² Belagsfläche				
	036 Bodenbelagarbeiten				100,0%
04	**GR Kautschukbelag, 2,0mm, Sockelleiste**	106,00	**118,00**	133,00	
	Bodenbelag auf Gründungsbodenplatte, mit Kautschukbelag in Bahnen, 2,0mm, mit Sockelleiste aus Kautschuk				
	Einheit: m² Belagsfläche				
	036 Bodenbelagarbeiten				100,0%
05	**GR Laminatbelag, 7,2mm, Sockelleiste**	86,00	**97,00**	116,00	
	Bodenbelag auf Gründungsbodenplatte, mit mehrschichtigem Laminat, Sockelleiste aus Holz				
	Einheit: m² Belagsfläche				
	036 Bodenbelagarbeiten				100,0%
06	**GR Vinylbelag, schwimmend, Sockelleiste**	92,00	**103,00**	117,00	
	Bodenbelag auf Gründungsbodenplatte, mit mehrschichtigem PVC-Planken im Klick-Verfahren, Sockelleiste aus Holz				
	Einheit: m² Belagsfläche				
	036 Bodenbelagarbeiten				100,0%
07	**GR Vinylbelag, geklebt, Sockelleiste**	85,00	**94,00**	107,00	
	Bodenbelag auf Gründungsbodenplatte, mit mehrschichtigem PVC-Planken geklebt, Sockelleiste aus Holz				
	Einheit: m² Belagsfläche				
	036 Bodenbelagarbeiten				100,0%

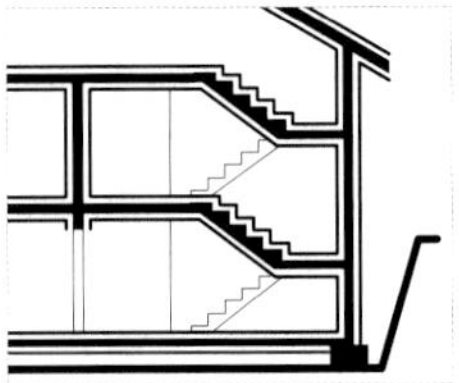

Kosten:
Stand 1. Quartal 2026
Bundesdurchschnitt
inkl. 19% MwSt.

▷ von
ø Mittel
◁ bis

KG.OZ		▷	€/Einheit	◁	LB an EA
325.20	**Filterschicht**				
05	**GR Unterbau, Tragschicht, kapillarbrechend, Kies, Sauberkeitsschicht, Trennlage, XPS 150** Gründung, Unterbau für Bodenplatten, kapillarbrechende Schicht aus Kies, mit 150mm Perimeterdämmung, Sauberkeitsschicht auf Trennlage	94,00	**104,00**	112,00	
	Einheit: m² Schichtfläche				
	002 Erdarbeiten				21,3%
	013 Betonarbeiten				25,0%
	018 Abdichtungsarbeiten				53,6%
06	**GR Unterbau, Tragschicht, kapillarbrechend, Kies, Sauberkeitsschicht, Trennlage, XPS 240** Gründung, Unterbau für Bodenplatten, kapillarbrechende Schicht aus Kies, mit 240mm Perimeterdämmung, Sauberkeitsschicht auf Trennlage	128,00	**137,00**	146,00	
	Einheit: m² Schichtfläche				
	002 Erdarbeiten				16,2%
	013 Betonarbeiten				19,0%
	018 Abdichtungsarbeiten				64,8%
07	**GR Unterbau, Tragschicht, kapillarbrechend, Kies, Sauberkeitsschicht, Trennlage, XPS 300** Gründung, Unterbau für Bodenplatten, kapillarbrechende Schicht aus Kies, mit 300mm Perimeterdämmung, zweilagig, Sauberkeitsschicht auf Trennlage	145,00	**157,00**	166,00	
	Einheit: m² Schichtfläche				
	002 Erdarbeiten				12,4%
	013 Betonarbeiten				16,6%
	018 Abdichtungsarbeiten				71,0%
325.30	**Sauberkeitsschichten**				
01	**GR Unterbau, Sauberkeitsschicht, Beton, Trennlage** Gründung, Unterbau für Bodenplatten, Sauberkeitsschicht aus Beton, Trennlage mit Folie	27,00	**32,00**	36,00	
	Einheit: m² Schichtfläche				
	002 Erdarbeiten				18,5%
	013 Betonarbeiten				81,5%
02	**GR Unterbau, Sauberkeitsschicht, Sand, Trennlage** Gründung, Unterbau für Bodenplatten, Sauberkeitsschicht aus Sand, Trennlage mit Folie	17,00	**20,00**	26,00	
	Einheit: m² Schichtfläche				
	002 Erdarbeiten				30,1%
	013 Betonarbeiten				69,9%
03	**GR Unterbau, gedämmt, CG 100, Sauberkeitsschicht, Sandbett, Trennlage** Dämmung unter Gründungsbodenplatte, mit Schaumglasplatten, bis 100mm, mit Sauberkeitsschicht, Sandbettung, mit Trennlage	169,00	**190,00**	209,00	
	Einheit: m² Schichtfläche				
	002 Erdarbeiten				3,1%
	013 Betonarbeiten				96,9%

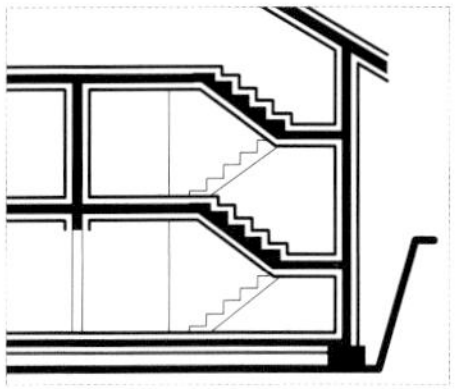

325.30 Sauberkeitsschichten

		▷	€/Einheit	◁	LB an EA
04	**GR Unterbau, gedämmt, CG 140, Sauberkeitsschicht, Sandbett, Trennlage** Dämmung unter Gründungsbodenplatte, mit Schaumglasplatten, bis 140mm, mit Sauberkeitsschicht, Sandbettung, mit Trennlage Einheit: m² Schichtfläche	242,00	**257,00**	285,00	
	002 Erdarbeiten				2,3%
	013 Betonarbeiten				97,7%
05	**GR Unterbau, gedämmt, CG 200, Sauberkeitsschicht, Sandbett, Trennlage** Dämmung unter Gründungsbodenplatte, mit Schaumglasplatten, bis 200mm, mit Sauberkeitsschicht, Sandbettung, mit Trennlage Einheit: m² Schichtfläche	293,00	**313,00**	344,00	
	002 Erdarbeiten				1,9%
	013 Betonarbeiten				98,1%
06	**GR Unterbau, gedämmt, XPS 100, Sauberkeitsschicht, Trennlage** Gründung, Unterbau für Bodenplatten, Perimeterdämmung aus extrudierten Polystyrolplatten, 100mm Sauberkeitsschicht, mit Trennlage Einheit: m² Schichtfläche	67,00	**77,00**	86,00	
	002 Erdarbeiten				7,7%
	013 Betonarbeiten				34,0%
	018 Abdichtungsarbeiten				58,3%
07	**GR Unterbau, gedämmt, XPS 150, Sauberkeitsschicht, Trennlage** Gründung, Unterbau für Bodenplatten, Perimeterdämmung aus extrudierten Polystyrolplatten 150mm, Sauberkeitsschicht, mit Trennlage Einheit: m² Schichtfläche	80,00	**88,00**	94,00	
	002 Erdarbeiten				6,7%
	013 Betonarbeiten				29,7%
	018 Abdichtungsarbeiten				63,6%
08	**GR Unterbau, gedämmt, XPS 240, Sauberkeitsschicht, Trennlage** Gründung, Unterbau für Bodenplatten, Perimeterdämmung aus extrudierten Polystyrolplatten 240mm, Sauberkeitsschicht, mit Trennlage Einheit: m² Schichtfläche	114,00	**121,00**	128,00	
	002 Erdarbeiten				4,9%
	013 Betonarbeiten				21,6%
	018 Abdichtungsarbeiten				73,5%

325.60 Abdichtungen, Dämmschichten, vertikal

		▷	€/Einheit	◁	LB an EA
01	**GR Wärmedämmung vertikal, XPS 100, Abdichtung, Sickerschicht** Dämmung von Gründungsbauteilen, vertikale Flächen, mit extrudierten Polystyrolplatten, 100mm, Abdichtung, mit Sickerschicht Einheit: m² Schichtfläche	116,00	**124,00**	139,00	
	018 Abdichtungsarbeiten				100,0%

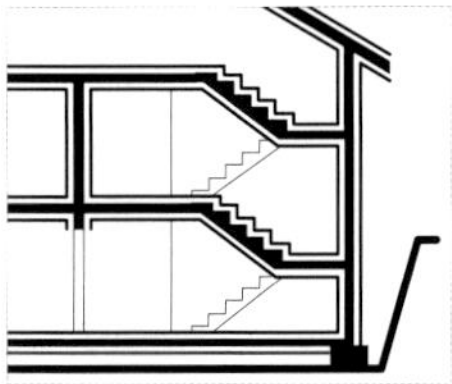

Kosten:
Stand 1.Quartal 2026
Bundesdurchschnitt
inkl. 19% MwSt.

KG.OZ		▷	€/Einheit	◁	LB an EA
325.60	**Abdichtungen, Dämmschichten, vertikal**				
02	**GR Wärmedämmung vertikal, XPS 120, Abdichtung, Sickerschicht** Dämmung von Gründungsbauteilen, vertikale Flächen, mit extrudierten Polystyrolplatten, 120mm, Abdichtung, mit Sickerschicht Einheit: m² Schichtfläche	119,00	**127,00**	141,00	
	018 Abdichtungsarbeiten				100,0%
03	**GR Wärmedämmung vertikal, XPS 160, Abdichtung, Sickerschicht** Dämmung von Gründungsbauteilen, vertikale Flächen, mit extrudierten Polystyrolplatten, 160mm, Abdichtung, mit Sickerschicht Einheit: m² Schichtfläche	124,00	**136,00**	154,00	
	018 Abdichtungsarbeiten				100,0%
04	**GR Wärmedämmung vertikal, CG 120, Abdichtung, Sickerschicht** Dämmung von Gründungsbauteilen, vertikale Flächen, mit Schaumglasplatten, 120mm, Abdichtung, mit Sickerschicht Einheit: m² Schichtfläche	194,00	**205,00**	232,00	
	018 Abdichtungsarbeiten				100,0%
05	**GR Wärmedämmung vertikal, CG 160, Abdichtung, Sickerschicht** Dämmung von Gründungsbauteilen, vertikale Flächen, mit Schaumglasplatten, 160mm, Abdichtung, mit Sickerschicht Einheit: m² Schichtfläche	215,00	**226,00**	258,00	
	018 Abdichtungsarbeiten				100,0%
06	**GR Wärmedämmung vertikal, CG 200, Abdichtung, Sickerschicht** Dämmung von Gründungsbauteilen, vertikale Flächen, mit Schaumglasplatten, 200mm, Abdichtung, mit Sickerschicht Einheit: m² Schichtfläche	235,00	**251,00**	283,00	
	018 Abdichtungsarbeiten				100,0%

▷ von
ø Mittel
◁ bis

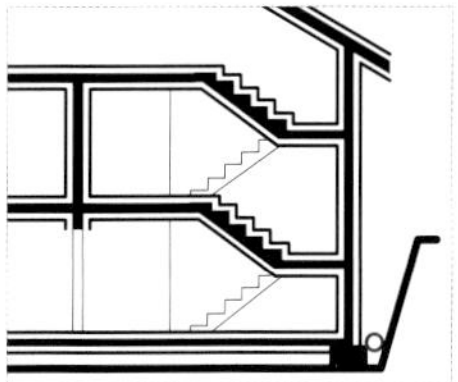

KG.OZ		▷	€/Einheit	◁	LB an EA
326.10	**Dränageleitungen**				
01	**GR Dränage, PVC-Rohre, Sickerpackung, Filtervlies** Dränleitung aus PVC-U Rohren, mit Sickerpackung und Filtervlies Einheit: m Leitungslänge	53,00	**60,00**	70,00	
	010 Drän- und Versickerarbeiten				100,0%
02	**GR Spritzschutz, Kiesstreifen, Filtervlies, Randstein** Spritzschutz als Kiesstreifen im Sockelbereich, mit Filtervlies und Randsteinen Einheit: m Kiesstreifen	62,00	**65,00**	72,00	
	010 Drän- und Versickerarbeiten				33,0%
	080 Straßen, Wege, Plätze				67,0%
326.30	**Dränfilter**				
01	**GR Sickerschicht vertikal, EPS-Platten/Vlies** Sickerschicht vor Gründungsbauteilen, vertikale Flächen, mit extrudiertem Polystyrolplatten, mit Vlies Einheit: m² Schichtfläche	27,00	**33,00**	43,00	
	018 Abdichtungsarbeiten				100,0%
02	**GR Sickerschicht vertikal, Sickersteine** Sickerschicht vor Gründungsbauteilen, vertikale Flächen, mit porösen Sickersteinen Einheit: m² Schichtfläche	41,00	**47,00**	53,00	
	018 Abdichtungsarbeiten				100,0%
03	**GR Dränschicht vertikal, Kiessand, 50cm** Sickerschicht vor Gründungsbauteilen, vertikal, mit Kiessand, 50cm Einheit: m² Schichtfläche	55,00	**63,00**	73,00	
	010 Drän- und Versickerarbeiten				100,0%
04	**GR Sicker-/Filterschicht vertikal, Kies/Kiessand, 20/10cm** Sickerschicht mit Filterschicht vor Gründungsbauteilen, vertikal, mit Kies 20cm, und Kiessand 10cm Einheit: m² Schichtfläche	22,00	**24,00**	25,00	
	010 Drän- und Versickerarbeiten				100,0%

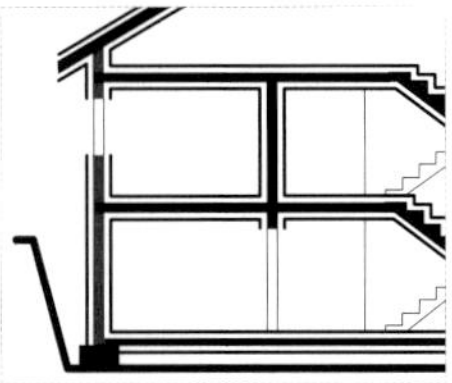

Kosten:
Stand 1. Quartal 2026
Bundesdurchschnitt
inkl. 19% MwSt.

▷ von
ø Mittel
◁ bis

KG.OZ		▷	€/Einheit	◁	LB an EA
331.10	**Mauerwerkswand**				
01	**AW Mauerwerk, Beton-Hohlblocksteinen 36,5cm**	168,00	**198,00**	248,00	
	Außenwand aus Mauerwerk, mit Beton-Hohlblocksteinen 36,5cm, inkl. Öffnungen überdecken				
	Einheit: m² Wandfläche				
	012 Mauerarbeiten				100,0%
02	**AW Mauerwerk, Porenbeton-Plansteine, 36,5cm**	191,00	**203,00**	224,00	
	Außenwand aus Mauerwerk, mit Porenbeton-Plansteinen 36,5cm, inkl. Öffnungen überdecken				
	Einheit: m² Wandfläche				
	012 Mauerarbeiten				100,0%
03	**AW Mauerwerk, Hochlochziegeln, 36,5cm**	211,00	**231,00**	253,00	
	Außenwand aus Mauerwerk, mit Hochlochziegeln LHLz 36,5cm, inkl. Öffnungen überdecken				
	Einheit: m² Wandfläche				
	012 Mauerarbeiten				100,0%
04	**AW Mauerwerk, Hochlochziegeln gefüllt, 36,5cm**	226,00	**240,00**	259,00	
	Außenwand aus Mauerwerk, mit gefüllten Hochlochziegeln LHLz 36,5cm, inkl. Öffnungen überdecken				
	Einheit: m² Wandfläche				
	012 Mauerarbeiten				100,0%
05	**AW Mauerwerk, Kalksandsteine, 17,5cm**	109,00	**121,00**	133,00	
	Außenwand aus Mauerwerk, mit Kalksandsteinen KS L-R 17,5cm, inkl. Öffnungen überdecken				
	Einheit: m² Wandfläche				
	012 Mauerarbeiten				100,0%
06	**AW Mauerwerk, Kalksandsteine, 24cm**	139,00	**153,00**	168,00	
	Außenwand aus Mauerwerk, mit Kalksandsteinen KS L-R 24cm, inkl. Öffnungen überdecken				
	Einheit: m² Wandfläche				
	012 Mauerarbeiten				100,0%
331.20	**Betonwand**				
01	**AW KG, Stahlbeton, 20cm, Bewehrung 100kg/m³, Schalung rau**	215,00	**232,00**	253,00	
	Außenwand als Kellerwand, aus Stahlbeton C25/30, Dicke 20cm, Bewehrung 100 kg/m³, mit rauer Schalung				
	Einheit: m² Wandfläche				
	013 Betonarbeiten				100,0%
02	**AW KG, Stahlbeton, 20cm, Bewehrung 100kg/m³, Sichtbetonschalung**	267,00	**289,00**	310,00	
	Außenwand als Kellerwand, aus Stahlbeton C25/30, Dicke 20cm, Bewehrung 100kg/m³, mit Sichtbetonschalung				
	Einheit: m² Wandfläche				
	013 Betonarbeiten				100,0%
03	**AW KG, Stahlbeton, 25cm, Bewehrung 100kg/m³, Schalung rau**	238,00	**259,00**	282,00	
	Außenwand als Kellerwand, aus Stahlbeton C25/30, Dicke 25cm, Bewehrung 100 kg/m³, mit rauer Schalung				
	Einheit: m² Wandfläche				
	013 Betonarbeiten				100,0%

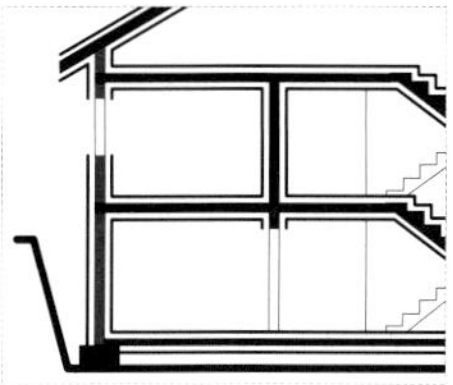

KG.OZ		▷	€/Einheit	◁	LB an EA
331.20	**Betonwand**				
04	**AW KG, Stahlbeton, 25cm, Bewehrung 100kg/m^3, Sichtbetonschalung** Außenwand als Kellerwand, aus Stahlbeton C25/30, Dicke 25cm Bewehrung 100kg/m^3, mit Sichtbetonschalung Einheit: m^2 Wandfläche	293,00	**318,00**	341,00	
	013 Betonarbeiten				100,0%
05	**AW KG, Stahlbeton, WU, 20cm, Bewehrung 100kg/m^3, Schalung glatt** Außenwand als Kellerwand, aus Stahlbeton C25/30, Dicke 20cm, wasserundurchlässig, Bewehrung 100kg/m^3, mit glatter Schalung Einheit: m^2 Wandfläche	219,00	**243,00**	277,00	
	013 Betonarbeiten				100,0%
06	**AW KG, Stahlbeton, WU, 20cm, Bewehrung 120kg/m^3, Schalung glatt** Außenwand als Kellerwand, aus Stahlbeton C25/30, Dicke 20cm, wasserundurchlässig, Bewehrung 120kg/m^3 Einheit: m^2 Wandfläche	228,00	**254,00**	289,00	
	013 Betonarbeiten				100,0%
07	**AW KG, Stahlbeton, WU, 25cm, Bewehrung 100kg/m^3, Schalung glatt** Außenwand als Kellerwand, aus Stahlbeton C25/30, Dicke 25cm, wasserundurchlässig, Bewehrung 100kg/m^3, mit glatter Schalung Einheit: m^2 Wandfläche	244,00	**270,00**	307,00	
	013 Betonarbeiten				100,0%
08	**AW KG, Stahlbeton, WU, 25cm, Bewehrung 120kg/m^3, Schalung rau** Außenwand als Kellerwand, aus Stahlbeton C30/37, Dicke 25cm, wasserundurchlässig, Bewehrung 120kg/m^3, mit rauer Schalung Einheit: m^2 Wandfläche	261,00	**282,00**	309,00	
	013 Betonarbeiten				100,0%
09	**AW KG, Stahlbeton, WU, 25cm, Bewehrung 120kg/m^3, Schalung glatt** Außenwand als Kellerwand, aus Stahlbeton C30/37, Dicke 25cm, wasserundurchlässig, Bewehrung 120kg/m^3, mit glatter Schalung Einheit: m^2 Wandfläche	260,00	**290,00**	327,00	
	013 Betonarbeiten				100,0%
10	**AW KG, Stahlbeton, WU, 30cm, Bewehrung 120kg/m^3, Schalung rau** Außenwand als Kellerwand, aus Stahlbeton C30/37, Dicke 25cm, wasserundurchlässig, Bewehrung 120kg/m^3, mit rauer Schalung Einheit: m^2 Wandfläche	278,00	**301,00**	329,00	
	013 Betonarbeiten				100,0%

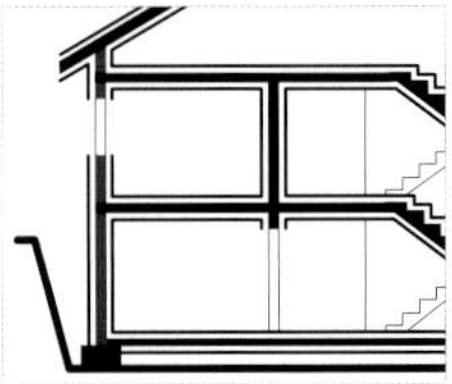

Kosten:
Stand 1. Quartal 2026
Bundesdurchschnitt
inkl. 19% MwSt.

▷ von
ø Mittel
◁ bis

KG.OZ		▷	€/Einheit	◁	LB an EA
331.20	**Betonwand**				
11	**AW KG, Stahlbeton, WU, 30cm, Bewehrung 120kg/m^3, Schalung glatt** Außenwand als Kellerwand, aus Stahlbeton C30/37, Dicke 30cm, wasserundurchlässig, Bewehrung 120kg/m^3, mit glatter Schalung Einheit: m^2 Wandfläche	288,00	**321,00**	361,00	
	013 Betonarbeiten				100,0%
12	**AW Stahlbeton, 20cm, Bewehrung 60kg/m^3, Schalung glatt** Außenwand aus Stahlbeton C25/30, Dicke 20cm, Bewehrung 60kg/m^3, mit glatter Schalung Einheit: m^2 Wandfläche	200,00	**227,00**	257,00	
	013 Betonarbeiten				100,0%
13	**AW Stahlbeton, 20cm, Bewehrung 80kg/m^3, Schalung glatt** Außenwand der Kellerwand, Dicke 20cm, aus Stahlbeton C25/30, Bewehrung 80kg/m^3, mit glatter Schalung Einheit: m^2 Wandfläche	210,00	**238,00**	270,00	
	013 Betonarbeiten				100,0%
14	**AW Stahlbeton, 20cm, Bewehrung 100kg/m^3, Schalung glatt** Außenwand aus Stahlbeton C25/30, Dicke 20cm, Bewehrung 100kg/m^3, mit glatter Schalung Einheit: m^2 Wandfläche	219,00	**249,00**	282,00	
	013 Betonarbeiten				100,0%
15	**AW Stahlbeton, 25cm, Bewehrung 60kg/m^3, Schalung glatt** Außenwand aus Stahlbeton C25/30 Dicke 25cm, Bewehrung 60kg/m^3, mit glatter Schalung Einheit: m^2 Wandfläche	219,00	**248,00**	281,00	
	013 Betonarbeiten				100,0%
16	**AW Stahlbeton, 25cm, Bewehrung 80kg/m^3, Schalung glatt** Außenwand aus Stahlbeton C25/30, Dicke 25cm, Bewehrung 80kg/m^3, mit glatter Schalung Einheit: m^2 Wandfläche	231,00	**261,00**	295,00	
	013 Betonarbeiten				100,0%
17	**AW Stahlbeton, 25cm, Bewehrung 100kg/m^3, Schalung glatt** Außenwand der Kellerwand, aus Stahlbeton C25/30, Dicke 25cm, Bewehrung 100kg/m^3, mit glatter Schalung Einheit: m^2 Wandfläche	243,00	**275,00**	310,00	
	013 Betonarbeiten				100,0%

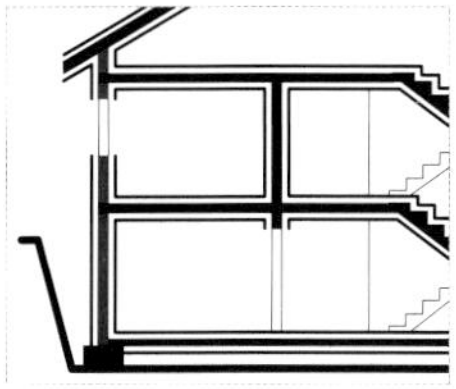

KG.OZ		▷	€/Einheit	◁	LB an EA
331.20	**Betonwand**				
18	**AW Stahlbeton, 25cm, Bewehrung 120kg/m³, Schalung glatt** Außenwand der Kellerwand, aus Stahlbeton C25/30, Dicke 25cm, Bewehrung 120kg/m³, mit glatter Schalung Einheit: m² Wandfläche	255,00	**288,00**	325,00	
	013 Betonarbeiten				100,0%
331.30	**Holzwand**				
01	**AW Massivholz, Brettstapelholz, bis 12cm** Außenwand tragend, mit Brettstapelholz, bis 12cm, mit Trennlage und Quellmörtel Einheit: m² Wandfläche	173,00	**187,00**	207,00	
	016 Zimmer- und Holzbauarbeiten				100,0%
02	**AW Massivholz, Brettstapelholz, bis 16cm** Außenwand tragend mit Brettstapelholz, bis 16cm, mit Trennlage und Quellmörtel Einheit: m² Wandfläche	247,00	**266,00**	294,00	
	016 Zimmer- und Holzbauarbeiten				100,0%
03	**AW Massivholz, Brettstapelholz, bis 20cm** Außenwand tragend, mit Brettstapelholz, bis 20cm, mit Trennlage und Quellmörtel Einheit: m² Wandfläche	330,00	**356,00**	394,00	
	016 Zimmer- und Holzbauarbeiten				100,0%
04	**AW Massivholz, Brettstapelholz, bis 16cm, OSB** Außenwand tragen mit Brettstapelholz bis 16cm , innen OSB/3 15cm innen, mit Trennlage und Quellmörtel Einheit: m² Wandfläche	278,00	**302,00**	332,00	
	016 Zimmer- und Holzbauarbeiten				100,0%
05	**AW Massivholz, Brettsperrholz, bis 12cm** Außenwand mit Brettsperrholzelementen, bis 12cm, mit Trennlage und Quellmörtel Einheit: m² Wandfläche	216,00	**223,00**	238,00	
	016 Zimmer- und Holzbauarbeiten				100,0%
06	**AW Massivholz, Brettsperrholz, bis 16cm** Außenwand mit Brettsperrholzelementen, bis 16cm, mit Trennlage und Quellmörtel Einheit: m² Wandfläche	254,00	**274,00**	302,00	
	016 Zimmer- und Holzbauarbeiten				100,0%
07	**AW Massivholz, Brettsperrholz, bis 16cm, OSB** Außenwand mit Brettsperrholzelementen, OSB-Platten innen, bis 16cm Einheit: m² Wandfläche	285,00	**309,00**	340,00	
	016 Zimmer- und Holzbauarbeiten				100,0%
08	**AW Holzrahmen, MW 160, OSB-Platten, WF-Bekleidung** Außenwand als Holzrahmenkonstruktion, 16cm, KVH mit Mineralwolle gedämmt, Innenbeplankung mit OSB/3, luftdicht abgeklebt, Außenbekleidung mit diffusionsoffener Bekleidung aus Holzfaserplatten Einheit: m² Wandfläche	213,00	**224,00**	237,00	
	016 Zimmer- und Holzbauarbeiten				100,0%

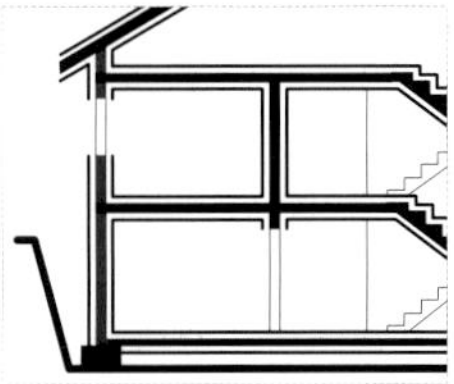

Kosten:
Stand 1. Quartal 2026
Bundesdurchschnitt
inkl. 19% MwSt.

▷ von
ø Mittel
◁ bis

KG.OZ		▷	€/Einheit	◁	LB an EA
331.30	**Holzwand**				
09	**AW Holzrahmen, MW 200, OSB-Platten, WF-Bekleidung**	225,00	**236,00**	259,00	
	Außenwand als Holzrahmenkonstruktion, 20cm, KVH mit Mineralwolle gedämmt, Innenbeplankung mit OSB, luftdicht abgeklebt, Außenbekleidung mit diffusionsoffenen Bekleidung aus Holzfaserplatten				
	Einheit: m² Wandfläche				
	016 Zimmer- und Holzbauarbeiten				100,0%
10	**AW Holzrahmen, MW 240, OSB-Platten, WF-Bekleidung**	243,00	**261,00**	292,00	
	Außenwand als Holzrahmenkonstruktion, 24cm, KVH mit Holzweichfaserplatte, Innenbeplankung mit OSB, luftdicht abgeklebt, Außenbekleidung mit diffusionsoffenen Bekleidung aus Holzfaserplatten				
	Einheit: m² Wandfläche				
	016 Zimmer- und Holzbauarbeiten				100,0%
11	**AW Holzrahmen, Zellulose 160, OSB-Platten, WF-Bekleidung**	213,00	**224,00**	237,00	
	Außenwand als Holzrahmenkonstruktion, 16cm, KVH mit Zellulosedämmung, Innenbeplankung mit OSB, luftdicht abgeklebt, Außenbekleidung mit diffusionsoffenen Bekleidung aus Holzfaserplatten				
	Einheit: m² Wandfläche				
	016 Zimmer- und Holzbauarbeiten				100,0%
12	**AW Holzrahmen, Zellulose 200, OSB-Platten, WF-Bekleidung**	225,00	**236,00**	259,00	
	Außenwand als Holzrahmenkonstruktion, 20cm, KVH mit Zellulosedämmung, Innenbeplankung mit OSB, luftdicht abgeklebt, Außenbekleidung mit diffusionsoffenen Bekleidung aus Holzfaserplatten				
	Einheit: m² Wandfläche				
	016 Zimmer- und Holzbauarbeiten				100,0%
13	**AW Holzrahmen, Zellulose 240, OSB-Platten, WF-Bekleidung**	243,00	**261,00**	292,00	
	Außenwand als Holzrahmenkonstruktion, 24cm, KVH mit Zellulosedämmung, Innenbeplankung mit OSB, luftdicht abgeklebt, Außenbekleidung mit diffusionsoffenen Bekleidung aus Holzfaserplatten				
	Einheit: m² Wandfläche				
	016 Zimmer- und Holzbauarbeiten				100,0%
14	**AW Holzrahmen, WF 160, OSB-Platten, WF-Bekleidung**	218,00	**250,00**	280,00	
	Außenwand als Holzrahmenkonstruktion, 16cm, KVH mit Holzweichfaserplatten gedämmt, Innenbeplankung mit OSB, luftdicht abgeklebt, Außenbekleidung mit diffusionsoffenen Bekleidung aus Holzfaserplatten				
	Einheit: m² Wandfläche				
	016 Zimmer- und Holzbauarbeiten				100,0%
15	**AW Holzrahmen, WF 200, OSB-Platten, WF-Bekleidung**	225,00	**257,00**	289,00	
	Außenwand als Holzrahmenkonstruktion, 20cm, KVH mit Holzweichfaserplatten gedämmt, Innenbeplankung mit OSB-Platten, luftdicht abgeklebt, Außenbekleidung mit diffusionsoffenen Bekleidung aus Holzfaserplatten				
	Einheit: m² Wandfläche				
	016 Zimmer- und Holzbauarbeiten				100,0%
16	**AW Holzständer, KVH, MW 200, OSB/MDF**	190,00	**213,00**	237,00	
	Außenwand als Holzständerkonstruktion, 20cm, KVH mit Mineralwolle, Innenbeplankung mit OSB luftdicht abgeklebt und GK, Außenbekleidung mit mitteldichten Faserplatten				
	Einheit: m² Wandfläche				
	016 Zimmer- und Holzbauarbeiten				91,9%
	038 Vorgehängte hinterlüftete Fassaden				8,1%

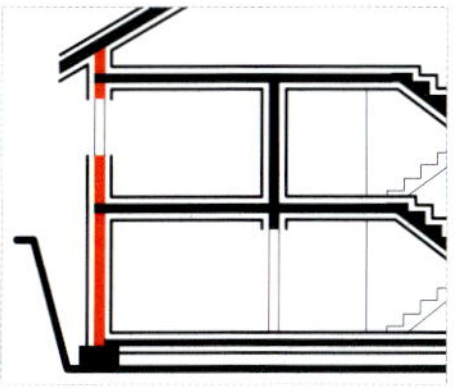

331.30 Holzwand

17 **AW Holztafeln, MW 160, OSB-Platten, GF** 187,00 **221,00** 279,00
Außenwand als Holzrahmenkonstruktion, 16cm, KVH mit Mineralwolle gedämmt, Innenbeplankung mit OSB, luftdicht abgeklebt, Unterspannbahn, Außenbekleidung mit Gipsfaserplatten
Einheit: m² Wandfläche
016 Zimmer- und Holzbauarbeiten 100,0%

18 **AW Holztafeln, MW 200, OSB-Platten, GF** 200,00 **237,00** 300,00
Außenwand als Holzrahmenkonstruktion, 20cm, KVH mit Mineralwolle gedämmt, Innenbeplankung mit OSB, luftdicht abgeklebt, Unterspannbahn, Außenbekleidung mit Gipsfaserplatten
Einheit: m² Wandfläche
016 Zimmer- und Holzbauarbeiten 100,0%

19 **AW Holztafeln, WF 160, OSB-Platten, GF** 191,00 **226,00** 286,00
Außenwand als Holzrahmenkonstruktion, 16cm, KVH mit Holzweichfaserdämmung, Innenbeplankung mit OSB, luftdicht abgeklebt, Unterspannbahn, Außenbekleidung mit Gipsfaserplatten
Einheit: m² Wandfläche
016 Zimmer- und Holzbauarbeiten 100,0%

20 **AW Holztafeln, WF 200, OSB-Platten, GF** 205,00 **243,00** 308,00
Außenwand als Holzrahmenkonstruktion, 20cm, KVH mit Holzweichfaserplatten gedämmt, Innenbeplankung mit OSB, luftdicht abgeklebt, Unterspannbahn, Außenbekleidung mit Gipsfaserplatten
Einheit: m² Wandfläche
016 Zimmer- und Holzbauarbeiten 100,0%

21 **AW Holztafeln, Zellulose 160, OSB-Platten, GF** 177,00 **210,00** 265,00
Außenwand als Holzrahmenkonstruktion, 16cm, KVH mit Zellulose gedämmt, Innenbeplankung mit OSB, luftdicht abgeklebt, Unterspannbahn, Außenbekleidung mit Gipsfaserplatten
Einheit: m² Wandfläche
016 Zimmer- und Holzbauarbeiten 100,0%

22 **AW Holztafeln, MW 160, OSB-Platten, GF, Installationsebene** 244,00 **288,00** 347,00
Außenwand als Holzrahmenkonstruktion, 16cm, KVH mit Mineralwolle gedämmt, Innenbeplankung mit OSB, luftdicht abgeklebt, mit Installationsebene, Unterspannbahn, Außenbekleidung mit Gipsfaserplatten
Einheit: m² Wandfläche
016 Zimmer- und Holzbauarbeiten 100,0%

23 **AW Holztafeln, MW 200, OSB-Platten, GF, Installationsebene** 258,00 **305,00** 368,00
Außenwand als Holzrahmenkonstruktion, 20cm, KVH mit Mineralwolle gedämmt, Innenbeplankung mit OSB, luftdicht abgeklebt, mit Installationsebene, Unterspannbahn, Außenbekleidung mit Gipsfaserplatten
Einheit: m² Wandfläche
016 Zimmer- und Holzbauarbeiten 100,0%

24 **AW Holztafeln, WF 160, OSB-Platten, GF, Installationsebene** 249,00 **294,00** 354,00
Außenwand als Holzrahmenkonstruktion, 16cm, KVH mit Holzweichfaserplatten gedämmt, Innenbeplankung mit OSB, luftdicht abgeklebt, mit Installationsebene, Unterspannbahn, Außenbekleidung mit Gipsfaserplatten
Einheit: m² Wandfläche
016 Zimmer- und Holzbauarbeiten 100,0%

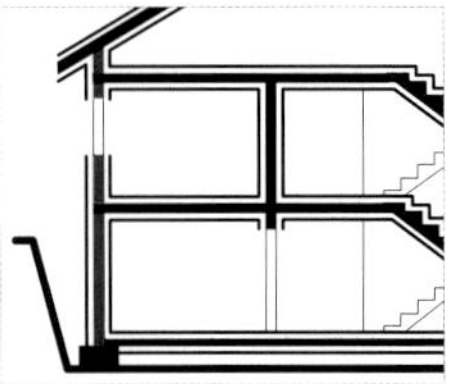

Kosten:
Stand 1. Quartal 2026
Bundesdurchschnitt
inkl. 19% MwSt.

▷ von
ø Mittel
◁ bis

KG.OZ		▷	€/Einheit	◁	LB an EA
331.30	**Holzwand**				
25	**AW Holztafeln, WF 200, OSB-Platten, GF, Installationsebene**	263,00	**311,00**	376,00	
	Außenwand als Holzrahmenkonstruktion, 20cm, KVH mit Holzweichfaserdämmung, Innenbeplankung mit OSB, luftdicht abgeklebt, mit Installationsebene, Unterspannbahn, Außenbekleidung mit Gipsfaserplatten				
	Einheit: m² Wandfläche				
	016 Zimmer- und Holzbauarbeiten				100,0%
26	**AW Holztafeln, Zellulose 160, OSB-Platten, GF, Installationsebene**	235,00	**277,00**	333,00	
	Außenwand als Holzrahmenkonstruktion, 16cm, KVH mit Zellulosedämmung, Innenbeplankung mit OSB, abgeklebt, mit Installationsebene, Unterspannbahn, Außenbekleidung mit Gipsfaserplatten				
	Einheit: m² Wandfläche				
	016 Zimmer- und Holzbauarbeiten				100,0%
27	**AW Holztafeln, Zellulose 200, OSB-Platten, GF, Installationsebene**	249,00	**294,00**	354,00	
	Außenwand als Holzrahmenkonstruktion, 20cm, KVH mit Zellulosedämmung, Innenbeplankung mit OSB, abgeklebt, mit Installationsebene, Unterspannbahn, Außenbekleidung mit Gipsfaserplatten				
	Einheit: m² Wandfläche				
	016 Zimmer- und Holzbauarbeiten				100,0%
331.90	**Sonstige tragende Außenwände**				
01	**AW Ringanker, U-Schale, 17,5cm**	64,00	**74,00**	83,00	
	Ringanker in Außenwand, mit U-Schale, 17,5cm, Bewehrung 2x12mm				
	Einheit: m Ringankerlänge				
	012 Mauerarbeiten				89,3%
	013 Betonarbeiten				10,7%
02	**AW Ringanker, U-Schale, 24cm**	73,00	**77,00**	86,00	
	Ringanker in Außenwand, mit U-Schale, 24cm, Bewehrung 2x12mm				
	Einheit: m Ringankerlänge				
	012 Mauerarbeiten				88,9%
	013 Betonarbeiten				11,1%
03	**AW Ringanker, U-Schale, 30cm**	80,00	**84,00**	98,00	
	Ringanker in Außenwand, mit U-Schale, 30cm, Bewehrung 2x12mm				
	Einheit: m Ringankerlänge				
	012 Mauerarbeiten				88,1%
	013 Betonarbeiten				11,9%
04	**AW Ringanker, U-Schale, 36,5cm**	85,00	**91,00**	106,00	
	Ringanker in Außenwand, mit U-Schale, 36,5cm, Bewehrung 2x12mm				
	Einheit: m Ringankerlänge				
	012 Mauerarbeiten				87,4%
	013 Betonarbeiten				12,6%
05	**AW Ringanker, U-Schale, 30cm, MW 60mm**	106,00	**111,00**	130,00	
	Ringanker in Außenwand, mit U-Schale, 30cm, Bewehrung 2x12mm, Mineralwolledämmung 60mm				
	Einheit: m Ringankerlänge				
	012 Mauerarbeiten				91,0%
	013 Betonarbeiten				9,0%

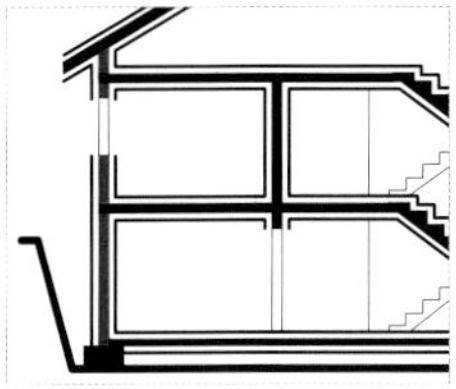

331.90 Sonstige tragende Außenwände

06	**AW Ringanker, U-Schale, 36,5cm, MW 60mm**	111,00	**118,00**	138,00	
	Ringanker in Außenwand, mit U-Schale, 36,5cm, Bewehrung 2x12mm, Mineralwolledämmung 60mm				
	Einheit: m Ringankerlänge				
	012 Mauerarbeiten				90,3%
	013 Betonarbeiten				9,7%

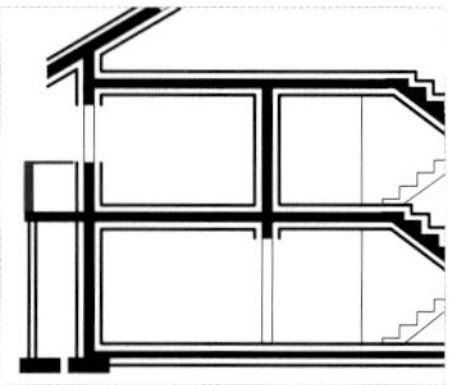

Kosten:
Stand 1. Quartal 2026
Bundesdurchschnitt
inkl. 19% MwSt.

KG.OZ		▷	€/Einheit	◁	LB an EA
332.10	**Mauerwerkswand**				
01	**AW Ausmauerung, Sparren, HLz 11,5cm, Trennlage** Außenwand, Sparrenausmauerung mit HLz 11,5cm, inkl. Trennlage Einheit: m Wandlänge	62,00	**69,00**	83,00	
	012 Mauerarbeiten				100,0%

▷ von
ø Mittel
◁ bis

KG.OZ		▷	€/Einheit	◁	LB an EA
333.20	**Betonstütze**				
01	**AW Stütze, C25/30, rund, 30cm, Sichtbetonschalung, Bewehrung 100kg/m³** Außenstütze aus Stahlbeton, C25/30, rund, 30cm, mit Sichtbetonschalung, Bewehrung 100kg/m³ Einheit: m Stützenlänge	179,00	**203,00**	227,00	
	013 Betonarbeiten				100,0%
02	**AW Stütze, C25/30, rund, 30cm, Sichtbetonschalung, Bewehrung 200kg/m³** Außenstütze aus Stahlbeton, C25/30, rund, 30cm, mit Sichtbetonschalung, Bewehrung 200kg/m³ Einheit: m Stützenlänge	196,00	**222,00**	248,00	
	013 Betonarbeiten				100,0%
03	**AW Stütze, C25/30, rund, 30cm, Sichtbetonschalung, Bewehrung 300kg/m³** Außenstütze aus Stahlbeton, C25/30, rund, 30cm, mit Sichtbetonschalung, Bewehrung 300kg/m³ Einheit: m Stützenlänge	213,00	**241,00**	269,00	
	013 Betonarbeiten				100,0%
04	**AW Stütze, C25/30, eckig, 30x30cm, Sichtbetonschalung, Bewehrung 100kg/m³** Außenstütze aus Stahlbeton, C25/30, eckig, 30x30cm, mit Sichtbetonschalung, Bewehrung 100kg/m³ Einheit: m Stützenlänge	192,00	**214,00**	247,00	
	013 Betonarbeiten				100,0%
05	**AW Stütze, C25/30, eckig, 30x30cm, Sichtbetonschalung, Bewehrung 200kg/m³** Außenstütze aus Stahlbeton, C25/30, eckig, 30x30cm, mit Sichtbetonschalung, Bewehrung 200kg/m³ Einheit: m Stützenlänge	214,00	**239,00**	274,00	
	013 Betonarbeiten				100,0%
06	**AW Stütze, C25/30, eckig, 30x30cm, Sichtbetonschalung, Bewehrung 300kg/m³** Außenstütze aus Stahlbeton, C25/30, eckig, 30x30cm, mit Sichtbetonschalung, Bewehrung 300kg/m³ Einheit: m Stützenlänge	235,00	**263,00**	301,00	
	013 Betonarbeiten				100,0%
07	**AW Stütze, C25/30, eckig, 40x40cm, Sichtbetonschalung, Bewehrung 100kg/m³** Außenstütze aus Stahlbeton, C25/30, eckig, 40x40cm, mit Sichtbetonschalung, Bewehrung 100kg/m³ Einheit: m Stützenlänge	278,00	**310,00**	356,00	
	013 Betonarbeiten				100,0%
08	**AW Stütze, C25/30, eckig, 40x40cm, Sichtbetonschalung, Bewehrung 200kg/m³** Außenstütze aus Stahlbeton, C25/30, eckig, 40x40cm, mit Sichtbetonschalung, Bewehrung 200kg/m³ Einheit: m Stützenlänge	317,00	**354,00**	404,00	
	013 Betonarbeiten				100,0%

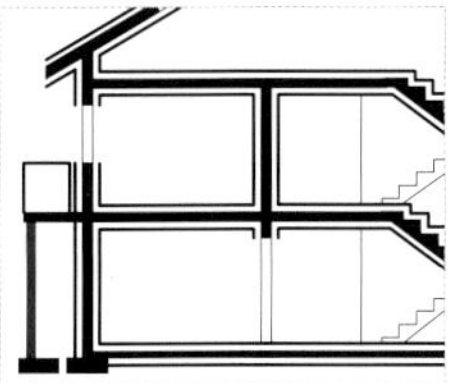

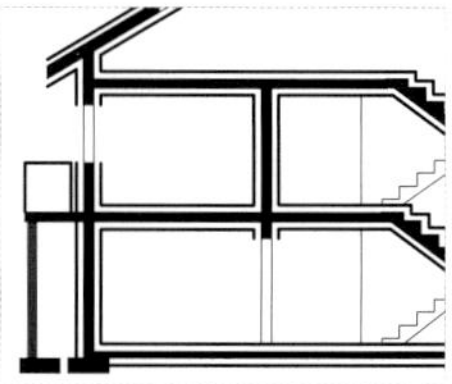

Kosten:
Stand 1.Quartal 2026
Bundesdurchschnitt
inkl. 19% MwSt.

KG.OZ		▷	€/Einheit	◁	LB an EA
333.20	**Betonstütze**				
09	**AW Stütze, C25/30, eckig, 40x40cm, Sichtbetonschalung, Bewehrung 300kg/m³** Außenstütze aus Stahlbeton, C25/30, eckig, 40x40cm, mit Sichtbetonschalung, Bewehrung 300kg/m³ Einheit: m Stützenlänge	356,00	**397,00**	452,00	
	013 Betonarbeiten				100,0%
333.30	**Holzstütze**				
01	**AW Stütze, BSH, eckig 20x20cm, lasiert** Außenstütze aus Holz, Brettschichtholz, rechteckig 20x20cm, lasiert Einheit: m Stützenlänge	161,00	**180,00**	220,00	
	016 Zimmer- und Holzbauarbeiten				42,4%
	017 Stahlbauarbeiten				42,4%
	034 Maler- und Lackierarbeiten - Beschichtungen				15,2%
333.40	**Metallstütze**				
01	**AW Stütze, Stahl, rund, 114,3mm, beschichtet** Außenstütze aus Stahl, rund mit Durchmesser 114,3mm, beschichtet Einheit: m Stützenlänge	240,00	**279,00**	359,00	
	017 Stahlbauarbeiten				94,0%
	034 Maler- und Lackierarbeiten - Beschichtungen				6,0%
02	**AW Stütze, Stahl, HEA 100, beschichtet** Außenstütze aus Stahl, HEA Träger100, beschichtet Einheit: m Stützenlänge	246,00	**282,00**	376,00	
	017 Stahlbauarbeiten				94,0%
	034 Maler- und Lackierarbeiten - Beschichtungen				6,0%
03	**AW Stütze, Stahl, HEA 160, feuerverzinkt** Stütze aus Stahl, Profilträger, HEA 160, feuerverzinkt Einheit: m Stützenlänge	312,00	**351,00**	453,00	
	017 Stahlbauarbeiten				95,2%
	034 Maler- und Lackierarbeiten - Beschichtungen				4,8%

▷ von
ø Mittel
◁ bis

KG.OZ		▷	€/Einheit	◁	LB an EA
334.10	**Türen**				
01	**AW Eingangstür, Holz, einflüglig, bis 2,5m²** Außenwand, Eingangstür als einflüglige Drehtür aus Holz, einflüglig bis 2,5m² Einheit: St Öffnung 026 Fenster, Außentüren	4.201,00	**4.637,00**	5.309,00	100,0%
02	**AW Eingangstür, Holz, einflüglig, mit Seitenteil** Außenwand, Eingangstür als einflüglige Drehtür aus Holz, mit Seitenteil Einheit: St Öffnung 026 Fenster, Außentüren	5.403,00	**6.163,00**	7.024,00	100,0%
03	**AW Eingangstür, Holz, einflüglig, Passivhaus** Außenwand, Eingangstür als einflüglige Drehtür aus Holz, Passivhausniveau Einheit: St Öffnung 026 Fenster, Außentüren	5.261,00	**5.745,00**	6.126,00	100,0%
04	**AW Eingangstür, Kunststoff, einflüglig** Außenwand, Eingangstür als einflüglige Drehtür aus Kunststoffprofilen und zweifacher Beplankung, mit Dämmkern aus Mineralwolle Einheit: St Öffnung 026 Fenster, Außentüren	3.171,00	**4.610,00**	5.568,00	100,0%
05	**AW Eingangstür, Kunststoff, mit Seitenteil** Außenwand, Eingangstür als einflüglige Drehtür aus Kunststoffprofilen und zweifacher Beplankung aus Kunststoff, mit Dämmkern aus Mineralwolle, mit Seitenteil Einheit: St Öffnung 026 Fenster, Außentüren	4.507,00	**6.059,00**	7.581,00	100,0%
06	**AW Eingangstür, Metall, einflüglig** Außenwand, Metallrahmentür, Stahlblech, einflüglig, Stahlzarge, Beschläge Einheit: St Öffnung 026 Fenster, Außentüren	3.182,00	**3.946,00**	4.625,00	100,0%
07	**AW Eingangstür, Aluminium/Glas, einflüglig** Außenwand, Eingangstür als einflüglige Drehtür aus Aluminium-Rohrrahmenprofilen mit Glas Einheit: St Öffnung 026 Fenster, Außentüren	4.894,00	**5.642,00**	7.340,00	100,0%
08	**AW Eingangstür, Holz, einflüglig** Außenwand, Eingangstür als einflüglige Drehtüre aus Holz Einheit: m² Türfläche 026 Fenster, Außentüren	1.659,00	**1.832,00**	2.097,00	100,0%
09	**AW Eingangstür, Holz, einflüglig, mit Seitenteil** Außenwand, Eingangstür als einflüglige Drehtüre aus Holz, mit Seitenteil Einheit: m² Türfläche 026 Fenster, Außentüren	1.486,00	**1.695,00**	1.932,00	100,0%
10	**AW Eingangstür, Holz, einflüglig, Passivhaus** Außenwand, Eingangstür als einflüglige Drehtüre aus Holz, Passivhausniveau Einheit: m² Türfläche 026 Fenster, Außentüren	2.078,00	**2.269,00**	2.420,00	100,0%

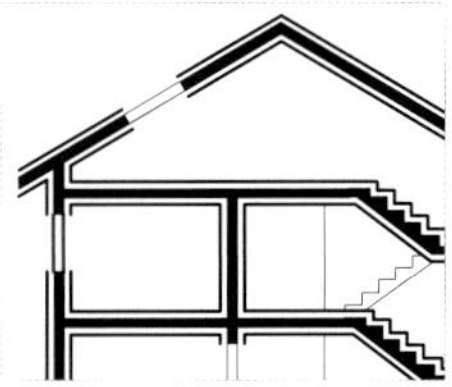

Kosten:
Stand 1.Quartal 2026
Bundesdurchschnitt
inkl. 19% MwSt.

▷ von
ø Mittel
◁ bis

KG.OZ		▷	€/Einheit	◁	LB an EA
334.20	**Fenstertüren**				
15	**AW Fenstertür, Holz-Alu, zweiflüglig, Fensterbank** Außenwand, Fenstertür, zweiflüglig, Holz-Alu, mit Wärmeschutzverglasung, Fensterbank außen Aluminium Einheit: m² Türfläche	874,00	**989,00**	1.194,00	
	026 Fenster, Außentüren				100,0%
334.30	**Sondertüren und -fenster**				
01	**AW Kellerfenster, einflüglig, bis 0,60m², Fensterbank** Außenwand, Kellerfenster, einteilig, bis 0,60m², Isolierverglasung, mit Fensterbank innen Einheit: St Öffnung	493,00	**559,00**	619,00	
	013 Betonarbeiten				84,9%
	014 Natur-, Betonwerksteinarbeiten				15,1%
02	**AW Kellerfenster, einflüglig, bis 1,50m², Fensterbank** Außenwand, Kellerfenster, einteilig, Isolierverglasung, mit Fensterbank innen Einheit: m² Fensterfläche	576,00	**678,00**	730,00	
	013 Betonarbeiten				84,2%
	014 Natur-, Betonwerksteinarbeiten				15,8%
334.50	**Tore**				
01	**AW Garagentor, Holzbekleidung, beschichtet** Außenwand, Garagenschwingtor, verzinkte Stahlkonstruktion, Holzbekleidung aus nordischer Fichte, mit Beschichtung Einheit: St Öffnung	4.089,00	**5.170,00**	6.984,00	
	031 Metallbauarbeiten				94,8%
	034 Maler- und Lackierarbeiten - Beschichtungen				5,2%
02	**AW Garagentor, Holzbekleidung, beschichtet** Außenwand, Garagenschwingtor, verzinkte Stahlkonstruktion, Holzbekleidung aus nordischer Fichte, mit Beschichtung Einheit: m² Torfläche	614,00	**776,00**	1.048,00	
	031 Metallbauarbeiten				94,8%
	034 Maler- und Lackierarbeiten - Beschichtungen				5,2%
334.60	**Fenster**				
01	**AW Fenster, Holz, einflüglig, bis 0,70m², Fensterbank, innen/außen** Außenwand, Fenster, einflüglig, bis 0,70m², Holz, mit Wärmeschutzverglasung, Fensterbank außen Aluminium, innen aus Naturstein Einheit: St Öffnung	757,00	**807,00**	921,00	
	014 Natur-, Betonwerksteinarbeiten				10,5%
	026 Fenster, Außentüren				89,5%
02	**AW Fenster, Holz, einflüglig, bis 1,00m², Fensterbank, innen/außen, Passivhaus** Außenwand, Fenster, einflüglig, bis 1,00m², Holz, mit Wärmeschutzverglasung, Passivhausniveau, Fensterbank außen Aluminium, innen aus Naturstein Einheit: St Öffnung	1.383,00	**1.490,00**	1.607,00	
	014 Natur-, Betonwerksteinarbeiten				5,7%
	026 Fenster, Außentüren				94,3%

KG.OZ		▷	€/Einheit	◁	LB an EA
334.60	**Fenster**				
03	**AW Fenster, Holz, einflüglig, bis 1,70m², Fensterbank, innen/außen** Außenwand, Fenster, einflüglig, bis 1,70m², Holz, mit Wärmeschutzverglasung, Fensterbank außen Aluminium, innen aus Naturstein Einheit: St Öffnung	1.153,00	**1.235,00**	1.313,00	
	014 Natur-, Betonwerksteinarbeiten				9,2%
	026 Fenster, Außentüren				90,8%
04	**AW Fenster, Holz, zweiflüglig, bis 2,50m², Fensterbank, innen/außen** Außenwand, Fenster, zweiflüglig, bis 2,50m², Holz, mit Wärmeschutzverglasung, Fensterbank außen Aluminium, innen aus Naturstein Einheit: St Öffnung	2.378,00	**2.615,00**	2.990,00	
	014 Natur-, Betonwerksteinarbeiten				5,3%
	026 Fenster, Außentüren				94,7%
05	**AW Fenster, Holz, mehrteilig, über 2,50m², Fensterbank, innen/außen, Passivhaus** Außenwand, Fenster, mehrteilig, über 2,50m², Holz, mit Wärmeschutzverglasung, Passivhausniveau, Fensterbank außen Aluminium, innen aus Naturstein Einheit: St Öffnung	3.351,00	**3.796,00**	4.237,00	
	014 Natur-, Betonwerksteinarbeiten				3,7%
	026 Fenster, Außentüren				96,3%
06	**AW Fenster, Kunststoff, einflüglig, bis 0,70m², Fensterbank, innen/außen** Außenwand, Fenster, einflüglig, bis 0,70m², Kunststoff, mit Wärmeschutzverglasung, Fensterbank außen Aluminium, innen aus Naturstein Einheit: St Öffnung	652,00	**704,00**	791,00	
	014 Natur-, Betonwerksteinarbeiten				12,0%
	026 Fenster, Außentüren				88,0%
07	**AW Fenster, Kunststoff, einflüglig, bis 1,70m², Fensterbank, innen/außen** Außenwand, Fenster, einflüglig, bis 1,70m², Kunststoff, mit Wärmeschutzverglasung, Fensterbank außen Aluminium, innen aus Naturstein Einheit: St Öffnung	833,00	**918,00**	1.000,00	
	014 Natur-, Betonwerksteinarbeiten				12,4%
	026 Fenster, Außentüren				87,6%
08	**AW Fenster, Kunststoff, einflüglig, bis 2,50m², Fensterbank, innen/außen** Außenwand, Fenster, zweiflüglig, bis 2,50m², Kunststoff, mit Wärmeschutzverglasung, Fensterbank außen Aluminium, innen aus Naturstein Einheit: St Öffnung	2.152,00	**2.202,00**	2.409,00	
	014 Natur-, Betonwerksteinarbeiten				6,3%
	026 Fenster, Außentüren				93,7%

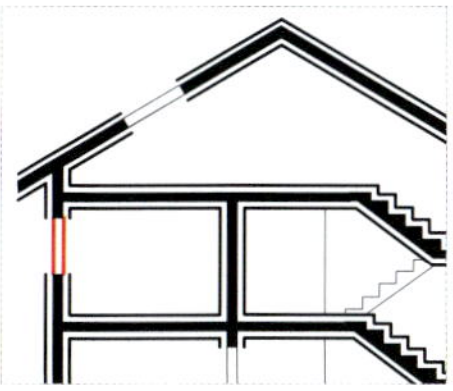

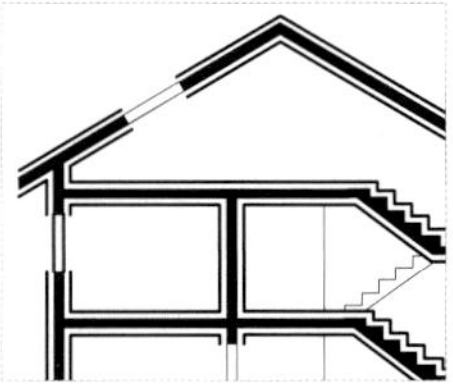

Kosten:
Stand 1. Quartal 2026
Bundesdurchschnitt
inkl. 19% MwSt.

▷ von
ø Mittel
◁ bis

KG.OZ		▷	€/Einheit	◁	LB an EA
334.60	**Fenster**				
09	**AW Fenster, Holz-Alu, einflüglig, bis 0,70m², Fensterbank, innen/außen** Außenwand, Fenster, einflüglig, bis 0,70m², Holz-Alu, mit Wärmeschutzverglasung, Fensterbank außen Aluminium, innen aus Naturstein	1.047,00	**1.143,00**	1.258,00	
	Einheit: St Öffnung				
	014 Natur-, Betonwerksteinarbeiten				7,4%
	026 Fenster, Außentüren				92,6%
10	**AW Fenster, Holz-Alu, einflüglig, bis 1,70m², Fensterbank, innen/außen** Außenwand, Fenster, einflüglig, bis 1,70m², Holz-Alu, mit Wärmeschutzverglasung, Fensterbank außen Aluminium, innen aus Naturstein	1.465,00	**1.567,00**	1.683,00	
	Einheit: St Öffnung				
	014 Natur-, Betonwerksteinarbeiten				7,3%
	026 Fenster, Außentüren				92,7%
11	**AW Fenster, Holz-Alu, einflüglig, bis 1,70m², Fensterbank, innen/außen, Passivhaus** Außenwand, Fenster, einflüglig, bis 1,70m², Holz-Alu, mit Wärmeschutzverglasung, Passivhausniveau, Fensterbank außen Aluminium, innen aus Naturstein	1.618,00	**1.880,00**	2.349,00	
	Einheit: St Öffnung				
	014 Natur-, Betonwerksteinarbeiten				6,1%
	026 Fenster, Außentüren				93,9%
12	**AW Fenster, Holz, einflüglig, bis 0,70m², Fensterbank, innen/außen** Außenwand, Fenster, einflüglig, bis 0,70m², Holz, mit Wärmeschutzverglasung, Fensterbank außen Aluminium, innen aus Naturstein	1.002,00	**1.070,00**	1.223,00	
	Einheit: m² Fensterfläche				
	014 Natur-, Betonwerksteinarbeiten				13,2%
	026 Fenster, Außentüren				86,8%
13	**AW Fenster, Holz, einflüglig, bis 1,00m², Fensterbank, innen/außen, Passivhaus** Außenwand, Fenster, einflüglig, bis 1,00m², Holz, mit Wärmeschutzverglasung, Passivhausniveau, Fensterbank außen Aluminium, innen aus Naturstein	1.422,00	**1.533,00**	1.656,00	
	Einheit: m² Fensterfläche				
	014 Natur-, Betonwerksteinarbeiten				7,4%
	026 Fenster, Außentüren				92,6%
14	**AW Fenster, Holz, einflüglig, bis 1,70m², Fensterbank, innen/außen** Außenwand, Fenster, einflüglig, bis 1,70m², Holz, mit Wärmeschutzverglasung, Fensterbank außen Aluminium, innen aus Naturstein	566,00	**606,00**	645,00	
	Einheit: m² Fensterfläche				
	014 Natur-, Betonwerksteinarbeiten				9,2%
	026 Fenster, Außentüren				90,8%

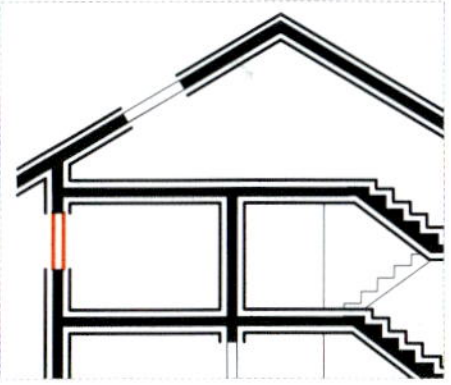

334.60 Fenster

		▷	€/Einheit	◁	LB an EA
15	**AW Fenster, Holz, zweiflüglig, bis 2,50m², Fensterbank, innen/außen** Außenwand, Fenster, zweiflüglig, bis 2,50m², Holz, mit Wärmeschutzverglasung, Fensterbank außen Aluminium, innen aus Naturstein Einheit: m² Fensterfläche	953,00	**1.049,00**	1.199,00	
	014 Natur-, Betonwerksteinarbeiten				5,3%
	026 Fenster, Außentüren				94,7%
16	**AW Fenster, Holz, mehrteilig, über 2,50m², Fensterbank, innen/außen, Passivhaus** Außenwand, Fenster, mehrteilig, über 2,50m², Holz, mit Wärmeschutzverglasung, Passivhausniveau, Fensterbank außen Aluminium, innen aus Naturstein Einheit: m² Fensterfläche	1.344,00	**1.522,00**	1.699,00	
	014 Natur-, Betonwerksteinarbeiten				3,7%
	026 Fenster, Außentüren				96,3%
17	**AW Fenster, Kunststoff, einflüglig, bis 0,70m², Fensterbank, innen/außen** Außenwand, Fenster, einflüglig, bis 0,70m², Kunststoff, mit Wärmeschutzverglasung, Fensterbank außen Aluminium, innen aus Naturstein Einheit: m² Fensterfläche	871,00	**943,00**	1.063,00	
	014 Natur-, Betonwerksteinarbeiten				15,0%
	026 Fenster, Außentüren				85,0%
18	**AW Fenster, Kunststoff, einflüglig, bis 1,70m², Fensterbank, innen/außen** Außenwand, Fenster, einflüglig, bis 1,70m², Kunststoff, mit Wärmeschutzverglasung, Fensterbank außen Aluminium, innen aus Naturstein Einheit: m² Fensterfläche	409,00	**451,00**	491,00	
	014 Natur-, Betonwerksteinarbeiten				12,4%
	026 Fenster, Außentüren				87,6%
19	**AW Fenster, Kunststoff, zweiflüglig, bis 2,50m², Fensterbank, innen/außen** Außenwand, Fenster, zweiflüglig, bis 2,50m², Kunststoff, mit Wärmeschutzverglasung, Fensterbank außen Aluminium, innen aus Naturstein Einheit: m² Fensterfläche	863,00	**883,00**	966,00	
	014 Natur-, Betonwerksteinarbeiten				6,3%
	026 Fenster, Außentüren				93,7%
20	**AW Fenster, Holz-Alu, einflüglig, bis 0,70m², Fensterbank, innen/außen** Außenwand, Fenster, einflüglig, bis 0,70m², Holz-Alu, mit Wärmeschutzverglasung, Fensterbank außen Aluminium, innen aus Naturstein Einheit: m² Fensterfläche	1.359,00	**1.485,00**	1.640,00	
	014 Natur-, Betonwerksteinarbeiten				9,5%
	026 Fenster, Außentüren				90,5%

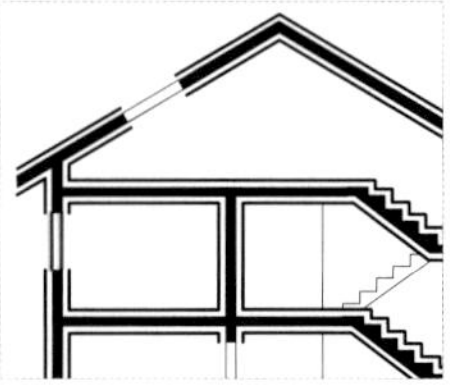

Kosten:
Stand 1. Quartal 2026
Bundesdurchschnitt
inkl. 19% MwSt.

KG.OZ		▷	€/Einheit	◁	LB an EA
334.60	**Fenster**				
21	**AW Fenster, Holz-Alu, einflüglig, bis 1,70m², Fensterbank, innen/außen** Außenwand, Fenster, einflüglig, bis 1,70m², Holz-Alu, mit Wärmeschutzverglasung, Fensterbank außen Aluminium, innen aus Naturstein Einheit: m² Fensterfläche	719,00	**769,00**	826,00	
	014 Natur-, Betonwerksteinarbeiten				7,3%
	026 Fenster, Außentüren				92,7%
22	**AW Fenster, Holz-Alu, einflüglig, bis 1,70m², Fensterbank, innen/außen, Passivhaus** Außenwand, Fenster, einflügelig, bis 1,70m², Holz-Alu, mit Wärmeschutzverglasung, Passivhausniveau, Fensterbank außen Aluminium, innen aus Naturstein Einheit: m² Fensterfläche	794,00	**923,00**	1.153,00	
	014 Natur-, Betonwerksteinarbeiten				6,1%
	026 Fenster, Außentüren				93,9%

▷ von
ø Mittel
◁ bis

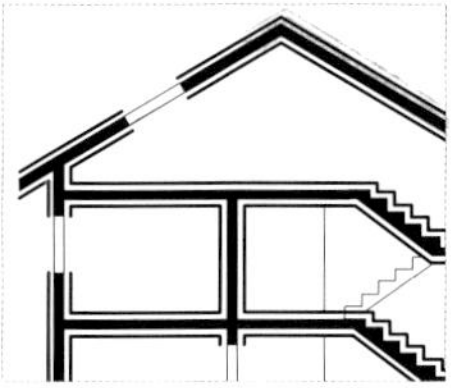

KG.OZ		▷	€/Einheit	◁	LB an EA
335.10	**Unterkonstruktion**				
01	**AW Sockelabdichtung, MDS, Sockelprofil**	61,00	**66,00**	75,00	
	Sockelabdichtung der Außenwand, mit flexibler, mineralischer Schlämme, mit Sockelprofil				
	Einheit: m² Sockelfläche				
	018 Abdichtungsarbeiten				66,4%
	023 Putz- und Stuckarbeiten, Wärmedämmsysteme				33,6%
02	**AW Abdichtung Bodenfeuchte, MDS**	51,00	**55,00**	63,00	
	Außenwandabdichtung gegen Bodenfeuchte mit flexibler, mineralischer Schlämme				
	Einheit: m² Abdichtungsfläche				
	018 Abdichtungsarbeiten				100,0%
03	**AW Abdichtung Bodenfeuchte, PMBC**	59,00	**64,00**	73,00	
	Außenwandabdichtung gegen Bodenfeuchte, mit kunststoffmodifizierter Bitumendickbeschichtung				
	Einheit: m² Abdichtungsfläche				
	018 Abdichtungsarbeiten				100,0%
04	**AW Wärmedämmung, XPS 100, Noppenbahn**	76,00	**83,00**	94,00	
	Außenwanddämmung mit Perimeterdämmung aus extrudiertem Polystyrol ,100mm, Schutz- und Sickerschicht mit Noppenbahn und Vlies				
	Einheit: m² Bekleidungsfläche				
	018 Abdichtungsarbeiten				100,0%
05	**AW Wärmedämmung, XPS 120, Noppenbahn**	79,00	**86,00**	96,00	
	Außenwanddämmung mit Perimeterdämmung aus extrudiertem Polystyrol ,120mm, Schutz- und Sickerschicht mit Noppenbahn und Vlies				
	Einheit: m² Bekleidungsfläche				
	018 Abdichtungsarbeiten				100,0%
06	**AW Wärmedämmung, XPS 160, Noppenbahn**	84,00	**95,00**	109,00	
	Außenwanddämmung mit Perimeterdämmung aus extrudiertem Polystyrol ,160mm, Schutz- und Sickerschicht mit Noppenbahn und Vlies				
	Einheit: m² Bekleidungsfläche				
	018 Abdichtungsarbeiten				100,0%
07	**AW Wärmedämmung, CG 120, Noppenbahn**	154,00	**164,00**	187,00	
	Außenwanddämmung mit Perimeterdämmung aus Schaumglasplatten,120mm, Schutz- und Sickerschicht mit Noppenbahn und Vlies				
	Einheit: m² Bekleidungsfläche				
	018 Abdichtungsarbeiten				100,0%
08	**AW Wärmedämmung, CG 140, Noppenbahn**	163,00	**175,00**	198,00	
	Außenwanddämmung mit Perimeterdämmung aus Schaumglasplatten,140mm, Schutz- und Sickerschicht mit Noppenbahn und Vlies				
	Einheit: m² Bekleidungsfläche				
	018 Abdichtungsarbeiten				100,0%
09	**AW Wärmedämmung, CG 160, Noppenbahn**	175,00	**186,00**	213,00	
	Außenwanddämmung mit Perimeterdämmung aus Schaumglasplatten,160mm, Schutz- und Sickerschicht mit Noppenbahn und Vlies				
	Einheit: m² Bekleidungsfläche				
	018 Abdichtungsarbeiten				100,0%

Kosten:
Stand 1. Quartal 2026
Bundesdurchschnitt
inkl. 19% MwSt.

▷ von
ø Mittel
◁ bis

KG.OZ	▷	€/Einheit	◁	LB an EA
335.10 Unterkonstruktion				
10 **AW Abdichtung Bodenfeuchte, PMBC, XPS 100, Noppenbahn** Außenwandabdichtung gegen Bodenfeuchte mit kunststoffmodifizierter Bitumendickbeschichtung, Noppenbahn mit Vlies und Perimeterdämmung aus extrudiertem Polystyrol 100mm Einheit: m² Abdichtungsfläche 018 Abdichtungsarbeiten	126,00	**135,00**	153,00	100,0%
11 **AW Abdichtung Bodenfeuchte, PMBC, XPS 120, Noppenbahn** Außenwandabdichtung gegen Bodenfeuchte mit kunststoffmodifizierter Bitumendickbeschichtung, Noppenbahn mit Vlies und Perimeterdämmung aus extrudiertem Polystyrol 120mm Einheit: m² Abdichtungsfläche 018 Abdichtungsarbeiten	128,00	**138,00**	155,00	100,0%
12 **AW Abdichtung Bodenfeuchte, PMBC, XPS 160, Noppenbahn** Außenwandabdichtung gegen Bodenfeuchte mit kunststoffmodifizierter Bitumendickbeschichtung, Noppenbahn mit Vlies und Perimeterdämmung aus extrudiertem Polystyrol 160mm Einheit: m² Abdichtungsfläche 018 Abdichtungsarbeiten	133,00	**147,00**	168,00	100,0%
13 **AW Abdichtung Bodenfeuchte, PMBC, XPS 240, Noppenbahn** Außenwandabdichtung gegen Bodenfeuchte mit kunststoffmodifizierter Bitumendickbeschichtung, Noppenbahn mit Vlies und Perimeterdämmung aus extrudiertem Polystyrol 240mm Einheit: m² Abdichtungsfläche 018 Abdichtungsarbeiten	142,00	**162,00**	194,00	100,0%
14 **AW Abdichtung Bodenfeuchte, PMBC, CG 120, Noppenbahn** Außenwandabdichtung gegen Bodenfeuchte mit kunststoffmodifizierter Bitumendickbeschichtung, Noppenbahn mit Vlies und Perimeterdämmung aus Schaumglasplatten 120mm Einheit: m² Abdichtungsfläche 018 Abdichtungsarbeiten	203,00	**216,00**	246,00	100,0%
15 **AW Abdichtung Bodenfeuchte, PMBC, CG140, Noppenbahn** Außenwandabdichtung gegen Bodenfeuchte mit kunststoffmodifizierter Bitumendickbeschichtung, Noppenbahn mit Vlies und Perimeterdämmung aus Schaumglasplatten 140mm Einheit: m² Abdichtungsfläche 018 Abdichtungsarbeiten	212,00	**227,00**	256,00	100,0%
16 **AW Abdichtung Bodenfeuchte, PMBC, CG160, Noppenbahn** Außenwandabdichtung gegen Bodenfeuchte mit kunststoffmodifizierter Bitumendickbeschichtung, Noppenbahn mit Vlies und Perimeterdämmung aus Schaumglasplatten 160mm Einheit: m² Abdichtungsfläche 018 Abdichtungsarbeiten	224,00	**238,00**	272,00	100,0%

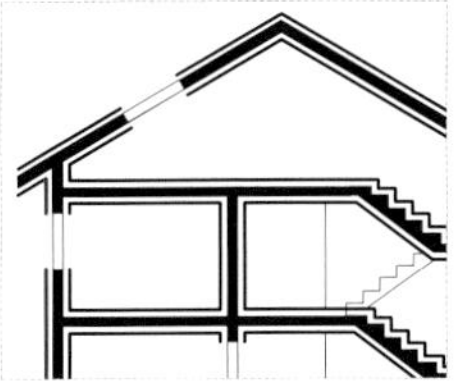

335.10 Unterkonstruktion

Nr.	Kostengruppe	▷	€/Einheit	◁	LB an EA
17	**AW Abdichtung Bodenfeuchte, PMBC, CG 200, Noppenbahn** Außenwandabdichtung gegen Bodenfeuchte mit kunststoffmodifizierter Bitumendickbeschichtung, Noppenbahn mit Vlies und Perimeterdämmung aus Schaumglasplatten 200mm Einheit: m² Abdichtungsfläche 018 Abdichtungsarbeiten	245,00	**263,00**	297,00	100,0%
18	**AW Abdichtung nicht drückendes Wasser, PMBC, Noppenbahn** Außenwandabdichtung gegen nicht drückendes Wasser, mit kunststoffmodifizierter Bitumendickbeschichtung, Sickerschicht mit Noppenbahn und Vlies Einheit: m² Abdichtungsfläche 018 Abdichtungsarbeiten	62,00	**70,00**	79,00	100,0%
19	**AW Abdichtung nicht drückendes Wasser, KSP-Bahnen** Außenwandabdichtung gegen nicht drückendes Wasser, mit kaltselbstklebenden Polymerbitumenbahnen, Sickerschicht mit Noppenbahn und Vlies Einheit: m² Abdichtungsfläche 018 Abdichtungsarbeiten	65,00	**74,00**	85,00	100,0%
20	**AW Abdichtung nicht drückendes Wasser, PMBC, XPS 100, Noppenbahn** Außenwandabdichtung gegen nicht drückendes Wasser mit kunststoffmodifizierter Bitumendickbeschichtung, mit Sickerschicht aus Noppenbahn mit Vlies und Perimeterdämmung aus extrudiertem Polystyrol 100mm Einheit: m² Abdichtungsfläche 018 Abdichtungsarbeiten	116,00	**126,00**	141,00	100,0%
21	**AW Abdichtung nicht drückendes Wasser, PMBC, XPS 120, Noppenbahn** Außenwandabdichtung gegen nicht drückendes Wasser mit kunststoffmodifizierter Bitumendickbeschichtung, mit Sickerschicht aus Noppenbahn mit Vlies und Perimeterdämmung aus extrudiertem Polystyrol 120mm Einheit: m² Abdichtungsfläche 018 Abdichtungsarbeiten	62,00	**70,00**	79,00	100,0%
22	**AW Abdichtung nicht drückendes Wasser, PMBC, XPS 160, Noppenbahn** Außenwandabdichtung gegen nicht drückendes Wasser mit kunststoffmodifizierter Bitumendickbeschichtung, mit Sickerschicht aus Noppenbahn mit Vlies und Perimeterdämmung aus extrudiertem Polystyrol 160mm Einheit: m² Abdichtungsfläche 018 Abdichtungsarbeiten	124,00	**138,00**	157,00	100,0%
23	**AW Abdichtung nicht drückendes Wasser, KSP, XPS 160, Noppenbahn** Außenwandabdichtung gegen nicht drückendes Wasser mit kaltselbstklebenden Polymerbitumenbahn, Noppenbahn mit Vlies und Perimeterdämmung aus extrudiertem Polystyrol 160mm Einheit: m² Abdichtungsfläche 018 Abdichtungsarbeiten	127,00	**143,00**	162,00	100,0%

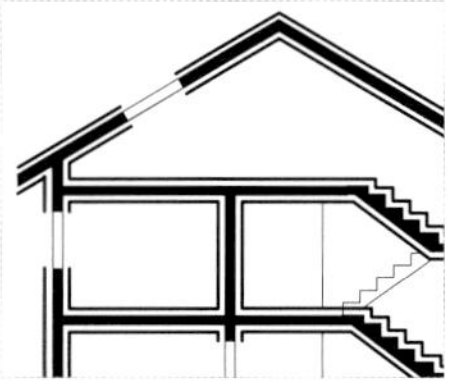

Kosten:
Stand 1. Quartal 2026
Bundesdurchschnitt
inkl. 19% MwSt.

▷ von
ø Mittel
◁ bis

KG.OZ		▷	€/Einheit	◁	LB an EA
335.10	**Unterkonstruktion**				
24	**AW Abdichtung nicht drückendes Wasser, PMBC, CG 120, Noppenbahn** Außenwandabdichtung gegen nicht drückendes Wasser mit kunststoffmodifizierter Bitumendickbeschichtung, Noppenbahn mit Vlies und Perimeterdämmung aus Schaumglasplatten 120mm Einheit: m² Abdichtungsfläche 018 Abdichtungsarbeiten	194,00	**207,00**	235,00	100,0%
25	**AW Abdichtung nicht drückendes Wasser, PMBC, CG 140, Noppenbahn** Außenwandabdichtung gegen nicht drückendes Wasser mit kunststoffmodifizierter Bitumendickbeschichtung, Noppenbahn mit Vlies und Perimeterdämmung aus Schaumglasplatten 140mm Einheit: m² Abdichtungsfläche 018 Abdichtungsarbeiten	203,00	**218,00**	245,00	100,0%
26	**AW Abdichtung nicht drückendes Wasser, PMBC, CG 160, Noppenbahn** Außenwandabdichtung gegen nicht drückendes Wasser mit kunststoffmodifizierter Bitumendickbeschichtung, Noppenbahn mit Vlies und Perimeterdämmung aus Schaumglasplatten 160mm Einheit: m² Abdichtungsfläche 018 Abdichtungsarbeiten	215,00	**229,00**	261,00	100,0%
27	**AW Abdichtung gegen drückendes Wasser, Bitumenbahnen, zweilagig, XPS 100, Noppenbahn** Außenwandabdichtung gegen drückendes Wasser mit Bitumendichtungsbahnen, zweilagig, Noppenbahn mit Vlies und Perimeterdämmung aus extrudiertem Polystyrol 100mm Einheit: m² Abdichtungsfläche 018 Abdichtungsarbeiten	136,00	**146,00**	165,00	100,0%
28	**AW Abdichtung gegen drückendes Wasser, Bitumenbahnen, zweilagig, XPS 120, Noppenbahn** Außenwandabdichtung gegen drückendes Wasser mit Bitumendichtungsbahnen, zweilagig, Noppenbahn mit Vlies und Perimeterdämmung aus extrudiertem Polystyrol 120mm Einheit: m² Abdichtungsfläche 018 Abdichtungsarbeiten	139,00	**149,00**	167,00	100,0%
29	**AW Abdichtung gegen drückendes Wasser, Bitumenbahnen, zweilagig, XPS 160, Noppenbahn** Außenwandabdichtung gegen drückendes Wasser mit Bitumendichtungsbahnen, zweilagig, Noppenbahn mit Vlies und Perimeterdämmung aus extrudiertem Polystyrol 160mm Einheit: m² Abdichtungsfläche 018 Abdichtungsarbeiten	144,00	**158,00**	180,00	100,0%
30	**AW Abdichtung gegen drückendes Wasser, Bitumenbahnen, zweilagig, Sickersteine, Vlies** Außenwandabdichtung gegen drückendes Wasser, mit Dachdichtungsbahnen, zweilagig, mit Sickersteinen und Vlies Einheit: m² Abdichtungsfläche 018 Abdichtungsarbeiten	110,00	**122,00**	138,00	100,0%

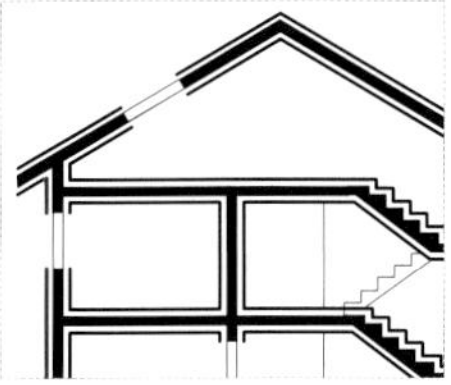

KG.OZ		▷	€/Einheit	◁	LB an EA
335.10	**Unterkonstruktion**				
31	**AW Abdichtung gegen drückendes Wasser, Bitumenbahnen, dreilagig, Sickersteine, Vlies** Außenwandabdichtung gegen drückendes Wasser, mit nackten Bitumenbahnen, dreilagig, mit Sickersteinen und Vlies Einheit: m² Abdichtungsfläche	142,00	**155,00**	176,00	
	018 Abdichtungsarbeiten				100,0%
335.20	**Oberflächenbehandlung**				
01	**AW Beschichtung, min. Untergrund, Silikatfarbe** Außenwandbeschichtung auf mineralischen Untergrund, mit Silikatfarbe Einheit: m² Beschichtungsfläche	18,00	**21,00**	24,00	
	034 Maler- und Lackierarbeiten - Beschichtungen				100,0%
02	**AW Beschichtung, min. Untergrund, Dispersion** Außenwandbeschichtung auf mineralischen Untergrund, mit Dispersionsfarbe Einheit: m² Beschichtungsfläche	18,00	**19,00**	22,00	
	034 Maler- und Lackierarbeiten - Beschichtungen				100,0%
03	**AW Beschichtung, min. Untergrund, Silikonharzfarbe** Außenwandbeschichtung auf mineralischen Untergrund, mit Silikonharzfarbe Einheit: m² Beschichtungsfläche	24,00	**29,00**	34,00	
	034 Maler- und Lackierarbeiten - Beschichtungen				100,0%
04	**AW Beschichtung, metallischer Untergrund** Außenbeschichtung metallischer Untergründe, Untergrund reinigen Einheit: m² Beschichtungsfläche	36,00	**50,00**	61,00	
	034 Maler- und Lackierarbeiten - Beschichtungen				100,0%
05	**AW Beschichtung, Holzflächen** Außenbeschichtung auf Holzflächen, mit Imprägnierung Einheit: m² Beschichtungsfläche	30,00	**36,00**	44,00	
	034 Maler- und Lackierarbeiten - Beschichtungen				100,0%
335.30	**Putz**				
01	**AW Sockelausbildung, Abdichtung, Putz, Beschichtung** Sockelausbildung mit Putz und Beschichtung, einschl. Abdichtung Einheit: m² Sockelfläche	111,00	**123,00**	136,00	
	018 Abdichtungsarbeiten				35,4%
	023 Putz- und Stuckarbeiten, Wärmedämmsysteme				50,5%
	034 Maler- und Lackierarbeiten - Beschichtungen				14,1%
02	**AW Sockelausbildung, Abdichtung, Dämmung, Putz, Beschichtung** Sockelausbildung der Außenwand, mit Putz und Beschichtung, einschl. Abdichtung und Dämmung Einheit: m² Sockelfläche	179,00	**195,00**	222,00	
	018 Abdichtungsarbeiten				22,3%
	023 Putz- und Stuckarbeiten, Wärmedämmsysteme				77,7%

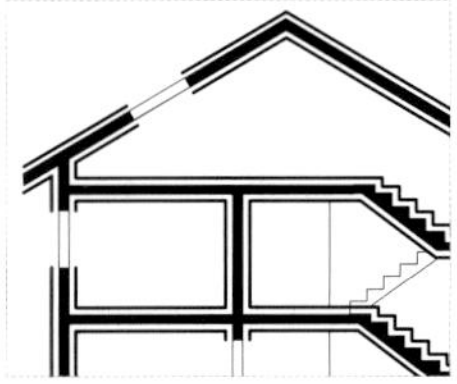

Kosten:
Stand 1.Quartal 2026
Bundesdurchschnitt
inkl. 19% MwSt.

▷ von
ø Mittel
◁ bis

KG.OZ		▷	€/Einheit	◁	LB an EA
335.30	**Putz**				
03	**AW Putz, Beschichtung, Silikatfarbe**	73,00	**81,00**	87,00	
	Außenwandputz aus mineralischem Putz, zweilagig, mit Silikatbeschichtung				
	Einheit: m² Bekleidungsfläche				
	023 Putz- und Stuckarbeiten, Wärmedämmsysteme				75,7%
	034 Maler- und Lackierarbeiten - Beschichtungen				24,3%
04	**AW Putz, Beschichtung, Dispersionsfarbe**	73,00	**79,00**	85,00	
	Außenwandputz aus mineralischem Putz, zweilagig, mit Dispersionsbeschichtung				
	Einheit: m² Bekleidungsfläche				
	023 Putz- und Stuckarbeiten, Wärmedämmsysteme				77,5%
	034 Maler- und Lackierarbeiten - Beschichtungen				22,5%
05	**AW Putz, Beschichtung, Silikonharzfarbe**	79,00	**89,00**	96,00	
	Außenwandputz aus mineralischem Putz, zweilagig, mit Silikonharzbeschichtung				
	Einheit: m² Bekleidungsfläche				
	023 Putz- und Stuckarbeiten, Wärmedämmsysteme				69,4%
	034 Maler- und Lackierarbeiten - Beschichtungen				30,6%
06	**AW WDVS, WF 60, min. Oberputz, Dispersionssilikatfarbe**	136,00	**146,00**	157,00	
	Außenwandbekleidung mit Wärmedämm-Verbundsystem, aus Holzweichfaserplatten 60mm und mineralischem Oberputz, mit Beschichtung aus Dispersionssilikatfarbe				
	Einheit: m² Bekleidungsfläche				
	016 Zimmer- und Holzbauarbeiten				43,8%
	023 Putz- und Stuckarbeiten, Wärmedämmsysteme				46,5%
	034 Maler- und Lackierarbeiten - Beschichtungen				9,7%
07	**AW WDVS, WF 100, min. Oberputz, Dispersionssilikatfarbe**	151,00	**172,00**	205,00	
	Außenwandbekleidung mit Wärmedämm-Verbundsystem, aus Holzweichfaserplatten 100mm und mineralischem Oberputz, mit Beschichtung aus Dispersionssilikatfarbe				
	Einheit: m² Bekleidungsfläche				
	016 Zimmer- und Holzbauarbeiten				52,4%
	023 Putz- und Stuckarbeiten, Wärmedämmsysteme				39,4%
	034 Maler- und Lackierarbeiten - Beschichtungen				8,2%
08	**AW WDVS, WF 160, min. Oberputz, Dispersionssilikatfarbe**	165,00	**184,00**	213,00	
	Außenwandbekleidung mit Wärmedämm-Verbundsystem, aus Holzweichfaserplatten 160mm und mineralischem Oberputz, mit Beschichtung aus Dispersionssilikatfarbe				
	Einheit: m² Bekleidungsfläche				
	016 Zimmer- und Holzbauarbeiten				55,3%
	023 Putz- und Stuckarbeiten, Wärmedämmsysteme				36,9%
	034 Maler- und Lackierarbeiten - Beschichtungen				7,7%
09	**AW WDVS, WF 200, min. Oberputz, Dispersionssilikatfarbe**	165,00	**188,00**	225,00	
	Außenwandbekleidung mit Wärmedämm-Verbundsystem, aus Holzweichfaserplatten 200mm und mineralischem Oberputz, mit Beschichtung aus Dispersionssilikatfarbe				
	Einheit: m² Bekleidungsfläche				
	016 Zimmer- und Holzbauarbeiten				56,4%
	023 Putz- und Stuckarbeiten, Wärmedämmsysteme				36,1%
	034 Maler- und Lackierarbeiten - Beschichtungen				7,5%

335.30 Putz

KG.OZ		▷	€/Einheit	◁	LB an EA
10	**AW WDVS, MW 160, min. Oberputz, Dispersionssilikatfarbe**	175,00	**190,00**	205,00	
	Außenwandbekleidung mit Wärmedämm-Verbundsystem, aus Mineralwolleplatten 160mm und mineralischem Oberputz, mit Beschichtung aus Dispersionssilikatfarbe				
	Einheit: m² Bekleidungsfläche				
	023 Putz- und Stuckarbeiten, Wärmedämmsysteme				92,5%
	034 Maler- und Lackierarbeiten - Beschichtungen				7,5%
11	**AW WDVS, MW 180, min. Oberputz, Dispersionssilikatfarbe**	174,00	**188,00**	202,00	
	Außenwandbekleidung mit Wärmedämm-Verbundsystem, aus Mineralwolleplatten 180mm und mineralischem Oberputz, mit Beschichtung aus Dispersionssilikatfarbe				
	Einheit: m² Bekleidungsfläche				
	023 Putz- und Stuckarbeiten, Wärmedämmsysteme				92,5%
	034 Maler- und Lackierarbeiten - Beschichtungen				7,5%
12	**AW WDVS, MW 200, min. Oberputz, Dispersionssilikatfarbe**	183,00	**198,00**	213,00	
	Außenwandbekleidung mit Wärmedämm-Verbundsystem, aus Mineralwolleplatten 200mm und mineralischem Oberputz, mit Beschichtung aus Dispersionssilikatfarbe				
	Einheit: m² Bekleidungsfläche				
	023 Putz- und Stuckarbeiten, Wärmedämmsysteme				92,8%
	034 Maler- und Lackierarbeiten - Beschichtungen				7,2%
13	**AW WDVS, MW 220, min. Oberputz, Dispersionssilikatfarbe**	190,00	**205,00**	220,00	
	Außenwandbekleidung mit Wärmedämm-Verbundsystem, aus Mineralwolleplatten 220mm und mineralischem Oberputz, mit Beschichtung aus Dispersionssilikatfarbe				
	Einheit: m² Bekleidungsfläche				
	023 Putz- und Stuckarbeiten, Wärmedämmsysteme				93,1%
	034 Maler- und Lackierarbeiten - Beschichtungen				6,9%
14	**AW WDVS, PS 140, min. Oberputz, Dispersionssilikatfarbe**	132,00	**153,00**	167,00	
	Außenwandbekleidung mit Wärmedämm-Verbundsystem, aus Polystyrolplatten 140mm und mineralischem Oberputz, mit Beschichtung aus Dispersionssilikatfarbe				
	Einheit: m² Bekleidungsfläche				
	023 Putz- und Stuckarbeiten, Wärmedämmsysteme				90,7%
	034 Maler- und Lackierarbeiten - Beschichtungen				9,3%
15	**AW WDVS, PS 180, min. Oberputz, Dispersionssilikatfarbe**	149,00	**162,00**	174,00	
	Außenwandbekleidung mit Wärmedämm-Verbundsystem, aus Polystyrolplatten 180mm und mineralischem Oberputz, mit Beschichtung aus Dispersionssilikatfarbe				
	Einheit: m² Bekleidungsfläche				
	023 Putz- und Stuckarbeiten, Wärmedämmsysteme				91,2%
	034 Maler- und Lackierarbeiten - Beschichtungen				8,8%
16	**AW WDVS, PS 200, min. Oberputz, Dispersionssilikatfarbe**	165,00	**174,00**	194,00	
	Außenwandbekleidung mit Wärmedämm-Verbundsystem, aus Polystyrolplatten 200mm und mineralischem Oberputz, mit Beschichtung aus Dispersionssilikatfarbe				
	Einheit: m² Bekleidungsfläche				
	023 Putz- und Stuckarbeiten, Wärmedämmsysteme				91,8%
	034 Maler- und Lackierarbeiten - Beschichtungen				8,2%

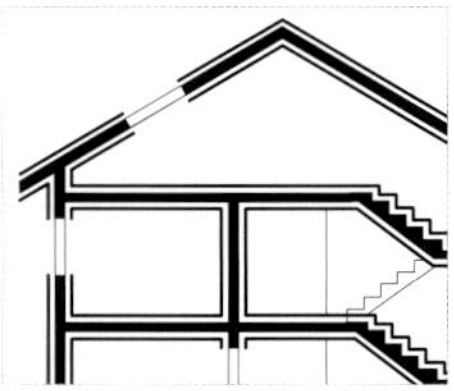

Kosten:
Stand 1. Quartal 2026
Bundesdurchschnitt
inkl. 19% MwSt.

▷ von
ø Mittel
◁ bis

KG.OZ	▷	€/Einheit	◁	LB an EA
335.30 Putz				
17 **AW WDVS, PS 240, min. Oberputz, Dispersionssilikatfarbe** Außenwandbekleidung mit Wärmedämm-Verbundsystem, aus Polystyrolplatten 240mm und mineralischem Oberputz, mit Beschichtung aus Dispersionssilikatfarbe	170,00	**185,00**	199,00	
Einheit: m² Bekleidungsfläche				
023 Putz- und Stuckarbeiten, Wärmedämmsysteme				92,3%
034 Maler- und Lackierarbeiten - Beschichtungen				7,7%
18 **AW WDVS, PS 300, min. Oberputz, Dispersionssilikatfarbe** Außenwandbekleidung mit Wärmedämm-Verbundsystem, aus Polystyrolplatten 300mm und mineralischem Oberputz, mit Beschichtung aus Dispersionssilikatfarbe	202,00	**216,00**	235,00	
Einheit: m² Bekleidungsfläche				
023 Putz- und Stuckarbeiten, Wärmedämmsysteme				93,4%
034 Maler- und Lackierarbeiten - Beschichtungen				6,6%
335.40 Bekleidung auf Unterkonstruktion				
01 **AW Bekleidung, Holzschindel, Holz-UK** Außenwandbekleidung mit Holzschindeln, einschl. Holzunterkonstruktion	276,00	**326,00**	352,00	
Einheit: m² Bekleidungsfläche				
038 Vorgehängte hinterlüftete Fassaden				100,0%
02 **AW Bekleidung, Holzschindel, Holz-UK, MW 160** Außenwandbekleidung mit Holzschindeln, einschl. Holzunterkonstruktion und Dämmung mit Mineralwolle 160mm	315,00	**372,00**	408,00	
Einheit: m² Bekleidungsfläche				
038 Vorgehängte hinterlüftete Fassaden				100,0%
03 **AW Bekleidung, Holz, Boden-Deckelschalung, Holz-UK** Außenwandbekleidung mit Holz als Boden-Deckelschalung, einschl. Holzunterkonstruktion	245,00	**266,00**	291,00	
Einheit: m² Bekleidungsfläche				
038 Vorgehängte hinterlüftete Fassaden				100,0%
04 **AW Bekleidung, Holz, Boden-Deckelschalung, Holz-UK, MW 160** Außenwandbekleidung mit Holz als Boden-Deckelschalung, einschl. Holzunterkonstruktion und Dämmung mit Mineralwolle 160 mm	298,00	**327,00**	364,00	
Einheit: m² Bekleidungsfläche				
038 Vorgehängte hinterlüftete Fassaden				100,0%
05 **AW Bekleidung, Holz, Stülpschalung, Holz-UK** Außenwandbekleidung mit Holz als Stülpschalung, einschl. Holzunterkonstruktion	217,00	**233,00**	264,00	
Einheit: m² Bekleidungsfläche				
038 Vorgehängte hinterlüftete Fassaden				100,0%
06 **AW Bekleidung, Holz, Stülpschalung, Holz-UK, MW 160** Außenwandbekleidung mit Holz als Stülpschalung, einschl. Holzunterkonstruktion und Dämmung mit Mineralwolle 160mm	269,00	**294,00**	336,00	
Einheit: m² Bekleidungsfläche				
038 Vorgehängte hinterlüftete Fassaden				100,0%

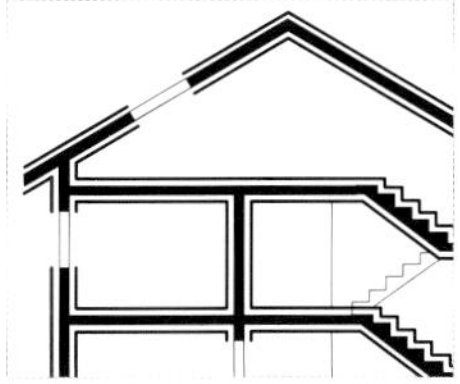

335.40 Bekleidung auf Unterkonstruktion

KG.OZ		▷	€/Einheit	◁	LB an EA
07	**AW Bekleidung, Holz, Fasenbretter, Holz-UK**	218,00	**238,00**	266,00	
	Außenwandbekleidung mit Holz mit Fasenbrettern, einschl. Holzunterkonstruktion				
	Einheit: m² Bekleidungsfläche				
	016 Zimmer- und Holzbauarbeiten				57,3%
	038 Vorgehängte hinterlüftete Fassaden				42,7%
08	**AW Bekleidung, Holz, Fasenbretter, Holz-UK, MW 160**	270,00	**299,00**	339,00	
	Außenwandbekleidung mit Holz mit Fasenbrettern, einschl. Holzunterkonstruktion und Dämmung mit Mineralwolle 160mm				
	Einheit: m² Bekleidungsfläche				
	016 Zimmer- und Holzbauarbeiten				45,6%
	038 Vorgehängte hinterlüftete Fassaden				54,4%
09	**AW Bekleidung, Holz, Rhombus, Holz-UK**	205,00	**223,00**	245,00	
	Außenwandbekleidung mit Holz mit Rhombusleisten, einschl. Holzunterkonstruktion				
	Einheit: m² Bekleidungsfläche				
	016 Zimmer- und Holzbauarbeiten				54,6%
	038 Vorgehängte hinterlüftete Fassaden				45,4%
10	**AW Bekleidung, Holz, Rhombus, Holz-UK, MW 160**	258,00	**285,00**	318,00	
	Außenwandbekleidung mit Holz mit Rhombusleisten, einschl. Holzunterkonstruktion und Dämmung mit Mineralwolle 160mm				
	Einheit: m² Bekleidungsfläche				
	016 Zimmer- und Holzbauarbeiten				42,8%
	038 Vorgehängte hinterlüftete Fassaden				57,2%
11	**AW Bekleidung, VHF-FZ-Tafeln, Stülpdeckung, Holz-UK**	294,00	**312,00**	333,00	
	Außenwandbekleidung mit großformatigen Faserzementtafeln, als Stülpdeckung, vorgehängte Konstruktion einschl. Holzunterkonstruktion				
	Einheit: m² Bekleidungsfläche				
	038 Vorgehängte hinterlüftete Fassaden				100,0%
12	**AW Bekleidung, VHF-FZ-Tafeln als Stülpdeckung, Holz-UK, MW 160**	346,00	**374,00**	405,00	
	Außenwandbekleidung mit großformatigen Faserzementtafeln als Stülpdeckung, vorgehängte Konstruktion einschl. Holzunterkonstruktion und Dämmung mit Mineralwolle 160mm				
	Einheit: m² Bekleidungsfläche				
	038 Vorgehängte hinterlüftete Fassaden				100,0%
13	**AW Bekleidung, VHF-FZ-Tafeln, Holz-UK**	309,00	**329,00**	358,00	
	Außenwandbekleidung mit großformatigen Faserzementtafeln, vorgehängte Konstruktion einschl. Holzunterkonstruktion				
	Einheit: m² Bekleidungsfläche				
	038 Vorgehängte hinterlüftete Fassaden				100,0%
14	**AW Bekleidung, VHF-FZ-Tafeln, Holz-UK, MW 160**	361,00	**391,00**	431,00	
	Außenwandbekleidung mit großformatigen Faserzementtafeln, vorgehängte Konstruktion einschl. Holzunterkonstruktion und Dämmung mit Mineralwolle 160mm				
	Einheit: m² Bekleidungsfläche				
	038 Vorgehängte hinterlüftete Fassaden				100,0%

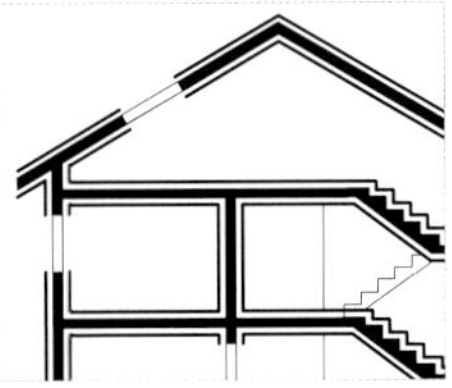

Kosten:
Stand 1. Quartal 2026
Bundesdurchschnitt
inkl. 19% MwSt.

▷ von
ø Mittel
◁ bis

KG.OZ	▷	€/Einheit	◁	LB an EA

336.20 Oberflächenbehandlung

Nr.	Position	▷	ø	◁	LB an EA
01	**AW innen, Beschichtung, Dispersion wb, auf Beton** Innenwandbeschichtung auf Außenwand, Dispersionsfarbe auf Beton, waschbeständig, inkl. Laibungen, inkl. Haftgrund, Untergrund reinigen, Abdeckmaterial Einheit: m² Beschichtungsfläche 034 Maler- und Lackierarbeiten - Beschichtungen	13,00	**16,00**	20,00	100,0%
02	**AW innen, Beschichtung, Dispersion sb, auf Beton** Innenwandbeschichtung auf Außenwand, Dispersionsfarbe auf Beton, scheuerbeständig, inkl. Laibungen, inkl. Haftgrund, Untergrund reinigen, Abdeckmaterial Einheit: m² Beschichtungsfläche 034 Maler- und Lackierarbeiten - Beschichtungen	14,00	**16,00**	20,00	100,0%
03	**AW innen, Beschichtung, Dispersion wb, auf Putz** Innenwandbeschichtung auf Außenwand, Dispersionsfarbe auf Putz, waschbeständig, inkl. Laibungen, inkl. Haftgrund, Untergrund reinigen, Abdeckmaterial Einheit: m² Beschichtungsfläche 034 Maler- und Lackierarbeiten - Beschichtungen	9,80	**12,00**	15,00	100,0%
04	**AW innen, Beschichtung, Dispersion sb, auf Putz** Innenwandbeschichtung auf Außenwand, als Dispersionsfarbe auf Putz, scheuerbeständig, inkl. Laibungen, inkl. Haftgrund, Untergrund reinigen, Abdeckmaterial Einheit: m² Beschichtungsfläche 034 Maler- und Lackierarbeiten - Beschichtungen	9,60	**12,00**	15,00	100,0%
05	**AW innen, Beschichtung, Silikat, auf Putz** Innenwandbeschichtung auf Außenwand, als Silikatfarbe auf Putz, inkl. Laibungen, inkl. Haftgrund, Untergrund reinigen, Abdeckmaterial Einheit: m² Beschichtungsfläche 034 Maler- und Lackierarbeiten - Beschichtungen	13,00	**14,00**	17,00	100,0%
06	**AW innen, Beschichtung, Lasur, Holz** Innenwandbeschichtung auf Außenwand, Lasur auf Holzflächen, inkl. Untergrund reinigen und Abdeckmaterial Einheit: m² Beschichtungsfläche 034 Maler- und Lackierarbeiten - Beschichtungen	24,00	**27,00**	33,00	100,0%

336.30 Putz

Nr.	Position	▷	ø	◁	LB an EA
01	**AW innen, Putz, Kalkzement, einlagig, abgezogen** Innenwandputz der Außenwand, Kalkzement für Fliesen, einlagig, abgezogen, inkl. Laibungen, Schutzabdeckung, Untergrund abkehren Einheit: m² Bekleidungsfläche 023 Putz- und Stuckarbeiten, Wärmedämmsysteme	34,00	**38,00**	42,00	100,0%
02	**AW innen, Putz, Gips, einlagig** Innenwandputz der Außenwand, aus Gips, einlagig, geglättet, Oberflächenqualität Q2, inkl. Laibungen, Schutzabdeckung, Untergrund abkehren Einheit: m² Bekleidungsfläche 023 Putz- und Stuckarbeiten, Wärmedämmsysteme	27,00	**31,00**	34,00	100,0%

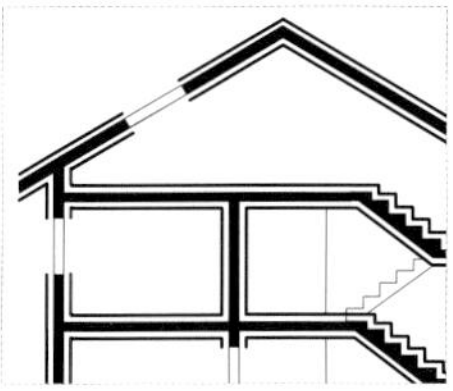

336.30 Putz

03	**AW innen, Putz, Kalkgips, einlagig**	28,00	**29,00**	32,00	
	Innenwandputz der Außenwand, aus Kalkgips, einlagig, gerieben, inkl. Laibungen, Schutzabdeckung, Untergrund abkehren				
	Einheit: m² Bekleidungsfläche				
	023 Putz- und Stuckarbeiten, Wärmedämmsysteme				100,0%
04	**AW innen, Putz, Lehm, einlagig, gerieben**	43,00	**46,00**	49,00	
	Innenwandputz der Außenwand, aus Lehmputz, einlagig, Oberfläche gerieben, inkl. Laibungen, Schutzabdeckung, Untergrund abkehren				
	Einheit: m² Bekleidungsfläche				
	023 Putz- und Stuckarbeiten, Wärmedämmsysteme				100,0%
05	**AW innen, Putz, Lehm, zweilagig, gerieben**	74,00	**76,00**	81,00	
	Innenwandputz der Außenwand, aus Lehmputz, zweilagig, Oberfläche gerieben, inkl. Laibungen, Schutzabdeckung, Untergrund abkehren				
	Einheit: m² Bekleidungsfläche				
	023 Putz- und Stuckarbeiten, Wärmedämmsysteme				100,0%
06	**AW innen, Putz, Kalkgips, einlagig, Dispersion**	37,00	**39,00**	45,00	
	Innenwandputz der Außenwand, aus Kalkgips, einlagig, gerieben, mit Dispersionsbeschichtung, inkl. Laibungen, Schutzabdeckung, Untergrund abkehren				
	Einheit: m² Bekleidungsfläche				
	023 Putz- und Stuckarbeiten, Wärmedämmsysteme				73,9%
	034 Maler- und Lackierarbeiten - Beschichtungen				26,1%
07	**AW innen, Putz, Gips, einlagig, Dispersion**	36,00	**41,00**	46,00	
	Innenwandputz der Außenwand, aus Gips, einlagig, geglättet, Oberflächenqualität Q2, mit Dispersionsbeschichtung, inkl. Laibungen, Schutzabdeckung, Untergrund abkehren				
	Einheit: m² Bekleidungsfläche				
	023 Putz- und Stuckarbeiten, Wärmedämmsysteme				75,1%
	034 Maler- und Lackierarbeiten - Beschichtungen				24,9%
08	**AW innen, Trockenputz, GK 12,5mm**	78,00	**91,00**	113,00	
	Innenwandbekleidung der Außenwand, mit Trockenputz aus Gipskartonplatten, 12,5mm				
	Einheit: m² Bekleidungsfläche				
	016 Zimmer- und Holzbauarbeiten				13,3%
	039 Trockenbauarbeiten				86,7%
09	**AW innen, Trockenputz, Gipsverbundplatten 12,5mm**	101,00	**115,00**	140,00	
	Innenwandbekleidung der Außenwand, mit Trockenputz aus Gipsverbundplatten, 12,5mm				
	Einheit: m² Bekleidungsfläche				
	016 Zimmer- und Holzbauarbeiten				10,5%
	039 Trockenbauarbeiten				89,5%

336.40 Bekleidung auf Unterkonstruktion

01	**AW innen, Bekleidung, OSB, 15mm**	53,00	**64,00**	72,00	
	Innenwandbekleidung der Außenwand, mit OSB-Platten, 15mm, auf Holzunterkonstruktion				
	Einheit: m² Bekleidungsfläche				
	016 Zimmer- und Holzbauarbeiten				100,0%

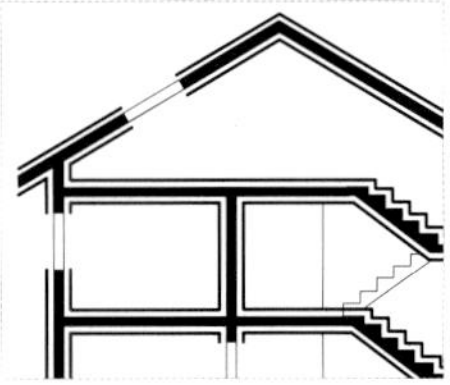

Kosten:
Stand 1. Quartal 2026
Bundesdurchschnitt
inkl. 19% MwSt.

▷ von
ø Mittel
◁ bis

KG.OZ	▷	€/Einheit	◁	LB an EA
336.40 Bekleidung auf Unterkonstruktion				
02 **AW innen, Bekleidung, OSB, 22mm, Feuchtebereich** Innenwandbekleidung der Außenwand, mit OSB-Platten, 22mm, mit Dichtungsbändern auf Holzunterkonstruktion, für Feuchtebereiche Einheit: m² Bekleidungsfläche	64,00	**75,00**	86,00	
016 Zimmer- und Holzbauarbeiten				100,0%
03 **AW innen, Bekleidung, Sperrholz, 22mm** Innenwandbekleidung der Außenwand, mit Sperrholz-Platten, 22mm, auf Holzunterkonstruktion Einheit: m² Bekleidungsfläche	84,00	**100,00**	113,00	
016 Zimmer- und Holzbauarbeiten				100,0%
04 **AW innen, Bekleidung, Gipsplatten** Innenwandbekleidung der Außenwand, mit Gipsplatten, 12,5mm, Dampfsperre Einheit: m² Wandfläche	51,00	**55,00**	65,00	
016 Zimmer- und Holzbauarbeiten				3,6%
039 Trockenbauarbeiten				96,4%
05 **AW innen, Bekleidung, Gipsplatten, zweilagig** Innenwandbekleidung der Außenwand, mit Gipsplatten, zweilagig, Dampfsperre Einheit: m² Wandfläche	85,00	**91,00**	102,00	
016 Zimmer- und Holzbauarbeiten				2,2%
039 Trockenbauarbeiten				97,8%
06 **AW innen, Bekleidung, Lehmplatten** Innenwandbekleidung der Außenwand, mit Holzwolledämmung und Lehmbauplatten, mit Unterkonstruktion Einheit: m² Wandfläche	53,00	**63,00**	82,00	
016 Zimmer- und Holzbauarbeiten				80,0%
039 Trockenbauarbeiten				20,0%
07 **AW innen, Bekleidung, Lehmplatten, zweilagig** Innenwandbekleidung der Außenwand, mit Holzwolledämmung und Lehmbauplatten, zweilagig, mit Unterkonstruktion Einheit: m² Wandfläche	94,00	**111,00**	144,00	
016 Zimmer- und Holzbauarbeiten				88,7%
039 Trockenbauarbeiten				11,3%
08 **AW innen, Bekleidung, Lehmplatten, Lehmputz** Innenwandbekleidung der Außenwand, mit Lehmbauplatten, mit Lehmputz, Dampfsperre Einheit: m² Wandfläche	94,00	**104,00**	125,00	
016 Zimmer- und Holzbauarbeiten				48,4%
023 Putz- und Stuckarbeiten, Wärmedämmsysteme				39,4%
039 Trockenbauarbeiten				12,1%
09 **AW innen, Bekleidung, Lehmplatten, zweilagig, Lehmputz** Innenwandbekleidung der Außenwand, mit Lehmbauplatten, zweilagig, mit Lehmputz, Dampfsperre Einheit: m² Wandfläche	135,00	**152,00**	187,00	
016 Zimmer- und Holzbauarbeiten				64,8%
023 Putz- und Stuckarbeiten, Wärmedämmsysteme				26,9%
039 Trockenbauarbeiten				8,3%

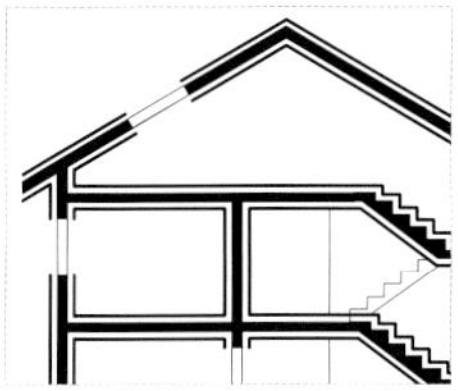

336.50 Vorsatzschale, Verblendung

KG.OZ		▷	€/Einheit	◁	LB an EA
01	**AW Vorsatzschale innen, Gipsplatten, Metall-UK, Dämmung**	97,00	**106,00**	134,00	
	Innenwandbekleidung der Außenwand, Vorsatzschale, mit Gipsplatten, mit Unterkonstruktion aus Metallprofilen, Dämmung				
	Einheit: m² Wandfläche				
	016 Zimmer- und Holzbauarbeiten				1,9%
	039 Trockenbauarbeiten				98,1%
02	**AW Vorsatzschale innen, Gipsplatten, Holzlattung, Dämmung**	73,00	**80,00**	100,00	
	Innenwandbekleidung der Außenwand, Vorsatzschale, mit Holzwolledämmung und Gipsplatten, mit Holz-Unterkonstruktion				
	Einheit: m² Wandfläche				
	016 Zimmer- und Holzbauarbeiten				2,5%
	039 Trockenbauarbeiten				97,5%
03	**AW Vorsatzschale innen, Gipsplatten, zweilagig, Holzlattung, Dämmung**	107,00	**117,00**	137,00	
	Innenwandbekleidung der Außenwand, Vorsatzschale, mit Holzwolledämmung und Gipsplatten, mit Holz-Unterkonstruktion				
	Einheit: m² Wandfläche				
	016 Zimmer- und Holzbauarbeiten				1,7%
	039 Trockenbauarbeiten				98,3%
04	**AW Vorsatzschale innen, Lehmplatten, Holzlattung, WF**	77,00	**92,00**	123,00	
	Innenwandbekleidung der Außenwand, Vorsatzschale, mit Holzweichfaserdämmung und Lehmbauplatten, mit Holz-Unterkonstruktion				
	Einheit: m² Wandfläche				
	016 Zimmer- und Holzbauarbeiten				54,7%
	039 Trockenbauarbeiten				45,3%
05	**AW Vorsatzschale innen, Lehmplatten, zweilagig, Holzlattung, WF**	118,00	**140,00**	185,00	
	Innenwandbekleidung der Außenwand, Vorsatzschale, mit Holzwolledämmung und Lehmbauplatten, doppelt, mit Unterkonstruktion				
	Einheit: m² Wandfläche				
	016 Zimmer- und Holzbauarbeiten				70,3%
	039 Trockenbauarbeiten				29,7%

336.60 Tapeten

KG.OZ		▷	€/Einheit	◁	LB an EA
01	**AW innen, Tapete, Raufaser, fein, beschichtet**	16,00	**19,00**	24,00	
	Innenwandbekleidung der Außenwand, mit Raufasertapete, weiß, fein, mit Beschichtung				
	Einheit: m² Bekleidungsfläche				
	034 Maler- und Lackierarbeiten - Beschichtungen				44,2%
	037 Tapezierarbeiten				55,8%
02	**AW innen, Tapete, Raufaser, grob, beschichtet**	17,00	**19,00**	24,00	
	Innenwandbekleidung der Außenwand, mit Raufasertapete, weiß, grob, mit Beschichtung				
	Einheit: m² Bekleidungsfläche				
	034 Maler- und Lackierarbeiten - Beschichtungen				42,7%
	037 Tapezierarbeiten				57,3%

Kosten:
Stand 1.Quartal 2026
Bundesdurchschnitt
inkl. 19% MwSt.

▷ von
ø Mittel
◁ bis

KG.OZ	▷	€/Einheit	◁	LB an EA
336.60 Tapeten				
03 **AW innen, Tapete, Glasfaser, fein, beschichtet**	21,00	**24,00**	27,00	
Innenwandbekleidung der Außenwand, mit Glasfasertapete, weiß, fein, mit Beschichtung				
Einheit: m² Bekleidungsfläche				
034 Maler- und Lackierarbeiten - Beschichtungen				38,3%
037 Tapezierarbeiten				61,7%
04 **AW innen, Tapete, Glasfaser, grob, beschichtet**	24,00	**28,00**	32,00	
Innenwandbekleidung der Außenwand, mit Glasfasertapete, weiß, grob, mit Beschichtung				
Einheit: m² Bekleidungsfläche				
034 Maler- und Lackierarbeiten - Beschichtungen				41,4%
037 Tapezierarbeiten				58,6%
336.80 Fliesen				
01 **AW innen, Bekleidung, Fliesen 15x15cm**	108,00	**120,00**	134,00	
Innenwandbekleidung der Außenwand, mit Wandfliesen 30x30cm				
Einheit: m² Bekleidungsfläche				
023 Putz- und Stuckarbeiten, Wärmedämmsysteme				0,1%
024 Fliesen- und Plattenarbeiten				99,9%
02 **AW innen, Bekleidung, Fliesen 30x30cm**	116,00	**121,00**	129,00	
Innenwandbekleidung der Außenwand, mit Wandfliesen 30x30cm				
Einheit: m² Bekleidungsfläche				
023 Putz- und Stuckarbeiten, Wärmedämmsysteme				1,0%
024 Fliesen- und Plattenarbeiten				99,0%
03 **AW innen, Bekleidung, Fliesen 30x60cm**	126,00	**136,00**	147,00	
Innenwandbekleidung der Außenwand, mit Wandfliesen 30x60cm				
Einheit: m² Bekleidungsfläche				
023 Putz- und Stuckarbeiten, Wärmedämmsysteme				< 0,1%
024 Fliesen- und Plattenarbeiten				99,9%
04 **AW innen, Bekleidung, Fliesen 60x60cm**	173,00	**183,00**	198,00	
Innenwandbekleidung der Außenwand, mit Wandfliesen 60x60cm				
Einheit: m² Bekleidungsfläche				
023 Putz- und Stuckarbeiten, Wärmedämmsysteme				0,7%
024 Fliesen- und Plattenarbeiten				99,3%
05 **AW innen, Bekleidung, Fliesen 15x15cm, Putz**	133,00	**148,00**	167,00	
Innenwandbekleidung der Außenwand, mit Wandfliesen, weiß, 15x15cm, mit Putz, inkl. Laibungen, Eckschutzschienen, Abdeckmaterial				
Einheit: m² Bekleidungsfläche				
023 Putz- und Stuckarbeiten, Wärmedämmsysteme				19,6%
024 Fliesen- und Plattenarbeiten				79,6%
034 Maler- und Lackierarbeiten - Beschichtungen				0,8%
06 **AW innen, Bekleidung, Fliesen 30x30cm, Putz**	141,00	**148,00**	161,00	
Innenwandbekleidung der Außenwand, mit Wandfliesen, weiß, 30x30cm, mit Putz				
Einheit: m² Bekleidungsfläche				
023 Putz- und Stuckarbeiten, Wärmedämmsysteme				20,6%
024 Fliesen- und Plattenarbeiten				79,4%

336.80 Fliesen

		▷	€/Einheit	◁	LB an EA
07	**AW innen, Bekleidung, Fliesen 15x15cm, Abdichtung, Putz**	158,00	**176,00**	200,00	
	Innenwandbekleidung der Außenwand, mit Wandfliesen, weiß, 15x15cm, mit Verbundabdichtung und Putz				
	Einheit: m² Bekleidungsfläche				
	023 Putz- und Stuckarbeiten, Wärmedämmsysteme				17,3%
	024 Fliesen- und Plattenarbeiten				82,7%
08	**AW innen, Bekleidung, Fliesen 30x30cm, Abdichtung, Putz**	165,00	**176,00**	194,00	
	Innenwandbekleidung der Außenwand, mit Wandfliesen, weiß, 30x30cm, mit Verbundabdichtung und Putz				
	Einheit: m² Bekleidungsfläche				
	023 Putz- und Stuckarbeiten, Wärmedämmsysteme				17,3%
	024 Fliesen- und Plattenarbeiten				82,7%

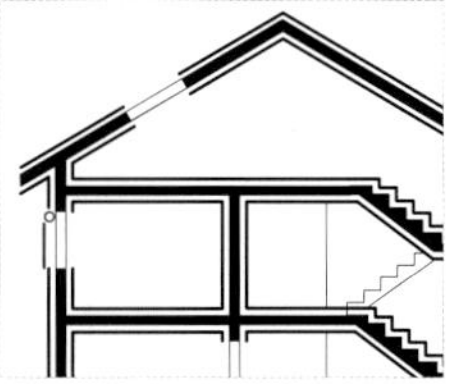

Kosten:
Stand 1. Quartal 2026
Bundesdurchschnitt
inkl. 19% MwSt.

KG.OZ		▷	€/Einheit	◁	LB an EA
338.10	**Läden**				
01	**AW Kunststoffrollladen, manuell betrieben** Außenwand, Rollladen manuell betrieben, Kunststoff, mit Rollladenkasten und Gurtwickler Einheit: m² Schutzfläche	505,00	**567,00**	654,00	
	030 Rollladenarbeiten				100,0%
02	**AW Kunststoffrollladen, elektrisch betrieben** Außenwand, Rollladen elektrisch betrieben, Kunststoff, mit Rollladenkasten und Elektromotor Einheit: m² Schutzfläche	789,00	**866,00**	1.008,00	
	030 Rollladenarbeiten				100,0%
338.20	**Jalousien**				
01	**AW Jalousien, Elektroantrieb** Außenwand, Sonnenschutzjalousien elektrisch betrieben, bis 2,5m², Aluminiumlamellen Einheit: m² Schutzfläche	595,00	**650,00**	754,00	
	030 Rollladenarbeiten				100,0%

▷ von
ø Mittel
◁ bis

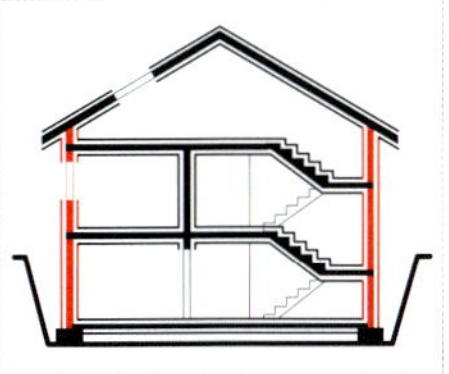

339.10 Schächte

		▷	€/Einheit	◁	LB an EA
01	**AW Kellerlichtschacht, Kunststoff, Gitterrost** Außenwand, Kellerlichtschacht aus Kunststoff, mit Gitterrostabdeckung Einheit: St Schacht	369,00	**433,00**	524,00	
	013 Betonarbeiten				100,0%
02	**AW Kellerlichtschacht, Betonfertigteil, Gitterrost** Außenwand, Kellerlichtschacht aus Betonfertigteil, mit Gitterrostabdeckung Einheit: St Schacht	1.138,00	**1.431,00**	1.793,00	
	013 Betonarbeiten				86,5%
	031 Metallbauarbeiten				13,5%

339.20 Umwehrungen/Handläufe

		▷	€/Einheit	◁	LB an EA
01	**AW Brüstungsgeländer, Metall, nichtrostend** Außenwand, Brüstungsgeländer für Fenstertür, aus Metall, nichtrostend Einheit: m Geländerlänge	710,00	**840,00**	930,00	
	031 Metallbauarbeiten				98,0%
	034 Maler- und Lackierarbeiten - Beschichtungen				2,0%
02	**AW Geländer, Metall, Flachstahl, beschichtet** Außenwand, Geländer aus Metall, mit Flachstahlfüllung, beschichtet Einheit: m Geländerlänge	579,00	**658,00**	748,00	
	031 Metallbauarbeiten				97,4%
	034 Maler- und Lackierarbeiten - Beschichtungen				2,6%
03	**AW Handlauf, Metall, Wandbefestigung, beschichtet** Außenwand, Stahlrohrhandlauf mit Wandbefestigung, beschichtet Einheit: m Handlauflänge	181,00	**206,00**	241,00	
	031 Metallbauarbeiten				91,8%
	034 Maler- und Lackierarbeiten - Beschichtungen				8,2%
04	**AW Brüstungsgeländer, VSG-Glas/Edelstahl** Außenwand, Brüstungsgeländer für Fenstertür, aus VSG-Glas mit Edelstahlhandlauf Einheit: m Geländerlänge	1.773,00	**1.842,00**	1.995,00	
	031 Metallbauarbeiten				99,1%
	034 Maler- und Lackierarbeiten - Beschichtungen				0,9%

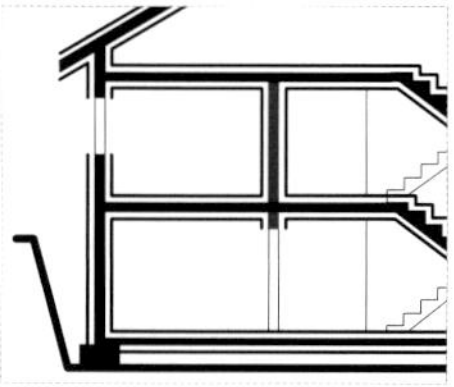

Kosten:
Stand 1. Quartal 2026
Bundesdurchschnitt
inkl. 19% MwSt.

KG.OZ		▷	€/Einheit	◁	LB an EA
341.10	**Mauerwerkswand**				
01	**IW Mauerwerk, Betonsteine, 24cm** Innenwand aus Mauerwerk, Beton-Hohlblocksteinen, 24,0cm, inkl. Öffnungen überdecken Einheit: m² Wandfläche 012 Mauerarbeiten	131,00	**137,00**	154,00	100,0%
02	**IW Mauerwerk, Porenbeton-Plansteine, 24cm** Innenwand aus Mauerwerk, Porenbeton-Plansteine, 24,0cm, inkl. Öffnungen überdecken Einheit: m² Wandfläche 012 Mauerarbeiten	134,00	**143,00**	150,00	100,0%
03	**IW Mauerwerk, Mauerziegel, 24cm** Innenwand aus Ziegelmauerwerk, Mauerziegel, 24,0cm, inkl. Öffnungen überdecken Einheit: m² Wandfläche 012 Mauerarbeiten	123,00	**134,00**	144,00	100,0%
04	**IW Mauerwerk, Planziegel, 24cm** Innenwand aus Ziegelmauerwerk, Hochlochziegel, Plansteine, 24,0cm, inkl. Öffnungen überdecken Einheit: m² Wandfläche 012 Mauerarbeiten	128,00	**137,00**	156,00	100,0%
05	**IW Mauerwerk, Kalksandsteine, 17,5cm** Innenwand aus Kalksandsteinen, 17,5cm, inkl. Öffnungen überdecken Einheit: m² Wandfläche 012 Mauerarbeiten	112,00	**119,00**	130,00	100,0%
06	**IW Mauerwerk, Kalksand-Plansteine, 17,5cm** Innenwand aus Kalksandsteinen, Plansteine 17,5cm, inkl. Öffnungen überdecken Einheit: m² Wandfläche 012 Mauerarbeiten	106,00	**116,00**	128,00	100,0%
07	**IW Mauerwerk, Kalksand-Plansteine, 20cm** Innenwand aus Kalksandsteinen, Plansteine 20,0cm, inkl. Öffnungen überdecken Einheit: m² Wandfläche 012 Mauerarbeiten	111,00	**127,00**	140,00	100,0%
08	**IW Mauerwerk, Kalksand-Plansteine, 24cm** Innenwand aus Kalksandsteinen, Plansteine 24,0cm, inkl. Öffnungen überdecken Einheit: m² Wandfläche 012 Mauerarbeiten	122,00	**138,00**	147,00	100,0%
341.20	**Betonwand**				
01	**IW Stahlbeton, C25/30, 20cm, Bewehrung 80kg/m³, Schalung glatt** Innenwand aus Stahlbeton mit Ortbeton, C25/30, 20cm, Bewehrung 80kg/m³, mit glatter Schalung, Kleineisenteile Einheit: m² Wandfläche 013 Betonarbeiten	221,00	**252,00**	293,00	100,0%

▷ von
ø Mittel
◁ bis

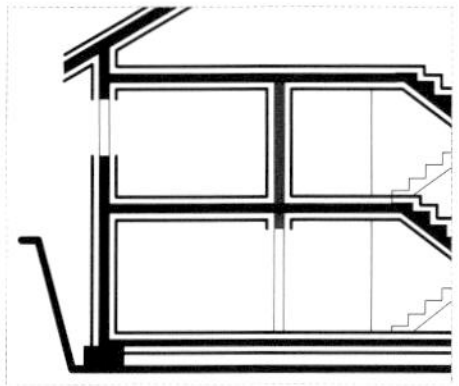

341.20 Betonwand

			▷	€/Einheit	◁	LB an EA
02	**IW Stahlbeton, C25/30, 25cm, Bewehrung 80kg/m³, Schalung glatt** Innenwand aus Stahlbeton mit Ortbeton, C25/30, 25cm, Bewehrung 80kg/m³, mit glatter Schalung, Kleineisenteile Einheit: m² Wandfläche		239,00	**274,00**	319,00	
	013 Betonarbeiten					100,0%
03	**IW Stahlbeton, C25/30, 30cm, Bewehrung 80kg/m³, Schalung glatt** Innenwand aus Stahlbeton mit Ortbeton, C25/30, 30cm, Bewehrung 80kg/m³, mit glatter Schalung, Kleineisenteile Einheit: m² Wandfläche		256,00	**292,00**	342,00	
	013 Betonarbeiten					100,0%
04	**IW Stahlbeton, C25/30, 20cm, Bewehrung 100kg/m³, Schalung glatt** Innenwand aus Stahlbeton mit Ortbeton, C25/30, 20cm, Bewehrung 100kg/m³, mit glatter Schalung, Kleineisenteile Einheit: m² Wandfläche		230,00	**262,00**	305,00	
	013 Betonarbeiten					100,0%
05	**IW Stahlbeton, C25/30, 25cm, Bewehrung 100kg/m³, Schalung glatt** Innenwand aus Stahlbeton mit Ortbeton, C25/30, 25cm, Bewehrung 100 kg/m³, mit glatter Schalung, Kleineisenteile Einheit: m² Wandfläche		251,00	**287,00**	334,00	
	013 Betonarbeiten					100,0%
06	**IW Stahlbeton, C25/30, 30cm, Bewehrung 100kg/m³, Schalung glatt** Innenwand aus Stahlbeton mit Ortbeton, C25/30, 30cm, Bewehrung 100 kg/m³, mit glatter Schalung, Kleineisenteile Einheit: m² Wandfläche		270,00	**308,00**	360,00	
	013 Betonarbeiten					100,0%
07	**IW Stahlbeton, C25/30, 20cm, Bewehrung 120kg/m³, Schalung rau** Innenwand aus Stahlbeton mit Ortbeton, C25/30, 20cm, Bewehrung 120kg/m³, mit rauer Schalung, Kleineisenteile Einheit: m² Wandfläche		243,00	**268,00**	300,00	
	013 Betonarbeiten					100,0%
08	**IW Stahlbeton, C25/30, 25cm, Bewehrung 120kg/m³, Schalung rau** Innenwand aus Stahlbeton mit Ortbeton, C25/30, 25cm, Bewehrung 120kg/m³, mit rauer Schalung, Kleineisenteile Einheit: m² Wandfläche		266,00	**295,00**	332,00	
	013 Betonarbeiten					100,0%

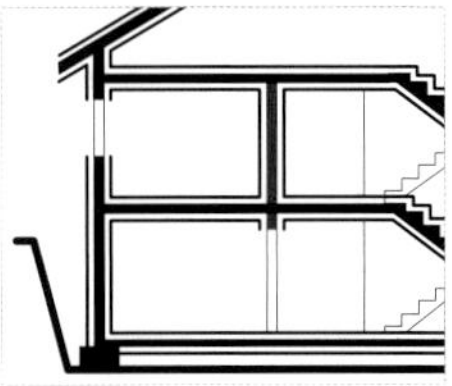

Kosten:
Stand 1. Quartal 2026
Bundesdurchschnitt
inkl. 19% MwSt.

▷ von
ø Mittel
◁ bis

KG.OZ		▷	€/Einheit	◁	LB an EA
341.30	**Holzwand**				
01	**IW Massivholz, Brettsperrholz, bis 10cm**	153,00	**162,00**	173,00	
	Innenwand mit Brettsperrholzelementen, 10cm, mit Trennlage und Quellmörtel				
	Einheit: m² Wandfläche				
	016 Zimmer- und Holzbauarbeiten				100,0%
02	**IW Massivholz, Brettsperrholz, bis 12cm**	171,00	**183,00**	207,00	
	Innenwand mit Brettsperrholzelementen, 12cm, mit Trennlage und Quellmörtel				
	Einheit: m² Wandfläche				
	016 Zimmer- und Holzbauarbeiten				100,0%
03	**IW Massivholz, Brettsperrholz, bis 20cm**	196,00	**258,00**	321,00	
	Innenwand mit Brettsperrholzelementen, 20cm, mit Trennlage und Quellmörtel				
	Einheit: m² Wandfläche				
	016 Zimmer- und Holzbauarbeiten				100,0%
04	**IW Holzrahmen, 12cm, gedämmt, Bekleidungen**	171,00	**187,00**	209,00	
	Innenwand als Holzrahmenkonstruktion, 12cm, mit Dämmung, Beplankung aus OSB-Platten, Bekleidung aus Gipsfaserplatten einlagig				
	Einheit: m² Wandfläche				
	016 Zimmer- und Holzbauarbeiten				78,4%
	039 Trockenbauarbeiten				21,6%
05	**IW Holzrahmen, 16cm, gedämmt, Bekleidungen**	227,00	**246,00**	275,00	
	Innenwand als Holzrahmenkonstruktion, 16cm, mit Dämmung, Beplankung aus OSB-Platten, Bekleidung aus Gipsfaserplatten einlagig				
	Einheit: m² Wandfläche				
	016 Zimmer- und Holzbauarbeiten				67,3%
	039 Trockenbauarbeiten				32,7%
06	**IW Holzrahmen, 20cm, gedämmt, Bekleidungen**	245,00	**266,00**	297,00	
	Innenwand als Holzrahmenkonstruktion, 20cm, mit Dämmung, Beplankung aus OSB-Platten, Bekleidung aus Gipsfaserplatten				
	Einheit: m² Wandfläche				
	016 Zimmer- und Holzbauarbeiten				69,7%
	039 Trockenbauarbeiten				30,3%
07	**IW Holztafel, MW120, Beplankung, OSB-Platten, GF**	158,00	**188,00**	239,00	
	Innenwand als Holzständerkonstruktion aus KVH, 12cm, mit Mineralwolledämmung, Bekleidung aus OSB und Gipsfaserplatten einlagig				
	Einheit: m² Wandfläche				
	016 Zimmer- und Holzbauarbeiten				94,9%
	039 Trockenbauarbeiten				5,1%
08	**IW Holztafel, WF120, Beplankung, OSB-Platten, GF**	163,00	**194,00**	246,00	
	Innenwand als Holzständerkonstruktion aus Konstruktionsvollholz, 12cm, mit Holzfaserdämmung, mit beidseitiger Bekleidung aus OSB und Gipsfaserplatten				
	Einheit: m² Wandfläche				
	016 Zimmer- und Holzbauarbeiten				95,1%
	039 Trockenbauarbeiten				4,9%

341.30 Holzwand

09	**IW Holztafel, Zellulose 120, Beplankung, OSB-Platten, GF**	150,00	**179,00**	228,00

Innenwand als Holzständerkonstruktion aus Konstruktionsvollholz, 12cm, mit Zellulosedämmung, mit beidseitiger Bekleidung aus OSB und Gipsfaserplatten

Einheit: m² Wandfläche

016 Zimmer- und Holzbauarbeiten	94,7%
039 Trockenbauarbeiten	5,3%

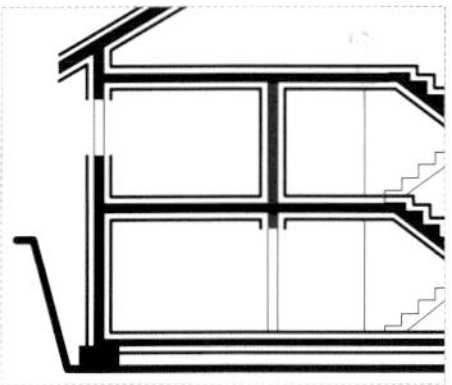

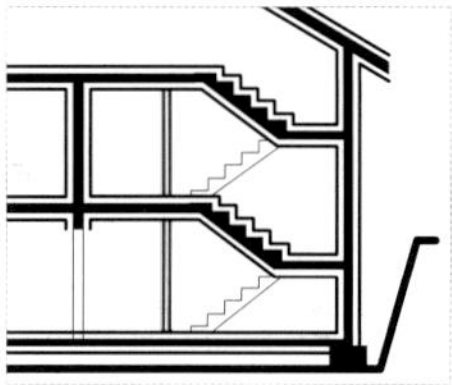

Kosten:
Stand 1. Quartal 2026
Bundesdurchschnitt
inkl. 19% MwSt.

▷ von
ø Mittel
◁ bis

KG.OZ		▷	€/Einheit	◁	LB an EA
342.10	**Mauerwerkswand**				
01	**IW Mauerwerk, Porenbeton, Plansteine 11,5cm** Innenwand aus Mauerwerk mit Porenbeton-Plansteinen, 11,5cm, inkl. Öffnungen überdecken Einheit: m² Wandfläche 012 Mauerarbeiten	108,00	**116,00**	128,00	100,0%
02	**IW Mauerwerk, Porenbeton, Planstein 17,5cm** Innenwand aus Mauerwerk mit Porenbeton Plansteinen 17,5cm, inkl. Öffnungen überdecken Einheit: m² Wandfläche 012 Mauerarbeiten	122,00	**133,00**	144,00	100,0%
03	**IW Mauerwerk, Planziegel, 11,5cm** Innenwand aus Mauerwerk mit Plansteinen, Hochlochziegel, 11,5cm, inkl. Öffnungen überdecken Einheit: m² Wandfläche 012 Mauerarbeiten	101,00	**109,00**	121,00	100,0%
04	**IW Mauerwerk, Planziegel, 17,5cm** Innenwand aus Mauerwerk mit Plansteinen, Hochlochziegel, 17,5cm, inkl. Öffnungen überdecken Einheit: m² Wandfläche 012 Mauerarbeiten	123,00	**133,00**	151,00	100,0%
05	**IW Mauerwerk, Kalksandsteine, 11,5cm** Innenwand aus Mauerwerk mit Kalksandsteinen,11,5cm, inkl. Öffnungen überdecken Einheit: m² Wandfläche 012 Mauerarbeiten	106,00	**114,00**	125,00	100,0%
06	**IW Mauerwerk, Gipswandbauplatten, 6cm** Innenwand aus Mauerwerk mit Gipswandbauplatten 6cm, inkl. Öffnungen überdecken Einheit: m² Wandfläche 012 Mauerarbeiten	96,00	**100,00**	115,00	100,0%
07	**IW Mauerwerk, Gipswandbauplatten, 8cm** Innenwand aus Mauerwerk mit Gipswandbauplatten 8cm, inkl. Öffnungen überdecken Einheit: m² Wandfläche 012 Mauerarbeiten	92,00	**99,00**	104,00	100,0%
08	**IW Mauerwerk, Gipswandbauplatten, 10cm** Innenwand aus Mauerwerk mit Gipswandbauplatten 10cm, inkl. Öffnungen überdecken Einheit: m² Wandfläche 012 Mauerarbeiten	100,00	**106,00**	116,00	100,0%
09	**IW Mauerwerk, Porenbetonplatten, 5cm** Innenwand aus Mauerwerk mit Porenbeton, Planplatten 5cm, inkl. Öffnungen überdecken Einheit: m² Wandfläche 012 Mauerarbeiten	80,00	**95,00**	101,00	100,0%
10	**IW Mauerwerk, Porenbetonplatten, 7,5cm** Innenwand aus Mauerwerk mit Porenbeton, Planplatten 7,5cm, inkl. Öffnungen überdecken Einheit: m² Wandfläche 012 Mauerarbeiten	96,00	**108,00**	122,00	100,0%

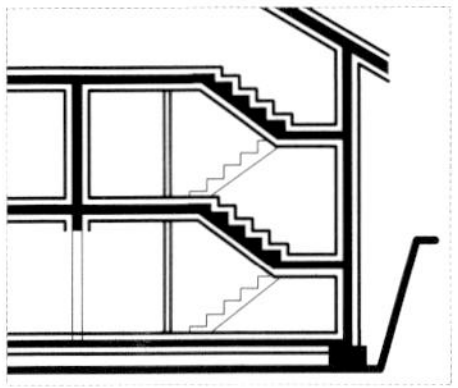

KG.OZ		▷	€/Einheit	◁	LB an EA
342.10	**Mauerwerkswand**				
11	**IW Mauerwerk, Porenbetonplatten, 10cm** Innenwand aus Mauerwerk mit Porenbeton, Planplatten 10cm, inkl. Öffnungen überdecken Einheit: m² Wandfläche	103,00	**111,00**	128,00	
	012 Mauerarbeiten				100,0%
342.20	**Betonwand**				
01	**IW Stahlbeton, C25/30, 10cm, Bewehrung 60kg/m³, Schalung glatt** Innenwand aus Stahlbeton mit Ortbeton, C25/30, 10cm, Bewehrung 60kg/m³, mit glatter Schalung, Kleineisenteile Einheit: m² Wandfläche	165,00	**187,00**	213,00	
	013 Betonarbeiten				100,0%
02	**IW Stahlbeton, C25/30, 15cm, Bewehrung 60kg/m³, Schalung glatt** Innenwand aus Stahlbeton mit Ortbeton, C25/30, 15cm, Bewehrung 60kg/m³ mit glatter Schalung, Kleineisenteile Einheit: m² Wandfläche	183,00	**208,00**	235,00	
	013 Betonarbeiten				100,0%
03	**IW Stahlbeton, C25/30, 10cm, Bewehrung 80kg/m³, Schalung glatt** Innenwand aus Stahlbeton mit Ortbeton, C25/30, 10cm, Bewehrung 80kg/m³, mit glatter Schalung, Kleineisenteile Einheit: m² Wandfläche	170,00	**193,00**	219,00	
	013 Betonarbeiten				100,0%
04	**IW Stahlbeton, C25/30, 15cm, Bewehrung 80kg/m³, Schalung glatt** Innenwand aus Stahlbeton mit Ortbeton, C25/30, 15cm, Bewehrung 80kg/m³, mit glatter Schalung, Kleineisenteile Einheit: m² Wandfläche	191,00	**216,00**	244,00	
	013 Betonarbeiten				100,0%
342.30	**Holzwand**				
01	**IW Massivholz, Brettsperrholz, bis 8cm** Innenwand mit Brettsperrholzelementen, 8cm, mit Trennlage und Quellmörtel Einheit: m² Wandfläche	129,00	**144,00**	159,00	
	016 Zimmer- und Holzbauarbeiten				100,0%
02	**IW Holzständer, Bekleidung, GK, MW 120** Innenwand als Holzständerkonstruktion aus Konstruktionsvollholz, 12cm, mit Mineralwolledämmung, mit beidseitiger Beplankung aus OSB, Bekleidung aus Gipskartonplatten Einheit: m² Wandfläche	171,00	**186,00**	209,00	
	016 Zimmer- und Holzbauarbeiten				52,5%
	039 Trockenbauarbeiten				47,5%

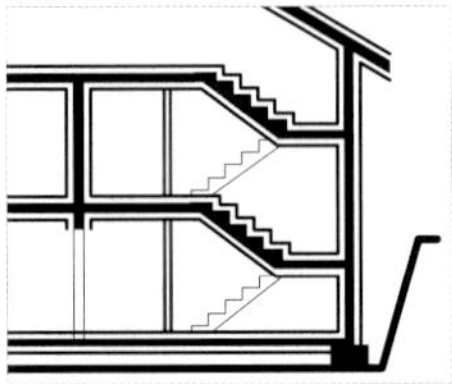

Kosten:
Stand 1. Quartal 2026
Bundesdurchschnitt
inkl. 19% MwSt.

▷ von
ø Mittel
◁ bis

KG.OZ		▷	€/Einheit	◁	LB an EA
342.30	**Holzwand**				
03	**IW Holzrahmen, Bekleidungen, MW 100**	182,00	**188,00**	201,00	
	Innenwand als Holzrahmenkonstruktion aus Konstruktionsvollholz, 10cm, mit Mineralwolledämmung, mit beidseitiger Beplankung aus OSB, Bekleidung aus GK				
	Einheit: m² Wandfläche				
	016 Zimmer- und Holzbauarbeiten				53,1%
	039 Trockenbauarbeiten				46,9%
04	**IW Holzrahmen, Bekleidungen, WF 100**	196,00	**203,00**	215,00	
	Innenwand als Holzrahmenkonstruktion aus Konstruktionsvollholz, 10cm, mit Holzfaserdämmung, mit beidseitiger Beplankung aus OSB, Bekleidung aus GK				
	Einheit: m² Wandfläche				
	016 Zimmer- und Holzbauarbeiten				56,5%
	039 Trockenbauarbeiten				43,5%
05	**IW Holzrahmen, Bekleidungen, Zellulose 100**	99,00	**110,00**	125,00	
	Innenwand als Holzrahmenkonstruktion aus Konstruktionsvollholz, 10cm, mit Zellulosedämmung, mit beidseitiger Beplankung aus OSB, Bekleidung aus GK				
	Einheit: m² Wandfläche				
	016 Zimmer- und Holzbauarbeiten				93,1%
	039 Trockenbauarbeiten				6,9%
06	**IW Holztafel, Beplankung, GF, MW 100**	144,00	**172,00**	218,00	
	Innenwand als Holzständerkonstruktion aus Konstruktionsvollholz, 10cm, mit Mineralwolledämmung, mit beidseitiger Bekleidung aus Gipsfaserplatten				
	Einheit: m² Wandfläche				
	016 Zimmer- und Holzbauarbeiten				95,6%
	039 Trockenbauarbeiten				4,4%
07	**IW Holztafel, Beplankung, Lehmplatten, WF 100**	168,00	**200,00**	254,00	
	Innenwand als Holzständerkonstruktion aus Konstruktionsvollholz, 10cm, mit Holzfaserdämmung, mit beidseitiger Bekleidung aus Lehmbauplatten				
	Einheit: m² Wandfläche				
	016 Zimmer- und Holzbauarbeiten				96,2%
	039 Trockenbauarbeiten				3,8%
08	**IW Holztafel, Beplankung, GF, Zellulose 100**	138,00	**165,00**	210,00	
	Innenwand als Holzständerkonstruktion aus Konstruktionsvollholz, 10cm, mit Zellulose, mit beidseitiger Bekleidung aus Gipsfaserplatten				
	Einheit: m² Wandfläche				
	016 Zimmer- und Holzbauarbeiten				95,4%
	039 Trockenbauarbeiten				4,6%
09	**IW Holztafel, Beplankung, GF, MW 160**	156,00	**186,00**	236,00	
	Innenwand als Holzständerkonstruktion aus Konstruktionsvollholz, 16cm, mit Mineralwolledämmung, mit beidseitiger Bekleidung aus Gipsfaserplatten				
	Einheit: m² Wandfläche				
	016 Zimmer- und Holzbauarbeiten				95,9%
	039 Trockenbauarbeiten				4,1%

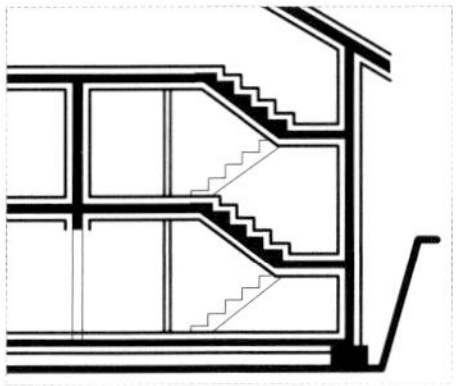

342.30 Holzwand

10 **IW Holztafel, Beplankung, GF, WF 160** 197,00 **235,00** 298,00

Innenwand als Holzständerkonstruktion aus Konstruktionsvollholz, 16cm, mit Holzfaserdämmung, mit beidseitiger Bekleidung aus Gipsfaserplatten

Einheit: m² Wandfläche

016 Zimmer- und Holzbauarbeiten	96,8%
039 Trockenbauarbeiten	3,2%

11 **IW Holztafel, Beplankung, GF, Zellulose 160** 185,00 **221,00** 280,00

Innenwand als Holzständerkonstruktion aus Konstruktionsvollholz, 16cm, mit Zellulosedämmung, mit beidseitiger Bekleidung aus Gipsfaserplatten

Einheit: m² Wandfläche

016 Zimmer- und Holzbauarbeiten	96,5%
039 Trockenbauarbeiten	3,5%

342.50 Holzständerwand

01 **IW Montagewand, Holz, 85mm, GK, MW 40** 92,00 **108,00** 125,00

Innenwand als Montagewand mit Holzständerkonstruktion, 85mm, mit Mineralwolle 40mm, beidseitige Bekleidung aus Gipskartonplatten

Einheit: m² Wandfläche

039 Trockenbauarbeiten	100,0%

02 **IW Montagewand, Holz, 110mm, GK doppellagig, MW 40** 128,00 **135,00** 148,00

Innenwand als Montagewand mit Holzständerkonstruktion, 110mm, mit Mineralwolle 40mm, beidseitige Bekleidung aus Gipskartonplatten, doppellagig

Einheit: m² Wandfläche

039 Trockenbauarbeiten	100,0%

03 **IW Montagewand, Holz, 110mm, GF doppellagig, MW 50** 110,00 **122,00** 143,00

Innenwand als Montagewand mit Holzständerkonstruktion, 110mm, mit Mineralwolle 50mm, beidseitige Bekleidung aus Gipsfaserplatten, doppellagig

Einheit: m² Wandfläche

039 Trockenbauarbeiten	100,0%

342.60 Metallständerwand

01 **IW Montagewand, Metall, 100mm, Gipsplatten, MW40** 88,00 **100,00** 112,00

Innenwand als Montagewand mit Metallständerkonstruktion, 100mm, mit Mineralwolle, 40mm, beidseitige Bekleidung aus Gipsplatten

Einheit: m² Wandfläche

039 Trockenbauarbeiten	100,0%

02 **IW Montagewand, Metall, 100mm, Zementplatten, MW50** 132,00 **149,00** 186,00

Innenwand als Montagewand mit Metallständerkonstruktion, 100mm, mit Mineralwolle, 40mm, beidseitige Bekleidung aus Gipsplatten

Einheit: m² Wandfläche

039 Trockenbauarbeiten	100,0%

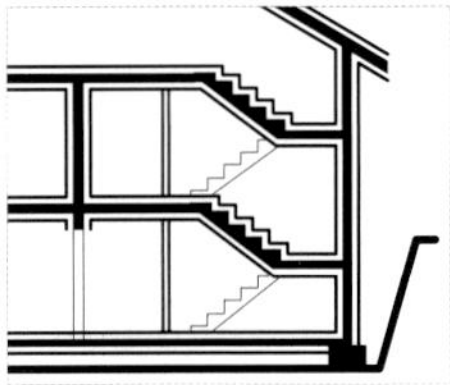

Kosten:
Stand 1.Quartal 2026
Bundesdurchschnitt
inkl. 19% MwSt.

KG.OZ		▷	€/Einheit	◁	LB an EA
342.60	**Metallständerwand**				
03	**IW Montagewand, Metall, 100mm, Gipsplatten, doppellagig, MW40** Innenwand als Montagewand Metallständerkonstruktion, 100mm, mit Mineralwolle, 40mm, beidseitige Bekleidung aus Gipsplatten, doppellagig Einheit: m² Wandfläche	96,00	**107,00**	125,00	
	039 Trockenbauarbeiten				100,0%
04	**IW Montagewand, Metall, 125mm, Gipsplatten, doppellagig, MW60** Innenwand als Montagewand mit Metallständerkonstruktion, 125mm, mit Mineralwolle, 60mm, beidseitige Bekleidung aus Gipsplatten, doppellagig Einheit: m² Wandfläche	107,00	**118,00**	138,00	
	039 Trockenbauarbeiten				100,0%
05	**IW Montagewand, Metall, 150mm, Gipsplatten, doppellagig, MW40** Innenwand als Montagewand mit Metallständerkonstruktion, 150mm, mit Mineralwolle, 40mm, beidseitige Bekleidung aus Gipsplatten, doppellagig Einheit: m² Wandfläche	119,00	**128,00**	147,00	
	039 Trockenbauarbeiten				100,0%
06	**IW Montagewand, Metall, 125mm, Zementplatten, doppellagig, MW50** Innenwand als Montagewand mit Metallständerkonstruktion, 125mm, mit Mineralwolle, 60mm, beidseitige Bekleidung aus Zementplatten, doppellagig Einheit: m² Wandfläche	180,00	**194,00**	228,00	
	039 Trockenbauarbeiten				100,0%

▷ von
ø Mittel
◁ bis

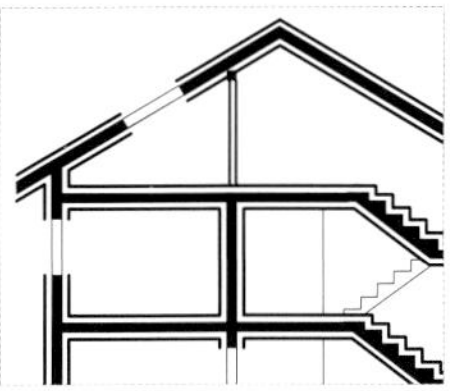

343.20 Betonstütze

Nr.	Beschreibung	▷	€/Einheit	◁	LB an EA
01	**IW Stütze, C25/30, rund, 30cm, Sichtbetonschalung, Bewehrung 100kg/m³** Innenstütze aus Stahlbeton C25/30, rund, mit Sichtbetonschalung, 30cm, Bewehrung 100kg/m³, Kleineisenteile Einheit: m Stützenlänge 013 Betonarbeiten	179,00	**203,00**	227,00	100,0%
02	**IW Stütze, C25/30, rund, 30cm, Sichtbetonschalung, Bewehrung 200kg/m³** Innenstütze aus Stahlbeton C25/30, rund, mit Sichtbetonschalung, 30cm, Bewehrung 200kg/m³, Kleineisenteile Einheit: m Stützenlänge 013 Betonarbeiten	196,00	**222,00**	248,00	100,0%
03	**IW Stütze, C25/30, rund, 30cm, Sichtbetonschalung, Bewehrung 300kg/m³** Innenstütze aus Stahlbeton C25/30, rund, mit Sichtbetonschalung, 30cm, Bewehrung 300kg/m³, Kleineisenteile Einheit: m Stützenlänge 013 Betonarbeiten	213,00	**241,00**	269,00	100,0%
04	**IW Stütze, C25/30, eckig 20x20cm, Sichtbetonschalung, Bewehrung 100kg/m³** Innenstütze aus Stahlbeton C25/30, eckig 20x20cm, mit Sichtbetonschalung, Bewehrung 100kg/m³, Kleineisenteile Einheit: m Stützenlänge 013 Betonarbeiten	117,00	**131,00**	152,00	100,0%
05	**IW Stütze, C25/30, eckig 20x20cm, Sichtbetonschalung, Bewehrung 200kg/m³** Innenstütze aus Stahlbeton C25/30, eckig 20x20cm, mit Sichtbetonschalung, Bewehrung 200kg/m³, Kleineisenteile Einheit: m Stützenlänge 013 Betonarbeiten	127,00	**142,00**	164,00	100,0%
06	**IW Stütze, C25/30, eckig 20x20cm, Sichtbetonschalung, Bewehrung 300kg/m³** Innenstütze aus Stahlbeton C25/30, eckig 20x20cm, mit Sichtbetonschalung, Bewehrung 300kg/m³, Kleineisenteile Einheit: m Stützenlänge 013 Betonarbeiten	153,00	**170,00**	195,00	100,0%
07	**IW Stütze, C25/30, eckig 30x30cm, Sichtbetonschalung, Bewehrung 100kg/m³** Innenstütze aus Stahlbeton C25/30, eckig 30x30cm, mit Sichtbetonschalung, Bewehrung 100kg/m³, Kleineisenteile Einheit: m Stützenlänge 013 Betonarbeiten	192,00	**214,00**	247,00	100,0%

Lebensdauern
Grobelementarten
Stahlbau
Gebäudearten
Kostengruppen
Elementarten

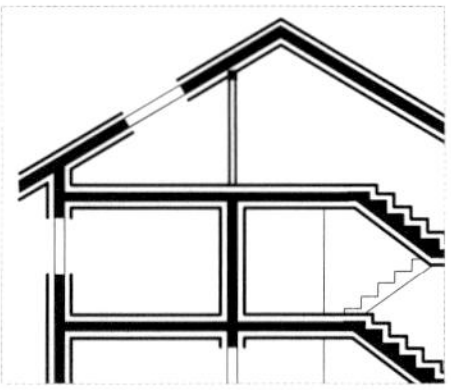

Kosten:
Stand 1.Quartal 2026
Bundesdurchschnitt
inkl. 19% MwSt.

KG.OZ		▷	€/Einheit	◁	LB an EA
343.20	**Betonstütze**				
08	**IW Stütze, C25/30, eckig 30x30cm, Sichtbetonschalung, Bewehrung 200kg/m³** Innenstütze aus Stahlbeton C25/30, eckig 30x30cm, mit Sichtbetonschalung, Bewehrung 200kg/m³, Kleineisenteile Einheit: m Stützenlänge	214,00	**239,00**	274,00	
	013 Betonarbeiten				100,0%
09	**IW Stütze, C25/30, eckig 30x30cm, Sichtbetonschalung, Bewehrung 300kg/m³** Innenstütze aus Stahlbeton C25/30, eckig 30x30cm, mit Sichtbetonschalung, Bewehrung 300kg/m³, Kleineisenteile Einheit: m Stützenlänge	235,00	**263,00**	301,00	
	013 Betonarbeiten				100,0%
10	**IW Stütze, C25/30, eckig 40x40cm, Sichtbetonschalung, Bewehrung 100kg/m³** Innenstütze aus Stahlbeton C25/30, eckig 40x40cm, mit Sichtbetonschalung, Bewehrung 100kg/m³, Kleineisenteile Einheit: m Stützenlänge	278,00	**310,00**	356,00	
	013 Betonarbeiten				100,0%
11	**IW Stütze, C25/30, eckig 40x40cm, Sichtbetonschalung, Bewehrung 200kg/m³** Innenstütze aus Stahlbeton C25/30, eckig 40x40cm, mit Sichtbetonschalung, Bewehrung 200kg/m³, Kleineisenteile Einheit: m Stützenlänge	317,00	**354,00**	404,00	
	013 Betonarbeiten				100,0%
12	**IW Stütze, C25/30, eckig 40x40cm, Sichtbetonschalung, Bewehrung 300kg/m³** Innenstütze aus Stahlbeton C25/30, eckig 40x40cm, mit Sichtbetonschalung, Bewehrung 300kg/m³, Kleineisenteile Einheit: m Stützenlänge	356,00	**397,00**	452,00	
	013 Betonarbeiten				100,0%
343.30	**Holzstütze**				
01	**IW Stütze, BSH, eckig 20x20cm** Innenstütze aus Holz, Brettschichtholz, rechteckig 20x20cm, Holzschutz Einheit: m Stützenlänge	205,00	**229,00**	296,00	
	016 Zimmer- und Holzbauarbeiten				33,3%
	017 Stahlbauarbeiten				66,7%
343.40	**Metallstütze**				
01	**IW, Stütze, Stahl, rund, 114,3mm, beschichtet** Innenstütze aus Stahl, rund, mit Durchmesser 114,3mm, beschichtet Einheit: m Stützenlänge	237,00	**276,00**	359,00	
	017 Stahlbauarbeiten				95,5%
	034 Maler- und Lackierarbeiten - Beschichtungen				4,5%

▷ von
ø Mittel
◁ bis

343.40	**Metallstütze**				
02	**IW, Stütze, Stahl, rund, 114,3mm, R30** Innenstütze aus Stahl, rund, mit Durchmesser 114,3mm, Brandschutzbeschichtung R30 Einheit: m Stützenlänge	258,00	**301,00**	387,00	
	017 Stahlbauarbeiten				87,3%
	034 Maler- und Lackierarbeiten - Beschichtungen				12,7%
03	**IW Stütze, Stahlprofil HEA 160, R30** Stütze aus Stahl, Profilträger, HEA 160, Brandschutzbeschichtung R30 Einheit: m Stützenlänge	380,00	**431,00**	550,00	
	017 Stahlbauarbeiten				77,8%
	034 Maler- und Lackierarbeiten - Beschichtungen				22,2%

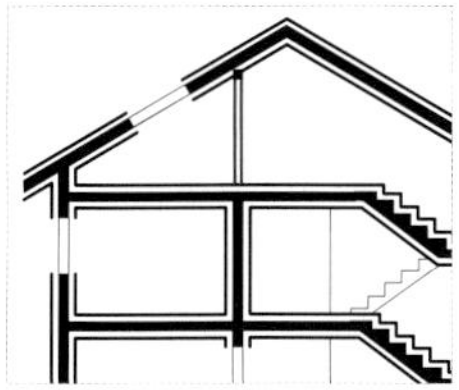

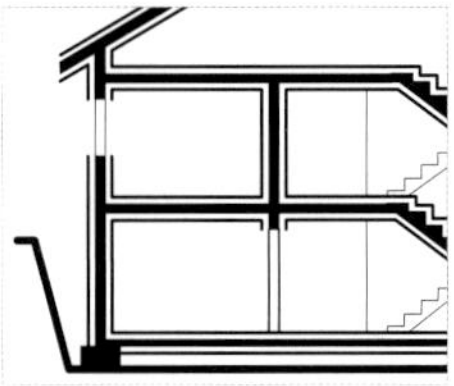

Kosten:
Stand 1.Quartal 2026
Bundesdurchschnitt
inkl. 19% MwSt.

▷ von
ø Mittel
◁ bis

KG.OZ		▷	€/Einheit	◁	LB an EA
344.10	**Türen**				
01	**IW Ganzglastür, Umfassungszarge, 1.000x2.125mm** Innentür mit Ganzglastürblatt, 1.000x2.125mm, Umfassungszarge Einheit: St Öffnung	1.671,00	**1.983,00**	2.272,00	
	027 Tischlerarbeiten				6,2%
	031 Metallbauarbeiten				28,0%
	032 Verglasungsarbeiten				65,8%
02	**IW Türelement, Röhrenspan, einflüglig, Eckzarge, 750x2.000mm** Innentür als Drehflügeltür aus Holz, Türblatt mit Röhrenspanplatte, mit Eckzarge, 750x2.000mm Einheit: St Öffnung	633,00	**875,00**	1.021,00	
	027 Tischlerarbeiten				100,0%
03	**IW Türelement, Röhrenspan, einflüglig, Eckzarge, 1.000x2.000mm** Innentür als Drehflügeltür aus Holz, Türblatt mit Röhrenspanplatte, mit Eckzarge, 1.000x2.000mm Einheit: St Öffnung	752,00	**1.021,00**	1.100,00	
	027 Tischlerarbeiten				100,0%
04	**IW Türelement, Röhrenspan, einflüglig, Umfassungszarge, 750x2.000mm** Innentür als Drehflügeltür aus Holz, Türblatt mit Röhrenspanplatte, mit Umfassungszarge, 750x2.000mm Einheit: St Öffnung	720,00	**991,00**	1.125,00	
	027 Tischlerarbeiten				100,0%
05	**IW Türelement, Röhrenspan, einflüglig, Umfassungszarge, 1.000x2.000mm** Innentür als Drehflügeltür aus Holz, Türblatt mit Röhrenspanplatte, mit Umfassungszarge, 1.000x2.000mm Einheit: St Öffnung	924,00	**1.213,00**	1.301,00	
	027 Tischlerarbeiten				100,0%
06	**IW Türelement, Röhrenspan, einflüglig, Umfassungszarge, 1.125x2.000mm** Innentür als Drehflügeltür aus Holz, Türblatt mit Röhrenspanplatte, mit Umfassungszarge, 1.125x2.000mm Einheit: St Öffnung	727,00	**996,00**	1.082,00	
	027 Tischlerarbeiten				100,0%
07	**IW Türelement, Vollspan, einflüglig, Eckzarge, 750x2.000mm** Innentür als Drehflügeltür aus Holz, Türblatt mit Vollspanplatte, mit Eckzarge, 750x2.000mm Einheit: St Öffnung	791,00	**876,00**	991,00	
	027 Tischlerarbeiten				100,0%
08	**IW Türelement, Vollspan, einflüglig, Eckzarge, 1.000x2.000mm** Innentür als Drehflügeltür aus Holz, Türblatt mit Vollspanplatte, mit Eckzarge, 1.000x2.000mm Einheit: St Öffnung	936,00	**1.117,00**	1.394,00	
	027 Tischlerarbeiten				100,0%

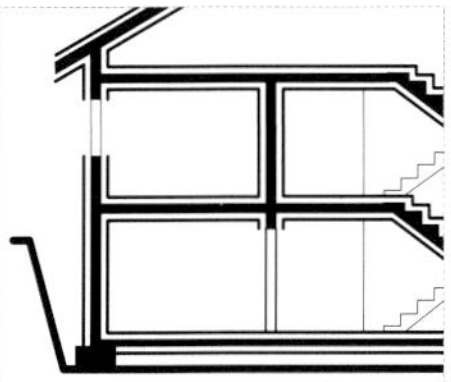

344.10 Türen

		▷	€/Einheit	◁	LB an EA
09	**IW Türelement, Vollspan, einflüglig, Umfassungszarge, 750x2.000mm** Innentür als Drehflügeltür aus Holz, Türblatt mit Vollspanplatte, mit Umfassungszarge, 750x2.000mm Einheit: St Öffnung	877,00	**992,00**	1.095,00	
	027 Tischlerarbeiten				100,0%
10	**IW Türelement, Vollspan, einflüglig, Umfassungszarge, 1.000x2.000mm** Innentür als Drehflügeltür aus Holz, Türblatt mit Vollspanplatte, mit Umfassungszarge, 1.000x2.000mm Einheit: St Öffnung	1.108,00	**1.309,00**	1.596,00	
	027 Tischlerarbeiten				100,0%
11	**IW Ganzglastür, Umfassungszarge, 1.000x2.125mm** Innentür mit Ganzglastürblatt, mit Zarge, 1.000x2.125mm, Umfassungszarge Einheit: m² Türfläche	735,00	**876,00**	1.001,00	
	031 Metallbauarbeiten				29,8%
	032 Verglasungsarbeiten				70,2%
12	**IW Türelement, Röhrenspan, einflüglig, Eckzarge, 750x2.000mm** Innentüre als Drehflügeltür aus Holz, Türblatt mit Röhrenspanplatte, mit Eckzarge, 750x2.000mm Einheit: m² Türfläche	423,00	**584,00**	681,00	
	027 Tischlerarbeiten				100,0%
13	**IW Türelement, Röhrenspan, einflüglig, Eckzarge, 1.000x2.000mm** Innentüre als Drehflügeltür aus Holz, Türblatt mit Röhrenspanplatte, mit Eckzarge, 1.000x2.000mm Einheit: m² Türfläche	374,00	**508,00**	546,00	
	027 Tischlerarbeiten				100,0%
14	**IW Türelement, Röhrenspan, einflüglig, Umfassungszarge, 750x2.000mm** Innentüre als Drehflügeltür aus Holz, Türblatt mit Röhrenspanplatte, mit Umfassungszarge, 750x2.000mm Einheit: m² Türfläche	480,00	**661,00**	750,00	
	027 Tischlerarbeiten				100,0%
15	**IW Türelement, Röhrenspan, einflüglig, Umfassungszarge, 1.000x2.000mm** Innentüre als Drehflügeltür aus Holz, Türblatt mit Röhrenspanplatte, mit Umfassungszarge, 1.000x2.000mm Einheit: m² Türfläche	462,00	**607,00**	651,00	
	027 Tischlerarbeiten				100,0%
16	**IW Türelement, Röhrenspan, einflüglig, Umfassungszarge, 1.125x2.000mm** Innentüre als Drehflügeltür aus Holz, Türblatt mit Röhrenspanplatte, mit Umfassungszarge, 1.125x2.000mm Einheit: m² Türfläche	450,00	**588,00**	640,00	
	027 Tischlerarbeiten				100,0%

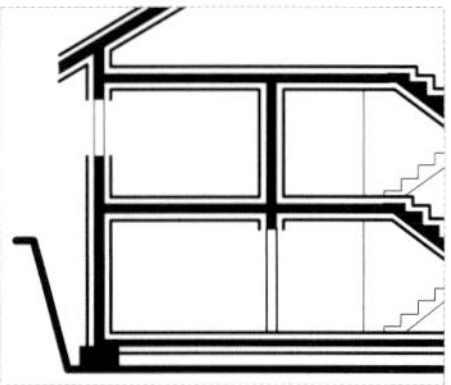

Kosten:
Stand 1.Quartal 2026
Bundesdurchschnitt
inkl. 19% MwSt.

▷ von
ø Mittel
◁ bis

KG.OZ		▷	€/Einheit	◁	LB an EA
344.10	**Türen**				
17	**IW Türelement, Vollspan, einflüglig, Eckzarge, 750x2.000mm** Innentüre als Drehflügeltür aus Holz, Türblatt mit Vollspanplatte, mit Eckzarge, 750x2.000mm Einheit: m² Türfläche	527,00	**584,00**	661,00	
	027 Tischlerarbeiten				100,0%
18	**IW Türelement, Vollspan, einflüglig, Eckzarge, 1.000x2.000mm** Innentüre als Drehflügeltür aus Holz, Türblatt mit Vollspanplatte, mit Eckzarge, 1.000x2.000mm Einheit: m² Türfläche	468,00	**559,00**	697,00	
	027 Tischlerarbeiten				100,0%
19	**IW Türelement, Vollspan, einflüglig, Umfassungszarge, 750x2.000mm** Innentüre als Drehflügeltür aus Holz, Türblatt mit Vollspanplatte, mit Umfassungszarge, 750x2.000mm Einheit: m² Türfläche	585,00	**662,00**	730,00	
	027 Tischlerarbeiten				100,0%
20	**IW Türelement, Vollspan, einflüglig, Umfassungszarge, 1.000x2.000mm** Innentüre als Drehflügeltür aus Holz, Türblatt mit Vollspanplatte, mit Umfassungszarge, 1.000x2.000mm Einheit: m² Türfläche	554,00	**655,00**	798,00	
	027 Tischlerarbeiten				100,0%
344.30	**Brandschutztüren, -tore**				
01	**IW Türelement, Metall, einflüglig, 875x2.125mm, EI2 30-C, Umfassungszarge** Innentür aus Metall, Stahltürblatt mit Zarge, EI2 30 C, 875x2.125mm, Umfassungszarge Einheit: St Öffnung	1.528,00	**1.729,00**	2.267,00	
	027 Tischlerarbeiten				6,9%
	031 Metallbauarbeiten				93,1%
02	**IW Türelement, Metall, einflüglig, 875x2.125mm, EI2 90-C, Umfassungszarge** Innentür aus Metall, Stahltürblatt mit Zarge, EI2 90 C, 875x2125mm, Umfassungszarge Einheit: St Öffnung	2.358,00	**2.790,00**	3.244,00	
	027 Tischlerarbeiten				4,3%
	031 Metallbauarbeiten				95,7%
03	**IW Türelement, Metall, einflüglig, 1.000x2.125mm, EI2 30-C, Umfassungszarge** Innentür aus Metall, Stahltürblatt mit Zarge, EI2 30 C, 1.000x2.125mm, Umfassungszarge Einheit: St Öffnung	1.767,00	**1.938,00**	2.243,00	
	027 Tischlerarbeiten				6,3%
	031 Metallbauarbeiten				93,7%

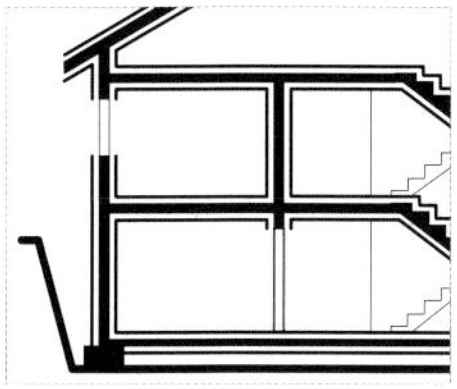

344.30 Brandschutztüren, -tore

04	**IW Türelement, Metall, einflüglig, 1.000x2.125mm, EI2 90-C, UZ**	3.312,00	**4.329,00**	4.933,00	
	Innentür aus Metall, Stahltürblatt mit Zarge, EI2 90 C, 1.250x2.125mm, Umfassungszarge				
	Einheit: St Öffnung				
	027 Tischlerarbeiten				2,8%
	031 Metallbauarbeiten				97,2%
05	**IW Türelement, Metall, einflüglig, 1.150x2.125mm, EI2 30-C, Umfassungszarge**	1.889,00	**2.277,00**	2.718,00	
	Innentür aus Metall, Stahltürblatt mit Zarge, EI2 30 C, 1.250x2.125mm, Umfassungszarge				
	Einheit: St Öffnung				
	027 Tischlerarbeiten				5,5%
	031 Metallbauarbeiten				94,5%
06	**IW Türelement, Metall, einflüglig, 1.250x2.125mm, EI2 30-C, Umfassungszarge**	2.584,00	**2.811,00**	3.699,00	
	Innentür aus Metall, Stahltürblatt mit Zarge, EI2 30 C, 1.250x2.125mm, Umfassungszarge				
	Einheit: St Öffnung				
	027 Tischlerarbeiten				4,6%
	031 Metallbauarbeiten				95,4%
07	**IW Türelement, Metall, einflüglig, 875x2.125mm, EI2 30-C, Umfassungszarge**	822,00	**930,00**	1.220,00	
	Innentür aus Metall, Stahltürblatt mit Zarge, EI2 30 C, 875x2.125mm, Umfassungszarge				
	Einheit: m^2 Türfläche				
	027 Tischlerarbeiten				6,9%
	031 Metallbauarbeiten				93,1%
08	**IW Türelement, Metall, einflüglig, 875x2.125mm, EI2 90-C, Umfassungszarge**	1.269,00	**1.501,00**	1.745,00	
	Innentür aus Metall, Stahltürblatt mit Zarge, EI2 90 C, 875x2.125mm, Umfassungszarge				
	Einheit: m^2 Türfläche				
	027 Tischlerarbeiten				4,3%
	031 Metallbauarbeiten				95,7%
09	**IW Türelement, Metall, einflüglig, 1.000x2.125mm, EI2 30-C, Umfassungszarge**	832,00	**913,00**	1.056,00	
	Innentür aus Metall, Stahltürblatt mit Zarge, EI2 30 C, 1.000x2.125mm, Umfassungszarge				
	Einheit: m^2 Türfläche				
	027 Tischlerarbeiten				6,3%
	031 Metallbauarbeiten				93,7%
10	**IW Türelement, Metall, einflüglig, 1.000x2.125mm, EI2 90-C, Umfassungszarge**	1.560,00	**2.039,00**	2.323,00	
	Innentür aus Metall, Stahltürblatt mit Zarge, EI2 90 C, 1.250x2.125mm, Umfassungszarge				
	Einheit: m^2 Türfläche				
	027 Tischlerarbeiten				2,8%
	031 Metallbauarbeiten				97,2%

 Kostenstand: 1. Quartal 2026, Bundesdurchschnitt, **inkl. 19% MwSt.**

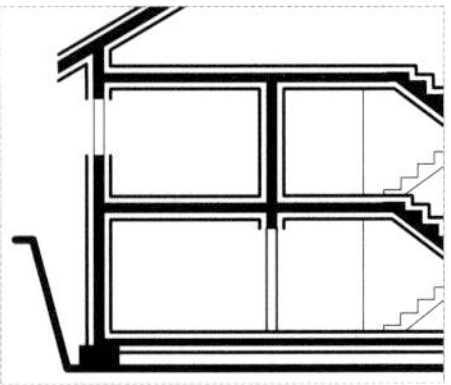

Kosten:
Stand 1.Quartal 2026
Bundesdurchschnitt
inkl. 19% MwSt.

KG.OZ		▷	€/Einheit	◁	LB an EA
344.30	**Brandschutztüren, -tore**				
11	**IW Türelement, Metall, einflüglig, 1.250x2.125mm, EI2 30-C, Umfassungszarge**	1.080,00	**1.175,00**	1.546,00	
	Innentür aus Metall, Stahltürblatt mit Zarge, EI2 30 C, 1.250x2.125mm, Umfassungszarge				
	Einheit: m² Türfläche				
	027 Tischlerarbeiten				4,6%
	031 Metallbauarbeiten				95,4%

▷ von
ø Mittel
◁ bis

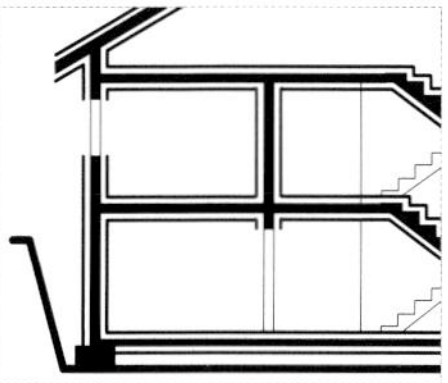

345.20 Oberflächenbehandlung

		▷	€/Einheit	◁	LB an EA
01	**IW Beschichtung, Dispersion sb, auf Beton**	14,00	**16,00**	20,00	
	Innenwandbeschichtung, Dispersionsfarbe auf Beton, scheuerbeständig, inkl. Laibungen, inkl. Haftgrund, Untergrund reinigen, Abdeckmaterial				
	Einheit: m² Beschichtungsfläche				
	034 Maler- und Lackierarbeiten - Beschichtungen				100,0%
02	**IW Beschichtung, Dispersion wb, auf Putz**	9,80	**12,00**	15,00	
	Innenwandbeschichtung, Dispersionsfarbe auf Putz, waschbeständig, inkl. Laibungen, inkl. Haftgrund, Untergrund reinigen, Abdeckmaterial				
	Einheit: m² Beschichtungsfläche				
	034 Maler- und Lackierarbeiten - Beschichtungen				100,0%
03	**IW Beschichtung, Dispersion sb, auf Putz**	9,60	**12,00**	15,00	
	Innenwandbeschichtung, Dispersionsfarbe auf Putz, scheuerbeständig, inkl. Laibungen, inkl. Haftgrund, Untergrund reinigen, Abdeckmaterial				
	Einheit: m² Beschichtungsfläche				
	034 Maler- und Lackierarbeiten - Beschichtungen				100,0%
04	**IW Beschichtung, Silikatfarbe, auf Putz**	11,00	**12,00**	14,00	
	Innenwandbeschichtung, Silikatfarbe auf Putz, inkl. Laibungen, inkl. Haftgrund, Untergrund reinigen, Abdeckmaterial				
	Einheit: m² Beschichtungsfläche				
	034 Maler- und Lackierarbeiten - Beschichtungen				100,0%
05	**IW Beschichtung, Lasur, Holz**	24,00	**27,00**	33,00	
	Innenwandbeschichtung, Lasur auf Holzflächen, inkl. Untergrund reinigen, Abdeckmaterial				
	Einheit: m² Beschichtungsfläche				
	034 Maler- und Lackierarbeiten - Beschichtungen				100,0%

345.30 Putz

		▷	€/Einheit	◁	LB an EA
01	**IW Putz, Zement, einlagig, Q2**	43,00	**48,00**	53,00	
	Innenwandputz aus Zement für Fliesen, einlagig, abgezogen, Oberflächenqualität Q2				
	Einheit: m² Bekleidungsfläche				
	023 Putz- und Stuckarbeiten, Wärmedämmsysteme				97,5%
	034 Maler- und Lackierarbeiten - Beschichtungen				2,5%
02	**IW Putz, Gips, einlagig, Q2**	36,00	**40,00**	44,00	
	Innenwandputz aus Gips, einlagig, geglättet, Oberflächenqualität Q2				
	Einheit: m² Bekleidungsfläche				
	023 Putz- und Stuckarbeiten, Wärmedämmsysteme				97,0%
	034 Maler- und Lackierarbeiten - Beschichtungen				3,0%
03	**IW Putz, Kalkgips, einlagig, Q2**	35,00	**39,00**	44,00	
	Innenwandputz aus Kalkgips, einlagig, geglättet, Oberflächenqualität Q2				
	Einheit: m² Bekleidungsfläche				
	023 Putz- und Stuckarbeiten, Wärmedämmsysteme				96,9%
	034 Maler- und Lackierarbeiten - Beschichtungen				3,1%

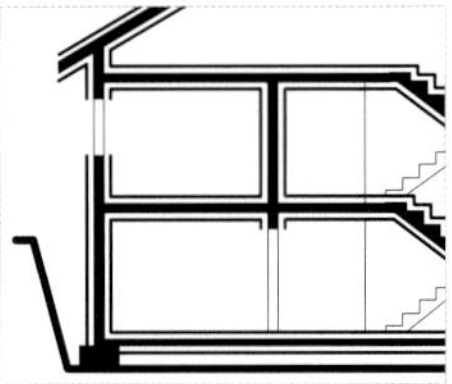

Kosten:
Stand 1. Quartal 2026
Bundesdurchschnitt
inkl. 19% MwSt.

▷ von
ø Mittel
◁ bis

KG.OZ		▷	€/Einheit	◁	LB an EA
345.30	**Putz**				
04	**IW Putz, Lehm, einlagig, gerieben**	50,00	**51,00**	56,00	
	Innenwandputz aus Lehmputz, einlagig, Oberfläche gerieben				
	Einheit: m² Bekleidungsfläche				
	023 Putz- und Stuckarbeiten, Wärmedämmsysteme				97,6%
	034 Maler- und Lackierarbeiten - Beschichtungen				2,4%
05	**IW Putz, Lehm, zweilagig, gerieben**	78,00	**81,00**	87,00	
	Innenwandputz aus Lehmputz, zweilagig, Oberfläche gerieben				
	Einheit: m² Bekleidungsfläche				
	023 Putz- und Stuckarbeiten, Wärmedämmsysteme				98,5%
	034 Maler- und Lackierarbeiten - Beschichtungen				1,5%
06	**IW Putz, Gips, einlagig, Q2, beschichtet**	44,00	**50,00**	57,00	
	Innenwandputz aus Gips, einlagig, geglättet, Oberflächenqualität Q2, mit Dispersionsbeschichtung				
	Einheit: m² Bekleidungsfläche				
	023 Putz- und Stuckarbeiten, Wärmedämmsysteme				80,2%
	034 Maler- und Lackierarbeiten - Beschichtungen				19,8%
07	**IW Putz, Kalkgips, einlagig, Q2, beschichtet**	44,00	**49,00**	54,00	
	Innenwandputz aus Kalkgips, einlagig, geglättet, Oberflächenqualität Q2, mit Dispersionsbeschichtung				
	Einheit: m² Bekleidungsfläche				
	023 Putz- und Stuckarbeiten, Wärmedämmsysteme				80,0%
	034 Maler- und Lackierarbeiten - Beschichtungen				20,0%
345.40	**Bekleidung auf Unterkonstruktion**				
01	**IW Trockenputz, GK 12,5mm**	58,00	**66,00**	81,00	
	Innenwandbekleidung als Trockenputz aus Gipskartonplatten, 12,5mm				
	Einheit: m² Bekleidungsfläche				
	039 Trockenbauarbeiten				100,0%
02	**IW Trockenputz, Gipsverbundplatten 12,5mm**	81,00	**90,00**	107,00	
	Innenwandbekleidung als Trockenputz aus Gipsverbundplatten, 12,5mm				
	Einheit: m² Bekleidungsfläche				
	039 Trockenbauarbeiten				100,0%
03	**IW Bekleidung, OSB, 15mm**	40,00	**46,00**	51,00	
	Innenwandbekleidung mit OSB-Platten 15mm, mit Dichtungsbändern für Holzständerwände				
	Einheit: m² Bekleidungsfläche				
	016 Zimmer- und Holzbauarbeiten				100,0%
04	**IW Bekleidung, OSB, 22mm, Feuchtebereich**	60,00	**68,00**	79,00	
	Innenwandbekleidung mit OSB-Platten, 22mm, mit Dichtungsbändern auf Holzunterkonstruktion, für Feuchtebereiche				
	Einheit: m² Bekleidungsfläche				
	016 Zimmer- und Holzbauarbeiten				100,0%
05	**IW Bekleidung, Sperrholz, 20mm**	78,00	**91,00**	103,00	
	Innenwandbekleidung mit Sperrholz-Platten, 20mm, mit Dichtungsbändern auf Holzunterkonstruktion				
	Einheit: m² Bekleidungsfläche				
	016 Zimmer- und Holzbauarbeiten				100,0%

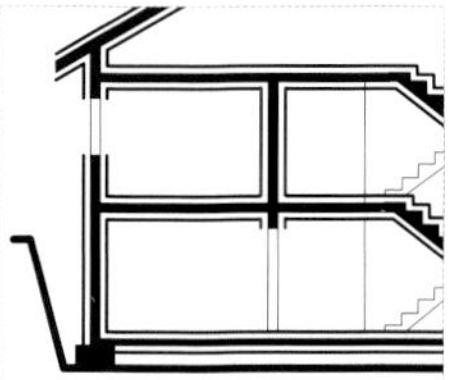

345.40 Bekleidung auf Unterkonstruktion

KG.OZ		▷	€/Einheit	◁	LB an EA
06	**IW Trockenputz, GK 12,5mm, beschichtet**	70,00	**79,00**	97,00	
	Innenwandbekleidung als Trockenputz aus Gipskartonplatten, 12,5mm, mit Beschichtung				
	Einheit: m² Bekleidungsfläche				
	023 Putz- und Stuckarbeiten, Wärmedämmsysteme				8,5%
	034 Maler- und Lackierarbeiten - Beschichtungen				12,1%
	039 Trockenbauarbeiten				79,4%
07	**IW Bekleidung, Gipsplatten, beschichtet**	55,00	**59,00**	67,00	
	Innenwandbekleidung mit Gipsplatten als Innenbekleidung, mit Beschichtung				
	Einheit: m² Wandfläche				
	016 Zimmer- und Holzbauarbeiten				3,4%
	023 Putz- und Stuckarbeiten, Wärmedämmsysteme				11,5%
	034 Maler- und Lackierarbeiten - Beschichtungen				16,3%
	039 Trockenbauarbeiten				68,7%
08	**IW Bekleidung, Gipsplatten, doppelt, beschichtet**	89,00	**95,00**	104,00	
	Innenwandbekleidung mit Gipsplatten als Innenbekleidung, doppelt, mit Beschichtung				
	Einheit: m² Wandfläche				
	016 Zimmer- und Holzbauarbeiten				2,1%
	023 Putz- und Stuckarbeiten, Wärmedämmsysteme				7,1%
	034 Maler- und Lackierarbeiten - Beschichtungen				10,1%
	039 Trockenbauarbeiten				80,8%
09	**IW Bekleidung, Lehmplatten**	42,00	**50,00**	64,00	
	Innenwandbekleidung mit Lehmbauplatten				
	Einheit: m² Wandfläche				
	016 Zimmer- und Holzbauarbeiten				100,0%
10	**IW Bekleidung, Lehmplatten, doppelt**	83,00	**99,00**	126,00	
	Innenwandbekleidung mit Lehmbauplatten, doppellagig				
	Einheit: m² Wandfläche				
	016 Zimmer- und Holzbauarbeiten				100,0%
11	**IW Bekleidung, Lehmplatten, Lehmputz**	83,00	**91,00**	107,00	
	Innenwandbekleidung mit Lehmbauplatten und Lehmputz				
	Einheit: m² Wandfläche				
	016 Zimmer- und Holzbauarbeiten				55,1%
	023 Putz- und Stuckarbeiten, Wärmedämmsysteme				44,9%

345.60 Tapeten

KG.OZ		▷	€/Einheit	◁	LB an EA
01	**IW Tapete, Raufaser, fein, beschichtet**	16,00	**19,00**	24,00	
	Innenwandbekleidung als Raufasertapete, weiß, fein, mit Beschichtung				
	Einheit: m² Bekleidungsfläche				
	034 Maler- und Lackierarbeiten - Beschichtungen				44,2%
	037 Tapezierarbeiten				55,8%
02	**IW Tapete, Raufaser, grob, beschichtet**	17,00	**19,00**	24,00	
	Innenwandbekleidung als Raufasertapete, weiß, grob, mit Beschichtung				
	Einheit: m² Bekleidungsfläche				
	034 Maler- und Lackierarbeiten - Beschichtungen				43,7%
	037 Tapezierarbeiten				56,3%

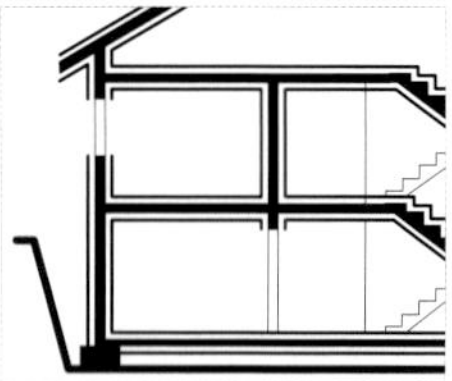

Kosten:
Stand 1.Quartal 2026
Bundesdurchschnitt
inkl. 19% MwSt.

▷ von
ø Mittel
◁ bis

KG.OZ		▷	€/Einheit	◁	LB an EA
345.60	**Tapeten**				
03	**IW Tapete, Glasfaser, fein, beschichtet** Innenwandbekleidung als Glasfasertapete, weiß, fein, mit Beschichtung Einheit: m² Bekleidungsfläche	21,00	**24,00**	27,00	
	034 Maler- und Lackierarbeiten - Beschichtungen				39,1%
	037 Tapezierarbeiten				60,9%
04	**IW Tapete, Glasfaser, grob, beschichtet** Innenwandbekleidung als Glasfasertapete, weiß, grob, mit Beschichtung Einheit: m² Bekleidungsfläche	24,00	**27,00**	30,00	
	034 Maler- und Lackierarbeiten - Beschichtungen				38,6%
	037 Tapezierarbeiten				61,4%
345.80	**Fliesen**				
01	**IW Bekleidung, Fliesen 15x15cm** Innenwandbekleidung mit Wandfliesen 30x30cm Einheit: m² Bekleidungsfläche	108,00	**120,00**	134,00	
	023 Putz- und Stuckarbeiten, Wärmedämmsysteme				0,1%
	024 Fliesen- und Plattenarbeiten				99,9%
02	**IW Bekleidung, Fliesen 30x30cm** Innenwandbekleidung, mit Wandfliesen 30x30cm Einheit: m² Bekleidungsfläche	116,00	**121,00**	129,00	
	023 Putz- und Stuckarbeiten, Wärmedämmsysteme				1,0%
	024 Fliesen- und Plattenarbeiten				99,0%
03	**IW Bekleidung, Fliesen 30x60cm** Innenwandbekleidung mit Wandfliesen 30x60cm Einheit: m² Bekleidungsfläche	126,00	**136,00**	147,00	
	023 Putz- und Stuckarbeiten, Wärmedämmsysteme				< 0,1%
	024 Fliesen- und Plattenarbeiten				99,9%
04	**IW Bekleidung, Fliesen 60x60cm** Innenwandbekleidung, mit Wandfliesen 60x60cm Einheit: m² Bekleidungsfläche	173,00	**183,00**	198,00	
	023 Putz- und Stuckarbeiten, Wärmedämmsysteme				0,7%
	024 Fliesen- und Plattenarbeiten				99,3%
05	**IW Bekleidung, Fliesen 15x15cm, Putz** Innenwandbekleidung mit Wandfliesen, weiß, 15x15cm, mit Putz, inkl. Laibungen, Eckschutzschienen, Abdeckmaterial Einheit: m² Bekleidungsfläche	133,00	**148,00**	167,00	
	023 Putz- und Stuckarbeiten, Wärmedämmsysteme				19,6%
	024 Fliesen- und Plattenarbeiten				79,6%
	034 Maler- und Lackierarbeiten - Beschichtungen				0,8%
06	**IW Bekleidung, Fliesen 30x30cm, Putz** Innenwandbekleidung mit Wandfliesen, weiß, 30x30cm, mit Putz Einheit: m² Bekleidungsfläche	141,00	**148,00**	161,00	
	023 Putz- und Stuckarbeiten, Wärmedämmsysteme				20,6%
	024 Fliesen- und Plattenarbeiten				79,4%

345.80 Fliesen

07	**IW Bekleidung, Fliesen 15x15cm, Abdichtung, Putz**	158,00	**176,00**	200,00	
	Innenwandbekleidung mit Wandfliesen, weiß, 15x15cm, mit Verbundabdichtung und Putz				
	Einheit: m² Bekleidungsfläche				
	023 Putz- und Stuckarbeiten, Wärmedämmsysteme				17,3%
	024 Fliesen- und Plattenarbeiten				82,7%
08	**IW Bekleidung, Fliesen 30x30cm, Abdichtung, Putz**	165,00	**176,00**	194,00	
	Innenwandbekleidung mit Wandfliesen, weiß, 30x30cm, mit Verbundabdichtung und Putz				
	Einheit: m² Bekleidungsfläche				
	023 Putz- und Stuckarbeiten, Wärmedämmsysteme				17,3%
	024 Fliesen- und Plattenarbeiten				82,7%

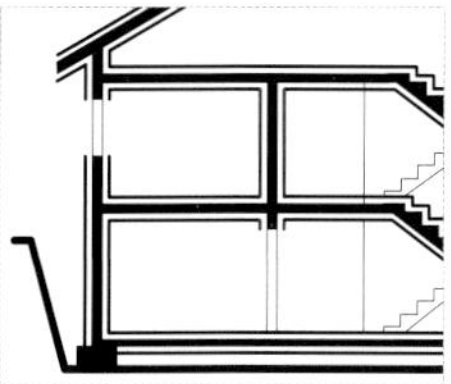

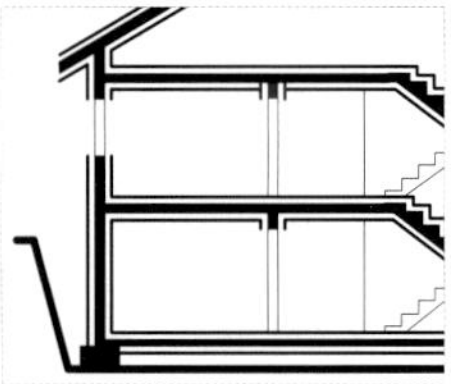

Kosten:
Stand 1.Quartal 2026
Bundesdurchschnitt
inkl. 19% MwSt.

KG.OZ		▷	€/Einheit	◁	LB an EA
346.60	**Lattenverschläge**				
01	**IW Montagewände, Kellertrennwand, Holz** Holztrennwände im Kellerbereich, Türen, Schlösser	69,00	**84,00**	95,00	
	Einheit: m² Wandfläche				
	029 Beschlagarbeiten				3,6%
	039 Trockenbauarbeiten				96,4%
02	**IW Montagewand, Kellertrennwand, Metalllamellen** Metalllamellentrennwand im Kellerbereich, Türen, Verschlusselemente	70,00	**78,00**	89,00	
	Einheit: m² Wandfläche				
	029 Beschlagarbeiten				3,8%
	031 Metallbauarbeiten				96,2%

▷ von
ø Mittel
◁ bis

KG.OZ		▷	€/Einheit	◁	LB an EA
349.20	**Umwehrungen/Handläufe**				
01	**IW Brüstung, Metall, Flachstahl, beschichtet** Innenwand, Brüstungsgeländer aus Metall, mit Flachstahlfüllung, beschichtet Einheit: m Brüstungslänge	605,00	**688,00**	782,00	
	031 Metallbauarbeiten				93,1%
	034 Maler- und Lackierarbeiten - Beschichtungen				6,9%
02	**IW Brüstung, Metall, Lochblech, beschichtet** Innenwand, Brüstungsgeländer mit Lochblechfüllung, beschichtet Einheit: m Brüstungslänge	530,00	**594,00**	701,00	
	031 Metallbauarbeiten				92,0%
	034 Maler- und Lackierarbeiten - Beschichtungen				8,0%
03	**IW Handlauf, Metall, beschichtet** Innenwand, Handlauf aus Metall, mit Wandbefestigung, innen, beschichtet Einheit: m Handlauflänge	183,00	**209,00**	251,00	
	031 Metallbauarbeiten				83,4%
	034 Maler- und Lackierarbeiten - Beschichtungen				16,6%
04	**IW Handlauf, Holz, beschichtet** Innenwand, Handlauf aus Holz, mit Wandbefestigung, innen, beschichtet Einheit: m Handlauflänge	204,00	**234,00**	272,00	
	031 Metallbauarbeiten				90,7%
	034 Maler- und Lackierarbeiten - Beschichtungen				9,3%

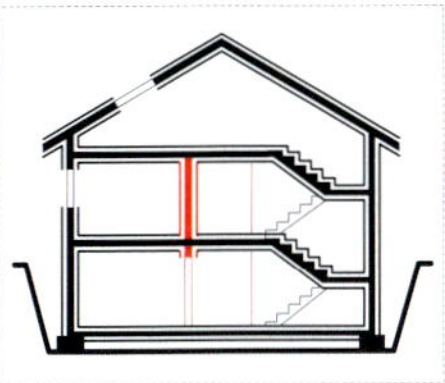

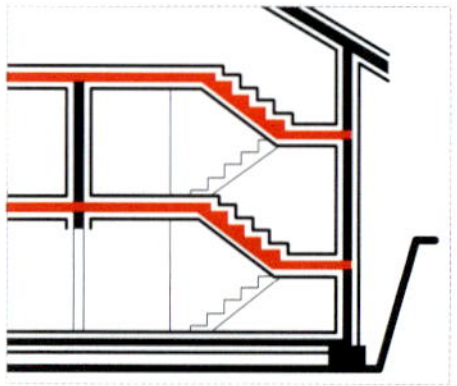

Kosten:
Stand 1. Quartal 2026
Bundesdurchschnitt
inkl. 19% MwSt.

▷ von
ø Mittel
◁ bis

KG.OZ		▷	€/Einheit	◁	LB an EA
351.10	**Stahlbeton, Ortbeton**				
01	**DE Unterzug C25/30, glatte Schalung, 30x30cm, Bewehrung 150kg/m^3** Decke, Unterzug C25/30, Bewehrung 150kg/m^3, Schalung, 30x30cm Einheit: m Unterzuglänge 013 Betonarbeiten	159,00	**176,00**	200,00	100,0%
02	**DE Unterzug C25/30, glatte Schalung, 40x40cm, Bewehrung 150kg/m^3** Decke, Unterzug C25/30, Bewehrung 150kg/m^3, Schalung, 40x40cm Einheit: m Unterzuglänge 013 Betonarbeiten	235,00	**260,00**	295,00	100,0%
03	**DE Unterzug C25/30, glatte Schalung, 30x30cm, Bewehrung 200kg/m^3** Decke, Unterzug C25/30, Bewehrung 200kg/m^3, Schalung, 30x30cm Einheit: m Unterzuglänge 013 Betonarbeiten	169,00	**187,00**	211,00	100,0%
04	**DE Unterzug C25/30, glatte Schalung, 40x40cm, Bewehrung 200kg/m^3** Decke, Unterzug C25/30, Bewehrung 200kg/m^3, Schalung, 40x40cm Einheit: m Unterzuglänge 013 Betonarbeiten	254,00	**282,00**	319,00	100,0%
05	**DE Stahlbeton, Ortbeton, C25/30, 20cm, Bewehrung 80kg/m^3** Decke, Stahlbeton, Ortbeton C25/30, Schalung, Bewehrung 80 kg/m^3, 20cm Einheit: m^2 Deckenfläche 013 Betonarbeiten	159,00	**175,00**	201,00	100,0%
06	**DE Stahlbeton, Ortbeton, C25/30, 20cm, Bewehrung 100kg/m^3** Decke, Stahlbeton, Ortbeton C25/30, Schalung, Bewehrung, 100kg/m^3, 20cm Einheit: m^2 Deckenfläche 013 Betonarbeiten	169,00	**186,00**	213,00	100,0%
07	**DE Stahlbeton, Ortbeton, C25/30, 20cm, Bewehrung 130kg/m^3** Decke, Stahlbeton, Ortbeton C25/30, Schalung, Bewehrung, 130 kg/m^3, 20cm Einheit: m^2 Deckenfläche 013 Betonarbeiten	183,00	**202,00**	230,00	100,0%
08	**DE Stahlbeton, Ortbeton, C25/30, 25cm, Bewehrung 80kg/m^3** Decke, Stahlbeton, Ortbeton C25/30, Schalung, Bewehrung 80kg/m^3, 25cm Einheit: m^2 Deckenfläche 013 Betonarbeiten	180,00	**197,00**	225,00	100,0%

KG.OZ	▷	€/Einheit	◁	LB an EA

351.10 Stahlbeton, Ortbeton

KG.OZ	▷	€/Einheit	◁	LB an EA
09 **DE Stahlbeton, Ortbeton, C25/30, 25cm, Bewehrung 100kg/m³** Decke, Stahlbeton, Ortbeton C25/30, Schalung, Bewehrung, 100kg/m³, 25cm Einheit: m² Deckenfläche	192,00	**210,00**	239,00	
013 Betonarbeiten				100,0%
10 **DE Stahlbeton, Ortbeton, C25/30, 25cm, Bewehrung 120kg/m³** Decke, Stahlbeton, Ortbeton C25/30, Schalung, Bewehrung, 120kg/m³, 25cm Einheit: m² Deckenfläche	204,00	**224,00**	254,00	
013 Betonarbeiten				100,0%
11 **DE Stahlbeton, Ortbeton, C25/30, 30cm, Bewehrung 120kg/m³** Decke, Stahlbeton, Ortbeton C25/30, Schalung, Bewehrung, 120kg/m³, 30cm Einheit: m² Deckenfläche	229,00	**251,00**	284,00	
013 Betonarbeiten				100,0%
12 **DE Balkon, Stahlbeton, Ortbeton, C25/30, 20cm, Bewehrung 80kg/m³** Decke für Balkon, Stahlbeton, Ortbeton, C25/30, Schalung, Bewehrung 80kg/m³, 20cm, mit Bewehrungs-anschluss Einheit: m² Deckenfläche	472,00	**536,00**	630,00	
013 Betonarbeiten				100,0%

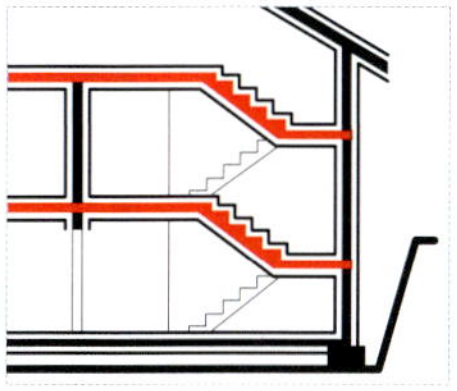

351.20 Stahlbeton, Fertigteil

KG.OZ	▷	€/Einheit	◁	LB an EA
01 **DE Stahlbeton, Fertigteil, Aufbeton, 20cm, Bewehrung 80kg/m³** Decke, Elementdecke mit Fertigteil und Aufbeton, Bewehrung 80 kg/m³, 20cm Einheit: m² Deckenfläche	163,00	**179,00**	201,00	
013 Betonarbeiten				100,0%
02 **DE Stahlbeton, Fertigteil, Aufbeton, 20cm, Bewehrung 100kg/m³** Decke, Elementdecke mit Fertigteil und Aufbeton, Bewehrung 100 kg/m³, 20cm Einheit: m² Deckenfläche	173,00	**190,00**	213,00	
013 Betonarbeiten				100,0%
03 **DE Stahlbeton, Fertigteil, Aufbeton, 22cm, Bewehrung 100kg/m³** Decke, Elementdecke mit Fertigteil und Aufbeton, Bewehrung 100kg/m³, 22cm Einheit: m² Deckenfläche	182,00	**198,00**	222,00	
013 Betonarbeiten				100,0%
04 **DE Stahlbeton, Fertigteil, Aufbeton, 20cm, Bewehrung 120kg/m³** Decke, Elementdecke mit Fertigteil und Aufbeton, Bewehrung 120kg/m³, 20cm Einheit: m² Deckenfläche	183,00	**201,00**	224,00	
013 Betonarbeiten				100,0%

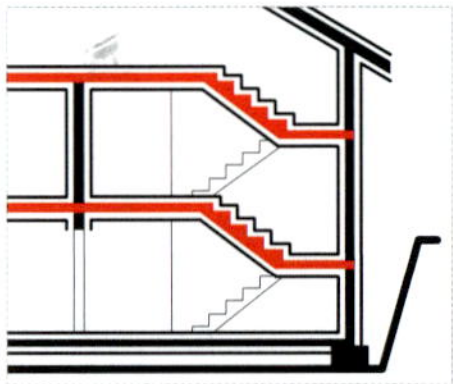

Kosten:
Stand 1. Quartal 2026
Bundesdurchschnitt
inkl. 19% MwSt.

KG.OZ		▷	€/Einheit	◁	LB an EA
351.20	**Stahlbeton, Fertigteil**				
05	**DE Stahlbeton, Fertigteil, Aufbeton, 25cm, Bewehrung 120kg/m³**	245,00	**269,00**	304,00	
	Decke, als Elementdecke mit Fertigteil und Aufbeton, Bewehrung 120kg/m³, 25cm				
	Einheit: m² Deckenfläche				
	013 Betonarbeiten				100,0%
06	**DE Balkon, Stahlbeton, Fertigteil, bis 24cm, bewehrt**	396,00	**471,00**	521,00	
	Decke für Balkon, Stahlbeton, als Fertigteil, Bewehrung, bis 24cm, mit Bewehrungsanschluss				
	Einheit: m² Deckenfläche				
	013 Betonarbeiten				100,0%
351.40	**Holzkonstruktionen, Holzträgerkonstruktionen**				
01	**DE Unterzug, Brettschichtholz, 12x20cm**	50,00	**55,00**	63,00	
	Decke, Unterzug aus Brettschichtholz, 12x20cm, Verbindungsmittel				
	Einheit: m Balkenlänge				
	016 Zimmer- und Holzbauarbeiten				100,0%
02	**DE Unterzug, Nadelholz, 12x20cm**	41,00	**45,00**	52,00	
	Decke, Unterzug aus Vollholz, Nadelholz, 12x20cm, Verbindungsmittel				
	Einheit: m Balkenlänge				
	016 Zimmer- und Holzbauarbeiten				100,0%
03	**DE Holzbalken, Schnittholz, 240mm, OSB-Belag, Dämmung, Deckenbekleidung, Gipsplatten**	194,00	**215,00**	244,00	
	Decke, Balkendecke, Schnittholz, 240mm, mit OSB-Belag, Mineralwolledämmung 120mm, Deckenbekleidung mit Gipsplatte auf Federschiene				
	Einheit: m² Deckenfläche				
	016 Zimmer- und Holzbauarbeiten				66,1%
	039 Trockenbauarbeiten				33,9%
04	**DE Holzbalken, Schnittholz, 240mm, OSB, Schüttung, Deckenbekleidung, Dreischichtplatte**	221,00	**242,00**	268,00	
	Decke, Balkendecke, Schnittholz, 240mm, OSB-Bodenbelag, Deckenbekleidung mit Dreischichtplatte, sichtbar, Schüttung mit Rieselschutz				
	Einheit: m² Deckenfläche				
	016 Zimmer- und Holzbauarbeiten				100,0%
05	**DE Holzbalken, Brettschichtholz 240mm, OSB, Dämmung, Deckenbekleidung, Gipsplatten**	214,00	**235,00**	263,00	
	Decke, Balkendecke, Brettschichtholz, 240mm, mit OSB-Belag, Mineralwolledämmung 120mm, Deckenbekleidung mit Gipsplatte auf Federschiene				
	Einheit: m² Deckenfläche				
	016 Zimmer- und Holzbauarbeiten				69,0%
	039 Trockenbauarbeiten				31,0%
06	**DE Holz, Brettstapel, 140mm, gehobelt, Schüttung, Rieselschutz**	207,00	**228,00**	235,00	
	Decke, Brettschichtholz, 140mm, gehobelt, mit Schüttung und Rieselschutz				
	Einheit: m² Deckenfläche				
	016 Zimmer- und Holzbauarbeiten				100,0%

▷ von
ø Mittel
◁ bis

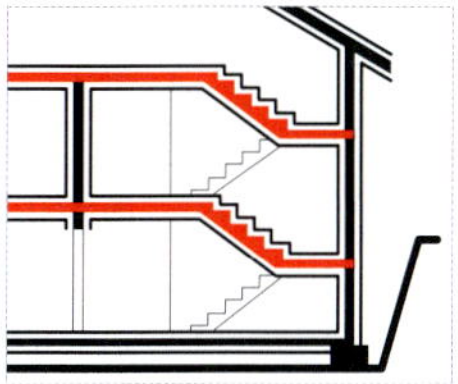

KG.OZ		▷	€/Einheit	◁	LB an EA
351.40	**Holzkonstruktionen, Holzträgerkonstruktionen**				
07	**DE Holz, Brettstapel, 160mm, gehobelt, Schüttung, Rieselschutz**	221,00	**255,00**	277,00	
	Decke, Brettschichtholz, 160mm, gehobelt, mit Schüttung und Rieselschutz				
	Einheit: m² Deckenfläche				
	016 Zimmer- und Holzbauarbeiten				100,0%
08	**DE Holz, Brettstapel, 200mm, gehobelt, Schüttung, Rieselschutz**	239,00	**271,00**	286,00	
	Decke, Brettschichtholz, 200mm, gehobelt, mit Schüttung und Rieselschutz				
	Einheit: m² Deckenfläche				
	016 Zimmer- und Holzbauarbeiten				100,0%
09	**DE Holz, Brettstapel, 240mm, gehobelt, Schüttung, Rieselschutz**	311,00	**325,00**	341,00	
	Decke, Brettschichtholz, 240mm, gehobelt, mit Schüttung und Rieselschutz				
	Einheit: m² Deckenfläche				
	016 Zimmer- und Holzbauarbeiten				100,0%
10	**DE Holz, Brettsperrholz, 120mm, gehobelt**	177,00	**195,00**	205,00	
	Decke, Brettsperrholz, 120mm, gehobelt				
	Einheit: m² Deckenfläche				
	016 Zimmer- und Holzbauarbeiten				100,0%
11	**DE Holz, Brettsperrholz, 120mm, gehobelt, Aufbeton, 18cm**	226,00	**245,00**	258,00	
	Decke, Brettsperrholz, 120mm, gehobelt, mit Trennlage, Aufbeton, 18cm				
	Einheit: m² Deckenfläche				
	013 Betonarbeiten				20,7%
	016 Zimmer- und Holzbauarbeiten				79,3%
12	**DE Holz, Brettsperrholz, 120mm, gehobelt, Splitt-Schüttung**	202,00	**230,00**	242,00	
	Decke, Brettsperrholz, 120mm, gehobelt, mit Schüttung aus Split				
	Einheit: m² Deckenfläche				
	016 Zimmer- und Holzbauarbeiten				100,0%
13	**DE Holz, Brettsperrholz, 160mm, gehobelt**	201,00	**214,00**	221,00	
	Decke, Brettsperrholz, 160mm, gehobelt				
	Einheit: m² Deckenfläche				
	016 Zimmer- und Holzbauarbeiten				100,0%
14	**DE Holz, Brettsperrholz, 160mm, gehobelt, Splitt-Schüttung**	227,00	**250,00**	259,00	
	Decke, Brettsperrholz, 160mm, gehobelt, mit Schüttung aus Split				
	Einheit: m² Deckenfläche				
	016 Zimmer- und Holzbauarbeiten				100,0%
15	**DE Holz, Brettsperrholz, 240mm, gehobelt**	285,00	**296,00**	310,00	
	Decke, Brettsperrholz, 240mm, gehobelt				
	Einheit: m² Deckenfläche				
	016 Zimmer- und Holzbauarbeiten				100,0%

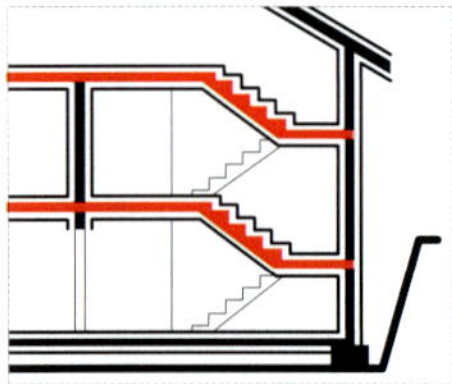

Kosten:
Stand 1. Quartal 2026
Bundesdurchschnitt
inkl. 19% MwSt.

▷ von
ø Mittel
◁ bis

KG.OZ		▷	€/Einheit	◁	LB an EA
351.40	**Holzkonstruktionen, Holzträgerkonstruktionen**				
16	**DE Holz, Brettsperrholz, 240mm, gehobelt, Splitt-Schüttung** Decke, Brettsperrholz, 240mm, gehobelt, mit Schüttung aus Split Einheit: m² Deckenfläche	311,00	**331,00**	348,00	
	016 Zimmer- und Holzbauarbeiten				100,0%
351.50	**Treppen, Beton**				
01	**DE Treppe, Ortbeton, gerade, einläufig, 18cm, 1,00m** Treppe aus Stahlbeton, Ortbeton C 35/37, gerade, Bewehrung, Laufbreite 1,00m, 18cm Einheit: St Treppe	3.384,00	**3.583,00**	3.850,00	
	013 Betonarbeiten				100,0%
02	**DE Treppe, Ortbeton, Sichtbeton, gerade, einläufig, 18cm, 1,00m** Treppe aus Stahlbeton, Ortbeton C 35/37, gerade, Bewehrung, Sichtbeton SB 2, Laufbreite 1,00m, 18cm Einheit: St Treppe	3.671,00	**4.221,00**	5.081,00	
	013 Betonarbeiten				100,0%
03	**DE Treppe, Ortbeton, gerade, einläufig, 18cm, 1,00m** Treppe aus Stahlbeton, Ortbeton C 35/37, gerade, Bewehrung, Schalung, Laufbreite 1,00m, 18cm Einheit: m² Treppengrundfläche	603,00	**640,00**	700,00	
	013 Betonarbeiten				100,0%
04	**DE Treppenpodest, Stahlbeton, Ortbeton, 20cm, 1,00/1,00m** Decke als Treppenpodest, Stahlbeton, Ortbeton, Schalung, Bewehrung, 20cm, 1,00x1,00m Einheit: m² Podestfläche	203,00	**224,00**	255,00	
	013 Betonarbeiten				100,0%
351.60	**Treppen, Beton-Fertigteil**				
01	**DE Treppe, Betonfertigteil, einläufig, 1,00m** Treppe aus Stahlbeton, Fertigteil, einläufig, Bewehrung, Sichtbeton Einheit: St Treppe	4.199,00	**4.650,00**	5.003,00	
	013 Betonarbeiten				100,0%
02	**DE Treppe, Betonfertigteil, einläufig, 1,00m** Treppe aus Stahlbeton, Fertigteil, einläufig, Bewehrung, Schalung, Breite 1,00m Einheit: m² Treppengrundfläche	1.233,00	**1.366,00**	1.475,00	
	013 Betonarbeiten				100,0%
351.70	**Treppen, Metallkonstruktionen**				
01	**DE Treppe, Stahl, gerade, 1,00m, Trittstufen** Treppe aus Stahl mit Trittstufen, gerade, einläufig, Breite 1,00m, mit Trittblechen Einheit: St Treppe	5.880,00	**7.045,00**	8.767,00	
	031 Metallbauarbeiten				100,0%
02	**DE Treppe, Stahl, gewendelt, 1,00m, Trittstufen** Treppe aus Stahl mit Trittstufen, gewendelt, einläufig, Breite 1,00m, mit Trittrosten Einheit: St Treppe	6.880,00	**7.642,00**	8.114,00	
	031 Metallbauarbeiten				100,0%

KG.OZ		▷	€/Einheit	◁	LB an EA
351.70	**Treppen, Metallkonstruktionen**				
03	**DE Treppe, Stahl, gerade, 1,00m, Trittstufen** Treppe aus Stahl mit Trittstufen, gerade, einläufig, Breite 1,00m, mit Trittstufen Einheit: m² Treppengrundfläche	1.694,00	**2.029,00**	2.525,00	
	031 Metallbauarbeiten				100,0%
04	**DE Treppe, Stahl, gewendelt, 1,00m, Trittstufen** Treppe aus Stahl mit Trittstufen, gewendelt, einläufig, Breite 1,00m, mit Trittstufen Einheit: m² Treppengrundfläche	1.981,00	**2.201,00**	2.337,00	
	031 Metallbauarbeiten				100,0%
351.80	**Treppen, Holzkonstruktionen**				
01	**DE Treppe, Holz, Wangentreppe, gerade, gestemmt** Treppe aus Holz, Wangentreppe, gerade, einläufig Einheit: St Treppe	7.177,00	**7.584,00**	7.829,00	
	016 Zimmer- und Holzbauarbeiten				100,0%
02	**DE Treppe, Holz, Wangentreppe, halbgewendelt, gestemmt** Treppe aus Holz, Wangentreppe, halbgewendelt, einläufig, eingestemmt Einheit: St Treppe	10.684,00	**11.016,00**	11.408,00	
	016 Zimmer- und Holzbauarbeiten				100,0%
03	**DE Treppe, Holz, Wangentreppe, gerade, gestemmt, Trittstufen** Treppe aus Holz, Wangentreppe, gerade, einläufig, mit Trittstufen Einheit: m² Treppengrundfläche	2.067,00	**2.184,00**	2.255,00	
	016 Zimmer- und Holzbauarbeiten				100,0%
04	**DE Treppe, Holz, Wangentreppe, gerade, aufgesattelt, Tritt-/Setzstufen** Treppe aus Holz, Wangentreppe, gerade, einläufig, aufgesattelt, mit Trittstufen Einheit: m² Treppengrundfläche	3.493,00	**3.949,00**	4.202,00	
	016 Zimmer- und Holzbauarbeiten				100,0%
05	**DE Treppe, Holz, Wangentreppe, halbgewendelt, gestemmt, Trittstufen** Treppe aus Holz, Wangentreppe, halbgewendelt, einläufig, eingestemmt, mit Trittstufen Einheit: m² Treppengrundfläche	3.077,00	**3.173,00**	3.286,00	
	016 Zimmer- und Holzbauarbeiten				100,0%

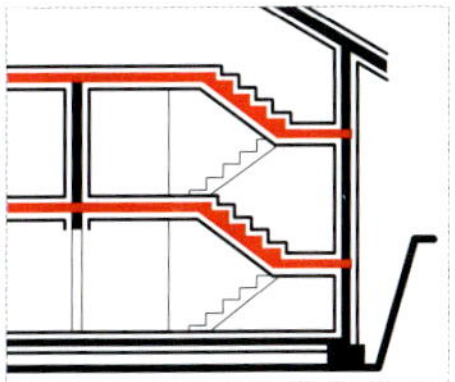

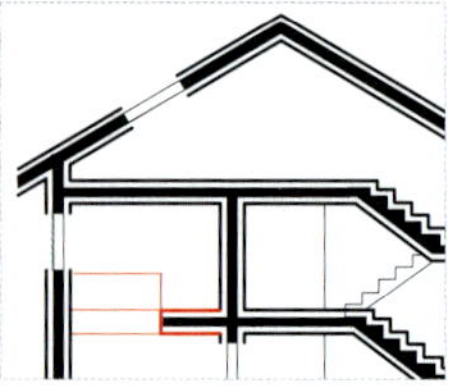

Kosten:
Stand 1.Quartal 2026
Bundesdurchschnitt
inkl. 19% MwSt.

KG.OZ		▷	€/Einheit	◁	LB an EA
352.10	**Deckenöffnungen**				
01	**DE Bodentreppe, Deckel**	1.032,00	**1.158,00**	1.500,00	
	Bodentreppe in Decke, mit Lukenkasten und Deckel, inkl. herstellen der Öffnung				
	Einheit: St Treppe				
	027 Tischlerarbeiten				100,0%
02	**DE Bodentreppe, Deckel, EI30**	2.215,00	**2.951,00**	3.825,00	
	Bodentreppe in Decke, mit Lukenkasten und Deckel, EI30, inkl. herstellen der Öffnung				
	Einheit: St Treppe				
	027 Tischlerarbeiten				100,0%

▷ von
ø Mittel
◁ bis

KG.OZ	▷	€/Einheit	◁	LB an EA
353.10 Beschichtung				
01 **DE Bodenbeschichtung, Beton, Acryl**	23,00	**26,00**	30,00	
Decke, Bodenbeschichtung auf Betonuntergrund mit Acrylharzlack				
Einheit: m² Beschichtungsfläche				
034 Maler- und Lackierarbeiten - Beschichtungen				100,0%
02 **DE Bodenbeschichtung, Beton, Epoxid**	32,00	**36,00**	50,00	
Decke, Bodenbeschichtung auf Betonuntergrund mit Epoxidharz				
Einheit: m² Beschichtungsfläche				
034 Maler- und Lackierarbeiten - Beschichtungen				100,0%
03 **DE Bodenbeschichtung, Beton, ölbeständig**	28,00	**36,00**	50,00	
Decke, Bodenbeschichtung auf Betonuntergrund, ölbeständig				
Einheit: m² Beschichtungsfläche				
034 Maler- und Lackierarbeiten - Beschichtungen				100,0%
04 **DE Bodenbeschichtung, Beton, PU**	41,00	**47,00**	64,00	
Decke, Bodenbeschichtung auf Betonuntergrund mit Polyurethanharz				
Einheit: m² Beschichtungsfläche				
025 Estricharbeiten				95,2%
034 Maler- und Lackierarbeiten - Beschichtungen				4,8%
353.20 Estrich				
01 **DE Estrich CT S45, TSD WF**	55,00	**62,00**	75,00	
Deckenbelag, schwimmender Estrich, Zementestrich CT S45, mit Trittschalldämmung aus Holzweichfaserplatten				
Einheit: m² Belagsfläche				
025 Estricharbeiten				100,0%
02 **DE Estrich CT S45, EPS 60, TSD MW**	56,00	**61,00**	72,00	
Deckenbelag, schwimmender Estrich, Zementestrich CT S45, Wärmedämmung EPS 60mm, mit Trittschalldämmung aus Mineralwolle				
Einheit: m² Belagsfläche				
025 Estricharbeiten				100,0%
03 **DE Estrich CT S70, TSD MW**	55,00	**59,00**	68,00	
Deckenbelag, schwimmender Estrich, Zementestrich CT S70, mit Trittschalldämmung aus Mineralwolleplatten				
Einheit: m² Belagsfläche				
025 Estricharbeiten				100,0%
04 **DE Estrich CT S70, TSD WF**	64,00	**71,00**	83,00	
Deckenbelag, schwimmender Estrich, Zementestrich CT S70, mit Trittschalldämmung aus Holzweichfaserplatten				
Einheit: m² Belagsfläche				
025 Estricharbeiten				100,0%
05 **DE Estrich CT S70, EPS 60, TSD MW**	65,00	**70,00**	81,00	
Deckenbelag, schwimmender Estrich, Zementestrich CT S70, Wärmedämmung EPS 60mm, mit Trittschalldämmung aus Mineralwolleplatten				
Einheit: m² Belagsfläche				
025 Estricharbeiten				100,0%

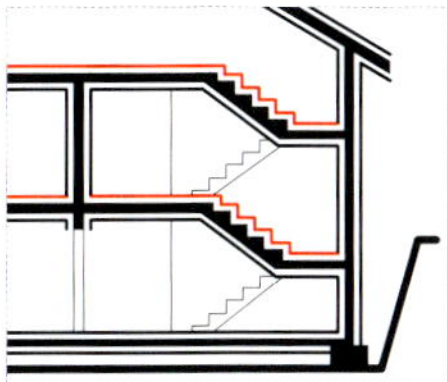

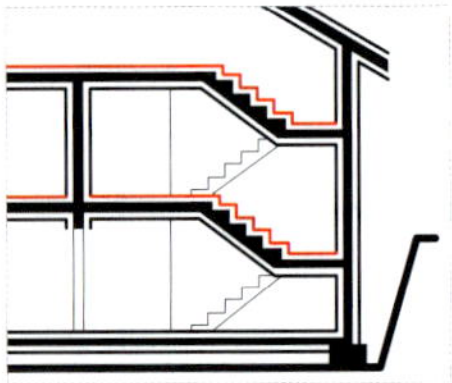

Kosten:
Stand 1. Quartal 2026
Bundesdurchschnitt
inkl. 19% MwSt.

KG.OZ		▷	€/Einheit	◁	LB an EA
353.30	**Fliesen und Platten**				
04	**DE Bodenfliesen, 20x20cm, Sockelfliesen**	131,00	**146,00**	164,00	
	Deckenbelag aus Bodenfliesen, 20x20cm, Sockelfliesen, Untergrundvorbereitung				
	Einheit: m² Belagsfläche				
	024 Fliesen- und Plattenarbeiten				100,0%
05	**DE Bodenfliesen, 30x30cm, Sockelfliese**	127,00	**139,00**	159,00	
	Deckenbelag aus Bodenfliesen, 30x30cm, Sockelfliesen, Untergrundvorbereitung				
	Einheit: m² Belagsfläche				
	024 Fliesen- und Plattenarbeiten				100,0%
06	**DE Bodenfliesen, 30x60cm, Sockelfliesen**	129,00	**140,00**	163,00	
	Deckenbelag aus Bodenfliesen, 30x60cm, Sockelfliesen, Untergrundvorbereitung				
	Einheit: m² Belagsfläche				
	024 Fliesen- und Plattenarbeiten				100,0%
07	**DE Bodenfliesen, 60x60cm, Sockelfliesen**	175,00	**198,00**	229,00	
	Bodenbelag auf Gründungsbodenplatte, mit Bodenfliesen, 60x60cm, Sockelfliesen				
	Einheit: m² Belagsfläche				
	024 Fliesen- und Plattenarbeiten				100,0%
08	**DE Bodenfliesen, Treppen**	144,00	**154,00**	181,00	
	Treppenbelag mit Bodenfliesen, Sockelfliesen, Untergrundvorbereitung				
	Einheit: m² Belagsfläche				
	024 Fliesen- und Plattenarbeiten				100,0%
353.40	**Naturstein**				
01	**DE Natursteinbelag, Granit, Sockelfliesen**	293,00	**316,00**	343,00	
	Deckenbelag aus Naturstein, Granit, Sockelfliesen, Untergrundvorbereitung				
	Einheit: m² Belagsfläche				
	014 Natur-, Betonwerksteinarbeiten				100,0%
02	**DE Natursteinbelag, Marmor, Sockelfliesen**	296,00	**309,00**	342,00	
	Deckenbelag aus Naturstein, Marmor, Sockelfliesen, Untergrundvorbereitung				
	Einheit: m² Belagsfläche				
	014 Natur-, Betonwerksteinarbeiten				100,0%
03	**DE Natursteinbelag, Kalksandstein, Sockelfliesen**	242,00	**274,00**	303,00	
	Deckenbelag aus Naturstein, Kalksandstein, Sockelfliesen, Untergrundvorbereitung				
	Einheit: m² Belagsfläche				
	014 Natur-, Betonwerksteinarbeiten				100,0%
353.60	**Textil**				
01	**DE Textilbelag, Nadelvlies, Sockelleiste**	68,00	**74,00**	88,00	
	Deckenbelag aus Textilboden, Nadelvlies, Sockelleisten aus Holz, Untergrundvorbereitung				
	Einheit: m² Belagsfläche				
	014 Natur-, Betonwerksteinarbeiten				4,2%
	036 Bodenbelagarbeiten				95,8%

▷ von
ø Mittel
◁ bis

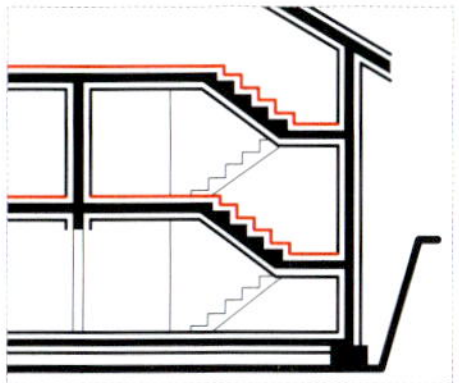

353.60 Textil				
02 **DE Textilbelag, Kugelgarn, Sockelleiste**	90,00	**96,00**	125,00	
Deckenbelag aus Textilboden, Kugelgarn, Sockelleisten aus Holz, Untergrundvorbereitung				
Einheit: m² Belagsfläche				
014 Natur-, Betonwerksteinarbeiten				3,2%
036 Bodenbelagarbeiten				96,8%
03 **DE Textilbelag, Naturhaar-Polyamid, Sockelleiste**	93,00	**99,00**	110,00	
Deckenbelag aus Textilboden, Naturhaar-Polyamidmischung, Sockelleisten aus Holz, Untergrundvorbereitung				
Einheit: m² Belagsfläche				
014 Natur-, Betonwerksteinarbeiten				3,2%
036 Bodenbelagarbeiten				96,8%
04 **DE Textilbelag, Tufting, Sockelleiste**	90,00	**96,00**	108,00	
Deckenbelag aus Textilboden, Tufting, Sockelleisten aus Holz, Untergrundvorbereitung				
Einheit: m² Belagsfläche				
014 Natur-, Betonwerksteinarbeiten				3,3%
036 Bodenbelagarbeiten				96,7%
05 **DE Textilbelag, Kunstfaser gewebt, Sockelleiste**	79,00	**84,00**	94,00	
Deckenbelag aus Textilboden, gewebter Kunstfaserteppich, Sockelleisten aus Holz, Untergrundvorbereitung				
Einheit: m² Belagsfläche				
036 Bodenbelagarbeiten				100,0%
06 **DE Textilbelag, Naturfaser, Sockelleiste**	117,00	**124,00**	135,00	
Deckenbelag aus Textilboden, Naturfasern, Sockelleisten aus Holz, Untergrundvorbereitung				
Einheit: m² Belagsfläche				
036 Bodenbelagarbeiten				100,0%

353.70 Holz				
01 **DE Fertigparkett, Eiche, beschichtet, Sockelleiste**	161,00	**177,00**	204,00	
Deckenbelag aus Fertigparkett, Eiche, versiegelt, Sockelleiste aus Holz, Untergrundvorbereitung				
Einheit: m² Belagsfläche				
028 Parkett-, Holzpflasterarbeiten				100,0%
02 **DE Fertigparkett, Buche, beschichtet, Sockelleiste**	145,00	**160,00**	183,00	
Deckenbelag mit Fertigparkett, Buche beschichtet, Sockelleiste aus Holz, Untergrundvorbereitung				
Einheit: m² Belagsfläche				
028 Parkett-, Holzpflasterarbeiten				100,0%
03 **DE Stabparkett, Eiche, geschliffen, behandelt, Sockelleiste**	190,00	**208,00**	225,00	
Deckenbelag aus Stabparkett, Eiche, schleifen und nachbehandeln, Sockelleiste aus Holz, Untergrundvorbereitung				
Einheit: m² Belagsfläche				
028 Parkett-, Holzpflasterarbeiten				100,0%
04 **DE Stabparkett, Buche, geschliffen/behandelt, Sockelleiste**	204,00	**212,00**	222,00	
Deckenbelag aus Stabparkett, Buche, schleifen und nachbehandeln, Sockelleiste aus Holz, Untergrundvorbereitung				
Einheit: m² Belagsfläche				
028 Parkett-, Holzpflasterarbeiten				100,0%

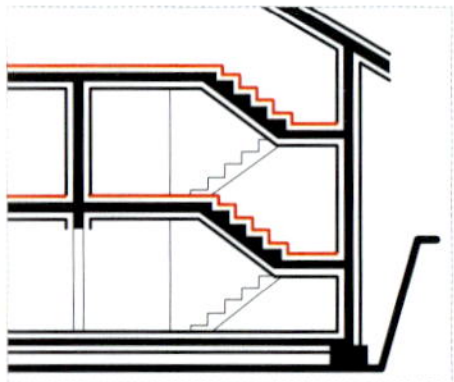

Kosten:
Stand 1. Quartal 2026
Bundesdurchschnitt
inkl. 19% MwSt.

KG.OZ		▷	€/Einheit	◁	LB an EA
353.70	**Holz**				
05	**DE Mosaikparkett, Eiche, geschliffen, behandelt, Sockelleiste** Deckenbelag aus Mosaikparkett, Eiche, schleifen und nachbehandeln, Sockelleiste aus Holz, Untergrundvorbereitung Einheit: m² Belagsfläche	135,00	**151,00**	170,00	
	028 Parkett-, Holzpflasterarbeiten				100,0%
06	**DE Mosaikparkett, Buche, geschliffen, behandelt, Sockelleiste** Deckenbelag aus Mosaikparkett, Buche, schleifen und nachbehandeln, Sockelleiste aus Holz, Untergrundvorbereitung Einheit: m² Belagsfläche	157,00	**173,00**	201,00	
	028 Parkett-, Holzpflasterarbeiten				100,0%
07	**DE Lamparkett, Eiche, geschliffen, behandelt, Sockelleiste** Deckenbelag aus Lamparkett, Eiche, schleifen und nachbehandeln, Sockelleiste aus Holz, Untergrundvorbereitung Einheit: m² Belagsfläche	184,00	**239,00**	269,00	
	028 Parkett-, Holzpflasterarbeiten				100,0%
353.80	**Hartbeläge**				
01	**DE Naturkorkparkett, 12mm, Sockelleiste** Deckenbelag aus Naturkork-Fertigparkett, 12mm Sockelleisten aus Holz, Untergrundvorbereitung Einheit: m² Belagsfläche	90,00	**103,00**	114,00	
	036 Bodenbelagarbeiten				100,0%
02	**DE Linoleumbelag, 2,5mm, Sockelleiste** Deckenbelag aus Linoleumbodenbelag, 2,5mm, mit Sockelleiste aus Linoleum, Untergrundvorbereitung Einheit: m² Belagsfläche	77,00	**86,00**	108,00	
	036 Bodenbelagarbeiten				100,0%
03	**DE PVC-Belag, 3,0mm, Sockelleiste** Deckenbelag aus PVC-Belag 3,0mm, mit Sockelleiste aus PVC, Untergrundvorbereitung Einheit: m² Belagsfläche	78,00	**87,00**	101,00	
	036 Bodenbelagarbeiten				100,0%
04	**DE Kautschukbelag, 2,0mm, Sockelleiste** Deckenbelag aus Kautschuk in Bahnen, 2,0mm, mit Sockelleiste aus Kautschuk, Untergrundvorbereitung Einheit: m² Belagsfläche	106,00	**118,00**	133,00	
	036 Bodenbelagarbeiten				100,0%
05	**DE Laminat, 8,3mm, Sockelleiste** Deckenbelag aus mehrschichtigem Laminat 8,3mm, Sockelleisten aus Holz, Untergrundvorbereitung Einheit: m² Belagsfläche	83,00	**86,00**	98,00	
	036 Bodenbelagarbeiten				100,0%
06	**DE Vinylbelag, schwimmend, Sockelleiste** Deckenbelag aus mehrschichtigen PVC-Planken im Klick-Verfahren, Sockelleiste aus Holz, Untergrundvorbereitung Einheit: m² Belagsfläche	92,00	**103,00**	117,00	
	036 Bodenbelagarbeiten				100,0%

▷ von
ø Mittel
◁ bis

KG.OZ		▷	€/Einheit	◁	LB an EA
353.80	**Hartbeläge**				
07	**DE Vinylbelag, geklebt, Sockelleiste**	85,00	**94,00**	106,00	
	Deckenbelag aus mehrschichtigen PVC-Planken geklebt, Sockelleiste aus Holz, Untergrundvorbereitung				
	Einheit: m² Belagsfläche				
	036 Bodenbelagarbeiten				100,0%

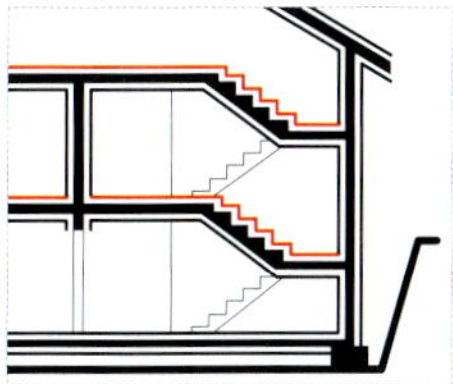

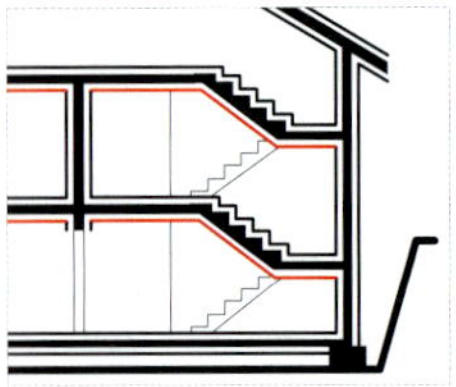

Kosten:
Stand 1. Quartal 2026
Bundesdurchschnitt
inkl. 19% MwSt.

▷ von
ø Mittel
◁ bis

KG.OZ		▷	€/Einheit	◁	LB an EA
354.20	**Oberflächenbehandlung**				
01	**DE Beschichtung, Dispersion, auf Beton, wb**	10,00	**12,00**	15,00	
	Deckenbeschichtung mit Dispersionsfarbe, waschbeständig, auf Beton				
	Einheit: m² Beschichtungsfläche				
	034 Maler- und Lackierarbeiten - Beschichtungen				100,0%
02	**DE Beschichtung, Dispersion, auf Beton, sb**	11,00	**12,00**	15,00	
	Deckenbeschichtung mit Dispersionsfarbe, scheuerbeständig, auf Beton				
	Einheit: m² Beschichtungsfläche				
	034 Maler- und Lackierarbeiten - Beschichtungen				100,0%
03	**DE Beschichtung, Dispersion, auf Putz, wb**	7,00	**7,80**	9,50	
	Deckenbeschichtung mit Dispersionsfarbe, waschbeständig, auf Putz				
	Einheit: m² Beschichtungsfläche				
	034 Maler- und Lackierarbeiten - Beschichtungen				100,0%
04	**DE Beschichtung, Dispersion, auf Putz, sb**	6,70	**8,10**	9,70	
	Deckenbeschichtung mit Dispersionsfarbe, scheuerbeständig, auf Putz				
	Einheit: m² Beschichtungsfläche				
	034 Maler- und Lackierarbeiten - Beschichtungen				100,0%
05	**DE Beschichtung, Silikatfarbe, auf Putz**	9,90	**10,00**	12,00	
	Deckenbeschichtung mit Silikatbeschichtung, auf Putz				
	Einheit: m² Beschichtungsfläche				
	034 Maler- und Lackierarbeiten - Beschichtungen				100,0%
06	**DE Beschichtung, Lasur, Holz**	21,00	**24,00**	28,00	
	Deckenbeschichtung als Lasur, auf Holzflächen				
	Einheit: m² Beschichtungsfläche				
	034 Maler- und Lackierarbeiten - Beschichtungen				100,0%
354.30	**Putz**				
01	**DE Putz, Kalkgips, einlagig, gefilzt, Q2**	31,00	**34,00**	41,00	
	Deckenbekleidung mit Kalkgipsputz, einlagig, gefilzt, Q2				
	Einheit: m² Bekleidungsfläche				
	023 Putz- und Stuckarbeiten, Wärmedämmsysteme				100,0%
02	**DE Putz, Kalkgips, einlagig, geglättet, Q3**	35,00	**39,00**	47,00	
	Deckenbekleidung mit Kalkgipsputz, einlagig, geglättet, Q3				
	Einheit: m² Bekleidungsfläche				
	023 Putz- und Stuckarbeiten, Wärmedämmsysteme				100,0%
03	**DE Putz, Gips, einlagig, gefilzt, Q2**	30,00	**34,00**	38,00	
	Deckenbekleidung mit Gipsputz, einlagig, gefilzt, Q2				
	Einheit: m² Bekleidungsfläche				
	023 Putz- und Stuckarbeiten, Wärmedämmsysteme				100,0%
04	**DE Putz, Gips, einlagig, geglättet, Q3**	33,00	**37,00**	42,00	
	Deckenbekleidung mit Gipsputz, einlagig, geglättet, Q3				
	Einheit: m² Bekleidungsfläche				
	023 Putz- und Stuckarbeiten, Wärmedämmsysteme				100,0%

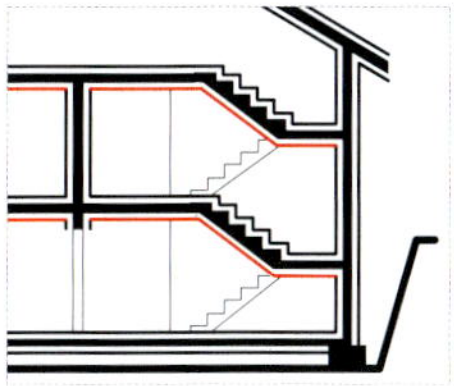

KG.OZ		▷	€/Einheit	◁	LB an EA
354.30	**Putz**				
05	**DE Putz, Gips, einlagig, gefilzt, Q2,Treppenhaus** Deckenbekleidung mit Gipsputz, einlagig, gefilzt, Q2, Treppenhaus Einheit: m² Bekleidungsfläche	32,00	**40,00**	51,00	
	023 Putz- und Stuckarbeiten, Wärmedämmsysteme				100,0%
354.40	**Bekleidung auf Unterkonstruktion**				
01	**DE Bekleidung, Dreischichtholzplatte** Deckenbekleidung mit Massivholzplatte aus Dreischichtholz Einheit: m² Bekleidungsfläche	79,00	**83,00**	92,00	
	016 Zimmer- und Holzbauarbeiten				98,4%
	039 Trockenbauarbeiten				1,6%
02	**DE Bekleidung, Dreischichtholzplatte, Dämmung** Deckenbekleidung mit Massivholzplatte aus Dreischichtholz mit Dämmung Einheit: m² Bekleidungsfläche	79,00	**83,00**	92,00	
	016 Zimmer- und Holzbauarbeiten				98,4%
	039 Trockenbauarbeiten				1,6%
03	**DE Bekleidung, Lehmplatten, Lehmputz** Deckenbekleidung mit Lehmbauplatten 16mm, doppellagig, mit Dämmung Einheit: m² Bekleidungsfläche	80,00	**90,00**	105,00	
	016 Zimmer- und Holzbauarbeiten				53,3%
	023 Putz- und Stuckarbeiten, Wärmedämmsysteme				45,2%
	039 Trockenbauarbeiten				1,4%
04	**DE Bekleidung, Lehmplatten, Lehmputz, mit Dämmung** Deckenbekleidung mit Lehmbauplatten 16mm, doppellagig, mit Dämmung Einheit: m² Bekleidungsfläche	95,00	**107,00**	128,00	
	016 Zimmer- und Holzbauarbeiten				45,1%
	023 Putz- und Stuckarbeiten, Wärmedämmsysteme				38,2%
	039 Trockenbauarbeiten				16,6%
05	**DE Bekleidung, Lehmplatten, doppellagig, mit Dämmung** Deckenbekleidung mit Lehmbauplatten 16mm, doppellagig, mit Dämmung Einheit: m² Bekleidungsfläche	97,00	**115,00**	147,00	
	016 Zimmer- und Holzbauarbeiten				84,4%
	039 Trockenbauarbeiten				15,6%
06	**DE Bekleidung, Gipsplatten, einlagig, Federschiene, Randanschluss** Deckenbekleidung mit Gipsplatten 12,5mm, einlagig auf Federschiene, mit Randanschluss Einheit: m² Bekleidungsfläche	100,00	**107,00**	122,00	
	039 Trockenbauarbeiten				100,0%
354.60	**Tapeten**				
01	**DE Tapete, Raufaser, fein, Dispersionsbeschichtung** Deckenbekleidung mit Raufasertapeten, fein, mit Dispersionsbeschichtung Einheit: m² Bekleidungsfläche	14,00	**16,00**	18,00	
	034 Maler- und Lackierarbeiten - Beschichtungen				42,9%
	037 Tapezierarbeiten				57,1%

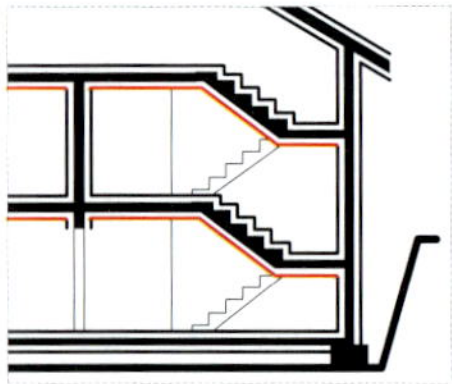

Kosten:
Stand 1. Quartal 2026
Bundesdurchschnitt
inkl. 19% MwSt.

▷ von
ø Mittel
◁ bis

KG.OZ		▷	€/Einheit	◁	LB an EA
354.60	**Tapeten**				
02	**DE Tapete, Raufaser, grob, Dispersionsbeschichtung**	16,00	**18,00**	22,00	
	Deckenbekleidung mit Raufasertapeten, grob, mit Dispersionsbeschichtung				
	Einheit: m² Bekleidungsfläche				
	034 Maler- und Lackierarbeiten - Beschichtungen				38,2%
	037 Tapezierarbeiten				61,8%
03	**DE Tapete, Glasfaser, fein, Dispersionsbeschichtung**	22,00	**25,00**	28,00	
	Deckenbekleidung mit Glasfasertapeten fein, mit Dispersionsbeschichtung				
	Einheit: m² Bekleidungsfläche				
	037 Tapezierarbeiten				100,0%
04	**DE Tapete, Glasfaser, grob, Dispersionsbeschichtung**	29,00	**32,00**	36,00	
	Deckenbekleidung mit Glasfasertapeten, grob, mit Dispersionsbeschichtung				
	Einheit: m² Bekleidungsfläche				
	034 Maler- und Lackierarbeiten - Beschichtungen				21,5%
	037 Tapezierarbeiten				78,5%
354.80	**Abgehängte Bekleidung**				
01	**DE Bekleidung, Gipsplatten, abgehängt, einlagig, Randanschluss**	97,00	**107,00**	123,00	
	Deckenbekleidung mit Gipsplatten 12,5mm, einlagig, als abgehängte Decke, mit Randanschluss				
	Einheit: m² Bekleidungsfläche				
	039 Trockenbauarbeiten				100,0%
02	**DE Bekleidung, Gipsplatten, abgehängt, zweilagig, Randanschluss**	129,00	**141,00**	167,00	
	Deckenbekleidung mit Gipsplatten 12,5mm, zweilagig, als abgehängte Decke, mit Randanschluss				
	Einheit: m² Bekleidungsfläche				
	039 Trockenbauarbeiten				100,0%
03	**DE Bekleidung, Gipsplatten, abgehängt, zweilagig, Randanschluss, EI90**	179,00	**224,00**	292,00	
	Deckenbekleidung mit Gipsplatten 12,5mm, zweilagig, als abgehängte Decke, mit Randanschluss, mit Brandschutz EI90				
	Einheit: m² Bekleidungsfläche				
	039 Trockenbauarbeiten				100,0%
04	**DE Bekleidung, Gipsplatten, abgehängt, einlagig, Dämmung, Randanschluss**	111,00	**124,00**	144,00	
	Deckenbekleidung mit Gipsplatten 12,5mm, einlagig, als abgehängte Decke, mit Dämmlage und Randanschluss				
	Einheit: m² Bekleidungsfläche				
	039 Trockenbauarbeiten				100,0%
05	**DE Bekleidung, Gipsplatten, abgehängt, zweilagig, Dämmung, Randanschluss**	143,00	**158,00**	188,00	
	Deckenbekleidung mit Gipsplatten 12,5mm, zweilagig, als abgehängte Decke, mit Dämmlage und Randanschluss				
	Einheit: m² Bekleidungsfläche				
	039 Trockenbauarbeiten				100,0%

354.80 Abgehängte Bekleidung

KG.OZ		▷	€/Einheit	◁	LB an EA
06	**DE Bekleidung, Gipsplatten, abgehängt, Dämmung, zweilagig, Randanschluss, EI90** Deckenbekleidung mit Gipsplatten 12,5mm, zweilagig, als abgehängte Decke, mit Dämmlage und Randanschluss, mit Brandschutz EI90 Einheit: m² Bekleidungsfläche	193,00	**240,00**	313,00	
	039 Trockenbauarbeiten				100,0%
07	**DE Bekleidung, Zementplatten, abgehängt, einlagig, Randanschluss** Deckenbekleidung mit Zementplatten 12,5mm, einlagig, als abgehängte Decke, mit Randanschluss Einheit: m² Bekleidungsfläche	166,00	**181,00**	204,00	
	039 Trockenbauarbeiten				100,0%
08	**DE Bekleidung, Gipsplatten, Lochplatte mit Vlies, einlagig, Randanschluss** Deckenbekleidung mit Gipsplatten 12,5mm, Lochplatten mit Vlies, einlagig, mit Randanschluss Einheit: m² Bekleidungsfläche	130,00	**143,00**	158,00	
09	**DE Bekleidung, Gipsplatten, Akustik, abgehängt, einlagig, Randanschluss** Deckenbekleidung mit Gipslochplatten 12,5mm, einlagig, als abgehängte Decke, mit Akustikeinlage und Randanschluss Einheit: m² Bekleidungsfläche	156,00	**173,00**	193,00	

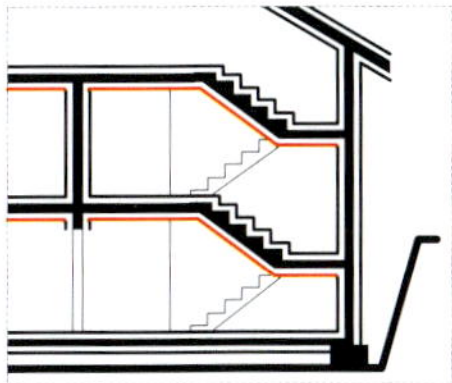

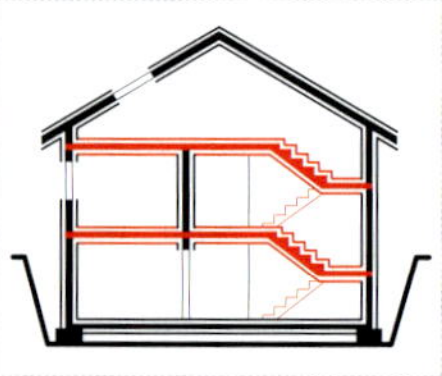

Kosten:
Stand 1.Quartal 2026
Bundesdurchschnitt
inkl. 19% MwSt.

KG.OZ		▷	**€/Einheit**	◁	LB an EA
359.20	**Umwehrungen/Handläufe**				
01	**DE Brüstung, Metall, Flachstahl, beschichtet** Brüstungsgeländer aus Metall, mit Flachstahlfüllung, mit Handlauf, beschichtet Einheit: m Brüstungslänge	605,00	**688,00**	782,00	
	031 Metallbauarbeiten				93,1%
	034 Maler- und Lackierarbeiten - Beschichtungen				6,9%
02	**DE Brüstung, Metall, Lochblech, beschichtet** Brüstungsgeländer aus Metall, mit Lochblechfüllung, mit Handlauf, beschichtet Einheit: m Brüstungslänge	530,00	**594,00**	701,00	
	031 Metallbauarbeiten				92,0%
	034 Maler- und Lackierarbeiten - Beschichtungen				8,0%
03	**DE Geländer, Holz, Stäbe, beschichtet** Geländer aus Holz, mit Handlauf aus geformtem Vollholzprofil und Füllung aus senkrechten Vollstäben, oberflächenfertig Einheit: m Geländerlänge	529,00	**583,00**	685,00	
	027 Tischlerarbeiten				100,0%

▷ von
ø Mittel
◁ bis

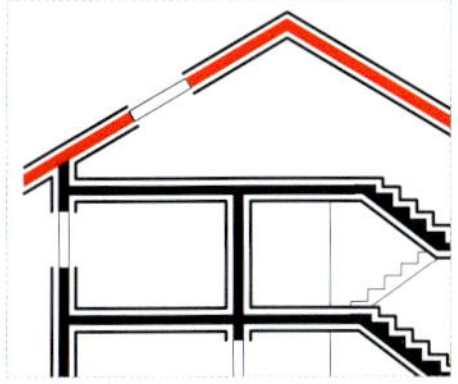

361.10 Stahlbeton, Ortbeton

		▷	€/Einheit	◁	LB an EA
01	**DA Unterzug, C25/30, 30x30cm, Bewehrung 150kg/m³** Dach, Unterzug C25/30, Bewehrung 150kg/m³, glatte Schalung, 30x30cm Einheit: m Unterzuglänge	159,00	**176,00**	200,00	
	013 Betonarbeiten				100,0%
02	**DA Unterzug, C25/30, 40x40cm, Bewehrung 150kg/m³** Dach, Unterzug C25/30, Bewehrung 150kg/m³, glatte Schalung, 40x40cm Einheit: m Unterzuglänge	235,00	**260,00**	295,00	
	013 Betonarbeiten				100,0%
03	**DA Unterzug, C25/30, 30x30cm, Bewehrung 200kg/m³** Dach, Unterzug C 25/30, Bewehrung 200kg/m³, glatte Schalung, 30x30cm Einheit: m Unterzuglänge	169,00	**187,00**	211,00	
	013 Betonarbeiten				100,0%
04	**DA Unterzug, C25/30, 40x40cm, Bewehrung 200kg/m³** Dach, Unterzug C 25/30, Bewehrung 200kg/m³, glatte Schalung, 40x40cm Einheit: m Unterzuglänge	254,00	**282,00**	319,00	
	013 Betonarbeiten				100,0%
05	**DA flach, Stahlbetondecke, C25/30, 20cm, Bewehrung 80kg/m³** Dach, flach/flach geneigt, aus Stahlbeton, Ortbeton C25/30, glatte Schalung, Bewehrung, 80kg/m³, 20cm Einheit: m² Dachfläche	153,00	**168,00**	192,00	
	013 Betonarbeiten				100,0%
06	**DA flach, Stahlbetondecke, C25/30, 20cm, Bewehrung 100kg/m³** Dach, flach/flach geneigt, aus Stahlbeton, Ortbeton C25/30, glatte Schalung, Bewehrung, 100kg/m³, 20cm Einheit: m² Dachfläche	163,00	**178,00**	204,00	
	013 Betonarbeiten				100,0%
07	**DA flach, Stahlbetondecke, C25/30, 25cm, Bewehrung 80kg/m³** Dach, flach/flach geneigt, aus Stahlbeton, Ortbeton C 25/30, glatte Schalung, Bewehrung, 80kg/m³, 25cm Einheit: m² Dachfläche	174,00	**190,00**	216,00	
	013 Betonarbeiten				100,0%
08	**DA flach, Stahlbetondecke, C25/30, 25cm, Bewehrung 100kg/m³** Dach, flach/flach geneigt, aus Stahlbeton, Ortbeton C 25/30, glatte Schalung, Bewehrung, 100kg/m³, 25cm Einheit: m² Dachfläche	186,00	**203,00**	231,00	
	013 Betonarbeiten				100,0%
09	**DA flach, Stahlbetondecke, C25/30, 25cm, Bewehrung 120kg/m³** Dach, flach/flach geneigt, aus Stahlbeton, Ortbeton C25/30, glatte Schalung, Bewehrung, 120kg/m³, 25cm Einheit: m² Dachfläche	204,00	**224,00**	254,00	
	013 Betonarbeiten				100,0%

Kosten:
Stand 1. Quartal 2026
Bundesdurchschnitt
inkl. 19% MwSt.

▷ von
ø Mittel
◁ bis

KG.OZ		▷	€/Einheit	◁	LB an EA
361.10	**Stahlbeton, Ortbeton**				
10	**DA flach, Stahlbetondecke, C25/30, 30cm, Bewehrung 120kg/m³** Dach, flach/flach geneigt, aus Stahlbeton, Ortbeton C25/30, glatte Schalung, Bewehrung, 120kg/m³, 30cm Einheit: m² Dachfläche	229,00	**251,00**	284,00	
	013 Betonarbeiten				100,0%
361.20	**Stahlbeton, Fertigteil**				
01	**DA Stahlbeton, Fertigteil, Aufbeton, 20cm, Bewehrung 80kg/m³** Dach, flach/flach geneigt, aus Stahlbeton, als Elementdecke mit Fertigteil und Aufbeton, Bewehrung 80kg/m³, 20cm Einheit: m² Dachfläche	204,00	**222,00**	246,00	
	013 Betonarbeiten				100,0%
02	**DA Stahlbeton, Fertigteil, Aufbeton, 20cm, Bewehrung 100kg/m³** Dach, flach/flach geneigt, aus Stahlbeton, als Elementdecke mit Fertigteil und Aufbeton, Bewehrung 100kg/m³, 20cm Einheit: m² Dachfläche	225,00	**244,00**	269,00	
	013 Betonarbeiten				100,0%
03	**DA Stahlbeton, Fertigteil, Aufbeton, 20cm, Bewehrung 120kg/m³** Dach, flach/flach geneigt, aus Stahlbeton, als Elementdecke mit Fertigteil und Aufbeton, Bewehrung 120kg/m³, 20cm Einheit: m² Dachfläche	245,00	**266,00**	293,00	
	013 Betonarbeiten				100,0%
04	**DA Stahlbeton, Fertigteil, Aufbeton, 25cm, Bewehrung 80kg/m³** Dach, flach/flach geneigt, aus Stahlbeton, als Elementdecke mit Fertigteil und Aufbeton, Bewehrung 80kg/m³, 25cm Einheit: m² Dachfläche	213,00	**233,00**	266,00	
	013 Betonarbeiten				100,0%
05	**DA Stahlbeton, Fertigteil, Aufbeton, 25cm, Bewehrung 100kg/m³** Dach, flach/flach geneigt, aus Stahlbeton, als Elementdecke mit Fertigteil und Aufbeton, Bewehrung 100kg/m³, 25cm Einheit: m² Dachfläche	226,00	**248,00**	282,00	
	013 Betonarbeiten				100,0%
06	**DA Stahlbeton, Fertigteil, Aufbeton, 25cm, Bewehrung 120kg/m³** Dach, flach/flach geneigt, aus Stahlbeton, als Elementdecke mit Fertigteil und Aufbeton, Bewehrung 120kg/m³, 25cm Einheit: m² Dachfläche	239,00	**263,00**	298,00	
	013 Betonarbeiten				100,0%

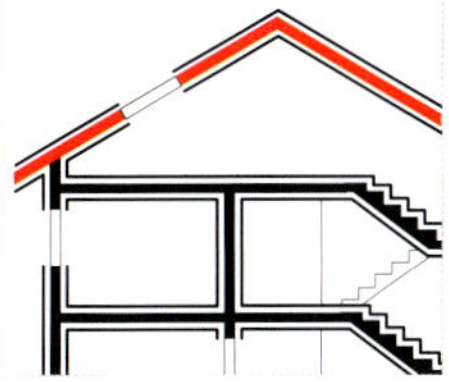

361.40 Holzkonstruktionen, Holzträgerkonstruktionen

		▷	€/Einheit	◁	LB an EA
01	**DA Unterzug, Nadelholz, 12/24cm**	48,00	**50,00**	57,00	
	Dach, Unterzug aus Vollholz, Balkenschichtholz Nadelholz, 12/24cm, sichtbar				
	Einheit: m Balkenlänge				
	013 Betonarbeiten				2,4%
	016 Zimmer- und Holzbauarbeiten				97,6%
02	**DA Unterzug, Brettschichtholz, 12/24cm**	57,00	**63,00**	71,00	
	Dach, Unterzug aus Brettschichtholz Nadelholz, 12/24cm, sichtbar				
	Einheit: m Balkenlänge				
	013 Betonarbeiten				1,9%
	016 Zimmer- und Holzbauarbeiten				98,1%
03	**DA Überzug, Nadelholz, 16/24cm**	60,00	**64,00**	72,00	
	Dach, Überzug aus Vollholz, Balkenschichtholz Nadelholz, 16/24cm, sichtbar				
	Einheit: m Balkenlänge				
	013 Betonarbeiten				1,9%
	016 Zimmer- und Holzbauarbeiten				98,1%
04	**DA Überzug, Brettschichtholz, 16/24cm**	68,00	**75,00**	85,00	
	Dach, Überzug aus Brettschichtholz Nadelholz, 16/24cm, sichtbar				
	Einheit: m Balkenlänge				
	013 Betonarbeiten				1,6%
	016 Zimmer- und Holzbauarbeiten				98,4%
05	**DA flach, Holz, Brettstapel, 140mm, gehobelt**	170,00	**181,00**	183,00	
	Dach, flach/flach geneigt, aus Massivholz, Brettstapel mit EPDM-Bahn, 140mm, gehobelt				
	Einheit: m² Dachfläche				
	016 Zimmer- und Holzbauarbeiten				99,8%
	021 Dachabdichtungsarbeiten				0,2%
06	**DA flach, Holz, Brettstapel, 160mm, gehobelt**	185,00	**207,00**	225,00	
	Dach, flach/flach geneigt, aus Massivholz, Brettstapel mit EPDM, 160mm, gehobelt				
	Einheit: m² Dachfläche				
	016 Zimmer- und Holzbauarbeiten				99,9%
	021 Dachabdichtungsarbeiten				0,1%
07	**DA flach, Holz, Brettstapel, 240mm, gehobelt**	275,00	**277,00**	289,00	
	Dach, flach/flach geneigt, aus Holz, Brettstapeldecke, mit EPDM, 240mm, gehobelt				
	Einheit: m² Dachfläche				
	016 Zimmer- und Holzbauarbeiten				99,9%
	021 Dachabdichtungsarbeiten				< 0,1%
08	**DA flach, Holz, Brettsperrholz, 160mm, gehobelt**	194,00	**206,00**	212,00	
	Dach, flach/flach geneigt, aus Brettsperrholz, mit EPDM, 160mm, gehobelt				
	Einheit: m² Dachfläche				
	016 Zimmer- und Holzbauarbeiten				99,9%
	021 Dachabdichtungsarbeiten				0,1%

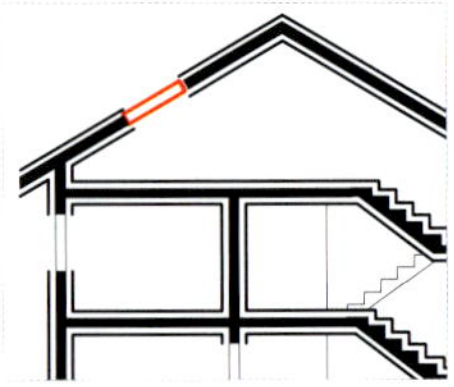

Kosten:
Stand 1. Quartal 2026
Bundesdurchschnitt
inkl. 19% MwSt.

▷ von
Ø Mittel
◁ bis

KG.OZ		▷	€/Einheit	◁	LB an EA
362.10	**Dachflächenfenster**				
01	**DA Fenster, Holz, bis 1,00m^2**	1.760,00	**2.002,00**	2.247,00	
	Dachflächenfenster aus Holz, Schwingflügel mit Eindeckrahmen, bis 1,00m^2				
	Einheit: St Öffnung				
	016 Zimmer- und Holzbauarbeiten				79,4%
	022 Klempnerarbeiten				20,6%
02	**DA Fenster, Kunststoff, bis 1,85m^2, Sonnenschutz**	2.242,00	**2.349,00**	2.559,00	
	Dachflächenfenster aus Kunststoff, Schwingflügel mit Eindeckrahmen, bis 1,85m^2, mit Sonnenschutz				
	Einheit: St Öffnung				
	016 Zimmer- und Holzbauarbeiten				71,3%
	020 Dachdeckungsarbeiten				11,1%
	022 Klempnerarbeiten				17,5%
03	**DA Fenster, Holz, bis 1,85m^2**	2.144,00	**2.308,00**	2.460,00	
	Dachflächenfenster aus Holz, Schwingflügel mit Eindeckrahmen, bis 1,85m^2				
	Einheit: St Öffnung				
	016 Zimmer- und Holzbauarbeiten				82,2%
	022 Klempnerarbeiten				17,8%
04	**DA Fenster, Holz, bis 1,00m^2, Sonnenschutz**	2.019,00	**2.263,00**	2.540,00	
	Dachflächenfenster aus Holz, Schwingflügel mit Eindeckrahmen, bis 1,00m^2, mit Sonnenschutz				
	Einheit: St Öffnung				
	016 Zimmer- und Holzbauarbeiten				70,3%
	020 Dachdeckungsarbeiten				11,5%
	022 Klempnerarbeiten				18,2%
05	**DA Fenster, Holz, bis 1,85m^2, Sonnenschutz**	2.404,00	**2.569,00**	2.754,00	
	Dachflächenfenster aus Holz, Schwingflügel mit Eindeckrahmen, bis 1,85m^2, mit Sonnenschutz				
	Einheit: St Öffnung				
	016 Zimmer- und Holzbauarbeiten				73,8%
	020 Dachdeckungsarbeiten				10,2%
	022 Klempnerarbeiten				16,0%
06	**DA Fenster, Holz, bis 1,00m^2**	1.760,00	**2.002,00**	2.247,00	
	Dachflächenfenster aus Holz, Schwingflügel mit Eindeckrahmen, bis 1,00m^2				
	Einheit: m^2 Öffnungsfläche				
	016 Zimmer- und Holzbauarbeiten				79,4%
	022 Klempnerarbeiten				20,6%
07	**DA Fenster, Holz, bis 1,85m^2**	1.328,00	**1.436,00**	1.568,00	
	Dachflächenfenster aus Holz, Schwingflügel mit Eindeckrahmen, bis 1,85m^2				
	Einheit: m^2 Öffnungsfläche				
	016 Zimmer- und Holzbauarbeiten				71,3%
	022 Klempnerarbeiten				28,7%
08	**DA Fenster, Holz, bis 1,00m^2, Sonnenschutz**	2.019,00	**2.263,00**	2.540,00	
	Dachflächenfenster aus Holz, Schwingflügel mit Eindeckrahmen, bis 1,00m^2, mit Sonnenschutz				
	Einheit: m^2 Öffnungsfläche				
	016 Zimmer- und Holzbauarbeiten				70,3%
	020 Dachdeckungsarbeiten				11,5%
	022 Klempnerarbeiten				18,2%

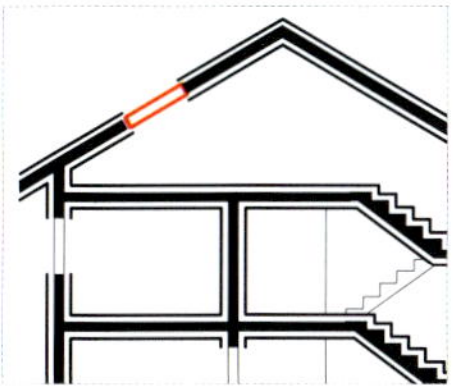

362.10 Dachflächenfenster

KG.OZ		▷	€/Einheit	◁	LB an EA
09	**DA Fenster, Holz, bis 1,85m², Sonnenschutz**	1.588,00	**1.697,00**	1.862,00	
	Dachflächenfenster aus Holz, Schwingflügel mit Eindeckrahmen, bis 1,85m², mit Sonnenschutz				
	Einheit: m² Öffnungsfläche				
	016 Zimmer- und Holzbauarbeiten				60,3%
	020 Dachdeckungsarbeiten				15,4%
	022 Klempnerarbeiten				24,3%
10	**DA Fenster, Kunststoff, bis 1,85m²**	1.500,00	**1.578,00**	1.757,00	
	Dachflächenfenster aus Kunststoff, Schwingflügel mit Eindeckrahmen, bis 1,85m²				
	Einheit: m² Öffnungsfläche				
	016 Zimmer- und Holzbauarbeiten				57,3%
	020 Dachdeckungsarbeiten				16,5%
	022 Klempnerarbeiten				26,1%

362.20 Lichtkuppeln

KG.OZ		▷	€/Einheit	◁	LB an EA
01	**DA Lichtkuppel, Metallrahmen/Acryl, rund**	2.135,00	**2.608,00**	3.035,00	
	Lichtkuppel auf Dach, Metallrahmen mit Acrylglas, zweischalig, rund, bis 1.200 mm				
	Einheit: St Öffnung				
	021 Dachabdichtungsarbeiten				100,0%
02	**DA Lichtkuppel, Metallrahmen/Acryl, eckig**	2.522,00	**2.813,00**	3.657,00	
	Lichtkuppel auf Dach, Metallrahmen mit Acrylglas, zweischalig, rechteckig, 1.200/1.200mm				
	Einheit: St Öffnung				
	021 Dachabdichtungsarbeiten				100,0%
03	**DA Lichtkuppel, Metallrahmen/Acryl, rund**	2.184,00	**2.665,00**	3.108,00	
	Lichtkuppel auf Dach, Metallrahmen mit Acrylglas, rund				
	Einheit: m² Öffnungsfläche				
	021 Dachabdichtungsarbeiten				100,0%
04	**DA Lichtkuppel, Metallrahmen/Acryl, eckig**	1.753,00	**1.955,00**	2.542,00	
	Lichtkuppel auf Dach, Metallrahmen mit Acrylglas, zweischalig				
	Einheit: m² Öffnungsfläche				
	021 Dachabdichtungsarbeiten				100,0%

Kosten:
Stand 1. Quartal 2026
Bundesdurchschnitt
inkl. 19% MwSt.

KG.OZ		▷	€/Einheit	◁	LB an EA
363.10	**Abdichtung**				
01	**DA flach, Abdichtung, Kunststoffbahn, einlagig**	86,00	**99,00**	119,00	
	Dachabdichtung mit EPDM-Kunststoffbahn, einlagig, auf Flachdach, inkl. Dampfsperre und Anschlüsse an aufgehende Bauteile				
	Einheit: m² Belagsfläche				
	021 Dachabdichtungsarbeiten				100,0%
02	**DA flach, Abdichtung, PYE, zweilagig, Schweißbahn**	92,00	**103,00**	118,00	
	Dachabdichtung mit Polymer-Bitumenschweißbahnen, zweilagig, für Flachdach, inkl. Dampfsperre und Anschlüsse an aufgehende Bauteile				
	Einheit: m² Belagsfläche				
	021 Dachabdichtungsarbeiten				100,0%
03	**DA flach, Abdichtung, PYE, zweilagig, Wurzelschutz**	97,00	**112,00**	129,00	
	Dachabdichtung mit Polymer-Bitumenbahnen, zweilagig, für Flachdach, mit Wurzelschutz, inkl. Dampfsperre und Anschlüsse an aufgehende Bauteile				
	Einheit: m² Belagsfläche				
	021 Dachabdichtungsarbeiten				100,0%
363.20	**Abdichtung, Wärmedämmung**				
01	**DA flach, Abdichtung, Kunststoffbahn, EPDM, einlagig, MW 240mm**	141,00	**161,00**	197,00	
	Dachabdichtung mit EPDM-Kunststoffbahn, einlagig, auf Flachdach, Wärmedämmung mit Holzfaserplatten 240mm, inkl. Dampfsperre und Anschlüsse an aufgehende Bauteile				
	Einheit: m² Belagsfläche				
	021 Dachabdichtungsarbeiten				100,0%
02	**DA flach, Abdichtung, Kunststoffbahn, EPDM, einlagig, WF 240mm**	204,00	**239,00**	302,00	
	Dachabdichtung mit EPDM-Kunststoffbahn, einlagig, auf Flachdach, Wärmedämmung mit Holzfaserplatten 240mm, inkl. Dampfsperre und Anschlüsse an aufgehende Bauteile				
	Einheit: m² Belagsfläche				
	021 Dachabdichtungsarbeiten				100,0%
03	**DA flach, Abdichtung, Kunststoffbahn, EPDM, einlagig, EPS 240mm**	111,00	**129,00**	150,00	
	Dachabdichtung mit EPDM-Kunststoffbahn, einlagig, auf Flachdach, Wärmedämmung mit Polystyrolplatten 240mm, inkl. Dampfsperre und Anschlüsse an aufgehende Bauteile				
	Einheit: m² Belagsfläche				
	021 Dachabdichtungsarbeiten				100,0%
04	**DA flach, Abdichtung, Kunststoffbahn, PVC, einlagig, MW 240mm**	132,00	**152,00**	185,00	
	Dachabdichtung mit PVC-Kunststoffbahn, einlagig, auf Flachdach, Wärmedämmung mit Mineralwolleplatten 240mm, inkl. Dampfsperre und Anschlüsse an aufgehende Bauteile				
	Einheit: m² Belagsfläche				
	021 Dachabdichtungsarbeiten				100,0%

▷ von
ø Mittel
◁ bis

KG.OZ		▷	€/Einheit	◁	LB an EA
363.20	**Abdichtung, Wärmedämmung**				
05	**DA flach, Kies, PYE, zweilagig, EPS 240mm** Dachabdichtung mit Polymer-Bitumenbahnen, zweilagig, auf Flachdach, Polystyroldämmung 240mm, mit Kiesschüttung, inkl. Dampfsperre und Anschlüsse an aufgehende Bauteile Einheit: m² Belagsfläche	169,00	**196,00**	226,00	
	021 Dachabdichtungsarbeiten				100,0%
06	**DA flach, Kies, PYE, zweilagig, XPS 240mm** Dachabdichtung mit Polymer-Bitumenbahnen, zweilagig, auf Flachdach, Polystyroldämmung 240mm, mit Kiesschüttung Einheit: m² Belagsfläche	204,00	**223,00**	252,00	
	018 Abdichtungsarbeiten				39,8%
	021 Dachabdichtungsarbeiten				60,2%
07	**DA flach, Kies, PYE, zweilagig, MW 240mm** Dachabdichtung mit Polymer-Bitumenbahnen, zweilagig, auf Flachdach, Mineralwolledämmung 240mm, mit Kiesschüttung, inkl. Dampfsperre und Anschlüsse an aufgehende Bauteile Einheit: m² Belagsfläche	180,00	**205,00**	245,00	
	021 Dachabdichtungsarbeiten				100,0%
08	**DA flach, Kies, PYE, zweilagig, WF 240mm** Dachabdichtung mit Polymer-Bitumenbahnen, zweilagig, auf Flachdach, Holzfaserdämmung 240mm, mit Kiesschüttung, inkl. Dampfsperre und Anschlüsse an aufgehende Bauteile Einheit: m² Belagsfläche	243,00	**284,00**	350,00	
	021 Dachabdichtungsarbeiten				100,0%
09	**DA flach, Begrünung, extensiv, PYE, zweilagig, EPS 240mm** Dachabdichtung mit Polymer-Bitumenbahnen, zweilagig, auf Flachdach, Polystyroldämmung 240mm, mit extensiver Dachbegrünung, inkl. Dampfsperre und Anschlüsse an aufgehende Bauteile Einheit: m² Belagsfläche	221,00	**254,00**	285,00	
	003 Landschaftsbauarbeiten				27,8%
	021 Dachabdichtungsarbeiten				72,2%
10	**DA flach, Begrünung, extensiv, PYE, zweilagig, XPS 240mm** Dachabdichtung mit Polymer-Bitumenbahnen, zweilagig, auf Flachdach, Polystyroldämmung 240mm, mit extensiver Dachbegrünung, inkl. Dampfsperre und Anschlüsse an aufgehende Bauteile Einheit: m² Belagsfläche	256,00	**281,00**	311,00	
	003 Landschaftsbauarbeiten				25,1%
	018 Abdichtungsarbeiten				31,6%
	021 Dachabdichtungsarbeiten				43,3%
11	**DA flach, Begrünung, extensiv, PYE, zweilagig, PUR 180mm** Dachabdichtung mit Polymer-Bitumenbahnen, zweilagig, auf Flachdach, Polyurethandämmung 180mm, mit extensiver Dachbegrünung, inkl. Dampfsperre und Anschlüsse an aufgehende Bauteile Einheit: m² Belagsfläche	242,00	**274,00**	313,00	
	003 Landschaftsbauarbeiten				25,7%
	021 Dachabdichtungsarbeiten				74,3%

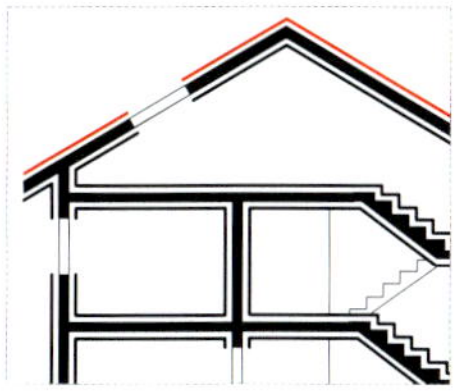

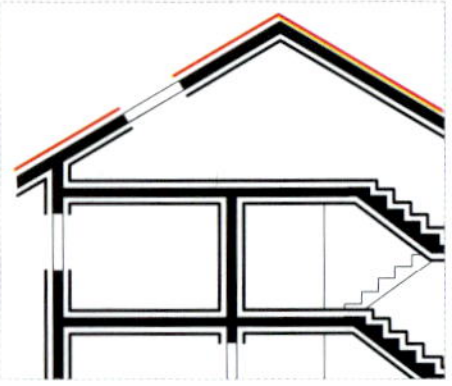

Kosten:
Stand 1. Quartal 2026
Bundesdurchschnitt
inkl. 19% MwSt.

▷ von
ø Mittel
◁ bis

KG.OZ		▷	€/Einheit	◁	LB an EA
363.20	**Abdichtung, Wärmedämmung**				
12	**DA flach, Begrünung, extensiv, PYE, zweilagig, MW 240mm**	228,00	**260,00**	299,00	
	Dachabdichtung mit Polymer-Bitumenbahnen, zweilagig, auf Flachdach, Mineralwolledämmung 240mm, mit extensiver Dachbegrünung, inkl. Dampfsperre und Anschlüsse an aufgehende Bauteile				
	Einheit: m² Belagsfläche				
	003 Landschaftsbauarbeiten				27,1%
	021 Dachabdichtungsarbeiten				72,9%
13	**DA flach, Begrünung, extensiv, PYE, zweilagig, WF 240mm**	292,00	**338,00**	404,00	
	Dachabdichtung mit Polymer-Bitumenbahnen, zweilagig, auf Flachdach, Holzfaserdämmung 240mm, mit extensiver Dachbegrünung, inkl. Dampfsperre und Anschlüsse an aufgehende Bauteile				
	Einheit: m² Belagsfläche				
	003 Landschaftsbauarbeiten				20,8%
	021 Dachabdichtungsarbeiten				79,2%
14	**DA flach, Plattenbelag, PYE, zweilagig, EPS 240mm**	265,00	**300,00**	345,00	
	Dachabdichtung mit Polymer-Bitumenbahnen, zweilagig, auf Flachdach, Polystyroldämmung 240mm, mit Plattenbelag, inkl. Dampfsperre und Anschlüsse an aufgehende Bauteile				
	Einheit: m² Belagsfläche				
	003 Landschaftsbauarbeiten				1,1%
	021 Dachabdichtungsarbeiten				98,9%
363.30	**Dachsteine**				
01	**DA geneigt, Betondachsteine, Unterdeckbahn**	122,00	**134,00**	157,00	
	Dachdeckung mit Betondachsteinen, mit Lattung und Konterlattung, mit Unterdeckbahn				
	Einheit: m² Belagsfläche				
	020 Dachdeckungsarbeiten				84,9%
	022 Klempnerarbeiten				15,1%
02	**DA geneigt, Flachdachziegel, Unterdeckbahn**	128,00	**141,00**	165,00	
	Dachdeckung mit Flachdachziegel, mit Lattung und Konterlattung, mit Unterdeckbahn				
	Einheit: m² Belagsfläche				
	020 Dachdeckungsarbeiten				85,7%
	022 Klempnerarbeiten				14,3%
03	**DA geneigt, Tonfalzziegel, Unterdeckbahn**	133,00	**145,00**	168,00	
	Dachdeckung mit Tonfalzziegel, mit Lattung und Konterlattung, mit Unterdeckbahn				
	Einheit: m² Belagsfläche				
	020 Dachdeckungsarbeiten				86,1%
	022 Klempnerarbeiten				13,9%
04	**DA geneigt, Biberschwanzziegel, Unterdeckbahn**	151,00	**166,00**	189,00	
	Dachdeckung mit Biberschwanzziegel, mit Lattung und Konterlattung, mit Unterdeckbahn				
	Einheit: m² Belagsfläche				
	020 Dachdeckungsarbeiten				87,8%
	022 Klempnerarbeiten				12,2%

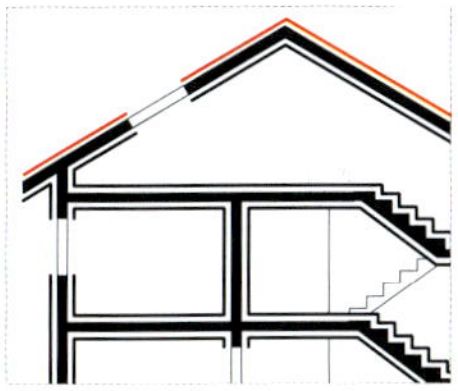

363.30 Dachsteine

		▷	€/Einheit	◁	LB an EA
05	**DA geneigt, Betondachsteine, Dachschalung, Unterdachbahn**	159,00	**176,00**	205,00	
	Dachdeckung mit Betondachsteinen, mit Lattung und Konterlattung, auf Dachschalung aus Rauspund 24mm, mit Unterdachbahn				
	Einheit: m² Belagsfläche				
	020 Dachdeckungsarbeiten				88,5%
	022 Klempnerarbeiten				11,5%
06	**DA geneigt, Tonfalzziegel, Dachschalung, Unterdeckbahn**	170,00	**187,00**	216,00	
	Dachdeckung mit Tonfalzziegel, mit Lattung und Konterlattung, auf Dachschalung aus Rauspund 24mm, mit Unterdeckbahn				
	Einheit: m² Belagsfläche				
	020 Dachdeckungsarbeiten				89,2%
	022 Klempnerarbeiten				10,8%
07	**DA geneigt, Biberschwanzziegel, Dachschalung, Unterdachbahn**	188,00	**208,00**	237,00	
	Dachdeckung mit Biberschwanzziegel, mit Lattung und Konterlattung, auf Dachschalung aus Rauspund 24mm, mit Unterdachbahn				
	Einheit: m² Belagsfläche				
	020 Dachdeckungsarbeiten				90,3%
	022 Klempnerarbeiten				9,7%
08	**DA geneigt, Betondachsteine, Unterdeckung WF 35mm**	154,00	**165,00**	188,00	
	Dachdeckung mit Betondachsteinen, mit Lattung und Konterlattung, auf Unterdeckung aus Holzweichfaserplatten 35mm				
	Einheit: m² Belagsfläche				
	020 Dachdeckungsarbeiten				87,7%
	022 Klempnerarbeiten				12,3%
09	**DA geneigt, Flachdachziegel, Unterdeckung WF 35mm**	159,00	**172,00**	196,00	
	Dachdeckung mit Flachdachziegel, mit Lattung und Konterlattung, auf Unterdeckung aus Holzweichfaserplatten 35mm				
	Einheit: m² Belagsfläche				
	020 Dachdeckungsarbeiten				88,2%
	022 Klempnerarbeiten				11,8%
10	**DA geneigt, Tonfalzziegel, Unterdeckung WF 35mm**	164,00	**176,00**	198,00	
	Dachdeckung mit Tonfalzziegel, mit Lattung und Konterlattung, auf Unterdeckung aus Holzweichfaserplatten 35mm				
	Einheit: m² Belagsfläche				
	020 Dachdeckungsarbeiten				88,5%
	022 Klempnerarbeiten				11,5%
11	**DA geneigt, Biberschwanzziegel, Unterdeckung WF 35mm**	183,00	**196,00**	220,00	
	Dachdeckung mit Biberschwanzziegel, mit Lattung und Konterlattung, auf Unterdeckung aus Holzweichfaserplatten 35mm				
	Einheit: m² Belagsfläche				
	020 Dachdeckungsarbeiten				89,7%
	022 Klempnerarbeiten				10,3%

Kosten:
Stand 1.Quartal 2026
Bundesdurchschnitt
inkl. 19% MwSt.

KG.OZ		▷	€/Einheit	◁	LB an EA
363.40	**Schindeln**				
01	**DA geneigt, Faserzementplatten, Doppeldeckung, Schalung, Trennlage** Dachdeckung mit Faserzementplatten, als Doppeldeckung, Schalung, Trennlage und Trauf-/Ortganganschlüsse	229,00	**262,00**	312,00	
	Einheit: m² Belagsfläche				
	020 Dachdeckungsarbeiten				76,5%
	022 Klempnerarbeiten				23,5%
02	**DA geneigt, Faserzementplatten, Deutsche Deckung, Schalung, Trennlage** Dachdeckung mit Faserzementplatten, als Deutsche Deckung, Schalung, Trennlage und Trauf-/Ortganganschlüsse	250,00	**285,00**	342,00	
	Einheit: m² Belagsfläche				
	020 Dachdeckungsarbeiten				78,5%
	022 Klempnerarbeiten				21,5%
363.50	**Metall**				
01	**DA geneigt, Kupfer, Doppelstehfalz, Schalung, Trennlage** Dachdeckung mit Kupferblech, mit Doppelstehfalz, Schalung, Trennlage und Trauf-/Ortganganschlüsse	298,00	**334,00**	367,00	
	Einheit: m² Belagsfläche				
	020 Dachdeckungsarbeiten				16,8%
	022 Klempnerarbeiten				83,2%
02	**DA geneigt, Titanzink, Doppelstehfalz, Schalung, Trennlage** Dachdeckung mit Titanzinkblech, mit Doppelstehfalz, Schalung, Trennlage und Trauf-/Ortganganschlüsse	244,00	**285,00**	327,00	
	Einheit: m² Belagsfläche				
	020 Dachdeckungsarbeiten				19,7%
	022 Klempnerarbeiten				80,3%
363.70	**Dachentwässerung horizontal**				
01	**DA Hängerinne, Kupfer, halbrund** Dachentwässerung mit Hängedachrinne, Kupfer, Rinnenhalter, Formstücke, Traufblech	103,00	**113,00**	123,00	
	Einheit: m Rinnenlänge				
	022 Klempnerarbeiten				100,0%
02	**DA Hängerinne, Alu, halbrund** Dachentwässerung mit Hängedachrinne, Aluminium, mit Rinnenhalter, Formstücke, Traufblech	93,00	**101,00**	111,00	
	Einheit: m Rinnenlänge				
	022 Klempnerarbeiten				100,0%
03	**DA Hängerinne, Titanzink, rund** Dachentwässerung mit Hängerinne, Titanzink, halbrund, mit Rinnenstutzen, Formstücke, Traufblech	83,00	**91,00**	107,00	
	Einheit: m Rinnenlänge				
	022 Klempnerarbeiten				100,0%
04	**DA Hängerinne, Titanzink, kastenförmig** Dachentwässerung mit Hängedachrinne, Titanzink, kastenförmig, Rinnenhalter, Formstücke, Traufblech	91,00	**97,00**	112,00	
	Einheit: m Rinnenlänge				
	022 Klempnerarbeiten				100,0%

▷ von
ø Mittel
◁ bis

KG.OZ		▷	€/Einheit	◁	LB an EA
363.80	**Dachentwässerung vertikal**				
01	**DA Fallrohr, DN100, Kupfer, Standrohr** Dachentwässerung mit Regenfallrohr, Kupfer DN100, Bögen, Standrohr Einheit: m Fallrohrlänge	106,00	**111,00**	127,00	
	022 Klempnerarbeiten				100,0%
02	**DA Fallrohr, DN100, Aluminium, Standrohr** Dachentwässerung mit Regenfallrohr, Aluminium DN100, Bögen, Standrohr Einheit: m Fallrohrlänge	97,00	**106,00**	126,00	
	022 Klempnerarbeiten				100,0%
03	**DA Fallrohr, DN100, Titanzink, Standrohr** Dachentwässerung mit Regenfallrohr, Titanzink DN100, Bögen, Standrohr Einheit: m Fallrohrlänge	74,00	**81,00**	93,00	
	022 Klempnerarbeiten				100,0%

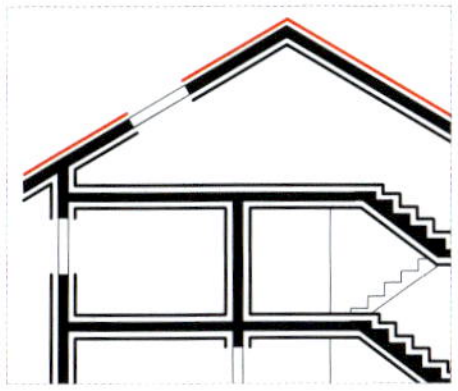

Kosten:
Stand 1. Quartal 2026
Bundesdurchschnitt
inkl. 19% MwSt.

▷ von
ø Mittel
◁ bis

KG.OZ		▷	€/Einheit	◁	LB an EA
364.20	**Oberflächenbehandlung**				
01	**DA Beschichtung, Kalkfarbe** Decken beschichten mit Kalkfarbe, auf Putz, glatt Einheit: m² Beschichtungsfläche	16,00	**16,00**	20,00	
	034 Maler- und Lackierarbeiten - Beschichtungen				100,0%
02	**DA Beschichtung, Dispersion, wb, auf Beton** Dach, Innenbeschichtung mit Dispersionsfarbe, waschbeständig, auf Beton Einheit: m² Beschichtungsfläche	9,80	**11,00**	14,00	
	034 Maler- und Lackierarbeiten - Beschichtungen				100,0%
03	**DA Beschichtung, Dispersion, sb, auf Putz, glatt** Dach, Innenbeschichtung mit Dispersionsfarbe, scheuerbeständig, auf Putz, glatt Einheit: m² Beschichtungsfläche	9,10	**11,00**	14,00	
	034 Maler- und Lackierarbeiten - Beschichtungen				100,0%
04	**DA Beschichtung, Dispersion, wb, auf Putz, rau** Dach, Innenbeschichtung mit Dispersionsfarbe, waschbeständig, auf Putz, rau Einheit: m² Beschichtungsfläche	11,00	**13,00**	16,00	
	034 Maler- und Lackierarbeiten - Beschichtungen				100,0%
05	**DA Beschichtung, Silikatfarbe, auf Gipsplatten** Dach, Innenbeschichtung auf Deckenputz mit Silikatfarbe, Grundierung Einheit: m² Beschichtungsfläche	15,00	**16,00**	19,00	
	034 Maler- und Lackierarbeiten - Beschichtungen				100,0%
06	**DA Beschichtung, Silikatfarbe, auf Putz** Dach, Innenbeschichtung mit Silikatbeschichtung auf Putz Einheit: m² Beschichtungsfläche	12,00	**14,00**	16,00	
	034 Maler- und Lackierarbeiten - Beschichtungen				100,0%
07	**DA Beschichtung, Lasur, Holz** Dach, Beschichtung der Holzbekleidung, mit Lasur Einheit: m² Beschichtungsfläche	21,00	**24,00**	28,00	
	034 Maler- und Lackierarbeiten - Beschichtungen				100,0%
364.30	**Putz**				
01	**DA Putz, Kalkgips, einlagig, gefilzt, Q2** Dach, Deckenbekleidung mit Kalkgipsputz, einlagig, gefilzt, Q2 Einheit: m² Bekleidungsfläche	25,00	**28,00**	31,00	
	023 Putz- und Stuckarbeiten, Wärmedämmsysteme				100,0%
02	**DA Putz, Kalkgips, einlagig, geglättet, Q3** Dach, Deckenbekleidung mit Kalkgipsputz, einlagig, geglättet, Q3 Einheit: m² Bekleidungsfläche	30,00	**33,00**	38,00	
	023 Putz- und Stuckarbeiten, Wärmedämmsysteme				100,0%
03	**DA Putz, Gips, einlagig, gefilzt, Q2** Dach, Deckenbekleidung mit Gipsputz, einlagig, gefilzt, Q2 Einheit: m² Bekleidungsfläche	25,00	**28,00**	28,00	
	023 Putz- und Stuckarbeiten, Wärmedämmsysteme				100,0%

KG.OZ		▷	€/Einheit	◁	LB an EA
364.30	**Putz**				
04	**DA Putz, Gips, einlagig, geglättet, Q3** Dach, Deckenbekleidung mit Gipsputz, einlagig, geglättet, Q3 Einheit: m² Bekleidungsfläche	27,00	**31,00**	32,00	
	023 Putz- und Stuckarbeiten, Wärmedämmsysteme				100,0%
05	**DA, Putz, Laibung, bis 25cm** Innenputz auf Fensterlaibung, Anputzprofil, Eckschiene, bis 25 cm Einheit: m Bekleidungsfläche	28,00	**32,00**	39,00	
	023 Putz- und Stuckarbeiten, Wärmedämmsysteme				100,0%
364.40	**Bekleidung auf Unterkonstruktion**				
01	**DA Bekleidung, Gipsplatten, einlagig, Federschiene** Dach, Deckenbekleidung mit Gipsplatten 12,5mm, auf Federschiene, mit Randanschluss als Schattennut Einheit: m² Bekleidungsfläche	102,00	**109,00**	124,00	
	039 Trockenbauarbeiten				100,0%
02	**DA Bekleidung, geneigt, Gipsplatten 12,5mm, einlagig, UK Holz** Dach, Innenbekleidung von geneigten Flächen, aus Gipsplatten12,5mm, mit Unterkonstruktion und Randanschluss Einheit: m² Bekleidungsfläche	82,00	**93,00**	116,00	
	039 Trockenbauarbeiten				100,0%
03	**DA Bekleidung, geneigt, Gipsplatten 12,5mm, zweilagig, UK Holz** Dach, Innenbekleidung von geneigten Flächen, aus Gipsplatten 12,5mm, zweilagig, mit Unterkonstruktion und Randanschluss Einheit: m² Bekleidungsfläche	97,00	**111,00**	137,00	
	039 Trockenbauarbeiten				100,0%
04	**DA Bekleidung, geneigt, Gipsplatten 12,5mm, einlagig, Dämmung** Dach, Innenbekleidung von geneigten Flächen, aus Gipsplatten 12,5mm, Unterkonstruktion und Randanschluss, mit Dämmung Einheit: m² Bekleidungsfläche	112,00	**127,00**	157,00	
	039 Trockenbauarbeiten				100,0%
364.60	**Tapeten**				
01	**DA Tapete, Raufaser, fein, beschichtet** Dach, Innenbekleidung mit Raufasertapeten, fein, mit Dispersionsbeschichtung Einheit: m² Bekleidungsfläche	14,00	**17,00**	20,00	
	034 Maler- und Lackierarbeiten - Beschichtungen				37,7%
	037 Tapezierarbeiten				62,3%
02	**DA Tapete, Raufaser, grob, beschichtet** Dach, Innenbekleidung mit Raufasertapeten, grob, mit Dispersionsbeschichtung Einheit: m² Bekleidungsfläche	14,00	**17,00**	20,00	
	034 Maler- und Lackierarbeiten - Beschichtungen				37,7%
	037 Tapezierarbeiten				62,3%

Kosten:
Stand 1. Quartal 2026
Bundesdurchschnitt
inkl. 19% MwSt.

KG.OZ		▷	€/Einheit	◁	LB an EA
364.60	**Tapeten**				
03	**DA Tapete, Glasfaser, fein, beschichtet**	23,00	**28,00**	30,00	
	Dach, Innenbekleidung mit Glasfasertapeten, fein, mit Dispersionsbeschichtung				
	Einheit: m² Bekleidungsfläche				
	034 Maler- und Lackierarbeiten - Beschichtungen				32,2%
	037 Tapezierarbeiten				67,8%
04	**DA Tapete, Glasfaser, grob, beschichtet**	23,00	**27,00**	31,00	
	Dach, Innenbekleidung mit Glasfasertapeten, grob, mit Dispersionsbeschichtung				
	Einheit: m² Bekleidungsfläche				
	034 Maler- und Lackierarbeiten - Beschichtungen				33,3%
	037 Tapezierarbeiten				66,7%
364.80	**Abgehängte Bekleidung**				
01	**DA Bekleidung, Gipsplatten, abgehängt, einlagig, Randanschluss**	95,00	**105,00**	121,00	
	Deckenbekleidung von Dachflächen, mit Gipsplatten 12,5mm, als abgehängte Decke, mit Randanschluss				
	Einheit: m² Bekleidungsfläche				
	039 Trockenbauarbeiten				100,0%
02	**DA Bekleidung, Gipsplatten, abgehängt, zweilagig, Randanschluss**	127,00	**139,00**	165,00	
	Deckenbekleidung von Dachflächen, mit Gipsplatten 12,5mm, zweilagig, als abgehängte Decke, mit Randanschluss				
	Einheit: m² Bekleidungsfläche				
	039 Trockenbauarbeiten				100,0%
03	**DA Bekleidung, Gipsplatten, abgehängt, zweilagig, Randanschluss, F/EI90**	177,00	**222,00**	289,00	
	Deckenbekleidung von Dachflächen, mit Gipsplatten 12,5mm, zweilagig, als abgehängte Decke, mit Randanschluss, mit Brandschutzanforderungen F90 EI90				
	Einheit: m² Bekleidungsfläche				
	039 Trockenbauarbeiten				100,0%
04	**DA Bekleidung, Gipsplatten, abgehängt, einlagig, Dämmung, Randanschluss**	110,00	**122,00**	142,00	
	Deckenbekleidung von Dachflächen, mit Gipsplatten 12,5mm, als abgehängte Decke, mit Dämmlage und Randanschluss				
	Einheit: m² Bekleidungsfläche				
	039 Trockenbauarbeiten				100,0%
05	**DA Bekleidung, Gipsplatten, abgehängt, zweilagig, Dämmung, Randanschluss**	142,00	**156,00**	186,00	
	Deckenbekleidung von Dachflächen, mit Gipsplatten 12,5mm, zweilagig, als abgehängte Decke, mit Dämmlage und Randanschluss				
	Einheit: m² Bekleidungsfläche				
	039 Trockenbauarbeiten				100,0%

▷ von
ø Mittel
◁ bis

364.80 Abgehängte Bekleidung

		▷	€/Einheit	◁	LB an EA
06	**DA Bekleidung, Gipsplatten, abgehängt, Dämmung, zweilagig, Randanschluss, EI90** Deckenbekleidung von Dachflächen, mit Gipsplatten 12,5mm, zweilagig, als abgehängte Decke, mit Dämmlage und Randanschluss, mit Brandschutzanforderungen F90/EI90 Einheit: m² Bekleidungsfläche	192,00	**238,00**	310,00	
	039 Trockenbauarbeiten				100,0%
07	**DA Bekleidung, Zementplatten, abgehängt, einlagig, Randanschluss** Deckenbekleidung von Dachflächen, mit Zementplatten 12,5mm, als abgehängte Decke, mit Randanschluss Einheit: m² Bekleidungsfläche	164,00	**179,00**	201,00	
	039 Trockenbauarbeiten				100,0%
08	**DA Bekleidung, Gipsplatten, Akustik, abgehängt, einlagig, Randanschluss** Deckenbekleidung mit Gipslochplatten 12,5mm, einlagig, als abgehängte Decke, mit Akustikeinlage und Randanschluss Einheit: m² Bekleidungsfläche	132,00	**145,00**	160,00	
	039 Trockenbauarbeiten				100,0%

KG.OZ		▷	€/Einheit	◁	LB an EA
392.10	**Standgerüste**				
01	**Gerüst, Fassaden, LK3, W06, 20 Wochen** Fassadengerüst mit Lastklasse 3, Mindestbelagsbreite 60cm, 20 Wochen Gebrauchsüberlassung Einheit: m² Gerüstfläche	17,00	**19,00**	22,00	
	001 Gerüstarbeiten				100,0%
02	**Gerüst, Fassaden, LK3, W06, 50 Wochen** Fassadengerüst mit Lastklasse 3, Mindestbelagsbreite 60cm, 50 Wochen Gebrauchsüberlassung Einheit: m² Gerüstfläche	29,00	**31,00**	35,00	
	001 Gerüstarbeiten				100,0%
03	**Gerüst, Fassaden, LK4, W09, 16 Wochen** Fassadengerüst mit Lastklasse 4, Mindestbelagsbreite 90cm, 16 Wochen Gebrauchsüberlassung Einheit: m² Gerüstfläche	23,00	**25,00**	29,00	
	001 Gerüstarbeiten				100,0%
04	**Gerüst, Fassaden, LK4, W09, 50 Wochen** Fassadengerüst mit Lastklasse 4, Mindestbelagsbreite 90cm, 50 Wochen Gebrauchsüberlassung Einheit: m² Gerüstfläche	42,00	**47,00**	55,00	
	001 Gerüstarbeiten				100,0%
05	**Dachfanggerüst, Erweiterung, 20 Wochen** Dachfanggerüst als Erweiterung des Fassadengerüsts, 20 Wochen Gebrauchsüberlassung Einheit: m Gerüstfläche	23,00	**27,00**	32,00	
	001 Gerüstarbeiten				100,0%
06	**Dachfanggerüst, Erweiterung, 50 Wochen** Dachfanggerüst als Erweiterung des Fassadengerüsts, 50 Wochen Gebrauchsüberlassung Einheit: m Gerüstfläche	37,00	**43,00**	53,00	
	001 Gerüstarbeiten				100,0%

Kosten:
Stand 1. Quartal 2026
Bundesdurchschnitt
inkl. 19% MwSt.

▷ von
ø Mittel
◁ bis

411.10 Abwasserleitungen/Abläufe

		▷	€/Einheit	◁	LB an EA
01	**Abwasser, PP-Rohrleitungen, Formteile, DN/OD75, gedämmt** Abwasserleitung aus PP mit Formteilen einschl. Verbindungs-und Befestigungsmaterial, DN/OD75, gedämmt Einheit: m Abwasserleitung	68,00	**78,00**	90,00	
	044 Abwasseranlagen - Leitungen, Abläufe, Armaturen				78,2%
	047 Dämm- und Brandschutzarbeiten an technischen Anlagen				21,8%
02	**Abwasser, PP-Rohrleitungen, Formteile, DN/OD75, gedämmt, Brandschutzabschottung** Abwasserleitung aus PP mit Formteilen einschl. Verbindungs-und Befestigungsmaterial, DN/OD75, gedämmt, mit Brandschutzabschottung Einheit: m Abwasserleitung	172,00	**192,00**	226,00	
	044 Abwasseranlagen - Leitungen, Abläufe, Armaturen				31,6%
	047 Dämm- und Brandschutzarbeiten an technischen Anlagen				68,4%
03	**Abwasser, PP-Rohrleitungen, Formteile, DN/OD90, gedämmt** Abwasserleitung aus PP mit Formteilen einschl. Verbindungs-und Befestigungsmaterial, DN/OD90, gedämmt Einheit: m Abwasserleitung	89,00	**104,00**	119,00	
	044 Abwasseranlagen - Leitungen, Abläufe, Armaturen				83,6%
	047 Dämm- und Brandschutzarbeiten an technischen Anlagen				16,4%
04	**Abwasser, PP-Rohrleitungen, Formteile, DN/OD90, gedämmt, Brandschutzabschottung** Abwasserleitung aus PP mit Formteilen einschl. Verbindungs-und Befestigungsmaterial, DN/OD90, gedämmt, mit Brandschutzabschottung Einheit: m Abwasserleitung	194,00	**221,00**	257,00	
	044 Abwasseranlagen - Leitungen, Abläufe, Armaturen				39,2%
	047 Dämm- und Brandschutzarbeiten an technischen Anlagen				60,8%
05	**Abwasser, PP-Rohrleitungen, Formteile, DN/OD110, gedämmt** Abwasserleitung aus PP mit Formteilen einschl. Verbindungs-und Befestigungsmaterial, DN/OD110, gedämmt Einheit: m Abwasserleitung	114,00	**131,00**	152,00	
	044 Abwasseranlagen - Leitungen, Abläufe, Armaturen				87,0%
	047 Dämm- und Brandschutzarbeiten an technischen Anlagen				13,0%
06	**Abwasser, PP-Rohrleitungen, Formteile, DN/OD110, gedämmt, Brandschutzabschottung** Abwasserleitung aus PP mit Formteilen einschl. Verbindungs-und Befestigungsmaterial, DN/OD110, gedämmt, mit Brandschutzabschottung Einheit: m Abwasserleitung	221,00	**249,00**	293,00	
	044 Abwasseranlagen - Leitungen, Abläufe, Armaturen				45,7%
	047 Dämm- und Brandschutzarbeiten an technischen Anlagen				54,3%

KG.OZ		▷	€/Einheit	◁	LB an EA
411.10	**Abwasserleitungen/Abläufe**				
07	**Abwasser, HT-Rohrleitungen, Formteile, DN/OD75, gedämmt**	61,00	**66,00**	85,00	
	Abwasserleitung aus HT mit Formteilen einschl. Verbindungs-und Befestigungsmaterial, DN/OD75, gedämmt				
	Einheit: m Abwasserleitung				
	044 Abwasseranlagen - Leitungen, Abläufe, Armaturen				74,5%
	047 Dämm- und Brandschutzarbeiten an technischen Anlagen				25,5%
08	**Abwasser, HT-Rohrleitungen, Formteile, DN/OD75, gedämmt, Brandschutzabschottung**	165,00	**181,00**	221,00	
	Abwasserleitung aus HT mit Formteilen einschl. Verbindungs-und Befestigungsmaterial, DN/OD75, gedämmt, mit Brandschutzabschottung				
	Einheit: m Abwasserleitung				
	044 Abwasseranlagen - Leitungen, Abläufe, Armaturen				27,3%
	047 Dämm- und Brandschutzarbeiten an technischen Anlagen				72,7%
09	**Abwasser, HT-Rohrleitungen, Formteile, DN/OD110, gedämmt**	75,00	**81,00**	97,00	
	Abwasserleitung aus HT mit Formteilen einschl. Verbindungs-und Befestigungsmaterial, DN/OD110, gedämmt				
	Einheit: m Abwasserleitung				
	044 Abwasseranlagen - Leitungen, Abläufe, Armaturen				79,2%
	047 Dämm- und Brandschutzarbeiten an technischen Anlagen				20,8%
10	**Abwasser, HT-Rohrleitungen, Formteile, DN/OD110, gedämmt, Brandschutzabschottung**	182,00	**200,00**	238,00	
	Abwasserleitung aus HT mit Formteilen einschl. Verbindungs-und Befestigungsmaterial, DN/OD110, gedämmt, mit Brandschutzabschottung				
	Einheit: m Abwasserleitung				
	044 Abwasseranlagen - Leitungen, Abläufe, Armaturen				32,3%
	047 Dämm- und Brandschutzarbeiten an technischen Anlagen				67,7%
11	**Abwasser, Guss-Rohrleitungen, Formteile, DN80, gedämmt**	109,00	**120,00**	129,00	
	Abwasserleitung aus Guss mit Formteilen einschl. Verbindungs-und Befestigungsmaterial, DN80, gedämmt				
	Einheit: m Abwasserleitung				
	044 Abwasseranlagen - Leitungen, Abläufe, Armaturen				85,8%
	047 Dämm- und Brandschutzarbeiten an technischen Anlagen				14,2%
12	**Abwasser, Guss-Rohrleitungen, Formteile, DN80, gedämmt, Brandschutzabschottung**	164,00	**194,00**	220,00	
	Abwasserleitung aus Guss mit Formteilen einschl. Verbindungs-und Befestigungsmaterial, DN80, gedämmt, mit Brandschutzabschottung				
	Einheit: m Abwasserleitung				
	044 Abwasseranlagen - Leitungen, Abläufe, Armaturen				53,1%
	047 Dämm- und Brandschutzarbeiten an technischen Anlagen				46,9%

Kosten:
Stand 1. Quartal 2026
Bundesdurchschnitt
inkl. 19% MwSt.

▷ von
ø Mittel
◁ bis

411.10 Abwasserleitungen/Abläufe

13	**Bodenablauf, Anschlussleitung, Guss, DN/OD110**	973,00	**1.000,00**	1.088,00	
	Bodenablauf aus Gusseisen, mit Rostrahmen und Aufstockelement, Geruchsverschluss und Reinigungsöffnung, Anschlussleitung aus Guss				
	Einheit: St Ablauf				
	044 Abwasseranlagen - Leitungen, Abläufe, Armaturen				100,0%
14	**Duschablauf, Anschlussleitung, PP-Rohrleitung, bis DN/OD110**	831,00	**931,00**	1.109,00	
	Duschablauf, mit Rostrahmen und Aufstockelement, Geruchsverschluss und Reinigungsöffnung, Anschlussleitung aus PP				
	Einheit: St Ablauf				
	044 Abwasseranlagen - Leitungen, Abläufe, Armaturen				100,0%
15	**Duschrinne, Edelstahl, PP-Anschlussleitung**	741,00	**801,00**	935,00	
	Bodenablauf als Rinne für Dusche aus Edelstahl mit herausnehmbarem Kammeinsatz, Rinnenlänge kürzbar, mit umlaufender Anschlussrandabdichtung und Anschlussleitung aus PP				
	Einheit: St Ablauf				
	044 Abwasseranlagen - Leitungen, Abläufe, Armaturen				100,0%
16	**Flachdachentwässerung, innenliegend, Freispiegel, HT, DN/OD75**	868,00	**965,00**	1.185,00	
	Innenliegende Freispiegel-/Flachdachentwässerung mit 12m HT-Regenwasserleitungsrohr DN/OD75 inkl. Rohrdämmung, sowie einen Anschluss an ein Flachdachablauf, inkl. Laub-/Kiesfang. Regenwasserleitungsanschluss an die Grundleitung, einschl. Form und Verbindungsstücke				
	Einheit: St Entwässerung				
	021 Dachabdichtungsarbeiten				22,8%
	044 Abwasseranlagen - Leitungen, Abläufe, Armaturen				56,1%
	047 Dämm- und Brandschutzarbeiten an technischen Anlagen				21,1%
17	**Flachdachentwässerung, innenliegend, Freispiegel, HT, DN/OD110**	985,00	**1.046,00**	1.126,00	
	Innenliegende Freispiegel-/Flachdachentwässerung mit 12m HT-Regenwasserleitungsrohr DN/OD110 inkl. Rohrdämmung, sowie einen Anschluss an ein Flachdachablauf, inkl. Laub-/Kiesfang. Regenwasserleitungsanschluss an die Grundleitung, einschl. Form und Verbindungsstücke				
	Einheit: St Entwässerung				
	044 Abwasseranlagen - Leitungen, Abläufe, Armaturen				80,5%
	047 Dämm- und Brandschutzarbeiten an technischen Anlagen				19,5%
18	**Flachdachentwässerung, innenliegend, Freispiegel, PP, DN/OD75**	863,00	**991,00**	1.147,00	
	Innenliegende Freispiegel-/Flachdachentwässerung mit 12m PP-Regenwasserleitungsrohr DN/OD75 inkl. Rohrdämmung, sowie einen Anschluss an ein Flachdachablauf, inkl. Laub-/Kiesfang. Regenwasserleitungsanschluss an die Grundleitung, einschl. Form und Verbindungsstücke				
	Einheit: St Entwässerung				
	021 Dachabdichtungsarbeiten				22,2%
	044 Abwasseranlagen - Leitungen, Abläufe, Armaturen				57,3%
	047 Dämm- und Brandschutzarbeiten an technischen Anlagen				20,6%

KG.OZ	▷	€/Einheit	◁	LB an EA

411.10 Abwasserleitungen/Abläufe

19 **Flachdachentwässerung, innenliegend, Freispiegel, PP, DN/OD110** 1.142,00 **1.281,00** 1.434,00

Innenliegende Freispiegel-/Flachdachentwässerung mit 12m PP-Regenwasserleitungsrohr DN/OD110 inkl. Rohrdämmung, sowie einen Anschluss an ein Flachdachablauf, inkl. Laub-/Kiesfang. Regenwasserleitungsanschluss an die Grundleitung, einschl. Form und Verbindungsstücke

Einheit: St Entwässerung

044 Abwasseranlagen - Leitungen, Abläufe, Armaturen	84,1%
047 Dämm- und Brandschutzarbeiten an technischen Anlagen	15,9%

20 **Rohrbelüfter, HT-Leitung, DN/OD75, Formstücke, gedämmt** 567,00 **632,00** 753,00

Rohrbelüfter mit Abwasserleitung, HT-Rohr DN/OD75, Formstücke, gedämmt

Einheit: St Belüfter

044 Abwasseranlagen - Leitungen, Abläufe, Armaturen	83,9%
047 Dämm- und Brandschutzarbeiten an technischen Anlagen	16,1%

21 **Rohrbelüfter, HT-Leitung, DN/OD110, Formstücke, gedämmt** 716,00 **780,00** 1.010,00

Rohrbelüfter mit Abwasserleitung, HT-Rohr DN/OD110, Formstücke, gedämmt

Einheit: St Belüfter

044 Abwasseranlagen - Leitungen, Abläufe, Armaturen	86,9%
047 Dämm- und Brandschutzarbeiten an technischen Anlagen	13,1%

22 **Rohrbelüfter, PE-Leitung, DN/OD75, Formstücke, gedämmt** 585,00 **680,00** 755,00

Rohrbelüfter mit Abwasserleitung, PE-Rohr DN/OD75, Formstücke, gedämmt

Einheit: St Belüfter

044 Abwasseranlagen - Leitungen, Abläufe, Armaturen	85,0%
047 Dämm- und Brandschutzarbeiten an technischen Anlagen	15,0%

23 **Rohrbelüfter, PE-Leitung, DN/OD110, Formstücke, gedämmt** 827,00 **934,00** 1.296,00

Rohrbelüfter mit Abwasserleitung, PE-Rohr DN/OD110, Formstücke, gedämmt

Einheit: St Belüfter

044 Abwasseranlagen - Leitungen, Abläufe, Armaturen	89,1%
047 Dämm- und Brandschutzarbeiten an technischen Anlagen	10,9%

24 **Rohrbelüfter, Gussleitung, DN/OD110, Formstücke, gedämmt** 1.042,00 **1.158,00** 1.220,00

Rohrbelüfter mit Abwasserleitung, Gussrohr DN/OD110, Formstücke, gedämmt

Einheit: St Belüfter

044 Abwasseranlagen - Leitungen, Abläufe, Armaturen	91,2%
047 Dämm- und Brandschutzarbeiten an technischen Anlagen	8,8%

411.50 Hebeanlagen

01 **Abwasserhebeanlage** 5.468,00 **6.254,00** 7.570,00

Abwasserhebeanlage

Einheit: St Abwasserhebeanlage

046 Gas-, Wasser- und Entwässerungsanlagen - Betriebseinrichtungen	100,0%

Kosten:
Stand 1.Quartal 2026
Bundesdurchschnitt
inkl. 19% MwSt.

▷ von
ø Mittel
◁ bis

412.20 Wasseraufbereitungsanlagen

01	**Hauseinführung, Rohrleitung, Hauswasserstation, Druckminderer, Filter**	1.190,00	**1.330,00**	1.435,00	
	Hauseinführung DN25 mit Hauptabsperreinrichtung, Metallverbundrohr, DN25, Hauswasserstation für Trinkwasser, mit Druckminderer, Filter und Rückflussverhinderer, mit Anschluss DN40				
	Einheit: St Hauswasserstation				
	042 Gas- und Wasseranlagen - Leitungen, Armaturen				100,0%

412.30 Druckerhöhungsanlagen

01	**Druckerhöhungsanlage**	20.082,00	**27.478,00**	31.805,00	
	Druckerhöhungsanlage für Trinkwasser, mit Hochdruckkreiselpumpen, mit Membran-Endruckbehälter bis 1.000 Liter				
	Einheit: St Druckerhöhungsanlage				
	046 Gas-, Wasser- und Entwässerungsanlagen - Betriebseinrichtungen				100,0%

412.40 Wasserleitungen/Verteiler

01	**Trinkwasserleitung, Metallverbundrohr, DN15**	20,00	**23,00**	27,00	
	Trinkwasserleitung aus Metallverbundrohr, DN15, inkl. Form und Verbindungsstücke				
	Einheit: m Wasserleitung				
	042 Gas- und Wasseranlagen - Leitungen, Armaturen				100,0%
02	**Trinkwasserleitung, Metallverbundrohr, DN20**	25,00	**29,00**	33,00	
	Trinkwasserleitung aus Metallverbundrohr, DN20, inkl. Form und Verbindungsstücke				
	Einheit: m Wasserleitung				
	042 Gas- und Wasseranlagen - Leitungen, Armaturen				100,0%
03	**Trinkwasserleitung, Kupferrohr, DN12**	34,00	**35,00**	37,00	
	Trinkwasserleitung aus Kupferrohr, DN12, inkl. Form und Verbindungsstücke				
	Einheit: m Wasserleitung				
	042 Gas- und Wasseranlagen - Leitungen, Armaturen				100,0%
04	**Trinkwasserleitung, Kupferrohr, DN20**	40,00	**41,00**	45,00	
	Trinkwasserleitung aus Kupferrohr, DN20, inkl. Form und Verbindungsstücke				
	Einheit: m Wasserleitung				
	042 Gas- und Wasseranlagen - Leitungen, Armaturen				100,0%
05	**Trinkwasserleitung, Edelstahlrohr, DN12**	25,00	**31,00**	34,00	
	Trinkwasserleitung aus Edelstahlrohr, DN12, inkl. Form und Verbindungsstücke				
	Einheit: m Wasserleitung				
	042 Gas- und Wasseranlagen - Leitungen, Armaturen				100,0%
06	**Trinkwasserleitung, Edelstahlrohr, DN20**	33,00	**43,00**	47,00	
	Trinkwasserleitung aus Edelstahlrohren, DN20, inkl. Form und Verbindungsstücke				
	Einheit: m Wasserleitung				
	042 Gas- und Wasseranlagen - Leitungen, Armaturen				100,0%
07	**Trinkwasserleitung, Kupferrohr, DN12, Dämmung**	69,00	**74,00**	80,00	
	Trinkwasserleitung aus Kupferrohr, DN12, mit Dämmung, inkl. Form und Verbindungsstücke				
	Einheit: m Wasserleitung				
	042 Gas- und Wasseranlagen - Leitungen, Armaturen				46,9%
	047 Dämm- und Brandschutzarbeiten an technischen Anlagen				53,1%

KG.OZ	▷	€/Einheit	◁	LB an EA
412.40 Wasserleitungen/Verteiler				
08 **Trinkwasserleitung, Kupferrohr, DN20, Dämmung**	75,00	**80,00**	88,00	
Trinkwasserleitung aus Kupferrohr, DN20, mit Dämmung, inkl. Form und Verbindungsstücke				
Einheit: m Wasserleitung				
042 Gas- und Wasseranlagen - Leitungen, Armaturen				50,8%
047 Dämm- und Brandschutzarbeiten an technischen Anlagen				49,2%
09 **Trinkwasserleitung, Edelstahlrohr, DN12, Dämmung**	60,00	**70,00**	76,00	
Trinkwasserleitung aus Edelstahlrohr, DN12, mit Dämmung, inkl. Form und Verbindungsstücke				
Einheit: m Wasserleitung				
042 Gas- und Wasseranlagen - Leitungen, Armaturen				44,0%
047 Dämm- und Brandschutzarbeiten an technischen Anlagen				56,0%
10 **Trinkwasserleitung, Edelstahlrohr, DN20, Dämmung**	68,00	**82,00**	90,00	
Trinkwasserleitung aus Edelstahlrohr, DN20, mit Dämmung, inkl. Form und Verbindungsstücke				
Einheit: m Wasserleitung				
042 Gas- und Wasseranlagen - Leitungen, Armaturen				52,1%
047 Dämm- und Brandschutzarbeiten an technischen Anlagen				47,9%
11 **Trinkwasserleitung, Metallverbundrohr, DN15, Dämmung**	55,00	**62,00**	69,00	
Trinkwasserleitung aus Metallverbundrohr, DN15, mit Dämmung, inkl. Form und Verbindungsstücke				
Einheit: m Wasserleitung				
042 Gas- und Wasseranlagen - Leitungen, Armaturen				36,9%
047 Dämm- und Brandschutzarbeiten an technischen Anlagen				63,1%
12 **Trinkwasserleitung, Metallverbundrohr, DN20, Dämmung**	57,00	**62,00**	74,00	
Trinkwasserleitung aus Metallverbundrohr, DN20, mit Dämmung, inkl. Form und Verbindungsstücke				
Einheit: m Wasserleitung				
042 Gas- und Wasseranlagen - Leitungen, Armaturen				46,2%
047 Dämm- und Brandschutzarbeiten an technischen Anlagen				53,8%
13 **Umwälzpumpe, Nassläufer, bis 2,5m³/h, Wärmedämmschale**	648,00	**730,00**	789,00	
Umwälzpumpe als Nassläufer, bis 2,5m³/h, mit Wärmedämmschale				
Einheit: St Pumpe				
040 Wärmeversorgungsanlagen - Betriebseinrichtungen				100,0%
14 **Umwälzpumpe, Nassläufer, bis 5,0m³/h, Wärmedämmschale**	896,00	**962,00**	1.030,00	
Umwälzpumpe als Nassläufer, bis 5,0 m³/h, mit Wärmedämmschale				
Einheit: St Pumpe				
040 Wärmeversorgungsanlagen - Betriebseinrichtungen				100,0%
15 **Umwälzpumpe, Nassläufer, über 5,0m³/h, Wärmedämmschale**	1.575,00	**1.670,00**	2.000,00	
Umwälzpumpe als Nassläufer, über 5,0m³/h, mit Wärmedämmschale				
Einheit: St Pumpe				
040 Wärmeversorgungsanlagen - Betriebseinrichtungen				100,0%

Kosten:
Stand 1. Quartal 2026
Bundesdurchschnitt
inkl. 19% MwSt.

▷ von
ø Mittel
◁ bis

412.50 Dezentrale Wassererwärmer

01 **Wohnungsstation, dezentral, Trinkwarmwasserbereitung, Durchflussprinzip, bis 15l/min, Anschluss** 5.267,00 **5.846,00** 6.725,00

Wohnungsstation für die dezentrale Trinkwassererwärmung im Durchflussprinzip, bis 15l/min, wird nach Anforderung über einen Edelstahl Plattenwärmetauscher erwärmt, Anschluss Rohrleitung mit Dämmung

Einheit: St Durchlauferhitzer

040 Wärmeversorgungsanlagen - Betriebseinrichtungen	98,7%
042 Gas- und Wasseranlagen - Leitungen, Armaturen	0,7%
047 Dämm- und Brandschutzarbeiten an technischen Anlagen	0,6%

02 **Wohnungsstation, dezentral, Trinkwarmwasserbereitung, Durchflussprinzip, bis 30l/min, Anschluss** 5.901,00 **6.550,00** 7.534,00

Wohnungsstation für die dezentrale Trinkwassererwärmung im Durchflussprinzip, bis 15l/min, wird nach Anforderung über einen Edelstahl Plattenwärmetauscher erwärmt, Anschluss Rohrleitung mit Dämmung

Einheit: St Durchlauferhitzer

040 Wärmeversorgungsanlagen - Betriebseinrichtungen	98,9%
042 Gas- und Wasseranlagen - Leitungen, Armaturen	0,6%
047 Dämm- und Brandschutzarbeiten an technischen Anlagen	0,5%

412.60 Sanitärobjekte

01 **Ausgussbecken, Stahl, Armatur, Siphon, Eckventile** 656,00 **754,00** 981,00

Ausgussbecken aus Stahl, Armatur, Siphon, Eckventile, Silikon

Einheit: St Ausgussbecken

042 Gas- und Wasseranlagen - Leitungen, Armaturen	12,4%
045 Gas-, Wasser- und Entwässerungsanlagen - Ausstattung, Elemente, Fertigbäder	87,6%

02 **Ausgussbecken, Stahl, Installationselement, Armatur, Siphon, Eckventile** 867,00 **973,00** 1.234,00

Ausgussbecken aus Stahl, mit Installationselement und Armatur, Siphon, Eckventile, Silikon

Einheit: St Ausgussbecken

042 Gas- und Wasseranlagen - Leitungen, Armaturen	9,6%
045 Gas-, Wasser- und Entwässerungsanlagen - Ausstattung, Elemente, Fertigbäder	90,4%

03 **Waschtisch, 550/450mm, Armatur, Siphon, Eckventile** 790,00 **889,00** 1.088,00

Waschtisch aus Keramik, 550/450 mm, Einhebelmischbatterie, Standmontage, Siphon, Eckventile, Silikon

Einheit: St Waschbecken

042 Gas- und Wasseranlagen - Leitungen, Armaturen	10,5%
045 Gas-, Wasser- und Entwässerungsanlagen - Ausstattung, Elemente, Fertigbäder	89,5%

04 **Handwaschbecken, barrierefrei, Armatur berührungslos, Siphon, Eckventile** 1.420,00 **1.724,00** 2.308,00

Handwaschbecken aus Keramik, barrierefrei, mit berührungsloser Misch-Armatur, Raumsparsiphon, Eckventile, Silikon

Einheit: St Waschbecken

042 Gas- und Wasseranlagen - Leitungen, Armaturen	5,4%
045 Gas-, Wasser- und Entwässerungsanlagen - Ausstattung, Elemente, Fertigbäder	94,6%

Kosten:
Stand 1. Quartal 2026
Bundesdurchschnitt
inkl. 19% MwSt.

▷ von
ø Mittel
◁ bis

KG.OZ		▷	€/Einheit	◁	LB an EA
412.60	**Sanitärobjekte**				
05	**Handwaschbecken, barrierefrei, Installationselement, Armatur berührungslos, Siphon, Eckventile** Handwaschbecken aus Keramik, barrierefrei, Installationselement, mit berührungsloser Misch-Armatur, Raumsparsiphon, Eckventile, Silikon Einheit: St Waschbecken	1.630,00	**1.943,00**	2.562,00	
	042 Gas- und Wasseranlagen - Leitungen, Armaturen				4,8%
	045 Gas-, Wasser- und Entwässerungsanlagen - Ausstattung, Elemente, Fertigbäder				95,2%
06	**Handwaschbecken, barrierefrei, Installationselement, Stützgriffen, Armatur berührungslos, Siphon** Handwaschbecken aus Keramik, barrierefrei, Installationselement, mit Stützgriffe fest und klappbar, mit berührungsloser Misch-Armatur, Raumsparsiphon, Eckventile, Silikon Einheit: St Waschbecken	3.226,00	**3.818,00**	4.741,00	
	042 Gas- und Wasseranlagen - Leitungen, Armaturen				2,5%
	045 Gas-, Wasser- und Entwässerungsanlagen - Ausstattung, Elemente, Fertigbäder				97,5%
07	**Bidet, wandhängend, Armatur, Siphon, Eckventile** Bidet, wandhängend, mit Armatur, Siphon, Eckventile, Silikon Einheit: St Bidet	1.365,00	**1.699,00**	2.052,00	
	042 Gas- und Wasseranlagen - Leitungen, Armaturen				2,8%
	045 Gas-, Wasser- und Entwässerungsanlagen - Ausstattung, Elemente, Fertigbäder				97,2%
08	**Bidet, wandhängend, Installationselement, Armatur, Siphon, Eckventile** Bidet, wandhängend, Installationselement, Armatur, Siphon, Eckventile, Silikon Einheit: St Bidet	1.451,00	**1.766,00**	2.093,00	
	042 Gas- und Wasseranlagen - Leitungen, Armaturen				5,3%
	045 Gas-, Wasser- und Entwässerungsanlagen - Ausstattung, Elemente, Fertigbäder				94,7%
09	**Urinal, wandhängend, Betätigungsplatte, Siphon** Urinal-wandhängend, Betätigungsplatte, Siphon, Silikon Einheit: St Urinal	416,00	**467,00**	525,00	
	045 Gas-, Wasser- und Entwässerungsanlagen - Ausstattung, Elemente, Fertigbäder				100,0%
10	**Urinal, wandhängend, Betätigungsplatte, Urinalsteuerung, Siphon** Urinal-wandhängend, Betätigungsplatte, Urinalsteuerung, Siphon, Silikon Einheit: St Urinal	825,00	**979,00**	1.232,00	
	045 Gas-, Wasser- und Entwässerungsanlagen - Ausstattung, Elemente, Fertigbäder				100,0%
11	**Urinal, wandhängend, Installationselement, Betätigungsplatte, Siphon** Urinal-wandhängend, Installationselement, Betätigungsplatte, Siphon, Silikon Einheit: St Urinal	773,00	**849,00**	962,00	
	045 Gas-, Wasser- und Entwässerungsanlagen - Ausstattung, Elemente, Fertigbäder				100,0%
12	**Urinal, wandhängend, Installationselement, Betätigungsplatte, Urinalsteuerung, Siphon** Urinal-wandhängend, Installationselement, Betätigungsplatte, Urinalsteuerung, Siphon, Silikon Einheit: St Urinal	1.183,00	**1.361,00**	1.668,00	
	045 Gas-, Wasser- und Entwässerungsanlagen - Ausstattung, Elemente, Fertigbäder				100,0%

412.60 Sanitärobjekte

13	**WC-Becken, wandhängend, WC-Sitz, Betätigungsplatte**	773,00	**805,00**	987,00	
	WC-Becken, wandhängend, Schallschutz, WC-Sitz mit Deckel, mit Betätigungsplatte, Silikon				
	Einheit: St WC-Becken				
	045 Gas-, Wasser- und Entwässerungsanlagen - Ausstattung, Elemente, Fertigbäder				100,0%
14	**WC-Becken, wandhängend, WC-Sitz, Betätigung berührungslos**	1.451,00	**1.621,00**	1.925,00	
	WC-Becken, wandhängend, Schallschutz, WC-Sitz mit Deckel, Betätigung berührungslos, Silikon				
	Einheit: St WC-Becken				
	045 Gas-, Wasser- und Entwässerungsanlagen - Ausstattung, Elemente, Fertigbäder				100,0%
15	**WC-Becken, wandhängend, Spülkasten, WC-Sitz, Betätigungsplatte**	1.007,00	**1.058,00**	1.213,00	
	WC-Becken, wandhängend, mit Unterputz-Spülkasten, Schallschutz, WC-Sitz mit Deckel, Betätigungsplatte, Silikon				
	Einheit: St WC-Becken				
	045 Gas-, Wasser- und Entwässerungsanlagen - Ausstattung, Elemente, Fertigbäder				100,0%
16	**WC-Becken, wandhängend, Installationselement, Spülkasten, WC-Sitz, Betätigungsplatte**	1.384,00	**1.478,00**	1.669,00	
	WC-Becken, wandhängend, Installationselement, mit Unterputz-Spülkasten, WC-Sitz mit Deckel, Betätigungsplatte, Silikon				
	Einheit: St WC-Becken				
	045 Gas-, Wasser- und Entwässerungsanlagen - Ausstattung, Elemente, Fertigbäder				100,0%
17	**WC-Becken, barrierefrei, wandhängend, WC-Sitz, Betätigungsplatte**	884,00	**963,00**	1.117,00	
	WC-Becken, barrierefrei, wandhängend, WC-Sitz mit Deckel, Schallschutz, Rückenstütze, Betätigungsplatte, Silikon				
	Einheit: St WC-Becken				
	045 Gas-, Wasser- und Entwässerungsanlagen - Ausstattung, Elemente, Fertigbäder				100,0%
18	**WC-Becken, barrierefrei, wandhängend, WC-Sitz, Betätigung berührungslos**	1.562,00	**1.780,00**	2.055,00	
	WC-Becken, barrierefrei, wandhängend, WC-Sitz mit Deckel, Schallschutz, Rückenstütze, Betätigung berührungslos, Silikon				
	Einheit: St WC-Becken				
	045 Gas-, Wasser- und Entwässerungsanlagen - Ausstattung, Elemente, Fertigbäder				100,0%
19	**WC-Becken, barrierefrei, wandhängend, Spülkasten, WC-Sitz, Betätigungsplatte**	1.118,00	**1.216,00**	1.343,00	
	WC-Becken, barrierefrei, wandhängend, mit Unterputz-Spülkasten, WC-Sitz mit Deckel, Schallschutz, Rückenstütze, Betätigungsplatte, Silikon				
	Einheit: St WC-Becken				
	045 Gas-, Wasser- und Entwässerungsanlagen - Ausstattung, Elemente, Fertigbäder				100,0%

KG.OZ		▷	€/Einheit	◁	LB an EA
412.60	**Sanitärobjekte**				
20	**WC-Becken, barrierefrei, wandhängend, Installations-element, Spülkasten, WC-Sitz, Betätigungsplatte** WC-Becken, barrierefrei, wandhängend, Installationselement, mit Unterputz-Spülkasten, WC-Sitz mit Deckel, Schallschutz, Rückenstütze, Betätigungsplatte, Silikon Einheit: St WC-Becken	1.262,00	**1.383,00**	1.572,00	
	045 Gas-, Wasser- und Entwässerungsanlagen - Ausstattung, Elemente, Fertigbäder				100,0%
21	**WC-Becken, barrierefrei, wandhängend, Installations-element, Spülkasten, WC-Sitz, Betätigung berührungslos** WC-Becken, barrierefrei, wandhängend, Installationselement, mit Unterputz-Spülkasten, WC-Sitz mit Deckel, Schallschutz, Rückenstütze, Betätigung berührungslos, Silikon Einheit: St WC-Becken	2.289,00	**2.580,00**	2.931,00	
	045 Gas-, Wasser- und Entwässerungsanlagen - Ausstattung, Elemente, Fertigbäder				100,0%
22	**WC-Becken, barrierefrei, Installationselement, Hygiene-spülung, Stützgriffe, Notruf, berührungslos** WC-Becken, barrierefrei, wandhängend, Installationselement, mit Unterputz-Spülkasten, Hygienespülung, Schallschutz, WC-Sitz mit Deckel, Notruf, Stützklappgriffe fest und klappbar, Rückenstütze, Betätigung berührungslos, Silikon Einheit: St WC-Becken	10.000,00	**11.705,00**	14.032,00	
	045 Gas-, Wasser- und Entwässerungsanlagen - Ausstattung, Elemente, Fertigbäder				93,2%
	060 Such-, Signal-, Zeitdienst-, Antennen-, elektroakustische Anlagen, Medientechnik				6,8%
23	**WC-Garnitur, Bürste, Papierhalter** WC-Garnitur mit Bürste und Toilettenpapierhalter Einheit: St WC-Garniturset	123,00	**178,00**	200,00	
	045 Gas-, Wasser- und Entwässerungsanlagen - Ausstattung, Elemente, Fertigbäder				100,0%
24	**Duschwanne, 80x80cm, mit Einhebel-Wandarmatur, Ablauf und Brausegarnitur** Duschwanne 80x80cm, mit Einhebel-Wandarmatur, Ablauf und Brausegarnitur, Silikon Einheit: St Duschwanne	996,00	**1.168,00**	1.335,00	
	045 Gas-, Wasser- und Entwässerungsanlagen - Ausstattung, Elemente, Fertigbäder				100,0%
25	**Duschwanne, 80x80cm, mit Thermostat-Wandarmatur, Ablauf und Brausegarnitur** Duschwanne 80x80cm, mit Thermostat-Wandarmatur, Ablauf und Brausegarnitur, Silikon Einheit: St Duschwanne	1.101,00	**1.305,00**	1.679,00	
	045 Gas-, Wasser- und Entwässerungsanlagen - Ausstattung, Elemente, Fertigbäder				100,0%
26	**Duschwanne, 100x100cm, mit Einhebel-Wandarmatur, Ablauf und Brausegarnitur** Duschwanne 100x100cm, mit Einhebel-Wandarmatur, Ablauf und Brausegarnitur, Silikon Einheit: St Duschwanne	1.209,00	**1.435,00**	1.642,00	
	045 Gas-, Wasser- und Entwässerungsanlagen - Ausstattung, Elemente, Fertigbäder				100,0%
27	**Duschwanne, 100x100cm, mit Thermostat-Wandarmatur, Ablauf und Brausegarnitur** Duschwanne 100x100cm, mit Thermostat-Wandarmatur, Ablauf und Brausegarnitur, Silikon Einheit: St Duschwanne	1.314,00	**1.572,00**	1.987,00	
	045 Gas-, Wasser- und Entwässerungsanlagen - Ausstattung, Elemente, Fertigbäder				100,0%

Kosten:
Stand 1.Quartal 2026
Bundesdurchschnitt
inkl. 19% MwSt.

▷ von
ø Mittel
◁ bis

412.60 Sanitärobjekte

28 **Duschwanne 100x100cm, mit Einhebel-Wandarmatur, Duschabtrennung, Ablauf und Brausegarnitur** 2.404,00 **2.710,00** 3.009,00
Duschwanne 100x100cm, Einhebel-Wandarmatur, mit Duschabtrennung aus Kunststoff, Ablauf und Brausegarnitur, Silikon
Einheit: St Duschwanne
045 Gas-, Wasser- und Entwässerungsanlagen - Ausstattung, Elemente, Fertigbäder 100,0%

29 **Duschwanne, 100x100cm, mit Thermostat-Wandarmatur, Duschabtrennung, Ablauf und Brausegarnitur** 2.509,00 **2.847,00** 3.353,00
Duschwanne aus Stahl, 100x100cm, Einhebel-Wandarmatur, mit Duschabtrennung aus Kunststoff, Ablauf und Brausegarnitur, Silikon
Einheit: St Duschwanne
045 Gas-, Wasser- und Entwässerungsanlagen - Ausstattung, Elemente, Fertigbäder 100,0%

30 **Badewanne, 170x80cm, Einhebel-Wandarmatur, Ablauf und Brausegarnitur** 1.183,00 **1.375,00** 1.759,00
Badewanne aus Stahl, 170x80cm, mit Einhebel-Wandarmatur, Ablauf und Brausegarnitur, Silikon
Einheit: St Badewanne
045 Gas-, Wasser- und Entwässerungsanlagen - Ausstattung, Elemente, Fertigbäder 100,0%

31 **Badewanne, 170x80cm, Thermostat-Wandarmatur, Ablauf und Brausegarnitur** 1.566,00 **1.809,00** 2.275,00
Badewanne aus Stahl, 170x80cm, mit Thermostat-Wandarmatur, Ablauf und Brausegarnitur, Silikon
Einheit: St Badewanne
045 Gas-, Wasser- und Entwässerungsanlagen - Ausstattung, Elemente, Fertigbäder 100,0%

32 **Badewanne, 170x80cm, mit Türeinstieg, Einhebel-Wandarmatur, Ablauf und Brausegarnitur** 7.369,00 **8.717,00** 11.409,00
Badewanne 170x80cm, mit Türeinstieg, mit Einhebel-Wandarmatur, Ablauf und Brausegarnitur, Silikon
Einheit: St Badewanne
045 Gas-, Wasser- und Entwässerungsanlagen - Ausstattung, Elemente, Fertigbäder 100,0%

33 **Badewannen-Duschkombi, 170x80cm, Türeinstieg, Duschwand, Thermostat-Wandarmatur, Ablauf** 10.309,00 **12.855,00** 15.794,00
Badewannen-Duschkombi, 170x80cm, mit Türeinstieg und Duschwand, mit Thermostat-Wandarmatur, Ablauf und Brausegarnitur, Silikon
Einheit: St Badewanne
045 Gas-, Wasser- und Entwässerungsanlagen - Ausstattung, Elemente, Fertigbäder 100,0%

34 **Waschtischgarnitur, Seifen und Papierspender** 208,00 **249,00** 283,00
Waschtischgarnitur, mit Papierspender, Seifenspender
Einheit: St Garnitur
045 Gas-, Wasser- und Entwässerungsanlagen - Ausstattung, Elemente, Fertigbäder 100,0%

412.70 Wasserspeicher

01 **Regenwassernutzungsanlage** 7.528,00 **8.285,00** 9.198,00
Automatische Regenwassernutzungsanlage, zur Regenwassernutzung aus Zisterne oder Behältern, mit Kreiselpumpen
Einheit: St Regenwassernutzungsanlage
046 Gas-, Wasser- und Entwässerungsanlagen - Betriebseinrichtungen 100,0%

KG.OZ		▷	€/Einheit	◁	LB an EA
421.30	**Heizkesselanlagen**				
01	**Gas-Brennwerttherme, 15-25kW, mit Pufferspeicher, Ausdehnungsgefäß** Gas-Brennwerttherme 15-25kW, wandhängend, mit Pufferspeicher und Ausdehnungsgefäß Einheit: St Anlage	11.531,00	**12.936,00**	15.178,00	
	040 Wärmeversorgungsanlagen - Betriebseinrichtungen				100,0%
02	**Gas-Brennwerttherme, 15-25kW, mit Pufferspeicher, Ausdehnungsgefäß, Neutralisationsanlage** Gas-Brennwerttherme 15-25kW, wandhängend, mit Pufferspeicher, Ausdehnungsgefäß und Neutralisationsanlage Einheit: St Anlage	12.214,00	**13.729,00**	16.106,00	
	040 Wärmeversorgungsanlagen - Betriebseinrichtungen				100,0%
03	**Gas-Brennwertkessel, bis 25kW, mit Pufferspeicher, Ausdehnungsgefäß** Gas-Brennwertkessel bis 25kW, mit Pufferspeicher und Ausdehnungsgefäß Einheit: St Anlage	12.585,00	**13.752,00**	15.508,00	
	040 Wärmeversorgungsanlagen - Betriebseinrichtungen				100,0%
04	**Gas-Brennwertkessel, bis 25kW, mit Pufferspeicher, Ausdehnungsgefäß, Neutralisationsanlage** Gas-Brennwertkessel bis 25kW, mit Pufferspeicher, Ausdehnungsgefäß und Neutralisationsanlage Einheit: St Anlage	13.267,00	**14.545,00**	16.436,00	
	040 Wärmeversorgungsanlagen - Betriebseinrichtungen				100,0%
05	**Gas-Brennwertkessel, 50-70kW, mit Pufferspeicher, Ausdehnungsgefäß, Neutralisationsanlage** Gas-Brennwertkessel 50-70kW, mit Pufferspeicher, Ausdehnungsgefäß und Neutralisationsanlage Einheit: St Anlage	16.811,00	**19.191,00**	23.424,00	
	040 Wärmeversorgungsanlagen - Betriebseinrichtungen				100,0%
06	**Öl-Brennwerttherme, 15-25kW, mit Pufferspeicher, Ausdehnungsgefäß** Öl-Brennwerttherme 15 bis 25kW, wandhängend, mit Pufferspeicher und Ausdehnungsgefäß Einheit: St Anlage	13.876,00	**16.114,00**	19.382,00	
	040 Wärmeversorgungsanlagen - Betriebseinrichtungen				100,0%
07	**Öl-Brennwertkessel, bis 25kW, mit Pufferspeicher, Ausdehnungsgefäß** Öl-Brennwertkessel bis 25kW, mit Pufferspeicher und Ausdehnungsgefäß Einheit: St Anlage	15.648,00	**17.165,00**	19.389,00	
	040 Wärmeversorgungsanlagen - Betriebseinrichtungen				100,0%
08	**Öl-Brennwerttherme, 15-25kW, mit Pufferspeicher, Ausdehnungsgefäß, Neutralisationsanlage** Öl-Brennwerttherme bis 15-25kW, wandhängend, Ausdehnungsgefäß, mit Pufferspeicher und Neutralisationsanlage Einheit: St Anlage	14.558,00	**16.906,00**	20.310,00	
	040 Wärmeversorgungsanlagen - Betriebseinrichtungen				100,0%

Kosten:
Stand 1.Quartal 2026
Bundesdurchschnitt
inkl. 19% MwSt.

▷ von
ø Mittel
◁ bis

421.30 Heizkesselanlagen

		▷	€/Einheit	◁	LB an EA
09	**Öl-Brennwertkessel, bis 25kW, mit Pufferspeicher, Ausdehnungsgefäß, Neutralisationsanlage** Öl-Brennwertkessel bis 25kW, mit Pufferspeicher, Ausdehnungsgefäß und Neutralisationsanlage Einheit: St Anlage	16.331,00	**17.958,00**	20.317,00	
	040 Wärmeversorgungsanlagen - Betriebseinrichtungen				100,0%
10	**Öl-Brennwertkessel, 25-50kW, mit Pufferspeicher, Ausdehnungsgefäß, Neutralisationsanlage** Öl-Brennwertkessel 25-50kW, mit Pufferspeicher, Ausdehnungsgefäß und Neutralisationsanlage Einheit: St Anlage	17.785,00	**19.539,00**	22.055,00	
	040 Wärmeversorgungsanlagen - Betriebseinrichtungen				100,0%
11	**Öl-Brennwertkessel, 50-70kW, mit Pufferspeicher, Ausdehnungsgefäß, Neutralisationsanlage** Öl-Brennwertkessel 50-70kW, mit Pufferspeicher, Ausdehnungsgefäß und Neutralisationsanlage Einheit: St Anlage	22.124,00	**25.807,00**	30.991,00	
	040 Wärmeversorgungsanlagen - Betriebseinrichtungen				100,0%
12	**Holz/Pellet-Heizkessel, bis 25kW, Fördersystem, Ausdehnungsgefäß, mit Pufferspeicher** Holz/Pellet-Heizkessel, bis 25kW, mit Pellet-Fördersystem, Ausdehnungsgefäß und Pufferspeicher Einheit: St Anlage	25.517,00	**27.680,00**	31.309,00	
	040 Wärmeversorgungsanlagen - Betriebseinrichtungen				100,0%
13	**Holz/Pellet-Heizkessel, 25-50kW, Fördersystem, Ausdehnungsgefäß, mit Pufferspeicher** Holz/Pellet-Heizkessel, 25-50kW, mit Pellet-Fördersystem, Ausdehnungsgefäß und Pufferspeicher Einheit: St Anlage	27.347,00	**32.278,00**	38.449,00	
	040 Wärmeversorgungsanlagen - Betriebseinrichtungen				100,0%

421.40 Wärmepumpenanlagen

		▷	€/Einheit	◁	LB an EA
01	**Wärmepumpe, bis 15kW, Luft-Wasser, mit Speicher** Wärmepumpe bis 15kW, Luft-Wasser, mit Pufferspeicher, Inbetriebnahme Einheit: St Anlage	25.135,00	**26.919,00**	30.856,00	
	040 Wärmeversorgungsanlagen - Betriebseinrichtungen				100,0%
02	**Wärmepumpe, 15-25kW, Luft-Wasser, mit Speicher** Wärmepumpe 15-25kW, Luft-Wasser, mit Pufferspeicher, Inbetriebnahme Einheit: St Anlage	36.346,00	**38.462,00**	41.882,00	
	040 Wärmeversorgungsanlagen - Betriebseinrichtungen				100,0%
03	**Wärmepumpe, bis 15kW, Wasser-Wasser, Brunnen, mit Speicher** Wärmepumpe bis 15kW, Wasser-Wasser, mit Brunnenanlage, mit Pufferspeicher, Inbetriebnahme Einheit: St Anlage	49.053,00	**55.121,00**	64.943,00	
	040 Wärmeversorgungsanlagen - Betriebseinrichtungen				100,0%

KG.OZ	▷	€/Einheit	◁	LB an EA

421.40 Wärmepumpenanlagen

04 **Wärmepumpe, 25-35kW, Wasser-Wasser, Brunnen, mit Speicher** 56.549,00 **67.081,00** 79.574,00

Wärmepumpe 25-35kW, Wasser-Wasser, mit Brunnenanlage, mit Pufferspeicher, Inbetriebnahme

Einheit: St Anlage

040 Wärmeversorgungsanlagen - Betriebseinrichtungen 100,0%

05 **Wärmepumpe, bis 15kW, Sole-Wasser, mit Speicher** 24.523,00 **26.462,00** 31.379,00

Wärmepumpe bis 15kW, Sole-Wasser, mit Pufferspeicher, Inbetriebnahme

Einheit: St Anlage

040 Wärmeversorgungsanlagen - Betriebseinrichtungen 100,0%

06 **Wärmepumpe, bis 25-35kW, Sole-Wasser, mit Speicher** 41.504,00 **43.612,00** 48.631,00

Wärmepumpe 25-35kW, Sole-Wasser, mit Pufferspeicher, Inbetriebnahme

Einheit: St Anlage

040 Wärmeversorgungsanlagen - Betriebseinrichtungen 100,0%

Kosten:
Stand 1. Quartal 2026
Bundesdurchschnitt
inkl. 19% MwSt.

421.50 Solaranlagen

01 **Solaranlage, thermisch, bis 10m², mit Speicher** 14.394,00 **16.428,00** 18.291,00

Solaranlage, thermisch, bis 10m², mit Trinkwasserspeicher bis 400 Liter

Einheit: St Anlage

040 Wärmeversorgungsanlagen - Betriebseinrichtungen 100,0%

02 **Solaranlage, thermisch, bis 20m², mit Speicher** 21.753,00 **23.342,00** 25.618,00

Solaranlage, thermisch, bis 20m², mit Trinkwasserspeicher bis 400 Liter

Einheit: St Anlage

040 Wärmeversorgungsanlagen - Betriebseinrichtungen 100,0%

▷ von
ø Mittel
◁ bis

422.10 Verteilungen

		▷	€/Einheit	◁	LB an EA
01	**Heizungsverteiler, Umwälzpumpe 2,5m³/h, Absperrklappe** Heizungsverteiler, Umwälzpumpe Heizwasser 2,5m³/h, Absperrklappe DN25 Einheit: St Umwälzpumpe	5.440,00	**5.757,00**	6.981,00	
	040 Wärmeversorgungsanlagen - Betriebseinrichtungen				100,0%
02	**Heizungsverteiler, Umwälzpumpe 5m³/h, Absperrklappe** Heizungsverteiler, Umwälzpumpe Heizwasser 5m³/h, Absperrklappe DN32 Einheit: St Umwälzpumpe	6.397,00	**6.726,00**	8.008,00	
	040 Wärmeversorgungsanlagen - Betriebseinrichtungen				100,0%
03	**Heizungsverteiler, 5 Heizkreise, Umwälzpumpe 5m³/h, Absperrklappe** Heizungsverteiler, Umwälzpumpe Heizwasser 5m³/h, Absperrklappe DN50 Einheit: St Umwälzpumpe	9.737,00	**10.573,00**	12.391,00	
	040 Wärmeversorgungsanlagen - Betriebseinrichtungen				100,0%
04	**Heizungsverteiler, 5 Heizkreise, Fußbodenheizung, Verteilerschrank, Unterputz** Heizungsverteiler für Fußbodenheizung, mit Verteilerschrank für Unterputz Einheit: St Umwälzpumpe	1.082,00	**1.203,00**	1.285,00	
	041 Wärmeversorgungsanlagen - Leitungen, Armaturen, Heizflächen				100,0%

422.20 Rohrleitungen

		▷	€/Einheit	◁	LB an EA
01	**Heizleitung, Kupferrohre DN15, Dämmung** Heizleitung mit Kupferrohren, DN15, mit Wärmedämmung Einheit: m Leitung Rohrdämmung	48,00	**57,00**	65,00	
	041 Wärmeversorgungsanlagen - Leitungen, Armaturen, Heizflächen				48,3%
	047 Dämm- und Brandschutzarbeiten an technischen Anlagen				51,7%
02	**Heizleitung, Kupferrohre DN20, Dämmung** Heizleitung mit Kupferrohren, DN20, mit Wärmedämmung Einheit: m Leitung Rohrdämmung	66,00	**69,00**	78,00	
	041 Wärmeversorgungsanlagen - Leitungen, Armaturen, Heizflächen				51,2%
	047 Dämm- und Brandschutzarbeiten an technischen Anlagen				48,8%
03	**Heizleitung, Kupferrohre DN25, Dämmung** Heizleitung mit Kupferrohren, DN25, mit Wärmedämmung Einheit: m Leitung Rohrdämmung	75,00	**80,00**	92,00	
	041 Wärmeversorgungsanlagen - Leitungen, Armaturen, Heizflächen				50,9%
	047 Dämm- und Brandschutzarbeiten an technischen Anlagen				49,1%

KG.OZ	▷	€/Einheit	◁	LB an EA
423.10 Heizkörper				
01 **Heizkörper, 500/700mm, Thermostatventil** Heizkörper als Kompaktheizkörper, Stahl 500/700mm, Thermostatventil, Heizkörperverschraubung Einheit: St Heizkörperfläche 041 Wärmeversorgungsanlagen - Leitungen, Armaturen, Heizflächen	320,00	**347,00**	388,00	100,0%
02 **Heizkörper, 500 bis 1.400mm, Thermostatventil** Heizkörper als Kompaktheizkörper, Stahl 500 bis 1.400mm, Thermostatventil, Heizkörperverschraubung Einheit: St Heizkörperfläche 041 Wärmeversorgungsanlagen - Leitungen, Armaturen, Heizflächen	512,00	**555,00**	622,00	100,0%
03 **Heizkörper, 500 bis 2.100mm, Thermostatventil** Heizkörper als Kompaktheizkörper, Stahl 500 bis 2.100mm, Thermostatventil, Heizkörperverschraubung Einheit: St Heizkörperfläche 041 Wärmeversorgungsanlagen - Leitungen, Armaturen, Heizflächen	712,00	**773,00**	865,00	100,0%
04 **Heizkörper, 600/700mm, Thermostatventil** Heizkörper als Kompaktheizkörper, Stahl 600/700mm, Thermostatventil, Heizkörperverschraubung Einheit: St Heizkörperfläche 041 Wärmeversorgungsanlagen - Leitungen, Armaturen, Heizflächen	352,00	**382,00**	427,00	100,0%
05 **Heizkörper, 600 bis 1.400mm, Thermostatventil** Heizkörper als Kompaktheizkörper, Stahl 600 bis 1.400mm, Thermostatventil, Heizkörperverschraubung Einheit: St Heizkörperfläche 041 Wärmeversorgungsanlagen - Leitungen, Armaturen, Heizflächen	590,00	**640,00**	716,00	100,0%
06 **Heizkörper, 600 bis 2.100mm, Thermostatventil** Heizkörper als Kompaktheizkörper, Stahl 600 bis 2.100mm, Thermostatventil, Heizkörperverschraubung Einheit: St Heizkörperfläche 041 Wärmeversorgungsanlagen - Leitungen, Armaturen, Heizflächen	730,00	**792,00**	887,00	100,0%
07 **Heizkörper, 900/700mm, Thermostatventil** Heizkörper als Kompaktheizkörper, Stahl 900/700mm, Thermostatventil, Heizkörperverschraubung Einheit: St Heizkörperfläche 041 Wärmeversorgungsanlagen - Leitungen, Armaturen, Heizflächen	442,00	**479,00**	536,00	100,0%
08 **Heizkörper, 900 bis 1.400mm, Thermostatventil** Heizkörper als Kompaktheizkörper, Stahl 900 bis 1.400mm, Thermostatventil, Heizkörperverschraubung Einheit: St Heizkörperfläche 041 Wärmeversorgungsanlagen - Leitungen, Armaturen, Heizflächen	813,00	**883,00**	989,00	100,0%
09 **Heizkörper, 900 bis 2.100mm, Thermostatventil** Heizkörper als Kompaktheizkörper, Stahl 900 bis 2.100mm, Thermostatventil, Heizkörperverschraubung Einheit: St Heizkörperfläche 041 Wärmeversorgungsanlagen - Leitungen, Armaturen, Heizflächen	930,00	**1.010,00**	1.131,00	100,0%
423.20 Flächenheizsysteme				
01 **Fußbodenheizung Typ A, PE-Rohr, 100mm, Systemträger, EPS 30** Fußbodenheizung Typ A, mit PE-X Rohrleitung, Verlegeabstand 100mm, mit Systemträger und 30mm Dämmung Einheit: m² Bodenfläche 041 Wärmeversorgungsanlagen - Leitungen, Armaturen, Heizflächen	58,00	**63,00**	71,00	100,0%

Kosten:
Stand 1.Quartal 2026
Bundesdurchschnitt
inkl. 19% MwSt.

▷ von
ø Mittel
◁ bis

KG.OZ	▷	€/Einheit	◁	LB an EA
423.20 Flächenheizsysteme				
02 **Fußbodenheizung Typ A, PE-Rohr, 100mm, Systemträger, EPS 50** Fußbodenheizung Typ A, mit PE-X Rohrleitung, Verlegeabstand 100mm, mit Systemträger und 50mm Dämmung Einheit: m² Bodenfläche	64,00	**70,00**	80,00	
041 Wärmeversorgungsanlagen - Leitungen, Armaturen, Heizflächen				100,0%

KG.OZ		▷	€/Einheit	◁	LB an EA
429.10	**Schornsteinanlagen**				
01	**IW Schornstein, Formsteine, einzügig** Schornstein-Fertigteil, einzügig, mit Grundausstattung Einheit: m Schornstein	500,00	**562,00**	674,00	
	012 Mauerarbeiten				100,0%
02	**IW Schornstein, Formsteine, zweizügig** Schornstein-Fertigteil, zweizügig, mit Grundausstattung Einheit: m Schornstein	680,00	**723,00**	820,00	
	012 Mauerarbeiten				100,0%
03	**Schornsteinanlage** Schornsteinanlage, mit Abgasverbindungsleitung zwischen Heizungsanlage und Schornstein Einheit: St Anlage	8.203,00	**9.660,00**	12.719,00	
	040 Wärmeversorgungsanlagen - Betriebseinrichtungen				100,0%

Kosten:
Stand 1.Quartal 2026
Bundesdurchschnitt
inkl. 19% MwSt.

▷ von
ø Mittel
◁ bis

KG.OZ		▷	€/Einheit	◁	LB an EA
431.20	**Abluftanlagen**				
01	**Lüftungsgerät, Abluft, bis 100m³/h, mit Luftleitungsanschluss** Lüftungsgerät für Abluft, in Wand, Nennleistung bis 100m³/h, mit 2,0m Leitungsanschluss Einheit: St Lüftungsgerät	428,00	**443,00**	478,00	
	075 Raumlufttechnische Anlagen				100,0%
431.30	**Wärmerückgewinnungsanlagen**				
01	**Lüftungsgerät, dezentral, WRG, bis 100m³/h, mit Außenwanddurchlass** Dezentrales Lüftungsgerät mit Wärmerückgewinnung, in Wand, Nennleistung bis 100m³/h Einheit: St Anlage	3.329,00	**3.833,00**	4.333,00	
	075 Raumlufttechnische Anlagen				100,0%
02	**Lüftungsgerät, dezentral, WRG, bis 200m³/h, mit Luftleitungsanschluss, Schalldämpfer** Dezentrales Lüftungsgerät mit Wärmerückgewinnung, in Wand, Nennleistung bis 200m³/h Einheit: St Anlage	7.040,00	**7.960,00**	9.019,00	
	075 Raumlufttechnische Anlagen				100,0%

KG.OZ		▷	€/Einheit	◁	LB an EA
442.40	**Photovoltaikanlagen**				
01	**Photovoltaikanlage 10kWp** Photovoltaikanlage 10kWp, Montagesystem Einheit: St Anlage	16.834,00	**20.041,00**	23.648,00	
	053 Niederspannungsanlagen - Kabel / Leitungen, Verlegesysteme, Installationsgeräte				100,0%
02	**Photovoltaikanlage 10kWp, Batteriespeicher bis 10kWp** Photovoltaikanlage 10kWp, Montagesystem, Batteriespeicher bis 10kWp Einheit: St Anlage	23.650,00	**28.155,00**	32.980,00	
	053 Niederspannungsanlagen - Kabel / Leitungen, Verlegesysteme, Installationsgeräte				100,0%
03	**Photovoltaikanlage 10kWp, Batteriespeicher bis 10kWp, mit E-Heizeinsatz** Photovoltaikanlage 10kWp, Montagesystem, Batteriespeicher bis 10kWp, mit Elektro-Heizeinsatz Einheit: St Anlage	24.191,00	**28.750,00**	33.587,00	
	040 Wärmeversorgungsanlagen - Betriebseinrichtungen				2,1%
	053 Niederspannungsanlagen - Kabel / Leitungen, Verlegesysteme, Installationsgeräte				97,9%
04	**Photovoltaikanlage 15kWp, Batteriespeicher bis 10kWp** Photovoltaikanlage 15kWp, Montagesystem, Batteriespeicher bis 10kWp Einheit: St Anlage	32.632,00	**37.450,00**	42.188,00	
	053 Niederspannungsanlagen - Kabel / Leitungen, Verlegesysteme, Installationsgeräte				100,0%
05	**Photovoltaikanlage 20kWp Batteriespeicher bis 10kWp** Photovoltaikanlage 20kWp, Montagesystem, Batteriespeicher bis 10kWp Einheit: St Anlage	39.167,00	**44.876,00**	51.240,00	
	053 Niederspannungsanlagen - Kabel / Leitungen, Verlegesysteme, Installationsgeräte				100,0%

Kosten:
Stand 1.Quartal 2026
Bundesdurchschnitt
inkl. 19% MwSt.

▷ von
ø Mittel
◁ bis

444.10 Kabel und Leitungen

		▷	€/Einheit	◁	LB an EA
01	**Installationsleitung, NYM-J, Installationsrohr**	7,90	**9,30**	12,00	
	Installationsleitung mit Kunststoffummantelung, NYM-J, mit Installationsleerrohr				
	Einheit: m Elektroleitung				
	053 Niederspannungsanlagen - Kabel / Leitungen, Verlegesysteme, Installationsgeräte				100,0%

444.20 Unterverteiler

		▷	€/Einheit	◁	LB an EA
01	**Installationskleinverteiler, uP, 356x348mm**	291,00	**317,00**	358,00	
	Installationskleinverteiler unter Putz, 356x348mm, mit Sicherungssockel und Fehlstromschutzschalter				
	Einheit: St Verteiler				
	054 Niederspannungsanlagen - Verteilersysteme und Einbaugeräte				100,0%

444.40 Installationsgeräte

		▷	€/Einheit	◁	LB an EA
01	**Schutzkontaktsteckdose, Mantelleitung, Installationsrohr 2,0m**	55,00	**61,00**	70,00	
	Schutzkontaktsteckdose mit Mantelleitung und Installationsleerrohr, 2,0m				
	Einheit: St Installationsgerät				
	053 Niederspannungsanlagen - Kabel / Leitungen, Verlegesysteme, Installationsgeräte				100,0%
02	**Tastschalter, Mantelleitung, Installationsrohr 2,0m**	60,00	**68,00**	78,00	
	Tastschalter, Kreuzschalter, Installationsleitung mit Kunststoffummantelung und Installationsleerrohr, 2,0m				
	Einheit: St Installationsgerät				
	053 Niederspannungsanlagen - Kabel / Leitungen, Verlegesysteme, Installationsgeräte				100,0%

KG.OZ		▷	€/Einheit	◁	LB an EA
445.10	**Ortsfeste Leuchten, Allgemeinbeleuchtung**				
01	**Anbauleuchte, LED, Feuchtraum, Mantelleitung, Installationsrohr 2,0m** Anbauleuchte mit LED, in Feuchtraum, mit Mantelleitung und Installationsleerrohr, 2,0m Einheit: St Leuchte	204,00	**230,00**	258,00	
	053 Niederspannungsanlagen - Kabel / Leitungen, Verlegesysteme, Installationsgeräte				8,4%
	058 Leuchten und Lampen				91,6%
02	**Einbaudownlight, LED 9W, Mantelleitung, Installationsrohr 2,0m** Einbaudownlight mit LED 9W, mit Mantelleitung und Installationsleerrohr, 2,0m Einheit: St Leuchte	92,00	**105,00**	115,00	
	053 Niederspannungsanlagen - Kabel / Leitungen, Verlegesysteme, Installationsgeräte				18,3%
	058 Leuchten und Lampen				81,7%
03	**Wannenleuchte, 1x58W, Mantelleitung, Installationsrohr 2,0m** Wannenleuchte aus lackiertem Metall mit Plexiglas, 1x58W, mit Mantelleitung und Installationsleerrohr, 2,0m Einheit: St Leuchte	222,00	**252,00**	317,00	
	053 Niederspannungsanlagen - Kabel / Leitungen, Verlegesysteme, Installationsgeräte				7,7%
	058 Leuchten und Lampen				92,3%
04	**Pendelleuchte, LED 47W, bis 598mm, Mantelleitung, Installationsrohr 2,0m** Pendelleuchte aus Alu mit Abdeckung aus Stahlblech, Abhängung mit Stahlseilen, mit LED 47W, bis 598mm, mit Mantelleitung und Installationsleerrohr, 2,0m Einheit: St Leuchte	376,00	**407,00**	536,00	
	053 Niederspannungsanlagen - Kabel / Leitungen, Verlegesysteme, Installationsgeräte				4,7%
	058 Leuchten und Lampen				95,3%

Kosten:
Stand 1. Quartal 2026
Bundesdurchschnitt
inkl. 19% MwSt.

▷ von
ø Mittel
◁ bis

KG.OZ		▷	€/Einheit	◁	LB an EA
456.10	**Brandmeldeanlagen**				
01	**Brandmeldezentrale bis 4 Ringe-/Linien** Brandmeldezentrale bis 4 Ringe-/Linien Einheit: St Brandmeldezentrale	3.537,00	**4.177,00**	5.023,00	
	063 Gefahrenmeldeanlagen				100,0%
02	**Brandmeldezentrale ab 5 Ringe-/Linien** Brandmeldezentrale ab 5 Ringe-/Linien Einheit: St Brandmeldezentrale	9.505,00	**10.522,00**	12.563,00	
	063 Gefahrenmeldeanlagen				100,0%

KG.OZ		▷	€/Einheit	◁	LB an EA
461.10	**Personenaufzüge**				
01	**Personenaufzug, bis 320kg** Personenaufzug mit Seilzug, bis 320kg, mit Prüfgebühr der Inbetriebnahme Einheit: St Aufzugsanlage	59.878,00	**65.266,00**	69.389,00	
	069 Aufzüge				100,0%
02	**Personenaufzug, barrierefrei, bis 630kg** Personenaufzug mit Seilzug, behindertengerecht, bis 630kg, mit Notrufeinrichtung, Prüfgebühr der Inbetriebnahme Einheit: St Aufzugsanlage	74.285,00	**79.312,00**	85.734,00	
	069 Aufzüge				100,0%
03	**Personenaufzug, barrierefrei, bis 1.275kg** Personenaufzug mit Seilzug, bis 1.275kg, mit Notrufeinrichtung, Prüfgebühr der Inbetriebnahme Einheit: St Aufzugsanlage	108.662,00	**117.668,00**	136.591,00	
	069 Aufzüge				100,0%
461.30	**Kleingüteraufzüge**				
01	**Kleingüteraufzug, bis 300kg** Kleingüteraufzug, bis 300kg Nutzlast, mit Prüfgebühr der Inbetriebnahme Einheit: St Aufzugsanlage	17.222,00	**19.381,00**	20.273,00	
	069 Aufzüge				100,0%

Kosten:
Stand 1. Quartal 2026
Bundesdurchschnitt
inkl. 19% MwSt.

▷ von
ø Mittel
◁ bis

KG.OZ	▷	€/Einheit	◁	LB an EA
511.10 Oberbodenabtrag				
01 **Oberboden abtragen, bis 30cm, seitlich lagern** Oberboden abtragen, Tiefe bis 30cm, seitlich lagern	26,00	**29,00**	30,00	
Einheit: m³ Aushub				
003 Landschaftsbauarbeiten				100,0%
02 **Oberboden abtragen, bis 30cm, entsorgen** Oberboden profilgerecht abtragen, Tiefe bis 30cm, laden, abfahren, entsorgen	31,00	**32,00**	36,00	
Einheit: m³ Aushub				
002 Erdarbeiten				100,0%
03 **Oberbodenabtrag, lagern, andecken, 30cm** Oberboden abtragen, Tiefe bis 30cm, für Wiedereinbau seitlich lagern, andecken	39,00	**45,00**	49,00	
Einheit: m³ Aushub				
003 Landschaftsbauarbeiten				100,0%
04 **Oberboden abtragen, abfahren, liefern, andecken, 30cm** Oberboden abtragen, Tiefe bis 30cm, abfahren, entsorgen, neuer Oberboden liefern, andecken	78,00	**83,00**	90,00	
Einheit: m³ Aushub				
002 Erdarbeiten				39,0%
003 Landschaftsbauarbeiten				61,0%
511.30 Bodenabtrag				
01 **Fundament ausheben bis 1,25m, lagern** Aushub Einzel- und Streifenfundament, Tiefe bis 1,25m, fördern, seitlich lagern, GK1	44,00	**47,00**	52,00	
Einheit: m³ Aushub				
003 Landschaftsbauarbeiten				100,0%
02 **Fundament ausheben bis 1,25m entsorgen** Aushub Einzel- und Streifenfundament, Tiefe bis 1,25m, laden, abfahren, entsorgen, GK1	57,00	**65,00**	73,00	
Einheit: m³ Aushub				
003 Landschaftsbauarbeiten				100,0%
03 **Baugrube ausheben, bis 1,75m lagern, Sohle verdichten** Baugrubenaushub Tiefe bis 1,75m, fördern, seitlich lagern, Gründungssohle verdichten, GK1	15,00	**17,00**	18,00	
Einheit: m³ Aushub				
002 Erdarbeiten				95,1%
003 Landschaftsbauarbeiten				4,9%
04 **Kabelgraben ausheben, seitlich lagern** Kabelgraben ausheben, Tiefe bis 1,00m, Breite bis 50cm Aushub seitlich lagern	34,00	**37,00**	43,00	
Einheit: m³ Aushub				
002 Erdarbeiten				100,0%
05 **Kabelgraben ausheben, lagern, überschüssigen Boden abfahren** Kabelgraben ausheben, Tiefe bis 1,00m, brauchbares Material seitlich lagern, überschüssiger Boden laden, abfahren entsorgen	45,00	**50,00**	57,00	
Einheit: m³ Aushub				
002 Erdarbeiten				74,7%
003 Landschaftsbauarbeiten				25,3%

Kosten:
Stand 1. Quartal 2026
Bundesdurchschnitt
inkl. 19% MwSt.

KG.OZ		▷	€/Einheit	◁	LB an EA
513.10	**Leitungen für Wasserhaltung**				
01	**Wasserhaltungen, Leitungen, DN100**	21,00	**23,00**	29,00	
	Rohrleitungen für Wasserhaltung, Saugleitung DN100, Armaturen, Form- und Passstücke				
	Einheit: m Leitungslänge				
	008 Wasserhaltungsarbeiten				100,0%
513.20	**Schächte für Wasserhaltung**				
01	**Wasserhaltung, Pumpensumpf, 1,00m**	1.943,00	**2.210,00**	2.814,00	
	Pumpensumpf für Wasserhaltung, innerhalb von Baugruben, mit Betonringen, 1,00m, inkl. Erdarbeiten herstellen				
	Einheit: St Anzahl				
	009 Entwässerungskanalarbeiten				4,3%
	010 Drän- und Versickerarbeiten				95,7%
513.30	**Geräte für Wasserhaltung**				
01	**Wasserhaltung, Pumpe**	881,00	**1.098,00**	1.364,00	
	Wasserhaltung Pumpe				
	Einheit: St Anzahl				
	008 Wasserhaltungsarbeiten				100,0%
02	**Wasserhaltung, Absetzbecken, mit Messvorrichtung**	2.927,00	**3.770,00**	4.365,00	
	Wasserhaltung, Absetzbecken, mit Messvorrichtung				
	Einheit: St Anzahl				
	008 Wasserhaltungsarbeiten				100,0%
513.40	**Wasserhaltung, vorhalten**				
01	**BG Wasserhaltung, Pumpe betreiben**	25,00	**28,00**	30,00	
	Pumpe für Wasserhaltung, mit Elektromotor für Pumpensümpfe, Fördermenge 10-30m³/h, betreiben				
	Einheit: h Stunden				
	008 Wasserhaltungsarbeiten				100,0%

▷ von
ø Mittel
◁ bis

521.10	**Bodenaustausch**				
01	**Bodenaustausch, Liefermaterial, Kiessand**	115,00	**127,00**	149,00	
	Baugrundverbesserung durch Bodenaustausch, mit Kiessand, lagenweise einbauen und verdichten				
	Einheit: m³ Auffüllvolumen				
	002 Erdarbeiten				42,6%
	003 Landschaftsbauarbeiten				51,0%
	080 Straßen, Wege, Plätze				6,4%
521.20	**Bodenauffüllung**				
01	**Bodenauffüllung, grobkörniger Boden**	49,00	**54,00**	59,00	
	Bodenauffüllung, grobkörniger Boden, liefern und profilgerecht einbauen				
	Einheit: m³ Auffüllvolumen				
	003 Landschaftsbauarbeiten				84,9%
	080 Straßen, Wege, Plätze				15,1%
521.30	**Bodenverdichtung**				
01	**Untergrundverdichtung, Fundamente**	7,60	**8,20**	9,10	
	Fundamentsohle verdichten, zur Erhöhung der Tragfähigkeit des Baugrunds, Lastplattendruckversuch				
	Einheit: m² Verdichtungsfläche				
	080 Straßen, Wege, Plätze				100,0%
02	**Untergrundverdichtung, Wegefläche**	7,20	**7,80**	9,00	
	Wegefläche, verdichten, zur Erhöhung der Tragfähigkeit, Lastplattendruckversuch				
	Einheit: m² Verdichtungsfläche				
	080 Straßen, Wege, Plätze				100,0%
03	**Untergrundverdichtung, Baugrube**	8,10	**9,00**	11,00	
	Gründungssohle der Baugrube verdichten, Lastplattendruckversuch				
	Einheit: m² Verdichtungsfläche				
	003 Landschaftsbauarbeiten				31,3%
	080 Straßen, Wege, Plätze				68,7%

Kosten:
Stand 1.Quartal 2026
Bundesdurchschnitt
inkl. 19% MwSt.

▷ von
ø Mittel
◁ bis

KG.OZ		▷	€/Einheit	◁	LB an EA
522.10	**Fundamente Beton**				
01	**Einzelfundament, C30/37, Stahlbeton, T 50cm, Schalung** Gründung, Einzelfundament C30/37, Bewehrung 40kg/m³, Schalung, Fundamenthöhe 50cm, Schalung 4m²/m³ Einheit: m³ Fundamentvolumen	533,00	**584,00**	668,00	
	013 Betonarbeiten				100,0%
02	**Einzelfundament, C30/37, Stahlbeton, T 100cm, Schalung** Gründung, Einzelfundament C30/37, Bewehrung 30kg/m³, Schalung, Fundamenthöhe 100cm, Schalung 4m²/m³ Einheit: m³ Fundamentvolumen	557,00	**611,00**	698,00	
	013 Betonarbeiten				100,0%
03	**Streifenfundament, C30/37, Stahlbeton, T 50cm, Schalung** Gründung, Streifenfundament C30/37, Bewehrung 40kg/m³, Schalung, Fundamenthöhe 50cm, Schalung 4m²/m³ Einheit: m³ Fundamentvolumen	533,00	**584,00**	668,00	
	013 Betonarbeiten				100,0%
04	**Streifenfundament, C30/37, Stahlbeton, T 100cm, Schalung** Gründung, Streifenfundament C30/37, Bewehrung 30kg/m³, Schalung, Fundamenthöhe 100cm, Schalung 2m²/m³ Einheit: m³ Fundamentvolumen	445,00	**484,00**	545,00	
	013 Betonarbeiten				100,0%
05	**Einzelfundament C30/37, unbewehrt, T 50cm, Schalung** Einzelfundament C 30/37, unbewehrt, Schalung, 20x20x50cm, Schalung 2m² /m³ Einheit: m³ Fundamentvolumen	373,00	**403,00**	456,00	
	013 Betonarbeiten				100,0%
06	**Einzelfundament C12/15, unbewehrt, T 50cm, Schalung** Einzelfundament C12/15, unbewehrt, Schalung rau, Fundamentmaße 50x50x50cm, Schalung 2m²/m³ Einheit: m³ Fundamentvolumen	481,00	**541,00**	674,00	
	013 Betonarbeiten				100,0%
07	**Einzelfundament C20/25, unbewehrt, T 50cm, Schalung** Einzelfundament C12/15, unbewehrt, Schalung rau, Fundamentmaße 50x50 50cm, Schalung 2 m²/m³ Einheit: m³ Fundamentvolumen	484,00	**529,00**	608,00	
	013 Betonarbeiten				100,0%
08	**Einzelfundament C20/25, Stahlbeton, T 50cm, ohne Schalung** Gründung, Einzelfundament C20/25, inkl. Bewehrung, gegen Erdreich, Fundamentmaße 50x50x50cm Einheit: m³ Fundamentvolumen	261,00	**276,00**	303,00	
	013 Betonarbeiten				100,0%
09	**Einzelfundament C30/35, Schalung, 20x20x50** Einzelfundament C 30/35, raue, Schalung, 20x20x50cm Einheit: St Einzelfundament	28,00	**31,00**	37,00	
	013 Betonarbeiten				100,0%

KG.OZ		▷	€/Einheit	◁	LB an EA
522.10	**Fundamente Beton**				
10	**Einzelfundament C30/35, 20x20x50** Einzelfundament C 30/35, Abmessung 20x20x50cm Einheit: St Einzelfundament	5,20	**5,50**	6,10	
	013 Betonarbeiten				100,0%
11	**Streifenfundament C12/15, unbewehrt, Schalung, 50x50** Streifenfundament, C12/15, unbewehrt, Schalung rau, Fundamentmaße 50x50cm Einheit: m Streifenfundament	15,00	**17,00**	22,00	
	013 Betonarbeiten				100,0%
12	**Streifenfundament C30/35, Stahlbeton, Schalung, 30x50** Streifenfundament C 30/35, Bewehrung 100kg/m³, Schalung, 30x50cm Einheit: m Streifenfundament	95,00	**105,00**	122,00	
	013 Betonarbeiten				100,0%
522.40	**Fundamentplatten und Bodenplatten**				
01	**Fundamentplatte, Stahlbeton, C25/30, 20cm** Fundamentplatte, Ortbeton C25/30, 20cm, Bewehrung 80kg/m³, Randschalung Einheit: m² Plattenfläche	92,00	**102,00**	111,00	
	013 Betonarbeiten				100,0%
02	**Fundamentplatte, Stahlbeton, C25/30, 25cm** Gründung, Fundamentplatte, Ortbeton C25/30, 25cm, Bewehrung 80 kg/m³, Randschalung Einheit: m² Plattenfläche	118,00	**130,00**	141,00	
	013 Betonarbeiten				100,0%
03	**Fundamentplatte, Stahlbeton, C25/30, 30cm** Gründung, Fundamentplatte, Ortbeton C25/30, 30cm, Bewehrung 120kg/m³, Randschalung Einheit: m² Plattenfläche	140,00	**154,00**	167,00	
	013 Betonarbeiten				100,0%

KG.OZ	▷	€/Einheit	◁	LB an EA
524.20 Filterschicht				
01 **Filterschicht, Kies, 20cm, Trennlage**	19,00	**22,00**	26,00	
Gründung, Unterbau für Bodenplatten, kapillarbrechende Schicht mit Kies, 20cm, Trennlage mit Folie				
Einheit: m² Schichtfläche				
002 Erdarbeiten				100,0%
02 **Filterschicht, Kies, 25cm, Trennlage**	22,00	**26,00**	29,00	
Gründung, Unterbau für Bodenplatten, kapillarbrechende Schicht mit Kies, 25cm, Trennlage mit Folie				
Einheit: m² Schichtfläche				
002 Erdarbeiten				100,0%
03 **Filterschicht, Kies, 30cm, Trennlage**	26,00	**29,00**	34,00	
Gründung, Unterbau für Bodenplatten, kapillarbrechende Schicht mit Kies, 30cm, Trennlage mit Folie				
Einheit: m² Schichtfläche				
002 Erdarbeiten				100,0%
04 **Filterschicht, RC-Material, 20cm, Trennlage**	14,00	**18,00**	24,00	
Filterschicht, kapillarbrechende Schicht mit RC-Material, 20cm, Trennlage mit Folie				
Einheit: m² Schichtfläche				
002 Erdarbeiten				32,6%
013 Betonarbeiten				67,4%
05 **Filterschicht, RC-Material, 25cm, Trennlage**	16,00	**21,00**	28,00	
Gründung, Unterbau für Bodenplatten, kapillarbrechende Schicht mit RC-Material, 25cm, Trennlage mit Folie				
Einheit: m² Schichtfläche				
002 Erdarbeiten				27,9%
013 Betonarbeiten				72,1%
06 **Filterschicht, RC-Material, 30cm, Trennlage**	19,00	**24,00**	32,00	
Gründung, Unterbau für Bodenplatten, kapillarbrechende Schicht mit RC-Material, 30cm, Trennlage mit Folie				
Einheit: m² Schichtfläche				
002 Erdarbeiten				24,4%
013 Betonarbeiten				75,6%
524.30 Sauberkeitsschicht				
01 **Sauberkeitsschicht Beton C8/10, bis 10cm**	24,00	**29,00**	31,00	
Sauberkeitsschicht unter Gründungsbauteile, Beton C8/10 Dicke 10cm				
Einheit: m² Schichtfläche				
002 Erdarbeiten				9,0%
013 Betonarbeiten				91,0%
02 **Sauberkeitsschicht Beton C12/15, bis 10cm**	28,00	**33,00**	41,00	
Sauberkeitsschicht unter Gründungsbauteile, Beton C12/15 Dicke 10cm				
Einheit: m² Schichtfläche				
002 Erdarbeiten				8,0%
013 Betonarbeiten				92,0%
03 **Sauberkeitsschicht Sand, bis 10cm**	17,00	**20,00**	26,00	
Gründung, Unterbau für Bodenplatten, Sauberkeitsschicht Dicke 10cm auf Trennlage mit Folie				
Einheit: m² Schichtfläche				
002 Erdarbeiten				30,1%
013 Betonarbeiten				69,9%

Kosten:
Stand 1. Quartal 2026
Bundesdurchschnitt
inkl. 19% MwSt.

▷ von
ø Mittel
◁ bis

525.10 Dränageleitungen

		▷	€/Einheit	◁	LB an EA
01	**Dränage, PVC-Rohre, DN100, Sickerpackung, Filtervlies, GK1**	104,00	**119,00**	139,00	
	Dränageleitung PVC-U Rohren DN100, inkl. Aushub, Formstücke, Sickerpackung und Filtervlies herstellen				
	Einheit: m Leitungslänge				
	010 Drän- und Versickerarbeiten				100,0%
02	**Spritzschutz, Kiesstreifen, Filtervlies, Randstein**	62,00	**65,00**	72,00	
	Spritzschutz aus Kiesstreifen 32/64, im Sockelbereich, mit Filtervlies und Randsteinen				
	Einheit: m Kiesstreifen				
	010 Drän- und Versickerarbeiten				33,0%
	080 Straßen, Wege, Plätze				67,0%

525.20 Dränageschächte

		▷	€/Einheit	◁	LB an EA
01	**Spülschacht, DN313, Schachtverlängerung, Schachtdeckel**	623,00	**702,00**	783,00	
	Spülschacht für Dränage, aus PP-Kunststoff, DN315, mit Schachtverlängerung und Schachtabdeckung				
	Einheit: St Schacht				
	010 Drän- und Versickerarbeiten				100,0%
02	**Sickerschacht, Beton, DN1.000, B125, Schachtdeckel**	1.187,00	**1.355,00**	1.710,00	
	Sickerschacht aus Betonringen, DN1.000, mit Schachtverlängerung, Schachtabdeckung				
	Einheit: St Schacht				
	010 Drän- und Versickerarbeiten				100,0%
03	**Dränkontrollschacht, Kunststoff, DN400, Schachtabdeckung Guss**	812,00	**856,00**	888,00	
	Dränkontrollschacht, Kunststoff, DN400 Tiefe bis 3,50m inkl. Anpassarbeiten, Anschlussmaterialien, Gussabdeckung Klasse A				
	Einheit: St Schacht				
	003 Landschaftsbauarbeiten				100,0%

KG.OZ		▷	€/Einheit	◁	LB an EA
531.90	**Sonstige Wege**				
01	**Wegebefestigung, wassergebundene Wegedecke**	85,00	**92,00**	104,00	
	Wegebefestigung, wassergebundene Deckschicht ohne Bindemittel inkl. Schottertragschicht, Frostschutzschicht und Aushub				
	Einheit: m² Wegefläche				
	002 Erdarbeiten				16,5%
	080 Straßen, Wege, Plätze				83,5%

Kosten:
Stand 1. Quartal 2026
Bundesdurchschnitt
inkl. 19% MwSt.

▷ von
ø Mittel
◁ bis

KG.OZ	▷	€/Einheit	◁	LB an EA
532.20 Feinplanum				
01 **Straßenfläche Planum herstellen, inkl. Erdarbeiten**	16,00	**18,00**	19,00	
Feinplanum herstellen, Aushub bis 40cm, zulässige Abweichung der Sollhöhe +/-2cm, inkl. Aushub				
Einheit: m² Straßenfläche				
002 Erdarbeiten				100,0%
532.30 Tragschicht				
01 **Tragschicht Straßenfläche, Schotter, FSS, 40cm, inkl. Erdarbeiten**	47,00	**50,00**	53,00	
Tragschicht für Straßenfläche, Schottertragschicht Dicke 15cm und Frostschutzschicht Dicke 25cm, inkl. Aushub und Planum				
Einheit: m² Straßenfläche				
002 Erdarbeiten				35,9%
080 Straßen, Wege, Plätze				64,1%
02 **Tragschicht Straßenfläche, Kies, FSS, 40cm, inkl. Erdarbeiten**	47,00	**51,00**	54,00	
Tragschicht für Straßenfläche, Kiestragschicht Dicke 15cm und Frostschutzschicht Dicke 25cm, inkl. Aushub und Planum				
Einheit: m² Straßenfläche				
002 Erdarbeiten				35,5%
080 Straßen, Wege, Plätze				64,5%
03 **Tragschicht Straßenfläche, RCL-Schotter, FSS, 40cm, inkl. Erdarbeiten**	44,00	**48,00**	51,00	
Tragschicht für Straßenfläche aus RCL-Schottertragschicht Dicke 15cm und Frostschutzschicht Dicke 25cm, inkl. Aushub und Planum				
Einheit: m² Straßenfläche				
002 Erdarbeiten				37,8%
080 Straßen, Wege, Plätze				62,2%
04 **Tragschicht Straßenfläche, Asphalttragschicht AC32, FSS, 40cm, inkl. Erdarbeiten**	77,00	**81,00**	85,00	
Tragschicht Straßenfläche, Asphalttragschicht Mischgutart AC 32 T Dicke 10cm und Frostschutzschicht Dicke 30cm, inkl. Aushub und Planum				
Einheit: m² Straßenfläche				
002 Erdarbeiten				22,2%
080 Straßen, Wege, Plätze				77,8%
05 **Tragschicht Straßenfläche, Schotter, FSS, 40cm**	30,00	**32,00**	34,00	
Tragschicht Straßenfläche, Schottertragschicht Dicke 15cm und Frostschutzschicht, Dicke 25cm				
Einheit: m² Straßenfläche				
080 Straßen, Wege, Plätze				100,0%
06 **Tragschicht, Straßenfläche, Kies, FSS, 40cm**	30,00	**33,00**	34,00	
Tragschicht, Straßenfläche, Kiestragschicht Dicke 15cm und Frostschutzschicht Dicke 25cm				
Einheit: m² Straßenfläche				
080 Straßen, Wege, Plätze				100,0%

KG.OZ		▷	€/Einheit	◁	LB an EA
532.30	**Tragschicht**				
07	**Tragschicht Straßenfläche, RCL-Schotter, FSS, 40cm** Tragschicht Straßenfläche, RCL-Schottertragschicht, Dicke 15cm und Frostschutzschicht, Dicke 25cm	30,00	**32,00**	34,00	
	Einheit: m² Straßenfläche				
	080 Straßen, Wege, Plätze				100,0%
532.40	**Deckschicht Asphalt**				
01	**Straßenfläche, Asphaltdeckschicht, Tragschicht, FSS, 35cm, inkl. Aushub** Straßenfläche, Asphaltdeckschicht, Dicke 3,5cm, Asphalttragschicht, Dicke 10cm und Frostschutzschicht, Dicke 20cm	140,00	**149,00**	161,00	
	Einheit: m² Straßenfläche				
	002 Erdarbeiten				10,2%
	080 Straßen, Wege, Plätze				89,8%
532.50	**Deckschicht Pflaster**				
01	**Straßenbefestigung, Granit 11x11cm auf Tragschicht, FSS, 40cm, inkl. Erdarbeiten** Straßenbefestigung, Granitsteinpflaster 11x11cm, Tragschicht, Dicke 15cm, Frostschutzschicht Dicke 25cm, inkl. Aushub und Planum, gebundene Bauweise	243,00	**269,00**	287,00	
	Einheit: m² Straßenfläche				
	002 Erdarbeiten				5,7%
	080 Straßen, Wege, Plätze				94,3%
02	**Straßenbefestigung, sickerfähig. Betonpflaster, Tragschicht, FSS, 40cm, inkl. Erdarbeiten** Straßenbefestigung, versickerungsfähiges Betonpflaster, 15x15cm, Schottertragschicht 15cm und Frostschutzschicht, 25cm, inkl Aushub und Planum	122,00	**130,00**	145,00	
	Einheit: m² Wegefläche				
	002 Erdarbeiten				11,7%
	080 Straßen, Wege, Plätze				88,3%
532.80	**Straßenbegrenzungen**				
01	**Randeinfassung Betonbordstein, HB 150x250mm** Randeinfassung Betonbordstein, HB 150x250, Frostschutzschicht	47,00	**51,00**	54,00	
	Einheit: m Begrenzung				
	080 Straßen, Wege, Plätze				100,0%
02	**Randeinfassung Bordstein, Naturwerkstein** Randeinfassung Naturwerkstein, Granit 12x15x25cm, Frostschutzschicht	68,00	**73,00**	81,00	
	Einheit: m Begrenzung				
	080 Straßen, Wege, Plätze				100,0%

Kosten:
Stand 1. Quartal 2026
Bundesdurchschnitt
inkl. 19% MwSt.

▷ von
ø Mittel
◁ bis

KG.OZ	▷	€/Einheit	◁	LB an EA
533.20 Feinplanum				
01 **Planum herstellen, inkl. Erdarbeiten** Planum herstellen, Aushub T 30cm, zulässige Abweichung der Sollhöhe +/-2cm Einheit: m² Befestigungsfläche	13,00	**14,00**	15,00	
002 Erdarbeiten				100,0%
533.30 Tragschicht				
01 **Tragschicht, Schotter 20cm, inkl. Erdarbeiten** Tragschicht, Schottertragschicht Dicke 20cm, inkl. Aushub und Planum Einheit: m² Befestigungsfläche	15,00	**17,00**	18,00	
002 Erdarbeiten				74,3%
080 Straßen, Wege, Plätze				25,7%
02 **Tragschicht, Kies, 20cm, inkl. Erdarbeiten** Tragschicht, Kies Dicke 20cm, inkl. Aushub und Planum Einheit: m² Befestigungsfläche	24,00	**27,00**	29,00	
002 Erdarbeiten				45,4%
080 Straßen, Wege, Plätze				54,6%
03 **Tragschicht, RCL-Schotter, 20cm, inkl. Erdarbeiten** Tragschicht, RCL-Schottertragschicht Dicke 20cm, inkl. Aushub und Planum Einheit: m² Befestigungsfläche	21,00	**23,00**	25,00	
002 Erdarbeiten				53,4%
080 Straßen, Wege, Plätze				46,6%
533.50 Deckschicht Pflaster				
01 **Deckschicht, Betonpflaster, Tragschicht 20cm, inkl. Erdarbeiten** Deckschicht, Betonpflaster, Schottertragschicht (0/32) Dicke 20cm, inkl. Aushub und Planum, ungebundene Bauweise Einheit: m² Befestigungsfläche	84,00	**89,00**	96,00	
002 Erdarbeiten				10,7%
080 Straßen, Wege, Plätze				89,3%
533.60 Deckschicht Beton				
01 **Betonsteinplatten, Tragschicht, 20cm, inkl. Erdarbeiten** Deckschicht Betonplatten, Schottertragschicht (0/45) Dicke 20cm, inkl. Aushub und Planum Einheit: m² Befestigungsfläche	84,00	**88,00**	96,00	
002 Erdarbeiten				8,6%
080 Straßen, Wege, Plätze				91,4%
02 **Betonpflaster sickerfähig, Tragschicht, 20cm, inkl. Erdarbeiten** Deckschicht, sickerfähiges Betonpflaster, 15x15cm, Schottertragschicht (0/45) Dicke 20cm, inkl. Aushub und Planum, ungebundene Bauweise Einheit: m² Befestigungsfläche	68,00	**73,00**	81,00	
002 Erdarbeiten				10,4%
080 Straßen, Wege, Plätze				89,6%

KG.OZ		▷	€/Einheit	◁	LB an EA
533.60	**Deckschicht Beton**				
03	**Betonsteinplatten 50x25, Tragschicht, 20cm, inkl. Erdarbeiten**	138,00	**147,00**	170,00	
	Deckschicht, Betonsteinplatten 50x25x5cm, Schottertragschicht 0/45 20cm inkl. Aushub und Planum, ungebundene Bauweise				
	Einheit: m² Befestigungsfläche				
	002 Erdarbeiten				0,8%
	080 Straßen, Wege, Plätze				99,2%
533.70	**Deckschicht Plattenbelag**				
01	**Terrassenbelag, Travertin 60x60cm, Tragschicht 20cm, inkl. Erdarbeiten**	219,00	**237,00**	246,00	
	Terrassenbelag, Travertin 60x60cm, Schottertragschicht 0/45 20cm, inkl. Aushub und Planum, ungebundene Bauweise				
	Einheit: m² Befestigungsfläche				
	002 Erdarbeiten				4,0%
	080 Straßen, Wege, Plätze				96,0%
02	**Terrassenbelag, Sandstein 60x60cm, Tragschicht 20cm, inkl. Erdarbeiten**	236,00	**252,00**	265,00	
	Terrassenbelag, Betonsteinpflaster 60x60cm, ungebundene Bauweise, inkl. Erdarbeiten und Unterbau				
	Einheit: m² Befestigungsfläche				
	002 Erdarbeiten				3,8%
	080 Straßen, Wege, Plätze				96,2%

Kosten:
Stand 1. Quartal 2026
Bundesdurchschnitt
inkl. 19% MwSt.

▷ von
ø Mittel
◁ bis

534.20	**Feinplanum**				
01	**Stellplatzfläche Planum herstellen, inkl. Aushub** Stellplatzfläche Planum herstellen, Aushub T 40cm, zulässige Abweichung der Sollhöhe +/-2cm Einheit: m2 Stellplatzfläche	14,00	**15,00**	16,00	
	002 Erdarbeiten				100,0%
534.30	**Tragschicht**				
01	**Tragschicht Stellplatzfläche, Schotter, FSS, 40cm, inkl. Erdarbeiten** Tragschicht für Stellplatzfläche, Schottertragschicht Dicke 15cm und Frostschutzschicht Dicke 25cm, inkl. Aushub und Planum Einheit: m2 Stellplatzfläche	41,00	**44,00**	47,00	
	002 Erdarbeiten				40,6%
	080 Straßen, Wege, Plätze				59,4%
02	**Tragschicht Stellplatzfläche, Kies, FSS, 40cm, inkl. Erdarbeiten** Stellplatzfläche, Kiestragschicht Dicke 15cm und Frostschutzschicht Dicke 25cm, inkl. Aushub und Planum Einheit: m2 Stellplatzfläche	41,00	**45,00**	48,00	
	002 Erdarbeiten				40,1%
	080 Straßen, Wege, Plätze				59,9%
03	**Tragschicht Stellplatzfläche, RCL-Schottert, FSS, 40cm, inkl. Erdarbeiten** Tragschicht für Stellplatzfläche aus RCL-Schottertragschicht 0/32, Dicke 15cm auf Frostschutzschicht, Dicke 25cm, inkl. Aushub und Planum Einheit: m2 Stellplatzfläche	39,00	**42,00**	45,00	
	002 Erdarbeiten				43,0%
	080 Straßen, Wege, Plätze				57,0%
04	**Tragschicht, Stellplatzfläche, Asphalttragschicht, FSS, 40cm, inkl. Erdarbeiten** Tragschicht für Stellplatzfläche aus Asphalttragschicht Mischgutart AC 32 T, Dicke 10cm und Frostschutz, Dicke 30cm inkl. Aushub und Planum Einheit: m2 Stellplatzfläche	77,00	**81,00**	85,00	
	002 Erdarbeiten				22,2%
	080 Straßen, Wege, Plätze				77,8%
05	**Tragschicht, Stellplätzfläche, Schotter, FSS, 40cm** Tragschicht für Stellplatzfläche aus Schottertragschicht 0/32, Dicke 15cm auf Frostschutzschicht, Dicke 25cm Einheit: m2 Stellplatzfläche	24,00	**26,00**	27,00	
	080 Straßen, Wege, Plätze				100,0%
06	**Tragschicht Stellplatzfläche, Kies, FSS, 40cm** Tragschicht für Stellplatzfläche, Kiestragschicht Dicke 15cm und Frostschutzschicht, Dicke 25cm Einheit: m2 Stellplatzfläche	25,00	**27,00**	28,00	
	080 Straßen, Wege, Plätze				100,0%

KG.OZ	▷	€/Einheit	◁	LB an EA
534.30 Tragschicht				
07 **Tragschicht Stellplatzfläche, RCL-Schotter, FSS, 40cm** Tragschicht Stellplatzfläche, RCL-Schottertragschicht Dicke 15cm und Frostschutzschicht Dicke 25cm	23,00	**24,00**	25,00	
Einheit: m² Stellplatzfläche				
080 Straßen, Wege, Plätze				100,0%
08 **Tragschicht Stellplatzfläche, Asphalttragschicht** Tragschicht für Straßenfläche aus Asphalttragschicht, Mischgutart AC 32 T, Dicke 10cm	38,00	**39,00**	40,00	
Einheit: m² Stellplatzfläche				
080 Straßen, Wege, Plätze				100,0%
534.40 Deckschicht Asphalt				
01 **Stellplatzfläche, Asphaltbeton, Tragschicht, FSS, 35cm, inkl. Erdarbeiten** Stellplatzfläche Asphalt Mischgutart AC 11 D LW, Asphalttragschicht Dicke 10cm, Frostschutzschicht Dicke 20cm, inkl. Aushub und Planum	139,00	**148,00**	159,00	
Einheit: m² Straßenfläche				
002 Erdarbeiten				10,3%
080 Straßen, Wege, Plätze				89,7%
534.60 Deckschicht Beton				
01 **Stellplatzfläche Betonpflaster, versickerungsfähig, inkl. Erdarbeiten** Betonpflaster versickerungsfähig, Dicke 8cm, Stellplatzmarkierung Granit, Randeinfassungen mit TB, Tragschicht Dicke 15cm und, Frostschutzschicht 25cm, inkl. Aushub und Planum	123,00	**133,00**	148,00	
Einheit: m² Stellplatzfläche				
002 Erdarbeiten				13,6%
080 Straßen, Wege, Plätze				86,4%
02 **Stellplatzfläche Rasenfugenstein 20x20, inkl. Erdarbeiten** Rasenfugensteine Beton 20x20cm, Stellplatzmarkierung Granit, Randeinfassungen mit TB, Tragschicht Dicke 15cm und, Frostschutzschicht 20cm, inkl. Aushub und Planum	104,00	**113,00**	125,00	
Einheit: m² Stellplatzfläche				
002 Erdarbeiten				16,0%
080 Straßen, Wege, Plätze				84,0%
03 **Stellplatzfläche, Rasengittersteine mit Verfüllung inkl. Erdarbeiten** Rasengittersteine Beton, 19,5x19,5cm, Verfüllung gem. FFL-Richtlinie, zur Begrünung befahrbarer Vegetationsflächen, Schottertragschicht 15cm ,Frostschutz 25cm, inkl. Aushub, Planum	87,00	**95,00**	104,00	
Einheit: m² Stellplatzfläche				
002 Erdarbeiten				11,0%
080 Straßen, Wege, Plätze				89,0%

Kosten:
Stand 1. Quartal 2026
Bundesdurchschnitt
inkl. 19% MwSt.

▷ von
ø Mittel
◁ bis

KG.OZ	▷	€/Einheit	◁	LB an EA
534.70 Deckschicht Plattenbelag				
01 **Stellplatzfläche, Rasengitterplatten mit Verfüllung, inkl. Erdarbeiten** Beton Rasengitterplatten, 40x40cm, inkl. Verfüllung gem. FFL-Richtlinie, zur Begrünung befahrbarer Vegetationsflächen, Schottertragschicht 15cm, Frostschutz 25cm, inkl. Aushub, Planum	108,00	**116,00**	130,00	
Einheit: m² Stellplatzfläche				
002 Erdarbeiten				15,5%
080 Straßen, Wege, Plätze				84,5%
02 **Stellplatzfläche, Rasenplatte, Kunststoff-RCL, 50x40cm mit Verfüllung, inkl. Erdarbeiten** Rasengitterplatte RCL-Kunststoff, 50x40cm mit. Verfüllung gem. FFL-Richtlinie, zur Begrünung befahrbarer Vegetationsflächen, Schottertragschicht 15cm, Frostschutz 25cm, inkl. Aushub, Planum	116,00	**126,00**	139,00	
Einheit: m² Stellplatzfläche				
002 Erdarbeiten				14,3%
080 Straßen, Wege, Plätze				85,7%
534.80 Stellplatzbegrenzungen				
01 **Randeinfassung Betonbordstein, HB 150x250, inkl. Unterbau** Randeinfassung Betonbordstein, HB 150x250, Schottertragschicht 15cm, Frostschutzschicht, 20cm	76,00	**83,00**	88,00	
Einheit: m Begrenzung				
080 Straßen, Wege, Plätze				100,0%
02 **Randeinfassung Bordsteine, Granit 12x15x25** Randeinfassung Naturwerkstein, Granit 12x15x25cm, Frostschutzschicht	92,00	**97,00**	106,00	
Einheit: m Begrenzung				
080 Straßen, Wege, Plätze				100,0%

KG.OZ		▷	€/Einheit	◁	LB an EA
536.60	**Deckschicht Kunststoff**				
01	**Fallschutzbelag herstellen, Gummigranulatplatten, Unterbau** Fallschutzbelag, Gummigranulatplatten Dicke 10cm, Kiestragschicht 30cm, inkl. Planum Einheit: m² Fallschutzfläche	166,00	**180,00**	201,00	
	002 Erdarbeiten				11,4%
	003 Landschaftsbauarbeiten				86,9%
	080 Straßen, Wege, Plätze				1,7%
536.90	**Sonstige Spielplätze**				
01	**Sandkasten herstellen, Sandfüllung, Pflastereinfassung** Sandkasten herstellen, Einfassung mit Pflasterstreifen, Sandfüllung 0/2mm Einheit: m² Sandfläche	96,00	**102,00**	130,00	
	003 Landschaftsbauarbeiten				100,0%

Kosten:
Stand 1.Quartal 2026
Bundesdurchschnitt
inkl. 19% MwSt.

▷ von
ø Mittel
◁ bis

541.10 Zäune

01	**Maschendrahtzaun, H 1,00m**	53,00	**59,00**	72,00	
	Maschendrahtzaun Höhe 1,00m, inkl. Erdarbeiten und Fundamentbeteton				
	Einheit: m Zaunlänge				
	003 Landschaftsbauarbeiten				100,0%
02	**Stabgitterzaun, H 1,20m**	92,00	**104,00**	116,00	
	Stabgitterzaun Höhe 1,20m, inkl. Erdarbeiten und Fundamentbeteton				
	Einheit: m Zaunlänge				
	003 Landschaftsbauarbeiten				100,0%
03	**Staketenzaun, H 1,00m**	118,00	**127,00**	148,00	
	Staketenzaun, Vierkantlatten, gehobelt, Höhe 1,00m, inkl. Erdarbeiten und Fundamentbeteton				
	Einheit: m Zaunlänge				
	003 Landschaftsbauarbeiten				100,0%
04	**Senkrechtzaun, H 1,00m**	292,00	**302,00**	330,00	
	Senkrechtzaun, Halbrundhölzer, gehobelt, Höhe1,00m, inkl. Erdarbeiten und Fundamentbeteton				
	Einheit: m Zaunlänge				
	003 Landschaftsbauarbeiten				100,0%
05	**Maschendrahtzaun, H 1,00m, Drehflügeltor**	56,00	**63,00**	76,00	
	Maschendrahtzaun Höhe 1,00m, Drehflügeltür 1,00x1,00m, inkl. Erdarbeiten und Fundamentbeteton				
	Einheit: m Zaunlänge				
	003 Landschaftsbauarbeiten				100,0%
06	**Senkrechtzaun, H 1,00m, Tür**	314,00	**328,00**	359,00	
	Senkrechtzaun, Halbrundhölzer, gehobelt, Höhe 1,00m, Drehflügeltor, inkl. Erdarbeiten und Fundamentbeteton				
	Einheit: m Zaunlänge				
	003 Landschaftsbauarbeiten				100,0%
07	**Stabgitterzaun, H 1,20m, Tür**	108,00	**121,00**	133,00	
	Stabgitterzaun Höhe 1,20m, Drehflügeltür 1,00x1,20m, inkl. Erdarbeiten und Fundamentbeteton				
	Einheit: m Zaunlänge				
	003 Landschaftsbauarbeiten				100,0%
08	**Maschendrahtzaun, H 2,00m, Tor**	144,00	**149,00**	190,00	
	Maschendrahtzaun Höhe 2,00m, Stahltor, inkl. Erdarbeiten und Fundamentbeteton				
	Einheit: m Zaunlänge				
	003 Landschaftsbauarbeiten				100,0%
09	**Ballfangzaun Gittermatten, H 4,00m**	486,00	**519,00**	565,00	
	Ballfangzaun Doppelstabmatten, 4,00m, Doppelstabmatten, Fundamente, Erdarbeiten				
	Einheit: m Zaunlänge				
	003 Landschaftsbauarbeiten				88,6%
	013 Betonarbeiten				11,4%

KG.OZ		▷	€/Einheit	◁	LB an EA
541.20	**Mauern**				
01	**Natursteinmauerwerk als Quadermauerwerk, Betonfundament**	493,00	**576,00**	723,00	
	Natursteinmauerwerk, Betonfundament, Höhe bis 200cm, Fundamentaushub, Fundamentbeton				
	Einheit: m Mauerlänge				
	003 Landschaftsbauarbeiten				2,7%
	013 Betonarbeiten				31,0%
	080 Straßen, Wege, Plätze				66,3%
02	**Gabionenwand, 50x50x50cm, Schotterfundament**	215,00	**229,00**	256,00	
	Gabionenwand, Gabionenbehälter 100x50x50cm, inkl. Erdarbeiten, Schotterfundament				
	Einheit: m Mauerlänge				
	002 Erdarbeiten				16,3%
	080 Straßen, Wege, Plätze				83,7%
03	**Gabionenwand, 100x50x50cm, Schotterfundament**	260,00	**278,00**	315,00	
	Gabionenwand, Gabionenbehälter 100x50x50cm, inkl. Erdarbeiten, Schotterfundament				
	Einheit: m Mauerlänge				
	002 Erdarbeiten				13,4%
	080 Straßen, Wege, Plätze				86,6%
04	**Gabionenwand, 200x200x50cm, Schotterfundament**	597,00	**641,00**	702,00	
	Gabionenwand, Gabionenbehälter 200x200x50cm, inkl. Erdarbeiten, Schotterfundament				
	Einheit: m Mauerlänge				
	002 Erdarbeiten				5,8%
	080 Straßen, Wege, Plätze				94,2%
05	**Winkelstützmauer, Stahlbeton, H 80cm**	472,00	**515,00**	619,00	
	Stützmauer, Winkelstützelement, Stahlbeton Höhe bis 80cm, inkl. Erd-und Fundamentarbeiten				
	Einheit: m Mauerlänge				
	002 Erdarbeiten				4,3%
	003 Landschaftsbauarbeiten				12,3%
	013 Betonarbeiten				37,0%
	080 Straßen, Wege, Plätze				46,4%
06	**Winkelstützmauer, Stahlbeton, H 105cm**	559,00	**600,00**	696,00	
	Stützmauer, Winkelstützelement, Stahlbeton Höhe bis 105cm, inkl. Erd-und Fundamentarbeiten				
	Einheit: m Mauerlänge				
	002 Erdarbeiten				3,7%
	003 Landschaftsbauarbeiten				10,6%
	013 Betonarbeiten				31,7%
	080 Straßen, Wege, Plätze				54,0%
07	**Winkelstützmauer, Stahlbeton, H 130cm**	671,00	**727,00**	839,00	
	Stützmauer, Winkelstützelement, Stahlbeton Höhe bis 130cm, inkl. Erd-und Fundamentarbeiten				
	Einheit: m Mauerlänge				
	002 Erdarbeiten				3,0%
	003 Landschaftsbauarbeiten				8,7%
	013 Betonarbeiten				26,1%
	080 Straßen, Wege, Plätze				62,1%

Kosten:
Stand 1. Quartal 2026
Bundesdurchschnitt
inkl. 19% MwSt.

▷ von
ø Mittel
◁ bis

KG.OZ	▷	€/Einheit	◁	LB an EA
541.40 Absperrungen				
01 **Absperrpfosten, Beton, 40x40cm, H 100cm** Absperrpfosten Beton, 40x40cm, Höhe bis 100cm, inkl Fundament, Erdarbeiten Einheit: St Poller	579,00	**581,00**	606,00	
003 Landschaftsbauarbeiten				100,0%
02 **Absperrpfosten, Metall, herausnehmbar, H bis 100cm** Absperrpfosten, Stahl mit Bodenhülse zum herausnehmen, Höhe bis 100cm, inkl. Fundament, Erdarbeiten Einheit: St Poller	539,00	**590,00**	651,00	
003 Landschaftsbauarbeiten				100,0%

KG.OZ		▷	€/Einheit	◁	LB an EA
542.20	**Sichtschutzwände**				
01	**Sichtschutzzaun, Holz, H 2,00m** Sichtschutzzaun, Holz, Höhe 2,00m, inkl. Erdarbeiten, Fundamente, Pfosten Einheit: m Zaunlänge	563,00	**624,00**	706,00	
	003 Landschaftsbauarbeiten				42,7%
	013 Betonarbeiten				57,3%

Kosten:
Stand 1.Quartal 2026
Bundesdurchschnitt
inkl. 19% MwSt.

▷ von
ø Mittel
◁ bis

KG.OZ		▷	€/Einheit	◁	LB an EA
543.10	**Stahlbetonwände**				
01	**Stahlbetonwand, 20cm, Bewehrung, Schalung glatt** Stahlbetonwand C 25/30, Dicke 20cm, Bewehrung und mit glatter Schalung, 20cm Einheit: m² Wandfläche	206,00	**234,00**	269,00	
	013 Betonarbeiten				100,0%
02	**Stahlbetonwand, 20cm, Bewehrung, Schalung rau** Stahlbetonwand C 25/30, Dicke 20cm, Bewehrung und mit glatter Schalung, 20cm Einheit: m² Wandfläche	200,00	**216,00**	236,00	
	013 Betonarbeiten				100,0%
543.20	**Mauerwerkswände**				
01	**Mauerwerk, Porenbeton-Plansteine, 30cm** Mauerwerk, mit Porenbeton-Plansteinen 30cm Einheit: m² Wandfläche	161,00	**174,00**	182,00	
	012 Mauerarbeiten				100,0%
02	**Mauerwerk, Kalksandsteine, 17,5cm** Mauerwerk, mit Kalksandsteinen, Dicke 17,5cm Einheit: m² Wandfläche	110,00	**122,00**	135,00	
	012 Mauerarbeiten				100,0%
543.40	**Fertigteilwände**				
01	**Fertigteil Stahlbetonwand, 25cm, Bewehrung** Fertigteil Stahlbetonwand aus Halbfertigteil, Dicke 25cm, mit Betonfüllung und Bewehrung Einheit: m² Wandfläche	215,00	**242,00**	269,00	
	013 Betonarbeiten				100,0%

KG.OZ		▷	€/Einheit	◁	LB an EA
544.20	**Treppen**				
01	**Treppe, Blockstufen Betonwerkstein, in Betonbett setzen** Treppe, Betonblockstufe, Länge 1,00m, in Betonbett C12/15 setzen Einheit: St Treppe	313,00	**360,00**	385,00	
	003 Landschaftsbauarbeiten				32,6%
	080 Straßen, Wege, Plätze				67,4%
02	**Treppe, Blockstufen Naturwerkstein, in Betonbett setzen** Treppe, Blockstufen Naturwerkstein, Länge 1,00m, in Betonbett C12/15 setzen Einheit: St Treppe	366,00	**390,00**	411,00	
	003 Landschaftsbauarbeiten				30,2%
	080 Straßen, Wege, Plätze				69,8%
03	**Treppe, Winkelstufe, Betonfertigteil 17x18x100cm** Treppe, Winkelstufe Betonfertigteil, Länge 1,00m, in Betonbett C12/15 setzen Einheit: St Treppe	152,00	**162,00**	168,00	
	003 Landschaftsbauarbeiten				83,9%
	080 Straßen, Wege, Plätze				16,1%

Kosten:
Stand 1. Quartal 2026
Bundesdurchschnitt
inkl. 19% MwSt.

▷ von
ø Mittel
◁ bis

551.10 Abwasserleitungen/Abläufe

KG.OZ		▷	€/Einheit	◁	LB an EA
01	**Abwasserkanal, Steinzeug DN100, T 1,50m**	147,00	**159,00**	176,00	
	Abwasserkanal aus Steinzeugrohren, DN100, Formstücke, Rohrbettung 0/8, Grabentiefe bis 1,50m, inkl Rohrgrabenaushub				
	Einheit: m Abwasserleitung				
	003 Landschaftsbauarbeiten				73,9%
	009 Entwässerungskanalarbeiten				26,1%
02	**Abwasserkanal, Steinzeug DN150, T 1,50m**	165,00	**187,00**	207,00	
	Abwasserkanal aus Steinzeugrohren, DN150, Formstücke, Rohrbettung 0/8, Grabentiefe bis 1,50m, inkl. Rohrgrabenaushub				
	Einheit: m Abwasserleitung				
	003 Landschaftsbauarbeiten				30,1%
	009 Entwässerungskanalarbeiten				69,9%
03	**Abwasserkanal, PVC-U, DN/ID100, T 1,50m**	114,00	**126,00**	142,00	
	Abwasserkanal aus PVC-U Rohre, DN100, Formstücke, Rohrbettung 0/8, Grabentiefe bis 1,50m, inkl. Rohrgrabenaushub				
	Einheit: m Abwasserleitung				
	003 Landschaftsbauarbeiten				80,5%
	009 Entwässerungskanalarbeiten				19,5%
04	**Abwasserkanal, PVC-U, DN/ID150, T 1,50m**	131,00	**145,00**	163,00	
	Abwasserkanal aus PVC-U Rohre, DN/ID150, Formstücke, Rohrbettung 0/8, Grabentiefe bis 1,50m, inkl Rohrgrabenaushub				
	Einheit: m Abwasserleitung				
	003 Landschaftsbauarbeiten				81,3%
	009 Entwässerungskanalarbeiten				18,7%
05	**Abwasserkanal, duktilem Gusseisen, DN100, T 1,50m**	170,00	**184,00**	208,00	
	Abwasserkanal aus duktilem Gusseisen, DN100, Formstücke, Rohrbettung 0/8, Grabentiefe bis 1,50m				
	Einheit: m Abwasserleitung				
	003 Landschaftsbauarbeiten				30,6%
	009 Entwässerungskanalarbeiten				69,4%
06	**Abwasserkanal, PP, DN/OD100, T 1,50m, inkl Rohrgrabenaushub**	110,00	**123,00**	147,00	
	Abwasserkanal aus PP-Rohren, DN100, Formstücke, Rohrbettung 0/8, Grabentiefe bis 1,50m				
	Einheit: m Abwasserleitung				
	003 Landschaftsbauarbeiten				45,9%
	009 Entwässerungskanalarbeiten				54,1%
07	**Kontrollschacht, Beton, DN1.000, D400, inkl. Aushub, Verbau, T bis 3,50m**	2.826,00	**3.303,00**	3.811,00	
	Kontrollschacht komplett aus Beton, DN1.000, Tiefe bis 3,50m, Klasse D400, Steigeisen, Abdeckung Gusseisen, inkl. Erdaushub und Verbau				
	Einheit: St Schacht				
	009 Entwässerungskanalarbeiten				100,0%

KG.OZ		▷	€/Einheit	◁	LB an EA
551.10	**Abwasserleitungen/Abläufe**				
08	**Kontrollschacht PP, Abdeckung C250, inkl. Aushub, Verbau, T 2,50m** Kontrollschacht aus PP, Tiefe 2,50m, Sohlenstück, Ringe, Konus, Abdeckung Klasse C250, Steigeisen, inkl. Erdaushub und Verbau Einheit: St Schacht	1.528,00	**1.856,00**	2.243,00	
	009 Entwässerungskanalarbeiten				100,0%
09	**Straßenablauf, Polymerbeton, B125, T bis 1,00m** Straßenablauf, Polymerbeton, B125, inkl. Kanalanschluss, Tiefe bis 1,00m Einheit: St Straßenablauf	533,00	**599,00**	629,00	
	009 Entwässerungskanalarbeiten				100,0%
10	**Hofablauf, Beton, A15, Betonbett setzen** Hofablauf, Beton, A15, in Betton setzen, Schlitzabdeckung, Kanalanschluss Einheit: St Hofablauf	433,00	**469,00**	493,00	
	009 Entwässerungskanalarbeiten				100,0%
11	**Entwässerungsrinne, Beton, B125, Aushub, Fundament** Entwässerungsrinne, Beton, Klasse B125, Stegrost, Fundamentaushub, Fundamentbeton Einheit: St Entwässerungsrinne	244,00	**295,00**	309,00	
	009 Entwässerungskanalarbeiten				100,0%
12	**Entwässerungsrinne Beton, D400, Gussabdeckung, Sinkkasten** Entwässerungsrinne Betonfertigteil, D400, Abdeckung aus Gusseisen, Sinkasten mit zweiseitigem Anschluss Einheit: St Entwässerungsrinne	415,00	**452,00**	475,00	
	003 Landschaftsbauarbeiten				100,0%
13	**Schachtabdeckung, B125, DN800, Schmutzfangkorb** Schachtabdeckung, B125, DN800, mit Lüftungsöffnungen und Schmutzfangkorb Einheit: St Schacht	483,00	**498,00**	565,00	
	009 Entwässerungskanalarbeiten				100,0%
14	**Schachtabdeckung, C250, DN800, Guss, Schmutzfangkorb** Schachtabdeckung aus Gusseisen, DN800, C250, mit Schmutzfangkorb Einheit: St Schacht	534,00	**631,00**	692,00	
	009 Entwässerungskanalarbeiten				100,0%
15	**Kanalreinigung mit Prüfung** Kanalreinigung mit Hochdruckspülgerät und Kanalprüfung mit Kamera Einheit: m Kanallänge	15,00	**17,00**	20,00	
	009 Entwässerungskanalarbeiten				100,0%

Kosten:
Stand 1. Quartal 2026
Bundesdurchschnitt
inkl. 19% MwSt.

▷ von
ø Mittel
◁ bis

KG.OZ		▷	€/Einheit	◁	LB an EA
561.20	**Fahrradständer**				
01	**Fahrradständer, Stahlrohrkonstruktion, Fundament und Erdarbeiten**	431,00	**485,00**	573,00	
	Fahrradständer, Rundrohrmaterial, feuerverzinkt, Erd- und Fundamentarbeiten				
	Einheit: St Fahrradständer				
	003 Landschaftsbauarbeiten				100,0%
561.50	**Abfallbehälter**				
01	**Abfallbehälter, Stahl, Fundament**	1.126,00	**1.255,00**	1.381,00	
	Abfallbehälter bis 60 Liter, Stahl, Fundament, Aushub				
	Einheit: St Abfallbehälter				
	003 Landschaftsbauarbeiten				100,0%
	Briefkastenanlage				
01	**Briefkastenanlage freistehend, bis 8 WE, Stahlblech, Fundament**	3.805,00	**4.450,00**	5.259,00	
	Briefkastenanlage freistehend, bis 8 Wohneinheiten, Stahlblech, farbbeschichtet, elektrischer Anschluss, Rufstelle, Fundament, Aushub				
	Einheit: St Briefkastenanlage				
	003 Landschaftsbauarbeiten				3,2%
	013 Betonarbeiten				0,3%
	031 Metallbauarbeiten				96,5%
561.90	**Sonstige Allgemeine Einbauten**				
01	**Sitzquader, Naturstein, Fundament**	635,00	**710,00**	916,00	
	Sitzquader, Naturstein, inkl. Aushub und Fundamente				
	Einheit: St Sitzquader				
	003 Landschaftsbauarbeiten				1,1%
	013 Betonarbeiten				17,6%
	014 Natur-, Betonwerksteinarbeiten				81,2%

KG.OZ		▷	€/Einheit	◁	LB an EA
562.20	**Spielgeräte**				
01	**Doppelschaukel, Aushub, Fundamente** Gerüstschaukel als Doppelschaukel einbauen, Aushub, Fundamente Einheit: St Spielgerät	5.328,00	**5.842,00**	6.153,00	
	003 Landschaftsbauarbeiten				95,5%
	013 Betonarbeiten				4,5%
02	**Klettergerüst, Aushub, Fundamente** Klettergerüst aufstellen, Aushub, Fundamentarbeiten Einheit: St Spielgerät	12.157,00	**13.987,00**	16.070,00	
	003 Landschaftsbauarbeiten				92,6%
	013 Betonarbeiten				7,4%
03	**Federwipptier, Aushub, Fundament** Federwipptier einbauen, inkl. Aushub, Fundament Einheit: St Spielgerät	2.804,00	**3.013,00**	3.636,00	
	003 Landschaftsbauarbeiten				65,5%
	013 Betonarbeiten				34,5%

Kosten:
Stand 1.Quartal 2026
Bundesdurchschnitt
inkl. 19% MwSt.

▷ von
ø Mittel
◁ bis

KG.OZ		▷	€/Einheit	◁	LB an EA
563.10	**Schilder**				
01	**Hinweisschild, Aluminium, Einzelfundamente**	551,00	**616,00**	730,00	
	Hinweisschild, Aluminium, Höhe 60cm, Erdaushub, Einzelfundamente				
	Einheit: St Schild				
	003 Landschaftsbauarbeiten				57,8%
	013 Betonarbeiten				42,2%

KG.OZ		▷	€/Einheit	◁	LB an EA
573.30	**Sträucher**				
02	**Strauch pflanzen, H bis 150cm,Planzgrube, Fertigstellungspflege** Strauch pflanzen, Höhe 100-150cm, Pflanzgrube herstellen, Pflanzverankerung Baumpfahl, mulchen, wässern, düngen Fertigstellungspflege Einheit: St Strauch	190,00	**207,00**	227,00	
	003 Landschaftsbauarbeiten				100,0%
03	**Hecke pflanzen, H bis 90cm, Pflanzgraben, Fertigstellungspflege** Hecke Pflanzen, Höhe bis 90cm , Pflanzgraben 50x50cm herstellen, inkl. wässern, düngen und Fertigstellungspflege Einheit: m Heckenlänge	58,00	**64,00**	72,00	
	003 Landschaftsbauarbeiten				100,0%
04	**Klettergehölze pflanzen, H bis 80cm, Pflanzgrube, Fertigstellungspflege** Klettergehölze Parthenocissus quinpuefolia pflanzen, Höhe 60-80cm, inkl. wässern, düngen und Fertigstellungspflege Einheit: St Kletterpflanze	122,00	**130,00**	138,00	
573.40	**Stauden**				
01	**Stauden pflanzen, 4-5St/m², Pflanzgruben herstellen, Fertigstellungspflege** Stauden Pflanzen, 4-5St/m², Pflanzgruben 20x20x20cm herstellen, mulchen, wässern, düngen, Fertigstellungspflege Einheit: m² Pflanzfläche	48,00	**52,00**	64,00	
	003 Landschaftsbauarbeiten				100,0%
02	**Bodendecker pflanzen, 4-6St/m², Pflanzgruben herstellen, Fertigstellungspflege** Bodendecker pflanzen, 4-6St/m², Pflanzgruben 20x20x20cm herstellen,mulchen, wässern, düngen, Fertigstellungspflege Einheit: m² Pflanzfläche	67,00	**71,00**	89,00	
	003 Landschaftsbauarbeiten				100,0%
573.50	**Blumenzwiebeln**				
01	**Blumenzwiebeln pflanzen, 8-10St/m², Pflanzfläche herstellen** Blumenzwiebeln pflanzen, 8-10St/m², Pflanzfläche herstellen mulchen, wässern, düngen Einheit: m² Pflanzfläche	14,00	**15,00**	17,00	
	003 Landschaftsbauarbeiten				100,0%
573.80	**Fertigstellungspflege**				
01	**Fertigstellungspflege Baum** Fertigstellungspflege Strauch, 3 Arbeitsgänge mit Schnitt, Pflanzfläche lockern, wässern, düngen Einheit: St Fertigstellungspflege	47,00	**66,00**	80,00	
	003 Landschaftsbauarbeiten				100,0%

Kosten:
Stand 1.Quartal 2026
Bundesdurchschnitt
inkl. 19% MwSt.

▷ von
ø Mittel
◁ bis

573.80 Fertigstellungspflege

02	**Fertigstellungspflege Strauch**	93,00	**99,00**	103,00	
	Fertigstellungspflege Strauch, 3 Arbeitsgänge mit Schnitt, Pflanzfläche lockern, wässern, düngen				
	Einheit: St Fertigstellungspflege				
	003 Landschaftsbauarbeiten				100,0%
03	**Fertigstellungspflege Hecken**	13,00	**14,00**	15,00	
	Fertigstellungspflege Hecken, 5 Arbeitsgänge mit Schnitt, Pflanzfläche lockern, wässern, düngen				
	Einheit: m Fertigstellungspflege				
	003 Landschaftsbauarbeiten				100,0%
04	**Fertigstellungspflege Stauden, Bodendecker**	1,80	**2,00**	2,50	
	Fertigstellungspflege Stauden, 3 Arbeitsgänge mit Schnitt, Pflanzfläche lockern, wässern, düngen				
	Einheit: m^2 Fertigstellungspflege				
	003 Landschaftsbauarbeiten				100,0%

574 Rasen- und Saatflächen

KG.OZ		▷	€/Einheit	◁	LB an EA
574.10	**Feinplanum für Rasenflächen**				
01	**Feinplanum Rasenfläche herstellen** Feinplanum Rasenfläche herstellen, inkl. Vegetationsfläche fräsen Einheit: m² Rasenfläche	3,50	**4,10**	4,90	
	003 Landschaftsbauarbeiten				100,0%
574.30	**Wohn- und Gebrauchsrasen**				
01	**Spielrasen herstellen, Ansaat** Spielrasen herstellen, Vegetationsfläche fräsen, Planum herstellen, Ansaat, wässern, düngen Einheit: m² Rasenfläche	6,50	**7,40**	9,20	
	003 Landschaftsbauarbeiten				100,0%
574.70	**Rollrasen**				
01	**Spielrasen, Fertigrasen herstellen** Spielrasen aus Fertigrasen, Vegetationsfläche fräsen, Planum herstellen, wässern, düngen Einheit: m² Rasenfläche	23,00	**26,00**	30,00	
	003 Landschaftsbauarbeiten				100,0%
574.80	**Fertigstellungspflege**				
01	**Fertigstellungspflege Rasen** Fertigstellung Rasen, mähen, wässern, düngen Einheit: m² Rasenfläche	3,10	**3,90**	4,40	
	003 Landschaftsbauarbeiten				100,0%

Kosten:
Stand 1.Quartal 2026
Bundesdurchschnitt
inkl. 19% MwSt.

▷ von
ø Mittel
◁ bis

KG.OZ	▷	€/Einheit	◁	LB an EA
591.10 Baustelleneinrichtung				
01 **Bauzaun Stahlrohrrahmen, Tor** Bauzaun, Stahlrohrrahmen, Höhe 2,00m, mit Tor Einheit: m Zaunlänge	15,00	**17,00**	21,00	
000 Baustelleneinrichtungen; Verkehrssicherungs- und Sicherheitseinrichtungen				100,0%
591.20 Baustelleneinrichtung, Einzeleinrichtungen				
01 **WC-Kabine** WC-Kabine, wöchentliche Reinigung Einheit: St WC-Kabine	156,00	**175,00**	197,00	
000 Baustelleneinrichtungen; Verkehrssicherungs- und Sicherheitseinrichtungen				100,0%

Anhang

Regionalfaktoren

Regionalfaktoren Deutschland

Diese Faktoren geben Aufschluss darüber, inwieweit die Baukosten in einer bestimmten Region Deutschlands teurer oder günstiger liegen als im Bundesdurchschnitt. Sie können dazu verwendet werden, die BKI Baukosten an das besondere Baupreisniveau einer Region anzupassen.
Hinweis: Alle Angaben wurden durch Untersuchungen des BKI weitgehend verifiziert. Dennoch können Abweichungen zu den angegebenen Werten entstehen. In Grenznähe zu einem Land-/Stadtkreis mit anderen Baupreisfaktoren sollte dessen Baupreisniveau mit berücksichtigt werden, da die Übergänge zwischen den Land-/Stadtkreisen fließend sind. Die Besonderheiten des Einzelfalls können ebenfalls zu Abweichungen führen.
Für die größeren Inseln Deutschlands wurden separate Regionalfaktoren ermittelt. Dazu wurde der zugehörige Landkreis in Festland und Inseln unterteilt. Alle Inseln eines Landkreises erhalten durch dieses Verfahren den gleichen Regionalfaktor. Der Regionalfaktor des Festlandes erhält keine Inseln mehr und ist daher gegenüber früheren Ausgaben verringert.

Land- / Stadtkreis / Insel	Bundeskorrekturfaktor
Aachen, Städteregion	0,926
Ahrweiler	0,982
Aichach-Friedberg	1,077
Alb-Donau-Kreis	1,015
Altenburger Land	0,852
Altenkirchen (Westerwald)	0,985
Altmarkkreis Salzwedel	0,833
Altötting	0,973
Alzey-Worms	0,983
Amberg, Stadt	1,100
Amberg-Sulzbach	1,023
Ammerland	0,794
Amrum, Insel	1,288
Anhalt-Bitterfeld	0,815
Ansbach	1,032
Ansbach, Stadt	1,068
Aschaffenburg	1,124
Aschaffenburg, Stadt	1,093
Augsburg	1,098
Augsburg, Stadt	1,265
Aurich, Festlandanteil	0,735
Aurich, Inselanteil	1,199
Bad Dürkheim	0,983
Bad Kissingen	1,045
Bad Kreuznach	0,963
Bad Tölz-Wolfratshausen	1,216
Baden-Baden, Stadtkreis	1,063
Baltrum, Insel	1,199
Bamberg	1,048
Bamberg, Stadt	1,160
Barnim	0,879
Bautzen	0,894
Bayreuth	1,077
Bayreuth, Stadt	1,042
Berchtesgadener Land	1,131
Bergstraße	1,008
Berlin, Stadt	1,141
Bernkastel-Wittlich	1,022
Biberach	1,020
Bielefeld, Stadt	0,870
Birkenfeld	1,033
Bochum, Stadt	0,912
Bodenseekreis	0,990
Bonn, Stadt	0,920
Borken	0,901
Borkum, Insel	1,100
Bottrop, Stadt	0,794
Brandenburg an der Havel, Stadt	0,969
Braunschweig, Stadt	0,726
Breisgau-Hochschwarzwald	1,117
Bremen, Stadt	0,921
Bremerhaven, Stadt	0,946
Burgenlandkreis	0,930
Böblingen	1,083
Börde	0,877
Calw	1,032
Celle	0,834
Cham	0,887
Chemnitz, Stadt	0,878
Cloppenburg	0,784
Coburg	1,016
Coburg, Stadt	1,155
Cochem-Zell	1,065
Coesfeld	0,943
Cottbus, Stadt	1,030
Cuxhaven	0,758
Dachau	1,228
Dahme-Spreewald	0,925
Darmstadt, Stadt	1,066
Darmstadt-Dieburg	1,017
Deggendorf	0,978

Delmenhorst, Stadt 0,774
Dessau-Roßlau, Stadt 0,860
Diepholz 0,791
Dillingen a.d.Donau 1,054
Dingolfing-Landau 0,942
Dithmarschen 1,033
Donau-Ries 0,993
Donnersbergkreis 0,919
Dortmund, Stadt 0,757
Dresden, Stadt 0,911
Duisburg, Stadt 0,949
Düren 0,950
Düsseldorf, Stadt 0,983

Ebersberg 1,361
Eichsfeld 0,906
Eichstätt 1,065
Eifelkreis Bitburg-Prüm 0,961
Elbe-Elster 0,842
Emden, Stadt 0,703
Emmendingen 1,146
Emsland 0,794
Ennepe-Ruhr-Kreis 0,875
Enzkreis 1,003
Erding 1,118
Erfurt, Stadt 0,926
Erlangen, Stadt 1,101
Erlangen-Höchstadt 1,026
Erzgebirgskreis 0,918
Essen, Stadt 0,839
Esslingen 1,035
Euskirchen 0,859

Fehmarn, Insel 1,164
Flensburg, Stadt 0,808
Forchheim 1,126
Frankenthal (Pfalz), Stadt 0,888
Frankfurt (Oder), Stadt 0,871
Frankfurt am Main, Stadt 1,019
Freiburg im Breisgau, Stadtkreis 1,120
Freising 1,105
Freudenstadt 1,033
Freyung-Grafenau 0,980
Friesland, Festlandanteil 0,775
Friesland, Inselanteil 1,442
Fulda 1,039
Föhr, Insel 1,288
Fürstenfeldbruck 1,216
Fürth 0,993
Fürth, Stadt 1,076

Garmisch-Partenkirchen 1,268
Gelsenkirchen, Stadt 0,891
Gera, Stadt 0,906
Germersheim 1,002
Gießen 1,010
Gifhorn 0,848
Goslar 0,752
Gotha 0,876
Grafschaft Bentheim 0,792
Greiz 0,925
Groß-Gerau 1,058
Göppingen 0,998
Görlitz 0,893
Göttingen 0,856
Günzburg 1,054
Gütersloh 0,872

Hagen, Stadt 0,884
Halle (Saale), Stadt 0,709
Hamburg, Freie und Hansestadt 1,106
Hameln-Pyrmont 0,829
Hamm, Stadt 0,866
Hannover, Region 0,904
Harburg 0,904
Harz 0,819
Havelland 0,999
Haßberge 1,131
Heidekreis 0,862
Heidelberg, Stadtkreis 1,119
Heidenheim 1,032
Heilbronn 1,023
Heilbronn, Stadtkreis 1,011
Heinsberg 0,920
Helgoland, Insel 1,410
Helmstedt 0,834
Herford 0,871
Herne, Stadt 0,922
Hersfeld-Rotenburg 0,985
Herzogtum Lauenburg 0,975
Hiddensee, Insel 1,126
Hildburghausen 0,882
Hildesheim 0,794
Hochsauerlandkreis 0,895
Hochtaunuskreis 1,063
Hof 1,152
Hof, Stadt 1,123
Hohenlohekreis 1,034
Holzminden 0,766
Höxter 0,867

Ilm-Kreis 0,860
Ingolstadt, Stadt 1,093

Jena, Stadt 1,088
Jerichower Land 0,813
Juist, Insel 1,199

Kaiserslautern	0,970
Kaiserslautern, Stadt	0,977
Karlsruhe	0,953
Karlsruhe, Stadtkreis	1,098
Kassel	1,019
Kassel, Stadt	0,933
Kaufbeuren	1,160
Kelheim	0,982
Kempten (Allgäu)	1,140
Kiel, Stadt	1,209
Kitzingen	1,077
Kleve	0,915
Koblenz, Stadt	0,938
Konstanz	1,025
Krefeld, Stadt	0,836
Kronach	1,108
Kulmbach	1,130
Kusel	0,956
Kyffhäuserkreis	0,891
Köln, Stadt	0,936
Lahn-Dill-Kreis	1,014
Landau in der Pfalz, Stadt	1,000
Landsberg am Lech	1,130
Landshut	0,967
Landshut, Stadt	1,039
Langeoog, Insel	1,052
Leer, Festlandanteil	0,743
Leer, Inselanteil	1,100
Leipzig	0,941
Leipzig, Stadt	0,859
Leverkusen, Stadt	0,805
Lichtenfels	1,006
Limburg-Weilburg	0,980
Lindau (Bodensee)	1,071
Lippe	0,903
Ludwigsburg	1,037
Ludwigshafen am Rhein, Stadt	1,033
Ludwigslust-Parchim	0,911
Lörrach	0,992
Lübeck, Hansestadt	0,921
Lüchow-Dannenberg	0,850
Lüneburg	0,851
Magdeburg, Stadt	0,851
Main-Kinzig-Kreis	0,996
Main-Spessart	1,104
Main-Tauber-Kreis	1,027
Main-Taunus-Kreis	1,005
Mainz, Stadt	0,938
Mainz-Bingen	1,032
Mannheim, Stadtkreis	1,049
Mansfeld-Südharz	0,882
Marburg-Biedenkopf	1,031
Mayen-Koblenz	0,972
Mecklenburgische Seenplatte	0,879
Meißen	0,891
Memmingen	1,016
Merzig-Wadern	0,951
Mettmann	0,869
Miesbach	1,306
Miltenberg	1,180
Minden-Lübbecke	0,848
Mittelsachsen	0,902
Märkisch-Oderland	0,890
Märkischer Kreis	0,873
Mönchengladbach, Stadt	0,895
Mühldorf a.Inn	1,047
Mülheim an der Ruhr, Stadt	0,905
München	1,340
München, Stadt	1,546
Münster, Stadt	0,863
Neckar-Odenwald-Kreis	1,074
Neu-Ulm	1,059
Neuburg-Schrobenhausen	1,064
Neumarkt i.d.OPf.	0,944
Neumünster, Stadt	0,906
Neunkirchen	0,975
Neustadt a.d.Aisch-Bad Windsheim	1,037
Neustadt a.d.Waldnaab	1,047
Neustadt an der Weinstraße, Stadt	0,915
Neuwied	0,949
Nienburg (Weser)	0,740
Norderney, Insel	1,199
Nordfriesland, Festlandanteil	1,163
Nordfriesland, Inselanteil	1,288
Nordhausen	0,820
Nordsachsen	0,893
Nordwest-Mecklenburg, Inselanteil	1,224
Nordwestmecklenburg, Festlandanteil	0,947
Northeim	0,874
Nürnberg, Stadt	1,037
Nürnberger Land	1,165
Oberallgäu	1,107
Oberbergischer Kreis	0,898
Oberhausen, Stadt	0,852
Oberhavel	1,024
Oberspreewald-Lausitz	0,889
Odenwaldkreis	0,995
Oder-Spree	0,968
Offenbach	0,958
Offenbach am Main, Stadt	0,970
Oldenburg	0,853
Oldenburg (Oldb), Stadt	0,815
Olpe	0,968
Ortenaukreis	1,024

Uckermark	0,895
Uelzen	0,844
Ulm, Stadtkreis	1,120
Unna	0,898
Unstrut-Hainich-Kreis	0,805
Unterallgäu	0,980
Usedom, Insel	1,060
Vechta	0,855
Verden	0,761
Viersen	0,918
Vogelsbergkreis	0,949
Vogtlandkreis	0,948
Vorpommern-Greifswald, Festlandanteil	0,981
Vorpommern-Greifswald, Inselanteil	1,060
Vorpommern-Rügen, Festlandanteil	0,972
Vorpommern-Rügen, Inselanteil	1,126
Vulkaneifel	0,975
Waldeck-Frankenberg	0,950
Waldshut	1,049
Wangerooge, Insel	1,442
Warendorf	0,890
Wartburgkreis	0,958
Weiden i.d.OPf., Stadt	1,003
Weilheim-Schongau	1,156
Weimar, Stadt	1,187
Weimarer Land	0,902
Weißenburg-Gunzenhausen	1,007
Werra-Meißner-Kreis	0,956
Wesel	0,904
Wesermarsch	0,808
Westerwaldkreis	0,994
Wetteraukreis	0,971
Wiesbaden, Stadt	0,985
Wilhelmshaven, Stadt	0,858
Wittenberg	0,758
Wittmund, Festlandanteil	0,804
Wittmund, Inselanteil	1,052
Wolfenbüttel	0,821
Wolfsburg, Stadt	0,817
Worms, Stadt	1,019
Wunsiedel i.Fichtelgebirge	1,125
Wuppertal, Stadt	0,832
Würzburg	1,095
Würzburg, Stadt	1,158
Zingst, Insel	1,126
Zollernalbkreis	1,000
Zweibrücken, Stadt	1,055
Zwickau	0,918

Regionalfaktoren Österreich

Bundesland	Korrekturfaktor
Burgenland	1,006
Kärnten	1,092
Niederösterreich	0,924
Oberösterreich	1,044
Salzburg	1,091
Steiermark	1,014
Tirol	1,095
Vorarlberg	1,083
Wien	1,153

Regionalfaktoren für den Europa-Raum

Land	Korrekturfaktor
Albanien	0,345
Belgien	0,616
Bosnien und Herzegowina	0,317
Bulgarien	0,446
Dänemark	0,833
Deutschland	1,000
Estland	0,518
Finnland	0,826
Frankreich	0,783
Griechenland	0,477
Irland	0,664
Island	0,785
Italien	0,562
Kroatien	0,368
Lettland	0,544
Litauen	0,500
Luxemburg	0,859
Malta	0,584
Mazedonien	0,359
Montenegro	0,356
Niederlande	0,823
Norwegen	0,838
Österreich	1,081
Polen	0,466
Portugal	0,440
Rumänien	0,385
Schweden	0,937
Schweiz	1,042
Serbien	0,371
Slowakei	0,500
Slowenien	0,473
Spanien	0,540
Tschechien	0,507
Türkei	0,357
Ungarn	0,462
Zypern	0,491